城镇燃气与燃气产品标准汇编

产品设备卷

中国标准出版社　编

中国标准出版社
北　京

图书在版编目(CIP)数据

城镇燃气与燃气产品标准汇编. 产品设备卷/中国标准出版社编. —北京:中国标准出版社,2020.5

ISBN 978-7-5066-9556-5

Ⅰ.①城… Ⅱ.①中… Ⅲ.①城镇—气体燃料—标准—汇编—中国②城镇—燃气设备—标准—汇编—中国 Ⅳ.①TU996-65

中国版本图书馆 CIP 数据核字(2020)第 027193 号

中国标准出版社出版发行
北京市朝阳区和平里西街甲 2 号(100029)
北京市西城区三里河北街 16 号(100045)

网址 www.spc.net.cn
总编室:(010)68533533 发行中心:(010)51780238
读者服务部:(010)68523946
中国标准出版社秦皇岛印刷厂印刷
各地新华书店经销

*

开本 880×1230 1/16 印张 55.5 字数 1 650 千字
2020 年 5 月第一版 2020 年 5 月第一次印刷

*

定价 295.00 元

前　　言

随着我国城镇建设的高速发展，城镇燃气与燃气产品的新技术、新工艺不断涌现和推广使用，此方面的标准化工作也越来越受到相关部门的重视；标准的技术水平不断提高，标准规范逐渐丰富和完善，形成了标准体系。这为我国城镇燃气与燃气产品的科研、生产、工程设计、施工、验收等事业的发展、促进高新技术的推广和应用、整顿规范市场秩序等都起到了积极的作用。为了强化城镇燃气与燃气产品系列标准的实施与监督，中国标准出版社特编撰出版《城镇燃气与燃气产品标准汇编》，全书共分为2卷，分别是综合卷和产品设备卷。

综合卷包含城镇燃气与燃气产品设备方面4部分的内容：(1)燃气基础标准，(2)燃气特性测定标准，(3)燃气器具设备检验标准，(4)工程设计、运行与维护标准。

产品设备卷包含城镇燃气与燃气产品设备方面3部分的内容：(1)燃气探测、控制器件标准，(2)燃气产品、设备及零部件标准，(3)燃气表标准。

本汇编收集了截至2019年12月底国家相关部门批准发布的城镇燃气与燃气产品方面国家标准和行业标准，所收录的国家标准和行业标准的属性已经在本书目录上标明，鉴于部分国家标准和行业标准是在标准清理整顿前出版的，故正文部分仍保留原样，读者在使用这些标准时，其属性以目录上标明的为准（标准正文“引用标准”中的标准属性请读者注意查对）。由于出版年代的不同，其格式、计量单位乃至技术术语不尽相同。这次汇编时只对原标准中技术内容上的错误以及其他明显不妥之处做了更正。

编　者

2019年12月

目　录

一、燃气探测、控制器件标准

二、燃气产品、设备及零部件标准

三、燃气表标准

一、燃气探测、控制器件标准

ICS 13.220.20
C 81

中华人民共和国国家标准

GB 15322.1—2019
代替 GB 15322.1—2003,GB 15322.4—2003

可燃气体探测器 第1部分:工业及商业用途点型可燃气体探测器

Combustible gas detectors—Part 1: Point-type combustible gas detectors for industrial and commercial use

2019-10-14 发布

2020-11-01 实施

国家市场监督管理总局
中国国家标准化管理委员会 发布

前 言

本部分的全部技术内容为强制性。

GB 15322《可燃气体探测器》分为以下部分：

——第1部分：工业及商业用途点型可燃气体探测器；

——第2部分：家用可燃气体探测器；

——第3部分：工业及商业用途便携式可燃气体探测器；

——第4部分：工业及商业用途线型光束可燃气体探测器。

本部分为GB 15322的第1部分。

本部分按照GB/T 1.1—2009给出的规则起草。

本部分代替GB 15322.1—2003《可燃气体探测器 第1部分：测量范围为0～100%LEL的点型可燃气体探测器》和GB 15322.4—2003《可燃气体探测器 第4部分：测量人工煤气的点型可燃气体探测器》。本部分与GB 15322.1—2003和GB 15322.4—2003相比，主要技术变化如下：

——将GB 15322.1—2003和GB 15322.4—2003的内容合并为一个部分。

——按照测量范围将探测器分为三种：测量范围在3%LEL～100%LEL之间的探测器、测量范围在3%LEL以下的探测器和测量范围在100%LEL以上的探测器。按照工作方式将探测器分为两种：系统式探测器和独立式探测器。按照采样方式将探测器分为三种：自由扩散式探测器、吸气式探测器和光纤传感式探测器(见第3章，GB 15322.1—2003和GB 15322.4—2003的第4章)。

——修改了在各项试验条件下对探测器报警动作值的要求(见第4章，GB 15322.1—2003和GB 15322.4—2003的第5章)。

——针对吸气式探测器增加了采样气流变化试验(见4.3.8)。

——针对系统式探测器增加了线路传输性能试验和探测器互换性能试验(见4.3.9、4.3.10)。

——电磁兼容试验项目中增加了浪涌(冲击)抗扰度试验和射频场感应的传导骚扰抗扰度试验(见4.3.14)。

——增加了抗中毒性能试验(见4.3.18)。

——增加了低浓度运行试验(见4.3.20)。

本部分由中华人民共和国应急管理部提出并归口。

本部分起草单位：应急管理部沈阳消防研究所、应急管理部消防救援局、英吉森安全消防系统(上海)有限公司、成都安可信电子股份有限公司、阜阳华信电子仪器有限公司、汉威科技集团股份有限公司、济南本安科技发展有限公司、北京惟泰安全设备有限公司、西安博康电子有限公司、上海达江电子仪器有限公司。

本部分主要起草人：丁宏军、刘激扬、康卫东、屈励、李小白、郭春雷、林强、郭锐、李瑞、陈广、赵宇、张颖琮、费春祥、蒋妙飞、邓丽红、赵英然、姜波、孟宇、朱刚。

本部分所代替标准的历次版本发布情况为：

——GB 15322—1994；

——GB 15322.1—2003；

——GB 15322.4—2003。

可燃气体探测器 第1部分:工业及商业用途点型可燃气体探测器

1 范围

GB 15322 的本部分规定了工业及商业用途点型可燃气体探测器的分类、要求、试验、检验规则和标志。

本部分适用于工业及商业场所安装使用的用于探测烃类、醚类、酯类、醇类、一氧化碳、氢气及其他可燃性气体、蒸气的点型可燃气体探测器(以下简称"探测器")。工业及商业场所中使用的具有特殊性能的点型可燃气体探测器,除特殊要求由有关标准另行规定外,亦可执行本部分。

2 规范性引用文件

下列文件对于本文件的应用是必不可少的。凡是注日期的引用文件,仅注日期的版本适用于本文件。凡是不注日期的引用文件,其最新版本(包括所有的修改单)适用于本文件。

GB 3836.1—2010 爆炸性环境 第1部分:设备 通用要求

GB/T 9969 工业产品使用说明书 总则

GB 12978 消防电子产品检验规则

GB/T 16838 消防电子产品 环境试验方法及严酷等级

GB/T 17626.2—2018 电磁兼容 试验和测量技术 静电放电抗扰度试验

GB/T 17626.3—2016 电磁兼容 试验和测量技术 射频电磁场辐射抗扰度试验

GB/T 17626.4—2018 电磁兼容 试验和测量技术 电快速瞬变脉冲群抗扰度试验

GB/T 17626.5—2008 电磁兼容 试验和测量技术 浪涌(冲击)抗扰度试验

GB/T 17626.6—2017 电磁兼容 试验和测量技术 射频场感应的传导骚扰抗扰度

3 分类

3.1 按测量范围分为:

a) 测量范围在3%LEL～100%LEL之间的探测器;

b) 测量范围在3%LEL以下的探测器(包括探测一氧化碳的探测器);

c) 测量范围在100%LEL以上的探测器。

注:爆炸下限(LEL)为可燃气体或蒸气在空气中的最低爆炸浓度。

3.2 按工作方式分为:

a) 系统式探测器;

b) 独立式探测器。

3.3 按采样方式分为:

a) 自由扩散式探测器;

b) 吸气式探测器;

c） 光纤传感式探测器。

3.4 按使用环境条件分为：

a） 室内使用型探测器；

b） 室外使用型探测器。

4 要求

4.1 总则

探测器应满足第4章的相关要求，并按第5章的规定进行试验，以确认探测器对第4章要求的符合性。

4.2 外观要求

4.2.1 探测器应具备产品出厂时的完整包装，包装中应包含质量检验合格标志和使用说明书。

4.2.2 探测器表面应无腐蚀、涂覆层脱落和起泡现象，无明显划伤、裂痕、毛刺等机械损伤，紧固部位无松动。

4.3 性能

4.3.1 一般要求

4.3.1.1 对探测器进行调零、标定、更改参数等通电条件下的操作不应改变其外壳的完整性。

4.3.1.2 系统式探测器应采用36 V及以下的直流电压供电，独立式探测器应采用220 V交流电压供电。采用直流电压供电的探测器应具有防止极性反接的保护措施。

4.3.1.3 自由扩散式和吸气式探测器应具有独立的工作状态指示灯，分别指示其正常监视、故障、报警工作状态。光纤传感式探测器的现场探测部件如不具备独立的工作状态指示灯，则与其连接的控制及指示设备应具有独立的工作状态指示灯，分别指示每个探测部件的工作状态。正常监视状态指示应为绿色，故障状态指示应为黄色，报警状态指示应为红色，低限和高限报警状态指示应能明确区分。指示灯应有中文功能注释。在5 lx～500 lx光照条件下、正前方5 m处，指示灯的状态应清晰可见。

注：正常监视状态指探测器接通电源正常工作，且未发出报警信号或故障信号时的状态。

4.3.1.4 探测器在被监测区域内的可燃气体浓度达到报警设定值时，应能发出报警信号。再将探测器置于正常环境中，30 s内应能自动(或手动)恢复到正常监视状态。

4.3.1.5 独立式探测器应具有报警输出接口。探测器的报警输出接口的类型和容量应与制造商规定的配接产品或执行部件相匹配，且应在使用说明书中注明。如探测器的报警输出接口具有延时功能，其最大延时时间不应超过30 s。

4.3.1.6 系统式探测器应能够输出与其测量浓度和工作状态相对应的信号。信号的类型、参数等信息应在使用说明书中注明。

4.3.1.7 独立式探测器应具有浓度显示功能。在5 lx～500 lx光照条件下、正前方1 m处，显示信息应清晰可见。

4.3.1.8 探测器的量程和报警设定值应符合以下规定：

a） 测量范围在3%LEL～100%LEL之间的探测器，其量程上限应为100%LEL，低限报警设定值应在5%LEL～25%LEL范围，如具有高限报警设定值，应为50%LEL。低限报警设定值如可调，应在5%LEL～25%LEL范围内可调。

b） 探测一氧化碳的探测器，其低限报警设定值应在150×10^{-6}(体积分数)～300×10^{-6}(体积分数)范围，如具有高限报警设定值，应为500×10^{-6}(体积分数)。低限报警设定值如可调，应在

150×10^{-6}(体积分数)~300×10^{-6}(体积分数)范围内可调。

c) 测量范围在3%LEL以下的探测器和测量范围在100%LEL以上的探测器应由制造商规定其量程和报警设定值。

d) 探测器使用说明书中应注明量程和报警设定值等参数。

4.3.1.9 探测器采用插拔结构气体传感器时,应具有结构性的防脱落措施。气体传感器发生脱落时,探测器应能在30 s内发出故障信号。

4.3.1.10 吸气式探测器的采样管路发生堵塞或破漏时,探测器应能发出故障信号并指示出故障类型。

4.3.1.11 探测器应采用满足GB 3836.1—2010要求的防爆型式。

4.3.1.12 探测器的型号编制应符合附录A的规定。

4.3.1.13 探测器使用说明书应满足GB/T 9969的相关要求,并应注明气体传感器的使用期限。

4.3.2 报警动作值

4.3.2.1 在本部分规定的试验项目中,测量范围在3%LEL~100%LEL之间的探测器,其报警动作值不应低于5%LEL,探测一氧化碳的探测器,其报警动作值不应低于50×10^{-6}(体积分数)。

4.3.2.2 探测器的报警动作值与报警设定值之差应满足以下要求:

a) 测量范围在3%LEL~100%LEL之间的探测器,其报警动作值与报警设定值之差的绝对值不应大于3%LEL。

b) 测量范围在3%LEL以下的探测器,其报警动作值与报警设定值之差的绝对值不应大于3%量程和50×10^{-6}(体积分数)之中的较大值。探测一氧化碳的探测器,其报警动作值与报警设定值之差的绝对值不应大于50×10^{-6}(体积分数)。

c) 测量范围在100%LEL以上的探测器,其报警动作值与报警设定值之差的绝对值不应大于3%量程。

4.3.3 量程指示偏差

在探测器量程内选取若干试验点作为基准值,使被监测区域内的可燃气体浓度分别达到对应的基准值。探测器的显示值与基准值之差应满足以下要求:

a) 测量范围在3%LEL~100%LEL之间的探测器,其试验点上的可燃气体浓度显示值与基准值之差的绝对值不应大于5%LEL。

b) 测量范围在3%LEL以下的探测器,其试验点上的可燃气体浓度显示值与基准值之差的绝对值不应大于5%量程和80×10^{-6}(体积分数)之中的较大值。探测一氧化碳的探测器,其浓度显示值与基准值之差的绝对值不应大于80×10^{-6}(体积分数)。

c) 测量范围在100%LEL以上的探测器,其试验点上的可燃气体浓度显示值与基准值之差的绝对值不应大于5%量程。

4.3.4 响应时间

向探测器通入流量为500 mL/min,浓度为满量程的60%的试验气体,保持60 s,记录探测器的显示值作为基准值。显示值达到基准值的90%所需的时间为探测器的响应时间。探测一氧化碳的探测器的响应时间不应大于60 s,其他气体探测器的响应时间不应大于30 s。

4.3.5 方位

探测器在制造商规定的安装平面内顺时针旋转,每次旋转45°,分别测量探测器的报警动作值,报警动作值与报警设定值之差应满足以下要求:

a) 测量范围在3%LEL~100%LEL之间的探测器,其报警动作值与报警设定值之差的绝对值不应大于 3%LEL。

b) 测量范围在 3%LEL 以下的探测器，其报警动作值与报警设定值之差的绝对值不应大于 3%量程和 50×10^{-6}(体积分数)之中的较大值。探测一氧化碳的探测器，其报警动作值与报警设定值之差的绝对值不应大于 50×10^{-6}(体积分数)。

c) 测量范围在 100%LEL 以上的探测器，其报警动作值与报警设定值之差的绝对值不应大于 3%量程。

4.3.6 报警重复性

对同一只探测器重复测量报警动作值 6 次，报警动作值与报警设定值之差应满足以下要求：

a) 测量范围在 3%LEL～100%LEL 之间的探测器，其报警动作值与报警设定值之差的绝对值不应大于 3%LEL。

b) 测量范围在 3%LEL 以下的探测器，其报警动作值与报警设定值之差的绝对值不应大于 3%量程和 50×10^{-6}(体积分数)之中的较大值。探测一氧化碳的探测器，其报警动作值与报警设定值之差的绝对值不应大于 50×10^{-6}(体积分数)。

c) 测量范围在 100%LEL 以上的探测器，其报警动作值与报警设定值之差的绝对值不应大于 3%量程。

4.3.7 高速气流

在试验气流速率为 6 m/s±0.2 m/s 的条件下，测量探测器的报警动作值，报警动作值与报警设定值之差应满足以下要求：

a) 测量范围在 3%LEL～100%LEL 之间的探测器，其报警动作值与报警设定值之差的绝对值不应大于 5%LEL。

b) 测量范围在 3%LEL 以下的探测器，其报警动作值与报警设定值之差的绝对值不应大于 5%量程和 80×10^{-6}(体积分数)之中的较大值。探测一氧化碳的探测器，其报警动作值与报警设定值之差的绝对值不应大于 80×10^{-6}(体积分数)。

c) 测量范围在 100%LEL 以上的探测器，其报警动作值与报警设定值之差的绝对值不应大于 5%量程。

4.3.8 采样气流变化(仅适用于吸气式探测器)

4.3.8.1 使探测器在下述采样气流条件下工作，测量探测器的报警动作值：

a) 如探测器的采样流量可调，将采样流量分别调至最大和最小流量；

b) 如探测器的采样流量不可调，使采样流量为正常流量的 50%。

4.3.8.2 探测器的报警动作值与报警设定值之差应满足以下要求：

a) 测量范围在 3%LEL～100%LEL 之间的探测器，其报警动作值与报警设定值之差的绝对值不应大于 5%LEL。

b) 测量范围在 3%LEL 以下的探测器，其报警动作值与报警设定值之差的绝对值不应大于 5%量程和 80×10^{-6}(体积分数)之中的较大值。探测一氧化碳的探测器，其报警动作值与报警设定值之差的绝对值不应大于 80×10^{-6}(体积分数)。

c) 测量范围在 100%LEL 以上的探测器，其报警动作值与报警设定值之差的绝对值不应大于 5%量程。

4.3.9 线路传输性能(仅适用于系统式探测器)

探测器和配接的可燃气体报警控制器之间的通信线路使用长度为 1 000 m、截面积为 1 mm^2 的多股铜导线连接，在可燃气体报警控制器满负载条件下测量探测器的报警动作值(总线制可燃气体报警控制器至少一个回路按设计容量连接真实负载，其他回路连接等效负载），报警动作值与报警设定值之差应满足以下要求：

a) 测量范围在 3%LEL～100%LEL 之间的探测器，其报警动作值与报警设定值之差的绝对值不应大于 3%LEL。
b) 测量范围在 3%LEL 以下的探测器，其报警动作值与报警设定值之差的绝对值不应大于 3%量程和 50×10^{-6}（体积分数）之中的较大值。探测一氧化碳的探测器，其报警动作值与报警设定值之差的绝对值不应大于 50×10^{-6}（体积分数）。
c) 测量范围在 100%LEL 以上的探测器，其报警动作值与报警设定值之差的绝对值不应大于 3%量程。

4.3.10 探测器互换性能（仅适用于系统式探测器）

在两个独立的信号通道或通信地址上各选择 1 只探测器，将其互换后探测器不应发出报警信号或故障信号。测量两只探测器的报警动作值，报警动作值与报警设定值之差应满足以下要求：

a) 测量范围在 3%LEL～100%LEL 之间的探测器，其报警动作值与报警设定值之差的绝对值均不应大于 3%LEL。
b) 测量范围在 3%LEL 以下的探测器，其报警动作值与报警设定值之差的绝对值均不应大于 3%量程和 50×10^{-6}（体积分数）之中的较大值。探测一氧化碳的探测器，其报警动作值与报警设定值之差的绝对值均不应大于 50×10^{-6}（体积分数）。
c) 测量范围在 100%LEL 以上的探测器，其报警动作值与报警设定值之差的绝对值均不应大于 3%量程。

4.3.11 电压波动

将探测器的供电电压分别调至其额定电压的 85%和 115%，测量探测器的报警动作值，报警动作值与报警设定值之差应满足以下要求：

a) 测量范围在 3%LEL～100%LEL 之间的探测器，其报警动作值与报警设定值之差的绝对值不应大于 3%LEL。
b) 测量范围在 3%LEL 以下的探测器，其报警动作值与报警设定值之差的绝对值不应大于 3%量程和 50×10^{-6}（体积分数）之中的较大值。探测一氧化碳的探测器，其报警动作值与报警设定值之差的绝对值不应大于 50×10^{-6}（体积分数）。
c) 测量范围在 100%LEL 以上的探测器，其报警动作值与报警设定值之差的绝对值不应大于 3%量程。

4.3.12 绝缘电阻

探测器的外部带电端子和电源插头的工作电压大于 50 V 时，外部带电端子和电源插头与外壳间的绝缘电阻在正常大气条件下应不小于 100 MΩ。

4.3.13 电气强度

探测器的外部带电端子和电源插头的工作电压大于 50 V 时，外部带电端子和电源插头应能耐受频率为 50 Hz、有效值电压为 1 250 V 的交流电压，历时 60 s 的电气强度试验。试验期间，探测器不应发生击穿放电现象。试验后，探测器功能应正常。

4.3.14 电磁兼容性能

探测器应能耐受表 1 所规定的电磁干扰条件下的各项试验，试验期间，探测器不应发出报警信号或故障信号。试验后，探测器的报警动作值与报警设定值之差应满足以下要求：

a) 测量范围在3%LEL～100%LEL之间的探测器,其报警动作值与报警设定值之差的绝对值不应大于5%LEL。

b) 测量范围在3%LEL以下的探测器,其报警动作值与报警设定值之差的绝对值不应大于5%量程和80×10^{-6}(体积分数)之中的较大值。探测一氧化碳的探测器,其报警动作值与报警设定值之差的绝对值不应大于80×10^{-6}(体积分数)。

c) 测量范围在100%LEL以上的探测器,其报警动作值与报警设定值之差的绝对值不应大于5%量程。

表1 电磁兼容试验参数

试验名称	试验参数	试验条件	工作状态
静电放电抗扰度试验	放电电压 kV	空气放电(绝缘体外壳):8 接触放电(导体外壳和耦合板):6	正常监视状态
	放电极性	正、负	
	放电间隔 s	≥1	
	每点放电次数	10	
射频电磁场辐射抗扰度试验	场强 V/m	10	正常监视状态
	频率范围 MHz	80～1 000	
	扫描速率 10 oct/s	$\leqslant 1.5\times10^{-3}$	
	调制幅度	80%(1 kHz,正弦)	
电快速瞬变脉冲群抗扰度试验	瞬变脉冲电压 kV	AC电源线:2×(1±0.1) 其他连接线:1×(1±0.1)	正常监视状态
	重复频率 kHz	5×(1±0.2)	
	极性	正、负	
	时间 min	1	
浪涌(冲击)抗扰度试验	浪涌(冲击)电压 kV	AC电源线:线-线 1×(1±0.1) AC电源线:线-地 2×(1±0.1) 其他连接线:线-地 1×(1±0.1)	正常监视状态
	极性	正、负	
	试验次数	5	
	试验间隔 s	60	
射频场感应的传导骚扰抗扰度试验	频率范围 MHz	0.15～80	正常监视状态
	电压 dBμV	140	
	调制幅度	80%(1 kHz,正弦)	

4.3.15 气候环境耐受性

探测器应能耐受表2所规定的气候环境条件下的各项试验，试验期间，探测器不应发出报警信号或故障信号。试验后，探测器的报警动作值与报警设定值之差应满足以下要求：

a) 测量范围在3%LEL～100%LEL之间的探测器，其报警动作值与报警设定值之差的绝对值不应大于7%LEL。

b) 测量范围在3%LEL以下的探测器，其报警动作值与报警设定值之差的绝对值不应大于7%量程和120×10^{-6}(体积分数)之中的较大值。探测一氧化碳的探测器，其报警动作值与报警设定值之差的绝对值不应大于120×10^{-6}(体积分数)。

c) 测量范围在100%LEL以上的探测器，其报警动作值与报警设定值之差的绝对值不应大于7%量程。

表2 气候环境试验参数

试验名称	试验参数	试验条件		工作状态
		室内使用型	室外使用型	
高温(运行)试验	温度 ℃	55±2	70±2	正常监视状态
	持续时间 h	2	2	
低温(运行)试验	温度 ℃	−10±2	−40±2	正常监视状态
	持续时间 h	2	2	
恒定湿热(运行)试验	温度 ℃	40±2		正常监视状态
	相对湿度	93%±3%		
	持续时间 h	2		

4.3.16 机械环境耐受性

探测器应能耐受表3所规定的机械环境条件下的各项试验，运行试验期间，探测器不应发出报警信号或故障信号。试验后，探测器不应有机械损伤和紧固部位松动，报警动作值与报警设定值之差应满足以下要求：

a) 测量范围在3%LEL～100%LEL之间的探测器，其报警动作值与报警设定值之差的绝对值不应大于5%LEL。

b) 测量范围在3%LEL以下的探测器，其报警动作值与报警设定值之差的绝对值不应大于5%量程和80×10^{-6}(体积分数)之中的较大值。探测一氧化碳的探测器，其报警动作值与报警设定值之差的绝对值不应大于80×10^{-6}(体积分数)。

c) 测量范围在100%LEL以上的探测器，其报警动作值与报警设定值之差的绝对值不应大于5%量程。

表 3 机械环境试验参数

试验名称	试验参数	试验条件	工作状态
振动(正弦)(运行)试验	频率范围 Hz	10～150	正常监视状态
	加速度 m/s^2	10	
	扫频速率 oct/min	1	
	轴线数	3	
	每个轴线扫频次数	1	
振动(正弦)(耐久)试验	频率范围 Hz	10～150	不通电状态
	加速度 m/s^2	10	
	扫频速率 oct/min	1	
	轴线数	3	
	每个轴线扫频次数	20	
跌落试验	跌落高度 mm	质量不大于 2 kg:1 000 质量大于 2 kg 且不大于 5 kg:500 质量大于 5 kg:不进行试验	不通电状态
	跌落次数	2	

4.3.17 抗气体干扰性能(测量范围在 3%LEL 以下的探测器除外)

使探测器分别在下述气体干扰环境中工作 30 min,期间探测器不应发出报警信号或故障信号:

a) 乙酸:(6 000±200)$\times10^{-6}$(体积分数);

b) 乙醇:(2 000±200)$\times10^{-6}$(体积分数)。

经每种气体干扰后,使探测器处于正常监视状态 1 h,然后测量其报警动作值。探测器的报警动作值与报警设定值之差应满足以下要求:

a) 测量范围在 3%LEL～100%LEL 之间的探测器,其报警动作值与报警设定值之差的绝对值不应大于 5%LEL;

b) 测量范围在 100%LEL 以上的探测器,其报警动作值与报警设定值之差的绝对值不应大于 5%量程。

4.3.18 抗中毒性能

使两只探测器分别在下述混合气体环境中工作 40 min,期间探测器不应发出报警信号或故障信号(测量范围在 3%LEL 以下的探测器可发出报警信号):

a) 可燃气体浓度为 1%LEL[探测一氧化碳的探测器,一氧化碳浓度为 10×10^{-6}(体积分数)],和六甲基二硅醚蒸气浓度为(10±3)$\times10^{-6}$(体积分数)的混合气体;

b) 可燃气体浓度为 1%LEL[探测一氧化碳的探测器,一氧化碳浓度为 10×10^{-6}(体积分数)],和硫化氢浓度为(10±3)×10^{-6}(体积分数)的混合气体。

环境干扰后使探测器处于正常监视状态 20 min,然后分别测量其报警动作值。两只探测器的报警动作值与报警设定值之差应满足以下要求:

a) 测量范围在 3%LEL~100%LEL 之间的探测器,其报警动作值与报警设定值之差的绝对值均不应大于 10%LEL。

b) 测量范围在 3%LEL 以下的探测器,其报警动作值与报警设定值之差的绝对值均不应大于 10%量程和 160×10^{-6}(体积分数)之中的较大值。探测一氧化碳的探测器,其报警动作值与报警设定值之差的绝对值均不应大于 160×10^{-6}(体积分数)。

c) 测量范围在 100%LEL 以上的探测器,其报警动作值与报警设定值之差的绝对值均不应大于 10%量程。

4.3.19 抗高浓度气体冲击性能

将体积分数为 100%的试验气体(探测一氧化碳的探测器,使用体积分数为 150%量程的试验气体)以 500 mL/min 的流量输送到探测器的采样部位,保持 2 min。使探测器处于正常监视状态 30 min,然后测量其报警动作值,报警动作值与报警设定值之差应满足以下要求:

a) 测量范围在 3%LEL~100%LEL 之间的探测器,其报警动作值与报警设定值之差的绝对值不应大于 5%LEL。

b) 测量范围在 3%LEL 以下的探测器,其报警动作值与报警设定值之差的绝对值不应大于 5%量程和 80×10^{-6}(体积分数)之中的较大值。探测一氧化碳的探测器,其报警动作值与报警设定值之差的绝对值不应大于 80×10^{-6}(体积分数)。

c) 测量范围在 100%LEL 以上的探测器,其报警动作值与报警设定值之差的绝对值不应大于 5%量程。

4.3.20 低浓度运行

使探测器工作在可燃气体浓度为 20%低限报警设定值的环境中 4 h。运行期间,探测器不应发出报警信号或故障信号。使探测器处于正常监视状态 20 min,然后测量其报警动作值,报警动作值与报警设定值之差应满足以下要求:

a) 测量范围在 3%LEL~100%LEL 之间的探测器,其报警动作值与报警设定值之差的绝对值不应大于 5%LEL。

b) 测量范围在 3%LEL 以下的探测器,其报警动作值与报警设定值之差的绝对值不应大于 5%量程和 80×10^{-6}(体积分数)之中的较大值。探测一氧化碳的探测器,其报警动作值与报警设定值之差的绝对值不应大于 80×10^{-6}(体积分数)。

c) 测量范围在 100%LEL 以上的探测器,其报警动作值与报警设定值之差的绝对值不应大于 5%量程。

4.3.21 长期稳定性

使探测器在正常大气条件下连续工作 28 d 后,测量探测器的报警动作值。探测器在连续工作期间不应发出报警信号或故障信号,报警动作值与报警设定值之差应满足以下要求:

a) 测量范围在 3%LEL~100%LEL 之间的探测器,其报警动作值与报警设定值之差的绝对值不应大于 5%LEL。

b) 测量范围在 3%LEL 以下的探测器,其报警动作值与报警设定值之差的绝对值不应大于 5%量程和 80×10^{-6}(体积分数)之中的较大值。探测一氧化碳的探测器,其报警动作值与报警设定值之差的绝对值不应大于 80×10^{-6}(体积分数)。

c) 测量范围在 100%LEL 以上的探测器,其报警动作值与报警设定值之差的绝对值不应大于 5%量程。

4.4 探测除甲烷、丙烷、一氧化碳以外气体的响应性能

表 4 为常见可燃性气体、蒸气的分子式及爆炸下限。对于能够探测表 4 所示的或其他可燃性气体及蒸气的探测器,应首先以甲烷、丙烷或一氧化碳当中的一种作为基本探测气体进行试验,并应满足 4.3 的要求。然后按照制造商声称的目标气体或采用等效方法进行量程指示偏差试验和响应时间试验,试验结果应符合制造商的规定。

表 4 常见可燃性气体、蒸气的分子式及爆炸下限

气体名称	分子式	爆炸下限(体积分数)	气体名称	分子式	爆炸下限(体积分数)
甲烷	CH_4	5.0%	丙烷	C_3H_8	2.2%
丁烷(异丁烷)	C_4H_{10}	1.8%	戊烷(正戊烷)	C_5H_{12}	1.7%
庚烷(正庚烷)	C_7H_{16}	1.1%	苯乙烯	C_8H_8	1.1%
乙炔	C_2H_2	2.3%	甲苯	C_7H_8	1.2%
二甲苯	C_8H_{10}	1.0%	丙酮	C_3H_6O	2.5%
甲醇	CH_3OH	5.5%	乙醇	C_2H_5OH	3.3%
乙酸	CH_3COOH	4.0%	乙酸乙酯	$CH_3COOC_2H_5$	2.0%
氢气	H_2	4.0%		—	

5 试验

5.1 试验纲要

5.1.1 大气条件

如在有关条文中没有说明,各项试验均在下述正常大气条件下进行:

——温度:15 ℃~35 ℃;

——相对湿度:25%~75%;

——大气压力:86 kPa~106 kPa。

5.1.2 试验样品

试验样品(以下简称“试样”)数量为 12 只,试验前应对试样予以编号。对于报警设定值可调的试样,试样数量应为 24 只,将其随机分为两组,两组试样的报警设定值分别设为可调范围的上限和下限,完成表 5 所规定的全部试验项目。

5.1.3 外观检查

试样在试验前应进行外观检查,检查结果是否满足 4.2 的要求。

5.1.4 试样的安装

试验前,试样应按照制造商规定的正常使用方式安装,如使用说明书中注明有多种安装方式,应采

用对试样工作最不利的安装方式。吸气式试样应按照制造商规定的最大采样管路长度正常安装，并在最不利位置的采样孔测量其报警动作值、量程指示偏差和响应时间。

5.1.5 试验前准备

5.1.5.1 按制造商规定对试样进行调零和标定操作。

5.1.5.2 将试样在不通电条件下依次置于以下环境中：

a) −25 ℃±3 ℃，保持 24 h；

b) 正常大气条件，保持 24 h；

c) 55 ℃±2 ℃，保持 24 h；

d) 正常大气条件，保持 24 h。

5.1.5.3 系统式试样应与制造商规定的可燃气体报警控制器连接，并使其在正常大气条件下通电预热 20 min。

5.1.6 容差

各项试验数据的容差均为±5%。

5.1.7 试验气体

配制试验气体应采用制造商声称的探测气体种类和报警设定值要求，除相关试验另行规定外，试验气体应由可燃气体与洁净空气混合而成，试验气体湿度应符合正常湿度条件，配气误差应不超过报警设定值的±2%。采用甲烷、丙烷、一氧化碳当中的一种作为可燃气体配制试验气体时，可燃气体的纯度应不低于 99.5%；对于制造商声称的其他类型探测气体，可采用满足制造商要求的标准气体配制试验气体。

5.1.8 试验程序

试验程序见表 5。

表 5 试验程序

序号	章条	试验项目	试样编号											
			1	2	3	4	5	6	7	8	9	10	11	12
1	5.1.3	外观检查	√	√	√	√	√	√	√	√	√	√	√	√
2	5.2	基本性能试验	√	√	√	√	√	√	√	√	√	√	√	√
3	5.3	报警动作值试验	√	√	√	√	√	√	√	√	√	√	√	√
4	5.4	量程指示偏差试验			√	√								
5	5.5	响应时间试验			√	√								
6	5.6	方位试验	√											
7	5.7	报警重复性试验		√										
8	5.8	高速气流试验	√											
9	5.9	采样气流变化试验(仅适用于吸气式试样)				√								
10	5.10	线路传输性能试验(仅适用于系统式试样)				√								
11	5.11	探测器互换性能试验(仅适用于系统式试样)					√	√						
12	5.12	电压波动试验			√									
13	5.13	绝缘电阻试验											√	

表 5（续）

序号	章条	试验项目	试样编号											
			1	2	3	4	5	6	7	8	9	10	11	12
14	5.14	电气强度试验											√	
15	5.15	静电放电抗扰度试验									√			
16	5.16	射频电磁场辐射抗扰度试验										√		
17	5.17	电快速瞬变脉冲群抗扰度试验									√			
18	5.18	浪涌（冲击）抗扰度试验									√			
19	5.19	射频场感应的传导骚扰抗扰度试验										√		
20	5.20	高温（运行）试验	√											
21	5.21	低温（运行）试验		√										
22	5.22	恒定湿热（运行）试验			√									
23	5.23	振动（正弦）（运行）试验											√	
24	5.24	振动（正弦）（耐久）试验											√	
25	5.25	跌落试验											√	
26	5.26	抗气体干扰性能试验（不适用于测量范围在 3%LEL 以下的试样）											√	
27	5.27	抗中毒性能试验							√	√				
28	5.28	抗高浓度气体冲击性能试验												√
29	5.29	低浓度运行试验												√
30	5.30	长期稳定性试验					√	√						

5.2 基本性能试验

5.2.1 试样处于正常监视状态，对其进行调零、标定、更改参数等操作，检查并记录该类操作是否改变试样外壳的完整性。

5.2.2 检查并记录试样的供电方式是否符合 4.3.1.2 的规定。

5.2.3 检查并记录试样工作状态指示灯的指示和功能注释情况是否符合 4.3.1.3 的规定。

5.2.4 向试样通入试验气体使其发出报警信号，检查并记录试样的量程和报警设定值设置是否符合 4.3.1.8 的规定。将试样置于正常环境中并开始计时，检查并记录其报警状态的恢复情况。

5.2.5 将试样的报警输出接口与制造商规定的配接产品或执行部件连接，使试样发出报警信号，检查并记录试样的报警输出接口是否动作。报警输出接口如具有延时功能，测量并记录其最大延时时间。

5.2.6 将系统式试样与制造商规定的可燃气体报警控制器连接，向试样通入试验气体，改变试样的工作状态，检查并记录可燃气体报警控制器上试样的测量浓度和工作状态显示情况。

5.2.7 向独立式试样通入试验气体，检查并记录试样的浓度显示情况。

5.2.8 试样的气体传感器如采用插拔结构，检查其是否具有结构性的防脱落措施。移除气体传感器，检查并记录试样的故障状态指示情况。

5.2.9 检查吸气式试样的采样管路和采样孔，使试样的采样管路发生堵塞或破漏，检查并记录试样的采样管路故障指示情况。

5.2.10 检查试样是否采用符合 GB 3836.1—2010 要求的防爆型式。

5.2.11　检查试样的型号编制是否符合附录A的规定。

5.2.12　检查试样的说明书是否符合GB/T 9969的相关要求，其中是否注明气体传感器的使用期限。

5.3　报警动作值试验

5.3.1　试验步骤

5.3.1.1　将试样安装于试验箱中，使其处于正常监视状态。启动通风机，使试验箱内气流速率稳定在0.8 m/s±0.2 m/s，再以不大于每分钟满量程1%的速率增加试验气体的浓度，直至试样发出报警信号，记录试样的报警动作值。

5.3.1.2　在满足制造商规定的条件下，也可采用其他等效方法测量试样的报警动作值。

5.3.2　试验设备

试验设备应满足附录B的要求。

5.4　量程指示偏差试验

5.4.1　试验步骤

使试样处于正常监视状态。测量范围在3%LEL～100%LEL之间的试样，分别使被监测区域内的可燃气体浓度达到其满量程的20%、30%、40%、50%和60%；测量范围在3%LEL以下的试样和测量范围在100%LEL以上的试样，分别使被监测区域内的可燃气体浓度达到其满量程的25%、50%和75%。试验期间，每个浓度的试验气体应至少保持60 s，记录试样的浓度显示值。

5.4.2　试验设备

试验设备应满足附录B的要求。

5.5　响应时间试验

5.5.1　试验步骤

使试样处于正常监视状态。向试样通入流量为500 mL/min，浓度为满量程的60%的试验气体，保持60 s，记录试样的显示值作为基准值。将试样置于正常环境中通电5 min，以相同流量再次向试样通入浓度为满量程的60%的试验气体并开始计时，当试样的显示值达到90%基准值时停止计时，记录试样的响应时间t_{90}。

5.5.2　试验设备

试验设备包括气体分析仪、计时器。

5.6　方位试验

5.6.1　试验步骤

将试样安装于试验箱中，使其处于正常监视状态。试样在安装平面内顺时针旋转，每次旋转45°，按5.3规定的方法，分别测量试样在不同方位的报警动作值。

5.6.2　试验设备

试验设备应满足附录B的要求。

5.7 报警重复性试验

5.7.1 试验步骤

按 5.3 规定的方法重复测量同一试样的报警动作值 6 次。

5.7.2 试验设备

试验设备应满足附录 B 的要求。

5.8 高速气流试验

5.8.1 试验步骤

将试样安装于试验箱中，使其处于正常监视状态。启动通风机，使试验箱内气流速率稳定在 6 m/s±0.2 m/s，再以不大于每分钟满量程 1%的速率增加试验气体的浓度，直至试样发出报警信号，记录试样的报警动作值。

5.8.2 试验设备

试验设备应满足附录 B 的要求。

5.9 采样气流变化试验(仅适用于吸气式试样)

5.9.1 试验步骤

使试样在下述采样气流条件下工作，按 5.3 规定的方法测量试样的报警动作值：

a) 如试样的采样流量可调，将采样流量分别调至最大和最小流量；

b) 如试样的采样流量不可调，使采样流量为正常流量的 50%。

5.9.2 试验设备

试验设备应满足附录 B 的要求。

5.10 线路传输性能试验(仅适用于系统式试样)

5.10.1 试验步骤

试样与可燃气体报警控制器之间的通信线路使用长度为 1 000 m、截面积为 1 mm^2 的多股铜导线连接，并使控制器在满负载条件下工作(总线制控制器至少一个回路按设计容量连接真实负载，其他回路连接等效负载)，按 5.3 规定的方法测量试样的报警动作值。

5.10.2 试验设备

试验设备应满足附录 B 的要求。

5.11 探测器互换性能试验(仅适用于系统式试样)

5.11.1 试验步骤

在两个独立的信号通道或通信地址上各选择 1 只试样，将其互换后，按 5.3 规定的方法测量两只试样的报警动作值。

5.11.2 试验设备

试验设备应满足附录 B 的要求。

5.12 电压波动试验

5.12.1 试验步骤

将试样的供电电压分别调至其额定电压的 85%和 115%,按 5.3 规定的方法测量试样的报警动作值。

5.12.2 试验设备

试验设备应满足附录 B 的要求。

5.13 绝缘电阻试验

5.13.1 试验步骤

在正常大气条件下,用绝缘电阻试验装置,分别对试样的下述部位施加 500 V±50 V 直流电压,持续 60 s±5 s,测量试样的绝缘电阻值:

a) 工作电压大于 50 V 的外部带电端子与外壳间;
b) 工作电压大于 50 V 的电源插头或电源接线端子与外壳间(电源开关置于开位置,不接通电源)。

5.13.2 试验设备

应采用满足下述技术要求的绝缘电阻试验装置:

a) 试验电压:500 V±50 V;
b) 测量范围:0 MΩ～500 MΩ;
c) 最小分度:0.1 MΩ;
d) 计时:60 s±5 s。

5.14 电气强度试验

5.14.1 试验步骤

5.14.1.1 将试样的接地保护元件拆除。用电气强度试验装置,以 100 V/s～500 V/s 的升压速率,分别对试样的下述部位施加 1 250 V/50 Hz 的试验电压,持续 60 s±5 s,再以 100 V/s～500 V/s 的降压速率使试验电压低于试样额定电压后,方可断电:

a) 工作电压大于 50 V 的外部带电端子与外壳间;
b) 工作电压大于 50 V 的电源插头或电源接线端子与外壳间(电源开关置于开位置,不接通电源)。

5.14.1.2 试验后,对试样进行功能检查。

5.14.2 试验设备

应采用满足下述技术要求的电气强度试验装置:

a) 试验电压:电压为 0 V～1 250 V(有效值)连续可调,频率为 50 Hz;
b) 升、降压速率:100 V/s～500 V/s;
c) 计时:60 s±5 s;
d) 击穿报警预置电流:20 mA。

5.15 静电放电抗扰度试验

5.15.1 试验步骤

将试样按 GB/T 17626.2—2018 的规定进行试验布置，试样处于正常监视状态。按 GB/T 17626.2—2018 规定的试验方法对试样及耦合板施加符合表 1 所示条件的静电放电干扰。条件试验结束后，按 5.3 规定的方法测量试样的报警动作值。

5.15.2 试验设备

试验设备应满足 GB/T 17626.2—2018 的要求。

5.16 射频电磁场辐射抗扰度试验

5.16.1 试验步骤

将试样按 GB/T 17626.3—2016 的规定进行试验布置，试样处于正常监视状态。按 GB/T 17626.3—2016 规定的试验方法对试样施加符合表 1 所示条件的射频电磁场辐射干扰。条件试验结束后，按 5.3 规定的方法测量试样的报警动作值。

5.16.2 试验设备

试验设备应满足 GB/T 17626.3—2016 的要求。

5.17 电快速瞬变脉冲群抗扰度试验

5.17.1 试验步骤

将试样按 GB/T 17626.4—2018 的规定进行试验布置，试样处于正常监视状态。按 GB/T 17626.4—2018 规定的试验方法对试样施加符合表 1 所示条件的电快速瞬变脉冲群干扰。条件试验结束后，按 5.3 规定的方法测量试样的报警动作值。

5.17.2 试验设备

试验设备应满足 GB/T 17626.4—2018 的要求。

5.18 浪涌(冲击)抗扰度试验

5.18.1 试验步骤

将试样按 GB/T 17626.5—2008 的规定进行试验布置，试样处于正常监视状态。按 GB/T 17626.5—2008 规定的试验方法对试样施加符合表 1 所示条件的浪涌(冲击)干扰。条件试验结束后，按 5.3 规定的方法测量试样的报警动作值。

5.18.2 试验设备

试验设备应满足 GB/T 17626.5—2008 的要求。

5.19 射频场感应的传导骚扰抗扰度试验

5.19.1 试验步骤

将试样按 GB/T 17626.6—2017 的规定进行试验布置，试样处于正常监视状态。按 GB/T 17626.6—

2017 规定的试验方法对试样施加符合表 1 所示条件的射频场感应的传导骚扰。条件试验结束后，按 5.3 规定的方法测量试样的报警动作值。

5.19.2 试验设备

试验设备应满足 GB/T 17626.6—2017 的要求。

5.20 高温(运行)试验

5.20.1 试验步骤

将试样安装于试验箱中，使其处于正常监视状态。启动通风机，使试验箱内气流速率稳定在 0.8 m/s±0.2 m/s。以不大于 1 ℃/min 的升温速率将试样所处环境的温度升至表 2 规定的温度，保持 2 h。在高温环境条件下，按 5.3 规定的方法测量试样的报警动作值。

5.20.2 试验设备

试验设备应满足附录 B 的要求。

5.21 低温(运行)试验

5.21.1 试验步骤

将试样安装于试验箱中，使其处于正常监视状态。启动通风机，使试验箱内气流速率稳定在 0.8 m/s±0.2 m/s。以不大于 1 ℃/min 的降温速率将试样所处环境的温度降至表 2 规定的温度，保持 2 h。在低温环境条件下，按 5.3 规定的方法测量试样的报警动作值。

5.21.2 试验设备

试验设备应满足附录 B 的要求。

5.22 恒定湿热(运行)试验

5.22.1 试验步骤

将试样安装于试验箱中，使其处于正常监视状态。启动通风机，使试验箱内气流速率稳定在 0.8 m/s±0.2 m/s。以不大于 1 ℃/min 的升温速率将试样所处环境的温度升至 40 ℃±2 ℃，然后以不大于 5%/min 的加湿速率将环境的相对湿度升至 93%±3%，保持 2 h。在湿热环境条件下，按 5.3 规定的方法测量试样的报警动作值。

5.22.2 试验设备

试验设备应满足附录 B 的要求。

5.23 振动(正弦)(运行)试验

5.23.1 试验步骤

将试样按照制造商规定的正常方式刚性安装，使其处于正常监视状态。按 GB/T 16838 中振动(正弦)(运行)试验规定的试验方法对试样施加符合表 3 所示条件的振动(正弦)(运行)试验。条件试验结束后，检查试样外观及紧固部位，按 5.3 规定的方法测量试样的报警动作值。

5.23.2 试验设备

试验设备应满足 GB/T 16838 的要求。

5.24 振动(正弦)(耐久)试验

5.24.1 试验步骤

将试样按照制造商规定的正常方式刚性安装，试验期间，试样不通电。按 GB/T 16838 中振动(正弦)(耐久)试验规定的试验方法对试样施加符合表 3 所示条件的振动(正弦)(耐久)试验。条件试验结束后，检查试样外观及紧固部位，按 5.3 规定的方法测量试样的报警动作值。

5.24.2 试验设备

试验设备应满足 GB/T 16838 的要求。

5.25 跌落试验

5.25.1 试验步骤

按表 3 所示的试验条件，将非包装状态的试样自由跌落在平滑、坚硬的地面上，试验期间，试样不通电。条件试验结束后，检查试样外观及紧固部位，按 5.3 规定的方法测量试样的报警动作值。

5.25.2 试验设备

试验设备应满足附录 B 的要求。

5.26 抗气体干扰性能试验(不适用于测量范围在 3%LEL 以下的试样)

5.26.1 试验步骤

使试样处于正常监视状态，将其置于浓度为(6 000±200)$\times 10^{-6}$(体积分数)的乙酸气体环境中 30 min，试验后使试样处于正常监视状态 1 h，按 5.3 规定的方法测量试样的报警动作值。使试样处于正常监视状态 24 h后，将其置于浓度为(2 000±200)$\times 10^{-6}$(体积分数)的乙醇气体环境中 30 min，试验后使试样处于正常监视状态 1 h，按 5.3 规定的方法测量试样的报警动作值。

5.26.2 试验设备

试验设备应满足附录 B 的要求。

5.27 抗中毒性能试验

5.27.1 试验步骤

使试样处于正常监视状态，将其中一只试样置于可燃气体浓度为 1%LEL[可燃气体为一氧化碳时，一氧化碳浓度为 10×10^{-6}(体积分数)]和六甲基二硅醚蒸气浓度为(10±3)$\times 10^{-6}$(体积分数)的混合气体环境中 40 min。将另一试样置于可燃气体浓度为 1%LEL[可燃气体为一氧化碳时，一氧化碳浓度为 10×10^{-6}(体积分数)]和硫化氢浓度为(10±3)$\times 10^{-6}$(体积分数)的混合气体环境中 40 min。条件试验结束后，使试样处于正常监视状态 20 min，按 5.3 规定的方法分别测量试样的报警动作值。

5.27.2 试验设备

试验设备应满足附录 B 的要求。

5.28 抗高浓度气体冲击性能试验

5.28.1 试验步骤

使试样处于正常监视状态，将体积分数为 100% 的试验气体(探测一氧化碳的试样，使用体积分数为150%量程的试验气体)以500 mL/min的流量输送到试样的采样部位,保持2 min。使试样处于正常监视状态30 min,按5.3规定的方法测量试样的报警动作值。

5.28.2 试验设备

试验设备应满足附录B的要求。

5.29 低浓度运行试验

5.29.1 试验步骤

使试样处于正常监视状态,将其置于可燃气体浓度为20%低限报警设定值的环境中,保持4 h。条件试验结束后,使试样处于正常监视状态20 min,按5.3规定的方法测量试样的报警动作值。

5.29.2 试验设备

试验设备应满足附录B的要求。

5.30 长期稳定性试验

5.30.1 试验步骤

使试样在正常大气条件下连续工作28 d,期间观察并记录试样的工作状态。运行结束后,按5.3规定的方法测量试样的报警动作值。

5.30.2 试验设备

试验设备应满足附录B的要求。

6 检验规则

6.1 出厂检验

6.1.1 制造商在产品出厂前应对探测器至少进行下述试验项目的检验:

a) 基本性能试验;
b) 报警动作值试验;
c) 量程指示偏差试验;
d) 响应时间试验;
e) 探测器互换性能试验;
f) 长期稳定性试验;
g) 绝缘电阻试验;
h) 电气强度试验。

6.1.2 制造商应规定抽样方法、检验和判定规则。

6.2 型式检验

6.2.1 型式检验项目为第5章规定的全部试验项目。检验样品在出厂检验合格的产品中抽取。

6.2.2 有下列情况之一时,应进行型式检验:

a) 新产品或老产品转厂生产时的试制定型鉴定;
b) 正式生产后,产品的结构、主要部件或元器件、生产工艺等有较大的改变,可能影响产品性能;
c) 产品停产1年以上恢复生产;
d) 发生重大质量事故整改后;

e) 质量监督部门依法提出要求。

6.2.3 检验结果按 GB 12978 中规定的型式检验结果判定方法进行判定。

7 标志

7.1 总则

标志应清晰可见，且不应贴在螺丝或其他易被拆卸的部件上。

7.2 产品标志

7.2.1 每只探测器均应有清晰、耐久的中文产品标志，产品标志应包括以下内容：

a) 产品名称和型号；

b) 产品执行的标准编号；

c) 制造商名称、生产地址；

d) 制造日期和产品编号；

e) 产品主要技术参数(供电方式及参数、探测气体种类、量程、报警设定值及使用环境)。

7.2.2 产品标志信息中如使用不常用符号或缩写时，应在与探测器一起提供的使用说明书中注明。

7.3 质量检验标志

每只探测器均应有清晰的质量检验合格标志。

附　录　A
（规范性附录）
探测器产品型号的编制

A.1　产品型号编制原则

A.1.1　探测器产品型号应按其应用场所、探测气体种类的不同加以区分。

A.1.2　在编制探测器产品型号时，应清晰、准确的反映产品种类及特性。

A.2　产品型号编制方法

A.2.1　代码组成

探测器产品型号代码的组成如图 A.1 所示。

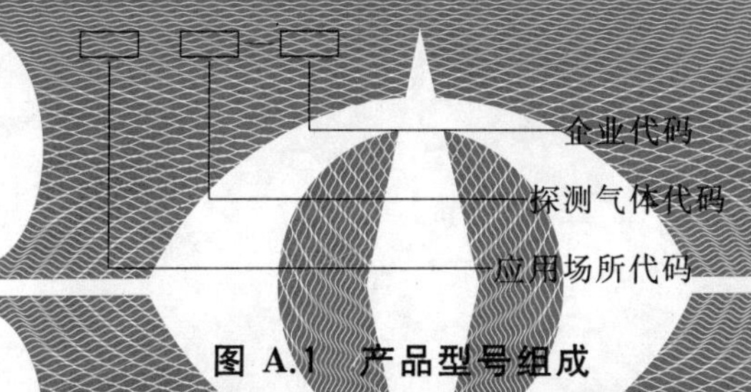

图 A.1　产品型号组成

A.2.2　基本特性代码

A.2.2.1　基本特性代码由应用场所代码和探测气体代码两部分组成。

A.2.2.2　应用场所代码分为：

a）G ——工业及商业用途点型可燃气体探测器；

b）J ——家用可燃气体探测器；

c）B ——便携式可燃气体探测器；

d）X ——线型光束可燃气体探测器。

A.2.2.3　探测气体代码分为：

a）T ——甲烷（天然气）；

b）Y ——丙烷（液化气）；

c）M——一氧化碳（人工煤气）；

d）Q ——其他气体。

A.2.3　企业代码

企业代码由制造商自行编制。

A.2.4　复合型探测器产品型号编制方法

产品能够同时探测两种及两种以上气体时，应将其对应的探测气体代码并列使用，以完整代表产品的特性。

A.3 产品型号编制示例

A.3.1 产品型号为GT-,代表该产品为工业或商业场所使用的、探测气体为甲烷的点型可燃气体探测器。

A.3.2 产品型号为JM-,代表该产品为家庭环境使用的、探测气体为一氧化碳的可燃气体探测器。

A.3.3 产品型号为BTM-,代表该产品为探测气体为甲烷和一氧化碳的便携式可燃气体探测器。

A.3.4 产品型号为BTQ-,代表该产品为探测气体为甲烷和其他气体的便携式可燃气体探测器。

A.3.5 产品型号为XT-,代表该产品为探测气体为甲烷的线型光束可燃气体探测器。

附 录 B
（规范性附录）
可燃气体探测器试验设备

B.1 可燃气体探测器高低温、湿热试验箱

可燃气体探测器高低温、湿热试验箱示意图见图 B.1。

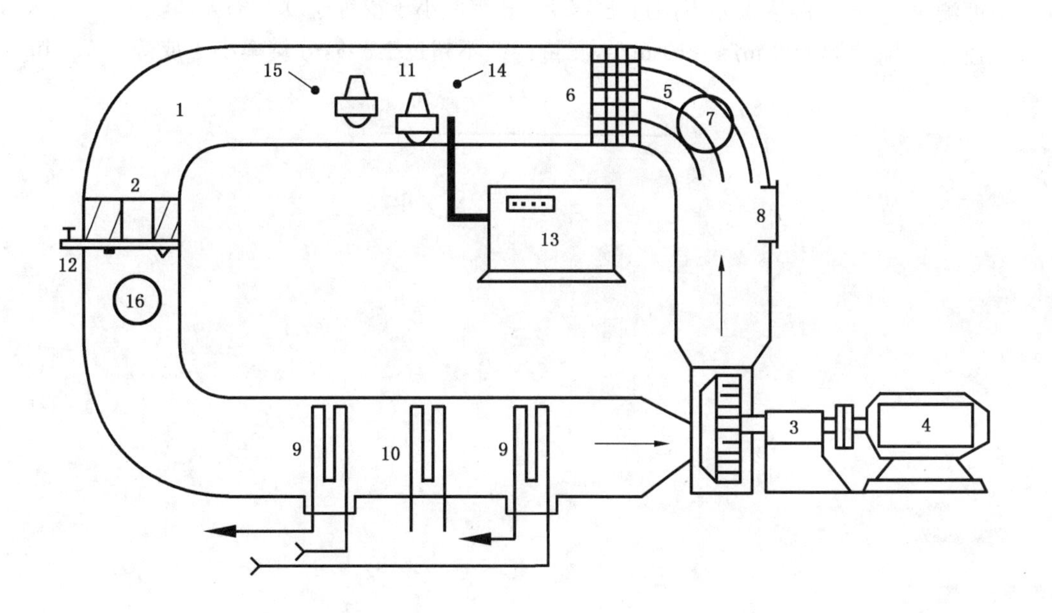

说明：

1 ——风筒；

2 ——涡流机；

3、4——电机；

5 ——导流板；

6 ——整流栅；

7 ——进风门；

8 ——排气门；

9 ——蒸发器；

10 ——加热器；

11 ——可燃气体探测器；

12 ——可燃气体入口；

13 ——气体分析仪；

14 ——温湿度测量仪；

15 ——风速计；

16 ——加湿门。

图 B.1 可燃气体探测器高低温、湿热试验箱

B.2 技术参数

可燃气体探测器高低温、湿热试验箱各部件应具备如下技术参数：

a) 通风机：风速范围 0 m/s～6.5 m/s 连续可调；

b) 加热器：温度范围 35 ℃～75 ℃连续可调，升温速率小于或等于 1 ℃/min；

c) 加湿器：相对湿度范围 90%～96%连续可调，加湿速率小于或等于 5%/min；

d) 蒸发器：温度范围 0 ℃～−40 ℃连续可调，降温速率小于或等于 1 ℃/min；

e) 温度测量仪：误差不超过±0.5 ℃，分辨率小于或等于 0.1 ℃；

f) 湿度测量仪：相对湿度误差不超过±0.5%，分辨率小于或等于 0.1%；

g) 风速计：测量范围 0.2 m/s～10 m/s，测量误差不超过±5%，分辨率小于或等于 0.1 m/s。

ICS 13.220.20
C 81

中华人民共和国国家标准

GB 15322.2—2019
代替 GB 15322.2—2003,GB 15322.5—2003

可燃气体探测器 第2部分:家用可燃气体探测器

Combustible gas detectors—Part 2:Household combustible gas detectors

2019-10-14 发布　　　　2020-11-01 实施

国家市场监督管理总局
中国国家标准化管理委员会　发布

前　言

本部分的全部技术内容为强制性。

GB 15322《可燃气体探测器》分为以下部分：

——第 1 部分：工业及商业用途点型可燃气体探测器；

——第 2 部分：家用可燃气体探测器；

——第 3 部分：工业及商业用途便携式可燃气体探测器；

——第 4 部分：工业及商业用途线型光束可燃气体探测器。

本部分为 GB 15322 的第 2 部分。

本部分按照 GB/T 1.1—2009 给出的规则起草。

本部分代替 GB 15322.2—2003《可燃气体探测器　第 2 部分：测量范围为 0～100%LEL 的独立式可燃气体探测器》和 GB 15322.5—2003《可燃气体探测器　第 5 部分：测量人工煤气的独立式可燃气体探测器》。本部分与 GB 15322.2—2003 和 GB 15322.5—2003 相比，主要技术变化如下：

——将 GB 15322.2—2003 和 GB 15322.5—2003 的内容合并为一个部分；

——增加了探测器功能方面的要求(见 3.3.1)；

——修改了在各项试验条件下对探测器报警动作值的要求(见第 3 章，GB 15322.2—2003 和 GB 15322.5—2003 的第 5 章)；

——增加了预热期间报警试验和防爆性能试验(见 3.3.7、3.3.8)；

——电磁兼容试验项目中增加了浪涌(冲击)抗扰度试验和射频场感应的传导骚扰抗扰度试验(见 3.3.13)；

——增加了抗中毒性能试验和低浓度运行试验(见 3.3.17、3.3.18)；

——针对探测一氧化碳的探测器增加了一氧化碳低浓度响应性能试验(见 3.3.20)。

本部分由中华人民共和国应急管理部提出并归口。

本部分起草单位：应急管理部沈阳消防研究所、北京市消防救援总队、中国城市燃气协会、汉威科技集团股份有限公司、阜阳华信电子仪器有限公司、成都安可信电子股份有限公司、济南本安科技发展有限公司、英吉森安全消防系统(上海)有限公司、北京惟泰安全设备有限公司、海南民生管道燃气有限公司、北京品傲光电科技有限公司、上海达江电子仪器有限公司。

本部分主要起草人：张颖琮、赵宇、邵宇、唐皓、杨欣、王宇行、郭立治、丁宏军、郭春雷、康卫东、费春祥、蒋妙飞、邓丽红、赵英然、马长城、姜波、孟宇、朱刚、马祖林、叶晓平、王建刚、栾军。

本部分所代替标准的历次版本发布情况为：

——GB 15322—1994；

——GB 15322.2—2003；

——GB 15322.5—2003。

可燃气体探测器
第2部分:家用可燃气体探测器

1 范围

GB 15322的本部分规定了家用可燃气体探测器的要求、试验、检验规则和标志。

本部分适用于家庭环境使用的用于探测天然气、液化石油气、人工煤气等可燃气体及其不完全燃烧产物的探测器。

2 规范性引用文件

下列文件对于本文件的应用是必不可少的。凡是注日期的引用文件,仅注日期的版本适用于本文件。凡是不注日期的引用文件,其最新版本(包括所有的修改单)适用于本文件。

GB/T 9969 工业产品使用说明书 总则

GB 12978 消防电子产品检验规则

GB 15322.1—2019 可燃气体探测器 第1部分:工业及商业用途点型可燃气体探测器

GB/T 16838 消防电子产品 环境试验方法及严酷等级

GB/T 17626.2—2018 电磁兼容 试验和测量技术 静电放电抗扰度试验

GB/T 17626.3—2016 电磁兼容 试验和测量技术 射频电磁场辐射抗扰度试验

GB/T 17626.4—2018 电磁兼容 试验和测量技术 电快速瞬变脉冲群抗扰度试验

GB/T 17626.5—2008 电磁兼容 试验和测量技术 浪涌(冲击)抗扰度试验

GB/T 17626.6—2017 电磁兼容 试验和测量技术 射频场感应的传导骚扰抗扰度

GB 23757 消防电子产品防护要求

3 要求

3.1 总则

家用可燃气体探测器(以下简称"探测器")应满足第3章的相关要求,并按第4章的规定进行试验,以确认探测器对第3章要求的符合性。

3.2 外观要求

3.2.1 探测器应具备产品出厂时的完整包装,包装中应包含质量检验合格标志和使用说明书。

3.2.2 探测器表面应无腐蚀、涂覆层脱落和起泡现象,无明显划伤、裂痕、毛刺等机械损伤,紧固部位无松动。

3.3 性能

3.3.1 一般要求

3.3.1.1 探测器应采用36 V及以下的直流电压或220 V交流电压供电。采用外部直流电源供电的探测器应由可燃气体报警控制器供电,且应具有极性反接的保护措施。采用电池供电的探测器应具有防止极性反接的电池安装结构，当电池被取走时应有明显的警示标识。

3.3.1.2 探测器表面应具有工作状态指示灯，指示其正常监视、故障、报警工作状态。正常监视状态指示应为绿色，故障状态指示应为黄色，报警状态指示应为红色。指示灯应有中文功能注释。在 5 lx～500 lx 光照条件下、正前方 5 m 处，指示灯的状态应清晰可见。

注：正常监视状态指探测器接通电源正常工作，且未发出报警信号或故障信号时的状态。

3.3.1.3 探测器应具有气体传感器寿命状态指示功能，并满足以下要求：

a） 气体传感器寿命状态指示应为黄色；

b） 探测器累计工作时间达到气体传感器使用期限时，状态指示应闪亮；

c） 探测器表面应有提示气体传感器失效或寿命到期需更换的明显标识；

d） 探测器使用说明书中应注明气体传感器的使用期限。

3.3.1.4 具有浓度显示功能的探测器，在 5 lx～500 lx 光照条件下、正前方 1 m 处，显示信息应清晰可见。

3.3.1.5 在额定工作电压条件下，探测器报警声信号在距其正前方 1 m 处的最大声压级(A 计权)应不小于 70 dB，不大于 115 dB。

3.3.1.6 探测器应具有控制输出功能。控制输出接口的类型和容量应与制造商规定的配接产品或执行部件相匹配，且应在使用说明书中注明。如探测器的控制输出接口具有延时功能，其最大延时时间不应超过 30 s。

3.3.1.7 探测器应具有能够与控制和指示设备连接的联网接口(仅以电池供电的探测器除外)，联网接口应能输出与其测量浓度相对应的信号及探测器正常监视、故障、报警、传感器寿命状态信号。信号的类型、参数等信息应在使用说明书中注明。

3.3.1.8 探测器在被监测区域内的可燃气体浓度达到报警设定值时，应能发出报警信号。再将探测器置于正常环境中，30 s 内应能自动(或手动)恢复到正常监视状态。

3.3.1.9 探测器的报警设定值应在 5%LEL～25%LEL 范围，其量程上限应不低于报警设定值的 2 倍且不小于 15%LEL；探测一氧化碳的探测器，其报警设定值应在 150×10^{-6}(体积分数)～300×10^{-6}(体积分数)范围。

注：爆炸下限(LEL)为可燃气体或蒸气在空气中的最低爆炸浓度。

3.3.1.10 探测器采用插拔结构气体传感器时，应具有结构性的防脱落措施。气体传感器发生脱落时，探测器应能在 30 s 内发出故障信号。

3.3.1.11 探测器应具有对其声光部件手动自检功能，其控制输出接口在自检期间应延时 7 s～30 s 动作。

3.3.1.12 探测器的外壳防护等级(IP 代码)应满足 GB 23757 中规定的 IP30 等级的要求。

3.3.1.13 探测器的型号编制应符合 GB 15322.1—2019 中附录 A 的规定。

3.3.1.14 探测器内部应具有计时装置，日计时误差不应超过 30 s。

3.3.1.15 探测器内部应具有报警历史记录功能，历史记录在探测器掉电后应能保存。历史记录的类型和条数应满足以下要求：

a） 探测器报警记录：不少于 200 条；

b） 探测器报警恢复记录：不少于 200 条；

c） 探测器故障记录：不少于 100 条；

d） 探测器故障恢复记录：不少于 100 条；

e） 探测器掉电记录：不少于 50 条；

f） 探测器上电记录：不少于 50 条；

g） 气体传感器失效记录：不少于 1 条。

3.3.1.16 探测器内部应具有读取接口，使用可燃气体报警控制器或探测器报警历史信息记录读取装置应能对探测器的报警历史记录完整读取。读取接口的物理特性和通信协议参见附录A。

3.3.1.17 探测器应在使用说明书中注明存储器中各类报警历史记录的最大存储条数。

3.3.1.18 探测器的使用说明书应满足GB/T 9969的相关要求。

3.3.2 报警动作值

3.3.2.1 在本部分规定的试验项目中，探测器的报警动作值不应低于5%LEL，探测一氧化碳的探测器，其报警动作值不应低于50×10^{-6}(体积分数)。

注：爆炸下限(LEL)为可燃气体或蒸气在空气中的最低爆炸浓度。

3.3.2.2 探测器的报警动作值与报警设定值之差的绝对值不应大于3%LEL，探测一氧化碳的探测器，其报警动作值与报警设定值之差的绝对值不应大于50×10^{-6}(体积分数)。

3.3.3 量程指示偏差(适用于具有浓度显示功能的探测器)

在探测器量程内选取若干试验点作为基准值，使被监测区域内的可燃气体浓度分别达到对应的基准值。探测器在试验点上的可燃气体浓度显示值与基准值之差的绝对值不应大于3%LEL。探测一氧化碳的探测器，其浓度显示值与基准值之差的绝对值不应大于80×10^{-6}(体积分数)。

3.3.4 响应时间

具有浓度显示功能的探测器，向其通入流量为500 mL/min，浓度为满量程的60%的试验气体，保持60 s，记录探测器的显示值作为基准值，显示值达到基准值的90%所需的时间为探测器的响应时间。不具有浓度显示功能的探测器，向其通入流量为500 mL/min，浓度为报警设定值1.6倍的试验气体并开始计时，探测器发出报警信号所需的时间为探测器的响应时间。探测一氧化碳的探测器，其响应时间不应大于60 s，其他气体探测器的响应时间不应大于30 s。

3.3.5 方位

探测器在安装平面内顺时针旋转，每次旋转45°，分别测量探测器的报警动作值。探测器的报警动作值与报警设定值之差的绝对值不应大于3%LEL；探测一氧化碳的探测器，其报警动作值与报警设定值之差的绝对值不应大于50×10^{-6}(体积分数)。

3.3.6 报警重复性

对同一只探测器重复测量报警动作值6次，报警动作值与报警设定值之差的绝对值不应大于3%LEL。探测一氧化碳的探测器，其报警动作值与报警设定值之差的绝对值不应大于50×10^{-6}(体积分数)。

3.3.7 预热期间报警

将探测器在不通电状态下放置24 h后，使其在试验气体浓度为30%LEL的环境条件下恢复供电，探测一氧化碳的探测器在一氧化碳浓度为380×10^{-6}(体积分数)的环境条件下恢复供电，探测器应能在恢复供电后的5 min之内发出报警信号。

3.3.8 防爆性能

将不通电状态的探测甲烷或一氧化碳的探测器置于甲烷浓度为8.5%(体积分数)的试验箱中，探测丙烷的探测器置于丙烷浓度为4.6%(体积分数)的试验箱中，保持5 min。将探测器恢复供电，保持5 min，期间不应发生可燃气体引燃或爆炸现象。

3.3.9 电压波动(不适用于仅以电池供电的探测器)

将探测器的供电电压分别调至其额定电压的85%和115%,测量探测器的报警动作值,报警动作值与报警设定值之差的绝对值不应大于3%LEL。探测一氧化碳的探测器,其报警动作值与报警设定值之差的绝对值不应大于50×10^{-6}(体积分数)。

3.3.10 电池容量

3.3.10.1 对仅以电池供电的探测器,以25倍最大工作电流对电池放电30 d,放电结束后,探测器的电池容量应能保证其正常工作不少于2 h。在电池电量低时,探测器应能发出与报警信号有明显区别的声、光指示信号,控制输出接口应能正常驱动其配接产品或执行部件。

3.3.10.2 具有备用电池的探测器,在以主电和备电两种不同供电条件下工作时,状态指示应有区别。备用电池容量应能保证其正常工作不少于8 h。在备用电池电量低时,探测器应能发出与报警信号有明显区别的声、光指示信号,控制输出接口应能正常驱动其配接产品或执行部件。

3.3.10.3 在指示电池电量低时,测量探测器的报警动作值,探测器的报警动作值与报警设定值之差的绝对值不应大于5%LEL。探测一氧化碳的探测器,其报警动作值与报警设定值之差的绝对值不应大于80×10^{-6}(体积分数)。

3.3.11 绝缘电阻

探测器的外部带电端子和电源插头的工作电压大于50 V时,外部带电端子和电源插头与外壳间的绝缘电阻在正常大气条件下应不小于100 MΩ。

3.3.12 电气强度

探测器的外部带电端子和电源插头的工作电压大于50 V时,外部带电端子和电源插头应能耐受频率为50 Hz、有效值电压为1 250 V的交流电压,历时60 s的电气强度试验。试验期间,探测器不应发生击穿放电现象。试验后,探测器功能应正常。

3.3.13 电磁兼容性能

探测器应能耐受表1所规定的电磁干扰条件下的各项试验,试验期间,探测器不应发出报警信号或故障信号。试验后,探测器的报警动作值与报警设定值之差的绝对值不应大于5%LEL。探测一氧化碳的探测器,其报警动作值与报警设定值之差的绝对值不应大于80×10^{-6}(体积分数)。

表1 电磁兼容试验参数

试验名称	试验参数	试验条件	工作状态
静电放电抗扰度试验	放电电压 kV	空气放电(绝缘体外壳):8 接触放电(导体外壳和耦合板):6	正常监视状态
	放电极性	正、负	
	放电间隔 s	≥1	
	每点放电次数	10	
射频电磁场辐射抗扰度试验	场强 V/m	10	正常监视状态
	频率范围 MHz	80～1 000	

表 1（续）

试验名称	试验参数	试验条件	工作状态
射频电磁场辐射抗扰度试验	扫描速率 10 oct/s	≤1.5×10^{-3}	正常监视状态
	调制幅度	80%(1 kHz,正弦)	
电快速瞬变脉冲群抗扰度试验(不适用于仅以电池供电的探测器)	瞬变脉冲电压 kV	AC电源线:2×(1±0.1) 其他连接线:1×(1±0.1)	正常监视状态
	重复频率 kHz	5×(1±0.2)	
	极性	正、负	
	时间 min	1	
浪涌(冲击)抗扰度试验(不适用于仅以电池供电的探测器)	浪涌(冲击)电压 kV	AC电源线:线-线 1×(1±0.1) AC电源线:线-地 2×(1±0.1) 其他连接线:线-地 1×(1±0.1)	正常监视状态
	极性	正、负	
	试验次数	5	
	试验间隔 s	60	
射频场感应的传导骚扰抗扰度试验(不适用于仅以电池供电的探测器)	频率范围 MHz	0.15～80	正常监视状态
	电压 dBμV	140	
	调制幅度	80%(1 kHz,正弦)	

3.3.14 气候环境耐受性

探测器应能耐受表2所规定的气候环境条件下的各项试验,试验期间,探测器不应发出报警信号或故障信号。试验后,探测器的报警动作值与报警设定值之差的绝对值不应大于10%LEL。探测一氧化碳的探测器,其报警动作值与报警设定值之差的绝对值不应大于160×10^{-6}(体积分数)。

表 2 气候环境试验参数

试验名称	试验参数	试验条件	工作状态
高温(运行)试验	温度 ℃	55±2	正常监视状态
	持续时间 h	2	
低温(运行)试验	温度 ℃	−10±2	正常监视状态
	持续时间 h	2	

表 2（续）

试验名称	试验参数	试验条件	工作状态
恒定湿热(运行)试验	温度 ℃	40±2	正常监视状态
	相对湿度	93%±3%	
	持续时间 h	2	

3.3.15 机械环境耐受性

探测器应能耐受表 3 所规定的机械环境条件下的各项试验，运行试验期间，探测器不应发出报警信号或故障信号。试验后，探测器不应有机械损伤和紧固部位松动，报警动作值与报警设定值之差的绝对值不应大于 5%LEL。探测一氧化碳的探测器，其报警动作值与报警设定值之差的绝对值不应大于 80×10^{-6}(体积分数)。

表 3 机械环境试验参数

试验名称	试验参数	试验条件	工作状态
振动(正弦)(运行)试验	频率范围 Hz	10～150	正常监视状态
	加速度 m/s^2	10	
	扫频速率 oct/min	1	
	轴线数	3	
	每个轴线扫频次数	1	
振动(正弦)(耐久)试验	频率范围 Hz	10～150	不通电状态
	加速度 m/s^2	10	
	扫频速率 oct/min	1	
	轴线数	3	
	每个轴线扫频次数	20	
跌落试验	跌落高度 mm	质量不大于 2 kg:1 000 质量大于 2 kg 且 不大于 5 kg: 500 质量大于 5 kg:不进行试验	不通电状态
	跌落次数	2	

3.3.16 抗气体干扰性能

使探测器分别在下述气体干扰环境中工作 30 min，期间探测器不应发出报警信号或故障信号：

a) 乙酸：(6 000±200)×10^{-6}(体积分数)；

b) 乙醇：(2 000±200)×10^{-6}(体积分数)。

每种气体干扰后使探测器处于正常监视状态 1 h，然后测量其报警动作值。探测器的报警动作值与报警设定值之差的绝对值不应大于 5%LEL。探测一氧化碳的探测器，其报警动作值与报警设定值之差的绝对值不应大于 80×10^{-6}(体积分数)。

3.3.17 抗中毒性能

使探测器在可燃气体浓度为 1%LEL[探测一氧化碳的探测器，一氧化碳浓度为 10×10^{-6}(体积分数)]，和六甲基二硅醚蒸气浓度为(10±3)×10^{-6}(体积分数)的混合气体环境中工作 40 min，期间探测器不应发出报警信号或故障信号。环境干扰后使探测器处于正常监视状态 20 min，然后测量其报警动作值。探测器的报警动作值与报警设定值之差的绝对值不应大于 10%LEL。探测一氧化碳的探测器，其报警动作值与报警设定值之差的绝对值不应大于 160×10^{-6}(体积分数)。

3.3.18 低浓度运行

使探测器在可燃气体浓度为 20%低限报警设定值的环境中工作 4 h。运行期间，探测器不应发出报警信号或故障信号。使探测器处于正常监视状态 20 min，然后测量其报警动作值，探测器的报警动作值与报警设定值之差的绝对值不应大于 5%LEL。探测一氧化碳的探测器，其报警动作值与报警设定值之差的绝对值不应大于 80×10^{-6}(体积分数)。

3.3.19 长期稳定性

使探测器在正常大气条件下连续工作 28 d 后，测量探测器的报警动作值。探测器在连续工作期间不应发出报警信号或故障信号。探测器的报警动作值与报警设定值之差的绝对值不应大于 5%LEL。探测一氧化碳的探测器，其报警动作值与报警设定值之差的绝对值不应大于 80×10^{-6}(体积分数)。

3.3.20 一氧化碳低浓度响应性能(仅适用于探测一氧化碳的探测器)

使探测器在一氧化碳浓度为(70±5)×10^{-6}(体积分数)的环境中连续工作，探测器在开始的60 min 内不应发出报警信号，在之后的 180 min 内应发出报警信号。

4 试验

4.1 试验纲要

4.1.1 大气条件

如在有关条文中没有说明，各项试验均在下述正常大气条件下进行：

——温度：15 ℃～35 ℃；

——相对湿度：25%～75%；

——大气压力：86 kPa～106 kPa。

4.1.2 试验样品

试验样品(以下简称“试样”)数量为 12 只，试验前应对试样予以编号。

4.1.3 外观检查

试样在试验前应检查外观是否满足 3.2 的要求。

4.1.4 试验前准备

将试样在不通电条件件下依次置于以下环境中：

a) －25 ℃±3 ℃，保持 24 h；

b) 正常大气条件，保持 24 h；

c) 55 ℃±2 ℃，保持 24 h；

d) 正常大气条件，保持 24 h。

4.1.5 试样的安装

试验前，试样应按照制造商规定的正常使用方式安装，采用外部直流电源供电的试样应与制造商规定的可燃气体报警控制器连接，使其在正常大气条件下通电预热 20 min。

4.1.6 容差

各项试验数据的容差均为±5％。

4.1.7 试验气体

配制试验气体的可燃气体纯度应不低于 99.5％。除相关试验外，试验气体应由可燃气体与洁净空气混合而成，试验气体湿度应符合正常湿度条件，配气误差应不超过报警设定值的±2％。

4.1.8 试验程序

试验程序见表 4。

表 4 试验程序

序号	章条	试验项目	试样编号											
			1	2	3	4	5	6	7	8	9	10	11	12
1	4.1.3	外观检查	√	√	√	√	√	√	√	√	√	√	√	√
2	4.2	基本性能试验	√	√	√	√	√	√	√	√	√	√	√	√
3	4.3	报警动作值试验	√	√	√	√	√	√	√	√	√	√	√	√
4	4.4	量程指示偏差试验(适用于具有浓度显示功能的试样)			√	√								
5	4.5	响应时间试验			√	√								
6	4.6	方位试验	√											
7	4.7	报警重复性试验		√										
8	4.8	预热期间报警试验				√								
9	4.9	防爆性能试验				√								
10	4.10	电压波动试验(不适用于仅以电池供电的试样)			√									
11	4.11	电池容量试验			√									

表 4（续）

序号	章条	试验项目	试样编号											
			1	2	3	4	5	6	7	8	9	10	11	12
12	4.12	绝缘电阻试验											√	
13	4.13	电气强度试验											√	
14	4.14	静电放电抗扰度试验									√			
15	4.15	射频电磁场辐射抗扰度试验										√		
16	4.16	电快速瞬变脉冲群抗扰度试验(不适用于仅以电池供电的试样)									√			
17	4.17	浪涌(冲击)抗扰度试验(不适用于仅以电池供电的试样)									√			
18	4.18	射频场感应的传导骚扰抗扰度试验(不适用于仅以电池供电的试样)										√		
19	4.19	高温(运行)试验	√											
20	4.20	低温(运行)试验		√										
21	4.21	恒定湿热(运行)试验			√									
22	4.22	振动(正弦)(运行)试验											√	
23	4.23	振动(正弦)(耐久)试验											√	
24	4.24	跌落试验											√	
25	4.25	抗气体干扰性能试验											√	
26	4.26	抗中毒性能试验							√					
27	4.27	低浓度运行试验												√
28	4.28	长期稳定性试验					√	√						
29	4.29	一氧化碳低浓度响应性能试验(仅适用于探测一氧化碳的试样)												√

4.2 基本性能试验

4.2.1 检查试样的供电方式是否符合 3.3.1.1 的规定。采用外部直流电源供电的试样，将其电源极性反接，检查试样是否具有极性反接的保护措施。采用电池供电的试样，检查其是否具有防止极性反接的电池安装结构，取出试样的电池，检查其是否有明显的警示标识。

4.2.2 检查并记录试样工作状态指示灯的指示和功能注释情况是否符合 3.3.1.2 的规定。

4.2.3 检查并记录试样的气体传感器寿命状态指示功能是否符合 3.3.1.3 的规定。

4.2.4 具有浓度显示功能的试样，向其通入试验气体，检查并记录试样的浓度显示情况。

4.2.5 向试样通入试验气体使其发出报警信号，检查并记录试样的报警设定值和量程设置是否符合 3.3.1.9 的规定，测量试样正前方 1 m 处报警声信号的声压级(A 计权)。将试样置于正常环境中并开始计时，检查并记录其报警状态的恢复情况。

4.2.6 将试样与制造商规定的配接产品或执行部件连接，使试样发出报警信号，检查并记录试样的控制输出接口是否动作。控制输出接口如具有延时功能，测量并记录其最大延时时间。

4.2.7 将试样的联网接口与制造商规定的控制和指示设备连接，向试样通入试验气体，改变试样的工作状态，检查并记录控制和指示设备上试样的测量浓度和工作状态显示情况。

4.2.8 试样的气体传感器如采用插拔结构，检查其是否具有结构性的防脱落措施。移除气体传感器，检查并记录试样的故障状态指示情况。

4.2.9 对试样进行自检操作，检查并记录其声光部件的自检情况，测量控制输出接口的动作延时时间。

4.2.10 按 GB 23757 规定的方法，检查试样的外壳防护等级。

4.2.11 检查试样的型号编制是否符合 GB 15322.1—2019 中附录 A 的规定。

4.2.12 将试样内部的读取接口与可燃气体报警控制器或附录 A 规定的探测器报警历史记录读取装置连接，检查控制器或读取装置能否完整读取试样的报警历史记录。检查并记录试样内部计时装置的日计时误差和报警历史记录功能是否符合 3.3.1.14 和 3.3.1.15 的规定。

4.2.13 检查探测器的使用说明书是否满足 GB/T 9969 的相关要求，其中是否注明存储器中各类报警历史记录的最大存储条数，是否注明控制输出接口的类型和容量，是否注明联网接口输出信号的类型、参数等信息。

4.3 报警动作值试验

4.3.1 试验步骤

将试样安装于试验箱中，使其处于正常监视状态。启动通风机，使试验箱内气流速率稳定在 0.8 m/s±0.2 m/s，再以不大于 1%LEL/min[对于探测一氧化碳的试样，速率为不大于 50×10^{-6}（体积分数）/min]的速率增加试验气体的浓度，直至试样发出报警信号，记录试样的报警动作值。

4.3.2 试验设备

试验设备应满足 GB 15322.1—2019 中附录 B 的要求。

4.4 量程指示偏差试验（适用于具有浓度显示功能的试样）

4.4.1 试验步骤

使试样处于正常监视状态。分别使被监测区域内的可燃气体浓度达到其满量程的 25%、50%和 75%，试验期间，每个浓度的试验气体应至少保持 60 s，记录试样的浓度显示值。

4.4.2 试验设备

试验设备应满足 GB 15322.1—2019 中附录 B 的要求。

4.5 响应时间试验

4.5.1 试验步骤

4.5.1.1 使试样处于正常监视状态。

4.5.1.2 具有浓度显示功能的试样，向其通入流量为 500 mL/min，浓度为满量程的 60%的试验气体，保持 60 s，记录试样的显示值作为基准值。将试样置于正常环境中通电 5 min，以相同流量再次向试样通入浓度为满量程的 60%的试验气体并开始计时，当试样的显示值达到 90%基准值时停止计时，记录试样的响应时间 t_{90}。

4.5.1.3 不具有浓度显示功能的试样，向其通入流量为 500 mL/min，浓度为报警设定值 1.6 倍的试验气体并开始计时，当试样发出报警信号时停止计时，记录试样的响应时间。

4.5.2 试验设备

试验设备包括气体分析仪、计时器。

4.6 方位试验

4.6.1 试验步骤

将试样安装于试验箱中，使其处于正常监视状态。试样在安装平面内顺时针旋转，每次旋转45°，按4.3规定的方法，分别测量试样在不同方位的报警动作值。

4.6.2 试验设备

试验设备应满足GB 15322.1—2019中附录B的要求。

4.7 报警重复性试验

4.7.1 试验步骤

按4.3规定的方法重复测量同一试样的报警动作值6次。

4.7.2 试验设备

试验设备应满足GB 15322.1—2019中附录B的要求。

4.8 预热期间报警试验

4.8.1 试验步骤

将试样在正常大气条件下放置24 h，期间试样不通电。将被监测区域内的可燃气体浓度升至30%LEL。对于探测一氧化碳的试样，将一氧化碳浓度升至380×10^{-6}(体积分数)。对试样恢复供电并开始计时，当试样发出报警信号后停止计时，记录试样恢复供电后的报警时间。

4.8.2 试验设备

试验设备包括气体分析仪、计时器。

4.9 防爆性能试验

4.9.1 试验步骤

将试样安装于隔爆试验箱中，按3.3.8的规定将试验箱内的可燃气体浓度升至对应值，期间试样不通电，保持5 min。对试样恢复供电并开始计时，保持5 min，观察并记录试验箱内的试验气体是否发生引燃或爆炸现象。

4.9.2 试验设备

试验设备包括隔爆试验箱、气体分析仪、计时器。

4.10 电压波动试验(不适用于仅以电池供电的试样)

4.10.1 试验步骤

将试样的供电电压分别调至其额定电压的85%和115%，按4.3规定的方法测量试样的报警动作值。

4.10.2 试验设备

试验设备应满足GB 15322.1—2019中附录B的要求。

4.11 电池容量试验

4.11.1 试验步骤

4.11.1.1 仅以电池供电的试样，将满容量电池以 25 倍的试样最大工作电流放电 30 d 后，将电池装入试样中，检查并记录试样的电池电量指示情况。在指示电池电量低时，检查并记录试样的声、光指示信号是否与报警信号有明显区别，检查试样的控制输出接口是否能正常驱动其配接产品或执行部件，并按 4.3 规定的方法测量试样的报警动作值。

4.11.1.2 具有备用电池的试样，检查并记录试样在不同供电条件下的状态指示是否有区别。使试样在满容量备用电池供电条件下正常工作 8 h 后，检查并记录试样的备用电池电量指示情况。在指示备用电池电量低时，检查并记录试样的声、光指示信号是否与报警信号有明显区别，检查试样的控制输出接口是否能正常驱动其配接产品或执行部件，并按 4.3 规定的方法测量试样的报警动作值。

4.11.2 试验设备

试验设备应满足 GB 15322.1—2019 中附录 B 的要求。

4.12 绝缘电阻试验

4.12.1 试验步骤

在正常大气条件下，用绝缘电阻试验装置，分别对试样的下述部位施加 500 V±50 V 直流电压，持续 60 s±5 s，测量试样的绝缘电阻值：

a) 工作电压大于 50 V 的外部带电端子与外壳间；
b) 工作电压大于 50 V 的电源插头或电源接线端子与外壳间(电源开关置于开位置，不接通电源)。

4.12.2 试验设备

应采用满足下述技术要求的绝缘电阻试验装置：

a) 试验电压：500 V±50 V；
b) 测量范围：0 MΩ～500 MΩ；
c) 最小分度：0.1 MΩ；
d) 计时：60 s±5 s。

4.13 电气强度试验

4.13.1 试验步骤

4.13.1.1 将试样的接地保护元件拆除。用电气强度试验装置，以 100 V/s～500 V/s 的升压速率，分别对试样的下述部位施加 1 250 V/50 Hz 的试验电压，持续 60 s±5 s，再以 100 V/s～500 V/s 的降压速率使试验电压低于试样额定电压后，方可断电：

a) 工作电压大于 50 V 的外部带电端子与外壳间；
b) 工作电压大于 50 V 的电源插头或电源接线端子与外壳间(电源开关置于开位置，不接通电源)。

4.13.1.2 试验后，对试样进行功能检查。

4.13.2 试验设备

应采用满足下述技术要求的电气强度试验装置：

a) 试验电压：电压为 0 V～1 250 V(有效值)连续可调，频率为 50 Hz；

b) 升、降压速率:100 V/s～500 V/s;

c) 计时:60 s±5 s;

d) 击穿报警预置电流:20 mA。

4.14 静电放电抗扰度试验

4.14.1 试验步骤

将试样按 GB/T 17626.2—2018 的规定进行试验布置,试样处于正常监视状态。按 GB/T 17626.2—2018 规定的试验方法对试样及耦合板施加符合表 1 所示条件的静电放电干扰。条件试验结束后,按 4.3 规定的方法测量试样的报警动作值。

4.14.2 试验设备

试验设备应满足 GB/T 17626.2—2018 的要求。

4.15 射频电磁场辐射抗扰度试验

4.15.1 试验步骤

将试样按 GB/T 17626.3—2016 的规定进行试验布置,试样处于正常监视状态。按 GB/T 17626.3—2016 规定的试验方法对试样施加符合表 1 所示条件的射频电磁场辐射干扰。条件试验结束后,按 4.3 规定的方法测量试样的报警动作值。

4.15.2 试验设备

试验设备应满足 GB/T 17626.3—2016 的要求。

4.16 电快速瞬变脉冲群抗扰度试验(不适用于仅以电池供电的试样)

4.16.1 试验步骤

将试样按 GB/T 17626.4—2018 的规定进行试验布置,试样处于正常监视状态。按 GB/T 17626.4—2018 规定的试验方法对试样施加符合表 1 所示条件的电快速瞬变脉冲群干扰。条件试验结束后,按 4.3 规定的方法测量试样的报警动作值。

4.16.2 试验设备

试验设备应满足 GB/T 17626.4—2018 的要求。

4.17 浪涌(冲击)抗扰度试验(不适用于仅以电池供电的试样)

4.17.1 试验步骤

将试样按 GB/T 17626.5—2008 的规定进行试验布置,试样处于正常监视状态。按 GB/T 17626.5—2008 规定的试验方法对试样施加符合表 1 所示条件的浪涌(冲击)干扰。条件试验结束后,按 4.3 规定的方法测量试样的报警动作值。

4.17.2 试验设备

试验设备应满足 GB/T 17626.5—2008 的要求。

4.18 射频场感应的传导骚扰抗扰度试验(不适用于仅以电池供电的试样)

4.18.1 试验步骤

将试样按GB/T 17626.6—2017的规定进行试验布置,试样处于正常监视状态。按GB/T 17626.6—2017规定的试验方法对试样施加符合表1所示条件的射频场感应的传导骚扰。条件试验结束后,按4.3规定的方法测量试样的报警动作值。

4.18.2 试验设备

试验设备应满足GB/T 17626.6—2017的要求。

4.19 高温(运行)试验

4.19.1 试验步骤

将试样安装于试验箱中,使其处于正常监视状态。启动通风机,使试验箱内气流速率稳定在0.8 m/s±0.2 m/s。以不大于1 ℃/min的升温速率将试样所处环境的温度升至55 ℃±2 ℃,保持2 h。在高温环境条件下,按4.3规定的方法测量试样的报警动作值。

4.19.2 试验设备

试验设备应满足GB 15322.1—2019中附录B的要求。

4.20 低温(运行)试验

4.20.1 试验步骤

将试样安装于试验箱中,使其处于正常监视状态。启动通风机,使试验箱内气流速率稳定在0.8 m/s±0.2 m/s。以不大于1 ℃/min的降温速率将试样所处环境的温度降至−10 ℃±2 ℃,保持2 h。在低温环境条件下,按4.3规定的方法测量试样的报警动作值。

4.20.2 试验设备

试验设备应满足GB 15322.1—2019中附录B的要求。

4.21 恒定湿热(运行)试验

4.21.1 试验步骤

将试样安装于试验箱中,使其处于正常监视状态。启动通风机,使试验箱内气流速率稳定在0.8 m/s±0.2 m/s。以不大于1 ℃/min的升温速率将试样所处环境的温度升至40 ℃±2 ℃,然后以不大于5%/min的加湿速率将环境的相对湿度升至93%±3%,保持2 h。在湿热环境条件下,按4.3规定的方法测量试样的报警动作值。

4.21.2 试验设备

试验设备应满足GB 15322.1—2019中附录B的要求。

4.22 振动(正弦)(运行)试验

4.22.1 试验步骤

将试样按照制造商规定的正常方式刚性安装,使其处于正常监视状态。按GB/T 16838中振动(正弦)(运行)试验规定的试验方法对试样施加符合表3所示条件的振动(正弦)(运行)试验。条件试验结束后,检查试样外观及紧固部位,按4.3规定的方法测量试样的报警动作值。

4.22.2 试验设备

试验设备应满足GB/T 16838的要求。

4.23 振动(正弦)(耐久)试验

4.23.1 试验步骤

将试样按照制造商规定的正常方式刚性安装,试验期间,试样不通电。按GB/T 16838中振动(正弦)(耐久)试验规定的试验方法对试样施加符合表3所示条件的振动(正弦)(耐久)试验。条件试验结束后,检查试样外观及紧固部位,按4.3规定的方法测量试样的报警动作值。

4.23.2 试验设备

试验设备应满足GB/T 16838的要求。

4.24 跌落试验

4.24.1 试验步骤

按表3所示的试验条件,将非包装状态的试样自由跌落在平滑、坚硬的地面上,期间试样不通电。条件试验结束后,检查试样外观及紧固部位,按4.3规定的方法测量试样的报警动作值。

4.24.2 试验设备

试验设备应满足GB 15322.1—2019中附录B的要求。

4.25 抗气体干扰性能试验

4.25.1 试验步骤

使试样处于正常监视状态,将其置于浓度为(6 000±200)×10⁻⁶(体积分数)的乙酸气体环境中30 min,试验后使试样处于正常监视状态1 h,按4.3规定的方法测量试样的报警动作值。使试样处于正常监视状态24 h后,将其置于浓度为(2 000±200)×10⁻⁶(体积分数)的乙醇气体环境中30 min,试验后使试样处于正常监视状态1 h,按4.3规定的方法测量试样的报警动作值。

4.25.2 试验设备

试验设备应满足GB 15322.1—2019中附录B的要求。

4.26 抗中毒性能试验

4.26.1 试验步骤

使试样处于正常监视状态,将其置于可燃气体浓度为1%LEL[对于探测一氧化碳的试样,一氧化碳浓度为10×10⁻⁶(体积分数)],和六甲基二硅醚蒸气浓度为(10±3)×10⁻⁶(体积分数)的混合气体环境中40 min。条件试验结束后,使试样处于正常监视状态20 min,按4.3规定的方法测量试样的报警动作值。

4.26.2 试验设备

试验设备应满足GB 15322.1—2019中附录B的要求。

4.27 低浓度运行试验

4.27.1 试验步骤

使试样处于正常监视状态。将其置于可燃气体浓度为20%低限报警设定值的环境中，保持4 h。条件试验结束后，使试样处于正常监视状态20 min，按4.3规定的方法测量试样的报警动作值。

4.27.2 试验设备

试验设备应满足GB 15322.1—2019中附录B的要求。

4.28 长期稳定性试验

4.28.1 试验步骤

使试样在正常大气条件下连续工作28 d，期间观察并记录试样的工作状态。运行结束后，按4.3规定的方法测量试样的报警动作值。

4.28.2 试验设备

试验设备应满足GB 15322.1—2019中附录B的要求。

4.29 一氧化碳低浓度响应性能试验(仅适用于探测一氧化碳的试样)

4.29.1 试验步骤

使试样处于正常监视状态，将其置于一氧化碳浓度为$(70\pm5)\times10^{-6}$(体积分数)的环境中，保持60 min，期间观察并记录试样的工作状态。如试样未发出报警信号或故障信号，继续保持该试验气体浓度并重新计时，期间观察并记录试样的工作状态，直至试样发出报警信号或计时时间达到180 min，停止计时。

4.29.2 试验设备

试验设备包括气体分析仪、计时器。

5 检验规则

5.1 出厂检验

5.1.1 制造商在产品出厂前应对探测器至少进行下述试验项目的检验：

a) 基本性能试验；

b) 报警动作值试验；

c) 量程指示偏差试验；

d) 响应时间试验；

e) 长期稳定性试验；

f) 绝缘电阻试验；

g) 电气强度试验。

5.1.2 制造商应规定抽样方法、检验和判定规则。

5.2 型式检验

5.2.1 型式检验项目为第4章规定的全部试验项目。检验样品在出厂检验合格的产品中抽取。

5.2.2 有下列情况之一时,应进行型式检验:

a) 新产品或老产品转厂生产时的试制定型鉴定;

b) 正式生产后,产品的结构、主要部件或元器件、生产工艺等有较大的改变,可能影响产品性能;

c) 产品停产1年以上恢复生产;

d) 发生重大质量事故整改后;

e) 质量监督部门依法提出要求。

5.2.3 检验结果按GB 12978中规定的型式检验结果判定方法进行判定。

6 标志

6.1 总则

标志应清晰可见,且不应贴在螺丝或其他易被拆卸的部件上。

6.2 产品标志

6.2.1 每只探测器均应有清晰、耐久的中文产品标志,产品标志应包括以下内容:

a) 产品名称和型号;

b) 产品执行的标准编号;

c) 制造商名称、生产地址;

d) 制造日期和产品编号;

e) 产品主要技术参数(供电方式及参数、探测气体种类、量程及报警设定值)。

6.2.2 产品标志信息中如使用不常用符号或缩写时,应在与探测器一起提供的使用说明书中说明。

6.3 质量检验标志

每只探测器均应有清晰的质量检验合格标志。

附 录 A
（资料性附录）
可燃气体探测器报警历史记录读取装置

A.1 一般规定

A.1.1 将可燃气体探测器报警历史记录读取装置(以下简称读取装置)与家用可燃气体探测器的报警历史记录读取接口连接,能读取探测器内部的各类报警历史记录。

A.1.2 通信接口应采用四线制,探测器内部具有接口标识或防反接措施。

A.2 物理特性

A.2.1 电气特性

探测器内部的读取接口使用2.54 mm间距的四针单排排针,排针的1号～4号位定义说明如表A.1所示。

表A.1 数据接口定义说明

序号	1	2	3	4
标识/PCB丝印	GND/G	Up/U	TXD/T	RXD/R
说明	参考电平	接口工作电源输出	发送数据端	接收数据端

A.2.2 电平规定

读取接口采用TTL负逻辑串行通信信号电平,通信信号电平规则如表A.2所示。

表A.2 通信信号电平规则

低电平(二进制“1”)	高电平(二进制“0”)
输入:≤0.8 V	输入:≥2 V
输出:0 V～0.4 V	输出:2.4 V～Up

A.2.3 工作电源

读取接口的工作电源由探测器提供,电源在3.0 V～5.5 V直流电压范围,工作电流不小于30 mA。

A.3 通信协议

A.3.1 通信方式

读取装置或可燃气体报警控制器与探测器采用主从站、半双工通讯方式,读取装置或可燃气体报警控制器为主站,探测器为从站。

A.3.2 数据传输

A.3.2.1 传输响应

数据传输过程以主站向从站发出请求命令帧开始，从站接收到命令后作出响应。收到命令帧后的响应延时在 30 ms～100 ms 范围，字节之间停顿时间不大于 30 ms。

A.3.2.2 差错控制

字节校验为偶校验，帧校验为纵向信息校验和，接收方无论检测到偶校验出错或纵向信息校验和出错，均放弃该信息帧，不予响应。

A.3.2.3 通信速率

标准通信速率为 4 800 bps，其他通讯速率由制造商规定。

A.3.3 字节格式

每字节含 8 位二进制码，传输时加上一个起始位(0)、一个偶校验位和一个停止位(1)，共 11 位。传输序列如图 A.1 所示。其中，D0 是字节的最低有效位，D7 是字节的最高有效位。传输顺序为先低位、后高位。

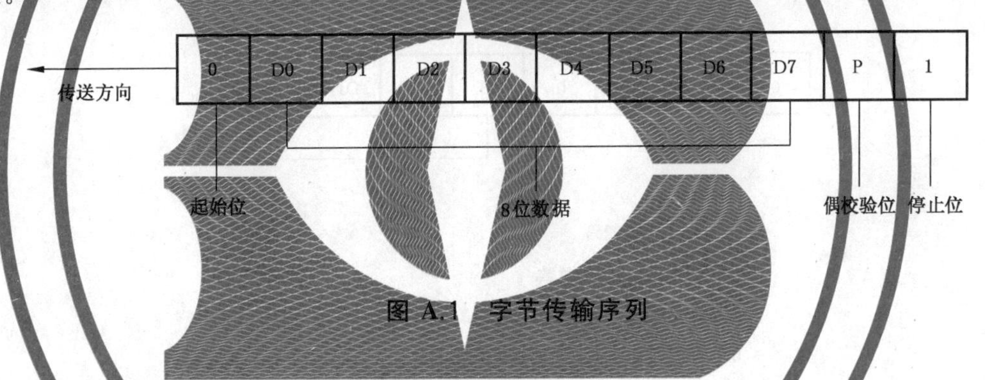

图 A.1 字节传输序列

A.3.4 帧格式

A.3.4.1 数据帧定义

数据帧是传送信息的基本单元，数据帧格式如表 A.3 所示。

表 A.3 数据帧格式

名称	代码	字节数
帧起始符	AAH	1
控制码	C1	1
	C2	1
数据域长度	L	1
数据域	DATA	n
校验码	CS	1
结束符	55H	1

A.3.4.2 帧起始符

标识一帧信息的开始,其值为 AAH=10101010B。

A.3.4.3 控制码 C1、C2

控制码 C1 格式如图 A.2 所示。控制码 C2 格式如图 A.3 所示。

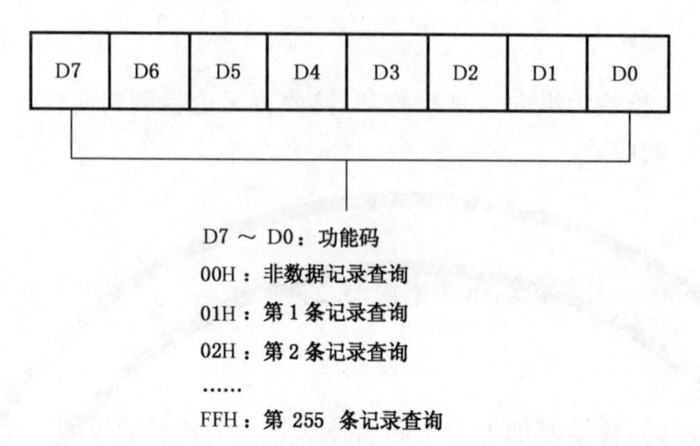

图 A.2 控制码 C1 格式

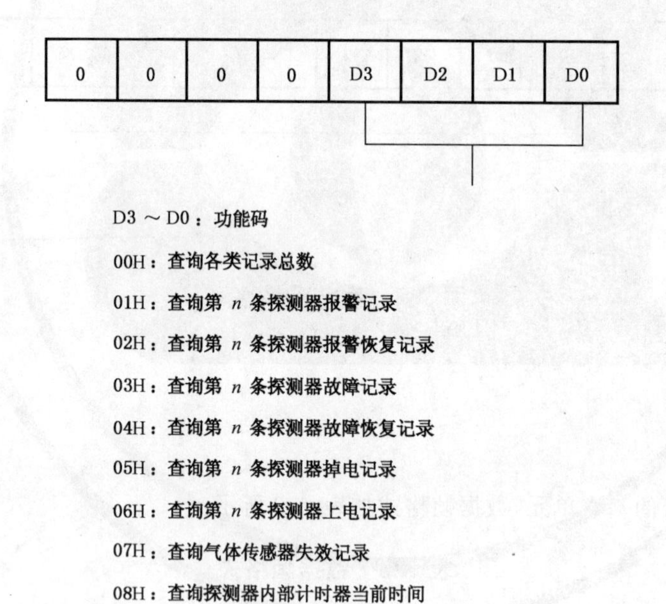

图 A.3 控制码 C2 格式

A.3.4.4 数据域长度 *L*

L 为数据域的字节数,*L*=0 表示无数据域。

A.3.4.5 数据域 DATA

数据域包括数据标识等信息,其结构内容随控制码的功能而改变。

A.3.4.6 校验码 CS

从帧起始符开始到校验码之前所有字节的和的模 256，即各字节不计超过 255 的溢出值的二进制算术和。

A.3.4.7 结束符

标识一帧信息的结束，其值为 55H=01010101B。

A.3.5 数据读取

A.3.5.1 主站请求帧(1)

用于请求查询各类记录的总数。控制码为 C1=00H、C2=00H，请求帧格式如图 A.4 所示。

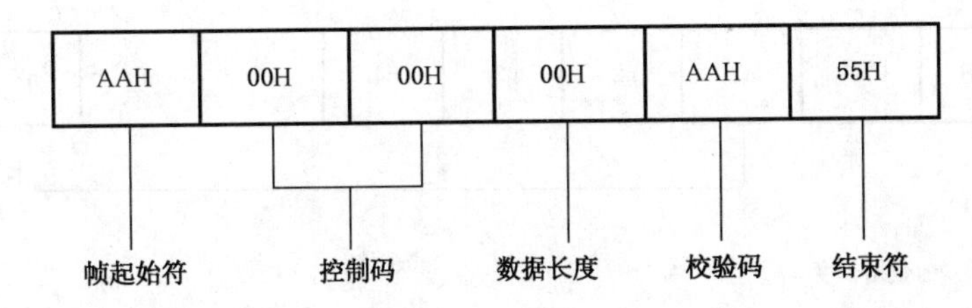

图 A.4 请求帧(1)格式

A.3.5.2 从站应答帧(1)

控制码为 C1=00H、C2=00H，数据域长度 L=07H。应答帧格式如图 A.5 所示。

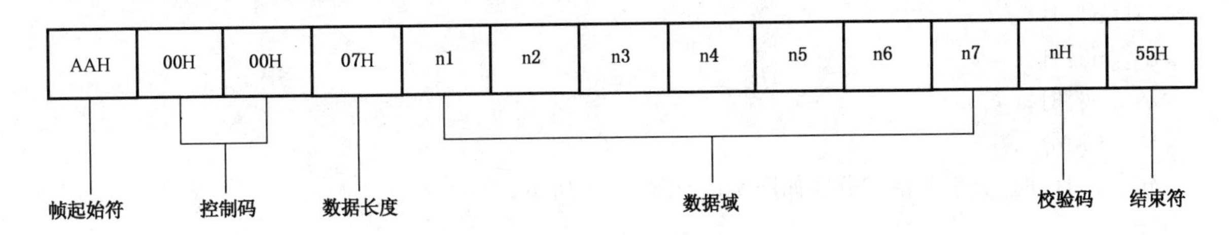

图 A.5 应答帧(1)格式

在从站应答帧(1)中：

a) n1：探测器报警记录总数；

b) n2：探测器报警恢复记录总数；

c) n3：探测器故障记录总数；

d) n4：探测器故障恢复记录总数；

e) n5：探测器掉电记录总数；

f) n6：探测器上电记录总数；

g) n7：气体传感器失效记录。

A.3.5.3 主站请求帧(2)

用于请求查询第 n 条探测器报警记录。控制码为 C1=nH、C2=01H，请求帧格式如图 A.6 所示。

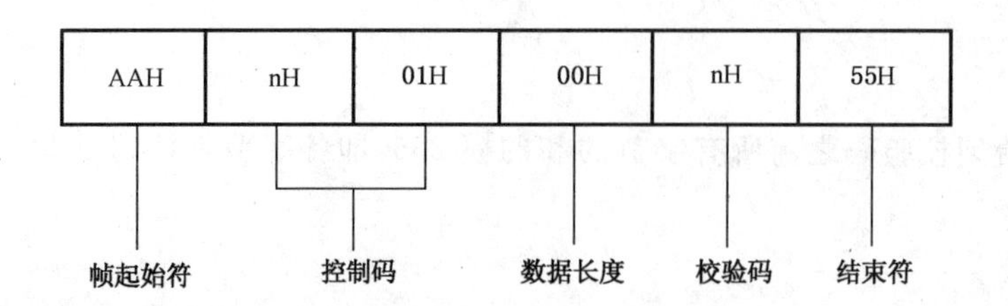

图 A.6 请求帧(2)格式

A.3.5.4 从站应答帧(2)

控制码为 C1＝nH、C2＝01H,数据域长度 L＝07H。应答帧格式如图 A.7 所示。

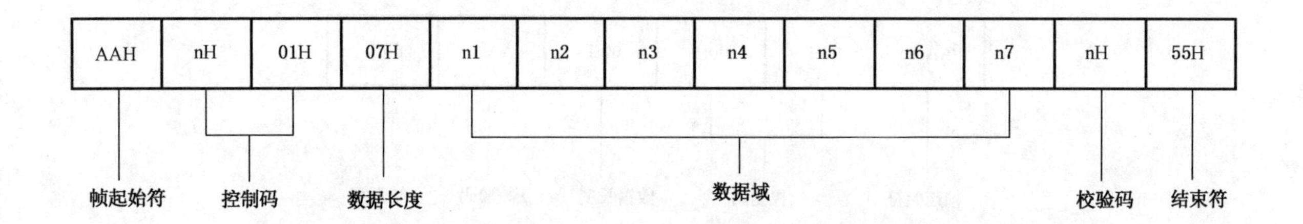

图 A.7 应答帧(2)格式

在从站应答帧(2)中:

a) n1:第 n 条探测器报警记录;

b) n2～n3:年;

c) n4:月;

d) n5:日;

e) n6:时;

f) n7:分。

年、月、日、时、分字节格式分别如图 A.8～图 A.12 所示。

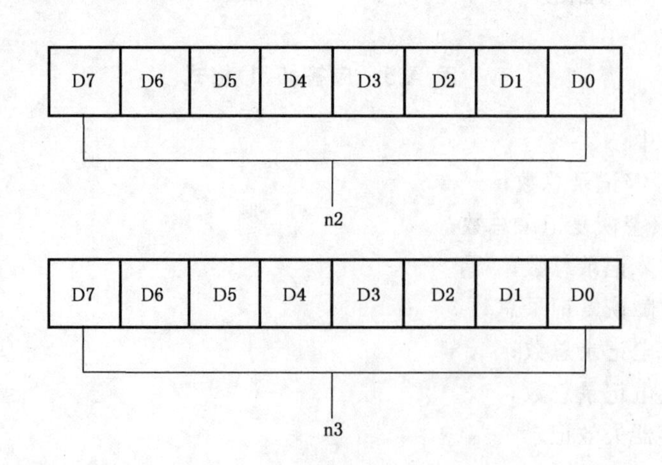

图 A.8 年字节格式

在年字节格式中:

a) n2:十六进制年数据的高字节;

b） n3：十六进制年数据的低字节。

示例：2013 年由十六进制表示为 07DDH，n2＝0×07、n3＝0×DD。

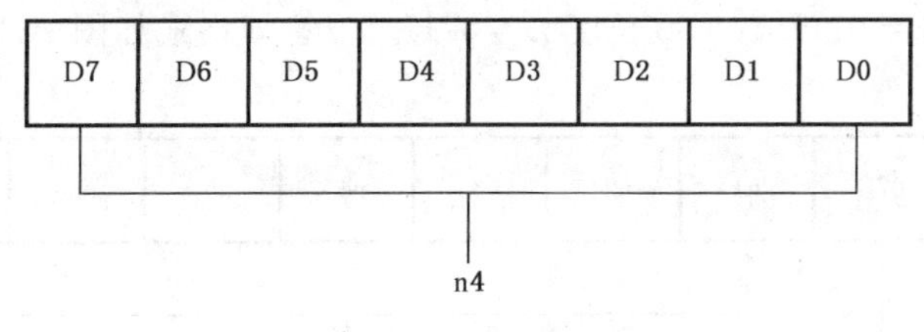

图 A.9 月字节格式

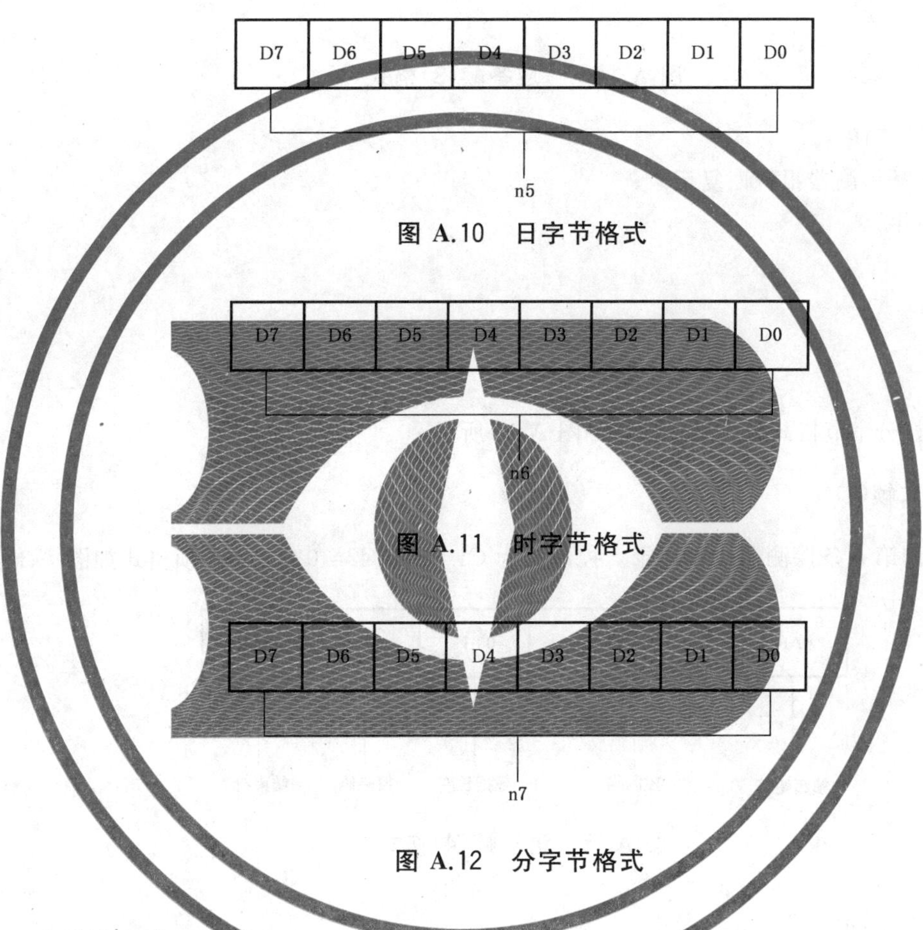

图 A.10 日字节格式

图 A.11 时字节格式

图 A.12 分字节格式

A.3.5.5 主站请求帧(3)

用于请求查询第 n 条探测器报警恢复记录。控制码为 C1＝nH、C2＝02H，请求帧格式如图 A.13 所示。

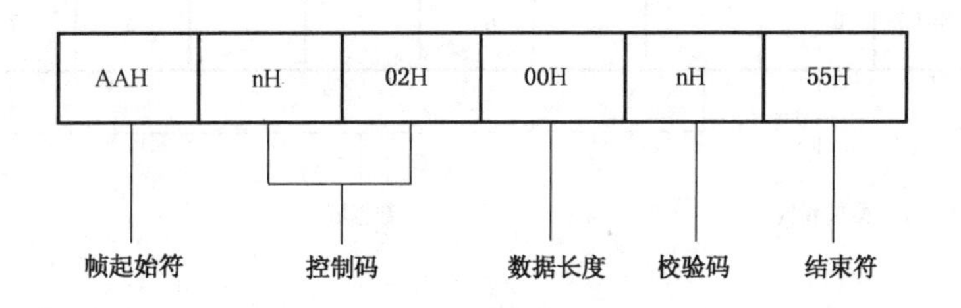

图 A.13 请求帧(3)格式

A.3.5.6 从站应答帧(3)

控制码为 C1＝nH、C2＝02H,数据域长度 L＝07H。应答帧格式如图 A.14 所示。

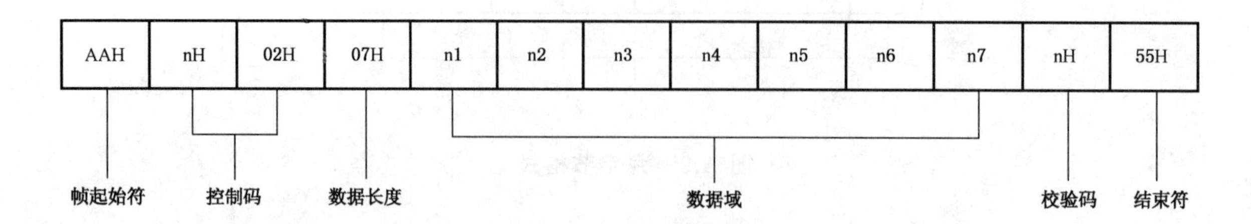

图 A.14　应答帧(3)格式

在从站应答帧(3)中:

a) n1:第 n 条探测器报警恢复记录;

b) n2～n3:年;

c) n4:月;

d) n5:日;

e) n6:时;

f) n7:分。

年、月、日、时、分字节格式分别如图 A.8～图 A.12 所示。

A.3.5.7 主站请求帧(4)

用于请求查询第 n 条探测器故障记录。控制码为 C1＝nH;C2＝03H,请求帧格式如图 A.15 所示。

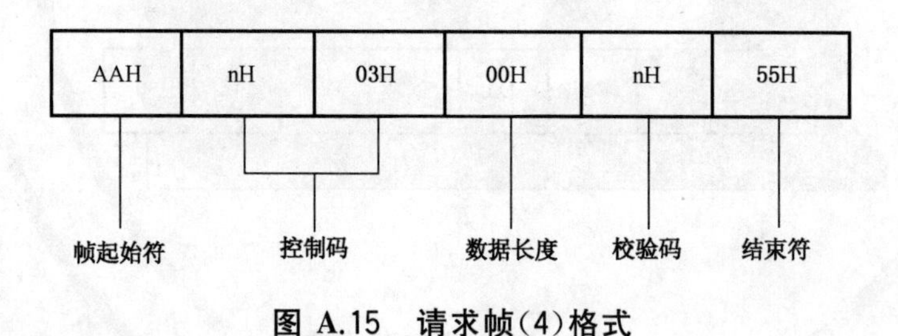

图 A.15　请求帧(4)格式

A.3.5.8 从站应答帧(4)

控制码为 C1＝nH、C2＝03H,数据域长度:L＝07H。应答帧格式如图 A.16 所示。

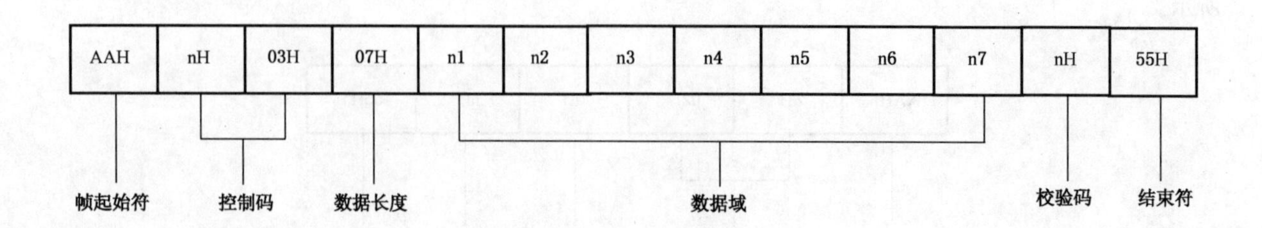

图 A.16　应答帧(4)格式

在从站应答帧(4)中:

a) n1:第 n 条探测器故障记录;

b) n2～n3:年;

c) n4:月;

d) n5:日;

e) n6:时;

f) n7:分。

年、月、日、时、分字节格式分别如图 A.8～图 A.12 所示。

A.3.5.9 主站请求帧(5)

用于请求查询第 n 条探测器故障恢复记录。控制码为 C1=nH、C2=04H,请求帧格式如图 A.17 所示。

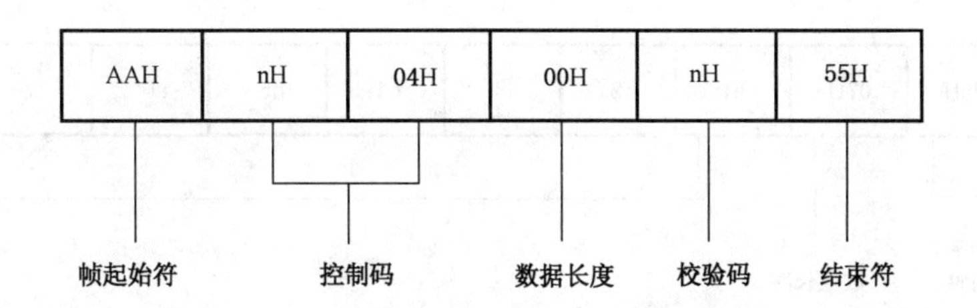

图 A.17 请求帧(5)格式

A.3.5.10 从站应答帧(5)

控制码为 C1=nH、C2=04H,数据域长度 L=07H。应答帧格式如图 A.18 所示。

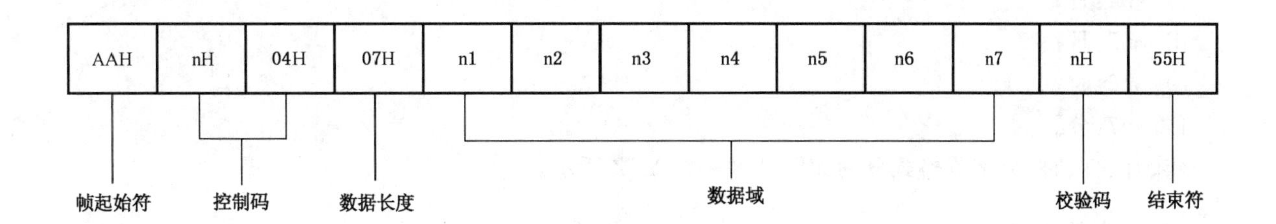

图 A.18 应答帧(5)格式

在从站应答帧(5)中:

a) n1:第 n 条探测器故障恢复记录;

b) n2～n3:年;

c) n4:月;

d) n5:日;

e) n6:时;

f) n7:分。

年、月、日、时、分字节格式分别如图 A.8～图 A.12 所示。

A.3.5.11 主站请求帧(6)

用于请求查询第 n 条探测器掉电记录。控制码为 C1=nH、C2=05H,请求帧格式如图 A.19 所示。

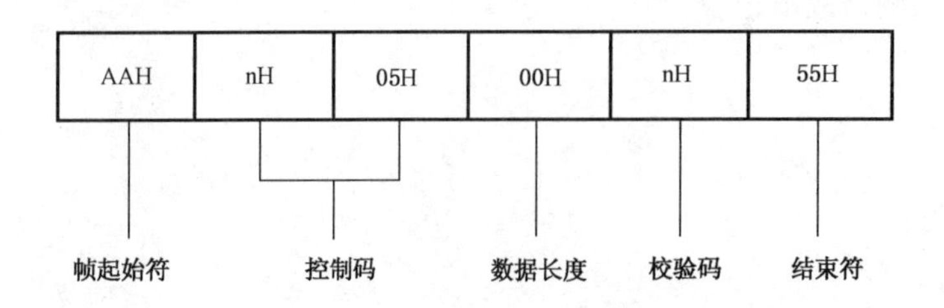

图 A.19　请求帧(6)格式

A.3.5.12　从站应答帧(6)

控制码为 C1＝nH、C2＝05H，数据域长度 L＝07H。应答帧格式如图 A.20 所示。

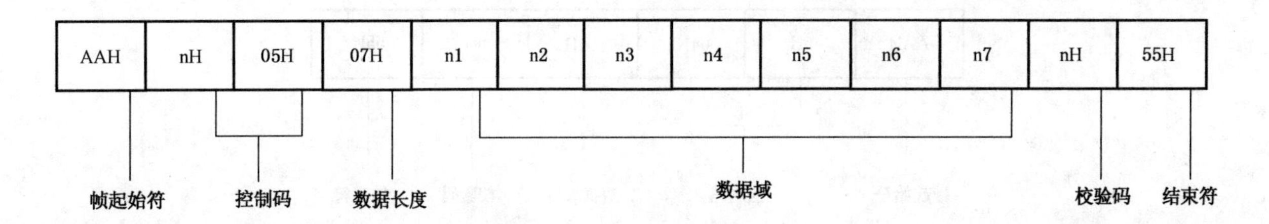

图 A.20　应答帧(6)格式

在从站应答帧(6)中：

a)　n1：第 n 条探测器掉电记录；

b)　n2～n3：年；

c)　n4：月；

d)　n5：日；

e)　n6：时；

f)　n7：分。

年、月、日、时、分字节格式分别如图 A.8～图 A.12 所示。

A.3.5.13　主站请求帧(7)

用于请求查询第 n 条探测器上电记录。控制码为 C1＝nH、C2＝06H，请求帧格式如图 A.21 所示。

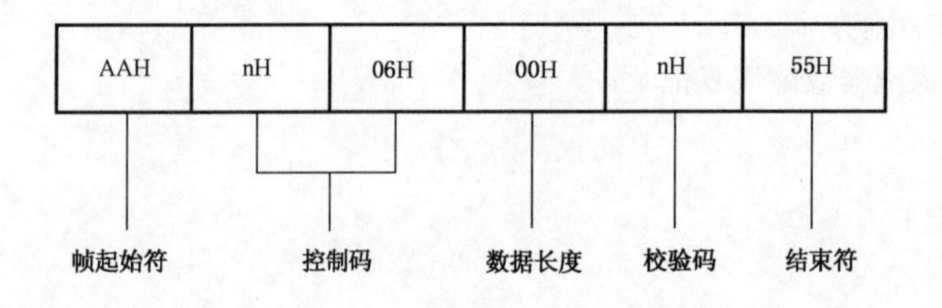

图 A.21　请求帧(7)格式

A.3.5.14　从站应答帧(7)

控制码为 C1＝nH、C2＝06H，数据域长度 L＝07H。应答帧格式如图 A.22 所示。

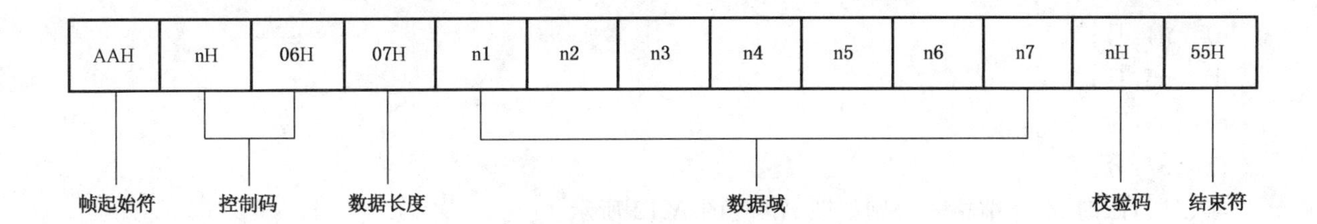

图 A.22　应答帧(7)格式

在从站应答帧(7)中：

a)　n1：第 n 条探测器上电记录；
b)　n2～n3：年；
c)　n4：月；
d)　n5：日；
e)　n6：时；
f)　n7：分。

年、月、日、时、分字节格式分别如图 A.8～图 A.12 所示。

A.3.5.15　主站请求帧(8)

用于请求查询气体传感器失效记录。控制码为 C1＝00H、C2＝07H，请求帧格式如图 A.23 所示。

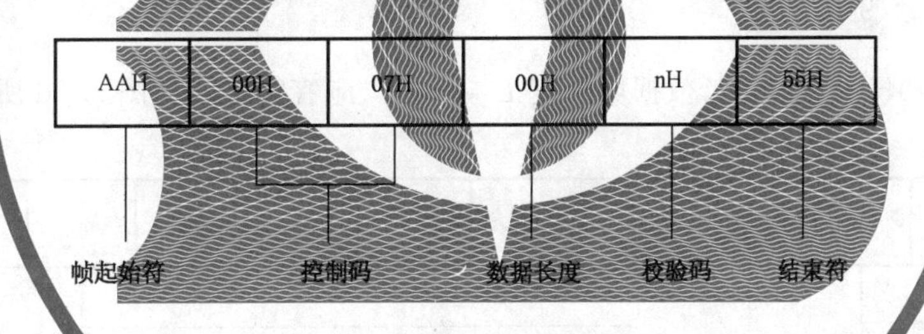

图 A.23　请求帧(8)格式

A.3.5.16　从站应答帧(8)

控制码为 C1＝00H、C2＝07H，数据域长度 L＝07H。应答帧格式如图 A.24 所示。

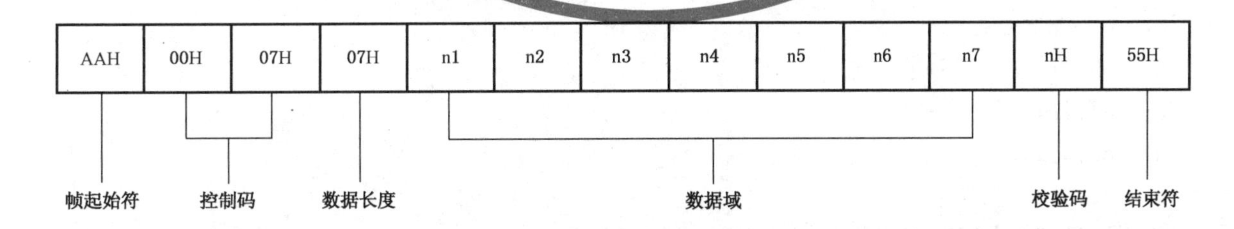

图 A.24　应答帧(8)格式

在从站应答帧(8)中：

a)　n1：气体传感器失效标志。0 表示气体传感器未失效，失效日期时间均为 0。1 表示气体传感器失效，n2～n7 为传感器失效的日期时间；

b) n2～n3:年;

c) n4:月;

d) n5:日;

e) n6:时;

f) n7:分。

年、月、日、时、分字节格式分别如图 A.8～图 A.12 所示。

A.3.5.17 主站请求帧(9)

用于请求查询探测器内部计时器当前时间。控制码为 C1=00H、C2=08H,请求帧格式如图 A.25 所示。

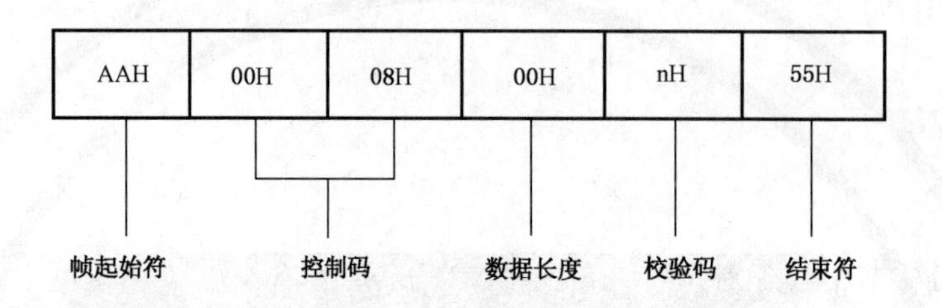

图 A.25 请求帧(9)格式

A.3.5.18 从站应答帧(9)

控制码为 C1=00H、C2=08H,数据域长度 L=06H。应答帧格式如图 A.26 所示。

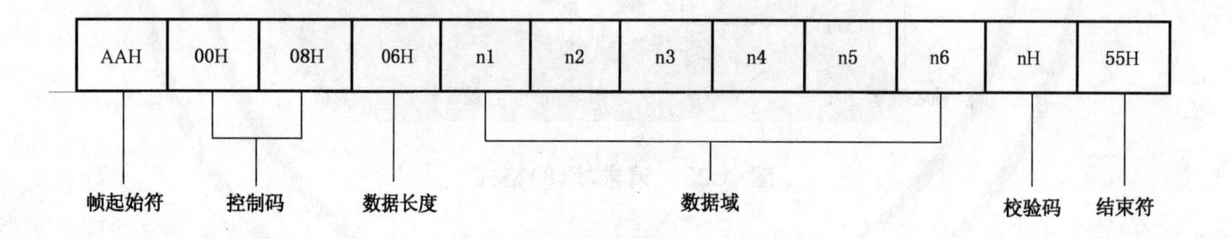

图 A.26 应答帧(9)格式

在从站应答帧(9)中:

a) n1～n2:年;

b) n3:月;

c) n4:日;

d) n5:时;

e) n6:分。

年、月、日、时、分字节格式分别如图 A.8～图 A.12 所示。

ICS 13.220.20
C 81

中华人民共和国国家标准

GB 15322.3—2019
代替 GB 15322.3—2003,GB 15322.6—2003

可燃气体探测器 第3部分:工业及商业用途便携式可燃气体探测器

Combustible gas detectors—Part 3: Portable combustible gas detectors for industrial and commercial use

2019-10-14 发布　　　　2020-11-01 实施

国家市场监督管理总局
中国国家标准化管理委员会　发布

前言

本部分的全部技术内容为强制性。

GB 15322《可燃气体探测器》分为以下部分：

——第1部分：工业及商业用途点型可燃气体探测器；

——第2部分：家用可燃气体探测器；

——第3部分：工业及商业用途便携式可燃气体探测器；

——第4部分：工业及商业用途线型光束可燃气体探测器。

本部分为GB 15322的第3部分。

本部分按照GB/T 1.1—2009给出的规则起草。

本部分代替GB 15322.3—2003《可燃气体探测器　第3部分：测量范围为0～100%LEL的便携式可燃气体探测器》和GB 15322.6—2003《可燃气体探测器　第6部分：测量人工煤气的便携式可燃气体探测器》。本部分与GB 15322.3—2003和GB 15322.6—2003相比，主要技术变化如下：

——将GB 15322.3—2003和GB 15322.6—2003的内容合并为一个部分；

——按照测量范围将探测器分为三种：测量范围在3%LEL～100%LEL之间的探测器、测量范围在3%LEL以下的探测器和测量范围在100%LEL以上的探测器。按照工作方式将探测器分为两种：连续工作型探测器和单次测量型探测器(见第3章，GB 15322.3—2003和GB 15322.6—2003的第4章)；

——增加了探测器浓度显示功能的要求(见4.3.1.5)；

——修改了高温(运行)试验和低温(运行)试验的试验条件，以及在各项试验条件下对探测器报警动作值的要求(见第4章，GB 15322.3—2003和GB 15322.6—2003的第5章)；

——增加了抗中毒性能试验(见4.3.12)；

——增加了低浓度运行试验(见4.3.14)。

本部分由中华人民共和国应急管理部提出并归口。

本部分起草单位：应急管理部沈阳消防研究所、成都安可信电子股份有限公司、汉威科技集团股份有限公司、阜阳华信电子仪器有限公司、济南本安科技发展有限公司、英吉森安全消防系统(上海)有限公司、北京惟泰安全设备有限公司、西安博康电子有限公司、上海达江电子仪器有限公司。

本部分主要起草人：郭春雷、费春祥、关明阳、郭锐、谢锋、丁宏军、康卫东、张颖琮、赵宇、王强、蒋妙飞、邓丽红、赵英然、姜波、孟宇、朱刚、王玉祥、李克亭、贾冬梅。

本部分所代替标准的历次版本发布情况为：

——GB 15322—1994；

——GB 15322.3—2003；

——GB 15322.6—2003。

可燃气体探测器
第3部分：工业及商业用途便携式可燃气体探测器

1 范围

GB 15322 的本部分规定了工业及商业用途便携式可燃气体探测器的分类、要求、试验、检验规则和标志。

本部分适用于工业及商业场所使用的用于探测烃类、醚类、酯类、醇类、一氧化碳、氢气及其他可燃性气体、蒸气的便携式可燃气体探测器（以下简称“探测器”）。工业及商业场所中使用的具有特殊性能的探测器，除特殊要求由有关标准另行规定外，亦可执行本部分。

2 规范性引用文件

下列文件对于本文件的应用是必不可少的。凡是注日期的引用文件，仅注日期的版本适用于本文件。凡是不注日期的引用文件，其最新版本（包括所有的修改单）适用于本文件。

GB 3836.1—2010 爆炸性环境 第1部分：设备 通用要求

GB/T 9969 工业产品使用说明书 总则

GB 12978 消防电子产品检验规则

GB 15322.1—2019 可燃气体探测器 第1部分：工业及商业用途点型可燃气体探测器

GB/T 16838 消防电子产品 环境试验方法及严酷等级

GB/T 17626.2—2018 电磁兼容 试验和测量技术 静电放电抗扰度试验

GB/T 17626.3—2016 电磁兼容 试验和测量技术 射频电磁场辐射抗扰度试验

3 分类

3.1 按测量范围分为：

a) 测量范围在 3%LEL～100%LEL 之间的探测器；

b) 测量范围在 3%LEL 以下的探测器（包括探测一氧化碳的探测器）；

c) 测量范围在 100%LEL 以上的探测器。

注：爆炸下限（LEL）为可燃气体或蒸气在空气中的最低爆炸浓度。

3.2 按工作方式分为：

a) 连续工作型探测器；

b) 单次测量型探测器。

4 要求

4.1 总则

探测器应满足第 4 章的相关要求，并按第 5 章的规定进行试验，以确认探测器对第 4 章要求的符合性。

4.2 外观要求

4.2.1 探测器应具备产品出厂时的完整包装，包装中应包含质量检验合格标志和使用说明书。

4.2.2 探测器表面应无腐蚀、涂覆层脱落和起泡现象，无明显划伤、裂痕、毛刺等机械损伤，紧固部位无松动。

4.3 性能

4.3.1 一般要求

4.3.1.1 探测器应采用电池供电。采用可更换电池的探测器应具有防止极性反接的电池安装结构。

4.3.1.2 探测器应具有工作状态指示灯，指示其正常监视、故障、报警工作状态。正常监视状态指示应为绿色，故障状态指示应为黄色，报警状态指示应为红色，低限和高限报警状态指示应能明确区分。指示灯应有中文功能注释。在 5 lx～500 lx 光照条件下、正前方 1 m 处，指示灯的状态应清晰可见。

注：正常监视状态指探测器接通电源正常工作，且未发出报警信号或故障信号时的状态。

4.3.1.3 在额定工作电压条件下，探测器报警声信号在其正前方 1 m 处的最大声压级(A 计权)应不小于 70 dB，不大于 115 dB。

4.3.1.4 探测器在被监测区域内的可燃气体浓度达到报警设定值时，应能发出报警声、光信号。再将探测器置于正常环境下中，30 s 内应能自动(或手动)恢复到正常监视状态。

4.3.1.5 探测器应具有浓度显示功能。在 5 lx～500 lx 光照条件下、正前方 0.5 m 处，显示信息应清晰可见。当被监测区域内的可燃气体浓度超过其量程时，探测器应具有明确的超量程指示。

4.3.1.6 探测器的量程和报警设定值规定如下：

a) 测量范围在 3%LEL～100%LEL 之间的探测器，其低限报警设定值应在 5%LEL～25%LEL 范围，如具有高限报警设定值，应为 50%LEL。低限报警设定值如可调，其低限报警设定值应在 5%LEL～25%LEL 范围内可调。

b) 探测一氧化碳的探测器，其低限报警设定值应在 150×10^{-6}(体积分数)～300×10^{-6}(体积分数)范围，如具有高限报警设定值，应为 500×10^{-6}(体积分数)。低限报警设定值如可调，其低限报警设定值应在 150×10^{-6}(体积分数)～300×10^{-6}(体积分数)范围内可调。

c) 测量范围在 3%LEL 以下的探测器和测量范围在 100%LEL 以上的探测器应由制造商规定其量程和报警设定值。

d) 探测器使用说明书中应注明量程和报警设定值等参数。

4.3.1.7 探测器采用插拔结构气体传感器时，应具有结构性的防脱落措施。气体传感器发生脱落时，探测器应能在 30 s 内发出有明显区别的故障声、光信号。

4.3.1.8 探测器应具有声光部件手动自检功能。

4.3.1.9 探测器应在使用说明书中注明气体传感器的使用期限。

4.3.1.10 探测器应采用满足 GB 3836.1—2010 要求的防爆型式。

4.3.1.11 探测器的型号编制应符合 GB 15322.1—2019 中附录 A 的规定。

4.3.1.12 探测器的使用说明书应满足 GB/T 9969 的相关要求。

4.3.2 报警动作值

4.3.2.1 在本部分规定的试验项目中，测量范围在 3%LEL～100%LEL 之间的探测器的报警动作值不应低于 5%LEL。探测一氧化碳的探测器，其报警动作值不应低于 50×10^{-6}(体积分数)。

4.3.2.2 探测器的报警动作值与报警设定值之差规定如下：

a) 测量范围在3%LEL～100%LEL之间的探测器,其报警动作值与报警设定值之差的绝对值不应大于3%LEL;
b) 测量范围在3%LEL以下的探测器,其报警动作值与报警设定值之差的绝对值不应大于3%量程和50×10^{-6}(体积分数)之中的较大值。探测一氧化碳的探测器,其报警动作值与报警设定值之差的绝对值不应大于50×10^{-6}(体积分数);
c) 测量范围在100%LEL以上的探测器,其报警动作值与报警设定值之差的绝对值不应大于3%量程。

4.3.3 量程指示偏差

在探测器量程内选取若干试验点作为基准值,使被监测区域内的可燃气体浓度分别达到对应的基准值。探测器的显示值与基准值之差规定如下:
a) 测量范围在3%LEL～100%LEL之间的探测器,其试验点上的可燃气体浓度显示值与基准值之差的绝对值不应大于5%LEL。
b) 测量范围在3%LEL以下的探测器,其试验点上的可燃气体浓度显示值与基准值之差的绝对值不应大于5%量程和80×10^{-6}(体积分数)之中的较大值。探测一氧化碳的探测器,其浓度显示值与基准值之差的绝对值不应大于80×10^{-6}(体积分数)。
c) 测量范围在100%LEL以上的探测器,其试验点上的可燃气体浓度显示值与基准值之差的绝对值不应大于5%量程。

4.3.4 响应时间

向探测器通入流量为500 mL/min,浓度为满量程的60%的试验气体,保持60 s,记录探测器的显示值作为基准值。显示值达到基准值的90%所需的时间为探测器的响应时间。探测一氧化碳的探测器,其响应时间不应大于60 s,其他气体探测器的响应时间不应大于30 s。

4.3.5 方位

探测器正面板在水平面内顺时针旋转,每次旋转45°,分别测量探测器的报警动作值,报警动作值应满足4.3.2.2的要求。

4.3.6 报警重复性

对同一只探测器重复测量报警动作值6次,其报警动作值应满足4.3.2.2的要求。

4.3.7 高速气流

4.3.7.1 在试验气流速率为6 m/s±0.2 m/s的条件下,测量探测器的报警动作值。

4.3.7.2 探测器的报警动作值与报警设定值之差规定如下:
a) 测量范围在3%LEL～100%LEL之间的探测器,其报警动作值与报警设定值之差的绝对值不应大于5%LEL。
b) 测量范围在3%LEL以下的探测器,其报警动作值与报警设定值之差的绝对值不应大于5%量程和80×10^{-6}(体积分数)之中的较大值。探测一氧化碳的探测器,其报警动作值与报警设定值之差的绝对值不应大于80×10^{-6}(体积分数)。
c) 测量范围在100%LEL以上的探测器,其报警动作值与报警设定值之差的绝对值不应大于5%量程。

4.3.8 电池容量

4.3.8.1 在电池电量低时,探测器应能发出与报警信号有明显区别的声、光指示信号。在指示电池电量低之前,连续工作型探测器的电池容量应能保证其正常工作不少于 8 h,单次测量型探测器的电池容量应能保证其完整工作不少于 200 次。

4.3.8.2 在指示电池电量低时,使连续工作型探测器再工作 15 min,单次测量型探测器再完整工作 10 次后,测量探测器的报警动作值,其报警动作值应满足 4.3.7.2 的要求。

注:单次测量型探测器完整工作 1 次是指探测器开机后进入待机状态,接到手动发出的探测指令后,完成气体探测、浓度显示和报警指示,然后返回待机状态的过程。

4.3.9 电磁兼容性能

探测器应能耐受表 1 所规定的电磁干扰条件下的各项试验,试验期间,探测器不应发出报警信号或故障信号。试验后,探测器的报警动作值应满足 4.3.7.2 的要求。

表 1 电磁兼容试验参数

试验名称	试验参数	试验条件	工作状态
静电放电抗扰度试验	放电电压 kV	空气放电(绝缘体外壳):8 接触放电(导体外壳和耦合板):6	正常监视状态
	放电极性	正、负	
	放电间隔 s	≥1	
	每点放电次数	10	
射频电磁场辐射抗扰度试验	场强 V/m	10	正常监视状态
	频率范围 MHz	80～1 000	
	扫描速率 10 oct/s	≤1.5×10^{-3}	
	调制幅度	80%(1 kHz,正弦)	

4.3.10 气候环境耐受性

探测器应能耐受表 2 所规定的气候环境条件下的各项试验,试验期间,探测器不应发出报警信号或故障信号。试验后,探测器的报警动作值与报警设定值之差规定如下:

a) 测量范围在 3%LEL～100%LEL 之间的探测器,其报警动作值与报警设定值之差的绝对值不应大于 7%LEL。
b) 测量范围在 3%LEL 以下的探测器,其报警动作值与报警设定值之差的绝对值不应大于 7%量程和 120×10^{-6}(体积分数)之中的较大值。探测一氧化碳的探测器,其报警动作值与报警设定值之差的绝对值不应大于 120×10^{-6}(体积分数)。
c) 测量范围在 100%LEL 以上的探测器,其报警动作值与报警设定值之差的绝对值不应大于 7%量程。

表 2　气候环境试验参数

试验名称	试验参数	试验条件	工作状态
高温(运行)试验	温度 ℃	55±2	正常监视状态
	持续时间 h	2	
低温(运行)试验	温度 ℃	−25±2	正常监视状态
	持续时间 h	2	
恒定湿热(运行)试验	温度 ℃	40±2	正常监视状态
	相对湿度	93%±3%	
	持续时间 h	2	

4.3.11　机械环境耐受性

探测器应能耐受表 3 所规定的机械环境条件下的各项试验，运行试验期间，探测器不应发出报警信号或故障信号。试验后，探测器不应有机械损伤和紧固部位松动，其报警动作值应满足 4.3.7.2 的要求。

表 3　机械环境试验参数

试验名称	试验参数	试验条件	工作状态
振动(正弦)(运行)试验	频率范围 Hz	10～150	正常监视状态
	加速度 m/s^2	10	
	扫频速率 oct/min	1	
	轴线数	3	
	每个轴线扫频次数	1	
振动(正弦)(耐久)试验	频率范围 Hz	10～150	不通电状态
	加速度 m/s^2	10	
	扫频速率 oct/min	1	
	轴线数	3	
	每个轴线扫频次数	20	

表 3（续）

试验名称	试验参数	试验条件	工作状态
跌落试验	跌落高度 mm	质量不大于 2 kg：1 000 质量大于 2 kg 且不大于 5 kg：500 质量大于 5 kg：不进行试验	不通电状态
	跌落次数	2	

4.3.12 抗中毒性能

使两只连续工作型探测器分别在下述混合气体环境中工作 40 min，两只单次测量型探测器分别在下述气体环境中完整工作 20 次，期间探测器不应发出报警信号或故障信号（测量范围在 3%LEL 以下的探测器可发出报警信号）：

a) 可燃气体浓度为 1%LEL[探测一氧化碳的探测器，一氧化碳浓度为 10×10^{-6}（体积分数）]，和六甲基二硅醚蒸气浓度为$(10\pm3)\times10^{-6}$（体积分数）的混合气体；

b) 可燃气体浓度为 1%LEL[探测一氧化碳的探测器，一氧化碳浓度为 10×10^{-6}（体积分数）]，和硫化氢浓度为$(10\pm3)\times10^{-6}$（体积分数）的混合气体。

环境干扰后使探测器处于正常监视状态 20 min，然后分别测量其报警动作值。两只探测器的报警动作值与报警设定值之差规定如下：

a) 测量范围在 3%LEL～100%LEL 之间的探测器，其报警动作值与报警设定值之差的绝对值均不应大于 10%LEL。

b) 测量范围在 3%LEL 以下的探测器，其报警动作值与报警设定值之差的绝对值均不应大于 10%量程和 160×10^{-6}（体积分数）之中的较大值。探测一氧化碳的探测器，其报警动作值与报警设定值之差的绝对值均不应大于 160×10^{-6}（体积分数）。

c) 测量范围在 100%LEL 以上的探测器，其报警动作值与报警设定值之差的绝对值均不应大于 10%量程。

4.3.13 抗高浓度气体冲击性能

将体积分数为 100%的试验气体（探测一氧化碳的探测器，使用体积分数为 150%量程的试验气体）以 500 mL/min 的流量输送到探测器的采样部位，连续工作型探测器保持 2 min，单次测量型探测器完整工作 2 次。再使探测器处于正常监视状态 30 min，然后测量其报警动作值，报警动作值应满足4.3.7.2 的要求。

4.3.14 低浓度运行

使连续工作型探测器工作在可燃气体浓度为 20%低限报警设定值的环境中 4 h，单次测量型探测器完整工作 100 次。运行期间，探测器不应发出报警信号或故障信号。使探测器处于正常监视状态 20 min，然后测量其报警动作值，报警动作值应满足 4.3.7.2 的要求。

4.4 探测除甲烷、丙烷、一氧化碳以外气体的响应性能

表 4 为常见可燃性气体、蒸气的分子式及爆炸下限。对于能够探测表 4 所示的或其他可燃性气体及蒸气的探测器，应首先以甲烷、丙烷或一氧化碳当中的一种作为基本探测气体进行试验，并应满足 4.3 的要求。然后按照制造商声称的目标气体或采用等效方法进行量程指示偏差试验和响应时间试验，试验结果应符合制造商的规定。

表 4 常见可燃性气体、蒸气的分子式及爆炸下限

气体名称	分子式	爆炸下限（体积分数）	气体名称	分子式	爆炸下限（体积分数）
甲烷	CH_4	5.0%	丙烷	C_3H_8	2.2%
丁烷（异丁烷）	C_4H_{10}	1.8%	戊烷（正戊烷）	C_5H_{12}	1.7%
庚烷（正庚烷）	C_7H_{16}	1.1%	苯乙烯	C_8H_8	1.1%
乙炔	C_2H_2	2.3%	甲苯	C_7H_8	1.2%
二甲苯	C_8H_{10}	1.0%	丙酮	C_3H_6O	2.5%
甲醇	CH_3OH	5.5%	乙醇	C_2H_5OH	3.3%
乙酸	CH_3COOH	4.0%	乙酸乙酯	$CH_3COOC_2H_5$	2.0%
氢气	H_2	4.0%	—		

5 试验

5.1 试验纲要

5.1.1 大气条件

如在有关条文中没有说明，各项试验均在下述正常大气条件下进行：

——温度：15 ℃～35 ℃；

——相对湿度：25%～75%；

——大气压力：86 kPa～106 kPa。

5.1.2 试验样品

试验样品（以下简称“试样”）数量为 12 只，试验前应对试样予以编号。对于报警设定值可调的试样，试样数量应为 24 只，将其随机分为两组，两组试样的报警设定值分别设为可调范围的上限和下限，完成表 5 所规定的全部试验项目。

5.1.3 外观检查

试样在试验前应进行外观检查，检查结果应满足 4.2 的要求。

5.1.4 试验前准备

5.1.4.1 按制造商规定对试样进行调零和标定操作。

5.1.4.2 将试样在不通电条件下依次置于以下环境中：

a) −25 ℃±3 ℃，保持 24 h；

b) 正常大气条件，保持 24 h；

c) 55 ℃±2 ℃，保持 24 h；

d) 正常大气条件，保持 24 h。

5.1.5 试样的安装

试验前,试样应按照制造商规定的正常使用方式安装于试验设备处,使其在正常大气条件下通电预热 20 min。

5.1.6 容差

各项试样数据的容差均为±5%。

5.1.7 试验气体

配制试验气体应采用制造商声称的探测气体种类和报警设定值要求,除相关试验另行规定外,试验气体应由可燃气体与洁净空气混合而成,试验气体湿度应符合正常湿度条件,配气误差应不超过报警设定值的±2%。采用甲烷、丙烷、一氧化碳当中的一种作为可燃气体配制试验气体时,可燃气体的纯度应不低于 99.5%;对于制造商声称的其他类型探测气体,可采用满足制造商要求的标准气体配制试验气体。

5.1.8 试验程序

试验程序见表 5。

表 5 试验程序

序号	章条	试验项目	试样编号											
			1	2	3	4	5	6	7	8	9	10	11	12
1	5.1.3	外观检查	√	√	√	√	√	√	√	√	√	√	√	√
2	5.2	基本性能试验	√	√	√	√	√	√	√	√	√	√	√	√
3	5.3	报警动作值试验	√	√	√	√	√	√	√	√	√	√	√	√
4	5.4	量程指示偏差试验			√	√								
5	5.5	响应时间试验			√	√								
6	5.6	方位试验	√											
7	5.7	报警重复性试验		√										
8	5.8	高速气流试验	√											
9	5.9	电池容量试验			√									
10	5.10	静电放电抗扰度试验									√			
11	5.11	射频电磁场辐射抗扰度试验										√		
12	5.12	高温(运行)试验	√											
13	5.13	低温(运行)试验		√										
14	5.14	恒定湿热(运行)试验			√									
15	5.15	振动(正弦)(运行)试验											√	
16	5.16	振动(正弦)(耐久)试验											√	

表 5(续)

序号	章条	试验项目	试样编号											
			1	2	3	4	5	6	7	8	9	10	11	12
17	5.17	跌落试验											√	
18	5.18	抗中毒性能试验							√	√				
19	5.19	抗高浓度气体冲击性能试验												√
20	5.20	低浓度运行试验												√

5.2 基本性能试验

5.2.1 检查采用可更换电池的试样是否具有防止极性反接的电池安装结构。

5.2.2 检查并记录试样工作状态指示灯的指示和功能注释情况是否符合 4.3.1.2 的规定。

5.2.3 向试样通入试验气体使其发出报警信号,检查并记录试样的量程和报警设定值设置是否符合 4.3.1.6的规定。测量试样正前方 1 m 处报警声信号的声压级(A 计权)。将试样置于正常环境中并开始计时,检查并记录其报警状态的恢复情况。

5.2.4 向试样通入试验气体,检查并记录试样的浓度显示情况。使试样气体浓度超过试样的量程,检查其是否具有明确的超量程指示。

5.2.5 试样的气体传感器如采用插拔结构,检查其是否具有结构性的防脱落措施。移除气体传感器,检查并记录试样的故障状态指示情况。

5.2.6 对试样进行自检操作,检查并记录其声光部件的自检情况。

5.2.7 检查试样是否采用符合 GB 3836.1—2010 要求的防爆型式。

5.2.8 检查试样的型号编制是否符合 GB 15322.1—2019 中附录 A 的规定。

5.2.9 检查试样的说明书是否符合 GB/T 9969 的相关要求,其中是否注明气体传感器的使用期限,是否注明探测器的量程和报警设定值等参数。

5.3 报警动作值试验

5.3.1 试验步骤

5.3.1.1 将试样安装于试验箱中,使其处于正常监视状态。启动通风机,使试验箱内气流速率稳定在 0.8 m/s±0.2 m/s,再以不大于每分钟满量程 1%的速率增加试验气体的浓度,直至试样发出报警信号,记录试样的报警动作值。

5.3.1.2 在满足制造商规定的条件下,也可采用其他等效方法测量试样的报警动作值。

5.3.2 试验设备

试验设备应满足 GB 15322.1—2019 中附录 B 的要求。

5.4 量程指示偏差试验

5.4.1 试验步骤

使试样处于正常监视状态。测量范围在 3%LEL～100%LEL 之间的试样,分别使被监测区域内的可燃气体浓度达到其满量程的 20%、30%、40%、50%和 60%;测量范围在 3%LEL 以下的试样和测量范围在 100%LEL 以上的试样,分别使被监测区域内的可燃气体浓度达到其满量程的 25%、50%和 75%。试验期间,每个浓度的试验气体应至少保持 60 s,记录试样的浓度显示值。

5.4.2 试验设备

试验设备应满足 GB 15322.1—2019 中附录 B 的要求。

5.5 响应时间试验

5.5.1 试验步骤

使试样处于正常监视状态。向试样通入流量为 500 mL/min,浓度为满量程的 60%的试验气体,保持 60 s,记录试样的显示值作为基准值。将试样置于正常环境中通电 5 min,以相同流量再次向试样通入浓度为满量程的 60%的试验气体并开始计时,当试样的显示值达到 90%基准值时停止计时,记录试样的响应时间 t_{90}。

5.5.2 试验设备

试验设备包括气体分析仪、计时器。

5.6 方位试验

5.6.1 试验步骤

将试样安装于试验箱中,正面板处于水平面上,使其处于正常监视状态。试样在水平面内顺时针旋转,每次旋转 45°,按 5.3 规定的方法,分别测量试样在不同方位的报警动作值。

5.6.2 试验设备

试验设备应满足 GB 15322.1—2019 中附录 B 的要求。

5.7 报警重复性试验

5.7.1 试验步骤

按 5.3 规定的方法重复测量同一试样的报警动作值 6 次。

5.7.2 试验设备

试验设备应满足 GB 15322.1—2019 中附录 B 的要求。

5.8 高速气流试验

5.8.1 试验步骤

将试样安装于试验箱中,使其处于正常监视状态。启动通风机,使试验箱内气流速率稳定在 6 m/s ±0.2 m/s,再以不大于每分钟满量程 1%的速率增加试验气体的浓度,直至试样发出报警信号,记录试样的报警动作值。

5.8.2 试验设备

试验设备应满足 GB 15322.1—2019 中附录 B 的要求。

5.9 电池容量试验

5.9.1 试验步骤

5.9.1.1 使试样连续工作至指示其电池电量低,检查并记录试样电池电量低时的声、光指示情况。

5.9.1.2 在电池满容量条件下,使连续工作型试样正常工作 8 h,单次测量型试样完整工作 200 次后,检查并记录试样的电池电量指示情况。

5.9.1.3 试样工作至指示其电池电量低时,使连续工作型试样再工作 15 min,单次测量型试样再完整工作 10 次后,按 5.3 规定的方法测量试样的报警动作值。

5.9.2 试验设备

试验设备应满足 GB 15322.1—2019 中附录 B 的要求。

5.10 静电放电抗扰度试验

5.10.1 试验步骤

将试样按 GB/T 17626.2—2018 的规定进行试验布置,试样处于正常监视状态。按GB/T 17626.2—2018 规定的试验方法对试样及耦合板施加符合表 1 所示条件的静电放电干扰。条件试验结束后,按 5.3 规定的方法测量试样的报警动作值。

5.10.2 试验设备

试验设备应满足 GB/T 17626.2—2018 的要求。

5.11 射频电磁场辐射抗扰度试验

5.11.1 试验步骤

将试样按 GB/T 17626.3—2016 的规定进行试验布置,试样处于正常监视状态。按GB/T 17626.3—2016 规定的试验方法对试样施加符合表 1 所示条件的射频电磁场辐射干扰。条件试验结束后,按 5.3 规定的方法测量试样的报警动作值。

5.11.2 试验设备

试验设备应满足 GB/T 17626.3—2016 的要求。

5.12 高温(运行)试验

5.12.1 试验步骤

将试样安装于试验箱中,使其处于正常监视状态。启动通风机,使试验箱内气流速率稳定在 0.8 m/s±0.2 m/s。以不大于 1 ℃/min 的升温速率将试样所处环境的温度升至 55 ℃±2 ℃,保持 2 h。在高温环境条件下,按 5.3 规定的方法测量试样的报警动作值。

5.12.2 试验设备

试验设备应满足 GB 15322.1—2019 中附录 B 的要求。

5.13 低温(运行)试验

5.13.1 试验步骤

将试样安装于试验箱中,使其处于正常监视状态。启动通风机,使试验箱内气流速率稳定在 0.8 m/s±0.2 m/s。以不大于 1 ℃/min 的降温速率将试样所处环境的温度降至－25 ℃±2 ℃,保持 2 h。在低温环境条件下,按 5.3 规定的方法测量试样的报警动作值。

5.13.2 试验设备

试验设备应满足 GB 15322.1—2019 中附录 B 的要求。

5.14 恒定湿热(运行)试验

5.14.1 试验步骤

将试样安装于试验箱中,使其处于正常监视状态。启动通风机,使试验箱内气流速率稳定在 0.8 m/s±0.2 m/s。以不大于 1 ℃/min 的升温速率将试样所处环境的温度升至 40 ℃±2 ℃,然后以不大于 5%/min 的加湿速率将环境的相对湿度升至 93%±3%,保持 2 h。在湿热环境条件下,按 5.3 规定的方法测量试样的报警动作值。

5.14.2 试验设备

试验设备应满足 GB 15322.1—2019 中附录 B 的要求。

5.15 振动(正弦)(运行)试验

5.15.1 试验步骤

将试样刚性安装于振动台上,使其处于正常监视状态。按 GB/T 16838 中振动(正弦)(运行)试验规定的试验方法对试样施加符合表 3 所示条件的振动(正弦)(运行)试验。条件试验结束后,检查试样外观及紧固部位,按 5.3 规定的方法测量试样的报警动作值。

5.15.2 试验设备

试验设备应满足 GB/T 16838 的要求。

5.16 振动(正弦)(耐久)试验

5.16.1 试验步骤

将试样刚性安装于振动台上,试验期间,试样不通电。按 GB/T 16838 中振动(正弦)(耐久)试验规定的试验方法对试样施加符合表 3 所示条件的振动(正弦)(耐久)试验。条件试验结束后,检查试样外观及紧固部位,按 5.3 规定的方法测量试样的报警动作值。

5.16.2 试验设备

试验设备应满足 GB/T 16838 的要求。

5.17 跌落试验

5.17.1 试验步骤

按表 3 所示的试验条件,将非包装状态的试样自由跌落在平滑、坚硬的地面上,试验期间,试样不通电。条件试验结束后,检查试样外观及紧固部位,按 5.3 规定的方法测量试样的报警动作值。

5.17.2 试验设备

试验设备应满足 GB 15322.1—2019 中附录 B 的要求。

5.18 抗中毒性能试验

5.18.1 试验步骤

使试样处于正常监视状态,将其中一只试样置于可燃气体浓度为 1%LEL[探测一氧化碳的试样,一氧化碳浓度为 10×10^{-6}(体积分数)]和六甲基二硅醚蒸气浓度为 $(10\pm3)\times10^{-6}$(体积分数)的混合气体环境中,连续工作型探测器放置 40 min,单次测量型试样完整工作 20 次。将另一试样置于可燃气体浓度为 1%LEL[探测一氧化碳的试样,一氧化碳浓度为 10×10^{-6}(体积分数)]和硫化氢浓度为 $(10\pm3)\times10^{-6}$(体积分数)的混合气体环境中,连续工作型探测器放置 40 min,单次测量型试样完整工作 20 次。条件试验结束后,使试样处于正常监视状态 20 min,按 5.3 规定的方法分别测量试样的报警动作值。

5.18.2 试验设备

试验设备应满足 GB 15322.1—2019 中附录 B 的要求。

5.19 抗高浓度气体冲击性能试验

5.19.1 试验步骤

使试样处于正常监视状态,将体积分数为 100% 的试验气体(探测一氧化碳的试样,使用体积分数为 150% 量程的试验气体)以 500 mL/min 的流量输送到试样的采样部位,连续工作型探测器保持 2 min,单次测量型试样完整工作 2 次。条件试验结束后,使试样处于正常监视状态 30 min,按 5.3 规定的方法测量试样的报警动作值。

5.19.2 试验设备

试验设备应满足 GB 15322.1—2019 中附录 B 的要求。

5.20 低浓度运行试验

5.20.1 试验步骤

使试样处于正常监视状态,将其置于可燃气体浓度为 20% 低限报警设定值的环境中,连续工作型探测器保持 4 h,单次测量型试样完整工作 100 次。条件试验结束后,使试样处于正常监视状态20 min,按 5.3 规定的方法测量试样的报警动作值。

5.20.2 试验设备

试验设备应满足 GB 15322.1—2019 中附录 B 的要求。

6 检验规则

6.1 出厂检验

6.1.1 制造商在产品出厂前应对探测器至少进行下述试验项目的检验:

a) 基本性能试验;

b) 报警动作值试验;

c) 量程指示偏差试验;

d) 响应时间试验。

6.1.2 制造商应规定抽样方法、检验和判定规则。

6.2 型式检验

6.2.1 型式检验项目为第 5 章规定的全部试验项目。检验样品在出厂检验合格的产品中抽取。

6.2.2 有下列情况之一时,应进行型式检验:

a) 新产品或老产品转厂生产时的试制定型鉴定;

b) 正式生产后,产品的结构、主要部件或元器件、生产工艺等有较大的改变,可能影响产品性能;

c) 产品停产 1 年以上恢复生产;

d) 发生重大质量事故整改后;

e) 质量监督部门依法提出要求。

6.2.3 检验结果按 GB 12978 中规定的型式检验结果判定方法进行判定。

7 标志

7.1 总则

标志应清晰可见,且不应贴在螺丝或其他易被拆卸的部件上。

7.2 产品标志

7.2.1 每只探测器均应有清晰、耐久的中文产品标志,产品标志应包括以下内容:

a) 产品名称和型号;

b) 产品执行的标准编号;

c) 制造商名称、生产地址;

d) 制造日期和产品编号;

e) 产品主要技术参数(供电方式及参数、探测气体种类、量程及报警设值)。

7.2.2 产品标志信息中如使用不常用符号或缩写时,应在与探测器一起提供的使用说明书中注明。

7.3 质量检验标志

每只探测器均应有清晰的质量检验合格标志。

ICS 13.220.20
C 81

中华人民共和国国家标准

GB 15322.4—2019

可燃气体探测器
第4部分：工业及商业用途线型光束可燃气体探测器

Combustible gas detectors—Part 4: Line-type optical beam combustible gas detectors for industrial and commercial use

2019-10-14 发布　　　　2020-11-01 实施

国家市场监督管理总局
中国国家标准化管理委员会　发布

前　言

本部分的全部技术内容为强制性。

GB 15322《可燃气体探测器》分为以下部分：

——第1部分：工业及商业用途点型可燃气体探测器；

——第2部分：家用可燃气体探测器；

——第3部分：工业及商业用途便携式可燃气体探测器；

——第4部分：工业及商业用途线型光束可燃气体探测器。

本部分为GB 15322的第4部分。

本部分按照GB/T 1.1—2009给出的规则起草。

本部分由中华人民共和国应急管理部提出并归口。

本部分起草单位：应急管理部沈阳消防研究所、北京市消防救援总队、英吉森安全消防系统（上海）有限公司、成都安可信电子股份有限公司、汉威科技集团股份有限公司、西安博康电子有限公司、北京品傲光电科技有限公司、无锡格林通安全装备有限公司。

本部分主要起草人：赵宇、王文青、卢韶然、郭春雷、关明阳、李云浩、丁宏军、张颖琮、刘筱璐、蒋玲、孙珍慧、刘凯、赵康柱、费春祥、李鑫、李志刚、熊伟。

可燃气体探测器
第4部分:工业及商业用途线型光束
可燃气体探测器

1 范围

GB 15322 的本部分规定了工业及商业用途线型光束可燃气体探测器的术语和定义、分类、要求、试验、检验规则及标志要求。

本部分适用于工业及商业场所安装使用的采用光谱吸收原理探测烃类、醚类、酯类、醇类等可燃性气体、蒸气的线型光束可燃气体探测器(以下简称“探测器”)。工业及商业场所中使用的具有特殊性能的探测器,除特殊要求应由有关标准另行规定外,亦可执行本部分。

2 规范性引用文件

下列文件对于本文件的应用是必不可少的。凡是注日期的引用文件,仅注日期的版本适用于本文件。凡是不注日期的引用文件,其最新版本(包括所有的修改单)适用于本文件。

GB/T 2423.17—2008 电工电子产品环境试验 第2部分:试验方法 试验Ka:盐雾

GB 3836.1—2010 爆炸性环境 第1部分:设备 通用要求

GB/T 9969 工业产品使用说明书 总则

GB 12978 消防电子产品检验规则

GB 15322.1—2019 可燃气体探测器 第1部分:工业及商业用途点型可燃气体探测器

GB/T 16838 消防电子产品环境试验方法及严酷等级

GB/T 17626.2—2018 电磁兼容 试验和测量技术 静电放电抗扰度试验

GB/T 17626.3—2016 电磁兼容 试验和测量技术 射频电磁场辐射抗扰度试验

GB/T 17626.4—2018 电磁兼容 试验和测量技术 电快速瞬变脉冲群抗扰度试验

GB/T 17626.5—2008 电磁兼容 试验和测量技术 浪涌(冲击)抗扰度试验

GB/T 17626.6—2017 电磁兼容 试验和测量技术 射频场感应的传导骚扰抗扰度

3 术语和定义

下列术语和定义适用于本文件。

3.1

光路长度 optical path length

发射装置、接收装置(或反射装置)间探测光束的传播距离。

3.2

积分浓度 integral concentration

可燃气体的浓度沿光路长度的数学积分值。

注 1: 爆炸下限(LEL)为可燃气体或蒸气在空气中的最低爆炸浓度。

注 2: 可燃气体的浓度以 LEL 为单位,光路长度以 m 为单位,积分浓度以 LEL · m 为单位。

3.3

发射装置　transmitter

发射探测光束的探测器部件。

3.4

接收装置　receiver

接收探测光束的探测器部件。

3.5

反射装置　reflector

将探测光束反射回接收装置的探测器部件。

4　分类

按使用环境条件分为：

a）　室内使用型探测器；

b）　室外使用型探测器。

5　要求

5.1　总则

探测器应满足第5章的相关要求，并按第6章的规定进行试验，以确认探测器对第5章要求的符合性。

5.2　探测器组成

探测器应由发射装置、接收装置、反射装置等部件组成。

5.3　外观要求

5.3.1　探测器应具备产品出厂时的完整包装，包装中应包含质量检验合格标志和使用说明书。

5.3.2　探测器表面应无腐蚀、涂覆层脱落和起泡现象，无明显划伤、裂痕、毛刺等机械损伤，紧固部位无松动。

5.4　性能

5.4.1　一般要求

5.4.1.1　对探测器进行调零、标定、更改参数等通电条件下的操作不应改变其外壳的完整性。

5.4.1.2　探测器应采用36 V及以下的直流电压供电，并具有极性反接的保护措施。

5.4.1.3　探测器应具有独立的工作状态指示灯，分别指示其正常监视、故障、报警工作状态。正常监视状态指示应为绿色，故障状态指示应为黄色，报警状态指示应为红色。指示灯应有中文功能注释。在5 lx～500 lx光照条件下、正前方5 m处，指示灯的状态应清晰可见。探测器的每个独立通电部件都应具有通电状态指示。

注：正常监视状态指探测器接通电源正常工作，且未发出报警信号或故障信号时的状态。

5.4.1.4　探测器在被监视区域内的可燃气体积分浓度达到报警设定值时，应能发出报警信号。再将探测器置于正常环境中，30 s内应能自动(或手动)恢复到正常监视状态。

5.4.1.5　探测器的光路长度应不大于100 m。

5.4.1.6 探测器应能够输出与其测量的可燃气体积分浓度和工作状态相对应的信号。信号的类型、参数等信息应在使用说明书中注明。

5.4.1.7 探测器的量程上限应不大于 5 LEL·m。报警设定值应在 10%量程～70%量程范围,且不小于 0.5 LEL·m。

5.4.1.8 探测器如具有报警输出接口,报警输出接口的类型和容量应与制造商规定的配接产品或执行部件相匹配,且应在使用说明书中注明。如探测器的报警输出接口具有延时功能,其最大延时时间不应超过 30 s。

5.4.1.9 探测器具有多级报警功能时,各级报警状态指示和输出应能明确区分。

5.4.1.10 当探测光束被完全遮挡时,应在 30 s 后、100 s 内发出故障信号。光束遮挡消除后 30 s 内,对应的故障信号应能自动恢复。

5.4.1.11 探测器在正常安装条件下探测光束沿光轴的最大允许偏转角度应在使用说明书中注明。

5.4.1.12 探测器与其他辅助设备(例如远程确认灯、控制继电器等)间的连接线发生断路或短路时,不应影响探测器正常工作。

5.4.1.13 探测器应采用满足 GB 3836.1—2010 要求的防爆型式。

5.4.1.14 探测器的型号编制应符合 GB 15322.1—2019 中附录 A 的规定。

5.4.1.15 探测器的使用说明书应满足 GB/T 9969 的相关要求。

5.4.2 报警动作性能

5.4.2.1 在被监视区域内的可燃气体积分浓度不大于 0.05 LEL·m 时,探测器不应发出报警信号。

5.4.2.2 在被监视区域内的可燃气体积分浓度为 80%报警设定值和报警设定值减去 10%量程两者间的较小值时,探测器不应发出报警信号。

5.4.2.3 在被监视区域内的可燃气体积分浓度为 120%报警设定值和报警设定值加上 10%量程两者间的较大值时,探测器应能发出报警信号。报警响应时间不应大于 10 s。

5.4.3 量程指示偏差

在探测器量程内选取若干试验点作为基准值,使被监测区域内的可燃气体积分浓度分别达到对应的基准值。探测器在试验点上的积分浓度显示值与基准值之差的绝对值不应大于 20%基准值或 10%量程当中的较大值。

5.4.4 长期稳定性

使探测器在正常大气条件下连续运行 28 d。运行期间,探测器不应发出报警信号或故障信号。长期运行后,探测器的报警动作性能应满足 5.4.2 的要求。

5.4.5 光强衰减适应性能

在最大光路长度条件下,室外使用型探测器应能在探测光束辐射通量衰减 90%的情况下保持正常监视状态,室内使用型探测器应能在探测光束辐射通量衰减 50%的情况下保持正常监视状态。在探测光束辐射通量衰减条件下,探测器的报警动作性能应满足 5.4.2 的要求。

5.4.6 光束偏转适应性能

在最大光路长度条件下,使探测器的探测光束在制造商规定的最大允许角度范围内偏转,探测器不应发出报警信号或故障信号。在最大允许偏转角度条件下,探测器的报警动作性能应满足 5.4.2 的要求。

5.4.7 抗光干扰性能

在接收装置受到总光照辐射强度为(800±50)W/m^2 的光干扰条件下运行时,探测器不应发出报警信号或故障信号,其报警动作性能应满足5.4.2的要求。

5.4.8 抗蒸汽干扰性能

在如附录A所示的蒸汽干扰试验条件下运行时,探测器不应发出报警信号或故障信号,其报警动作性能应满足5.4.2的要求。

5.4.9 电压波动

将探测器的供电电压分别调至其额定电压的85%和115%,探测器的报警动作性能应满足5.4.2的要求。

5.4.10 电磁兼容性能

探测器应能耐受表1所规定的电磁干扰条件下的各项试验,试验期间,探测器不应发出报警信号或故障信号。试验后,探测器的报警动作性能应满足5.4.2的要求。

表1 电磁兼容试验参数

<table>
<tr><th>试验名称</th><th>试验参数</th><th>试验条件</th><th>工作状态</th></tr>
<tr><td rowspan="4">静电放电抗扰度试验</td><td>放电电压
kV</td><td>空气放电(绝缘体外壳):8
接触放电(导体外壳和耦合板):6</td><td rowspan="4">正常监视状态</td></tr>
<tr><td>放电极性</td><td>正、负</td></tr>
<tr><td>放电间隔
s</td><td>≥1</td></tr>
<tr><td>每点放电次数</td><td>10</td></tr>
<tr><td rowspan="4">射频电磁场
辐射抗扰度试验</td><td>场强
V/m</td><td>10</td><td rowspan="4">正常监视状态</td></tr>
<tr><td>频率范围
MHz</td><td>80~1 000</td></tr>
<tr><td>扫描速率
10 oct/s</td><td>$\leqslant 1.5\times10^{-3}$</td></tr>
<tr><td>调制幅度</td><td>80%(1 kHz,正弦)</td></tr>
<tr><td rowspan="4">电快速瞬变脉冲
群抗扰度试验</td><td>瞬变脉冲电压
kV</td><td>1×(1±0.1)</td><td rowspan="4">正常监视状态</td></tr>
<tr><td>重复频率
kHz</td><td>5×(1±0.2)</td></tr>
<tr><td>极性</td><td>正、负</td></tr>
<tr><td>时间
min</td><td>1</td></tr>
</table>

表 1（续）

试验名称	试验参数	试验条件	工作状态
浪涌(冲击)抗扰度试验	浪涌(冲击)电压 kV	线-地:1×(1±0.1)	正常监视状态
	极性	正、负	
	试验次数	5	
	试验间隔 s	60	
射频场感应的传导骚扰抗扰度试验	频率范围 MHz	0.15～80	正常监视状态
	电压 dBμV	140	
	调制幅度	80%(1 kHz,正弦)	

5.4.11　气候环境耐受性

探测器应能耐受表 2 所规定的气候环境条件下的各项试验，试验期间，探测器不应发出报警信号或故障信号。试验后，探测器应无破坏涂覆和腐蚀现象，其报警动作性能应满足 5.4.2 的要求。

表 2　气候环境试验参数

试验名称	试验参数	试验条件		工作状态
		室内使用型	室外使用型	
高温(运行)试验	温度 ℃	55±2	70±2	正常监视状态
	持续时间 h	2	2	
低温(运行)试验	温度 ℃	−10±2	−40±2	正常监视状态
	持续时间 h	2	2	
恒定湿热(运行)试验	温度 ℃	40±2		正常监视状态
	相对湿度	93%±3%		
	持续时间 h	2		
交变湿热(运行)试验	温度 ℃	55±2		正常监视状态
	循环周期	2		

表 2 (续)

试验名称	试验参数	试验条件		工作状态
		室内使用型	室外使用型	
盐雾试验	盐溶液浓度 %(质量比)	5±1		不通电状态
	温度 ℃	35±2		
	持续时间 h	96		

5.4.12 **机械环境耐受性**

探测器应能耐受表 3 所规定的机械环境条件下的各项试验。试验后，探测器应满足下述要求：

a) 探测器不应有机械损伤和紧固部位松动；

b) 探测器应能正常工作且报警动作性能满足 5.4.2 的要求。

表 3 机械环境试验参数

试验名称	试验参数	试验条件	工作状态
振动(正弦)(耐久)试验	频率范围 Hz	10～150	不通电状态
	加速度 m/s^2	10	
	扫频速率 oct/min	1	
	轴线数	3	
	每个轴线扫频次数	20	
跌落试验	跌落高度 mm	质量不大于 2 kg:1 000 质量大于 2 kg 且不大于 5 kg:500 质量大于 5 kg:不进行试验	不通电状态
	跌落次数	2	

6 试验

6.1 试验纲要

6.1.1 大气条件

如在有关条文中没有说明，各项试验均在下述正常大气条件下进行：

——温度:15 ℃～35 ℃；

——相对湿度:25%～75%；

——大气压力:86 kPa～106 kPa。

6.1.2 试验样品

试验样品(以下简称"试样")数量为3套,试验前应对试样予以编号。

6.1.3 外观检查

试样在试验前应进行外观检查,检查结果应满足5.3的要求。

6.1.4 试验前准备

6.1.4.1 按制造商规定对试样进行调零和标定操作。

6.1.4.2 将试样在不通电条件下依次置于以下环境中:

a) −25 ℃±3 ℃,保持24 h;

b) 正常大气条件,保持24 h;

c) 55 ℃±2 ℃,保持24 h;

d) 正常大气条件,保持24 h。

6.1.5 试样的安装

试验前,试样应按照制造商规定的正常使用方式安装,并与制造商规定的可燃气体报警控制器连接,使其在正常大气条件下通电预热20 min。预热期间,试样的探测光束不应被遮挡。除相关试验要求外,应采取制造商允许的措施使光路长度满足试验条件并使试样正常工作。

6.1.6 容差

各项试验数据的容差均为±5%。

6.1.7 试验气体

配制试验气体应采用制造商声称的探测气体种类和报警设定值要求,除相关试验另行规定外,试验气体应由可燃气体与洁净空气混合而成,试验气体湿度应符合正常湿度条件,配气误差应不超过报警设定值的±2%。采用甲烷、丙烷、一氧化碳当中的一种作为可燃气体配制试验气体时,可燃气体的纯度应不低于99.5%;对于制造商声称的其他类型探测气体,可采用满足制造商要求的标准气体配制试验气体。

6.1.8 试验程序

试验程序见表4。

表4 试验程序

序号	章条	试验项目	试样编号		
			1	2	3
1	6.1.3	外观检查	√	√	√
2	6.2	基本性能试验	√	√	√
3	6.3	报警动作性能试验	√	√	√
4	6.4	量程指示偏差试验		√	
5	6.5	长期稳定性试验			√

表 4（续）

序 号	章 条	试验项目	试样编号		
			1	2	3
6	6.6	光强衰减试验	√		
7	6.7	光束偏转试验	√		
8	6.8	光干扰试验	√		
9	6.9	蒸汽干扰试验	√		
10	6.10	电压波动试验			√
11	6.11	静电放电抗扰度试验	√		
12	6.12	射频电磁场辐射抗扰度试验		√	
13	6.13	电快速瞬变脉冲群抗扰度试验	√		
14	6.14	浪涌(冲击)抗扰度试验	√		
15	6.15	射频场感应的传导骚扰抗扰度试验		√	
16	6.16	高温(运行)试验		√	
17	6.17	低温(运行)试验		√	
18	6.18	恒定湿热(运行)试验		√	
19	6.19	交变湿热(运行)试验		√	
20	6.20	盐雾试验		√	
21	6.21	振动(正弦)(耐久)试验	√		
22	6.22	跌落试验			√

6.2 基本性能试验

6.2.1 试样处于正常监视状态，对其进行调零、标定、更改参数等操作，检查并记录该类操作是否改变试样外壳的完整性。

6.2.2 检查并记录试样的供电方式是否符合 5.4.1.2 的规定。

6.2.3 检查并记录试样工作状态指示灯的指示和功能注释情况是否符合 5.4.1.3 的规定。

6.2.4 检查并记录试样的最大光路长度。试样处于正常监视状态，将充入可燃气体的气室放入试样的探测光路，使其发出报警信号，检查并记录试样的量程和报警设定值设置是否符合 5.4.1.7 的规定。移除气室并开始计时，检查并记录其报警状态的恢复情况。

6.2.5 将试样与制造商规定的可燃气体报警控制器连接，向试样的监视区域内通入试验气体，改变试样的工作状态，检查并记录可燃气体报警控制器上试样的积分浓度测量值和工作状态显示情况。

6.2.6 试样如具有报警输出接口，将其与制造商规定的配接产品或执行部件连接，使试样发出报警信号，检查并记录试样的报警输出接口是否动作。报警输出接口如具有延时功能，测量并记录其最大延时时间。

6.2.7 试样如具有多级报警功能，检查其各级报警状态指示和输出是否能明确区分。

6.2.8 试样处于正常监视状态，将其探测光束完全遮挡并开始计时，记录试样发出故障信号的时间。消除探测光束的遮挡并开始计时，记录对应故障信号的恢复时间。

6.2.9 如果试样存在辅助设备，将试样与其他辅助设备间的连接线断路或短路，检查试样是否能正常工作。

6.2.10 检查试样是否采用符合 GB 3836.1—2010 要求的防爆型式。

6.2.11 检查试样的型号编制是否符合 GB 15322.1—2019 中附录 A 的规定。

6.2.12 检查试样的说明书是否符合 GB/T 9969 的相关要求,其中是否注明气体传感器的使用期限,是否注明探测器输出信号的类型、参数等信息,是否注明探测器报警输出接口的类型和容量,是否注明探测器在正常安装条件下探测光束沿光轴的最大允许偏转角度。

6.3 报警动作性能试验

6.3.1 试验步骤

6.3.1.1 将试样以最大光路长度安装,使其处于正常监视状态。

6.3.1.2 向气室中通入可燃气体,使可燃气体沿探测光束方向的积分浓度达到报警设定值的 80%与报警设定值减去 10%量程当中的较小值,但不应低于 0.05 LEL·m。将气室放入试样的探测光路,使探测光束以正入射方式穿过气室,该操作应在 5 s 内完成。保持 60 s,观察并记录试样的工作状态。

6.3.1.3 使试样处于正常监视状态,向气室中通入可燃气体,使其沿探测光束方向的积分浓度达到报警设定值的 120%与报警设定值加上 10%量程当中的较大值。将气室放入试样的探测光路并开始计时,当试样发出报警信号时停止计时,记录试样的报警响应时间。

6.3.1.4 试样具有多级报警功能时,对其各级报警设定值分别进行 6.3.1.1～6.3.1.3 规定的试验。

6.3.2 试验设备

试验设备如下:

a) 气室(内部气体压力应为正常大气压力,将充满洁净空气的气室放入探测光路后,试样的零点偏差不应超过±2%量程);

b) 气体分析仪;

c) 计时器。

6.4 量程指示偏差试验

6.4.1 试验步骤

将试样以最大光路长度安装,使其处于正常监视状态。向气室中通入可燃气体,使其沿探测光束方向的积分浓度分别达到试样满量程的 25%、50%和 75%。将气室放入试样的探测光路,每个积分浓度的气室应至少保持 60 s,记录试样的积分浓度显示值。

6.4.2 试验设备

试验设备见 6.3.2。

6.5 长期稳定性试验

6.5.1 试验步骤

使试样在正常大气条件下连续工作 28 d,期间观察并记录试样的工作状态。运行结束后,按 6.3 规定的方法测量试样的报警动作性能。

6.5.2 试验设备

试验设备见 6.3.2。

6.6 光强衰减试验

6.6.1 试验步骤

6.6.1.1 将试样以最大光路长度安装,使其处于正常监视状态。

6.6.1.2 利用减光片使试样的探测光束辐射通量衰减50%(室内使用型试样)或90%(室外使用型试样),期间观察并记录试样的工作状态。
6.6.1.3 在探测光束辐射通量衰减条件下,按6.3规定的方法测量试样的报警动作性能。

6.6.2 试验设备

试验设备如下:
a) 减光片(对探测光束辐射通量的衰减比例的偏差不应超过试验要求的±1%);
b) 气室;
c) 气体分析仪;
d) 计时器。

6.7 光束偏转试验

6.7.1 试验步骤

6.7.1.1 将试样以最大光路长度安装,使其处于正常监视状态。
6.7.1.2 将试样的接收装置分别向左和向右偏转,使其视锥角的轴线与光轴的夹角为制造商规定的最大允许偏转角度,期间观察并记录试样的工作状态。
6.7.1.3 在试样处于最大允许偏转角度的条件下,按6.3规定的方法测量试样的报警动作性能。
6.7.1.4 将试样的接收装置调整到试验前位置,以其视锥角的轴线为轴将接收部件顺时针旋转90°,重复6.7.1.2和6.7.1.3的试验步骤。

6.7.2 试验设备

试验设备如下:
a) 角度尺;
b) 气室;
c) 气体分析仪;
d) 计时器。

6.8 光干扰试验

6.8.1 试验步骤

6.8.1.1 使试样处于正常监视状态,利用金属卤钨灯作为光源照射试样的接收装置,光源与接收装置的距离应不小于0.5 m,使接收装置视窗部位的总光照辐射强度为(800±50)W/m²,保持20 min。期间观察并记录试样的工作状态。
6.8.1.2 在光干扰条件下,按6.3规定的方法测量试样的报警动作性能。

6.8.2 试验设备

试验设备如下:
a) 金属卤钨灯;
b) 光照辐射计;
c) 气室;
d) 气体分析仪;
e) 计时器。

6.9 蒸汽干扰试验

6.9.1 试验步骤

6.9.1.1 将试样按附录A的规定进行试验布置，保持20 min。期间观察并记录试样的工作状态。

6.9.1.2 在蒸汽干扰条件下，按6.3规定的方法测量试样的报警动作性能。

6.9.2 试验设备

试验设备如下：

a) 满足附录A要求的蒸汽发生装置；
b) 气室；
c) 气体分析仪；
d) 计时器。

6.10 电压波动试验

6.10.1 试验步骤

将试样的供电电压分别调至其额定电压的85%和115%，按6.3规定的方法测量试样的报警动作性能。

6.10.2 试验设备

试验设备见6.3.2。

6.11 静电放电抗扰度试验

6.11.1 试验步骤

将试样按GB/T 17626.2—2018的规定进行试验布置，试样处于正常监视状态。按GB/T 17626.2—2018规定的试验方法对试样及耦合板施加符合表1所示条件的静电放电干扰。条件试验结束后，按6.3规定的方法测量试样的报警动作性能。

6.11.2 试验设备

试验设备应满足GB/T 17626.2—2018的要求。

6.12 射频电磁场辐射抗扰度试验

6.12.1 试验步骤

将试样按GB/T 17626.3—2016的规定进行试验布置，试样处于正常监视状态。按GB/T 17626.3—2016规定的试验方法对试样施加符合表1所示条件的射频电磁场辐射干扰。条件试验结束后，按6.3规定的方法测量试样的报警动作性能。

6.12.2 试验设备

试验设备应满足GB/T 17626.3—2016的要求。

6.13 电快速瞬变脉冲群抗扰度试验

6.13.1 试验步骤

将试样按GB/T 17626.4—2018的规定进行试验布置，试样处于正常监视状态。按GB/T 17626.4—2018

规定的试验方法对试样施加符合表 1 所示条件的电快速瞬变脉冲群干扰。条件试验结束后，按 6.3 规定的方法测量试样的报警动作性能。

6.13.2 试验设备

试验设备应满足 GB/T 17626.4—2018 的要求。

6.14 浪涌(冲击)抗扰度试验

6.14.1 试验步骤

将试样按 GB/T 17626.5—2008 的规定进行试验布置，试样处于正常监视状态。按GB/T 17626.5—2008 规定的试验方法对试样施加符合表 1 所示条件的浪涌(冲击)干扰。条件试验结束后，按 6.3 规定的方法测量试样的报警动作性能。

6.14.2 试验设备

试验设备应满足 GB/T 17626.5—2008 的要求。

6.15 射频场感应的传导骚扰抗扰度试验

6.15.1 试验步骤

将试样按 GB/T 17626.6—2017 的规定进行试验布置，试样处于正常监视状态。按GB/T 17626.6—2017 规定的试验方法对试样施加符合表 1 所示条件的射频场感应的传导骚扰。条件试验结束后，按 6.3 规定的方法测量试样的报警动作性能。

6.15.2 试验设备

试验设备应满足 GB/T 17626.6—2017 的要求。

6.16 高温(运行)试验

6.16.1 试验步骤

将试样安装于试验箱中，使其处于正常监视状态。以不大于 1 ℃/min 的升温速率将试样所处环境的温度升至表 2 规定的温度，保持 2 h。条件试验结束后，在正常大气条件下按 6.3 规定的方法测量试样的报警动作性能。

6.16.2 试验设备

试验设备应满足 GB/T 16838 的要求。

6.17 低温(运行)试验

6.17.1 试验步骤

将试样安装于试验箱中，使其处于正常监视状态。以不大于 1 ℃/min 的降温速率将试样所处环境的温度降至表 2 规定的温度，保持 2 h。条件试验结束后，在正常大气条件下按 6.3 规定的方法测量试样的报警动作性能。

6.17.2 试验设备

试验设备应满足 GB/T 16838 的要求。

6.18 恒定湿热(运行)试验

6.18.1 试验步骤

将试样安装于试验箱中,使其处于正常监视状态。以不大于1 ℃/min的升温速率将试样所处环境的温度升至40 ℃±2 ℃,然后以不大于5%/min的加湿速率将环境的相对湿度升至93%±3%,保持2 h。条件试验结束后,在正常大气条件下按6.3规定的方法测量试样的报警动作性能。

6.18.2 试验设备

试验设备应满足GB/T 16838的要求。

6.19 交变湿热(运行)试验

6.19.1 试验步骤

将试样安装于试验箱中,使其处于正常监视状态。按GB/T 16838中交变湿热(运行)试验规定的试验方法对试样施加温度为55 ℃±2 ℃、2个循环周期的交变湿热(运行)试验。条件试验结束后,在正常大气条件下按6.3规定的方法测量试样的报警动作性能。

6.19.2 试验设备

试验设备应满足GB/T 16838的要求。

6.20 盐雾试验

6.20.1 试验步骤

按GB/T 2423.17—2008规定的试验方法对试样各部件施加符合表2所示条件的盐雾试验。试验期间,试样不通电。条件试验结束后,清洗试样外表面,检查试样表面腐蚀情况。在正常大气条件下恢复1 h后,按6.3规定的方法测量试样的报警动作性能。

6.20.2 试验设备

试验设备应满足GB/T 2423.17—2008的要求。

6.21 振动(正弦)(耐久)试验

6.21.1 试验步骤

将试样按照制造商规定的正常方式刚性安装,试验期间,试样不通电。按GB/T 16838中振动(正弦)(耐久)试验规定的试验方法对试样施加符合表3所示条件的振动(正弦)(耐久)试验。条件试验结束后,检查试样外观及紧固部位,按6.3规定的方法测量试样的报警动作性能。

6.21.2 试验设备

试验设备应满足GB/T 16838的要求。

6.22 跌落试验

6.22.1 试验步骤

按表3所示的试验条件,将非包装状态的试样自由跌落在平滑、坚硬的地面上,试验期间,试样不通电。条件试验结束后,检查试样外观及紧固部位,按6.3规定的方法测量试样的报警动作性能。

6.22.2 试验设备

试验设备见 6.3.2。

7 检验规则

7.1 出厂检验

7.1.1 制造商在产品出厂前应对探测器至少进行下述试验项目的检验：

a) 基本性能试验；

b) 报警动作性能试验；

c) 量程指示偏差试验；

d) 长期稳定性试验。

7.1.2 制造商应规定抽样方法、检验和判定规则。

7.2 型式检验

7.2.1 型式检验项目为第 6 章规定的全部试验项目。检验样品在出厂检验合格的产品中抽取。

7.2.2 有下列情况之一时，应进行型式检验：

a) 新产品或老产品转厂生产时的试制定型鉴定；

b) 正式生产后，产品的结构、主要部件或元器件、生产工艺等有较大的改变，可能影响产品性能；

c) 产品停产 1 年以上恢复生产；

d) 发生重大质量事故整改后；

e) 质量监督部门依法提出要求。

7.2.3 检验结果按 GB 12978 中规定的型式检验结果判定方法进行判定。

8 标志

8.1 总则

标志应清晰可见，且不应贴在螺丝或其他易被拆卸的部件上。

8.2 产品标志

8.2.1 每只探测器均应有清晰、耐久的中文产品标志，产品标志应包括以下内容：

a) 产品名称和型号；

b) 产品执行的标准编号；

c) 制造商名称、生产地址；

d) 制造日期和产品编号；

e) 产品主要技术参数(供电方式及参数、探测气体种类、量程、报警设定值、光路长度及使用环境)。

8.2.2 产品标志信息中如使用不常用符号或缩写时，应在与探测器一起提供的使用说明书中注明。

8.3 质量检验标志

每只探测器均应有清晰的质量检验合格标志。

附 录 A
（规范性附录）
蒸汽干扰试验

A.1 试验布置

蒸汽干扰试验布置图如图 A.1。在水槽中注入蒸馏水，水面沿探测光束方向的长度为 2 m，水面与探测光束光轴间的距离为 0.1 m。

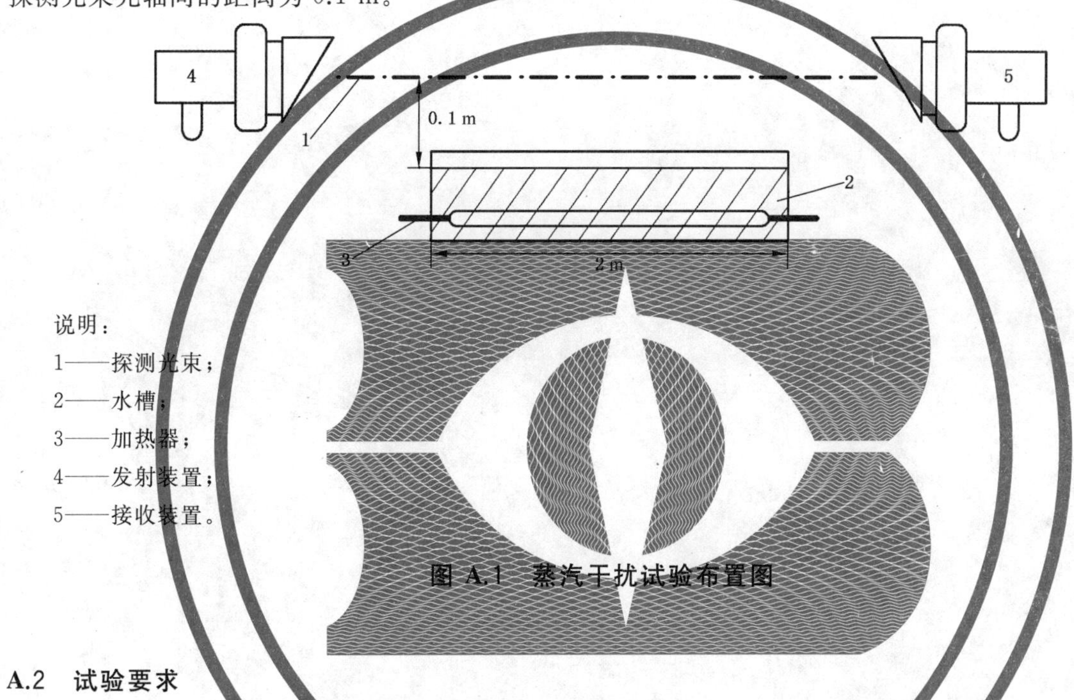

说明：
1——探测光束；
2——水槽；
3——加热器；
4——发射装置；
5——接收装置。

图 A.1 蒸汽干扰试验布置图

A.2 试验要求

使试样处于正常监视状态。利用加热器对水槽中的蒸馏水持续加热，使其保持沸腾状态。条件试验期间，水蒸气不应在发射装置和接收装置的视窗表面凝结。

ICS 13.220.20
C 81

中华人民共和国国家标准

GB 16808—2008
代替 GB 16808—1997

可燃气体报警控制器

Combustible gas alarm control units

（IEC 61779:1998,NEQ）

2008-12-15 发布　　　　2010-02-01 实施

中华人民共和国国家质量监督检验检疫总局
中国国家标准化管理委员会　发布

前　言

本标准的第4章、第5章、第6章、第7章、第8章为强制性，其余为推荐性。

本标准对应于IEC 61779:1998《可燃性气体的检测和测量的电气装置》(英文版)，与IEC 61779的一致性程度为非等效。

本标准代替GB 16808—1997《可燃气体报警控制器技术要求和试验方法》。

本标准与GB 16808—1997相比主要变化如下：

——将原标准的基本功能试验改为可燃气体浓度显示功能试验、可燃气体报警功能试验、故障报警功能试验、屏蔽功能试验、自检功能试验、电源功能试验；

——增加了射频场感应的传导骚扰抗扰度试验、浪涌(冲击)抗扰度试验、电压暂降、短时中断和电压变化的抗扰度试验；

——增加了检验规则和使用说明书的要求。

本标准由中华人民共和国公安部提出。

本标准由全国消防标准化技术委员会第六分技术委员会(SAC/TC 113/SC 6)归口。

本标准起草单位：公安部沈阳消防研究所。

本标准主要起草人：宋希伟、费春祥、张学军、李瑞、谢锋、冯万波。

本标准所代替标准的历次版本发布情况为：

——GB 16808—1997。

可燃气体报警控制器

1 范围

本标准规定了可燃气体报警控制器(以下简称控制器)的分类、一般要求、要求与试验方法、标志、检验规则和使用说明书。

本标准适用于一般工业与民用建筑中安装使用的可燃气体报警控制器,也适用于其他环境中安装的具有特殊性能的控制器(特殊要求由有关标准另行规定)。

2 规范性引用文件

下列文件中的条款通过本标准的引用而成为本标准的条款。凡是注日期的引用文件,其随后所有的修改单(不包括勘误的内容)或修订版均不适用于本标准,然而,鼓励根据本标准达成协议的各方研究是否可使用这些文件的最新版本。凡是不注日期的引用文件,其最新版本适用于本标准。

GB/T 156—2007 标准电压(IEC 60038:2002,MOD)

GB 9969.1 工业产品使用说明书 总则

GB 12978 消防电子产品检验规则

GB 15322(所有部分) 可燃气体探测器

GB 16838 消防电子产品 环境试验方法及严酷等级

3 产品分类

控制器按工作方式分为:

a) 总线制;

b) 多线制。

4 一般要求

4.1 整机性能

4.1.1 一般要求

4.1.1.1 控制器主电源应采用 220 V、50 Hz 交流电源,电源线输入端应设接线端子。

4.1.1.2 控制器应设有保护接地端子。

4.1.1.3 控制器应能为其连接的部件供电,直流工作电压应符合 GB/T 156—2007 规定,可优先采用直流 24 V。

4.1.1.4 控制器应具有中文功能标注,用文字显示信息时应采用中文。

4.1.1.5 控制器应具有向消防控制室图形显示装置等设备发送报警、故障、屏蔽等信息的功能。

4.1.2 可燃气体浓度显示功能

4.1.2.1 控制器应具有可燃气体浓度显示功能,其全量程指示偏差应满足表 1 的要求。

表 1

配接可燃气体探测器类型		误差范围
测量范围为 0～100%LEL 的点型可燃气体探测器		5%LEL
测量人工煤气的点型可燃气体探测器	氢气敏感型	200×10^{-6}(体积分数)
	一氧化碳敏感型	80×10^{-6}(体积分数)

4.1.2.2 控制器应能显示所有可燃气体探测器探测的可燃气体浓度值；总线制控制器在不能显示所有可燃气体探测器探测的可燃气体浓度值时，应能显示探测器探测的可燃气体浓度最高值，其他探测器探测的可燃气体浓度值应可查。

4.1.2.3 控制器的报警状态不应影响控制器的浓度显示功能。控制器的故障状态不应影响任何非故障回路的浓度显示功能。

4.1.3 可燃气体报警功能

4.1.3.1 控制器应具有低限报警或低限、高限两段报警功能。

4.1.3.2 控制器应能直接或间接地接收来自可燃气体探测器及其他报警触发器件的报警信号，发出可燃气体报警声、光信号，指示报警部位，记录报警时间，并保持至手动复位。

4.1.3.3 当有可燃气体报警信号输入时，控制器应在 10 s 内发出报警声、光信号。对来自可燃气体探测器的报警信号可设置报警延时，其最大延时时间不应超过 1 min，延时期间应有延时光指示，延时设置信息应能通过本机操作查询。

4.1.3.4 控制器在可燃气体报警状态下应至少有两组控制输出。

4.1.3.5 控制器应有专用可燃气体报警总指示灯(器)。控制器处于可燃气体报警状态时，总指示灯(器)应点亮。

4.1.3.6 可燃气体报警声信号应能手动消除，当再次有可燃气体报警信号输入时，应能再次启动。

4.1.3.7 控制器应满足下述要求：

a) 应能显示当前可燃气体报警部位的总数；
b) 应能区分最先报警部位；
c) 后续报警部位应按报警时间顺序连续显示。当显示区域不足以显示全部报警部位时，应按顺序循环显示；同时应设手动查询按钮(键)。

4.1.3.8 控制器应设手动复位按钮(键)，复位后，仍然存在的状态及相关信息应保持或在 20 s 内重新建立。

4.1.3.9 控制器应有报警计时装置，计时装置的日计时误差不应超过 30 s，使用打印机记录报警时间时，应打印出月、日、时、分等信息，但不能仅使用打印机记录报警时间。

4.1.3.10 具有报警历史事件记录功能的控制器，应能至少记录 999 条相关信息，且在控制器断电后能保持信息 14 d。

4.1.3.11 通过控制器可改变与其连接的可燃气体探测器报警设定值时，该报警设定值应能在控制器上手动可查。

4.1.3.12 除复位操作外，对控制器的任何操作均不应影响控制器接收和发出可燃气体报警信号。

4.1.4 故障报警功能

4.1.4.1 控制器应设专用故障总指示灯(器)，无论控制器处于何种状态，只要有故障信号存在，该故障总指示灯(器)应点亮。

4.1.4.2 有下列情形之一时，可燃气体报警控制器应能在 100 s 内发出与可燃气体报警信号有明显区别的声、光故障信号：

a) 控制器与可燃气体探测器及所连接的报警触发器件间连接线断路、短路(短路时发出可燃气体报警信号除外)和影响可燃气体报警功能的接地；
b) 与控制器连接的可燃气体探测器的气敏元件脱落(仅适用于气敏元件采用插拔方式连接)；
c) 控制器主电源欠压；
d) 给控制器备用电源充电的充电器与备用电源之间连接线断路、短路；
e) 控制器与其备用电源之间连接线断路。

对于 a)、b)类故障应指示出部位，c)、d)、e)类故障应指示类型；声故障信号应能手动消除，光故障信号在故障存在期间应能保持；故障期间，如非故障回路有可燃气体报警信号输入，可燃气体报警控制器应能发出可燃气体报警信号。故障信息在控制器有报警信号时可以不显示，但应手动可查。

4.1.4.3 控制器应能显示所有故障信息。在不能同时显示所有故障信息时，未显示的故障信息应手动可查。

4.1.4.4 当主电源断电，备用电源不能保证控制器正常工作时，控制器应发出故障声信号并能保持1 h以上。

4.1.4.5 控制器的故障信号在故障排除后，可以自动或手动复位。复位后，控制器应在 100 s 内重新显示尚存在的故障。

4.1.4.6 任一故障均不应影响非故障部分的正常工作。

4.1.4.7 当控制器采用总线工作方式时，应设有总线短路隔离器。短路隔离器动作时，控制器应能指示出被隔离部件的部位号。当某一总线发生一处短路故障导致短路隔离器动作时，受短路隔离器影响的部件数量不应超过 32 个。

4.1.5 屏蔽功能(仅适于具有此项功能的控制器)

4.1.5.1 控制器应有专用屏蔽总指示灯(器)，无论控制器处于何种状态，只要有屏蔽存在，该屏蔽总指示灯(器)应点亮。

4.1.5.2 控制器应具有对每个部位、回路进行单独屏蔽、解除屏蔽操作功能(应手动进行)。

4.1.5.3 控制器应在屏蔽操作完成后 2 s 内启动屏蔽指示。在有可燃气体报警信号时，屏蔽信息可以不显示。

4.1.5.4 控制器应能显示所有屏蔽信息，在不能同时显示所有屏蔽信息时，则应显示最新屏蔽信息，其他屏蔽信息应手动可查。

4.1.5.5 控制器在同一个回路内所有部位均被屏蔽的情况下，才能显示该回路被屏蔽。

4.1.5.6 屏蔽状态应不受控制器复位等操作的影响。

4.1.6 自检功能

4.1.6.1 控制器应能检查本机的可燃气体报警功能(以下称自检)，控制器在执行自检功能期间，受其控制的外接设备和输出接点均不应动作。控制器自检时间超过 1 min 或其不能自动停止自检功能时，控制器的自检功能应不影响非自检部位和控制器本身的可燃气体报警功能。

4.1.6.2 控制器应能手动检查其面板所有指示灯(器)、显示器的功能。

4.1.7 电源功能

4.1.7.1 控制器的电源部分应具有主电源和备用电源转换装置。当主电源断电时，能自动转换到备用电源；主电源恢复时，能自动转换到主电源；应有主、备电源工作状态指示，主电源应有过流保护措施。主、备电源的转换不应使控制器产生误动作。

4.1.7.2 控制器按设计容量连接真实负载(总线制控制器至少一个回路按设计容量连接真实负载，其他回路连接等效负载)。主电源容量应能保证控制器在下述条件下连续正常工作 4 h：

a) 控制器容量不超过 10 个报警部位时，所有报警部位均处于报警状态；
b) 控制器容量超过 10 个报警部位时，百分之二十的报警部位(不少于 10 个报警部位，但不超过 32 个报警部位)处于报警状态。

4.1.7.3 控制器按设计容量连接真实负载(总线制控制器至少一个回路按设计容量连接真实负载，其他回路连接等效负载)。备用电源在放电至终止电压条件下，充电 24 h，其容量应可提供控制器在监视状态下工作 1 h 后，在下述条件下工作 30 min：

a) 控制器容量不超过 10 个报警部位时，所有报警部位均处于报警状态；
b) 控制器容量超过 10 个报警部位时，十五分之一的报警部位(不少于 10 个报警部位，但不超过 32 个报警部位)处于报警状态。

4.1.8 操作级别

控制器的操作级别应符合表 2 要求。

表 2

序号	操作项目	Ⅰ	Ⅱ	Ⅲ	Ⅳ
1	查询信息	O	M	M	
2	消除控制器的声信号	O	M	M	
3	复位	P	M	M	
4	进入自检状态	P	M	M	
5	调整计时装置	P	M	M	
6	屏蔽和解除屏蔽	P	O	M	
7	输入或更改数据	P	P	M	
8	分区编程	P	P	M	
9	延时功能设置	P	P	M	
10	接通、断开或调整控制器主、备电源	P	P	M	M
11	修改或改变软、硬件	P	P	P	M

注1：P—禁止本级操作；O—可选择是否由本级操作；M—可进行本级及本级以下操作。

注2：进入Ⅱ、Ⅲ级操作功能状态应采用钥匙、操作号码，用于进入Ⅲ级操作功能状态的钥匙或操作号码可用于进入Ⅱ级操作功能状态，但用于进入Ⅱ级操作功能状态的钥匙或操作号码不能用于进入Ⅲ级操作功能状态。

注3：Ⅳ级操作功能不能仅通过控制器本身进行。

4.2　主要部(器)件性能

4.2.1　基本要求

控制器的主要部(器)件，应采用符合相关标准的定型产品。

4.2.2　指示灯(器)

4.2.2.1　可燃气体报警状态指示灯(器)和延时状态指示灯应采用红色；故障、屏蔽状态指示灯(器)应采用黄色；电源工作状态指示灯(器)应采用绿色。

4.2.2.2　指示灯(器)功能应有中文标注。

4.2.2.3　在5 lx～500 lx环境光条件下，在正前方22.5°视角范围内，状态指示灯(器)和电源指示灯(器)应在3 m处清晰可见；其他指示灯(器)应在0.8 m处清晰可见。

4.2.2.4　采用闪亮方式的指示灯(器)每次点亮时间应不小于0.25 s，其报警指示灯(器)闪动频率应不小于1 Hz，故障指示灯(器)闪动频率应不小于0.2 Hz。

4.2.2.5　用一个指示灯(器)显示具体部位的故障、屏蔽和自检状态时，应能明确分辨。

4.2.3　字母(符)-数字显示器

在5 lx～500 lx环境光条件下，显示字符应在正前方22.5°视角内、0.8 m处可读。

4.2.4　音响器件

4.2.4.1　在正常工作条件下，音响器件在其正前方1 m处的声压级(A计权)应大于65 dB，小于115 dB。

4.2.4.2　在控制器85%额定工作电压供电条件下音响器件应能正常工作。

4.2.5　熔断器

用于电源线路的熔断器或其他过电流保护器件，其额定电流值一般应不大于控制器最大工作电流的2倍。当最大工作电流大于6 A时，熔断器电流值可取其1.5倍。在靠近熔断器或其他过电流保护器件处应清楚地标注其参数值。

4.2.6 **接线端子**

每一接线端子上都应清晰、牢固地标注其编号或符号,相应用途应在有关文件中说明。

4.2.7 **充电器及备用电源**

4.2.7.1 电源正极连接导线应为红色,负极应为黑色或蓝色。

4.2.7.2 充电电流应不大于电池生产厂规定的额定值。

4.2.8 **开关和按键**

应在其上或靠近的位置用中文清楚标注开关和按键的功能。

5 要求与试验方法

5.1 总则

5.1.1 试验程序见表3。

5.1.2 试样为控制器2台,试样应在试验前予以编号。

5.1.3 试样应连接其配套的可燃气体探测器进行试验,并按GB 15322(所有部分)要求进行标定、调零。

5.1.4 如在有关条文中没有说明,则各项试验均在下述大气条件下进行:

——温度:15 ℃~35 ℃;

——湿度:25% RH~75% RH;

——大气压力:86 kPa~106 kPa。

5.1.5 如在有关条文中没有说明时,各项试验数据的容差均为±5%,环境条件参数偏差应符合GB 16838要求。

5.1.6 试验中提出的正常监视状态是指试样按5.1.3要求配接好可燃气体探测器并通电预热20 min(或制造商提出的预热时间)后,无报警、故障报警、屏蔽、自检等发生时所处的状态。

5.1.7 试样在试验前均应进行外观及主要部(器)件检查,符合下述要求时方可进行试验。

a) 文字、符号和标志清晰齐全,使用说明书满足相关要求;

b) 试样表面无腐蚀、涂覆层脱落和起泡现象,无明显划伤、裂痕、毛刺等机械损伤;

c) 紧固部位无松动;

d) 主要部(器)件性能应能满足4.2的要求。

表3

序号	章条	试验项目	控制器编号	
			1	2
1	5.1.7	主要部(器)件检查	√	√
2	5.2	可燃气体浓度显示功能试验	√	√
3	5.3	可燃气体报警功能试验	√	√
4	5.4	故障报警功能试验	√	√
5	5.5	屏蔽功能试验(选择性)	√	√
6	5.6	自检功能试验	√	√
7	5.7	电源功能试验	√	√
8	5.8	绝缘电阻试验	√	
9	5.9	电气强度试验	√	
10	5.10	射频电磁场辐射抗扰度试验		√

表 3（续）

序号	章条	试验项目	控制器编号	
			1	2
11	5.11	射频场感应的传导骚扰抗扰度试验		√
12	5.12	静电放电抗扰度试验		√
13	5.13	电快速瞬变脉冲群抗扰度试验		√
14	5.14	浪涌(冲击)抗扰度试验		√
15	5.15	电源瞬变试验	√	
16	5.16	电压暂降、短时中断和电压变化的抗扰度试验	√	
17	5.17	低温(运行)试验		√
18	5.18	恒定湿热(运行)试验	√	
19	5.19	振动(正弦)(运行)试验		√
20	5.20	振动(正弦)(耐久)试验		√
21	5.21	碰撞试验	√	

5.2 可燃气体浓度显示功能试验

5.2.1 目的

检验控制器的可燃气体浓度显示功能。

5.2.2 要求

试样的可燃气体浓度显示功能应满足4.1.2要求。

5.2.3 方法

5.2.3.1 使试样处于正常监视状态，检查试样是否具有浓度显示功能。并分别将达到试样显示范围的10%、25%、50%、75%、90%浓度的试验气体输送到可燃气体探测器的传感元件上至少1 min，记录试样在每一种情况下的显示值。

5.2.3.2 对于多线制试样，将每个回路的可燃气体探测器通入适量浓度的可燃气体，记录试样的显示情况。对于总线制试样，将8只可燃气体探测器(容量少于8只按实际数量)分别通入适量的浓度值不同的可燃气体，查询并记录试样的显示情况。

5.2.3.3 将试样分别处于报警状态、故障状态，将任何非报警、故障回路可燃气体探测器通入适量浓度的可燃气体，记录试样的显示情况。

5.3 可燃气体报警功能试验

5.3.1 目的

检验控制器的可燃气体报警功能。

5.3.2 要求

试样的可燃气体报警功能应满足4.1.3要求。

5.3.3 方法

5.3.3.1 检查试样高限、低限报警功能及控制输出点数及手动直接控制按钮(键)的设置情况。

5.3.3.2 将试样处于正常监视状态，使可燃气体探测器发出可燃气体报警信号，测量试样报警响应时间，观察并记录试样发出可燃气体报警声、光信号(包括报警总指示、部位指示等)情况、控制输出接点动作及计时、打印情况。

5.3.3.3 检查试样消音功能、可燃气体报警声信号再启动功能和可燃气体报警信息显示功能。

5.3.3.4 观察并记录首次报警显示情况。

5.3.3.5 观察并记录后续报警部位显示情况。对采用字母(符)-数字显示的试样，操作手动查询按钮，观察并记录每个可燃气体报警信号的显示情况和可燃气体报警总数显示情况及可燃气体报警事件记录情况。

5.3.3.6 手动复位试样,20 s后观察并记录试样的指示情况。

5.3.3.7 撤除所有可燃气体探测器的可燃气体报警信号,手动复位试样,20 s后观察并记录试样的指示情况。

5.3.3.8 对可设置可燃气体探测器延时功能的试样,检查其可燃气体报警延时时间和延时光指示情况。

5.3.3.9 对具有可改变与其连接的可燃气体探测器报警设定值功能的试样,检查可燃气体探测器报警设定值的查询情况。

5.4 故障报警功能试验

5.4.1 目的

检验控制器的故障报警功能。

5.4.2 要求

试样的故障报警功能应满足4.1.4的要求。

5.4.3 方法

5.4.3.1 将试样处于正常监视状态,分别按4.1.4.3和4.1.4.4要求,对试样各项故障报警功能进行测试,观察并记录试样故障声、光信号、故障总指示灯(器)、故障时间及部位和类型区分情况。

5.4.3.2 检查试样消音功能、故障声信号再启动功能和故障信号显示功能。

5.4.3.3 手动复位试样,观察并记录试样发出尚未排除故障信号的指示情况;排除所有输入的故障信号,手动复位试样后(故障自动恢复时不复位),观察并记录试样的指示情况。

5.4.3.4 当备用电源单独工作至不足以保证试样正常工作时,观察并记录试样故障声信号及其保持时间。

5.4.3.5 使任一部件或部位处于故障状态,检查并记录试样非故障部分工作状态。

5.4.3.6 对采用总线工作方式的试样,使总线任一处短路,观察并记录隔离器动作及隔离部件的指示情况。

5.5 屏蔽功能试验(选择性试验)

5.5.1 目的

检验控制器的屏蔽功能。

5.5.2 要求

试样的屏蔽功能应满足4.1.5的要求。

5.5.3 方法

5.5.3.1 将试样处于正常监视状态,手动操作试样的屏蔽功能,对可燃气体探测器分别进行单独屏蔽和回路屏蔽,观察并记录试样屏蔽指示灯(器)启动情况、屏蔽完成并启动屏蔽指示的时间及屏蔽信息显示和手动查询情况。

5.5.3.2 操作处于屏蔽状态试样的手动复位机构,观察并记录试样显示情况。

5.5.3.3 手动操作试样屏蔽解除功能,分别解除所有屏蔽操作,观察并记录试样显示情况。

5.6 自检功能试验

5.6.1 目的

检查控制器的自检功能。

5.6.2 要求

试样的自检功能应满足4.1.6的要求。

5.6.3 方法

5.6.3.1 将试样处于正常监视状态,手动操作试样自检机构,观察并记录试样可燃气体报警声、光信号及输出接点动作情况；对于自检时间超过 1 min 或不能自动停止自检功能的试样，在自检期间，使任一非自检回路处于可燃气体报警状态，观察并记录试样可燃气体报警显示情况。

5.6.3.2 手动操作试样指示灯、显示器自检功能，观察并记录所有指示灯(器)和显示器的指示情况。

5.7 电源功能试验

5.7.1 目的

检验控制器对交流电网供电电压波动和负载变化的适应能力以及电源的容量。

5.7.2 要求

试样的电源功能应满足 4.1.7 的要求。

5.7.3 方法

5.7.3.1 在试样处于正常监视状态下，切断试样的主电源，使试样由备用电源供电，再恢复主电源，检查并记录试样主、备电源的转换、状态的指示情况及其主电源过流保护情况。

5.7.3.2 主电源试验

5.7.3.2.1 将试样一个回路按设计容量连接真实负载，其他回路连接等效负载。

5.7.3.2.2 按 4.1.7.2a)、b)的要求，使试样处于可燃气体报警状态 4 h，观察并记录试样工作情况，然后使试样恢复到正常监视状态，按 5.3～5.6 的规定进行功能试验。

5.7.3.3 备用电源试验

5.7.3.3.1 将试样一个回路按设计容量连接真实负载，其他回路连接等效负载。将试样的备用电源放电至终止电压，再对其进行 24 h 充电。

5.7.3.3.2 关闭试样主电源，1 h 后观察并记录试样的状态。

5.7.3.3.3 按 4.1.7.3a)、b)的要求，使试样处于可燃气体报警状态 30 min，观察并记录试样工作情况，然后使试样恢复到正常监视状态，按 5.3～5.6 的规定进行功能试验。

5.8 绝缘电阻试验

5.8.1 目的

检验控制器的绝缘性能。

5.8.2 要求

试样有绝缘要求的外部带电端子与机壳间的绝缘电阻值应不小于 20 MΩ；试样的电源输入端与机壳间的绝缘电阻值应不小于 50 MΩ。

5.8.3 方法

通过绝缘电阻试验装置，分别对试样的下述部位施加 500 V±50 V 直流电压，持续 60 s±5 s 后，测量其绝缘电阻值：

a) 有绝缘要求的外部带电端子与机壳之间；

b) 电源插头(或电源接线端子)与机壳之间(主电源开关置于接通位置，但电源插头不接入电网)。

5.9 电气强度试验

5.9.1 目的

检验控制器的电气强度。

5.9.2 要求

试样的电源插头与机壳间应能耐受频率为 50 Hz，有效值电压为 1 250 V 的交流电压历时 1 min 的电气强度试验，试验期间试样不应发生击穿现象，试验后其性能应满足 4.1.3～4.1.6 的要求。

5.9.3 方法

试验前，将试样的接地保护元件拆除。通过试验装置，以 100 V/s～500 V/s 的升压速率，对试样的电源线与机壳间施加 50 Hz，1 250 V 的试验电压。持续 60 s±5 s，观察并记录试验中所发生的现象。试验后，以 100 V/s～500 V/s 的降压速率使电压降至低于额定电压值后，方可断电。接通试样电源，按

5.3～5.6 的规定进行功能试验。

5.10 射频电磁场辐射抗扰度试验

5.10.1 目的

检验控制器在射频电磁场辐射环境下工作的适应性。

5.10.2 要求

试验期间，试样应保持正常监视状态；试验后，试样性能应满足 4.1.3～4.1.6 的要求，其显示值误差应满足表 1 的要求。

5.10.3 方法

5.10.3.1 将试样按 GB 16838 规定进行试验布置，使试样处于正常监视状态。

5.10.3.2 按 GB 16838 规定的试验方法对试样施加表 4 所示条件的电磁干扰试验。试验期间观察并记录试样状态。试验后，按 5.3～5.6 的规定进行功能试验，并对其所配接的任一只可燃气体探测器通入浓度为 50%显示范围的可燃气体，观察并记录试样的显示情况。

表 4

场强/(V/m)	10
频率范围/MHz	80～1 000
扫频速率/十倍频程每秒	$\leqslant 1.5\times 10^{-3}$
调制幅度	80%(1 kHz,正弦)

5.10.4 试验设备

试验设备应满足 GB 16838 的规定。

5.11 射频场感应的传导骚扰抗扰度试验

5.11.1 目的

检验控制器对射频场感应的传导骚扰的适应性。

5.11.2 要求

试验期间，试样应保持正常监视状态；试验后，试样性能应满足 4.1.3～4.1.6 的要求，其显示值误差应满足表 1 的要求。

5.11.3 方法

5.11.3.1 将试样按 GB 16838 规定进行试验配置，使试样处于正常监视状态。

5.11.3.2 按 GB 16838 规定的试验方法对试样施加表 5 所示条件的电磁干扰试验。试验期间观察并记录试样状态。试验后，按 5.3～5.6 的规定进行功能试验，并对其所配接的任一只可燃气体探测器通入浓度为 50%显示范围的可燃气体，观察并记录试样的显示情况。

表 5

频率范围/MHz	0.15～100
电压/dBμV	140
调制幅度	80%(1 kHz,正弦)

5.11.4 试验设备

试验设备应满足 GB 16838 的规定。

5.12 静电放电抗扰度试验

5.12.1 目的

检验控制器对带静电人员、物体接触造成的静电放电的适应性。

5.12.2 要求

试验期间，试样应保持正常监视状态；试验后，试样性能应满足 4.1.3～4.1.6 的要求，其显示值误差差应满足表1的要求。

5.12.3 方法

5.12.3.1 将试样按GB 16838规定进行试验布置，使试样处于正常监视状态。

5.12.3.2 按GB 16838规定的试验方法对试样及耦合板施加表6所示条件的电磁干扰试验。试验期间观察并记录试样状态。试验后，按5.3～5.6的规定进行功能试验，并对其所配接的任一只可燃气体探测器通入浓度为50%显示范围的可燃气体，观察并记录试样的显示情况。

表6

放电电压/kV	空气放电(外壳为绝缘体试样) 8
	接触放电(外壳为导体试样和耦合板) 6
放电极性	正、负
放电间隔/s	≥1
每点放电次数	10

5.12.4 试验设备

试验设备应满足GB 16838的规定。

5.13 电快速瞬变脉冲群抗扰度试验

5.13.1 目的

检验控制器抗电快速瞬变脉冲群干扰的能力。

5.13.2 要求

试验期间，试样应保持正常监视状态；试验后，试样性能应满足4.1.3～4.1.6的要求，其显示值误差应满足表1的要求。

5.13.3 方法

5.13.3.1 将试样按GB 16838规定进行试验配置，使其处于正常监视状态。

5.13.3.2 按GB 16838规定的试验方法对试样施加表7所示条件的电磁干扰试验。试验期间观察并记录试样状态。试验后，按5.3～5.6的规定进行功能试验，并对其所配接的任一只可燃气体探测器通入浓度为50%显示范围的可燃气体，观察并记录试样的显示情况。

表7

瞬变脉冲电压/kV	AC电源线 2×(1±0.1)
	其他连接线 1×(1±0.1)
重复频率/kHz	AC电源线 2.5×(1±0.2)
	其他连接线 5×(1±0.2)
极性	正、负
时间	每次1 min

5.13.4 试验设备

试验设备应满足GB 16838的规定。

5.14 浪涌(冲击)抗扰度试验

5.14.1 目的

检验控制器对附近闪电或供电系统的电源切换及低电压网络、包括大容性负载切换等产生的电压瞬变(电浪涌)干扰的适应性。

5.14.2 要求

试验期间，试样应保持正常监视状态；试验后，试样性能应满足4.1.3～4.1.6的要求，其显示值误差应满足表1的要求。

5.14.3 方法

5.14.3.1 将试样按 GB 16838 规定进行试验配置，使其处于正常监视状态。

5.14.3.2 按 GB 16838 规定的试验方法对试样施加表 8 所示条件的电磁干扰试验。试验期间观察并记录试样状态。试验后，按 5.3～5.6 的规定进行功能试验，并对其所配接的任一只可燃气体探测器通入浓度为 50％显示范围的可燃气体，观察并记录试样的显示情况。

5.14.4 试验设备

试验设备应满足 GB 16838 的规定。

表 8

<table>
<tr><td rowspan="3">浪涌(冲击)电压/kV</td><td rowspan="2">AC 电源线</td><td>线—线 1×(1±0.1)</td></tr>
<tr><td>线—地 2×(1±0.1)</td></tr>
<tr><td>其他连接线</td><td>线—地 1×(1±0.1)</td></tr>
<tr><td colspan="2">极性</td><td>正、负</td></tr>
<tr><td colspan="2">试验次数</td><td>5</td></tr>
</table>

5.15 电源瞬变试验

5.15.1 目的

检验控制器抗电源瞬变干扰的能力。

5.15.2 要求

试验期间，试样应保持正常监视状态；试验后，试样性能应满足 4.1.3～4.1.6 的要求，其显示值误差应满足表 1 的要求。

5.15.3 方法

5.15.3.1 按正常监视状态要求，连接试样到电源瞬变试验装置上，使其处于正常监视状态。

5.15.3.2 开启试验装置，使试样主电源按"通电(9 s)～断电(1 s)"的固定程序连续通断 500 次，试验期间，观察并记录试样的工作状态；试验后，按 5.3～5.6 的规定进行功能试验，并对其所配接的任一只可燃气体探测器通入浓度为 50％显示范围的可燃气体，观察并记录试样的显示情况。

5.16 电压暂降、短时中断和电压变化的抗扰度试验

5.16.1 目的

检验控制器在电压暂降、短时中断和电压变化(如主配电网络上，由于负载切换和保护元件的动作等)情况下的抗干扰能力。

5.16.2 要求

试验期间，试样应保持正常监视状态；试验后，试样性能应满足 4.1.3～4.1.6 的要求，其显示值误差应满足表 1 的要求。

5.16.3 方法

5.16.3.1 按正常监视状态要求，连接试样到主电压暂降和中断试验装置上，使其处于正常监视状态。

5.16.3.2 使主电压下滑至 40％，持续 20 ms，重复进行 10 次；再将使主电压下滑至 0 V，持续 10 ms，重复进行 10 次。试验期间，观察并记录试样的工作状态；试验后，按 5.3～5.6 的规定进行功能试验，并对其所配接的任一只可燃气体探测器通入浓度为 50％显示范围的可燃气体，观察并记录试样的显示情况。

5.16.4 试验设备

试验设备应满足 GB 16838 的相关规定。

5.17 低温(运行)试验

5.17.1 目的

检验控制器在低温条件下工作的适应性。

5.17.2 要求

试验期间，试样应保持正常监视状态；试验后，试样无破坏涂覆和腐蚀现象，其性能应满足4.1.3～4.1.6的要求，其显示值误差应满足表9的要求。

表9

配接可燃气体探测器类型		误差范围
测量范围为0～100%LEL的点型可燃气体探测器		10%LEL
测量人工煤气的点型可燃气体探测器	氢气敏感型	400×10^{-6}(体积分数)
	一氧化碳敏感型	160×10^{-6}(体积分数)

5.17.3 方法

5.17.3.1 试验前，将试样在正常大气条件下放置2 h～4 h。然后使试样处于正常监视状态。

5.17.3.2 调节试验箱温度，使其在20 ℃±2 ℃温度下保持30 min±5 min，然后，以不大于1 ℃/min的速率降温至0 ℃±3 ℃。

5.17.3.3 在0 ℃±3 ℃温度下，保持16 h后，立即按5.3～5.6的规定进行功能试验。

5.17.3.4 调节试验箱温度，使其以不大于1 ℃/min的速率升温至20 ℃±2 ℃，并保持30 min±5 min。

5.17.3.5 取出试样，在正常大气条件下放置1 h～2 h后，检查试样表面涂覆情况，并按5.3～5.6的规定进行功能试验，并对其所配接的任一只可燃气体探测器通入浓度为50%显示范围的可燃气体，观察并记录试样的显示情况。

5.17.4 试验设备

试验设备应符合GB 16838的相关规定。

5.18 恒定湿热(运行)试验

5.18.1 目的

检验控制器在相对湿度高(无凝露)的环境下正常工作的能力。

5.18.2 要求

试验期间，试样应保持正常监视状态；试验后，试样无破坏涂覆和腐蚀现象，其性能应满足4.1.3～4.1.6的要求，其显示值误差应满足表9的要求。

5.18.3 方法

5.18.3.1 试验前，将试样在正常大气条件下放置2 h～4 h，然后将试样处于正常监视状态。

5.18.3.2 调节试验箱，使温度为40 ℃±2 ℃，相对湿度90%～95%(先调节温度，当温度达到稳定后再加湿)，连续保持4 d后，立即按5.3～5.6的规定进行功能试验。

5.18.3.3 取出试样，在正常大气条件下，处于正常监视状态1 h～2 h后，检查试样表面涂覆情况，并按5.3～5.6的规定进行功能试验，并对其所配接的任一只可燃气体探测器通入浓度为50%显示范围的可燃气体，观察并记录试样的显示情况。

5.18.4 试验设备

试验设备应符合GB 16838的相关规定。

5.19 振动(正弦)(运行)试验

5.19.1 目的

检验控制器承受振动影响的能力。

5.19.2 要求

试验期间，试样应保持正常监视状态；试验后，试样不应有机械损伤和紧固部位松动现象，其性能应满足4.1.3～4.1.6的要求，其显示值误差应满足表1的要求。

5.19.3 方法

5.19.3.1 将试样按正常安装方式刚性安装，使同方向的重力作用像其使用时一样(重力影响可忽略时除外)，试样在上述安装方式下可放于任何高度，试验期间试样处于正常监视状态。

5.19.3.2 依次在三个互相垂直的轴线上，在 10 Hz～150 Hz 的频率循环范围内，以 0.981 m/s² 的加速度幅值，1 倍频程每分的扫频速率，各进行 1 次扫频循环。

5.19.3.3 试验后，立即检查试样外观及紧固部位，并按 5.3～5.6 的规定进行功能试验，并对其所配接的任一只可燃气体探测器通入浓度为 50%显示范围的可燃气体，观察并记录试样的显示情况。

5.19.4 试验设备

试验设备(振动台及夹具)应符合 GB 16838 的规定。

5.20 振动(正弦)(耐久)试验

5.20.1 目的

检验控制器长时间承受振动影响的能力。

5.20.2 要求

试验期间，试样应保持在该试验要求的工作状态；试验后，试样不应有机械损伤和紧固部位松动现象，其性能应满足 4.1.3～4.1.6 的要求，其显示值误差应满足表 1 的要求。

5.20.3 方法

5.20.3.1 将试样按正常安装方式刚性安装(重力影响可忽略时除外)，试样在上述安装方式下可放于任何高度，试验期间试样不通电。

5.20.3.2 依次在三个互相垂直的轴线上，在 10 Hz～150 Hz 的频率循环范围内，以 4.905 m/s² 的加速度幅值，1 倍频程每分的扫频速率，各进行 20 次扫频循环。

5.20.3.3 试验后，立即检查试样外观及紧固部位，然后使试样处于正常工作状态，按 5.3～5.6 的规定进行功能试验，并对其所配接的任一只可燃气体探测器通入浓度为 50%显示范围的可燃气体，观察并记录试样的显示情况。

5.20.4 试验设备

试验设备(振动台及夹具)应符合 GB 16838 的规定。

5.21 碰撞试验

5.21.1 目的

检验控制器表面部件在经受碰撞时的可靠性。

5.21.2 要求

试验期间，试样应保持正常监视状态；试验后，试样不应有机械损伤和紧固部位松动现象，其性能应满足 4.1.3～4.1.6 的要求，其显示值误差应满足表 1 的要求。

5.21.3 方法

5.21.3.1 将试样处于正常监视状态。

5.21.3.2 对试样表面上的每个易损部件(如指示灯、显示器等)施加 3 次能量为 0.5 J±0.04 J 的碰撞。在进行试验时应小心进行，以确保上一组(3 次)碰撞的结果不对后续各组碰撞的结果产生影响，在认为可能产生影响时，应不考虑发现的缺陷，取一新的试样，在同一位置重新进行碰撞试验。试验期间，观察并记录试样的工作状态；试验后，按 5.3～5.6 进行功能试验，并对其所配接的任一只可燃气体探测器通入浓度为 50%显示范围的可燃气体，观察并记录试样的显示情况。

5.21.4 试验设备

试验设备应符合 GB 16838 的相关规定。

6 检验规则

6.1 产品出厂检验

企业在产品出厂前应对控制器进行下述试验项目的检验：

a) 主要部(器)件检查；

b) 可燃气体浓度显示功能试验；

c) 可燃气体报警功能试验；

d) 故障报警功能试验；

e) 屏蔽功能试验；

f) 自检功能试验；

g) 绝缘电阻试验；

h) 电气强度试验。

每台控制器在出厂前均应进行上述试验。以组件形式出厂的控制器，应配接相关部分组成整机，进行上述试验。其中任一项不合格，则判定该产品不合格。

6.2 型式检验

6.2.1 型式检验项目为5.1.7、5.2～5.21的规定的试验项目。检验样品在出厂检验合格的产品中抽取。

6.2.2 有下列情况之一时，应进行型式检验：

a) 新产品或老产品转厂生产时的试制定型；

b) 正式生产后，产品的结构、主要部(器)件或元器件、生产工艺等有较大的改变，可能影响产品性能或正式投产满5年；

c) 产品停产一年以上，恢复生产；

d) 出厂检验结果与上次型式检验结果差异较大；

e) 发生重大质量事故。

6.2.3 检验结果按GB 12978规定的型式检验结果判定方法进行判定。

7 标志

7.1 产品标志

每台控制器均应有清晰、耐久的产品标志，产品标志应包括以下内容：

a) 产品名称；

b) 执行标准代号；

c) 制造商名称或商标；

d) 产品型号；

e) 接线柱标注；

f) 制造日期、产品编号、产地。

7.2 质量检验标志

每台控制器均应有质量检验合格标志。

8 使用说明书

控制器应有相应的中文说明书。说明书的内容应满足GB 9969.1要求。

ICS 35.110
L 79

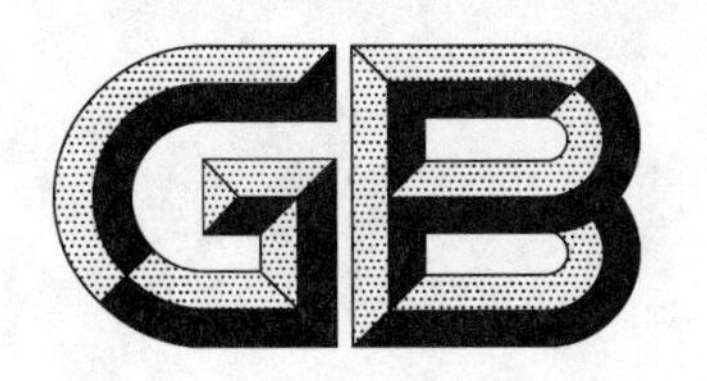

中华人民共和国国家标准

GB/T 36330—2018

信息技术　面向燃气表远程管理的无线传感器网络系统技术要求

Information technology—Technical requirements of wireless sensor network system for gas meter remote management

2018-06-07 发布　　2019-01-01 实施

国家市场监督管理总局
中国国家标准化管理委员会　发布

前　言

本标准按照 GB/T 1.1—2009 给出的规则起草。

请注意本文件的某些内容可能涉及专利。本文件的发布机构不承担识别这些专利的责任。

本标准由全国信息技术标准化技术委员会(SAC/TC 28)提出并归口。

本标准起草单位:成都秦川物联网科技股份有限公司、中国电子技术标准化研究院、无锡物联网产业研究院、辽宁思凯科技股份有限公司、新天科技股份有限公司、重庆邮电大学。

本标准主要起草人:邵泽华、苏静茹、向海棠、权亚强、张磊、卓兰、邢涛、兰玉明、费战波、罗志勇、陈书义、吴明娟。

引　言

面向燃气表远程管理的无线传感器网络系统结合传感器网络远程管理的特点，通过燃气表远程管理平台，实现对网络内众多燃气表的远距离集中自动抄表和集中管理，代替了传统的人工分散的上门抄表和管理方式，网络内节点的数量和位置是固定的，节点身份清晰、功能确定，并且都是受法制计量控制的测量仪器。燃气表安装在有爆炸风险的燃气使用地点，属于能量受限的节点，采取电池供电方式，以降低燃气表的爆炸风险。网关和中继安装在无潜在爆炸风险的场所，远离燃气使用地点，彻底消除传感器网络内中间节点的爆炸风险。

本标准是用来规范、指导国内燃气表远程管理系统在燃气行业的应用，通过建立一个统一的燃气表远程管理系统，解决各燃气表制造商技术不兼容、采用的通信技术、传输方式、网络结构等多种多样的问题，旨在使燃气表远程管理通信网络建设成为开放的、互联互通的传感器网络；推动我国智能燃气网络、智慧能源网络和智慧城市建设；实现安全用气、公平用气、智慧用气；引领传感器网络技术在燃气表行业的良好发展。

信息技术 面向燃气表远程管理的无线传感器网络系统技术要求

1 范围

本标准规定了面向燃气表远程管理的无线传感器网络系统的网络结构、总体要求、远程管理功能要求和通信协议要求。

本标准适用于面向燃气表远程管理的无线传感器网络系统的设计、开发及服务。

2 规范性引用文件

下列文件对于本文件的应用是必不可少的。凡是注日期的引用文件,仅注日期的版本适用于本文件。凡是不注日期的引用文件,其最新版本(包括所有的修改单)适用于本文件。

GB/T 30269.1—2015 信息技术 传感器网络 第1部分:参考体系结构和通用技术要求

GB/T 30269.2—2013 信息技术 传感器网络 第2部分:术语

GB/T 30269.302—2015 信息技术 传感器网络 第302部分:通信与信息交换:高可靠性无线传感器网络媒体访问控制和物理层规范

GB/T 30269.501—2014 信息技术 传感器网络 第501部分:标识:传感节点标识符编制规则

GB/T 30269.901—2016 信息技术 传感器网络 第901部分:网关:通用技术要求

CJ/T 449—2014 切断型膜式燃气表

3 术语和定义

GB/T 30269.2—2013 界定的以及下列术语和定义适用于本文件。

3.1

燃气计量传感单元 gas metering sensing unit

依据一定的规律,对一段时间内流经封闭管道的燃气的速度、体积、质量、温度、压力、燃气成分等参数进行检测并将检测结果转换为可以进一步处理的信号的设备。

3.2

燃气智能控制单元 gas smart control unit

集成在燃气表控制器内,能够采集燃气计量传感单元的测量结果,具有数据存储和处理、自动控阀、自动计费、自动调价等功能的电子控制器。

3.3

表端无线通信单元 gas meter terminal wireless communication unit

集成在燃气表控制器内,能够与燃气智能控制单元通过电路连接方式进行通信,并能通过网关向远程管理平台上报表端数据,也能通过网关接受远程管理平台的远程管理的装置。

3.4

网络管理服务器 network management server

实现燃气表远程管理无线传感器网络各数据汇总、分析、处理并下发指令的管理服务器。

3.5

业务管理系统　business management system

实现燃气表充值、燃气信息查询、燃气表状态监测、燃气数据存储等业务管理功能的系统。

3.6

燃气表物理标识符　physical identifier of gas meter

用于全球范围内唯一、无歧义地标识燃气表身份的一系列连续字符。

3.7

燃气表逻辑标识符　logical identifier of gas meter

某一确定的传感器网络内，网络管理服务器或网关为燃气表分配的唯一、无歧义的，且与燃气表物理标识符相对应的一系列连续字符。

4　网络结构

4.1　网络结构图

面向燃气表远程管理的无线传感器网络宜采用无中继或有中继两种网络结构，系统中包含燃气表、中继、网关、网络管理服务器、业务管理系统等构件。

面向燃气表远程管理的无线传感器网络无中继时的网络结构图如图1所示。

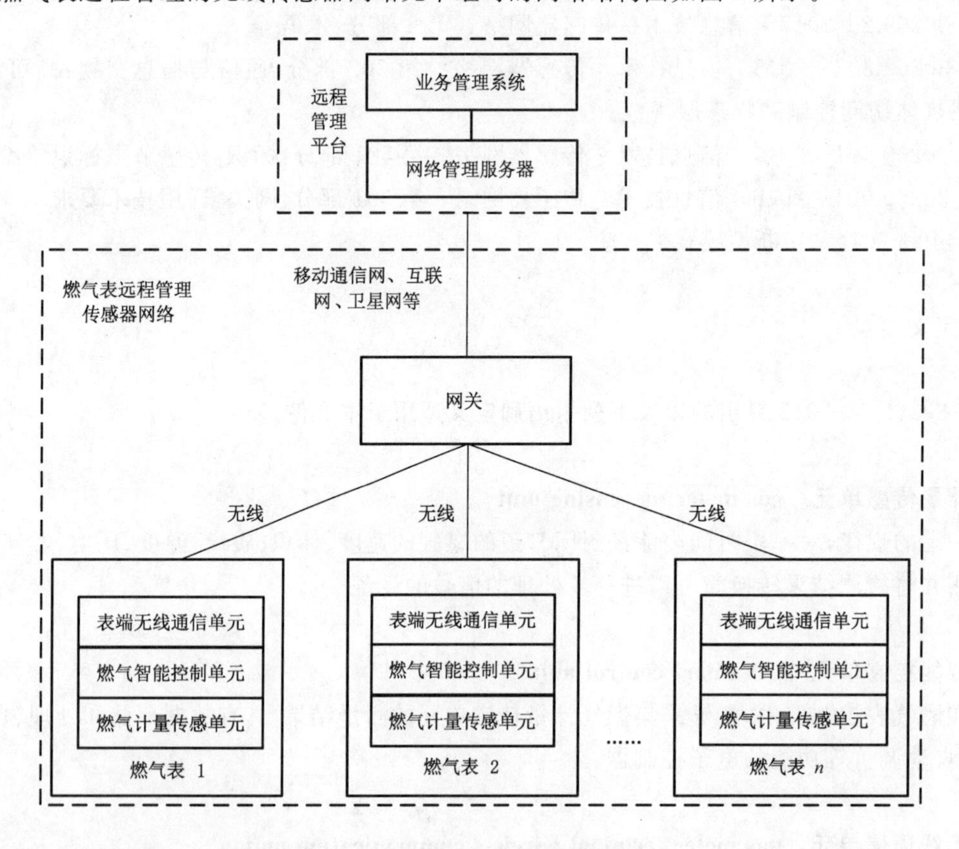

注1：网关属于逻辑功能体，其各项功能可在一个或多个物理实体上实现。

注2：燃气表直接和远程管理平台进行通信的情况，也同样存在逻辑网关。

图1　面向燃气表远程管理的无线传感器网络无中继时的网络结构图

面向燃气表远程管理的无线传感器网络有中继时的网络结构图如图2所示。

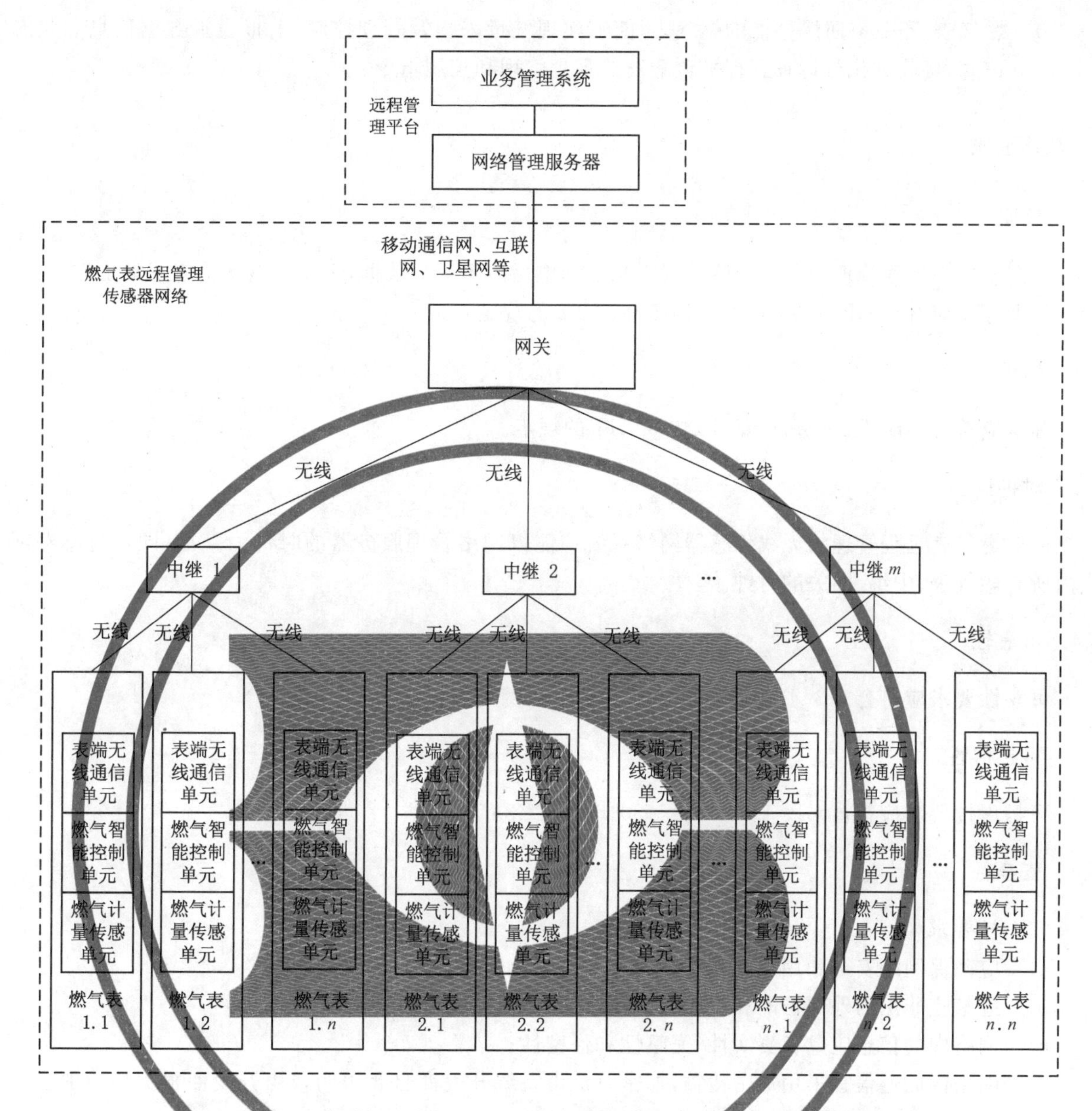

图 2　面向燃气表远程管理的无线传感器网络有中继时的网络结构图

面向燃气表远程管理的无线传感器网络系统结合传感器网络远程管理的特点，采用网关与燃气表之间或网关与中继、中继与燃气表之间以无线方式通信的网络结构，燃气表经网关或燃气表经中继经网关与远程管理平台进行通信，系统通过远程管理平台实现对网络内众多燃气表的远距离集中自动抄表和集中管理。

4.2　网络结构中各构件说明

面向燃气表远程管理的无线传感器网络系统中各构件说明如下：

a)　业务管理系统：是远程管理平台对燃气表充值、查询、状态监测等业务管理的系统；

b)　网络管理服务器：是远程管理平台实现对燃气表远程控制和管理的服务器，具有传感器网络设备管理、传感器网络通信管理、网络管理、网络安全管理、时钟同步等功能；

c)　网关：可接受远程管理平台的远程管理和控制，并对燃气表进行远程管理，具有数据存储和传输、协议转换、节点设备管理、信息安全管理等功能；

d)　中继：能对所接收到的信号进行放大和转发；

e) 燃气表:是具有防爆性能的燃气表,能够实现气量采集及管理控制,上报表端数据信息和状态信息,接收并执行远程管理平台下发的远程管理和控制指令。

5 总体要求

5.1 数据

面向燃气表远程管理的无线传感器网络系统断电后应不丢失数据,恢复供电后仍能正常工作。

数据存储应符合 GB/T 30269.1—2015 中 5.2.2 的规定。

5.2 标识

标识应符合 GB/T 30269.1—2015 中 5.2.11 的规定。

5.3 时钟同步

面向燃气表远程管理的无线传感器网络系统应能以网络管理服务器的时钟为基准,同步传感器网络内所有燃气表、中继、网关的时钟。

5.4 可靠性

可靠性要求应符合 GB/T 30269.1—2015 中 5.1.1 的规定。

5.5 可扩展性

可扩展性要求应符合 GB/T 30269.1—2015 中 5.1.3 的规定。

5.6 安全性

安全性要求如下:

a) 应确保网络安全和用户隐私安全;
b) 应禁止非法的外部访问和终端接入,包括数据链路安全、访问安全等;
c) 网络内的信息应具备真实性、完整性和保密性;
d) 网络内的通信宜采用加密传输,加密算法由系统开发商自我声明或由开发商根据用户的安全要求协商决定。

注:如果对信息安全要求高,宜采用如三重数据加密标准(3DES)加密技术、高级加密标准(AES)加密技术等。

5.7 数据传输要求

数据传输要求如下:

a) 燃气表的计量数据上传时应不受网络传输时延的影响;
b) 远程管理平台下发的预付费、燃气费率及其调整、安全关阀等指令信息应采用高保护水平的加密算法进行加密,远程管理平台应具有一直等待燃气表上传的正确接收确认信号的功能;
c) 燃气表的流量异常、压力异常、温度异常、封缄被破坏等引起的安全切断信息应及时上传;
d) 传感器网络系统宜能为燃气表分配通信时间片及无线通信信道;
e) 传感器网络系统宜能将燃气表从休眠状态唤醒到工作状态;
f) 为了确保数据传输的可靠性,传感器网络通信系统应支持数据重传,并且重传次数可设置。开发者可以根据需求,通过对重传次数的设置,在通信系统的可靠性和实时性之间进行权衡。

6 远程管理要求

6.1 燃气表

6.1.1 概述

燃气表包括燃气计量传感单元、燃气智能控制单元、表端无线通信单元。

6.1.2 通用要求

6.1.2.1 远程抄表

燃气表应具有远程读表装置,支持远程抄表功能。

6.1.2.2 远程阀控

燃气表应具有远程阀控装置,支持远程控制阀门的功能。

6.1.2.3 预付费

无论阀门是否处于关闭状态,燃气表应能接收远程管理平台的燃气付费信息,并显示余额。

6.1.2.4 阶梯气价设置与上报

燃气表应能接受远程管理平台远程设置的阶梯气价信息。

当满足气价变化条件时,燃气表应能够自动向远程管理平台上报调整气价的相关信息。

6.1.2.5 欠电压、高电压和断电报警

燃气表在发生欠电压、高电压或断电时,应能将阀门自动关闭的信息上报至网络管理服务器。

6.1.2.6 磁干扰报警

当发生外界磁干扰时,燃气表应能正常工作或将阀门自动关闭的信息上报至网络管理服务器。

6.1.2.7 余值不足实时上报

当表端剩余气量或金额降至报警值时,燃气表应能主动向网络管理服务器发送余值不足提示信息。

6.1.3 燃气计量传感单元

6.1.3.1 显示

燃气表应支持显示用气量、燃气费率、时间信息、软件版本号等信息。

6.1.3.2 数据存储

燃气表应支持存储用气量、燃气费率、时间信息、软件版本号等信息。

6.1.4 燃气智能控制单元

6.1.4.1 安全切断及复位

安全切断及复位功能应符合 CJ/T 449—2014 中 6.7 的规定。

6.1.4.2 预付费控制

当燃气表接收远程管理平台的燃气付费信息后，应能按单价和气量正确调整和计算燃气消费，并显示金额或气量的余额。

6.1.4.3 阶梯气价

在计费周期开始时应能启动阶梯计量并使用阶梯气价；当满足气价变化条件时，燃气表应能自动进行气价调整。

6.1.4.4 欠电压、高电压和断电保护

欠电压、高电压和断电保护要求如下：

a） 燃气表在发生欠电压或高电压时，应有明确的文字、符号、发声、发光或者关闭阀门等一种或几种提示方式；

b） 燃气表在发生欠电压、高电压或断电时，阀门应自动关闭；

c） 气量数据应能长期保存，电压恢复或恢复通电后，恢复前后的气量数据应保持一致，阀门应自动开启。

6.1.4.5 磁干扰保护

当发生外界磁干扰时，燃气表应能正常工作或自动关闭阀门。

6.1.4.6 余值不足提示

当表端剩余气量或金额降至报警值时，燃气表应有明确的文字、符号或报警灯提示。

6.1.4.7 通信开关

宜具有控制和管理表端无线通信单元处于休眠状态和工作状态的开关功能。

6.1.5 表端无线通信单元

6.1.5.1 标识

燃气表物理标识符应符合 GB/T 30269.501—2014 中 5.2 的规定。

燃气表应支持网络管理服务器或网关为其分配燃气表逻辑标识符。

6.1.5.2 通信

6.1.5.2.1 主动上报型

燃气表宜具有：

a） 支持传感器网络为其分配通信时间片及无线通信信道的功能；

b） 在传感器网络为其分配的时间片的起始时刻由休眠状态自动唤醒为工作状态的功能；

c） 在传感器网络为其分配的时间片的结束时刻由工作状态自动进入休眠状态的功能；

d） 在传感器网络为其分配的时间片内独占无线信道主动向网关或中继发送数据信息的功能。

6.1.5.2.2 被动接受型

燃气表宜具有：

a） 支持传感器网络为其分配无线通信信道的功能；

b) 支持燃气智能控制单元通过电路通信将表端无线通信单元从休眠状态唤醒为工作状态的功能；
c) 支持网关通过远程通信将表端无线通信单元从休眠状态唤醒为工作状态的功能；
d) 持续侦听网关或中继发送的呼叫信息的功能；
e) 当处于休眠状态时宜仅具有侦听功能和计时功能；
f) 当处于工作状态时，宜能根据远程管理平台通过网关向其发送的呼叫信息，向网关上报表端数据，燃气表收到网关的收到确认信息后，宜能自动切回休眠状态。

注：由于燃气表传感器网络中燃气表低功耗需求，表端无线通信单元并非始终在线，需要外部唤醒。

6.2 中继

中继应能接收、放大、转发来自燃气表的信号。

中继可以由市电源和电池两种方式供电，宜以电池供电方式为主。

6.3 网关

6.3.1 安全管理

网关安全管理应符合 GB/T 30269.901—2016 中 6.2 的规定。

6.3.2 标识管理

6.3.2.1 一般要求

标识管理一般要求包括：
a) 标识管理应符合 GB/T 30269.901—2016 中 6.3.1 的规定；
b) 面向燃气表远程管理的无线传感器网络网关应能对其所辖范围内的燃气表分配在此范围内唯一、无歧义的燃气表逻辑标识符。

6.3.2.2 标识配置

网关应具有标识配置功能，标识配置应符合 GB/T 30269.901—2016 中 6.3.2 的规定。

6.3.2.3 标识识别

网关应具有标识识别能力，标识识别应符合 GB/T 30269.901—2016 中 6.3.3 的规定。

6.3.2.4 标识映射

网关应具有对燃气表物理标识和燃气表逻辑标识之间的映射管理功能，并存储燃气表物理标识符与燃气表逻辑标识符的映射关系，网关标识映射应符合 GB/T 30269.901—2016 中 6.3.4 的规定。

6.3.2.5 标识转换

网关应具有对燃气表物理标识和逻辑标识之间的转换管理功能，网关标识转换应符合 GB/T 30269.901—2016 中 6.3.5 的规定。

6.3.3 网络管理

6.3.3.1 概述

网关应具备网络管理功能，支持本地或远程的方式管理、维护南向接口所连接的传感器网络，并可作为北向接口所连接网络中的网络设备接受公众电信网的网络管理。

6.3.3.2 对传感器网络的网络管理

对传感器网络的网络管理应符合 GB/T 30269.901—2016 中 6.4.2 的规定。

6.3.3.3 对传感器网络网关的网络管理

对传感器网络网关的网络管理应符合 GB/T 30269.901—2016 中 6.4.3 的规定。

6.3.4 设备管理

6.3.4.1 概述

网关应具有设备管理功能，支持本地或远程的方式管理、维护网关设备自身的信息和状态，包括日志管理、告警管理、故障管理、固件管理、配置管理、状态管理、电源管理等。

6.3.4.2 日志管理

日志管理应符合 GB/T 30269.901—2016 中 6.5.2 的规定。

6.3.4.3 告警管理

告警管理应符合 GB/T 30269.901—2016 中 6.5.3 的规定。

6.3.4.4 故障管理

故障管理应符合 GB/T 30269.901—2016 中 6.5.4 的规定。

6.3.4.5 固件管理

固件管理应符合 GB/T 30269.901—2016 中 6.5.5 的规定。

6.3.4.6 配置管理

配置管理应符合 GB/T 30269.901—2016 中 6.5.6 的规定。

6.3.4.7 状态管理

状态管理应符合 GB/T 30269.901—2016 中 6.5.7 的规定。

6.3.4.8 电源管理

电源管理应符合 GB/T 30269.901—2016 中 6.5.8 的规定。

6.3.5 应用管理

应用管理应符合 GB/T 30269.901—2016 中 6.6 的规定。

6.3.6 协议转换功能

网关应具有燃气表和远程管理平台网络管理服务器之间的通信协议转换功能。

6.3.7 时钟同步

网关应能够以远程管理平台网络管理服务器的时钟为基准，对网关自身及其所辖范围内的燃气表进行时钟同步管理。

6.3.8 软件升级

网关的软件宜能进行升级。

6.4 网络管理服务器

6.4.1 节点管理

节点管理的规定如下：

a) 具有燃气表通信信息列表、中继通信信息列表、网关通信信息列表；
b) 各传感器网络节点通信信息列表应包含节点名称、位置、标识等属性信息；
c) 能对燃气表、中继、网关进行远程管理。

6.4.2 入网提示

当燃气表、中继、网关等网络节点进入网络时，网络管理服务器应有连接提示信息，并能在网络管理服务器上查询相关信息。

6.4.3 配置管理

网络管理服务器应能对传感器网络网关、中继和燃气表的参数进行远程配置。

6.4.4 状态管理

6.4.4.1 概述

网络管理服务器应能对传感器网络各节点的状态信息进行检测和管理。

6.4.4.2 设备监测

网络管理服务器应能对网关、中继及燃气表的性能和状态进行监测。

6.4.4.3 故障管理

故障管理的要求如下：

a) 能主动探测或被动接收传感器网络中的各种事件信息；
b) 能识别出其中与传感器网络各节点相关的故障信息；
c) 具有节点现场的故障提示和报警功能，以声光等形式提示，并形成事件日志。

6.4.5 拓扑管理

网络管理服务器应具有传感器网络实时拓扑图的管理功能。

6.4.6 性能管理

网络管理服务器应支持从管理的设备中搜集与网络性能有关的数据，分析和统计历史数据，建立性能分析模型。

6.4.7 时钟管理

网络管理服务器应能以网络管理服务器的时钟为基准，对传感器网络各节点的时钟进行实时同步管理。

6.4.8 安全管理

网络管理服务器安全管理应包括：

a) 支持对授权机制、访问控制、加密和解密关键字的管理；

b) 支持维护和检查安全日志。

6.4.9 软件升级

网络管理服务器的软件应能进行升级。

6.5 业务管理系统

业务管理系统应具有燃气缴费、燃气表状态查询、剩余气量查询、燃气数据存储等业务数据管理功能。

7 通信协议要求

7.1 总则

本章所描述的通信协议是指燃气表与网关之间的通信协议。

7.2 通信协议模型

通信协议模型如图3所示。

应用层
网络层
链路层
物理层

图3 通信协议模型

7.3 物理层

物理层应符合GB/T 30269.302—2015中第6章的规定。

7.4 链路层

链路层应符合GB/T 30269.302—2015中第7章的规定。

7.5 网络层

网络层由系统开发商和用户协商确定。

7.6 应用层

7.6.1 应用层消息格式

应用层消息格式如图4所示。

应用层头						数据区	校验区
1个 八位位组	2个 八位位组	1个 八位位组	1个 八位位组	1个 八位位组	1个 八位位组	0～128个 八位位组	2个 八位位组
帧长度	帧序号	应用识别符	应用协议 版本号	控制字	消息类型	业务数据	检验字

图4　应用层消息格式

7.6.2　应用层头

7.6.2.1　帧长度

帧长度为应用层头、数据区及校验区长度之和，占用1个八位位组。

7.6.2.2　帧序号

帧序号长度为2个八位位组，范围为0～65 535，在通信过程中循环使用，保证在一定的时段内通信帧序号的唯一性。

7.6.2.3　应用识别符

应用识别符是对不同类型的燃气表进行识别，可根据不同类型的燃气表、燃气表生产厂家、燃气表生产厂家的不同规格型号等进行识别。

在网络管理服务器或网关中，不同应用识别符对应相应的应用处理模块或组件，对业务数据进行处理。

7.6.2.4　应用协议版本号

应用协议版本号占1个八位位组的空间，其中高四位表示协议大版本编号，低四位表示大版本下的子版本编号。

7.6.2.5　控制字

控制字的定义如图5所示。

Bit_7	Bit_6	Bit_5	Bit_4　Bit_3　Bit_2　Bit_1　Bit_0
传输方向 (Dir)	确认位 (Ack)	加密方式 (Enc_C)	自定义

图5　控制字格式

控制字各位域的具体含义如下：

a)　传输方向。当Dir=0时表示数据传输方向为上行；当Dir=1时表示数据传输方向为下行。

b)　确认位。确认位仅用于确认帧，当为正常确认时，Ack置为"1"，确认帧中消息类型字段存在；当为异常确认时，Ack置为"0"，确认帧中消息类型字段缺失。

c)　加密方式。当数据区为明文时，Enc_C置为"0"，加密传输的Enc_C的值为1。

d)　自定义。对其他需要控制的信息可使用自定义位进行定义。

7.6.2.6 消息类型

消息类型定义 00H～0FH 段为系统保留,用户业务消息类型可以从 10H 开始进行定义。

系统保留消息类型的说明见表 1。

表 1 系统保留消息类型的说明

消息类型	说明
0x00	保留
0x01	燃气表恢复出厂值
0x02	燃气表参数调整
0x03	时间同步
0x04	抄表数据
0x05	控制数据
0x06～0x0F	保留

7.6.3 数据区

数据区是可变长字段,长度为 0～128 个八位位组,包含燃气表业务信息的关键内容,其数据格式由燃气表制造商自行定义。

7.6.4 校验区

校验区是对应用层头和数据区的校验。

校验区的长度宜为 2 个八位位组。

校验字宜采用循环冗余验证码。

注:循环冗余验证码是通过对数据区的编码进行 CRC16 的计算得到,其多项式为 0x1021。

二、燃气产品、设备及零部件标准

ICS 83.140.30
G 33

中华人民共和国国家标准

GB 15558.1—2015
代替 GB 15558.1—2003

燃气用埋地聚乙烯(PE)管道系统
第1部分:管材

Buried polyethylene (PE) piping systems for the supply of gaseous fuels—Part 1:Pipes

[ISO 4437-1:2014, Plastics piping systems for the supply of gaseous fuels-polyethylene(PE)—Part 1:General, ISO 4437-2:2014, Plastics piping systems for the supply of gaseous fuels-polyethylene(PE)—Part 2:Pipes, MOD]

根据国家标准委2017年第7号公告转为推荐性标准

2015-12-31 发布　　2017-01-01 实施

中华人民共和国国家质量监督检验检疫总局
中国国家标准化管理委员会　发布

前　言

GB 15558 本部分的 4.1、4.3、4.4、5.3 中表 8 的序号 1～6 的项目、5.4 为强制性的，其余为推荐性的。

GB 15558《燃气用埋地聚乙烯(PE)管道系统》分为三个部分：

——第 1 部分：管材；

——第 2 部分：管件；

——第 3 部分：阀门。

本部分为 GB 15558 的第 1 部分。

本部分按照 GB/T 1.1—2009 给出的规则起草。

本部分代替 GB 15558.1—2003《燃气用埋地聚乙烯(PE)管道系统　第 1 部分：管材》，与 GB 15558.1—2003 相比，主要技术变化如下：

——增加了管材类型(本部分第 1 章)；

——增删了相关定义(本部分第 3 章)；

——修改了混配料和色条料的技术要求(本部分 4.1)；

——增加了混配料颜色要求(本部分 4.2)；

——增加了混配料的 80 ℃长期静液压强度曲线不允许在 5 000 h 前(t＜5 000 h)出现拐点的要求(本部分 4.3)；

——混配料性能中炭黑分散/颜料分散增加了外观级别的要求(本部分 4.5)；

——以管材形式测定的混配料性能增加了耐候性要求。耐慢速裂纹增长的性能要求由不小于 165 h提高至不小于 500 h(本部分 4.5)；

——增加了聚乙烯(PE)混配料的熔接兼容性要求，增加了聚乙烯(PE)混配料的改变的要求(本部分 4.6 和 4.7)；

——修改了回用料要求(本部分 4.8)；

——管材颜色增加了橙色(本部分 5.1.2)；

——增加了盘管长度及盘卷的最小内径要求(本部分 5.2.1)；

——最大平均外径删去等级 A，SDR 系列删去了 SDR 17.6，增加了 SDR 17、SDR 21、SDR 26(本部分 5.2.2 和 5.2.3)；

——修改了小口径管材最小壁厚要求(本部分 5.2.3)；

——管材力学性能中静液压强度(20 ℃，100 h)试验参数 PE 100 环应力由 12.4 MPa 改为 12.0 MPa，删去耐候性要求，耐慢速裂纹增长(切口试验)的性能要求由 165 h 提高至不小于 500 h，增加了耐慢速裂纹增长的锥体试验，增加了压缩复原要求(本部分 5.3)；

——增加了对接熔接接头的系统适用性要求(本部分 5.5)；

——增加了试验方法一章(本部分第 6 章)；

——修改了型式检验项目要求和定型检验要求(本部分 7.2)；

——标志内容中增加了生产批号、回用料，增加了标志示例(本部分 8.4)；

——删去了 GB 15558.1—2003 中的附录 C“挥发分含量”、附录 D“耐气体组分”、附录 E“耐候性”，将以上三个附录的内容在试验方法一章中叙述(本部分 6.1.4、6.1.8 和 6.1.9)；

——增加了资料性附录“工作温度下的压力折减系数”(本部分附录 C)；

——增加了资料性附录“高耐慢速裂纹增长性能 PE 100 混配料和管材”(本部分附录 D)；

——增加了规范性附录“带可剥离层的管材”(本部分附录 E)；

——附录F“压缩复原试验方法”修改为规范性附录(本部分附录F)。

本部分使用重新起草法修改采用ISO 4437-1:2014《燃气用塑料管道系统　聚乙烯(PE)　第1部分:总则》和ISO 4437-2:2014《燃气用塑料管道系统　聚乙烯(PE)　第2部分:管材》。

本部分与ISO 4437-1:2014和ISO 4437-2:2014相比在结构上有较多调整。附录A中列出了本部分章条号与ISO 4437-1:2014和ISO 4437-2:2014的章条编号的对照一览表。

本部分与ISO 4437-1:2014和ISO 4437-2:2014相比存在技术性差异。这些差异涉及的条款已通过在其外侧页边空白位置的垂直单线(|)进行了标示,附录B中给出了相关技术性差异及其原因的一览表。

请注意本文件的某些内容可能涉及专利。本文件的发布机构不承担识别这些专利的责任。

本部分由中国轻工业联合会提出。

本部分由全国塑料制品标准化技术委员会(SAC/TC 48)归口。

本部分起草单位:亚大集团公司、住房与城乡建设部科技发展促进中心、山东胜邦塑胶有限公司、中国石化上海石油化工股份有限公司、福建亚通新材料科技股份有限公司、广东联塑科技实业有限公司、沧州明珠塑料股份有限公司、淄博洁林塑料制管有限公司。

本部分主要起草人:王志伟、高立新、景发岐、许盛光、张慰峰、何健文、谢建玲、池永生、薛彦超、陈慧丽。

本部分所代替标准的历次版本发布情况为:

——GB 15558.1—1995、GB 15558.1—2003。

燃气用埋地聚乙烯(PE)管道系统 第1部分:管材

1 范围

GB 15558 的本部分规定了以聚乙烯(PE)混配料为原料,经挤出成型的燃气用埋地聚乙烯(PE)管材(以下简称"管材")的术语和定义、材料、要求、试验方法、检验规则、标志和包装、运输、贮存。

本部分规定的管材类型包括:

——单层实壁管材;

——管材外壁包覆可剥离热塑性防护层的管材。

本部分适用于 PE 80 和 PE 100 混配料制造的公称外径为 16 mm~630 mm 的燃气用埋地聚乙烯(PE)管材,管材的最大工作压力(MOP)基于设计应力确定,并考虑耐快速裂纹扩展(RCP)性能的影响。

在输送人工煤气和液化石油气时,应考虑燃气中存在的其他组分(如:芳香烃、冷凝液)在一定浓度下对管材性能的不利影响。

2 规范性引用文件

下列文件对于本文件的应用是必不可少的。凡是注日期的引用文件,仅注日期的版本适用于本文件。凡是不注日期的引用文件,其最新版本(包括所有的修改单)适用于本文件。

GB/T 321 优先数和优先数系(GB/T 321—2005,ISO 3:1973,IDT)

GB/T 1033.1—2008 塑料 非泡沫塑料密度的测定 第1部分:浸渍法、液体比重瓶法和滴定法(ISO 1183-1:2004,IDT)

GB/T 1033.2—2010 塑料 非泡沫塑料密度的测定 第2部分:密度梯度柱法(ISO 1183-2:2004,MOD)

GB/T 2828.1 计数抽样检验程序 第1部分:按接收质量限(AQL)检索的逐批检验抽样计划(GB/T 2828.1—2012,ISO 2859-1:1999,IDT)

GB/T 2918 塑料试样状态调节和试验的标准环境(GB/T 2918—1998,idt ISO 291:1997)

GB/T 3681—2011 塑料 自然日光气候老化 玻璃过滤后日光气候老化和菲涅尔镜加速日光气候老化的暴露试验方法(ISO 877:1994,IDT)

GB/T 3682—2000 热塑性塑料熔体质量流动速率和熔体体积流动速率的测定(idt ISO 1133:1997)

GB/T 4217 流体输送用热塑性塑料管材 公称外径和公称压力(GB/T 4217—2008,ISO 161-1:1996,IDT)

GB/T 6111 流体输送用热塑性塑料管材 耐内压试验方法(GB/T 6111—2003,ISO 1167:1996,IDT)

GB/T 6671—2001 热塑性塑料管材 纵向回缩率的测定(eqv ISO 2505:1994)

GB/T 8804.1—2003 热塑性塑料管材 拉伸性能测定 第1部分:试验方法总则(ISO 6259-1:1997,IDT)

GB/T 8804.3—2003 热塑性塑料管材 拉伸性能测定 第3部分:聚烯烃管材(ISO 6259-3:

1997,IDT)

GB/T 8806　塑料管道系统　塑料部件　尺寸的测定(GB/T 8806—2008,ISO 3126:2005,IDT)

GB/T 10798　热塑性塑料管材通用壁厚表(GB/T 10798—2001,idt ISO 4065:1996)

GB/T 13021　聚乙烯管材和管件炭黑含量的测定(热失重法)(GB/T 13021—1991,neq ISO 6964:1986)

GB/T 18251　聚烯烃管材、管件和混配料中颜料或炭黑分散的测定方法(GB/T 18251—2000,neq ISO/DIS 18553:1999)

GB/T 18252　塑料管道系统　用外推法确定热塑性塑料材料以管材形式的长期静液压强度(GB/T 18252—2008,ISO 9080:2003,IDT)

GB/T 18475　热塑性塑料压力管材和管件用材料　分级和命名　总体使用(设计)系数(GB/T 18475—2001,eqv ISO 12162:1995)

GB/T 18476　流体输送用聚烯烃管材　耐裂纹扩展的测定　切口管材裂纹慢速增长的试验方法(切口试验)(GB/T 18476—2001,eqv ISO 13479:1997)

GB/T 19278—2003　热塑性塑料管材、管件及阀门　通用术语及其定义

GB/T 19279　聚乙烯管材　耐慢速裂纹增长　锥体试验方法(GB/T 19279—2003,ISO 13480:1997,IDT)

GB/T 19280　流体输送用热塑性塑料管材　耐快速裂纹扩展(RCP)的测定　小尺寸稳态试验(S4试验)(GB/T 19280—2003,ISO 13477:1997,IDT)

GB/T 19466.6　塑料　差示扫描量热法(DSC)　第6部分:氧化诱导时间(等温OIT)和氧化诱导温度(动态OIT)的测定(GB/T 19466.6—2009,ISO 11357-6:2008,MOD)

GB/T 19807　塑料管材和管件　聚乙烯管材和电熔管件组合试件的制备(GB/T 19807—2005,ISO 11413:1996,MOD)

GB/T 19808　塑料管材和管件　公称外径大于或等于90 mm的聚乙烯电熔组件的拉伸剥离试验(GB/T 19808—2005,ISO 13954:1997,IDT)

GB/T 19809　塑料管材和管件　聚乙烯(PE)管材/管材或管材/管件热熔对接组件的制备(GB/T 19809—2005,ISO 11414:1996,IDT)

GB/T 19810　聚乙烯(PE)管材和管件　热熔对接接头拉伸试验和破坏形式的测定(GB/T 19810—2005,ISO 13953:2001,IDT)

SH/T 1770　塑料　聚乙烯水分含量的测定(SH/T 1770—2010,ISO 15512:2008方法B,MOD)

3　术语和定义

GB/T 19278—2003界定的以及下列术语和定义适用于本文件。

3.1

公称外径　nominal outside diameter

d_n

管材外径的规定数值,单位为毫米(mm)。

3.2

平均外径　mean outside diameter

d_{em}

管材外圆周长的测量值除以3.142(圆周率)所得的值,精确到0.1 mm,小数点后第二位非零数字进位,单位为毫米(mm)。

3.3

最小平均外径　minimum mean outside diameter

$d_{em,min}$

平均外径的最小允许值,它等于公称外径 d_n,单位为毫米(mm)。

3.4

最大平均外径　maximum mean outside diameter

$d_{em,max}$

平均外径的最大允许值。

[GB/T 19278—2003,定义 3.10]

3.5

任一点外径　outside diameter at any point

d_e

通过管材任一横截面测量的外径,精确到 0.1 mm,小数点后第二位非零数字进位,单位为毫米(mm)。

3.6

不圆度　out-of-roundness

管材同一横截面处测量的最大外径与最小外径的差值,单位为毫米(mm)。

3.7

公称壁厚　nominal wall thickness

e_n

管材壁厚的规定值,单位为毫米(mm)。

3.8

任一点壁厚　wall thickness at any point

e

管材圆周上任一点壁厚的测量值,精确到 0.1 mm,小数点后第二位非零数字进位,单位为毫米(mm)。

3.9

任一点最小壁厚　minimum wall thickness at any point

e_{min}

管材圆周上任一点壁厚的最小允许值,单位为毫米(mm)。

3.10

任一点最大壁厚　maximum wall thickness at any point

e_{max}

管材圆周上任一点壁厚的最大允许值,单位为毫米(mm)。

3.11

壁厚偏差　wall thickness tolerance

t_y

允许任一点壁厚 e 和公称壁厚 e_n 之间的差值,单位为毫米(mm)。

注:$e_n \leqslant e \leqslant e_n + t_y$

3.12

标准尺寸比　standard dimension ratio

SDR

管材的公称外径 d_n 与公称壁厚 e_n 的比值,由式(1)计算并圆整得出:

$$SDR = d_n / e_n \qquad \cdots\cdots(1)$$

3.13

静液压强度预测值的置信下限　lower confidence limit of predicted hydrostatic strength

σ_{LPL}

在温度 T 和时间 t 预测的静液压强度的97.5%置信下限，单位为兆帕(MPa)。

注：σ_{LPL}按式(2)给出：

$$\sigma_{LPL} = \sigma(T, t, 0.975) \qquad \cdots\cdots(2)$$

3.14

最小要求强度　minimum required strength

MRS

将20 ℃、50年置信下限σ_{LPL}的值按GB/T 321的R10系列或R20系列向下圆整到最接近的一个优先数得到的应力值，单位为兆帕(MPa)。当σ_{LPL}小于10 MPa时，按R10系列圆整，当σ_{LPL}大于等于10 MPa时按R20系列圆整。

3.15

设计系数　design coefficient

C

在置信下限所包含因素之外考虑的管系的安全裕度，即一个大于1的系数，它的大小考虑了未在置信下限σ_{LPL}体现出的使用条件和管道系统中组件的性能。

3.16

设计应力　design stress

σ_S

给定20 ℃使用条件下的允许应力，等于最小要求强度除以设计系数。按式(3)计算得出，单位为兆帕(MPa)。

$$\sigma_S = MRS/C \qquad \cdots\cdots(3)$$

式中：

MRS——最小要求强度，单位为兆帕(MPa)；

C ——设计系数。

3.17

燃气　gaseous fuel

在15 ℃和0.1 MPa条件下为气态的燃料。

3.18

最大工作压力　maximum operating pressure

MOP

管道系统中允许连续使用的流体的最大压力，单位为兆帕(MPa)。其中考虑了管道系统中组件的物理和力学性能。由式(4)计算得出：

$$MOP = \frac{2 \times MRS}{C \times (SDR - 1)} \qquad \cdots\cdots(4)$$

式(4)是以20 ℃为参考工作温度得出的。

3.19

混配料　compound

由基础聚合物聚乙烯(PE)和抗氧剂、颜料、抗紫外线(UV)稳定剂等添加剂经挤出加工而成的颗粒料，由混配料制造商提供并通过定级。

4 材料

4.1 聚乙烯(PE)混配料

生产管材应使用聚乙烯(PE)混配料。

用于制造管材色条的聚乙烯(PE)混配料的基础树脂应与生产管材的聚乙烯(PE)混配料的基础树脂相同，并具有良好的相容性。

4.2 颜色

聚乙烯(PE)混配料的颜色应为黑色(PE 80 或 PE 100)、黄色(PE 80)或橙色(PE 100)。

外壁包覆可剥离热塑性防护层管材的可剥离层材料的颜色应为黑色、黄色或橙色。

4.3 聚乙烯(PE)混配料的分级和命名

聚乙烯(PE)混配料应按 GB/T 18475(即 ISO 12162)中规定的最小要求强度(MRS)进行分级和命名，见表 1。

最小要求强度(MRS)以管材形式测定并外推得出。应按 GB/T 18252(即 ISO 9080)测试混配料的长期静液压强度，压力试验在至少三个温度下进行，其中两个温度固定为 20 ℃和 80 ℃，第三个温度可以在 30 ℃和 70 ℃间自由选择，以确定 20 ℃、50 年置信下限(σ_{LPL})，从 20 ℃、50 年的置信下限(σ_{LPL})外推 MRS 值。

不允许 80 ℃回归曲线在 5 000 h 前(t<5 000 h)出现拐点。

混配料制造商应提供符合表 1 中分级和命名的级别证明。

表 1 聚乙烯(PE)混配料的分级和命名

以 MRS 分级 MPa	命名	σ_{LPL}(20 ℃，50 年，97.5%) MPa
8.0	PE 80	$8.0 \leqslant \sigma_{LPL} < 10.0$
10.0	PE 100	$10.0 \leqslant \sigma_{LPL} < 11.2$

4.4 设计系数 C 和设计应力 σ_S

燃气用埋地聚乙烯管道系统的设计系数 $C \geqslant 2$。

设计应力 σ_S 的最大值：PE 80 为 4.0 MPa；PE 100 为 5.0 MPa。

注 1：设计系数 C 包含了材料系数和与应用相关的系数等，当输送液化石油气或人工煤气等介质时，考虑更大的设计系数，CJJ 63 给出了不同介质下的最大工作压力值及相应的设计系数。

注 2：用于最大工作压力(MOP)设计时，参考温度为 20 ℃。其他工作温度下的压力折减系数参见附录 C。

4.5 聚乙烯(PE)混配料的性能

聚乙烯(PE)混配料应符合表 2 和表 3 的要求。

注：在一些特殊敷设环境(如无沙床回填)或非开挖施工等领域，可能需要采用具有高耐慢速裂纹增长性能 PE 100 混配料，其性能参见附录 D。

表 2 聚乙烯(PE)混配料的性能——以颗粒料形式测定

序号	项目	要求[a]	试验参数		试验方法
1	密度	≥930 kg/m^3	试验温度	23 ℃	6.1.1
2	氧化诱导时间 (热稳定性)	>20 min	试验温度 试样质量	200 ℃ (15±2)mg	6.1.2
3	熔体质量流 动速率(MFR)	(0.20≤MFR≤1.40)g/10 min[b,f], 最大偏差不应超过混配料 标称值的±20%	负荷质量 试验温度	5 kg 190 ℃	6.1.3
4	挥发分含量	≤350 mg/kg	—	—	6.1.4
5	水分含量[c]	≤300 mg/kg (相当于≤0.03 %,质量分数)	—	—	6.1.5
6	炭黑含量[d]	2.0%~2.5%(质量分数)	—	—	6.1.6
7	炭黑分散/ 颜料分散[e]	≤3 级 外观级别:A 1,A 2,A 3 或 B	—	—	6.1.7

注:黑色混配料的炭黑的平均(初始)粒径范围为 10 nm~25 nm。

[a] 混配料制造商应证明符合这些要求。

[b] 标称值,由混配料制造商提供。

[c] 本要求应用于混配料制造商在制造阶段及使用者在加工阶段对混配料的要求(如果水分含量超过要求限值,使用前需要预先烘干)。为应用目的,仅当测量的挥发分含量不符合要求时才测量水分含量,仲裁时,应以水分含量的测量结果作为判定依据。

[d] 仅适用于黑色混配料。

[e] 炭黑分散仅适用于黑色混配料,颜料分散仅适用于非黑色混配料。

[f] 当出现 0.15 g/10 min≤MFR<0.20 g/10 min 的材料时,应注意聚乙烯(PE)混配料的熔接兼容性(4.6),基于标称值的最大下偏差,最低的 MFR 值不应低于 0.15 g/10 min。

表 3 聚乙烯(PE)混配料的性能——以管材形式测定

序号	项目	要求[a]	试验参数		试验方法
1	耐气体组分	无破坏、无渗漏	试验温度 环应力 试验时间	80 ℃ 2.0 MPa ≥20 h	6.1.8
2	耐候性[b]	气候老化后应符合以下要求:	累计太阳能辐射	≥3.5 GJ/m^2	6.1.9
	a) 电熔接头的剥离强度 (d_n 110 mm,SDR 11)	a) 试样按 GB/T 19807 制备,连接条件 1: 23 ℃;脆性破坏的百分比≤33.3%			
	b) 断裂伸长率	b) 应符合本部分表 8 的要求			
	c) (80 ℃、1 000 h) 静液压强度	c) 应符合本部分表 8 的要求			
3	耐快速裂纹扩展(RCP) (e≥15 mm)	$P_{C,S4}$≥MOP/2.4-0.072[c], MPa	试验温度	0 ℃	6.1.10

表 3（续）

序号	项目	要求[a]	试验参数		试验方法
4	耐慢速裂纹增长 (d_n 110 mm，SDR 11)	无破坏，无渗漏	试验温度 内部试验压力： PE 80 PE 100 试验时间 试验类型	80 ℃ 0.80 MPa 0.92 MPa ≥500 h 水—水	6.1.11

[a] 混配料制造商应证明符合这些要求。

[b] 仅适用于非黑色混配料。

[c] 按 GB/T 19280 试验时，若 S4 试验不能达到要求，应按照全尺寸试验重新进行测试，以全尺寸试验的结果作为最终判定依据。在此情况下，$P_{C,FS}$≥1.5×MOP。

4.6 聚乙烯(PE)混配料的熔接兼容性

4.6.1 同一混配料的熔接兼容性

符合表 2 的混配料应为可熔接的。混配料制造商应证实自己产品范围内同一混配料的熔接性，将混配料加工成管材，在环境温度(23±2) ℃条件下，按 GB/T 19809(即 ISO 11414)规定的参数，将两段管材制备成对接熔接接头，然后按 GB/T 19810 测试，检测是否满足表 4的拉伸试验破坏形式及要求。

4.6.2 不同混配料的熔接兼容性

符合表 2 的混配料可考虑为互熔的。如有要求，混配料制造商应证实自己产品范围内不同混配料的熔接兼容性。将不同混配料加工成管材，在环境温度(23±2)℃条件下，按 GB/T 19809(即 ISO 11414)规定的参数，将两段管材制备成对接熔接接头，然后按 GB/T 19810 测试，检测是否满足表 4的拉伸试验破坏形式及要求。

表 4 聚乙烯(PE)混配料的熔接性——以对接熔接接头形式测定

项目	要求[a]	试验参数		试验方法
对接熔接拉伸试验 破坏形式的测定 (d_n 110 mm，SDR 11)	试验至破坏 韧性破坏—通过 脆性破坏—未通过	试验温度	23 ℃	6.1.12

[a] 混配料制造商应证明符合这些要求。

4.7 聚乙烯(PE)混配料的改变

若混配料的配方和生产工艺发生改变，应按照本部分提供新的合格证明。

注：技术指导参见参考文献[10]。

4.8 回用料

允许少量使用来自本厂的同一牌号的生产同种产品的清洁回用料，所生产的管材应符合本部分的要求。

注：在使用本厂回用料的情况下，由制造商与用户协商一致并采用合适标识。

不应使用外部回收料、回用料。

5 要求

5.1 外观和颜色

5.1.1 外观

管材的内外表面应清洁、平滑，不允许有气泡、明显的划伤、凹陷、杂质、颜色不均等缺陷。管材两端应切割平整，并与管材轴线垂直。

5.1.2 颜色

管材应为黑色(PE 80 或 PE 100)、黄色(PE 80)或橙色(PE 100)。PE 80 黑色管材上应共挤出至少三条黄色条；PE 100 黑色管材上应共挤出至少三条橙色条。色条应沿管材圆周方向均匀分布。

外壁包覆可剥离热塑性防护层管材的可剥离层也应符合本部分的颜色要求，其他相关性能要求见附录 E。

5.2 几何尺寸

5.2.1 长度

直管长度一般为 6 m、9 m、12 m，也可由供需双方商定。

盘管长度可在盘卷上标明。

盘卷的最小内径应不小于 $18d_n$。

5.2.2 平均外径、不圆度及其公差

管材的平均外径 d_{em} 应符合表 5 规定。

直管的最大不圆度应符合表 5 规定，盘管的最大不圆度应由制造商和用户协商确定。

允许管材端口处的平均外径小于表 5 中的规定，但不应小于距管材末端 $1.5d_n$ 或 300 mm(取两者之中较小者)处测量值的 98.5%。

表 5 平均外径和不圆度

单位为毫米

公称外径 d_n	平均外径 d_{em}		直管的最大不圆度[a,b]
	$d_{em,min}$	$d_{em,max}$	
16	16.0	16.3	1.2
20	20.0	20.3	1.2
25	25.0	25.3	1.2
32	32.0	32.3	1.3
40	40.0	40.4	1.4
50	50.0	50.4	1.4
63	63.0	63.4	1.5
75	75.0	75.5	1.6

表 5（续）

单位为毫米

公称外径 d_n	平均外径 d_{em}		直管的最大不圆度[a,b]
	$d_{em,min}$	$d_{em,max}$	
90	90.0	90.6	1.8
110	110.0	110.7	2.2
125	125.0	125.8	2.5
140	140.0	140.9	2.8
160	160.0	161.0	3.2
180	180.0	181.1	3.6
200	200.0	201.2	4.0
225	225.0	226.4	4.5
250	250.0	251.5	5.0
280	280.0	281.7	9.8
315	315.0	316.9	11.1
355	355.0	357.2	12.5
400	400.0	402.4	14.0
450	450.0	452.7	15.6
500	500.0	503.0	17.5
560	560.0	563.4	19.6
630	630.0	633.8	22.1

[a] 应在生产地点测量不圆度。

[b] 若有必要采用非表 5 中给出最大不圆度要求（如：盘管），由供需双方商定。

5.2.3 壁厚和偏差

5.2.3.1 最小壁厚

管材的最小壁厚 e_{min} 应符合表 6 的规定。

允许使用根据 GB/T 10798 和 GB/T 4217 中规定的管系列（S）推算出的其他标准尺寸比（SDR）。

表 6 最小壁厚

单位为毫米

公称外径 d_n	最小壁厚 e_{min}[a]			
	SDR 11[b]	SDR 17[b]	SDR 21[c]	SDR 26[c]
16	3.0	—	—	—
20	3.0	—	—	—
25	3.0	—	—	—

表 6（续）

单位为毫米

公称外径 d_n	最小壁厚 e_{min}[a]			
	SDR 11[b]	SDR 17[b]	SDR 21[c]	SDR 26[c]
32	3.0	3.0	—	—
40	3.7	3.0	—	—
50	4.6	3.0	3.0	—
63	5.8	3.8	3.0	—
75	6.8	4.5	3.6	3.0
90	8.2	5.4	4.3	3.5
110	10.0	6.6	5.3	4.2
125	11.4	7.4	6.0	4.8
140	12.7	8.3	6.7	5.4
160	14.6	9.5	7.7	6.2
180	16.4	10.7	8.6	6.9
200	18.2	11.9	9.6	7.7
225	20.5	13.4	10.8	8.6
250	22.7	14.8	11.9	9.6
280	25.4	16.6	13.4	10.7
315	28.6	18.7	15.0	12.1
355	32.2	21.1	16.9	13.6
400	36.4	23.7	19.1	15.3
450	40.9	26.7	21.5	17.2
500	45.5	29.7	23.9	19.1
560	50.9	33.2	26.7	21.4
630	57.3	37.4	30.0	24.1

[a] $e_{min}=e_n$

[b] 首选系列。

[c] SDR 21 和 SDR 26 常用于非开挖燃气管道修复。

5.2.3.2 壁厚偏差

管材的任一点壁厚偏差应符合表 7 规定。

表 7　任一点壁厚偏差

单位为毫米

公称壁厚 e_n		允许的正偏差 t_y[a]	公称壁厚 e_n		允许的正偏差 t_y[a]
>	≤		>	≤	
2.0	3.0	0.4	30.0	31.0	3.2
3.0	4.0	0.5	31.0	32.0	3.3
4.0	5.0	0.6	32.0	33.0	3.4
5.0	6.0	0.7	33.0	34.0	3.5
6.0	7.0	0.8	34.0	35.0	3.6
7.0	8.0	0.9	35.0	36.0	3.7
8.0	9.0	1.0	36.0	37.0	3.8
9.0	10.0	1.1	37.0	38.0	3.9
10.0	11.0	1.2	38.0	39.0	4.0
11.0	12.0	1.3	39.0	40.0	4.1
12.0	13.0	1.4	40.0	41.0	4.2
13.0	14.0	1.5	41.0	42.0	4.3
14.0	15.0	1.6	42.0	43.0	4.4
15.0	16.0	1.7	43.0	44.0	4.5
16.0	17.0	1.8	44.0	45.0	4.6
17.0	18.0	1.9	45.0	46.0	4.7
18.0	19.0	2.0	46.0	47.0	4.8
19.0	20.0	2.1	47.0	48.0	4.9
20.0	21.0	2.2	48.0	49.0	5.0
21.0	22.0	2.3	49.0	50.0	5.1
22.0	23.0	2.4	50.0	51.0	5.2
23.0	24.0	2.5	51.0	52.0	5.3
24.0	25.0	2.6	52.0	53.0	5.4
25.0	26.0	2.7	53.0	54.0	5.5
26.0	27.0	2.8	54.0	55.0	5.6
27.0	28.0	2.9	55.0	56.0	5.7
28.0	29.0	3.0	56.0	57.0	5.8
29.0	30.0	3.1	57.0	58.0	5.9

[a] 公差表示形式为$^{+t_y}_{0}$ mm。

5.3 力学性能

管材力学性能应符合表 8 规定的要求。

注：在一些特殊敷设环境(如无沙床回填)或非开挖施工等领域,可能需要采用具有高耐慢速裂纹增长性能 PE 100 材料制成的管材,其性能参见附录 D。

表 8 管材的力学性能

序号	项目	要求	试验参数		试验方法
1	静液压强度 (20 ℃,100 h)	无破坏,无渗漏	环应力: PE 80 PE 100 试验时间 试验温度	 9.0 MPa 12.0 MPa ≥100 h 20 ℃	6.2.4
2	静液压强度 (80 ℃,165 h)	无破坏,无渗漏[a]	环应力: PE 80 PE 100 试验时间 试验温度	 4.5 MPa 5.4 MPa ≥165 h 80 ℃	6.2.4
3	静液压强度 (80 ℃,1 000 h)	无破坏,无渗漏	环应力: PE 80 PE 100 试验时间 试验温度	 4.0 MPa 5.0 MPa ≥1 000 h 80 ℃	6.2.4
4	断裂伸长率 e≤5 mm	≥350%[b,c]	试样形状 试验速度	类型 2 100 mm/min	6.2.5
	断裂伸长率 5 mm<e≤12 mm	≥350%[b,c]	试样形状 试验速度	类型 1[d] 50 mm/min	
	断裂伸长率 e>12 mm	≥350%[b,c]	试样形状 试验速度	类型 1[d] 25 mm/min	
			或		
			试样形状 试验速度	类型 3[d] 10 mm/min	
5	耐慢速裂纹增长 e≤5 mm (锥体试验)	<10 mm/24 h	—	—	6.2.6
6	耐慢速裂纹增长 e>5 mm(切口试验)	无破坏,无渗漏	试验温度 内部试验压力: PE 80,SDR 11 PE 100,SDR 11 试验时间 试验类型	80 ℃ 0.80 MPa[e] 0.92 MPa[e] ≥500 h 水—水	6.2.6
7	耐快速裂纹扩展 (RCP)[f]	$P_{C,S4}$≥MOP/2.4-0.072,MPa	试验温度	0 ℃	6.2.7

表 8（续）

序号	项目	要求	试验参数		试验方法
8	压缩复原	无破坏，无渗漏	—	—	6.2.11

[a] 仅考虑脆性破坏。如果在 165 h 前发生韧性破坏，则按表 9 选择较低的应力和相应的最小破坏时间重新试验。

[b] 若破坏发生在标距外部，在测试值达到要求情况下认为试验通过。

[c] 当达到测试要求值时即可停止试验，无需试验至试样破坏。

[d] 如果可行，壁厚不大于 25 mm 的管材也可采用类型 2 试样，类型 2 试样采用机械加工或模压法制备。

[e] 对于其他 SDR 系列对应的压力值，参见 GB/T 18476。

[f] 管材制造商生产的管材大于混配料制造商提供合格验证 RCP 试验中所用管材的壁厚时，才进行 RCP 试验。在 0 ℃以下应用时，要求在该温度下进行 RCP 试验，以确定在最小工作温度下的临界压力。

按 GB/T 19280 试验时，若 S4 试验不能达到要求，应按照全尺寸试验重新进行测试，以全尺寸试验的结果作为最终判定依据。在此情况下，$P_{C,FS} \geqslant 1.5 \times MOP$。

表 9　静液压强度(80 ℃)试验——环应力/最小破坏时间关系

PE 80		PE 100	
环应力 /MPa	最小破坏时间 /h	环应力 /MPa	最小破坏时间 /h
4.5	165	5.4	165
4.4	233	5.3	256
4.3	331	5.2	399
4.2	474	5.1	629
4.1	685	5.0	1 000
4.0	1 000	—	—

5.4　物理性能

管材的物理性能应符合表 10 规定的要求。

表 10　管材的物理性能

序号	项目	要求	试验参数		试验方法
1	氧化诱导时间 (热稳定性)	>20 min	试验温度 试样质量	200 ℃ (15±2)mg	6.2.8
2	熔体质量流动速率 (MFR)(g/10 min)	加工前后 MFR 变化<20%	负荷质量 试验温度	5 kg 190 ℃	6.2.9
3	纵向回缩率 (壁厚≤16 mm)	≤3%，表面无破坏	试验温度 试样长度 烘箱内放置时间	110 ℃ 200 mm 1 h	6.2.10

5.5　对接熔接接头的系统适用性

按 GB/T 19809(即 ISO 11414)在环境温度(23±2)℃条件下制备的对接熔接接头应满足(表 11

中)拉伸试验要求,在极限条件下制备的对接熔接接头应满足表11规定的要求。

注:对接熔接接头制备的极限温度为:$T_1=(-5\pm2)$℃;$T_2=(40\pm2)$℃。

表11　对接熔接接头的系统适用性

序号	项目[a]	要求	试验参数		试验方法
1	静液压强度 (80 ℃,165 h)[b]	无破坏,无渗漏	环应力 PE 80 PE 100	 4.5 MPa 5.4 MPa	6.3.2
2	拉伸试验[c]	试验至破坏 韧性破坏—通过 脆性破坏—未通过	试验温度	23 ℃	6.3.3

[a] 试样接头的所有组件应具有相同MRS和相同SDR,接头应满足最小和最大条件。

[b] 仅考虑脆性破坏。如果在165 h前发生韧性破坏,则按表9选择较低的应力和相应的最小破坏时间重新试验。

[c] 适用于d_n不小于90 mm(e_n>5 mm)的管材。

6　试验方法

6.1　聚乙烯(PE)混配料的试验方法

6.1.1　密度

6.1.1.1　试样

混配料应在190 ℃、5 kg负荷条件下由熔体流动速率测试仪挤出。样条切下后置于冷金属板上,自然冷却后,再将样条浸入盛有200 mL沸腾的蒸馏水的烧杯中煮沸30 min进行退火,然后将该烧杯置于试验室环境下冷却1 h,在24 h内测试试样密度。

试样表面应光滑,无凹陷,以减少浸渍液中试样表面凹陷处可能存留的气泡,否则就会引入误差。

6.1.1.2　试验

6.1.1.2.1　浸渍法

按GB/T 1033.1—2008规定的浸渍法进行试验。

6.1.1.2.2　密度梯度柱法(仲裁法)

按GB/T 1033.2—2010规定试验。

6.1.2　氧化诱导时间(热稳定性)

按GB/T 19466.6试验,试样数量为3个,试验结果取最小值。

注:如果与200 ℃的试验结果有一个明确的修正关系,可以在210 ℃或220 ℃进行试验;如有争议,以试验温度200 ℃测试结果为最终判定依据。

6.1.3　熔体质量流动速率

按GB/T 3682—2000中的A法测定,在温度190 ℃,负荷5 kg的条件下进行。试验时,根据熔体质量流动速率的标称值,将3 g~6 g样品装入料筒,装样量见表12,装料后预热时间5 min,截样时间间隔见表12。

表 12 熔体质量流动速率(MFR)试验参数

熔体质量流动速率 /(g/10 min)	料筒中样品的质量 /g	挤出物切断时间间隔 /s
0.15≤MFR<0.4	3~5	120
0.4≤MFR<1.0	4~6	40
1.0≤MFR<2.0	4~6	20

6.1.4 挥发分含量

6.1.4.1 试验设备

a) 恒温干燥箱,控制精度为±1 ℃;

b) 直径 35 mm 的称量瓶;

c) 干燥器;

d) 分析天平,精度为±0.1 mg。

6.1.4.2 试样数量

试样数量为 1 个。

6.1.4.3 试验步骤

将干净的称量瓶及盖子放入(105±2)℃的干燥箱 1 h 后取出,置于干燥器中冷却至室温,用分析天平称称量瓶及盖子的质量为 m_0(精确到 0.1 mg)。将试样约 25 g 均匀铺在称量瓶底部,盖上盖子,称其质量为 m_1(精确到 0.1 mg)。将盛有试样的称量瓶放入(105±2)℃不鼓风的干燥箱中,盖子取下并留在干燥箱内。关上干燥箱门烘 1 h 后取出,放在干燥器中冷却至室温,准确称量其质量 m_2(精确到 0.1 mg)。在转移和称量的过程中应始终盖上盖子。

6.1.4.4 结果计算

挥发分物质的含量 V 按式(5)计算,单位为毫克/千克(mg/kg)。

$$V=\left(\frac{m_1-m_2}{m_1-m_0}\right)\times 10^6 \qquad \cdots\cdots(5)$$

式中:

m_0——空称量瓶及盖子的质量,单位为克(g);

m_1——称量瓶及盖子和样品的质量,单位为克(g);

m_2——105 ℃条件下干燥 1h 后称量瓶及盖子和样品的质量,单位为克(g)。

6.1.5 水分含量

按 SH/T 1770 试验。试样数量为 1 个。

注:以生产监控和产品质量监控为目的时,可以采用氢压力差法等方法。

6.1.6 炭黑含量

按 GB/T 13021 试验。

6.1.7 炭黑分散或颜料分散

按 GB/T 18251 试验。

6.1.8 耐气体组分

6.1.8.1 试样

采用 d_n32 mm,SDR 11 的管材试样,试样数量为 3 个。如果与 d_n32 mm,SDR 11 的管材试验结果有明确的关系,可以用其他规格的管材试样。

6.1.8.2 冷凝液

冷凝液由质量分数为 50%的正癸烷(99%)和质量分数为 50%的 1,3,5-三甲基苯的混合物组成。

6.1.8.3 状态调节

将管材内充满冷凝液,在(23±2)℃的空气环境中放置 1 500 h 进行状态调节。

6.1.8.4 试验

按 GB/T 6111 试验,试验条件按表 3 中规定进行,试样内外的介质均为水(水—水类型),采用 A 型接头。

6.1.9 耐候性

6.1.9.1 试样

采用 d_n32 mm,SDR 11 及 d_n110 mm,SDR 11,长为 1 m 的管材试样。

6.1.9.2 曝露的方位和场地

曝露架和试样的夹具应使用不影响试验结果的惰性材料制造。已知合适的材料有木材、不生锈的铝合金、不锈钢或陶瓷。黄铜、钢或紫铜不应在靠近试样的地方使用。试验场地应装有记录接受太阳辐射能量和环境温度的仪器。

曝露架支撑管材试样后,管材试样的曝露面倾斜成纬度角。一般来说,曝露场地应开阔,远离树木和建筑物。对于在北半球、面向南曝晒,包括支架本身在内,障碍物在东、南或西方向上的仰角不应大于20°,在北方向上的仰角不应大于 45°;对于在南半球面向北曝晒,应采用相应的规定。

注:地面上的点与地心的连线与赤道面之间的夹角叫该点的纬度角。

6.1.9.3 试验步骤

标识管材样品曝露面。按 GB/T 3681—2011 中方法 A 规定曝晒。接受总能量至少为 3.5 GJ/m^2 的曝晒后,取下试样并试验:

a) 采用 d_n32 mm,SDR 11 的管材试样进行静液压试验和断裂伸长率试验,静液压强度按 GB/T 6111试验;断裂伸长率按 GB/T 8804.3—2003 试验。

b) 采用 d_n110 mm,SDR 11 的管材试样进行电熔接头剥离强度试验,电熔接头的剥离强度按表 13进行状态调节,并按 GB/T 19808 试验。

表 13 试样状态调节时间

公称壁厚 e_n /mm	最小状态调节时间 /h
$e_n<8$	3

表 13（续）

公称壁厚 e_n /mm	最小状态调节时间 /h
$8 \leqslant e_n < 16$	6
$16 \leqslant e_n < 32$	10
$32 \leqslant e_n$	16

6.1.10 耐快速裂纹扩展(S4 试验)

按 GB/T 19280 试验。

注：若 S4 试验不能达到要求，采用全尺寸试验时，参见 ISO 13478。

6.1.11 耐慢速裂纹增长(切口试验)

按 GB/T 18476 试验。在进行 500 h 静液压试验前，按表 13 将试样浸没在 80 ℃水中进行状态调节。

6.1.12 聚乙烯(PE)混配料的熔接兼容性

6.1.12.1 试样

按 4.6 规定，将混配料加工成的管材(d_n 110 mm，SDR 11)，在环境温度(23±2)℃条件下，按 GB/T 19809(即 ISO 11414)规定的参数，将两段管材制备成对接熔接接头。

6.1.12.2 试验

按 GB/T 19810 试验。

6.2 管材的试验方法

6.2.1 试样状态调节和试验的标准环境

除非另有规定，应在管材生产至少 24 h 后取样，按 GB/T 2918 规定，将试样在温度为(23±2)℃下状态调节至少 4 h 后进行试验。

6.2.2 外观和颜色

目测。

6.2.3 尺寸

6.2.3.1 长度、平均外径、不圆度、壁厚

按 GB/T 8806 的规定测量。盘管应在距端口 $1.0d_n \sim 1.5d_n$ 范围内进行平均外径和壁厚测量。

注：如果尺寸的测量结果与不同时间有一个明确的修正关系，允许在较短的时间内进行测量。

6.2.4 静液压强度

按 GB/T 6111 试验。试验条件按表 8 中规定进行，试样内外的介质均为水(水—水类型)，采用 A 型接头。

6.2.5 断裂伸长率

按 GB/T 8804.1—2003 制样。按 GB/T 8804.3—2003 试验。当公称壁厚 e_n>12 mm 的管材进行试验时,如有争议,以类型 1 试样的试验结果为最终判定依据。

6.2.6 耐慢速裂纹增长

锥体试验按 GB/T 19279 试验。

切口试验按 GB/T 18476 试验。在进行 500 h 静液压试验前,按表 13 将试样浸没在 80 ℃水中进行状态调节。

6.2.7 耐快速裂纹扩展(S4 试验)

按 GB/T 19280 试验。

注:若 S4 试验不能达到要求,采用全尺寸试验时,参见 ISO 13478。

6.2.8 氧化诱导时间(热稳定性)

按 GB/T 19466.6 试验。制样时,应分别从管材内、外表面切取试样,然后将原始表面朝上进行试验。试样数量为 3 个,试验结果取最小值。

注:如果与 200 ℃的试验结果有一个明确的修正关系,可以在 210 ℃或 220 ℃进行试验;如有争议,以试验温度为 200 ℃测试结果为最终判定依据。

6.2.9 熔体质量流动速率

按 GB/T 3682—2000 中的 A 法测定,试验在温度 190 ℃,负荷 5 kg 的条件下进行,试样从管材样品上切取。试验时,根据熔体质量流动速率的标称值,将 3 g~6 g 样品装入料筒,装样量见表 12,装料后预热时间 5 min,截样时间间隔见表 12。

6.2.10 纵向回缩率

按 GB/T 6671—2001 中的方法 B 进行试验。试样应按表 13 进行状态调节。

6.2.11 压缩复原

按附录 F 进行压缩复原试验。

6.3 系统适用性的试验方法

6.3.1 熔接对接接头试样

按表 14 取样,试样在(23±2) ℃和极限条件下分别按表 13 的规定进行状态调节后,按 GB/T 19809(即 ISO 11414)规定的参数制备对接熔接接头。

表 14 对接熔接接头取样方案

管材	PE 80	PE 100
PE 80	√	—[a]
PE 100	—[a]	√

[a] 仅当买方要求时进行。不同等级管材一般不宜采用热熔对接连接。

6.3.2 静液压试验

按 GB/T 6111 试验。试验条件按表 11 中规定进行,试样内外的介质均为水(水—水类型),采用 A 型接头。

6.3.3 拉伸试验

按 GB/T 19810 试验,试验参数见表 11。

7 检验规则

7.1 检验分类

检验分为定型检验、出厂检验和型式检验。

7.2 检验项目

定型检验项目为第 5 章中规定的全部技术内容。

出厂检验项目至少应包括第 5 章中的 5.1、5.2,表 8 中的静液压强度(80 ℃,165 h)和断裂伸长率、表 10 中的氧化诱导时间(热稳定性)和熔体质量流动速率。

型式检验项目为 5.1、5.2、5.3[除表 8 中的静液压强度(80 ℃,165 h)和耐快速裂纹扩展以外]、5.4 中规定的技术要求。

7.3 组批和分组

7.3.1 组批

同一混配料、同一设备和工艺且连续生产的同一规格管材作为一批,每批数量不超过 200 t。生产期 10 天尚不足 200 t,则以 10 天产量为一批。

产品以批为单位进行检验和验收。

7.3.2 分组

应按表 15 对管材尺寸进行分组。

表 15 管材的尺寸分组

单位为毫米

尺寸组	1	2	3
公称外径 d_n	d_n<75 mm	75 mm≤d_n<250 mm	250 mm≤d_n≤630 mm

7.4 定型检验

同一设备制造厂的同类型设备首次投产或原材料发生变动时,按表 15 规定选取每一尺寸组中任一规格的管材进行定型检验。对于耐快速裂纹扩展,选取生产厂的最大公称外径和最大壁厚的管材进行试验。

7.5 出厂检验

7.5.1 管材需经生产厂质量检验部门检验合格,并附有合格证,方可出厂。

7.5.2 第 5 章外观和尺寸检验按 GB/T 2828.1 规定采用正常检验一次抽样方案,取一般检验水平Ⅰ,

接收质量限(AQL)2.5,见表16。

表16 接收质量限(AQL)为2.5的抽样方案

批量 N	样本量 n	接收数 A_c	拒收数 R_e
≤150	8	0	1
151～280	13	1	2
281～500	20	1	2
501～1 200	32	2	3
1 201～3 200	50	3	4
3 201～10 000	80	5	6

7.5.3 在颜色、外观和尺寸检验合格的产品中抽取试样,进行静液压强度(80 ℃,165 h)、断裂伸长率、氧化诱导时间(热稳定性)和熔体质量流动速率试验。其中静液压强度(80 ℃,165 h)的试样数量为1个;氧化诱导时间(热稳定性)的试样从内表面取样,试样数量为1个。

7.6 型式检验

7.6.1 型式检验项目

按表15的尺寸分组,在每个尺寸组选取任一规格进行试验,并按7.5规定对外观、尺寸进行检验。在检验合格的样品中抽取试样,进行5.3[除表8中的静液压强度(80 ℃,165 h)和耐快速裂纹扩展以外]和5.4中的性能检验。

注:在进行型式试验时,静液压强度试验可以和压缩复原试验合并进行,即先压缩复原试验后再进行(20 ℃,100 h)静液压强度试验和(80 ℃,1 000 h)静液压强度试验。

7.6.2 检验

一般每两年进行一次。若有以下情况之一,应进行型式试验:

a) 新产品或老产品转厂生产的试制定型鉴定;
b) 结构、材料、工艺有较大变动可能影响产品性能时;
c) 产品停产半年以上恢复生产时;
d) 出厂检验结果与上次型式检验结果有较大差异时。

7.7 判定规则

第5章中的颜色、外观和尺寸按表16判定,其他指标有任一项不符合要求时,则从原批次中进行双倍取样对该项目进行复验。如复检仍不合格,则判该批产品不合格。

8 标志

8.1 标志内容应打印或直接成型在管材上,标志不应引发管材破裂或其他形式的失效;并且在正常的贮存、气候老化、加工及合理的安装、使用后,在管材的整个寿命周期内,标记字迹应保持清晰可辨。

8.2 若采用打印标志,颜色应区别于管材的颜色。

8.3 标志大小在目视情况下应清晰可辨。

8.4 标志应至少包括表17所列内容。

8.5 盘管的长度可在盘卷上标识。

8.6　打印间距不应超过 1 m。

表 17　至少包括的标志内容

内容	标志或符号
制造商和商标	名称和符号
内部流体	“燃气”或“GAS”字样
公称外径×壁厚	$d_n \times e_n$
标准尺寸比	SDR
材料	PE 80 或 PE 100
混配料牌号	
生产批号	
回用料(如有使用)	R
生产时间,年份和地点(提供可追溯性)	生产时间; 如果制造商在不同地点生产,应标明生产地点的名称或代码
本部分号	GB 15558.1

示例:

制造商	用途	$d_n \times e_n$	SDR	材料和命名	混配料牌号	生产批号	生产时间	地点	标准号
AA	GAS	110×10.0	SDR 11	PE 80	BB	CC	DDDD-EE-FF	GG	GB 15558.1

9　包装、运输、贮存

9.1　包装

按供需双方商定要求进行,在外包装、标签或标志上应写明厂名、厂址。

9.2　运输

管材运输时,不得受到划伤、抛摔、剧烈的撞击、暴晒、雨淋、油污和化学品的污染。

9.3　贮存

管材应贮存在远离热源及化学品污染地、地面平整、通风良好的库房内;如室外堆放应有遮盖物。管材应水平整齐堆放。

附 录 A
（资料性附录）
本部分与 ISO 4437-1:2014 和 ISO 4437-2:2014 相比的结构变化情况

本部分与 ISO 4437-1:2014、ISO 4437-2:2014 相比在结构上有较多调整，具体章条编号对照情况见表 A.1。

表 A.1 本部分与 ISO 4437-1:2014 和 ISO 4437-2:2014 的章条编号对照情况

本部分章条编号	ISO 4437-1:2014	ISO 4437-2:2014
1～2	—	1～2
3.1	3.1.2	—
3.2	3.1.4	—
3.3～3.4	3.1.5～3.1.6	—
3.5	3.1.3	—
3.6～3.10	3.1.7～3.1.11	—
3.11～3.12	3.1.14～3.1.15	—
3.13～3.16	3.3.1～3.3.4	—
3.17～3.18	3.4.1～3.4.2	—
3.19	3.2.3	—
4.1	—	4.1～4.2
4.2	6.2.2	—
4.3～4.4	6.4～6.5	—
4.5	6.2.3	—
4.6	6.3	—
4.7	6.6	—
4.8	—	4.3
5.1.1～5.2.2	—	5.1～6.2,6.5～6.6
5.2.3	—	6.3
5.3～5.4	—	7～8
—	—	9
5.5	—	—
6～7	—	—
8	—	10
9	—	—

表 A.1（续）

本部分章条编号	ISO 4437-1:2014	ISO 4437-2:2014
附录 A、附录 B、附录 C	—	—
附录 D	—	—
—	—	附录 A
附录 E	—	附录 B
附录 F	—	附录 C

附 录 B
（资料性附录）
本部分与 ISO 4437-1:2014 和 ISO 4437-2:2014 的技术性差异及其原因

表 B.1 给出了本部分与 ISO 4437-1:2014 和 ISO 4437-2:2014 的技术性差异及其原因。

表 B.1 本部分与 ISO 4437-1:2014 和 ISO 4437-2:2014 的技术性差异及其原因

本部分章条编号	技术性差异	原因
1	增加了材料为 PE 80 和 PE 100 及管材的公称外径的规定。 删去“管材外部包括相同 MRS 级别共挤出黑色或颜料层的聚乙烯(PE)管材”。 增加了输送人工煤气和液化石油气的规定	考虑到我国产品标准的编排要求，使说明更明确。 无明确性能要求，现无此类产品，以适合我国国情。 以适合我国国情
2	关于规范性引用文件，本部分做了具有技术性差异的调整，调整的情况集中反映在第 2 章“规范性引用文件”中，具体调整如下： ——引用了采用国际标准的我国标准； ——增加了 GB/T 321、GB/T 2828.1、GB/T 2918、GB/T 3681—2011、GB/T 4217、GB/T 19278—2003等引用标准； ——删去了 ISO 4437-1:2014 规范性引用文件中的 ISO 472、ISO 1043-1、ISO 13478、EN 12099； ——删去了 ISO 4437-2:2014 规范性引用文件中的 ISO 11922-1: 1997、ISO 13478、ISO 13968、EN 12106	以适合我国国情。 强调与 GB/T 1.1 的一致性，以适合我国国情
3	删去 ISO 4437-1:2014 中术语和定义 3.1.1、3.1.12、3.1.16、3.2.2、3.3.5、3.4.3 和 3.5。 删去了符号和缩略语	引用术语标准 GB/T 19278—2003 中已包含此部分内容，本部分中不再重复
4.6.1	删去了“对于 0.15 g/10 min≤MFR≤0.2 g/10 min的混配料，应证实大口径壁厚管材的熔接兼容性，若使用电熔连接，应进行适宜的试验证实这些管材的熔接性能”要求	重复要求，见表 2 注。以适合我国国情
4.8	改为“允许少量使用来自本厂的同一牌号的生产同种产品的清洁回用料，所生产的管材应符合本部分的要求。不应使用外部回收料、回用料”	要求更为严格，表述更为具体明确。以适合我国国情
5.1	增加色条料要求	以适应我国国情
5.2.1	增加第一段要求	明确长度要求，以适合我国国情
5.2.2	增加第三段要求	参考 ASTM D 2513—09a，以适合我国国情
5.2.3	只保留 SDR 11、SDR 17、SDR 21、SDR 26 系列	常用系列，适合我国国情

表 B.1（续）

本部分章条编号	技术性差异	原因
5.2.3.1	增加了小口径管材的最小壁厚不得小于3 mm。 增加了脚注：SDR 21 和 SDR 26 常用于非开挖燃气管道系统	保证系统连接可靠性及安全性。 以符合我国国情
—	删去了 d_n≥250 mm 管材的径向回缩要求	工艺过程控制要求，检验不具有可操作性，5.2.2中已增加要求，适合我国国情
5.3	增加了“压缩复原”要求，为规范性要求	明确要求，以适合我国国情
5.5	增加了对接熔接接头的系统适用性	明确要求，以适合我国国情
6	增加了“试验方法”一章	具有可操作性，符合我国产品标准的编写规定
7	增加了“检验规则”一章	以符合我国产品标准的编写规定
8.4	改为：“制造商和商标”； 修改了管材公称外径、壁厚及 SDR 表示方法； 增加了标志：“混配料牌号”、“生产批号”以及“回用料(如有使用)”	以适合我国国情
9	增加了“包装、运输、贮存”一章	符合我国产品标准的编写规定
附录 C	增加了“工作温度下的压力折减系数”	采用 ISO 4437-5 中的附录内容，便于使用
附录 D	增加了“高耐慢速裂纹增长性能 PE 100 混配料和管材”	适应国内外最新材料的发展和应用，具备前瞻性，以适合我国国情
附录 F	按照欧洲标准 EN 12106 编写	更明确，更具有操作性

附　录　C
(资料性附录)
工作温度下的压力折减系数

考虑工作温度的影响，折减系数(D_F)是用于计算最大工作压力(MOP)的系数。

表 C.1 给出了不同工作温度下的压力折减系数。

表 C.1　PE 80 和 PE 100 的压力折减系数

工作温度/℃	系数 D_F
20	1.0
30	1.1
40	1.3
注：在区间内的其他温度，允许使用插值法计算系数(参见 ISO 13761)。	

在给定操作温度下的 MOP 的计算公式如式(C.1)，单位为 MPa：

$$MOP=\frac{2\times MRS}{(SDR-1)\times C\times D_F} \qquad \text{(C.1)}$$

设计系数 C 应不小于 2。

注：工作温度为考虑了内外环境的管材的年度平均温度。

附 录 D
（资料性附录）
高耐慢速裂纹增长性能 PE 100 混配料和管材

D.1 总则

在一些特殊敷设环境(如无沙床回填)或非开挖施工等领域,可能需要采用具有高耐慢速裂纹增长性能的 PE 100 混配料,混配料性能见第 4 章及表 D.1,管材性能见第 5 章及表 D.2。

D.2 高耐慢速裂纹增长性能 PE 100 混配料的额外性能见表 D.1。

表 D.1 高耐慢速裂纹增长性能 PE 100 混配料

序号	性能	要求	试验参数	试验方法
1	耐慢速裂纹增长 (管材切口试验) (SDR 11,e_n>5 mm)	≥8 760 h	80 ℃,0.92 MPa(试验压力)	GB/T 18476
2	耐慢速裂纹增长 (全切口蠕变试验)(FNCT)	≥8 760 h	80 ℃,4.0 MPa,2% 的 表面活性剂	ISO 16770

注 1:除表中两项性能外,还有耐慢速裂纹增长(点载荷)、热老化性能等表征方法,其要求及试验方法等可参见 DIN/PAS 1075,在客户和制造商协商一致的情况下,亦可采用其他试验方法。

注 2:2% 的表面活性剂即一种表面活性溶液,如:2% Arkopal N-100 溶液或 2%TX-10 溶液。采用对壬基苯基聚氧乙烯醚中性溶剂,(别名:对壬基酚聚氧乙烯醚),分子式如下:$C_9H_{19}-$ ⌬ $-O-(CH_2-CH_2-O)_n-H$,n 可取 10 或 11。用上述表面活性剂配制浓度为 2 %(质量分数)的去离子水溶液,称为 2% TX-10溶液。此溶液在 80 ℃条件下随时间老化,因此使用不超过 100 天。

D.3 高耐慢速裂纹增长性能 PE 100 管材的额外力学性能见表 D.2。

表 D.2 高耐慢速裂纹增长性能 PE 100 管材

序号	性能	要求	试验参数	试验方法
1	耐慢速裂纹增长 (管材切口试验) (SDR 11,e_n>5 mm)	≥8 760 h	80 ℃,0.92 MPa (试验压力)	GB/T 18476
2	耐慢速裂纹增长 (锥体试验)(e_n≤5 mm)	≤1 mm/48 h	80 ℃	GB/T 19279
3	耐慢速裂纹增长 双切口蠕变试验(2 NCT)[a,b]	>3 300 h	80 ℃,4.0 MPa,2% 的 表面活性剂	ISO 16770

[a] 双切口在管材径向对称的管壁上切取。

[b] 加速试验(ACT)可代替双切口蠕变试验(2 NCT),试验要求为大于 160 h。具体参见 DIN/PAS 1075。

附 录 E
(规范性附录)
带可剥离层的管材

E.1 总则

本附录规定了燃气输送用外壁包覆可剥离热塑性防护层("覆层")的管材的几何尺寸、力学性能和物理性能以及标志要求。

用于制造本体管材产品的聚乙烯(PE)混配料应符合第4章要求。

外部包覆的可剥离防护层应采用热塑性材料制造,可剥离层不应影响管材符合本部分的要求,反之亦然。

E.2 几何尺寸

去除覆层后的管材的几何尺寸应符合5.2的要求。

E.3 力学性能

去除覆层后的管材的力学性能应符合5.3要求。

当使用带覆层的管材进行测试,按表3气候老化进行评价,应符合5.3要求,选择的测试条件应确保管材承受规定的试验应力。

E.4 物理性能

去除覆层后的管材的物理性能应符合5.4要求。

E.5 覆层可剥离性

覆层应在贮存和安装前不易分开。在准备对接熔接或电熔连接前,应可以使用简单工具手动去除覆层。

E.6 标志

标志应位于覆层上并应符合第8章要求。

另外,覆层应具有的标志在应用上与非覆层管材有明显区别,如采用识别条标识。

覆层上也应带有警示标志,提示在电熔连接、对接熔接以及机械连接前应去除覆层。

附 录 F
（规范性附录）
压缩复原试验方法

F.1 总则

如果使用压缩复原技术对聚乙烯管道系统进行维护和修复作业，管材制造商应保证压缩复原后的管材仍满足静液压强度的要求。

F.2 试验方法

F.2.1 试验原理

在0 ℃条件下，通过两个平行的圆杆对试样进行压缩，压缩点到试样的两末端的距离应相等，并且两平行的杆应与管材的轴线垂直。保持一定时间后立即释放，然后对管材进行静液压强度试验。

F.2.2 试验设备

F.2.2.1 压缩设备

包含一个固定杆和一个可移动杆的压力加载装置，采用框架设计，用于承受压缩操作产生的应力。

每根杆应为环形截面并具有足够的刚度以确保杆在压缩复原过程能均匀分离，且具有相同直径并应不小于表F.1中给出的最小值。

移动杆可采用液压或机械操作方法进行加压，以达到表F.1规定的压缩水平(L)。

表F.1 压缩水平

公称外径 d_n /mm	杆的最小直径 /mm	压缩水平 L /%[a]
$d_n<75$	25.0	80
$75\leqslant d_n<250$	38.0	80
$250\leqslant d_n\leqslant 630$	50.0	90

[a] 压缩水平 L，即为两杆之间的距离与2倍最小壁厚之间的百分比。

F.2.2.2 温度调控设备

能够达到并维持试样温度（压缩前）在(0±1.5)℃范围内。

F.2.3 试样

F.2.3.1 试样长度

试样自由长度应不小于管材公称外径的6倍，最小不得小于250 mm。

F.2.3.2 试样数

试样数为3个。

F.2.4 试验步骤

F.2.4.1 计算保证压扁需要的间距

按式(F.1)计算压扁需要的间距 l_q：

$$l_q = 2L \times e_{min} \quad \cdots\cdots(F.1)$$

式中：

e_{min}——管材的最小壁厚,单位为毫米(mm)；

L ——表F.1给定的压缩水平。

F.2.4.2 状态调节

将试样放置在0 ℃环境中,按表13进行状态调节。

F.2.4.3 压扁试样

在表F.2规定的时间内将试样从0 ℃环境中取出并安装在试验设备上。用压缩设备以25 mm/min～50 mm/min的速率将试样压至间距 l_q,环境温度应在0 ℃～25 ℃之间。

表F.2 最大安装时间

d_n /mm	最大安装时间 /s
$d_n \leqslant 110$	90
$110 < d_n \leqslant 250$	180
$250 < d_n$	300

F.2.4.4 保持时间

保持压扁状态保持(60±5)min后,在1 min内完全释放管材。

F.2.4.5 试验

按本部分表8给出的参数和试验方法进行(20 ℃,100 h)静液压强度测试和(80 ℃,1 000 h)静液压强度测试。

参 考 文 献

[1] ISO 16770 塑料 聚乙烯环境应力开裂(ESC)的测定 全缺口蠕变试验

[2] CJJ 63 聚乙烯燃气管道施工技术规程

[3] ISO 13478 Thermoplastics pipes for the conveyance of fluids-Determination of resistance to rapid crack propagation (RCP)-Full-scale test (FST)

[4] ISO 13761 Plastics pipes and fittings-Pressure reduction factors for polyethylene pipeline systems for use at temperatures above 20 ℃

[5] ISO 16871 Plastics piping and ducting systems-Plastics pipes and fittings-Method for exposure to direct (natural) weathering

[6] ISO/TS 10839 Polyethylene pipes and fittings for supply of gaseous fuels-Code of practice for design, handling and installation

[7] EN 12099 Plastics piping systems-Polyethylene piping materials and components-Determination of volatile content

[8] EN 12106 Plastics piping systems-Polyethylene (PE) pipes-Test method for the resistance to internal pressure after application of squeeze-off

[9] DIN/PAS 1075 Pipes made from Polyethylene for alternative installation techniques-Dimensions, technical requirements and testing

[10] CEN/TS 1555-7 Plastics piping systems for the supply of gaseous fuels- Polyethylene (PE)—Part7:Guidance for the assessment of conformity

ICS 83.140.30
G 33

中华人民共和国国家标准

GB 15558.2—2005
代替 GB 15558.2—1995

燃气用埋地聚乙烯(PE)管道系统 第2部分:管件

Buried polyethylene (PE) piping systems for the supply of gaseous fuels—Part 2:Fittings

(ISO 8085-2:2001, Polyethylene fittings for use with polyethylene pipes for the supply of gaseous fuels — Metric series — Specifications—Part 2:Spigot fittings for butt fusion, for socket fusion using heated tools and for use with electrofusion fittings;ISO 8085-3:2001, Polyethylene fittings for use with polyethylene pipes for the supply of gaseous fuels — Metric series — Specifications—Part 3: Electrofusion fittings, MOD)

根据国家标准委 2017 年第 7 号公告转为推荐性标准

2005-05-17 发布　　　　2005-12-01 实施

中华人民共和国国家质量监督检验检疫总局
中国国家标准化管理委员会　发布

前　言

GB 15558《燃气用埋地聚乙烯(PE)管道系统》分为三个部分：

—— GB 15558.1—2003《燃气用埋地聚乙烯(PE)管道系统　第1部分：管材》；

—— GB 15558.2—2005《燃气用埋地聚乙烯(PE)管道系统　第2部分：管件》；

—— GB 15558.3《燃气用埋地聚乙烯(PE)管道系统　第3部分：阀门》(该部分正在制定中)。

本部分为 GB 15558 的第2部分。

本部分 5.2、5.5、8.2 和第9章为强制性的，其余为推荐性的。

本部分修改采用 ISO 8085-2:2001《与燃气用聚乙烯管材配套使用的聚乙烯管件——公制系列——规范——第2部分：用于热熔对接、使用加热工具承插熔接及电熔管件连接的插口管件》(英文版)，包括其修正案(ISO 8085-2-Amd 1:2001)；以及 ISO 8085-3:2001《与燃气用聚乙烯管材配套使用的聚乙烯管件——公制系列——规范——第3部分：电熔管件》(英文版)。

本部分根据 ISO 8085-2:2001 和 ISO 8085-3:2001 重新起草。在附录 A 中列出了本部分章条编号与 ISO 8085-2:2001 和 ISO 8085-3:2001 两部分章条编号的对照一览表。

考虑到我国国情，在采用 ISO 8085-2:2001 和 ISO 8085-3:2001 时，本部分做了一些编辑性修改。有关技术性差异已编入正文中并在它们所涉及的条款的页边空白处用垂直单线标识，在附录 B 中给出了这些技术性差异及其原因的一览表以供参考。

GB 15558 的本部分自实施之日起，原 GB 15558.2—1995《燃气用埋地聚乙烯管件》同时废止。

GB 15558 的本部分与 GB 15558.2—1995 相比，从结构和管件尺寸范围以及技术要求都有了很大变化，主要变化如下：

—— 增加了定义一章(见第3章)；

—— 增加了符号一章(见第4章)；

—— 材料的要求按照 GB 15558.1—2003 的规定(见第5章)；

—— 增加了对管件的一般要求(见第6章)；

—— 对产品的分类与 GB 15558.2—1995 不同(见第1章)；删除了热熔承插连接方式及有关内容(见1995年版的6.6)；

—— 管件规格尺寸从 250 mm 扩大到了 630 mm；管件的尺寸要求按照国际标准的规定(见7.2)；

—— 增加了对电熔管件壁厚的要求(见7.3)；

—— 管件的力学性能中增加了插口管件对接熔接拉伸强度，电熔承口管件的熔接强度，电熔鞍形管件的冲击性能和压力降的测试(见第8章)；

—— 删除了管件性能要求中的加热伸缩的要求(1995年版的5.4表2)；

—— 管件的物理性能中增加了熔体质量流动速率的性能要求(见第9章)；

—— 增加了技术文件一章(见第12章)；

—— 增加了标志一章，对标志内容及熔接系统识别做了规定(见第13章)；

—— 删除了附录“组合件试验系统示意图”(1995年版的附录A)；

—— 删除了附录“燃气用埋地聚乙烯管件的形状和尺寸”(1995年版的附录B)；

—— 增加了资料性附录“本部分章条编号与 ISO 8085-2:2001 和 ISO 8085-3:2001 章条编号对照”(见附录A)；

—— 增加了资料性附录“本部分与 ISO 8085-2:2001 和 ISO 8085-3:2001 技术性差异及其原因”(见附录B)；

—— 增加了资料性附录“电熔管件典型接线端示例”(见附录 C);

—— 增加了规范性附录“气体流量-压力降关系的测定”(见附录 D)。

本部分的附录 D 为规范性附录,附录 A、附录 B、附录 C 为资料性附录。

请注意本部分的某些内容有可能涉及专利。本部分的发布机构不应承担识别这些专利的责任。

本部分由中国轻工业联合会提出。

本部分由全国塑料制品标准化技术委员会塑料管材、管件及阀门分技术委员会(TC48/SC3)归口。

本部分由亚大塑料制品有限公司负责起草,港华辉信工程塑料(中山)有限公司、宁波宇华电器有限公司、浙江中财管道科技股份有限公司参加起草。

本部分主要起草人:马洲、王志伟、何健文、孙兆儿、丁良玉。

本部分所代替标准的历次版本发布情况为:

—— GB 15558.2—1995。

燃气用埋地聚乙烯(PE)管道系统 第2部分:管件

1 范围

GB 15558的本部分规定了燃气用埋地聚乙烯管件(以下简称“管件”)的定义、符号、材料、一般要求、几何尺寸、力学性能、物理性能、试验方法、检验规则、技术文件、标志和标签,以及包装、运输、贮存。

本部分适用于PE 80和PE 100材料制造的燃气用埋地聚乙烯管件。

本部分规定的管件与GB 15558.1—2003《燃气用埋地聚乙烯(PE)管道系统　第1部分:管材》规定的管材配套使用。

本部分适用于下列连接方式的管件:

——热熔对接及电熔连接的插口管件;

——电熔管件:

a) 电熔承口管件;

b) 电熔鞍形管件。

注:管件可以是套筒、等径或变径三通、变径、弯头或端帽等。

本部分不适用于利用加热工具的热熔承插连接的管件。

在输送人工煤气和液化石油气时,应考虑燃气中存在的其他组分(如芳香烃、冷凝液等)在一定浓度下对管件性能产生的不利影响。

2 规范性引用文件

下列文件中的条款通过GB 15558的本部分的引用而成为本部分的条款。凡是注日期的引用文件,其随后所有的修改单(不包括勘误的内容)或修订版均不适用于本部分,然而,鼓励根据本部分达成协议的各方研究是否可使用这些文件的最新版本。凡是不注日期的引用文件,其最新版本适用于本部分。

GB/T 2828.1—2003　计数抽样检验程序　第1部分:按接收质量限(AQL)检索的逐批检验抽样计划(ISO 2859-1:1999,IDT)

GB/T 2918—1998　塑料试样状态调节和试验的标准环境(idt ISO 291:1997)

GB/T 3682—2000　热塑性塑料熔体质量流动速率和熔体体积流动速率的测定(idt ISO 1133:1997)

GB/T 6111—2003　流体输送用热塑性塑料管材　耐内压试验方法(ISO 1167:1996,IDT)

GB/T 8806　塑料管材尺寸测量方法(GB/T 8806—1988,eqv ISO 3126:1974)

GB 15558.1—2003　燃气用埋地聚乙烯(PE)管道系统　第1部分:管材(ISO 4437:1997,MOD)

GB/T 17391—1998　聚乙烯管材与管件热稳定性试验方法(eqv ISO/TR 10837:1991)

GB/T 18252—2000　塑料管道系统　用外推法对热塑性塑料管材长期静液压强度的测定

GB/T 18475—2001　热塑性塑料压力管材和管件用材料分级和命名　总体使用(设计)系数(eqv ISO 12162:1995)

GB/T 19278—2003　热塑性塑料管材、管件及阀门　通用术语及其定义

GB/T 19810　聚乙烯(PE)管材和管件　热熔对接接头拉伸强度和破坏形式的测定(GB/T 19810—2005,ISO 13953:2001,IDT)

GB/T 19808　塑料管材和管件　公称外径大于或等于90 mm的聚乙烯电熔组件的拉伸剥离试验(GB/T 19808—2005,ISO 13954:1997,IDT)

GB/T 19809　塑料管材和管件　聚乙烯(PE)管材/管材或管材/管件热熔对接组件的制备(GB/T 19809—2005,ISO 11414:1996,IDT)

GB/T 19806　塑料管材和管件　聚乙烯电熔组件的挤压剥离试验(GB/T 19806—2005,ISO 13955:1997,IDT)

GB/T 19712—2005　塑料管材和管件　聚乙烯(PE)鞍形旁通　抗冲击试验方法(ISO 13957:1997,IDT)

HG/T 3092—1997　燃气输送管及配件用密封圈橡胶材料(idt ISO 6447:1983)

3　定义

GB 15558.1—2003 及 GB/T 19278—2003 与下面的定义、符号和缩略语适用于 GB 15558 的本部分。

3.1　几何定义

3.1.1

管件的公称直径(d_n)　nominal diameter of a fitting

与管件配套使用的管材系列的公称外径。

3.1.2

管件的公称壁厚(e_n)　nominal wall thickness of a fitting

与管件配套使用的管材系列的公称壁厚。

3.1.3

平均内径　mean inside diameter

在同一径向截面上以相互垂直的角度测量的至少两个内径的算术平均值。

3.1.4

承口的不圆度　out-of-roundness of a socket

在平行于承口口部平面的同一平面内,测得的承口最大内径减去承口最小内径得到的值。

3.1.5

承口最大不圆度　maximum out-of-roundness of a socket

在从承口口部平面到距承口口部距离为 L_1(设计插入段长度)的平面之间,承口不圆度的最大值。

3.1.6

管件的标准尺寸比(SDR)　standard dimension ratio of a fitting

管件公称直径(d_n)与公称壁厚(e_n)的比。

$$SDR = \frac{d_n}{e_n} \quad \cdots\cdots(1)$$

3.1.7

管件的壁厚(E)　wall thickness of a fitting

承受由管道系统中燃气压力引起的全应力的管件主体的任一点壁厚。

3.2　插口管件有关定义

3.2.1

插口管件　spigot end fitting

插口端的连接外径等于相应配用管材的公称外径 d_n 的聚乙烯(PE)管件。

3.2.2

管件管状部分的平均外径　mean outside diameter of tubular part of a fitting

管件管状部分任一横截面外周长测量值除以 π 并向上圆整到最近的 0.1 mm。

3.2.3

管件管状部分的不圆度　out-of-roundness of the tubular part of a fitting

在平行于插口端面并且距离该端面距离不超过 L_2(管状部分长度)的同一平面内,所测最大外径与最小外径的差值。

3.3 电熔管件设计的特殊定义

3.3.1

电熔承口管件 electrofusion socket fitting

具有一个或多个组合加热元件，能够将电能转换为热能从而与管材或管件插口端熔接的聚乙烯(PE)管件。

3.3.2

电熔鞍形管件 electrofusion saddle fitting

具有鞍形几何特征及一个或多个组合加热元件，能够将电能转换为热能从而在管材外侧壁上实现熔接的聚乙烯(PE)管件。

3.3.2.1

鞍形旁通 tapping tee

具有辅助开孔分支端及一个可以切透主管材壁的组合切刀的电熔鞍形管件。在安装后切刀仍留在鞍形体内。常用于带压作业。

3.3.2.2

鞍形直通 branch saddle

不具备辅助开孔分支端，通常需要辅助切削工具在连接的主管材上钻孔的电熔鞍形管件。

3.3.3

U-调节(电压调节) U-regulation

在电熔管件熔接过程中，通过电压参数控制能量供给的方式。

3.3.4

I-调节(电流调节) I-regulation

在电熔管件熔接过程中，通过电流参数控制能量供给的方式。

4 符号

4.1 插口管件的尺寸和符号

本部分管件插口端的尺寸和符号见图1：

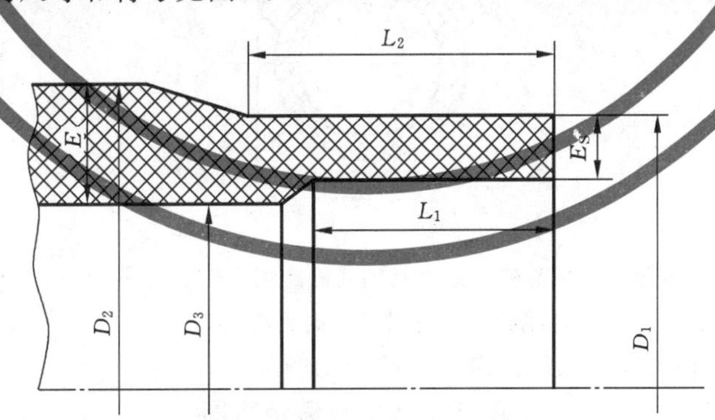

图中：

D_1——熔接段的平均外径，在距离插口端面不大于 L_2、平行于该端口平面的任一截面处测量；

D_2——管件主体的平均外径；

D_3——最小通径，即管件主体最小通流内径，不包括熔接形成的卷边；

E——任一点测量的管件主体壁厚；

E_S——熔接段的壁厚，在距口部端面距离不超过 L_1(回切长度)的任一断面测量；

L_1——熔接段的回切长度，即用于热熔对接或电熔连接所必需的初始深度；

L_2——熔接段管状部分的长度。

图1 管件插口端示意图

4.2 电熔管件的尺寸和符号

4.2.1 电熔承口管件的符号

本部分电熔管件承口端的尺寸和主要符号见图 2：

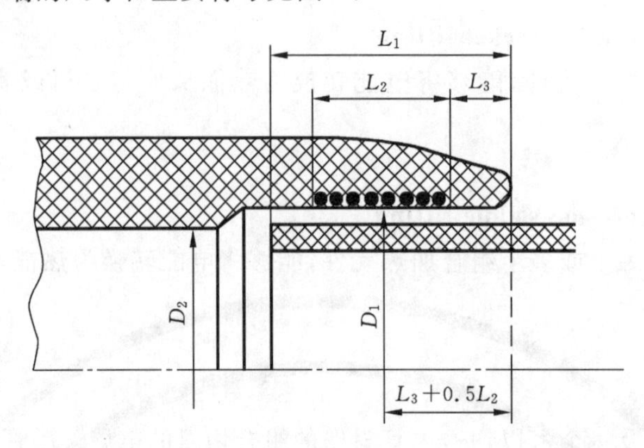

图中：

D_1——距离口部端面 $L_3+0.5L_2$ 处测量的熔融区的平均内径；

D_2——最小通径，即管件主体最小通流内径；

L_1——管材的插入长度或插口管件插入段的长度；

L_2——承口内部的熔区长度，即熔融区的标称长度；

L_3——管件承口口部非加热长度，即管件口部与熔接区域开始处之间的距离。

图 2 管件承口端示意图

4.2.2 电熔鞍形旁通的符号

鞍形旁通使用的主要符号见图 3：

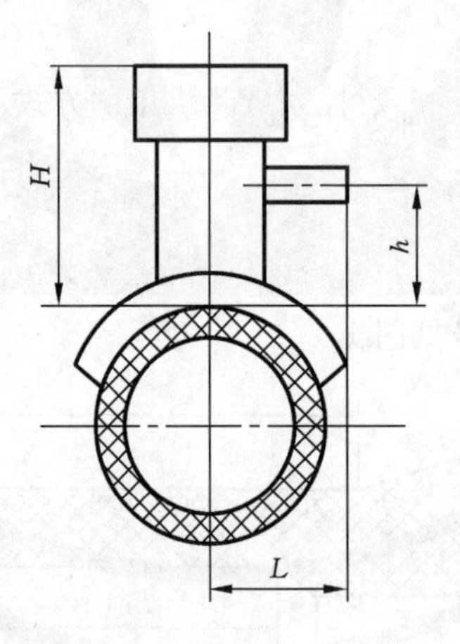

图中：

h——出口管材的高度，即主体管材顶部到出口管材轴线的距离；

L——鞍形旁通的宽度，即主体管材轴线到出口管材端口的距离；

H——鞍形旁通的高度，即主体管材顶部到鞍形旁通顶部的距离。

图 3 鞍形旁通示意图

5 材料

5.1 总则

管件制造商使用的材料涉及的技术数据应符合 GB 15558.1—2003 中 4.5 的规定。

所选材料的任何改变，影响到管件性能时，应按照第 8 章的要求进行验证。

5.2 混配料

制造管件应使用聚乙烯混配料。混配料中仅添加有对于符合本部分管件的生产和最终使用及熔接连接所必要的添加剂。所有添加剂应分散均匀。添加剂不应对熔接性能有负面影响。

5.3 回用料

按本部分要求生产管件时，产生的本厂洁净回用料，可以少量掺入同种新料中使用，所生产的管件应符合本部分的要求。

5.4 混配料性能

混配料应符合 GB 15558.1—2003 中 4.5 的要求。

5.5 分级

聚乙烯混配料应按照 GB/T 18252—2000（或 ISO 9080:2003）确定材料与 20℃、50 年、预测概率 97.5%相应的静液压强度 σ_{LCL}。并应按照 GB/T 18475—2001 进行分级，见表 1。混配料制造商应提供相应的级别证明。

表 1 聚乙烯混配料的分级

命名	σ_{LCL}（20℃，50 年，97.5%）/MPa	MRS/MPa
PE 80	$8.00 \leqslant \sigma_{LCL} \leqslant 9.99$	8.0
PE 100	$10.00 \leqslant \sigma_{LCL} \leqslant 11.19$	10.0

5.6 熔接性

管件制造商应保证管件与符合 GB 15558.1—2003 的管材的熔接性符合第 8 章要求。

5.7 非聚乙烯部分的材料

5.7.1 总则

所有的材料应符合相应的国家标准或行业标准，系统的各种组件都应考虑系统适用性。

制造管件的所有材料（包括橡胶圈、油脂和可能用到的任何金属部分）应像管道系统中其他部件一样耐内、外部环境，在同等的条件下的使用寿命至少与符合 GB 15558 的管道系统相同，并与它们一起适用于以下状况：

a） 贮存期内；

b） 与输送的燃气接触；

c） 处于运行条件下的工作环境。

与 PE 管材接触的非 PE 管件材料不应引发裂纹或对管材性能有负面影响。

5.7.2 金属材料

管件所使用易腐蚀金属部分应充分防护。当使用不同的金属材料并可能与水分接触时，应采取措施防止电化学腐蚀。所有金属部分的质量和等级应符合相关的现行国家标准、行业标准或规范。

5.7.3 弹性密封件

弹性密封件材料应符合 HG/T 3092—1997 的规定。

也可使用其他符合要求的密封材料用于燃气输送。

5.7.4 其他材料

油脂或润滑剂不应渗出到熔接区，不应影响管件材料的长期性能。

使用符合 5.7.1 的其他材料时，包含这些材料的管件应符合本部分的要求。

6 一般要求

6.1 颜色

聚乙烯管件的颜色为黑色或黄色。

6.2 外观

管件内外表面应清洁、光滑，不应有缩孔（坑）、明显的划痕和可能影响符合 GB 15558 本部分要求的其他表面缺陷。

6.3 多方式连接的管件

如果电熔管件中同时具有一个或多个插口端，或者插口管件同时具有电熔承口端，它们应分别符合本部分的相关要求。

6.4 工厂预制接头的外观

肉眼观察，预制接头的内外表面应没有熔融物溢出管件，管件制造商声明可接受的除外。

当按照制造商的说明连接电熔管件时，任何溢出不应引起电阻线移动从而造成管件短路。连接管材的内表面不应有明显的变形。

6.5 电熔管件设计

电熔管件的设计应确保当管件与管材或其他管件装配时，电阻线和/或密封件不移位。

6.6 电熔管件的电性能

电熔管件应根据工作时的电压和电流及电源特性设置相应的电气保护措施。

对于电压高于 25 V 的情况，当按照管件制造商和熔接设备制造商的规程进行操作时，在熔接过程中应确保人无法直接接触到带电部分。

在 23℃下，电熔管件的电阻应在以下范围内：

最大值：标称值×(1+10%)+0.1 Ω

最小值：标称值×(1-10%)

最大值内+0.1 Ω 是考虑到测量时可能存在接触电阻。

应保证接线柱的表面接触电阻最小。

注：电熔管件的典型的接线端示例见附录 C。

7 几何尺寸

7.1 总则

应在制造完成至少 24 h 后，并状态调节至少 4 h 后按照 GB/T 8806 对管件进行测量。并且不得采用任何支撑方式对熔接端进行复圆。

本部分仅涉及管件和组件，不涉及焊接设备。

管件按照承口、插口或鞍形的公称直径标明尺寸，其公称直径与配套使用管材的公称外径 d_n 相对应。

7.2 管件尺寸

7.2.1 插口管件插口端尺寸

管状部分的平均外径 D_1，不圆度(椭圆度)以及相关公差应符合表 2 的规定。

最小通径 D_3，管状部分 L_2 的最小值和回切长度 L_1 的最小值应符合表 2 的规定。

管状部分的长度 L_2 应满足以下连接要求：

—— 对接熔接时使用夹具的要求；

—— 与电熔管件装配长度的要求；

回切长度 L_1 允许通过熔接一段壁厚等于 E_S 的管段来实现。

表 2 插口管件尺寸和公差

单位为毫米

公称直径 d_n	管件的平均外径			不圆度 max	最小通径 $D_{3_{min}}$	最小回切长度 $L_{1_{min}}$	管状部分的最小长度[a] $L_{2_{min}}$
	$D_{1_{min}}$	$D_{1_{max}}$					
		等级 A[b]	等级 B[b]				
16	16	—	16.3	0.3	9	25	41
20	20	—	20.3	0.3	13	25	41
25	25	—	25.3	0.4	18	25	41

表 2(续) 单位为毫米

公称直径 d_n	管件的平均外径			不圆度 max	最小通径 $D_{3_{min}}$	最小回切长度 $L_{1_{min}}$	管状部分的最小长度[a] $L_{2_{min}}$
	$D_{1_{min}}$	$D_{1_{max}}$					
		等级 A[b]	等级 B[b]				
32	32	—	32.3	0.5	25	25	44
40	40	—	40.4	0.6	31	25	49
50	50	—	50.4	0.8	39	25	55
63	63	—	63.4	0.9	49	25	63
75	75	—	75.5	1.2	59	25	70
90	90	—	90.6	1.4	71	28	79
110	110	—	110.7	1.7	87	32	82
125	125	—	125.8	1.9	99	35	87
140	140	—	140.9	2.1	111	38	92
160	160	—	161.0	2.4	127	42	98
180	180	—	181.1	2.7	143	46	105
200	200	—	201.2	3.0	159	50	112
225	225	—	226.4	3.4	179	55	120
250	250	—	251.5	3.8	199	60	129
280	280	282.6	281.7	4.2	223	75	139
315	315	317.9	316.9	4.8	251	75	150
355	355	358.2	357.2	5.4	283	75	164
400	400	403.6	402.4	6.0	319	75	179
450	450	454.1	452.7	6.8	359	100	195
500	500	504.5	503.0	7.5	399	100	212
560	560	565.0	563.4	8.4	447	100	235
630	630	635.7	633.8	9.5	503	100	255

a 插口管件交货时可以带有一段工厂组装的短的管段或合适的电熔管件。

b 公差等级符合 ISO 11922-1:1997。

7.2.2 电熔管件电熔承口端的尺寸

插入深度 L_1 和熔区的最小长度 L_2 见表 3。表 3 给出电流和电压两种调节方式的 L_1 的值。

除了表 3 中给出的值,应满足以下要求(见图 2):

$L_3 \geqslant 5$ mm

$D_2 \geqslant d_n - 2e_{min}$

e_{min}为符合 GB 15558.1—2003 相应管材的最小壁厚。

管件熔接区域中间的平均内径 D_1 应不小于 d_n。

制造商应声明 D_1 的最大和最小实际值,以便用户确定管件是否与夹具和接头组件匹配。

如果管件具有不同公称直径的承口,每个承口均应符合相应的公称直径的要求。

表 3 电熔管件承口尺寸 单位为毫米

管件的公称直径 d_n	插入深度 L_1			熔区最小长度 $L_{2_{min}}$
	min.		max.	
	电流调节	电压调节		
16	20	25	41	10
20	20	25	41	10
25	20	25	41	10

表 3(续)

单位为毫米

管件的公称直径 d_n	插入深度 L_1			熔区最小长度 $L_{2_{min}}$
	min.		max.	
	电流调节	电压调节		
32	20	25	44	10
40	20	25	49	10
50	20	28	55	10
63	23	31	63	11
75	25	35	70	12
90	28	40	79	13
110	32	53	82	15
125	35	58	87	16
140	38	62	92	18
160	42	68	98	20
180	46	74	105	21
200	50	80	112	23
225	55	88	120	26
250	73	95	129	33
280	81	104	139	35
315	89	115	150	39
355	99	127	164	42
400	110	140	179	47
450	122	155	195	51
500	135	170	212	56
560	147	188	235	61
630	161	209	255	67

7.3 管件壁厚

7.3.1 插口管件壁厚和配用管材之间的关系

7.3.1.1 配用管材的最小壁厚

配用管材的最小壁厚应符合 GB 15558.1—2003 中 6.3.1 相应 SDR 系列的要求。

7.3.1.2 熔接段的壁厚 E_S

熔接段的壁厚 E_S 应等于 GB 15558.1—2003 相应管材系列的公称壁厚并符合相应公差，允许在距入口端面不大于 $0.01d_n \pm 1$ mm 的轴向长度范围内有壁厚缩减(例如倒角)。

7.3.1.3 插口管件壁厚 E

插口管件及其连接件的壁厚 E 可根据材料强度 MRS(见 5.5)合理确定，应符合第 8 章的性能要求。

管件主体内壁厚的变化应是逐渐的，以避免应力集中。

7.3.2 电熔管件壁厚和配用管材之间的关系

7.3.2.1 总则

在生产符合 GB 15558 本部分要求的管件时，电熔管件壁厚 E 可根据材料强度 MRS(见 5.5 要求)合理确定。

管件及其熔接接头应满足第 8 章规定的力学性能要求。

为了避免应力集中，管件主体壁厚的变化应是渐变的。

7.3.2.2 **管材和电熔管件壁厚之间的关系**

管材与电熔管件壁厚 E 的搭配关系应按下面方式确定：

a) 当管件和配用的管材由相同 MRS 分级的聚乙烯制造时，从距离管件端口 $2L_1/3$ 处开始，管件主体任一处的壁厚应大于或等于相应管材的最小壁厚 e_{min}；

b) 当管件和配用的管材不是由相同 MRS 分级的聚乙烯制造时，应符合表 4。

表 4 管材和管件的壁厚关系

管材和管件材料		管件壁厚(E)和管材壁厚(e_n)的关系
管材	管件	
PE 80	PE 100	$E \geqslant 0.8e_n$
PE 100	PE 80	$E \geqslant e_n/0.8$

7.3.2.3 **电熔管件承口的最大不圆度**

电熔管件的承口最大不圆度应不超过 0.015 d_n。

7.3.2.4 **电熔管件的插口端**

包含插口端分支的电熔管件(例如带插口端分支的电熔等径三通)，插口端分支尺寸应符合 7.2.1。

7.3.3 **电熔鞍形管件**

鞍形旁通和鞍形直通的出口如为插口端应符合 7.2.1 要求，如为承口应符合 7.2.2 的要求。

制造商应在其技术文件中规定一般尺寸要求。这些尺寸应包括鞍形管件的最大高度 H，如为鞍形旁通还应包括出口管材高度 h。

7.3.4 **其他尺寸**

其他尺寸及其性能，例如总体尺寸、安装尺寸或相关夹具要求，应符合制造商技术文件的规定。

电熔套筒内部没有限位止口(台阶)或限位件可去除时，管件的尺寸应允许管材能全部穿过管件。

8 力学性能

8.1 总则

使用组合试件测试管件性能时，所用管材应符合 GB 15558.1—2003 的规定。试验组件应按照 GB/T 19809 及制造商说明进行装配。所用设备符合相关标准的要求。

如果变更熔接参数，应保证熔接接头符合 8.2 的性能要求。

8.2 要求

按照表 5 规定的方法及标明的试验参数进行试验，管件-管材组件的力学性能应符合表 5 的要求。

表 5 力学性能

序号	项　目	要　求	试验条件		试验方法
1	20℃静液压强度	无破坏，无渗漏	密封接头 方向 调节时间 试验时间 环应力： PE 80 管材 PE 100 管材 试验温度	a 型 任意 1 h ≥100 h 10 MPa 12.4 MPa 20℃	GB/T 6111—2003 本部分的 10.5

表 5(续)

序号	项　　目	要　　求	试验条件		试验方法
2	80℃静液压强度[a]	无破坏,无渗漏	密封接头 方向 调节时间 试验时间 环应力: PE 80 管材 PE 100 管材 试验温度	a 型 任意 12 h ≥165 h 4.5 MPa 5.4 MPa 80℃	GB/T 6111—2003 本部分的 10.5
3	80℃静液压强度	无破坏,无渗漏	密封接头 方向 调节时间 试验时间 环应力: PE 80 管材 PE 100 管材 试验温度	a 型 任意 12 h ≥1 000 h 4 MPa 5 MPa 80℃	GB/T 6111—2003 本部分的 10.5
4	对接熔接拉伸强度[b]	试验到破坏为止: 韧性:通过 脆性:未通过	试验温度	23℃±2℃	GB/T 19810
5	电熔管件的熔接强度[c]	剥离脆性破坏百分比 ≤33.3%	试验温度	23℃	GB/T 19808[c] GB/T 19806[c]
6	冲击性能[d]	无破坏,无泄漏	试验温度 下落高度 落锤质量	0℃ 2 m 2.5 kg	GB/T 19712
7	压力降[d]	在制造商标称的流量下: $d_n \leqslant 63$:$\Delta p \leqslant 0.05\times10^{-3}$ MPa $d_n > 63$:$\Delta p \leqslant 0.01\times10^{-3}$ MPa	空气流量 试验介质 试验压力	制造商标称 空气 2.5×10^{-3} MPa	附录 D

a 对于(80℃,165 h)静液压试验,仅考虑脆性破坏。如果在规定破坏时间前发生韧性破坏,允许在较低应力下重新进行该试验。重新试验的应力及其最小破坏时间应从表 6 中选择,或从应力-时间关系的曲线上选择。

b 适用于插口管件。

c 仅适用于电熔承口管件。

d 仅适用于鞍形旁通。

表 6　静液压强度(80℃,165 h)—应力-最小破坏时间关系

PE 80		PE 100	
环应力/MPa	最小破坏时间/h	环应力/MPa	最小破坏时间/h
4.5	165	5.4	165
4.4	233	5.3	256
4.3	331	5.2	399
4.2	474	5.1	629
4.1	685	5.0	1 000
4.0	1 000	—	—

在准备试验组件时，应考虑到由于制造公差和装配公差而可能发生的尺寸波动以及在不同的环境温度下的影响因素。

注：建议制造商考虑采用 ISO/TS 10839 中给出的设计、搬运和安装操作规程。

9 物理性能

按照表 7 规定的方法及标明的试验参数进行试验，管件的物理性能应符合表 7 的要求。

表 7 管件的物理性能

序号	项 目	单 位	要 求	试验参数	试验方法
1	氧化诱导时间	min	>20	200℃[a]	GB/T 17391—1998
2	熔体质量流动速率(MFR)	g/10 min	管件的 MFR 变化不应超过制造管件所用混配料的 MFR 的±20%	190℃/5 kg (条件 T)	GB/T 3682—2000
[a] 如果与 200℃的试验结果有明确的修正关系，可以在 210℃进行试验。仲裁时，试验温度应为 200℃。					

10 试验方法

10.1 试样状态调节和试验的标准环境

除非另有规定，应在管件生产至少 24 h 后取样，按照 GB/T 2918—1998 规定，在温度为(23±2)℃下状态调节至少 4 h 后进行试验。

10.2 颜色及外观

用肉眼观察。

10.3 尺寸测量

10.3.1 厚度按 GB/T 8806 的规定测量。

10.3.2 承口内径和管件通径用精度为 0.01 mm 的内径表测量，在图 1 和图 2 规定部位测量两个相互垂直的内径，计算它们的平均值，作为平均内径。

10.3.3 插口外径用 π 尺或精度为 0.02 mm 的游标卡尺进行测量。

10.3.4 不圆度用精度为 0.02 mm 的量具进行测量，试样同一截面的最大内(外)径和最小内(外)径之差即为不圆度。

10.3.5 各部位长度用精度为 0.02 mm 的游标卡尺进行测量。

10.4 电阻测量

管件电阻应使用符合表 8 要求的电阻仪进行测量，有争议的情况下，电阻应在(23±2)℃下测量。

表 8 电阻仪工作特性

范围/Ω	分辨率/mΩ	精度
0～1	1	读数的 2.5%
0～10	10	读数的 2.5%
0～100	100	读数的 2.5%

10.5 静液压强度

10.5.1 管件的静液压强度用管件和管材的组合件进行测试，组合件制备后，在室温下放置至少 24 h，组合件及管材的自由长度 L_0 按下述方式确定：

—— 组合件中只有一个管件时，密封接头到每个承(插)口的自由长度 L_0 为其公称直径(d_n)的 2 倍；

—— 组合件含有多个管件时，管件之间管段的自由长度 L_0 为其公称直径(d_n)的 3 倍；

—— 两密封接头之间的管段自由长度 L_0 最小值为 250 mm，最大值为 1 000 mm。

注：除非另有规定，应使用和试验管件相兼容的最大壁厚系列的管材，但鞍形组件所用管材应为与鞍形管件相兼容的最小壁厚的管材。

10.5.2　按 GB/T 6111—2003 试验，试验条件按表 5 规定，试验压力按表 5 中规定环应力和管材的公称壁厚计算。

10.5.3　试样内外的介质均为水，b 型接头可用于公称直径大于或等于 500 mm 管件的出厂检验。

10.6　对接熔接拉伸强度

按照 GB/T 19810 试验。

10.7　电熔管件的熔接强度

按照 GB/T 19808 或 GB/T 19806 试验。对于公称直径大于或等于 90 mm 的电熔管件，仲裁时按照 GB/T 19808 试验。

10.8　电熔鞍形旁通的冲击性能

按照 GB/T 19712 试验。

10.9　压力降

按照附录 D 试验。试样数量为一个。

10.10　氧化诱导时间(热稳定性)

按 GB/T 17391—1998 试验，刮去表层 0.2 mm 后取样。

10.11　熔体质量流动速率

按 GB/T 3682—2000 试验。

11　检验规则

11.1　检验分类

检验分为出厂检验和型式检验。

11.2　出厂检验

11.2.1　出厂检验项目为 6.1、6.2、6.6、第 7 章、第 8 章中的(80℃，165h)静液压试验以及第 9 章中的氧化诱导时间。

11.2.2　6.1、6.2、第 7 章检验按 GB/T 2828.1—2003 规定采用正常检验一次抽样方案，取一般检验水平 I，接收质量限(AQL)2.5，见表 9。

表 9　接收质量限(AQL)为 2.5 的抽样方案　　基本单位为件

批量 N	样本量 n	接收数 Ac	拒收数 Re
≤150	8	0	1
151～280	13	1	2
281～500	20	1	2
501～1 200	32	2	3
1 201～3 200	50	3	4

11.2.3　对于“6.6 电熔管件的电性能”中的电阻要求，应逐个检验。

11.2.4　在外观尺寸抽样合格及电性能合格的产品中，随机抽取样品进行氧化诱导时间和静液压试验(80℃，165 h)，试样数量为一个。

11.3　型式检验

11.3.1　型式检验的项目为第 6、7、8、9 章的全部技术要求。

11.3.2　已经定型生产的管件，按下述要求进行型式检验。

11.3.3　分组：使用相同混配料、具有相同结构、相同品种的管件，按表 10 规定对管件进行尺寸分组。

表 10 管件的尺寸分组和公称外径范围

单位为毫米

尺寸组	1	2	3
公称外径 d_n 范围	$d_n<75$	$75\leqslant d_n<250$	$250\leqslant d_n\leqslant 630$

11.3.4 根据本部分的技术要求，每个尺寸组合理选取任一规格进行试验，在外观尺寸抽样合格的产品中，进行第6、7、8、9章的性能检验。每次检验的规格在每个尺寸组内轮换。

11.3.5 一般情况下，每隔两年进行一次型式检验。若有以下情况之一，应进行型式试验：

a) 新产品或老产品转厂生产的试制定型鉴定；

b) 结构、材料、工艺有较大变动可能影响产品性能时；

c) 产品长期停产后恢复生产时；

d) 出厂检验结果与上次型式检验结果有较大差异时；

e) 国家质量监督机构提出型式检验的要求时。

11.4 组批规则和抽样方案

11.4.1 组批

同一混配料、设备和工艺连续生产的同一规格管件作为一批，每批数量不超过3 000件，同时生产周期不超过七天。

11.4.2 抽样方案

接收质量限(AQL)为2.5的抽样方案见表9。

11.5 判定规则和复验规则

产品需经生产厂质量检验部门检验合格并附有合格标志方可出厂。

按照本部分规定的试验方法进行检验，依据试验结果和技术要求对产品做出质量判定。外观、尺寸按6.2和第7章的要求，按表9进行判定。其他性能有一项达不到规定时，则随机抽取双倍样品对该项进行复验。如仍不合格，则判该批产品不合格。

电熔管件均应符合6.6电性能要求。

12 技术文件

管件制造商应保证技术文件的适用性(可以是机密的)，此文件包含所有相关必要数据以证明与GB 15558本部分的一致性。文件应包括所有型式检验的结果并应符合已公开发布的技术手册。它还应在要求时包括必要数据以实现可追溯性。

制造商的技术文件应至少包含以下信息：

—— 使用条件(管材和管件温度限制，SDR值和不圆度)；

—— 尺寸；

—— 安装规程；

—— 对熔接设备的要求；

—— 熔接规程(熔接参数范围)；

—— 对于鞍形管件：

a) 连接方法(是否使用夹具以及任何必要的附加装置)；

b) 是否有必要控制使用夹具在某个位置以保证组件满意的性能。

适用时，技术文件还应包含制造商符合相关质量体系认证的相关证明。

13 标志和标签

13.1 总则

除表11中标注a的项目外，标志内容应打印或直接成型在管件表面上，并且在正常的贮存、操作、搬运和安装后，保持字迹清楚。

注：除非与制造商协商一致，否则由于在安装和使用过程中涂漆、划伤、组件相互遮盖或使用试剂等造成字迹模糊，制造商不负责任。

标志不应引发开裂和影响管件性能。

如果使用打印标志，打印内容的颜色应与管件的本色不同。

标志和标签内容应目视清晰。

对于插口管件，标志不应位于管件的最小插口长度范围内。

13.2 标志的最少要求

最少要求的标志应符合表11的规定：

表11 最少要求的标志

项目	标志
制造商的名字和/或商标[b]	名称或符号
与管件连接的管材的公称外径 d_n	例如：110
材料和级别	例如：PE 80
适用管材系列	SDR（例如：SDR11和/或SDR 17.6）或SDR熔接范围
制造商的信息[b]	—— 制造日期（用数字或代码表示的年和月） —— 若在多处生产时，生产地点的名称或代码
GB 15558的本部分[a]	GB 15558.2
输送流体[a]	“燃气”或“GAS”

a 这个信息可以打印在管件所附标签上或独立包装管件的袋子上。

b 提供可追溯性。

13.3 附加标志

与熔接条件相关的附加信息，例如熔接和冷却时间，可以在管件所附标签、或单独的标签上给出。

13.4 熔接系统识别

电熔管件应具备熔接参数可识别性，如数字识别、机电识别或自调节系统识别，在熔接过程中用于识别熔接参数。

使用条形码识别时，条形码标签应粘贴在管件上并应被适当保护以免污损。

14 包装、运输、贮存

14.1 包装

管件应包装，在必要时单个保护以防损坏和污染，一般情况下，应装入袋子、薄纸板箱或硬纸箱中。

包装物应有标识，标明制造商的名称、管件的类型和尺寸、管件数量、任何特殊的贮存条件和贮存要求。

14.2 运输

管件运输时，不得受到剧烈的撞击、划伤、抛摔、曝晒、雨淋和污染。

14.3 贮存

管件应贮存在地面平整、通风良好、干燥、清洁并保持良好消防的库房内，合理放置。贮存时，应远离热源，并防止阳光直接照射。

附　录　A
（资料性附录）
本部分章条编号与 ISO 8085-2:2001 和 ISO 8085-3:2001 章条编号对照

表 A.1 给出了本部分章条编号与 ISO 8085-2:2001 和 ISO 8085-3:2001 章条编号对照一览表。

表 A.1　本部分章条编号与 ISO 8085-2:2001 和 ISO 8085-3:2001 章条编号对照

本部分章条编号	ISO 8085-2	ISO 8085-3
3.1.1	3.1.2	3.1.1
3.1.2	3.1.3	3.1.2
3.1.3～3.1.5	—	3.1.3～3.1.5
3.1.6	3.1.5	3.1.6
3.1.7	3.1.6	3.1.7
—	3.2	3.2
3.2.2	3.1.1	—
3.2.3	3.1.4	—
—	3.3～3.4	3.3～3.4
3.3	—	3.5
4.1	4	—
4.2	—	4
5.7	—	5.7
6.1	—	—
6.3	6.1	6.1
6.4	6.3	6.4
6.5,6.6	—	6.3,6.5
7.2.1	7.2	—
7.2.2	—	7.2.1
7.3.1	7.3	—
7.3.2	—	7.2.2
7.3.3	—	7.3
7.3.4	7.4	7.4
—	—	8.2
10、11	—	—
12	10	10
13.1～13.3	11	11
13.4	—	—
14.1	12	12
14.2～14.3	—	—

表 A.1(续)

本部分章条编号	ISO 8085-2	ISO 8085-3
附录 A、附录 B	—	—
附录 C	—	附录 A
—	附录 A	附录 B
—	—	附录 C
—	—	附录 D
附录 D	—	—
表中的章条以外的本部分其他章条编号与 ISO 8085-2 及 ISO 8085-3 其他章条编号相同。		

附　录　B
（资料性附录）
本部分与 ISO 8085-2:2001 和 ISO 8085-3:2001 技术性差异及其原因

表 B.1 给出了本部分与 ISO 8085-2:2001 和 ISO 8085-3:2001 的技术性差异及其原因的一览表。

表 B.1　本部分与 ISO 8085-2:2001 和 ISO 8085-3:2001 技术性差异及其原因

本部分的章条编号	技术性差异	原　因
1	增加了材料为 PE80 和 PE100 及本部分包含管件种类的要求；增加了系统标准的说明。 增加了输送人工煤气和液化石油气的规定。 对范围和产品分类进行了说明。	考虑到我国产品标准及系统标准的编排要求，使说明更明确。 以适合我国国情。 参考欧洲标准，并考虑我国国情。
2	引用了采用国际标准的我国标准。 增加了 GB/T 2828.1—2003 及 GB/T 2918等。	以适合我国国情。 强调与 GB/T 1.1 的一致性。
3.2.1	增加了插口管件的定义。	使标准明确。
—	删除了国际标准中的有关材料的定义及材料一章中有关原生料的叙述。	在 GB 15558.1 中无原生料定义，为避免引起与混配料混淆，故删去。
—	删去了有关与材料特性和使用条件有关的定义。	在 GB 15558.1 中已有说明，本标准为系统标准的一部分，故在此不在赘述。
5.4	不再列表叙述混配料的性能要求。	GB 15558.1 已有相同要求，本部分为 GB 15558系统标准的一部分，故在此不再赘述。
6.1	增加了有关管件颜色的要求。	参照欧洲标准，使标准要求明确、完整。
7.2.1 表 2	修改了表中的部分数据。	此为 ISO 8085-2:2001 中技术勘误的内容。
7.3.2.4	增加了插口端的要求。	使管件的尺寸要求更完整、明确。
7.3.2.2 8 附录	删去 ISO 8085-3 中 7.2.2.2“管件及其相关熔接接头应符合 8.2(表 7)中给出的性能要求，或”的内容规定。 删去了 ISO 8085-3 中 8.2 章及表 7 的内容。 删去了 ISO 8085-3 中的附录 C 和附录 D。	生产标准化、易于操作，符合我国国情，结合国内生产、使用现状，参照欧洲标准 EN 1555-3:2002的规定，只采用一种方式确定管材与电熔管件壁厚的关系，由此删去了其中的性能要求及有关的试验方法的附录。
表 5 及表 6	修改了表 5 中(80℃，165 h)的环应力数值，同时修改了表 6 中的相应数据。	参照 EN 1555-3:2002 的规定，此为欧洲标准化组织研究改进后的数据，更符合外推曲线，更科学。
10	增加了“试验方法”一章。	符合我国产品标准的编写规定，使标准更明确、便于使用。
11	增加了“检验规则”一章。	符合我国产品标准的编写规定，具有操作性。

表 B.1(续)

本部分的章条编号	技术性差异	原　因
13.4	增加了“熔接系统识别”的要求。	参照欧州标准,使要求规范、明确。
14	增加了运输、贮存的内容。	符合我国产品标准的编写规定、要求明确。
—	删除了 ISO 8085-2:2001 和 ISO 8085-3:2001 中的附录 B:非公制管件系列的等价尺寸的计算公式。	我国采用的是公制系列。
附录 D	按照欧洲标准 EN 12117:1997 编写。	符合标准编写的规定。 直接引用,更易于实施和操作。

附　录　C
（资料性附录）
电熔管件典型接线端示例

C.1　图 C.1 和图 C.2 举例说明了适用于电压不大于 48 V 的典型接线端(承口类型 A 和类型 B)。

单位为毫米

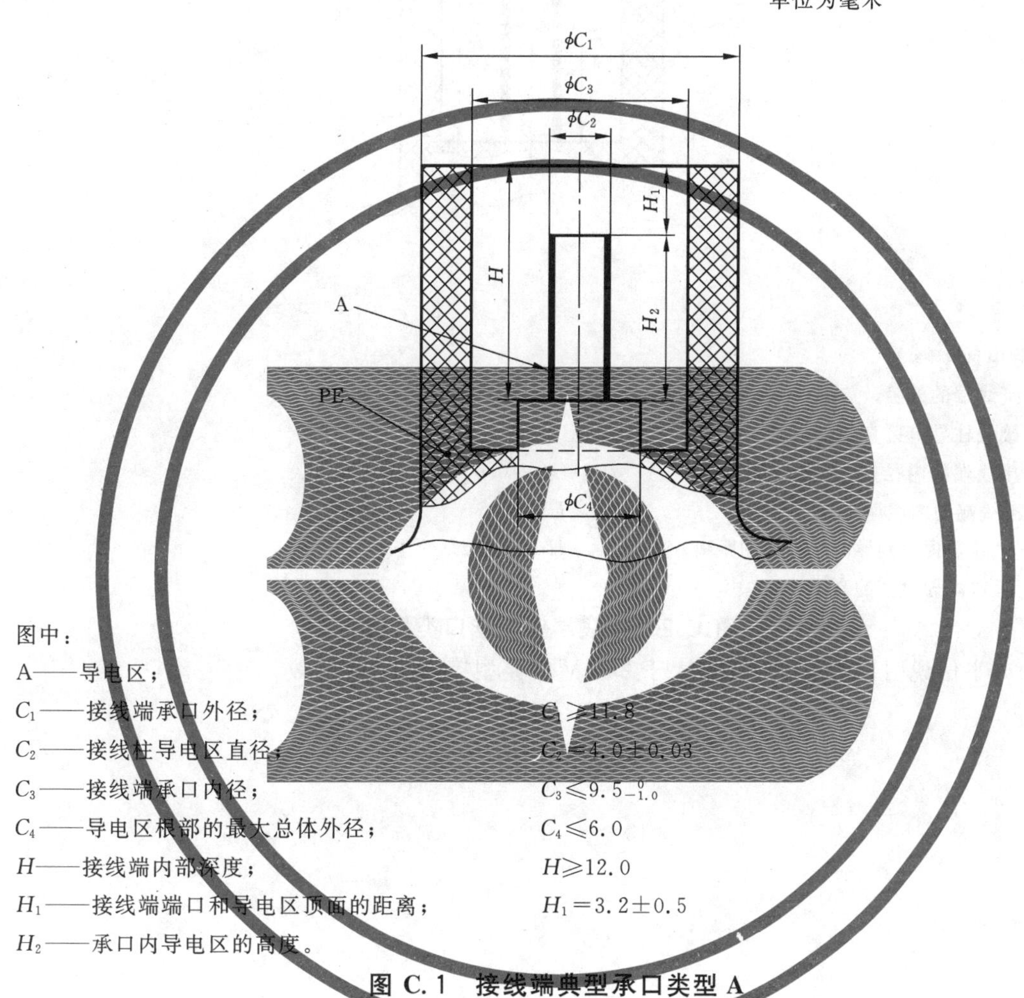

图中：

A——导电区；

C_1——接线端承口外径；　　$C_1 \geqslant 11.8$

C_2——接线柱导电区直径；　　$C_2 = 4.0 \pm 0.03$

C_3——接线端承口内径；　　$C_3 \leqslant 9.5_{-1.0}^{0}$

C_4——导电区根部的最大总体外径；　　$C_4 \leqslant 6.0$

H——接线端内部深度；　　$H \geqslant 12.0$

H_1——接线端端口和导电区顶面的距离；　　$H_1 = 3.2 \pm 0.5$

H_2——承口内导电区的高度。

图 C.1　接线端典型承口类型 A

单位为毫米

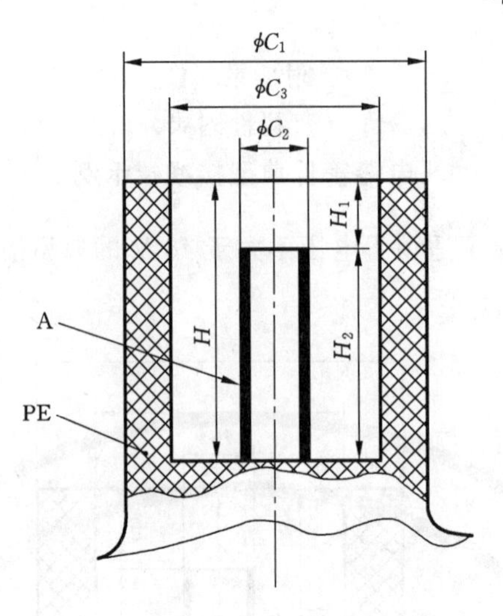

图中：

A——导电区；

C_1——接线端的外径；　　$C_1=13.0\pm0.5$

C_2——接线柱导电区直径；　　$C_2=4.7\pm0.03$

C_3——接线端的内径；　　$C_3=10.0\pm0.1$

H——接线端的内腔深度；　　$H\geqslant15.5$

H_1——接线端顶口到导电区顶面的距离；　　$H_1=4.5\pm0.5$

H_2——承口内导电区的高度。

图 C.2　接线端典型承口类型 B

C.2　图 C.3 举例说明了适用于电压不大于 250 V 的典型接线端(类型 C)。

单位为毫米

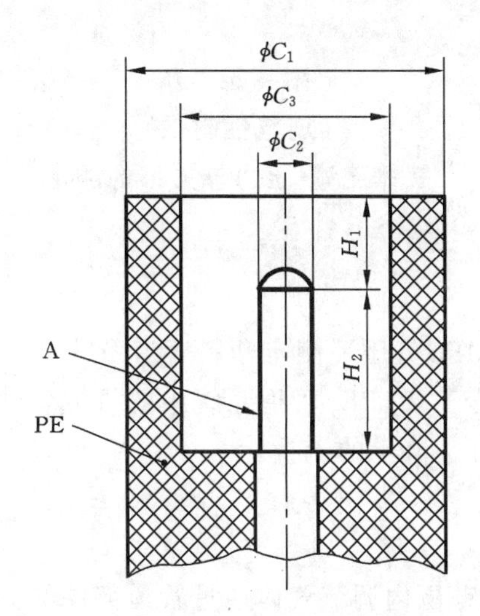

图中：

A——导电区；

C_1——接线端的外径；　　$C_1 \geqslant C_3+2.0$

C_2——接线端内导电区的直径；　　$C_2 \geqslant 2.0$

C_3——接线端承口的内径；　　$C_3 \geqslant C_2+4.0$

H_1——接线端端口到导电区顶面间的距离；　　H_1：防护等级符合(IEC 60529:2001)IP2×的要求

H_2——导电区的高度。　　$H_2 \geqslant 7.0$

图 C.3　接线端典型承口类型 C

附 录 D
(规范性附录)
气体流量-压力降关系的测定

D.1 范围

本附录规定了在 2.5×10^{-3} MPa 气压下测定塑料管道系统部件的气体流量与压力降关系的试验方法。本方法适用于燃气输送用聚乙烯(PE)管道系统中的机械管件、阀门、鞍形旁通及其他附件。得到的数据可用于计算气体在特定压力降下的流量。

D.2 原理

主压力保持恒定时,在规定的范围内调节气体通过管道部件的流量以评估其压力降。根据上述测试结果,确定在适当压力降下(与部件尺寸相关)所对应的平均气体流量,其他气体的流量可根据其密度的不同计算得到。

注:下列参数由引用本附录的相关标准设定:

a) 试样数量(见 D.4.2);

b) 压力降的相关值,Δp_n,(见 D.6.2);

c) ρ_{air} 的相关值和相关温度和压力,如果 D.6.3 没有给出;

d) ρ_{gas} 的相关值和相关温度和压力,如果 D.6.3 没有给出。

D.3 仪器和装置(见图 D.1)

D.3.1 气源

D.3.2 压力控制器(A),能够维持输出压力$(2.5\pm0.05)\times10^{-3}$ MPa(表压)。

D.3.3 流量表(B),容积式或蜗轮式,精度为±2%。

D.3.4 压力表(C),测量主管线的压力(等级 0.6 或更高)。

D.3.5 微压(差压)表(G),测量压差,Δp,等级 0.25。

D.3.6 出口阀(E)。

D.4 试样

D.4.1 制备

试样由待测部件和与其 SDR 相同的两段 PE 管材熔接或连接而成,并应具有适当的接头以与压力降测试设备相连。

管材自由长度和试验组件安装尺寸应符合图 D.1。

对于鞍形旁通,安装后应保证能够测量通过分支端的压力降。

测试部件需要在主管上冷挤切孔时,其内缘周边各点应与主管内孔平齐且无毛边。

D.4.2 数量

试样的数量应按相关标准规定。

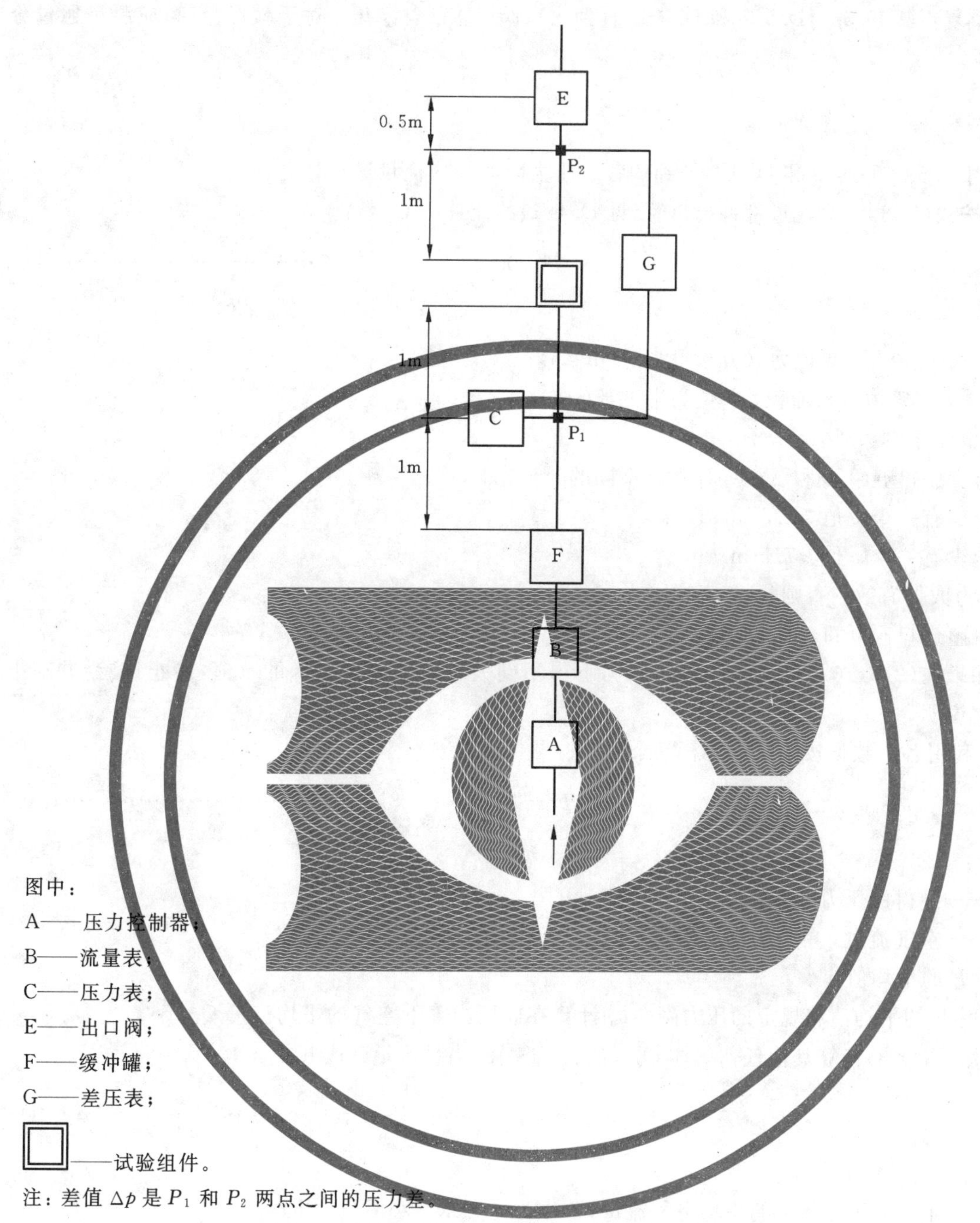

图中：

A——压力控制器；

B——流量表；

C——压力表；

E——出口阀；

F——缓冲罐；

G——差压表；

□——试验组件。

注：差值 Δp 是 P_1 和 P_2 两点之间的压力差。

图 D.1　测定流量-压力降关系的试验安装示意图

D.5　步骤

D.5.1　在(23±2)℃环境温度下进行。

D.5.2　部分开启出口阀(E)。

D.5.3　打开进口阀的压力控制器(A)，以使空气开始流动并保证空气仅从出口散逸。

D.5.4　调整压力控制阀(A)使主管上 P_1 处压力为$(2.5\pm0.05)\times10^{-3}$ MPa，可由压力表(C)测得。

D.5.5　读取并记录流量表(B)(见 D.5.9)的流量(Q)，和差压表(G)(见图 D.1)的压力降 Δp。

D.5.6　开启出口阀(E)使主管线 P_1 点的压力降低大约 0.5×10^{-3} MPa，由压力表(C)测得。

D.5.7　增加流量直到主管的压力恢复到$(2.5\pm0.05)\times10^{-3}$ MPa，由压力表(C)测得。

D.5.8　测量并记录流量 Q 和压力降 Δp。

D.5.9 重复步骤 D.5.6,D.5.7 和 D.5.8,直到出口阀(E)完全打开。对于鞍形旁通,应测量通过分支端的压力降。

D.6 结果计算

D.6.1 用 D.5.5,D.5.8 和 D.5.9 得到的各组压力降和相应流量进行计算。

a) 按式(D.1)计算通过部件出口管(见 D.4.1)的流速 v(m/s):

$$v = 3\,600\,\frac{Q}{A} \qquad \text{(D.1)}$$

式中:

Q——空气流量,单位为立方米每小时(m^3/h);

A——出口管内部截面积,单位为平方米(m^2)。

如果满足下列条件:

1) 至少获得五组 Q 和 Δp,并计算出不同的 v 值;

2) 至少有一个 v 值≤2.5 m/s;

3) 至少有一个 v 值≥7.5 m/s;

则认为数据有效。否则:

4) 调整进口阀开口,重复步骤 D.5.4 和 D.5.5 以增补必要的数据;

5) 如果在$(2.5\pm0.05)\times10^{-3}$ MPa 压力下得不到大于等于 7.5 m/s 的 v 值,停止试验,并在报告中说明。

b) 利用各组数据按式(D.2)计算因子 F:

$$F = \frac{\Delta p}{Q^2} \qquad \text{(D.2)}$$

式中:

Δp——测得的压力降,单位为兆帕(MPa);

Q——空气流量,单位为立方米每小时(m^3/h)。

计算 F 的平均值。

D.6.2 用 F 的平均值和规定的压力降 Δp_n 计算在此压力降下空气的平均流量 Q_a。

D.6.3 用式(D.3)换算其他任何气体 Q_{gas}(如天然气)的当量流量(m^3/h):

$$Q_{gas} = Q_a \times \sqrt{\frac{\rho_{air}}{\rho_{gas}}} \qquad \text{(D.3)}$$

式中:

Q_a——在相应压力降下的平均空气流量,单位为立方米每小时(m^3/h);

ρ_{air}——除非在相关标准中另有规定,为 23℃和 0.1 MPa 条件下空气的密度;

ρ_{gas}——除非在相关标准中另有规定,为 23℃和 0.1 MPa 条件下其他气体的密度。

即 $Q_{gas}=(f)Q$

D.7 试验报告

试验报告应包含以下内容:

a) GB 15558.2—2005 的附录 D;

b) 试样的详细标识,包括制造商,生产日期和规格;

c) 环境温度;

d) 各组测试数据(见 D.6.1),包括压力降,流量及相应流速;

e) F 的平均值,即压力降和流量(见 D.6.1)的关系;

f) 空气(见 D.6.2)和其他气体(见 D.6.3)在规定压力降下的计算流量;
g) 任何可能影响试验结果的因素,比如偶发事件或本附录没有规定的操作细节;
h) 试验日期。

参 考 文 献

［1］ ISO 11922-1:1997 Thermoplastics pipes for the conveyance of fluids — Dimensions and tolerances — Part 1: Metric series

［2］ ISO/TR 10839:2000 Polyethylene pipes and fittings for the supply of gaseous fuels — Code of practice for design, handling and installation

［3］ IEC 60529:2001 Degrees of protection provided by enclosures (IP code)

［4］ EN 12117:1997 Plastics piping systems — Fittings, valves and ancillaries — Determination of gaseous flow rate/pressure drop relationships

［5］ ISO 12176-1:1998 Plastics pipes and fittings — Equipment for fusion jointing polyethylene systems — Part 1: Butt fusion

［6］ ISO 12176-2:2000 Plastics pipes and fittings — Equipment for fusion jointing polyethylene systems — Part 2: Electrofusion

［7］ EN 1555-3:2002 Plastics piping systems for the supply of gaseous fuels — Polyethylene (PE) — Part 3:Fittings

ICS 83.140.30
J 16

中华人民共和国国家标准

GB 15558.3—2008

燃气用埋地聚乙烯(PE)管道系统 第3部分:阀门

Buried polyethylene(PE)piping systems for the supply of gaseous fuels—Part 3: Valves

(ISO 10933:1997 Polyethylene (PE) valves for gas distribution systems, MOD)

根据国家标准委2017年第7号公告转为推荐性标准

2008-12-15 发布　　　　2010-01-01 实施

中华人民共和国国家质量监督检验检疫总局
中国国家标准化管理委员会　发布

前言

GB 15558 的本部分的第 4.2、7.2 的表 2 中序号第 1、2、4 项、第 8 章内容为强制性，其余为推荐性。

GB 15558《燃气用埋地聚乙烯(PE)管道系统》分为三个部分：

——第 1 部分：管材；

——第 2 部分：管件；

——第 3 部分：阀门。

本部分为 GB 15558 的第 3 部分。

本部分修改采用 ISO 10933:1997《燃气输配用聚乙烯(PE)阀门》(英文版)。

本部分根据 ISO 10933:1997 重新起草。在附录 A 中列出了本部分章条编号与 ISO 10933:1997 章条编号的对照一览表。

考虑到我国国情，在采用 ISO 10933:1997 时，本部分做了一些编辑性修改，与系列标准一致，便于使用。有关技术性差异已编入正文中并在它们所涉及的条款的页边空白处用垂直单线标识。在附录 B 中给出了这些技术性差异及其原因的一览表以供参考。

GB 15558 的本部分与 ISO 10933:1997 相比，主要差异如下：

——范围(第 1 章)重新进行了编排，阀门口径扩大至 315 mm；

——引用标准(第 2 章)采用了与国际标准相应的国家标准；

——去掉了公称壁厚、任一点壁厚、混配料定义，可参见 GB 15558.1—2003；

——聚乙烯混配料要求直接引用 GB 15558.1—2003 中 4.5 要求(见 4.2)；

——增加了颜色要求(见 5.1)；

——增加了壁厚关系的内容，参考欧洲标准 EN 1555-4:2002(见 6.2)；

——力学性能(7.2)按照表格的格式编排，性能要求增加了耐简支梁弯曲密封性能及耐温度循环性能要求；增加了 225 mm 以上阀门的扭矩要求；

——物理性能(第 8 章)参照欧洲标准 EN 1555-4，去掉了密度、挥发分含量、水分含量、炭黑含量、炭黑分散和颜料分散的要求；

——增加了检验规则(第 10 章)；

——增加了运输、贮存的内容(第 12 章)；

——增加了资料性附录 A“本部分章条编号与 ISO 10933:1997 章条编号对照”；

——增加了资料性附录 B“本部分与 ISO 10933:1997 技术性差异及其原因”；

——增加了规范性附录 C“扭矩试验方法”；

——取消了规范性附录“气体流量/压力降关系的测定”，直接引用 GB 15558.2—2005 的附录 D；

——增加了规范性附录 I“耐简支梁弯曲试验方法”；

——增加了规范性附录 J“耐温度循环试验方法”。

本部分的附录 C、附录 D、附录 E、附录 F、附录 G、附录 H、附录 I、附录 J 为规范性附录，附录 A、附录 B 为资料性附录。

请注意本部分的某些内容有可能涉及专利，本部分的发布机构不应承担识别这些专利的责任。

本部分由中国轻工业联合会提出。

本部分由全国塑料制品标准化技术委员会塑料管材、管件及阀门分技术委员会(TC 48/SC 3)归口。

本部分起草单位：亚大塑料制品有限公司，北京京燃凌云燃气设备有限公司、宁波市宇华电器有限公司、浙江中财管道科技股份有限公司、沧州明珠塑料股份有限公司、北京保利泰克塑料制品有限公司。

本部分主要起草人：马洲、陈裕丰、王志伟、孙兆儿、李伟富、丁良玉、魏炳光、林松月。

本部分为首次发布。

燃气用埋地聚乙烯(PE)管道系统
第3部分:阀门

1 范围

GB 15558 的本部分规定了以聚乙烯材料为阀体的燃气用埋地聚乙烯阀门(以下简称“阀门”)的术语和定义、材料、一般要求、几何尺寸、力学性能、物理性能、试验方法、检验规则、标志以及包装、运输、贮存。

本部分适用于 PE80 和 PE100 混配料制造的燃气用埋地聚乙烯阀门。

本部分规定的阀门与 GB 15558.1—2003 规定的管材及 GB 15558.2—2005 规定的管件配套使用,用于燃气输送。

本部分适用于具有插口端或电熔承口端的双向阀门,阀门的插口端和电熔承口端尺寸符合 GB 15558.2—2005,阀门用于与符合 GB 15558.1—2003 的管材以及符合 GB 15558.2—2005 的管件连接。

本部分适用于公称外径小于或等于 315 mm 的阀门,工作温度范围在 -20 ℃～40 ℃之间。

在输送人工煤气和液化石油气时,应考虑燃气中存在的其他组分(如芳香烃、冷凝液等)在一定浓度下对阀门性能产生的不利影响。

2 规范性引用文件

下列文件中的条款通过 GB 15558 本部分的引用而成为本部分的条款。凡是注日期的引用文件,其随后所有的修改单(不包括勘误的内容)或修订版均不适用于本部分,然而,鼓励根据本部分达成协议的各方研究是否可使用这些文件的最新版本。凡是不注日期的引用文件,其最新版本适用于本部分。

GB/T 2828.1—2003　计数抽样检验程序　第1部分:按接收质量限(AQL)检索的逐批检验抽样计划(ISO 2859-1:1999,IDT)

GB/T 2918—1998　塑料试样状态调节和试验的标准环境(idt,ISO 291:1997)

GB/T 3682—2000　热塑性塑料熔体质量流动速率和熔体体积流动速率的测定(idt ISO 1133:1997)

GB/T 6111—2003　流体输送用热塑性塑料管材耐内压试验方法(ISO 1167:1996,IDT)

GB/T 8806　塑料管道系统　塑料部件尺寸的测定(GB/T 8806—2008,ISO 3126:2005,IDT)

GB/T 13927—1992　通用阀门　压力试验(ISO 5208:1982,NEQ)

GB/T 14152—2001　热塑性塑料管材耐外冲击性能试验方法　时针旋转法(eqv ISO 3127:1994)

GB 15558.1—2003　燃气用埋地聚乙烯(PE)管道系统　第1部分:管材(ISO 4437:1997,MOD)

GB 15558.2—2005　燃气用埋地聚乙烯(PE)管道系统　第2部分:管件(ISO 8085-2:2001,ISO 8085-3:2001,MOD)

GB/T 17391—1998　聚乙烯管材与管件热稳定性试验方法(eqv ISO/TR 10837:1991)

GB/T 18251—2000　聚烯烃管材、管件和混配料中颜料或炭黑分散的测定方法(ISO/DIS 18553:1999,NEQ)

GB/T 18252　塑料管道系统　用外推法对热塑性塑料管材长期静液压强度的测定(GB/T 18252—2000,ISO/DIS 9080:1997,NEQ)

GB/T 18475—2001　热塑性塑料压力管材和管件用材料分级和命名　总体使用(设计)系数(eqv ISO 12162:1995)

GB/T 19278—2003　热塑性塑料管材、管件及阀门通用术语及其定义

HG/T 3092—1997　燃气输送管及配件用密封圈橡胶材料(eqv ISO 6447:1983)

ISO 9080:2003 塑料管道系统 用外推法以管材形式对热塑性塑料材料长期静液压强度的测定

3 术语和定义

GB 15558.1—2003、GB 15558.2—2005、GB/T 19278—2003 和下列术语和定义、符号和缩略语适用于本部分。

3.1

公称外径 nominal diameter

d_n

标识尺寸的数字，适用于热塑性塑料管道系统中除法兰和由螺纹尺寸标明的部件以外的所有部件。为方便使用，采用整数。

注：对于符合 GB/T 4217—2001 的公制系列管材，以 mm 为单位的公称外径就是最小平均外径 $d_{em,min}$。本部分阀门的公称外径指与相连管材端口尺寸的公称外径。

3.2

阀门 valve

一种通过操纵开/关机械装置控制气流通断的部件。

3.3

压力 pressure

超过大气压的静态压力值(表压)。

3.4

外密封 external leaktightness

阀体包容的气体与大气间的密封性。

3.5

内密封 internal leaktightness

阀门关闭后，阀门的进口和出口之间的密封性。

3.6

最大工作压力 maximum operating pressure;MOP

管道系统中允许连续使用的流体的最大压力，单位为 MPa。其中考虑了管道系统中组件的物理和机械性能。

3.7

泄漏 leakage

气体从阀体、密封件或其他部件处散逸的现象。

3.8

静液压应力 hydrostatic stress

管材充满压力流体时在管壁内引起的应力值。

3.9

壳体试验 shell test

测定阀门耐内部静液压性能的试验。

静液压强度试验包括壳体试验(7.2 表 2)。

3.10

密封试验(阀座及上密封试验) leaktightness test(seat and packing test)

测定下述性能的一组试验：

——阀门关闭后，阀座的内密封性能(单向阀门从一个方向测试，其他类型阀门从每个方向测试)。

——阀门半开时，阀杆的外部密封性能。

3.11

启动扭矩 initiating torque

启动启闭装置(件)所需的最大扭矩。

3.12

运行扭矩 running torque

在最大允许工作压力下,完全打开或关闭阀门所需的最大扭矩。

4 材料

4.1 总则

阀门制造商应能够向买方提供材料的相关技术数据。

阀门如果使用金属材料应防止腐蚀,如果使用不同的金属材料并可能与水分接触时,应采取措施防止电化学腐蚀。

注:考虑到实际应用等目的,应注意阀门与气体接触的部分应耐燃气、冷凝物及其他物质诸如粉尘等。

4.2 阀体

4.2.1 阀体应使用 PE80 或 PE100 混配料制造。

聚乙烯混配料应符合 GB 15558.1—2003 中 4.5 的要求。不得使用回用料。

4.2.2 材料要求

聚乙烯混配料应有按照 GB/T 18252(或 ISO 9080:2003)确定材料与 20 ℃、50 年、置信度为97.5%时相应的静液压强度 σ_{LCL}。混配料应有图线和单个试验点(破坏时间及环向应力)形式的回归数据。

混配料应按照 GB/T 18475—2001 确定 MRS 并进行分级,混配料应有相应的级别证明。

4.3 密封件

密封件应均匀一致且无内部裂纹、不纯物或杂质,不应含有对其接触材料的性能有负面影响致使其不能满足本部分要求的组分。添加剂应均匀分散。

橡胶圈应符合 HG/T 3092—1997。

其他密封材料应符合相关标准并适用于燃气输送。

4.4 润滑剂

润滑剂不应对阀门各部件有负面影响。

4.5 熔焊性

制造商应按本部分规定测试其阀门与管材的连接性能,以向用户证明阀门与规定管材材料焊接兼容性。制造商应向用户提供熔接条件和熔接机具的技术说明。

5 一般要求

5.1 外观

肉眼观察,阀门内、外表面应洁净,不应有缩孔(坑)、明显的划痕和可能影响符合 GB 15558 本部分要求的其他表面缺陷。

阀体颜色应为黄色或黑色。

5.2 设计

阀门设计应满足 GB 15558.1—2003 的 SDR11 系列管材的最大工作压力。

阀门不应采用轴向升降杆式结构。

全开和全闭位置应设置限位机构。

5.3 结构

5.3.1 主体

阀体可为单个部件或多个部件熔接在一起制成。

阀门应设计成不使用专用工具无法在施工现场拆卸的结构。

5.3.2 操作帽

操作帽应与阀杆制成一体或与其相连，除非借用专门设备，连成一体的操作帽应无法拆卸。关闭阀门应顺时针旋转操作帽。

对于1/4圆周旋转的阀门，开关的位置应在操作帽的顶侧清楚标识。

5.3.3 密封件

密封件安装后应能抵抗正常操作产生的机械载荷，应考虑材料的蠕变及低温流体所产生的影响。对密封件施加预紧载荷的各机构应永久性紧固。管道内压力不应作为唯一密封载荷。

6 几何尺寸

6.1 总则

每个阀门应采用其尺寸和相关公差来表征，阀门的公称外径指与相连管材的端口的公称外径。制造商应提供包括安装尺寸在内的技术资料，例如插口长度和阀门总长度。

注：作为技术资料的一部分制造商应提供现场安装指南及内径尺寸参数。

6.2 阀体任一点的壁厚

除表1规定外，阀体的任一点壁厚 E 应不小于对应同一材质 SDR 11 管材系列的壁厚。

阀体壁厚 E 和管材壁厚 e_n 的关系应符合表1。

表1 管材和阀门的壁厚关系

管材和阀门材料		阀门壁厚(E)和管材壁厚(e_n)的关系
管材	阀门	
PE 80	PE 100	$E \geqslant 0.8e_n$
PE 100	PE 80	$E \geqslant e_n/0.8$

为了避免应力集中，阀门主体壁厚的变化应是渐变的。

6.3 带插口端阀门

按照9.3测量，插口端的尺寸应符合GB 15558.2—2005。

6.4 带电熔承口端的阀门

按照9.3测量，电熔承口端的尺寸应符合GB 15558.2—2005。

6.5 操作帽

操作帽的尺寸应能与50 mm×50 mm、深40 mm的方孔钥匙有效配合，d_n 250 mm及以上的阀门可设计为与75 mm×75 mm、深60 mm的方孔钥匙有效配合。

操作帽在阀门正常操作过程中不应破坏。

7 力学性能

7.1 总则

除非另有规定，应在阀门生产至少24 h后取样。

试验应在阀门与符合GB 15558.1—2003的相同管材系列的直管段组装成的试样上进行。试样组装遵循技术规程、由制造商推荐的极限安装条件以及用户要求的限制条件（几何尺寸、不圆度、管材和阀门的尺寸公差、温度、熔接性能）。

注：阀门试样的性能取决于管材和阀门的性能及安装条件（几何尺寸、温度、状态调节的类型和方法、组装和熔接步骤）。

制造商的技术说明应包括：

a) 应用范围（管材和阀门的使用温度限制，SDR系列和不圆度）；

b) 安装指南；

c) 带电熔端的阀门，包括熔接说明（电源要求或限制的熔接参数范围）。如果变更这些熔接参数，制造商应保证阀门组件符合本部分要求。

试验前,试样按照 GB/T 2918—1998 规定,在温度为(23±2)℃下状态调节至少 4 h。

7.2 要求

阀门组合试样的力学性能、试验方法及参数见表 2。

表 2 力学性能

序号	项目	要求	试验参数		试验方法
1	20 ℃静液压强度 (20 ℃,100 h) (壳体试验)	无破坏,无渗漏	环应力: PE 80 管材 PE 100 管材 试验时间	 10.0 MPa 12.4 MPa ≥100 h	见 9.4
	80 ℃静液压强度[a] (80 ℃,165 h) (壳体试验)	无破坏,无渗漏	环应力: PE 80 管材 PE 100 管材 试验时间	 4.5 MPa 5.4 MPa ≥165 h	
	80 ℃静液压强度 (80 ℃,1 000 h) (壳体试验)	无破坏,无渗漏	环应力: PE 80 管材 PE 100 管材 试验时间	 4.0 MPa 5.0 MPa ≥1 000 h	
2	密封性能试验 (阀座及上密封试验)	无破坏,无泄漏	试验温度 试验压力 试验时间	23 ℃ 2.5×10^{-3} MPa 24 h	见 9.5
			试验温度 试验压力 试验持续时间	23 ℃ 0.6 MPa 30 s	
3	压力降	在制造商标称的流量下: $d_n\leqslant63$:$\Delta P\leqslant0.05\times10^{-3}$ MPa $d_n>63$:$\Delta P\leqslant0.01\times10^{-3}$ MPa	空气流量(m^3/h) 试验介质 试验压力	制造商标称 空气 2.5×10^{-3} MPa	见 9.6
4	操作扭矩[b]	操作帽不应损坏,启动扭矩和运行扭矩最大值符合表 3 规定[c]	试验温度 试验介质 试样数量 试验压力	−20 ℃、23 ℃和 40 ℃ 空气 1 最大工作压力	见 9.7
5	止动强度	试样应满足: a) 止动部分无破坏; b) 无内部或外部泄漏	最小止动扭矩 试验温度	$2T_{max}$(见表 3) −20 ℃和 40 ℃	见 9.8
6	对操作装置施加弯矩期间及解除后的密封性能	无破坏,无泄漏	试验温度	23 ℃	见 9.9
7	承受弯矩条件下,温度循环后的密封性能及易操作性 ($d_n\leqslant63$ mm)	无泄漏并满足密封性能试验和操作扭矩要求 (见本表第 2 项和第 4 项)	循环次数 循环温度 试样数量	50 −20 ℃/+40 ℃ 1	见 9.10
8	拉伸载荷后的密封性能及易操作性[d]	无泄漏并且符合操作扭矩要求 (见表 3)	试样数	1	见 9.11

表 2（续）

序号	项目	要　求	试验参数		试验方法
9	冲击后的易操作性	无裂纹产生并且符合止动强度要求 （见本表第 5 项）	冲击高度 h 锤重 重锤类型 试验温度	1 m 3.0 kg d90；符合 GB/T 14152 −20 ℃和 40 ℃	见 9.12
10	持续内部静液压后的密封性能及易操作性	试验后应满足静液压强度和拉伸载荷下的密封性能及易操作性要求 （见本表第 8 项）	试验温度 试验压力[e] PE80 PE100 试验时间	20 ℃±1 ℃ 1.6 MPa 2.0 MPa 1 000 h	见 9.13
11	耐简支梁弯曲密封性能 （d_n>63 mm）	无泄漏并且符合最大操作扭矩的要求（见表 3）	施加载荷 63<d_n≤125 125<d_n≤315	 3.0 kN 6.0 kN	见 9.14
12	耐温度循环 （d_n>63 mm）	无泄漏并且符合最大操作扭矩的要求（见表 3）	试样数	1	见 9.15

[a] 对于（80 ℃ 165 h）静液压试验，仅考虑脆性破坏。如果在规定破坏时间前发生韧性破坏，允许在较低应力下重新进行该试验。重新试验的应力及其最小破坏时间应从表 4 中选择，或从应力/时间关系的曲线上选择。

[b] 应综合考虑启闭件的设计与操作扭矩的大小，避免用手即可简单操作阀门，即无论有无辅助操作柄，如果要启闭阀门应采用某种形式的套筒手柄。在 23 ℃时的测量值应允许作为出厂检验。久置阀门可在启闭并放置 24 h 后测量。

[c] 在 0.6 MPa 的压力下，操作杆和开关之间的抗扭强度应至少为按 9.7 测量的最大操作扭矩值的 1.5 倍。

[d] 管材应在阀门破坏前屈服。

[e] 通过 σ 值计算：考虑用于制造阀门本体的混配料的 MRS 分类的 σ 公称值。如 PE80 取 8.0 MPa；PE100 取 10.0 MPa。

表 3　扭矩和止动强度

公称外径 d_n/mm	最小止动扭矩/Nm	最大操作扭矩/Nm
d_n≤63	$2T_{max}$（T_{max}：最大操作扭矩测量值）且最小为 150 Nm，持续 15 s 内	35 Nm
63<d_n≤125		70 Nm
125<d_n≤225		150 Nm
225<d_n≤315		300 Nm

表 4　静液压强度（80 ℃ 165 h）－应力/最小破坏时间关系

PE 80		PE 100	
环应力/MPa	最小破坏时间/h	环应力/MPa	最小破坏时间/h
4.5	165	5.4	165
4.4	233	5.3	256
4.3	331	5.2	399
4.2	474	5.1	629
4.1	685	5.0	1 000
4.0	1 000	—	—

8　物理性能

按照规定的试验方法及试验参数进行试验，阀体应符合表 5 的物理性能要求。

表 5 阀门物理性能

性能	要求	试验参数		试验方法
氧化诱导时间（热稳定性）	>20 min	试验温度	200 ℃[a]	9.1
熔体质量流动速率（*MFR*）	(0.2≤*MFR*≤1.4)g/10 min，且加工后最大偏差不超过制造阀门用混配料批 *MFR* 测量值的±20%	190 ℃，5 kg		GB/T 3682—2000

[a] 可以在 210 ℃进行试验；有争议时，仲裁温度应为 200 ℃。

9 试验方法

9.1 氧化诱导时间(热稳定性)

氧化诱导时间按照 GB/T 17391—1998 测定。刮去表层 0.2 mm 后取样。

9.2 熔体质量流动速率

熔体质量流动速率按照 GB/T 3682—2000 测定。分别从原料及阀门上取样。

偏差按公式(1)计算：

$$\left|\frac{MFR_{原料}-MFR_{阀门}}{MFR_{原料}}\right|\times 100\% \quad \cdots\cdots(1)$$

9.3 尺寸测量

在生产至少 24 h 后取样，在(23±2)℃温度下状态调节至少 4 h，按照 GB/T 8806 进行测量。

承口内径用精度不低于 0.02 mm 的量具测量，取同一平面内两个相互垂直的内径，取其算术平均值做为平均内径。

插口尺寸用 π 尺或精度不低于 0.02 mm 的量具进行测量。

各部位长度用精度不低于 0.02 mm 的量具进行测量。

9.4 静液压强度

静液压试验按照 GB/T 6111—2003（图 1a）规定在阀门组件上进行。试验条件按表 2 规定，试验内外的介质均为水，状态调节时间符合 GB/T 6111—2003 的规定，试样密封接头之间的自由长度为 $2d_n$，试验压力按表 2 中规定的环应力和与阀门连接相同 SDR 管材的公称壁厚计算。

试验压力施加在正常操作下承受管道内压力的阀门的各部分，试验在半开状态下进行。

试样数量为 3 个。

9.5 密封性能试验(阀座及密封件试验)

9.5.1 24 h 试验

试验按照 GB/T 13927—1992 进行，用空气或氮气做介质，在 2.5×10^{-3} MPa 的压力下试验 24 h。

9.5.2 30 s 试验

试验按照 GB/T 13927—1992 进行，用空气或氮气做介质，在 0.6 MPa 的压力下试验 30 s。

9.5.3 试样数量

试样数量至少为 1 个。

9.6 压力降

按照 GB 15558.2—2005 的附录 D 进行，试验数量为 1 个。

制造商在其技术资料中应说明阀门两端压降为 0.05×10^{-3} MPa (d_n≤63 mm)或 0.01×10^{-3} MPa (d_n>63 mm)时对应的气体流量(m^3/h)及气体介质类型。

9.7 操作扭矩

操作扭矩按照附录 C 进行。

注：除非另有要求，试验在表 2 规定的温度下进行。

9.8 止动强度

按照附录 C 和 GB/T 13927—1992 进行试验，试验条件如下：

a) 试验压力 P,应为阀门应用的最大工作压力;

b) 首次试验温度 T_1,应为+40 ℃;

c) 试验时间 t,承压状况下应为 24 h;

d) 试验扭矩应为表 2 规定的最小止动扭矩;

e) 第 2 次试验温度 T_2,应为−20 ℃。

试样数量为 1 个。

9.9 对操作机械装置施加弯矩期间及解除后的密封性能

按照附录 D 进行试验,试验条件如下:

a) 弯曲力矩 M,应为 55 Nm;

b) 首次试验压力 P_1,应为 2.5×10^{-3} MPa;

c) 第 2 次试验压力 P_2,应为 0.6 MPa;

d) 除非另有规定,在弯矩前或解除后,维持压力的最小时间应为 1 h。

试验数量至少为 1 个。

9.10 承受弯矩条件下,温度循环后的密封性能及易操作性($d_n \leqslant 63$ mm)

按照附录 E 进行试验,相对于弯曲面,至少测试两个阀门试样,一个按照 E.3.1 阀门在弯曲平面内沿径向布置进行试验(辐射形轴),另一个按照 E.3.5 阀杆与弯曲平面垂直进行试验(正交轴),试验条件如下:

a) 组合试样管材的中心线的弯曲半径应为管材平均外径的 25 倍;

b) 高温 T_1,应为+40 ℃±5 ℃;

c) 低温 T_2,应为−20 ℃±5 ℃;

d) 在恒定温度下的试验时间:t_1 和 t_2,均为 10 h;

e) 按照 E.3.2 温度循环 50 次。

注:可以采用双温控制箱方式进行试验,试样转移时间大于 0.5 h,小于 1 h。

9.11 拉伸载荷后阀门的密封性能及易操作性

按照附录 F 进行试验,试验条件如下:

a) 连接管管壁的纵向拉伸应力 σ_x,应为 12 MPa;

b) 内部压力 P,应为 2.5×10^{-3} MPa;

c) 拉伸载荷期间稳定维持时间 t,应为 1 h;

d) 拉伸速度应为 25 mm/min±1 mm/min。

9.12 冲击试验后的易操作性

按照附录 G 进行试验,试验条件如下:

a) 在与冲击点等距的位置刚性支撑阀门,支撑点至冲击点的最大间距应为较短出口端的长度,这样冲击点即位于支撑的操作帽上(最不利位置);

b) 状态调节温度 T_c,应为−20 ℃±2 ℃;

c) 状态调节时间 t_c,应至少为 2 h;

d) 试验温度规定如下:

1) 按照 G.4.2 进行试验;

2) 按照 9.7 和 9.8 进行扭矩测试,每种情况下的试验温度为:−20 ℃和 40 ℃(见表 2)。

9.13 持续内部静液压和冲击后的密封性能及易操作性

按照附录 H 进行试验,测试的阀门数量为偶数个(至少两个),半数的阀门应在关闭的状态下试验,另一半的在开启状态下,试验条件如下:

a) 加压介质和周围环境液体均为水(水-水试验);

b) 静液压下试验温度 T 为 20 ℃±1 ℃;

c) 静液压下试验周期 t 至少为 1 000 h。

9.14 耐简支梁弯曲密封性能

按照附录 I 进行试验,试验条件见表 2。

9.15 耐温度循环(d_n>63 mm)

按照附录J进行试验。

注：可以采用双温控制箱方式进行试验，试样转移时间大于0.5 h，小于1 h。

10 检验规则

10.1 检验分类

检验分为定型检验、型式检验和出厂检验。

10.2 定型检验

10.2.1 制造商生产的每个规格阀门均应进行定型检验。

10.2.2 定型检验项目为本部分规定的所有技术要求中的项目。材料、结构或工艺发生改变应重新进行定型检验。

注：在进行检验过程中，应注意试验的先后顺序，如可以先进行9.13的项目。

10.2.3 判定规则和复验规则

按照本部分规定的试验方法进行检验，依据试验结果和技术要求进行判定。如性能要求有一项达不到规定时，则随机抽取双倍样品对该项进行复验。如仍有不合格，则判该项不合格。

10.3 型式检验

10.3.1 型式检验的项目为第5章、第6章、第7章表2序号第1、2、4、5、6项和第8章的技术要求。

10.3.2 已经定型生产的阀门，按下述要求进行型式检验。

10.3.2.1 分组

使用相同材料、具有相同结构、相同品种的阀门，按表6规定进行尺寸分组。

表6 阀门的尺寸分组和公称外径范围

单位为毫米

尺寸组	1	2	3
公称外径 d_n 范围	d_n<75	75≤d_n<250	250≤d_n≤315

10.3.2.2 根据本部分的技术要求，每个尺寸组合理选取任一规格进行试验，在外观尺寸抽样合格的产品中，进行10.3.1规定的性能检验。每次检验的规格在每个尺寸组内轮换。

10.3.2.3 一般情况下，每隔三年进行一次型式检验。若有以下情况之一，应进行型式试验：

a) 新产品或老产品转厂生产的试制定型鉴定；

b) 结构、材料、工艺有较大变动可能影响产品性能时；

c) 产品长期停产后恢复生产时；

d) 出厂检验结果与上次型式检验结果有较大差异时；

e) 国家质量监督机构提出型式检验的要求时。

10.3.3 判定规则和复验规则

按照本部分规定的试验方法进行检验，依据试验结果和技术要求进行判定。如性能要求有一项达不到规定时，则随机抽取双倍样品对该项进行复验。如仍有不合格，则判该项不合格。

10.4 出厂检验

10.4.1 组批

同一原料、设备和工艺生产的同一规格阀门作为一批。公称外径 d_n<75 mm时，每批数量不超过1 200件；公称外径75 mm≤d_n<250 mm时，每批数量不超过500件；公称外径250 mm≤d_n≤315 mm时，每批数量不超过100件。

10.4.2 出厂检验项目

出厂检验项目为5.1、第6章、第7章中的(80 ℃，165 h)静液压试验、操作扭矩和密封性能试验、第8章中的氧化诱导时间和熔体质量流动速率。

10.4.3　抽检项目及抽样方案

5.1、第6章的出厂检验采用GB/T 2828.1—2003的正常检验一次抽样，其检验水平为一般检验水平Ⅰ、接收质量限(AQL)为2.5的抽样方案见表7。

表7　出厂检验抽样方案

样本单位为件

批量/N	样本量/n	接收数/Ac	拒收数/Re
≤150	8	0	1
151～280	13	1	2
281～500	20	1	2
501～1 200	32	2	3

10.4.4　全检项目

应对每批出厂产品逐个进行操作扭矩试验(23 ℃)和密封性能(23 ℃，30 s)试验，剔除不合格品。

10.4.5　随机检验项目

在外观尺寸抽样合格的产品中，随机抽取样品进行氧化诱导时间、熔体质量流动速率和静液压试验(80 ℃，165 h)，其中静液压强度(80 ℃，165 h)试样数量为1个。

10.4.6　判定规则和复验规则

产品须经制造商质量检验部门检验合格并附有合格标志方可出厂。

按照本部分规定的试验方法进行检验，依据试验结果和技术要求对产品做出质量判定。外观、尺寸按5.1、第6章的要求，按表6进行判定。其他性能有一项达不到规定时，则在该批中随机抽取双倍样品对该项进行复验。如仍不合格，则判该批产品不合格。

11　标志

在阀门上应至少有下列永久标志：

a)　制造商的名称或商标；

b)　PE(混配料)材料级别和/或牌号；

c)　公称外径 d_n；

d)　SDR系列及MOP值；

e)　对于阀门和其部件的可追溯性编码。

注：制造日期，如用数字或代码表示的年和月，生产地点的名称或代码。

GB 15558.3—2008的信息可以直接成型在阀门上或所附的标签或包装上。

所有标志应在正常贮存、操作、搬运和安装后，保持字迹清晰。标志的方法不应妨碍阀门符合本部分的要求。标志不应位于阀门的最小插口长度范围内。

注：建议考虑采用CJJ 63中给出的设计、搬运和安装操作规程。

12　包装、运输、贮存及产品随行文件

12.1　包装

阀门应有包装，必要时单个保护以防止损坏和污染，一般情况下，应装入包装袋和包装箱中。

包装物应有标识，标明制造商的名称、阀门的类型和尺寸、阀门数量、任何特殊的贮存条件和贮存时间范围要求。

12.2　运输

阀门运输时，不得受到剧烈的撞击、划伤、抛摔、曝晒、雨淋和污染。

12.3　贮存

阀门应合理放置并贮存在地面平整、通风良好、干燥、清洁并保持良好消防的库房内。贮存时，应远离热源，并防止阳光直接照射。

12.4　产品随行文件

阀门的随行文件至少包括制造商信息、技术说明及现场安装指南等。

附 录 A
（资料性附录）
本部分章条编号与 ISO 10933:1997 章条编号对照

表 A.1 给出了本部分章条编号与 ISO 10933:1997 章条编号对照一览表。

表 A.1 本部分章条编号与 ISO 10933:1997 章条编号对照

本部分章条编号	ISO 10933:1997
第 1 章	第 1 章
3.2、3.3	3.4、3.5
3.4、3.5	3.7、3.8
3.7、3.8、3.9～3.12	3.9、3.11、3.12～3.15
第 4 章	第 4 章
7.2	7.2～7.11
—	9.1
9.1	9.2
9.3	—
9.4	9.6
9.5	9.7
9.6、9.7	9.8、9.9
9.8	9.10
9.9～9.13	9.11～9.15
10	—
11	10
12.1	11
12.2、12.3	—
附录 A	—
附录 B	—
附录 C	—
—	附录 A
附录 D	附录 B
附录 E	附录 C
附录 F	附录 D
附录 G	附录 E
附录 H	附录 F
附录 I	—
附录 J	—
注：表中的章条号以外的本部分其他章条编号与 ISO 10933:1997 其他章条编号均相同且内容基本对应。	

附　录　B
（资料性附录）
本部分与ISO 10933:1997技术性差异及其原因

表B.1　本部分与ISO 10933:1997技术性差异及其原因

本部分的章条编号	技术性差异	原　因
1	增加了材料为PE80和PE100的要求；按照系列标准格式进行了编排。 增加了输送人工煤气和液化石油气的规定。 将阀门口径扩大到315 mm	考虑到我国产品标准及系列标准的编排格式，明确说明。 以适合我国国情。 考虑到我国的生产和使用现状
2	引用了采用国际标准的我国标准； 增加了GB/T 2828.1—2003等	以适合我国国情。 强调与GB/T 1.1—2000的一致性
3	去掉了3.2、3.3、3.10的有关定义。	因为系列标准，在GB 15558.1—2003中已有，在此不再赘述
4.2	去掉了4.2.3中表1，改为直接应用GB 15558.1—2003中对原材料的要求	在GB 15558.1—2003中已有规定要求，本标准为系统标准的一部分，并考虑到标准及材料的进步
5.1	增加了颜色的要求	参照欧洲标准，外观和颜色是系统标准中的一贯要求
6.2	增加了壁厚关系部分的内容	参照欧洲标准EN 1555.4—2002中6.3，因有PE 80和PE 100两种材料，宜合理规定
7	按照表格格式编排。	参照欧洲标准，符合系列标准的格式
	力学性能中增加了耐简支梁弯曲密封性能和耐温度循环性能要求	参照EN 1555-4:2002，保证产品质量
	项目2修改了表2中(80 ℃ 165 h)的环应力数值，同时修改了表4中的相应数据	参照EN 1555-4:2002的规定，此为欧洲标准化组织研究改进后的数据，更符合外推曲线，更科学。与系列标准要求一致
	表3中增加了对225 mm以上阀门的最大操作扭矩要求	考虑本标准阀门尺寸范围，参照韩国和美国标准规定
8	去掉了密度、挥发份含量、水份含量、炭黑含量和炭黑分散、颜料分散的要求及相应试样方法(9章)	参照标准EN 1555-4:2002中对物理性能的要求，由PE混配料保证这些性能的测试，满足可操作性
10	增加了“检验规则”一章	符合我国产品标准的编写规定，具有操作性
12	增加了运输、贮存的内容	符合我国产品标准的编写规定，要求明确
9.6	取消了ISO 10933:1997中附录C“气体流量/压力降关系的测定”	直接引用GB 15558.2—2005的附录D，符合系列标准
附录C	增加了规范性附录C“扭矩试验方法”	参照国际标准ISO 8233:1988编写
附录I	增加了规范性附录I“耐简支梁弯曲试验方法”	按照欧洲标准EN 12100:1997编写
附录J	增加了规范性附录J“耐温度循环试验方法”	按照欧洲标准EN 12119::1997编写

附 录 C
（规范性附录）
扭矩试验方法

C.1 范围

本附录规定了塑料阀门开启和关闭的扭矩试验方法。

C.2 设备

如果试验介质是空气，应确保安全地使用压缩空气。密封装置不应对阀门产生轴向外力。

注：注意操作帽产生轴向压力或径向力对阀门的影响。

C.2.1 泵

在试验期间应能提供不小于规定的压力。

C.2.2 装置

能提供所需要的扭矩，精度±2%。

C.2.3 测量仪器

在扭矩试验期间，应能够连续读数，并能记录其最大值，精度±2%。

C.3 试验条件

阀门在23±2 ℃和公称压力下用气体试验，连接应符合相关要求，按照C.4进行试验。

C.4 步骤

C.4.1 状态调节

试验前开启和关闭阀门10次，以达到平滑操作，状态调节12 h后进行后续测试。

C.4.2 操作

C.4.2.1 在阀门关闭状态下，压力在60 s内逐渐升高到阀门的最大工作压力，保压5 min。

C.4.2.2 将阀门手柄或阀杆与扭矩测量装置连接，施加扭矩，并逐渐增加到阀门完全开启，试验过程应符合表C.1要求。

表 C.1 试验条件

型 式	公称尺寸[a]/DN	操作时间[b]/s	操作速度/(r/min)
90°旋转阀门	DN≤50	2	—
	DN>50	DN/30	—
多圈旋转阀门	DN≤50	—	20
	DN>50	—	10

[a] 阀门的公称外径，数值上等于GB/T 4217—2001中规定的管材的公称外径。

[b] 保留一位小数，小数点后第二位非零数字进位。

C.4.2.3 在整个开启过程中，记录开启扭矩。

C.4.2.4 在最大工作压力下关闭阀门到完全闭合，记录关闭扭矩，如有可能记录整个过程的关闭扭矩。

C.4.2.5 应在两个方向分别进行试验。

C.5 试验报告

试验报告应包含下面的内容：

a) GB 15558.3—2008 的本附录号和试验名称；

b) 阀门的信息：

——阀体和密封件的材料；

——公称尺寸(DN)或外径 d_n，承口直径或插口直径的尺寸；

——阀门的公称压力(PN)；

——制造商名称或商标；

——流动方向(如有需要)。

c) 试验日期；

d) 开启和关闭的扭矩记录。

附 录 D
（规范性附录）
对操作装置施加弯曲力矩及解除后的密封性能试验方法

D.1 设备

当按照9.5的规定将阀门与压力源连接进行密封性能试验时，同时操作杆处于半开状态下。当设备对阀门最需要位置（如图D.1所示的中心位置操作装置顶端）施加弯曲力矩M时，设备仍能对阀门进行支撑。

注：有必要能够依次对阀门的每个端部加压（见D.3.4）。

D.2 试样制备

阀门在半开且无压情况下，对阀帽（和体腔）做好加压准备。如有必要，可在两端均能加压（可逆转）。

D.3 步骤

D.3.1 将试样安装在设备（D.1）上，在阀门最需要位置（如图D.1），将操作装置置于半开状态并施加规定的弯曲力矩M，（55 Nm；见9.9），然后对阀门施加规定的试验压力P_1（2.5×10^{-3} MPa，见9.5.1），按照9.5.1检查密封性能，试验一般为1 h（除规定的试验周期t_1外），记录任何观察到的泄漏，若无泄漏，保持压力进行D.3.2。

注：$F=M/L$（F：应力，用N表示，M：弯距力矩，用N·m表示；L：阀门中心到支撑点A的水平距离，推荐值为0.25 m）。

D.3.2 去掉弯曲力矩并维持内压1 h，检查阀门的密封性能，记录试验期间任何观察到的泄漏，若无泄漏，保持压力进行D.3.3。

D.3.3 调整操作装置到全闭位置按照9.5.1检查密封性能，试验时间应为1 h。

D.3.4 保持阀门关闭，关闭气源，阀门两端泄压，经由阀门的另一端重新施加规定的试验压力。按照9.5.1检查密封性能，试验周期为1 h，记录任何观察到的泄漏，若无泄漏，保持压力进行D.3.5。

D.3.5 按照9.5.2进行密封性能试验，使用试验压力（P_2）和试验周期（t_2）（如使用试验压力为0.6 MPa，试验周期为1 h）以外，重复步骤D.3.1到D.3.4。

D.4 试验报告

试验报告应包含下面的内容：

a） 试验阀门的全部标志；

b） GB 15558.3—2008的本附录号；

c） 任何观察到的泄漏以及相应的操作装置状态（半开或关闭）和试验压力；

d） 任何可能影响结果的因素，诸如任何偶发事件或本附录没有规定的操作细节；

e） 试验日期。

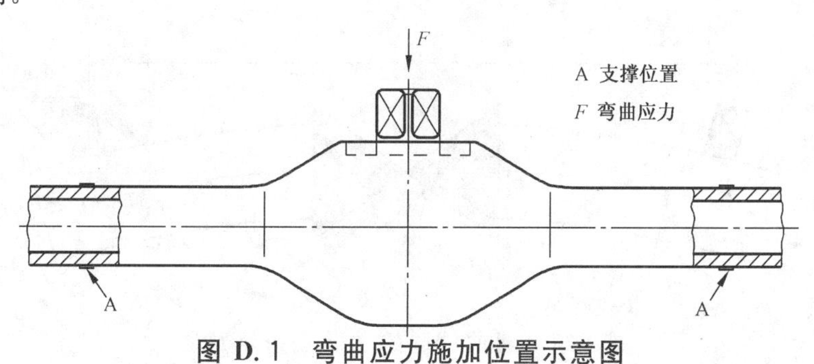

图D.1 弯曲应力施加位置示意图

附 录 E
（规范性附录）
温度循环下承受弯曲时的密封性能及易操作性（$d_n \leqslant 63$ mm）试验方法

E.1 设备

E.1.1 应能够在试样组件上通过3点弯曲施加应力达到规定半径的结构，如图E.1所示。
E.1.2 能够控制温度在规定的温度范围 T_1 和 T_2 之间变化，并在规定恒温期间内保持温度误差不超过±5 ℃，温度变化速率应能设置为1 ℃/min。温度传感器测温点在阀门内部。
E.1.3 设备的布置应便于对试样进行扭矩测试及压力源连接（见9.7和9.5）。

E.2 试样的制备

试验阀门应按照7.1用两段管材组装，管段应足够长，以保证按照E.1.1将试样安装在设备上（图E.1）。将阀门置于合适的操作状态（例如全闭，见9.10）。

E.3 步骤

E.3.1 如图E.1所示，安装试样在设备上，使阀门阀杆沿着弯曲半径方向，如操作装置或阀杆位于弯曲平面内并沿弯曲半径指向外侧，使试样承受3点弯曲达到规定弯曲半径。
E.3.2 升高环境温度到上限温度 T_1，维持此温度至规定的时间 t_1，然后降低环境温度到下限温度 T_2，维持此温度至规定的时间 t_2。
E.3.3 按照E.3.2重复温度循环，总数为50次。
E.3.4 保持弯曲状态，按照9.7进行阀门的扭矩试验并按照9.5.1和9.5.2检查密封性能，记录结果。

注：分别做−20 ℃和40 ℃下的密封性能测试，试验前宜稳定24 h达到与试验环境状态一致。

E.3.5 重新取样，使阀杆与弯曲平面垂直，重复步骤E.3.1～E.3.4。

E.4 试验报告

试验报告应包含下面的内容：

a) 试验阀门的全部标志；
b) GB 15558.3—2008的本附录号；
c) 弯曲半径；
d) 温度循环的 T_1 和 T_2；
e) 如果时间 t_1 不同于 t_2，分别记录各自温度的时间。
f) 试样在阀杆相对于弯曲平面的方向（沿半径或正交）的扭矩测量值和任何观察到的渗漏；
g) 任何状况或本附录没有规定的操作细节；
h) 试验日期。

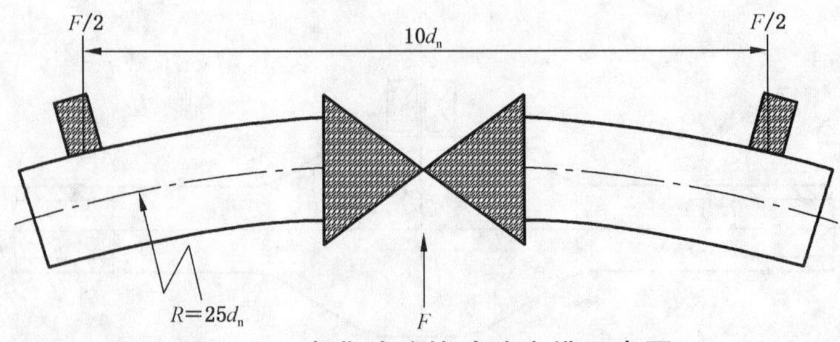

图E.1 弯曲试验的试验安排示意图

附 录 F
（规范性附录）
拉伸载荷后阀门的密封性能和易操作性试验方法

F.1 设备

F.1.1 拉伸试验机，能够对试样施加拉伸载荷，使与阀门相连管段管材壁内产生规定的轴向应力 σ_x，并维持规定的时间 t_1，然后以规定的拉伸速率直到试样屈服或断裂。

F.1.2 夹具或连接器，能够确保试验机(F.1.1)直接或通过中间管件对试样施加合适的载荷。

F.1.3 压力装置，能以适当的连接使其在拉伸应力下提供规定的内部压力 P。

F.2 试样

由阀门和两段 PE 管材组装(见 7.1)，每段管材的公称外径 d_n 以及 SDR 系列与阀门相匹配。每段管材长度为 $2d_n$ 或 250 mm(取两者较小者)。

F.3 步骤

F.3.1 保持环境温度为 23 ℃±2 ℃，阀门处于开启状态。安装试样在拉伸试验机上并施加规定的内部压力 P，试验前检查组件的密封性。

F.3.2 施加平滑增加的拉力直到在试验组件的管材管壁轴向拉伸应力达到 σ_x。

F.3.3 保持拉力至规定的时间(t)，然后施加规定的拉伸速率拉伸，直到试样发生屈服或断裂。如果出现断裂，记录试验报告。在出现屈服情况下，进行 F.3.4。

F.3.4 卸掉拉伸载荷，按照 9.7 对阀门进行扭矩试验，按照 9.5.1 和 9.5.2 进行密封性能试验，记录试验结果或试验状况。

F.4 试验报告

试验报告应包含下面的内容：

a) 试验阀门的全部标志；

b) GB 15558.3—2008 的本附录号；

c) 试样使用的管材的尺寸；

d) 轴向拉伸应力 σ_x；

e) 施加在试样上的拉力；

f) 施加在试样上的内部压力 P；

g) 拉力维持的时间 t；

h) 任何观察到的泄漏迹象；

i) 按照 9.7 得到的扭矩试验结果；

j) 按照 9.5.1 和 9.5.2 的进行密封性能试验的结果；

k) 任何可能影响结果的因素，诸如任何偶发事件或本附录没有规定的操作细节；

l) 试验日期。

附 录 G
（规范性附录）
冲击后的止动强度和易操作性试验方法

G.1 设备

G.1.1 落锤冲击试验机，能将试样(见 G.2)紧密夹持在坚固底座上，能从距离阀门冲击点垂直高度 1 m 处释放冲锤。

G.1.2 落锤 在锤体和/或承载之下具有直径为 50 mm 的硬质半球形冲击面。

G.1.3 夹具 能够夹紧固定阀门两出口端使阀门紧密固定在试验机底座上(见 G.2)。如有必要，能够将阀门从状态调节环境中取出(见 G.1.4 和 G.3)并按照 G.4.2 冲击。

G.1.4 温度可控环境(温控室)，能够容纳阀门及其夹具等，适应状态调整要求，方便移取(见 G.1.1 和 G.4)。

G.2 试样

试样应包括一个完整的阀门，阀门出口与夹具紧密连接(G.1.3)，当装配在试验机底部，冲击点应符合 9.12 要求(最不利位置，如位于阀门支撑的操作帽上)。

G.3 状态调节

在规定的温度 T_c 和规定的时间 t_c 下状态调节试样(阀门带有夹具)后立即进行试验。

G.4 步骤

G.4.1 调整落锤释放机构相对于试验机底座或夹具的高度，使落锤下落至阀门规定冲击位置(见G.2)的高度为 $1^{+0.005}_{0}$ m。

G.4.2 将试样(阀门和夹具)从状态调节环境中取出，释放冲锤使阀门受冲击。在试验机的底部装夹试样(G.1.1)。如有可能(见 G.1.4 的温控室)，保持温控环境 T_c 并在此温度下完成冲击；如不具备温控环境，试样应在状态调节后取出立即进行冲击，本步骤在 30 s 内完成。

G.4.3 应按照 9.12 规定的试验温度进行冲击。如果符合，按照 9.7 测试阀门的操作扭矩并记录试验结果，如果不符合表 2 中操作扭矩要求，记录报告，按照 9.8 测试止动强度并记录结果。

G.5 试验报告

试验报告应包含下面的信息：

a) 试验阀门的全部标志；

b) GB 15558.3—2008 的本附录号；

c) 落锤的质量和下落高度；

d) 阀门(帽)的冲击位置；

e) 状态调节温度；

f) 任何观察到的破裂迹象；

g) 按照 9.7 的扭矩试验结果；

h) 按照 9.8 的止动强度试验结果；

i) 任何可能影响结果的因素，诸如任何偶发事件或本附录没有规定的操作细节；

j) 试验日期。

附 录 H
（规范性附录）
持续内部静液压和冲击后的密封性能及易操作性试验方法

H.1 设备

H.1.1 加压装置

能够在60 s内逐渐均匀升压至规定压力，并在规定的试验周期内，压力误差为(+2%～−1%)。

注：宜对每个试样单独加压。不过，在一个试样失效时不影响其他试样压力的情况下，允许使用同时对几个试样加压的装置(如用隔离阀，或对一批试样进行首件失效试验时)。

H.1.2 压力表

能够在规定的范围内检测试样内部压力。

压力表应不污染试验液体。

H.1.3 计时器

在试验期间，能够连续记录施加压力的时间及直至试样失效或压力首次降低。

注：推荐使用对由渗漏或失效引起的压力变化敏感并且能使计时器停止的装置，如有必要，能关闭压力回路。

H.1.4 水箱

充水并保持规定的试验温度 T(见9.13)，在其全部工作容积中，温差在±1℃范围内。

H.1.5 支撑或支架

能够使试样浸没在水箱中(H.1.4)，且使试样之间、试样与箱壁无接触。

H.2 试样

H.2.1 试样组合

试样由阀门和直管段组合而成(见7.1)，如果多个阀门同时测试，阀门之间管材的自由长度应不小于相连管材的公称外径的3倍(例如 $3d_n$)。

H.2.2 试样数量

在开启状态、关闭状态下受试阀门的数量应相等，且至少为1个。

启闭状态的试样数量应按本部分规定，且足够用于后续各项测试(见H.3.2)。

H.3 步骤

H.3.1 施加内部静液压

H.3.1.1 组装试样并充满水，与压力设备(H.1.1)连接后，浸没到水箱(H.1.4)中，保持足够长时间以达到规定的温度 T。

H.3.1.2 在60 s±5 s内，平缓加压至规定压力 P，压力误差为(+2%～−1%)，保压至规定的试验时间(t)，或直到试样发生泄漏或破坏(见H.3.1.3)。如出现失效，则记录试验报告，在不出现泄漏或破坏的情况下卸压并进行步骤H.3.2操作。

H.3.1.3 如果失效发生在距阀门 $1d_n$(管件与阀门连接处)之外的连接管段上，可忽略该结果，对阀门重新试验。

H.3.2 冲击后密封性能和易操作性的评价

卸压1 h内，按照9.12开始对每个阀门测试，记录结果。如果不符合表2中的冲击后的项目9(易操作性)，按照H.4出具报告。如果符合，按照9.5继续对每个阀门进行试验(表2中项目2)，记录试验结果。

H.4 试验报告

试验报告应包含下面的信息：

a） 试验阀门的全部标志；

b） GB 15558.3—2008 的本附录号；

c） 试验压力，试验温度和内部静液压的时间；

d） 静液压下任何损坏、泄漏情况，包括导致重新试验的失效（见 H.3.1.3）；

e） 按照 9.12 的冲击试验出现的任何破裂情况或其他损坏；

f） 按照 9.7 的试验条件和操作扭矩的试验结果，是否符合冲击后的易操作性和操作扭矩要求；

g） 按照 9.8 的试验条件和止动强度的试验结果，是否符合冲击后易操作性和止动强度要求；

h） 按照 9.5 的试验条件和泄漏性能的试验结果，是否符合密封性能试验要求；

i） 本附录没有详细规定的可能影响结果的任何状况或操作细节；

j） 试验日期。

附　录　I
（规范性附录）
耐简支梁弯曲试验方法

I.1　范围

本附录规定了流体输送用PE阀门在双支撑（简支梁）间的耐弯曲性能试验方法，与阀门本体相连管材的公称外径在63 mm到225 mm范围内。

注：本标准中尺寸范围在250 mm≤d_n≤315 mm范围内的阀门参照本附录执行。

I.2　原理

试验在(23±2)℃温度下进行。阀体与两段管材相连接，置于两点支撑上，对阀门施加恒定的外力使其承受弯曲载荷。阀门通气加压，在加载前、加载期间和加载后分别检测密封性能并记录操作扭矩。

I.3　设备

I.3.1　试验机

应能持续施加规定的力，偏差为2%。试验机的固定支架应具有轴向平行且间距可调的两个支撑S，且头部曲率半径为5 mm（见图I.1）。

试验机的移动加载部分根据阀门的类型应配备合适的压头，压头接触部位的曲率半径为5 mm，也可采用半圆柱面或轭状接触表面，压头和支撑S均用硬化钢制造，且轴线彼此平行。

注：力不应直接施加在阀门本体上，以免对启闭件造成破坏，建议L的距离为$2d_n$（见图I.1）。压力及偏差测量指示器，应符合相关标准的精度等级要求。

I.3.2　压力表：(0 MPa～0.005 MPa)，精度等级1.6；压力源：能提供(0 MPa～0.005 MPa)气压并可调；扭矩测量装置：精度为±5%；检漏装置：精确至0.1 cm^3/h。

I.3.3　气密封管路系统，包括：

a)　连接管线的管件；

b)　阀门与压缩空气源连接间的开关以及检漏装置（如压力表及刻度管等）。

I.4　试样

I.4.1　试样由阀门和两段PE管段组装而成，管段长度应满足整个试样的支撑间距要求（见I.5.1.3）。试样两端应装有封堵或端帽等（I.3.3）。

I.4.2　除非另有规定，试样数量至少为1个。

I.5　试验步骤

I.5.1　安排

I.5.1.1　进行下面步骤（包括I.5.1.2到I.5.3.5）前，放置试样使阀门操作部分处于以下状况：

——竖直，与施力点反向（见图I.1）；

——水平，与施力方向垂直。

I.5.1.2　试验开始时，记录环境温度。

I.5.1.3　调整支撑间距至$10d_n$（见图I.1）；

I.5.1.4　将试样放在支撑(S)上，使受试阀门与两支撑点等距，且其轴线垂直于压头轴线，操作部分方向为I.5.1.1的规定方向之一。

I.5.1.5 将阀门组件一端与加压系统连接，另一端安置检漏装置。

I.5.2 初始性能检测

按照 GB/T 13927 检测并记录阀门在半开状态下（壳体试验）及关闭状态下的密封性能（启闭件密封性试验）。按照附录 C 测量并记录操作扭矩。

I.5.3 受力后的性能检测

I.5.3.1 按照本部分表 2 的规定（第 11 项），以 25(1±10%)mm/min 的速度在阀门上施加作用力。

I.5.3.2 保持上述作用力（F）10 h，在此期间：按照 GB/T 13927 检测并记录阀门全开（内部）或半开（外部）状态下的密封性能；按照附录 C 测量并记录操作扭矩；如果出现破坏或内、外部泄漏，记录详细情况，可能时，记录泄漏位置并出具试验报告（I.6）。否则，按照 I.5.3.3 到 I.5.3.5 继续进行试验。

I.5.3.3 测量并记录最大挠度，卸除作用力 F。

I.5.3.4 检查阀门及其相连管段的外观并记录任何变形。

I.5.3.5 调整操作部分至 I.5.1.1 规定的另一个位置，重复 I.5.1.2 到 I.5.3.4 的步骤，完成后，按照 I.5.3.6 继续进行试验。

I.5.3.6 按 I.5.2 测定卸除作用力后的最终性能。

I.6 试验报告

试验报告应包括下面内容：

a) GB 15558.3—2008 的本附录号；

b) 试样的完整标志及材料类型、阀门的公称尺寸；

c) 试样数量；

d) 是否观察到任何内部或/和外部泄漏及其位置；

e) 按照 I.5.2，I.5.3.2 和 I.5.3.6 测量的阀门扭矩；

f) 任何影响结果的因素，诸如任何偶然事件或本附录没有规定的操作细节；

g) 试验日期。

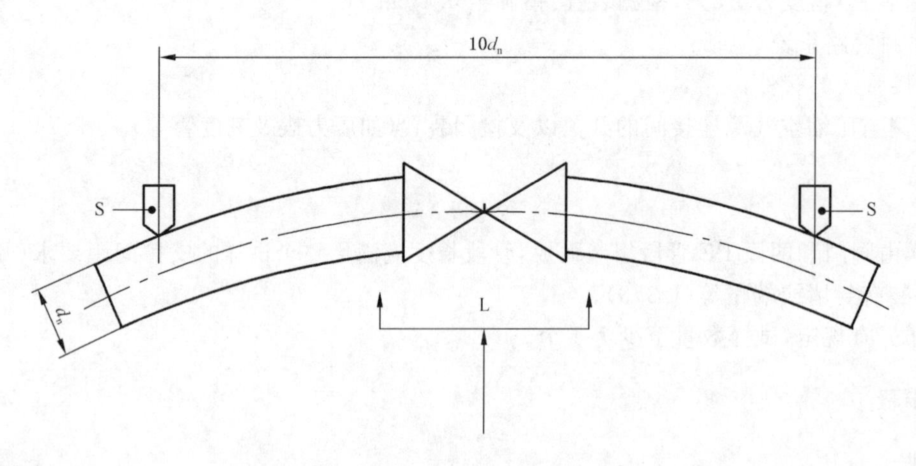

S——支撑。

图 I.1 弯曲试验的试验安排示意图

附 录 J
（规范性附录）
耐温度循环试验方法

J.1 范围

本附录规定了阀门耐温度循环的试验方法，适用于插口端公称外径大于63 mm的流体输送用聚乙烯(PE)阀门。

J.2 原理

阀门内初始压力为0.6 MPa，测量在温度循环的应力下发生的压力变化。

检查测量在压力试验前后的密封性能及操作扭矩。

J.3 设备

J.3.1 调温试验箱 能够控制温度在−20 ℃～+60 ℃之间某一恒定值或变化值并保持一定时间，偏差为±2 ℃。温度变化速率应能设置为大约1 ℃/min。

J.3.2 压力记录仪 量程和刻度适宜试验阀门的压力要求，精度1.5级。

J.3.3 压缩空气源 能够提供要求的试验压力(见J.5.4)。

J.3.4 管路 能使试样与压力记录仪及压缩空气源连接并且其上装有可使试样和记录仪组件全部和压力源隔离的阀门。通气阀门应能使压力平缓增加。

J.4 试样

J.4.1 试样应包含一个完整阀门，阀门的封堵应能保证试验按照J.5章进行。试验前应在23 ℃±2 ℃下状态调节至少24 h。

J.4.2 除非另有规定，试验数量至少为1个。

J.5 步骤

J.5.1 关闭阀门并放置在23 ℃±2 ℃的调温试验箱中。

J.5.2 按照附录C测量并记录操作扭矩。按照GB/T 13927进行试验，当阀门半开(壳体试验)以及当阀门关闭(启闭件密封性能试验)时检测并记录密封性能。

J.5.3 将试样的一端与压缩空气源相连，试样另一端不关闭。

J.5.4 将阀门关闭，在30s内将系统的压力逐渐升至0.6 MPa，偏差为±2%。

J.5.5 等待30 s使压力稳定。

J.5.6 断开试样与压力源的连接，维持试样与相应的压力记录仪连接。

J.5.7 按照J.5.8和J.5.9进行试验，记录如下：

a) 记录循环期间试样压力的变化情况；

b) 如果发生泄漏，记录泄漏发生时的温度及相应的压力变化值；

c) 查找并记录任何泄漏的位置。

J.5.8 调整调温试验箱，使其温度以约1 ℃/min的速率变化(J.3.1)。在极限温度(−20±2)℃及(60±2)℃分别保温3 h。

J.5.9 保持试样在试验箱中做10个循环，第1个循环从23 ℃升温开始。

J.5.10 循环完成后，在23 ℃±2 ℃下状态调节至少24 h，重复J.5.2的测试步骤。

J.6 试验报告

试验报告应包括下面内容：

a） GB 15558.3—2008 的本附录号；

b） 试样的完整标志；

c） PE 材料的类型及其他材料(如果有)；

d） 阀门的公称外径；

e） 试样数量；

f） 循环期间的压力记录；

g） 任何泄漏发生的位置及当时温度(如发生)；

h） 稳定循环前后的操作扭矩；

i） 任何影响结果的因素,诸如任何偶然事件或本附录没有规定的操作细节；

j） 试验日期。

参 考 文 献

GB/T 4217—2001 流体输送用热塑性塑料管材 公称外径和公称压力

GB/T 10798—2001 热塑性塑料管材通用壁厚表

ISO 161-1:1996 Thermoplastics pipes for the conveyance of fluids—Nominal outside diameters and nominal pressures—Part 1:Metric series

ISO 4065:1996 Thermoplastics pipes—Universal wall thickness table

ISO 5208:1993 Industrial valves—Pressure testing of valves

ISO/TR 10839:2000 Polyethylene pipes and fittings for the supply of gaseous fuels—Code of practice for design, handling and installation

ISO 8233:1998 Thermoplastics valves—Torque—Test method

EN 1555-4:2002 Plastics piping systems for the supply of gaseous fuels—Polyethylene(PE)—Part 3:valves

EN 12100:1997 Plastics piping systems—Polyethylene(PE) valves—Test method for resistance to bending between supports

EN 12119:1997 Plastics piping systems—Polyethylene(PE) valves—Test method for resistance to thermal cycling

CJJ 63 聚乙烯燃气管道工程技术规程

ICS 91.140
P 47

中华人民共和国国家标准

GB/T 26002—2010

燃气输送用不锈钢波纹软管及管件

Stainless steel pliable corrugated tubing and fittings used in gas piping systems

2011-01-10 发布　　　　2011-10-01 实施

中华人民共和国国家质量监督检验检疫总局
中国国家标准化管理委员会　发布

前　言

本标准按照GB/T 1.1—2009给出的规则起草。

请注意本文件的某些内容可能涉及专利。本文件的发布机构不承担识别这些专利的责任。

本标准由中华人民共和国住房和城乡建设部提出。

本标准由住房和城乡建设部城镇燃气标准技术归口单位归口。

本标准起草单位：中国市政工程华北设计研究总院、日立金属(苏州)阀门管件有限公司、杭州万全金属软管有限公司、航天晨光股份有限公司上海分公司、宁波市圣字管业股份有限公司、天津天富软管工业有限公司、温州伊捷玛波纹管制造有限公司、宁波市狮山管业有限公司、杭州联发管材有限公司、宁波市鄞州安邦管业有限公司、宁波天鑫金属软管有限公司、玉环鑫琦管业有限公司、芜湖泰和管业有限公司、宁波忻杰燃气用具实业有限公司、佛山美宝建材企业有限公司南海分厂。

本标准主要起草人：高勇、郭玉春、吴文庆、陈为柱、张康盛、李辉、王靖崇、凌岳松、凡思军、叶宝华、林爱素、黄陈宝、汪贤文、忻国定、林细勇、李军。

燃气输送用不锈钢波纹软管及管件

1 范围

本标准规定了燃气输送用不锈钢波纹软管及管件(以下简称“软管及管件”)的产品分类和型号、要求、试验方法、检验规则及标志、包装、运输和贮存。

本标准适用于公称尺寸 DN10～DN50,公称压力 PN 不大于 0.2 MPa 的软管及管件。

2 规范性引用文件

下列文件对于本文件的应用是必不可少的。凡是注日期的引用文件,仅所注日期的版本适用于本文件。凡是不注日期的引用文件,其最新版本(包括所有的修改单)适用于本文件。

GB/T 191 包装储运图示标志(GB/T 191—2008,ISO 780:1997,MOD)

GB/T 699 优质碳素结构钢

GB/T 700 碳素结构钢(GB/T 700—2006,neq ISO 630:1995)

GB/T 1220 不锈钢棒

GB/T 1804 一般公差 未注公差的线性和角度尺寸的公差(GB/T 1804—2000,eqv ISO 2768:1:1989)

GB/T 2828.1 计数抽样检验程序 第1部分:按接收质量限(AQL)检索的逐批检验抽样计划(GB/T 2828.1—2003,ISO 2859-1:1999,IDT)

GB/T 3280 不锈钢冷轧钢板和钢带

GB/T 4226 不锈钢冷加工钢棒

GB/T 5231 加工铜及铜合金化学成分和产品形状

GB/T 7306.1 55°密封管螺纹 第1部分:圆柱内螺纹与圆锥外螺纹(GB/T 7306.1—2000,eqv ISO 7-1:1994)

GB/T 7306.2 55°密封管螺纹 第2部分:圆锥内螺纹与圆锥外螺纹(GB/T 7306.2—2000,eqv ISO 7-1:1994)

GB/T 8815 电线电缆用软聚氯乙烯塑料

GB/T 10125 人造气氛腐蚀试验 盐雾试验(GB/T 10125—1997,eqv ISO 9227:1990)

GB/T 16411 家用燃气用具通用试验方法

GB/T 20878 不锈钢和耐热钢 牌号和化学成分

HG/T 3089 燃油用O型橡胶密封圈材料

SY/T 0413 埋地钢质管道聚乙烯防腐层技术标准

SY/T 0414 钢质管道聚乙烯胶粘带防腐层技术标准

3 术语和定义

下列术语和定义适用于本文件。

3.1

管坯 tubular blank

供制造波纹管的有纵焊缝的不锈钢管材。

3.2

波纹管　corrugated tube

母线呈波纹状的管状壳体。

3.3

原管　the tube without protecting coat

经固溶处理无被覆层的波纹管。

3.4

被覆层　protecting coat

用于保护不锈钢波纹管的包覆材料。

3.5

被覆管　the tube with protecting coat

有被覆层的波纹管。

3.6

燃气输送用不锈钢波纹软管　stainless steel pliable corrugated tubing used in gas piping systems

施工前不能确定波纹管长度，而需现场确定长度的外覆被覆层的不锈钢波纹软管。

3.7

管件　fitting

可与燃气输送用不锈钢波纹软管和外供燃气管道现场安装的直通、弯头、三通等。

3.8

泄漏检测功能　leak-hunting ability

通过被覆层和管件的通气性能检测原管内燃气泄漏的功能。

4 分类和型号

4.1 基本参数

4.1.1 公称压力

软管和管件的公称压力可分为PN0.2（Ⅰ型）和PN0.01（Ⅱ型）两种类型。

4.1.2 公称尺寸

软管和管件的公称尺寸可分为DN10、DN13、DN15、DN20、DN25、DN32、DN40和DN50等规格。

4.2 软管

4.2.1 分类

4.2.1.1 带普通被覆层的非埋地软管，代号为F；

4.2.1.2 带加厚被覆层的埋地软管，代号为M。

注：埋地软管指埋入土壤中的软管。

4.2.2 型号

4.2.2.1 型号表示

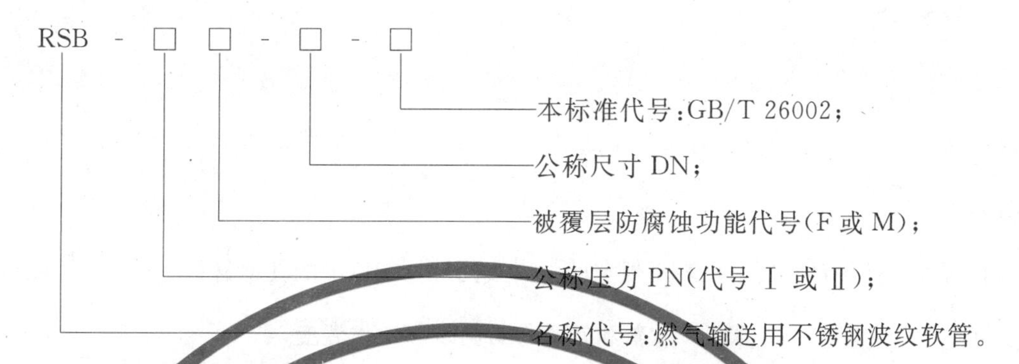

4.2.2.2 型号示例

公称尺寸 DN15,公称压力 PN0.2(Ⅰ型),带普通被覆层的非埋地燃气输送用不锈钢波纹软管,型号标记为:RSB-ⅠF-15-GB/T 26002。

4.3 管件

4.3.1 分类

4.3.1.1 按功能分为以下两种:

a) 带泄漏检测功能的管件,代号为 X;

b) 不带泄漏检测功能的管件,无代号。

4.3.1.2 按外部型式分为以下三种:

a) S 型(直通);

b) L 型(弯头);

c) T 型(三通)。

4.3.2 型号

4.3.2.1 型号表示

RBG - □ □ - □ - □

- 本标准代号:GB/T 26002;
- 外部型式(代号 S、L 或 T) 及公称尺寸 DN;
- 泄漏检测功能代号(X);
- 公称压力 PN(代号 Ⅰ 或 Ⅱ);
- 名称代号:燃气输送用不锈钢波纹软管管件。

注:管件尺寸按左端、中端、右端顺序的公称尺寸表示。

4.3.2.2 型号示例

示例 1:软管直通管件,公称压力 PN0.2,一端接公称尺寸 DN15 的软管,另一端接公称尺寸 DN15 的镀锌钢管,带泄漏检测功能,其型号标记为:RBG-ⅠX-S15×15- GB/T 26002。

示例 2：软管三通管件，公称压力 PN0.01，两端均接公称尺寸 DN25 的软管，中间端接公称尺寸 DN15 的软管，带泄漏检测功能，其型号标记为：RBG-ⅡX-T25×15×25 - GB/T 26002。

示例 3：软管弯头管件，公称压力 PN0.01，两端均接公称尺寸 DN40 的软管，带泄漏检测功能的管件，其型号标记为：RBG-ⅡX-L40×40- GB/T 26002。

5 要求

5.1 一般要求

5.1.1 材料

5.1.1.1 软管和管件等材料可采用表 1 规定的材料或同等性能以上的其他材料。

表 1 软管和管件等材料及其工作温度

零件名称	材料		
	牌号	标准号	工作温度/℃
软管	06Cr19Ni10(S30408)、022Cr19Ni10(S30403)、06Cr17Ni12 Mo2(S31608)、022Cr17Ni12Mo2(S31603)、06Cr18Ni11Ti(S32168)	GB/T 3280 GB/T 20878	−196～450
管件	06Cr19Ni10(S30408)、022Cr19Ni10(S30403) 06Cr17Ni12 Mo2(S31608)、022Cr17Ni12Mo2(S31603)、06Cr18Ni11Ti(S32168)	GB/T 1220 GB/T 4226 GB/T 20878	−196～450
	20Cr13(S42020)		−20～450
	Q235-A	GB/T 700	−20～300
	20	GB/T 699	
	HPb59-1	GB/T 5231	−273～200
密封圈	丁腈橡胶(NBR)	HG/T 3089	−40～100
被覆层	软质聚氯乙烯(PVC)	GB/T 8815	−15～70
	阻燃聚乙烯(PE)	SY/T 0413、SY/T 0414	−40～70

5.1.1.2 非金属材料的密封圈应具有耐燃气的性能。

5.1.1.3 制造软管、管件等材料应有符合相关标准的合格证或质量保证书。

5.1.1.4 软管被覆层应符合 GB/T 8815、SY/T 0413 和 SY/T 0414 等相关标准的规定，暴露在室外大气中的被覆层应有耐热老化和耐紫外线老化的检测报告。

5.1.2 结构和尺寸

5.1.2.1 软管用不锈钢的公称壁厚应符合下列规定：

a) 公称压力 PN0.01 时，公称厚度 $\delta \geqslant 0.2$ mm；

b) 公称压力 PN0.2 时，公称厚度 $\delta \geqslant 0.25$ mm。

5.1.2.2 波纹管和管件连接应符合下列规定：

a) 螺纹连接：螺纹管件应采用管螺纹接口，并与其他管件可靠连接和密封；管件管螺纹应符合 GB/T 7306.1 或 GB/T 7306.2 的规定；

b) 机械(快速)连接：机械连接应采用插入式接口，并与软管可靠连接和密封。

5.1.2.3 管件的螺纹接口、插入式接口等受压部件，其最小壁厚应符合下列规定：

a) 电镀及其他表面处理的管件：2.0 mm；

b) 黄铜管件：1.5 mm；

c) 不锈钢管件：1.0 mm。

5.1.2.4 软管应有带泄漏检测功能的被覆层。

5.1.2.5 非埋地软管被覆层的防腐等级和技术条件应符合表2的规定。

表2 非埋地软管被覆层的防腐等级和技术条件

防腐等级	技术条件	
	材料	被覆层最小厚度/mm
普通级	PVC、PE	0.5
加强级	PVC、PE	1.0

5.1.2.6 埋地软管被覆层的防腐等级和技术条件应符合表3的规定。

表3 埋地软管被覆层的防腐等级和技术条件

防腐等级	技术条件	
	材料	被覆层最小厚度/mm
普通级	PE	1.8
加强级	PE	2.5

5.1.2.7 软管每件的长度宜取30 m～100 m。

5.1.2.8 软管外型尺寸及管件连接螺纹参见附录A。

5.1.2.9 软管及管件加工工艺要求参见附录B。

5.1.3 外观

5.1.3.1 软管原管表面应光亮、清洁，管口内应无明显锈斑和污渍。不应有深度大于壁厚的压痕和深度大于壁厚10%的划伤。被覆层应紧覆软管，其壁厚应均匀，不应有明显的杂质、伤痕、色斑、裂纹，表面文字应清晰。

5.1.3.2 管件的内外表面不应有裂纹、砂眼及其他影响性能的明显缺陷。如要求表面镀铬(或镀镍)，镀后应光亮、清洁，不应有气泡、剥皮、结疤、污渍等缺陷。

5.1.3.3 橡胶件外观应规则，无裂纹、缺陷以及明显飞边，色泽应均匀。

5.2 软管

软管的性能应满足表4的要求。

表4 软管的性能

序号	试验项目	性能要求	试验方法
1	拉伸强度	原管在按表6所示拉伸负荷试验时，无裂纹，无泄漏。	6.1.1
2	扁平性	在原管轴向50 mm的宽度范围内，沿径向将管的外径压缩至原来外径的1/2，呈扁平状时，无损伤，无裂纹。	6.1.2

表 4（续）

序号	试验项目	性能要求	试验方法
3	耐冲击性	原管在施加 0.3 MPa（Ⅰ型）、0.1 MPa（Ⅱ型）气压的状态下，放置在水泥地面上，从 1 m 高处垂直落下 4 kg（Ⅰ型）、2 kg（Ⅱ型）钢球进行冲击试验时，不应产生裂纹和泄漏。	6.1.3
4	弯曲性	使用表 7 所示直径的圆筒，将被覆管弯曲 180°，左右反复交替弯曲 6 次循环（Ⅰ型）、8 次循环（Ⅱ型）后，原管无裂纹，无泄漏，被覆层无裂纹。	6.1.4
5	扭曲性	将被覆管的一端固定，对另一端左右交替 6 次扭曲 90°后，原管无裂纹，无泄漏，被覆层无裂纹。	6.1.5
6	气密性	对原管施加 0.3 MPa（Ⅰ型）、0.1 MPa（Ⅱ型）气压时，保持 1 min，不应出现泄漏。	6.1.6
7	耐压性	对原管施加 1.6 MPa（Ⅰ型）、0.8 MPa（Ⅱ型）水压时，保持 1 min，确认无裂纹，无渗漏。	6.1.7
8	耐应力腐蚀性	原管在进行耐应力腐蚀试验时，无裂纹，无泄漏。	6.1.8
9	被覆层通气性	被覆层与原管之间应有充分的通气性。	6.1.9
10	阻燃性	被覆管在进行阻燃性试验时，应具有离火自熄性能。	6.1.10
11	漏点	被覆管不应有漏点。	6.1.11
12	冷热循环	被覆管在进行冷热周期试验时，被覆层无裂纹以及其他异常现象。	6.1.12

5.3 管件

管件的性能应满足表 5 的要求。

表 5 管件性能

序号	项目	性能要求	试验方法
1	拉伸强度	可与软管连接同时试验，性能要求同软管。	6.2.1
2	耐冲击性	管件在施加 13.5 J 的冲击功时，不应出现破损，泄漏以及影响使用的变形。	6.2.2
3	耐振动性	管件在振动 10 000 次后，无裂纹，无泄漏。	6.2.3
4	气密性	可与软管连接同时试验，性能要求同软管。	6.2.4
5	耐压性	可与软管连接同时试验，性能要求同软管。	6.2.5
6	通气性	可与软管连接同时试验，性能要求同软管。（对带泄漏检测功能的管件）	6.2.6
7	耐应力腐蚀性	应具有耐应力、耐腐蚀、无裂纹的性能。	6.2.7
8	耐高温性	在 550 ℃高温炉中放置 60 min 后，管件的泄漏量不应大于 0.17 m^3/h。采用不耐高温的橡胶密封圈时不做该项试验。	6.2.8
9	扭转强度	管材螺纹管件内径每 1 mm 施加 4.6 N·m（每英寸施加 117.5 N·m）的扭矩时，应无裂缝、断裂或泄漏，仅限螺纹管件。	6.2.9
10	配管扭转	需对螺帽进行紧固作业的管件，其螺纹进行紧固作业时，软管旋转不应大于 30°。	6.2.10
11	耐燃气性	密封圈按规定试验后应无脆化、软化及体积增大现象，且质量变化率应小于 20%。	6.2.11

6 试验方法

6.1 软管

6.1.1 拉伸强度试验

按图1所示，在长度小于500 mm的原管两端，分别和管件连接固定，从连接好的管件一端注入0.3 MPa（Ⅰ型）、0.1 MPa（Ⅱ型）的空气，另一端按表6所示的拉伸负荷拉伸5 min，然后保持静止1 min，确认无裂纹、无泄漏。

表6 拉伸负荷

单位为千牛

公称尺寸DN	10	13	15	20	25	32	40	50
Ⅰ型	1.4	1.8	2.1	2.8	3.5	4.5	5.6	7.0
Ⅱ型	1.3	1.6	1.8	2.5	3.2	3.7	4.4	4.8

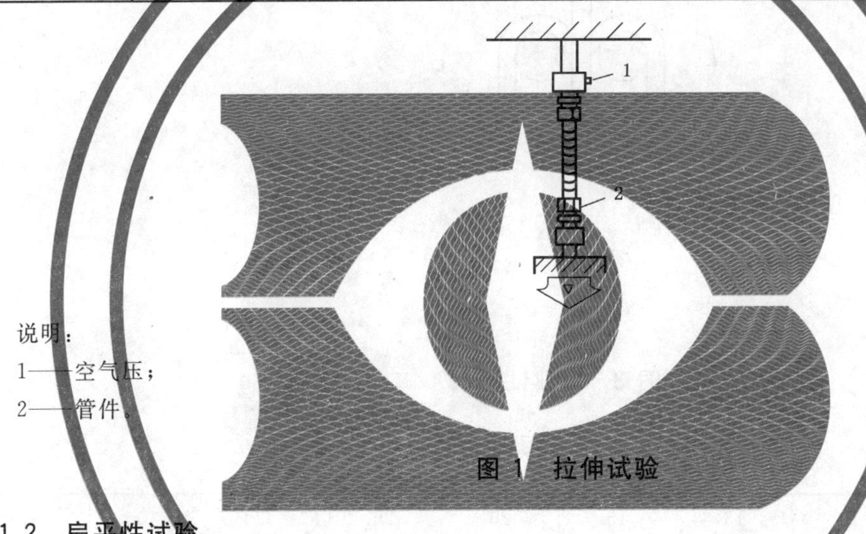

说明：
1——空气压；
2——管件。

图1 拉伸试验

6.1.2 扁平性试验

将长度100 mm的原管夹在2块铁板之间，将其中50 mm压扁至外径的1/2后，目测确认原管表面无裂纹，无损伤。原管焊缝置于受力方向（压缩方向）成90°的位置，见图2。

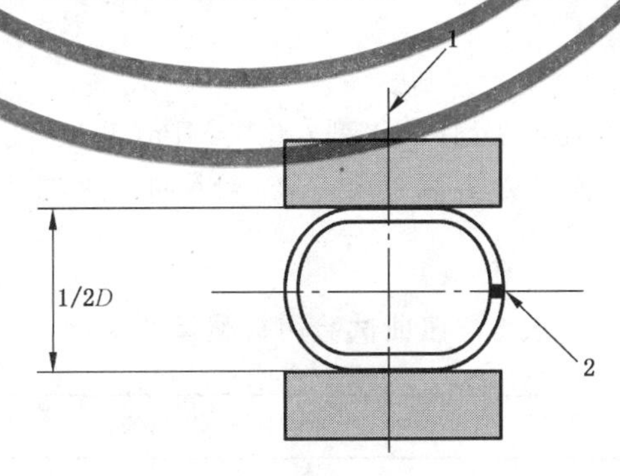

说明：
1——压缩方向；
2——焊接部位。
注：D为原管外径。

图2 扁平试验

6.1.3 耐冲击性试验

将原管注入 0.3 MPa(Ⅰ型)、0.1 MPa(Ⅱ型)的气压状态下，置于水泥地面上，在离地面 1 m 高度处，将 4 kg(Ⅰ型)或 2 kg(Ⅱ型)的钢球落到管中间，确认无裂纹，无泄漏。

6.1.4 弯曲性试验

将被覆管注入 0.3 MPa(Ⅰ型)、0.1 MPa(Ⅱ型)的气压状态下，固定管的一端，使用表 7 所示直径的圆筒，弯曲 180°。按图 3 所示，A-B-A 方向 1 次，A-C-A 方向 1 次，2 次弯曲看作 1 次循环，弯曲速率控制在 5 次循环/min，交替进行共 6 次循环(Ⅰ型)或 8 次循环(Ⅱ型)后，确认原管无裂纹，无泄漏，被覆层无裂纹。

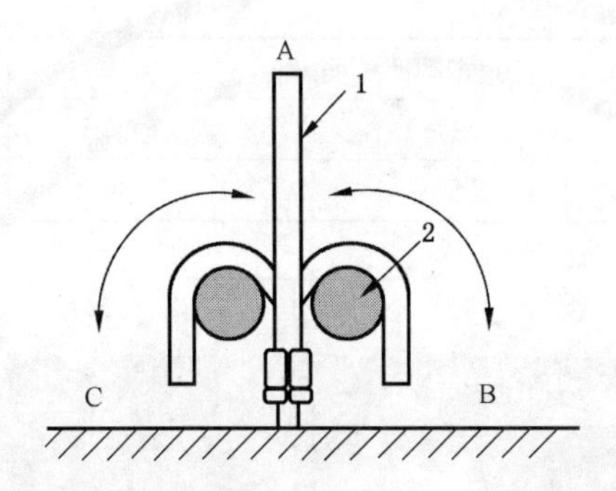

说明：

1——被覆管；

2——圆筒。

图 3 弯曲试验

表 7 公称尺寸与圆筒直径

公称尺寸 DN	10	13	15	20	25	32	40	50
圆筒直径/mm	40	45	50	60	80	100	120	150
圆筒直径≈公称尺寸×3								

6.1.5 扭曲性试验

将表 8 所示长度的被覆管注入 0.3 MPa(Ⅰ型)、0.1 MPa(Ⅱ型)的气压状态下，将管的一端固定，以管的轴线为中心，按图 4 所示，A-B-A 方向 1 次，A-C-A 方向 1 次，交替合计 6 次 90°扭曲，确认原管无裂纹，无泄漏，被覆层无裂纹。

表 8 扭曲试验用被覆管的长度

单位为毫米

公称尺寸 DN	长度 L
10	690
13	900
15	1 040
20	1 380

表 8（续） 单位为毫米

公称尺寸 DN	长度 L
25	1 730
32	2 210
40	2 760
50	3 450
注：Ⅰ型被覆管长度 $L \approx DN \times 69$	

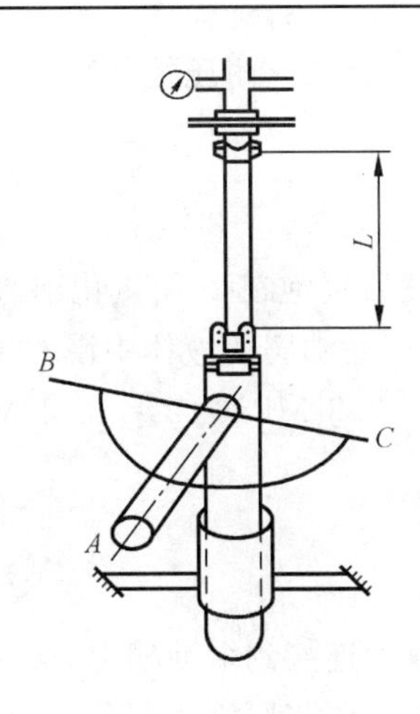

图 4 扭曲试验

6.1.6 气密性试验

在 2 m 原管的两端，分别和管件连接固定，将连接好的管件一端堵住，从另一端注入 0.3 MPa（Ⅰ型）、0.1 MPa（Ⅱ型）空气，保持 1 min，确认无泄漏。也可按图 5 规定放入水中检查。

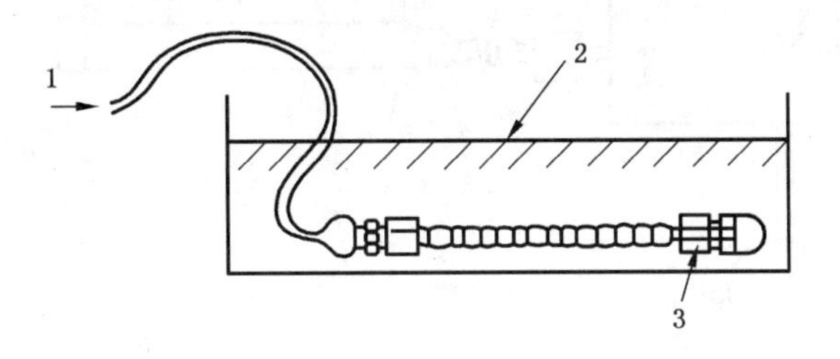

说明：
1——空气压；
2——水；
3——管件。

图 5 气密性试验

6.1.7 耐压性试验

按图 6 所示，在原管的两端，根据管件构造分别固定，堵住一端，从另一端缓慢注入 1.6 MPa（Ⅰ型）、0.8 MPa（Ⅱ型）水压，保持 1 min，目测确认无裂纹、无渗漏。

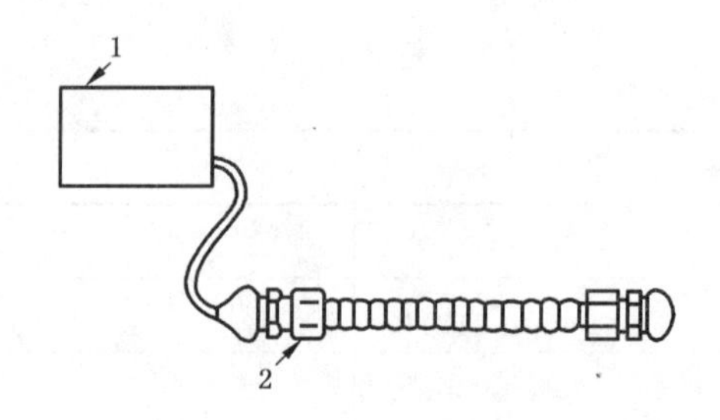

说明：

1——水压泵；

2——管件。

图6 耐压性试验

6.1.8 耐应力腐蚀性试验

将原管按表7所示直径弯曲180°，然后浸泡在20%氯化钠、1%亚硝酸钠和79%蒸馏水配制的溶液中，在大气压力下将溶液的温度升至沸点，在沸腾的液体中浸泡14 h后取出。

将取出的管反方向弯曲180°后，注入0.3 MPa（Ⅰ型）、0.1 MPa（Ⅱ型）气压的状态下，确认无裂纹，无泄漏。

6.1.9 被覆层通气性试验

如图7所示，将表9规定长度的被覆管连接到缓冲槽上，缓冲槽容积大于或等于10 L，将被覆管在缓冲槽一侧管的被覆剥离，用胶带等将被覆层与原管密封住，另外一端用端帽堵住，确认配管整体的气密保持在3 kPa以上，从被覆管的末端算起，在规定长度的位置（即切断位置），将测试软管用剥离刀剥离约1 cm宽度的被覆层，当连接带泄漏检测功能的管件时，可不剥离被覆层。配管整体的内压在3 kPa时，测量1 min的压力下降量，确认其数值应在150 Pa以上为合格。

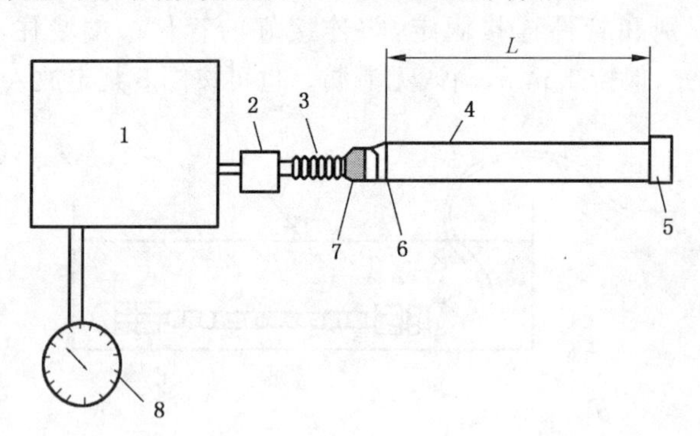

说明：

1——缓冲槽；

2——管件；

3——原管；

4——被覆管；

5——端帽；

6——切断位置；

7——缠绕胶布；

8——压力计。

注： 被覆管长度 L 根据表9确定。

图7 被覆通气性试验

表 9 被覆通气性试验软管长度

单位为米

公称尺寸 DN	10	13	15	20	25	32	40	50
长度 L	5			10		15		

6.1.10 阻燃性试验

将被覆管的被覆面放置在离还原火焰(内锥)约 10 mm 的火焰中,5 s 后取出,确认火焰不能持续燃烧 5 s 以上。

使用加热用燃烧器的喷灯,其出火口径 10 mm,喷嘴口径 0.3 mm,使用燃气为液化石油气,完全燃烧,火焰的长度约为 40 mm。

6.1.11 漏点试验

使用电火花检漏仪,按下列要求进行试验,无漏点为合格:

a) 被覆层厚度 $\delta<1.8$ mm 时,检漏电压为 10 kV;

b) 被覆层厚度 $\delta\geqslant1.8$ mm 时,检漏电压为 25 kV。

6.1.12 冷热循环试验

使用表 7 所示直径的圆筒,将被覆管进行弯曲 180°的状态下,在气体温度 70 ℃的环境下保持2 h,其后,常温状态下放置 30 min,在−15 ℃(PVC)或−40 ℃(PE)状态下放置 2 h,再在常温状态下放置 30 min,使其不断变化,以上为 1 个周期循环,反复 5 个周期循环后,确认被覆层无裂纹,无剥落以及其他有害的缺陷。

6.2 管件

6.2.1 拉伸强度试验

同 6.1.1,软管和管件同时进行该试验。

6.2.2 耐冲击性试验

按图 8 所示,在原管的两端将管件按其结构紧固,注入 0.3 MPa(Ⅰ型)、0.1 MPa(Ⅱ型)气压后,施加 13.5 J 的冲击功确认管件无破损,无泄漏以及影响使用的变形。

单位为毫米

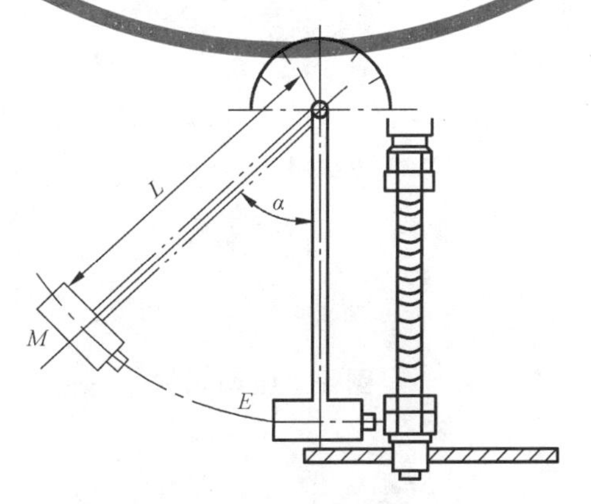

a) 耐冲击性试验装置

图 8 耐冲击性试验

单位为毫米

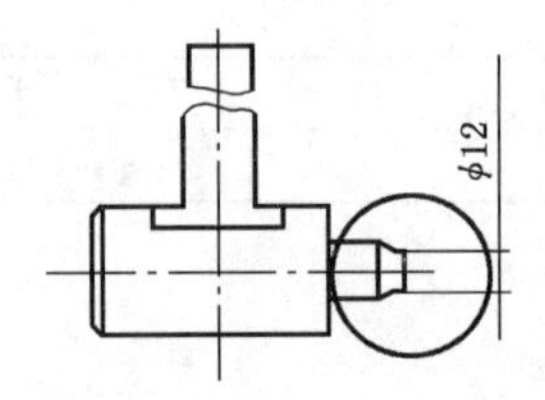

b) 重锤形状及尺寸

注：冲击试验计算公式

$$E = MLg(1-\cos\alpha)$$

式中：

E ——冲击能，单位为焦耳(J)，1 J=0.102 kgf·m；

M——重锤质量，单位为千克(kg)；

L ——重锤回转轴中心到重心的距离，单位为米(m)；

g ——重力加速度，单位为米每二次方秒(m/s^2)；

α ——重锤上扬角度。

图 8（续）

6.2.3 耐振动性试验

按图 9 所示，在长为 400 mm 的原管两端，分别和管件连接，将连接好的管件一端固定在振动台上，另一端固定在夹具上，然后注入 0.3 MPa(Ⅰ型)、0.1 MPa(Ⅱ型)空气，按振幅±4 mm，振动速率 10 Hz，振动 16 min 后，确认无泄漏。

单位为毫米

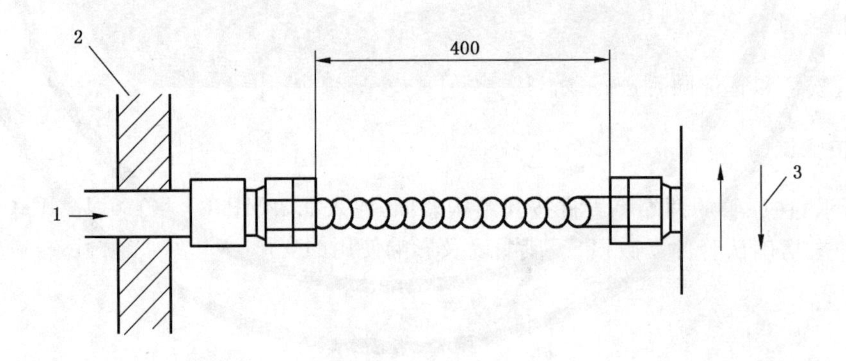

说明：

1——空气压；

2——固定件；

3——振幅。

注：振幅为±4 mm。

图 9 振动试验

6.2.4 气密性试验

同 6.1.6，软管和管件同时进行该试验。

6.2.5 耐压性试验

同6.1.7,软管和管件同时进行该试验。

6.2.6 通气性试验

同6.1.9,软管和管件同时进行该试验。

6.2.7 耐应力腐蚀性试验

将未电镀以及采用其他方式进行表面处理的管件,按其构造,在软管连接部分固定原管,堵住软管开口端,对管件的螺纹部分,按表10所示紧固力矩紧固截止阀,确认注入0.3 MPa(Ⅰ型)、0.1 MPa(Ⅱ型)气压状态下无泄漏后,在紧固状态下进行以下试验:

a) 铜管件

将测试组件悬挂放置在含有250 mL纯氨水(28%)和250 mL蒸馏水的密封容器内(容积为18 L)进行氨熏试验,测试组件不应与溶液接触,在氨气中放置2 h后,确认未产生裂纹;

b) 电镀及其他表面处理的管件

对实施了电镀及其他表面处理的管件,应进行盐水喷雾试验。采用GB/T 10125规定的盐雾试验设备、中性盐雾试验试剂和试验方法进行试验96 h,确认无生锈,无裂纹及其他有害的缺陷;

c) 不锈钢管件

采用6.1.8规定的溶液进行浸泡试验。

表10 管螺纹的紧固力矩

单位为牛米

公称尺寸DN	紧固力矩
10	45
13	55
15	60
20	90
25	150
32	180
40	225
50	300

6.2.8 耐高温性试验

按图10所示,在原管的两端,按管件构造形式连接,堵住其中的一端,在另一端注入0.2 MPa(Ⅰ型)、0.01 MPa(Ⅱ型)气压状态下,将管件放置加热到550 ℃的炉中60 min后,在炉内测定泄漏量应满足表5的要求(101.325 kPa、15 ℃、干气状态)。

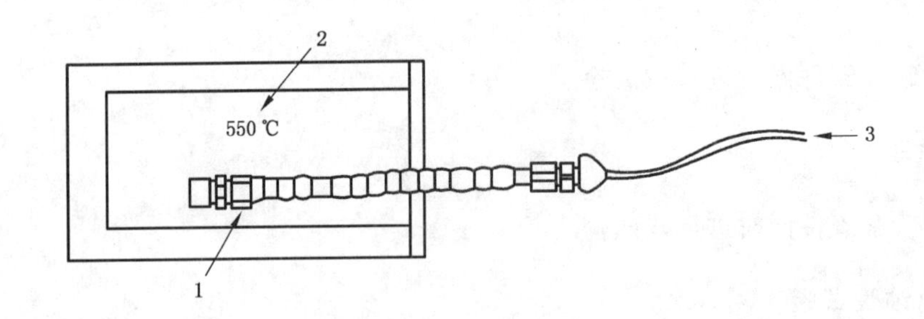

说明：

1——管件；

2——高温炉；

3——空气压。

图 10　耐高温试验

6.2.9　扭转强度试验

按标定管材螺纹管件内径每 1 mm 施加 4.6 N·m 的扭矩加以紧固，并通入空气，将压力保持在 0.3 MPa（Ⅰ型）、0.1 MPa（Ⅱ型），保持 1 min 无泄漏。

6.2.10　配管扭转试验

按图 11 所示，将长度 500 mm 的被覆管一端固定，防止其旋转，将另一端固定到管件上；按管件结构，并按图 11 所示，目测确认与被覆管连接时的软管旋转角度应满足表 5 要求。

单位为毫米

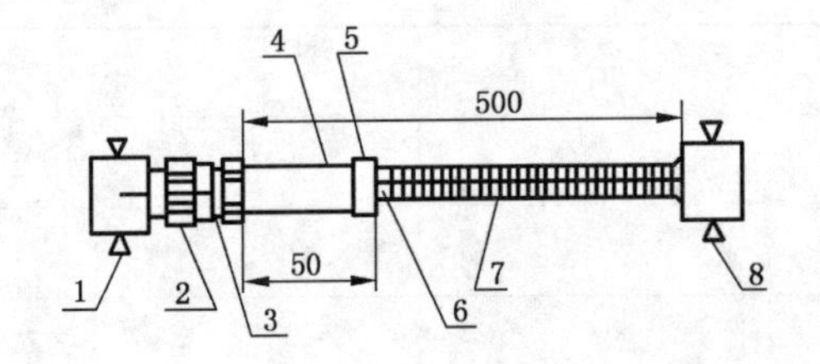

说明：

1——固定点；

2——管件；

3、6——标记；

4——被覆管；

5——起点；

7——原管；

8——固定工具。

a）　配管扭转试验装置

图 11　配管扭转试验

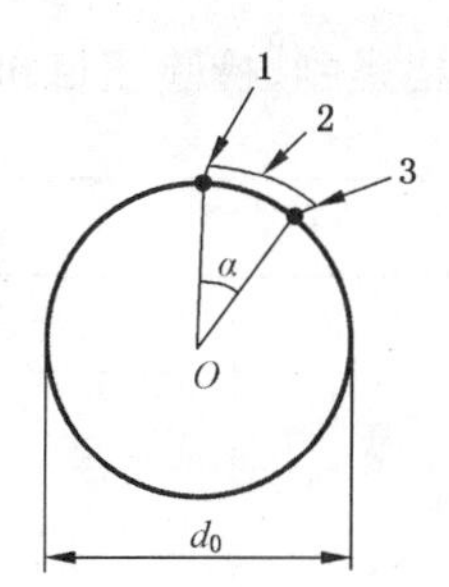

说明：

1——起始位置；

2——位移弧长；

3——移后标记。

注：α 为旋转角度，可按下式计算：

$$\alpha = \frac{360 \cdot l}{\pi \cdot d_0}$$

式中：

α ——旋转角度，单位为度(°)；

l ——位移弧长，单位为毫米(mm)；

d_0——原管外径，单位为毫米(mm)；

π ——圆周率，取 3.141 6。

b) 配管扭转角度

图 11（续）

6.2.11 耐燃气性试验

密封圈的耐燃气性能可按 GB/T 16411 规定的方法进行试验。

7 检验规则

7.1 检验分类

产品检验分出厂检验和型式检验。

7.2 出厂检验

7.2.1 逐件检验

逐件检验应在生产线上进行，其检验的项目应包括软管及管件的外观和气密性(气压检漏)。

7.2.2 抽样检验

7.2.2.1 抽样检验应逐批进行，检验批应由同种材料、同一工艺和同一班次生产、同一规格型号的产品组成。

7.2.2.2 抽样方案可按 GB/T 2828.1 的规定采用，采用一般检验水平Ⅱ，正常检查一次抽样方案。样本以测试需要的长度为单位。

检验样品可根据需要在生产线上随机截取，并配上相应的管件进行试验。抽样检验的不合格类别、检验项目、合格质量水平(AQL)按表 11 的规定采用。

表 11 出厂检验的不合格类别、检验项目和合格质量水平(AQL)

不合格类别	检验项目	条款	AQL
A	气密性	表4、表5	0.4
	标志	8.1	
B	结构和尺寸	5.1.2	1.0
	外观	5.1.3	

7.2.3 连接性能检验

管材和管件应是同一生产厂家的产品。连接性能相同的检验项目可同时进行。

7.2.4 判定规则

按7.2.2.2规定的抽样方案判断是合格的,则该批产品检验合格;否则,判该批产品检验不合格。不合格批允许将不合格项目百分之百检验,将不合格品剔除或修理后按7.2.2.2再次提交检验一次。

7.3 型式检验

7.3.1 检验条件

有下列情况之一时,应进行型式检验:

a) 新产品或老产品转厂生产的试制定型鉴定;

b) 当正常生产的产品在设计、工艺、生产设备等方面有较大改变而可能影响产品的性能时;

c) 长期停产后恢复生产时;

d) 出厂检验结果与上次型式检验有较大差异时;

e) 正常生产时,每年至少进行1次;

f) 国家质量监督检验机构提出进行型式检验的要求时。

7.3.2 检验项目

型式检验包括本标准要求的全部项目。

7.3.3 样品数量

型式检验应从出厂检验合格的产品中随机抽取3件,在每一件中截取所需的样品配上相应的管件。

7.3.4 判定规则

型式检验的全部项目均符合标准规定时,判定该型式检验合格。任何不合格项目需改进后重新复检,直至所有项目合格,方可判定该型式检验合格。

7.4 单件检验判定

7.4.1 软管和管件检验的不合格类别、检验项目见表12和表13。

表 12 软管检验的不合格类别、检验项目

不合格类别	检验项目	条　款
A	气密性	表 4
	标志	8.1、8.2
B	材料、结构和尺寸、外观	5.1.1、5.1.2、5.1.3
	拉伸强度	表 4
	扁平性	
	耐冲击性	
	弯曲性	
	扭曲性	
	耐压性	
	耐应力腐蚀性	
	被覆通气性	
	阻燃性	
	漏点	
	冷热周期	

表 13 管件检验的不合格类别、检验项目

不合格类别	检验项目	条　款
A	气密性	表 5
	标志	8.1
B	材料、结构和尺寸、外观	5.1.1、5.1.2、5.1.3
	拉伸强度	表 5
	耐冲击性	
	耐振动性	
	耐压性	
	通气性	
	耐应力腐蚀性	
	密封圈耐高温性	
	扭转强度	
	配管扭转	
	密封圈耐燃气性	

7.4.2 判定原则

单件样品经检验，有 1 个或 1 个以上 A 类不合格项目，或 2 个及 2 个以上 B 类不合格项目时，判定该样品不合格。

8 标志、包装、运输和贮存

8.1 标志

8.1.1 软管及管件应有明显清晰、不易涂改的注册商标和型号，软管应以 1 m 为单位的长度连续标记。被覆层应采用黄色或有黄色标线的标识。

8.1.2 产品单件包装应标明生产厂名、生产厂址、产品名称、生产日期、注册商标和标记，并附有合格证。

8.2 包装

每套产品应分别包装、并保证产品之间不直接发生碰撞。用全封闭纸箱或木箱作外包装；包装箱的标志应符合 GB/T 191 的规定。

8.3 运输

产品在运输中应防止雨淋、受潮和磕碰，搬运时应轻放。

8.4 贮存

产品应贮存在通风良好、干燥的室内，不应与酸、碱及有腐蚀性的物品共贮。

附 录 A
（资料性附录）
软管外形尺寸及管件连接螺纹

软管外形尺寸及管件连接螺纹可参照表 A.1 的规定采用。

表 A.1 软管外形尺寸及管件连接螺纹 单位为毫米

公称尺寸 DN	钢带厚度 δ		最小内径 d_i	最大外径 d_0	不同被覆层厚度时的最大外径 D_0			管件连接螺纹
	Ⅰ型管	Ⅱ型管			0.75	1.0	3.0	
10	0.25	0.20	9.5	16.0	18.0	18.5	22.5	$R(R_P、R_C)^{3/8}$ $R(R_P、R_C)^{1/2}$
13	0.25	0.20	12.5	17.0	19.0	19.5	23.5	$R(R_P、R_C)^{1/2}$
15	0.25	0.20	14.5	21.0	23.0	23.5	27.5	$R(R_P、R_C)^{1/2}$
20	0.25	0.20	19.5	26.0	28.0	28.5	32.5	$R(R_P、R_C)^{3/4}$
25	0.30	0.25	24.5	33.0	35.0	35.5	39.5	$R(R_P、R_C)^{1}$
32	0.30	0.25	31.0	41.0	43.0	43.5	47.5	$R(R_P、R_C)^{1\,1/4}$
40	0.30	0.30	39.0	50.0	52.0	52.5	56.5	$R(R_P、R_C)^{1\,1/2}$
50	0.30	0.30	49.0	60.0	62.0	62.5	66.5	$R(R_P、R_C)^{2}$

附 录 B
（资料性附录）
软管及管件加工工艺要求

B.1 软管

B.1.1 软管加工成型的工艺流程应是：钢带卷管成型→焊接→探伤检验→波纹成型→固溶处理→气密性检验→覆塑料被覆层→喷码打标。

B.1.2 管坯不应有环焊缝，纵焊缝不应超过1条。

B.1.3 管坯纵焊缝的焊接方法可采用自动氩弧焊、等离子焊、激光焊或电子束焊。

B.1.4 软管应进行固溶处理。

B.1.5 软管波纹外径和波距的极限偏差宜按 GB/T 1804-m 执行，内径宜按 GB/T 1804-c 执行。

B.2 管件

B.2.1 管件螺纹的基本尺寸及其公差应符合 GB/T 7306.1 和 GB/T 7306.2 的规定。

B.2.2 螺纹表面不应有凹痕、断牙等明显缺陷，表面粗糙度 Ra 不应大于 3.2 μm。

B.2.3 与橡胶密封件配合的零件表面粗糙度 Ra 不应大于 3.2 μm。

管件采用钢制配件时，应有良好的防腐蚀措施，并应有明显标注。

参 考 文 献

[1] 2006年日本燃气协会 燃气用不锈钢波纹管

[2] ANSI LC1—2005/CSA6.26—2005 Fuel Gas Piping Systems Using Corrugated Stainless Steel Tubing (CSST)

[3] BS 6891:2005+A2:2008 Installation of low pressure gas pipework of up to 35 mm (R1¼) in domestic premises (2nd family gas)—Specification

ICS 83.140.30
G 33

中华人民共和国国家标准

GB 26255.1—2010

燃气用聚乙烯管道系统的机械管件 第1部分：公称外径不大于63 mm的管材用钢塑转换管件

Mechanical fittings for polyethylene piping systems for the supply of gaseous fuels—Part 1: Metal fittings for pipes of nominal outside diameter less than or equal to 63 mm

(ISO 10838-1:2000, MOD)

根据国家标准委2017年第7号公告转为推荐性标准

2011-01-14 发布　　　　2011-06-01 实施

中华人民共和国国家质量监督检验检疫总局
中国国家标准化管理委员会　发布

前　言

GB 26255的本部分第5章5.3条、第5章5.4条表1第1、4项为强制性的，其余为推荐性的。

GB 26255《燃气用聚乙烯管道系统的机械管件》分为两个部分：

——第1部分：公称外径不大于63 mm的管材用钢塑转换管件；

——第2部分：公称外径大于63 mm的管材用钢塑转换管件。

本部分为GB 26255的第1部分。

本部分修改采用ISO 10838-1:2000《燃气用聚乙烯管道系统的机械管件　第1部分：公称外径不大于63 mm的管材用钢塑转换管件》(英文版)。

本部分根据ISO 10838-1:2000重新起草。本部分与ISO 10838-1相比，主要变化如下：

——增加关于钢塑转换管件钢管段的防腐规定和要求；

——增加了“生产过程密封性测试”(见第6章)；

——为便于操作和使用，要求以表格形式表示(见第8章)；

——增加了(80 ℃，165 h)静液压强度测试；

——增加了附录A：内压密封试验方法；

——增加了附录B：耐弯曲试验方法；

——增加了检验规则(见第10章)；

——增加了运输、贮存内容(见第12章)。

本部分的附录A、附录B为规范性附录。

请注意本部分的某些内容有可能涉及专利。本部分的发布机构不应承担识别这些专利的责任。

本部分由中国轻工业联合会提出。

本部分由全国塑料制品标准化技术委员会塑料管材、管件及阀门分技术委员会(SAC/TC 48/SC 3)归口。

本部分起草单位：亚大塑料制品有限公司、港华辉信工程塑料(中山)有限公司、宁波市宇华电器有限公司、沧州明珠塑料股份有限公司、北京保利泰克塑料制品有限公司。

本部分主要起草人：马洲、王志伟、梁志刚、李伟富、刘敏、林松月。

燃气用聚乙烯管道系统的机械管件 第1部分：公称外径不大于63 mm的管材用钢塑转换管件

1 范围

GB 26255的本部分规定了用于公称外径不大于63 mm的符合GB 15558要求的燃气聚乙烯管道系统中的PE管材与金属管材或管件连接用机械管件（以下简称"钢塑转换管件"）的术语和定义、符号和缩略语、材料、一般要求、性能要求、试验方法、标志和标签及包装、运输、贮存等。

本部分适用于承载元件是金属部分的钢塑转换管件，规定了其端部抗载荷能力。本部分规定钢塑转换管件与PE管材一起用于燃气输送系统，包括钢塑直接头、弯头、法兰、三通钢塑转换件等形式，接头为永久性或可拆装的。钢塑转换管件和金属管材或管件组装可采用螺纹、法兰或焊接连接。

GB 26255的本部分规定的钢塑转换管件适用的工作温度范围为－20 ℃～＋40 ℃。

GB 26255的本部分性能要求的目的是为保证钢塑转换管件与PE管材连接接头的密封性能和负载能力，当机械接头在承受拉力或压力时PE管材首先屈服而不会拔脱。

2 规范性引用文件

下列文件中的条款通过GB 26255的本部分的引用而成为本部分的条款。凡是注日期的引用文件，其随后所有的修改单（不包括勘误的内容）或修订版均不适用于本部分，然而，鼓励根据本部分达成协议的各方研究是否可使用这些文件的最新版本。凡是不注日期的引用文件，其最新版本适用于本部分。

GB/T 2828.1—2003　计数抽样检验程序　第1部分：按接收质量限（AQL）检索的逐批检验抽样计划（ISO 780：1997，MOD）

GB/T 6111—2003　流体输送用热塑性塑料管材　耐内压试验方法（idt ISO 1167：1996）

GB/T 7306—2000（所有部分）　55°密封管螺纹　第1部分：圆柱内螺纹与圆锥外螺纹（eqv ISO 7-1：1994）

GB/T 8163—2008　输送流体用无缝钢管（EN 10216-1：2004，NEQ）

GB/T 10798—2001　热塑性塑料管材通用壁厚表（idt ISO 4065：1996）

GB 15558.1　燃气用埋地聚乙烯（PE）管道系统　第1部分：管材（GB 15558.1—2003，ISO 4437：1997，MOD）

GB 15558.2—2005　燃气用埋地聚乙烯（PE）管道系统　第2部分：管件（GB 15558.1—2005；ISO 8085-2：2001，MOD；ISO 8085-3：2001，MOD）

GB/T 18252—2008　塑料管道系统　用外推法确定热塑性塑料材料以管材形式的长期静液压强度（ISO 9080：2003，IDT）

GB/T 18475—2001　热塑性塑料压力管材和管件用材料　分级和命名　总体使用（设计）系数（eqv ISO 12162：1995）

GB/T 18684—2002　锌铬涂层　技术条件

GB/T 19278—2003　热塑性塑料管材、管件及阀门　通用术语及其定义

HG/T 3092—1997　燃气输送管及配件用密封圈橡胶材料（idt ISO 6447：1983）

SY/T 0315—2005　钢制管道熔结环氧粉末外涂层技术标准

SY/T 0413—2002　埋地钢质管道聚乙烯防腐层技术标准

3 术语和定义

GB/T 19278—2003 确立的以及下列术语和定义适用于 GB 26255 的本部分。

3.1

最大工作压力 maximum operating pressure

正常条件下，管道系统中允许连续使用的流体最大工作压力。

3.2

机械管件 mechanical fitting

用于 PE 管材与金属管材及管件装配的一类管件，包括一处或多处压紧区域以提供整体压力、密封性和端部抗载荷能力。

3.3

钢塑转换管件 steel-PE-transition fitting

包括钢管部分和 PE 管部分的一类机械管件。

3.4

连接端完全抗载荷能力 full-end-load resistance

钢塑转换管件的装配设计和特性应保证在任何负荷情况下管材首先失效而不会从机械接头中拔脱。

3.5

刚性内插件 stiffener insert

管状刚性内部增强件，为 PE 管材提供永久支撑以防在管壁中受径向压力时蠕变拔脱。

3.6

锁紧环 grip ring

固定钢塑转换接头中的 PE 管以防止从管件中拔脱的环。

注：在某些情况下，刚性内插件也组成一个(锁)紧环。

3.7

d_i

最小内径 minimum bore

钢塑转换管件任何横截面上测量内径的最小值。

3.8

管件组装 fitting assembly

通过钢塑转换管件将金属管材或管件与 PE 管材或管件连接成的完整的钢塑转换管件装配系统。

3.9

精度级别 accuracy class

测量仪表的最大允许误差，用其测量范围的百分比表示。

4 符号和缩略语

下列符号和缩略语适用于 GB 26255 的本部分。

CTL 持续拉伸载荷

d_i 最小内径

MOP 最大工作压力

MRS 最小要求强度

PE 聚乙烯

S 管壁的横截面面积，用平方毫米表示，以管的平均外径和最小管壁厚度计算

SDR　标准尺寸比

T_{max}　在标准工作状况下 PE 管件和管材所处的最高温度

T_{min}　在标准工作状况下 PE 管件和管材所处的最低温度

σ　管壁的拉应力

注：标准工作状况指钢塑转换管件适用的工作温度范围为－20 ℃～＋40 ℃。

5　材料

5.1　总则

钢塑转换管件的 PE 材料必须具有与所连接的 PE 管材/管件相当或更好的性能水平，与 PE 管材接触的材料不应对 PE 管材有负面影响而导致其不符合 GB 15558.1 的要求。

暴露在腐蚀环境下的组件应由防腐材料制造或采取防腐蚀措施。

如组件连接需润滑剂，润滑剂应适用于燃气输送并不会对组件性能造成负面影响，组件整体性能应符合本部分和 GB 15558.1 对管材的要求。

5.2　金属部件

钢塑转换管件的钢管段应符合 GB/T 8163—2008 的要求，其他金属组件应符合相关国家或行业标准。在所有情况下应保证组件应用的适宜性。

5.3　聚乙烯材料

钢塑转换管件塑料段应使用 PE80 或 PE100 聚乙烯混配料制造。聚乙烯混配料应符合 GB 15558.1 中对聚乙烯混配料的要求。

聚乙烯混配料应按照 GB/T 18252—2008 确定材料与 20 ℃、50 年、置信度为 97.5%时相应的静液压强度置信下限 σ_{LPL}。混配料应按照 GB/T 18475—2001 进行分级，混配料应有相应的级别证明。

注：钢塑转换管件的塑料材料与 PE 管材的寿命相同，长期静液压强度是选择塑料材料最重要的要求。用于承压或承受持续环应力或拉力的组件的塑料材料符合相关国家标准。钢塑转换管件与气体接触的部分为耐燃气、冷凝物及其他物质，诸如粉尘等，并符合本部分的要求。

5.4　弹性体

橡胶密封圈应符合 HG/T 3092—1997。

注：也可采用 EN 682:2002 的类型 G 弹性体材料。

5.5　其他材料

5.2，5.3，和 5.4 没有包含的其他材料，在符合 5.1 要求情况下可以使用，制造的钢塑转换管件应符合本部分的要求。

6　钢塑转换管件一般要求

6.1　设计和构造

钢塑转换管件应能够在温度－5 ℃～＋40 ℃施工条件下与符合 GB 15558.1 的管材及符合 GB 15558.2 的管件装配，必要时可使用特殊的机械安装工具。

注：钢塑转换管件应具有足够大的刚性支撑表面以避免在安装过程中变形，钢塑转换管件和工具的设计避免影响接头组件的性能。

钢塑转换管件与符合 GB 15558.1 要求的管材及符合 GB 15558.2 管件的装配应达到本部分的要求，这里不考虑管材材料和尺寸公差，GB 15558.1 中给出了公差范围。

应用于钢塑转换管件连接的刚性内插件应为刚性无缝管，其机械强度保证在长期受压下不致变形。

非预制钢塑转换管件应提供控制刚性件在管材上位置的方式。

刚性体应具有对全压缩区域的支撑并且在组装后无轴向位移。对应每一直径和 SDR 系列钢塑转换管件中只能有一个刚性内插件。

燃气通过钢塑转换管件应无明显的压力降。

钢塑转换管件组装过程中不能导致 PE 管材的扭曲。

如果设计需要，管件可包括一个防剪切套管。

PE 管材不应经过机械加工(例如车螺纹或铣沟槽)。

6.2 外观

钢塑转换管件应光滑整洁，不应有明显划伤、凹陷、鼓包等表面缺陷，不应有影响到符合本部分一致性要求的破坏迹象。

6.3 带插口端或电熔承口端的钢塑转换管件

钢塑转换管件的 PE 插口端或 PE 电熔承口端应符合 GB 15558.2 的要求。

6.4 螺纹

金属端的螺纹应符合 GB/T 7306—2000 的要求。

6.5 金属部件的尺寸和公差

金属部件应以符合 GB/T 8163—2008、GB/T 7306—2000 或相关国家标准的允许尺寸和公差相配为准则制造。

尺寸应与符合本部分要求的管材连接为准则。无缝钢管尺寸应符合 GB/T 8163—2008 的要求。

注：钢管段长度宜大于 250 mm 以避免 PE 连接部位受焊接时传递的热影响。

6.6 聚乙烯部件的尺寸和公差

任何承压 PE 部件的最小壁厚应与设计连接 PE 管材的性能水平相当。

尺寸应与满足本部分要求的管材连接为准则。

6.7 最小内径

最小内部孔径 d_i 应由制造商在技术数据资料中说明。

6.8 生产过程密封性测试

应按附录 A 规定的试验方法对钢塑转换管件逐个进行 23 ℃ 密封性能试验(0.6 MPa、30 s 及 2.5×10^{-3} MPa、60 s)。

7 试样制备

本部分的试验组件规定由管件制造商进行组装或由用户提供制造商的安装文件(如有要求，也包含润滑剂)指导下安装。

如果机械管件需由用户组装，试样应在 −5 ℃ 和 +40 ℃ 下遵循制造商指导进行，一半数量的钢塑转换管件试样在 −5 ℃ 环境组装，另一半试样在 +40 ℃ 环境组装。全部试样应首先能经受表 1 中项目 1～4 规定的试验要求。

8 要求

按照第 7 章的要求进行试样组装，钢塑转换管件组件应符合表 1 的要求，试验方法及参数见表 1。

表 1 性能要求

序号	项目	要求	试验参数		试验方法
1	密封性能	无破坏，无泄漏	试验温度 试验压力 试验持续时间	23 ℃ 2.5×10^{-3} MPa 1 h	9.1
			试验温度 试验压力 试验持续时间	23 ℃ 1.5 MOP(最小为 0.6 MPa) 1 h	

表 1（续）

序号	项目		要求	试验参数		试验方法
2	温度循环和弯曲时的密封性能		无破坏，无泄漏	循环次数 循环温度 试验压力	10 −20 ℃(T_{min})/+40 ℃(T_{max}) 0.6 MPa	9.2
3	23 ℃下拉伸载荷后的密封性能[a]		1. 无破坏，无泄漏； 2. 无拔脱； 3. 拉伸试验后符合密封性能要求	试验温度 试样数 拉力	23 ℃±2 ℃ 1 见 9.3.1.3.2	9.3.1
	80 ℃下拉伸载荷后的密封性能[a]		1. 无破坏，无泄漏； 2. 无拔脱； 3. 拉伸试验后符合密封性能要求	试验温度 试样数 拉力 密封实验持续时间	80 ℃±5 ℃ 1 见表 2 24 h	9.3.2
4	80 ℃静液压强度[b] (80 ℃，165 h)		无破坏，无渗漏	环应力： PE 80 管材 PE 100 管材 试验时间	 4.5 MPa 5.4 MPa ≥165 h	9.4a)
	80 ℃静液压强度 (80 ℃，1 000 h)		无破坏，无渗漏	环应力： PE 80 管材 PE 100 管材 试验时间	 4.0 MPa 5.0 MPa ≥1 000 h	9.4b)
5	恒定压力降下的气体流动速率		测定钢塑转换管件内的气体流动速率/供应双方协商确定 (技术资料中说明)	压力降	0.05×10^{-3} MPa	9.5
6	内螺纹的坚固性		无破坏，组件无渗漏	力矩	见表 3	9.6
7	钢管段防腐层性能[c]	树脂涂层	应符合 SY/T 0315—2005	—	—	9.7
		锌铬涂层	应符合 GB/T 18684—2002	—	—	
		聚乙烯防腐层	应符合 SY/T 0413—2002	—	—	

[a] 破坏包括出现与本部分不一致的永久变形，管件安装自由空间内的截留空气的移动，例如密封嗝，不考虑为渗漏。

[b] 对于(80 ℃，165 h)静液压试验，仅考虑脆性破坏。如果在规定破坏时间前发生韧性破坏，允许在较低应力下重新进行该试验。重新试验的应力及其最小破坏时间见 GB 15558.1。

[c] 其他类别涂层要求也可由供需双方协商。

9 试验方法

9.1 密封试验

采用空气、氮气或惰性气体作为加压介质，密封试验应按照附录 A 进行；试验应在 23 ℃±2 ℃的温度下按下列顺序进行：第一步测试在 2.5×10^{-3} MPa 压力下，第二步测试在 1.5 MOP(最小压力为 0.6 MPa)下，MOP 由制造商在技术文件中说明。

9.2 温度循环和弯曲时的密封性能

9.2.1 管件完全安装在PE直管段上,按照附录B对试样进行试验(管件组装应符合第7章的要求)。

9.2.2 在0.6 MPa的内压下,检查试样有无渗漏,随后采用以下循环中的一种进行连续10次完全温度循环:

a) 双温度控制室(温度 T 偏差±5 ℃)
   1) 在温度为 T_{max} 的第一室放置试样至少2.5 h;
   2) 转移试样到温度为 T_{min} 的第二室,转移时间的最小值为0.5 h,最大时间为1 h;
   3) 放置试样在温度为 T_{min} 的第二室内至少2.5 h;
   4) 转移试样到温度为 T_{max} 的第一室,转移时间的最小值为0.5 h,最大时间为1 h;
   5) 返回1)。

b) 单温度控制室(温度 T 偏差±5 ℃)
   1) 在温度控制室内以最小1 ℃/min的速度升温至 T_{max};
   2) 保持 T_{max} 至少2 h;
   3) 以最小1 ℃/min的速度降温至 T_{min};
   4) 保持 T_{min} 至少2 h;
   5) 返回1)。

c) 试验后,在23 ℃±2 ℃的环境下检查试样密封性能(见表1第1项)。

在仲裁情况下,采用双温度控制室。

9.3 拉伸载荷后的密封性能

9.3.1 23 ℃下拉伸载荷后的密封性能

在23 ℃±2 ℃条件下进行恒定载荷下拉伸试验后的试样密封性能检测。

9.3.1.1 原理

钢塑转换组件首先承受一定的轴向拉应力,稳定后在一定速度下继续拉伸直到管材屈服。拉伸后验证密封性能。

9.3.1.2 装置

a) 拉伸试验机或其他相当足够动力的设备,能使试验进行并达到PE管材的屈服点,试验机能够在两个钳夹之间以25 mm/min的恒定速度拉伸或提供持续恒定的拉力(最大偏差为2%);
b) 适宜的夹紧工具;
c) 能达到b)要求的拉力测量器;
d) 秒表或其他类似工具;
e) 精度不低于1.6级压力表;
f) 压缩空气源(5.0×10^{-3} MPa);
g) 带阀的一系列管段,能够将试样与压力表或压力源连接或者将试样/压力元件从压力源处隔断。

9.3.1.3 步骤

9.3.1.3.1 对每一个试样,连接PE管的长度(不包括管件和夹具)至少相当于管材公称直径的两倍,但最大为250 mm。

通过插入内插件增强刚度的管材自由端可固定在拉伸试验机的夹具上。

在管材的自由端连接密封件并与压力源连接,可以使试样保持在 2.5×10^{-3} MPa的密封压力。

在23 ℃±2 ℃对试样进行2 h的状态调节。

用夹紧工具将试样端部在拉伸试验机上固定,拉力方向线与管材的轴线保持一致。

接通压力源,通入 2.5×10^{-3} MPa的压力到试样内部。

隔断气源,检测试样组件的密封性能。

9.3.1.3.2 加载过程如下：

a) 在5 min±1 min时间内逐渐施加拉力，直到组件管材获得12 MPa的拉应力σ，拉力F通过式(1)计算，单位为牛顿。

$$F = S\sigma \qquad (1)$$

式中：

S——管材壁的截面积，用平均外径和最小壁厚计算，单位为平方毫米(mm^2)；

σ——拉应力(12 MPa)，1 MPa=10^6 N/mm^2。

b) 在此拉力下保持试样组件1 h，偏差为±2%。

c) 以25 mm/min±1 mm/min的速度继续增加拉力直至PE管材屈服，屈服后立即停止。除非管材自由段的长度大于公称外径的两倍，才可以按比例增加十字头的速度。

d) 将拉力释放，然后在2.5×10^{-3} MPa的压力下检测组件的密封性能(见表1)，检查是否出现渗漏。

9.3.2 80 ℃下拉伸载荷后的密封性能

对每一个试样，连接PE管的长度(不包括管件和夹具)至少相当于管材公称直径的两倍，但最大为250 mm。

将试样组件安装在能提供恒定轴向拉力的固定设备上，能够对管材和管件施加轴向拉力。试样悬空，任一部位不应出现变形。

表2给出SDR 17.6和SDR 11的管材承受的轴向拉力(端部载荷)，80 ℃±5 ℃下，在5 min±1 min的时间内逐渐施加拉力，保持500 h。

表2 SDR 17.6和SDR 11管材的端部负载

尺寸 mm	端部载荷 N	
	SDR 17.6	SDR 11
16	350	430
20	450	560
25	570	730
32	750	960
40	950	1 480
50	1 500	2 300
63	2 350	3 650
注：端部负载值大约是80 ℃管材的屈服强度的一半。		

在完成500 h持续拉伸载荷(CTL)试验后，在23 ℃±2 ℃环境下状态调节试样24 h，按9.1及附录A的方法进行2.5×10^{-3} MPa、24 h密封试验，随后再做0.6 MPa、24 h密封试验。

9.4 80 ℃静液压试验

按GB/T 6111—2003在80 ℃±1 ℃试验温度无约束条件下进行试验。

a) (80 ℃，165 h)静液压试验：

施加静液压压力，按相当于环应力4.5 MPa(PE 80)或环应力5.4 MPa(PE 100)的压力使试样管壁承压，保持至少165 h。

b) (80 ℃，1 000 h)静液压试验：

施加静液压压力，按相当于环应力4.0 MPa(PE 80)或环应力5.0 MPa(PE 100)的压力使试样管壁承压，保持至少1 000 h。

试验过程中，监控组件的紧密程度和密封性。管件安装自由空间内的截留空气的移动，例如密封嗝,不考虑为渗漏。

9.5 恒定压力降下的气体流动速率

按 GB 15558.2—2005 中的附录 D 进行试验。在产生 0.05×10^{-3} MPa 压降时测定相应钢塑转换管件内的气体流动速率。

9.6 内螺纹的坚固性

用合适的工具对钢塑转换管件的内螺纹端施加以表 3 给定的力矩,拧紧试样。

试验中不能用润滑剂。按照表 2 和 9.1 检查钢塑转换管件试样的密封性能。

表 3 内螺纹试验的力矩

尺 寸 mm	力 矩 N·m
	合金钢
16	50
20	80
25	115
32	150
40	175
50	210
63	250

9.7 钢塑转换管件的钢管段防腐层性能

树脂涂层应按 SY/T 0315—2005 规定的试验方法进行,锌铬镀层应按 GB/T 18684—2002 测试。聚乙烯防腐层应按照 SY/T 0413—2002 测试。

10 检验规则

10.1 检验分类

检验分为型式检验和出厂检验。

10.2 组批规则和抽样方案

10.2.1 组批

同一原料、设备和工艺生产的同一规格钢塑转换管件作为一批。每批数量不超过 3 000 件,同时生产周期不超过 7 d。

10.2.2 抽样方案

接收质量限(AQL)为 2.5 的抽样方案见表 4。

表 4 接收质量限(AQL)为 2.5 的抽样方案 单位为件

批量 N	样本量 n	接收数 Ac	拒收数 Re
≤150	8	0	1
151～280	13	1	2
281～500	20	1	2
501～1 200	32	2	3
1 201～3 000	50	3	4

10.3 型式检验

10.3.1 型式检验的项目为第6章、第8章中的技术要求。

一般情况下，每隔三年进行一次型式检验。若有以下情况之一，应进行型式试验：

a) 新产品或老产品转厂生产的试制定型鉴定；

b) 结构、材料、工艺有较大变动可能影响产品性能时；

c) 产品长期停产后恢复生产时；

d) 出厂检验结果与上次型式检验结果有较大差异时；

e) 国家质量监督机构提出型式检验的要求时。

10.3.2 判定规则和复验规则

按本部分规定的试验方法进行检验，依据试验结果和技术要求进行判定。如性能要求有一项达不到规定时，则随机抽取双倍样品对该项进行复验。如仍有不合格，则判该项不合格。

10.4 出厂检验

10.4.1 出厂检验项目为第6章的外观和尺寸要求、第8章中的(80 ℃，165 h)静液压试验和密封性能试验。

10.4.2 第6章尺寸检验按GB/T 2828.1—2003规定采用正常检验一次抽样方案，取一般检验水平Ⅰ，接收质量限(AQL)2.5，见表4。

10.4.3 在外观尺寸抽样合格的产品中，随机抽取样品进行静液压试验(80 ℃，165 h)、密封性试验(表1中第1项)，静液压强度试样数量为1个。

10.4.4 判定规则和复验规则

产品须经制造商质量检验部门检验合格并附有合格标志方可出厂。

按本部分规定的试验方法进行检验，依据试验结果和技术要求对产品做出质量判定。外观、尺寸按第6章的要求，按表4进行判定。其他性能有一项达不到规定时，则在该批中随机抽取双倍样品对该项进行复验。如仍不合格，则判该批产品不合格。

11 标志

11.1 总则

钢塑转换管件本体应有永久性标志，例如注塑或压制成型的标志，在组装后钢塑转换管件上包含11.2和11.3规定的最少信息且清晰可见。

11.2 永久标志

a) 制造商的名称和/或商标；

b) 可追溯性的制造商信息。

注：如用数字或代码表示的年和月或多处生产时的生产地点的名称或代码。

标志应不影响本部分的相关性能要求。

11.3 钢塑转换管件或标签上的标志

a) 符合相关标准的可追溯性编码；

b) 制造批数和/或日期；

c) PE管材的材料性质和尺寸；

d) 金属管材的大小(DN)；

e) 安装力矩(如有规定)；

f) PE材料的名称及级别；

g) 管件安装的其他信息。

12 包装、运输、贮存

12.1 包装

钢塑转换管件应以一定数量或单独包装，防止损坏和污染。

非预装管件的刚性件应安全的包装在钢塑转换管件主体内。

如有必要，管件应包装在塑料袋内放置于纸板箱或硬纸盒中。

塑料袋和/或纸板箱或硬纸盒应具有至少一个包含以下信息的标签：

a) 制造商的名称；

b) 管件型号和尺寸；

c) 制造日期；

d) 管件数量；

e) 任何特定的贮存状况和贮存时间限制。

包装应包含制造商书面安装说明。

12.2 运输

管件运输时，不得受到剧烈的撞击、划伤、抛摔、曝晒、雨淋和污染。

12.3 贮存

管件应贮存在地面平整、通风良好、干燥、清洁并保持良好消防的库房内，合理放置。贮存时，应远离热源，并防止阳光直接照射。

附 录 A
（规范性附录）
内压密封性试验方法

A.1 原理

使钢塑转换管件与聚乙烯(PE)管材的组合件承受规定的压力(微压及其内部压力大于管材的公称压力)情况下，检查其密封性能(熔接接头除外)。试验不考虑与聚乙烯管材相接的管件的设计和材料。

A.2 装置(见图 A.1)

A.2.1 适宜的压力源

与试样相连，能够提供所用管材最大工作压力 1.5 倍的气压至少 1 h。

A.2.2 压力测量装置

安装在装置上，测量试验压力，精度为±2%。

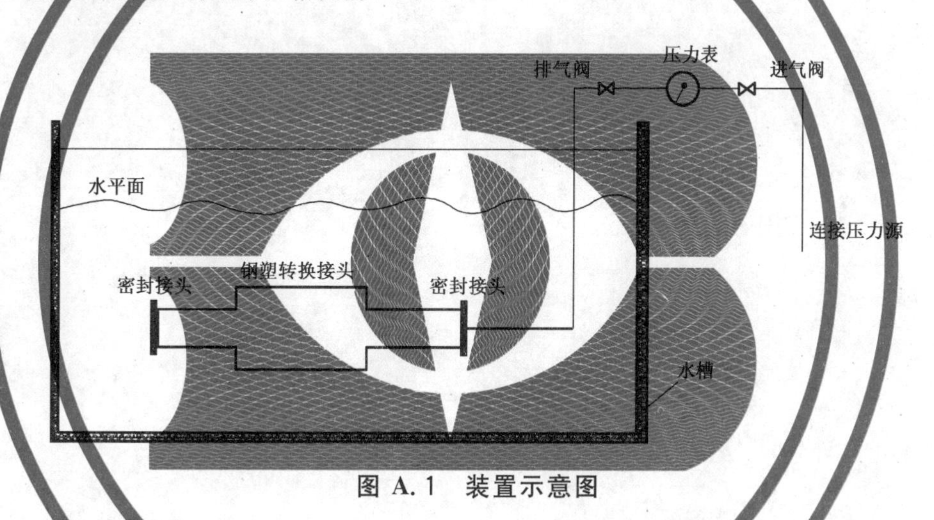

图 A.1 装置示意图

A.3 试样

试样应包括至少由一个钢塑转换接头和一根或多根聚乙烯管材组装成的接头。每根管段的长度应至少为 300 mm。

试样的一端应与压力源相连，另一端应以限位接头(或封头)封堵密封。接头的装配应按照有关的国家操作规程或制造商提供的装配要求进行。

A.4 试验方法

采用空气、氮气或惰性气体作为加压介质。

在 23 ℃±2 ℃的温度下，将试样安装在试验装置上固定，放置在水槽中。

在水槽中放入一定量的水，水面高度至少超过试样上表面。试样在水中的状态调节时间大约为 10 min。

连接压力源通入空气或氮气。持续加压直到标准规定的压力，维持规定的时间(参见标准要求，如表 1 和 9.3)，保持压力表有一个稳定的读数。记录加压时间。

试验过程中检查试样是否有任何渗漏现象发生。如果管材在 1 h 内破坏，重做试验。

A.5 试验报告

试验采用的方法及介质、试验压力和时间。

试验报告应包括 GB 26255 本部分的附录号和观察到的任何渗漏现象以及发生渗漏时的压力。

如果在试验过程中连接处没有发生渗漏，则认为该组合件是合格的。

附　录　B
（规范性附录）
耐弯曲密封性试验方法

B.1　原理

在弯曲条件下检测机械管件与聚乙烯(PE)压力管材(熔接接头除外)组合件承受内压时的密封性能。本方法适用包含公称外径不大于 63 mm 管材的机械管件。

B.2　装置

装置示意图如图 B.1 所示。

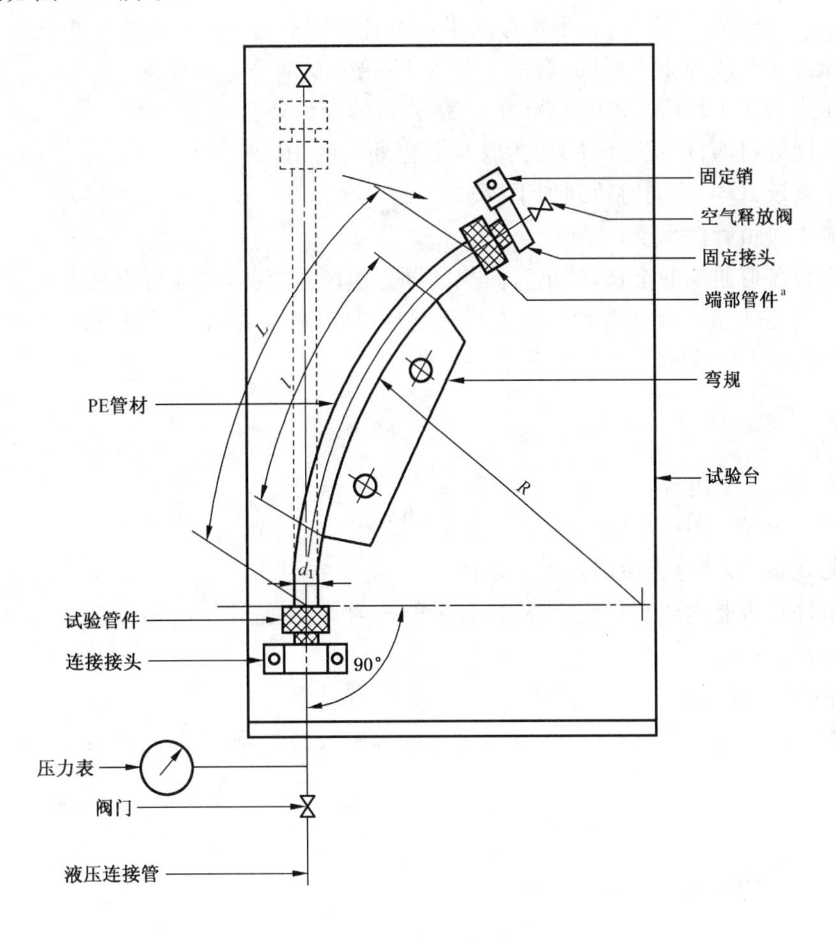

注：

$P \leqslant 1$ MPa；$R=15\ d_n$；$P>1$ MPa；$R=20\ d_n$；

$L=15\ d_n$；$l=7.5\ d_n$

如果在试验过程中没观察到任何失败，则认为组合件是合格的。

[a] 端部管件仅用来封闭试样。

图 B.1　装置示意图

B.2.1 弯曲规

弯曲规的定位长度(l)等于管件间自由长度(L)的四分之三，即等于管材公称外径的 7.5 倍(见第 B.5 章和图 B.1)。

弯曲规的定位长度段(l)具有如下的弯曲半径：

——公称压力小于或等于1 MPa,弯曲半径为15倍管材公称外径;
——公称压力大于1 MPa,弯曲半径为20倍管材公称外径。

B.2.2 压力系统

符合本部分附录A的规定。

B.3 试样

试样由一段管材及其端部的两个管件连接而成,受弯曲的部分为自由长度段(L)。

试样中聚乙烯管材的型号和尺寸应与待试验的管件一致。装配后管件间管材的自由长度(L)应为管材公称外径的10倍。

接头的装配应按国家有关操作规程或制造商提供的装配要求进行。

B.4 步骤

试验应在20 ℃±2 ℃下进行,其平均弯曲半径由管材的平均外径和公称压力规定如下:

——公称压力小于或等于1 MPa,弯曲半径为15倍管材的公称外径;
——公称压力大于1 MPa,弯曲半径为20倍管材的公称外径。

装配后管件间管材的自由长度(L)应为管材公称外径的10倍。

在弯曲规上安装试样,应同时达到如下要求:

——弯曲应力应由管件承受;
——管材应覆盖弯曲规的全长,超出弯曲规的部分应两端对称,约为自由长度(L)的八分之一。

按附录A的方法及表1规定参数检查试样密封性能,试样应在内压等于所用管材的1.5倍的公称压力下至少1 h内不出现渗漏。然后增压直至爆破。

B.5 试验报告

试验报告应包括以下内容:

a) GB 26255本部分中的本附录号;
b) 试验的观察结果(是否渗漏),试验条件;
   ——组件是否能达到密封性能要求,若未能达到,指出是连接处渗漏还是管材爆破,记录当时的压力;
c) 记录爆破压力;
d) 详细说明试验过程中与GB 26255本部分的本附录的差异,及可能影响试验结果的外界条件。

参 考 文 献

[1] EN 682-2 弹性密封 用于燃气和烃类流体输送的管材和管件 密封件的材料要求
[2] GIS/PL3:2006 天然气和适用人工煤气用自锚定机械管件

ICS 83.140.30
G 33

中华人民共和国国家标准

GB 26255.2—2010

燃气用聚乙烯管道系统的机械管件 第2部分:公称外径大于63 mm的管材用钢塑转换管件

Mechanical fittings for polyethylene piping systems for the supply of gaseous fuels—Part 2:Metal fittings for pipes of nominal outside diameter greater than 63 mm

(ISO 10838-2:2000,MOD)

根据国家标准委2017年第7号公告转为推荐性标准

2011-01-14 发布 2011-06-01 实施

中华人民共和国国家质量监督检验检疫总局
中国国家标准化管理委员会 发布

前　言

GB 26255 的本部分第 5 章 5.3 条、第 5 章 5.4 条表 1 第 1、4 项为强制性的，其余为推荐性的。

GB 26255《燃气用聚乙烯管道系统的机械管件》分为两个部分：

——第 1 部分：公称外径不大于 63 mm 的管材用钢塑转换管件；

——第 2 部分：公称外径大于 63 mm 的管材用钢塑转换管件。

本部分为 GB 26255 的第 2 部分。

本部分修改采用 ISO 10838-2:2000《燃气用聚乙烯管道系统的机械管件　第 2 部分：公称外径大于 63 mm 的管材用钢塑转换管件》(英文版)。

本部分根据 ISO 10838-2:2000 重新起草。本部分与 ISO 10838-2 相比，主要变化如下：

——增加关于钢塑转换管件钢管段的防腐规定和要求；

——增加了“生产过程密封性测试”(见第 6 章)；

——为便于操作和使用，要求以表格形式表示(见第 8 章)；

——增加了(80 ℃，165 h)静液压强度测试；

——增加了检验规则；

——增加了运输、贮存内容(见第 12 章)；

——增加了附录 A：内压密封试验方法。

本部分的附录 A 为规范性附录。

请注意本部分的某些内容有可能涉及专利。本部分的发布机构不应承担识别这些专利的责任。

本部分由中国轻工业联合会提出。

本部分由全国塑料制品标准化技术委员会塑料管材、管件及阀门分技术委员会(SAC/TC 48/SC 3)归口。

本部分起草单位：亚大塑料制品有限公司、港华辉信工程塑料(中山)有限公司、宁波市宇华电器有限公司、沧州明珠塑料股份有限公司、北京保利泰克塑料制品有限公司。

本部分主要起草人：马洲、王志伟、梁志刚、李伟富、刘敏、林松月。

燃气用聚乙烯管道系统的机械管件 第2部分:公称外径大于63 mm的管材用钢塑转换管件

1 范围

GB 26255的本部分规定了用于公称外径大于63 mm的符合GB 15558要求的燃气聚乙烯管道系统中的PE管材与金属管材或管件连接用机械管件(以下简称“钢塑转换管件”)的术语和定义、符号和缩略语、材料、一般要求、性能要求、试验方法、标志和标签及包装、运输、贮存等。

本部分适用于承载元件是金属部分的钢塑转换管件,规定了其端部抗载荷能力。本部分规定钢塑转换管件与PE管材一起用于燃气输送系统,包括钢塑直接头、弯头、法兰、三通钢塑转换件等形式,接头为永久性或可拆装的。钢塑转换管件和金属管材或管件组装可采用法兰或焊接连接。

本部分规定的钢塑转换管件适用的工作温度范围为−20 ℃～+40 ℃。

本部分性能要求的目的是为保证钢塑转换管件与PE管材连接接头的密封性能和负载能力,当机械接头在承受拉力或压力时PE管材首先屈服而不会拔脱。

注:本部分主旨不是针对所有安全方面提出的,即使是和应用联系,建立适当的安全与健康操作规程、识别应用本部分规定管件的安全性是GB 26255本部分应用者的责任。

2 规范性引用文件

下列文件中的条款通过GB 26255的本部分的引用而成为本部分的条款。凡是注日期的引用文件,其随后所有的修改单(不包括勘误的内容)或修订版均不适用于本部分,然而,鼓励根据本部分达成协议的各方研究是否可使用这些文件的最新版本。凡是不注日期的引用文件,其最新版本适用于本部分。

GB/T 2828.1—2003 计数抽样检验程序 第1部分:按接收质量限(AQL)检索的逐批检验抽样计划(ISO 780:1997,MOD)

GB/T 6111—2003 流体输送用热塑性塑料管材 耐内压试验方法(idt ISO 1167:1996)

GB/T 8163—2008 输送流体用无缝钢管(EN 10216-1:2004,NEQ)

GB/T 9112—2000 钢制管法兰 类型与参数

GB/T 9113—2000(所有部分) 钢制管法兰

GB/T 9114—2000 突面带颈螺纹钢制管法兰(neq ISO 7005-1:1992)

GB/T 9115—2000(所有部分) 对焊钢制管法兰

GB/T 9116—2000(所有部分) 带颈平焊钢制管法兰

GB/T 9117—2000(所有部分) 带颈承插焊钢制管法兰

GB/T 9118—2000(所有部分) 对焊环带颈松套钢制管法兰

GB/T 9119—2000 平面、突面板式平焊钢制管法兰

GB 15558.1 燃气用埋地聚乙烯(PE)管道系统 第1部分:管材(ISO 4437:1997,MOD)

GB 15558.2—2005 燃气用埋地聚乙烯(PE)管道系统 第2部分:管件(ISO 8085-2:2001,MOD;ISO 8085-3:2001,MOD)

GB/T 18252—2008 塑料管道系统 用外推法确定热塑性塑料材料以管材形式的长期静液压强度

GB/T 18475—2001 热塑性塑料压力管材和管件用材料 分级和命名 总体使用(设计)系数

(eqv ISO 12162:1995)

GB/T 18684—2002 锌铬涂层 技术条件

GB/T 19278—2003 热塑性塑料管材、管件及阀门 通用术语及其定义

HG/T 3092—1997 燃气输送管及配件用密封圈橡胶材料(idt ISO 6447:1983)

SY/T 0315—2005 钢制管道熔结环氧粉末外涂层技术标准

SY/T 0413—2002 埋地钢质管道聚乙烯防腐层技术标准

3 术语和定义

GB/T 19278—2003 确立的以及下列术语和定义适用于 GB 26255 的本部分。

3.1

最大工作压力 maximum operating pressure

管道系统中允许连续使用的流体最大工作压力。

3.2

机械管件 mechanical fitting

用于PE管材与PE管材或与金属管材及管件装配的一类管件,包括一处或多处压紧区域以提供整体压力、密封性和端部抗载荷能力。

3.3

钢塑转换管件 steel-PE-transition fitting

包括钢管部分和PE管部分的一类机械管件。

3.4

连接端完全抗载荷能力 full-end-load resistance

钢塑转换接头的装配设计和特性应保证在任何负荷情况下管材首先失效而不会从机械接头中拔脱。

3.5

刚性内插件 stiffener insert

管状刚性内部增强件,为PE管材提供永久支撑以防在管壁中受径向压力时蠕变拔脱。

3.6

锁紧环 grip ring

固定钢塑转换接头中的PE管以防止从管件中拔脱的环。

注:在某些情况下,刚性内插件也组成一个(锁)紧环。

3.7

d_i

最小内径 minimum bore

组装管件任何横截面上测量内径的最小值。

3.8

管件组装 fitting assembly

通过钢塑转换管件将金属管材或管件与PE管材或管件连接成的完整的钢塑转换管件装配系统。

3.9

精度级别 accuracy class

测量仪表的最大允许误差,用其测量范围的百分比表示。

4 符号和缩略语

下列符号和缩略语适用于 GB 26255 的本部分。

CTL 持续拉伸载荷

d_i　管件连接的最小内径
MOP　最大工作压力
MRS　最小要求强度
PE　聚乙烯
S　管壁的横截面面积,用平方毫米表示,以管的平均外径和最小管壁厚度计算
SDR　标准尺寸比
T_{max}　在标准工作状况下 PE 管件和管材所处的最高温度
T_{min}　在标准工作状况下 PE 管件和管材所处的最低温度
σ　管壁的应力

注:标准工作状况指钢塑转换管件适用的工作温度范围为-20 ℃~+40 ℃。

5 材料

5.1 总则

钢塑转换管件的 PE 材料必须具有与所连接的 PE 管材/管件相当或更好的性能水平,与 PE 管材接触的材料不应对 PE 管材有负面影响而导致其不符合 GB 15558.1 的要求。

暴露在腐蚀环境下的组件应由防腐材料制造或采取防腐蚀措施。

如组件连接需润滑剂,润滑剂应适用于燃气输送并不会对组件性能造成负面影响,组件整体性能应符合本部分和 GB 15558.1 对管材的要求。

5.2 金属组件

钢塑转换管件的钢管段应符合 GB/T 8163—2008 的要求,其他金属组件应符合相关国家或行业标准。在所有的情况下应保证组件应用的适宜性。

5.3 聚乙烯材料

钢塑转换管件塑料段应使用 PE80 或 PE100 聚乙烯混配料制造。聚乙烯混配料应符合 GB 15558.1 中对聚乙烯混配料的要求。

聚乙烯混配料应按照 GB/T 18252—2008 确定材料与 20 ℃、50 年、置信度为 97.5%时相应的静液压强度置信下限 σ_{LPL}。混配料应按照 GB/T 18475—2001 进行分级,混配料应有相应的级别证明。

注:钢塑转换管件的塑料材料与 PE 管材的寿命相同,长期静液压强度是选择塑料材料最重要要求。用于承压或承受持续环应力或拉力的组件的塑料材料符合相关国家标准。钢塑转换管件与气体接触的部分为耐燃气、冷凝物及其他物质,诸如粉尘等,并符合本部分要求。

5.4 弹性体

橡胶密封圈应符合 HG/T 3092—1997。

注:也可采用 EN 682:2002 的类型 G 弹性体材料。

5.5 其他材料

5.2,5.3,和 5.4 没有包含的其他材料,在符合 5.1 要求情况下可以使用,制造的钢塑转换管件应符合本部分的要求。

6 钢塑转换管件一般要求

6.1 设计和构造

如有组装要求,非预制钢塑转换管件由制造商提供专用机械组装工具。

注:通常管件由制造商预装。

钢塑转换管件应能与符合 GB 15558.1 的公差范围内管材及符合 GB 15558.2 管件进行组装,或者在管件上清楚的标明仅适用于符合 GB 15558.1 要求等级的管材(如等级 B)。

应用于钢塑转换管件连接的刚性内插件应为刚性无缝管。

钢塑转换管件组装过程中不能导致 PE 管材的扭曲。

如果设计需要,管件可包括一个防剪切套管。

PE 管材不应经过机械加工(例如车螺纹或铣沟槽)。

6.2 外观

钢塑转换管件应光滑整洁,不应有明显划伤、凹陷、鼓包等表面缺陷,不应有影响到符合本部分一致性要求的破坏迹象。

6.3 带插口端或电熔承口端的钢塑转换管件

钢塑转换管件的 PE 插口端或 PE 电熔承口端应符合 GB 15558.2 的要求。

6.4 螺纹

钢塑转换管件应无端部螺纹连接。

6.5 法兰

法兰应符合 GB/T 9112—2000、GB/T 9113～9119—2000 及相关标准的规定。最小压力等级应为 PN10。

6.6 金属组件的尺寸和公差

金属组件应以符合 GB/T 8163—2008 或相关国家标准的允许尺寸和公差相配为准则制造。

尺寸应与符合本部分要求的管材连接为准则。无缝钢管尺寸应符合 GB/T 8163—2008 的要求。

注:钢管段长度宜大于 250 mm 以避免 PE 连接部位受焊接时传递的热影响。

6.7 聚乙烯部件的尺寸和公差

任何承载 PE 部件的最小壁厚应与设计连接 PE 管材的性能水平相当。

尺寸应与满足本部分要求的管材连接为准则。

6.8 最小内径

最小内部孔径 d_i 应由制造商在技术数据中说明。如果钢塑转换管件最小内部孔径 d_i 与相配用 PE 管材内径相比有缩小,其减小量不应超过相应 PE 管材内径的 15%。

6.9 生产过程密封性测试

应按附录 A 规定的试验方法对钢塑转换管件逐个进行 23 ℃密封性能试验(0.6 MPa、30 s 及 2.5×10^{-3} MPa、60 s)。

7 试样制备

本部分的试验组件规定由管件制造商进行组装或由用户提供制造商的安装文件(如有要求,也包含润滑剂)指导下安装。

如果钢塑转换管件需由用户组装,试样应在－5 ℃和＋40 ℃下遵循制造商指导进行,一半数量的钢塑转换管件试样在－5 ℃环境组装,另一半试样在＋40 ℃环境组装。全部试样应能经受表 1 中序号 1～4 规定的试验要求。

8 要求

按照第 7 章的要求进行试样组装,钢塑转换管件组件应符合表 1 的要求,试验方法及参数见表 1。

表 1 性能要求

序号	项 目	要 求	试验参数		试验方法
1	密封性能	无破坏,无泄漏	试验温度 试验压力 试验持续时间	23 ℃ 2.5×10^{-3} MPa 1 h	9.1
			试验温度 试验压力 试验持续时间	23 ℃ 1.5 MOP(最小为 0.6 MPa) 1 h	

表 1（续）

序号	项　目	要　求	试验参数		试验方法
2	温度循环后的密封性能	无破坏，无泄漏	循环次数 循环温度 试验压力	10 -20 ℃(T_{min})/$+40$ ℃(T_{max}) 0.6 MPa	9.2
3	23 ℃下拉伸载荷后的密封性能[a]	1. 无破坏，无泄漏； 2. 无拔脱； 3. 拉伸试验后符合密封性能要求	试验温度 试样数 拉力	23 ℃±2 ℃ 1 见 9.3.1.3.2	9.3.1
3	80 ℃下拉伸载荷后的密封性能[a]	1. 无破坏，无泄漏； 2. 无拔脱； 3. 拉伸试验后符合密封性能要求	试验温度 试样数 拉力 密封试验持续时间	80 ℃±5 ℃ 1 见表 2 24 h	9.3.2
4	80 ℃静液压强度[b] (80 ℃，165 h)	无破坏，无渗漏	环应力： PE 80 管材 PE 100 管材 试验时间	 4.5 MPa 5.4 MPa ≥165 h	9.4a)
4	80 ℃静液压强度 (80 ℃，1 000 h)	无破坏，无渗漏	环应力： PE 80 管材 PE 100 管材 试验时间	 4.0 MPa 5.0 MPa ≥1 000 h	9.4b)
5	钢管段防腐层性能[c]　树脂涂层	应符合 SY/T 0315—2005	—	—	9.5
5	钢管段防腐层性能[c]　锌铬涂层	应符合 GB/T 18684—2002	—	—	9.5
5	钢管段防腐层性能[c]　聚乙烯防腐层	应符合 SY/T 0413—2002	—	—	9.5

[a] 破坏包括出现与本部分不一致的永久变形，管件安装自由空间内的截留空气的移动，例如密封嗝，不考虑为渗漏。

[b] 对于(80 ℃，165 h)静液压试验，仅考虑脆性破坏。如果在规定破坏时间前发生韧性破坏，允许在较低应力下重新进行该试验。重新试验的应力及其最小破坏时间见 GB 15558.1。

[c] 其他类别涂层要求也可由供需双方协商。

9　试验方法

9.1　密封试验

采用空气、氮气或惰性气体作为加压介质，密封试验应按照附录 A 进行；试验应在 23 ℃±2 ℃的温度下按下列顺序进行：第一步测试在 2.5×10^{-3} MPa 压力下，第二步测试在 1.5 MOP(最小压力为 0.6 MPa)下，MOP 由制造商在技术文件中说明。

9.2 温度循环后的密封性能

9.2.1 钢塑转换管件安装应符合第7章的要求。

9.2.2 在0.6 MPa的内压下，检查试样有无渗漏，随后采用以下循环中的一种进行连续10次完全温度循环：

a) 双温度控制室(温度 T 偏差±5 ℃)：
   1) 在温度为 T_{max} 的第一室放置试样至少2.5 h；
   2) 转移试样到温度为 T_{min} 的第二室，转移时间的最小值为0.5 h，最大时间为1 h；
   3) 放置试样在温度为 T_{min} 的第二室内至少2.5 h；
   4) 转移试样到温度为 T_{max} 的第一室，转移时间的最小值为0.5 h，最大时间为1 h；
   5) 返回1)。

b) 单温度控制室(温度 T 偏差±5 ℃)：
   1) 在温度控制室内以最小1 ℃/min的速度升温至 T_{max}；
   2) 保持 T_{max} 至少2 h；
   3) 以最小1 ℃/min的速度降温至 T_{min}；
   4) 保持 T_{min} 至少2 h；
   5) 返回1)。

c) 试验后，在23 ℃±2 ℃的环境下检查试样密封性能(见表1第1项)。

在仲裁情况下，采用双温度控制室。

9.3 拉伸载荷后的密封性能

9.3.1 23 ℃下拉伸载荷后的密封性能

在23 ℃±2 ℃条件下进行恒定载荷下拉伸试验后的试样密封性能检测。

9.3.1.1 原理

钢塑转换组件首先承受一定的轴向拉应力，稳定后在一定速度下继续拉伸伸直到管材屈服。拉伸后验证密封性能。

9.3.1.2 装置

a) 拉伸试验机或其他相当足够动力的设备，能使试验进行并达到PE管材的屈服点，试验机能够在两个钳夹之间以25 mm/min的恒定速度拉伸(最大偏差为2%)或提供持续恒定的拉力；
b) 适宜位置的夹紧工具；
c) 能达到b)要求的压力测量器；
d) 秒表或其他类似工具；
e) 精度不低于1.6级压力表；
f) 压缩空气源(5.0×10^{-3} MPa)；
g) 带阀的一系列管段，能够将试样与压力表或压力源连接或者将试样/压力元件从压力源处隔断。

9.3.1.3 步骤

9.3.1.3.1 对每一个试样，连接PE管的长度(不包括管件和夹具)至少相当于管材公称直径的两倍，但最大为1 000 mm。

通过插入内插件增强刚度的管材自由端可固定在拉伸试验机的夹具上。

在管材的自由端连接密封件并与压力源连接，可以使试样保持在 2.5×10^{-3} MPa的密封压力。

在23 ℃±2 ℃对试样进行2 h的状态调节。

用夹紧工具将试样端在拉伸试验机中固定，拉力方向线与管材的轴线保持一致。

接通压力源，通入 2.5×10^{-3} MPa的压力到试样内部。

隔断气源，检测试样组件的密封性能。

9.3.1.3.2 加载过程如下：

a) 在 5 min±1 min 时间周期内逐渐施加拉力，直到组件管材获得 12 MPa 的拉应力 σ，拉力 F 通过式(1)计算，单位为牛顿。

$$F = S\sigma \qquad \cdots\cdots(1)$$

式中：

S——管材壁的截面积，用平均外径和最小壁厚计算，单位为平方毫米(mm^2)；

σ——拉应力(12 MPa)，1 MPa$=10^6$ N/mm^2。

b) 在此拉力下放置连接组件 1 h，偏差为±2%。

c) 用十字头以 25 mm/min±1 mm/min 的速度继续增加拉应力直至 PE 管材屈服，屈服后立即停止。除非在管材自由段的长度大于公称外径的两倍，才可以按比例增加十字头的速度。

d) 将拉力释放，然后在 2.5×10^{-3} MPa 的压力下检测组件的密封性能(见表 1)，检查是否出现渗漏。

9.3.2 80 ℃下拉伸载荷后的密封性能

对每一个试样，连接 PE 管的长度(不包括管件和夹具)至少相当于管材公称直径的两倍，但最大为 1 000 mm。

将试样组件安装在能提供恒定轴向拉力的固定设备上，能够对管材和管件施加轴向拉力。试样悬空，任一部位不应出现变形。

表 2 给出 SDR 17.6 和 SDR 11 的管材承受的径向拉力(端部载荷)，80 ℃±5 ℃下，在 5 min±1 min 的时间周期内逐渐施加拉力，保持 500 h。

表 2 SDR 17.6 和 SDR 11 管材的端部负载

尺寸 mm	端部载荷 N	
	SDR 17.6	SDR 11
75	3 500	5 000
90	5 000	7 500
110	7 000	11 500
125	9 000	14 000
140	11 500	18 000
160	15 500	24 000
180	19 000	29 500
200	24 000	37 000
225	31 000	47 000
250	37 000	57 000
280	48 000	72 000
315	58 500	90 000
355	74 000	115 000
400	94 000	146 000
450	124 000	186 000

表 2(续)

尺寸 mm	端部载荷 N	
	SDR 17.6	SDR 11
500	147 000	227 000
560	185 000	286 000
630	234 000	361 000
注：端部负载值大约是 80 ℃时管材屈服强度的一半。		

在完成 500 h 持续拉伸载荷(CTL)试验后，在 23 ℃±2 ℃环境下状态调节试样 24 h，按 9.1 及附录 A 的方法进行 2.5×10^{-3} MPa、24 h 密封试验，随后再做 0.6 MPa、24 h 密封试验。

9.4 80 ℃静液压试验

按 GB/T 6111—2003 在 80 ℃±1 ℃试验温度无约束条件下进行试验。

a) (80 ℃，165 h)静液压试验：

施加静液压压力，按相当于环应力 4.5 MPa(PE 80)或环应力 5.4 MPa(PE 100)的压力使试样管壁承压，保持至少 165 h。

b) (80 ℃，1 000 h)静液压试验：

施加静液压压力，按相当于环应力 4.0 MPa(PE 80)或环应力 5.0 MPa(PE 100)的压力使试样管壁承压，保持至少 1 000 h。

试验过程中，监控组件的紧密程度和密封性。管件安装自由空间内的截留空气的移动，例如密封嗝，不考虑为渗漏。

9.5 钢塑转换管件的钢管段防腐层性能

树脂涂层应按 SY/T 0315—2005 测试，锌铬涂层应按 GB/T 18684—2002 测试。聚乙烯防腐层应按照 SY/T 0413—2002 测试。

10 检验规则

10.1 检验分类

检验分为型式检验和出厂检验。

10.2 组批规则和抽样方案

10.2.1 组批

同一原料、设备和工艺生产的同一规格钢塑转换管件作为一批。公称外径 75 mm≤d_n<250 mm 时，每批数量不超过 500 件；公称外径 250 mm≤d_n≤630 mm 时，每批数量不超过 100 件。

10.2.2 抽样方案

接收质量限(AQL)为 2.5 的抽样方案见表 3。

表 3 接收质量限(AQL)为 2.5 的抽样方案

单位为件

批量 N	样本量 n	接收数 Ac	拒收数 Re
≤150	8	0	1
151～280	13	1	2
281～500	20	1	2
501～1 200	32	2	3

10.3 **型式检验**

10.3.1 型式检验的项目为第6章、第8章中的技术要求。

10.3.1.1 分组

使用相同材料,具有相同结构、相同品种的钢塑转换管件,按表4规定进行尺寸分组。

表4 钢塑转换管件的尺寸分组和公称外径范围

单位为毫米

尺寸组	1	2
公称外径 d_n 范围	$75 \leqslant d_n \leqslant 250$	$250 < d_n \leqslant 630$

10.3.1.2 根据本部分的技术要求,每个尺寸组合理选取任一规格进行试验,在外观尺寸抽样合格的产品中,进行10.3.1规定的性能检验。每次检验的规格在每个尺寸组内轮换。

10.3.1.3 一般情况下,每隔三年进行一次型式检验。若有以下情况之一,应进行型式试验:

a) 新产品或老产品转厂生产的试制定型鉴定;

b) 结构、材料、工艺有较大变动可能影响产品性能时;

c) 产品长期停产后恢复生产时;

d) 出厂检验结果与上次型式检验结果有较大差异时;

e) 国家质量监督机构提出型式检验的要求时。

10.3.2 判定规则和复验规则

按本部分规定的试验方法进行检验,依据试验结果和技术要求进行判定。如性能要求有一项达不到规定时,则随机抽取双倍样品对该项进行复验。如仍有不合格,则判该项不合格。

10.4 **出厂检验**

10.4.1 出厂检验项目为第6章的外观、尺寸要求、第8章中的(80 ℃,165 h)静液压试验、密封性能试验。

10.4.2 第6章尺寸检验按GB/T 2828.1—2003规定采用正常检验一次抽样方案,取一般检验水平I,接收质量限(AQL)2.5,见表3。

10.4.3 在外观尺寸抽样合格的产品中,随机抽取样品进行静液压试验(80 ℃,165 h)、密封性试验(表1中第1项),其中静液压强度试样数量为1个。

10.4.4 判定规则和复验规则

产品须经制造商质量检验部门检验合格并附有合格标志方可出厂。

按本部分规定的试验方法进行检验,依据试验结果和技术要求对产品做出质量判定。外观、尺寸按第6章的要求,按表3进行判定。其他性能有一项达不到规定时,则在该批中随机抽取双倍样品对该项进行复验。如仍不合格,则判该批产品不合格。

11 标志

11.1 **总则**

钢塑转换管件本体应有永久性标志,例如注塑或压制成型的标志,在组装后钢塑转换管件上包含11.2和11.3规定的最少信息且清晰可见。

11.2 **永久标志**

a) 制造商的名称和/或商标;

b) 可追溯性的制造商信息。

注:如用数字或代码表示的年和月或多处生产时的生产地点的名称或代码。

标志应不影响本部分的相关性能要求。

11.3 **钢塑转换管件或标签上的标志**

a) 如有必要,与设计管件相连的管材的等级(见GB 15558.1);

b) 制造批数和/或日期；

c) 符合相关标准的可追溯性编码；

d) PE 管材的材料性质和尺寸；

e) 金属管材的大小(DN)；

f) 安装力矩(如有规定)；

g) PE 材料的名称及级别；

h) 管件安装的任何其他信息。

12 包装和贮存

12.1 包装

钢塑转换管件应以一定数量或单独包装，防止损坏和污染。

如有必要，管件应包装在塑料袋内放置于纸板箱或硬纸盒中。

塑料袋和/或纸板箱或硬纸盒应具有至少一个包含以下信息的标签：

a) 制造商的名称；

b) 管件型号和尺寸；

c) 制造日期；

d) 管件数量；

e) 任何特定的贮存状况和贮存时间限制。

包装应包含制造商书面安装说明。

12.2 运输

管件运输时，不得受到剧烈的撞击、划伤、抛摔、曝晒、雨淋和污染。

12.3 贮存

管件应贮存在地面平整、通风良好、干燥、清洁并保持良好消防的库房内，合理放置。贮存时，应远离热源，并防止阳光直接照射。

附 录 A
（规范性附录）
内压密封性试验方法

A.1 原理

使钢塑转换管件与聚乙烯(PE)管材的组合件承受规定的压力(微压及其内部压力大于管材的公称压力)情况下，检查其密封性能(熔接接头除外)。试验不考虑与聚乙烯管材相接的管件的设计和材料。

A.2 装置(见图 A.1)

A.2.1 适宜的压力源

与试样相连，能够提供所用管材最大工作压力 1.5 倍的气压至少 1 h。

A.2.2 压力测量装置

安装在装置上，测量试验压力，精度为±2%。

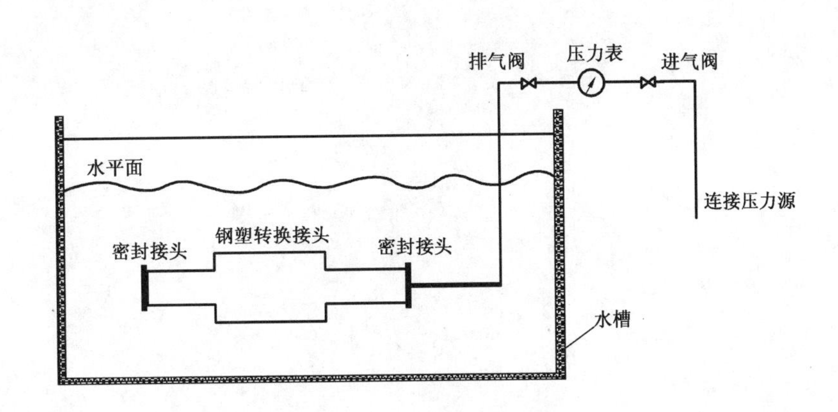

图 A.1 装置示意图

A.3 试样

试样应包括至少由一个钢塑转换接头和一根或多根聚乙烯管材组装成的接头。每根管段的长度应至少为 300 mm。

试样的一端应与压力源相连，另一端应以限位接头(或封头)封堵密封。接头的装配应按照有关的国家操作规程或制造商提供的装配要求进行。

A.4 试验方法

采用空气、氮气或惰性气体作为加压介质。

在 23 ℃±2 ℃的温度下，将试样安装在试验装置上固定，放置在水槽中。

在水槽中放入一定量的水，水面高度至少超过试样上表面。试样在水中的状态调节时间大约为 10 min。

连接压力源通入空气或氮气。持续加压直到标准规定的压力，维持规定的时间(参见标准要求，如表 1 和 9.3)，保持压力表有一个稳定的读数。记录加压时间。

试验过程中检查试样是否有任何渗漏现象发生。如果管材在 1 h 内破坏，重做试验。

A.5 试验报告

试验采用的方法及介质、试验压力和时间。

试验报告应包括 GB 26255 本部分的附录号和观察到的任何渗漏现象以及发生渗漏时的压力。

如果在试验过程中连接处没有发生渗漏,则认为该组合件是合格的。

参 考 文 献

[1] EN 682-2 弹性密封 用于燃气和烃类流体输送的管材和管件 密封件的材料要求
[2] GIS/PL3:2006 天然气和适用人工煤气用自锚定机械管件

ICS 91.140
P 47

中华人民共和国国家标准

GB 27790—2011

城镇燃气调压器

City gas pressure regulators

2011-12-30 发布　　　　2012-11-01 实施

中华人民共和国国家质量监督检验检疫总局
中国国家标准化管理委员会　发布

前　言

本标准第6.2条、第6.3.1条、第6.4条、第6.5.4.1条和第6.5.5条为强制性的，其余为推荐性的。

本标准按照GB/T 1.1—2009给出的规则起草。

本标准使用重新起草法参考EN 334:2005《入口压力不大于100 bar的燃气压力调节器》，与EN 334:2005的一致性程度为非等效。

本标准由中华人民共和国住房和城乡建设部提出。

本标准由住房和城乡建设部城镇燃气标准技术归口单位归口。

本标准起草单位：中国市政工程华北设计研究总院、上海飞奥燃气设备有限公司、特瑞斯信力(常州)燃气设备有限公司、陕西宏远燃气设备有限责任公司、合肥市久环给排水燃气设备有限公司、河北瑞星调压器有限公司、浙江春晖智能控制股份有限公司、费希尔久安输配设备(成都)有限公司、乐山川天燃气输配设备有限公司、重庆市山城燃气设备有限公司、宁波志清实业有限公司、成都杰森输配设备实业有限公司、克莱斯德(北京)燃气设备有限公司、北京鑫广进燃气设备研究所、天津新科成套仪表有限公司、国家燃气用具质量监督检验中心。

本标准主要起草人：王启、潘良、翟军、郑劲、孙宗浩、常保成、裴文彩、陈镜兔、邱敏、袁勇、赵小波、陈志清、刘杰、刘斌、李松、孙建勋、赵自军。

城镇燃气调压器

1 范围

本标准规定了城镇燃气(人工煤气和天然气,下同)输配系统用的燃气调压器(以下简称调压器)的术语和定义、符号、分类与标记、结构与材料、要求、试验方法、检验规则、标志、标签、使用说明书以及包装、运输、储存。

本标准适用于进口压力不大于4.0 MPa、工作温度范围(调压器组件及附加装置能正常工作的介质和本体温度范围)不超出−20 ℃～60 ℃且其下限不低于燃气露点温度、公称尺寸不大于300 mm的调节出口压力的调压器。

管道液化石油气和液化石油气混空气输配系统用的调压器参照本标准执行。

本标准不适用于稳压器、瓶装液化石油气调压器和二甲醚用的调压器。

凡本标准未注明的压力值均指表压值,单位为MPa。

2 规范性引用文件

下列文件对于本文件的应用是必不可少的。凡是注日期的引用文件,仅注日期的版本适用于本文件。凡是不注日期的引用文件,其最新版本(包括所有的修改单)适用于本文件。

GB/T 191 包装储运图示标志(GB/T 191—2008,ISO 780:1997,MOD)

GB/T 229 金属材料 夏比摆锤冲击试验方法(GB/T 229—2007,ISO 148-1:2006,MOD)

GB/T 699 优质碳素结构钢

GB/T 1173 铸造铝合金

GB/T 1220 不锈钢棒

GB/T 1239.2 冷卷圆柱螺旋弹簧技术条件 第2部分:压缩弹簧

GB/T 1348 球墨铸铁件(GB/T 1348—2009,ISO 1083:2004,MOD)

GB/T 1527 铜及铜合金拉制管

GB/T 1591 低合金高强度结构钢

GB/T 1690 硫化橡胶或热塑性橡胶耐液体试验方法

GB/T 3191 铝及铝合金挤压棒材

GB/T 3452.1 液压气动用O形橡胶密封圈 第1部分:尺寸系列及公差(GB/T 3452.1—2005,ISO 3601-1:2002,MOD)

GB/T 3452.2 液压气动用O形橡胶密封圈 第2部分:外观质量检验规范(GB/T 3452.2—2007,ISO 3601-3:2005,IDT)

GB/T 6388 运输包装收发货标志

GB/T 7306.1 55°密封管螺纹 第1部分:圆柱内螺纹与圆锥外螺纹(GB/T 7306.1—2000,eqv ISO 7-1:1994)

GB/T 7306.2 55°密封管螺纹 第2部分:圆锥内螺纹与圆锥外螺纹(GB/T 7306.2—2000,eqv ISO 7-1:1994)

GB/T 9112　钢制管法兰　类型与参数

GB/T 9440　可锻铸铁件

GB/T 9969　工业产品使用说明书　总则

GB/T 12226　通用阀门　灰铸铁件技术条件

GB/T 12227　通用阀门　球墨铸铁件技术条件

GB/T 12229　通用阀门　碳素钢铸件技术条件

GB/T 12716　60°密封管螺纹(GB/T 12716—2002,ASME B1.20.1:1992,EQV)

GB/T 13306　标牌

GB/T 13384　机电产品包装通用技术条件

GB/T 15115　压铸铝合金

GB/T 23934　热卷圆柱螺旋压缩弹簧　技术条件

HG/T 20592　钢制管法兰(PN 系列)

HG/T 20615　钢制管法兰(Class 系列)

JB/T 7944　圆柱螺旋弹簧抽样检查

3　术语和定义、符号

3.1　术语和定义

下列术语和定义适用于本文件。

3.1.1

调压器　regulator

自动调节燃气出口压力,使其稳定在某一压力范围内的装置。

3.1.2

调压器系列　series of regulators

相同设计原理下,结构相似的不同公称尺寸调压器的总称。

3.1.3

直接作用式调压器　direct acting regulator

利用出口压力变化,直接控制驱动器带动调节元件运动的调压器。直接作用式调压器的作用原理见图1。

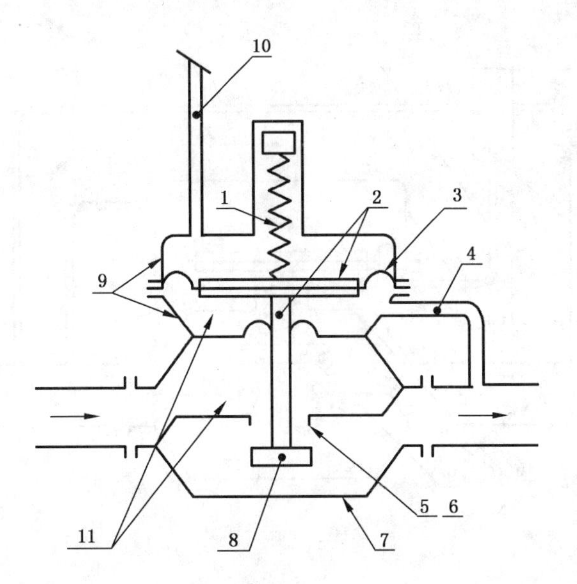

说明：

1——设定元件；

2——驱动器；

3——膜片；

4——信号管；

5——阀座；

6——阀垫；

7——调压器壳体；

8——调节元件；

9——驱动器壳体；

10——呼吸孔；

11——金属隔板；

(1+3)——控制器。

图 1　直接作用式调压器

3.1.4

间接作用式调压器　indirect acting regulator

利用出口压力变化，经指挥器放大后来控制驱动器带动调节元件运动的调压器。间接作用式调压器的作用原理见图 2。

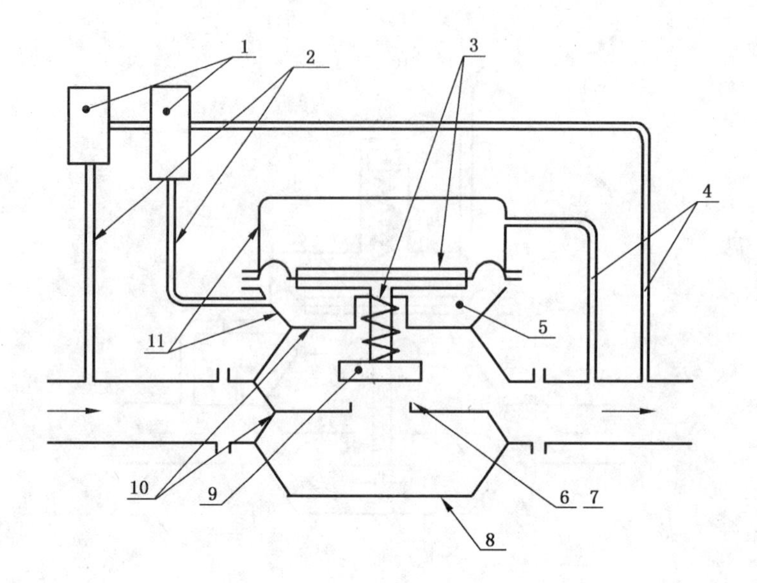

说明：
1——指挥器；
2——过程管；
3——驱动器；
4——信号管；
5——驱动腔；
6——阀座；
7——阀垫；
8——调压器壳体；
9——调节元件；
10——金属隔板；
11——驱动器壳体。

图 2 间接作用式调压器

3.1.5

调压器公称尺寸 nominal diameter of regulator

调压器进口的公称尺寸，表示调压器的尺寸规格。

3.1.6

公称压力 nominal pressure

一个用数字表示的与压力有关的标示代号，为圆整数。本标准中用于表示调压器的进、出口法兰的公称压力。

3.1.7

设计压力 design pressure

在相应的设计温度下，用于确定壳体或其他零件强度的压力值。

3.1.8

进口压力范围 inlet pressure range

调压器能保证给定稳压精度等级的进口压力范围。

注：同一调压器可具有不同的进口压力范围。

3.1.9

最大进口压力　maximum inlet pressure

在进口压力范围内，所允许的最高进口压力值。

3.1.10

最小进口压力　minimum inlet pressure

在进口压力范围内，所允许的最低进口压力值。

3.1.11

出口压力范围　outlet pressure range

调压器能保证给定稳压精度等级的出口压力范围。

注：同一调压器可具有不同的出口压力范围，调压器可通过更换某些零部件来获得所需的出口压力范围。

3.1.12

最大出口压力　maximum outlet pressure

在出口压力范围内，所允许的最高出口压力值。

3.1.13

最小出口压力　minimum outlet pressure

在出口压力范围内，所允许的最低出口压力值。

3.1.14

额定出口压力　rated outlet pressure

调压器出口压力在规定范围内的某一选定值。

3.1.15

基准状态　reference conditions

温度为 15 ℃，绝对压力为 101.325 kPa 时的气体状态。

3.1.16

流量　volumetric flow rate

单位时间内流过调压器的基准状态下的气体容积，单位为 m^3/h。

3.1.17

流量系数　flow coefficient

进口绝对压力为 6.89 kPa，温度为 15.6 ℃，在临界状态下，调压器全开所通过的以 0.028 26 m^3/h 为单位的空气流量。

3.1.18

静特性　performance

静特性是表述出口压力随进口压力和流量变化的关系。

3.1.19

静特性线　performance curve

在进口压力和调整状态不变时，通过先增加流量后降低流量所得到的出口压力随流量变化的曲线。

注：本标准采用进口温度为 15 ℃时的静特性线。

3.1.20

静特性线族　family of performance curves

同一调整状态下各不同进口压力下所得静特性线的集合。

3.1.21

设定压力 set point

调压器的一族静特性线的名义出口压力。

注：设定压力可等于额定出口压力。

3.1.22

压力回差 hysteresis band

一条静特性线上同一流量下两个出口压力值之差。

3.1.23

驱动压力 motorization pressure

调压器驱动器高压腔内的气体压力。

3.1.24

静态 stable conditions

出口压力在干扰发生后逐渐平稳变化到稳定值后的状态。

3.1.25

稳压精度 accuracy

一族静特性线上，工作范围内出口压力实际值与设定压力间的最大正偏差和最大负偏差绝对值的平均值对设定压力的百分比。

3.1.26

稳压精度等级 accuracy class

稳压精度的最大允许值乘以100。

3.1.27

关闭压力 lock-up pressure

调压器调节元件处于关闭位置时，静特性线上零流量处的出口压力。此时，从开始关闭点流量减少至零流量所用的时间应大于调压器关闭的响应时间。

3.1.28

关闭压力等级 lock-up pressure class

实际关闭压力与设定压力之差对设定压力之比的最大允许值乘以100。

3.1.29

最大流量 maximum accuracy flow rate

在规定的设定压力下，针对一定的进口压力，能保证给定稳压精度等级的最大流量中的最小者。可有最大进口压力下的最大流量、最小进口压力下的最大流量及最大和最小进口压力间的某一压力下的最大流量。

3.1.30

最小流量 minimum flow rate

在规定的设定压力下，针对一定的进口压力，能保证给定稳压精度等级的最小流量和静态工作的最小流量中的最大者。可有最大进口压力下的最小流量、最小进口压力下的最小流量及最大和最小进口压力间的某一压力下的最小流量。

3.1.31

关闭压力区 lock-up pressure zone

每一相应进口压力和设定压力的静特性线上，在零流量与最小流量间的区域1(见图3)。

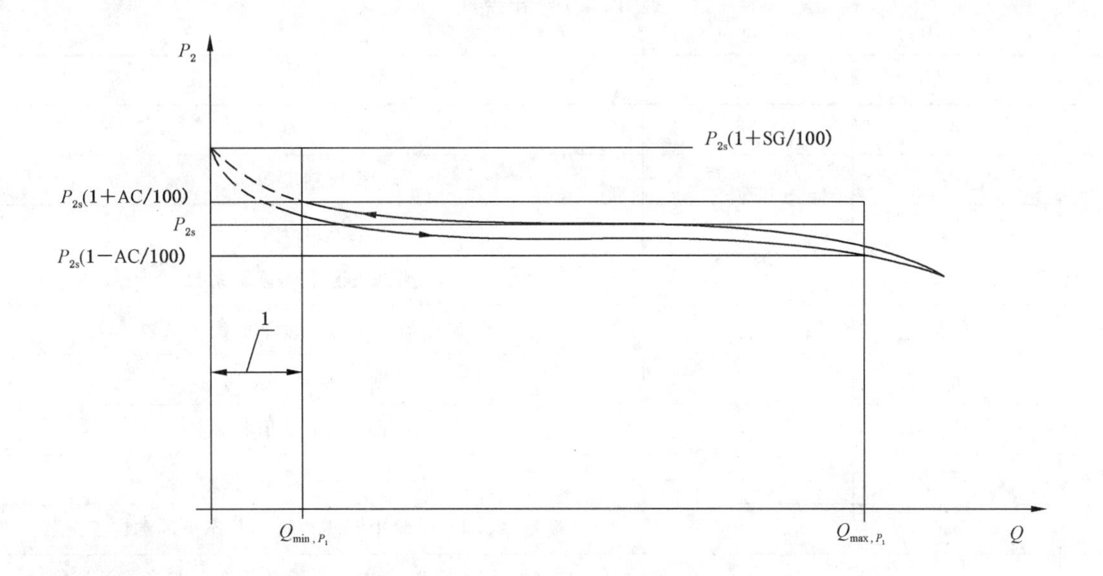

说明：

P_2 ——出口压力；

P_1 ——进口压力；

AC ——稳压精度等级；

SG ——关闭压力等级；

Q ——流量；

Q_{max,P_1}——P_1 下的最大流量；

P_{2s} ——设定压力；

Q_{min,P_1}——P_1 下的最小流量。

图 3 关闭压力区(静态)

3.1.32

关闭压力区等级 class of lock-up pressure zone

最小流量和最大流量的比值的最大允许值乘上 100。

3.1.33

静特性线族的关闭压力区等级 class of lock-up pressure zone of family of performance curves

静特性线族上，最大进口压力下的最小流量和最小进口压力下的最大流量的比值的最大允许值乘上 100。

3.1.34

工作温度范围 operating temperature range

调压器组件及附加装置能正常工作的介质和本体温度范围。

3.2 符号

符号和说明见表 1。

表 1 符号和说明

序号	符号	单位	说明
1	A	%	稳压精度
2	AC	—	稳压精度等级
3	C_g	—	流量系数
4	C_{gi}	—	测试工况下的流量系数
5	C_{gx}	—	调压器在部分开度下的流量系数
6	d	—	试验介质的相对密度
7	K_{1j}	—	测试工况下的形状系数
8	K_1	—	形状系数
9	m	—	流量系数 C_g 试验中亚临界流动状态下的测试工况数
10	n	—	流量系数 C_g 试验中临界流动状态下的测试工况数
11	P	MPa	设计压力
12	P_1	MPa	进口压力
13	P_{1av}	MPa	最大进口压力与最小进口压力的中间值
14	P_{1max}	MPa	最大进口压力
15	P_{1min}	MPa	最小进口压力
16	P_2	MPa	出口压力
17	P_{2c}	MPa	初设出口压力
18	P_{2int}	MPa	P_{2min}、P_{2max}之间的初设出口压力
19	P_{2max}	MPa	出口压力范围内的最大出口压力
20	P_{2min}	MPa	出口压力范围内的最小出口压力
21	P_{2s}	MPa	设定压力
22	P_a	MPa	大气压力
23	P_b	MPa	关闭压力
24	P_{b2}	MPa	关闭压力试验中第二次测量测得的关闭压力经温度修正后的压力
25	P'_{b2}	MPa	关闭压力试验中第二次测量测得的关闭压力
26	P_{max}	MPa	最大设计压力
27	Q	m^3/h	流量
28	Q_m	m^3/h	调压器进口温度为 t_1 时试验测得的流量
29	Q_{max}	m^3/h	最大流量
30	$Q_{max,P1min}$	m^3/h	进口压力为 P_{1min} 时的最大流量
31	$Q_{max,P1}$	m^3/h	某一进口压力下的最大流量
32	Q_{min}	m^3/h	最小流量
33	$Q_{min,P1}$	m^3/h	某一进口压力下的最小流量

表 1(续)

序号	符号	单位	说明
34	$Q_{min,P1av}$	m^3/h	进口压力为 P_{1av} 时的最小流量
35	$Q_{min,P1min}$	m^3/h	最小进口压力下的最小流量
36	$Q_{min,P1max}$	m^3/h	最大进口压力下的最小流量
37	Q_L	m^3/h	一条特性线的最大试验流量
38	Q_R	m^3/h	试验台能提供的最大流量
39	SG	—	关闭压力等级
40	SZ	—	关闭压力区等级
41	SZ_{P2}	—	静特性线族的关闭压力区等级
42	t_1	℃	调压器前试验介质温度
43	t_{21}	℃	关闭压力试验中第一次测量测得的调压器出口温度
44	t_{22}	℃	关闭压力试验中第二次测量测得的调压器出口温度
45	Δ_+	MPa	出口压力实际值与设定值间正偏差
46	Δ_-	MPa	出口压力实际值与设定值间负偏差
47	ΔP	MPa	调压器尚能保证稳压精度等级的最小进出口压差
48	ΔP_h	MPa	压力回差
49	ΔP_{max}	MPa	膜片所承受的最大压差
50	δ_5	%	钢材的伸长率
51	δP_1	MPa	进口压力范围
52	δP_2	MPa	出口压力范围
53	Q_i	m^3/h	一个承压腔的计算泄漏量
54	ΔP	kPa	修正后的压力降
55	P_1	kPa	第一次测量时承压腔内试验介质的压力
56	P_2	kPa	第二次测量时承压腔内试验介质的压力
57	t_1	℃	第一次测量时承压腔内试验介质的温度
58	t_2	℃	第二次测量时承压腔内试验介质的温度
59	t	h	保压时间
60	P_n	Pa	基准压力
61	V	m^3	承压腔体容积

4 分类与标记

4.1 分类

调压器的分类方法和类别,见表 2。

表 2 调压器的分类方法和类别

序号	分类方法	类别
1	工作原理	直接作用式、间接作用式
2	最大进口压力/MPa	4、2.5、1.6、0.8、0.4、0.2 和 0.01

4.2 标记

4.2.1 产品型号编制

调压器的型号编制应包括下列内容：

a) 调压器的代号 RT；

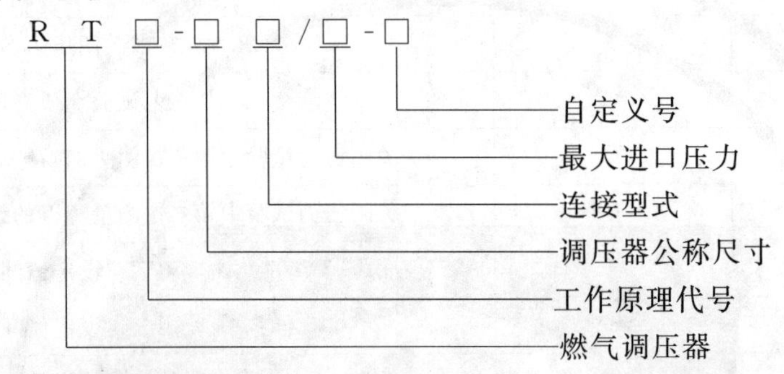

b) 调压器的工作原理代号，见表 3；

表 3 调压器的工作原理代号

直接作用式	间接作用式
Z	J

c) 调压器公称尺寸，标出进口连接的公称尺寸；

d) 最大进口压力 P_{1max}，按 0.01 MPa、0.2 MPa、0.4 MPa、0.8 MPa、1.6 MPa、2.5 MPa 和 4.0 MPa 分 7 级进行选用，标出以 MPa 为单位的压力值；

e) 连接型式，螺纹连接的代号为 L，法兰连接时省略代号；

f) 自定义号。

4.2.2 示例

RTZ-150/0.4-A

表示直接作用式、公称尺寸为 DN150、法兰连接、最大进口压力为 0.4 MPa、自定义号为 A 的调压器。

5 结构与材料

5.1 一般要求

5.1.1 设计压力

5.1.1.1 金属承压件的设计压力

金属承压件包括正常工作时承受压力的金属零部件和膜片或差压密封件失效后承受压力的金属零

部件，其设计压力应符合下列规定：

a) 当金属承压件承受进口压力 P_1 时，其设计压力不应小于最大进口压力的1.1倍，且不小于0.4MPa；

b) 当金属承压件有安全保护装置保护时，若膜片或差压密封件失效后该金属承压件承受的压力（以下简称失效后压力）小于进口压力且大于或等于正常工作压力时，金属承压件的设计压力不应小于最大失效后压力的1.1倍，允许采用5.1.1.1a)规定的设计压力；

c) 失效后压力小于正常工作压力的金属承压件，设计压力不应小于最大正常工作压力的1.1倍。允许采用5.1.1.1a)规定的设计压力。

5.1.1.2 金属隔板的设计压力

金属隔板的设计压力不应小于高压侧最大压力与低压侧最小压力之差的1.1倍，但阀体内金属隔板的设计压力应符合5.1.1.1a)的规定。

5.1.1.3 膜片的设计压力

膜片的设计压力应符合下列要求：

a) 当膜片所承受的最大压差 $\Delta P_{max} < 0.015$ MPa时，膜片设计压力不应小于0.02 MPa；

b) 当 $0.015\ \text{MPa} \leqslant \Delta P_{max} \leqslant 0.5$ MPa时，膜片设计压力不应小于 $1.33\Delta P_{max}$；

c) 当 $\Delta P_{max} > 0.5$ MPa时，膜片设计压力不应小于 $1.1\Delta P_{max}$，且不小于0.665 MPa。

5.1.2 工作温度范围

调压器工作温度范围有−10 ℃～60 ℃和−20 ℃～60 ℃两种，−20 ℃～60 ℃时应特别注明。

5.1.3 区域、楼栋和表前调压器的额定出口压力

5.1.3.1 区域、楼栋和表前调压器的额定出口压力宜按表4规定选取。

表4 区域、楼栋和表前调压器的额定出口压力 单位为千帕

序号	工作介质	区域	楼栋	表前
1	人工煤气	1.76	1.40	1.16
2	天然气	3.00	2.40	2.16
注：管道液化石油气的区域、楼栋和表前调压器的额定出口压力分别为3.80 kPa、3.04 kPa和2.96 kPa。				

5.1.3.2 用户有特殊要求时可根据用户要求采用表4以外的出口压力。

5.2 结构要求

5.2.1 进、出口连接型式

5.2.1.1 调压器与其上、下游管道的连接应符合下列规定：

a) 法兰：其连接尺寸及密封面型式应符合GB/T 9112、HG/T 20592或HG/T 20615的要求；

b) 管螺纹：仅可用于公称尺寸小于或等于DN50的调压器，并应符合GB/T 7306.1、GB/T 7306.2或GB/T 12716的规定。

5.2.1.2　法兰的公称压力不应小于调压器壳体的设计压力，并在以下系列值中选用：

(0.6)、(1.0)、1.6、2.0、2.5、4.0、5.0 MPa

不带括号的优先选用。

5.2.1.3　调压器的进、出口法兰应采用相同的公称压力。

5.2.2　其他配置

5.2.2.1　间接作用式调压器的驱动力应由调压器进口燃气提供，其取压接头宜设置在调压器上。该燃气引出管上宜设有过滤装置。

5.2.2.2　调压器调压信号的取压位置及信号管的尺寸应能提供稳定的压力信号。

5.2.2.3　呼吸管或呼吸装置应有防止异物进入的措施。

5.2.2.4　内装的安全装置与调压器的工作应相互独立。

5.2.2.5　调压器内装紧急切断阀时，紧急切断阀的解锁动力应由调压器出口燃气压力提供。紧急切断阀应手动开启，除由调压器出口压力控制自动解锁外，还宜设置手动控制的解锁装置。

5.2.3　公称尺寸和结构长度

5.2.3.1　调压器进口连接的公称尺寸宜在下列数值中选用：

15、20、25、32、40、50、65、80、100、150、200、250、300

5.2.3.2　调压器出口连接的公称尺寸宜在以下数值中选用：

15、20、25、32、40、50、65、80、100、150、200、250、300、350、400、450、500

5.2.3.3　进口、出口公称尺寸相同的法兰连接的调压器，其结构长度宜采用表5所示值，也可采用表6所示值。

表5　法兰连接的调压器结构长度

单位为毫米

公称尺寸 DN	法兰公称压力 PN/MPa		结构长度公差
	0.6/1.0/1.6/2.0	2.5/4.0/5.0	
	结构长度		
25	184	197	±1.5
40	222	235	
50	254	267	
65	267	292	
80	298	318	
100	352	368	±2.5
150	451	473	
200	543	568	
250	674	708	
300	736	774	±3.5

表 6　法兰连接的调压器备选结构长度

单位为毫米

公称尺寸 DN	法兰公称压力 PN/MPa	结构长度公差
	0.6/1.0/1.6/2.0/2.5/4.0/5.0	
	结构长度	±1.5
25	160	
40	200	
50	230	
65	290	
80	310	
100	350	±2.5
150	480	
200	600	
250	730	±3.5
300	850	

5.2.3.4　内螺纹连接的调压器结构长度宜符合表 7 的规定。

表 7　内螺纹连接的调压器结构长度

单位为毫米

公称尺寸 DN	结构长度		结构长度公差
	短系列	长系列	
15	65	90	+1.0 −1.5
20	75	100	
25	90	120	
32	105	140	+1.0 −2.0
40	120	170	
50	140	200	

5.3　材料要求

5.3.1　一般要求

5.3.1.1　制造调压器零部件的材料对城镇燃气、加臭剂和燃气中允许的杂质应具有抗腐蚀的能力。

5.3.1.2　用于制造调压器零部件的材料，应附有生产单位的质量证明。调压器制造单位应按质量证明对材料进行验收，必要时应进行复验。

5.3.2　金属材料

5.3.2.1　用于制造调压器零部件的金属材料应满足下列要求：

a)　所有承压件及金属隔板应根据使用条件选用表 8 所列的材料，但不包括紧固件及管接头；

表 8 承压件材料的使用条件

材料	材料性质 δ_{5min}[1)]	使用条件		
		最大设计压力 P_{max}	$(P\times DN^{2)})_{max}$	最大公称尺寸 $DN^{2)}_{max}$
	%	MPa	MPa·mm	mm
轧钢、锻钢	16	—[3)]	—	—
铸钢	15	—	—	—
球墨铸铁	7	2.0	150	—
	15	2.0	500	—
可锻铸铁	6	2.0	100	100
灰铸铁	[4)]	0.4	—	100
锻造铝合金	4	2.0	—	50
	7	—	—	50
铸造铝合金	1.5	1.0	25	150
	4	2.0	160	—

1) 伸长率 δ_5 应符合所选材料相关标准的规定。

2) 调压器公称尺寸，对指挥器壳体此项指其进口连接的公称尺寸。

3) 表示无此项限定条件。

4) 最小拉伸强度为 200 MPa，仅用于工作温度范围为－10 ℃～60 ℃的调压器。

b) 承压件的紧固件所用钢材的伸长率 δ_5 不应小于 9%；

c) 管接头所用钢材的伸长率 δ_5 不应小于 8%；

d) 其他非承压件的选材可不受表 8 限制。

5.3.2.2 最低工作温度低于－10 ℃但高于或等于－20 ℃，且调压器设计压力大于或等于 2.5 MPa 时，调压器阀体、阀盖、驱动器壳体和法兰盖等所用的金属材料，除符合 5.3.2.1 的要求外还应满足下列要求：

a) 碳钢、低合金钢应进行夏比 V 型缺口冲击试验，试验温度为－20 ℃，其三个试样的平均冲击功应大于或等于 27 J，允许一个试样的试验结果小于平均值，但不应小于 20 J。冲击试验方法及要求应符合 GB/T 229 的规定；

b) 奥氏体不锈钢可不作冲击试验；

c) 锻造及铸造铝合金的抗拉强度不高于 350 MPa 时，可不作冲击试验。

5.3.2.3 调压器的结构材料（锻件、铸件、型材等），其化学成分、热处理、无损检验和力学性能等均应符合相关标准的规定。

5.3.2.4 制造调压器承压件的材料为碳钢时，应选用优质碳素结构钢。

5.3.2.5 弹簧应采用碳素钢、合金钢或不锈钢的弹簧钢丝制造，成品检验应符合 GB/T 1239.2、GB/T 23934 和 JB/T 7944 的规定。精度等级不应低于Ⅱ级。

5.3.2.6 信号管（引压管）和过程管宜采用不锈钢管，设计压力小于或等于 0.4 MPa 时，可采用铜管，并应符合 GB/T 1527 的规定。调压器为内置取压时，可采用对工作介质有抗腐蚀能力的其他材料。

5.3.2.7 调压器零件材料应根据工作条件、制造工艺、质量要求和经济合理性等因素选择。在满足 5.3.1 和 5.3.2 的条件下，应选用表 9 所列材料或同等及以上的其他材料。

表 9　常用金属材料

材料	牌号	标准号
铸造铝合金	ZL104、YL102	GB/T 1173 GB/T 15115
灰铸铁	HT200、HT250	GB/T 12226
锻造铝合金	2A70	GB/T 3191
球墨铸铁	QT400-15、QT400-18、QT500-7	GB/T 12227
	QT400-18L	GB/T 1348
铸钢	WCA、WCB、WCC、LCB	GB/T 12229
锻钢和轧钢	20、25、35、40、45、30Mn25	GB/T 699
	Q345-D	GB/T 1591
可锻铸铁	KT300-06、KT330-08、KTH350-10	GB/T 9440
不锈钢	2Cr13、3Cr13、0Cr18Ni9、00Cr18Ni10	GB/T 1220

5.3.3　非金属材料

5.3.3.1　膜片及其他橡胶件，应采用对工作介质有抗腐蚀能力的橡胶材料，膜片可用合成纤维增强。

5.3.3.2　膜片、阀垫、O 形橡胶密封圈等橡胶件的材料物理机械性能及耐城镇燃气性能应符合附录 A 要求。

5.3.3.3　O 形橡胶密封圈的设计、制造和验收应符合 GB/T 3452.1 和 GB/T 3452.2 的规定。

5.3.3.4　阀垫、膜片及其他橡胶件的表面应平滑，无气泡、缺胶和脱层等缺陷。

5.3.3.5　橡胶件的使用寿命可参照附录 B 的规定。

5.3.3.6　塑料制件的材料性能应符合国家现行相关标准规定。

6　要求

6.1　外观

6.1.1　调压器表面应进行防腐处理，防腐层应均匀，色泽一致，无起皮、龟裂、气泡等缺陷。

6.1.2　调压器与附加装置及指挥器间的连接管应平滑，无压瘪、碰伤等损伤。

6.1.3　调压器阀体表面应根据介质流动方向标识永久性箭头，标牌、使用说明书和包装应分别符合 9.1.1、9.2 和 10.1 的要求。

6.2　承压件液压强度

6.2.1　承压件应按设计压力 P 的 1.5 倍且不低于 P+0.2 MPa 进行液压强度试验，试验结果应符合下列要求：

a)　试验期间无渗漏；

b)　卸载后，试件上任意两点间的残留变形不大于以下数值中的较大者：

——0.2%乘以该两点间距离；

——0.1 mm。

6.2.2 金属隔板应进行液压强度试验，试验压力按6.2.1的规定，应无渗漏和异常变形。

6.3 膜片成品检验

6.3.1 膜片耐压试验

试验压力为设计压力（见本标准5.1.1.3）的1.5倍，保压期间不应漏气。

6.3.2 膜片耐城镇燃气性能应符合附录A的规定。

6.3.3 膜片的成品在－20 ℃下保温1 h后，其柔性不应降低。

6.4 外密封

调压器经承压件液压强度试验合格后应进行外密封试验。

承压件和所有连接处应按各自设计压力的1.1倍且不低于0.02 MPa进行外密封试验，并应符合以下两种情况之一为合格：

a） 按本标准7.5.5方法试验时，应无可见泄漏；

b） 按本标准7.5.6方法试验时，总泄漏量不应超过表10规定的值。

表10 最大泄漏量

单位为立方米每小时

公称尺寸DN	换算为基准状态的最大泄漏量	
	外密封	内密封
15～25	4×10^{-5}	1.5×10^{-5}
40～80	6×10^{-5}	2.5×10^{-5}
100～150	1×10^{-4}	4×10^{-5}
200～250	1.5×10^{-4}	6×10^{-5}
300	2×10^{-4}	1×10^{-4}

6.5 静特性

6.5.1 静特性的型式检验应符合6.5.2～6.5.5的要求，抽样检验和出厂检验应符合6.5.2.1、6.5.4.1和6.5.5a）的要求。

6.5.2 稳压精度等级AC

6.5.2.1 稳压精度A应按式(1)计算：

$$A=\frac{\frac{|\Delta_{+}|_{max}+|\Delta_{-}|_{max}}{2}}{P_{2s}}\times100\% \quad \cdots\cdots\cdots\cdots(1)$$

式中：

Δ_{+} ——出口压力实际值与设定值的正偏差，单位为兆帕（MPa）；

Δ_{-} ——出口压力实际值与设定值的负偏差，单位为兆帕（MPa）；

P_{2s} ——设定压力，单位为兆帕（MPa）。

6.5.2.2 调压器应符合制造单位明示的稳压精度等级AC及相应的最小流量Q_{min}和最大流量Q_{max}，其稳压精度等级AC应符合表11的规定。

表 11 稳压精度等级

稳压精度等级	最大允许相对正、负偏差
AC1	±1%
AC2.5	±2.5%
AC5	±5%
AC10	±10%
AC15	±15%

6.5.2.3 压力回差 ΔP_h 应包含在稳压精度范围内，并应按式(2)计算：

$$\Delta P_h \leqslant \frac{AC}{100} \times P_{2s} \tag{2}$$

式中：

ΔP_h——压力回差，单位为兆帕(MPa)；

AC ——稳压精度等级；

P_{2s} ——设定压力，单位为兆帕(MPa)。

6.5.3 静态

调压器的静态是反映在进口压力 P_1 和流量 Q 均处于稳定不变时调压器的工作状态。此时，在调压器稳压精度等级 AC 满足 6.5.2 的前提下，出口压力因调节元件的微颤引起的振荡幅值应小于或等于下列两值中的较大值：

a) $\frac{20\% \times AC \times P_{2s}}{100}$；

b) 0.1 kPa。

6.5.4 关闭性能

6.5.4.1 调压器关闭压力等级 SG 应符合表 12 的规定。

表 12 关闭压力等级

关闭压力等级	最大允许相对增量
SG2.5	2.5%
SG5	5%
SG10	10%
SG15	15%
SG20	20%
SG25	25%

6.5.4.2 调压器关闭压力区等级 SZ 应符合表 13 的规定。

表 13 关闭压力区等级

关闭压力区等级	$Q_{min,P1}/Q_{max,P1}$ 极限值
SZ2.5	2.5%
SZ5	5%
SZ10	10%
SZ20	20%

6.5.4.3 调压器静特性线族关闭压力区等级 SZ_{P_2} 应符合表 14 的规定。

表 14 静特性线族关闭压力区等级

关闭压力区等级	$Q_{min,P1max}/Q_{max,P1min}$ 极限值
SZ_{P_2} 2.5	2.5%
SZ_{P_2} 5	5%
SZ_{P_2} 10	10%
SZ_{P_2} 20	20%

6.5.5 内密封

6.5.5.1 型式检验

在最大进口压力下作静特性试验时，在调压器关闭 5 min 后测量两次出口压力，两次测量间隔应保证当泄漏量为表 10 所示值时测压仪表能判读压力变化，根据两次测得的出口压力计算泄漏量不应大于表 10 的所列值(考虑到测量精度及温度修正)。

6.5.5.2 出厂检验和抽样检验

在最大进口压力下作静特性试验时，在调压器关闭 2 min 后测量两次出口压力，两次测量间隔应保证当泄漏量为表 10 所示值时测压仪表能判读压力变化，根据两次测得的出口压力计算泄漏量不应大于表 10 的所列值(考虑到测量精度及温度修正)。

6.6 流量系数 C_g

6.6.1 调压器的流量系数 C_g 不应低于制造单位标称值的 90%。

6.6.2 使用流量系数 C_g 的流量计算公式参见附录 C。

6.6.3 本条款不适用于两级调压器。

6.7 极限温度下的适应性

6.7.1 外密封

极限温度下调压器的外密封应符合 6.4 的要求。

6.7.2 关闭压力 P_b

调压器在极限温度下，进口压力分别在最大和最小值而设定压力 P_{2s} 在最小值时，关闭压力应符合下列要求：

a) 工作温度范围为−10 ℃～60 ℃时，−10 ℃和60 ℃下关闭压力应符合式(3)：

$$P_b \leqslant P_{2s}\left(1+\frac{SG}{100}\right) \quad \cdots\cdots(3)$$

b) 工作温度范围为−20 ℃～60 ℃时，−10 ℃和60 ℃下关闭压力应满足6.7.2a)的要求；−20 ℃下关闭压力应符合式(4)：

$$P_b \leqslant P_{2s}\left(1+\frac{2SG}{100}\right) \quad \cdots\cdots(4)$$

式中：

P_b——关闭压力，单位为兆帕(MPa)；

P_{2s}——设定压力，单位为兆帕(MPa)；

SG——关闭压力等级；

P_{2s}和SG为室温下试验所得值。

6.7.3 启闭灵活性

极限温度下调压器在全行程范围内应能灵活启闭。

6.8 耐久性

调压器在室温条件下经过30 000次行程大于50%全行程(不包括关闭和全开位置)的启闭动作后，调压器的外密封应符合6.4的要求；稳压精度应符合6.5.2的要求；关闭性能应符合6.5.4的要求。

7 试验方法

7.1 一般规定

7.1.1 实验室温度

实验室的温度应为5 ℃～35 ℃，试验过程中室温波动应小于±5 ℃；

7.1.2 试验介质

7.1.2.1 承压件液压强度的试验用介质：温度高于5 ℃的洁净水(可加入防锈剂)。

7.1.2.2 其他试验用介质：洁净的、露点低于−20 ℃的空气。调压器进口介质温度不应高于35 ℃，其出口不应低于5 ℃(极限温度下的适应性试验除外)。

7.1.3 试验设备

7.1.3.1 静特性的型式试验和流量系数试验用的试验系统原理应符合图4a)～d)所示之任一系统原理图。调压器前管道的公称尺寸不应小于调压器的公称尺寸；调压器后管道的公称尺寸不应小于调压器出口的公称尺寸。当管道内压力大于或等于0.05 MPa时，介质流速不应大于50 m/s；当管道内压力小于0.05 MPa时，介质流速不应大于25 m/s。关闭压力试验时，调压器下游管道长度按图4规定的最小值选取。下游应无附加的容积。

7.1.3.2 静特性的抽样检验和出厂检验用的试验台系统原理可参考图4a)～d)所示之任一系统原理图。调压器下游管道长度不应大于图4规定的最小值，下游应无附加的容积。

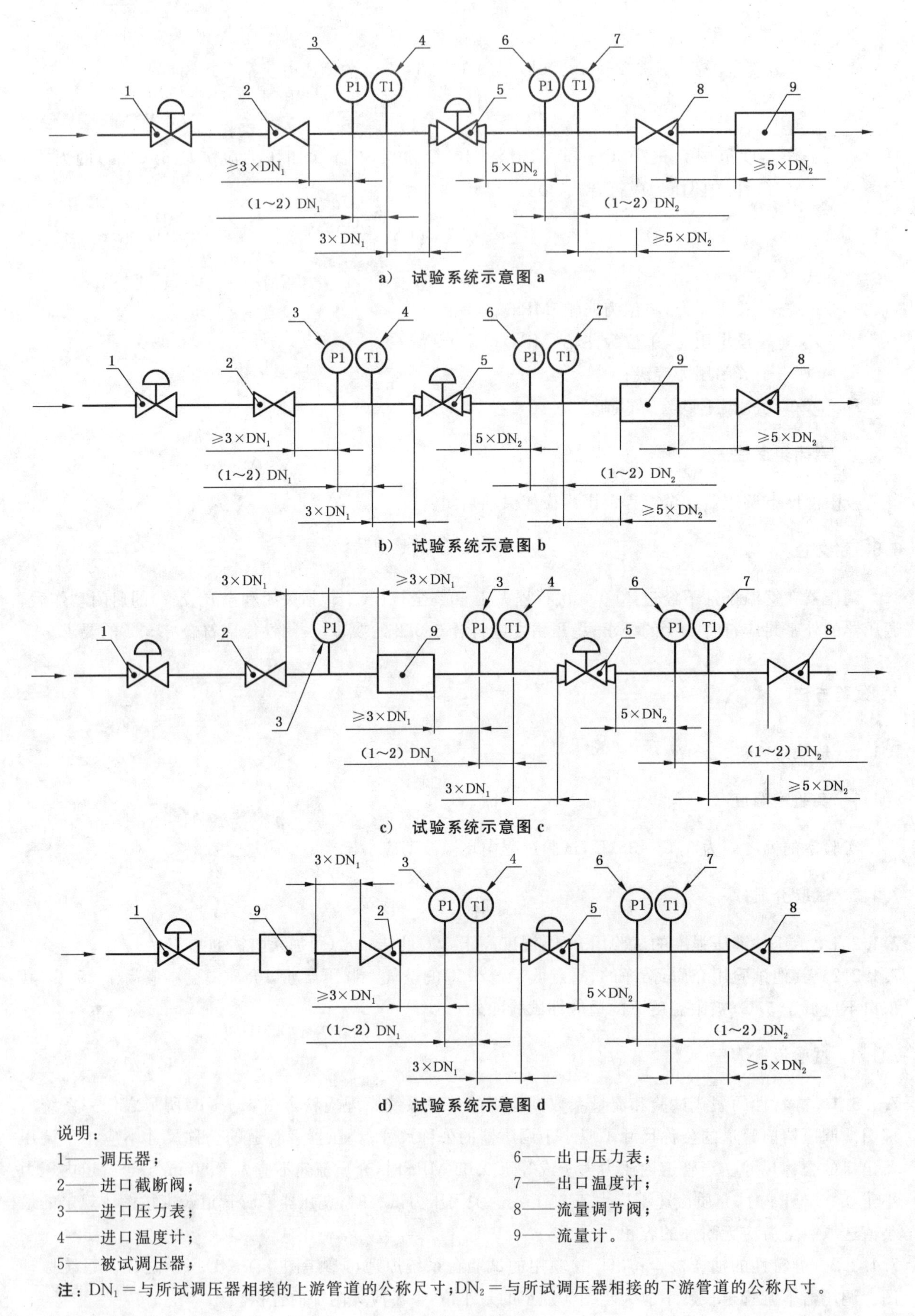

说明：

1——调压器；

2——进口截断阀；

3——进口压力表；

4——进口温度计；

5——被试调压器；

6——出口压力表；

7——出口温度计；

8——流量调节阀；

9——流量计。

注：DN_1＝与所试调压器相接的上游管道的公称尺寸；DN_2＝与所试调压器相接的下游管道的公称尺寸。

图 4　试验系统示意图

7.1.4 测量精度

7.1.4.1 外密封试验用压力表的选用要求：

a) 压力表的量程不应低于1.5倍且不应高于3倍的试验压力；

b) 压力表的精度不应低于0.4级，应检定合格并在有效期内。

7.1.4.2 承压件液压强度和膜片耐压试验用压力表的选用应符合下列要求：

a) 压力表的量程不应低于1.5倍且不应高于3倍的试验压力；

b) 压力表的精度不应低于1.6级，应检定合格并在有效期内。

7.1.4.3 静特性和流量系数试验用仪器、仪表应符合表15的规定。

表15 静特性和流量系数试验用仪器、仪表

检测项目	仪表名称	规格	精度要求
进、出口压力	压力表	根据试验压力范围确定	0.4级
	压力传感器		0.1级
	水柱压力计		10 Pa
大气压力	大气压力计	81 kPa～107 kPa	10 Pa
流量	流量计(带修正仪)	根据试验流量范围确定	1.5%
介质温度	温度计、温度传感器	0℃～50℃	0.5℃

7.2 外观

用目测法检查，应符合6.1的要求。

7.3 承压件液压强度

7.3.1 试验时应向承压件腔室缓慢增压至所规定的各腔室的试验压力。

7.3.2 试验过程中试验件应能向各方向变形，不应受到可能影响试验结果的外力。

7.3.3 紧固件施加的力应和正常使用状态下所受的力一致。

7.3.4 由膜片隔开的腔应在膜片两侧同时施加相同的压力。

7.3.5 进行金属隔板试验时，在隔板的高压侧施加试验压力，低压侧压力为零。

7.3.6 出厂试验不作残留变形评定。

7.3.7 保压时间不应小于3 min，试验结果应符合6.2的要求。

7.4 膜片成品检测

7.4.1 膜片耐压试验

膜片应和膜盘(或相应的工装)组合在一起在试验工装内进行试验，试验工装应使膜片处于最大有效面积的位置，且膜片露出膜盘(或相应的工装)和工装部分的运动不应受试验工装限制。试验时应向膜片的高压侧缓慢增压至所规定的试验压力，保压时间不应小于10 min，试验结果应符合6.3.1的要求。

7.4.2 膜片耐城镇燃气性能试验

膜片应按GB/T 1690规定的方法进行耐燃气性能试验，试验结果应符合6.3.2的要求。

7.4.3 膜片耐低温试验

将膜片放入−20 ℃的低温箱中保温 1 h 后，膜片应符合 6.3.3 的要求。

7.5 外密封

调压器经承压件液压强度试验合格后进行外密封试验。外密封试验时，调压器及其附加装置应组装为一体进行。

7.5.1 试验时应向承压件承压腔室缓慢增压至所规定的各腔室的试验压力（对膜片应采取保护措施）。

7.5.2 对于试验时处于关闭状态的调压器应同时向壳体进、出口充气增压。

7.5.3 试验过程中试验件应能向各方向变形，不应受可能影响试验结果的外力。

7.5.4 紧固件施加的力应和正常使用状态下所受的力一致。

7.5.5 用检漏液或浸入水中检查时，将试验件缓慢增压至所规定的试验压力进行保压，试验压力在试验持续时间内应保持不变，型式检验中保压时间不小于 15 min，出厂检验中保压时间不小于 1 min，试验结果应符合 6.4a）的要求。

7.5.6 用压降法时，将试验件缓慢增压至所规定的试验压力进行保压，保压期间进行两次测量，两次测量间隔应保证当总泄漏量为表 10 所示值时测压仪表能判读压降，按式（5）和式（6）计算各承压腔的泄漏量，总泄漏量应符合 6.4b）的要求。

$$Q_i = \frac{(273+15)}{(273+t_1)} \times \frac{\Delta PV}{(P_a+P_n)t} \quad \cdots\cdots (5)$$

$$\Delta P = (P_1+P_a) - (P_2+P'_a) \times \frac{273+t_1}{273+t_2} \quad \cdots\cdots (6)$$

式中：

Q_i ——一个承压腔的计算泄漏量，单位为立方米每小时（m^3/h）；

t ——两次测量的间隔时间，单位为小时（h）；

P_n ——基准压力，单位为帕（Pa）；

V ——承压腔体容积，单位为立方米（m^3）；

ΔP ——修正后的压力降，单位为帕（Pa）；

P_1、P_2 ——第一次、第二次测量时承压腔内试验介质的压力，单位为帕（Pa）；

P_a、P'_a ——第一次、第二次测量时大气的压力，单位为帕（Pa）；

t_1、t_2 ——第一次、第二次测量时承压腔内试验介质的温度，单位为摄氏度（℃）。

7.6 静特性

带有内装安全装置的调压器，应与安全装置一起进行试验；调压器在制造单位规定的所有安装状态下的性能应符合本标准规定。静特性的型式检验按 7.6.1 进行，抽样检验按 7.6.2 进行，出厂检验按 7.6.3 进行。

7.6.1 静特性的型式检测

7.6.1.1 静特性的型式检验所需试验参数如下：

a） 由制造单位明示进口压力范围 δP_1 和出口压力范围 δP_2 内的性能指标：AC、SG，每一出口压力下的 SZ_{P_2}，每一进口压力和出口压力下的 SZ 和 Q_{min}、Q_{max}，应满足 $Q_{min}/Q_{max} \leqslant SZ/100$ 和 Q_{min}，P_{1max}/Q_{max}，$P_{1min} \leqslant SZ_{P_2}/100$。AC、SG 和 SZ（$SZ_{P_2}$）应分别符合表 11、表 12 和表 13 的要求。

b) 在调压器进口压力范围 δP_1 内取三点，在出口压力范围 δP_2 内取三点进行静特性测定。每一出口压力在三个进口压力下作测定，即作出一族三条静特性线。初设出口压力 P_{2c} 和进口压力 P_1 的取值应符合下列要求：

1) 初设出口压力 P_{2c} 分别为：P_{2min}、P_{2max} 和 $P_{2int}=P_{2min}+\frac{P_{2max}-P_{2min}}{3}$。

2) 进口压力 P_1 的取值分别为：P_{1min}、P_{1max} 和 $P_{1av}=P_{1min}+\frac{P_{1max}-P_{1min}}{2}$。

3) 当按上述规定确定的进口压力 P_{1min} 小于该族的 $P_{2c}+\Delta P$ 时应选：$P_{1min}=P_{2c}+\Delta P$。

ΔP——调压器尚能保证稳压精度等级的最小进出口压差，由制造单位明示。

7.6.1.2 静特性型式检验试验步骤如下：

a) 首先在进口压力等于 P_{1av}、流量为(1.15～1.2)Q_{min}，P_{1av} 的工况下，将调压器出口压力调整至初设出口压力 P_{2int}(图 5 所示初始点)；或采用制造单位明示的初始状态设定方法；

b) 完成初设后进行如下操作，测定一条静特性线：

1) 利用流量调节阀改变流量，先逐步增加至最大试验流量 Q_L，然后逐步降低至零，最后再增加至初始点。按下述方法确定 Q_L：

Q_L ——一条特性线的最大试验流量；

Q_R ——试验台能提供的最大流量；

试验台应满足：

$Q_R > Q_{max,P1min}$，

若对某条特性线，$Q_{max,P1} \geqslant Q_R$，则应试验至 $Q_L=Q_R$；

若对某条特性线，$Q_{max,P1} < Q_R$，则应试验至 $Q_R \geqslant Q_L \geqslant Q_{max,P1}$。

2) 在 $Q=0$ 至 Q_L 间至少分布 11 个测量点，分别为：

初始点、5 个流量增加点、4 个流量降低点、1 个零流量点，如图 5 所示。4 个流量降低点中流量最小的一点应小于制造单位明示的相应的 $Q_{min,P1}$；

3) 流量调节阀的操作应缓慢；

4) $Q=0$ 时的调压器出口压力应在调压器关闭后 5 min 和 30 min 时分别测量两次；

5) 试验过程中应注意发现不稳定区(若存在)；

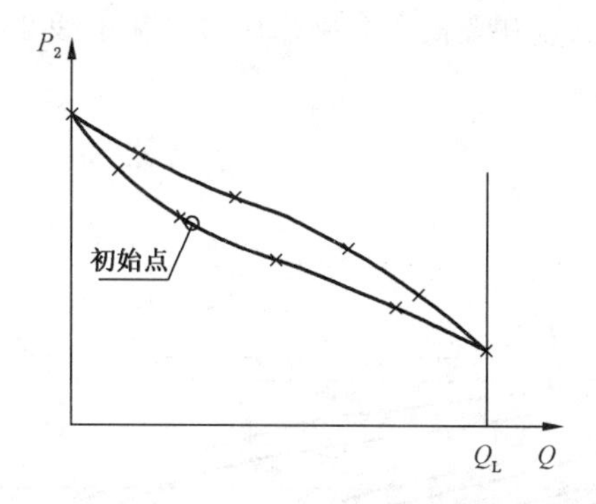

图 5 测点分布示意图

c) 将进口压力分别调整至 P_{1min} 及 P_{1max}，重复 b)的操作。如此可得 P_{2int} 下的一族静特性线；

d) 在进口压力为 P_{1max} 时，当流量回至初始点后，利用流量调节阀再次将流量缓慢地降低至零，并在调压器关闭 5 min 后测量两次出口压力，两次测量间隔时间应保证当泄漏量为表 10 所示值时测压仪表能判读压力变化；

e) 再在各自的 P_{1av} 及流量为(1.15～1.2)$Q_{min,P1av}$ 的工况下，将调压器出口压力调整至初设出口压

力 P_{2max} 及 P_{2min}；或按制造单位声明的初始状态设定方法操作。重复 b)、c)和 d)的操作；如此重复操作可得上述初设出口压力 P_{2c} 和进口压力 P_1 下的三族静特性线；

f) 在各族静特性线的测试过程中不应变更调压器的调整状态；

g) 实际试验所测得的流量 Q_m 应按式(7)换算至调压器在进口温度为 15 ℃的情况下试验得到的流量 Q；

$$Q=Q_m\sqrt{\frac{d\times(273+t_1)}{273+15}} \qquad \cdots\cdots(7)$$

式中：

Q ——流量，单位为立方米每小时(m^3/h)；

Q_m——调压器进口温度为 t_1 时试验测得的流量，单位为立方米每小时(m^3/h)；

d ——试验介质的相对密度，对于空气，$d=1$；

t_1 ——调压器前试验介质温度，单位为摄氏度(℃)。

h) 第二次测得的关闭压力 P_{b2}' 应作温度修正，按式(8)计算可得到修正后的关闭压力 P_{b2}，与第一次测得的关闭压力 P_{b1} 作比较。

$$P_{b2}=\frac{t_{21}+273}{t_{22}+273}(P_{b2}'+P_a)-P_a \qquad \cdots\cdots(8)$$

式中：

P_{b2} ——第二次测量测得的关闭压力经温度修正后的压力，单位为兆帕(MPa)；

P_{b2}'——第二次测量测得的关闭压力，单位为兆帕(MPa)；

t_{21} ——第一次测量测得的调压器出口温度，单位为摄氏度(℃)；

t_{22} ——第二次测量测得的调压器出口温度，单位为摄氏度(℃)；

P_a ——大气压力，单位为兆帕(MPa)。

关闭压力 P_b 取 P_{b1} 和 P_{b2} 中的最大值。

7.6.1.3 结果判定

对每个 P_{2c} 分别将其静特性线族画在 $Q-P_2$ 坐标图上(如图 6 所示)，并按如下方法对每族静特性线进行判定：

a) 在各图上以各静特性线的 Q_{max}(或 Q_L)和 Q_{min} 作垂直线分别与相应的静特性线相交得交点，以交点间静特性线上的最高点和最低点分别作虚线 1 和虚线 2，并以虚线 1 和虚线 2 纵坐标的中间值作虚线 3；

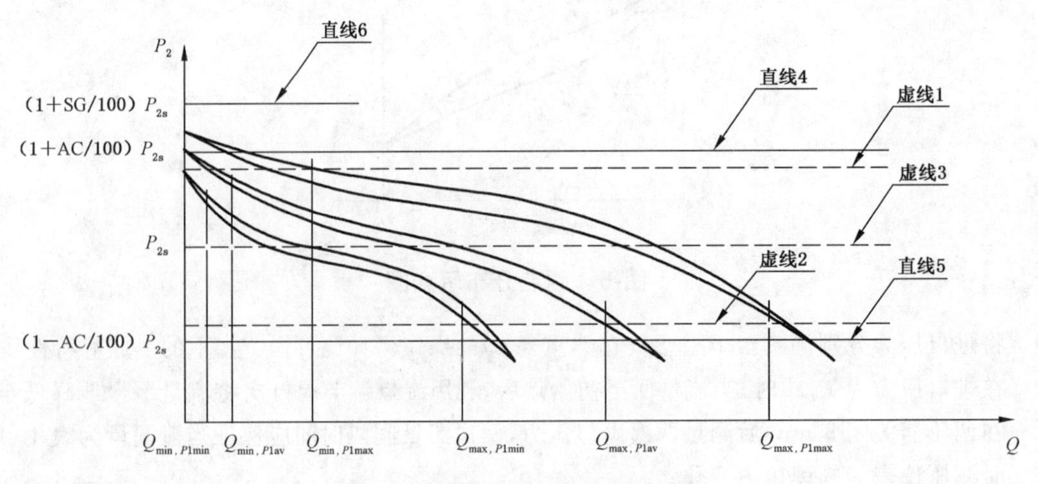

图 6 静特性参数判定示意图

b) 以虚线 3 的纵坐标为 P_{2s}，再作三条平行线：直线 4、直线 5 和直线 6，其纵坐标分别为：$\left(1+\frac{AC}{100}\right)\times P_{2s}$、$\left(1-\frac{AC}{100}\right)\times P_{2s}$ 和 $\left(1+\frac{SG}{100}\right)\times P_{2s}$；

c) 各 Q_{max}（或 Q_L）和 Q_{min} 间的静特性线段均应在直线 4 和直线 5 包含的范围内；

d) 各关闭压力 P_b 均不应大于 $\left(1+\frac{SG}{100}\right)\times P_{2s}$；

e) Q_{max}（或 Q_L）和 Q_{min} 之间压力回差 ΔP_h 的最大值应符合 6.5.2.2 的要求；

f) 在各 Q_{max}（或 Q_L）和 Q_{min} 内的静特性线段上，调压器应处于静态工作状态，并应符合 6.5.3 的要求；

g) 静特性线族关闭压力区等级 SZ_{P2} 应符合 6.5.4.3 的要求；

h) 用 7.6.1.2d）中两次测得的出口压力计算泄漏量，应符合 6.5.5a）的要求。

7.6.1.4 当试验台能提供的最大流量不能满足调压器系列中所有公称尺寸的调压器的试验要求时，在符合下列规定条件下，可按制造单位提供的替代方法进行试验：

a) 调压器系列中试验台位能满足试验要求的部分调压器不应按替代方法进行试验；

b) 对特定公称尺寸调压器，将替代方法的结果与在 7.1 规定的试验台上作的全部工况下的试验结果作对比，证实所用替代方法是可靠的；

c) 替代方法仅限用于同一调压器系列中的较大公称尺寸的调压器上。

7.6.2 静特性的抽样检验

7.6.2.1 应在进口压力范围 δP_1 的两个极限值下对出口压力范围 δP_2 的两个极限值作此项试验，当 $P_{1min}<P_{2max}+\Delta P$ 时，应选 $P_{1min}=P_{2max}+\Delta P$。

7.6.2.2 试验步骤如下（见图 7，图 7 中仅画出了 a）～f）的步骤）：

a) 在 $Q=0$ 的情况下，使 $P_1=P_{1min}$，然后增加流量至 $Q>Q_{min,P1min}$，将调压器出口压力调至 P_{2max}；

b) 降低流量至调压器关闭，降低的时间不应小于调压器的响应时间，在关闭后两次记录关闭压力 $P_{b(P1min,P2max)}$，两次记录的时间间隔不应小于 30 s（第一次记录时间为调压器关闭 5 s 后）；

c) 增加流量至 $Q>Q_{min,P1min}$，记录此时的 P_2；

d) 调整进口压力至 P_{1max}，增加流量至 $Q>Q_{min,P1max}$，记录此时的 P_2；

e) 降低流量至调压器关闭，降低的时间不应小于调压器的响应时间，在关闭后两次记录关闭压力 $P_{b(P1max,P2max)}$，两次记录的时间同 b）；

f) 增加流量至 $Q>Q_{min,P1max}$ 记录此时的 P_2；

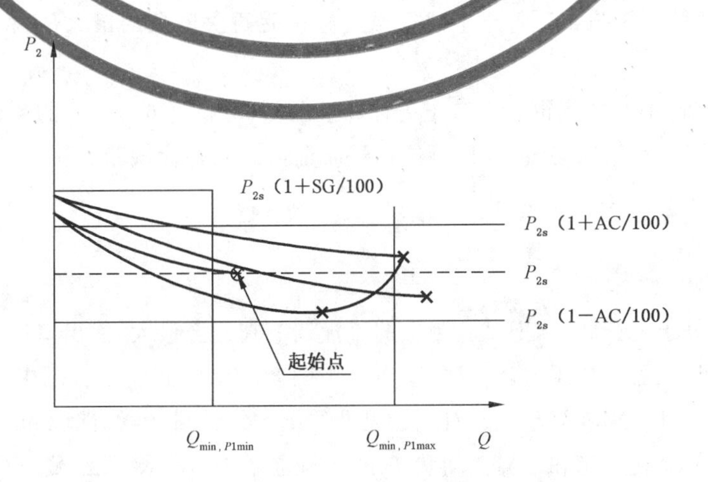

图 7 静特性抽样检验示意图

g) 降低流量至调压器关闭，降低的时间不应小于调压器的响应时间，在关闭 2 min 后测量两次出口压力，两次测量间隔时间应保证当泄漏量为表 10 所示值时测压仪表能判读压力变化；

h) 使 $P_1=P_{1min}$，在 $Q>Q_{min,P1min}$ 情况下，将调压器调至 P_{2min}；

i) 缓慢降低流量至调压器关闭，降低的时间不应小于调压器的响应时间，在关闭后两次记录关闭压力 $P_b(P_{1min},P_{2min})$，两次记录的时间同 b)；

j) 增加流量至 $Q>Q_{min,P1min}$，记录此时的 P_2；

k) 调整进口压力至 P_{1max}，增加流量至 $Q>Q_{min,P1max}$，记录此时的 P_2；

l) 降低流量至调压器关闭，降低的时间不应小于调压器的响应时间，在关闭后两次记录关闭压力 $P_b(P_{1max},P_{2min})$，两次记录的时间同 b)；

m) 增加流量至 $Q>Q_{min,P1max}$，记录此时的 P_2；

n) 降低流量至调压器关闭，降低的时间不应小于调压器的响应时间，在关闭 2 min 后测量两次出口压力，两次测量间隔时间应保证当泄漏量为表 10 所示值时测压仪表能判读压力变化。

7.6.2.3 关闭压力[见 7.6.2.2b)、e)、i)、l)]等于上述经温度修正后两次读数的最大值，由此算得的 SG 应符合 6.5.4.1 的要求。而由 P_{2max}[见 7.6.2.2a)]及其后的两次流量增加所得的出口压力值[见 7.6.2.2c)、f)]以及 P_{2min}[见 7.6.2.2h)]及其后的两次流量增加所得的出口压力值[见 7.6.2.2 j)、m)]得出的稳压精度等级 AC 应符合 6.5.2.1 的要求。

7.6.2.4 用 7.6.2.2g) 和 n) 中两次测得的出口压力分别计算泄漏量，应符合 6.5.5b) 的要求。

7.6.2.5 当试验台不能提供所需流量时，可使用经验证可靠的替代试验方法。

7.6.3 静特性的出厂检测

7.6.3.1 应在进口压力范围 δP_1 的两个极限值下对出口压力范围 δP_2 的两个极限值(当 $P_{2min}>0.6\times P_{2max}$ 时，可仅按 P_{2s} 进行试验)作此项试验。当 $P_{1min}<P_{2max}+\Delta P$ 时，应选 $P_{1min}=P_{2max}+\Delta P$。

7.6.3.2 试验步骤如下(仅描述一个出口压力下的试验步骤)：

a) 在 $Q=0$ 的情况下，使 $P_1=P_{1min}$，然后增加流量至 $Q>Q_{min,P1min}$，将调压器调至所需出口压力(或按厂家的其他设定方法)；

b) 调整进口压力至 P_{1max}，增加流量至 $Q>Q_{min,P1max}$，记录此时的 P_2，应在稳压精度范围内；

c) 降低流量至调压器关闭，降低的时间不应小于调压器的响应时间，在关闭 2 min 后测量两次出口压力，两次测量间隔时间应保证当泄漏量为表 10 所示值时测压仪表能判读压力变化。

7.6.3.3 关闭压力[见 7.6.3.2c)]等于上述经温度修正后两次读数的最大值，由此算得的 SG 应符合 6.5.4.1 的要求。

7.6.3.4 用 7.6.3.2c) 中两次测得的出口压力计算泄漏量，应符合 6.5.5b) 的要求。

7.6.3.5 当试验台不能提供所需流量时，可使用经验证可靠的替代试验方法。

7.7 流量系数 C_g

7.7.1 试验步骤

7.7.1.1 将调压器处于全开状态，把试验台上的流量调节阀开至最大，使出口压力尽量低。

7.7.1.2 逐渐增加调压器进口压力，测量各参数作出图 8 所示的曲线图。图中，亚临界流动状态对应的是曲线图上的非线性段；临界流动状态对应的是曲线上的线性段，非线性段和线性段的交界点即为临界点。试验时，亚临界流动状态和临界流动状态下，均应至少有 3 个测试工况。

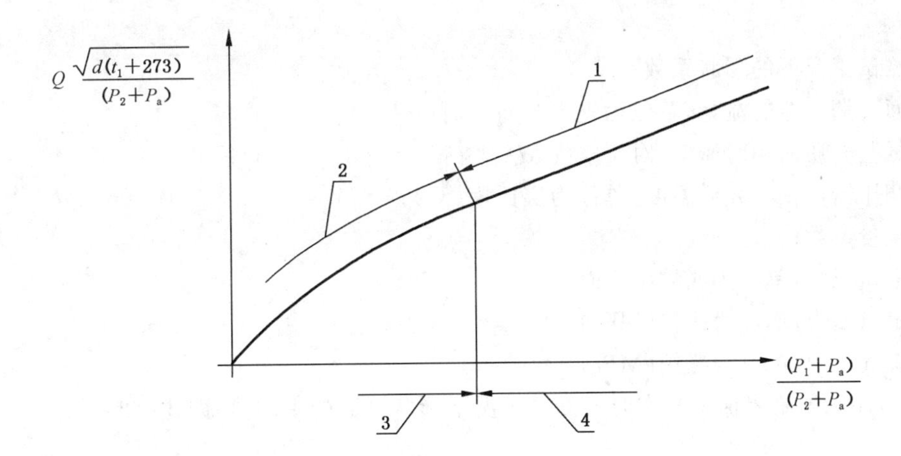

说明：

1——线性段；

2——非线性段；

3——亚临界流动状态；

4——临界流动状态。

图8　调节元件位置固定时调压器的流动状态

7.7.1.3　根据临界流动状态下的试验数据确定流量系数。

各测试工况下的流量系数 C_{gi} 按式(9)计算得到：

$$C_{gi}=\frac{Q\sqrt{d\times(t_1+273)}}{69.7(P_1+P_a)}=\frac{Q\frac{\sqrt{d\times(t_1+273)}}{(P_2+P_a)}}{69.7\frac{(P_1+P_a)}{(P_2+P_a)}} \qquad (9)$$

式中：

C_{gi}——测试工况下的流量系数；

Q——通过调压器的流量，单位为立方米每小时(m^3/h)；

d——试验介质的相对密度，对于空气，$d=1$；

t_1——调压器前试验介质温度，单位为摄氏度(℃)；

P_1——进口压力，单位为兆帕(MPa)；

P_2——出口压力，单位为兆帕(MPa)；

P_a——大气压力，单位为兆帕(MPa)。

流量系数等于临界流动状态时各测试工况下流量系数的平均值，即式(10)。

$$C_g=\sum_{i=1}^{n}\frac{C_{gi}}{n} \qquad (10)$$

式中：

C_g——流量系数；

C_{gi}——测试工况下的流量系数；

n——临界流动状态下的测试工况数。

7.7.1.4　根据亚临界流动状态下的试验数据确定形状系数。

各测试工况下的形状系数按式(11)计算得到：

$$K_{1j}=\frac{\left\{\arcsin\left[\frac{Q\sqrt{d\times(t_1+273)}}{69.7C_g(P_1+P_a)}\right]\right\}_{deg}}{\sqrt{\frac{P_1-P_2}{P_1+P_a}}} \qquad (11)$$

式中：

K_{1j}——测试工况下的形状系数；

Q ——通过调压器的流量，单位为立方米每小时（m^3/h）；

d ——试验介质的相对密度，对于空气，$d=1$；

t_1 ——调压器前试验介质温度，单位为摄氏度（℃）；

C_g ——流量系数；

P_1 ——进口压力，单位为兆帕（MPa）；

P_2 ——出口压力，单位为兆帕（MPa）；

P_a ——大气压力，单位为兆帕（MPa）。

形状系数 K_1 为亚临界流动状态时各测试工况下形状系数的平均值，即式（12）。

$$K_1=\sum_{j=1}^{m}\frac{K_{1j}}{m} \qquad \cdots\cdots(12)$$

式中：

K_1——形状系数；

K_{1j}——测试工况下的形状系数；

m ——亚临界流动状态下的测试工况数。

7.7.2 试验结果评定

所得流量系数应符合 6.6 的要求。

7.7.3 当试验台能提供的最大流量不能满足试验要求时，可用附录 C 的试验方法或其他经验证可靠的替代方法。

7.7.4 按附录 D 计算在不同调压器开度和进、出口压力下的流量。

7.8 极限温度下的适应性

7.8.1 在极限温度下，按 7.5 所示方法进行外密封试验，应符合 6.7.1 的要求。

7.8.2 将调压器安装在恒温室内，根据 7.6.3 的试验方法检查调压器在极限温度（检查前试验介质应具有相应的温度）、进口压力分别在最大及最小值、出口压力在最小值时的关闭压力等级，应符合 6.7.2 的要求。

7.8.3 零流量下使调压器运动件运动检查全行程范围内的运动灵活性，应符合 6.7.3 的要求。

7.9 耐久性

调压器在室温条件下，进行 30 000 次的行程大于 50% 全行程（不包括关闭和全开位置）和频率大于 5 次/min 的启闭动作后，依次进行如下试验，并应符合 6.8 的要求。

a) 按 7.5 所示方法进行外密封检查；

b) 分别在调压器进口压力范围 δP_1 内取 2 点和出口压力范围 δP_2 内取 2 点按 7.6.1 所示方法进行静特性试验。初设出口压力 P_{2c} 和进口压力 P_1 的取值应符合下列要求：

——初设出口压力 P_{2c} 分别为：P_{2min} 和 P_{2max}。

——进口压力 P_1 的取值分别为：P_{1min} 和 P_{1max}。

——当按上述规定确定的进口压力 P_{1min} 小于该族的 $P_{2c}+\Delta P$ 时，P_{1min} 应按 $P_{2c}+\Delta P$ 选用。ΔP 为调压器尚能保证稳压精度等级的最小进出口压差，由制造单位明示。

8 检验规则

调压器检验分型式检验、抽样检验及出厂检验。

8.1 检验项目

检验项目见表16。

表16 检验项目

序号	项目名称		要求	试验方法	型式检验	抽样检验	出厂检验	不合格分类
1	外观		6.1	7.2	△[1]	△	△	B
2	承压件液压强度[2]		6.2	7.3	△	△	△	A
3	膜片成品检验	膜片耐压试验	6.3.1	7.4.1	△			A
4		膜片耐城镇燃气性能试验	6.3.2	7.4.2	△			B
5		膜片耐低温试验	6.3.3	7.4.3	△			B
6	外密封		6.4	7.5	△	△	△	A
7	静特性	稳压精度等级 AC	6.5.2.1	7.6.1 7.6.2 7.6.3	△	△	△	B
8		压力回差	6.5.2.2		△			B
9		静态	6.5.3		△			B
10		关闭压力等级 SG	6.5.4.1		△	△	△	A
11		关闭压力区等级 SZ	6.5.4.2		△			B
12		静特性线族关闭压力区等级 SZ_{p_2}	6.5.4.3		△			B
13		内密封	6.5.5		△	△	△	A
14	流量系数 C_g		6.6	7.7	△			B
15	极限温度下的适应性		6.7	7.8	△			B
16	耐久性		6.8	7.9	△			B

1) 带"△"为需要作检验的项目。

2) 承压件液压强度允许在零部件检验中进行。

8.1.1 型式检验

8.1.1.1 有下列情况之一时，应进行型式检验：

a) 新产品试制定型鉴定；

b) 转厂生产的试制定型鉴定；

c) 正式生产后，如结构、材料、工艺有较大改变可能影响产品性能时；

d) 产品停产两年后恢复生产时；

e) 出厂检验或抽样检验结果与上次型式检验有较大差异时；

f) 国家质量监督机构提出进行型式检验要求时。

8.1.1.2 型式检验项目按表16的规定执行。

8.1.2 抽样检验

8.1.2.1 按如下规则进行抽样：

a) 对于公称尺寸小于或等于 DN40 且最大进口压力小于或等于 0.4 MPa 的调压器，每生产

100 台抽样检验 1 台；

b) 对于公称尺寸大于或等于 DN150 的调压器，每生产 10 台抽样检验 1 台；

c) 其余规格的调压器，每生产 30 台抽样检验 1 台。

8.1.2.2 抽样检验项目按表 16 的规定执行。

8.1.3 出厂检验

每台产品在出厂之前均应进行出厂检验。出厂检验项目按表 16 的规定执行。

8.2 判定规则

8.2.1 型式检验

型式检验中各项指标均符合要求时，则判该次型式检验合格。

8.2.2 抽样检验

抽样检验中如发现有任何一项不符合要求，则判该次抽样检验为不合格。此时，应以抽样检验代替出厂检验，直至制造单位质检部门同意恢复出厂检验规则为止。

8.2.3 出厂检验

出厂检验中如发现有任何一项不符合要求，则该台调压器为不合格。

9 标志、标签、使用说明书

9.1 标志、标签

9.1.1 调压器

调压器上应在明显部位设置标牌。标牌应符合 GB/T 13306 的规定，其内容至少应包括：

a) 产品型号和名称；

b) 许可证编号；

c) 公称尺寸；

d) 进口连接法兰公称压力；

e) 工作介质；

f) 流量系数；

g) 进口压力范围；

h) 设定压力；

i) 制造厂名称和商标；

j) 生产日期；

k) 产品编号。

燃气流动方向应在阀体上用箭头永久性标注。

9.1.2 包装箱

包装箱上应有包装储运图示标志和运输包装收发货标志，应按 GB/T 191 和 GB/T 6388 的规定编制。

9.2 使用说明书

使用说明书的编写应符合 GB/T 9969 的规定，并应具备下列项目：

a） 调压器的工作原理；

b） 技术参数，除铭牌标注的参数外，至少还应包括：

1） 出口压力范围；

2） 工作温度范围；

3） 稳压精度等级 AC；

4） 关闭压力等级 SG；

5） 各承压件的设计压力；

6） 各进、出口压力下对应的关闭压力区等级 SZ、与其对应的最大流量 Q_{max} 及 Q_{min}；

7） 各出口压力下对应的静特性线族的关闭压力区等级 SZ_{P_2}；

c） 使用与安装说明；

d） 常见故障及排除方法。

10 包装、运输、储存

10.1 包装

调压器的包装应符合 GB/T 13384 的规定，包装箱内应随机附有下列文件：

a） 调压器的使用说明书；

b） 产品质量合格证明书；

c） 装箱清单。

10.2 运输

调压器整体包装后，应适合陆路、水路及空中运输与装卸要求。运输过程中，应防止剧烈振动、雨淋及化学物品的侵蚀，严禁抛掷碰撞等。

10.3 储存

调压器应包装后储存。

调压器及其部件应储存在通风、干燥、防雨、无腐蚀介质的库房内，并应离地、离墙 15 cm 以上。

附　录　A
（规范性附录）
橡胶材料物理机械性能

A.1　橡胶材料物理机械性能，见表 A.1。

表 A.1　橡胶材料物理机械性能

项　　目		单位	指标
拉伸强度（最小）		MPa	7.0
扯断伸长度（最小）		%	300
压缩永久变形（常温）		%	20
国际硬度或邵尔 A		IRHD 或度	由制造单位确定
回弹性（最小）		%	30
屈挠龟裂（最小）		万次	2
热空气老化 70 ℃×72 h 强度变化（最大）		%	−15
脆性温度（最大）		℃	−30
标准室温下液体[a] 浸泡 72 h，取出后 5 min 内	体积变化（最大）	%	±15
	重量变化（最大）	%	±15
在干燥空气中放置 24 h	体积变化（最大）	%	±10
	重量变化（最大）	%	±10

[a] 对工作介质为人工煤气的调压器，用液体 B 浸泡，液体 B 为 70%（体积比）三甲基戊烷（异辛烷）与 30%（体积比）甲苯混合液；对工作介质为天然气、管道液化石油气和液化石油气混空气的调压器，用正戊烷浸泡。

附 录 B
（资料性附录）
调压器橡胶件的使用寿命

B.1 橡胶件保质期从其生产日期开始计算。

B.2 库房保质期

B.2.1 橡胶件库存条件

B.2.1.1 橡胶件应存放于密闭的、不透明的、充满氮气的容器内保管；

B.2.1.2 库房内应避免太阳光直照，温度不应高于 30 ℃，湿度不应大于 70%。

B.2.2 库存期不宜大于 12 个月。

B.3 橡胶件的周转期

B.3.1 橡胶件随调压器制造、装配、试验等，周转过程不应超过 3 个月；

B.3.2 调压器在库房存放期间，应避免太阳光直照，其进、出口应封闭。保管期不应超过 3 年。

B.4 橡胶件使用期不宜超过 3 年。

附　录　C
（资料性附录）
大流量调压器流量系数测定的替代方法

如果试验台可用的容积流量不足以供大流量调压器按7.5所述方法作试验用，则可采用下列程序：

a）　先在与可用容积流量相应的部分开度情况下按7.5确定相应的流量系数；

b）　确定该部分开度情况下的形状系数 K_1；

c）　对更大的开度在亚临界流动状态下作试验，用上述 K_1 及式(C.1)计算 C_{gx}，至少对三个开度作出上述试验和计算，作出图C.1所示的函数曲线；

d）　外延图C.1中曲线，求出100%开度下的 C_g 值。

当流量足够时不使用外延，只按上面第三条所述在全开情况下进行试验。

C_g 和 K_1 的偏差不应大于10%。

$$C_{gx}=\frac{Q\sqrt{d(t_1+273)}}{69.7(P_1+P_a)\sin\left(K_1\sqrt{\frac{P_1-P_2}{P_1+P_a}}\right)_{deg}} \quad \cdots\cdots (C.1)$$

式中：

d ——试验介质的相对密度，对于空气，$d=1$；

t_1 ——调压器前试验介质温度，℃。

P_1 ——进口压力，MPa；

P_2 ——出口压力，MPa；

P_a ——大气压力，MPa。

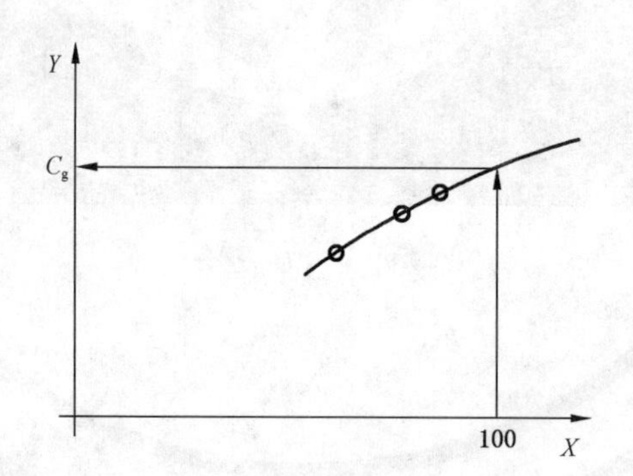

说明：

X ——行程(%)；

Y ——C_{gx}；

o ——测得值。

图C.1　C_g-X 曲线

附 录 D
（资料性附录）
流量特性

D.1 不同开度的流量系数和调节元件位置间关系通常用图表示（见图 D.1）。

D.2 部分开度下的流量系数通常表示为全开时流量系数的百分比，而调节元件位置则以最大行程（由机械限位器限制）的百分比表示。图 D.1 给出三种不同类型调压器的流量特性示例。

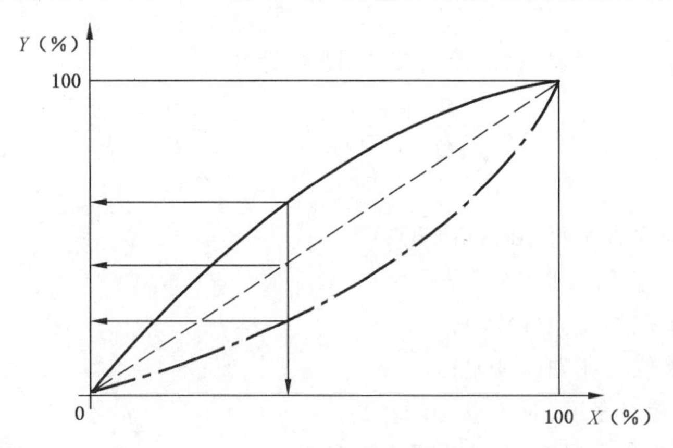

说明：

X——行程百分比；

Y——$\frac{C_{gx}}{C_g}\times 100\%$。

图 D.1 流量特性

D.3 调压器全开时的流量

D.3.1 临界流动状态

临界流动状态的条件为式（D.1）：

$$\frac{P_1+P_a}{P_2+P_a}\geqslant\frac{K_1^2}{K_1^2-8\ 100}\qquad\cdots\cdots(\text{D}.1)$$

式中：

P_1——进口压力，单位为兆帕（MPa）；

P_2——出口压力，单位为兆帕（MPa）；

P_a——大气压力，单位为兆帕（MPa）；

K_1——形状系数。

此时，在基准状态下，经过调压器的流量 Q 按式（D.2）计算：

$$Q=\frac{6.97\times(P_1+P_a)\times 10}{\sqrt{d(t_1+273)}}C_g=\frac{69.7\times(P_1+P_a)}{\sqrt{d(t_1+273)}}C_g\qquad\cdots\cdots(\text{D}.2)$$

式中：

Q ——流量，单位为立方米每小时（m^3/h）；

P_1——进口压力，单位为兆帕（MPa）；

P_a——大气压力，单位为兆帕（MPa）；

C_g——流量系数；

d ——试验介质的相对密度，对于空气，$d=1$；

t_1 ——调压器前试验介质温度，单位为摄氏度（℃）。

D.3.2 亚临界流动状态

亚临界流动状态的条件为式(D.3)：

$$\frac{P_1+P_a}{P_2+P_a}<\frac{K_1^2}{K_1^2-8\,100} \qquad \text{(D.3)}$$

式中：

P_1——进口压力，单位为兆帕(MPa)；

P_2——出口压力，单位为兆帕(MPa)；

P_a——大气压力，单位为兆帕(MPa)；

K_1——形状系数。

此时，在基准状态下，经过调压器的流量按式(D.4)计算为：

$$Q=69.7C_g\frac{(P_1+P_a)}{\sqrt{d(t_1+273)}}\sin\left[K_1\sqrt{\frac{(P_1-P_2)}{(P_1+P_a)}}\right]_{\deg} \qquad \text{(D.4)}$$

式中：

Q——流量，单位为立方米每小时(m^3/h)；

C_g——流量系数；

P_1——进口压力，单位为兆帕(MPa)；

P_a——大气压力，单位为兆帕(MPa)；

d——试验介质的相对密度，对于空气，$d=1$；

t_1——调压器前试验介质温度，单位为摄氏度(℃)。

K_1——形状系数；

P_2——出口压力，单位为兆帕(MPa)；

D.4 部分开度下的调压器流量

部分开度下的调压器流量也分别按式D.1和式D.2计算，但式中的流量系数应为按式(D.5)计算的与行程相应的流量系数C_{gx}。

$$C_{gx}=YC_g \qquad \text{(D.5)}$$

式中：

C_{gx}——调压器在部分开度下的流量系数；

C_g——流量系数；

Y由图D.1形式的试验曲线求出。

ICS 91.140
P 47

中华人民共和国国家标准

GB 27791—2011

城镇燃气调压箱

City gas pressure regulating installation

2011-12-30 发布　　2012-11-01 实施

中华人民共和国国家质量监督检验检疫总局
中国国家标准化管理委员会　发布

前言

本标准的第6.3条和第6.4条为强制性的,其余为推荐性的。

本标准按照GB/T 1.1—2009给出的规则起草。

本标准由中华人民共和国住房和城乡建设部提出。

本标准由住房和城乡建设部城镇燃气标准技术归口单位归口。

本标准起草单位:中国市政工程华北设计研究总院、特瑞斯信力(常州)燃气设备有限公司、上海飞奥燃气设备有限公司、合肥市久环给排水燃气设备有限公司、费希尔久安输配设备(成都)有限公司、重庆市山城燃气设备有限公司、乐山川天燃气输配设备有限公司、陕西宏远燃气设备有限责任公司、河北瑞星调压器有限公司、重庆前卫克罗姆表业有限责任公司、浙江苍南仪表厂、重庆界石仪表有限公司、天津新科成套仪表有限公司、克莱斯德(北京)燃气设备有限公司、北京鑫广进燃气设备研究所、国家燃气用具质量监督检验中心。

本标准主要起草人:王启、郑劾、翟军、潘良、常保成、邱敏、赵小波、袁勇、孙宗浩、裴文彩、徐术、林天齐、穆宁、孙建勋、乔斌、李松、赵自军。

城镇燃气调压箱

1 范围

本标准规定了城镇燃气输配系统用燃气调压箱(以下简称“调压箱”)的术语和定义、型号编制、结构要求、技术要求、试验方法、检验规则、质量证明文件、标志、包装、运输和贮存。

本标准适用于进口压力不大于4.0 MPa,工作温度范围不超出-20 ℃~60 ℃的调压箱。

本标准不适用于地下调压箱。

注:本标准中的压力凡未注明的,均指表压。

2 规范性引用文件

下列文件对于本文件的应用是必不可少的。凡是注日期的引用文件,仅注日期的版本适用于本文件。凡是不注日期的引用文件,其最新版本(包括所有的修改单)适用于本文件。

GB 150 钢制压力容器

GB 151 管壳式换热器

GB/T 8163 输送流体用无缝钢管(GB/T 8163—2008,EN 10216-1:2004,NEQ)

GB/T 9112 钢制管法兰 类型与参数

GB/T 12459 钢制对焊无缝管件(GB/T 12459—2005,ASTM B16.9:2001,MOD)

GB/T 13401 钢板制对焊管件(GB/T 13401—2005,ASTM B16.9:2001,MOD)

GB/T 13402 大直径碳钢管法兰

GB/T 17185 钢制法兰管件(GB/T 17185—1997,ANSI B16.5:1981,NEQ)

GB/T 20801.4 压力管道规范 工业管道 第4部分:制作与安装(GB/T 20801.4—2006,ISO 15649:2001,NEQ)

GB/T 20801.5 压力管道规范 工业管道 第5部分:检验与试验(GB/T 20801.5—2006,ISO 15649:2001,NEQ)

GB 50028 城镇燃气设计规范

GB 50058 爆炸和火灾危险环境电力装置设计规范

GB 50235 工业金属管道工程施工及验收规范

GB 50236 现场设备、工业管道焊接工程施工及验收规范

HG/T 20592 钢制管法兰(PN系列)

HG/T 20615 钢制管法兰(Class系列)

HG/T 20623 大直径钢制管法兰(Class系列)

JB/T 4709 钢制压力容器焊接规程

JB/T 4711 压力容器涂敷与运输包装

JB 4726 压力容器用碳素钢和低合金钢锻件

JB/T 4730(所有部分) 承压设备无损检测

JB/T 4746 钢制压力容器用封头

SY/T 0510 钢制对焊管件

SY/T 0516 绝缘接头与绝缘法兰技术规范

SY/T 5257　钢制弯管

TSG D0001　压力管道安全技术监察规程—工业管道

TSG R0004　固定式压力容器安全技术监察规程

3　术语和定义

下列术语和定义适用于本文件。

3.1

城镇燃气调压箱　city gas pressure regulating installation

由调压器及其附属设备和管道组成件等组成，将较高城镇燃气的压力降至所需的较低压力的调压装置。

3.2

基准状态　reference condition

温度为 15 ℃、绝对压力为 101.325 kPa 时的气体状态。

3.3

公称流量　nominal flow rate

在基准状态下，调压箱在最低进口压力、设定出口压力情况下可通过城镇燃气的最大流量，单位为 m^3/h。

注：对于多路同时供气的调压箱，公称流量应为多路联合供气的公称流量。设定出口压力指主路工作调压器的设定出口压力。

3.4

设计压力　design pressure

在相应的设计温度条件下，用以确定管道计算壁厚及其他元件尺寸的压力值，单位为 MPa。

3.5

旁通　bypass

由于特殊需要而设置的并联于供气管道的辅助气体通路。

3.6

管道组成件　piping components

用于连接或装配成管道的元件，包括管子、管件、法兰、垫片、紧固件、阀门以及管道特殊件等。

3.7

安全装置　safety device

确保调压箱的出口压力不超过安全限度的装置，包括切断装置、放散装置、监控调压器等。

4　型号编制

4.1　型号编制方法如下：

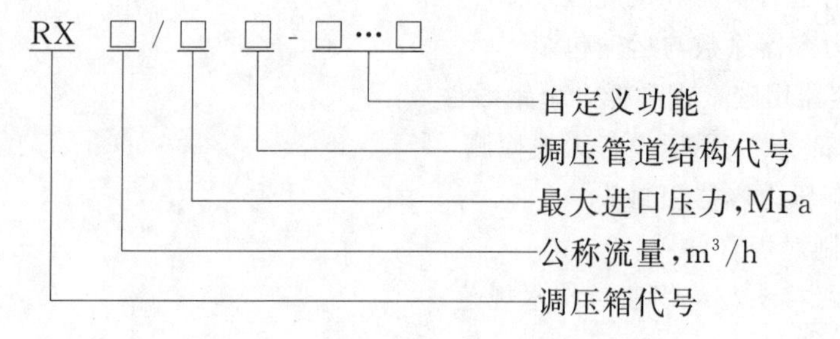

4.2 各部分内容说明为：

a) 调压箱代号 RX；

b) 公称流量，单位 m^3/h。其值为设计流量的前两位流量值，多余数字舍去，如果不足原数字位数的，则用零补足。对于有多路总出口的调压箱，公称流量采用将各路总出口的公称流量以“+”连接来表示；

如：调压装置的设计流量为 1.65 m^3/h，则型号标识的公称流量为 1.6 m^3/h；

c) 调压装置的设计流量为 4 567 m^3/h，则型号标识的公称流量为 4 500 m^3/h；

最大进口压力，以其数值表示，优先选用 0.01 MPa、0.2 MPa、0.4 MPa、0.8 MPa、1.6 MPa、2.5 MPa、4.0 MPa 这 7 个规格；调压管道结构代号，见表 1。

表 1 调压管道结构代号

调压管道结构代号	A	B	C	D	E
调压管道结构	1+0	1+1	2+0	2+1	其他
注：调压管道结构中，“+”前一位数为调压路数，“+”后一位数为调压旁通数。					

e) 自定义功能，生产商根据实际情况自定义的功能，用大写字母表示，不限位数。

4.3 示例如下

示例 1：RX300/0.4B

表示公称流量为 300 m^3/h，最大进口压力为 0.4 MPa，调压管道结构为“1+1”的调压箱。

示例 2：RX600+300/1.6E-M

表示有两路出口（其中一路出口的公称流量为 600 m^3/h，另一路出口的公称流量为 300 m^3/h），最大进口压力为 1.6 MPa，调压管道结构为其他，自定义功能为“M”的调压箱。

5 结构要求

5.1 一般要求

5.1.1 调压箱与外部管道的连接界面为：

a) 焊接连接的第一道环向接头坡口端面；

b) 螺纹连接的第一个螺纹接头端面；

c) 法兰连接的第一个法兰密封面；

d) 专用连接件或管件连接的第一个密封面。

5.1.2 设备和管道的布置应做到结构合理、布线规范、检修方便、便于操作和观测，管道阻力损失小。

5.1.3 底座和支撑结构应有足够的强度、刚度和稳定性。应设置便于吊装和运输的吊耳或吊装孔及便于安装固定的地脚螺栓孔。

5.1.4 调压箱应考虑对工作温度的适应性，并应符合下列规定：

a) 对于环境温度超出工作温度范围的，应采取有效的措施使调压箱内设备的温度维持在规定的范围内；

b) 当燃气温度低于 0 ℃或其露点温度时，应采取防止冰冻和结露的措施。

5.1.5 调压箱的基本工艺配置应包括下列各项：

a) 调压箱应有过滤装置、调压元件、防止出口压力过高的安全装置和每条调压支路进出口的截断阀门；

b) 设备必要的支撑和围护，如箱体、支座等；

c) 阀门、仪表等相关配套设备；

d) 非与外部管道连接的独立放散系统的放散管及其顶部的防雨、防火装置等。

5.1.6　过滤装置的过滤精度不宜低于 50 μm；在公称流量下，其初始压损不应超过 10 kPa 及最高进口压力的 1%中的较大值。

5.1.7　下游设备对调压箱存在回流冲击危险时，应在调压箱的出口端安装单向阀。

5.1.8　调压箱内使用的调压器、放散装置、切断装置应符合相关标准要求。

5.1.9　调压箱内使用的压力容器应符合 GB 150、GB 151 和 TSG R0004 的规定。

5.1.10　调压箱内使用的电器应符合 GB 50058 的规定。

5.1.11　调压箱用的管道元件材料应依据其设计压力、工作温度、工作介质及材料性能等选用，并应符合 TSG D0001 的规定。

5.1.12　用于调压箱的材料，其规格与性能应符合国家现行标准的规定，包括化学成分、物理和力学特性、制造工艺方法、热处理、检验及其他方面的规定。

5.1.13　调压箱使用的材料应有生产商的合格证及质量证明文件，并应按相应的质量控制程序对其进行必要的检验。

5.2　箱体

5.2.1　调压箱箱体的通风及地上调压箱的箱体爆炸泄压口的设置应分别符合 GB 50028 的规定。

5.2.2　箱体上的开口处应采取适当措施，防止调压箱内部设备受损坏(如鼠咬等)。

5.2.3　箱体应通过钥匙从外侧开门。门应向外开，且应能在开启状态下将门固定住。

5.2.4　调压箱箱体应使用防火材料制造。箱体表面应进行必要的防腐处理，不锈钢等不易受腐蚀的材料制造的箱体可不做处理。

5.3　管道组成件

5.3.1　管材

5.3.1.1　燃气管道选用的钢管应符合 GB/T 8163 的规定，或符合不低于上述标准要求的其他钢管。

5.3.1.2　调压箱信号管宜采用不锈钢管，工作压力小于 0.4 MPa 时可采用紫铜管。信号管的管壁厚度应符合强度要求，最小厚度不应小于 0.5 mm。

5.3.2　管件

5.3.2.1　管件(包括弯头、三通、四通、异径管、管帽、封头等)的设计和选用应符合 GB/T 12459、GB/T 13401、GB/T 17185、SY/T 0510、SY/T 5257 及 JB/T 4746 等相关标准的规定。

5.3.2.2　非标的钢制异径接头、凸形封头和平封头设计，可参照 GB 150 的有关规定。

5.3.2.3　管件中所用的锻件，应符合 JB 4726 的有关规定。管件不应采用螺旋焊缝钢管和铸铁材料制作。

5.3.3　调压箱所用阀门宜选用公称压力级别不低于 1.0 MPa 的产品，最低公称压力级别不应低于 0.6 MPa。

5.3.4　法兰、垫片和紧固件

5.3.4.1　法兰宜选用公称压力级别不低于 1.0 MPa 的产品，最低公称压力级别不应低于 0.6 MPa。

5.3.4.2　管法兰的选用应符合 GB/T 9112、GB/T 13402、HG/T 20592、HG/T 20615 或 HG/T 20623 等相关标准的规定。法兰应和管道有良好的焊接性能。

5.3.4.3　法兰、垫片和紧固件应根据介质性质和特性配套选用。

5.4　调压箱使用的焊材应符合 GB 50236 或 JB/T 4709 的规定。焊接应符合 GB/T 20801.4 或 GB 50236 的规定。

5.5　调压箱的涂装应符合 GB 50235 或 JB/T 4711 的规定。

5.6　调压箱内非金属元件的使用年限参照相关标准要求。

6　技术要求

6.1　外观及外形尺寸

6.1.1　调压箱外形尺寸应符合图样及技术文件的要求。

6.1.2 调压箱表面不应有明显的损伤和缺陷。涂层应光滑，色泽一致，不应有流痕、划痕，不应有漏涂、脱落、起泡等现象。

6.1.3 焊缝表面形状、尺寸及外观要求应符合 GB/T 20801.5 或 GB 50236 的规定。

6.2 无损检测

6.2.1 焊接接头无损检测

调压箱应仅对管道承压件的焊接接头进行无损检测。无损检测一般分为全部(100%)和局部(大于等于10%)两种。检测方法包括射线、超声、磁粉、渗透等检测，企业应根据设计图样的规定选择检测方法和检测长度。

6.2.2 无损检测要求

应按 JB/T 4730 对焊接接头进行射线、超声、磁粉和渗透等检测。

6.2.2.1 射线检测如下：

a) 设备或承压元件进行100%焊接接头检测时，不低于Ⅱ级为合格；

b) 设备或承压元件进行10%焊接接头检测时，不低于Ⅲ级为合格。

6.2.2.2 超声检测如下：

a) 设备或承压元件进行100%焊接接头检测时，Ⅰ级为合格；

b) 设备或承压元件进行10%焊接接头检测时，不低于Ⅱ级为合格。

6.2.2.3 磁粉和渗透检测Ⅰ级为合格。

6.3 强度试验

承压件应进行强度试验，应无渗漏，无可见变形，试验过程中无异常响声。用水作为试压介质时，试验压力应为1.5倍设计压力且不应低于0.6 MPa；用压缩空气或惰性气体为试压介质时，试验压力应为1.15倍设计压力且不应低于0.6 MPa。

6.4 气密性试验

调压箱应进行整体气密性试验，调压器前后管道的气密性试验应分别进行。调压器前的试验压力应为设计压力。调压器后的试验压力应为防止出口压力过高的安全装置的动作压力的1.1倍，且不应低于20 kPa。气密性试验应无泄漏，试验过程中温度如有波动，则压力经温度修正后不应变化。

6.5 出口压力设定值

调压器出口压力的设定值应满足用户使用要求，设定误差不应大于设定值的±5%。两路及两路以上调压、带监控调压器等的调压箱，各调压器的出口压力应合理设置。

6.6 放散装置启动压力设定值

放散装置启动压力的设定值应满足用户使用要求，设定误差不应大于设定值的±5%。

6.7 切断装置启动压力设定值

切断装置启动压力的设定值应满足用户使用要求，设定误差不应大于设定值的±5%。

6.8 公称流量

调压箱公称流量的实测值不应小于铭牌标识的公称流量。

6.9 关闭压力

调压箱关闭压力的实测值不应大于标称的关闭压力。对于有多路的调压箱，各路关闭压力的实测值应分别不大于相应路标称的关闭压力。

6.10 绝缘性能

调压箱使用的绝缘法兰或绝缘接头应符合 SY/T 0516 的规定，其常态绝缘电阻应大于 10 MΩ。

7 试验方法

7.1 试验用仪表

7.1.1 试验用仪表应经过检定合格，并在有效期内。

7.1.2 强度试验用压力表的精度不应低于 1.6 级，压力表的量程根据试验压力选择。

7.1.3 气密性试验用压力表的精度不应低于 0.4 级，压力表的量程应根据试验压力选择。流量特性试验用压力测量仪表的测量精度不应低于被检调压器稳压精度的四分之一。

7.1.4 大气压测量仪表的分辨率不应大于 10 Pa。

7.1.5 流量测量仪表的测量精度不应低于 1.5%。

7.1.6 温度测量仪表的分辨率不应大于 0.5 ℃。

7.2 外观及外形尺寸检测

7.2.1 用直尺、卷尺等工具对调压箱外形尺寸进行检查，应符合 6.1.1 的要求。

7.2.2 采用目测对调压箱进行外观质量检查，应符合 6.1.2 的要求。

7.2.3 采用目测及焊缝检验尺等对焊缝表面形状尺寸及外观进行检查，应符合 6.1.3 的要求。

7.3 无损检测

7.3.1 无损检测的具体操作方法见 JB/T 4730 的相应规定。

7.3.2 被检焊接接头的检测位置应由质检部门检验人员随机抽取。

7.3.3 调压箱管道承压部件的焊接接头分为 A、B、C、D 四类，如图 1 所示。

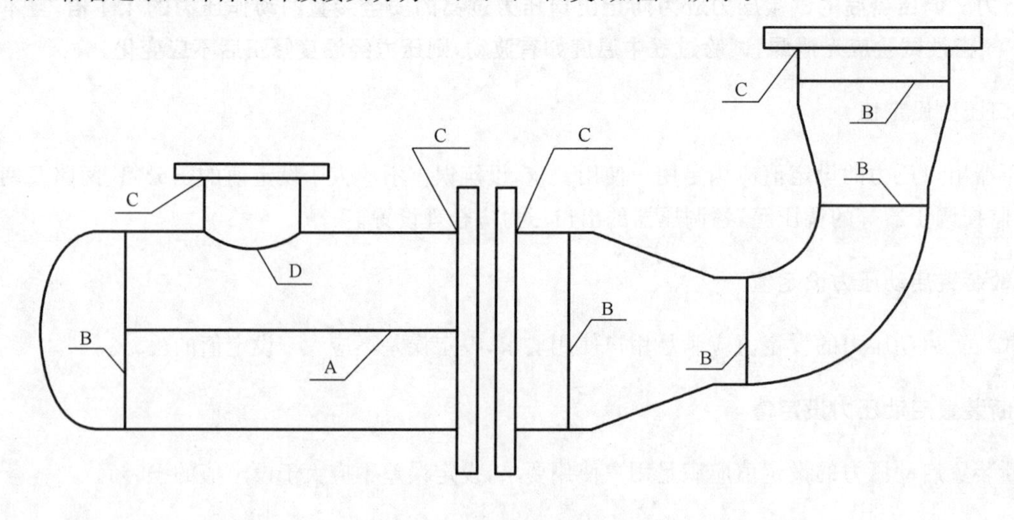

图 1 调压箱管道承压部件的焊接接头分类

a) 圆筒部分的纵向对接接头为A类焊接接头。

b) 管与管对接的接头、管件大小头与管子对接的接头、管帽或封头与管子对接的接头、长颈法兰与接管连接的对接接头，均属B类焊接接头。

c) 法兰与管子或接管连接的内外接头属于C类焊接接头。

d) 主管与管子、管子与缘、接管与缘、补强圈与管壳、仪表接头与管壳的焊接接头，均属D类焊接接头。

7.3.4 射线和超声波检测

7.3.4.1 调压箱的A、B类焊接接头应进行射线或超声波检测。当采用超声检测时，检测设备应带超声检测记录仪。

7.3.4.2 调压箱的下列A、B类焊接接头应进行100%射线或超声波检测：

a) 采用钢板圈制的筒节纵向A类对接接头；

b) 设计压力大于或等于2.5 MPa的接头；

c) 图样注明须进行100%检测的接头。

7.3.4.3 除7.3.4.2规定外，调压箱焊接接头的射线或超声无损检测应符合下列规定：

a) 排污管路和放散管路的最后一道阀门以外的焊接接头，及设计压力小于0.8 MPa且管道公称尺寸不大于DN50时，可不进行无损检测。

b) 对B类焊接接头进行局部的射线或超声波无损检测，检测长度应不少于焊接接头总长的10%。

c) 以下部位应全部检测，其检测长度可计入局部检测长度之内：

1) 焊接接头的交叉部位；

2) 凡被补强圈、支座、垫板等覆盖的焊接接头；

3) 以开孔中心为圆心，1.5倍开孔直径为半径的圆中所包含的焊接接头。

7.3.4.4 凡符合下列条件之一的焊接接头，按图样规定的方法，应对其进行磁粉或渗透检测：

a) 凡属7.3.4.2b)中的C、D类焊接接头；

b) 开孔直径与主管直径之比大于1/2的D类焊接接头。

7.3.5 焊接接头采用射线检测，应符合6.2.2.1的要求。

7.3.6 焊接接头采用超声检测，应符合6.2.2.2的要求。

7.3.7 焊接接头采用磁粉和渗透检测，应符合6.2.2.3的要求。

7.4 强度试验

7.4.1 构成调压装置的所有压力组件应进行强度试验。开孔补强圈应在强度试验前通入0.4 MPa～0.5 MPa的压缩空气检查焊接接头质量。

7.4.2 试验条件为：

a) 用水作为试压介质时，应在总装前用水进行强度试验。应使用无腐蚀性的洁净水，水温应在5 ℃以上，否则应采取防冻措施。试验完成后，应将液体排尽，并用压缩空气将内部吹干。

b) 当设计压力小于或等于0.6 MPa时，在经公司安全管理部门审批、并采取安全防护措施的情况下，允许采用气体作为强度试验介质，此时介质的试验温度不应低于15 ℃。

7.4.3 试验步骤如下：

a) 当介质为水时，试验时压力应缓慢上升，达到规定试验压力后，保压时间不应少于30 min。然后将压力降至设计压力，对承压件的所有焊接接头和连接部位进行检查，应符合6.3的要求。如有渗漏，修补后重新试验。

b) 当介质为压缩空气或惰性气体时，试验时压力缓慢上升，至规定试验压力的10%，保压5 min～10 min，对所有焊缝和连接部位进行初次检查。无泄漏时，可继续升压至规定试验压力的50%；有泄漏时，应返工后重新试验。如无异常现象，其后按规定试验压力的10%逐级升压，直至试验压力，保压时间不应少于30 min。然后将压力降至设计压力，对承压件的所有焊接接头和连接部位进行检查，应符合6.3的要求。有渗漏时，应修补后重新试验。

7.5 气密性试验

7.5.1 经强度试验合格后，调压箱整体进行气密性试验。

7.5.2 试验条件：调压箱整体用压缩空气或惰性气体进行气密性试验时，气体的温度不应低于5 ℃，保压过程中温度波动不应超过±5 ℃。

7.5.3 试验步骤为：

试验时分别向调压器前后管道内增压（调压箱的调压器应处于关闭状态，并对调压器采取保护措施），压力应缓慢上升，达到规定试验压力后，用检漏液对所有焊接接头和连接部位进行泄漏检查。经检查无泄漏，再保压不少于60 min，压力应符合6.4的要求。

7.6 出口压力设定值

7.6.1 如生产商无法提供依据调压器相关标准进行的调压器检验报告，调压器应依据调压器相关标准进行性能检验。

7.6.2 调压箱出口压力设定值的检验应在设备强度试验和气密性试验合格后进行。

7.6.3 在最低进口压力下，用10%的公称流量且不大于1 000 m^3/h的流量，检查调压箱出口压力设定值，应符合6.5的要求。

7.7 放散装置启动压力设定值

升高放散装置进口端的压力，直至放散装置启动，记录放散装置启动压力，反复三次，应符合6.6的要求。

7.8 切断装置启动压力设定值

升高切断装置取压信号腔的压力，直至切断装置启动，记录切断装置启动压力，反复三次，应符合6.7的要求。

7.9 公称流量

7.9.1 在最小进口压力、调压箱设定状态不变的情况下，依次打开试验装置上、下游的阀门，用出口流量调节阀逐步增大流量，直至调压箱出口压力稳定在其声明的稳压精度下限，此时流量计量仪表的示值经温度、压力修正后，应符合6.8的要求。

7.9.2 采用非城镇燃气作为试验介质进行流量试验时，实际所测得的流量应按式(1)换算成基准状态下的城镇燃气的流量：

$$Q = Q_m \times \frac{p_m}{p} \times \frac{15+273}{t_m+273} \times \frac{Z}{Z_m} \times \sqrt{\frac{d_m}{d}} \qquad (1)$$

式中：

Q ——基准状态下城镇燃气的公称流量，单位为立方米每小时(m^3/h)；

Q_m——试验介质的工况流量，单位为立方米每小时(m^3/h)；

p ——基准状态下城镇燃气的绝对压力，为0.101 325 MPa；

p_m——试验介质的绝对压力，单位为兆帕(MPa)；

t_m ——试验介质的温度，单位为摄氏度(℃)；

Z ——基准状态下城镇燃气的压缩因子；

Z_m——试验介质的压缩因子；

d ——城镇燃气的相对密度；

d_m——试验介质的相对密度，对于空气，$d_m=1$。

7.10 关闭压力

在最大进口压力下缓慢关闭试验装置的下游阀门，调压器的关闭压力应符合6.9的要求。

7.11 绝缘性能

绝缘法兰或接头常态绝缘电阻用兆欧表实测，应符合6.10的要求。

8 检验规则

检验分为出厂检验和型式检验。

8.1 出厂检验

8.1.1 由质检部门对产品进行检验，检验合格并签发产品质量合格证后方可出厂。

8.1.2 出厂检验项目应包括表2规定的项目及技术文件要求的其他检验项目。

表2 调压箱性能检验项目

序号	检验项目	型式检验	出厂检验	技术要求条款	试验方法条款
1	外观及外形尺寸	√	√	6.1	7.2
2	无损检测	√	√	6.2	7.3
3	强度试验	√	√	6.3	7.4
4	气密性试验	√	√	6.4	7.5
5	出口压力设定值	√	√	6.5	7.6
6	放散装置启动压力设定值	√	√	6.6	7.7
7	切断装置启动压力设定值	√	√	6.7	7.8
8	公称流量	√		6.8	7.9
9	关闭压力	√	√	6.9	7.10
10	绝缘性能	√	√	6.10	7.11

8.1.3 出厂检验的所有项目应合格，不合格项目可经返工后进行复检，若仍不合格，则该调压箱判定为不合格。

8.2 型式检验

8.2.1 有以下情况之一时，应进行型式检验：

——定型产品试制完成定型时；

——正常生产时，如工艺、材料、设备发生变化，可能影响产品性能时；

——停产半年重新恢复生产时；

——正常生产时，每年进行一次；

——国家质量技术监督机构提出进行型式检验要求时。

8.2.2 检验项目应包括本标准规定的所有性能要求。

8.2.3 判定

型式检验中,各项指标均符合要求时,则判该次型式检验合格。

9 质量证明文件、标志、包装、运输和贮存

9.1 产品出厂质量证明文件包括以下三部分:

9.1.1 产品合格证。

9.1.2 产品使用说明书。内容至少包括:

a) 调压箱安装说明;

b) 操作运行说明;

c) 维修与保养;

d) 主要设备说明书(调压器、切断阀、过滤器、放散阀、截断阀等)。

9.1.3 质量证明书。内容至少包括:

a) 产品设计的主要参数;

b) 承压部件用原材质、管件的规格、执行标准;

c) 调压箱外观几何尺寸检验结果;

d) 主要元器件配置一览表;

e) 无损检测焊接接头标识示意图(无需无损检测除外);

f) 无损检测报告及射线评片记录表(无需无损检测除外);

g) 强度试验与气密性试验结果;

h) 调压器、放散阀、切断阀的调试结果;

i) 调压器的检验、检测报告。

9.2 标志

9.2.1 铭牌

铭牌应固定于明显的位置,其内容至少包括:

a) 制造单位名称;

b) 产品名称;

c) 产品型号;

d) 进口压力(范围);

e) 出口压力设定值(有多路不同出口压力的,应分别填写);

f) 关闭压力或关闭压力等级(有多路不同出口压力的,应分别填写);

g) 公称流量;

h) 燃气种类;

i) 设备重量;

j) 产品编号;

k) 生产日期。

9.2.2 其他标识

在设备的明显部分还应有:商标、QS或TS标志、全国工业产品生产许可证或特种设备制造许可证(压力管道)编号、安全标志、起吊标志、设备进出口标志及其他安全警告及提示标志,如防火标志、公用或其他紧急情况时使用的电话号码标志等。

9.3 包装、运输

9.3.1 包装应根据使用要求、尺寸结构、重量大小、路程远近、运输方法(铁路、公路、水路和航空)等特点选用相应的结构和方法。还应有足够的强度保证运输的安全。

9.3.2 应对法兰、螺纹接口、待焊的接管等采取相应的保护措施,防止运输过程中的损坏。

9.3.3 调压箱宜整体出厂,如因运输条件限制分段出厂时,制造厂应提供重新装配的程序和相应的现场检验方法。

9.3.4 单独交付的内件、零部件、配件、备品备件及专用工具等宜单独包装或装箱,并采取必要的保护措施,包装外应做相应的文字标识。

9.3.5 质量证明书、说明书等出厂资料应分类装订成册,并装妥密封,应防水、防潮、防散失。出厂资料随货物一并发运时,应单独放置,并做明显标志。

9.3.6 调压箱的包装和运输方式应保证调压箱在运输和装卸过程中不变形、不受污染和损伤。

9.3.7 运输过程中的调压箱应带有明显的发货标志和运输包装图示标志。

9.4 贮存

成品设备使用前宜存放于室内,长期不投入使用的设备,应以氮气置换3～4次并充压至调压箱的额定出口压力,但不超过5 kPa,封闭进、出口防止内表面锈蚀。

ICS 83.140.30
G 33

中华人民共和国国家标准

GB/T 32434—2015

塑料管材和管件　燃气和给水输配系统用聚乙烯(PE)管材及管件的热熔对接程序

Plastics pipes and fittings—Butt fusion jointing procedures for polyethylene (PE) pipes and fittings used in the construction of gas and water distribution systems

(ISO 21307:2011,MOD)

2015-12-31 发布　　　　2016-07-01 实施

中华人民共和国国家质量监督检验检疫总局
中国国家标准化管理委员会　发布

前　言

本标准按照 GB/T 1.1—2009 给出的规则起草。

本标准使用重新起草法修改采用 ISO 21307:2011(E)《塑料管材和管件　燃气和给水输配系统用聚乙烯(PE)管材及管件的热熔对接程序》。

本标准与 ISO 21307:2011(E)相比在结构上有较多调整,附录 A 中列出了本标准章条编号与 ISO 21307:2011(E)章条编号的对照一览表。

本标准与 ISO 21307:2011(E)相比存在技术性差异,这些差异涉及的条款已通过在其外侧页边空白位置用垂直单线(|)进行了标示,附录 B 给出了相应技术性差异及其原因的一览表。

请注意本文件的某些内容可能涉及专利。本文件的发布机构不承担识别这些专利的责任。

本标准由中国轻工业联合会提出。

本标准由全国塑料制品标准化技术委员会(SAC/TC 48)归口。

本标准起草单位:港华辉信工程塑料(中山)有限公司、亚大塑料制品有限公司、宁波市宇华电器有限公司、西安塑龙熔接设备有限公司、上海白蝶管业科技股份有限公司、爱康企业集团(上海)有限公司和广东联塑科技实业有限公司。

本标准主要起草人:温永升、王志伟、李伟富、赵锋、柴冈、何健文、张慰峰、姚水良。

塑料管材和管件　燃气和给水输配系统用聚乙烯(PE)管材及管件的热熔对接程序

1　范围

本标准规定了用 PE 80 和 PE 100 聚乙烯混配料制造的燃气和给水输配系统用聚乙烯(PE)管材及管件的热熔对接程序及其质量控制的一般原则。

本标准规定的热熔对接程序适用于公称外径由 75 mm～630 mm 的燃气和给水输送系统用聚乙烯(PE)管材及管件;单一低压热熔对接程序适用于壁厚不大于 70 mm 的燃气和给水输送系统用聚乙烯(PE)管材及管件的热熔对接程序;双重低压热熔对接程序适用于壁厚大于 22 mm 且不大于 70 mm 的燃气和给水输送系统用聚乙烯(PE)管材及管件的热熔对接程序。

2　规范性引用文件

下列文件对于本文件的应用是必不可少的。凡是注日期的引用文件,仅注日期的版本适用于本文件。凡是不注日期的引用文件,其最新版本(包括所有的修改单)适用于本文件。

GB/T 6111　流体输送用热塑性塑料管材　耐内压试验方法(GB/T 6111—2003,ISO 1167:1996,IDT)

GB/T 13663　给水用聚乙烯(PE)管材(GB/T 13663—2000,neq ISO 4427:1996)

GB/T 13663.2　给水用聚乙烯(PE)管道系统　第2部分:管件

GB 15558.1　燃气用埋地聚乙烯(PE)管道系统　第1部分:管材(GB 15558.1—2015,ISO 4437:2014,MOD)

GB 15558.2　燃气用埋地聚乙烯(PE)管道系统　第2部分:管件(GB 15558.2—2005,ISO 8085-2:2001,ISO 8085-3:2001,MOD)

GB/T 19278—2003　热塑性塑料管材、管件及阀门　通用术语及其定义

GB/T 19810　聚乙烯(PE)管材和管件　热熔对接接头拉伸强度和破坏形式的测定(GB/T 19810—2005,ISO 13953:2001,IDT)

GB/T 20674.1　塑料管材和管件　聚乙烯系统熔接设备　第1部分:热熔对接(GB/T 20674.1—2006,ISO 12176-1:1998,MOD)

CJJ 63—2008　聚乙烯燃气管道工程技术规程

3　术语和定义

GB/T 19278—2003 界定的以及下列术语和定义适用于本文件。

3.1

加热板温度　heater plate temperature

与管材或管件的端面相接触区域的加热板表面温度。

3.2

表压　gauge pressure

从热熔对接焊机上直接读取的压力值。

3.3

拖动压力　drag pressure

P_t

克服热熔对接焊机自身及管材拖动摩擦阻力的表压。

3.4

初始卷边压力　initial bead-up pressure

P_1

在热熔对接周期的初始卷边阶段，通过管材或管件端面施加到加热板上的表压，包含拖动压力。

3.5

初始卷边尺寸　initial bead-up size

在热熔对接周期的初始卷边阶段完成后，管材或管件端面上形成的卷边高度。

注：初始卷边尺寸以 mm 为单位。

3.6

吸热压力　heat soak pressure

P_2

使管材或管件与加热板保持接触所需要的表压。

3.7

吸热时间　heat soak time

t_2

在吸热压力下，管材或管件与加热板保持接触的时间。

3.8

热熔对接压力　fusion jointing pressure

P_3

热熔对接过程中施加在管材或管件端面的表压，包含拖动压力。

3.9

切换时间　heater plate removal time; heater plate dwell time

t_3

从管材或管件端面与加热板分离开始，到移除加热板后闭合热熔对接焊机机架，使管材或管件熔融端面接触所用的时间。

3.10

焊机内保压冷却时间　cooling time in the machine under pressure

t_5

热熔对接接头在焊机夹具内并保持着热熔对接压力下进行冷却的时间。

3.11

焊机内降压冷却时间　cooling time in the machine under reduced pressure

t_5'

热熔对接接头在焊机夹具内保压冷却阶段结束后，保持一个低于上一阶段压力进行冷却的时间。

3.12

焊机内无压冷却时间或移除焊机后冷却时间　cooling time in the machine without pressure or out of machine

t_6

为了确保最佳的熔接强度，在保压/降压冷却阶段后可能需要的额外冷却时间。尤其适用于在高温环境下进行热熔对接操作时，在保压/降压冷却阶段后需要随即搬运和安装接头前，额外需要的冷却时间。

3.13

降压冷却阶段的压力　cooling cycle reduced pressure

P_4

热熔对接接头在焊机夹具内保压冷却阶段结束后，降压冷却阶段保持的表压。

4　热熔对接过程

4.1　总则

本标准规定的热熔对接所使用的 PE 管材应符合 GB/T 13663 或 GB 15558.1 的要求，使用的管件应符合 GB/T 13663.2 或 GB 15558.2 的要求。

本标准规定的热熔对接应使用符合 GB/T 20674.1 要求的 PE 热熔对接焊机，宜使用全自动热熔对接焊机。

热熔对接操作应由取得聚乙烯焊接资格证书的人员在热熔对接焊机上进行，以确保管材或管件端面准确对接，操作员的培训和技能水平应符合热熔对接程序的要求。

管道连接前应对管材、管件及管道附属设备按设计要求进行核对。

4.2　基本要求

热熔对接连接的原理是通过达到规定温度的加热板加热待连接的管材或管件的端面，然后施加一定压力将熔融端面对接在一起，并在保压状态下冷却接头至指定时间。

4.2.1　清洁管材或管件端面、铣刀及加热板表面

在将管材或管件插入热熔对接焊机前，使用干净的无纺布擦拭连接区域、清洁待连接管材或管件的内外表面，应去除所有杂质(灰尘、油污等)。

除非管材制造商另有说明，带外保护层的管材应适当地剥离足够区域的保护层，以适合在热熔对接焊机上的夹持。

用干净的无纺布清洁铣刀及加热板表面。清洁时应确保加热板已冷却并已切断电源。

当加热板温度低于 180 ℃或更换管材或管件焊接规格时，建议在每次初始焊接前使用同规格的管材或管件制作两个空焊，以移除加热板上的细小污染颗粒物。空焊指 4.2.1～4.2.6 阶段。

4.2.2　夹持待连接的组件

在热熔对接焊机上夹持待焊接组件并做必要调整以达到正确对中，可利用管材支架达到正确对中，以及使用带滚轮支架以降低拖动阻力。

4.2.3　铣削管材或管件端面

铣削管材或管件端面，使两端面清洁、平行并与轴线垂直。

4.2.4　对齐管材或管件

清除来自于管材或管件端面的碎屑。检查管材或管件端面是否存在不平整铣削、空隙或其他缺陷，检查端面是否正确对齐，如不对齐应对管材或管件调整后重新铣削。管材或管件端面的不圆度应符合

相关规定。

4.2.5 测量拖动压力

测量克服热熔对接焊机自身及管材拖动摩擦阻力的表压,记录此时压力表数值作为拖动压力。

4.2.6 熔融管材或管件端面

与管材或管件端面接触的加热板表面应保持干净、无油污并含有防止熔融塑料与加热板表面粘结的非粘结涂层。参考合适的热熔对接程序设置正确的加热板温度。

将加热板安装到热熔对接焊机上,使管材或管件端面同时与加热板充分接触。为确保管材或管件端面和加热板之间充分接触,应在初始卷边压力下进行初始接触。保持压力至达到规定的初始卷边尺寸后,在保持管材或管件与加热板接触的条件下,将压力调整为吸热压力并保持至吸热时间完成。

4.2.7 连接管材或管件端面

在完成吸热时间后,将管材或管件端面与加热板分开,在规定的切换时间内移除加热板后迅速将熔融管材或管件端面对接在一起,接头在热熔对接压力下保持到热熔对接连接规定的时间。

4.2.8 接头冷却

热熔对接后的接头应固定在热熔对接焊机内,按规定完成焊机内保压冷却时间及焊机内降压冷却时间。为提高熔接强度和达到接头整体性能,在移除焊机夹具前对热熔对接接头在保压状态下进行足够时间的冷却是非常重要的。热熔对接压力应继续保持直到熔接面温度降低至低于PE再结晶的熔融温度。

在高温环境下进行热熔对接操作时,在保压/降压冷却阶段后需要随即搬运和安装接头,宜完成焊机内无压冷却时间或移除焊机后冷却时间。

5 热熔对接连接程序

5.1 总则

一般热熔对接程序分为以下两种:

——单一低压热熔对接程序;

——双重低压热熔对接程序。

单一低压热熔对接程序的焊接参数见表1和附录C;双重低压热熔对接程序的焊接参数见表2和附录D。

注:单一高压热熔对接程序参见附录E。

5.2 单一低压热熔对接程序

单一低压热熔对接程序的参数及对应值应符合表1。

图1给出了单一低压热熔对接周期的示意图以及其中各要素的说明。

表1 单一低压热熔对接程序参数及值

参数[a]	单位	对应值[b]
加热板温度	℃	200～235
初始卷边压力 P_1	MPa	$(0.15\pm0.01)\frac{S_1}{S_2}+P_t$[c]

表 1（续）

参数[a]	单位	对应值[b]
最小初始卷边尺寸	mm	1～4
最短吸热时间 t_2	s	$10e_n$
吸热压力 P_2	MPa	0～P_t
最长切换时间 t_3	s	5～25
热熔对接压力 P_3	MPa	$(0.15\pm0.01)\frac{S_1}{S_2}+P_t$[c]
最长热熔对接升压时间 t_4	s	5～35
最短焊机内保压冷却时间 t_5	min	6～80
最短移除焊机后冷却时间 t_6	min	—

[a] 以上参数基于环境温度为 20 ℃。在寒冷气候(−5 ℃以下)或风力大于 5 级的环境条件下进行连接操作时，应采取保护措施，或调整工艺，可参见相关规定或说明。

[b] 具体操作参数值见附录 C。

[c] S_1 为管材或管件的截面积(mm^2)；S_2 为焊机液压缸中活塞的总有效面积(mm^2)，由焊机生产厂家提供。

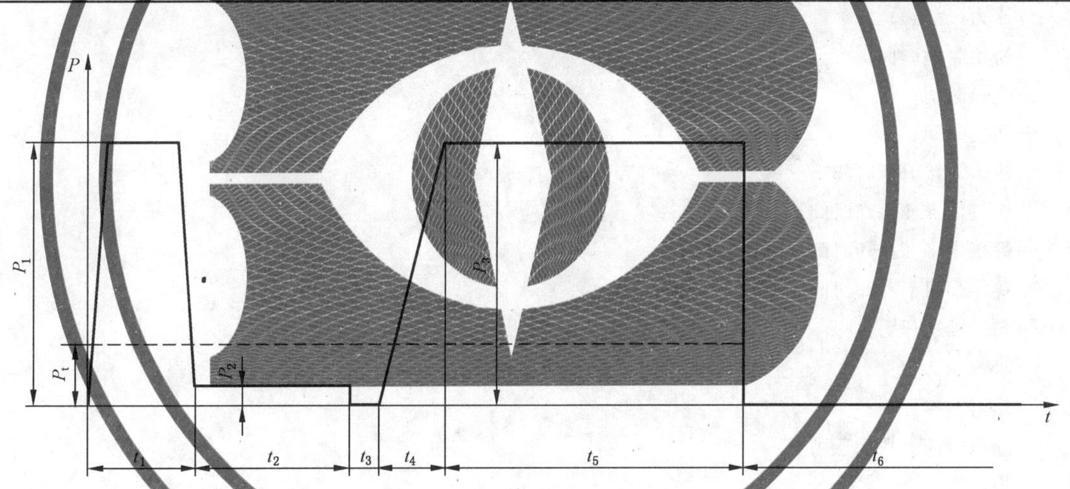

说明：

t ——时间；

P ——压力(表压)；

t_1 ——初始卷边时间；

t_2 ——吸热时间；

t_3 ——切换时间；

t_4 ——热熔对接升压时间；

t_5 ——焊机内保压冷却时间；

t_6 ——移除焊机后冷却时间；

P_1——初始卷边压力；

P_2——吸热压力；

P_3——热熔对接压力；

P_t——拖动压力。

图 1 单一低压热熔对接周期示意图

5.3 双重低压热熔对接程序

双重低压热熔对接程序的参数及对应值应符合表 2。

图 2 给出了双重低压热熔对接周期的示意图以及其中各要素的说明。

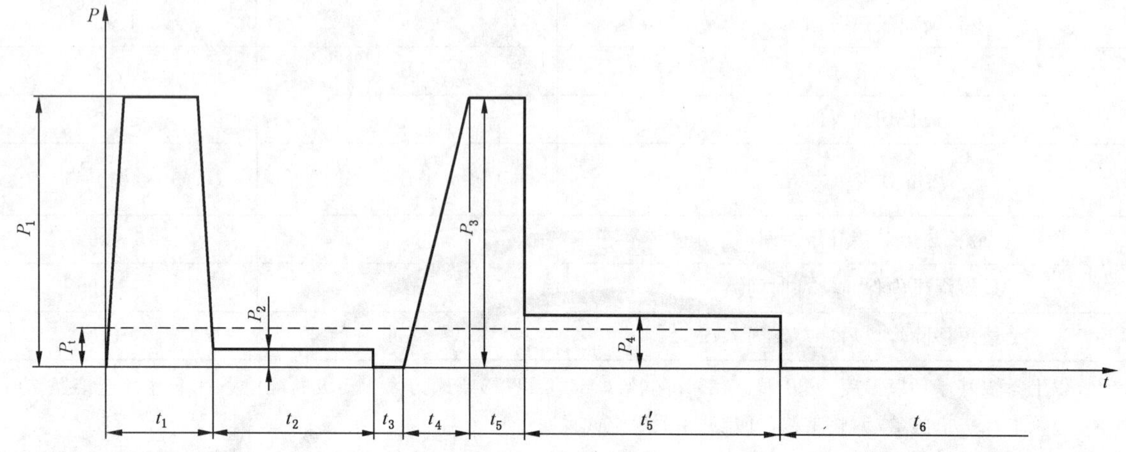

说明：

t ——时间；

P ——压力(表压)；

t_1 ——初始卷边时间；

t_2 ——吸热时间；

t_3 ——切换时间；

t_4 ——热熔对接升压时间；

t_5 ——焊机内保压冷却时间；

t_5' ——焊机内降压冷却时间；

t_6 ——移除焊机后冷却时间；

P_1——初始卷边压力；

P_2——吸热压力；

P_3——热熔对接压力；

P_4——降压冷却阶段的压力；

P_t——拖动压力。

图 2 双重低压热熔对接周期示意图

表 2 双重低压热熔对接程序参数及值

参数[a]	单位	对应值
加热板温度	℃	225～240
初始卷边压力 P_1	MPa	$(0.15 \pm 0.02)\frac{S_1}{S_2}+P_t$ [b]
最小初始卷边尺寸	mm	见附录 D
最短吸热时间 t_2	s	$10e_n+60$
吸热压力 P_2	MPa	$0 \sim P_t$
最长切换时间 t_3	s	≤10

表 2（续）

参数[a]	单位	对应值
热熔对接压力 P_3	MPa	$(0.15\pm0.02)\frac{S_1}{S_2}+P_t$[b]
热熔对接升压时间 t_4	s	—
焊机内保压冷却时间 t_5	s	10±1
降压冷却阶段的压力 P_4	MPa	$(0.025\pm0.002)\frac{S_1}{S_2}+P_t$[b]
最短焊机内降压冷却时间 t_5'	min	见附录 D
最短移除焊机后冷却时间 t_6	min	见附录 D

[a] 以上参数基于 20 ℃环境温度。在寒冷气候（−5 ℃以下）或风力大于 5 级的环境条件下进行连接操作时，应采取保护措施或调整工艺，可参见相关规定或说明。

[b] S_1 为管材或管件的截面积（mm^2）；S_2 为焊机液压缸中活塞的总有效面积（mm^2），由焊机生产厂家提供。

在移除加热板前，双重低压热熔对接程序与单一低压热熔对接程序相同。在管材或管件端面对接到一起后，施加热熔对接压力 10 s，以达到热熔对接熔接面充分融合并形成卷边。

施加热熔对接压力 10 s 后，将压力调整至规定的降压冷却阶段的压力。

6 热熔对接接头的检验方法

6.1 总则

热熔对接接头的质量检查可由焊接人员进行。必要时，可由专门人员根据实际情况进行检查，并记录每次检查的结果。

热熔对接接头的检验方法分为破坏性检验和非破坏性检验。现场焊接的接头可以通过进行破坏性试验和非破坏性试验以确保接头的质量符合热熔对接程序的要求。

6.2 破坏性检验方法

热熔对接接头的测试方法包括：

——按照 GB/T 19810 要求进行拉伸性能测试；

——按照 GB/T 6111 要求进行（80 ℃、1000 h）静液压试验。

6.3 非破坏性检验方法

6.3.1 外观检验

热熔对接接头的外观检验方法包括卷边对称性检验和接头对称性检验。卷边对称性检验要求接头具有沿管材或管件整个圆周平滑对称的卷边，卷边最低处的深度（A）不应低于管材或管件表面，见图 3。接头对称性检验要求焊缝两侧紧邻卷边的外圆周的任何一处错边量（V）不应超过管材或管件壁厚的 10 %，见图 4。

6.3.2 卷边切除检验

推荐采用卷边切除检验作为非破坏性检验方法之一。使用专用工具，在不损伤管材或管件和接头的情况下，切除外部的焊接卷边，见图5。卷边切除检验应符合下列要求：

a) 卷边应是实心圆滑的，根部较宽，见图6；

b) 卷边下侧不应有杂质、小孔、扭曲和损坏；

c) 每隔50 mm进行180°背弯试验，不应有开裂、裂缝等，见图7。

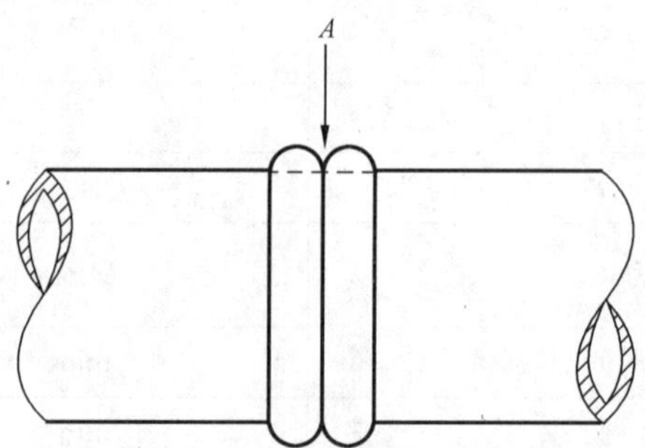

图3 卷边对称性示意图

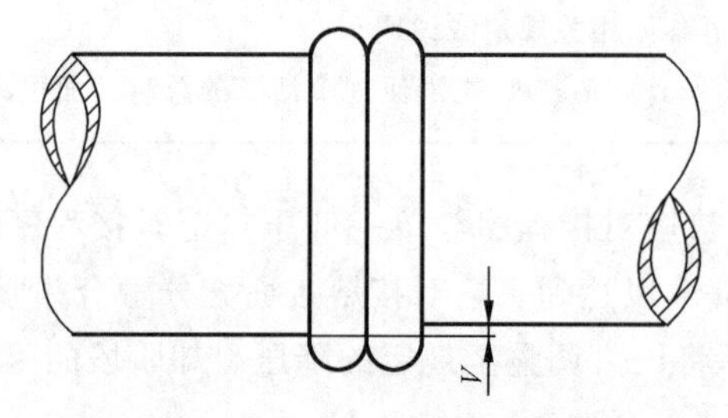

图4 接头对称性示意图

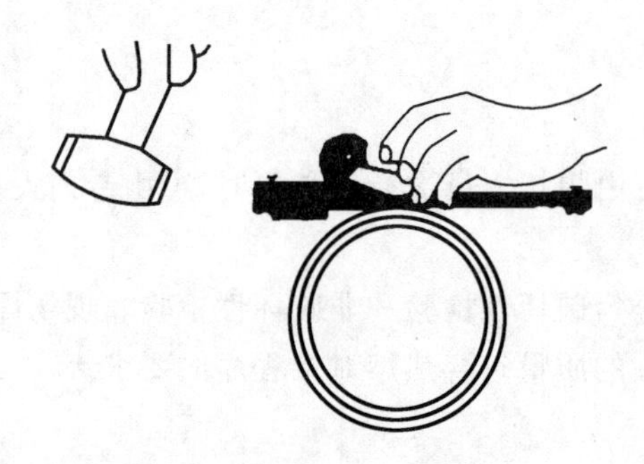

图5 卷边切除示意图

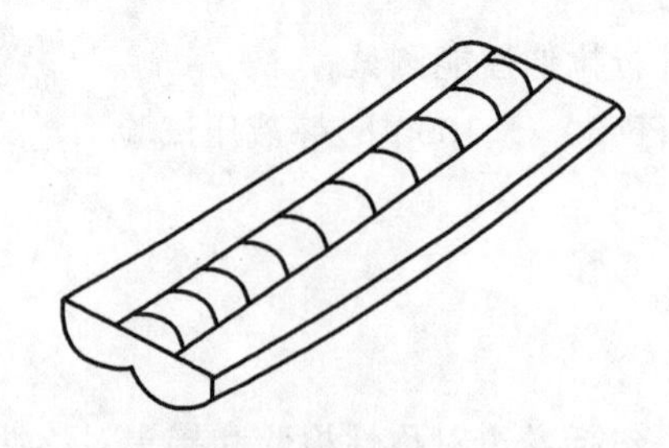

图6 合格实心卷边

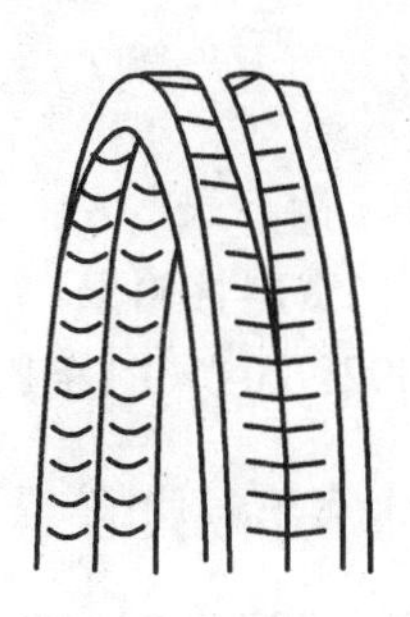

图7 卷边背弯开裂示意图

6.3.3 其他非破坏性检验方法

应考虑通过超声波和X射线探测等常规非破坏性检测方法来进行接头质量的评估。虽然此类检测技术有可能检测不到所有在热熔对接接头上存在的缺陷,但可以检测出受污染和存在气泡的区域。因此,应考虑使用此类技术,以进一步确认热熔对接接头的质量。

附 录 A
（资料性附录）
本标准与 ISO 21307：2011(E)相比的结构变化情况

本标准与 ISO 21307：2011(E)在结构上有较多调整，具体章条编号对照情况见表 A.1。

表 A.1 本标准与 ISO 21307：2011(E)的章条编号对照情况

本标准章条编号	对应的 ISO 21307：2011(E)章条编号
3.1	3.8
3.2	3.6
3.3	3.4
3.4	3.12
3.5	3.14
3.6～3.7	3.9～3.10
3.8	3.5
3.9	3.7
3.10	3.2
3.11	—
3.12	3.3
3.13	3.1
—	3.11、3.13、3.16～3.18
4.3～4.10	4.2.1～4.2.8
5.1	5 的第一段及第二段
5.2	5.1
5.3	5.2
—	5.3
6.3.1～6.3.2	6.3 第一段
6.3.3	6.3 第二段
附录 A	—
附录 B	—
—	附录 A(表 A.1)
附录 C	—
附录 D	附录 A(表 A.2)
附录 E	5.3、附录 A(表 A.3)

附 录 B
（资料性附录）
本标准与 ISO 21307：2011(E)的技术性差异及其原因

表 B.1 给出了标准与 ISO 21307：2011(E)的技术性差异及其原因。

表 B.1 本标准与 ISO 21307：2011(E)的技术性差异及其原因

本标准章条编号	技术性差异	原 因
1	增加了材料为 PE 80 和 PE 100 聚乙烯混配料的规定	符合产品标准要求
1	明确给出各热熔对接程序的适用范围	考虑到我国产品标准的编排要求，使说明更清晰
1	本标准的适用范围增加了对管材或管件公称外径的要求	本标准引用的文件目前只给出了公称外径由 75 mm～630 mm 管材和管件具体的焊接参数
1	将双重低压热熔对接程序适用范围改为壁厚大于 22 mm 的管道	ISO 21307 正在修订中的版本已经把壁厚要求由大于 20 mm 改为大于 22 mm
1	删除了管材、管件及热熔对接焊机应符合的标准的说明	避免与 4.1 的内容重复
2	修改了规范性引用文件，具体如下： —引用了采用国际标准的我国标准； —删减了 ISO 4065、ISO/TS 10839 和 ASTM F2634； —增加了 GB/T 13663.2、GB/T 19278—2003 和 CJJ 63—2008	强调与 GB/T 1.1 的一致性
3	删除了 ISO 21307:2011(E)中术语和定义 3.13、3.16、3.17 和 3.18	3.16 引用术语标准，引用 GB/T 19278—2003 中的定义
3	将 ISO 21307:2011(E)中术语和定义 3.11 调整至表 E.1	正文中没有采用这术语
3	删除了 ISO 21307:2011(E)中术语和定义 3.15，增加了“焊机内降压冷却时间”的定义	以统一各热熔对接周期示意图中的符号
4.2	删除了 ISO 21307:2011(E)中要求在建设管道前编写焊接操作程序的相关内容	以适合我国国情
5.1	将三种热熔对接程序分别命名为“单一低压热熔对接程序”、“双重低压热熔对接程序”、“单一高压热熔对接程序”	以适合我国国情
5.1	将单一高压热熔对接程序作为资料性附录内容	单一高压热熔对接程序在国内很少应用，其参数在国内暂时也未能得到验证，置于附录作为参考

表 B.1（续）

本标准章条编号	技术性差异	原　　因
5.2	修改了表 1 中单一低压热熔对接程序参数对应值	ISO 21307 正在修订中的版本仍未确定如何修订单一低压热熔对接程序的参数对应值，故引用 DVS 2207-1 的参数对应值，加热板温度调整为 200～235 ℃，以适合我国国情。压力参数对应值改为表压值，更切合实际操作。 将 CJJ 63—2008 中推荐的单一低压热熔对接程序的焊接工艺参数置于附录 C
5.2	图 1 中加入了拖动压力曲线	使表达更清晰
5.2	增加热熔对接程序参数中的环境温度说明	表述更明确
5.3	修改双重低压热熔对接程序参数中最小初始卷边尺寸对应值	用表 D.1 说明，使表达更清晰
5.3	表 2 中双重低压热熔对接程序压力参数对应值改为表压	与术语和定义保持一致，更切合实际操作
5.3	图 2 中加入了拖动压力曲线，t_5 的说明改为焊机内保压冷却时间，t_6 改为 t_5'，t_7 改为 t_6	以统一各热熔对接周期示意图中的符号，使表达更清晰
6.2	删减了试验方法中的高速拉伸性能测试	此测试主要针对单一高压热熔对接程序，故在正文中不再体现
6.3	增加外观检验和卷边切除检验	参照 ISO/TS 10839 和 CJJ 63—2008，增加非破坏性检验方法，以符合操作要求及我国国情
附录 C	附录 C 改为规范性附录，并修改了单一低压热熔对接程序的焊接参数	对应表 1 的参数对应值作调整，给出技术规程及焊接技术规则中的焊接参数，以适合我国国情
附录 E	表 E.1 中单一高压热熔对接程序的压力参数对应值改为表压，图 E.1 中加入了拖动压力曲线	以统一各热熔对接周期示意图中的符号，使表达更清晰

附 录 C
（规范性附录）
单一低压热熔对接焊接参数

表 C.1 和表 C.2 为 CJJ 63—2008 中推荐的单一低压热熔对接的焊接工艺参数。

表 C.1 SDR11 管材热熔对接焊接参数

公称外径 d_n mm	P_1-P_t MPa	最小初始卷边尺寸 mm	最短吸热时间 t_2 s	最长切换时间 t_3 s	最长热熔对接升压时间 t_4 s	最短焊机内保压冷却时间 t_5 min
75	$219/S_2$	1.0	68	5	6	10
90	$315/S_2$	1.5	82	6	7	11
110	$471/S_2$	1.5	100	6	7	14
125	$608/S_2$	1.5	114	6	8	15
140	$763/S_2$	2.0	127	8	8	17
160	$996/S_2$	2.0	145	8	9	19
180	$1\ 261/S_2$	2.0	164	8	10	21
200	$1\ 557/S_2$	2.0	182	8	11	23
225	$1\ 971/S_2$	2.5	205	10	12	26
250	$2\ 433/S_2$	2.5	227	10	13	28
280	$3\ 052/S_2$	2.5	255	10	14	31
315	$3\ 862/S_2$	3.0	286	12	15	35
355	$4\ 906/S_2$	3.0	323	12	17	39
400	$6\ 228/S_2$	3.0	364	12	19	44
450	$7\ 882/S_2$	3.5	409	12	21	50
500	$9\ 731/S_2$	3.5	455	12	23	55
560	$12\ 207/S_2$	4.0	509	12	25	61
630	$15\ 450/S_2$	4.0	573	12	29	67

注 1：以上参数基于环境温度为 20 ℃。

注 2：热板表面温度：PE80 为(210±10)℃；PE100 为(225±10)℃。

注 3：S_2 为焊机液压缸中活塞的总有效面积(mm^2)，由焊机生产厂家提供。

表 C.2　SDR17.6/SDR17 管材热熔对接焊接参数

公称外径 d_n mm	P_1-P_t MPa	最小初始卷边尺寸 mm	最短吸热时间 t_2 s	最长切换时间 t_3 s	最长热熔对接升压时间 t_4 s	最短焊机内保压冷却时间 t_5 min
110	$305/S_2$	1.0	63	5	6	9
125	$394/S_2$	1.5	71	6	6	10
140	$495/S_2$	1.5	80	6	6	11
160	$646/S_2$	1.5	91	6	7	13
180	$818/S_2$	1.5	102	6	7	14
200	$1\ 010/S_2$	1.5	114	6	8	15
225	$1\ 278/S_2$	2.0	128	8	8	17
250	$1\ 578/S_2$	2.0	142	8	9	19
280	$1\ 979/S_2$	2.0	159	8	10	20
315	$2\ 505/S_2$	2.0	179	8	11	23
355	$3\ 181/S_2$	2.5	202	10	12	25
400	$4\ 039/S_2$	2.5	227	10	13	28
450	$5\ 111/S_2$	2.5	256	10	14	32
500	$6\ 310/S_2$	3.0	284	12	15	35
560	$7\ 916/S_2$	3.0	318	12	17	39
630	$10\ 018/S_2$	3.0	358	12	18	44

注 1：以上参数基于环境温度为 20 ℃。

注 2：热板表面温度：PE80 为(210±10)℃；PE100 为(225±10)℃。

注 3：S_2 为焊机液压缸中活塞的总有效面积(mm^2)，由焊机生产厂家提供。

附 录 D
（规范性附录）
双重低压热熔对接焊接参数

表 D.1 为双重低压热熔对接焊接参数。

表 D.1 双重低压热熔对接焊接参数

公称壁厚[a] e_n mm	最小初始卷边尺寸 mm	初始卷边压力 P_1 MPa	最短吸热时间 t_2 s	热熔对接压力 P_3 MPa	降压冷却阶段的压力 P_4 MPa	最短焊机内降压冷却时间 t_5' min	最短移除焊机后冷却时间 t_6 min
22.7	3	见表 2	285	见表 2	见表 2	15	7.5
25.4	3	见表 2	315	见表 2	见表 2	15	7.5
28.6	3	见表 2	345	见表 2	见表 2	15	7.5
32.3	3	见表 2	385	见表 2	见表 2	15	7.5
36.4	3	见表 2	425	见表 2	见表 2	20	10.0
41.0	3	见表 2	470	见表 2	见表 2	20	10.0
45.5	3	见表 2	515	见表 2	见表 2	20	10.0
50.8	3	见表 2	570	见表 2	见表 2	20	10.0
57.2	3	见表 2	635	见表 2	见表 2	25	12.5

[a] 以下参数适用于焊接不同壁厚的管材或管件：最小吸热压力(P_2)为 0 MPa，最长切换时间(t_3)为 10 s，焊机内保压冷却时间(t_5)为(10±1)s；推荐额外冷却时间为焊机内降压冷却时间的 50%。

附 录 E
(资料性附录)
单一高压热熔对接程序

单一高压热熔对接程序的参数及对应值应符合表 E.1。本程序适用于壁厚为 5 mm～70 mm(包括 70 mm)的管材及管件的热熔对接。

图 E.1 给出了单一高压热熔对接周期的示意图以及其中各要素的说明。

表 E.1 单一高压热熔对接程序参数值

参数	单位	对应值
加热板温度	℃	200～230
初始卷边压力 P_1	MPa	$(0.52\pm0.10)\frac{S_1}{S_2}+P_t$ [c]
最短吸热时间 t_2	s	$(11\pm1)e_n$
吸热后的最小卷边尺寸[a]	mm	$0.15e_n+1$
吸热压力 P_2	MPa	$0\sim P_t$
最长切换时间 t_3	s	$0.1e_n+8$
热熔对接压力 P_3	MPa	$(0.52\pm0.10)\frac{S_1}{S_2}+P_t$ [c]
最短焊机内保压冷却时间 t_5	min	$0.43e_n$
最短移除焊机后冷却时间[b] t_6	min	—

[a] 完成规定的吸热时间后达到的最小卷边高度。

[b] 推荐在移除热熔对接焊机后及搬运热熔对接接头前的冷却时间，但大多数情况下，这段冷却时间不是必须的。

[c] S_1 为管材或管件的截面积(mm^2)；S_2 为焊机液压缸中活塞的总有效面积(mm^2)，由焊机生产厂家提供。

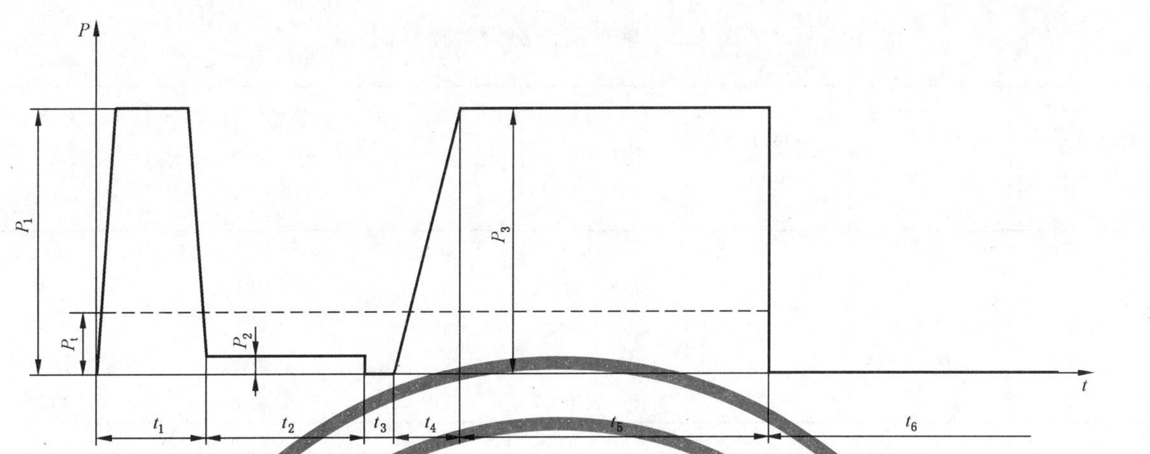

说明：

t ——时间；

P ——压力(表压)；

t_1 ——初始卷边时间；

t_2 ——吸热时间；

t_3 ——切换时间；

t_4 ——热熔对接升压时间；

t_5 ——焊机内保压冷却时间；

t_6 ——移除焊机后冷却时间；

P_1——初始卷边压力；

P_2——吸热压力；

P_3——热熔对接压力；

P_t——拖动压力。

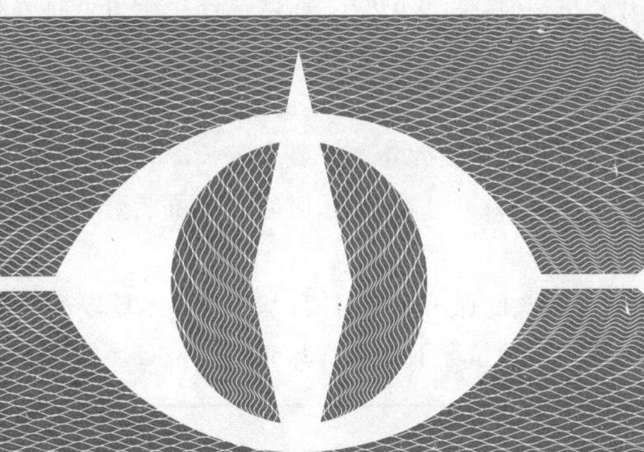

图 E.1 单一高压热熔对接周期示意图

表 E.2 为单一高压热熔对接示例。

表 E.2 单一高压热熔对接示例

公称壁厚 e_n mm	吸热压力[a] P_2 MPa	最小卷边尺寸[c] mm	最短吸热时间[d] t_2 s	最长切换时间[e] t_3 s	初始卷边及保压冷却压力[b] P_1 及 P_3 MPa	最短焊机内保压冷却时间[f] t_5 min
5	0～P_t	1	50～60	8	见表 E.1	2.5
9	0～P_t	2	90～108	10	见表 E.1	4.0
14	0～P_t	3	140～168	15	见表 E.1	6.0
30	0～P_t	5	300～360	20	见表 E.1	13.0
70	0～P_t	11	700～840	20	见表 E.1	30.0

[a] 无额外施加压力，但应保持一个相当于拖动压力的力值使管材端面与加热板可以互相接触；

[b] 施加界面接触压力并保持充足的时间以确保管材端面和热板有良好的热接触，在降低压力到拖动压力时沿管材熔接端面圆周形成出现卷边特征；

[c] 最小卷边尺寸，用毫米表示，等于$(0.15\times e_n)+1$，仅由 PE 材料的热膨胀产生。一旦达到要求的卷边尺寸和达到最短吸热时间，则分开管材端面，移出加热板，在熔接连接压力下将管材端面对接到一起，表中值仅为最小值，可以增大，但不可避免将增加接头冷却时间；

[d] 最短吸热时间，用秒表示，等于$(11\pm1)e_n$（在规定的吸热压力下加热）。宜在低温环境下、吸热时间和吸热温度在其范围内的上限进行，这会产生较大卷边并要求较长冷却时间；

[e] 加热板移除的最长时间为$(0.1\times e_n)+8$，为最长时间。尽可能采取措施缩短时间以减少熔融界面快速冷却对热熔对接接头的负面影响；

[f] 为热熔对接焊机上热熔对接接头的保压冷却时间，基于每毫米壁厚冷却 0.43 min 计算。推荐在移除焊机后以及搬运前作进一步冷却，但大多数情况下这段冷却时间不是必须的。

参 考 文 献

［1］ ISO/TS 10839 燃气用聚乙烯管材和管件—设计、搬运和安装规范
［2］ TSG D2002—2006 燃气用聚乙烯管道焊接技术规则

ICS 59.080.40;91.140
G 42

中华人民共和国国家标准

GB/T 35529—2017

城镇燃气调压器用橡胶膜片

Rubber diaphragm for city gas pressure regulators

2017-12-29 发布　　2018-07-01 实施

中华人民共和国国家质量监督检验检疫总局
中国国家标准化管理委员会　发布

前　言

本标准按照 GB/T 1.1—2009 给出的规则起草。

本标准由中国石油和化学工业联合会提出。

本标准由全国橡胶与橡胶制品标准化技术委员会(SAC/TC 35)归口。

本标准起草单位:苏州市第四橡胶有限公司、辽宁省铁岭橡胶工业研究设计院、沈阳橡胶研究设计院有限公司、西北橡胶塑料研究设计院有限公司。

本标准主要起草人:王增华、邱林法、闻晋、李飒、何秀武、高静茹。

城镇燃气调压器用橡胶膜片

1 范围

本标准规定了城镇燃气调压器用橡胶膜片的分类、尺寸规格、外观质量、性能、检验规则、标志、包装、运输和贮存的要求。

本标准适用于人工煤气、天然气、管道液化石油气和液化石油气混空气输配系统用的城镇燃气调压器用橡胶膜片(以下简称膜片)。

本标准不适用于瓶装液化石油气调压器和二甲醚调压器用橡胶膜片。

2 规范性引用文件

下列文件对于本文件的应用是必不可少的。凡是注日期的引用文件,仅注日期的版本适用于本文件。凡是不注日期的引用文件,其最新版本(包括所有的修改单)适用于本文件。

GB/T 528—2009 硫化橡胶或热塑性橡胶 拉伸应力应变性能的测定

GB/T 531.1 硫化橡胶或热塑性橡胶 压入硬度试验方法 第1部分:邵氏硬度计法(邵尔硬度)

GB/T 1682 硫化橡胶 低温脆性的测定 单试样法

GB/T 1690—2010 硫化橡胶或热塑性橡胶 耐液体试验方法

GB/T 3512 硫化橡胶或热塑性橡胶 热空气加速老化和耐热试验

GB/T 5721 橡胶密封制品标志、包装、运输、贮存的一般规定

GB/T 7759—1996 硫化橡胶、热塑性橡胶 常温、高温和低温下压缩永久变形的测定

GB/T 7762 硫化橡胶或热塑性橡胶 耐臭氧龟裂 静态拉伸试验

GB/T 13934 硫化橡胶或热塑性橡胶 屈挠龟裂和裂口增长的测定(德墨西亚型)

GB/T 24133 橡胶或塑料涂覆织物 调节和试验的标准环境

3 分类

3.1 根据膜片形状分为:碟形、平面形和卷曲形,见图1。

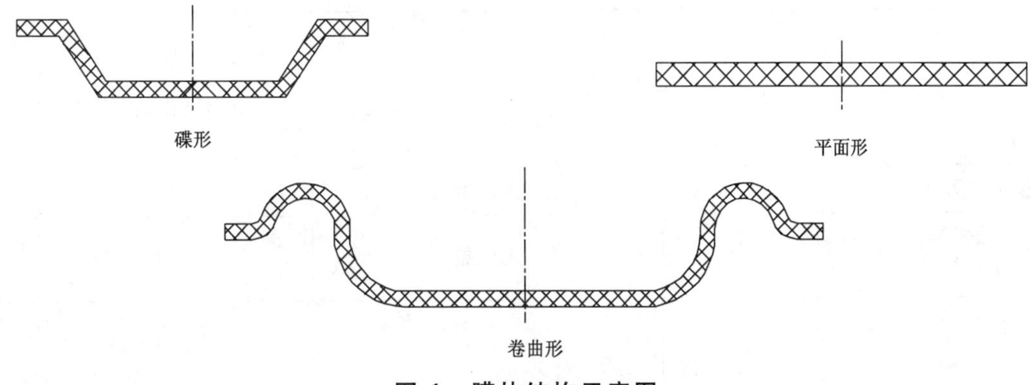

图1 膜片结构示意图

3.2 根据膜片工作温度分为:普通型:−10 ℃～+60 ℃;低温型:−20 ℃～+60 ℃。

3.3 根据调压器工作压力膜片分为:高压型:0.4 MPa～4.0 MPa;中低压型:0.4 MPa以下。

4 尺寸规格

膜片的尺寸规格根据调压器的规格进行设计，由供需双方商定。

5 外观质量

用目视方法检测膜片的外观质量应符合表1的规定。

表1 膜片的外观质量

缺陷名称	要求
缺胶、露布、气泡	工作面不允许有
开裂、透光、橡胶与织物脱层	不允许有
模痕	允许有轻微划痕及模痕
明疤	厚度超过1.0 mm以上的膜片，在非工作面允许有深度不超过厚度的10%，面积不大于20 mm^2 的明疤不多于3处，但不允许在正反两面同一部位出现
表面褶皱、海绵状	不允许有海绵状，允许有轻微皱边

6 性能

6.1 橡胶材料

橡胶材料的性能应符合表2的规定。

表2 橡胶材料的性能及试验方法

<table>
<tr><th>项目</th><th colspan="2">指标</th><th>试验方法</th></tr>
<tr><td>拉伸强度/MPa　最小</td><td colspan="2">10.0</td><td rowspan="2">GB/T 528—2009，Ⅰ型哑铃试样</td></tr>
<tr><td>拉断伸长率/%　最小</td><td colspan="2">400</td></tr>
<tr><td>硬度（邵尔A）/度</td><td colspan="2">55±5</td><td>GB/T 531.1</td></tr>
<tr><td>压缩永久变形/%
−20 ℃×72 h，　最大
23 ℃×72 h，　最大
70 ℃×24 h，　最大</td><td colspan="2">
40
20
25</td><td>GB/T 7759—1996
B型试样，压缩率为25%</td></tr>
<tr><td>抗屈挠龟裂，2万次</td><td colspan="2">无龟裂</td><td>GB/T 13934</td></tr>
<tr><td>耐臭氧，(30±2)℃×24 h，(50±5)×10^{-8}，伸长率为20%</td><td colspan="2">无龟裂</td><td>GB/T 7762</td></tr>
<tr><td>热空气老化，70 ℃×72 h
拉伸强度变化率/%　最大</td><td colspan="2">−15</td><td>GB/T 528—2009，
Ⅰ型哑铃试样，
GB/T 3512</td></tr>
<tr><td rowspan="2">脆性温度/℃　不高于</td><td>普通型</td><td>−25</td><td rowspan="2">GB/T 1682</td></tr>
<tr><td>低温型</td><td>−45</td></tr>
</table>

6.2 膜片

6.2.1 耐液体性能

耐液体试验按 GB/T 1690—2010 的规定进行，采用Ⅱ型试样。在成品膜片上裁取 25 mm×25 mm 的正方形试样，当成品尺寸小于 25 mm×25 mm 时，则以成品的实际尺寸作为试验尺寸。制备两组试样，每组为三个试样；将试样在 70 ℃下预烘 16 h，然后在标准实验室温度下环境调节 1 h～2 h 后，测量每个试样分别在空气中和蒸馏水中的质量；将两组试样置于试验液体中，23 ℃条件下浸泡 72 h；取出其中一组试样，测量浸泡后每个试样分别在空气中和蒸馏水中的质量，计算其质量变化率和体积变化率，结果应符合表 3 的规定。

取出另一组试样在温度 23 ℃、相对湿度(50±5)%环境中放置 24 h 后，立即将试样悬挂在 70 ℃循环空气烘箱中干燥 2 h，取出后在标准实验室温度下环境调节 1 h～2 h 后，测量每个试样分别在空气中和蒸馏水中的质量，计算其溶胀再干后的质量变化率和体积变化率，结果应符合表 3 的规定。

表 3 膜片的耐液体性能

项目		指标	
		液体 B[a]	正戊烷[b]
23 ℃下试验液体中浸泡 72 h 后	体积变化率/%	±30	±15
	质量变化率/%	±20	±15
溶胀再干后	体积变化率/%	±15	±10
	质量变化率/%	±10	±10

[a] 适用于工作介质为人工煤气的调压器膜片。

[b] 适用于工作介质为天然气、管道液化石油气和液化石油气混空气的调压器膜片。

6.2.2 耐低温性能

在低温箱内拿取试样的手套，应在与试样相同的温度下进行调节。在室温下备有第二副手套，在冷手套里面，用于保护操作者。

按照 GB/T 24133 规定的标准环境中调节后，普通型膜片放入(−10±1) ℃低温箱中保持 1 h，低温型膜片放入(−20±1)℃低温箱中保持 1 h。至规定的试验时间，在低温箱中将试样对折。从低温箱中取出试样，一倍放大，目视检查，试样表面应无断裂、裂纹和分层现象，检查时，用试验对折方向相同的方向对折试样。

警示——做低温试验之前，拿取试样时必须戴上手套。

6.2.3 耐压性能

试验压力为膜片设计压力的 1.5 倍，膜片设计压力按 A.1 确定。按 A.2 进行试验，保压期间膜片不应出现漏气或其他异常现象。

6.2.4 耐久性

按附录 B 进行试验，检查膜片不应出现开裂、露布、胶层与织物分层等现象，再按 6.2.3 试验方法检验其耐压性能应符合要求。

7 检验规则

7.1 检验分类

检验分为型式试验、例行试验和生产验收试验。

型式试验是那些为确认经特定方法用特定材料制造的膜片满足本标准全部要求而进行的试验。该试验应在最长每隔一年,或当制造方法或材料发生变化时重复进行。试验应在所有类别和型别上进行。

例行试验是那些发货之前在所有成品膜片上进行的试验。

生产验收试验是那些为控制生产质量而实施的试验。

7.2 试验频率

型式试验、例行试验和生产验收试验按表 4 规定进行。橡胶材料以一次配料量为一批。

表 4 膜片的型式试验、例行试验和生产验收试验

序号	项目名称		本标准章条号	型式试验	例行试验	生产验收试验	
						检验	试验频率
1	橡胶材料性能	拉伸强度	6.1	○	—	○	每批一次
2		拉断伸长率	6.1	○	—	○	
3		硬度,邵尔 A	6.1	○	—	○	
4		压缩永久变形 −20 ℃ × 72 h, 23 ℃ × 72 h, 70 ℃ × 24 h,	6.1	○	—	○	每季一次
5		抗屈挠龟裂	6.1	○	—	○	每年一次
6		耐臭氧	6.1	○	—	○	
7		热空气老化	6.1	○	—	○	每季一次
8		脆性温度	6.1	○	—	○	
9	膜片性能	尺寸	4	○	○	○	100%
10		外观	5	○	○	○	
11		耐液体性能	6.2.1	○	—	○	每季一次
12	膜片性能	耐低温性能	6.2.2	○	—	○	每年一次
13		耐压性能	6.2.3	○	—	○	
14		耐久性	6.2.4	○	—	○	
注:"○"表示需进行检验的项目;"—"表示不进行检验的项目。							

7.3 判定规则

7.3.1 对橡胶材料性能,其中有任何一项不合格时,应在同一批中取双倍试样重复该项试验,复验仍不合格者,则该批橡胶材料为不合格品。

7.3.2 对膜片性能,膜片的外观质量按照表 1 规定逐件检验,有一项不符合规定即为不合格产品并剔除。其他项目有任何一项不合格时，即为不合格产品。

8 标志

符合本标准的膜片应标记如下信息，如果不能完整标记下列信息，至少应标记产品的商标信息，并以其他方式补充提供相关信息：

a) 产品名称；

b) 温度等级；

c) 压力等级；

d) 本标准编号。

示例：RTMP/P(D)/G(Z)/GB/T 35529—2017

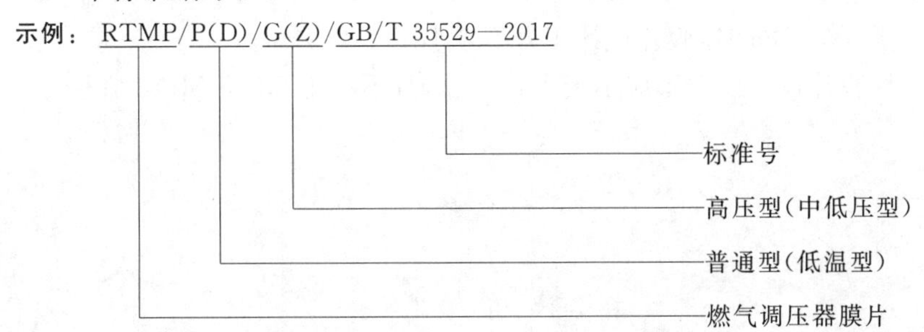

9 包装、运输和贮存

9.1 膜片采用聚乙烯塑料袋包装，集中装入纸箱，每箱数量依膜片规格而定。每件包装内应附有产品合格证和检验报告。

9.2 运输和贮存按照 GB/T 5721 规定进行。

附 录 A
（规范性附录）
膜片设计压力的确定和耐压性能试验

A.1 膜片设计压力的确定

膜片设计压力的确定，按下列规定：

a) 当膜片所承受的最大压差 ΔP_{max}<0.015 MPa 时，膜片设计压力不应小于 0.02 MPa；

b) 当 0.015 MPa≤ΔP_{max}<0.5 MPa 时，膜片设计压力不应小于 1.33ΔP_{max}；

c) 当 ΔP_{max}≥0.5 MPa 时，膜片设计压力不应小于 1.1ΔP_{max}，且不小于 0.665 MPa。

A.2 耐压性能试验

A.2.1 试验介质

试验用介质为洁净的空气。

A.2.2 试验装置

试验装置示意图见图 A.1。

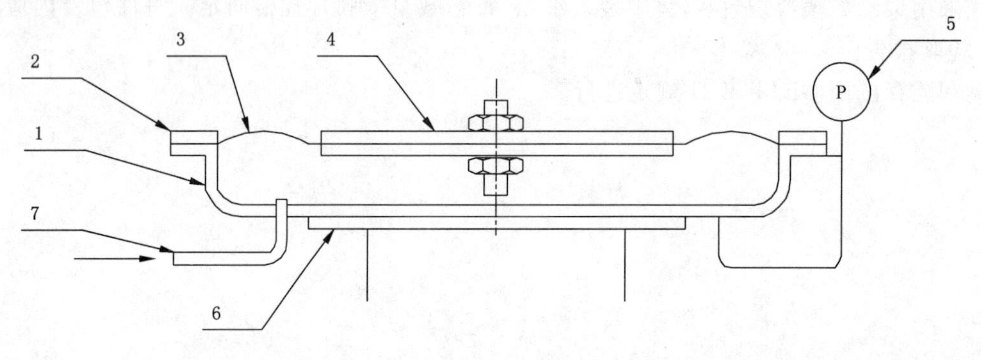

说明：

1——下盘；

2——法兰；

3——膜片；

4——托板及密封件；

5——压力表；

6——工架；

7——进气管。

图 A.1 试验装置示意图

A.2.3 试验步骤

将膜片和膜盘(或相应的工装)组合在一起后在试验工装内进行试验，试验工装应使膜片处于最大有效面积的位置，且膜片露出膜盘(或相应的工装)和工装部分的运动不应受试验工装限制。试验时应向膜片的高压侧缓慢增压至规定的试验压力，保压时间不应小于 10 min。

附 录 B
（规范性附录）
耐久性试验

B.1 试验介质

试验介质为洁净的空气。

B.2 试验装置

试验装置示意图见图 B.1。

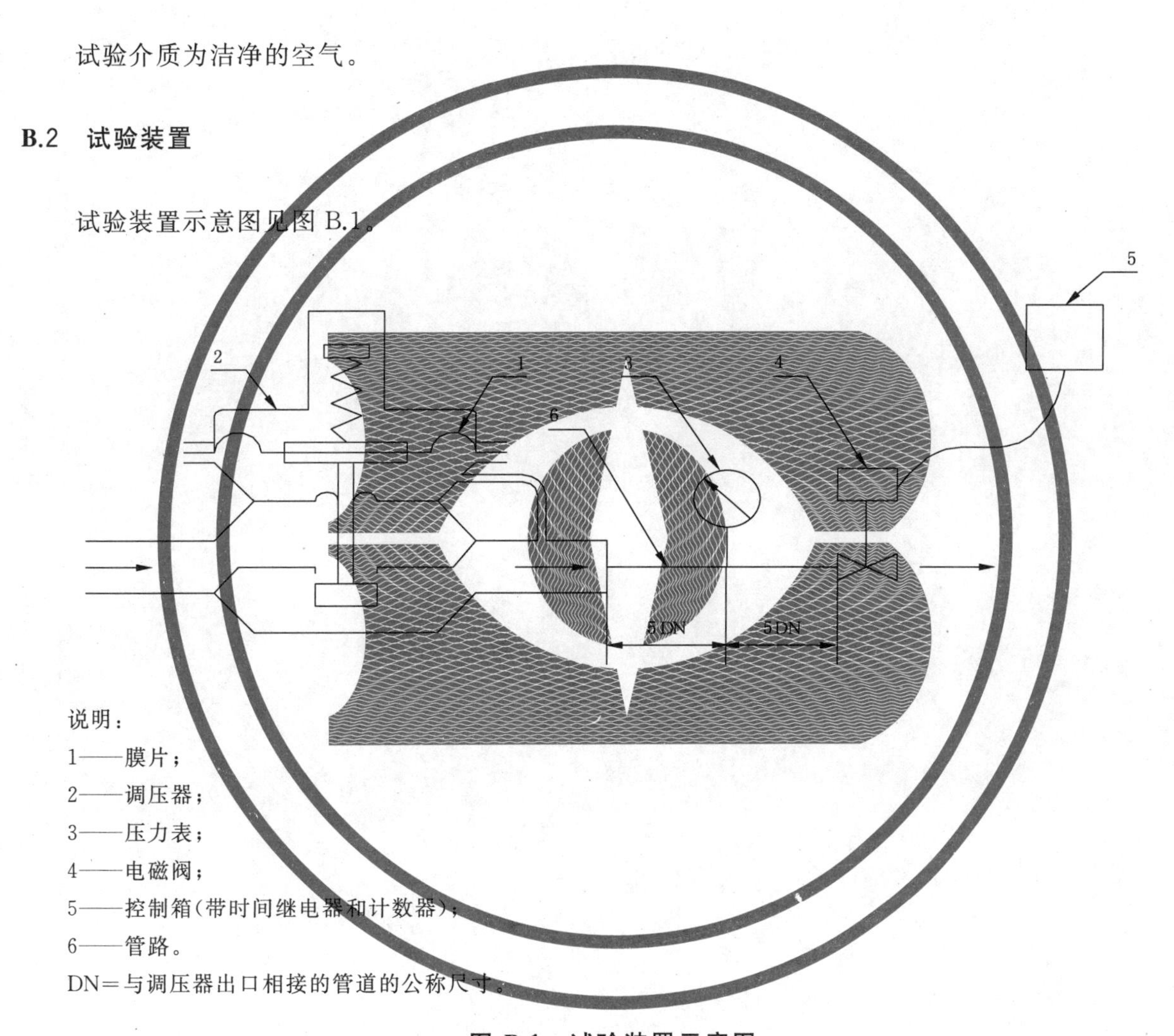

说明：
1——膜片；
2——调压器；
3——压力表；
4——电磁阀；
5——控制箱(带时间继电器和计数器)；
6——管路。
DN＝与调压器出口相接的管道的公称尺寸。

图 B.1 试验装置示意图

B.3 试验步骤

将膜片装在相应的调压器内，在室温条件下调压器启闭动作 30 000 次，启闭动作时，行程应大于全行程的 50%（不包括关闭和全开位置），频率应大于 5 次/min。

ICS 91.140
P 47

中华人民共和国国家标准

GB/T 36051—2018

燃气过滤器

Gas filter

2018-03-15 发布　　　　2019-02-01 实施

中华人民共和国国家质量监督检验检疫总局
中国国家标准化管理委员会　发布

前言

本标准按照 GB/T 1.1—2009 给出的规则起草。

本标准由中华人民共和国住房和城乡建设部提出并归口。

本标准起草单位：中国市政工程华北设计研究总院有限公司、上海飞奥燃气设备有限公司、费希尔久安输配设备(成都)有限公司、合肥市久环给排水燃气设备有限公司、特瑞斯能源装备股份有限公司、大连派思燃气系统股份有限公司、河北瑞星燃气设备股份有限公司、陕西宏远燃气设备有限责任公司、江苏盛伟过滤设备有限公司、河北彗星调压器有限公司、重庆市山城燃气设备有限公司、浙江苍南仪表集团东星能源科技有限公司、河北安信燃气设备有限公司、浙江鑫琦管业有限公司、江苏科信燃气设备有限公司、佛山市华亮本生燃气设备有限公司、天津新科成套仪表有限公司、乐山川天燃气输配设备有限公司、宁波志清实业有限公司、宁波杰克龙精工有限公司、重庆吉川燃气设备有限公司、上海微滤净化技术有限公司、张家港市菲澳特克过滤设备有限公司、浙江苏明阀门有限公司、江苏诚功阀门科技有限公司、北京市燃气集团研究院、国家燃气用具质量监督检验中心。

本标准主要起草人：王洪林、翟军、杨志明、钟儒芬、常保成、郑安力、徐毅、裴文彩、廖红春、饶进、孟祥君、曾梨、谢尚鹏、何永胜、黄陈宝、刘宏亮、陶晓钟、孙建勋、袁勇、陈海峰、严荣杰、陶晓彬、胡宜春、吴律星、苏宗尧、陈双河、马旭卿、郝冉冉。

燃 气 过 滤 器

1 范围

本标准规定了燃气过滤器产品的分类、代号和型号，结构和材料，要求，试验方法，检验规则及质量证明文件、标志、包装、运输和贮存。

本标准适用于公称压力不大于 10.0 MPa、公称尺寸不大于 600 mm、工作温度范围为 −20 ℃～60 ℃ 燃气输配系统中的燃气过滤器。

本标准不适用于石油和(或)天然气生产过程中的气液分离器。

注：本标准所指燃气是符合 GB/T 13611 规定的燃气。

2 规范性引用文件

下列文件对于本文件的应用是必不可少的。凡是注日期的引用文件，仅注日期的版本适用于本文件。凡是不注日期的引用文件，其最新版本(包括所有的修改单)适用于本文件。

GB/T 150(所有部分) 压力容器

GB/T 223(所有部分) 钢铁及合金化学分析方法

GB/T 228.1 金属材料 拉伸试验 第1部分：室温试验方法

GB/T 229 金属材料 夏比摆锤冲击试验方法

GB/T 699 优质碳素结构钢

GB/T 713 锅炉和压力容器用钢板

GB/T 1173 铸造铝合金

GB/T 1184 形状和位置公差 未注公差值

GB/T 1220 不锈钢棒

GB/T 1348 球墨铸铁件

GB/T 1690 硫化橡胶或热塑性橡胶 耐液体试验方法

GB/T 1771 色漆和清漆 耐中性盐雾性能的测定

GB/T 1804 一般公差 未注公差的线性和角度尺寸的公差

GB/T 3077 合金结构钢

GB/T 3452.1 液压气动用O形橡胶密封圈 第1部分：尺寸系列及公差

GB/T 3452.2 液压气动用O形橡胶密封圈 第2部分：外观质量检验规范

GB/T 3531 低温压力容器用钢板

GB/T 4336 碳素钢和中低合金钢 多元素含量的测定 火花放电原子发射光谱法(常规法)

GB/T 4423 铜及铜合金拉制棒

GB/T 4879 防锈包装

GB/T 4892 硬质直方体运输包装尺寸系列

GB/T 4956 磁性基体上非磁性覆盖层 覆盖层厚度测量 磁性法

GB/T 5310 高压锅炉用无缝钢管

GB/T 5330.1 工业用金属丝筛网和金属丝编织网 网孔尺寸与金属丝直径组合选择指南 第1部分：通则

GB/T 6479　高压化肥设备用无缝钢管
GB/T 7306.2　55°密封管螺纹　第2部分：圆锥内螺纹与圆锥外螺纹
GB/T 8163　输送流体用无缝钢管
GB/T 8170　数值修约规则与极限数值的表示和判定
GB/T 8464—2008　铁制和铜制螺纹连接阀门
GB/T 8923(所有部分)　涂覆涂料前钢材表面处理　表面清洁度的目视评定
GB/T 9019　压力容器公称直径
GB/T 9113　整体钢制管法兰
GB/T 9286　色漆和清漆　漆膜的划格试验
GB/T 9440　可锻铸铁件
GB/T 9711　石油天然气工业　管线输送系统用钢管
GB/T 9948　石油裂化用无缝钢管
GB/T 11170　不锈钢　多元素含量的测定　火花放电原子发射光谱法(常规法)
GB/T 12224　钢制阀门　一般要求
GB/T 12225　通用阀门　铜合金铸件技术条件
GB/T 12227　通用阀门　球墨铸铁件技术条件
GB/T 12228　通用阀门　碳素钢锻件技术条件
GB/T 12229　通用阀门　碳素钢铸件技术条件
GB/T 12230　通用阀门　不锈钢铸件技术条件
GB/T 12459　钢制对焊管件　类型与参数
GB/T 12716　60°密封管螺纹
GB/T 13401　钢制对焊管件　技术规范
GB/T 13402　大直径钢制管法兰
GB/T 13611　城镇燃气分类和基本特性
GB/T 14295　空气过滤器
GB/T 14976　流体输送用不锈钢无缝钢管
GB/T 15530.1　铜合金整体铸造法兰
GB/T 15530.8　铜合金及复合法兰　技术条件
GB/T 17185　钢制法兰管件
GB/T 17241.6　整体铸铁法兰
GB/T 17241.7　铸铁管法兰　技术条件
GB/T 19672　管线阀门　技术条件
GB/T 20078　铜和铜合金　锻件
GB/T 20100　不锈钢纤维烧结滤毡
GB/T 20801(所有部分)　压力管道规范　工业管道
GB/T 23658　弹性体密封圈　输送气体燃料和烃类液体的管道和配件用密封圈的材料要求
GB/T 24511　承压设备用不锈钢钢板及钢带
GB/T 25198　压力容器封头
GB/T 25863　不锈钢烧结金属丝网多孔材料及其元件
GB/T 26640　阀门壳体最小壁厚尺寸要求规范
GB/T 29528　阀门用铜合金锻件技术条件
GB 50028　城镇燃气设计规范
GB 50058　爆炸危险环境电力装置设计规范

CJ/T 180　建筑用手动燃气阀门

FZ/T 64004　薄型粘合法非织造布

HG/T 3737　单组份厌氧胶粘剂

HG/T 3947　单组份室温硫化有机硅胶粘剂/密封剂

HG/T 20553　化工配管用无缝及焊接钢管　尺寸选用系列

HG/T 20592　钢制管法兰(PN 系列)

HG/T 20613　钢制管法兰用紧固件(PN 系列)

HG/T 20615　钢制管法兰(Class 系列)

HG/T 20623　大直径钢制管法兰(Class 系列)

HG/T 20634　钢制管法兰用紧固件(Class 系列)

JB/T 4712(所有部分)　容器支座

JB/T 7757.2　机械密封用O形橡胶圈

NB/T 47008　承压设备用碳素钢和合金钢锻件

NB/T 47009　低温承压设备用低合金钢锻件

NB/T 47010　承压设备用不锈钢和耐热钢锻件

NB/T 47013　(所有部分)承压设备无损检测

NB/T 47020　压力容器法兰分类与技术条件

NB/T 47021　甲型平焊法兰

NB/T 47022　乙型平焊法兰

NB/T 47023　长颈对焊法兰

NB/T 47027　压力容器法兰用紧固件

NB/T 47041　塔式容器

QB/T 4381　吸尘器集尘袋内层纸

QB/T 4507—2013　水暖管道配件　铜制过滤器

SY/T 0510　钢制对焊管件规范

SY/T 0556　快速开关盲板技术规范

SY/T 5257　油气输送用感应加热弯管

SY/T 7036　石油天然气站场管道及设备外防腐层技术规范

TSG 21　固定式压力容器安全技术监察规程

TSG D0001　压力管道安全技术监察规程——工业管道

TSG D7002　压力管道元件型式试验规则

ISO 12103-1　道路车辆　用于过滤器评价的试验粉尘　第1部分:亚利桑那试验粉尘(Road vehicles —Test contaminants for filter evaluation—Part 1:Arizona test dust)

3　术语和定义、缩略语

3.1　术语和定义

下列术语和定义适用于本文件。

3.1.1

燃气过滤器　gas filter

分离燃气气流夹带的杂物(灰尘、铁锈和其他杂物),保护下游管道设备免受损坏、污染、堵塞的组件。简称过滤器。

3.1.2

快开盲板　quick opening closure

用于过滤器的筒体开口上，能实现快速开启或关闭的一种机械装置。

3.1.3

快开门式过滤器　quick opening closure filter

筒体上焊接有快开盲板、可实现快速开启和关闭密封锁紧、且具有安全联锁功能的过滤器。

3.1.4

设计压力　design pressure

在相应的设计温度条件下，用于确定过滤器计算壁厚及其他元件尺寸的压力值。

注：单位为兆帕（MPa）。

3.1.5

公称压力　normal pressure

用于表示过滤器法兰的一个用数字表示的与压力有关的标示代号，为圆整数。

3.1.6

过滤器公称尺寸　nominal diameter of filter

过滤器进口的尺寸，用于表示过滤器的尺寸规格。

3.1.7

过滤材料　filtration material

燃气过滤器中分离灰尘杂质的材料。

3.1.8

滤芯　filter element

过滤器中的可更换部件，由过滤材料及其支撑体组成。

3.1.9

过滤面积　filtration area

滤芯起过滤作用的过滤材料的表面积。

3.1.10

过滤效率　filtration efficiency

过滤器或滤芯捕集特定试验粒子的能力。

注：当用计数法试验时，指过滤器或滤芯上、下游气流中气溶胶计数浓度之差与其上游计数浓度之比，也称计数效率；当用计重法试验时，指受试过滤器或滤芯集尘量与发尘量之比，也称计重效率。用百分数表示（%）。

3.1.11

粒径　particle size

用某种方法测量得到的粒子名义直径。

注：单位为微米（μm）。

3.1.12

过滤精度　filtration accuracy

过滤器在满足有效过滤效率情况下（过滤效率≥99.9%）所能捕获的最小颗粒的粒径。

注：单位为微米（μm）。

3.1.13

阻力　pressure drop

气流通过过滤器或滤芯时，过滤器或滤芯前后的静压差。

注：单位为帕（Pa）。

3.1.14

初始阻力　initial pressure drop

在额定流量下，气流通过过滤器滤芯为新滤芯时的静压差。

注：单位为帕(Pa)。

3.1.15

终阻力　final pressure drop

在额定流量下，气流通过滤芯时由于滤芯积尘，而使其阻力上升，达到的静压差规定值。

注：单位为帕(Pa)。

3.1.16

最大允许阻力　maximal allowable pressure drop

滤芯在不发生破坏的情况下所能承受的最大压差。

注：单位为帕(Pa)。

3.1.17

容尘量　dust holding capacity

在额定处理量下，受试过滤器达到终阻力时所捕集的试验粉尘的总质量。

注：单位为克(g)。

3.1.18

表面滤速　superficial filtration velocity

气流通过滤芯层时的速度。

注：单位为米每秒(m/s)。

3.1.19

试验滤速　test velocity

试验时，气体体积流量与滤芯进气侧表面积的比值。

注：单位为米每秒(m/s)。

3.1.20

额定流量　rated flow rate

过滤器单位时间内所处理的燃气最大体积流量。

注：单位为立方米每小时(m^3/h)。

3.1.21

试验粉尘　test-dust

本标准用于模拟燃气管道中存在的杂质的混合尘源。

3.1.22

粉尘发生器　dust generator

把试验粉尘按一定要求发散到空气中形成比较均匀分散系的设备。

3.1.23

末端过滤器　outlet filter

用来捕集透过受试过滤器的试验粉尘的过滤器。

3.1.24

相关系数　correlation ratio

在试验系统未安装被测滤芯及保持稳定气溶胶浓度的情况下，下游与上游采样系统粒子浓度之比。

3.1.25

等动采样　isokinetic sampling

在管道中进行采样时，采样管入口气流速度与管道采样点处气流速度相同。

3.2 缩略语

下列缩略语适用于本文件。

A2 粉尘:ISO 12103-1-A2 级细粒试验粉尘(ISO 12103-1-A2 for fine test dust)

A4 粉尘:ISO 12103-1-A4 级粗粒试验粉尘(ISO 12103-1-A4 for coarse test dust)

CPC:凝结核粒子计数器(condensation particle counter)

DEHS:葵二酸二辛酯(Di-ethyl-hexyl-sebacate)

OPC:光学粒子计数器(optical particle counter)

4 分类、代号和型号

4.1 分类

过滤器可作如下分类:

——按结构型式可分为:Y 型(Y)、角式(J)、筒式(T);

——按安装型式可分为:立式(V)、卧式(H);

——按接口端面型式分为:螺纹连接、焊接连接和法兰连接;

——按壳体材料分为:碳钢、低合金钢、不锈钢、铸铁、铜及铜合金、铝合金;

——按工作方式可分为:普通式、快开门式(K);

——按滤芯数量可分为:单滤芯、多滤芯(D);

——按过滤精度可分为:0.5 μm、2 μm、5 μm、10 μm、20 μm、50 μm、100 μm;

——按工作温度范围可分为:Ⅰ类-10 ℃~+60 ℃,Ⅱ类-20 ℃~+60 ℃;

——按最大允许工作压力可分为:0.01 MPa、0.2 MPa、0.4 MPa、0.8 MPa、1.6 MPa、2.5 MPa、4.0 MPa、6.3 MPa、10.0 MPa。

4.2 代号

4.2.1 过滤器结构型式代号见表 1 的规定。

表 1 过滤器结构型式代号

结构型式		代号
Y 型(Y)		RGLY
角式(J)	非组焊结构	RGLJⅠ
	组焊结构	RGLJⅡ
筒式(T)	筒体为非组焊结构	RGLTⅠ
	侧流式(筒体为钢管组焊结构)	RGLTⅡ
	直流式(筒体为钢管组焊结构)	RGLTⅢ
	侧流式(筒体为钢板组焊结构)	RGLTⅣ
	直流式(筒体为钢板组焊结构)	RGLTⅤ
其他(Q)	楼栋调压箱用一体式过滤器等型式	RGLQ

4.2.2 过滤器接口端面型式代号见表 2 的规定。

表 2　过滤器接口端面型式代号

接口端面型式		代　号
螺纹连接		L
焊接连接	承插焊连接	SW
	对焊连接	BW
法兰连接	突面(光滑面)	RF
	凹面	FM
	凸面	M

4.2.3　过滤器壳体材料代号见表 3 的规定。

表 3　过滤器壳体材料代号

材　料	代　号
碳钢	C
铸钢	Z
低合金钢	A
不锈钢	S
球墨铸铁	Q
可锻铸铁	K
铜及铜合金	T
铝合金	L

4.3　型号

4.3.1　型号编制

型号编制按以下格式:

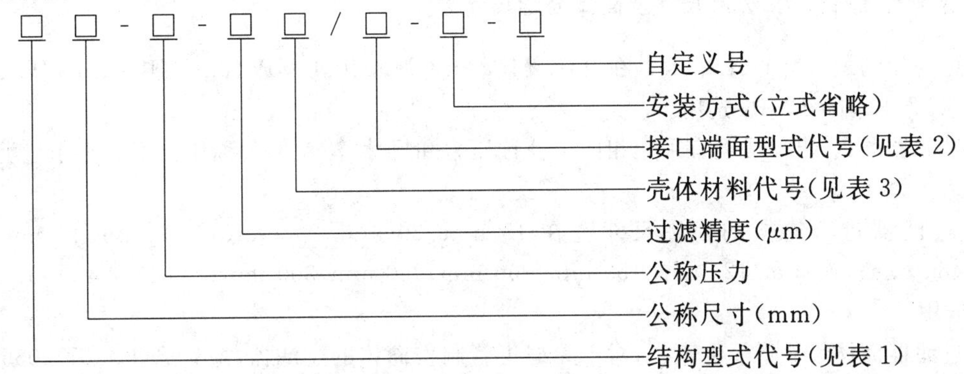

4.3.2　型号示例

结构型式为 T 型直流式(筒体为钢管组焊结构)、公称尺寸为 DN100、公称压力为 1.6 MPa、过滤精度为 5 μm、壳体材料为碳钢、接口端面为法兰连接,法兰密封面型式为凹面,安装方式为卧式、多滤芯的燃气过滤器,表示为:RGL TⅢ100-16-5C/FM-H-D。

5 结构和材料

5.1 一般要求

5.1.1 过滤器壳体可为铸造、锻造或组焊加工，端部连接可为法兰连接或焊接端连接等型式。

5.1.2 过滤器应有足够的强度和刚度，应考虑能够承受管道的拉伸、压缩和弯曲载荷，当设置支座时，支座应有足够的强度、刚度及稳定性。

5.1.3 过滤器壳体材料应依据其设计压力、工作温度、工作介质及材料性能等选用，并应符合国家现行有关标准的规定。过滤器部件的布置应做到结构合理、检修方便、便于操作和阻力损失小。

5.1.4 过滤器的基本工艺配置宜包括下列各项：

a） 过滤器本体包括壳体、滤芯及附属配件；

b） 必要的支撑，如支座等；

c） 阀门、仪表等相关配套设备。

5.1.5 过滤器过滤材料支撑体应有足够的强度，能承受设计规定载荷，不应产生异常变形。

5.1.6 过滤器滤芯、密封圈等配件应具有足够的机械强度和化学稳定性，与工作温度范围相适应，与燃气介质兼容且应对燃气加臭剂和燃气中允许的杂质有抗腐蚀能力。

5.2 结构

5.2.1 进、出口连接型式

过滤器与其上、下游管道的连接型式应符合下列要求：

a） 法兰端：钢制管法兰结构尺寸及密封面型式应符合 HG/T 20592、HG/T 20615、HG/T 20623、NB/T 47020～NB/T 47023、GB/T 9113 和 GB/T 13402 等标准的规定；铸铁管法兰结构尺寸及密封面型式应符合 GB/T 17241.6 和 GB/T 17241.7 的规定；铜合金管法兰结构尺寸及密封面型式应符合 GB/T 15530.1 和 GB/T 15530.8 的规定。铁制、铜制和铝制过滤器其法兰与壳体应铸造或锻压成整体；

b） 管螺纹：仅可用于公称尺寸小于或等于 DN50 的过滤器，并应符合 GB/T 7306.2 或GB/T 12716 的规定；

c） 焊接端：应符合 GB/T 12224 的规定。

5.2.2 最大允许工作压力、公称尺寸及筒体公称尺寸

5.2.2.1 过滤器的最大允许工作压力在 0.01 MPa、0.2 MPa、0.4 MPa、0.8 MPa、1.6 MPa、2.5 MPa、4.0 MPa、6.3 MPa、10.0 MPa 选用。

5.2.2.2 过滤器的进、出口法兰宜采用相同的公称压力和尺寸，法兰的公称压力不应小于过滤器壳体的设计压力。

5.2.2.3 过滤器进口连接的公称尺寸宜在 15 mm、20 mm、25 mm、（32） mm、40 mm、50 mm、（65） mm、80 mm、100 mm、125 mm、150 mm、200 mm、250 mm、300 mm、350 mm、400 mm、500 mm、600 mm 选用。

5.2.2.4 过滤器筒体尺寸指公称直径，对于无缝钢管制作筒体的过滤器，应符合 HG/T 20553 的规定；对于钢板卷制的过滤器及快开门式过滤器，应符合 GB/T 9019 的规定。

5.2.3 结构尺寸

5.2.3.1 过滤器结构尺寸应符合附录 A 的规定。

5.2.3.2 其他压力等级、其他型式过滤器的结构尺寸由厂家自定，其性能应符合本标准的要求。

5.2.4 结构尺寸公差

5.2.4.1 螺纹连接过滤器接口的螺纹尺寸公差应符合 GB/T 7306.2 或 GB/T 12716 的规定。

5.2.4.2 法兰连接的过滤器法兰尺寸公差应符合 HG/T 20592、HG/T 20615、HG/T 20623、NB/T 47020～NB/T 47023、GB/T 9113、GB/T 13402、GB/T 17241.7 和 GB/T 15530.8 等标准的规定。

5.2.4.3 过滤器主要尺寸公差和位置公差参见附录B。未注形位公差应符合 GB/T 1184 K 级的要求，未注线性公差应符合 GB/T 1804m 级的要求。

5.2.5 壳体最小壁厚

壳体最小壁厚应符合下列要求：

a) 螺纹连接的铁制和铜制过滤器的壳体最小壁厚应符合 GB/T 8464—2008 中表 4 的规定；

b) 法兰连接的铜制过滤器的壳体最小壁厚应符合 QB/T 4507—2013 表 1 的规定；

c) 铸钢法兰过滤器的壳体最小壁厚应符合 GB/T 26640 的规定；

d) 过滤器为组焊结构的其壳体最小壁厚应符合 GB 50028 和 GB/T 150 的规定；

e) 铝合金壳体最小壁厚不应小于 1.2 mm。

5.2.6 快开盲板

5.2.6.1 快开盲板应符合 SY/T 0556 的规定。

5.2.6.2 快开盲板应具有满足以下要求的安全连锁功能：

a) 当快开盲板达到预定关闭部位,方能升压运行；

b) 当过滤器的内部压力完全释放,方能打开快开盲板。

5.2.6.3 快开盲板应设置能在打开时将头部固定的定位装置,防止头盖自由摆动发生意外。

5.2.6.4 快开盲板关闭机构和转臂机构应固定在盲板筒体法兰或所带短节上,不宜固定在筒体上。

5.2.7 支座

过滤器支座应符合 JB/T 4712 的有关规定。采用裙座时,可按 NB/T 47041 的有关规定。

5.2.8 其他配置

5.2.8.1 过滤器应留有积污腔,用以储存过滤出的杂质,积污腔底部宜设排污阀。

5.2.8.2 过滤器滤芯前后宜设置指示式压力表、压差计。

5.2.8.3 过滤器的开孔和开孔补强宜符合 GB/T 150 的规定,筒体公称直径小于 150 mm 的过滤器的开孔和开孔补强应符合 GB/T 20801 的规定,设计压力大于或等于 4.0 MPa 的过滤器应采用整体补强结构。

5.2.8.4 过滤器内的滤芯应满足设计性能的要求并方便更换。

5.2.8.5 电气仪表应采用防爆设计,并符合 GB 50058 的规定。

5.3 焊接

5.3.1 焊缝应平整,焊缝表面应无裂纹、气孔、夹渣及未焊透等缺陷。

5.3.2 焊接工艺要求进行焊后应力消除的焊缝,其热处理应按国家现行有关标准进行。

5.3.3 焊缝无损检测应按 NB/T 47013 进行,质量等级应符合 6.2.2 的规定。

5.4 涂装

5.4.1 过滤器的涂装应符合 SY/T 7036 的规定。

5.4.2 过滤器壳体喷涂前应经喷砂(抛丸)或机械除锈处理,除去氧化皮、铁锈、油污等一切杂质,表面质量应符合 GB/T 8923 中 Sa2.5 级的规定。

5.4.3 涂层质量应符合 6.11 的要求。

5.5 材料

5.5.1 一般要求

过滤器的材料应符合下列要求:

a) 过滤器的材料(锻件、铸件、型材、钢管、钢板等),其规格与性能应符合国家现行有关标准的规定,应与使用温度、适用工况相适应,且应对城镇燃气、加臭剂和燃气中允许的杂质具有抗腐蚀能力;

b) 过滤器承压部件使用的材料应有生产厂家的合格证及质量证明文件,应按供货方提供材料的化学成分、热处理、无损检验和力学性能报告等证明文件验收,必要时进行复验;

c) 过滤器用钢管、钢板、管件、管法兰、阀门等管道元件材料应依据设计压力、工作温度、工作介质及材料性能等选用,并应符合 GB/T 20801、TSG D0001、GB/T 150 和 TSG 21 等标准的规定;

d) 滤芯应由耐腐蚀性或防腐材料制造。

5.5.2 承压壳体

5.5.2.1 承压壳体材料使用条件应符合下列要求:

a) 所有承压件应根据使用条件选用表 4 所列的材料,但不包括紧固件及管接头;

b) 承压件的紧固件所用钢材的断后伸长率 A_{min} 不应小于 14%;

c) 管接头所用钢材的断后伸长率 A_{min} 不应小于 14%;

d) 材料的压力-温度等级应符合 GB/T 20801、GB/T 17241.7、GB/T 12224、GB/T 15530.8、GB/T 1173 等标准规定;

e) 承压壳体不应采用灰铸铁、锌合金材料;

f) 用于焊接的碳素钢和低合金钢,其化学成分应符合 C≤0.25%(质量分数)、P≤0.035%(质量分数)、S≤0.035%(质量分数)的规定,钢板卷制的过滤器其所用材料的化学成分、材料力学性能应符合 5.5.2.11 的要求。

表 4 承压件材料的使用条件

材料	最小断后伸长率 A_{min}[a]	使用条件		
		最大设计压力 p_{max}	(设计压力×公称尺寸)$_{最大值}$ $(p \times DN^{b})_{max}$	最大公称尺寸(最大公称直径) DN^{b}_{max}
	%	MPa	MPa · mm	mm
轧钢、锻钢	16	10	—[c]	—
铸钢	17	10[e]	—	—
球墨铸铁[d]	7	1.6[e]	150	—
	15	1.6[e]	500	250
可锻铸铁[d]	6	1.0[e]	100	100
锻造铝合金	4	2.0	—	50
	7	2.0	—	50

表 4（续）

材料	最小断后伸长率 A_{min}[a]	使用条件		
		最大设计压力 p_{max}	（设计压力×公称尺寸）最大值 $(p\times DN^{b})_{max}$	最大公称尺寸（最大公称直径）DN^{b}_{max}
	%	MPa	MPa·mm	mm
铸造铝合金	1.5	1.0	25	150
	4	2.0	160	250
铜-锌锻造合金	15	2.0	—	25
铜-锡和铜-锡-锌铸造合金	5	2.0	—	100

[a] 断后伸长率 A 应符合所选材料国家现行有关标准的规定。
[b] 过滤器公称尺寸。
[c] 表示无此项限定条件。
[d] 高硅铸铁(硅质量分数 Si≥14.5%)不得用于过滤器承压件。
[e] 仅限 Y 型过滤器。

5.5.2.2 最低工作温度低于－10 ℃但高于或等于－20 ℃，且设计压力大于或等于 2.5 MPa 时，过滤器壳体和法兰盖等所用的金属材料，除应符合 5.5.2.1 的要求外还应符合下列要求：

a) 碳钢、低合金钢应进行夏比 V 型缺口冲击试验，试验温度为－20 ℃，其三个试样的平均冲击功应大于或等于 27 J，允许一个试样的试验结果小于平均值，但不应小于 20 J。冲击试验方法及要求应符合 GB/T 229 的规定；
b) 奥氏体不锈钢可不作冲击试验；
c) 锻造及铸造铝合金的抗拉强度不高于 350 MPa 时，可不作冲击试验。

5.5.2.3 承压壳体应由表 5 规定的金属材料制造，允许采用材料性能不低于本标准规定的其他材料。

表 5 承压壳体材料(常用金属材料)

材料		牌号	标准号
锻件	碳素钢	A105	GB/T 12228
	碳素结构钢	20	GB/T 699
	碳素钢和低合金钢	20、16Mn	NB/T 47008
	低温钢	16MnD	NB/T 47009
	不锈钢	S30403(022Cr19Ni10)、S30408(06Cr19Ni10) S30409(07Cr19Ni10)	NB/T 47010
	铜合金	HPb59-1	GB/T 29528
铸件	铸钢件	WCB(ZG250-485)、WCC(ZG275-485)	GB/T 12229
	碳素结构钢	20	GB/T 699
	可锻铸铁	KT330-08	GB/T 9440
	球墨铸铁	QT400-18L、QT400-18、QT400-15	GB/T 12227 GB/T 1348
	铸造铝合金	ZL107(ZALSi7Cu4)	GB/T 1173

表 5（续）

材　料	牌　号	标 准 号
板材	Q245R、Q345R、Q370R	GB/T 713
	16MnDR	GB/T 3531
	S30408(06Cr19Ni10)、S30403(022Cr19Ni10)、S31608(0Cr17Ni12Mo2)、S31603(022Cr17Ni12Mo2)	GB/T 24511
棒材	20、25、35、45	GB/T 699
	35CrMoA、30CrMo、20Mn2、30Mn2、40B、45B	GB/T 3077
	S30408(06Cr19Ni10) S30403(022Cr19Ni10)	GB/T 1220
	HPb59-1	GB/T 4423
无缝钢管	20、Q345D	GB/T 8163
	20G	GB/T 5310
	Q345D	GB/T 6479
	L245、L290	GB/T 9711
	20	GB/T 9948
	S30408(06Cr19Ni10)、S32168(06Cr18Ni11Ti)	GB/T 14976

5.5.2.4　过滤器用碳钢承压铸件应符合 GB/T 12228、GB/T 12229 的规定，不应选用 Q215A、Q235A 钢。碳素结构钢不得用于设计压力大于或等于 4.0 MPa 的承压组件。

5.5.2.5　过滤器用不锈钢承压铸件应符合 GB/T 12230 的规定。

5.5.2.6　过滤器用锻件应符合 NB/T 47008、NB/T 47009、NB/T 47010 和 GB/T 150 等标准的规定，锻件级别不低于Ⅱ级。下列钢锻件应选用Ⅲ级或Ⅲ级以上锻件：

a)　用作过滤器筒体和封头的筒形、环形、碗形锻件；

b)　设计压力大于或等于 6.3 MPa 的过滤器用锻件。

5.5.2.7　过滤器用球墨铸铁承压件应符合 GB/T 12227 和 GB/T 1348 的规定。

5.5.2.8　过滤器用可锻铸铁承压件应符合 GB/T 9440 的规定。

5.5.2.9　过滤器用铜合金承压件应符合 GB/T 4423、GB/T 12225、GB/T 20078 和 GB/T 29528 的规定。

5.5.2.10　过滤器用钢管应符合表 5 的规定，或不低于表 5 规定的其他钢管标准。其力学成分、材料力学性能还应符合 GB/T 20801、TSG D0001、GB/T 150 和 TSG 21 等标准的规定。

5.5.2.11　过滤器用钢板应符合 GB/T 713、GB/T 3531 等标准的规定，或不低于上述标准要求的其他标准，其化学成分、材料力学性能还应符合下列要求：

a)　化学成分应符合下列要求：

1)　碳素钢和低合金钢钢板，其化学成分应符合 C≤0.25%（质量分数）、P≤0.035%（质量分数）、S≤0.035%（质量分数）的规定。

2)　压力容器专用碳素钢和低合金钢钢板，对标准抗拉强度下限值小于或等于 540 MPa 的钢板其化学成分应符合 P≤0.030%、S≤0.020% 的规定；对标准抗拉强度下限值大于 540 MPa 的钢板其化学成分应符合 P≤0.025%、S≤0.015%的规定。

b) 力学性能应符合下列要求：

1) 冲击功

厚度不小于 6 mm 的钢板、直径和厚度可以制备宽度为 5 mm 小尺寸冲击试样的钢管、任何尺寸的钢锻件，按照设计要求的冲击温度下的 V 型缺口试样冲击功（KV_2）指标应符合表 6 的规定；试样取样部位和方法应当符合相应钢材标准的规定；冲击试样每组取 3 个试样（宽度为 10 mm），允许一个试样的冲击功低于表 6 规定值，但不得低于表 6 所列数值的 70%；当钢材尺寸无法制备试样时，应当依次制备尺寸为 7.5 mm 和 5 mm 的小尺寸冲击试样，其冲击功指标分别为标准冲击功指标的 75% 和 50%；钢材标准中冲击功指标高于表 6 规定指标的钢材，还应符合相应钢材标准的规定。

表 6　碳素钢和低合金钢钢板冲击功

钢材标准抗拉强度下限值 R_m/MPa	三个标准试样冲击功平均值 KV_2/J
≤450	≥20
>450～510	≥24
>510～570	≥31
>570～630	≥34
>630～690	≥38

2) 断后伸长率

过滤器受压元件用钢板、钢管和钢锻件的断后伸长率应符合钢材标准的规定。焊接结构用碳素钢、低合金高强度钢和低合金低温钢钢板，其断后伸长率（A）应符合表 7 的规定。钢材标准中断后伸长率指标高于表 7 规定指标的钢材，还应符合相应钢材标准的规定。

表 7　断后伸长率指标

钢材标准抗拉强度下限值 R_m/MPa	断后伸长率 A/%
≤420	≥23
>420～550	≥20
>550～680	≥17

5.5.2.12　过滤器封头宜采用 GB/T 25198 中的标准椭圆形封头，非标钢制异径接头、凸形封头的平封头设计，可参照 GB/T 150 的有关规定。

5.5.3　过滤器滤芯

过滤器滤芯应符合下列要求：

a) 滤芯根据工艺要求可采用不锈钢丝网、不锈钢烧结丝、不锈钢纤维烧结毡、无纺布、聚酯纤维等材料制作。滤芯的材料结构按照工艺性能需要可采用缠绕、折叠或两者组合的方式；

b) 不锈钢丝网滤网应符合 GB/T 5330.1 的规定；不锈钢烧结丝网滤网应符合 GB/T 25863 的规定；不锈钢纤维烧结毡滤网应符合 GB/T 20100 的规定；

c) 滤芯滤层材质聚酯纤维的性能应不低于 FZ/T 64004 的规定；

d) 滤芯接口端面需采用弹性较好的密封垫或密封圈，并保证滤芯与滤芯支撑体和过滤器壳体间密封良好。密封圈应符合 JB/T 7757.2 的规定。滤芯内部、外部应无纤维脱落；

e) 滤芯制造过程中使用的黏结剂和滤芯密封元件应具有良好的耐燃气、耐腐蚀和抗老化特性；

f) 滤芯的精度和过滤效率应满足工艺规定要求；

g) 单芯过滤器配置典型滤芯尺寸见图1和表8,多芯过滤器配置典型多滤芯尺寸见图2和表9。

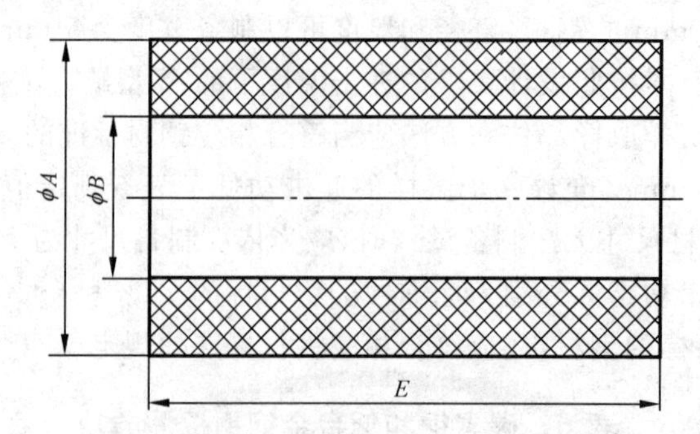

图1 单滤芯过滤器用滤芯结构示意图

表8 典型单滤芯过滤器用滤芯尺寸

滤芯型号	ϕA/mm	ϕB/mm	E/mm
G0.5	80	35	120
G1.0	95	50	165
G1.5	120	69	210
G2.0	165	86	270
G2.5	200	110	283
G3.0	252	138	320
G4.0	299	186	415
G5.0	390	246	470
G6.0	475	320	625
G7.0	595	405	780
G8.0	674	456	890

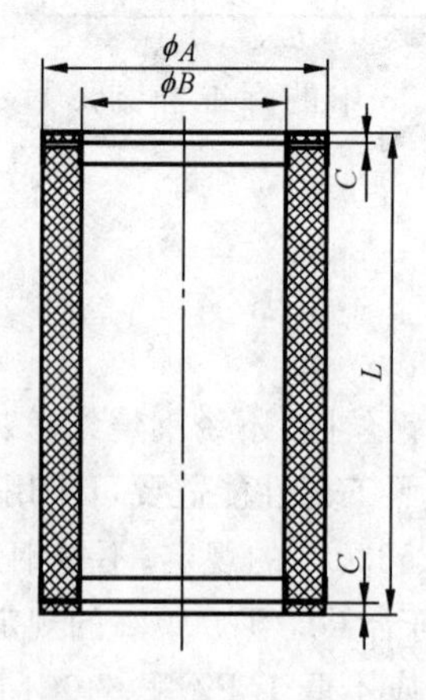

图2 多滤芯过滤器用滤芯结构示意图

表 9 典型多滤芯过滤器用滤芯尺寸

滤芯型号	ϕA/mm	ϕB/mm	L/mm	C/mm
CG110A	114	85	750	5
CG110B	114	85	914	5
CG140A	140	85	750	5
CG140B	140	85	914	5
CG160A	160	85	750	5
CG160B	160	85	914	5

5.5.4 管件

管件(包括弯头、三通、四通、异径管、管帽等)的设计和选用应符合 GB/T 12459、GB/T 13401、SY/T 0510、GB/T 17185、SY/T 5257 等标准的规定。管件不应采用螺旋焊缝钢管制作，且不应采用铸铁材料制作。

5.5.5 法兰、垫片、紧固件

法兰、垫片、紧固件应符合下列要求：

a) 法兰、垫片和紧固件应考虑介质性质、特性、压力配套选用。铁制、铜制和铝制过滤器其法兰与壳体应铸造或锻压成整体。钢制法兰应符合 HG/T 20592、HG/T 20615、HG/T 20623、NB/T 47020～NB/T 47023、GB/T 9113 和 GB/T 13402 等标准的规定；铸铁管法兰应符合 GB/T 17241.6 和 GB/T 17241.7 的规定；铜合金法兰应符合 GB/T 15530.1 和 GB/T 15530.8 的规定；

b) 法兰应选用公称压力不低于设计压力且不低于 1.0 MPa 的产品，应和管道有良好的焊接性能；

c) 过滤器上的连接螺栓和螺母材料应采用经调质处理的高强度合金钢制作(最低抗拉强度大于 690 MPa)，或采用经固溶处理和冷作硬化后奥氏体不锈钢制作(最低抗拉强度大于585 MPa)；

d) 过滤器壳体为螺栓连接时(主法兰与主法兰盖之间)，过滤器筒体为无缝管制作时，应采用 HG/T 20613 或 HG/T 20634 规定的高强度合金的全螺纹螺柱。螺栓直径小于或等于33 mm 的螺纹，采用粗牙；螺栓直径大于 33 mm 的螺纹，采用螺距为 3 mm 的螺纹；

过滤器壳体为螺栓连接时(主法兰与主法兰盖之间)，过滤器壳体为钢板卷制时，其使用的螺栓、螺柱和螺母材料应符合 NB/T 47027、GB/T 150 和 TSG 21 的有关规定。

5.5.6 阀门

过滤器阀门应选用公称压力不低于过滤器设计压力且不低于 1.0 MPa 的产品，不得使用灰口铸铁材质的阀门，其使用温度、工作压力应符合 GB/T 20801.2 的规定，并应符合 TSG D7002、GB/T 12224、GB/T 19672 和 CJ/T 180 等的规定。

5.5.7 差压表

5.5.7.1 选用的差压表应与燃气介质相适应。

5.5.7.2 差压表的量程应满足最大允许工作压差的使用要求。

5.5.7.3 差压表与过滤器之间应设三通旋塞或者针型阀(应有开启标志和锁紧装置)，并不得连接其他用途的接管。

5.5.8 非金属材料

5.5.8.1 橡胶件应采用符合 GB/T 23658 规定的耐燃气腐蚀的橡胶材料。

5.5.8.2 密封圈等橡胶件的材料物理机械性能及耐城镇燃气性能应符合附录 C 要求。

5.5.8.3 橡胶密封圈的尺寸及公差应符合 GB/T 3452.1,外观质量应符合 GB/T 3452.2 的规定。

5.5.8.4 法兰用垫片及其他橡胶件的表面应平滑,无气泡、缺胶和脱层等缺陷。

5.5.8.5 非金属零件和元件在材料成型时可添加润滑剂,但应满足输送燃气介质的要求。

5.5.8.6 燃气密封用硬化密封剂应符合 HG/T 3737 的规定,按 HG/T 3947 不允许作为单独的密封材料。

5.5.8.7 塑料制件(如滤芯)的耐温性、强度和尺寸稳定性应符合下列要求:

——抗拉强度:≥140 MPa;

——热变形稳定温度:≥80 ℃。

6 要求

6.1 外观

6.1.1 过滤器表面应无损伤和缺陷;铸件不应有影响强度和使用寿命的裂纹、砂眼、渣砂、缩孔等缺陷;碳钢和低合金钢制造的过滤器表面应除锈涂防锈漆,涂层厚度均匀、光滑,色泽一致,不应有流痕、鼓泡、裂纹及脱落现象;不锈钢过滤器表面应进行酸洗钝化或抛光处理。

6.1.2 过滤器焊缝外观应符合 5.3.1 的规定。

6.1.3 过滤器壳体应符合下列要求:

a) 过滤器盖应能用常规工具拆卸;

b) 在承压腔开孔用于测量或排放的螺纹应符合 GB/T 7306.2 或 GB/T 12716 等的规定;

c) 滤芯应能用简单的方法按照制造商产品说明书进行更换;

d) 用于安装或装配的螺栓、销钉等不能接触燃气介质;

e) 用于外部密封的非金属密封件(如 O 形圈)应封闭。

6.2 无损检测

6.2.1 过滤器无损检测方法包括射线检测、超声检测、磁粉检测、渗透检测,检测方法按应符合 NB/T 47013 的规定。无损检测分为全部(100%)和局部(大于或等于 20%)两种。局部抽检不应少于各焊缝长度的 20%,且宜覆盖各焊工所焊的焊缝。

6.2.2 按 NB/T 47013 对焊接接头进行射线、超声、磁粉、渗透检测,检测结果应符合下列要求:

a) 射线检测应符合下列要求:

1) 承压元件进行 100%焊接接头检测时,射线检测的技术等级不低于 AB 级,质量等级不低于Ⅱ级为合格;

2) 承压元件进行 20%焊接接头检测时,射线检测的技术等级不低于 AB 级,质量等级不低于Ⅲ级为合格。

b) 超声检测应符合下列要求:

1) 承压元件进行 100%焊接接头检测时,质量等级不低于Ⅰ级为合格;

2) 承压元件进行 20%焊接接头检测时,质量等级不低于Ⅱ级为合格。

c) 磁粉和渗透检测，承压元件进行100%焊接接头检测，质量等级不低于Ⅰ级为合格。

6.3 滤芯强度

6.3.1 滤芯安装性能

过滤器滤芯，在制造商声明的最大允许压差的1.5倍的试验条件下进行滤芯安装性能试验，试验中和试验后不得有滤芯撕裂，从支撑体移位、松动或其他损坏情况。

6.3.2 滤芯抗压溃性能

滤芯在厂家声明的破坏压差下不破坏或所测滤芯破坏压差值不低于厂家声明值，且正向破坏压差不低于0.25 MPa，逆向破坏压差不低于0.15 MPa。

6.4 耐温性

过滤器在其工作温度范围的最低温度 t_{min} 和最高温度 t_{max} 分别连续放置50 h，然后进行气密性试验，应符合6.6的要求。

6.5 强度

过滤器的承压件在室温下的水压试验压力应1.5倍设计压力且不低于0.6 MPa进行强度试验，按7.8的试验方法，以压力不降、无渗漏、无可见变形，试验过程中无异常响声为合格。

6.6 气密性

过滤器整体进行气密性试验，试验压力为设计压力，且不低于20 kPa，保压30 min。气密性试验应无泄漏，试验过程中温度如有波动，则压力经温度修正后不应变化。

6.7 弯曲强度和扭矩强度

6.7.1 一般要求

过滤器应根据其公称尺寸和连接型式，应能承受表10规定的弯曲强度及表11规定的扭转强度，且试验后外部气密性应符合6.6的要求；法兰连接及公称尺寸DN100以上的过滤器不要求弯曲强度试验和扭矩强度试验。

6.7.2 弯曲强度

按表10规定的弯矩对过滤器施加力矩10 s后，应无破损、变形，并符合6.6的要求。

表10 施加弯矩值

公称尺寸DN	15	20	25	32	40	50	65	80	100
弯矩/(N·m)	105	225	340	475	610	1 100	1 550	1 900	2 500

6.7.3 扭矩强度

按表11规定的扭矩对螺纹连接的过滤器施加扭矩10 s后，应无破裂、变形，并符合6.6的要求。

表 11 施加扭矩值

公称尺寸 DN	15	20	25	32	40	50	65	80	100
扭矩/(N·m)	75	100	125	160	200	250	300	370	465

6.8 过滤效率

燃气过滤器过滤效率应符合下列要求：

——针毡或纤维素制成的滤芯：≥85%；

——聚丙烯纤维或其他过滤材料制成的滤芯：≥75%。

注：这些值不是天然气管道的污染物杂质的实际指标，而是与过滤器壳体及所定义的试验粉尘一起对燃气过滤器滤芯进行的纯粹定性评估。

6.9 阻力

在额定流量下，过滤器滤芯的初始阻力不超过产品标称值的10%且不超过0.10 MPa，过滤器的初始阻力不超过产品标称值的10%且不超过0.12 MPa。

6.10 容尘量

过滤器或滤芯应有容尘量指标，并给出容尘量与阻力的关系曲线。以洁净过滤器或滤芯在额定流量下，用附录D、附录E规定的ISO 12103-1A2、ISO 12103-1A4、270目石英砂试验粉尘进行试验，达到试验终阻力时，过滤器或滤芯实际容尘量不应小于产品标称容尘量的90%。

6.11 涂层

6.11.1 涂层厚度均匀、光滑，色泽一致，不应有明显的损伤和缺陷，不应有流痕、返锈、漏涂、脱落、起泡等现象。

6.11.2 除装配部位外，表面涂层厚度和质量应符合下列要求：

a) 涂层干膜总厚度应符合下列要求：

 1) 应用于C2级、C3级低、中度环境腐蚀区域的过滤器，涂层干膜总厚度不小于160 μm；

 2) 应用于C4级高度环境腐蚀区域的过滤器，涂层干膜总厚度不小于240 μm；

 3) 应用于C5级超高度环境腐蚀区域的过滤器，涂层干膜总厚度不小于320 μm。

b) 涂层附着力应符合GB/T 9286规定的划格法1 mm^2 不脱落。

c) 应用于C5级超高度环境腐蚀区域的过滤器，涂层应按GB/T 1771进行盐雾试验，试验结束后试片应无起泡、生锈及锈蚀现象。

6.12 重要功能零部件

6.12.1 塑料零部件

6.12.1.1 耐温性

非金属零部件应按7.16.1.1进行耐温性试验，应无裂纹、无脆化及其他损坏。

6.12.1.2 耐燃气稳定性

热塑性材料应能耐GB/T 13611规定的城镇燃气(液态液化石油气除外)的长期腐蚀。

将塑料部件放在由30%(体积分数)甲苯和70%(体积分数)异辛烷组成的(23±2)℃的混合液体中

浸泡(168±2)h后,其体积变化率和质量变化率不得超过5%。然后,将塑料部件放在(40±2)℃的烘箱中干燥(168±2)h,冷却至(23±2)℃后,其体积变化率和质量变化率不得超过5%。

6.12.2 弹性密封件

6.12.2.1 耐燃气性能

接触燃气的弹性密封材料按7.16.2.1进行试验,应符合附录C的要求。

6.12.2.2 耐温性

使用如聚乙烯类热塑性材料的过滤器密封件应按7.16.2.2进行密封件耐温性试验,应无裂纹、无脆化及其他损坏。

7 试验方法

7.1 一般要求

7.1.1 实验室温度

实验室的温度应为(20±15)℃,试验过程中室温波动应小于5 ℃。

7.1.2 试验介质

7.1.2.1 承压件液压强度的试验用介质:温度不低于15 ℃洁净水(可加入防锈剂)。奥氏体不锈钢材料制造的过滤器部件进行试验时,所使用的水含氯化物量不超过25 mg/L。

7.1.2.2 其他试验用介质:洁净的干空气或惰性气体。

7.1.3 试验设备及测量精度

7.1.3.1 试验用仪器、仪表应符合表12的规定。

7.1.3.2 试验用仪表应经过检定或校验合格,并在有效期内。

表12 试验用仪器、仪表

序号	检验项目	仪器设备名称	规　　格	精确度/分度值
1	基本参数-室温、介质温度	温度计	0 ℃~60 ℃	0.5 ℃
2	基本参数-大气压力	动、定槽式水银气压计或空盒式气压计	81 kPa~107 kPa	0.1 kPa
3	基本参数-时间	秒表	—	0.1 s
4	结构尺寸	尺	根据产品确定量程	1 mm
5		千分尺	0 mm~50 mm	0.01 mm
6		游标卡尺	0 mm~150 mm	0.02 mm
7		螺纹量规	—	—
8	壳体最小壁厚	测厚仪或测厚尺	1 mm~200 mm	0.1 mm
9	滤芯强度	差压表	根据产品确定量程	10 Pa
		流量计	根据产品确定量程	精度不低于1.5级

表 12（续）

序号	检验项目	仪器设备名称	规　　格	精确度/分度值
10	耐温性	数字温度计	－40℃～100 ℃	0.5 ℃
11		高温箱	最高温度不低于 60 ℃	—
12		低温箱	最低温度不高于－40 ℃	—
13	强度	压力表	根据产品确定量程	精度不低于 0.4 级
14		试压泵	根据产品确定量程	—
15	气密性	压力表	根据产品确定量程	精度不低于 0.4 级
16		试压泵	根据产品确定量程	—
17	弯曲强度和扭矩强度	扭力扳手	根据产品确定量程	±1%
18		弯曲试验装置	根据产品确定量程	—
19		扭矩试验装置	根据产品确定量程	—
20	过滤效率	过滤效率试验系统	根据产品确定量程	—
21		天平	根据产品确定量程	1 mg
22		数字指示称	根据产品确定量程	0.1 g
23		压力表	根据产品确定量程	精度不低于 0.4 级
24		差压表	根据产品确定量程	10 Pa
25		流量计	根据产品确定量程	精度不低于 1.5 级
26	阻力	差压表	根据产品确定量程	10 Pa
27		流量计	根据产品确定量程	精度不低于 1.5 级
28	容尘量	同过滤效率		
29	涂层检验	涂层测厚仪	0 mm～5 mm	0.01 mm
30	力学性能	材料试验机	1 kN～50 kN	±1%
31		冲击试验机	150 J	—
32	化学成分	滴定管	0 mL～50 mL/0 mL～25 mL	A 级
33		碳硫仪	C:0.005%～5%， S:0.005%～3.5%	C:0.002%， S:0.001%
34		直读光谱分析仪	根据产品确定量程	—
35	重要功能零部件	高温箱	最高温度不低于 60 ℃	—
36		低温箱	最低温度不高于－40 ℃	—
37		分析天平	0 mg～50 mg	1 mg

7.2 外观检查

目测检查过滤器外观质量是否符合 6.1 的要求。

7.3 结构尺寸检验

用直尺、卷尺等工具对过滤器结构尺寸进行检验，检查是否符合 5.2.3 的要求。

7.4 壳体最小壁厚检验

用测厚仪或测厚尺测量过滤器壳体及头盖部位的最小壁厚，检查是否符合 5.2.5 的要求。

7.5 无损检测试验

7.5.1 一般要求

7.5.1.1 无损检测的具体操作方法应符合 NB/T 47013 的规定。

7.5.1.2 焊接接头的检测位置应由质量部门检验员随机抽取。

7.5.2 焊接接头分类

过滤器的焊接接头分为 A、B、C、D 四类，见图 3，应符合下列要求：

a) 圆筒部分的纵向对接接头为 A 类焊接接头；

b) 管与管对接的接头、管件大小头与管子对接的接头、管帽或封头与管子对接的接头、长颈法兰与接管连接的对接接头，均属 B 类焊接接头；

c) 法兰与管子或接管的内外接头属于 C 类焊接接头；

d) 主管与管子、管子与缘、接管与缘、补强圈与管壳、仪表接头与管壳的焊接接头，均属 D 类焊接接头。

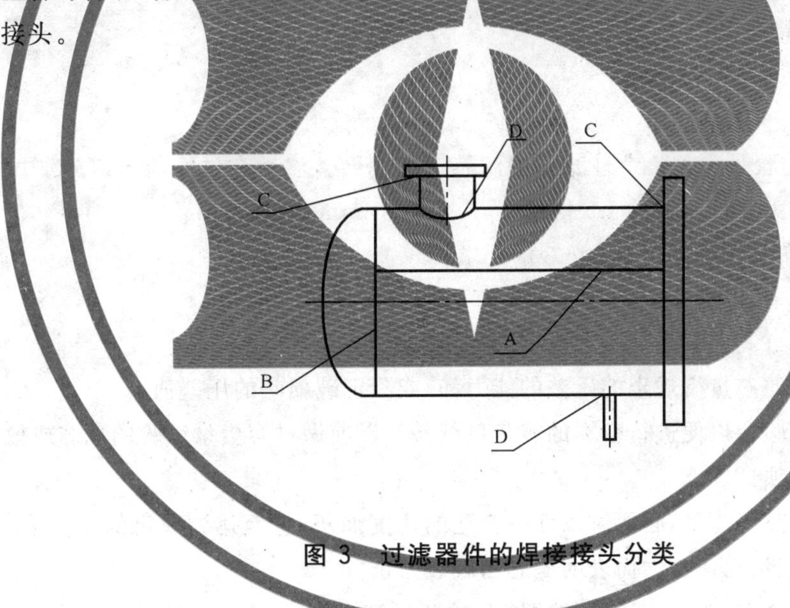

图 3 过滤器件的焊接接头分类

7.5.3 射线和超声波检测

7.5.3.1 过滤器的 A、B 类焊接接头应进行射线或超声波检测。当采用超声检测时，检测设备应带超声检测记录仪。

7.5.3.2 下列过滤器的 A、B 类焊接接头应进行 100％射线或超声波检测：

a) 采用钢板卷制的筒节纵向 A 类对接接头；

b) 设计压力大于 0.8 MPa 时；

c) 图样注明应进行 100％检测时。

7.5.3.3 除 7.5.4.2 规定外，设计压力小于 0.4 MPa 且公称尺寸不大于 DN50 时，可不进行无损检测。其余情况下，设计压力不大于 0.8 MPa 时，允许对所有 B 类焊接接头进行局部的射线或超声波无损检测，检测长度不应少于焊接接头总长的 20％。但焊接接头的交叉部位以及下列部位应全部检测，其检测长度可计入局部检测长度之内：

a） 凡被补强圈、支座、垫板等覆盖的焊接接头；

b） 以开孔中心为圆心，1倍开孔直径为半径的范围内的焊接接头。

7.5.4 磁粉和渗透检测

7.5.4.1 凡符合下列条件之一的焊接接头，按图样规定的方法，对其进行磁粉或渗透检测：

a） 凡属7.5.3.2b）项设备上的C、D类焊接接头；

b） 开孔直径与主管直径之比大于1/2的D类焊接接头。

7.5.4.2 焊接接头按磁粉检测和渗透检测检测时，检测比例为100%。

7.5.5 试验结果

7.5.5.1 焊接接头采用射线检测、超声检测、磁粉检测或渗透检测，检查检测结果是否符合6.2.2的要求。

7.5.5.2 无损检测中，如发现有不允许的缺陷时，对规定为抽样检验或局部无损检测的，应按GB/T 20801、GB/T 150的规定进行累进检查，在该缺陷的两端延伸部位增加检验长度，如仍有不允许的缺陷时，应对焊缝做100%检测。

7.6 滤芯强度试验

7.6.1 滤芯安装性能

用小于0.05 mm厚的胶带覆盖整个过滤器的滤芯进气侧面。然后在过滤器入口施加厂家安装和操作说明书声明的滤芯最大允许压差的1.5倍的压力，保持3 min。

重复试验5次，检查实验结果是否符合6.3的要求。

7.6.2 滤芯抗压溃性能

本试验的目的是确定滤芯抗御规定的压差的能力和/或测定破损时的压差值。

将滤芯装在容尘量试验台以便进行基本的容灰量试验。以前做过容尘量试验的滤芯或效率试验的滤芯或新滤芯均可进行此项试验。

加大通过试验装置的空气流量，必要时以任一合适的速度加灰，直至达到规定的压差值为止，或直到压力差急剧下降、空气流量迅速变大而表明滤芯已破裂为止。

记录达到的最大压差值，说明终止试验的原因和试验后滤芯的状况。检查试验结果是否符合6.3的要求。

7.7 耐温性试验

依据样品工作温度范围，分别置于最低温度 t_{min} 和最高温度 t_{max} 的恒温箱连续放置50 h，取出，然后按7.9的检测方法进行气密性试验，检查试验结果是否符合6.4的要求。

7.8 强度试验

过滤器应在无损检验合格后、总装前用水进行强度试验。强度试验步骤如下：

a） 用水作为试压介质时，应使用无腐蚀性的洁净水，水温应在15 ℃以上，当环境温度低于5 ℃时，应采取防冻措施；

b) 试验前,应注水排尽过滤器内的气体;
c) 试验时压力应缓慢上升,试验压力超过 5 MPa 时,应分段升压,首先升至试验压力的 50%,进行初检,如无泄漏、异常,然后以不超过试验压力 10%速度继续升压,两段之间保压不少于 5 min,确认无泄漏后、异常后再进行下一段升压,直至升压至设计压力;
d) 达到规定试验压力后,保压时间不少于 30 min。然后对承压件的所有焊接接头和连接部位进行检查,如无泄漏及异常再将试验压力降至设计压力,停压 30 min,应符合 6.5 的要求;
e) 试验过程中如有渗漏,应停止试验,泄压后修补好再重新试验,连续强度试验次数不得超过 2 次;
f) 试验结束后,应将水排尽,并用压缩空气将内部吹干;
g) 试验过程应做好安全防护,不准许带压拆卸。

7.9 气密性试验

过滤器经强度试验合格后,进行外部气密性试验。外部气密性试验步骤如下:
a) 过滤器整体用压缩空气或惰性气体试验时,气体的温度不应低于 5 ℃,保压过程中温度波动不应超过±5 ℃;
b) 试验前用空气进行预试验,试验压力不超过 0.2 MPa;
c) 试验时,应当先缓慢升压至规定试验压力的 10%,保压 5 min,并且对所有焊缝和连接部位进行初步检查;
d) 如无泄漏及异常可继续升压到规定试验压力的 50%;
e) 如无异常现象,其后按照规定试验压力的 10%逐级升压,每级稳压 3 min,直到试验压力,用检漏液对其所有焊接接头和连接部位进行泄漏检查,保压不少于 30 min;
f) 经检查无泄漏后将压力降低至工作压力,用发泡剂检查应无泄漏且压力应符合 6.6 的要求,小型过滤器也可采用浸入水中检查;
g) 试验完成后,应将气体缓慢排尽;
h) 试验过程应做好安全防护,不准许带压拆卸。

7.10 弯曲强度和扭矩强度试验

7.10.1 弯曲强度

7.10.1.1 一般要求

试验要求如下:
a) 试验应采用能承受表 10 规定的弯矩的接头进行;
b) 确保弯矩测量精度高于 1.0%;
c) 试验用管长度 1 m。

7.10.1.2 抗弯曲性能试验装置

抗弯曲性能试验装置见图 4。

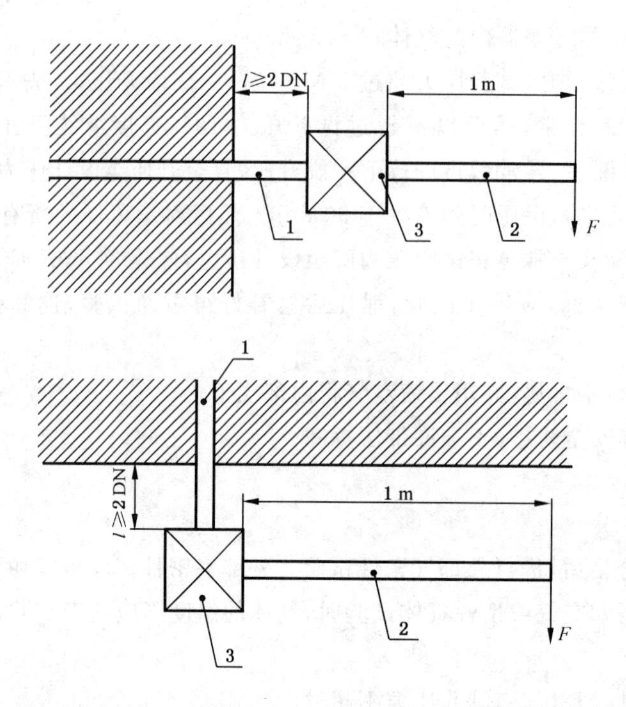

说明：

1 ——管 1；

2 ——管 2；

3 ——过滤器样品；

l ——固定端与过滤器的距离；

F——施加力。

图 4　抗弯曲性能试验装置

7.10.1.3　抗弯曲性能试验步骤

试验步骤如下：

a) 过滤器与试验管相连接；

b) 在距离过滤器中心轴线 1 m 的位置施加力 F 使弯矩达到表 10 规定的值，保持 10 s；

c) 达到规定时间后撤去力 F，检查过滤器有无变形，按 7.9 检查气密性是否符合 6.6 和 6.7 的要求。

7.10.2　扭矩强度

7.10.2.1　一般要求

试验要求如下：

a) 试验应采用能够承受表 11 规定的扭矩的接头进行；

b) 如果过滤器的进出口不在同一轴线，扭矩测试应在出口连接交替进行；

c) 确保扭矩测量精度高于 1.0%。

7.10.2.2　抗扭矩试验装置

抗扭矩试验装置见图 5。

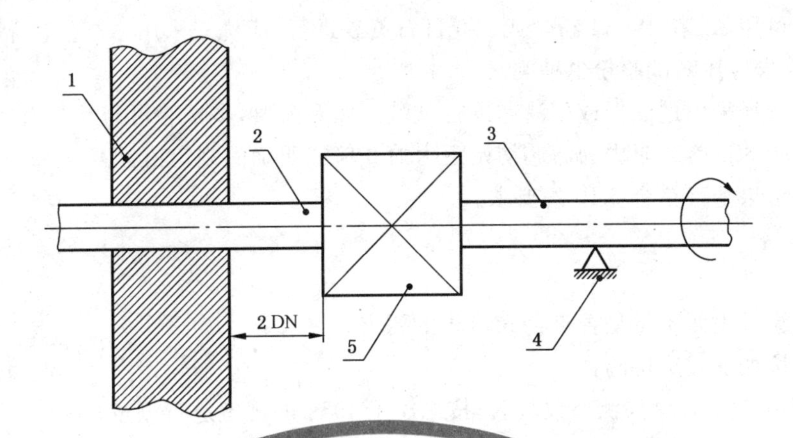

说明：
1——管固定装置；
2——管 1；
3——管 2；
4——管支撑；
5——过滤器样品。

图 5 抗扭矩试验装置

7.10.2.3 扭矩试验步骤

试验步骤如下：

a) 以不超过表 11 规定的扭矩将管 1 安装在过滤器上，在距离过滤器大于或等于 2 DN 的位置将管 1 固定；
b) 以不超过表 11 规定的扭矩将管 2 安装在过滤器上；
c) 支撑管 2 使过滤器不受弯矩；
d) 对管 2 施加表 11 规定的扭矩，扭矩应持续、平稳、逐渐地施加，当达到表 11 规定扭矩后，保持 10 s；
e) 扭矩撤去后检查过滤器有无变形，按 7.9 检查气密性是否符合 6.6 和 6.7 的要求。

7.11 过滤效率试验

7.11.1 过滤精度小于或等于 20 μm 的过滤器，宜按附录 F 规定的方法测定额定流量下的过滤效率，过滤精度大于 20 μm 的过滤器，宜按附录 G 规定的方法测定额定流量下的过滤效率。
7.11.2 可视情况选择采用过滤器或用滤芯进行试验。
7.11.3 检查试验结果是否符合 6.8 的要求。

7.12 阻力试验

7.12.1 过滤精度小于或等于 20 μm 的过滤器，宜按附录 F 规定的方法测定额定流量下的初始阻力，过滤精度大于 20 μm 的过滤器，宜按附录 G 规定的方法测定额定流量下的初始阻力。试验时流量测量值至少包括额定流量的 50%，75%，100%，125%，150% 5 个测量点。
7.12.2 可视情况选择采用过滤器或用滤芯进行试验。
7.12.3 检查试验结果是否符合 6.9 的要求。

7.13 容尘量试验

7.13.1 按附录 G 规定的方法进行试验。

7.13.2 试验粉尘可用A2粉尘、A4粉尘或270目石英砂进行，应优先采用A2粉尘，特殊情况可由制造商和用户确定。报告应注明试验粉尘种类。

7.13.3 可视情况选择采用过滤器或用滤芯进行试验。如有需要，本试验可与计重效率同步进行。

7.13.4 容尘量试验的试验终阻力为滤芯初始阻力的2倍或明确的规定值。

7.13.5 检查试验结果是否符合6.10的要求。

7.14 涂层试验

7.14.1 目测检验涂层表面质量是否符合6.11.1的要求。

7.14.2 喷涂质量按如下方法检测：

a) 涂层厚度用数字式涂层测厚仪检验，按GB/T 4956的规定进行测量；

b) 涂层附着力应按GB/T 9286规定测定，划格法，切割间距为1 mm，每个方向切割数为6，附着力试验结果评级不应低于3级；

c) 涂层应按GB/T 1771进行耐盐雾性能试验，试片受试面朝上，与垂线夹角为20°±5°，盐雾试验箱温度为35 ℃±2 ℃，NaCl水溶液质量浓度为(50±5) g/L，pH值应为6.5～7.2，试验持续96 h；

b) 检查试验结果是否符合6.11.2的要求。

7.15 壳体材料检验

7.15.1 化学成分分析化学法按GB/T 223的规定进行，光谱法按GB/T 4336、GB/T 11170的规定进行。仲裁试验按GB/T 223的规定进行。

7.15.2 力学性能用过滤器壳体同炉号、同批热处理的试棒或试块试验，也可直接在成品上取样试验，拉伸试验按GB/T 228.1的规定进行，冲击试验按GB/T 229的规定进行。根据需要也可用其他方法测定。

7.15.3 检查试验结果是否符合5.5.2的要求。

7.16 重要功能零部件检验

7.16.1 塑料零部件

7.16.1.1 耐温性

塑料件在60 ℃、－10 ℃或－20 ℃以及常温下各放置4 h进行密封件耐温性试验，重复四次试验，检查试验结果是否符合6.12.1.1的要求。

7.16.1.2 耐燃气稳定性

塑料耐燃气稳定性试验方法按GB/T 1690进行，检验试验结果是否符合6.12.1.2的要求。

7.16.2 弹性密封件

7.16.2.1 耐燃气性能

弹性密封件按GB/T 1690的要求进行耐燃气性能试验，检查试验结果是否符合6.12.2.1的要求。

7.16.2.2 耐温性

密封件在60 ℃、－10 ℃或－20 ℃以及常温下各放置4 h进行密封件耐温性试验，重复四次试验，检查试验结果是否符合6.12.2.2的要求。

8 检验规则

8.1 检验分类

检验分为出厂检验和型式检验。

8.2 检验项目

检验项目见表13。

表13 检验项目

序号	项目名称		出厂检验	型式检验	不合格分类	要求	试验方法
1	外观		△	△[a]	B	6.1	7.2
2	结构尺寸		△	△	B	5.2.3	7.3
3	壳体最小壁厚		△	△	B	5.2.5	7.4
4	无损检测		△	△	B	6.2	7.5
5	滤芯强度			△	B	6.3	7.6
6	耐温性			△	B	6.4	7.7
7	强度[b]		△	△	A	6.5	7.8
8	气密性		△	△	A	6.6	7.9
9	弯曲强度和扭矩强度			△	B	6.7	7.10
10	过滤效率			△	B	6.8	7.11
11	阻力			△	B	6.9	7.12
12	容尘量			△	B	6.10	7.13
13	涂层			△	B	6.11	7.14
14	壳体材料化学成分及力学性能			△	B	5.5.2	7.15
15	重要零部件	塑料零部件		△	B	6.12.1	7.16.1
16		弹性密封件		△	B	6.12.2	7.16.2

[a] 带“△”为需要作检验的项目。

[b] 承压件液压强度允许在零部件检验中进行。

8.3 出厂检验

每台产品在出厂之前均应进行出厂检验，出厂产品由质检部门对产品进行检验，检验合格后签发产品质量合格证明方可出厂。出厂检验项目按表13的规定及技术文件要求的其他检验项目。

8.4 型式检验

8.4.1 有下列情况之一时，应进行型式检验：

a) 定型产品试制完成时；

b) 正式生产时，如结构、工艺、材料、设备发生变化，可能影响产品性能时；

c) 转厂迁址后恢复生产的试制定型鉴定；

d) 停产1年以上重新恢复生产时；
e) 正常生产时，每年进行一次；
f) 出厂检验或抽样检验结果与上次型式检验有较大差异时；
g) 国家技术质量监督机构提出进行型式检验要求时。

8.4.2 型式检验项目按表13的规定执行。

8.5 判定规则

8.5.1 出厂检验的所有项目均应合格，方能出厂。不合格项目允许返工后进行复检，若仍不合格时，该过滤器应判定为不合格，不可出厂。

8.5.2 型式检验中各项指标均符合要求时，应判该次型式检验合格。

9 质量证明文件、标志、包装、运输和贮存

9.1 质量证明文件

9.1.1 产品出厂质量证明文件包括以下部分：
a) 产品合格证；
b) 产品说明书；
c) 质量证明书。

9.1.2 产品合格至少包括以下内容：
a) 厂名及日期；
b) 厂技术(质量)检验部门公章；
c) 质量检验员的代号及检验日期；
d) 产品名称、型号、规格及材料。

9.1.3 产品说明书至少包括以下内容：
a) 过滤器安装说明；
b) 操作运行说明；
c) 维修与保养；
d) 过滤器滤芯更换；
e) 主要设备说明书[切断阀、放散阀、快开盲板等(若有)]。

9.1.4 质量证明书至少包括以下内容：
a) 产品设计的主要参数；
b) 承压部件用原材质、管件的规格、执行标准；
c) 过滤器外观几何尺寸检验结果；
d) 主要元器件配置一览表；
e) 无损检测焊接接头标识示意图(无需无损检测除外)；
f) 无损检测报告及射线评片记录表(无需无损检测除外)；
g) 强度试验与气密性试验结果；
h) 阀门等附件的质量证明书；
i) 出厂检验报告。

9.2 标志

9.2.1 铭牌

9.2.1.1 铭牌应牢固固定于明显的位置，且应为永久性，清楚地至少标明以下内容：

a) 制造单位名称和/或商标；
b) 产品型号和名称；
c) 产品编号；
d) 执行标准号(本标准)；
e) 设计压力，MPa；
f) 最大允许工作压力，MPa；
g) 过滤精度，μm；
h) 接口公称尺寸 DN，mm；
i) 工作温度范围，℃；
j) 出厂日期或批号；
k) 主体材料。

9.2.1.2 其他可选工艺参数应在以下项目选择：

a) 最大允许阻力 ΔP_{max}，kPa；
b) 初始过滤效率，%；
c) 容尘量，g；
d) 滤芯更换压差，kPa；
e) 过滤材料的类型。

9.2.2 其他标志

9.2.2.1 在设备的明显部分还应有以箭头表示的介质流向(永久)。

9.2.2.2 包装箱上应有包装储运图示标志和运输包装收发货标志，应按 GB/T 191 和 GB/T 6388 的规定编制。

9.3 包装和运输

9.3.1 过滤器应按 GB/T 4879 的规定进行防锈包装，并进行防碰防划伤处理，还应对法兰、螺纹接口等采取相应的保护措施，防止运输过程中的损坏。

9.3.2 内包装宜采用塑料薄膜，外包装宜采用木箱，外包装尺寸应符合 GB/T 4892 的规定。

9.3.3 包装应根据使用要求、结构尺寸、重量大小、路程远近、运输方法等特点选用相应的包装结构和方法。并应有足够的强度保证运输安全。

9.3.4 单独交付的内件、零部件、配件、备品备件及专用工具等宜单独包装或装箱，并应采取必要的保护措施，包装外应做相应的文字标志。

9.3.5 质量证明书、说明书等出厂资料应分类装订成册，并用塑料袋装妥密封，应防水、防潮、防散失。出厂资料随货物一并发运时，应单独放置，并做明显标志。装箱单应放在内包装箱内。

9.3.6 过滤器在运输中应避免雨淋、受潮，搬运时应轻放。

9.4 贮存

9.4.1 过滤器应贮存于干燥、通风良好的场所，并做好防腐保质措施，不得与酸、碱等腐蚀性物品共同储存。

9.4.2 过滤器应置于仓库内保管，避免露天堆放。

附 录 A
（规范性附录）
过滤器结构尺寸

A.1 螺纹连接的 Y 型过滤器的结构尺寸按图 A.1、表 A.1 的规定。

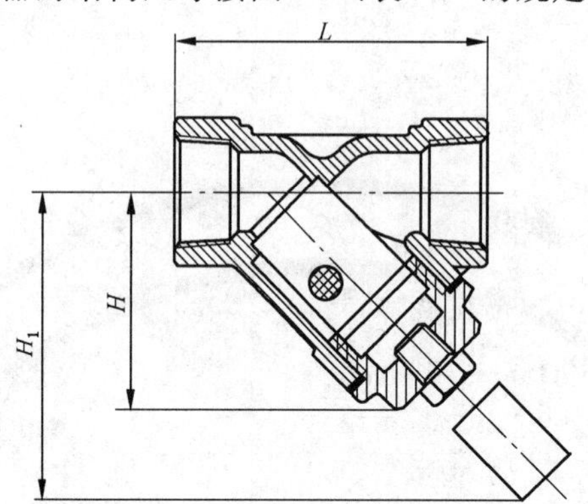

图 A.1 螺纹连接 Y 型过滤器

表 A.1 螺纹连接的 Y 型过滤器尺寸

公称压力	公称尺寸 DN	尺寸/mm			最小过滤面积/cm^2
		L	H	H_1	
PN 16	15	125	46	98	28
	20	145	50	106	40
	25	160	54	116	60
	32	180	65	136	80
	40	200	73	152	138
	50	220	88	182	165

A.2 法兰连接的 Y 型过滤器的结构尺寸按图 A.2、表 A.2 和表 A.3 的规定。

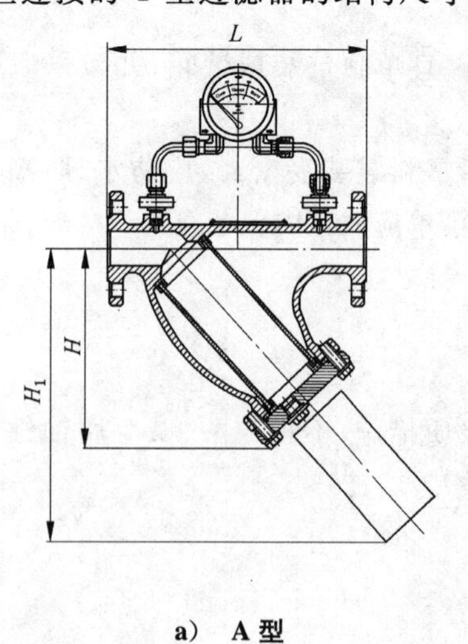

a） A 型

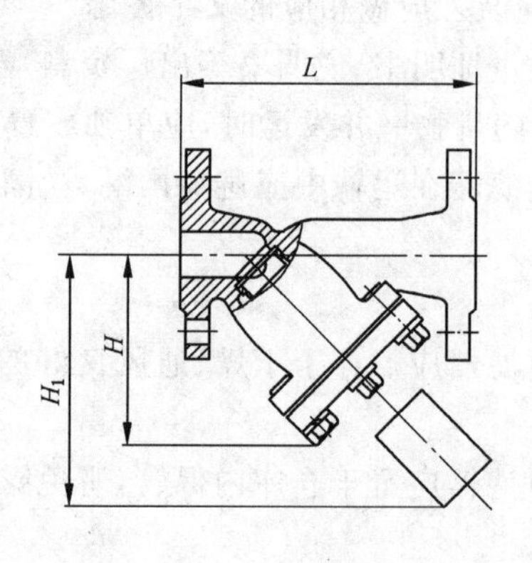

b） B 型

图 A.2 法兰连接的 Y 型过滤器

表 A.2　Y 型过滤器(A 型)尺寸

公称压力	公称尺寸 DN	尺寸/mm			最小过滤面积/cm^2	排污口尺寸
		L	H	H_1		
PN 16	25	270	188	207	430	Rc1/2(DN15)
	40	270	197	203	430	
	50	270	197	203	430	
	80	325	215	245	760	Rc3/4(DN20)
	100	385	220	280	1 081	
	150	500	298	357	1 770	
	200	580	330	425	2 620	

表 A.3　Y 型过滤器(B 型)尺寸

公称压力	公称尺寸 DN	尺寸/mm			最小过滤面积/cm^2	排污口尺寸
		L	H	H_1		
PN 16	15	125	70	150	28	Rc1/2(DN15)
	20	145	70	150	40	
	25	160	80	160	60	
	32	180	90	180	80	
	40	200	100	240	138	
	50	220	130	250	165	
	65	260	165	350	265	Rc3/4(DN20)
	80	280	195	390	355	
	100	320	230	450	500	
	150	380	335	580	865	
	200	495	420	690	1 610	

A.3　角式过滤器(组焊结构)的结构尺寸按图 A.3 和表 A.4 的规定。

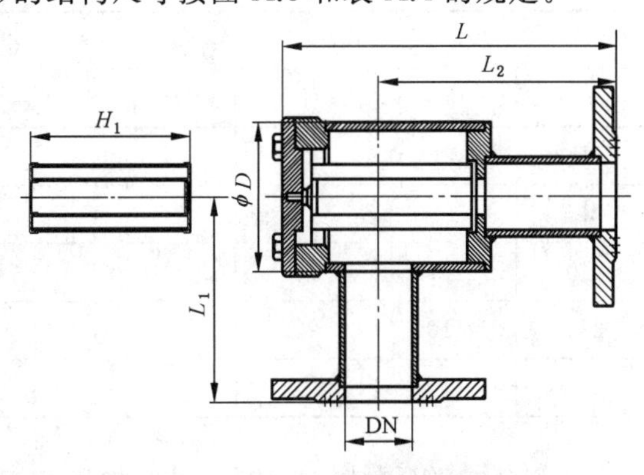

图 A.3　角式过滤器(组焊结构)

表 A.4 角式过滤器(组焊结构)结构尺寸

公称压力	公称尺寸 DN	尺寸/mm					最小过滤面积/cm²	排污口尺寸
		L	L_1	L_2	D^a	H_1		
PN 16	25	120	70	90	80	70	36	Rc1/2(DN15)
	32	120	70	90	80	70	59	Rc1/2(DN15)
	40	120	70	90	80	70	94	Rc1/2(DN15)
	50	250	130	150	100	100	188	Rc1/2(DN15)
	65	280	150	160	100	100	345	Rc1/2(DN15)
	80	300	155	170	150	125	440	Rc3/4(DN20)
	100	350	200	220	200	180	600	Rc1(DN25)
注：D——筒体公称直径。								

A.4 T 型过滤器(非组焊结构)结构尺寸按图 A.4 和表 A.5 的规定。

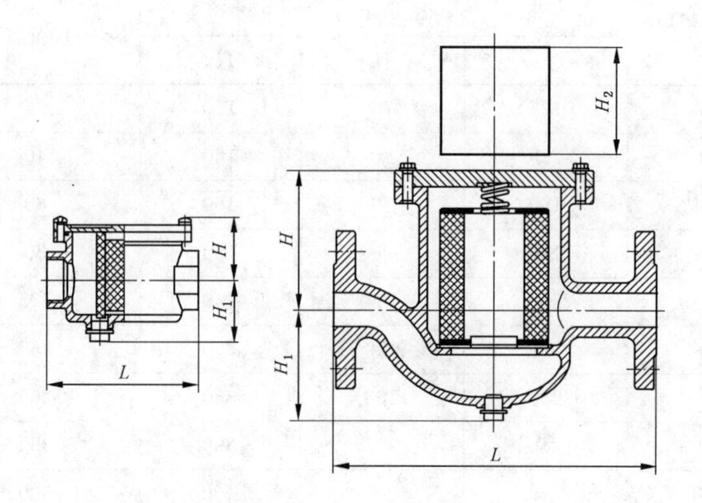

图 A.4 T 型过滤器(非组焊结构)

表 A.5 T 型过滤器(非组焊结构)结构尺寸

公称压力	公称尺寸 DN	尺寸/mm				最小过滤面积/cm²	排污口尺寸
		L	H	H_1	H_2		
PN 16	20(螺纹)	115	45	40	/	132	Rc1/2(DN15)
	25(螺纹)	115	45	40	/	132	Rc1/2(DN15)
	25(法兰)	240	107	75	100	646	Rc1/2(DN15)
	40(法兰)	240	110	90	100	646	Rc1/2(DN15)
	50(法兰)	260	110	120	100	684	Rc1/2(DN15)

A.5 直流式 T 型(组焊结构)、立式侧流式(组焊结构)过滤器的结构尺寸按图 A.5 和表 A.6 的规定。

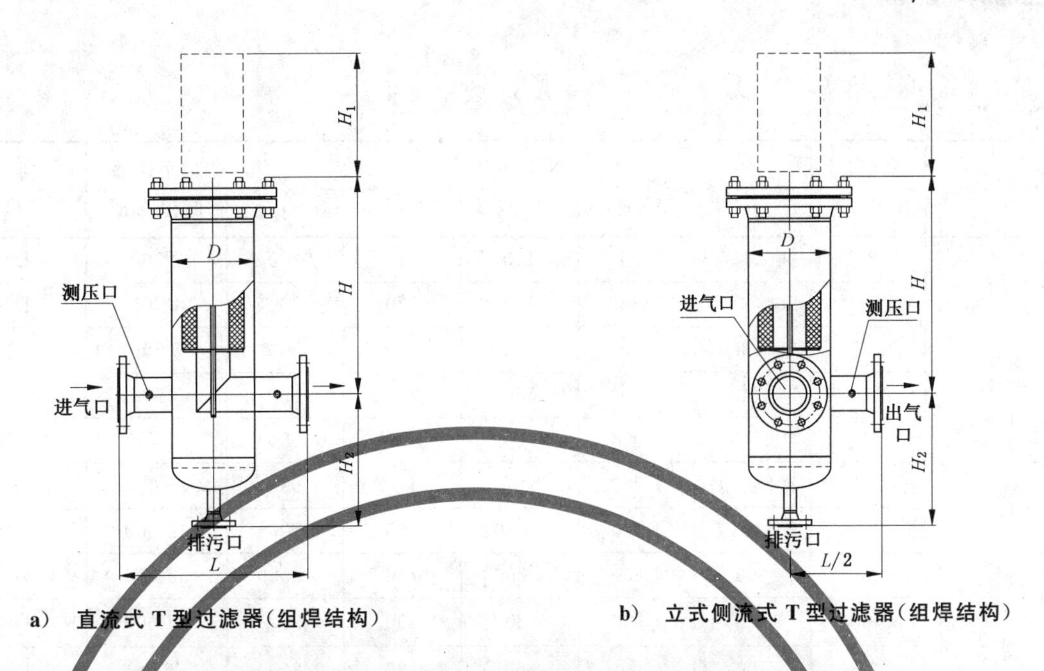

a) 直流式T型过滤器(组焊结构)

b) 立式侧流式T型过滤器(组焊结构)

图 A.5 直流式T型过滤器(组焊结构)、立式侧流式过滤器T型(组焊结构)

表 A.6 直流式T型过滤器(组焊结构)、立式侧流式T型过滤器结构尺寸

公称压力	公称尺寸 DN	尺寸/mm					最小过滤面积/cm²	排污口尺寸
		D	L	H	H_1	H_2		
PN16、Class150	25	100	400	250	120	200	640	Rc1/2(DN15)
	32	100	400	300	120	200	640	Rc1/2(DN15)
	40	125	450	300	165	200	1 250	Rc1/2(DN15)
	50	125	450	300	165	200	1 250	Rc1/2(DN15)
	65	150	550	350	210	250	1 250	Rc1(DN25)
	80	200(150)	550	350	210	250	2 300	Rc1(DN25)
	100	200(250)	600	450	270	300	4 700	Rc1(DN25)
	125	250(300)	700	500	285	400	7 250	DN25
	150	300(400)	800	550	320	400	9 500	DN25
	200	400(450)	1 000	700	415	550	14 500	DN50
	250	500(550)	1 200	900	470	650	23 000	DN50
	300	600(650)	1 300	1 050	625	700	42 000	DN50
	350	800	1 400	1 250	780	850	52 000	DN50
	400	900	1 600	1 300	890	900	65 000	DN50
PN25～PN 40、Class300	25	100	450	300	120	250	640	DN25
	32	100	450	300	120	250	640	DN25
	40	125	450	300	165	275	1 250	DN25
	50	125	450	300	165	275	1 250	DN25
	65	150	650	400	210	300	1 250	DN25

表 A.6（续）

公称压力	公称尺寸 DN	尺寸/mm					最小过滤面积/cm²	排污口尺寸
		D	L	H	H_1	H_2		
PN25～PN 40、Class300	80	200(150)	650	400	210	300	2 300	DN25
	100	200(250)	650	450	270	300	4 700	DN25
	125	250(300)	750	500	285	300	7 250	DN25
	150	300(400)	900	550	320	350	9 500	DN25
	200	400(450)	1 000	700	415	550	14 500	DN50
	250	500(550)	1 200	900	470	650	23 000	DN50
	300	600(650)	1 300	1 050	625	700	42 000	DN50
	350	800	1 400	1 250	780	850	52 000	DN50
	400	900	1 600	1 300	890	900	65 000	DN50
PN 63～PN 100、Class600	25	100	500	300	120	250	640	DN25
	32	100	500	300	120	250	640	DN25
	40	125	500	350	165	275	1 250	DN25
	50	125	500	350	165	275	1 250	DN25
	65	150	650	400	210	300	1 250	DN25
	80	200(150)	650	400	210	300	2 300	DN25
	100	200(250)	650	450	270	300	4 700	DN25
	125	250(300)	750	500	285	400	7 250	DN25
	150	300(400)	900	550	320	450	9 500	DN25
	200	400(450)	1 000	700	415	550	14 500	DN50
	250	500(550)	1 200	900	470	650	23 000	DN50
	300	600(650)	1 300	1 050	625	700	42 000	DN50
	350	800	1 400	1 250	780	850	52 000	DN50

A.6 卧式侧流式 T 型过滤器(组焊结构)的结构尺寸按图 A.6 和表 A.7 的规定。

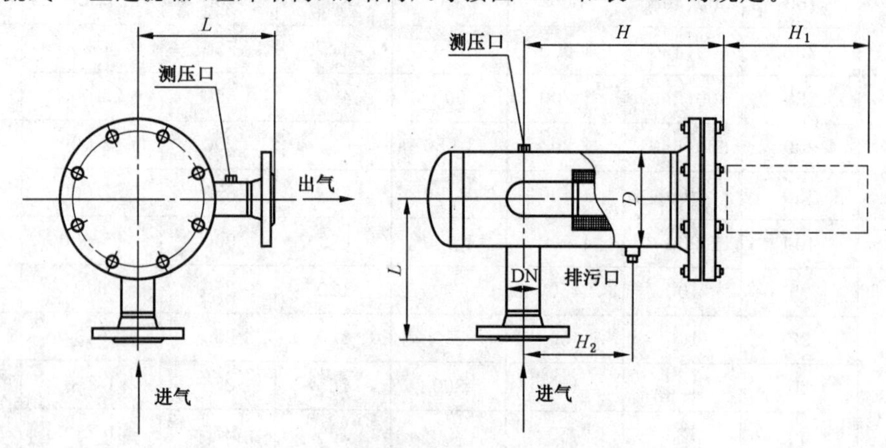

图 A.6 卧式侧流式 T 型过滤器(组焊结构)

表 A.7　卧式侧流式 T 型过滤器(组焊结构)结构尺寸

公称压力	公称尺寸 DN	尺寸/mm					最小过滤面积/cm^2	排污口尺寸
		D	L	H	H_1	H_2		
PN16、Class150	25	100	200	250	120	125	640	Rc1/2(DN15)
	32	100	200	250	120	125	640	Rc1/2(DN15)
	40	125	225	300	165	150	1 250	Rc1/2(DN15)
	50	125	225	300	165	150	1 250	Rc1/2(DN15)
	65	150	275	350	210	175	1 250	Rc1/2(DN15)
	80	200	275	350	210	175	2 300	Rc1/2(DN15)
	100	200	300	450	270	225	4 700	Rc1(DN25)
	125	250	350	500	285	250	7 250	DN25
	150	300	400	550	320	275	9 500	DN25
PN25～PN 40、Class300	25	100	225	300	120	125	640	DN25
	32	100	225	300	120	125	640	DN25
	40	125	225	300	165	150	1 250	DN25
	50	125	225	300	165	150	1 250	DN25
	65	150	275	400	210	200	1250	DN25
	80	200	275	400	210	200	2 300	DN25
	100	200	325	450	270	225	4 700	DN25
	125	250	375	500	285	250	7 250	DN25
	150	300	400	550	320	275	9 500	DN25

A.7　快开门式过滤器的结构尺寸按图 A.7 和表 A.8 的规定。

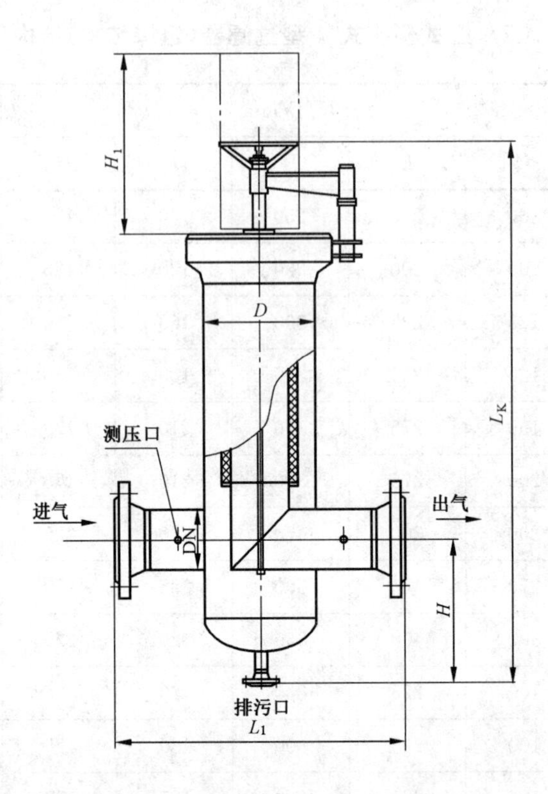

图 A.7 快开门式过滤器

表 A.8 快开门式过滤器结构尺寸

公称压力	公称尺寸 DN	尺寸/mm					最小过滤面积/cm²	排污口尺寸
		D	L_1	H_1	H	L_K		
PN 16、Class150	25	150	450	165	200	550	1 250	Rc1/2(DN15)
	32	150	450	165	200	550	1 250	Rc1/2(DN15)
	40	150	450	165	200	550	1 250	Rc1/2(DN15)
	50	150	450	165	200	550	1 250	Rc1/2(DN15)
	65	150	550	165	200	550	1 250	Rc1/2(DN15)
	80	200(150)	550	210	250	650	2 300	Rc1/2(DN15)
	100	200(250)	600	270	250	750	4 700	Rc1/2(DN15)
	125	250(300)	700	285	300	850	7 250	Rc1(DN25)
	150	300(400)	800	320	350	1 150	9 500	DN25
	200	400(450)	1 000	415	550	1 700	14 500	DN25
	250	500(550)	1 200	470	650	2 100	23 000	DN50
	300	600(650)	1 300	625	700	2 350	42 000	DN50
	350	800	1 400	780	850	2 900	52 000	DN50
	400	900	1 600	890	900	3 000	65 000	DN50

表 A.8（续）

公称压力	公称尺寸 DN	尺寸/mm					最小过滤面积/cm²	排污口尺寸
		D	L_1	H_1	H	L_K		
PN 25～PN 40、Class300	25	150	500	165	275	600	1 250	DN25
	32	150	500	165	275	600	1 250	DN25
	40	150	500	165	275	600	1 250	DN25
	50	150	500	165	275	600	1 250	DN25
	65	150	650	210	275	600	1 250	DN25
	80	200(150)	650	210	350	750	2 300	DN25
	100	200(250)	650	270	350	800	4 700	DN25
	125	250(300)	750	285	400	950	7 250	DN25
	150	300(400)	900	320	450	1 250	9 500	DN50
	200	400(450)	1 000	415	550	1 750	14 500	DN50
	250	500(550)	1 200	470	650	2 100	23 000	DN50
	300	600(650)	1 300	625	750	2 350	42 000	DN50
	350	800	1 400	780	900	2 950	52 000	DN50
	400	850	1 600	890	950	3 050	65 000	DN50
PN 63～PN 100、Class600	25	150	500	165	275	600	1 250	DN25
	32	150	500	165	275	600	1 250	DN25
	40	150	500	165	275	600	1 250	DN25
	50	150	500	165	275	600	1 250	DN25
	65	150	650	210	275	600	1 250	DN25
	80	200(150)	650	210	350	750	2 300	DN25
	100	200(250)	650	270	400	800	4 700	DN25
	125	250(300)	750	285	400	950	7 250	DN25
	150	300(400)	900	320	450	1 250	9 500	DN50
	200	400(450)	1 000	415	550	1 750	14 500	DN50
	250	500(550)	1 200	470	650	2 100	23 000	DN50
	300	600(650)	1 300	625	700	2 350	42 000	DN50

A.8 卧式多滤芯过滤器的结构尺寸按图 A.8 和表 A.9 的规定。

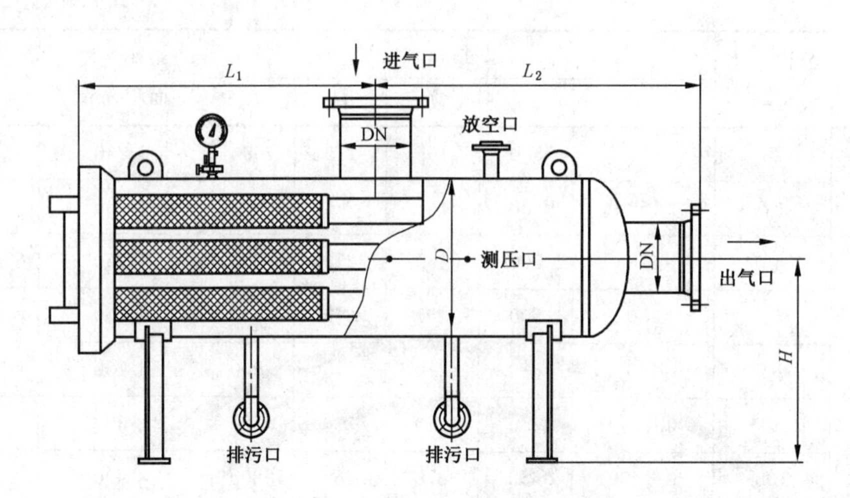

图 A.8 卧式多滤芯过滤器

表 A.9 卧式多滤芯过滤器结构尺寸

公称压力	公称尺寸 DN	尺寸/mm				最小过滤面积/m^2	排污口尺寸
		D	L_1	L_2	H		
PN16～PN 100、Class150～Class600	80	300	1 500	1 000	840	5.76	DN25
	100	300	1 500	1 000	840	5.76	DN25
	125	300	1 500	1 000	840	5.76	DN50
	150	350	1 500	1 100	840	7.68	DN50
	200	500	1 550	1 150	840	13.44	DN50
	250	600	1 650	1 250	840	24.96	DN50
	300	700	1 750	1 350	840	36.48	DN50
	350	800	1 850	1 450	840	46.08	DN50
	400	900	1 950	1 650	1 500	59.52	DN50
	500	1 100	2 200	1 900	1 600	82.56	DN50
	600	1 300	2 300	2 200	1 700	104.55	DN50

A.9 立式多滤芯过滤器的结构尺寸按图 A.9 和表 A.10 的规定。

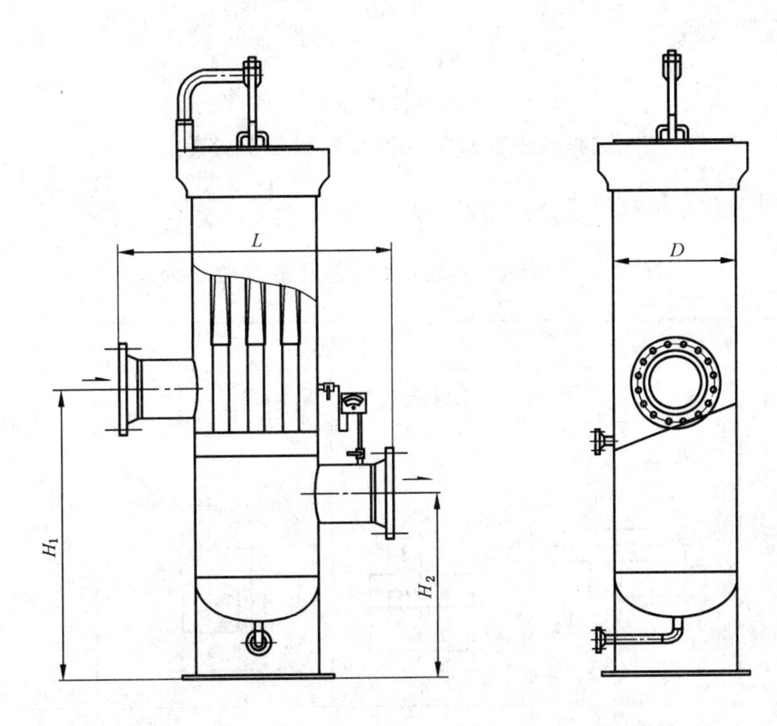

图 A.9 立式多滤芯过滤器

表 A.10 立式多滤芯过滤器结构尺寸

公称压力	公称尺寸 DN	尺寸/mm				最小过滤面积/m²	排污口尺寸
		D	L	H_1	H_2		
PN16～PN 100、Class150～Class600	80	300	900	1 100	850	5.76	DN25
	100	300	900	1 100	850	5.76	DN25
	125	300	900	1 100	850	5.76	DN50
	150	350	900	1 100	850	7.68	DN50
	200	500	1 000	1 100	850	13.44	DN50
	250	600	1 200	1 200	850	24.96	DN50
	300	700	1 300	1 300	850	36.48	DN50
	350	800	1 400	1 500	1 000	46.08	DN50
	400	900	1 600	1 600	1 000	59.52	DN50
	500	1 100	1 900	2 000	1 200	82.56	DN50
	600	1 300	2 000	2 200	1 300	104.55	DN50

附 录 B
（资料性附录）
过滤器主要尺寸公差及形状位置公差

过滤器主要尺寸公差及形状位置公差见表 B.1。

表 B.1 过滤器主要尺寸公差及形状位置公差

单位为毫米

公称尺寸DN	结构型式																	
	RGLY		RGLJⅡ				RGLTⅠ、RGLTⅡ、RGLTⅣ			RGLTⅢ、RGLTⅤ				RGLTⅢ、RGLTⅤ				
	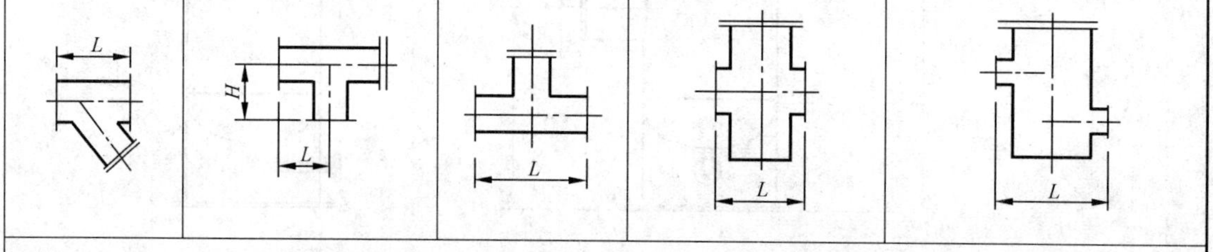																	
	偏差种类：a——连接端面偏差；b——接管垂直度；c——接管同心度；d——接管平行度																	
	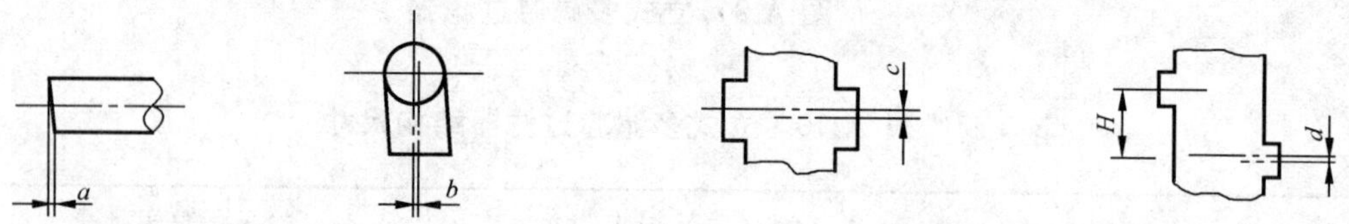																	
	总长 L	连接面 a	接管长 L	接管高 H	连接面 a	垂直度 b	总长 L	连接面 a	垂直度 b	总长 L	连接面 a	垂直度 b	同心度 c	总长 L	接管高 H	连接面 a	垂直度 b	平行度 d
15	±2	±1																
20	±2	±1																
25	±2	±1																
(32)	±2	±1																
40	±2	±1																
50	±2	±1	±2	±2	±1	±2	±3	±1	±2									
(65)	±3	±1	±2	±2	±1	±2	±3	±1	±2	±3	±1	±2	±2	±4	±2	±1	±2	±2
80	±3	±1	±2	±2	±1	±2	±3	±1	±2	±4	±1	±2	±2	±4	±2	±1	±2	±2
100	±3	±1	±2	±2	±1	±2	±3	±1	±2	±4	±1	±2	±2	±4	±2	±1	±2	±2
(125)	±4	±2	±3	±2	±2	±4	±4	±2	±3	±4	±2	±2	±2	±4	±2	±2	±2	±2
150	±4	±2	±3	±2	±2	±4	±4	±2	±3	±4	±2	±4	±3	±4	±2	±2	±4	±2
200	±4	±2	±3	±3	±2	±4	±4	±2	±3	±5	±2	±4	±3	±5	±3	±2	±4	±3

表 B.1（续）

单位为毫米

公称尺寸 DN	结构型式																
	RGLY		RGLJⅡ				RGLTⅠ、RGLTⅡ、RGLTⅣ			RGLTⅢ、RGLTⅤ				RGLTⅢ、RGLTⅤ			
	偏差种类：a——连接端面偏差；b——接管垂直度；c——接管同心度；d——接管平行度																
	总长 L	连接面 a	接管长 L	接管高 H	连接面 a	垂直度 b	总长 L	连接面 a	垂直度 b	总长 L	连接面 a	垂直度 b	同心度 c	总长 L	接管高 H	连接面 a	垂直度 b	平行度 d
250			±3	±3	±3	±5	±5	±3	±4	±5	±3	±4	±3	±5	±3	±3	±4	±3
300			±4	±3	±3	±6	±5	±3	±4	±5	±3	±4	±4	±5	±3	±3	±4	±4
350			±4	±4	±3	±7	±5	±3	±5									
400			±4	±4	±3	±7	±6	±3	±5									
450			±4	±4	±3	±7	±6	±3	±5									
500			±5	±4	±4	±10	±6	±4	±7									
600			±5	±4	±4	±10	±6	±4	±7									

附 录 C
(规范性附录)
橡胶材料物理机械性能

橡胶材料物理机械性能见表C.1。

表C.1 橡胶材料物理机械性能

<table>
<tr><th colspan="2">项 目</th><th>单 位</th><th>指 标</th></tr>
<tr><td colspan="2">拉伸强度(最小)</td><td>MPa</td><td>9.0</td></tr>
<tr><td colspan="2">断后延伸率(最小)</td><td>%</td><td>300</td></tr>
<tr><td colspan="2">压缩永久变形(70 ℃×72 h)</td><td>%</td><td>25</td></tr>
<tr><td colspan="2">国际硬度或邵尔A</td><td>IRHD或度</td><td>由制造单位确定</td></tr>
<tr><td colspan="2">回弹性(最小)</td><td>%</td><td>30</td></tr>
<tr><td rowspan="2">70 ℃×168 h</td><td>强度变化(最大)</td><td>%</td><td>±15</td></tr>
<tr><td>断后延伸率变化(最大)</td><td>%</td><td>−25～+10</td></tr>
<tr><td colspan="2">脆性温度(最大)</td><td>℃</td><td>−30</td></tr>
<tr><td colspan="2">耐润滑脂70 ℃×168 h(IRM 902)重量变化(最大)</td><td>%</td><td>−10～+15</td></tr>
<tr><td rowspan="2">标准室温下液体[a]浸泡72 h,取出后5 min内</td><td>体积变化(最大)</td><td>%</td><td>±15</td></tr>
<tr><td>重量变化(最大)</td><td>%</td><td>−5～+10</td></tr>
<tr><td rowspan="2">在干燥空气中放置168 h</td><td>体积变化(最大)</td><td>%</td><td>±10</td></tr>
<tr><td>重量变化(最大)</td><td>%</td><td>−10～+5</td></tr>
<tr><td colspan="4">[a] 对工作介质为人工煤气的过滤器,用液体B浸泡,液体B为70%(体积分数)三甲基戊烷(异辛烷)与30%(体积分数)甲苯混合液;对工作介质为天然气、管道液化石油气和液化石油气混空气的过滤器,用正戊烷浸泡;对其他燃气介质,按有关标准的规定。</td></tr>
</table>

附 录 D
（规范性附录）
亚利桑那试验粉尘

D.1 范围

本附录规定了用亚利桑那（Arizona）沙漠沙粒制造的4个等级的试验粉尘的体积密度、表示方法、颗粒尺寸分布及化学成分的范围。

D.2 试验粉尘的描述

本附录规定的试验粉尘，是用亚利桑那沙漠沙粒制造的，亚利桑那沙粒是一种天然杂质，主要由二氧化硅及少量其他化合物组成，从亚利桑那沙漠选定的地区采集，经气吹并规定颗粒尺寸分级。

注：亚利桑那沙漠沙粒也称亚利桑那道路粉尘，亚利桑那石英砂，AC试验细灰或AC试验粗粉，以及SAE试验细灰或者SAE试验粗粉。

亚利桑那沙子制成的试验粉尘的体积密度见表D.1。

表 D.1 亚利桑那试验粉尘的体积密度

类 别	近似体积密度/(kg/m^3)
超细	500
细粒	900
中等	1 025
粗粒	1 200

D.3 试验粉尘的表示方法

亚利桑那试验粉尘以4种标准类型供应，标记如下：

a) 超细：ISO 12103-A1；
b) 细粒：ISO 12103-A2；
c) 中等：ISO 12103-A3；
d) 粗粒：ISO 12103-A4。

D.4 试验粉尘的颗粒尺寸分布

用亚利桑那沙漠沙粒制造的试验粉尘的累积体积的颗粒尺寸分布见表D.2。

表 D.2 亚利桑那试验粉尘颗粒尺寸分布

颗粒尺寸/μm	最大体积分数/%			
	A1 超细	A2 细粒	A3 中等	A4 粗粒
1	1～3	2.5～3.5	1～2	0.6～1
2	9～13	10.5～12.5	4.0～4.5	2.2～3.7
3	21～27	18.5～22.0	7.5～9.5	4.2～6.0
4	36～44	25.5～29.5	10.5～13.0	6.2～8.2
5	56～64	31～36	15～19	8.0～10.5
7	83～88	41～46	28～33	12.0～14.5
10	97～100	50～54	40～45	17.0～22.0
20	100	70～74	65～69	32.0～36.0
40	—	88～91	84～88	57.0～61.0
80	—	99.5～100	99～100	87.5～89.5
120	—	100	100	97.0～98.0
180	—	—	—	99.5～100
200	—	—	—	100

D.5 试验粉尘的化学成分

亚利桑那试验粉尘的典型化学成分见表 D.3。

表 D.3 亚利桑那试验粉尘的典型化学成分

化 学 成 分	质量分数/%
SiO_2	68～76
Al_2O_3	10～15
Fe_2O_3	2～5
NaO	2～4
CaO	1～2
MgO	0.5～1
TiO_2	2～5
K_2O	2～5
灼烧损失(1 050 ℃)	2～5

附　录　E
（规范性附录）
270 目石英砂试验粉尘

270 目石英砂粒子尺寸分布见表 E.1。

表 E.1　270 目石英砂粒子尺寸分布

颗粒尺寸/μm	质量分数/%
0～5	5±2
＞5～10	22±3
＞10～20	38±3
＞20～40	29±3
＞40～75	6±2
注：本表数据使用 TCZ-2 型自动记录粒度测定仪测定的结果。	

附 录 F
（规范性附录）
滤芯性能试验方法——阻力、计数效率试验

F.1 范围

本附录规定了滤芯性能测试方法、测试规程、测试条件、测试设备及测试结果的整理。

本附录中滤芯性能测试均在规定的测试条件下进行的，当滤芯应用于不同操作条件下时，应充分考虑操作工况对其性能的影响情况。

F.2 测量精度

F.2.1 空气体积流量测量精度：测量值与实际值的差值应小于2%。

F.2.2 动压、静压和压降的测量精度：测量值与实际值的差值不应大于10 Pa。

F.2.3 大气压力的测量精度：测量值与实际值的差值不应大于0.1 kPa。

F.2.4 温度的测量精度：测量值与实际值的差值不应大于0.5 ℃

F.2.5 相对湿度的测量精度：测量值与实际值的差值不应大于2%。

F.2.6 质量测量精度：除有规定外，测量值与实际值的差值应小于1%。

F.2.7 测量仪器设备应按规定进行校准和标定，以保证所要求的精度。

F.3 测试条件及试验气溶胶

F.3.1 测试条件

采用清洁空气作为测试气源，要求空气温度为23 ℃±5 ℃，相对湿度55%±15%。每次测试称量阶段，允许湿度变化率为±2%。

风量（100%±3%）Q，Q为额定体积流量，单位为立方米每小时（m^3/h）。

F.3.2 试验气溶胶

气溶胶可为DEHS、NaCl、KCl等。

在测量气溶胶浓度时，如测试气溶胶浓度超过粒子计数器的测量范围时，应在采样点与粒子计数器之间设置稀释系统。

气溶胶取样量由粒子计数器的取样量和采样时间决定，应满足下游计数要求。

F.3.3 试验原理

用气溶胶发生装置发生满足试验要求的固态或液态气溶胶，气溶胶通过中和器中和自身所带电荷，采集试验装置上、下游的气溶胶，通过凝结核粒子计数器（CPC）或光学粒子计数器（OPC）测量其计数浓度值，然后算出滤芯的过滤效率。

试验方法分为单分散气溶胶计数法和多分散气溶胶计数法。

当采用多分散气溶胶计数法时，应使用光学粒子计数器，在计数测量的同时需要测定粒径分布。

F.4 试验设备

F.4.1 测试装置

测试装置由测试用过滤器(内装测试滤芯)或直接用过滤器样品(条件允许时)、供气系统、气溶胶发生系统、采样检测系统和流量测流系统等组成(见图 F.1)。

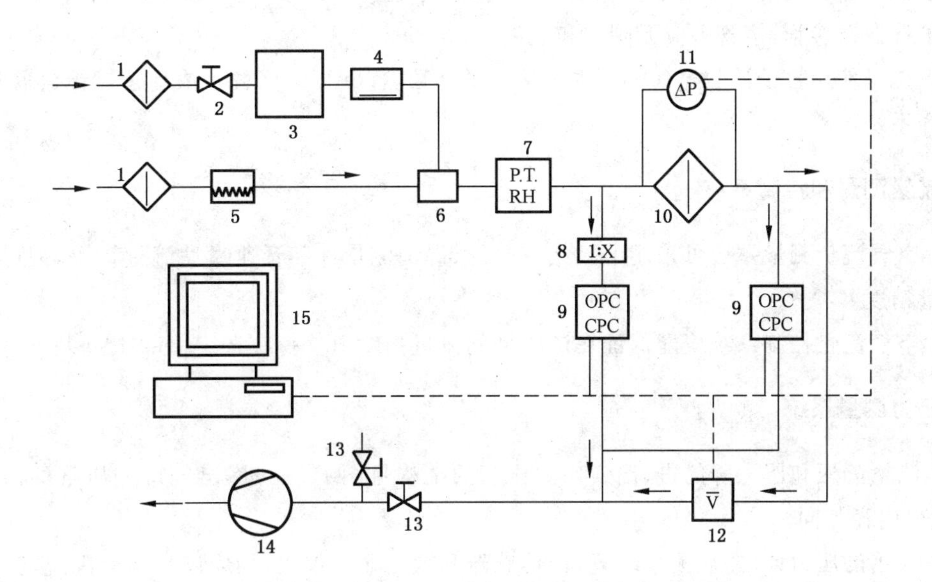

说明:

1——高效空气过滤器;
2——调压阀;
3——气溶胶发生装置;
4——中和器;
5——加热器;
6 ——混合室;
7 ——压力、温度和相对湿度(RH)测量仪器;
8 ——稀释系统;
9 ——粒子计数器(OPC,CPC);
10——被测滤芯;
11——差压计;
12——体积流量计;
13——调节阀;
14——真空泵;
15——控制系统计算机。

图 F.1 滤芯性能试验流程图

F.4.2 试验装置组成

F.4.2.1 供气系统

F.4.2.1.1 可选择用真空泵或鼓风机,但应保证其流量波动应控制在流量控制系统测不出来。

F.4.2.1.2 整个风道系统要求严密。风道内壁应平整光滑,无锈蚀。

F.4.2.2 被测滤芯的安装

将被测滤芯按其使用方向安装到试验台上,安装时应防止滤芯受损,保证端部密封可靠。

F.4.2.3 气溶胶发生系统

F.4.2.3.1 气溶胶发生系统所使用的装置结构应保证所发生气溶胶的计数直径及粒径分布的几何标准偏差符合要求。

F.4.2.3.2 单分散气溶胶发生装置发生的颗粒粒径范围宜为 0.1 μm～5 μm，几何标准偏差小于 1.15，颗粒浓度大于 10^6 粒/m^3。

F.4.2.3.3 多分散气溶胶发生装置发生的颗粒粒径范围宜为 0.1 μm～8 μm，几何标准偏差小于 1.5～2.5之间，颗粒浓度大于 10^6 粒/m^3。

F.4.2.4 采样、检测要求

采样系统应保证气溶胶计数浓度测量具有代表性。选择采样管直径时，宜采用等动采样。采样点应靠近粒子计数器接管，接管上应无阀门和收缩管。

检测系统可使用粒子计数器(CPC)或光学粒子计数器(OPC)，当粒子浓度超过计数器测量范围时，应设置稀释系统。

F.4.2.5 流量测量和控制系统

F.4.2.5.1 空气流量测量系统可采用节流式流量计、涡街流量计和音速喷嘴流量计等，但应满足本标准规定的测量精度。

F.4.2.5.2 空气流量控制系统应能保证在试验期间流量指示值保持在选定值的 1%以内。

F.4.2.6 压力测量系统

F.4.2.6.1 测量静压和压力降的进、出气口测压管的结构见图 F.2。进、出气口测压管的内径应与过滤器进、出气口内径相同。

F.4.2.6.2 采用的压力计、差压测量装置、压传感器和数字显示仪表，均应满足本标准规定的测量精度。

单位为毫米

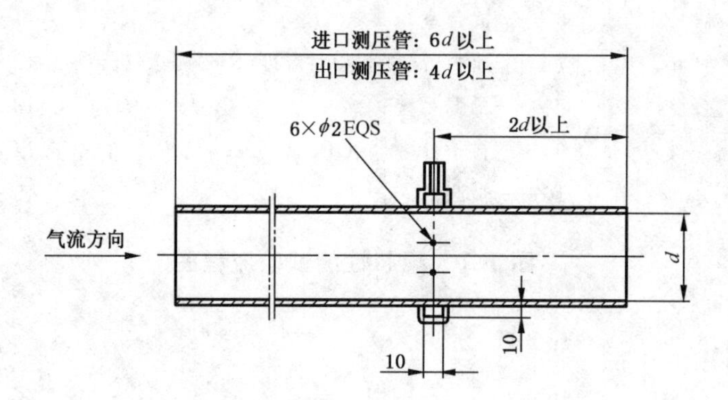

说明：

d——测压管的内径。

图 F.2 进/出气口测压管

F.4.2.7 其他有关测量装置

滤芯阻力测量装置见图 F.3。

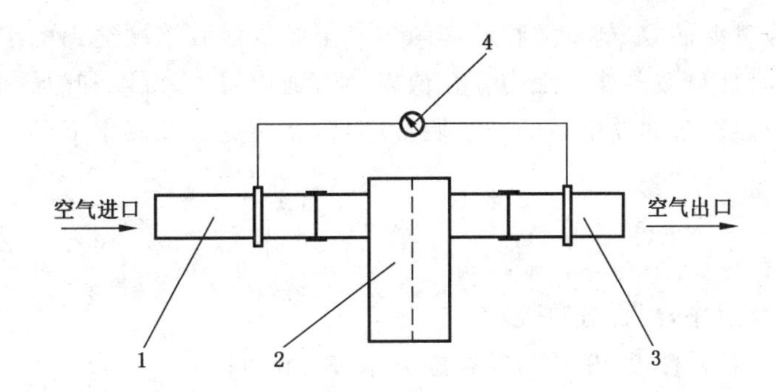

说明：

1——进口测压管； 3——出口测压管；

2——试验件； 4——压力计(压差计)。

图 F.3 阻力试验装置

F.5 性能试验

F.5.1 运行准备

F.5.1.1 目测检查试验滤芯有无缺损、孔洞等缺陷,检查滤芯两端密封性以及构造上是否异常。

F.5.1.2 确定被测滤芯的气流方向及被测位置,记录所测滤芯的型号规格。

F.5.1.3 启动真空泵,调节风道末端阀门,使试验参数满足试验的要求。

F.5.1.4 测量设备应按照设备规程所规定的要求进行预热。

F.5.1.5 应在关闭气溶胶发生装置的情况下,通过测量上游的粒子计数浓度检查试验空气的洁净度。

F.5.1.6 应在开启气溶胶发生装置,及试验系统上无滤芯的情况下,分别测量上游及下游的粒子计数浓度来计数上游、下游采样的相关系数此时上游、下游采样位置所测浓度的差不应超过5%。

F.5.1.7 将被测滤芯按其使用方向安装到试验台上,安装时应防止滤芯受损,保证端部密封可靠。

F.5.1.8 被测滤芯安装后,关闭气溶胶发生装置,通过测量下游的粒子计数浓度检查背景计数率。

F.5.2 阻力试验

F.5.2.1 记录环境温度、大气压力和相对湿度。

F.5.2.2 启动抽气机,逐渐开启控制阀门增大气体流量,同时记录各对应气量下滤芯的阻力值。当阻力达到滤芯规定的最大允许阻力值后,逐渐关闭调节阀门减小气体流量,同时记录各对应气量下滤芯的阻力值。重复以上步骤,直到各次测量数值稳定为止。

F.5.2.3 流量测量值至少包括额定流量的50%,75%,100%,125%,150%等5个测量点。

F.5.2.4 绘制流量与阻力关系曲线。

F.5.3 效率试验

F.5.3.1 记录环境温度、大气压力和相对湿度。

F.5.3.2 启动气溶胶发生装置,调节气溶胶发生装置的各项参数,使其满足试验要求并保持稳定。

F.5.3.3 进行效率试验时,宜用两台光学粒子计数器同时测量。当采用一台光学粒子计数器先后在被测滤芯的上游、下游分别测量时,应在每次下游气溶胶浓度检测前对光学粒子计数器进行净吹,以便在开始测量下游浓度之前,光学粒子器的计数浓度已经下降到能可靠测定下游气溶胶浓度的水平。

F.5.3.4 每次测试应包含三种粒径(d_p)范围:$0.3\ \mu m \leqslant d_p < 1\ \mu m$,$1\ \mu m \leqslant d_p < 3\ \mu m$ 及 $3\ \mu m \leqslant d_p < 10\ \mu m$,对每种粒径范围至少进行三次试验,并选择其最低值作为被测滤芯的试验效率。

采用液态气溶胶检测滤芯效率时，应在滤芯阻力和下游气溶胶浓度达到稳定后进行记录。

在检测期间，应同时计量被测滤芯阻力变化值以及管道内温度、湿度和静压值。

F.5.3.5 根据粒子计数器对过滤器前后的粒子测量结果，滤芯的过滤效率 E(%)可按式(F.1)计算：

$$E=\left(1-\frac{C_2}{RC_1}\right)\times 100 \qquad \cdots\cdots(F.1)$$

式中：

E ——滤芯的过滤效率，用百分数表示；

C_1 ——上游气溶胶粒子浓度，单位为粒每立方米(粒/m^3)；

C_2 ——下游气溶胶粒子浓度，单位为粒每立方米(粒/m^3)；

R ——相关系数。

在开启粉尘发生器、试验系统未安装滤芯的情况下，应分别测量上游及下游粒子计数浓度来计算上游、下游采样的相关系数。此时，上、下游采样所测浓度差不应超过5%。

F.5.4 数值修约

阻力、效率的数值均取到小数点后1位，多于1位时按GB/T 8170规定处理。

附 录 G
（规范性附录）
滤芯性能试验方法——阻力、计重效率和容尘量试验

G.1 范围

本附录规定了滤芯性能测试方法、测试规程、测试条件、测试设备及测试结果的整理。

本附录中滤芯性能测试均在规定的测试条件下进行的，当滤芯应用于不同操作条件下时，应充分考虑操作工况对其性能的影响情况。

G.2 测量精度

G.2.1 空气体积流量测量精度：测量值与实际值的差值应小于2%。

G.2.2 动压、静压和压降的测量精度：测量值与实际值的差值不应大于10 Pa。

G.2.3 大气压力的的测量精度：测量值与实际值的差值不应大于0.1 kPa。

G.2.4 温度的测量精度：测量值与实际值的差值不应大于0.5 ℃

G.2.5 相对湿度的测量精度：测量值与实际值的差值不应大于2%。

G.2.6 质量测量精度：除有规定外，测量值与实际值的差值应小于1%。

G.2.7 绝对过滤器质量测量的准确度为0.1 g。

G.2.8 测量仪器设备应按规定进行校准和标定，以保证所要求的精度。

G.3 测试条件及试验粉尘

G.3.1 测试条件

采用清洁空气作为测试气源，要求空气温度为23 ℃±5 ℃，相对湿度55%±15%。每次测试称量阶段，允许湿度变化率为±2%。

G.3.2 试验粉尘

G.3.2.1 可选用ISO 12103-1-A2级细粒、ISO 12103-1-A4粗粉或270目石英粉作试验粉尘，其粒子尺寸分布和化学成分按附录D、附录E。

G.3.2.2 试验粉尘在使用前应在温度为105 ℃±5 ℃的条件下至少烘1 h，然后放置在测试环境中，使其与测试环境条件保持一致。

G.3.2.3 试验空气的粉尘浓度保持在(70±7)mg/m³，要保证试验粉尘在引入试验管路之前是干燥的。

G.3.2.4 粉尘发生器粉尘流量精度控制在±0.2 g/h。

G.4 试验设备

G.4.1 试验装置

试验装置由测试过滤器(内装测试滤芯)或直接用过滤器样品(条件允许时)、供气系统、加粉尘系统、流量测量和控制系统、压力测量系统、末端过滤器(绝对过滤器)等组成(见图G.1)。

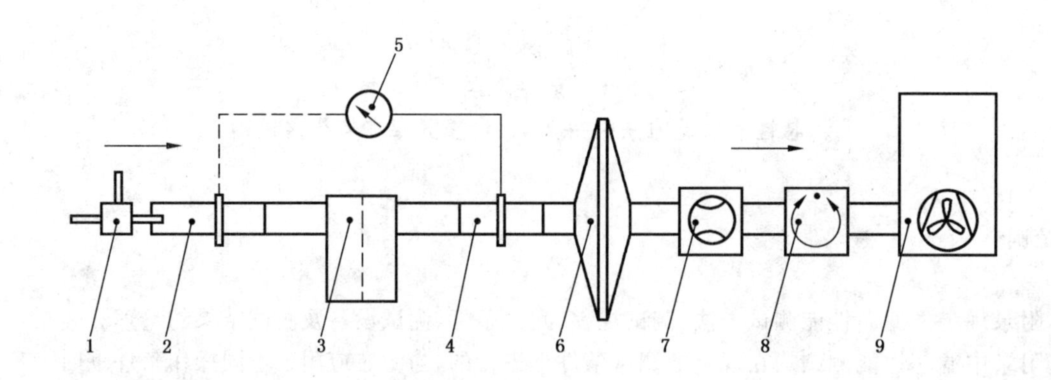

说明：

1——粉尘喷射器；
2——进口测压管；
3——试验件；
4——出口测压管；
5——压力测量装置；
6——末端过滤器(绝对过滤器)；
7——空气流量计；
8——空气流量控制器；
9——抽气机。

图 G.1 过滤器滤芯性能试验装置

G.4.2 试验装置组成

G.4.2.1 供气系统

G.4.2.1.1 可选择用真空泵或鼓风机，但应保证其流量波动应控制在流量控制系统测不出来。

G.4.2.1.2 整个风道系统要求严密。风道内壁应平整光滑，无锈蚀。

G.4.2.1.3 入口和出口不锈钢测量管路应符合 GB/T 14976，管道内的风速宜为(20±0.5)m/s。

G.4.2.2 被测滤芯的安装

将被测滤芯按其使用方向安装到试验台上，安装时应防止滤芯受损，保证端部密封可靠。

G.4.2.3 加粉尘系统

加料系统可采用旋转式加料器或粉尘喷射器。加粉尘系统应能在规定的加粉尘速度范围内计量出加粉尘质量。加粉尘系统不应改变灰的原始粒度分布。

加粉尘系统的验证调试应按下列要求：

a) 将预先称量过的试验粉尘装入粉尘发生器。
b) 同时启动粉尘发生器和计时器。
c) 每隔 5 min 测定一次加灰的质量，并连续测定在 30 min 内的增量。
d) 调整粉尘发生器，使平均加灰速度在规定的加灰速度的±5%以内。

G.4.2.4 流量测量和控制系统

G.4.2.4.1 空气流量测量系统可采用节流式流量计、涡街流量计和音速喷嘴流量计等，但应满足本标准规定的测量精度。

G.4.2.4.2 空气流量控制系统应能保证在试验期间流量指示值保持在选定值的 1%以内。

G.4.2.5 压力测量系统

G.4.2.5.1 测量静压和压力降的进、出气口测压管的结构应符合图 G.2 的规定。进、出气口测压管的内径应与过滤器进、出气口内径相同。

G.4.2.5.2 采用的压力计、差压测量装置、压传感器和数字显示仪表均应满足本标准规定的测量精度。

单位为毫米

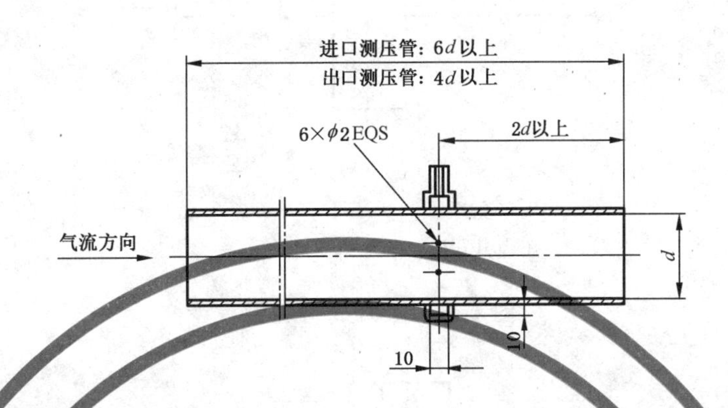

说明：

d——测压管的内径。

图 G.2 进/出气口测压管

G.4.2.6 末端过滤器

指用来捕集透过受试过滤器的粉尘的过滤器。要求框架为非吸湿性材料，过滤效率和阻力要求最低达到亚高效空气过滤器级别的要求。

常温常湿条件下，任何一次计重效率试验中，发生损坏、纤维损失或湿度改变时，末端过滤器可称重部分的质量增加或减少值不应大于1 g。它在一个试验周期的时间内，因环境条件(如相对湿度)的变化而引起的自身质量的变化不应超过±1 g。

绝对过滤器的过滤材料为吸湿率低的玻璃纤维或无纺布，在温度为50 ℃，相对湿度为95%的条件下放置96 h，其吸湿率应低于其质量的1%。

末端过滤器应选用符合GB/T 14295的高中效过滤器的袋式过滤器。

附录H给出了基于DN50的末端过滤器采用集尘袋的要求。

G.4.2.7 衡器

称量受试过滤器和末端过滤器用的衡器，其感量应达到0.1 g。称量试验粉尘的天平，其感量也应达到0.1g。

G.4.2.8 其他有关测量装置

滤芯阻力测量装置如图G.3。

滤芯过滤效率及容尘量测量装置如图G.4。

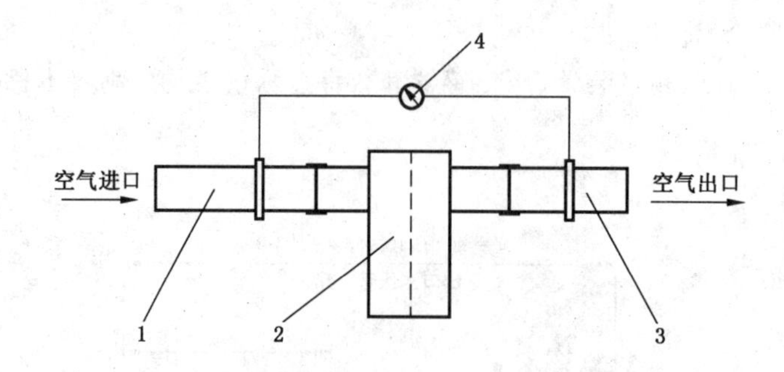

说明：

1——进口测压管；

2——试验件；

3——出口测压管；

4——压力计(压差计)。

图 G.3 阻力试验装置

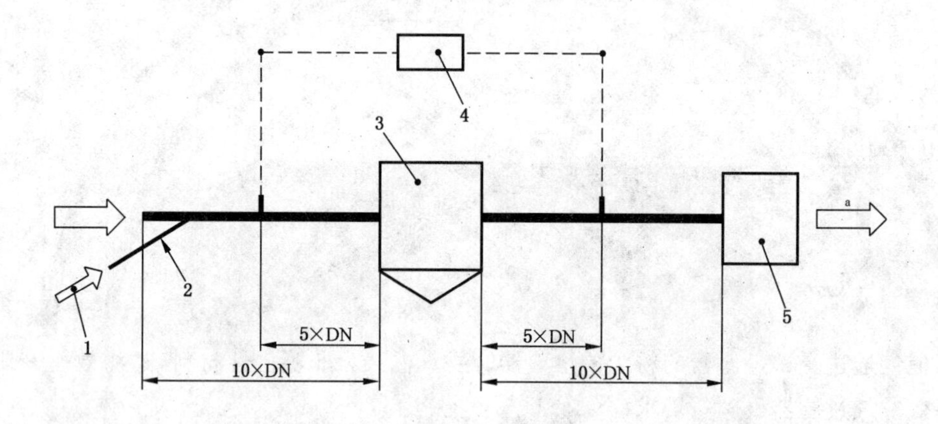

说明：

1——粉尘发生器；

2——粉尘计量探头(12 mm×1.5 mm)；

3——燃气过滤器样品；

4——差压测量装置；

5——集尘装置(集尘袋或绝对过滤器)。

图 G.4 滤芯过滤效率及容尘量试验装置示意图

入口和出口不锈钢测量管路应符合 GB/T 14976 的要求。

在测试管路入口段测压点前足够距离处，设有一个由不锈钢管(12 mm×1.5 mm)制作的探头(长约 50 cm，小直径过滤器的探头直径也相应较小)，探头以约 30°的角度伸入到测试管路入口段的轴向中心，并布置成探头出口端沿管路轴心同心延伸约 30 mm。探头尾部连接到粉尘发生器。

测试管路出口集尘袋的标称容量为约 10 dm^3，流通面积为约 0.23 m^2，包含一个符合 QB/T 4381、粉尘吸收率≥94%的新过滤纸。集尘袋见附录 H。

绝对过滤器应符合 GB/T 14295 高中效过滤器的袋式过滤器。

G.5 试验方法

G.5.1 阻力试验

G.5.1.1 记录环境温度、大气压力和相对湿度。

G.5.1.2 启动抽气机，逐渐开启控制阀门增大气体流量，同时记录各对应气量下滤芯的阻力值。当阻力达到滤芯规定的最大允许阻力值后，逐渐关闭调节阀门减小气体流量，同时记录各对应气量下滤芯的阻力值。重复以上步骤，直到各次测量数值稳定为止。

G.5.1.3 流量测量值至少包括额定流量的50%，75%，100%，125%，150%等5个测量点。

G.5.1.4 绘制流量与阻力关系曲线。

G.5.2 过滤效率

G.5.2.1 绝对过滤器法试验程序

G.5.2.1.1 按规定的温度和湿度条件，以试验流量通过试验件抽气至少15 min，直到质量恒定。称量并记录质量。

G.5.2.1.2 按要求准备规定的试验粉尘，称量并记录质量，精确到0.1 g。

G.5.2.1.3 将绝对滤芯称量并记录质量，精确到0.1 g，然后将其装入绝对过滤器。

G.5.2.1.4 滤芯装入图G.4所示的试验装置，并与图G.1试验台妥善连接。注意连接处可靠密封。

G.5.2.1.5 记录环境温度、大气压力和相对湿度。

G.5.2.1.6 启动抽气机。调节空气流量至规定的试验空气流量。记录压力差。

G.5.2.1.7 在规定的试验流量下，启动加粉尘系统，按规定的粉尘浓度和粉尘量向试验件连续、均匀的添加粉尘，粉尘精度控制在±0.2 g/h，直到达到试验终止条件。如试验过程中粉尘施加量达到生产厂家规定的最大允许差压值时需停止施加粉尘，但在供给30 g后无论如何都应停止施加粉尘。空气流量应继续保持2 min。

G.5.2.1.8 按规定的时间间隔(推荐至少5个点)，记录在相应流量下的压力差和经过的时间。继续试验直到试验终止。

G.5.2.1.9 记录温度和相对湿度。测量发尘结束时试验件的阻力。

G.5.2.1.10 关闭抽气机，重新称量试验件和末端过滤器的质量，以测量被两者捕集到的人工尘的质量，请注意不要使集尘掉落。此时的空气湿度条件应与试验前称量时的条件相近。

G.5.2.1.11 收集附在试验滤芯灰室中和进气管内的粉尘，计算总的粉尘施加量。

G.5.2.1.12 称出过滤器滤芯及包含在过滤器壳体内的试验粉尘重量，与G.5.2.1.1所测得加粉尘前试验件的质量一起计算试验件的质量增量，在容量量试验中，这个增量就是试验件的容尘量。

G.5.2.1.13 用毛刷将可能沉积在试验件与末端过滤器之间的试验粉尘收集起来称重，将末端过滤器增加的质量与上述收集到的试验粉尘质量相加，计算绝对过滤器的质量增量，精确到0.1 g。

G.5.2.1.14 试验程序结束后，如有可能，可按(G.1)式计算试验粉尘材料平衡率B，该值应在0.98～1.02范围内试验有效。

$$B=\frac{\Delta m_{\mathrm{f}}+\Delta m_{\mathrm{u}}}{m_{\mathrm{d}}} \qquad \cdots\cdots(\mathrm{G}.1)$$

式中：

Δm_{f}——绝对过滤器的质量增量，单位为克(g)；

Δm_{u}——试验件的质量增量，单位为克(g)；

m_{d} ——总的粉尘添加量，单位为克(g)。

G.5.2.1.15 按式(G.2)计算过滤器滤芯的过滤效率。

$$E=\frac{\Delta m_{\mathrm{u}}}{\Delta m_{\mathrm{f}}+\Delta m_{\mathrm{u}}}\times 100\% \qquad \cdots\cdots(\mathrm{G}.2)$$

G.5.2.2 直接称量法试验程序

G.5.2.2.1 当湿度可控制在±1.0%范围内，被测试过滤器的增量称量精度可达到0.1%的情况下，可用直接称量法测定效率。

G.5.2.2.2 在具备称量范围较大,测量精度足够的天平时,可用直接称量法评价试验件的性能。在此情况下,可根据 G.5.2.1 对试验过滤器试验而省略 G.5.2.1.3、G.5.2.1.13、G.5.2.1.14 和 G.5.2.1.15 所述程序。效率 E 计算见式(G.3):

$$E=\frac{\Delta m_{u}}{m_{d}}\times 100\% \qquad \cdots\cdots(G.3)$$

G.5.3 容尘量

容尘量试验的试验终阻力为过滤器或滤芯初始阻力的 2 倍或明确的规定值。达到试验终止条件后,过滤器或滤芯容尘量由试验后过滤器或滤芯质量增量按式(G.4)得出:

$$C=W_{2}-W_{1} \qquad \cdots\cdots(G.4)$$

式中:

C ——过滤器或滤芯容尘量,单位为克(g);

W_2——试验件试验后的质量,单位为克(g);

W_1——试验件试验前的质量,单位为克(g)。

G.5.4 数值修约

阻力、效率和容尘量的数值均取到小数点后 1 位,多于 1 位时按 GB/T 8170 规定处理。

附 录 H
（规范性附录）
粉尘收集装置

H.1 概述

通过过滤器的粉尘应在试验装置出口用 H.2 规定的集尘袋或 H.3 规定的过滤器装置收集。本附录给出了基于 DN50 直径的试验管路的粉尘收集装置性能要求。

H.2 集尘袋

集尘袋接口尺寸为 DN50，应有 10 dm^3 的容积，且开口流通面积大于或等于 0.23 m^2，用 ISO 12103-1-A2 型试验粉尘试验时，在表 H.1 规定的试验条件下其过滤效率不应低于 94%。

表 H.1 集尘袋的性能要求

公称尺寸 DN	空气流速/(m/s)	粉尘供应速率/(mg/m^3)	粉尘供应量/g	过滤效率/%
DN50	20±0.5	70	30	≥94
注：一个由新滤纸制作、按 GB/T 14295 粉尘过滤效率大于或等于 94%、开口流通面积 10 dm^3 的集尘袋可满足要求。				

H.3 末端过滤器

末端过滤器装有符合 GB/T 14295 高中效过滤器。

末端过滤器接口尺寸为 DN50，应具有 10 dm^3 的腔体容积，且袋式过滤器的有效过滤面积大于或等于 0.9 m^2，其示意图见图 H.1。

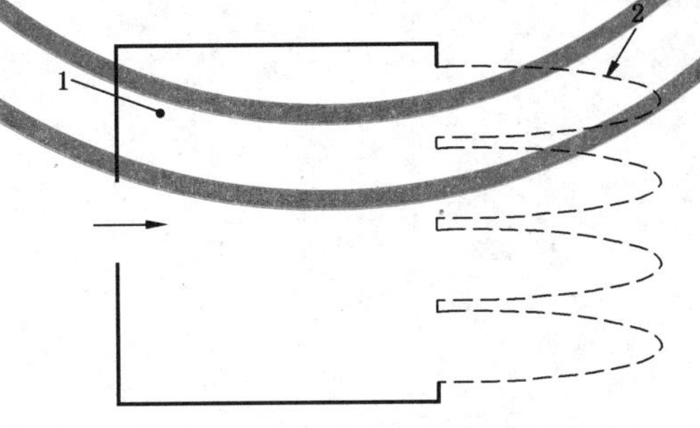

说明：

1——过滤器腔体，应有 10 dm^3 的容积；

2——符合 GB/T 14295 高中效过滤器的袋式过滤器，有效过滤面积大于或等于 0.9 m^2。

图 H.1 末端过滤器

ICS 91.140
P 47

中华人民共和国城镇建设行业标准

CJ/T 125—2014
代替 CJ/T 125—2000,CJ/T 126—2000

燃气用钢骨架聚乙烯塑料复合管及管件

Steel framed polyethylene plastic pipes and fittings for supply of gaseous fuels

2014-09-11 发布　　　　2015-02-01 实施

中华人民共和国住房和城乡建设部　发布

前　言

本标准按照 GB/T 1.1—2009 给出的规则起草。

本标准代替 CJ/T 125—2000《燃气用钢骨架聚乙烯塑料复合管》和 CJ/T 126—2000《燃气用钢骨架聚乙烯塑料复合管件》。

本标准是对 CJ/T 125—2000《燃气用钢骨架聚乙烯塑料复合管》和 CJ/T 126—2000《燃气用钢骨架聚乙烯塑料复合管件》的修订,与 CJ/T 125—2000 和 CJ/T 126—2000 相比主要技术变化如下:

——增加了弹性密封件(见 4.4);

——增加了 DN600 规格管材,以及 DN600 管材对应的各项参数(见 6.3.1.1);

——增加了电熔管件电阻和电阻测量要求(见 6.6、7.9);

——增加了电熔管件贮存超期时的电阻检验要求(见 9.4.2);

——增加了法兰接头配用 O 型圈的规格(见附录表 A.1);

——修改了聚乙烯材料性能(见 4.1,2000 年版的 4.1);

——修改了管件的表述方式(见 5.2、6.3.2、附录 B,2000 年版的附录 B);

——修改了抽样方案,采用接收质量限 AQL=2.5(见 8.3.2);

——删除了弯曲度要求(见 2000 年版的 6.5、7.5)。

本标准由住房和城乡建设部标准定额研究所提出。

本标准由住房和城乡建设部燃气标准化技术委员会归口。

本标准起草单位:华创天元实业发展有限责任公司、哈尔滨斯达维机械制造有限公司、大庆油田昆仑集团有限公司管业分公司、安源管道实业有限公司。

本标准主要起草人:李鹏、陶华锋、张天君、林宝清、刘洪、孙庆军、孙磊、陈海亮。

本标准所代替标准的历次版本发布情况为:

——CJ/T 125—2000;

——CJ/T 126—2000。

燃气用钢骨架聚乙烯塑料复合管及管件

1 范围

本标准规定了燃气用钢骨架聚乙烯塑料复合管(以下简称管材)及钢骨架聚乙烯塑料复合管件(以下简称管件)的术语和定义,原料,一般规定,要求,试验方法,检验规则,标识、包装、运输和贮存。

本标准适用于工作温度为－20 ℃～40 ℃,最大工作压力不大于1.6 MPa,公称内径50 mm～600 mm的燃气用钢骨架聚乙烯塑料复合管及管件。

2 规范性引用文件

下列文件对于本文件的应用是必不可少的。凡是注日期的引用文件,仅注日期的版本适用于本文件。凡是不注日期的引用文件,其最新版本(包括所有的修改单)适用于本文件。

GB/T 228.1 金属材料 拉伸试验 第1部分:室温试验方法

GB/T 709 热轧钢板和钢带的尺寸、外形、重量及允许偏差

GB/T 1033.1 塑料 非泡沫塑料密度的测定 第1部分:浸渍法、液体比重瓶法和滴定法

GB/T 2828.1 计数抽样检验程序 第1部分:按接收质量限(AQL)检索的逐批检验抽样计划

GB/T 2918 塑料试样状态调节和试验的标准环境

GB/T 3681 塑料 自然日光气候老化、玻璃过滤后日光气候老化和菲涅耳镜加速日光气候老化的暴露试验方法

GB/T 3682 热塑性塑料熔体质量流动速率和熔体体积流动速率的测定

GB/T 6111 流体输送用热塑性塑料管材耐内压试验方法

GB/T 6671 热塑性塑料管材 纵向回缩率的测定

GB/T 8806 塑料管道系统 塑料部件 尺寸的测定

GB/T 13021 聚乙烯管材和管件炭黑含量的测定(热失重法)

GB 15558.1—2003 燃气用埋地聚乙烯(PE)管道系统 第1部分:管材

GB/T 18251 聚烯烃管材、管件和混配料中颜料及炭黑分散的测定方法

GB/T 18475 热塑性塑料压力管材和管件用材料 分级和命名 总体使用(设计)系数

GB/T 18476 流体输送用聚烯烃管材 耐裂纹扩展的测定 切口管材裂纹慢速增长的试验方法(切口试验)

GB/T 19466.6 塑料 差示扫描量热法(DSC) 第6部分:氧化诱导时间(等温OIT)和氧化诱导温度(动态OIT)的测定

HG/T 3092 燃气输送管及配件用橡胶密封圈胶料

YB/T 5294 一般用途低碳钢丝

3 术语和定义

下列术语和定义适用于本文件。

3.1

公称压力 nominal pressure

管材及管件在20 ℃条件下输送天然气时允许使用的最大工作压力,用PN表示。

3.2

钢骨架聚乙烯塑料复合管 steel framed polyethylene plastic pipe

将连续缠绕焊接成型的网状钢筋骨架与聚乙烯塑料共挤成型的复合管。

3.3

钢骨架聚乙烯塑料复合管件 steel framed polyethylene plastic fitting

将薄钢板冲孔、卷筒焊制成的加强骨架,与聚乙烯塑料注塑成型的复合管件。

4 原料

4.1 聚乙烯

4.1.1 混配料

生产管材及管件应使用聚乙烯混配料,混配料中仅加入生产和应用必要的添加剂,所有添加剂应均匀分散。不应使用回用料。

4.1.2 混配料的性能

聚乙烯混配料的性能应符合表1的规定。

表1 聚乙烯混配料的性能

性能	单位	要求	试验参数	试验方法
密度	kg/m^3	≥930(基础树脂)	23 ℃	GB/T 1033.1
熔体质量流动速率 MFR	g/10 min	0.2～1.4,且最大偏差不应超过混配料标称值的±20%	190 ℃,5 kg	GB/T 3682
挥发分含量	mg/kg	≤350	—	GB/T 15558.1—2003 中附录C的规定
炭黑含量(质量分数)	%	2.0～2.5	—	GB/T 13021
热稳定性(氧化诱导时间)	min	>20	200 ℃	GB/T 19466.6
炭黑分散度	级	≤3	—	GB/T 18251
颜料分散(非黑色混配料)	级	≤3	—	GB/T 18251
耐慢速裂纹增长(e_n>5 mm)	h	500	80 ℃,0.8 MPa	GB/T 18476
长期静液压强度	MPa	≥8.0	20 ℃,50年,97.5%	GB/T 18475
耐气体组分	h	≥20	80 ℃,2 MPa(环应力)	GB/T 15558.1—2003 中附录D的规定

4.2 钢丝

4.2.1 钢丝应采用一般用途低碳钢丝,交货状态为SZ镀锌或镀铜钢丝,钢丝的直径、力学性能和表面镀层质量应符合YB/T 5294的规定。根据需要,也可选用性能更优的低碳合金钢或结构钢钢丝。

4.2.2 钢丝抗拉强度不应小于400 MPa。

4.2.3 ϕ3.0(含ϕ3.0)以下钢丝不应有半径小于30 mm的弯曲,ϕ3.0以上钢丝不应有半径小于60 mm的弯曲。

4.2.4 管材钢丝网格密度及钢丝公称直径见表2,薄壁管材网格密度应符合表2的规定,经线、纬线直径不小于2.0 mm。

表2 管材网格密度及钢丝公称直径

单位为毫米

<table>
<tr><th rowspan="2">公称内径 DN/ID</th><th rowspan="2">网格密度</th><th colspan="2">钢丝公称直径 d</th></tr>
<tr><th>经线</th><th>纬线</th></tr>
<tr><td>50</td><td rowspan="3">≤9×9</td><td rowspan="3">2.0</td><td rowspan="3">2.5</td></tr>
<tr><td>65</td></tr>
<tr><td>80</td></tr>
<tr><td>100</td><td rowspan="6">≤12×9</td><td rowspan="6">2.0</td><td rowspan="6">2.5</td></tr>
<tr><td>125</td></tr>
<tr><td>150</td></tr>
<tr><td>200</td></tr>
<tr><td>250</td></tr>
<tr><td>300</td></tr>
<tr><td>350</td><td rowspan="4">≤12×12</td><td rowspan="4">3.0</td><td rowspan="4">3.5</td></tr>
<tr><td>400</td></tr>
<tr><td>450</td></tr>
<tr><td>500</td></tr>
<tr><td>600</td><td>≤12×12</td><td>3.5</td><td>3.5</td></tr>
</table>

4.3 钢板

4.3.1 钢板应采用低碳钢板,钢板的尺寸应符合GB/T 709的规定。

4.3.2 钢板的屈服强度不应低于235 MPa。

4.3.3 钢板表面应光滑平整、无油污、灰垢等污物,并应采取表面处理措施防止生锈。

4.4 弹性密封件

弹性密封件材料应符合HG/T 3092的规定。

5 一般规定

5.1 管材

管材分为普通管材和薄壁管材。

5.2 管件

5.2.1 电熔套筒

5.2.1.1 电熔套筒应具有两个同轴的承口、并在承口内壁预埋电阻丝。根据两端承口结构差异,可分为普通电熔套筒和过渡电熔套筒。

5.2.1.2 普通电熔套筒可分为锥形口电熔套筒和平口电熔套筒，套筒两端承口结构应一致。锥形口、平口过渡电熔和异径过渡电熔两端承口结构或尺寸可不同。

5.2.2 法兰管件

法兰管件可分为预埋电阻丝的电熔承口法兰管件、无电阻丝的普通插口法兰管件。

5.2.3 其他管件

其他管件可包括11.25°、22.5°、45°、90°四种标准角度弯头，等径三通、变径三通，异径管件等。

5.3 端口型式

根据连接方式不同，管材及管件端口结构可分为法兰接头、电熔承口、插口等型式。插口结构可分为平口型式和锥形口型式。

5.4 最大工作压力的折减

5.4.1 温度对最大工作压力的影响

在不同工作温度下，最大工作压力应按表3进行折减。

表3 工作温度对管道工作压力的折减系数

温度 t/℃	$-20<t\leqslant 20$	$20<t\leqslant 25$	$25<t\leqslant 30$	$30<t\leqslant 35$	$35<t\leqslant 40$
折减系数	1.00	0.93	0.87	0.80	0.74

5.4.2 介质的影响

输送液化石油气(气态)、液化石油气/空气混合气和人工煤气时，应考虑燃气中芳香烃、冷凝液等组分在一定浓度下对管材和管件性能的影响。

6 要求

6.1 颜色

管材及管件颜色宜为黑色，也可根据管材及管件用途由供需双方协商确定其他颜色。

6.2 外观

6.2.1 管材及管件的内外表面应清洁，不应有气泡、明显划伤、凹陷、杂质、颜色不均等缺陷。

6.2.2 管材两端应切割平整，并与管轴线垂直。端面应以同种聚乙烯材料密封。

6.2.3 电熔套筒内电阻丝应均匀排布无松动，接线柱牢固。

6.3 规格尺寸

6.3.1 管材

6.3.1.1 管材规格尺寸应符合表4的规定。承插或法兰接头结构的管材端部，尺寸按连接需求确定，但壁厚不应小于主体壁厚的95%。

表 4　管材规格尺寸

公称内径 DN/ID mm	平均内径允许偏差/%	普通管材			薄壁管材		钢丝到内、外壁距离/mm
		公称压力 PN/MPa					
		0.8	1.0	1.6	0.8	1.0	
		管材主体壁厚[a]及极限偏差/mm					
50	±1	—	—	$10.6^{+1.6}_{0}$	—	$9.0^{+1.4}_{0}$	≥1.8
65		—	—	$10.6^{+1.6}_{0}$	—	$9.0^{+1.4}_{0}$	
80		—	$11.7^{+1.8}_{0}$	—	$9.0^{+1.4}_{0}$	—	
100		—	$11.7^{+1.8}_{0}$	—	$9.0^{+1.4}_{0}$	—	
125		—	$11.8^{+1.8}_{0}$	—	$10.0^{+1.5}_{0}$	—	
150		$12.0^{+1.8}_{0}$	—	—	—	—	
200	±0.8	$12.5^{+1.9}_{0}$	—	—	—	—	≥2.5
250		$12.5^{+1.9}_{0}$	—	—	—	—	
300		$12.5^{+1.9}_{0}$	—	—	—	—	
350	±0.5	$15.0^{+2.4}_{0}$	—	—	—	—	≥3.0
400		$15.0^{+2.4}_{0}$	—	—	—	—	
450		$16.0^{+2.6}_{0}$	—	—	—	—	
500		$16.0^{+2.6}_{0}$	—	—	—	—	
600		$20.0^{+3.0}_{0}$	—	—	—	—	
[a] 管材主体指承受全部内压的管体部分。							

6.3.1.2　管材标准长度可分为 6 m、8 m、10 m 和 12 m，也可由供需双方商定，长度允许偏差为$^{+20}_{0}$ mm。

6.3.1.3　管材插口端、法兰连接结构及基本参数应符合附录 A 的规定。

6.3.2　管件

6.3.2.1　管件插口端、法兰连接结构及尺寸应符合附录 A 的规定。

6.3.2.2　管件电熔承口规格尺寸及偏差应符合附录 B 的规定。

6.3.2.3　管件承受全部内压的管件体壁厚不应小于同规格管材的最小壁厚，插口部位壁厚不应小于同规格管材最小壁厚的 95%，承口部位自距端口 2/3L 处开始，壁厚不应小于同规格管材最小壁厚。

6.3.2.4　法兰管件与钢制平板法兰盘配用，安装尺寸应符合钢制平板法兰盘相应国家现行标准的规定。

6.4　不圆度

管材及管件不圆度偏差不应超过 0.05DN。

6.5　物理机械性能

管材、管件物理机械性能应符合表 5 的规定。

表 5　管材、管件物理机械性能

<table>
<tr><th>名称</th><th>项目</th><th>要求</th><th>试验参数</th><th>试验方法</th></tr>
<tr><td>管材</td><td>受压开裂稳定性</td><td>无裂纹现象</td><td>—</td><td>7.7.1</td></tr>
<tr><td>管材</td><td>纵向尺寸回缩率</td><td>≤0.4%</td><td>110 ℃,保持 1 h</td><td>7.7.2</td></tr>
<tr><td>管材</td><td>耐候性(仅适用非黑色管材)</td><td>气候老化后,以下性能应满足要求:
热稳定性(200 ℃)>20 min
80 ℃静液压强度</td><td>$E\geqslant3.5\ \mathrm{GJ/m^2}$</td><td>7.7.4</td></tr>
<tr><td>管材、管件</td><td>20 ℃短期静液压强度</td><td>无破裂、无渗漏</td><td>温度:20 ℃
时间:1 h
压力:PN×1.6×1.5</td><td rowspan="5">管材见 7.7.3
管件见 7.8.1</td></tr>
<tr><td>管材、管件</td><td>80 ℃静液压强度</td><td>无破裂、无渗漏</td><td>温度:80 ℃
时间:165 h
压力:PN×1.6×0.71×1.5</td></tr>
<tr><td rowspan="2">组合件</td><td rowspan="2">密封性能试验</td><td rowspan="2">无破裂、无渗漏</td><td>温度:20 ℃
时间:>1 h
压力:PN×1.25×1.6</td></tr>
<tr><td>温度:80 ℃
时间:>1 h
压力:PN×1.25×0.71×1.6</td></tr>
<tr><td>管材、管件</td><td>爆破强度</td><td>爆破压力≥PN×3.3×1.6</td><td>温度:20 ℃
时间:连续升压至爆破</td></tr>
<tr><td>焊接组件</td><td>撕裂试验</td><td>塑性撕裂长度≥75%</td><td>20 ℃</td><td>7.8.2</td></tr>
</table>

6.6　电熔管件的电阻

电熔管件的电阻范围不应超过设计值±10%。

7　试验方法

7.1　试样状态调节和试验的标准环境

试样状态调节和试验的标准环境应符合 GB/T 2918 的规定,温度为(23±2) ℃,试样状态调节时间不应少于 24 h。

7.2　钢丝抗拉强度

钢丝抗拉强度按 GB/T 228.1 的规定执行。

7.3　钢板屈服强度

钢板屈服强度按 GB/T 228.1 的规定执行。

7.4　外观检查

外观检查可采用目视观测,内壁可用光源在逆光下观察。

7.5 几何尺寸的测定

7.5.1 长度

长度可采用精度不低于 1 mm 的量具测量。

7.5.2 内径、外径

内径、外径按 GB/T 8806 的规定执行。

7.5.3 壁厚

壁厚按 GB/T 8806 的规定执行。

7.5.4 不圆度

不圆度可采用精度不低于 1 mm 的量具，测量同一截面上最大、最小内径，其差值即为不圆度，单位为毫米。

7.6 热稳定性(氧化诱导时间)

热稳定性(氧化诱导时间)按 GB/T 19466.6 的规定执行。

7.7 管材物理机械性能

7.7.1 受压开裂稳定性

取长度为(100±10)mm 的管材样品进行试验，样品置于液压机压板间缓慢下压，经 10 s～15 s 压至管材直径的 50%，保持 10 min，管材不出现裂纹。

7.7.2 纵向尺寸回缩率

纵向尺寸回缩率按 GB/T 6671 的规定执行。

7.7.3 短期静液压强度及爆破强度

短期静液压强度及爆破强度应按 GB/T 6111 的规定执行，试验温度、时间和试验压力应符合表 5 规定。试验装置见图 1。

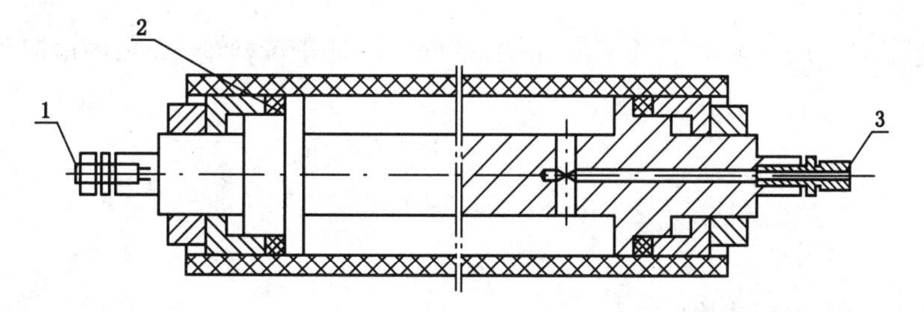

说明：

1——放气阀；

2——密封圈；

3——接液压泵。

图 1 管材短期静液压强度及爆破强度试验连接示意图

7.7.4 **耐候性**

耐候性按 GB/T 3681 的规定执行。

7.8 管件物理机械性能

7.8.1 **短期静液压强度、爆破强度和密封性能试验**

短期静液压强度、爆破强度和密封性能试验按 GB/T 6111 的规定执行。管件的性能采用组合件的性能表示。以 45°弯头为例，试验装置见图 2。

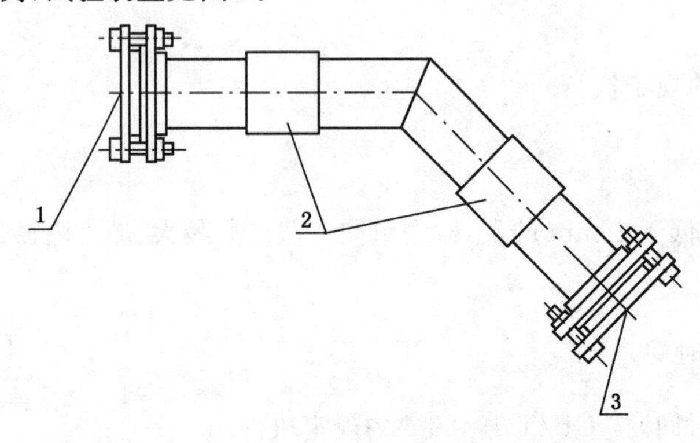

说明：

1——放气阀；

2——电熔连接；

3——接液压泵。

图 2 管件短期静液压强度、爆破强度和密封性能试验连接示意图

7.8.2 **撕裂试验**

在电熔焊接组件接头上，沿电熔套筒的圆周方向均匀取 4 条样件，样条宽度为 15 mm～25 mm，使用合适的夹具，以 25 mm/min 的速率将样条的电熔承口部分和管材或管件插口部分撕裂，暴露出焊接面。

7.9 电阻测量

电熔管件的电阻应使用分辨率不低于 10 mΩ，精度不应低于读数的 2.5％的电阻仪进行测量。

8 检验规则

8.1 检验分类

检验可分为出厂检验和型式检验。

8.2 组批

8.2.1 管材产品以同一原料、配方和工艺情况下生产的同一规格管材为一批。每批数量不超过 200 t，当生产期 30 d 仍不足 200 t 时，以 30 d 的产量为一批。

8.2.2 管件产品以同一原料、配方和工艺情况下生产的同一规格管件为一批。每批数量不超过 1 200 件，当生产期 30 d 仍不足 1 200 件时，以 30 d 的产量为一批。

8.3 出厂检验

8.3.1 管材及管件应经生产厂质量检验部门检验合格并附有合格证方可出厂。

8.3.2 管材及管件抽样检验项目为6.1、6.2、6.3和6.4,抽样计划应按GB/T 2828.1规定执行,采用正常检验一次抽样方案,取一般检验水平Ⅰ,接收质量限AQL=2.5。抽样方案见表6。

表6 抽样方案

批量 N	样本量 n	接收数 Ac	拒收数 Re
≤150	8	0	1
151～280	13	1	2
281～500	20	1	2
501～1 200	32	2	3
1 201～3 200	50	3	4
注:抽样基本单位:管材为根,管件为件。			

8.3.3 在抽样检验接收批中随机抽取1根(件)样品,进行6.5中的短期静液压强度、管材纵向尺寸回缩率检验。

8.3.4 当短期静液压强度、管材纵向尺寸回缩率检验有一项达不到规定时,应重新抽取2根(件)样品对该项进行复验,如仍不合格,则判定该批产品不合格。

8.4 型式检验

8.4.1 型式检验项目为本标准要求中的全部项目。

8.4.2 型式试验宜每隔两年进行一次。若有下列情况之一时,应进行型式检验:

a) 新产品或老产品转厂生产的试制定型鉴定;

b) 结构、原料、工艺有较大变动,可能影响产品性能时;

c) 停产6个月以上恢复生产时;

d) 出厂检验结果与上次型式检验结果有较大差异时;

e) 国家质量监督机构提出进行型式检验的要求时。

8.4.3 判定规则:型式检验的全部项目均符合标准规定时,判定该型式检验合格。任何不合格项目需改进后重新复检,直至所有项目合格,方可判定该型式检验合格。

9 标识、包装、运输和贮存

9.1 标识

9.1.1 管材出厂时应有下列标识,标识颜色为黄色(与前边黑色区分开),印字字高不小于5 mm,印字间距不超过1 m。

a) 输送燃气的管材应有"燃气"或"Gas"字样;

b) 公称内径、长度;

c) 公称压力;

d) 生产厂名或商标;

e) 本标准号;

f) 生产日期或生产批号。

9.1.2 管件应有下列标识，标识可打印在管件或标签上。在产品上标识时，不应削弱管件性能。

a) 管件类型、规格；

b) 生产厂名或商标；

c) 本标准号；

d) 生产日期或生产批号。

9.2 包装

9.2.1 预制法兰接头的端面，应采取保护措施避免损伤密封面。

9.2.2 管件宜采取防护措施避免磕碰损伤。

9.3 运输

管材及管件运输时，不应受到剧烈的撞击、划伤、抛摔、曝晒、雨淋和污染。

9.4 贮存

9.4.1 管材及管件应贮存在远离热源，温度一般不超过 40 ℃的地方，地面平整，通风良好的库房内。管材室外堆放应有遮盖物，存放场地应干净平整。自然堆放高度一般不超过 2 m。

9.4.2 电熔管件贮存期超过 2 年时，出厂前应复检电阻是否符合 6.6 的规定。

附　录　A
（规范性附录）
管端结构及基本参数

A.1　法兰接头结构及基本参数

法兰接头结构及基本参数见图 A.1 和表 A.1。

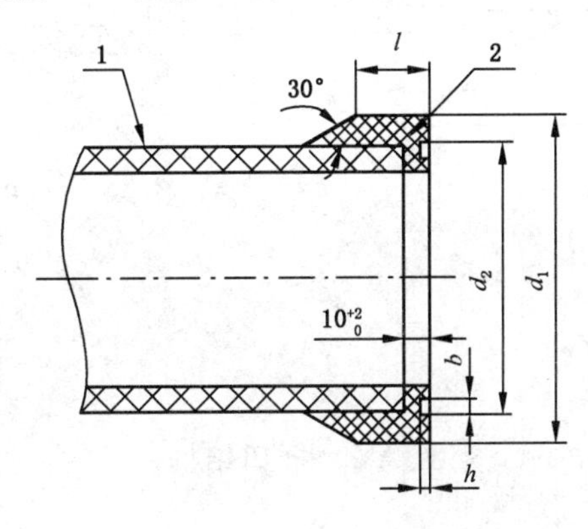

说明：

1——管材或管件外壁；

2——法兰接头。

图 A.1　法兰接头结构

表 A.1　法兰接头基本参数

单位为毫米

公称内径 DN/ID	d_1	d_2	l	h	b	配用 O 型圈（内径×截面直径）
50	97	79	35	4.15±0.10	7.10±0.15	69×5.30
65	113	90	35	4.15±0.10	7.10±0.15	80×5.30
80	128	105	35	4.15±0.10	7.10±0.15	95×5.30
100	152	125	35	4.15±0.10	7.10±0.15	115×5.30
125	179	155	35	4.15±0.10	7.10±0.15	145×5.30
150	205	175	35	4.15±0.10	7.10±0.15	165×5.30
200	256	227	35	4.15±0.10	7.10±0.15	218×5.30
250	311	285	41	5.45±0.10	9.45±0.20	272×7.00
300	361	335	41	5.45±0.10	9.45±0.20	325×7.00
350	422	385	50	5.45±0.10	9.45±0.20	375×7.00
400	472	435	55	5.45±0.10	9.45±0.20	425×7.00
450	528	485	60	5.45±0.10	9.45±0.20	475×7.00
500	580	540	65	5.45±0.10	9.45±0.20	530×7.00
600	678	640	95	5.45±0.10	9.45±0.20	630×7.00
注：采取其他密封元件（例如密封垫）时，应根据相关标准选择适当的密封面加工型式。						

A.2 插口结构及基本参数

插口结构及基本参数见图 A.2 和表 A.2

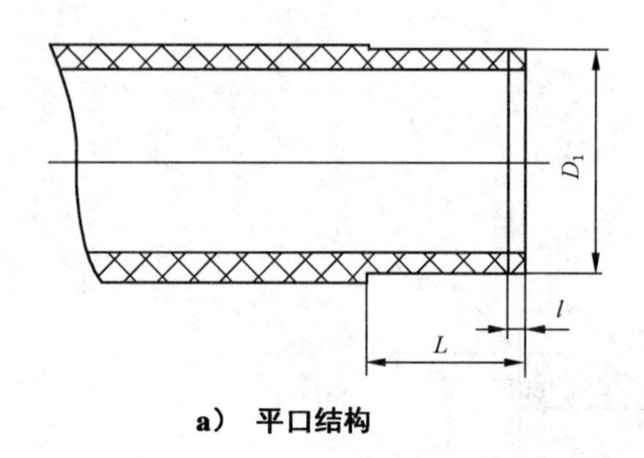

a） 平口结构

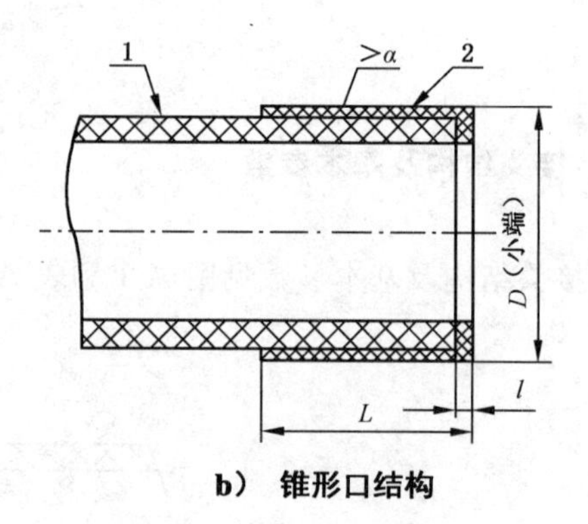

b） 锥形口结构

说明：

1——管材或管件外壁；

2——锥形口。

图 A.2 插口结构

表 A.2 插口基本参数

单位为毫米

公称内径 DN/ID	普通管材平口电熔区外径 D_1（可二次加工）	薄壁管材平口电熔区外径 D_1（可二次加工）	锥形口（小端）外径 D	锥形口/α	插口最小长度 L	封口最小厚度 l
50	71.00±0.20	68.00±0.20	$75^{-0.3}_{-1.3}$	30′	65	6
65	86.00±0.20	83.00±0.20	$80^{-0.3}_{-1.3}$	30′	65	
80	103.00±0.25	98.00±0.25	$104^{-0.3}_{-1.3}$	30′	70	
100	123.00±0.25	118.00±0.25	$125^{-0.3}_{-1.3}$	30′	80	
125	148.30±0.30	145.00±0.30	$152^{-0.3}_{-1.3}$	30′	80	
150	173.10±0.30	—	182±0.5	30′	90	
200	224.40±0.40	—	234±0.5	30′	100	
250	273.80±0.40	—	284±0.5	30′	110	
300	324.00±0.50	—	334±0.5	30′	130	
350	—	—	390±0.5	1°	140	10
400	—	—	440±0.5	1°	150	
450	—	—	492±0.5	1°	160	
500	—	—	542±0.5	1°	170	
600	641.50±0.50	—	—	—	190	

附 录 B
（规范性附录）
电熔承口结构及基本参数

电熔承口结构及基本参数见图 B.1 和表 B.1。

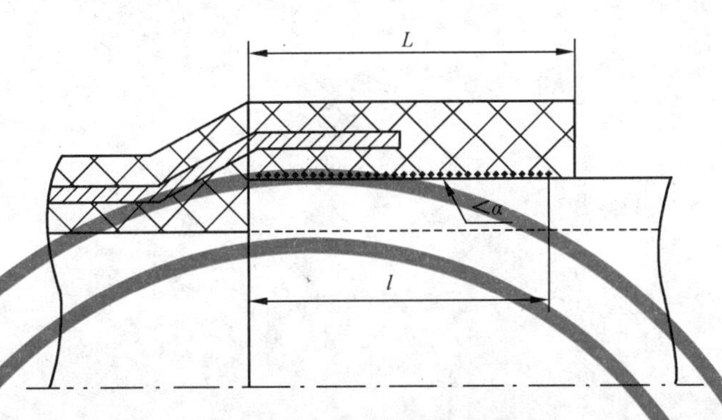

图 B.1 电熔承口示意图

表 B.1 电熔承口结构及基本参数

单位为毫米

配用管材或管件公称内径 DN/ID	普通管材平承口熔区内径及偏差	薄壁管材平承口熔区内径及偏差	锥承口熔区内径及偏差	锥承口/α	单端承口最小熔区长度 l	单端承口最小长度 L
50	$71^{+0.50}_{0}$	$68^{+0.5}_{0}$	$75^{-0.3}_{-1.3}$	30′	55	65
65	$86^{+0.50}_{0}$	$83^{+0.5}_{0}$	$89^{-0.3}_{-1.3}$	30′	55	65
80	$103^{+0.50}_{0}$	$98^{+0.5}_{0}$	$104^{-0.3}_{-1.3}$	30′	55	70
100	$123^{+0.50}_{0}$	$118^{+0.5}_{0}$	$125^{-0.3}_{-1.3}$	30′	60	80
125	$148^{+0.60}_{0}$	$145^{+0.6}_{0}$	$152^{-0.3}_{-1.3}$	30′	60	80
150	$173^{+0.70}_{0}$	—	182±0.5	30′	70	90
200	$224^{+0.80}_{0}$	—	234±0.5	30′	80	100
250	$274^{+0.80}_{0}$	—	284±0.5	30′	90	110
300	$324^{+0.80}_{0}$	—	334±0.5	30′	110	130
350	—	—	390±0.5	1°	120	140
400	—	—	440±0.5	1°	130	150
450	—	—	492±0.5	1°	140	160
500	—	—	542±0.5	1°	150	170
600	$641^{+1.0}_{0}$	—	—	—	170	190

ICS 91.140
P 47

中华人民共和国城镇建设行业标准

CJ/T 180—2014
代替 CJ/T 180—2003

建筑用手动燃气阀门

Manually operated gas valves for gas installations of buildings

2014-03-27 发布　　　　2014-07-01 实施

中华人民共和国住房和城乡建设部　　发 布

前 言

本标准按照 GB/T 1.1—2009 给出的规则起草。

本标准代替 CJ/T 180—2003《家用手动燃气阀门》，与 CJ/T 180—2003 相比主要技术变化如下：

——增加了 PN2、PN4、PN8、PN16 及 DN65、DN80、DN100 阀门的要求(见第 4 章)；

——增加了对过流切断装置的要求(见 6.14)；

——增加了密封角的要求(见 5.2.6)；

——补充了 600 Pa 低压气密性的要求(见 6.3，2003 版的第 6 章)。

本标准由住房和城乡建设部标准定额研究所提出。

本标准由住房和城乡建设部燃气标准化技术委员会归口。

本标准起草单位：国家燃气用具质量监督检验中心、杭州万全金属软管有限公司、宁波金佳佳阀门有限公司、宁波忻杰燃气用具实业有限公司、宁波志清实业有限公司、玉环鑫琦管业有限公司、重庆市山城燃气设备有限公司、浙江圣字管业股份有限公司、浙江春晖智能控制股份有限公司、环化(天津)燃气设备安装有限公司、广州凯亨阀门有限公司、温州力波管业有限公司。

本标准主要起草人：翟军、吴文庆、杨伟伸、忻国定、严荣杰、黄陈宝、肖文福、张申正、吴国强、李仲伦、廖新桃、王靖崇、李军、张乃方。

本标准所代替标准的历次版本情况为：

——CJ/T 180—2003。

建筑用手动燃气阀门

1 范围

本标准规定了建筑用手动燃气阀门(以下简称阀门)的分类及型号,材料、结构和连接尺寸,要求,试验方法,检验规则,标志、包装、运输和贮存。

本标准适用于公称压力不大于1.6 MPa、公称尺寸不大于100 mm、工作温度不超出−20 ℃～60 ℃且其下限不低于燃气露点温度,安装在建筑物内外的非直埋燃气装置与设施上的手动燃气球阀和底部密封的旋塞阀。

本标准所指燃气为符合GB/T 13611规定的燃气。

2 规范性引用文件

下列文件对于本文件的应用是必不可少的。凡是注日期的引用文件,仅注日期的版本适用于本文件。凡是不注日期的引用文件,其最新版本(包括所有的修改单)适用于本文件。

GB/T 193 普通螺纹 直径与螺距系列
GB/T 699 优质碳素结构钢
GB/T 700 碳素结构钢
GB/T 1047 管道元件 DN(公称尺寸)的定义和选用
GB/T 1220 不锈钢棒
GB/T 1690 硫化橡胶或热塑性橡胶 耐液体试验方法
GB/T 1804 一般公差 未注公差的线性和角度尺寸的公差
GB/T 2100 一般用途耐蚀钢铸件
GB/T 2828.1 计数抽样检验程序 第1部分:按接收质量限(AQL)检索的逐批检验抽样计划
GB/T 3190 变形铝及铝合金化学成分
GB/T 3191 铝及铝合金挤压棒材
GB/T 3764 卡套
GB/T 4240 不锈钢丝
GB/T 5231 加工铜及铜合金牌号和化学成分
GB/T 7306(所有部分) 55°密封管螺纹
GB/T 7307 55°非密封管螺纹
GB/T 9112 钢制管法兰 类型与参数
GB/T 9439 灰铸铁件
GB/T 9440 可锻铸铁件
GB 10009 丙烯腈-丁二烯-苯乙烯(ABS)塑料挤出板材
GB/T 10125 人造气氛腐蚀试验 盐雾试验
GB/T 12221 金属阀门 结构长度
GB/T 12225 通用阀门 铜合金铸件技术条件
GB/T 12227 通用阀门 球墨铸铁件技术条件
GB/T 12229 通用阀门 碳素钢铸件技术条件

GB/T 13611　城镇燃气分类和基本特性
GB/T 13819　铜及铜合金铸件
GB/T 15114　铝合金压铸件
GB/T 15117　铜合金压铸件
GB/T 16411　家用燃气用具通用试验方法
HG 2349　聚酰胺 1010 树脂
HG/T 2902　模塑用聚四氟乙烯树脂
HG/T 3089　燃油用 O 型橡胶密封圈材料
HG/T 3737　单组分厌氧胶粘剂
HG/T 20592　钢制管法兰(PN 系列)
HG/T 20615　钢制管法兰(Class 系列)
SH/T 0011　7903 号耐油密封润滑脂
YB/T 5310　弹簧用不锈钢冷轧钢带
JB/T 7758.2　柔性石墨板 技术条件

3　术语和定义

下列术语和定义适用于本文件。

3.1

基准状态　reference state

温度为 15 ℃、绝对压力为 101.325 kPa 时的干燥气体状态。

3.2

阀芯　obturator

阀门切断燃气流的运动部件。

3.3

手动执行机构　manual actuator

以手直接操作的操作机构,如手柄、旋钮等。

3.4

气路　gas way

阀门内燃气流动的通道。

3.5

外密封　external leak-tightness

隔离燃气与空气的密封性。

3.6

内密封　internal leak-tightness

阀芯处于关闭状态时,阀门进口和出口间的密封性。

3.7

进口压力　inlet pressure

阀门进口侧的压力。

3.8

出口压力　outlet pressure

阀门出口侧的压力。

3.9

公称压力　nominal pressure

PN

一般状态下阀门可以连续工作的最大运行压力。

3.10

公称尺寸　nominal size

DN

阀门燃气通路的最小直径。

3.11

试验压力　test pressure

试验中应用的压力。

3.12

压差　pressure difference

阀门进口与出口处的压力差。

3.13

额定流量　rated flow rate

在给定压差下的基准状态空气流量。

4　分类及型号

4.1　分类

4.1.1　阀门按结构类型进行分类，见表1。

表1　阀门按结构类型分类

结构类型	类型代号
球阀	Q
旋塞阀	X

4.1.2　阀门按连接方式进行分类，见表2。

表2　阀门按连接方式分类

阀门类型	连接方式代号
法兰连接阀	F
活接套连接阀	H
胶管连接阀	J
快速接头连接阀	K
螺纹连接阀	L
柔管连接阀	R
卡套连接阀	T
焊接连接阀	W
器具前阀	Z

4.1.3 阀门按公称压力(PN)进行分类,见表 3。

表 3 阀门按公称压力 PN 分类

公称压力(PN)压力代号	阀门适用压力范围 MPa
PN0.15	0～0.015
PN2	0～0.2
PN4	0～0.4
PN8	0～0.8
PN16	0～1.6
注:公称压力可根据实际需求采用其他压力等级。	

4.1.4 阀门公称尺寸(DN)应符合 GB/T 1047 的规定,一般为 8,10,15,20,25,32,40,50,65,80,100。如有特殊要求在订货合同中注明,按合同规定。

4.2 型号

4.2.1 型号编制方法

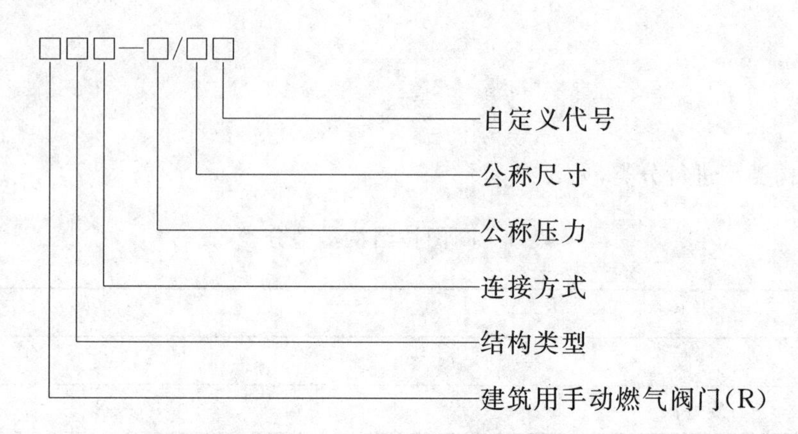

4.2.2 示例

公称压力为 1.6 MPa,公称尺寸为 DN15 的螺纹连接球阀表示为:RQL-PN16/DN15。

5 材料、结构和连接尺寸

5.1 材料

5.1.1 所有与燃气或环境空气接触的部分应采用耐腐蚀材料或能符合 7.15 盐雾试验的材料。弹簧或其他活动部分的耐腐蚀保护措施不应因活动受损。

5.1.2 焊接阀门与燃气接触的活动部分及与环境空气接触的部分还应进行 7.16 的耐湿度试验。

5.1.3 采用非耐腐蚀材料制造的弹簧等活动部分应采取防腐措施,其保护涂层在阀门的操作中应保持完好。这些活动部分应符合 7.15 盐雾试验要求。

5.1.4 单组分厌氧胶应符合 HG/T 3737 的规定。

5.1.5 宜采用符合表 4 规定的材料,也可采用同等或同等级以上机械性能和化学性能的其他材料。

表 4 材料

部 件	材料名称	牌号(代号)	材料标准	备 注
阀体和接头	铜合金铸件	ZCuZn40Pb2	GB/T 13819 GB/T 12225	—
	铜合金压铸件	YZCuZn40Pb	GB/T 15117	—
	铜合金锻件	HPb59-1	GB/T 5231	—
	铜合金棒			—
	不锈钢铸件	302	GB/T 2100	—
	不锈钢棒	S30408	GB/T 1220	—
	优质碳素钢	20	GB/T 699	—
	碳素钢	Q235	GB/T 700	—
	碳素钢铸件	WCB	GB/T 12229	—
	可锻铸铁件	KTH330-08	GB/T 9440	$(p\times DN)_{max}\leqslant$ 100 MPa · mm
	球墨铸铁件	QT400-15	GB/T 12227	—
	锻造铝合金	6061	GB/T 3190 GB/T 3191	最大公称尺寸 不大于 DN50
	铝合金压铸件	LY107、LY112	GB/T 15114	—
阀杆	铜合金压铸件	YZCuZn40Pb	GB/T 15117	—
	铜合金锻件	HPb59-1	GB/T 5231	—
	铜合金棒			—
	不锈钢铸件	302	GB/T 2100	—
	不锈钢棒	S30408	GB/T 1220	—
	优质碳素钢	20	GB/T 699	表面处理
	碳素钢	Q235	GB/T 700	表面处理
球体旋塞	铜合金压铸件	HPb59-1	GB/T 5231	—
	铜合金锻件			—
	铜合金棒			—
	不锈钢铸件	302	GB/T 2100	—
	不锈钢棒	S30408	GB/T 1220	—
	优质碳素钢	20	GB/T 699	表面处理
	碳素钢	Q235	GB/T 700	表面处理
	碳素钢铸件	WCB	GB/T 12229	表面处理
	可锻铸铁件	KTH330-08	GB/T 9440	表面处理
	球墨铸铁件	QT400-15	GB/T 12227	表面处理
	灰铸铁件	HT250	GB/T 9439	表面处理
	锻造铝合金	6061	GB/T 3190 GB/T 3191	表面处理

表 4（续）

部　　件	材料名称	牌号(代号)	材料标准	备　　注
弹簧	不锈钢丝	S30408	GB/T 4240	—
	不锈钢带		YB/T 5310	—
旋钮手柄	优质碳素钢	20	GB/T 699	—
	碳素钢	Q235	GB/T 700	—
	碳素钢铸件	WCB	GB/T 12229	—
	可锻铸铁件	KTH330-08	GB/T 9440	—
	球墨铸铁件	QT400-15	GB/T 12227	—
	锻造铝合金	6061	GB/T 3190 GB/T 3191	—
	铝合金压铸件	LY107、LY112	GB/T 15114	—
	工程塑料	ABS	GB 10009	—
非金属密封件	聚四氟乙烯	PTFE	HG/T 2902	—
	聚酰胺	1010	HG 2349	—
	丁腈橡胶	NBR	HG/T 3089	—
	柔性石墨	—	JB/T 7758.2	—

5.1.6　非金属弹性密封材料除符合相关标准外，性能还应符合表 5 的规定

表 5　非金属弹性密封件材料性能

项目	性能要求	试验条件	试验方法
耐温性	目视无可见的脆化膨松及软化	生产商声明的最低使用温度下放置 24 h	7.17.1
耐燃气性	体积变化不应超出－10％至＋30％范围 质量变化不应超出－10％至＋20％范围	23 ℃，液体 B 浸泡 168 h	7.17.2

5.1.7　标签和其他标识在潮湿或高低温环境下不应变质、脱落或难以辨认。

5.1.8　密封润滑脂除符合 SH/T 0011 要求外，耐燃气性能还应符合表 6 的规定。

表 6　密封润滑脂耐燃气性能

性　　能	试验条件	试验方法
在 20 ℃±1 ℃的燃气中质量变化率在 10％以内	在 5.0 kPa 的试验压力下，20 ℃±1 ℃及 4 ℃±1 ℃的工业气体丁烷中放置 1 h	7.18
在 4 ℃±1 ℃的燃气中质量变化率在 10％以内		

5.2　结构

5.2.1　一般要求

阀门应设计为整体安装，即无法在不破坏阀门或不留下痕迹的情况下拆除阀芯。

5.2.2 **外观**

所有的阀门部件应无毛刺、砂眼、裂缝等缺陷；应清洁无金属屑或芯砂等杂物；应无可能导致零部件损伤、人身伤害或误操作的锋利边缘和棱角。

5.2.3 **弹簧**

弹簧的两端应平行，且垂直于弹簧的轴线，弹簧的端面圈不应损坏与之接触的接触面。

5.2.4 **壁厚**

燃气与大气间壁厚不应小于1 mm，用于部件装配和固定的螺栓孔和插槽不应构成任何燃气气路和大气间的泄漏途径。

5.2.5 **旋塞阀**

5.2.5.1 旋塞应采取旋塞密封面上沿插进相应壳体密封面的方式安装在壳体上。

5.2.5.2 应至少留有1 mm的空间以供旋塞磨损造成的前移。旋塞的密封面顶端应较阀体密封面低。

5.2.6 **密封角**

阀门处于全闭状态时，阀芯中燃气密封面端口与阀体上进出口间的角度不应小于8°。测量示意图见图1，测量方法见7.19。

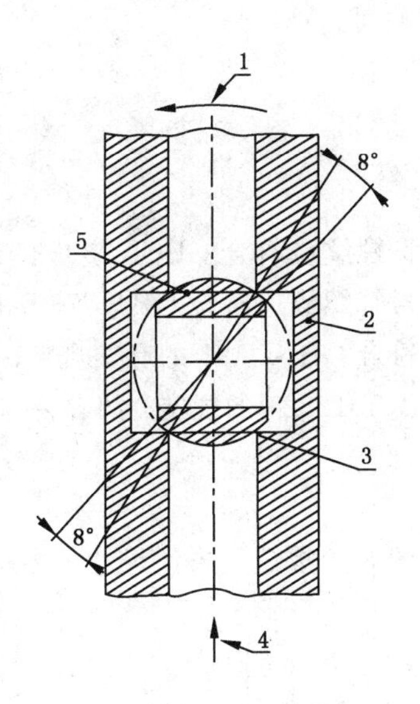

说明：

1——开启方向；

2——阀体；

3——密封端面；

4——气流方向；

5——阀芯。

图1 密封角度

5.2.7 密封

阀的密封应符合下列的规定：

a) 阀芯密封应以机械的方式达到气密性要求，不应使用液体、胶或胶带等密封材料。

b) 阀体不同部位间的密封应采用机械方式达到密封性的结构，该结构中应用的密封剂应能承受相应的扭矩和弯矩。

5.2.8 操作

5.2.8.1 阀门应采用手柄、旋扭等手动执行机构进行操作。

5.2.8.2 阀门操作应是顺时针方向关闭，自开启到关闭旋转 90°。如果手动执行机构是可以拆卸的，则阀杆的顶端应有明确的标识，表明阀门的开启或关闭状态。

5.2.9 限位装置

5.2.9.1 阀门全部开启和全部关闭的位置应有固定的不可调的限位装置。

5.2.9.2 处在全关位置的手动执行机构应与燃气流动方向成直角。

5.2.9.3 处在全开位置的手动执行机构应与燃气流动方向平行。

5.2.9.4 可旋转的手动执行机构的每个部分都应有明确的表明开关位置的标识。

5.2.10 扳手接触面

螺纹连接阀应有两个以上扳手接触面。

5.3 连接尺寸

5.3.1 螺纹连接

5.3.1.1 螺纹连接阀进出气口的密封管螺纹应符合 GB/T 7306 的规定。

5.3.1.2 螺纹连接阀进出气口的非密封管螺纹应符合 GB/T 7307 的规定。

5.3.1.3 采用公制螺纹连接的螺纹应符合 GB/T 193 的有关规定。

5.3.1.4 螺纹连接阀的长度应符合 GB/T 12221 的规定，如有特殊要求可按合同规定。

5.3.2 胶管连接

胶管连接接头尺寸应符合图 2 和图 3 的规定。未注尺寸公差按 GB/T 1804 中 C 级的规定。

单位为毫米

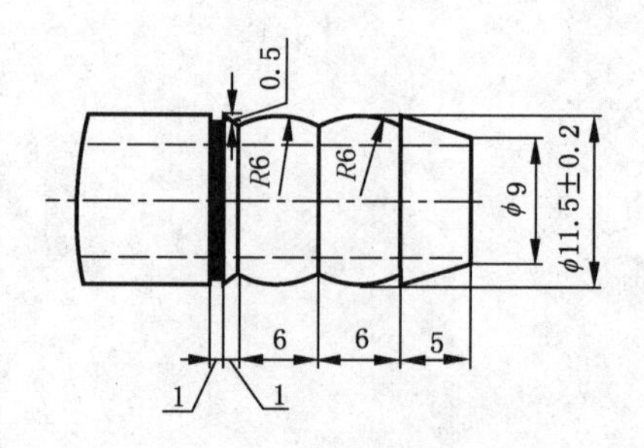

图 2 9.5 胶管连接接头

单位为毫米

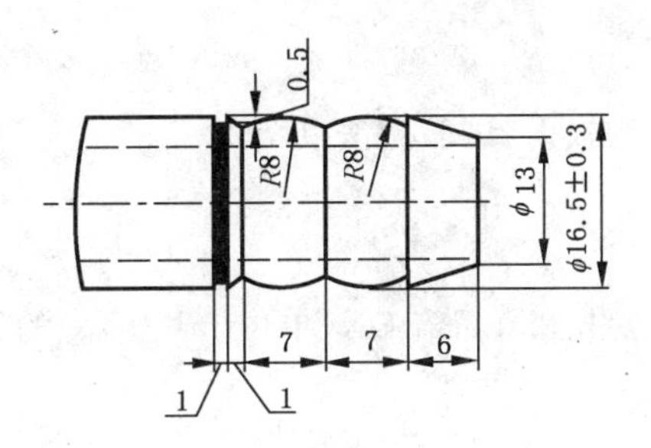

图 3　13 胶管连接接头

5.3.3　快速接头连接

快速接头尺寸应符合图 4 的规定,未注尺寸公差按 GB/T 1804 中 C 级的规定。

单位为毫米

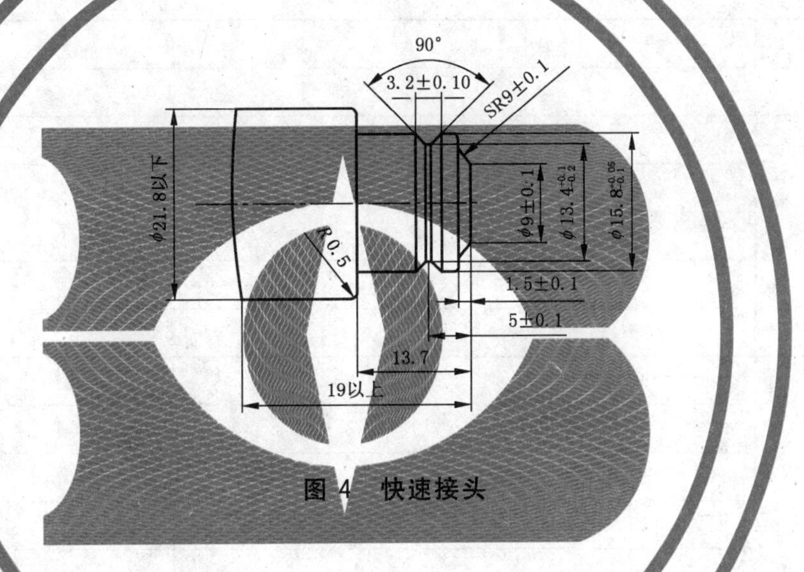

图 4　快速接头

5.3.4　法兰连接

宜采用符合 GB/T 9112 规定的法兰,也可采用符合 HG/T 20592 或 HG/T 20615 规定的法兰。

5.3.5　活接套连接

用于出口活接套(螺帽与衬垫)连接的非金属衬垫其厚度不应小于 2 mm,应采取不易脱落的方法使其紧贴在螺帽的平面上。

5.3.6　卡套连接

卡套连接应符合 GB/T 3764 的规定。

6　要求

6.1　一般要求

对于进出口尺寸不同的阀门,应按照较小尺寸确定试验值。

6.2 壳体强度

壳体强度试验应无渗漏，无结构损伤，试验方法见7.2。

6.3 气密性

阀门的泄漏量不应超过20 mL/h和0.6倍DN(单位mL/h)中的较大者，试验方法见7.3。

6.4 额定流量

阀门额定流量不应低于表7的规定，试验方法见7.4。

表7 额定流量

<table>
<tr><th rowspan="2">阀门类型</th><th rowspan="2">公称尺寸/mm</th><th colspan="2">额定流量/(m^3/h)</th></tr>
<tr><th>直阀</th><th>角阀</th></tr>
<tr><td rowspan="2">胶管阀</td><td>9.5</td><td colspan="2">0.4</td></tr>
<tr><td>13</td><td colspan="2">1.0</td></tr>
<tr><td rowspan="5">器具前阀</td><td>8</td><td>2.0</td><td>—</td></tr>
<tr><td>10</td><td colspan="2" rowspan="2">2.0</td></tr>
<tr><td>15</td></tr>
<tr><td>20</td><td colspan="2">4.0</td></tr>
<tr><td>25</td><td colspan="2">6.0</td></tr>
<tr><td rowspan="12">其他类型的阀门</td><td>8</td><td>2</td><td>—</td></tr>
<tr><td>10</td><td>3</td><td>2</td></tr>
<tr><td>12</td><td>3.5</td><td>2.5</td></tr>
<tr><td>15</td><td>5</td><td>3.5</td></tr>
<tr><td>20</td><td>10</td><td>6</td></tr>
<tr><td>25</td><td>16</td><td>10</td></tr>
<tr><td>32</td><td>27</td><td>18</td></tr>
<tr><td>40</td><td>40</td><td>28</td></tr>
<tr><td>50</td><td>65</td><td>36</td></tr>
<tr><td>65</td><td>127</td><td>64</td></tr>
<tr><td>80</td><td>196</td><td>88</td></tr>
<tr><td>100</td><td>221</td><td>110</td></tr>
</table>

6.5 操作力矩

阀门的操作力矩不应大于表8的规定值，室温下初始启闭行程力矩不应大于表8规定值的3倍。试验方法见7.5。

表 8　操作力矩

<table>
<tr><th>阀门类型</th><th>公称尺寸/mm</th><th>最大力矩/(N·m)</th></tr>
<tr><td rowspan="2">胶管阀</td><td>9.5</td><td rowspan="2">0.6</td></tr>
<tr><td>13</td></tr>
<tr><td rowspan="5">器具前阀</td><td>8</td><td rowspan="3">0.6</td></tr>
<tr><td>10</td></tr>
<tr><td>15</td></tr>
<tr><td>20</td><td>1.2</td></tr>
<tr><td>25</td><td>1.8</td></tr>
<tr><td rowspan="4">其他类型的阀门</td><td>≤15</td><td>4.0</td></tr>
<tr><td>20
25</td><td>7.0</td></tr>
<tr><td>32
40
50</td><td>14.0</td></tr>
<tr><td>65
80
100</td><td>0.5 倍 DN</td></tr>
</table>

6.6　下压开启的阀门下压操作力

下压开启的阀门下压操作力不大于 40 N,试验方法见 7.6。

6.7　抗扭力性能

按表 9 所示的扭矩对螺纹连接阀施加扭矩 10 s 后,应无破损、变形,并符合 6.3 和 6.5 的要求,下压开启的阀门还应符合 6.6 的要求。试验方法见 7.7。

表 9　施加扭矩值

公称尺寸 DN/mm	8	10	15	20	25	32	40	50	65	80	100
扭矩/(N·m)	20	35	75	100	125	160	200	250	300	370	465

6.8　抗弯曲性能

6.8.1　按表 10 规定的弯矩对阀门(胶管阀除外)施加弯矩 10 s 后,应无破损、变形,并符合 6.3 和 6.5 要求,下压开启的阀门还应符合 6.6 要求。试验方法见 7.8.1。

表 10　施加弯矩值

公称尺寸 DN/mm	8	10	15	20	25	32	40	50	65	80	100
力矩/(N·m)	30	70	105	225	340	475	610	1 100	1 550	1 900	2 500

6.8.2 对胶管阀施加表11规定的载荷15 min后,阀门应无破损、变形,并符合6.3和6.5的要求,下压开启的阀门还应符合6.6的要求。试验方法见7.8.2。

表11 胶管阀抗弯曲试验条件

胶管接头尺寸/mm	试验条件/N
9.5	345
13	445

6.9 耐冲击性能

阀门应能承受表12规定的冲击功,冲击试验后应无破损及明显变形,并应符合6.3和6.5的要求,下压开启的阀门还应符合6.6的要求。试验方法见7.9。

表12 耐冲击试验冲击功

阀门类型	公称尺寸/mm	冲击功/(N·m)
胶管阀	9.5	3.0
	13	5.0
胶管连接阀以外的阀门	8	3.0
	10	5.0
	15	8.0
	20	10.0
	25	12.7
	32	15.7
	40	17.7
	50	19.6
	65	25.0
	80	25.0
	100	25.0

6.10 耐久性能

阀门应能够承受一定的操作循环,启闭次数见表13,试验方法见7.10。

表13 耐久性试验启闭次数

阀门类型	公称尺寸/mm	启闭次数
胶管阀	9.5	10 000
	13	10 000

表 13（续）

阀门类型	公称尺寸/mm	启闭次数
器具前阀	15	10 000
	20	10 000
	25	6 000
其他类型的阀门	≤15	5 000
	20,25	2 500
	32,40,50	1 000
	65,80,100	500

6.11 耐高温性能

按照 7.11 试验后，阀门应符合 6.3 和 6.5 的要求，下压开启的阀门还应符合 6.6 的要求。安装于户内的阀门宜进行温升试验，试验方法见附录 A。

6.12 耐低温性能

按照 7.12 试验后，阀门应符合 6.3 和 6.5 的要求，下压开启的阀门还应符合 6.6 的要求。

6.13 限位装置强度

全开位置或全闭位置的限位装置应能承受 1.5 倍最大操作力矩和 4.0 N·m 中的较大力矩。试验方法见 7.13。

6.14 过流切断装置性能

具有过流切断装置的阀门应符合附录 B 的要求。

7 试验方法

7.1 概述

7.1.1 试验室条件、试验器具、试验条件

7.1.1.1 试验室的室温应保持在 20 ℃±15 ℃的范围内，以空气和水为试验介质，测量值修正至本标准规定的基准状态。

7.1.1.2 试验仪器及装置应符合表 14 的规定或采用同等以上精度等级的试验仪器及装置。

表 14 试验仪器及装置

试验项目	试验仪器或装置名称	试验仪器或装置要求	量程	试验仪器或装置精度
结构、尺寸及外观	千分尺	—	0 mm～50 mm	0.01 mm
	游标卡尺	—	0 mm～150 mm	0.02 mm
	螺纹量规	—	—	—

表 14（续）

试验项目	试验仪器或装置名称	试验仪器或装置要求	量程	试验仪器或装置精度
壳体强度	试压泵	不低于试验压力	—	—
	压力表	—	1.5 倍～3 倍试验压力	不低于 0.4 级
气密性	气密性试验装置	—	—	±5%
	压力表	—	1.5 倍～3 倍试验压力	不低于 0.4 级
	检漏仪	—	±5%	—
额定流量	额定流量试验装置	参照图 5	—	—
	流量计	—	不高于 10 倍试验流量	不低于 1.5 级
	压力表	—	1.5 倍～3 倍试验压力	不低于 0.4 级
	差压表	—	1.5 倍～3 倍试验压力	不低于 0.4 级
	温度计	—	—	±0.5 ℃
操作力矩	扭力扳手	—	1.5 倍～3 倍试验力矩	±1%
下压开启阀门的下压操作力试验	测力计	—	不小于 40 N	±1%
抗扭力性能	抗扭力试验装置	参照图 7	—	—
	扭力扳手	—	—	±1%
抗弯曲性能	抗弯曲试验装置	参照图 8,图 9	—	—
耐冲击	冲击试验装置	参照图 10	—	—
耐久性	耐久试验装置	5 次/min	—	—
耐高温性	高温箱	最高温度 不低于 60 ℃	—	—
耐低温性	低温箱	最低温度 不高于－40 ℃	—	—
限位装置强度	扭力扳手	—	1.5 倍～3 倍试验力矩	±1%
过流切断装置性能	流量试验装置	附录 B	—	—
非金属弹性密封材料性能	低温箱	最低温度 不高于－25 ℃	—	—
	分析天平			1 mg
密封润滑脂性能	恒温箱	20 ℃±1 ℃ 4 ℃±1 ℃	—	—
	分析天平	—	—	1 mg
耐湿度	恒温恒湿箱	40 ℃±3 ℃相对湿度不小于 95%	—	—
密封角	密封角试验装置或量角器	—	—	±0.5°

7.1.1.3 型式检验试验项目及顺序

每种型号尺寸的3个阀门样品按照表15进行型式检验。

表15 型式检验的项目及顺序

<table>
<tr><th colspan="2" rowspan="2">试验项目</th><th rowspan="2">技术要求</th><th rowspan="2">试验方法</th><th colspan="3">样品编号</th></tr>
<tr><th>1</th><th>2</th><th>3</th></tr>
<tr><td rowspan="6">材料</td><td>盐雾试验</td><td>5.1.1
5.1.3</td><td>7.15</td><td>√</td><td>—</td><td>—</td></tr>
<tr><td>耐湿度试验</td><td>5.1.2</td><td>7.16</td><td>—</td><td>√</td><td>—</td></tr>
<tr><td>金属及非金属材料</td><td>5.1.4
5.1.5</td><td>检查材料质量证明文件或依据相关标准检验</td><td>√</td><td>√</td><td>√</td></tr>
<tr><td>非金属弹性密封件材料性能</td><td>5.1.6</td><td>7.17</td><td>√</td><td>√</td><td>√</td></tr>
<tr><td>标签和其他标识</td><td>5.1.7</td><td>目视检查</td><td>√</td><td>√</td><td>√</td></tr>
<tr><td>密封润滑脂耐燃气性能</td><td>5.1.8</td><td>7.18</td><td>√</td><td>√</td><td>√</td></tr>
<tr><td rowspan="10">结构</td><td>一般要求</td><td>5.2.1</td><td>目视检查</td><td>√</td><td>√</td><td>√</td></tr>
<tr><td>外观</td><td>5.2.2</td><td>目视检查</td><td>√</td><td>√</td><td>√</td></tr>
<tr><td>弹簧</td><td>5.2.3</td><td>目视检查</td><td>√</td><td>√</td><td>√</td></tr>
<tr><td>壁厚</td><td>5.2.4</td><td>采用测厚仪或其他适用量具测量</td><td>√</td><td>√</td><td>√</td></tr>
<tr><td>旋塞阀结构</td><td>5.2.5</td><td>目视检查</td><td>√</td><td>√</td><td>√</td></tr>
<tr><td>密封角</td><td>5.2.6</td><td>7.19</td><td>√</td><td>√</td><td>√</td></tr>
<tr><td>密封</td><td>5.2.7</td><td>目视检查</td><td>√</td><td>√</td><td>√</td></tr>
<tr><td>操作</td><td>5.2.8</td><td>目视检查</td><td>√</td><td>√</td><td>√</td></tr>
<tr><td>限位装置</td><td>5.2.9</td><td>目视检查</td><td>√</td><td>√</td><td>√</td></tr>
<tr><td>扳手接触面</td><td>5.2.10</td><td>目视检查</td><td>√</td><td>√</td><td>√</td></tr>
<tr><td rowspan="6">连接尺寸</td><td>螺纹连接</td><td>5.3.1</td><td>采用螺纹环规和塞规检验</td><td>√</td><td>√</td><td>√</td></tr>
<tr><td>胶管连接</td><td>5.3.2</td><td rowspan="5">使用适用量具测量</td><td>√</td><td>√</td><td>√</td></tr>
<tr><td>快速接头</td><td>5.3.3</td><td>√</td><td>√</td><td>√</td></tr>
<tr><td>法兰连接</td><td>5.3.4</td><td>√</td><td>√</td><td>√</td></tr>
<tr><td>活接套连接</td><td>5.3.5</td><td>√</td><td>√</td><td>√</td></tr>
<tr><td>卡套连接</td><td>5.3.6</td><td>√</td><td>√</td><td>√</td></tr>
<tr><td colspan="2">壳体强度</td><td>6.2</td><td>7.2</td><td>√</td><td>—</td><td>—</td></tr>
<tr><td colspan="2">气密性</td><td>6.3</td><td>7.3</td><td>√</td><td>√</td><td>√</td></tr>
<tr><td colspan="2">额定流量</td><td>6.4</td><td>7.4</td><td>—</td><td>√</td><td>—</td></tr>
</table>

表 15（续）

试验项目	技术要求	试验方法	样品编号		
			1	2	3
操作力矩	6.5	7.5	√	√	√
下压开启阀门的下压操作力	6.6	7.6	√	√	√
抗扭力性能	6.7	7.7	—	√	—
抗弯曲性能	6.8	7.8	—	√	—
耐冲击性能	6.9	7.9	—	√	—
耐久性能	6.10	7.10	—	—	√
耐高温性能	6.11	7.11	—	√	—
耐低温性能	6.12	7.12	—	√	—
限位装置强度	6.13	7.13	√	√	√
过流切断装置性能	附录 B	附录 B	√	√	√

7.2 壳体强度试验

向已安装好的阀门加压，阀门的两端封闭，阀门应部分开启。试验时，各连接处应无渗漏。试验压力为公称压力的 1.5 倍且不低于 0.2 MPa。试验介质为粘度不高于水的非腐蚀性液体、空气或氮气。试验时间不应低于 1 min。进行强度试验时应做好安全防护措施。

7.3 气密性试验

气密性试验应在壳体强度试验之后进行。试验介质为空气或氮气，试验压力为 600 Pa 和 1.1 倍的公称压力(PN0.15 的阀门气密性试验压力为 600 Pa 和 22 kPa)。进行气密性试验时应做好安全防护措施。

7.3.1 外密封试验

向已安装好的阀门加压，阀门的两端封闭，阀门应全部开启，检查阀门的泄漏量。

7.3.2 内密封试验

对于双向密封的阀门应先后在关闭阀门的每一端加压，另一端敞开通向大气，以检查出口端密封面的泄漏量。

对单向密封并标有介质流动方向标志的阀门，应在进口端加压，另一端敞开通向大气，以检查出口端密封面的泄漏量。

7.4 额定流量试验

7.4.1 试验装置

试验装置如图 5 所示。流量测量误差不超过 2.0％。试验介质温度测量精确到±0.5 ℃。

单位为毫米

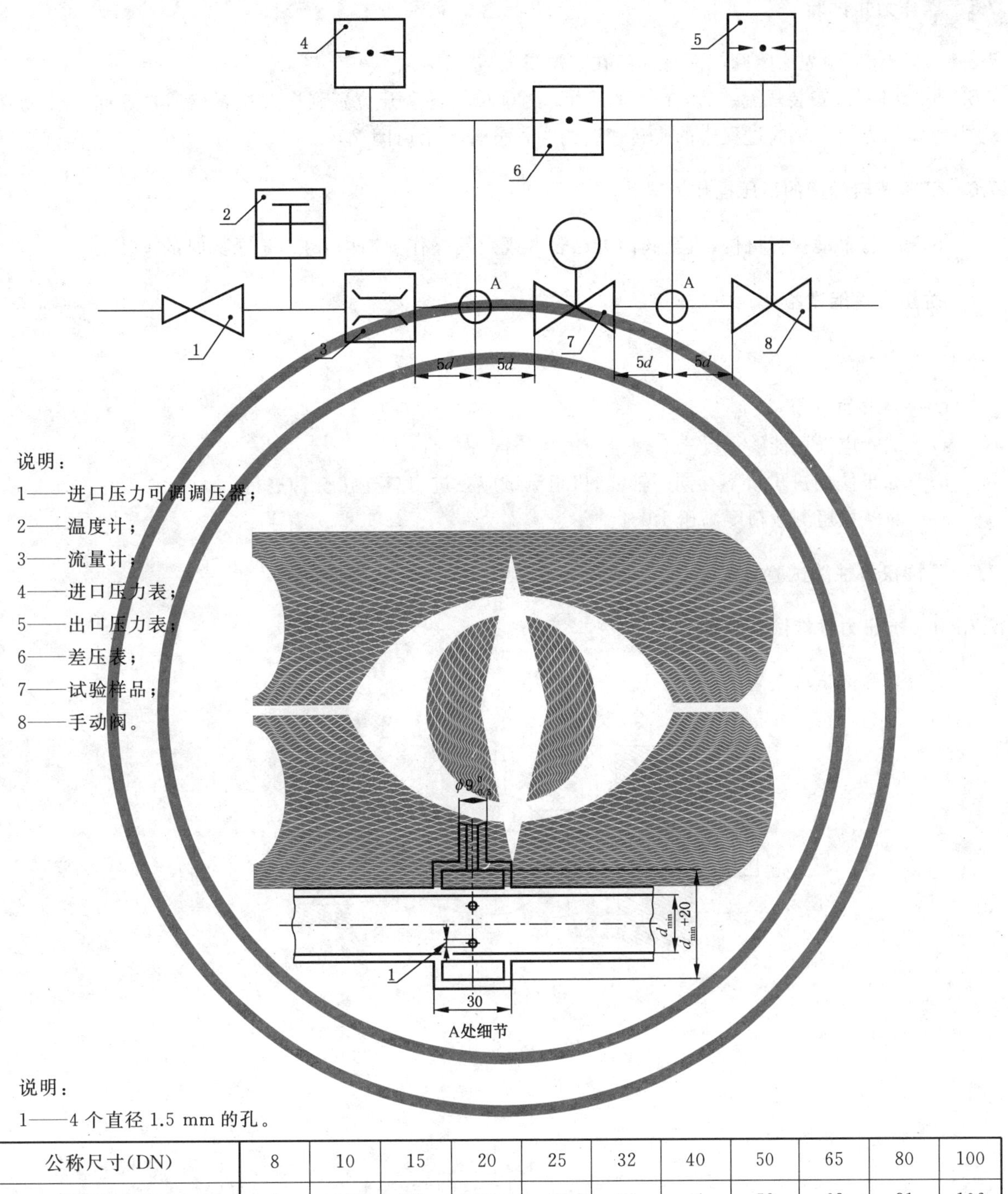

说明：

1——4 个直径 1.5 mm 的孔。

公称尺寸(DN)	8	10	15	20	25	32	40	50	65	80	100
管径 d_{min}	9	13	16	22	28	35	41	52	68	81	106

图 5 额定流量试验装置

7.4.2 试验过程

处于全开状态的阀门进口施加 2.5 kPa 的压力，调整流量使阀门前后压差为 100 Pa，此状态下流量即为阀门的额定流量。

7.5 操作力矩试验

7.5.1 试验前，预先启闭阀门后将阀门在室温下放置 23 h。

7.5.2 阀门出口安装限流装置，在公称压力下测量阀门自全开位置到全关位置然后再返回全开位置过程中的操作力矩。试验过程中的旋转速度约为每分钟 5 个启闭循环。

7.6 下压开启阀门的下压操作力试验

下压阀门手动执行机构，直至阀门可在表 8 规定的操作力矩内开启，记录此时的下压力。

7.7 抗扭力性能试验

7.7.1 一般规定

试验要求如下：

a) 试验应采用能够承受表 9 规定的扭矩的接头进行；

b) 如果阀门进出口不在同一轴线，扭矩测试应在进出口连接交替进行；

c) 确保扭矩测量精度高于 1.0%。

7.7.2 抗扭力性能试验方法

7.7.2.1 抗扭力性能试验装置

抗扭力性能试验装置见图 6。

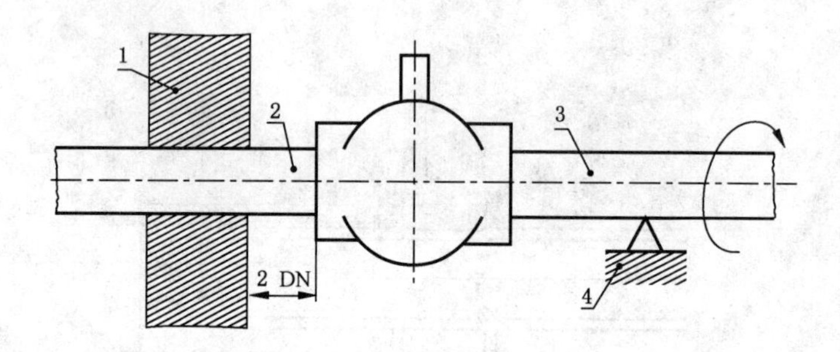

说明：

1——管固定装置；

2——管 1；

3——管 2；

4——管支撑。

图 6 抗扭力试验装置

7.7.2.2 抗扭力性能试验步骤

试验步骤如下：

a) 以不超过表 9 规定的扭矩将管 1 安装在阀门上，在距离阀门大于或等于 2 DN 的位置将管 1 固定；

b) 以不超过表 9 规定的扭矩将管 2 安装在阀门上；

c) 支撑管 2 使阀门不受弯矩；

d) 对管 2 施加表 9 规定的扭矩，扭矩应持续、平稳、逐渐地施加，当达到表 9 规定的扭矩后，保持 10 s；

e） 扭力撤销后检查阀门有无变形，按照 6.3 检查气密性，按照 6.5 检查操作力矩，下压开启阀门还应按照 6.6 检查下压操作力。

7.8 抗弯曲性能试验

7.8.1 除胶管阀以外的阀门抗弯曲性能试验方法

7.8.1.1 一般规定

试验要求如下：

a） 试验应采用能够承受表 10 规定的弯矩的接头进行；

b） 确保弯矩测量精度高于 1.0%；

c） 如果阀门进出口连接不同，较大的连接应作为管 1（见图 7）；

d） 试验用管长度为 1 m。

7.8.1.2 抗弯曲性能试验装置

抗弯曲性能试验装置见图 7。

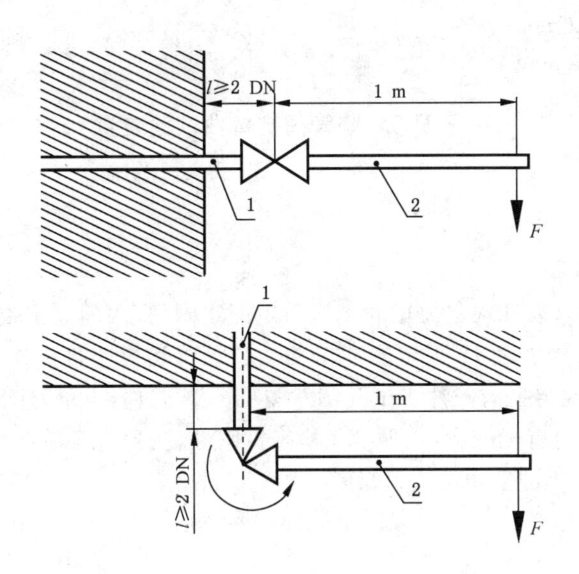

说明：

1——管 1；

2——管 2。

图 7 抗弯曲试验装置

7.8.1.3 抗弯曲性能试验步骤

试验步骤如下：

a） 使用抗扭矩试验的同一阀门与相同的连接管。

b） 在距离阀芯轴线 1 m 的位置施加 10 s 的力 F，使弯矩达到表 10 中规定的弯矩值。

c） 撤销应力后，检查阀门有无变形，按照 6.3 检查气密性，按照 6.5 检查操作力矩，下压开启阀门还应按照 6.6 检查下压操作力。

7.8.2 胶管阀抗弯曲试验装置

胶管阀抗弯曲试验装置见图8。

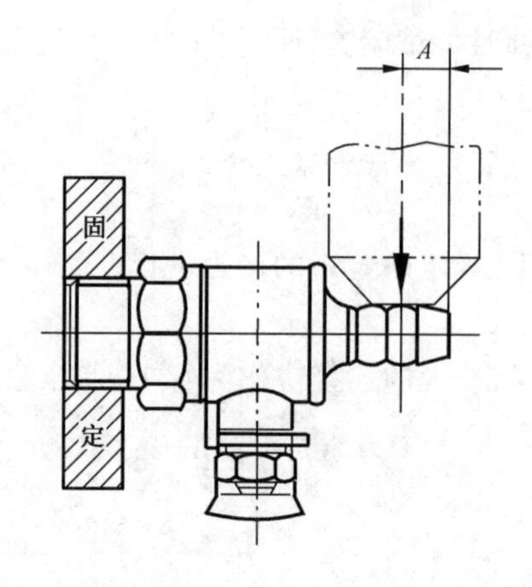

说明：

9.5 mm胶管接头 $A=8.0$ mm；

13 mm胶管接头 $A=9.5$ mm。

图8 胶管阀抗弯曲试验装置

7.9 耐冲击试验

阀门在关闭状态下，以表9规定力矩的1/2力矩固定阀门，阀门固定端的端面距固定基面距离不大于25 mm，对阀门另一端施加表12规定的冲击功。胶管阀和快速接头连接阀门的冲击试验示意图见图9，除胶管阀以外的其他类型阀门冲击试验示意图见图10。冲击试验应以燃气通路为轴心间隔90°进行4次。冲击后，检查阀门有无变形，按照6.3检查气密性，按照6.5检查操作力矩，下压开启阀门还应按照6.6检查下压操作力。冲击功按式(1)计算：

$$F=mLg(1-\cos\alpha) \qquad \cdots\cdots(1)$$

式中：

F ——冲击功，单位为牛米(N·m)；

m ——铁锤质量，单位为千克(kg)；

L ——从铁锤回转中心到重心的距离，单位为米(m)；

g ——重力加速度，单位为米每二次方秒(m/s^2)；

α ——铁锤上举角度，单位为度(°)。

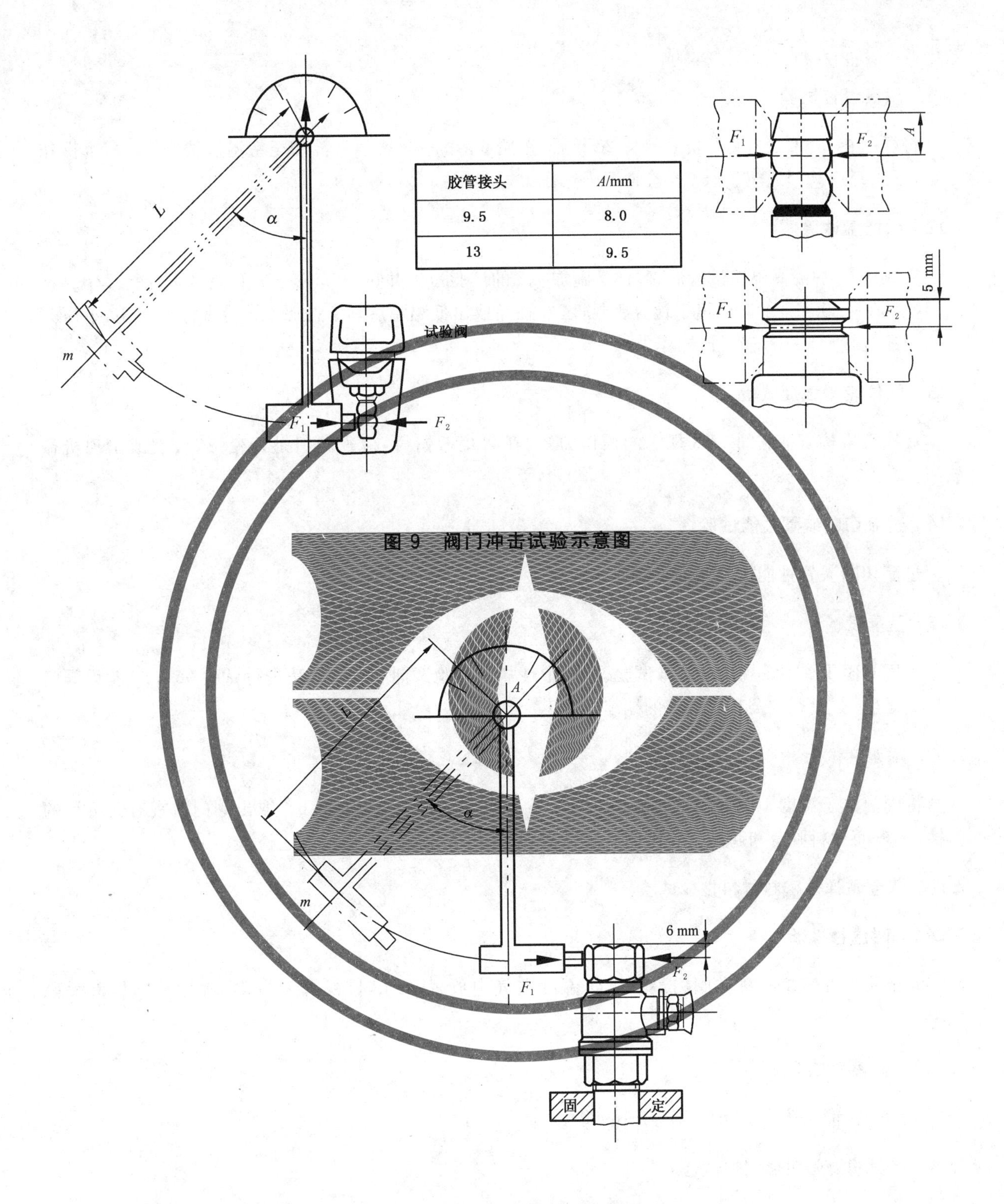

胶管接头	A/mm
9.5	8.0
13	9.5

图 9 阀门冲击试验示意图

图 10 阀门冲击试验示意图

7.10 耐久性试验

试验设备应保证阀门在测试过程中不受扭矩和弯矩。试验在室温下以空气为试验介质进行，试验压力为公称压力，流量为表 7 规定额定流量的 5%±1%。驱动手动执行机构从全关位置到全开位置往复循环。操作力矩不应超过表 8 的规定。操作速度应为每分钟 5±1 个循环。启闭次数按表 13 的规定。

7.11 耐高温性试验

将样品在 60 ℃±2 ℃环境下保持 23 h 后，按照 6.3 检查气密性。冷却至室温后按照 6.5 检查操作力矩，下压开启阀门还应按照 6.6 检查下压操作力。

7.12 耐低温试验

完成 7.11 的耐高温性试验后，对样品施加 7.2 的试验压力并在－20 ℃±1 ℃温度下保持 23 h 后，按照 6.3 在－20 ℃±1 ℃温度下检查密封性，在样品取出低温箱后马上按照 6.5 检查操作力矩，下压开启阀门还应按照 6.6 检查下压操作力。

7.13 限位装置强度试验

在执行机构末端施加 6.13 规定的操作力矩，在力矩撤销后，检查阀门是否变形，破裂或出现机械故障。

7.14 过流切断装置性能试验

过流切断装置性能按附录 B 的要求进行试验。

7.15 盐雾试验

采用 GB/T 10125 规定的盐雾试验设备、中性盐雾试验试剂和试验方法进行试验 96 h，试验后阀门样品应无生锈，无裂纹及其他有害的缺陷。

7.16 耐湿度试验

将阀门置于温度 40 ℃±3 ℃，相对湿度不小于 95 %的试验箱内 48 h。取出阀门目视有无可见的腐蚀、无表面涂料脱落和起泡。将阀门置于室温环境下 23 h 后再次进行上述检查。

7.17 非金属弹性密封材料性能试验

7.17.1 耐温性试验

非金属弹性密封材料在阀门最低工作温度空气中放置 24 h，目视有无脆化、软化及体积增大等现象。

7.17.2 耐燃气性能试验

耐燃气性能试验方法参照 GB/T 1690。

7.18 密封润滑脂耐燃气性试验

密封润滑脂耐燃气性试验方法参照 GB/T 16411。

7.19 密封角试验

将阀门安装在可测量执行机构旋转角度的装置上(如一个 3 600 分度尺和一个安装在手柄和操纵杆上的指针)，检查密封角应符合 5.2.6 的规定。

8 检验规则

8.1 检验分类

检验分为出厂检验和型式检验。

8.2 出厂检验

8.2.1 逐只检验

逐只检验项目见表16。

8.2.2 抽样检验

8.2.2.1 抽样检验项目及不合格分类见表16。

8.2.2.2 抽样检验应逐批进行，检验批应由同种材料，同一工艺，同一规格型号的产品组成，批量为一次交货数量。

8.2.2.3 抽样检验按GB/T 2828.1正常检验一次抽样方案，接收质量限及检验水平按表17的规定。

8.2.2.4 抽样检验判定规则

按8.2.2.1、8.2.2.2和8.2.2.3规定的全部抽样方案判断是合格的，则判该产品批接收。否则该产品批不接收。不接收批允许将不合格项目百分之百检验，将不合格产品剔除，不合格品可修理的，修理后按8.2的规定再次提交检验。

表16　检验项目及不合格分类

序号	检验项目	不合格分类	逐只检验	抽样检验	型式检验
1	材料	A	—	√	√
2	结构	A	—	√	√
3	连接尺寸	A	—	√	√
4	壳体强度	A	√	√	√
5	气密性	A	√	√	√
6	额定流量	B	—	—	√
7	操作力矩	B	—	√	√
8	下压开启阀门的下压操作力	B	—	√	√
9	抗扭矩性能	B	—	√	√
10	抗弯曲性能	B	—	√	√
11	耐冲击性能	B	—	√	√
12	耐久性能	B	—	—	√
13	耐高温性能	B	—	√	√
14	耐低温性能	B	—	√	√
15	限位装置强度	B	—	√	√
16	过流切断装置性能	A	√	√	√
17	非金属弹性密封材料性能	B	—	√	√
18	密封润滑脂性能	B	—	√	√
19	密封角	B	—	√	√
20	标志	A	—	√	√

表 17 接收质量限及检验水平

不合格分类	接收质量限 AQL	检验水平 IL
A 类	1.0	Ⅱ
B 类	4.0	Ⅱ

8.3 型式检验

8.3.1 有以下情况之一应进行型式检验：

a) 新产品鉴定，老产品转产或转厂时；

b) 改变设计、改变工艺、改变材料时；

c) 停产 6 个月以上恢复生产时；

d) 连续生产 12 个月后；

e) 连续生产 10 万只后；

f) 抽样检验结果与上次型式检验有较大差异时；

g) 国家质量监督机构提出型式检验要求时。

8.3.2 型式检验项目及不合格分类见表 16。

8.3.3 型式检验中各项内容均符合要求时则判定这次型式检验合格。

9 标志、包装、运输和贮存

9.1 标志

阀门明显位置应至少牢固标注以下信息：

a) 生产商名称或识别标记或商标；

b) 型号；

c) 阀体材料代号；

d) 燃气流动方向(有燃气流动方向要求的阀门)；

e) 生产日期(至少有年份)；

f) 设计使用年限；

g) 有过流切断装置的阀门标识应符合附录 B 规定。

9.2 包装

产品出厂应有包装箱包装。

9.3 运输

产品运输应轻拿轻放，防止压、砸、磕、碰。

9.4 贮存

产品应贮存在干燥、清洁的地方。

附 录 A
(资料性附录)
安装于户内的阀门的温升试验

安装于户内的阀门宜进行温升试验,试验方法如下:

每个尺寸规格对两个阀门在15 kPa的压力下进行试验。一个阀门在关阀的状态下进行温升试验,阀门的出口向大气敞开,另一个阀门在开阀的状态下,出口堵住。两个阀门均在保持418 ℃±6 ℃的高温箱中放置30 min,然后将阀门取出冷却至室温,在入口压力为15 kPa的压力条件下分别测试其泄漏量,处于关阀状态阀门的泄漏量不应超过169.2 L/h,处于开阀状态阀门的泄漏量不应超过57.6 L/h。

附 录 B
（规范性附录）
过流切断装置性能要求

B.1 过流切断装置的性能要求

B.1.1 气密性

关闭状态的过流切断装置泄漏量应小于 1 L/h，试验方法见 B.2.1。

B.1.2 手动复位机构

过流切断装置的阀门应有手动复位机构，切断后不应自动复位，试验方法见 B.2.2。

B.1.3 切断流量和热负荷

过流切断装置的切断流量应与其配套使用的燃具热负荷相适应，切断流量误差应低于±10%。试验方法见 B.2.3。

B.1.4 耐久性

过流切断装置应在 1 000 次启闭试验后仍符合 B.1.1 气密性要求，试验方法见 B.2.4。

B.1.5 非金属零部件的耐燃气性

过流切断装置的非金属零部件的耐燃气性应符合 5.1.6 的要求，试验方法见 B.2.5。

B.1.6 欠压状态切断性能

在过流切断装置进口压力低于额定工作压力时仍应具有良好的切断功能。欠压状态下切断后的气密性应符合 B.1.1 的要求，切断流量的精度不做要求，试验方法见 B.2.6。

B.1.7 对有过流切断装置阀门的要求

安装有过流切断装置的阀门进口侧应有过滤网。

B.1.8 对过流切断装置的要求

过流切断装置应与单一燃具配套使用，不应 2 个或 2 个以上燃具共同使用同一个过流切断装置。

B.1.9 说明书和标识

带有过流切断装置的阀门说明书及阀体应有如下信息：

a） 适用燃气种类代号；

b） 切断流量（空气）和热负荷；

c） 安装姿态的说明和标识。

B.2 试验方法

B.2.1 气密性试验方法

将过流切断装置的进口侧压力按照适用燃气种类调整为其额定工作压力。缓慢增大流量直至过流切断装置切断,此时检查其泄漏量。试验介质为空气或氮气。

B.2.2 手动复位机构试验方法

按B.2.1试验方法使过流切断装置切断后将阀门进口侧压力缓慢调整为额定工作压力的50%,其过程不应有相对于燃气正常流向的反向冲击,检查过流切断装置的气密性。气密性应符合B.1.1的要求。重置手动复位机构后,过流切断装置应正常开启通气。试验介质为空气或氮气。

B.2.3 切断流量试验方法

将过流切断装置的进口侧压力按照适用燃气种类调整为其额定工作压力,缓慢增大流量直至过流切断装置切断,检查切断瞬间的流量。试验介质为空气。

B.2.4 耐久性试验方法

将过流切断装置的进口侧压力按照适用燃气种类调整为其额定工作压力,缓慢增大流量直至过流切断装置切断后通过手动复位机构复位过流切断装置为一个循环,重复1 000次循环后按照B.2.1进行气密性试验。

B.2.5 非金属零部件的耐燃气性试验方法

非金属零部件的耐燃气性试验按7.17进行。

B.2.6 欠压状态切断性能试验方法

将过流切断装置的进口侧压力按照适用燃气种类调整为其额定工作压力的50%,缓慢增大流量直至过流切断装置切断,此时检查其泄漏量。试验介质为空气或氮气。

B.3 燃气种类和额定工作压力

过流切断装置所适应的各燃气种类额定工作压力见表B.1。

表B.1 过流切断装置的额定工作压力

燃气种类及代号	额定工作压力/kPa
天然气(NG)	2.0
液化石油气(LPG)	2.8
人工煤气(MG)	1.0

ICS 91.140
P 47

中华人民共和国城镇建设行业标准

CJ/T 385—2011

城镇燃气用防雷接头

Lightning protecting joint of city gas engineering

2011-11-18 发布　　2012-05-01 实施

中华人民共和国住房和城乡建设部　发布

前　言

本标准按照 GB/T 1.1—2009 给出的规则起草。

本标准由住房和城乡建设部标准定额研究所提出。

本标准由住房和城乡建设部城镇燃气标准技术归口单位归口。

本标准起草单位:重庆新大福机械有限责任公司、中国市政工程华北设计研究总院、特瑞斯信力(常州)燃气设备有限公司。

本标准主要起草人:华永康、刘斌、郑勃。

城镇燃气用防雷接头

1 范围

本标准规定了城镇燃气用防雷接头(简称防雷接头)的术语和定义,分类、型号和规格,要求,试验方法,检验规则,标识、包装、运输和贮存。

本标准适用于公称尺寸 DN≤150,公称压力 PN≤0.4 MPa 的用户燃气管道用防闪电电涌侵入的接头。

2 规范性引用文件

下列文件对于本文件的应用是必不可少的。凡是注日期的引用文件,仅注日期的版本适用于本文件。凡是不注日期的引用文件,其最新版本(包括所有的修改单)适用于本文件。

GB/T 1047 管道元件 DN(公称尺寸)的定义和选用

GB/T 1048 管道元件 PN(公称压力)的定义和选用

GB/T 2828.1 计数抽样检验程序 第1部分:按接收质量限(AQL)检索的逐批检验抽样计划

GB/T 7306.2 55°密封管螺纹 第2部分:圆锥内螺纹与圆锥外螺纹

GB/T 8163 输送流体用无缝钢管

GB/T 8923 涂装前钢材表面锈蚀等级和除锈等级

GB/T 9440 可锻铸铁件

GB/T 9711.1 石油天然气工业 输送钢管交货技术条件 第1部分:A级钢管

GB/T 9711.2 石油天然气工业 输送钢管交货技术条件 第2部分:B级钢管

GB/T 12230 通用阀门 不锈钢铸件技术条件

GB/T 14976 流体输送用不锈钢无缝钢管

GB 15558.1 燃气用埋地聚乙烯(PE)管道系统 第1部分:管材

GB/T 23257 埋地钢质管道聚乙烯防腐层

GB 50057—2010 建筑物防雷设计规范

GB 50251 输气管道工程设计规范

3 术语和定义

下列术语和定义适用于本文件。

3.1

防雷接头 lightning protection joint

用于用户燃气管道,将室内设备和设施与户外金属管道绝缘隔离的具有防闪电电涌侵入功能的管道接头。防雷接头结构见图1。

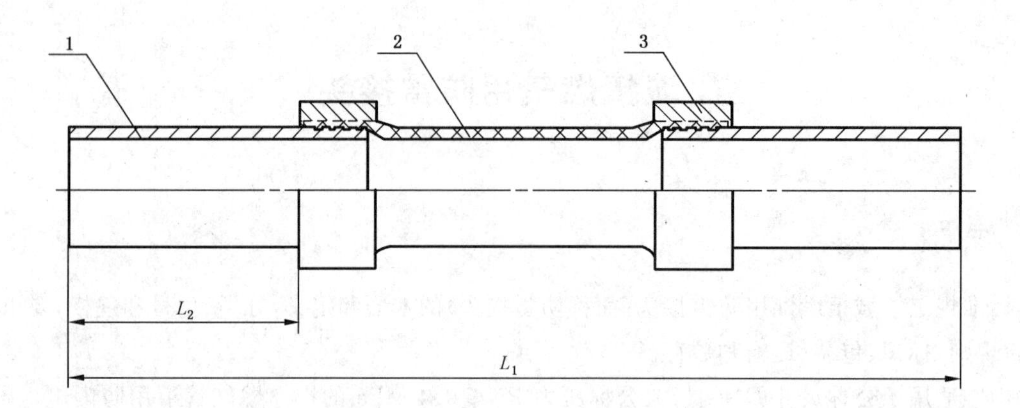

说明：

1——金属短管；

2——绝缘材料；

3——锁紧套。

a） 焊接的防雷接头

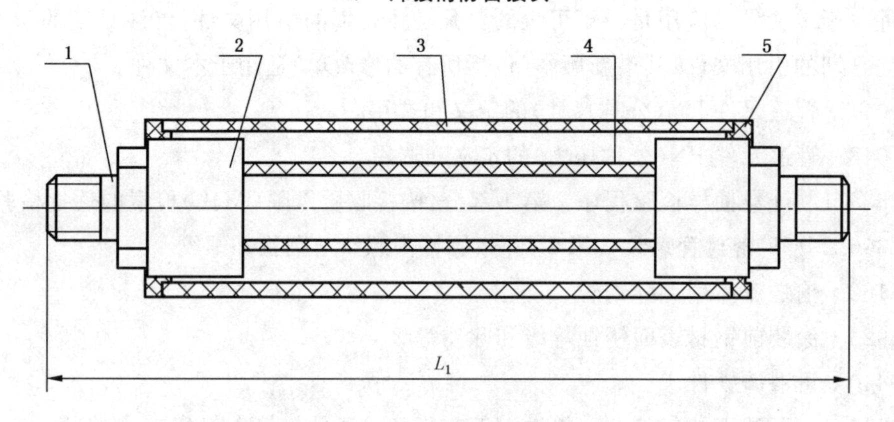

说明：

1——金属短管；

2——锁紧套；

3——绝缘套管；

4——绝缘材料；

5——定位圈。

b） 螺纹连接的防雷接头

图 1 防雷接头结构示意图

3.2

闪电电涌侵入 lightning surge on incoming services

由于雷电对架空线路、电缆线路或金属管道的作用，雷电波，即闪电电涌，可能沿着这些管线侵入屋内，危及人身安全或损坏设备。

[GB 50057—2010，2.0.18]

4 分类、型号和规格

4.1 分类

按连接方式分为以下两种：

a） 采用螺纹连接的防雷接头，代号为 L；

b） 采用焊接的防雷接头，代号为 H。

4.2 型号

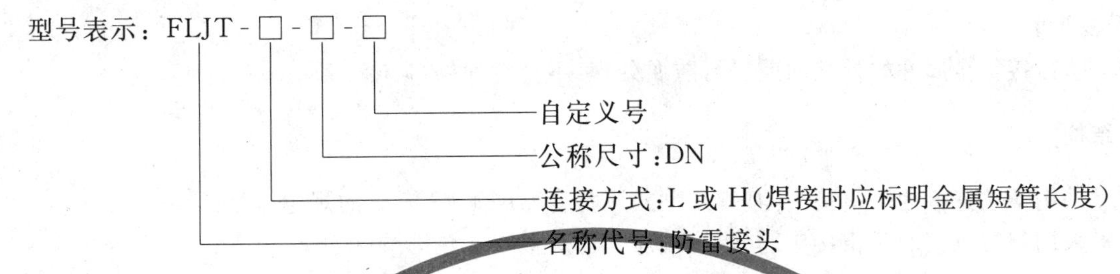

示例：

公称尺寸 DN 80，连接方式为焊接，金属短管长度为 200 mm 的 1 型防雷接头其型号标记为：FLJT-H200-80-1。

4.3 规格

防雷接头规格尺寸见表 1。

表 1 防雷接头规格

公称尺寸，DN	长度 L_1/mm	连接方式	焊接时金属短管长度 L_2/mm
15	≥200	螺纹连接/焊接	≥120
20			
25			
40	≥500		≥150
50			
80			≥300
100	≥800	焊接	≥350
150			

5 要求

5.1 基本要求

防雷接头应符合下列规定：

a） 防雷接头的公称尺寸应符合 GB/T 1047 的规定，公称压力应符合 GB/T 1048 的规定；

b） 防雷接头的产品设计文件有特殊要求时，还应符合设计文件的要求；

c） 防雷接头的金属短管与绝缘段的接合宜采用冷挤压方式，不应采用螺纹连接和粘接；

d） 防雷接头与其连接管道匹配的具体要求，见附录 A。

5.2 材料

5.2.1 钢管应符合 GB/T 9711.1（L175 级钢管除外）、GB/T 9711.2、GB/T 8163 和 GB/T 14976 的规定。

5.2.2 螺纹连接时，金属短管可采用铸件。铸铁件应符合 GB/T 9440 的规定，不锈钢铸件应符合 GB/T 12230的规定。

5.2.3 绝缘材料采用 PE 管材时，PE 管材应符合 GB 15558.1 的规定。

5.3 外观

5.3.1 在日光或灯光照射下用目测方法进行检验，防雷接头的外观应清洁、平整，不应有明显的划痕、破损及变形。

5.3.2 防雷接头金属件的外表面应进行防腐处理(不锈钢除外)。

5.4 结构

5.4.1 采用螺纹连接的防雷接头，其螺纹型式应符合 GB/T 7306.2 的规定。

5.4.2 采用焊接连接的防雷接头，其焊接端应考虑焊接工艺热影响区。

5.4.3 防雷接头长度公差为±4 mm，垂直度公差为 4%公称尺寸，同轴度公差为 4%公称尺寸。

5.5 性能

5.5.1 耐冲击性能

防雷接头通入压力为 0.6 MPa 的空气状态下固定两端，经表 2 所规定的冲击功，按规定对准接头冲击后，接头应无漏气、破损、松动现象。试验方法见 6.1。

表 2 冲击功

公称尺寸，DN	15	20	25	40	50	80	100	150
冲击功 E/J	13.5	21		30		42		50

注：冲击试验公式 $E=MLg(1-\cos\alpha)$

式中：

E ——冲击功，单位为焦耳(J)，1 J=0.102 kgf·m；

M——重锤质量，单位为千克(kg)；

L ——重锤回转轴中心到重心的距离，单位为米(m)；

g ——重力加速度，单位为米每二次方秒(m/s²)；

α ——重锤上扬角度。

5.5.2 气密性能

对防雷接头施加 0.5 MPa 的气压，保持 1 min，应无泄漏。试验方法见 6.2。

5.5.3 强度性能

对防雷接头施加 0.6 MPa 的气压，保持 1 min，应无泄漏。试验方法见 6.3。

5.5.4 电绝缘强度性能

防雷接头击穿电压不应小于 60 kV。试验方法见 6.4。

5.5.5 拉伸性能

5.5.5.1 恒定拉伸速率性能

防雷接头进行恒定拉伸速率试验后绝缘材料与金属短管连接处应无任何泄漏和相对轴向位移。试验方法见 6.5.1。

5.5.5.2 恒定荷载拉伸性能

在(85±5)℃温度下进行表3规定的恒定载荷拉伸性能试验后，绝缘材料与金属短管连接处应无任何泄漏和相对轴向位移。试验方法见6.5.2。

表3 端载荷

单位为牛顿

公称尺寸，DN	端负荷	公称尺寸，DN	端负荷
15	430	50	2 300
20	560	80	7 500
25	730	100	11 500
40	1 480	150	24 000

5.5.6 耐候性能

对防雷接头分别在－40 ℃和70 ℃范围内进行耐候性试验后，防雷接头应无泄漏。试验方法见6.6。

6 试验方法

6.1 耐冲击性能试验

6.1.1 试验介质为干燥、洁净的空气。

6.1.2 试验装置为冲击试验台。

6.1.3 按图2所示，在防雷接头试样两端将接头按其结构紧固，通入压力为0.6 MPa的空气后，施加表2规定的冲击功，确认接头无破损、泄漏以及影响使用的变形。

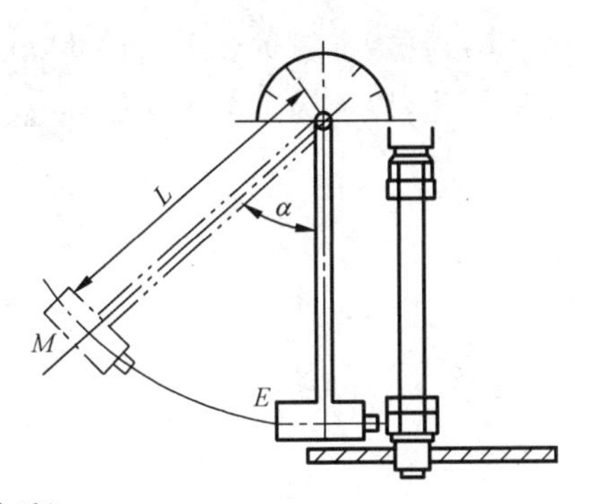

注：M、L、α、E见表2注，重锤见图2b)。

a) 耐冲击性能试验装置

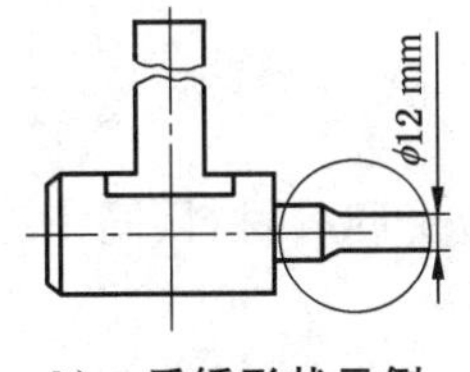

b) 重锤形状示例

图2 耐冲击性能试验

6.2 气密性能试验

在常温下，接头一端堵住后浸入水槽，从另一端注入 0.5 MPa 空气，保持 1 min，确认无泄漏。

6.3 强度性能试验

在常温下，接头一端堵住后浸入水槽，从另一端注入 0.6 MPa 空气，保持 1 min，确认无泄漏。

6.4 电绝缘强度性能试验

防雷接头一端接地，另一端接冲击电压发生器，冲击电压波形为 1.2/50 μs，击穿电压强度不应小于 60 kV。

6.5 拉伸性能试验

6.5.1 恒定拉伸速率性能

在(23±2)℃温度下，利用能够提供足够拉力的拉伸试验机或其他设备对防雷接头进行拉伸，拉伸速率为(25±2)mm/min，直至绝缘材料部分产生屈服形变，然后将防雷接头取下在 2.5 kPa 的压力下进行气密性试验。

6.5.2 恒定荷载拉伸性能

在(85±5)℃温度下，利用拉伸试验机或其他设备对防雷接头施加恒定拉力，在(5±1)min 时间内将拉力增加到规定数值，然后保持 500 h，完成之后将取下的防雷接头在(23±2)℃温度下放置 24 h，然后分别在 2.5 kPa 和 0.6 MPa 压力下连续 24 h 进行气密性试验。

6.6 耐候性能试验

在气体温度 70 ℃的环境下保持 2 h，其后，常温状态下放置 30 min，在－40 ℃状态下放置 2 h，再在常温状态下放置 30 min，使其温度不断变化，以上为 1 个周期循环. 反复 5 个周期循环后，按照 6.2 的要求进行气密性试验。

7 检验规则

7.1 出厂检验

7.1.1 逐件检验

逐件检验应在生产线上进行，其检验的项目应包括防雷接头的外观和气密性能。

7.1.2 抽样检验

7.1.2.1 抽样检验应逐批进行，检验批应由同种材料、同一工艺和同一班次生产、同一规格型号的产品组成。

7.1.2.2 抽样方案可按 GB/T 2828.1 的规定采用，采用一般检验水平Ⅱ，正常检查一次计数抽样方案。检验样品可根据需要在生产线上随机截取，并配上相应的管件进行试验。抽样检验的检验项目和合格质量水平(AQL)按表 4 的规定采用。

表 4 抽样检验项目和合格质量水平(AQL)

检验项目	条　　款	AQL
气密性能	5.5.2	0.4
标识	8.1	
外观	5.3	1.0
结构	5.4	

7.1.3 判定规则

按 7.1.2.2 规定的抽样方案判断是合格的,则该批产品检验合格;否则,判该批产品检验不合格。不合格批允许将不合格项目 100%检验,将不合格品剔除或修理后按 7.1.2.2 再次提交检验一次。

7.2 型式检验

7.2.1 检验条件

有下列情况之一时,应进行型式检验:

a) 新产品的试制定型鉴定或老产品转厂生产;
b) 当正常生产的产品在设计、工艺、生产设备等方面有较大改变而可能影响产品的性能时;
c) 停产 1 年后恢复生产时;
d) 出厂检验结果与上次型式检验有较大差异时;
e) 正常生产时,每年至少进行 1 次;
f) 国家质量监督检验机构提出进行型式检验的要求时。

7.2.2 检验项目

本标准中第 5 章、8.1 和 8.2 包含的条款。

7.2.3 样品数量

型式检验应从出厂检验合格的产品中随机抽取 3 件。

7.2.4 判定规则

7.2.2 中各项条款均符合要求时,则判定该产品型式检验合格。

7.3 检验项目不合格分类

防雷接头检验项目不合格类别见表 5。

表 5 防雷接头检验项目不合格类型

不合格类型	检验项目	条　　款
A	气密性能	5.5.2
	强度性能	5.5.3
	电绝缘强度性能	5.5.4
	拉伸性能	5.5.5
	耐候性能	5.5.6
	标识	8.1
B	除上述条款以外的项目	

8 标识、包装、运输和贮存

8.1 标识

每一个防雷接头都应进行标识。需要标示的信息如下：

a) 制造商名称；

b) 产品型号、制造日期；

c) 执行的制造标准；

d) 产品的编号(资料)；

e) 管件使用范围，绝缘材料的尺寸和材质；

f) 安装要求。

8.2 包装

防雷接头经检验员检验合格后方可进行包装。包装时应先采用塑料袋包装，然后放置到纸箱或包装箱中。塑料包装袋或纸箱(或包装箱)中应带有下列标识和资料：

a) 制造厂商名称；

b) 防雷接头规格、尺寸；

c) 制造日期；

d) 装箱数量；

e) 规定的贮存条件和贮存期限；

f) 包装中应有防雷接头的使用说明书；

g) 完整的装配图；

h) 各部件材质证明书；

i) 出厂合格证。

8.3 运输

运输过程中整个产品不应受到剧烈的撞击、划伤、抛摔，及暴晒、雨淋和污染。

8.4 贮存

防雷接头应存放于避光的库房内，严防紫外线辐射，堆码高度不应超过 2 m，贮存期限不应超过 2 年。包装成箱的产品应贮存在无腐蚀气体的干燥和干净的环境内，避免杂乱堆放和与其他物件混放。

附 录 A
（资料性附录）
防雷接头安装使用要求

A.1 防雷接头内径应与所接管道的内径一致。

A.2 防雷接头金属短管的材质应与其相连接的管道材质相同或相近；金属短管与相连管道应具有良好的可焊性。

A.3 防雷接头与相连的管道采用焊接连接时，金属短管与相连管道焊接一端的焊缝坡口型式应符合 GB 50251 中对接接头的有关规定，且与相连管线相匹配。

A.4 防雷接头的外表面除锈等级应达到 GB/T 8923 规定的 Sa $2\frac{1}{2}$或 St 3 级。其外表面应涂防锈漆或采用辐射交联热缩套包覆等工艺，包覆辐射交联热缩套应符合 GB/T 23257 的规定。

A.5 防雷接头在安装使用过程中不应发生扭曲。

参 考 文 献

〔1〕 ISO 10838-1-2000 Mechanical fittings for polyethylene piping systems for the supply of gaseous fuels—Part 1:Metal fittings for pipes of nominal outside diameter less than or equal 63 mm

〔2〕 ISO 10838-2-2000 Mechanical fittings for polyethylene piping systems for the supply of gaseous fuels—Part 2:Metal fittings for pipes of nominal outside diameter greater or equal 63 mm

ICS 91.140
P 47

中华人民共和国城镇建设行业标准

CJ/T 394—2018
代替 CJ/T 394—2012

电磁式燃气紧急切断阀

Electro-magnetic emergency shut-off valve for gas

2018-03-08 发布

2018-10-01 实施

中华人民共和国住房和城乡建设部　发布

前　言

本标准按照 GB/T 1.1—2009 给出的规则起草。

本标准代替 CJ/T 394—2012《电磁式燃气紧急切断阀》。与 CJ/T 394—2012 相比，主要技术变化如下：

——补充了术语、定义(见第 3 章、第 4 章，2012 版的第 3 章、第 4 章)；

——修改了分类和型号编制(见 4，2012 版的 4)；

——修改了结构、材料和连接(见 5.1、5.2，2012 版的 5.1、5.2、5.3)；

——修改了外部气密性的泄漏量(见 6.4，2012 版的 6.3)；

——增加了对不同口径紧急切断阀的额定流量指标的规定(见 6.6)；

——修改了额定流量的要求和试验方法(见 6.6、7.6，2012 版的 6.5、7.5)；

——修改了紧急切断性能要求和试验方法(见 6.7、7.7，2012 版的 6.7、6.8、7.7、7.8)；

——修改了扭矩和弯曲要求和试验方法(见 6.8、6.9、7.8、7.9，2012 版的 6.4、7.4)；

——修改了耐久性的要求和试验方法(见 6.11、7.11，2012 版的 6.11、7.11)；

——修改了关闭位置指示开关要求和试验方法(见 6.13、7.13，2012 版的 6.10、7.10)；

——修改了防爆性能的要求和试验方法(见 6.15、7.15，2012 版的 6.14、7.14)；

——修改了耐用性的要求和试验方法(见 6.17、7.17，2012 版的 6.6、7.6)；

——增加了非防爆结构的防引爆试验要求和试验方法(见附录 B)；

——删除了部件要求(见 2012 版的 6.2)；

——删除了标志耐用性要求和试验方法(见 2012 版的 6.6.2，2012 版的 7.6.2)；

——删除了耐划痕性要求和试验方法(见 2012 版的 6.6.3，2012 版的 7.6.3)；

——删除了耐潮湿性要求和试验方法(见 2012 版的 6.6.4，2012 版的 7.6.4)；

——删除了气密力要求和试验方法(见 2012 版的 6.9、7.9)；

——删除了电磁兼容性(EMC)要求(见 2012 版的 6.16)；

——删除了储能模块及相关描述(见 2012 版的附录 A)。

本标准由住房和城乡建设部标准定额研究所提出。

本标准由住房和城乡建设部燃气标准化技术委员会归口。

本标准起草单位：中国城市燃气协会、天津市浦海新技术有限公司、北京市燕山工业燃气设备有限公司、浙江汉特姆阀门有限公司、沈阳燃气有限公司、浙江鑫琦管业有限公司、河北秦汉电子科技有限公司、济南蓝信电子设备有限公司、河北萱源电子设备有限公司、射洪迅特波电子科技有限公司、重庆耐仕阀门有限公司、宁波华成阀门有限公司、成都鑫豪斯电子探测技术有限公司、广州荣信热能设备有限公司、宁波志清实业有限公司、绵阳华通磁件技术有限公司。

本标准主要起草人：迟国敬、牛军、乔斌、李万里、张立红、黄陈宝、刘忠华、徐波、李长立、沈琦杰、杨碧平、王朝阳、种海军、郑旭辉、陈志清、陈文波、孔祥娜、丁淑兰。

本标准所代替标准的历次版本发布情况为：

——CJ/T 394—2012。

电磁式燃气紧急切断阀

1 范围

本标准规定了电磁式燃气紧急切断阀(以下简称切断阀)的术语和定义,分类和型号,材料和结构,要求,试验方法,检验规则,标志和使用说明书,包装、运输和贮存。

本标准适用于最大工作压力不大于0.4 MPa、公称尺寸不大于DN 300、工作温度范围−20 ℃～60 ℃,与城镇燃气安全控制系统实现联动,以电磁力驱动的电磁式燃气紧急切断阀。

2 规范性引用文件

下列文件对于本文件的应用是必不可少的。凡是注日期的引用文件,仅注日期的版本适用于本文件。凡是不注日期的引用文件,其最新版本(包括所有的修改单)适用于本文件。

GB/T 699 优质碳素结构钢

GB/T 700 碳素结构钢

GB/T 1173 铸造铝合金

GB/T 1220 不锈钢棒

GB/T 1239.2 冷卷圆柱螺旋弹簧技术条件 第2部分:压缩弹簧

GB/T 1348 球墨铸铁件

GB/T 1591 低合金高强度结构钢

GB/T 1690 硫化橡胶或热塑性橡胶 耐液体试验方法

GB/T 3191 铝及铝合金挤压棒材

GB/T 3452.1 液压气动用O形橡胶密封圈 第1部分:尺寸系列及公差

GB/T 3452.2 液压气动用O形橡胶密封圈 第2部分:外观质量检验规范

GB 3836(所有部分) 爆炸性环境

GB/T 4208 外壳防护等级(IP代码)

GB/T 4423 铜及铜合金拉制棒

GB/T 5013.1 额定电压450/750 V及以下橡皮绝缘电缆 第1部分:一般要求

GB/T 5023.1 额定电压450/750 V及以下聚氯乙烯绝缘电缆 第1部分:一般要求

GB/T 7306.1 55°密封管螺纹 第1部分:圆柱内螺纹与圆锥外螺纹

GB/T 7306.2 55°密封管螺纹 第2部分:圆锥内螺纹与圆锥外螺纹

GB/T 9113 整体钢制管法兰

GB/T 9440 可锻铸铁件

GB 10009 丙烯腈-丁二烯-苯乙烯(ABS)塑料挤出板材

GB/T 12220 工业阀门 标志

GB/T 12221 金属阀门 结构长度

GB/T 12225 通用阀门 铜合金铸件技术条件

GB/T 12227 通用阀门 球墨铸铁件技术条件

GB/T 12229 通用阀门 碳素钢铸件技术条件

GB/T 12230 通用阀门 不锈钢铸件技术条件

GB/T 13384 机电产品包装通用技术条件

GB/T 15114 铝合金压铸件

GB/T 17213.1 工业过程控制阀 第1部分:控制阀术语和总则

GB/T 17241.6 整体铸铁法兰

GB/T 21465 阀门 术语

GB 50016 建筑设计防火规范

GB 50058 爆炸危险环境电力装置设计规范

CJ/T 346—2010 家用燃具自动截止阀

HG/T 20592 钢制管法兰(PN系列)

JB/T 106 阀门的标志和涂漆

3 术语和定义

GB 3836、GB 50058、GB/T 21465、GB/T 17213.1 中界定的以及下列术语和定义适用于本文件。

3.1

电磁式燃气紧急切断阀 electro-magnetic emergency shut-off valve for gas

安装在燃气系统中,当切断阀上的电磁线圈接收到外部电信号时,通过电磁力驱动实现自动关闭,并且只允许手动复位的阀门。

3.2

电磁线圈 electromagnetic coils

包括线圈本体、壳体、电路、复合物、电缆等(可不包含动铁芯、定铁芯及隔磁管)能按参数要求产生电磁力的部件。

3.3

常闭式电磁切断阀 often closed electromagnetic shut-off valve

切断阀在得电状态下,阀门处于开启状态,当切断阀断电后,阀门立即关闭。

3.4

常开式电磁切断阀 often open the electromagnetic shut-off valve

切断阀在断电状态下,阀门处于开启状态,当切断阀得电后,阀门立即关闭。

4 分类和型号

4.1 分类

切断阀的分类方式和类别,见表1。

表1 切断阀的分类方式和类别

序号	分类	类别
1	连接方式	法兰连接(F)、螺纹连接(L)
2	控制方式	常开式(K)、常闭式(B)
3	使用区域类型	防爆型、非防爆型
4	适用燃气种类	天然气(T)、人工煤气(R)、液化石油气(Y)

4.2 型号

4.2.1 型号编制

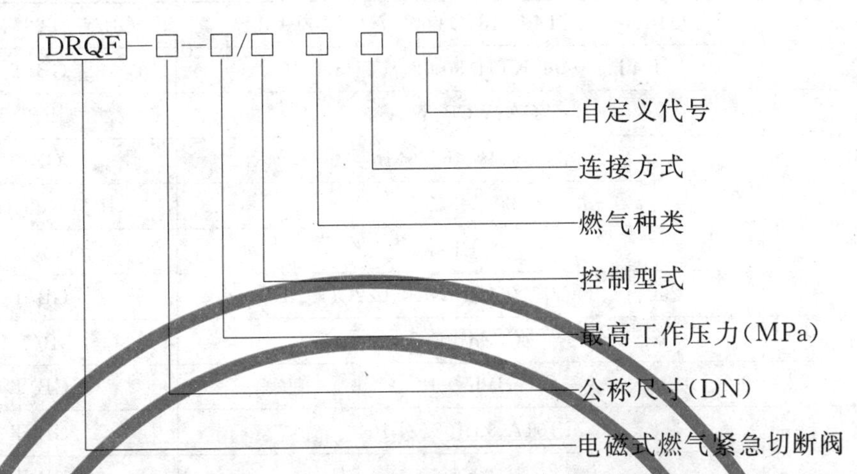

注：自定义号可以是汉语拼音字母，也可以是数字或混编，可标示其他功能代号、改进代号等有关内容；法兰连接标示可省略。

4.2.2 型号示例

示例 1：

DRQF-100-0.4/BT 表示公称尺寸为 DN 100、最高工作压力为 0.4 MPa，常闭式、燃气种类为天然气、法兰连接电磁式燃气紧急切断阀。

示例 2：

DRQF-15-0.02/KYL 表示公称尺寸为 DN 15、最高工作压力为 0.02 MPa，常开式、燃气种类为液化石油气、螺纹连接的电磁式燃气紧急切断阀。

5 材料和结构

5.1 材料

5.1.1 一般要求

5.1.1.1 用于制造切断阀零部件的材料，应具有耐城镇燃气性能。

5.1.1.2 材料的质量、尺寸和各零部件的组装方法，应保证阀门的结构和性能是安全的。按照制造商的说明安装和使用时，在合理的寿命期内，性能应没有明显的改变。同时，所有元件应能承受阀门在使用期间可能经受的机械、化学和热力等各种应力。

5.1.2 金属材料

5.1.2.1 切断阀宜采用表 2 规定的金属材料制造，允许采用同等或同等级以上的其他材料。其力学性能、化学性能、热处理等均应符合相关标准的规定。

表 2 常用金属材料

材料	牌号	标准号
球墨铸铁	QT400-15、QT400-18、QT500-7、QT400-18L	GB/T 12227、GB/T 1348
可锻铸铁	KTH300-06、KTH330-08、KTH350-10	GB/T 9440
铸钢	WCA、WCB、WCC	GB/T 12229
优质碳素钢	25、35、40、45、30Mn	GB/T 699
碳素钢	Q235、Q345-D	GB/T 700、GB/T 1591
不锈钢铸件	CF8、CF8M	GB/T 12230
不锈钢棒	20Cr13、30Cr13、06Cr19Ni10、022Cr19Ni10	GB/T 1220
铜合金铸件	ZCuZn40Pb2	GB/T 12225
铜合金锻件(棒)	HPb59-1	GB/T 4423
铸造铝合金	ZL101A、ZL102、ZL104	GB/T 1173
锻造铝合金	6061	GB/T 3191
压铸铝合金	LY102、LY104、LY108	GB/T 15115

5.1.2.2 弹簧应采用碳素钢、合金钢或不锈钢的弹簧钢丝制造,并应符合 GB/T 1239.2 的规定。

5.1.3 非金属材料

5.1.3.1 橡胶件应采用对工作介质有抗腐蚀能力的橡胶材料。
5.1.3.2 阀垫、O 型密封圈等橡胶件材料的耐城镇燃气性能应符合附录 A 的规定。
5.1.3.3 O 型密封圈的选用和验收应符合 GB/T 3452.1 和 GB/T 3452.2 的规定。
5.1.3.4 橡胶件的表面应平滑,无气泡、缺胶和脱层等缺陷。
5.1.3.5 橡胶件的使用寿命可参照附录 C 的规定。
5.1.3.6 塑料制件的材料性能应符合 GB 10009 的规定。

5.1.4 电缆

5.1.4.1 电缆应符合 GB/T 5013.1 和 GB/T 5023.1 的规定。其他电气部件应符合 GB 3836 的规定。
5.1.4.2 凡与切断阀安装和连接有关的引出电缆、端子和接头应有标识说明,应保证在按制造商声明的方法安装、连接和运行时不易产生错误。
5.1.4.3 电磁线圈外壳材料应符合 GB 3836 中非金属外壳和外壳的非金属部件、金属外壳和外壳的金属部件的规定。

5.2 结构

5.2.1 公称尺寸

切断阀进、出口连接的公称尺寸宜在 DN 15、DN 20、DN 25、DN 40、DN 50、DN 80、DN 100、DN 150、DN 200、DN 250、DN 300 中选用。

5.2.2 公称压力

切断阀进、出口连接的公称压力宜在 PN 2.5、PN 6、PN 10、PN 16 中选用。

5.2.3 设计压力

金属承压件包括正常工作时承受压力的金属零部件、压差密封件失效后承压的金属或非金属零部件。其设计压力不应小于最大进口压力的1.5倍,且不小于0.4 MPa。

5.2.4 结构长度

内螺纹连接、法兰连接的结构长度应符合GB/T 12221的规定。

5.2.5 结构设计

5.2.5.1 公称尺寸小于或等于DN 50的切断阀应为螺纹连接或法兰连接,公称尺寸大于DN 50的切断阀应为法兰连接。

5.2.5.2 整体铸铁法兰和钢制法兰的连接尺寸及密封面型式应符合GB/T 9113、GB/T 17241.6、HG/T 20592的规定。

5.2.5.3 铝合金铸造法兰的连接尺寸及密封面型式应符合表3的规定。

表3 PN16平面、突面铝合金整体铸造法兰

单位为毫米

公称尺寸 DN	连接尺寸					密封面		法兰厚度 *C*	法兰颈	
	法兰外径 *D*	螺栓孔中心圆直径 *K*	螺栓孔径 *L*	螺栓		*d*	*f*		*N*	*R*
				数量 *n*	螺纹规格					
15	95	65	14	4	M12	45	2	25	32	8
20	105	75	14	4	M12	58	2	25	40	8
25	115	85	14	4	M12	68	2	25	50	8
40	150	110	18	4	M16	88	3	30	70	8
50	165	125	18	4	M16	102	3	30	84	8
80	200	160	18	8	M16	138	3	30	120	8
100	220	180	18	8	M16	158	3	30	140	8
150	285	240	22	8	M20	212	3	40	190	10
200	340	295	22	12	M20	268	3	45	246	10
250	405	355	26	12	M24	320	3	45	296	12
300	460	410	26	12	M24	378	4	50	350	12

5.2.5.4 螺纹连接应采用密封管螺纹,并应符合GB/T 7306.1和GB/T 7306.2的规定。

5.2.5.5 阀口直径宜等于切断阀进、出口的公称尺寸。

5.2.5.6 阀口设计成缩径结构时,阀口直径的选择应使阀体流道任意截面积不应小于阀体进出口公称尺寸计算出面积的90%,阀口开度不应小于阀口直径的1/4。

5.2.5.7 公称尺寸大于或等于DN 50的切断阀宜设计压差平衡装置。

5.2.5.8 切断阀复位应采用手动复位方式。

5.2.5.9 切断阀应有切断状态指示和手动切断触发装置。

5.2.5.10 手动切断触发装置不应导致切断阀的自动切断功能失效。

5.2.5.11 手动切断触发装置应有防护机构,在防护解除后,方可进行手动操作。

5.2.5.12 切断阀宜设置阀位远传装置。

5.2.6 防爆结构

5.2.6.1 防爆型结构的切断阀，在燃气泄漏环境下应能安全运行。其结构和性能应符合 GB 3836 等的有关规定。

5.2.6.2 防爆结构型式应在下列型式中选择，并应符合 GB 3836 等的有关规定：

a) 隔爆外壳“d”；
b) 增安型“e”；
c) 本质安全型“i”；
d) 浇封型“m”。

5.2.7 非防爆结构

非防爆型结构的切断阀，其接触燃气部分及可能接触燃气的充电部分应具有防引爆性能。其性能和试验方法应符合附录 B 的要求。

5.2.8 电磁线圈安装结构形式

电磁线圈整体安装在切断阀上，安装形式分为可拆卸式和不可拆卸式两种。对于可拆卸式，当拆下电磁线圈后，阀体及其与电磁线圈连接部分应保证密封性。对于不可拆卸式，电磁线圈与阀体的安装结构应牢固，并应保证密封性。

5.2.9 防护结构

电磁线圈外壳应有防尘、防水的防护结构，防护等级应达到 IP54，性能要求和试验应符合 GB 4208 的规定。

6 要求

6.1 一般要求

6.1.1 在下列条件下，切断阀应能正常运行：

a) 在制造商声明的工作压力范围内；
b) 制造商声明的所有安装位置；
c) 在环境温度－20 ℃～60 ℃范围内，相对湿度 5%～95%范围内；
d) 电源额定值：交流(AC)220 V，直流(DC)6 V/12 V/24 V；
e) 交流电电压在额定值的 85%～110%范围内，直流电电压在额定值的 90%～110%范围内。

6.1.2 电流应符合下列要求：

a) 用电源直接带动线圈产生电磁力的应标明最大电流；
b) 用电容放电获得电磁力的应标明放电电流；
c) 内部有电路等电子组件的要标明静态功耗。

6.2 外观

6.2.1 切断阀表面应进行喷、涂防腐防锈等处理，涂层应均匀，色泽一致，无起皮、龟裂、气泡等缺陷。

6.2.2 切断阀及电磁线圈上的铭牌、标志及警告标志的安装、粘贴应齐全，不应有划伤、翘脚和脱落，标牌上的内容齐全，字迹清晰无误。

6.3 承压件强度

切断阀阀体等承压件应按公称压力的 1.5 倍进行水压强度试验。试验压力相同的各承压件可组合在一起进行试验，也可单独进行试验。保压时间不小于 3 min，持续试验时间内应无变形、破裂及渗漏。切断阀整体按最高工作压力的 1.5 倍进行水压强度试验，保压时间不小于 3 min，持续试验时间内应无变形、破裂及渗漏。

6.4 外密封

承压件和所有连接处应按公称压力的 1.1 倍进行气压密封试验，保压时间不应小于 3 min，应无可见泄漏。

6.5 内密封

切断阀阀瓣与阀座之间，阀体内部进、出口之间的隔板应进行高压气密封和低压气密封试验，在规定时间内，泄漏量不应超过表 4 的规定。

表 4 泄漏量

公称尺寸 DN	换算为基准状态的泄漏量 cm^3/h(气泡数/min)
15～40	15(2)
50～80	25(3)
100～150	40(5)
200～250	60(7)
300	100(11)

6.6 额定流量

切断阀处于完全开启状态，在规定试验条件下，其空气额定流量不应小于表 5 的规定。

表 5 切断阀额定流量

公称尺寸 DN/mm	15	20	25	40	50	80	100	150	200	250	300
额定流量/(m^3/h)	5	10	16	40	60	140	200	400	700	1 100	1 600
注：额定流量为切断阀进出口压差 $\Delta P=100$ Pa、入口压力 $P_1=2.5$ kPa，换算为基准状态下的流量。											

6.7 紧急切断性能

6.7.1 切断动作应灵活、可靠，从切断阀接收到外部发出的切断电信号到阀瓣与阀座关闭的切断时间应符合表 6 的要求。

6.7.2 手动复位装置和手动触发装置应灵活可靠、易于操作，无卡涩现象。手动复位力不大于 150 N，力矩不大于 15 N·m。

表 6　切断动作时间

公称尺寸 DN/mm	切断动作时间/s
15～50	≤1
80～200	≤2
250～300	≤3

6.8　抗扭力性能

切断阀施加表 7 规定的扭矩 10 s 后，应无破损、变形，并符合 6.5 的要求。

表 7　施加扭矩值

公称尺寸 DN/mm	15	20	25	40	50
扭矩/(N·m)	75	100	125	180	200

6.9　抗弯曲性能

切断阀施加表 8 规定的弯矩 10 s 后，应无破损、变形，并符合 6.5 的要求。

表 8　施加弯矩值

公称尺寸 DN/mm	15	20	25	40	50	80	100	150～300
扭矩/(N·m)	70	90	160	350	520	780	950	1 100

6.10　抗冲击性能

切断阀施加表 9 规定的冲击载荷后，切断阀不应切断。

表 9　冲击试验载荷

公称尺寸 DN/mm	DN≤50	DN 80/DN 100	DN 150/DN 200	DN 250/DN 300
冲击载荷质量 M/kg	0.2	0.3	0.4	0.5

6.11　耐久性

切断阀在实验室温度条件下进行启、闭动作试验，累计动作次数应达到表 10 规定的次数，试验后内密封和切断性能应符合 6.5、6.7 的规定。

表 10　耐久性试验次数

公称尺寸 DN/mm	DN≤40	DN50～DN80	DN100～DN150	DN200～DN300
累计动作次数	2 000	500	400	200

6.12 耐用性

6.12.1 耐高温性

按 7.12.1 试验后，应符合 6.4、6.5、6.7 的要求，且不应有破坏涂覆和腐蚀现象。

6.12.2 耐低温性

按 7.12.2 试验后，应符合 6.4、6.5、6.7 的要求，且不应有破坏涂覆和腐蚀现象。

6.12.3 耐恒定湿热性

按 7.12.3 试验后，应符合 6.4、6.5、6.7 的要求。

6.13 阀位指示开关

切断阀宜使用无源阀位指示开关，在切断和复位动作时，阀位开关的触点转换应接触可靠。

6.14 电气安全性

应符合 CJ/T 346—2010 中 6.3.7 的相关要求。

6.15 防爆性能(Ex)

6.15.1 对于可从阀体上拆卸的电磁线圈，可单独做防爆、外壳防护认证并取得合格证；对于电磁线圈与阀体不可拆卸的应整体进行防爆、外壳防护认证，并取得合格证。

6.16.2 应声明阀门的防爆型式，并应符合 GB 3836 系列标准中的相关要求，防爆等级不低于ⅡBT4。

6.16 防护性能(IP)

防护等级不小于 IP54。

6.17 非金属材料耐燃气性能

非金属材料耐燃气性能试验应符合附录 A 的规定。

7 试验方法

7.1 试验条件

7.1.1 参比试验大气条件

7.1.1.1 参比性能试验应在下列大气条件下进行：

a) 环境温度：20 ℃±2 ℃；

b) 相对湿度：60％～70％；

c) 大气压力：86 kPa～106 kPa。

7.1.2 一般试验大气条件

当试验无需在参比大气条件下进行时，可在下列大气条件下进行：

a) 环境温度：15 ℃～35 ℃；

b) 相对湿度：45％～75％；

c) 大气压力：86 kPa～106 kPa。

7.1.3 试验介质

7.1.3.1 承压件强度试验用介质为温度高于5 ℃的洁净水(可加入防锈剂)。

7.1.3.2 承压件密封性试验用介质为干燥空气。

7.1.4 试验的一般要求

7.1.4.1 试验时切断阀应按正常工作位置安装或放置。

7.1.4.2 除另有规定外,试验中不应敲击或振动被测切断阀。

7.1.4.3 除仲裁试验外,试验可在一般试验大气条件下进行。

7.1.4.4 设置值应修正至基准状态。

7.1.5 试验用仪器仪表的选用

7.1.5.1 密封试验用压力表的选用应符合下列要求:

a) 压力表的量程宜为试验压力的2倍;

b) 压力表的精度应不低于0.4级。

7.1.5.2 承压件强度试验用压力表的选用应符合下列要求:

a) 压力表的量程宜为试验压力的2倍;

b) 压力表的精度应不低于1.6级。

7.1.5.3 抗扭力性能试验、抗弯曲性能试验所用扭力扳手量程为1.5倍~3倍试验力矩,精度为±1%。

7.1.5.4 试验用电工仪表精度等级不低于1.5级,测量误差不应超过读数的±4%。

7.1.5.5 流量系数试验用仪器、仪表应符合表11的规定。

表11 切断特性和流量系数试验用仪器、仪表

检测项目	仪表名称	规格	精度或分度值
压力	压力表	根据试验压力范围确定	0.4级
	压力传感器		0.1级
	水柱压力计		10 Pa
大气压力	大气压力计	86 kPa~106 kPa	10 Pa
流量	流量计(带修正仪)	根据试验流量范围确定	1.5级
介质温度	温度计、温度传感器	0 ℃~50 ℃	0.5 ℃
切断响应时间	计时器	—	0.01 s

7.2 外观检查

环境照度在300 lx~500 lx范围内,用目测法检查应符合6.2.1、6.2.2的规定。

7.3 承压件强度试验

试验时向承压件腔室缓慢增压至所规定的试验压力,保压3 min,试验结果应符合6.3的规定。整体强度试验时,切断阀处于开启状态,封闭切断阀出口,向切断阀进口缓慢增压至所规定的试验压力。保压3 min。试验压力在试验持续时间内应保持不变,试验结果应符合6.3的规定。

7.4 外密封试验

切断阀及其附加装置组装后进行气压密封性试验。切断阀处于开启状态,试验时向各承压件腔室缓慢增压至所规定的试验压力。保压 3 min。试验压力在试验持续时间内应保持不变。用检漏液进行检查,各部位应无可见泄漏。进行气密性试验时应采取安全防护措施。

7.5 内密封试验

7.5.1 DN50 及以上切断阀内密封高压试验

切断阀处于关闭状态,入口侧缓慢通入 1.5 倍最大工作压力的压缩空气,持续时间不小于 3 min,泄漏量应符合表 4 的规定。

7.5.2 DN50 及以上切断阀内密封低压实验

切断阀处于关闭状态,入口侧通入 2.5 kPa 的压缩空气,持续时间不小于 3 min,泄漏量应符合表 4 的规定。

7.5.3 DN50 以下切断阀内密封高压试验

切断阀处于关闭状态,入口侧缓慢通入 1.5 倍最大工作压力或 15 kPa(取其较大值)的压缩空气,持续时间不小于 1 min,泄漏量应符合表 4 的规定。

7.5.4 DN50 以下切断阀内密封低压试验

切断阀处于关闭状态,入口侧通入 600 Pa 的压缩空气,持续时间不小于 1 min,泄漏量应符合表 4 的规定。

7.6 额定流量试验

切断阀处于全开状态,入口侧通入 2.5 kPa 的压缩空气,调整流量使切断阀进、出口压差为 100 Pa,所测流量修正至基准状态,即为额定流量。额定流量应符合 6.6 的规定。

7.7 紧急切断性能试验

7.7.1 型式检验中测试紧急切断性能时,应在最高工作压力下进行,出厂检验中测试紧急切断性能可空载进行。

7.7.2 切断阀由电磁线圈控制执行切断动作,切断后进行手动复位。重复切断和复位动作不少于3 次,切断机构和复位机构应灵敏可靠,动作无异常。试验结果应符合 6.7 的规定。

7.8 抗扭力性能试验

7.8.1 试验要求

7.8.1.1 试验应采用能承受表 7 规定扭矩的接头进行。

7.8.1.2 确保扭矩测量精度不低于 1.0%。

7.8.2 试验装置

抗扭力性能试验装置见图 1。

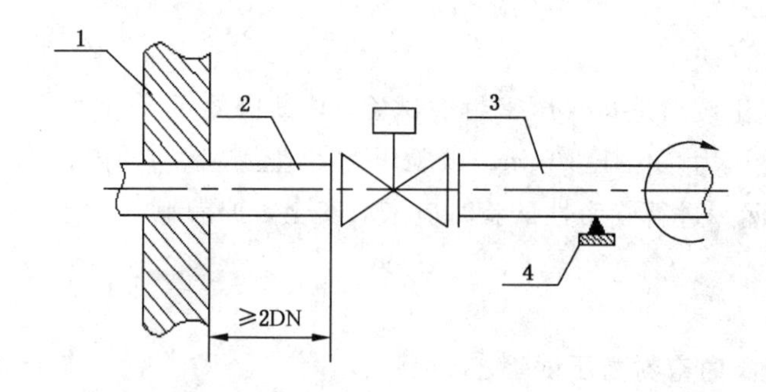

说明：

1——管固定装置；

2——管 1；

3——管 2；

4——管支撑。

图 1　抗扭力试验装置

7.8.3　试验步骤

7.8.3.1　以不超过表 7 规定的扭矩将管 1 安装在切断阀上，在距离切断阀大于或等于 2DN 的位置将管 1 固定。

7.8.3.2　以不超过表 7 规定的扭矩将管 2 安装在切断阀上。

7.8.3.3　支撑管 2 使切断阀不受弯矩。

7.8.3.4　对管 2 施加表 7 规定的扭矩，扭矩应持续、平稳、逐渐地施加，当达到表 7 规定的扭矩后，保持 10 s。

7.8.3.5　扭力撤销后检查切断阀，应无破损、无变形，试验结果应符合 6.8 的规定。内密封应符合 6.5 的规定。

7.9　抗弯曲性能试验

7.9.1　试验要求

7.9.1.1　试验应采用能承受表 8 规定弯矩的接头进行。

7.9.1.2　确保弯矩测量精度不低于 1.0%。

7.9.2　试验装置

抗弯曲性能试验装置见图 2。

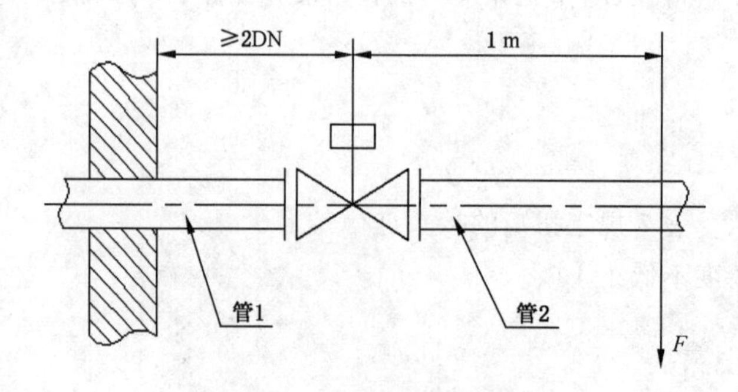

图 2　抗弯曲试验装置

7.9.3 试验步骤

7.9.3.1 如图2所示安装并连接好试验装置。

7.9.3.2 在距离阀芯轴线1 m的位置施加10 s的力 F,使弯矩达到表8的规定值。

7.9.3.3 撤销应力后检查切断阀,应无破损、无变形,试验结果应符合6.9的规定。内密封应符合6.5的规定。

7.10 抗冲击性能试验

7.10.1 试验装置

抗冲击性能试验装置见图3。

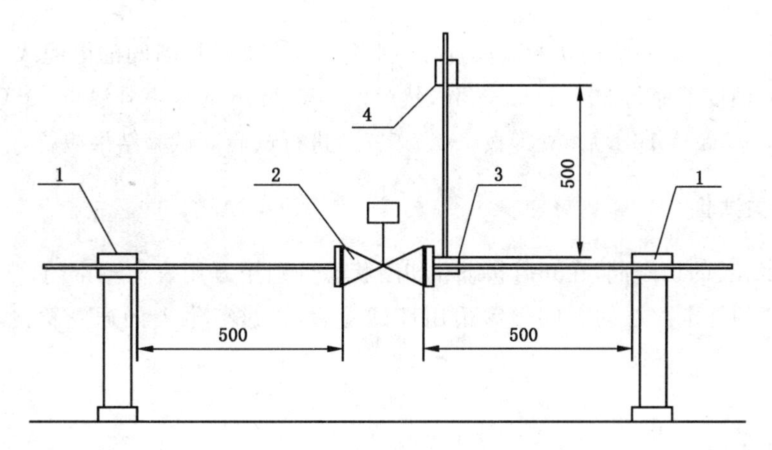

说明:

1——刚性支撑;

2——被测切断阀;

3——冲击吸收板;

4——冲击重块。

图3 抗冲击试验装置

7.10.2 试验步骤

被测切断阀安装在试验装置上,切断阀处于开启状态。按照表9规定的荷载进行冲击试验10次,每次应使重块在规定高度自由落下,试验结果应符合6.10的规定。

7.11 耐久性试验

切断阀处于空载状态,用电信号控制切断并用人工或用辅助测试机械装置将切断阀复位,动作频率为3次/min~6次/min,试验次数按表10执行,要求未出现不切断情况,再进行7.4、7.5试验,试验结果应符合6.4、6.5的规定。然后进行7.7试验,试验结果应符合6.7的规定。

7.12 耐用性试验

7.12.1 耐高温性(运行)试验

将完成耐久性试验后的切断阀放置在试验箱内,连接好切断阀的电缆线,调节试验箱温度,使其在

20 ℃±5 ℃温度下保持 30 min±5 min,然后以 1 ℃/min 的速率升温至 60 ℃±2 ℃,保持 16 h 后,立即按 7.4、7.5、7.7 进行试验。取出切断阀,在正常大气条件下放置 1 h~2 h 后,目测检查试样是否有破坏涂覆和腐蚀现象,试验结果应符合 6.12.1 的规定。

7.12.2 耐低温性(运行)试验

将完成耐久性试验后的切断阀放置在试验箱内,连接好切断阀的电缆线,调节试验箱温度,使其在 20 ℃±5 ℃温度下保持 30 min±5 min,然后以 1 ℃/min 的速率降温至-20 ℃±2 ℃,保持 16 h 后,立即按 7.4、7.5、7.7 进行试验。取出切断阀,在正常大气条件下放置 1 h~2 h 后,目测检查试样是否有破坏涂覆和腐蚀现象,试验结果应符合 6.12.2 的规定。

7.12.3 耐恒定湿热性(运行)试验

将完成耐低温(运行)试验后的切断阀放置在试验箱内,连接好切断阀的电缆线,调节试验箱温度,使其在 20 ℃±5 ℃温度下保持 30 min±5 min,然后以 1 ℃/min 的速率升温至 40 ℃±2 ℃,再加湿至相对湿度 90%~95%,保持 16 h 后,立即按 7.4、7.5、7.7 进行试验。试验结果应符合 6.12.3 的规定。

7.13 阀位指示开关试验

装有阀位指示开关的切断阀,在开启状态和切断状态分别用万用表检测常闭、常开触点的通断,试验结果应符合 6.13 的规定。在切断阀做完耐用性试验后,再进行触点的通断检测,试验结果应符合 6.13 的规定。

7.14 电气安全性试验

按 CJ/T 346—2010 中 6.7.3 的要求试验,试验结果应符合 6.14 的规定。

7.15 防爆性能试验

按 GB 3836 系列标准中的相关要求试验,试验结果应符合 6.15 的规定。

7.16 防护性能试验

按 GB 4208 中的相关要求试验,试验结果应符合 6.16 的规定。

7.17 非金属材料耐燃气性能试验

非金属材料应按 GB/T 1690 规定的方法进行耐燃气性能试验,试验结果应符合 6.17 的规定。

8 检验规则

8.1 检验项目

切断阀检验项目按表 12 的规定。

表 12　检验项目

项目名称		出厂检验	型式检验	要求	试验方法
外观		△	△	6.2	7.2
承压件强度		△	△	6.3	7.3
外密封		△	△	6.4	7.4
内密封		△	△	6.5	7.5
额定流量		—	△	6.6	7.6
紧急切断性能		△	△	6.7	7.7
抗扭力性能		—	△	6.8	7.8
抗弯曲性能		—	△	6.9	7.9
抗冲击性能		—	△	6.10	7.10
耐久性		—	△	6.11	7.11
耐高温性		—	△	6.12.1	7.12.1
耐低温性		—	△	6.12.2	7.12.2
耐恒定湿热性		—	△	6.12.3	7.12.3
阀位指示开关试验		—	△	6.13	7.13
电气安全性能	防触电保护	△	△	6.14	7.14
	电气强度	△	△	6.14	7.14
	绝缘电阻	△	△	6.14	7.14
防爆性能(Ex)		—	△	6.15	7.15
防护性能(IP)		—	△	6.16	7.16
非金属材料耐燃气性能		—	△	6.17	7.17
注："△"为需要检验的项目，"—"为非检验项目。					

8.2　出厂检验

每台产品在出厂之前均应进行出厂检验。出厂检验项目按表 12 的规定。

8.3　型式检验

8.3.1　有下列情况之一时，应进行型式检验：

a）　新产品试制定型鉴定；

b）　转厂生产的试制定型鉴定；

c）　正式生产后，如结构、材料、工艺有较大改变可能影响产品性能时；

d）　产品停产两年后恢复生产时；

e）　出厂检验结果与上次型式检验有较大差异时。

8.3.2　型式检验项目按表 12 的规定。

8.3.3　型式检验抽样数量和抽样基数应符合下列要求：

a）　型式检验抽样为随机抽样；

b) 抽样数量不应少于2件；

c) 抽样基数不应少于5件。

9 标志和使用说明书

9.1 标志

9.1.1 铭牌标志

切断阀上应在明显部位设置固定铭牌。其内容应至少包括：

a) 产品名称和型号；

b) 公称尺寸；

c) 公称压力；

d) 防爆“Ex”标志、防爆型式和等级；

e) 防爆合格证号；

f) 额定电压和频率；

g) IP防护等级；

h) 最高工作压力；

i) 工作介质；

j) 产品编号；

k) 出厂日期；

l) 制造厂名称和商标。

9.1.2 警告标志

切断阀上应设有“断电后开盖”或“通电时不允许开盖”的警告标志。

9.1.3 阀体标志

阀体上应按GB/T 12220和JB/T 106标识出DN、PN、流向箭头、炉(批)号、材料牌号标志，阀体过小不易铸造(压铸、锻造)上述标志时，允许用压印或附加标牌的方式表示。

9.2 使用说明书

产品出厂时应附有产品使用说明书，应至少包括下列内容：

a) 产品结构简图和工作原理；

b) 技术参数，除标牌标注的参数外，还应包括：

——工作环境温度范围和介质温度范围；

——功率、额定流量、切断时间和质量。

c) 产品安装和接线说明；

d) 产品使用注意事项；

e) 产品的维修、保养和质量保证期限；

f) 常见故障及排除方法；

g) 特别注意事项和警示说明。

10 包装、运输和贮存

10.1 包装

切断阀的包装应符合 GB/T 13384 的规定，随产品发送的文件和资料应包括下列内容：

a) 产品使用说明书；

b) 产品质量合格证；

c) 装箱清单。

10.2 运输

切断阀在整体包装后，应适合陆路、水路及空中运输与装卸要求。运输过程中，应防止剧烈振动、雨淋及化学物品的侵蚀，不应抛掷、碰撞等。

10.3 贮存

10.3.1 切断阀应包装后贮存。

10.3.2 切断阀及其金属零部件应储存在干燥、防雨、无腐蚀介质的库房内，并应离地、离墙 15 cm 以上。

10.3.3 切断阀所用橡胶件的储存参见附录 C 的要求。

10.3.4 组装好并检验合格的切断阀在库房存放期间，应避免太阳光直照，其进出口应封闭。保存期不应超过 3 年，并应有入库日期登记。超过保存期的切断阀在使用前应重新进行各项检验。

附 录 A
（规范性附录）
非金属材料耐燃气性能

A.1 非金属材料耐燃气性能，见表A.1。

表A.1 非金属材料耐燃气性能

项目		单位	指标
标准室温下液体[a]浸泡72 h，取出后5 min内	体积变化(最大)	%	±15
	重量变化(最大)	%	±15
在干燥空气中放置24 h	体积变化(最大)	%	±10
	重量变化(最大)	%	±10

[a] 工作介质为天然气、液化石油气的非金属材料用正戊烷浸泡；工作介质为人工煤气的非金属材料用B溶液浸泡；B溶液成分为70%(体积比)异辛烷与30%(体积比)甲苯混合液。

附 录 B
（规范性附录）
非防爆型电磁线圈技术要求

B.1 范围

B.1.1 本技术要求规定了非防爆型电磁线圈的技术要求及检验方法。

B.1.2 本技术要求适用于与电磁式燃气紧急切断阀配套并使用在非爆炸性气体环境的电磁线圈。

B.2 基本要求

额定电压及波动范围、电流、环境温度、相对湿度等基本参数要求应符合本标准6.1的规定。

B.3 材料要求

电磁线圈外壳材料应按GB 3836中非金属外壳和外壳的非金属部件、金属外壳和外壳的金属部件的要求执行。

B.4 产品结构

电磁线圈产品结构应参照GB 3836的相关要求。

B.5 外壳防护性能

产品防护等级应达到IP54，性能要求和试验根据GB 4208的规定执行。

B.6 电缆引入装置夹紧试验

B.6.1 线圈通过电缆与外部连接，电缆引入装置应符合GB 3836和附录A电缆引入装置的附加要求。

B.6.2 试验方法见图B.1，通过实验工装将电缆引入口向下放置，电缆呈铅直状态，长度1 m，末端下坠砝码（重物）使电磁线圈电缆承受向下拉力（以N为单位），为圆形电缆时，20倍芯轴或电缆直径（以mm为单位）；为非圆形电缆时，6倍电缆周长（以mm为单位）。并在夹紧装置出口端做上水平线装标记，测量标记到出口的距离 L，1 h后再次测量标记到出口的距离 H，要求 $H-L \leqslant 6$ mm。

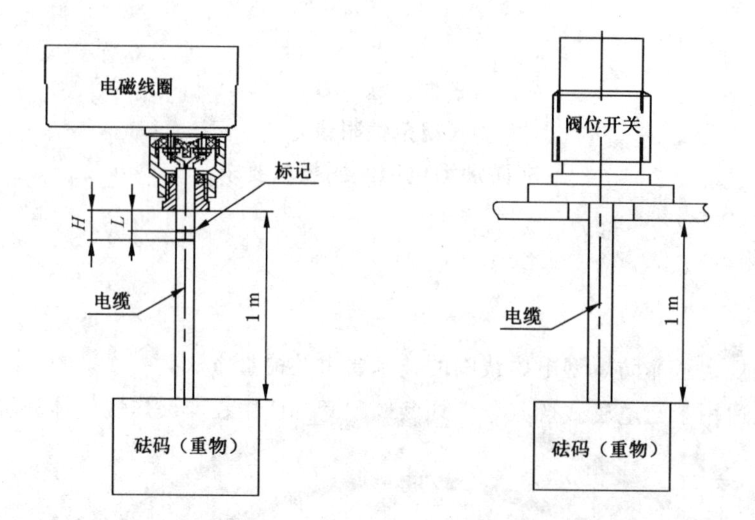

图 B.1 电缆引入装置夹紧试验

B.6.3 在进行电缆引入装置的夹紧试验后，芯轴或电缆样品位移量不超过 6 mm，则认为该引入装置合格。

B.7 非防爆型电磁线圈一般要求

B.7.1 电源电压

切断阀在工作压差范围内，当交流电电压在额定值的 85%～110%时，直流电电压在额定值的 90%～110% 时，电磁线圈应能正常动作，切断阀切断和开启动作灵活，无异常声响。

B.7.2 绝缘电阻

在温度为 15 ℃～35 ℃，相对湿度不大于 85%的环境条件下，电磁线圈不接通电源，接线端短路，然后测定电磁线圈接线端与金属外壳(阀体)间的绝缘电阻不应小于 20 MΩ。

B.7.3 绝缘强度

电磁线圈不接通电源，接线端短路，然后在输出功率不小于 0.25 kV·A，电源频率为 50 Hz 的高压试验装置上进行。试验时间应使试验电压由零平稳地上升到规定值，并保持 1 min，线圈接线端与金属外壳(阀体)不应出现击穿或飞弧现象。

B.7.4 湿热环境影响

在温度为 25 ℃～40 ℃，相对湿度 93%的环境条件下，经 2 个周期交变湿热试验，电磁线圈接线端与金属外壳的绝缘电阻应不小于 2 MΩ。湿热试验后，恢复到正常工作条件时，其绝缘强度应符合B.8.3 的要求。

B.7.5 线圈允许温度

电磁线圈在额定电压的 90%～110%和环境温度−20 ℃～60 ℃条件下，电磁线圈的温升达到的最高允许温度应不大于 135 ℃。

B.8 非防爆性能

B.8.1 非防爆型电磁线圈的防引爆性能的结构尺寸安全间隙(MESG)应不大于0.5 mm(H_2 熄火距离)。

B.8.2 非防爆产品零部件检验,由制造厂检验部门采用防引爆测试系统,按下列规定进行防引爆性能检验:

a) 测试系统的结构、尺寸和容积应满足测试要求;

b) 防引爆测试系统内的测试气体(H_2)在空气中的浓度应为19%~23%(V%);

c) 测试系统应设置防爆泄压门,测试系统泄压面积应按GB 50016规定的爆炸危险厂房泄压面积计算公式计算(介质为H_2);

d) 测试系统中应采用能自行复位的上启式防爆泄压门;

e) 测试容器压力 P_j=50 Pa~100 Pa(配气时);气密性净压值 P_j=0(配气完成后);

f) 被测阀门类型:DN50(不含)以下切断阀。

B.8.3 试验方法应符合下列要求:

a) 配气方法:上下水封槽充水,开启进出口截止阀,按容器容积及氢气浓度计算氢气量,并通过湿式流量计计量后进入容器;配气完成后,关闭气体进出口截止阀;

b) 切断阀状态:切断阀开启并在容器内放置1 h以上;

c) 切断阀重复进行2次以上开、关操作,确认是否引爆。

B.8.4 防引爆测试系统如图B.2所示。

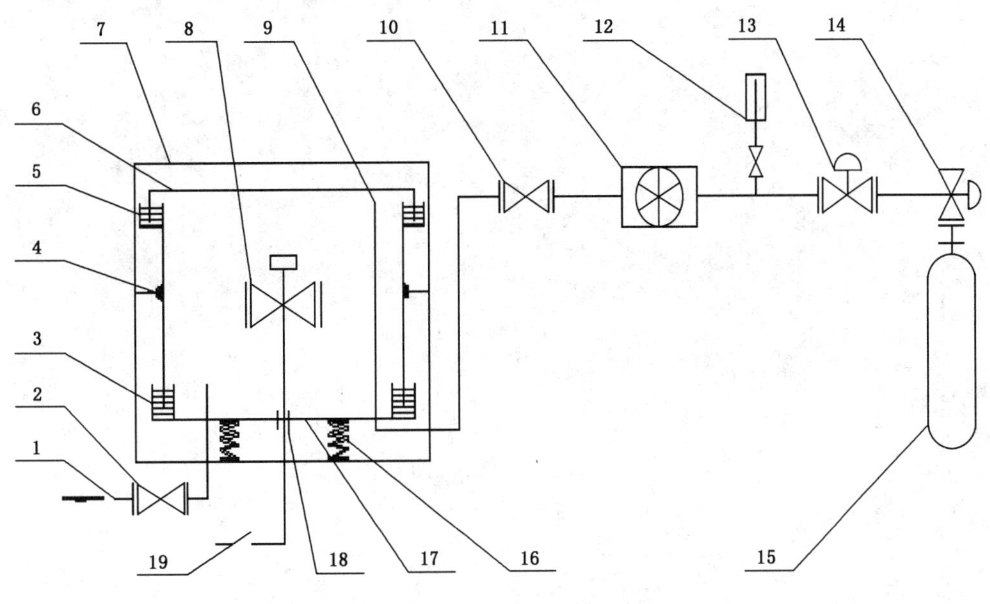

说明:

1——气体出口;
2——截止阀;
3——下水封槽;
4——容器及固定圈;
5——上水封槽;
6——泄压盖;
7——防护网板;
8——被试切断阀;
9——气体出口;
10——截止阀;
11——湿式流量表;
12——U型压力计;
13——氢气减压器;
14——氢气瓶角阀;
15——氢气瓶;
16——弹簧;
17——泄压底盘;
18——电路密封口;
19——电路开关。

图B.2 防引爆试验系统

B.9 使用寿命

电磁线圈产品的使用寿命应满足所配切断阀使用寿命的要求。

B.10 铭牌

非防爆型电磁线圈铭牌上应至少包含下列内容：

a） 产品名称和型号；
b） 防护等级(IP)；
c） 控制型式；
d） 额定电压；
e） 使用环境温度；
f） 产品编号和生产日期；
g） 制造厂名称和商标。

铭牌内容可在切断阀的铭牌上标明，也可在阀体部分和电磁线圈部分分别标明。

附 录 C
（资料性附录）
橡胶件储存要求

C.1 橡胶件保质期

橡胶件保质期从其生产日期开始计算。

C.2 橡胶件保存条件

C.2.1 橡胶件应存放于密闭的、不透明的、充满氮气的容器内保管。
C.2.2 库房内应避免太阳光直照，温度应不高于 30 ℃，湿度应不大于 70%。

C.3 库存期

橡胶件随切断阀制造、装配、试验等，周转过程应不超过 3 年。

ICS 91.140
P 47

中华人民共和国城镇建设行业标准

CJ/T 447—2014

管道燃气自闭阀

Automatic shut-off valve for pipeline gas

2014-03-27 发布　　2014-07-01 实施

中华人民共和国住房和城乡建设部　发布

前　言

本标准按照 GB/T 1.1—2009 给出的规则起草。

本标准由住房和城乡建设部标准定额研究所提出。

本标准由住房和城乡建设部燃气标准化技术委员会归口。

本标准起草单位：中国城市燃气协会、陕西大唐智能仪器仪表有限公司、吉林省城市燃气协会、宁波志清实业有限公司、北京尤奈特燃气工程技术有限公司、广州凯亨阀门有限公司、瑞安市佳安燃气具配套有限公司、北京市燃气集团有限责任公司、大连燃气集团有限公司、重庆燃气集团股份有限公司、北京市煤气热力工程设计院有限公司、重庆界石仪表有限公司、玉环鑫琦管业有限公司。

本标准主要起草人：王天锡、迟国敬、刘波、黄征、丁淑兰、侯朝齐、严荣杰、赵耀宗、廖新桃、张永茂、白丽萍、韩恒元、刘薇、杨炯、黄陈宝。

管道燃气自闭阀

1 范围

本标准规定了管道燃气自闭阀的术语和定义、分类及型号、结构与材料、要求、试验方法、检验规则、标志、使用说明书、包装、运输和贮存。

本标准适用于使用介质符合 GB/T 13611 规定的城镇燃气，工作温度不超出 −10 ℃～40 ℃范围，安装在设计压力小于 10 kPa 的户内燃气管道上，公称尺寸不大于 50 mm 的管道燃气自闭阀。

2 规范性引用文件

下列文件对于本文件的应用是必不可少的。凡是注日期的引用文件，仅注日期的版本适用于本文件。凡是不注日期的引用文件，其最新版本（包括所有的修改单）适用于本文件。

GB/T 2828.1 计数抽样检验程序 第1部分：按接收质量限（AQL）检索的逐批检验抽样计划

GB/T 13611 城镇燃气分类和基本特性

CJ/T 180 家用手动燃气阀门

3 术语和定义

下列术语和定义适用于本文件。

3.1

管道燃气自闭阀 automatic shut-off valve for pipeline gas

安装在户内燃气管道上，同时具有超压自动关闭、欠压自动关闭、过流自动关闭功能，关闭时不借助外部动力，关闭后须手动开启的装置。简称自闭阀。

3.2

欠压自动关闭 automatic under-pressure shutoff

当管道内的燃气压力降到低于设定值时，自闭阀自动关闭。

3.3

额定进口压力 rated inlet pressure

根据燃气类别，规定的供气压力值。

3.4

额定流量 rated flow

在额定进口压力和最大允许压降的工况下自闭阀的空气流通能力。

3.5

关闭时间 action time

通过自闭阀的燃气，从其压力或流量参数达到关闭条件到燃气完全切断所需要的时间。

4 分类及型号

4.1 分类

自闭阀分类见表 1。

表 1　自闭阀分类

分类方式	类型名称	代号	说　　明
适用气种	人工煤气自闭阀	R	额定进口压力为 1 000 Pa
	天然气自闭阀	T	额定进口压力为 2 000 Pa
	液化石油气自闭阀	Y	额定进口压力为 2 800 Pa
安装位置	表前自闭阀	B	安装于燃气计量表前
	灶具前自闭阀	Z	安装于燃气计量表后燃气燃烧器具前
公称尺寸	胶管接头自闭阀	9.5	9.5 mm 胶管接头
		13	13 mm 胶管接头
	其他接头自闭阀	X	X 为接头公称尺寸值，取 8、10、12、15、20、25、32、40、50

注 1：公称尺寸如有特殊要求在订货合同中注明，按合同规定。

注 2：自闭阀燃气进、出口接头公称尺寸不同时，按"进口接头公称尺寸/出口接头公称尺寸"表示。

4.2　型号

4.2.1　型号编制方法

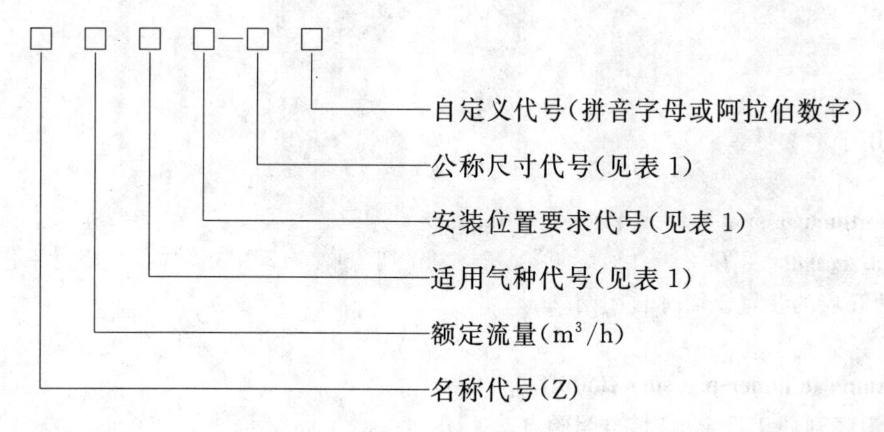

4.2.2　示例

额定流量为 0.6 m^3/h，适用气种为天然气，安装于灶前，进气口公称尺寸为 DN15，出气口公称尺寸为 9.5 mm 胶管接头的管道燃气自闭阀型号表示为：Z0.6TZ-15/9.5。

5　结构与材料

5.1　结构

5.1.1　自闭阀应有明显的开、闭状态指示。

5.1.2　不应拆卸的各种零部件，应使用不可恢复的方式连接或密封。

5.2　材料

5.2.1　自闭阀各零部件所用材料应符合 CJ/T 180 中材料的相关要求。

5.2.2　自闭阀各零部件所用材料应能保证在设计寿命期限内，在规定的产品使用方法及环境条件下，其性能特点没有明显的改变。

6 要求

6.1 外观

6.1.1 产品表面涂(镀)层应光洁,不应有剥落、碰伤及划痕。

6.1.2 橡胶制件表面应平滑、无气泡、沙眼、脱胶、脱层等缺陷。

6.1.3 标牌应字迹清晰,不应有翘角和脱落。

6.2 气密性

6.2.1 外气密性

用15 kPa压力测试1 min,泄漏量应小于20 mL/h。

6.2.2 内气密性

6.2.2.1 灶具前自闭阀

用0.6 kPa及15 kPa的压力分别测试1 min,泄漏量应小于40 mL/h。

6.2.2.2 表前自闭阀

用0.6 kPa及0.2 MPa的压力分别测试1 min ,泄漏量应小于40 mL/h。

6.3 自动关闭性能

6.3.1 超压自动关闭压力

自闭阀超压自动关闭压力:8 kPa±2 kPa。

6.3.2 欠压自动关闭压力

人工煤气自闭阀:0.6 kPa±0.2 kPa;
天然气自闭阀:0.8 kPa±0.2 kPa;
液化石油气自闭阀:1.2 kPa±0.2 kPa。

6.3.3 过流自动关闭性能

过流自动关闭性能应符合下列要求:

a) 标称的过流自动关闭流量不应大于额定流量的2倍;
b) 按7.4.4方法测试的流量值与标称的过流自动关闭流量偏差应小于±10%;
c) 在压力波动范围内,过流自动关闭功能应正常。

6.3.4 关闭时间

自闭阀完全关闭的时间应小于或等于3 s。

6.4 额定流量

按7.5方法测试的流量值与标称的额定流量偏差应小于±10%。

6.5 机械耐用性

自闭阀开闭 6 000 次后应符合 6.2 和 6.3 的要求。

6.6 操作力

自闭阀开关装置的旋转或提、压操作力应符合 CJ/T 180 中相关要求。

6.7 抗扭力性

施加扭力 15 min 应无破损、变形、龟裂，并应符合 6.2 和 6.3 的要求。

6.8 耐温性

6.8.1 耐贮存温度：−25 ℃～55 ℃，恢复常温后应符合 6.2 和 6.3 的要求。
6.8.2 工作温度：−10 ℃～40 ℃条件下应符合 6.2 和 6.3 的要求。

6.9 耐冲击性

进行冲击实验后无破损及明显变形并应符合 6.2 和 6.3 的要求。

6.10 耐静载荷

施加载荷 15 min 应无破损及明显变形并应符合 6.2 和 6.3 的要求。

7 试验方法

7.1 试验条件及仪器

7.1.1 试验室温度应为 20 ℃±15 ℃，试验过程中室温波动应小于 5 ℃。
7.1.2 大气压力：86 kPa～106 kPa。
7.1.3 试验介质应采用空气。
7.1.4 试验仪器及装置应符合表 2 规定或采用同等以上精度等级的试验仪器及装置。

表 2 试验仪器及装置

试验项目	仪器及装置	要 求	量 程	精 度
外观	目测	—	—	—
气密性	气密性试验装置	—	—	—
	压力表	—	1.5 倍～3 倍试验压力	不低于 0.4 级
	检漏仪	—	±5%	—
自动关闭性能、额定流量	自动关闭性能试验装置	见 7.4.1	—	—
	U 型压力计	—	0 kPa～20 kPa	10 Pa
	温度计	—	0 ℃～50 ℃	0.5 ℃
	气体流量计	—	不高于 10 倍试验流量	不低于 1.5 级
	秒表	—	30 min	0.1 s

表 2（续）

试验项目	仪器及装置	要　求	量　程	精 度
机械耐用性	耐用性试验装置	5 次/min～10 次/min	—	—
操作力	扭力扳手	—	1.5 倍～3 倍试验力矩	1%
抗扭力性	抗扭力试验装置	参照 CJ/T 180	—	—
耐温性	高温箱	最高温度不低于 55 ℃	—	—
	低温箱	最低温度不高于 −25 ℃	—	—
耐冲击性	冲击试验装置	参照 CJ/T 180	—	—
耐静载荷	耐静载荷试验装置	参照 CJ/T 180	—	—

7.2　外观检查

外观检验用目视方式进行。

7.3　气密性试验

7.3.1　外气密性试验

向已安装好的自闭阀两端同时加压，检查自闭阀泄漏量。自闭阀上设计有手动燃气阀门时，应在试验过程中至少全开全关手动燃气阀门 2 次。

7.3.2　内气密性试验

7.3.2.1　使自闭阀自动关闭，向自闭阀进口端加压，出口端敞开通向大气，检查出口端的泄漏量。

7.3.2.2　自闭阀上设计有手动燃气阀门时，应分别测试自闭阀及手动燃气阀门的泄漏量。

7.3.2.3　当自闭阀的超压自动关闭、欠压自动关闭、过流自动关闭的关闭元件为独立动作时，应分项单独进行内气密性试验。

7.4　自动关闭性能试验

7.4.1　试验装置

应使用图 1 所示装置进行试验。装置中的连接管及管件应与被测件所标称的公称尺寸相同。在除 7.5 外的试验中应去除出口压力表。

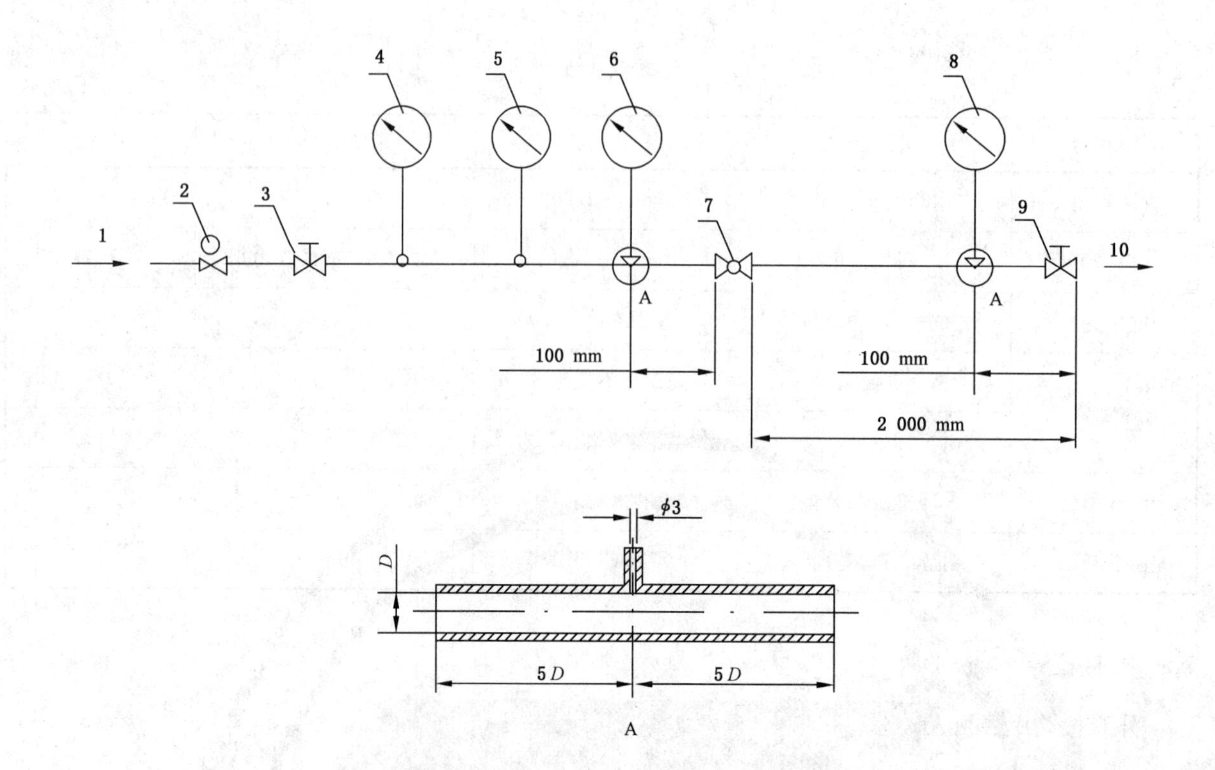

说明：

1——气源；

2——调压器；

3——进气阀；

4——温度计；

5——流量计；

6——入口压力表；

7——被测件；

8——出口压力表；

9——排气阀；

10——排气口；

A——压力测试三通；

D——$D=1\,d\sim1.1\,d$，d 为被测件入口侧标称的连接管内径。

图 1 自动关闭性能试验装置

7.4.2 超压自动关闭压力试验

试验步骤如下：

a) 按被测件说明书中要求的安装方向装好被测件，从入口通入额定进口压力的气体，调节排气阀使流量达到 0.5 倍额定流量，缓慢调节调压器使入口压力升高直至被测件发生自动关闭，读取发生自动关闭时入口压力表读数，共试验 3 次，取平均值。

b) 从入口通入额定进口压力的气体，调节排气阀使流量达到 0.5 倍额定流量，关闭排气阀，缓慢调节调压器使入口压力升高直至被测件发生自动关闭，读取发生自动关闭时入口压力表读数，共试验 3 次，取平均值。

7.4.3 欠压自动关闭压力试验

试验步骤如下：

a) 按被测件说明书中要求的安装方向装好被测件，从入口通入额定进口压力的气体，调节排气阀使流量达到额定流量，缓慢调节调压器使入口压力降低直至被测件发生自动关闭，读取发生自动关闭时入口压力表读数，共试验3次，取平均值。

b) 从入口通入额定进口压力的气体，调节排气阀使流量达到额定流量，关闭排气阀，缓慢调节调压器使入口压力降低直至被测件发生自动关闭，读取发生自动关闭时入口压力表读数，共试验3次，取平均值。

7.4.4 过流自动关闭性能试验

7.4.4.1 按被测件说明书中要求的安装方向装好被测件，通入额定进口压力的气体，缓慢调节排气阀加大气体流量直至被测件发生自动关闭，读取发生自动关闭时的流量，共试验3次，取平均值。

7.4.4.2 复位被测件，通入额定进口压力的气体，调节排气阀使流量达到额定流量，升高进口压力至1.5倍额定进口压力，此时不应发生过流自动关闭。

7.4.4.3 复位被测件，从入口通入0.5倍额定进口压力的气体，缓慢调节排气阀加大气体流量，在排气阀全开前被测件应能自动关闭。

7.4.5 关闭时间试验

7.4.5.1 超压自动关闭时间试验

按照7.4.2方法试验，读取自闭阀完全关闭的时间。共试验3次，取平均值。

7.4.5.2 欠压自动关闭时间试验

按照7.4.3方法试验，读取自闭阀完全关闭的时间。共试验3次，取平均值。

7.4.5.3 过流自动关闭时间试验

在额定进口压力及额定流量下去除自闭阀出气口连接管，检查自闭阀是否自动关闭，并测定从去除出气口连接管开始到自闭阀完全关闭的时间。共试验3次，取平均值。

7.5 额定流量试验

用图1所示的试验装置测量自闭阀额定流量，在额定进口压力下调节排气阀，使自闭阀进气口与排气管段出口之间的压力降为300 Pa，记录此时流量计的读数。

7.6 机械耐用性试验

7.6.1 关闭元件的机械耐用性试验

7.6.1.1 超压自动关闭耐用性试验

调节气源压力为额定进口压力，手动开启被测件，调节流量为0.5倍额定流量；升高气源压力使待测件发生超压自动关闭。按5次/min～10次/min频率重复以上操作2 000次后按7.6.1.2试验。

7.6.1.2 欠压自动关闭耐用性试验

调节气源压力为额定进口压力，手动开启被测件，调节流量为0.5倍额定流量；降低气源压力使待测件发生欠压自动关闭。按5次/min～10次/min频率重复以上操作2 000次后按7.6.1.3试验。

7.6.1.3 过流自动关闭耐用性试验

调节气源压力为额定进口压力，手动开启被测件，调节流量为0.5倍额定流量；增加流量使待测件发生过流自动关闭。按5次/min～10次/min频率重复以上操作2 000次。

7.6.2 关闭元件机械耐用性试验后按7.3和7.4进行试验。

7.7 操作力试验

自闭阀上有手动燃气阀门的，应按CJ/T 180中相关的要求进行试验。

7.8 抗扭力性试验

自闭阀抗扭力性试验按CJ/T 180中相关的要求进行试验后，按7.3和7.4试验。

7.9 耐温性试验

7.9.1 耐贮存温度

7.9.1.1 低温

将待测件放置在实验箱中，按每分钟不大于1 ℃的降温速率，将温度降至−25 ℃±2 ℃，并稳定2 h，然后取出，在室温下恢复2 h后按7.3和7.4进行试验。

7.9.1.2 高温

将待测件放置在实验箱中，按每分钟不大于1 ℃的升温速率，将温度升至55 ℃±2 ℃，并稳定2 h，然后取出，在室温下恢复2 h后按7.3和7.4进行试验。

7.9.2 耐工作温度

7.9.2.1 低温

将被测件放入试验箱内，按每分钟不大于1 ℃的降温速率，将温度降至−10 ℃±2 ℃，并稳定2 h，按7.3和7.4进行试验。

7.9.2.2 高温

将被侧件放入恒温干燥箱内，按每分钟不大于1 ℃的升温速率，将温度升至40 ℃±2 ℃，并稳定2 h，按7.3和7.4进行试验。

7.10 耐冲击性试验

自闭阀的出气口按CJ/T 180相关试验方法进行耐冲击性试验后，按7.3和7.4进行试验。

7.11 耐静载荷试验

按CJ/T 180进行耐静载荷试验后，按7.3和7.4进行试验。

8 检验规则

8.1 检验分类

检验应分为出厂检验和型式检验。检验项目及不合格分类见表3。

表 3　检验项目及不合格分类

序号	项　目	不合格分类	出厂检验	型式检验	要求	试验方法
1	外　观	B	√	√	6.1	7.2
2	气密性	A	√	√	6.2	7.3
3	自动关闭性能	B	√	√	6.3	7.4
4	额定流量	B		√	6.4	7.5
5	机械耐用性	B		√	6.5	7.6
6	操作力	B	√	√	6.6	7.7
7	抗扭力性	B		√	6.7	7.8
8	耐温性	B		√	6.8	7.9
9	耐冲击性	B		√	6.9	7.10
10	耐静载荷	B		√	6.10	7.11
11	标志、包装和说明书	B	√	√	9	9
注："√"表示必做项目。						

8.2　出厂检验

8.2.1　气密性

应逐只检验。

8.2.2　抽样检验

8.2.2.1　抽样检验应逐批进行，检验项目同型式检验，不合格分类见表 3。

8.2.2.2　检验批应由同种材料、同一工艺生产、同一规格型号的产品组成，批量为一次交货数量。

8.2.2.3　抽样检验按 GB/T 2828.1 正常检验一次抽样方案进行，一般检验水平Ⅰ级。A 类不合格 AQL 值取 0.4，B 类不合格 AQL 值取 2.5。

8.2.3　判定规则

按 8.2.1 和 8.2.2.3 规定的全部抽样方案判断是合格的，则判该产品批接收；否则判该产品批不接收。不接收批允许将不合格项目百分之百检验，将不合格品剔除。不合格品可修理的，修理好后按 8.2 再次提交检验。

8.3　型式检验

8.3.1　有下列情况之一时，应进行型式检验：

a）新产品鉴定，老产品转产、转厂时；

b）改变设计、工艺、材料时；

c）产品停产 6 个月以上，恢复生产时；

d）连续生产 12 个月后；

e）连续生产 100 万只后；

f）出厂检验结果与上次型式检验有较大差异时。

8.3.2　检验项目及不合格分类见表 3。

9 标志、使用说明书、包装、运输和贮存

9.1 标志

应在产品的适当位置设置标志或铭牌，其内容应包括：

a) 产品名称、商标和型号；

b) 额定进口压力、额定流量、过流自动关闭流量；

c) 制造厂名称；

d) 产品编号；

e) 生产日期；

f) 燃气流动方向。

9.2 使用说明书

每只自闭阀应有使用说明书，其内容应包括以下各项：

a) 外形尺寸；

b) 使用介质（不适用于二甲醚时应标明）和其他基本参数；

c) 使用和安装方法；

d) 安全注意事项；

e) 使用期限。

9.3 包装

9.3.1 单件包装内应附有产品合格证和使用说明书。

9.3.2 包装箱应标明产品名称、型号、数量、重量、出厂日期。应有“小心轻放、防潮、防震”等标识或字样。

9.4 运输

运输中应防止剧烈震动、挤压、雨淋及化学物侵蚀。

9.5 贮存

贮存仓库应干燥通风，周围无腐蚀性介质。

ICS 91.140
P 47

中华人民共和国城镇建设行业标准

CJ/T 448—2014

城镇燃气加臭装置

Odorization unit for city gas

2014-03-27 发布　　2014-07-01 实施

中华人民共和国住房和城乡建设部　发布

前　言

本标准按照GB/T 1.1—2009给出的规则起草。

本标准由住房和城乡建设部标准定额研究所提出。

本标准由住房和城乡建设部燃气标准化技术委员会归口。

本标准起草单位：沈阳光正工业有限公司、上海飞奥燃气设备有限公司、普利莱（天津）燃气设备有限公司、费希尔久安输配设备（成都）有限公司、中国市政工程华北设计研究总院、国家燃气用具质量监督检验中心。

本标准主要起草人：李晓先、李捷、卢革、王胜、孟光、张涛、刘斌、于雪连。

城镇燃气加臭装置

1 范围

本标准规定了城镇燃气加臭装置(以下简称加臭装置)的术语和定义,型号,结构、材料和部件,要求,试验方法,检验规则,标识、使用说明书、包装、运输和贮存。

本标准适用于对管道燃气加注储存温度为-30 ℃~50 ℃、运动黏度为0.3 mm^2/s~50 mm^2/s的液体加臭剂的加臭装置。

2 规范性引用文件

下列文件对于本文件的应用是必不可少的。凡是注日期的引用文件,仅注日期的版本适用于本文件。凡是不注日期的引用文件,其最新版本(包括所有的修改单)适用于本文件。

GB 150.1—2011 压力容器 第1部分:通用要求

GB/T 191 包装储运图示标志

GB 253 煤油

GB/T 710 优质碳素结构钢热轧薄钢板和钢带

GB/T 1226 一般压力表

GB/T 1408.1 绝缘材料电气强度试验方法 第1部分:工频下试验

GB/T 2423.8 电工电子产品环境试验 第2部分:试验方法 试验Ed:自由跌落

GB/T 3090 不锈钢小直径无缝钢管

GB/T 3768 声学 声压法测定噪声源声功率级 反射面上方采用包络测量表面的简易法

GB 3836.1—2010 爆炸性环境 第1部分:设备 通用要求

GB 3836.2 爆炸性环境 第2部分:由隔爆外壳“d”保护的设备

GB 3836.3—2010 爆炸性环境 第3部分:由增安型“e”保护的设备

GB/T 4237 不锈钢热轧钢板和钢带

GB/T 6388 运输包装收发货标志

GB/T 7782—2008 计量泵

GB/T 9969 工业产品使用说明书 总则

GB 14048.1—2006 低压开关设备和控制设备 第1部分:总则

GB/T 25153 化工压力容器用磁浮子液位计

GB 50028 城镇燃气设计规范

GB 50058 爆炸和火灾危险环境电力装置设计规范

GB 50184—2011 工业金属管道工程施工质量验收规范

CJJ/T 148 城镇燃气加臭技术规程

HG/T 2899 聚四氟乙烯材料命名

JB/T 8735.2 额定电压450/750 V及以下橡皮绝缘软线和软电缆 第2部分:通用橡套软电缆

JB/T 9243 玻璃管液位计

TSG R0005—2011 移动式压力容器安全技术监察规程

3 术语和定义

CJJ/T 148 界定的以及下列术语和定义适用于本文件。

3.1

阀门组 valve group

控制加臭剂流动方向的阀门组合体。

3.2

自检循环 internal circulation

加臭剂储罐内的加臭剂经由加臭剂注入设备输出到阀门组后，通过回流管回到加臭剂储罐内的循环运转过程。

3.3

单次输出量 single output

加臭剂注入设备动作一次输出的加臭剂体积量。

3.4

标定器 calibrator

对单次输出量进行校验的部件。

3.5

输出精度 output accuracy

加臭剂的实际输出量与设定输出量之间的最大差值，除以设定输出量的百分比。

3.6

呼吸阀 breath valve

避免加臭剂罐内超压或负压的阀门。

3.7

周转式储罐 replacement tank

可循环周转使用的加臭剂储罐。

4 型号

加臭装置型号编制应符合以下格式：

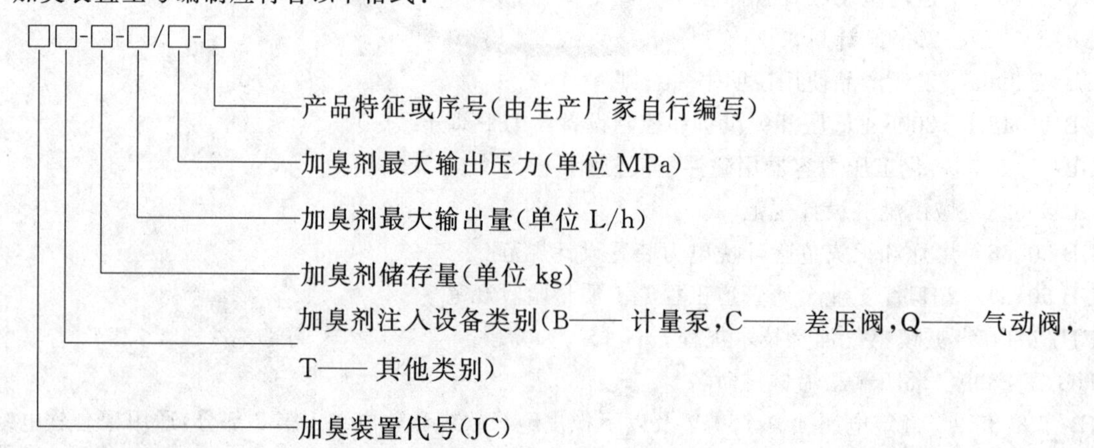

示例：加臭剂注入设备使用计量泵、加臭剂储存量 200 kg、加臭剂最大输出流量 1.5 L/h、加臭剂最大输出压力 1.6 MPa 的 X 型加臭装置表示为：JCB-200 -1.5/1.6-X。

5 结构、材料和部件

5.1 结构与材料

5.1.1 加臭装置主要组成部分应包括加臭控制器、加臭剂储罐、加臭剂注入设备、阀门组和加臭管线、加臭剂注入喷嘴、标定器、撬体和设备箱等部件。

5.1.2 加臭装置的加臭剂注入设备应有备用。

5.1.3 加臭装置的加臭剂注入设备应设置紧急停机开关。

5.1.4 对于燃气流量长期处于微小流量(小于设备最大输出量的5%)或长期处于停止状态的加臭装置,应配备防止加臭剂液体回灌(倒流)的不锈钢电磁阀。

5.1.5 加臭装置中的与液态加臭剂接触的金属部件应采用Cr、Ni含量不低于06Cr19Ni10的不锈钢材质,不锈钢管应符合GB/T 3090的规定,最小内径应大于4 mm。不锈钢板应符合GB/T 4237的规定,压力表应符合GB/T 1226的规定,阀门应符合国家现行相关标准的规定。

5.1.6 加臭装置中的不与液态加臭剂接触的金属部件,外表面应做防腐处理,其中碳素钢板的材质应符合GB/T 710的规定。

5.1.7 与液态或接近饱和浓度的气态加臭剂接触的非金属密封材料,应采用符合HG/T 2899规定的聚四氟乙烯(PTFE DE 241)或其他不受加臭剂腐蚀的材料。

5.1.8 加臭剂上料器的软管应选用耐加臭剂腐蚀(或溶解)的材料,软管内壁应光滑、易于清洗。

5.1.9 加臭装置的焊缝,不应有漏焊、咬边、烧损等缺陷,焊口外表面应均匀。

5.2 部件

5.2.1 加臭控制器

5.2.1.1 加臭控制器应能够显示加臭标准、加臭剂储量、燃气瞬时流量、单次输出量、注入设备状态(设备号、开停状态、运行模式、工作频率)等运行数据。

5.2.1.2 加臭控制器输出信号应有指示灯,并应与输出信号同步。

5.2.1.3 加臭控制器自动运行出现故障或失灵时,加臭控制器应能够采取手动等方式控制加臭剂注入设备继续运行。

5.2.1.4 加臭控制器外壳防护等级不应低于IP54。

5.2.1.5 加臭控制器外表面不应有凸起、凹陷、粗糙不平和其他损伤。漆面应平整、光滑、均匀和色调一致,不应有斑点和黏附物。

5.2.1.6 需独立安装的加臭控制器应具有便于固定的连接件,且应牢固可靠。

5.2.2 电气元件及电缆

5.2.2.1 加臭装置的电气元件应符合国家现行有关标准的规定,安装在现场的电气设备和零部件应符合GB 50058规定的防爆1区的要求,并符合GB 3836.1和GB 3836.2的规定。

5.2.2.2 加臭装置电气线路电缆的连接应固定,电缆应符合JB/T 8735.2的规定。

5.2.3 加臭剂储罐

5.2.3.1 固定安装的加臭剂储罐应有显示加臭剂储量的液位计、吸收器、加臭剂上料器等附件,常压储存加臭剂的储罐应有呼吸阀,压力加臭剂储罐应配备安全阀和压力表。

5.2.3.2 加臭剂储罐应标有危险警示标识,且储罐及附件应符合国家现行有关标准的规定,加臭剂储罐的设计应符合下列规定：

a) 固定安装的加臭剂储罐设计制造应符合 GB 150.1 的规定。

b) 周转式储罐设计制造应符合 TSG R0005 的规定，且设计压力不应小于 1.6 MPa。储罐顶部应配有用以保护阀门的护罩，储罐底部应有保持罐体站立稳定的底座。护罩和底座应焊接在罐体上，护罩应卷边制造成圆弧形，底座应有通风孔和排液孔。液相管应有支架使之固定，两阀开孔位置应方便操作、维护检修及更换阀门。

c) 容积大于 1 m^3 加臭剂储罐应预留快速上料接口或按 CJJ/T 148 的规定配备电动上料泵。

5.2.3.3 加臭剂储罐的玻璃管液位计应符合 JB/T 9243 的规定，并有防护装置；磁浮子液位计应符合 GB/T 25153 的规定。

5.2.3.4 加臭剂储罐及其附件的外表面应光洁，无明显划痕和碰伤。

5.2.3.5 加臭剂上料器应配备压力表、泄压阀（或泄压口）等部件，泄压阀（或泄压口）开启压力不应大于 60 kPa。

5.2.3.6 吸收器应避免雨水淋入，方便检查和更换吸收物。

5.2.4 加臭剂注入设备

5.2.4.1 加臭剂注入设备使用计量泵时，应符合下列规定：

a) 计量泵的输出压力应符合 CJJ/T 148 的要求；

b) 计量泵应易于操作、检修和清洗；

c) 计量泵入口应加装过滤器。

5.2.4.2 加臭剂注入设备的单次输出量应在标定器上进行校验。

5.2.4.3 加臭剂注入设备（加臭泵或其他设备）的运转（或动作）和输出量应受控制器控制，并与控制器保持同步运行。

5.2.5 阀门组和加臭管线

5.2.5.1 阀门组由截止阀、不锈钢管、三通、压力表组成。截止阀和三通的通径应大于 2.0 mm，不锈钢管的壁厚应大于 0.8 mm。

5.2.5.2 阀门组应适应加臭剂注入设备的配置，并设置回流管。

5.2.5.3 阀门组和加臭管线应横平竖直，角度误差小于 1.5°，弯管的弯曲半径宜在 2 D～8 D 之间。

5.2.5.4 阀门组和加臭管线的连接宜采用机械连接。

5.2.6 加臭剂注入喷嘴

5.2.6.1 加臭剂注入喷嘴的结构应有连接管、法兰（或螺纹）和汽化管三个主要组成部分。

5.2.6.2 加臭剂注入喷嘴的接口法兰（或螺纹）尺寸不应小于 DN15，压力级别应与需加臭的燃气管道设计压力相同，且不应小于 PN1.6 MPa。

5.2.6.3 加臭剂注入喷嘴上部应有止回阀。

5.2.6.4 加臭剂注入喷嘴的汽化管外表面积应符合加臭装置最大输出量时的汽化需求，汽化管的壁厚应大于 1.5 mm。

5.2.7 标定器

标定器的标定管有效长度应大于 400 mm，标定管上应有监测单次输出量的刻度，有效长度内的容积误差应小于±1％。

5.2.8 撬体和设备箱

5.2.8.1 加臭装置应固定在设备撬体上，撬体应坚固可靠，有与设备基础固定的地脚螺栓孔，撬体外表面做防腐处理。

5.2.8.2 撬体需配备设备箱时，设备箱的焊缝应平整光滑、焊透，不应有漏焊、咬边、烧损等缺陷。

5.2.8.3 设备箱体应能有符合工作要求和运输要求的强度。

5.2.8.4 设备箱门的开启角度应大于90°，开门和关门应有定位。

5.2.8.5 设备箱内外应能够自然通风透气，通风面积不低于设备柜底面积的4%。

5.2.8.6 设备箱外壳防护等级为IP43。

5.2.8.7 设备箱电缆引入装置应符合GB 3836.1—2010附录D的规定。

5.2.8.8 设备箱的接地连接件和接地标志应符合GB 3836.1—2010中15.5规定。

5.2.8.9 设备箱应使用不燃材料，宜使用不锈钢或碳素钢，且表面应符合下列要求：

a) 不锈钢箱表面应光亮整洁，无明显划痕和碰伤；

b) 碳素钢箱表面应进行喷塑或涂刷油漆处理，防腐层厚度应大于0.2 mm，且色泽均匀一致，不应有露底、流痕、斑点、脱漆、划伤等缺陷。

6 要求

6.1 输出精度

加臭装置在额定载荷条件下，加臭剂注入设备最大输出量的20%～80%范围内，输出精度应为±5%以内。输出精度按式(1)计算：

$$E=\frac{K_{max}}{Q_D}\times 100\% \qquad (1)$$

式中：

E ——输出精度；

K_{max} ——输出误差的最大值；

Q_D ——设定输出量。

6.2 强度性能

6.2.1 固定安装的加臭剂储罐和加臭剂注入设备应按设计压力进行水压强度试验，试验压力为设计压力的1.25倍。周转式加臭剂储罐的试验压力为设计压力的1.3倍。

6.2.2 阀门组、加臭管线及加臭剂注入喷嘴应进行水压强度试验，试验压力为设计压力的1.5倍，且不小于1.6 MPa。

6.3 气密性能

加臭装置应进行气密性试验，试验压力为设计压力的1.15倍，以加臭剂注入设备的出口阀门和入口阀门为界点，分为高压段和低压段分别检验。

6.4 控制器性能

6.4.1 加臭控制器应符合下列要求：

a) 加臭剂储罐高低液位、加臭装置的工作状态、系统故障等报警信号输出并显示，且报警信号需手动消除；

b) 手动运行模式和自动运行模式，且能够接收燃气流量计提供的数字或模拟信号；对于恒定燃气流量供气，加臭控制器可仅有手动运行模式；

c) 具有不可逆转的并可追溯可打印的记录装置，记录内容包括该时间段的累计输出量和该累计时间段的起止时间等数据；

d) 加臭运行数据能够向上位机的远程终端(RTU)或监控及数据采集系统(SCADA)进行数据传输，通信接口应具有通用性和兼容性；

e) 加臭控制器应能够接收加臭剂浓度(或加臭剂流量)检测设备反馈的信号。

6.4.2 加臭控制器在额定电压220×(1±10%)V或380×(1±10%)V、额定电流0.5 A～3 A的条件下，应能正常工作。当发生供电过压、过流、断电、短路故障时，加臭控制器应发出报警、自动停机保护，并保存停机前的运行数据。

6.4.3 加臭控制器的自由跌落牢固等级应符合GB/T 2423.8的规定。

6.5 电气性能

6.5.1 加臭装置的电气性能应符合GB 14048.1的规定，并符合表1的要求。

表1 加臭装置的电气性能要求

项　目	性能要求
内部布线	内部布线应符合下列要求： ——黄绿线只能作为接地线使用； ——不应与尖锐边缘接触； ——使用5 N的拉力，不应松动脱落
电源连接	电源连接应符合下列要求： ——电源线截面积应大于1.5 mm^2； ——电源线应采用Y型或Z型连接方式； ——带有附加绝缘的电源线应采用橡胶或PVC电缆
外部导线用接线端子	50 N拉力拉扯试验，不应松脱和损坏
螺钉和连接	螺钉和连接应符合下列要求： ——不应使用锌或铅等软材料制造的螺钉； ——带电部位的螺钉，应有装置确保不松动
电气间隙和爬电距离	电气间隙和爬电距离应符合GB 3836.3—2010表1电气间隙和爬电距离的规定
接地电阻	应小于0.1 Ω
绝缘电阻	电源线端子与加臭控制器外壳之间的绝缘电阻应大于2 MΩ

6.5.2 加臭装置的电气强度应按GB/T 1408.1的规定在常温下电器应能承受1 min的额定频率50 Hz、1 500 V或1 800 V瞬间电压，无击穿和闪络现象。

6.6 机械性能

6.6.1 加臭剂注入设备满负荷运行噪声应低于70 dB。

6.6.2 加臭剂注入设备使用隔膜计量泵时，机械性能应符合GB/T 7782—2008中第5.2、5.3、5.4、5.11、5.12、5.14、5.15和5.17的规定。

6.6.3 加臭装置应进行48 h连续稳定性运转试验，运转温升不超过各部件规定的要求。

7 试验方法

7.1 试验条件

7.1.1 温度

7.1.1.1 室温应为 20 ℃±5 ℃,在每次试验过程中室温波动应小于 5 ℃。

7.1.1.2 室温测定方法:在距加臭装置正前方、正左方及正右方各 1 m 处,将温度计感温部分固定在与设备上端等高位置,测量上述三点的温度,取其平均值。

7.1.2 湿度

实验室的空气相对湿度不应大于 85%。

7.1.3 电源

实验室使用的交流电源,标称电压波动范围在±2%以内。

7.1.4 仪器仪表

试验用仪器、仪表见表 2,也可采用具有同等可靠性和精度的仪器。

表 2 试验用仪器仪表

测试项目		仪器、仪表名称	规格或范围	最大允许误差/分辨力
温度	环境温度	温度计	−50 ℃~100 ℃	0.1 ℃
湿 度		湿度计	0~100%(相对湿度)	1%(相对湿度)
压力	大气压力	动槽式水银气压计、定槽式水银气压计或盒式气压计	86 kPa~106 kPa	0.1 kPa
	加臭剂输出压力	压力表	0~10 MPa	1.6
			0~4 MPa	1.6
流量	单次输出量	天平	0~1 000 g	0.1 g
	输出精度	质量流量计或天平	0~500 g 0~6 kg	0.2 g 5 g
气密性		压力表	0~0.1 MPa	100 Pa
加臭控制器供电过压		调压器	110 V~500 V	±1.0 V
控制参数	加臭控制器输出参数	台式电脑或笔记本电脑	—	—
	加臭控制器液位反馈	模拟电流信号发生器	4 mA~20 mA	0.01 mA
	加臭控制器接收流量	流量信号发生器	4 mA~20 mA 或 RS485	±0.1%
电气安全	防触电保护	绝缘电阻测试仪	0~1 999 MΩ	±(5%RDG+2 d)
		接地电阻测试仪	5 MΩ~500 MΩ(5 A~10 A)	±(2%+3 MΩ)
		泄漏电流测试仪	0~20 mA	±5%
	耐电压强度	耐压试验仪	交流 0~1.5 kV/5 kV	±5%
	内部布线及接线端子	推拉型指针式测力计	0~100 N	0.1 N
噪 声		声级计	40 dB~120 dB	1 dB

7.2 输出精度试验

加臭装置的输出精度检测使用 GB 253 中 2 号煤油为介质，装置出口连接带有设计压力的容器，按表 3 规定的参数向容器内输出煤油，80%和 20%输出量各进行三次以上检测，用称重的方法检测规定时间内每次的实际输出量，按表 3 公式计算输出误差，取试验的最大误差，按表 3 中的公式计算得出输出精度值。

表 3 试验方案

单次输出量	输出频率	运行时间	设定输出量 Q_D	实际输出量 Q_S	输出误差 K	输出精度 E
100%(或 80%)	80%(或 100%)	30 min			$Q_S-Q_D=K$	$E=\frac{K_{max}}{Q_D}\times 100\%$
100%(或 20%)	20%(或 100%)	30 min			$Q_S-Q_D=K$	

7.3 强度性能试验

7.3.1 加臭剂储罐和加臭剂注入设备的强度试验方法按 GB 150.1—2011 中 4.6.2.2 a)的规定进行。周转式加臭剂储罐的强度试验方法按 TSG R0005—2011 中 4.6.6 的规定进行。计量泵的强度试验应按 GB/T 7782—2008 中 5.13 进行试验。

7.3.2 阀门组管线、加臭管线及加臭剂注入喷嘴的水压强度试验方法按 GB 50184—2011 中 8.5.2 和 8.5.3 的规定进行。

7.4 气密性能试验

加臭装置的气密性试验按 GB 50184—2011 中 8.5.4 规定，分段按不同压力进行试验。

7.5 控制器性能试验

7.5.1 加臭控制器的基本功能按 6.4.1 规定，接入信号发生器进行操作检验。

7.5.2 加臭控制器的供电过压、过流、断电、短路故障的报警等功能用 110 V～500 V 的调压器进行检验。

7.5.3 加臭控制器的自由跌落试验按 GB/T 2423.8 规定的方法进行检验。

7.6 电器性能试验

7.6.1 加臭装置的电气性能按 GB 14048.1—2006 的规定和表 1 中的项目进行检验。

7.6.2 加臭装置的电气强度按 GB/T 1408.1 规定的方法进行检验。

7.7 机械性能试验

7.7.1 加臭剂注入设备满负荷运行时，用声级计 A 挡，在距加臭装置正面水平距离 1 m 与装置等高处检验加臭装置的噪声。

试验环境本底噪声应小于 40 dB，大于 40 dB 时按 GB/T 3768 有关规定修正。

7.7.2 加臭剂注入设备使用隔膜计量泵时，按 GB/T 7782 的规定进行检验。

7.7.3 稳定性运转试验按表 4 的规定进行试验。

表 4 稳定性运转试验方案

检验项目	运行模式	输出频率	单次输出量	运转介子	运行时间
空载试验	手动	额定频率的100%	最大单次输出量的100%	2号GB 253煤油	8 h
载荷试验	手动	额定频率的10%	最大单次输出量的10%	2号GB 253煤油	16 h
	自动	0～100%循环	最大单次输出量的10%	2号GB 253煤油	24 h(每小时循环一次)

8 检验规则

8.1 检验分类

检验分型式检验和出厂检验。

8.2 型式检验

8.2.1 有下列情况之一时,应进行型式检验:

a) 新产品试制定型鉴定;

b) 转厂生产的试制定型鉴定;

c) 正式生产后,如结构、材料、工艺有较大改变可能影响产品性能时;

d) 产品停产1年后恢复生产时;

e) 出厂检验结果与上次型式检验有较大差异时;

f) 国家质量监督机构提出进行型式检验要求时。

8.2.2 型式检验项目应为第5章、第6章、第9章的全部项目。型式检验的全部项目均符合标准规定时,判定该型式检验合格。任何项目不合格时,需改进不合格项目,重新复验,直至所有项目合格,判定该型式检验合格。

8.3 出厂检验

每台加臭装置的出厂检验包括外观检验、气密性能、电气性能、运转试验、输出精度、标识及警示、使用说明书、包装等。

9 标识、使用说明书、包装、运输和贮存

9.1 标识

9.1.1 每台加臭装置应设置固定铭牌,铭牌应标注下列内容:

a) 产品名称和型号;

b) 工作电压、功率;

c) 最高输出压力、工作频率范围;

d) 加臭剂储罐容积;

e) 环境温度;

f) 生产日期和出厂编号;

g) 生产单位名称和地址;

h) 产品标准编号。

9.1.2 警示标识应有易燃、易爆、危险等警示字样。

9.1.3 防爆电气部件标牌上应有“Ex”标识、防爆等级和防爆合格证号。

9.1.4 包装箱上应标注下列内容：

a) 产品名称和型号；

b) 生产单位名称和地址；

c) 包装储运标志应符合 GB/T 191 和 GB/T 6388 的规定。

9.2 使用说明书

使用说明书的编写应符合 GB/T 9969 的规定，并应有如下内容：

a) 主要用途与适用范围；

b) 额定参数；

c) 额定电压和额定频率；

d) 使用条件；

e) 结构尺寸、安装尺寸和系统说明；

f) 安装与调试；

g) 使用与操作；

h) 维修与保养；

i) 故障及排除等注意事项。

9.3 包装

9.3.1 设备用塑料袋封装后用木箱包装。用海绵类物品设置减震隔离垫。

9.3.2 加臭控制器应有符合 GB/T 2423.8 规定独立的三防外包装。

9.3.3 包装箱内应附有下列资料：

a) 产品合格证；

b) 装箱单；

c) 使用说明书；

d) 成品检验报告。

9.4 运输

在运输时应防止雨、雪淋袭和撞击，装卸时防止跌落碰撞，不应与有腐蚀性物品混装混运。

9.5 贮存

产品应贮存在干燥通风的库房内，不应与腐蚀物品混存。

ICS 91.140
P 47

中华人民共和国城镇建设行业标准

CJ/T 466—2014

燃气输送用不锈钢管及双卡压式管件

Double-press extrusion stainless steel gas pipes and fittings

2014-12-04 发布　　2015-05-01 实施

中华人民共和国住房和城乡建设部　发布

前　言

本标准按照 GB/T 1.1—2009 给出的规则起草。

本标准由住房和城乡建设部标准定额研究所提出。

本标准由住房和城乡建设部燃气标准化技术委员会归口。

本标准起草单位:深圳市雅昌管业股份有限公司、宁波市华涛不锈钢管材有限公司、浙江正康实业有限公司、浙江正同管业有限公司、广州美亚股份有限公司、维格斯(上海)流体技术有限公司、四川岷河管道建设工程有限公司、浙江汉君金属制品有限公司、浙江中捷管业有限公司、深圳市民乐管业有限公司、四川长鑫管业有限公司、沧州市三庆工贸有限公司、中国市政工程华北设计研究总院有限公司。

本标准主要起草人:陈卫东、王岚、赵志江、黄建聪、何世涛、高胜华、赵锦添、王跃强、严安迅、苏光彬、郑炜、李银富、贾福庆、翟军。

燃气输送用不锈钢管及双卡压式管件

1 范围

本标准规定了燃气输送用不锈钢管(以下简称钢管)及双卡压式管件(以下简称管件)的术语和定义,标记,材料,规格和尺寸,要求,试验方法,检验规则,标识、包装、运输和贮存。

本标准适用于温度为-20 ℃~60 ℃、公称尺寸为DN15~DN100、公称压力不大于0.4 MPa的建筑燃气输送用不锈钢管及双卡压式管件的设计、制造和检验。

2 规范性引用文件

下列文件对于本文件的应用是必不可少的。凡是注日期的引用文件,仅注日期的版本适用于本文件。凡是不注日期的引用文件,其最新版本(包括所有的修改单)适用于本文件。

GB/T 191 包装储运图示标志
GB/T 222 钢的成品化学成分允许偏差
GB/T 223(所有部分) 钢铁及合金化学分析方法
GB/T 528 硫化橡胶或热塑性橡胶 拉伸应力应变性能的测定
GB/T 531 硫化橡胶或热塑性橡胶 压入硬度试验方法
GB/T 2100 一般用途耐蚀钢铸件
GB/T 3280 不锈钢冷轧钢板和钢带
GB/T 3512 硫化橡胶或热塑性橡胶 热空气加速老化和耐热试验
GB/T 4334 金属和合金的腐蚀 不锈钢晶间腐蚀试验方法
GB/T 5721 橡胶密封制品标志、包装、运输、贮存的一般规定
GB/T 6031 硫化橡胶或热塑性橡胶硬度的测定(10~100IRHD)
GB/T 7306.1 55°密封管螺纹 第1部分:圆柱内螺纹与圆锥外螺纹
GB/T 7735 钢管涡流探伤检验方法
GB/T 7759 硫化橡胶、热塑性橡胶 常温、高温和低温下压缩永久变形测定
GB/T 10125 人造气氛腐蚀试验 盐雾试验
GB/T 19228.1 不锈钢卡压式管件组件 第1部分:卡压式管件
GB/T 19228.2 不锈钢卡压式管件组件 第2部分:连接用薄壁不锈钢管
HG/T 3087 静密封橡胶零件贮存期快速测定方法
HG/T 3092 燃气输送管及配件用橡胶密封圈胶料

3 术语和定义

下列术语和定义适用于本文件。

3.1

双卡压式管件 double-press fittings

在钢管连接中使用的,带有弹性橡胶O形密封圈,用专用工具在密封圈两侧卡压进行密封和紧固的连接件。

4 标记

4.1 标记方法

产品标记由燃气标识、钢管规格(外径×壁厚)或管件代号及规格(代号 公称尺寸×公称尺寸或管螺纹尺寸)、材料牌号或代号和标准编号组成。

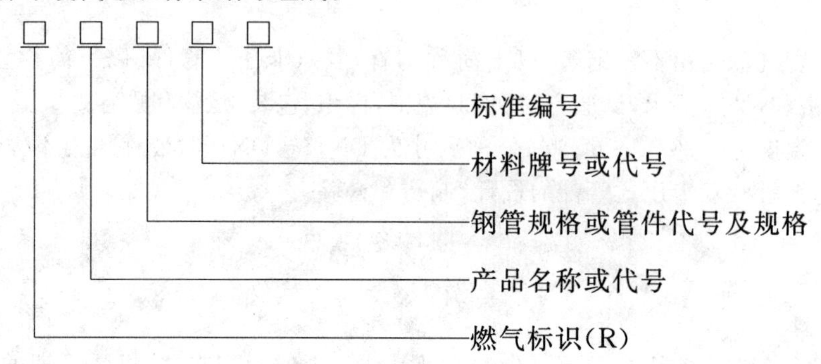

4.2 标记示例

4.2.1 钢管的标记示例

示例:

公称尺寸为DN25、钢管外径为25.4 mm、壁厚为1.0 mm、材料为06Cr19Ni10的不锈钢燃气管的标记为:(R) 不锈钢管 25.4×1.0 06Cr19Ni10(或 S30408) CJ/T 466—2014。

4.2.2 管件的标记示例

示例1:

公称尺寸为DN32×20,材料为06Cr17Ni12Mo2的不锈钢异径三通标记为:(R)T DN32×20 06Cr17Ni12Mo2(或S31608) CJ/T 466—2014;

示例2:

公称尺寸为DN40,管螺纹为R1 11/2,材料为022Cr17Ni12Mo2的不锈钢外螺纹转换接头标记为:(R) ETC DN40×R1 11/2 022Cr17Ni12Mo2(或 S31603) CJ/T 466—2014。

5 材料

5.1 钢管及管件

钢管及管件所选用的不锈钢材料应符合GB/T 3280的规定,其牌号和化学成分见表1。

表1 不锈钢的牌号和化学成分(熔炼分析)

统一数字代号	新牌号	化学成分(质量分数)/%								
		C	Si	Mn	P	S	Ni	Cr	Mo	其他元素
S30408	06Cr19Ni10	≤0.08	≤0.75	≤2.00	≤0.045	≤0.030	8.00～10.50	18.00～20.00	—	—
S30403	022Cr19Ni10	≤0.030	≤0.75	≤2.00	≤0.045	≤0.030	8.00～12.00	18.00～20.00	—	—
S31608	06Cr17Ni12Mo2	≤0.08	≤0.75	≤2.00	≤0.045	≤0.030	10.00～14.00	16.00～18.00	2.00～3.00	—

表 1 (续)

统一数字代号	新牌号	化学成分(质量分数)/%								
		C	Si	Mn	P	S	Ni	Cr	Mo	其他元素
S31603	022Cr17Ni12Mo2	≤0.030	≤0.75	≤2.00	≤0.045	≤0.030	10.00~14.00	16.00~18.00	2.00~3.00	—
S11972	019Cr19Mo2NbTi	≤0.025	≤1.00	≤1.00	≤0.040	≤0.030	≤1.00	17.50~19.50	1.75~2.50	(Ti+Nb)[0.20+4(C+N)]−0.80
S22253	022Cr22Ni5Mo3N	≤0.030	≤1.00	≤2.00	≤0.030	≤0.020	4.50~6.50	21.00~23.00	2.50~3.50	—
注:优先推荐选用 S31608 和 S31603 牌号不锈钢。										

5.2 转换接头

管件的转换接头采用不锈钢铸造时,应符合 GB/T 2100 的规定。

5.3 密封胶圈

密封胶圈材料应采用丁腈橡胶、氢化丁腈橡胶、氟橡胶,其材质、型式和尺寸应符合附录 A 的规定。

6 规格和尺寸

6.1 钢管的规格与尺寸

6.1.1 钢管的尺寸与公差应符合表 2 的规定。

表 2 钢管的基本尺寸

单位为毫米

公称尺寸 DN	钢管外径 D_w	外径允许偏差	壁厚 S	壁厚允许偏差
15	16	±0.10	0.8	±10%S
20	20	±0.11	1.0	
25	25.4	±0.14	1.0	
32	32	±0.17	1.2	
40	40	±0.21	1.2	
50	50.8	±0.26	1.2	
60	63.5	±0.30	1.5	
65	76.1	±0.38	2.0	
80	88.9	±0.44	2.0	
100	101.6	±0.54	2.0	
注:根据供求双方商定,可以选择其他系列规格的管件。				

6.1.2 钢管长度为定尺长度,以 3 000 mm~6 000 mm 为宜,不应有负偏差。

6.1.3 钢管的弯曲度应为任意 2 mm/m。

6.1.4 钢管的两端应锯切平整并与钢管轴线垂直,钢管端部的切斜应符合表 3 的规定。

表 3　钢管端部的切斜

单位为毫米

钢管外径 D_w	切斜
≤20	≤1.5
>20～50.8	≤2.0
>50.8～101.6	≤3.0

6.2　管件的结构型式与尺寸

6.2.1　管件的型式、代号及基本参数见表 4。

表 4　管件的型式、代号及基本参数

型式	代号	公称压力/MPa	公称尺寸 DN
管帽、等径接头、等径三通、90°弯头、45°弯头	CAP、C(S)、T(S)、90E-A、45E-A	0.4	15～100
异径接头、异径三通	C-A、T		20×15～100×80
内螺纹转换接头	ITC		15～50
外螺纹转换接头	ETC		15～50
注：根据供求双方商定，可以选择其他系列规格的管件。			

6.2.2　管件承口的结构型式和基本尺寸见图 1 和表 5。

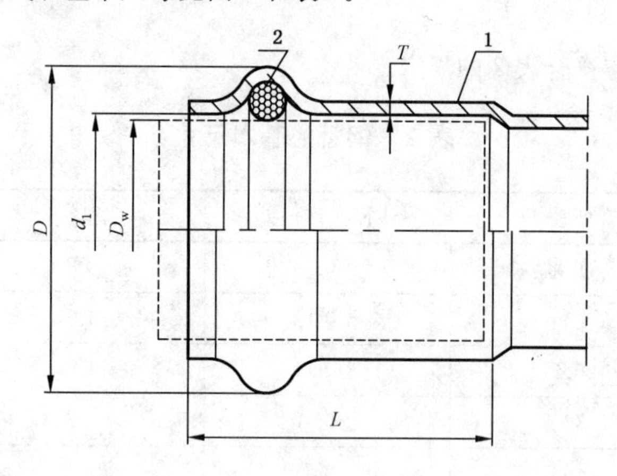

说明：

1——管件本体；

2——密封圈。

图 1　双卡压式管件承口

表 5　管件承口的基本尺寸

单位为毫米

公称尺寸 DN	钢管外径 D_w	管件壁厚 T_{min}	承口内径 d_1	承口端外径 D	承口长度 L
15	16	0.6	$16.2^{+0.3}_{0}$	22.2±0.2	23±3
20	20	0.8	$20.2^{+0.3}_{0}$	27.9±0.2	26±3

表 5（续）　　单位为毫米

公称尺寸 DN	钢管外径 D_w	管件壁厚 T_{min}	承口内径 d_1	承口端外径 D	承口长度 L
25	25.4	0.8	$25.6^{+0.3}_{0}$	33.8±0.2	32±3
32	32	1.0	$32.3^{+0.4}_{0}$	44.0±0.3	38±3
40	40	1.0	$40.3^{+0.4}_{0}$	53.5±0.3	46±4
50	50.8	1.0	$51.2^{+0.6}_{0}$	66.5±0.3	56±4
60	63.5	1.3	$63.9^{+0.6}_{0}$	79.3±0.3	58±4
65	76.1	1.5	$76.7^{+1.2}_{0}$	94.7±0.8	60±5
80	88.9	1.5	$89.5^{+1.2}_{0}$	109.5±0.8	70±5
100	101.6	1.5	$102.2^{+1.2}_{0}$	126.4±0.8	82±5

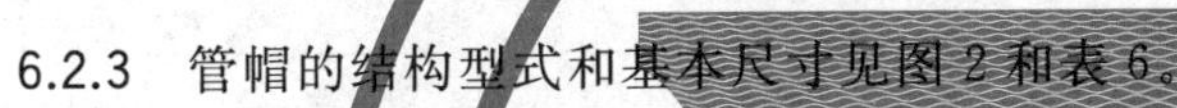

6.2.3　管帽的结构型式和基本尺寸见图 2 和表 6。

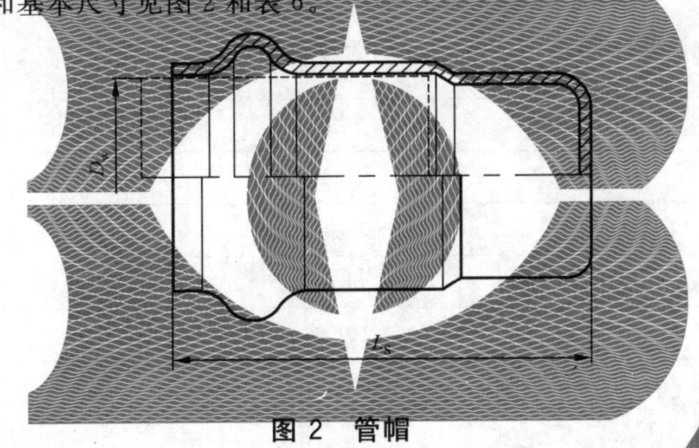

图 2　管帽

表 6　管帽的基本尺寸　　单位为毫米

公称尺寸 DN	钢管外径 D_w	管帽长度 L_S（推荐值）
15	16	≤34
20	20	≤40
25	25.4	≤46
32	32	≤55
40	40	≤67
50	50.8	≤77
60	63.5	≤92
65	76.1	≤103
80	88.9	≤120
100	101.6	≤126

6.2.4　等径接头的结构型式和基本尺寸见图 3 和表 7。

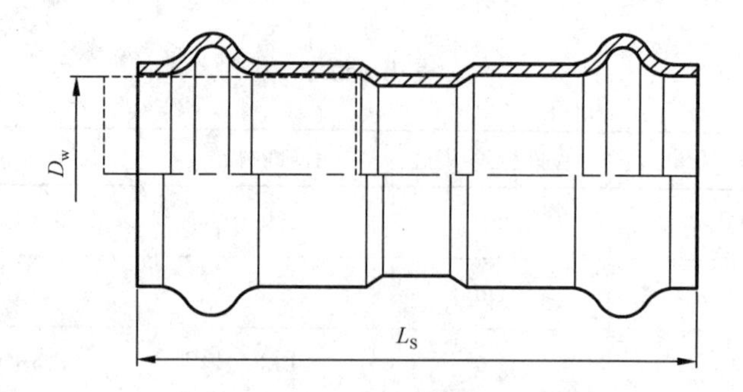

图 3 等径接头

表 7 等径接头的基本尺寸

单位为毫米

公称尺寸 DN	钢管外径 D_w	接头长度 L_S(推荐值)
15	16	≤61
20	20	≤66
25	25.4	≤82
32	32	≤96
40	40	≤116
50	50.8	≤136
60	63.5	≤152
65	76.1	≤158
80	88.9	≤165
100	101.6	≤190

6.2.5 异径接头的结构型式和基本尺寸见图 4 和表 8。

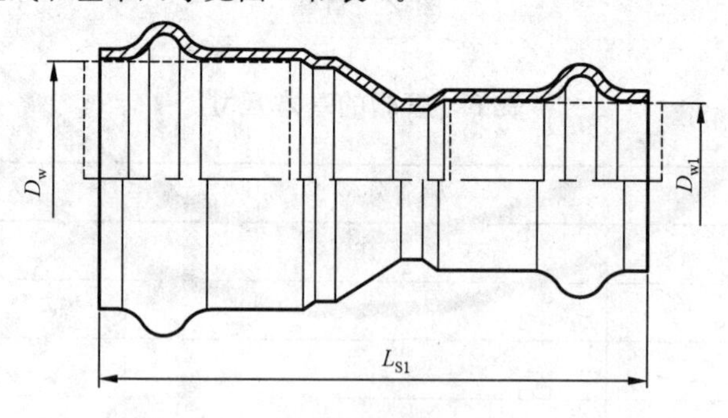

图 4 异径接头

表 8 异径接头的基本尺寸

单位为毫米

公称尺寸 DN×DN_1	钢管外径 $D_w \times D_{w1}$	接头长度 L_{S1}(推荐值)
20×15	20×16	≤67
25×15	25.4×16	≤77
25×20	25.4×20	≤81

表 8（续）

单位为毫米

公称尺寸 $DN \times DN_1$	钢管外径 $D_w \times D_{w1}$	接头长度 L_{S1}（推荐值）
32×15	32×16	≤85
32×20	32×20	≤90
32×25	32×25.4	≤94
40×15	40×16	≤90
40×20	40×20	≤95
40×25	40×25.4	≤110
40×32	40×32	≤114
50×15	50.8×16	≤110
50×20	50.8×20	≤120
50×25	50.8×25.4	≤134
50×32	50.8×32	≤136
50×40	50.8×40	≤138
60×32	63.5×32	≤157
60×40	63.5×40	≤165
65×50	76.1×50.8	≤168
80×65	88.9×76.1	≤189
100×65	101.6×76.1	≤206
100×80	101.6×88.9	≤214

6.2.6 等径三通的结构型式和基本尺寸见图 5 和表 9。

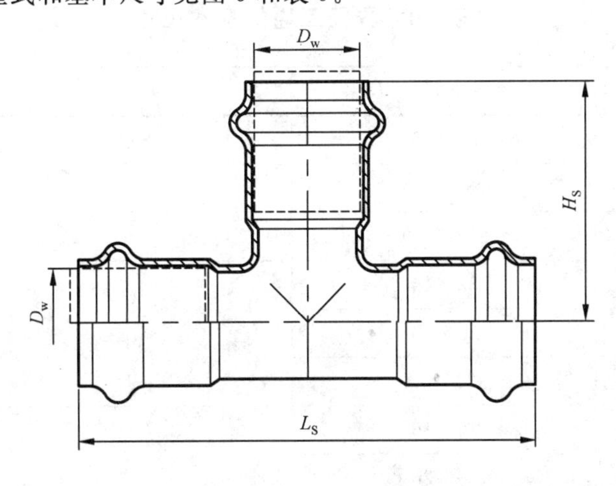

图 5 等径三通

表 9　等径三通的基本尺寸

单位为毫米

公称尺寸 DN	钢管外径 D_w	L_S(推荐值)	H_S(推荐值)
15	16	78±3	39±2
20	20	94±4	46±3
25	25.4	115±4	56±3
32	32	136±4	68±3
40	40	168±4	82±4
50	50.8	198±4	97±4
60	63.5	220±5	114±5
65	76.1	237±5	120±5
80	88.9	263±8	130±8
100	101.6	304±8	151±8

6.2.7　异径三通的结构型式和基本尺寸见图 6 和表 10。

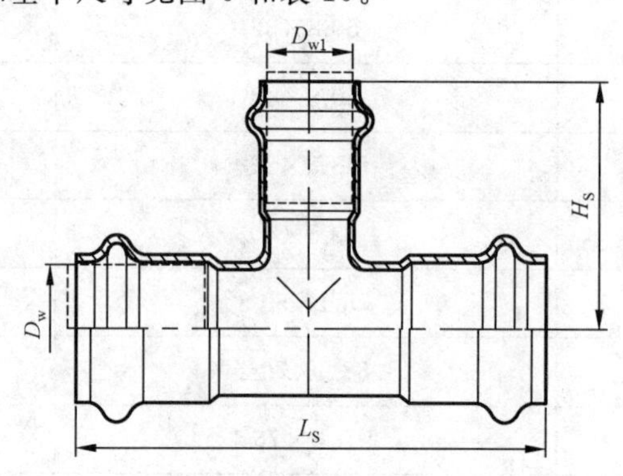

图 6　异径三通

表 10　异径三通的基本尺寸

单位为毫米

<table>
<tr><th>公称尺寸 DN</th><th>钢管外径 $D_w \times D_{w1}$</th><th>L_S(推荐值)</th><th>H_S(推荐值)</th></tr>
<tr><td>20×15</td><td>20×16</td><td>94±4</td><td>46±3</td></tr>
<tr><td>25×15</td><td>25.4×16</td><td rowspan="2">115±4</td><td>50±3</td></tr>
<tr><td>25×20</td><td>25.4×20</td><td>51±3</td></tr>
<tr><td>32×15</td><td>32×16</td><td rowspan="3">136±4</td><td>53±3</td></tr>
<tr><td>32×20</td><td>32×20</td><td>56±3</td></tr>
<tr><td>32×25</td><td>32×25.4</td><td>65±3</td></tr>
<tr><td>40×15</td><td>40×16</td><td rowspan="4">168±4</td><td>59±3</td></tr>
<tr><td>40×20</td><td>40×20</td><td>62±3</td></tr>
<tr><td>40×25</td><td>40×25.4</td><td>71±3</td></tr>
<tr><td>40×32</td><td>40×32</td><td>78±3</td></tr>
</table>

表 10（续）

单位为毫米

公称尺寸 DN	钢管外径 $D_w \times D_{w1}$	L_S(推荐值)	H_S(推荐值)
50×15	50.8×16	198±4	67±3
50×20	50.8×20		68±3
50×25	50.8×25.4		71±3
50×32	50.8×32		73±3
50×40	50.8×40		75±3

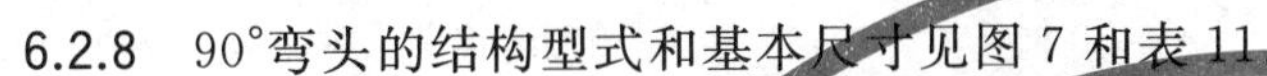
6.2.8　90°弯头的结构型式和基本尺寸见图 7 和表 11。

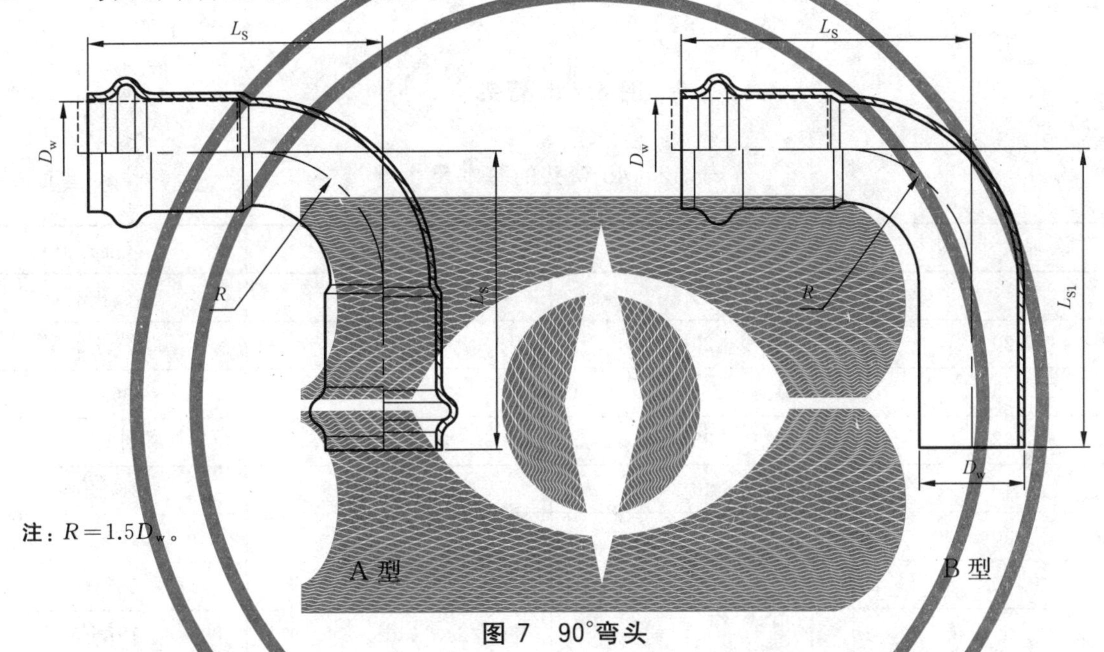

注：$R=1.5D_w$。

图 7　90°弯头

表 11　90°弯头的基本尺寸

单位为毫米

公称尺寸 DN	钢管外径 D_w	L_S(推荐值)	L_{S1}(推荐值)
15	16	49±3	79±3
20	20	62±3	98±3
25	25.4	76±3	117±3
32	32	87±4	138±4
40	40	108±4	171±4
50	50.8	129±4	202±4
60	63.5	160±5	234±5
65	76.1	163±5	248±5
80	88.9	191±5	285±5
100	101.6	220±5	303±5

6.2.9　45°弯头的结构型式和基本尺寸见图 8 和表 12。

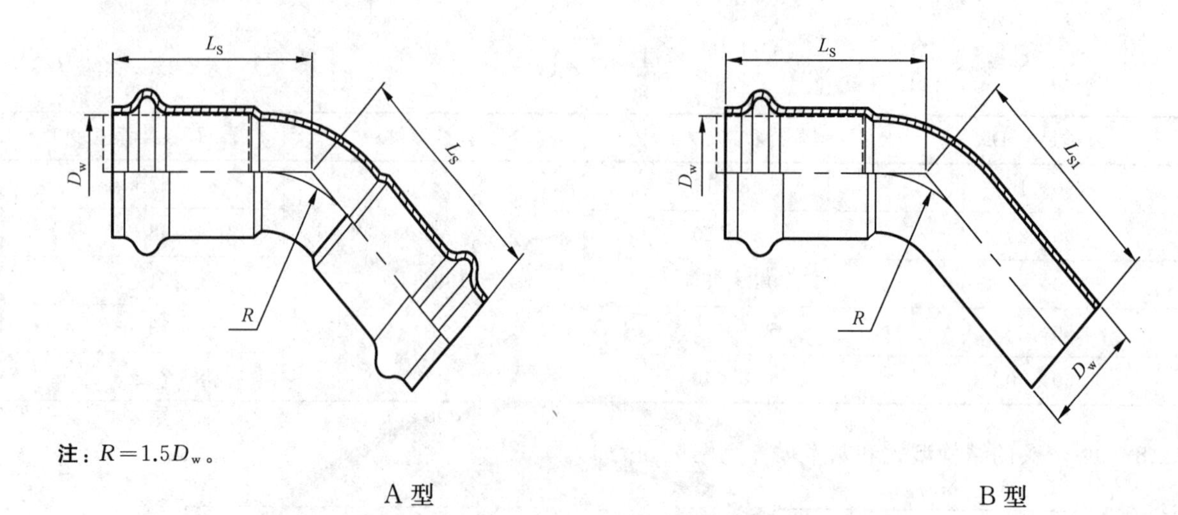

注：$R=1.5D_w$。

A 型　　　　B 型

图 8　45°弯头

表 12　45°弯头的基本尺寸

单位为毫米

公称尺寸 DN	钢管外径 D_w	L_S(推荐值)	L_{S1}(推荐值)
15	16	35±3	65±3
20	20	41±3	79±3
25	25.4	51±3	96±3
32	32	60±4	113±4
40	40	74±4	139±4
50	50.8	88±4	163±4
60	63.5	108±5	183±5
65	76.1	113±5	197±5
80	88.9	122±5	214±5
100	101.6	140±5	247±5

6.2.10　内螺纹转换接头的结构型式和基本尺寸见图 9 和表 13，内螺纹公差应符合 GB/T 7306.1 的规定。

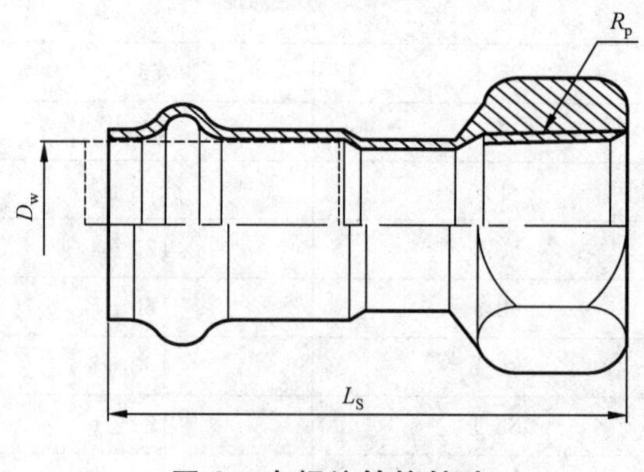

图 9　内螺纹转换接头

表 13 内螺纹转换接头的基本尺寸

单位为毫米

公称尺寸 DN	钢管外径 D_w	管螺纹 R_p/in	L_S(推荐值)
15	16	1/2	49±2
20	20	1/2	53±3
		3/4	55±3
25	25.4	3/4	66±3
		1	68±3
32	32	1	76±3
		1 1/4	78±3
40	40	1 1/4	90±3
		1 1/2	92±3
50	50.8	1 1/2	106±3
		2	108±3

6.2.11 外螺纹转换接头的型式结构和基本尺寸见图 10 和表 14,外螺纹公差应符合 GB/T 7306.1 的规定。

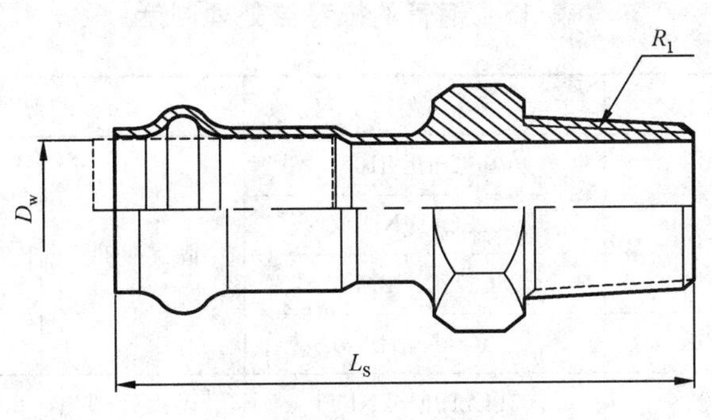

图 10 外螺纹转换接头

表 14 外螺纹转换接头的基本尺寸

单位为毫米

公称尺寸 DN	钢管外径 D_w	管螺纹 R_1/in	L_S(推荐值)
15	16	1/2	57±3
20	20	1/2	61±3
		3/4	64±3
25	25.4	3/4	71±3
		1	74±3
32	32	1	90±4
		1 1/4	101±4
40	40	1 1/4	103±4
		1 1/2	111±4
50	50.8	1 1/2	104±4
		2	129±4

7 要求

7.1 钢管

7.1.1 制造方法

钢管应采用不添加填充金属的自动电弧焊接方法制造。

7.1.2 表面质量

7.1.2.1 钢管的内外表面应光滑，不应有折叠分层、毛刺、过酸及氧化铁皮、轻微划伤、压坑、麻点等深度不超过壁厚负偏差值、切口无毛刺。

7.1.2.2 外焊缝应与母材平齐并圆滑过渡，内焊缝最小高度应大于 0.05 mm。焊缝表面应无裂纹、假焊、气孔、咬边、夹渣、火色，内外面应光滑，内外表面应符合交货状态的规定。

7.1.3 交货状态

钢管宜进行热处理，热处理时应采用连续式或周期式炉全长热处理；钢管采用光亮热处理时可不进行酸洗交货；经供需双方协议，除铁素体钢管外，奥氏体、双相钢钢管也可按其他状态交货。钢管的推荐热处理制度见表 15。

表 15 钢管的推荐热处理制度

类型	统一数字代号	新牌号	推荐的热处理制度		冷却速度
奥氏体	S30408	06Cr19Ni10	固溶处理	1 040 ℃～1 080 ℃	快冷
	S30403	022Cr19Ni10			
	S31608	06Cr17Ni12Mo2			
	S31603	022Cr17Ni12Mo2			
铁素体	S11972	019Cr19Mo2NbTi	正火处理	800 ℃～1 050 ℃	快冷
双相钢	S22253	022Cr22Ni5Mo3N	固溶处理	1 040 ℃～1 100 ℃	快冷

7.1.4 力学性能

钢管的力学性能应符合表 16 的规定，其中非比例延伸强度 $R_{p0.2}$ 仅在需方要求、合同中注明时才给予保证。

表 16 钢管的力学性能

统一数字代号	新牌号	非比例延伸强度 $R_{p0.2}$/MPa	抗拉强度 R_m/MPa	断后伸长率 A/%	
				热处理状态	非热处理状态
S30408	06Cr19Ni10	≥205	≥515	≥40	≥25
S30403	022Cr19Ni10	≥170	≥485		
S31608	06Cr17Ni12Mo2	≥205	≥515		
S31603	022Cr17Ni12Mo2	≥170	≥485		

表 16（续）

统一数字代号	新牌号	非比例延伸强度 $R_{p0.2}$/MPa	抗拉强度 R_m/MPa	断后伸长率 A/%	
				热处理状态	非热处理状态
S11972	019Cr19Mo2NbTi	≥275	≥415	≥20	—
S22253	022Cr22Ni5Mo3N	≥450	≥620	≥25	—

7.1.5 工艺性能

工艺性能应符合下列规定：

a) 水压性能应符合 GB/T 19228.2 的规定；

b) 压扁性能应符合 GB/T 19228.2 的规定；

c) 扩口性能应符合 GB/T 19228.2 的规定；

d) 气密试验压力为 0.6 MPa，钢管完全浸没水中，出厂检验保压 10 s，型式检验稳压后保压 10 min，应无气泡渗出；

e) 涡流探伤应符合 GB/T 7735 的规定，采用人工标准缺陷（钻孔直径）应符合 GB/T 7735 中 A 级的规定；

f) 盐雾试验应符合 GB/T 10125 中 240 h 中性盐雾腐蚀试验的规定；

g) 未经固溶的钢管晶间腐蚀试验应符合 GB/T 19228.2 的规定。

7.2 管件

7.2.1 外观

管件外观应清洁光滑，焊缝表面应无裂纹、气孔、咬边等缺陷，其外表面可有轻微的模痕，但不应有明显的凹凸不平和超过壁厚负偏差的划痕，纵向划痕深度不应大于名义壁厚的 10%。

7.2.2 尺寸公差

尺寸公差应符合下列规定：

a) 管件的尺寸公差应符合表 5～表 14 的规定；

b) 挤压成型管件的最小厚度应符合表 5 的规定；

c) 转换接头内外螺纹及公差应符合 GB/T 7306.1 的规定。

7.2.3 性能要求

性能应符合下列规定：

a) 管件应进行水压性能试验，试验压力不低于 2.5 MPa，管件不应有泄漏和永久变形；

b) 管件应进行气密性试验，试验压力为 0.6 MPa，管件不应有泄漏。

7.2.4 连接性能要求

连接性能应符合下列规定：

a) 管件应进行连接水压振动试验，振动试验后不应有渗漏、脱落及其他异常；

b) 管件应进行抗拉拔试验，连接组件不应有泄漏、裂纹、脱落；

c) 管件应进行连接弯曲挠角试验，连接组件不应有泄漏、裂纹、脱落；

d) 管件应进行连接耐气候性试验，在 −30 ℃～70 ℃ 条件下使其不断变化 5 个周期后，连接组件应无泄漏和永久变形；

e) 管件应进行连接耐高温试验，试验温度为 650 ℃，在维持该稳定状态的 30 min 内，接口处在热测试时泄漏率不应超过 30 L/h。

7.2.5 交货状态

7.2.5.1 管件在完成机加工、焊接加工后应进行固溶热处理，并按 GB/T 4334 中 E 方法进行晶间腐蚀试验。

7.2.5.2 管件应进行酸洗钝化处理，并按 GB/T 10125 的规定进行 240 h 中性盐雾腐蚀试验；管件采用光亮热处理的，可不进行酸洗钝化处理。

8 试验方法

8.1 钢管

8.1.1 表面质量

钢管的表面质量检验应在自然光源或专设光源下目测检验，可用 5 倍放大镜检验。

8.1.2 尺寸检验

钢管的尺寸检验应使用相应精度的测量工具进行检测。

8.1.3 性能试验

8.1.3.1 水压试验按 GB/T 19228.2 的规定进行。

8.1.3.2 压扁试验按 GB/T 19228.2 的规定进行。

8.1.3.3 扩口试验按 GB/T 19228.2 的规定进行。

8.1.3.4 气密性试验按 7.1.5 d)的规定进行。

8.1.3.5 涡流探伤试验按 GB/T 7735 的规定进行，采用人工标准缺陷(钻孔直径)时按 GB/T 7735 中 A 级的规定进行。

8.1.3.6 盐雾试验按 GB/T 10125 中 240 h 中性盐雾腐蚀试验的规定进行。

8.1.3.7 晶间腐蚀试验按 GB/T 19228.2 的规定进行。

8.2 管件

8.2.1 外观

管件外观在日光或灯光照明下用目测检验，可用 5 倍放大镜观测。

8.2.2 水压试验

水压试验按 GB/T 19228.1 的规定进行。

8.2.3 气密性试验

将管件装在气密性试验台上，浸没水中，充入纯净的压缩空气，在 0.6 MPa 试验压力下，稳压时间不少于 5 s，管件应无泄漏现象。

8.2.4 水压振动试验

水压振动试验按 GB/T 19228.1 的规定进行。

8.2.5 抗拉拔试验

抗拉性试验按 GB/T 19228.1 的规定进行。

8.2.6 弯曲挠角试验

弯曲挠角试验按 GB/T 19228.1 的规定进行。

8.2.7 盐雾试验

盐雾试验按 GB/T 10125 中 240 h 中性盐雾腐蚀试验的规定进行。

8.2.8 耐候性试验

将连接好的组件放入试验箱中，一头安装堵头，另一头与空气源连接，加气压至指定压力 0.4 MPa。将接头在常温 20 ℃±5 ℃状态下放置 30 min，在低温－30 ℃±2 ℃状态下放置 2 h，再在高温 70 ℃±2 ℃状态下放置 2 h，使其不断变化。以上为 1 个周期，经反复 5 个周期后，连接组件应无泄漏和永久变形。

8.2.9 耐高温试验

按图 11 将连接组件放入烤箱内并充入氮气，测试压力为 0.5 MPa，加热直到该试件的温度达到 650 ℃，维持该压力和温度，保持 30 min，接口处在高温测试时泄漏率应符合 7.2.4 e)的规定。

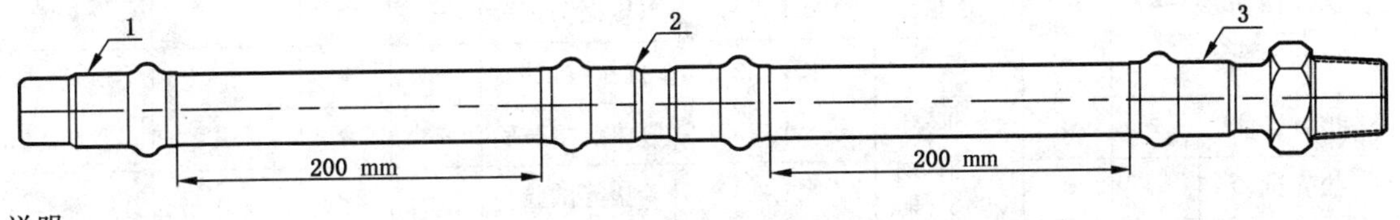

说明：

1——管帽；

2——试件；

3——转接头。

图 11 耐高温检测装置

9 检验规则

9.1 材料验收

钢管和管件的化学成分和壁厚按材质单验收；若有特殊要求或型式检验时，可按材料牌号进行复检，分析方法应符合 GB/T 222 和 GB/T 223 的规定。

9.2 钢管的分批

钢管应成批验收，每批应由同牌号、同尺寸、同工艺制造的钢管组成。每批钢管的数量为：外径不大于 35 mm 的为 500 根；外径大于 35 mm 的为 300 根为一批组，不足根数的，可视同一批。

9.3 检验分类

钢管和管件的检验分为型式检验和出厂检验。

9.4 检验项目

钢管和管件的型式检验和出厂检验项目见表 17。

表 17 钢管和管件的检验项目

序号	钢管					管件				
	检验项目	出厂检验	型式检验	取样数量	检验方法及章条	检验项目	出厂检验	型式检验	取样数量	检验方法及章条
1	化学成分	—	●	每炉取1个试样	GB/T 223、GB/T 11170、GB/T 20123、GB/T 20124	化学成分	—	●	—	GB/T 223、GB/T 11170、GB/T 20123、GB/T 20124
2	外观	●	●	逐根	目测或 5 倍放大镜	外观	●	●	逐件	目测或 5 倍放大镜
3	尺寸	●	●	逐根	相应精度的测量工具	尺寸	●	●	逐件	相应精度的测量工具
4	水压试验	△	●	逐根	8.1.3.1	水压试验	△	●	—	8.2.2
5	气密性试验	●	●	逐根	8.1.3.4	气密性试验	●	●	逐件	8.2.3
6	涡流探伤	●	—	逐根	8.1.3.5	水压振动试验	—	●	—	8.2.4
7	压扁性能	—	●	每批在一根钢管上取1件试样	8.1.3.2	抗拉拔试验	—	●	—	8.2.5
8	扩口性能	●	●		8.1.3.3	弯曲挠角试验	—	●	—	8.2.6
9	盐雾试验	—	●		8.1.3.6	盐雾试验	—	●	—	8.2.7
10	晶间腐蚀试验	—	●		8.1.3.7	耐候性试验	—	●	—	8.2.8
11						耐高温试验	—	●	—	8.2.9

注：●为检验项目；—为不检项目；△为可选项目。

9.5 出厂检验

9.5.1 钢管

按表 17 所列的项目检验，检验结果不合格时，应加倍取样复检，复检不合格该批钢管不应出厂；化学成分不符合要求，则判定出厂检验不合格。

9.5.2 管件

管件的出厂检验应符合下列规定：

a) 检验数量按表 17 的要求执行，化学成分按炉次抽检，每炉取 1 个试样；外观和尺寸为逐个检验；气密性试验应对产品逐个检验；

b) 管件检验项目全部满足要求，判定出厂检验合格；材料化学成分检验不满足要求，则判定出厂检验不合格；对其他不满足要求的项目应加倍取样复验，复验合格判定出厂检验合格，复验时仍有不满足要求的项目，则判定该批管件出厂检验不合格。

9.6 型式检验

9.6.1 检验条件

有下列情况之一时应进行型式检验：

a) 产品首次制造或转产试制定型；
b) 正式生产后结构、材料工艺有较大改变，可能影响产品性能时；
c) 产品停产半年后恢复生产时；
d) 出厂检验结果与上次型式检验有较大差异时；
e) 正常生产每3年检验一次。

9.6.2 判定原则

9.6.2.1 钢管

型式检验应在一批钢管中任取2根进行检验，若有一项不符合规定时，应在审查工艺等基础上加倍复检，复检时仍不符合规定，判定型式检验不合格。

9.6.2.2 管件

在同一型号的管件中取3件不同规格的检验样品，样品全部检验项目符合规定，判定型式检验合格。材料检验不符合规定，判定型式检验不合格。对其他不符合规定的项目，应加倍取样复验，复验合格，判定型式检验合格；复验时仍有不符合规定的项目，则判定该批管件型式检验不合格。

10 标识、包装、运输和贮存

10.1 标识

10.1.1 钢管的标识

每一根钢管上应有标识，内容为：制造厂名称或商标、产品名称或代号、材料牌号或代号、规格尺寸、标准编号、其他。标识间距以1.5 m～3.0 m为宜，均布。

10.1.2 管件的标识

管件上应标有制造厂商标、管件规格、材料代号等标识。

10.2 包装

10.2.1 钢管可采用捆扎包装形式，每捆应为同一批号的钢管，管两端应加封盖保护，每捆不应超过100 kg、数量不超过40根，或按用户要求包装。

10.2.2 成捆钢管应用钢带或钢丝捆扎牢固，捆扎圈数宜为3圈，成捆钢管一端应放置整齐。

10.2.3 钢管在捆扎前应采用不含氯离子成分的2层麻袋布或塑料布将成捆钢管紧密包裹。

10.2.4 管件经检验合格后应放入洁净的包装袋内并封口，装进纸质包装箱或木质包装箱内，箱内应附有质量证明书。包装箱上应有产品名称、数量、重量、箱体尺寸、标记、制造厂名、防潮等字样，并符合GB/T 191的规定。

10.2.5 每批钢管和管件应附有产品质量证明书，内容应包括：

a) 制造商名称；
b) 产品名称；

c) 产品规格、标准编号；

d) 材料牌号；

e) 批号；

f) 钢管的净重或根数；

g) 订货合同和产品标准规定的各项检验结果和制造厂质量部门的印记；

h) 包装日期。

10.3 运输和贮存

包装后的钢管和管件在运输过程中不应直接淋袭雨、雪。在搬运过程中，不应剧烈碰撞，抛摔滚拖。包装后的钢管应贮存在无腐蚀介质的环境内，避免杂乱堆放和与其他物件混放。

附　录　A
（规范性附录）
燃气输送用不锈钢双卡压管件 O 形橡胶密封圈

A.1　型式和尺寸

O 形橡胶密封圈的结构型式和基本尺寸见图 A.1 和表 A.1。

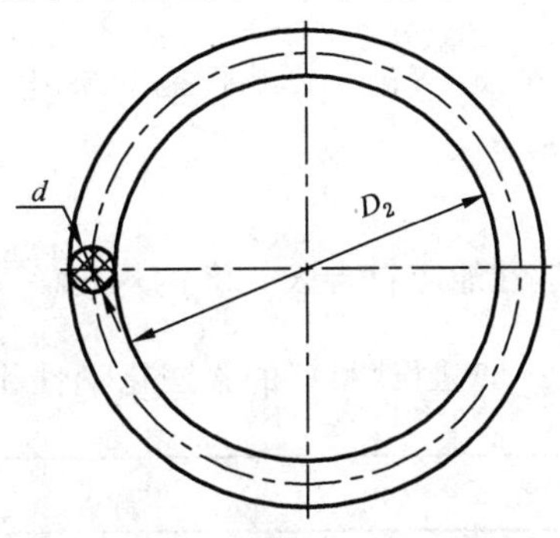

图 A.1　O 形橡胶密封圈

表 A.1　双卡压管件用 O 形圈的基本尺寸

单位为毫米

公称尺寸 DN	内径 D_2		截面直径 d	
15	16.15	±0.15	2.5	±0.1
20	20.2		3.0	
25	25.7		3.0	
30	32.2	±0.3	4.5	±0.12
40	40.4		5.5	
50	51.2		6.2	
60	63.9	±1.0	6.2	±0.16
65	77.0		7.0	
80	90.0		8.0	
100	102.6		10.0	

A.2　要求

A.2.1　材料及适用条件

密封圈材料及适用条件见表 A.2。

表 A.2　密封材料及适用条件

名　称	代　号	工作温度/℃
丁腈橡胶	NBR	−20～60
氢化丁腈橡胶	HNBR	−20～60
氟橡胶	FPM	−20～60

A.2.2　外观

密封圈不应有孔隙、分层、裂纹、杂质、气泡及影响性能的缺陷，表面应光滑、洁净。

A.2.3　性能

用于制作密封件材料的物理化学性能应符合表 A.3 的规定。

表 A.3　密封件材料的物理化学性能要求

物理化学性能			单位	性能要求
硬度			IRHD	50
				60
硬度(公差)			IRHD	±5
拉伸强度(23 ℃)			MPa	≥7
断裂伸长率(23 ℃)			%	≥125
压缩变形	高温(70 ℃/168 h)		%	≤40
	低温(0 ℃/72 h)		%	≤40
	低温(−20 ℃/72 h)		%	≤50
耐老化	硬度变化最大值	70 ℃/168 h	IRHD	±10
	压缩变化最大值		%	−40
	断裂伸长率变化最大值		%	−40
耐燃气性能	正戊烷浸泡后质量变化最大值		%	+10 −5
	干燥后质量变化最大值		%	+5 −8

A.2.4　使用寿命

密封圈材料按 HG/T 3087 进行寿命试验，使用寿命应达到 30 年以上。

A.3　测试方法

测试方法按下列规定进行：

a)　尺寸在光学投影仪上检验，应符合表 A.1 的规定；

b)　外观在光源照明下目测检验，应符合 HG/T 3092 的规定；

c) 硬度测试按 GB/T 531 和 GB/T 6031 的规定执行；

d) 拉伸强度测试按 GB/T 528 的规定执行；

e) 断裂延伸率测试按 GB/T 528 的规定执行；

f) 耐压缩永久变形测试按 GB/T 7759 的规定执行；

g) 耐老化测试按 GB/T 3512 的规定执行；

h) 耐燃气性能测试时，取密封圈材料制成的规格为 50 mm×20 mm×2 mm 样本 3 件，分别称重后浸泡在正戊烷(最小质量 98%)中，在 23 ℃±2 ℃温度条件下浸泡 72 h，从液体中取出后立即擦干并称重；再放置在恒温试验箱中，在 40 ℃±2 ℃温度条件下干燥 168 h 后称重，参照初始样本计算出 3 个样本的算术平均值。

A.4 检验

密封圈应由供方质量部门检验，并出具质量证明书及材质检测报告。

A.5 标识、包装及贮运

标识、包装及贮运应符合 GB/T 5721 的规定。

ICS 23.060.01
P 47

中华人民共和国城镇建设行业标准

CJ/T 514—2018
代替 CJ/T 3005—1992,CJ/T 3055—1995,CJ/T 3056—1995

燃气输送用金属阀门

Metal valves for gas transmission

2018-06-12 发布　　　　2018-12-01 实施

中华人民共和国住房和城乡建设部　　发布

前　言

本标准按照 GB/T 1.1—2009 给出的规则起草。

本标准代替 CJ/T 3005—1992《城镇燃气用　灰铸铁阀门通用技术要求》、CJ/T 3055—1995《燃气阀门的试验与检验》和 CJ/T 3056—1995《城镇燃气用球墨铸铁、铸钢制阀门通用技术要求》，与 CJ/T 3005—1992、CJ/T 3055—1995 和 CJ/T 3056—1995 相比，主要技术变化如下：

——增加了聚乙烯(PE)连接端金属阀门的定义、要求及试验方法(见 3.1 和 6.6 及 7.6)；

——增加了 DBB、DIB 阀门的定义(见 3.2 和 3.3)；

——增加了分类和型号(见 4)；

——增加了焊接接头的无损检测要求和试验方法(见 6.3 和 7.3)；

——增加了防静电要求和试验方法(见 6.4 和 7.4)；

——增加了耐火性能要求和试验方法(见 6.5 和 7.5)；

——增加了弹性密封圈要求和试验方法(见 6.7 和 7.7)；

——增加了流量系数要求和试验方法(见 6.8 和 7.8)；

——修改了标准适用范围(见第 1 章，CJ/T 3005—1992 的第 1 章、CJ/T 3055—1995 的第 1 章和 CJ/T 3056—1995 的第 1 章)；

——修改了结构要求(见 5.1，CJ/T 3005—1992 的第 3 章、CJ/T 3055—1995 的 4.2 和 CJ/T 3056—1995 的 3.1～3.9)；

——修改了材料要求(见 5.2，CJ/T 3005—1992 的第 4 章、CJ/T 3055—1995 的 4.3 和 CJ/T 3056—1995 的 3.10)；

——修改了压力试验要求和试验方法(见 6.1、7.1，CJ/T 3005—1992 的第 5 章、CJ/T 3055—1995 的第 5 章和 CJ/T 3056—1995 的第 4 章)；

——修改了启闭力矩要求和试验方法(见 6.2 和 CJ/T 3005—1992 的 3.6、CJ/T 3055—1995 的 4.5、CJ/T 3056—1995 的 3.4)；

——修改了检验规则(见第 8 章，CJ/T 3055—1995 的第 6 章)；

——删除了清洁度检查(见 CJ/T 3055—1995 的 4.4)。

本标准由住房和城乡建设部标准定额研究所提出。

本标准由住房和城乡建设部燃气标准化技术委员会归口。

本标准起草单位：国家燃气用具质量监督检验中心、港华投资有限公司、苏州市燃气设备阀门制造有限公司、深圳市燃气集团股份有限公司、成都成高阀门有限公司、江苏诚功阀门科技有限公司、浙江庆发管业科技有限公司、上海飞奥燃气设备有限公司、特瑞斯能源装备股份有限公司、天津市庆成科技发展有限公司、重庆市山城燃气设备有限公司、宁波志清实业有限公司、浙江鑫琦管业有限公司、中国市政工程华北设计研究总院有限公司。

本标准主要起草人：翟军、岳明、王连信、张红军、王文想、曾和友、陈双河、陈贤朋、陆鸣伟、郑安力、王道顺、赵小波、陈海峰、黄陈宝、王师熙、陈浩、严荣松。

本标准所代替标准的历次版本发布情况为：

——CJ/T 3005—1992；

——CJ/T 3055—1995；

——CJ/T 3056—1995。

燃气输送用金属阀门

1 范围

本标准规定了输送符合 GB/T 13611 规定的燃气用金属阀门(以下简称阀门)的分类和型号,结构和材料,要求,试验方法,检验规则,标志、铭牌和说明书,防护、包装、运输和贮存。

本标准适用于以下阀门:

——最大允许工作压力不超过 10 MPa,公称尺寸范围为 DN50～DN1 000,工作温度范围为 −20 ℃～60 ℃的球阀;

——最大允许工作压力不超过 1.6 MPa,公称尺寸范围为 DN50～DN1 000,工作温度范围为 −20 ℃～60 ℃的闸阀;

——最大允许工作压力不超过 0.4 MPa,公称尺寸范围为 DN50～DN300,工作温度范围为 −20 ℃～60 ℃的蝶阀。

2 规范性引用文件

下列文件对于本文件的应用是必不可少的。凡是注日期的引用文件,仅注日期的版本适用于本文件。凡是不注日期的引用文件,其最新版本(包括所有的修改单)适用于本文件。

GB/T 150.4 压力容器 第4部分:制造、检验和验收

GB/T 1047 管道元件 DN(公称尺寸)的定义和选用

GB/T 8923.1 涂覆涂料前钢材表面处理 表面清洁度的目视评定 第1部分:未涂覆过的钢材表面和全面清除原有涂层后的钢材表面的锈蚀等级和处理等级

GB/T 9113 整体钢制管法兰

GB/T 9124 钢制管法兰 技术条件

GB/T 9440 可锻铸铁件

GB/T 12221 金属阀门 结构长度

GB/T 12224 钢制阀门 一般要求

GB/T 12225 通用阀门 铜合金铸件技术条件

GB/T 12226 通用阀门 灰铸铁件技术条件

GB/T 12227 通用阀门 球墨铸铁件技术条件

GB/T 12232 通用阀门 法兰连接铁制闸阀

GB/T 12234 石油、天然气工业用螺栓连接阀盖的钢制闸阀

GB/T 12237 石油、石化及相关工业用的钢制球阀

GB/T 12238 法兰和对夹连接弹性密封蝶阀

GB/T 13611 城镇燃气分类和基本特性

GB/T 13927 工业阀门 压力试验

GB/T 15117 铜合金压铸件

GB/T 15530.8 铜合金及复合法兰 技术条件

GB/T 15558.1 燃气用埋地聚乙烯(PE)管道系统 第1部分:管材

GB/T 15558.2　燃气用埋地聚乙烯(PE)管道系统　第2部分:管件

GB/T 17213.9　工业过程控制阀　第2-3部分:流通能力　试验程序

GB/T 17241.6　整体铸铁法兰

GB/T 17241.7　铸铁管法兰　技术条件

GB/T 19672　管线阀门　技术条件

GB/T 20078　铜和铜合金　锻件

GB/T 21465　阀门　术语

GB/T 23658　弹性体密封圈　输送气体燃料和烃类液体的管道和配件用密封圈的材料要求

GB 26255.1　燃气用聚乙烯管道系统的机械管件　第1部分:公称外径不大于63 mm的管材用钢塑转换管件

GB 26255.2　燃气用聚乙烯管道系统的机械管件　第2部分:公称外径大于63 mm的管材用钢塑转换管件

CJJ 63　聚乙烯燃气管道工程技术规程

HG/T 20592　钢制管法兰(PN系列)

HG/T 20606　钢制管法兰用非金属平垫片(PN系列)

HG/T 20607　钢制管法兰用聚四氟乙烯包覆垫片(PN系列)

HG/T 20609　钢制管法兰用金属包覆平垫片(PN系列)

HG/T 20610　钢制管法兰用缠绕式垫片(PN系列)

HG/T 20611　钢制管法兰用具有覆盖层的齿形组合垫(PN系列)

HG/T 20612　钢制管法兰用金属环形垫(PN系列)

HG/T 20613　钢制管法兰用紧固件(PN系列)

HG/T 20614　钢制管法兰、垫片、紧固件选配规定(PN系列)

HG/T 20679　化工设备、管道外防腐设计规范

NB/T 47013.2　承压设备无损检测　第2部分:射线检测

NB/T 47013.3　承压设备无损检测　第3部分:超声检测

NB/T 47013.4　承压设备无损检测　第4部分:磁粉检测

NB/T 47013.5　承压设备无损检测　第5部分:渗透检测

SY/T 6960　阀门试验　耐火试验要求

3　术语和定义

GB/T 21465中界定的及下列术语和定义适用于本文件。

3.1

聚乙烯(PE)连接端金属阀门　PE-steel-PE valve

阀门两端带有聚乙烯(PE)钢塑转换部件的阀门。

3.2

双截断中泄放阀门　double-block-and-bleed valve;DBB

DBB阀门

具有两个独立密封面,在关闭状态下通过泄放两个密封面间压力对阀门两端压力密封的单体阀门(见图1)。

注:在单向受压的情况下,DBB阀门不能确保两个密封面均密封。

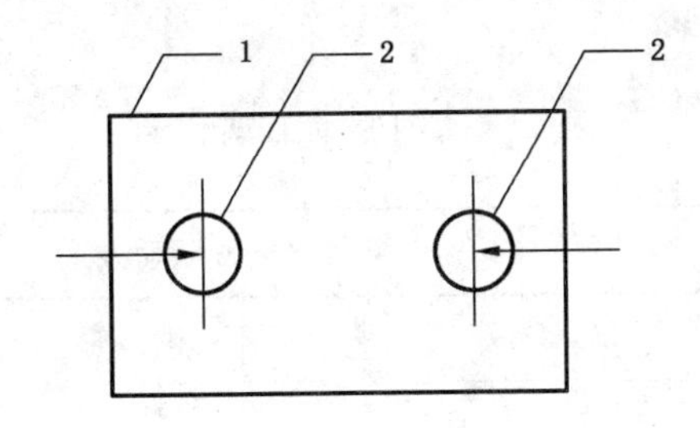

说明：
1——阀门；
2——单向密封阀座。

图 1　DBB 阀门示意图

3.3

双隔离中泄放阀门　double-isolation-and-bleed valve；DIB

DIB 阀门

具有两个独立密封面，在关闭状态下通过泄放两个密封面间压力，两个密封面均可对同一方向的压力密封的单体阀门。

注：按功能分为 DIB-1 和 DIB-2 两种类型；DIB-1 表示两个密封面均为双向密封（见图 2a）；DIB-2 表示一个密封面为双向密封，另一密封面为单向密封（见图 2b）。

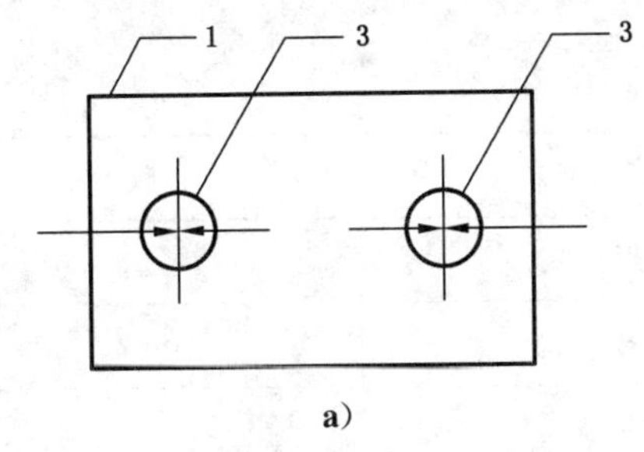

a)

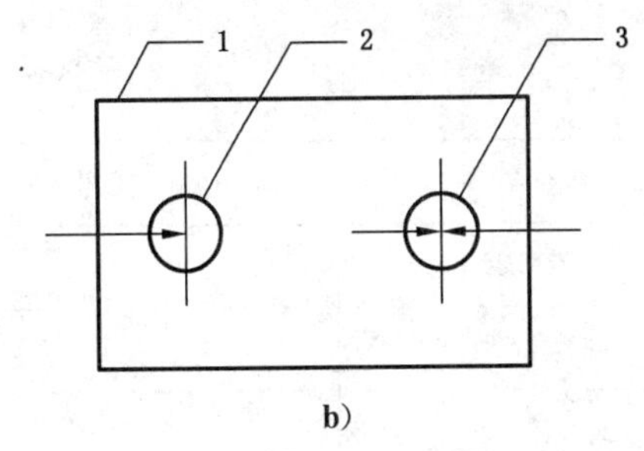

b)

说明：
1——阀门；
2——单向密封阀座；
3——双向密封阀座。

图 2　DIB-1 和 DIB-2 阀门示意图

3.4

冷态工作压力　cold working pressure；CWP

在−20 ℃～38 ℃介质温度时，阀门最大允许工作压力。

4　分类和型号

4.1　分类

4.1.1　按类型分类见表 1。

表 1　阀门类型代号

阀门类型	球阀	蝶阀	闸阀
代号	Q	D	Z

4.1.2 按驱动方式分类见表 2。

表 2 阀门驱动方式代号

驱动方式	代号	驱动方式	代号
电磁动	0	锥齿轮	5
电磁—液动	1	气动	6
电—液动	2	液动	7
蜗轮	3	气—液动	8
正齿轮	4	电动	9

注 1：代号 1、2、8 是在阀门启闭时，需有两种动力源同时对阀门进行操作。
注 2：对于气动或液动机构操作的阀门，常开式用 6K、7K 表示，常闭式用 6B、7B 表示。
注 3：防爆电动装置用 9B 表示。
注 4：手动操作代号省略。

4.1.3 按连接形式分类见表 3。

表 3 阀门连接形式代号

连接形式	代号	连接型式	代号
聚乙烯(PE)	0	焊接式	6
内螺纹	1	对夹式	7
外螺纹	2	卡箍式	8
法兰式	4	卡套式	9

注：对于代号 0 的聚乙烯(PE)钢塑转换接型式，应符合下列要求：
a) 管材为 PE80、SDR11 时，聚乙烯(PE)连接型式用 0A 表示；
b) 管材为 PE80、SDR17 时，聚乙烯(PE)连接型式用 0B 表示；
c) 管材为 PE100、SDR11 时，聚乙烯(PE)连接型式用 0C 表示；
d) 管材为 PE100、SDR17 时，聚乙烯(PE)连接型式用 0D 表示。

4.1.4 按结构形式分类见表 4、表 5 和表 6。

表 4 蝶阀结构形式代号

结构形式		代号
密封型	单偏心	0
	中心垂直板	1
	双偏心	2
	三偏心	3
	连杆机构	4

表 5　球阀结构形式代号

<table>
<tr><th colspan="2">结构形式</th><th>代号</th><th colspan="2">结构形式</th><th>代号</th></tr>
<tr><td rowspan="5">浮动球</td><td>直通流道</td><td>1</td><td rowspan="5">固定球</td><td>直通流道</td><td>7</td></tr>
<tr><td>Y 形三通流道</td><td>2</td><td>四通流道</td><td>6</td></tr>
<tr><td>L 形三通流道</td><td>3</td><td>T 形三通流道</td><td>8</td></tr>
<tr><td rowspan="2">T 形三通流道</td><td rowspan="2">4</td><td>L 形三通流道</td><td>9</td></tr>
<tr><td>半球直通</td><td>0</td></tr>
</table>

表 6　闸阀结构形式代号

<table>
<tr><th colspan="4">结构形式</th><th>代号</th><th colspan="4">结构形式</th><th>代号</th></tr>
<tr><td rowspan="5">明杆</td><td rowspan="3">楔式</td><td colspan="2">弹性闸板</td><td>0</td><td rowspan="5">暗杆</td><td rowspan="2">楔式</td><td rowspan="4">刚性</td><td>单闸板</td><td>5</td></tr>
<tr><td rowspan="4">刚性</td><td>单闸板</td><td>1</td><td>双闸板</td><td>6</td></tr>
<tr><td>双闸板</td><td>2</td><td rowspan="2">平行式</td><td>单闸板</td><td>7</td></tr>
<tr><td rowspan="2">平行式</td><td>单闸板</td><td>3</td><td>双闸板</td><td>8</td></tr>
<tr><td>双闸板</td><td>4</td><td>楔式</td><td colspan="2">弹性闸板</td><td>9</td></tr>
</table>

4.1.5　按密封面或衬里材料分类见表 7。

表 7　阀门密封面材料代号

密封面材料	代号	密封面材料	代号
氟塑料	F	尼龙塑料	N
橡胶	X	塑料	S
金属本体材料	W	硬质合金	Y
Cr13 系不锈钢	H	—	—
注：当密封副的密封面材料不同时，以硬度低的材料表示。			

4.1.6　阀门的公称压力代号见表 8。

表 8　阀门公称压力代号

最大允许工作压力/MPa	0.2	0.4	0.8	1.6	2.5	4.0	6.3	10.0
代号	2	4	8	16	25	40	63	100
注：必要时允许选用其他最大允许工作压力数值。								

4.1.7　阀体材料代号见表 9。

表 9 阀体材料代号

阀体材料	代号	阀体材料	代号
碳钢	C	铬镍钼系不锈钢	R
Cr13 系不锈钢	H	铜及铜合金	T
铬钼系钢	I	钛及钛合金	A
可锻铸铁	K	铬钼钒钢	V
铬镍系不锈钢	P	灰铸铁	Z
球墨铸铁	Q	锻钢材料	F

4.1.8 按阀门的 DBB 或 DIB 功能分类见表 10。

表 10 按阀门的 DBB 或 DIB 功能分类

功能	DBB	DIB-1	DIB-2	无 DBB 或 DIB
代号	B	I1	I2	省略

4.1.9 阀门的公称尺寸应符合 GB/T 1047 的规定,其代号在阀门 DBB 或 DIB 功能代号后空一格标注,全通径阀门和缩径阀门公称尺寸表示应符合 GB/T 19672 的规定,聚乙烯(PE)连接端金属阀门的公称尺寸以"阀门本体公称尺寸×聚乙烯(PE)管材公称外径"的方式表示。

4.2 型号

4.2.1 型号编制

阀门型号由燃气阀门代号 R、阀门类型、驱动方式、连接形式、结构形式、密封面材料或衬里材料类型、公称压力、阀体材料和 DBB\DIB 功能(如无 DBB\DIB 功能则省略)9 部分组成。

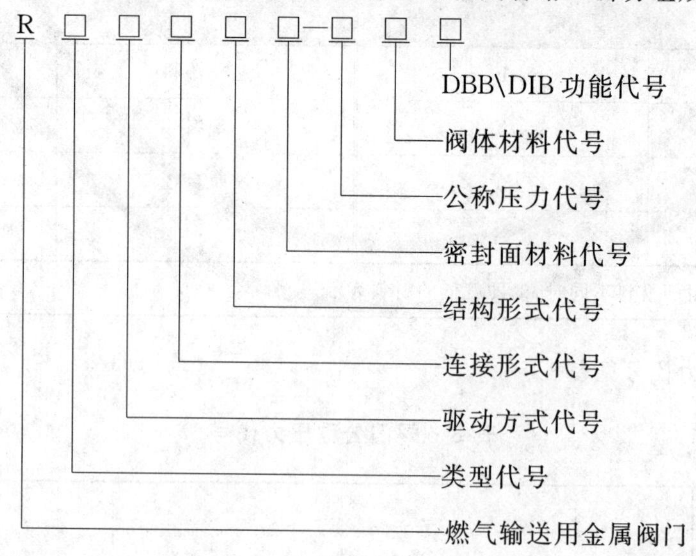

4.2.2 型号示例

电动、带有 PE80、SDR11 聚乙烯(PE)连接端、直通道固定球、密封面材料为橡胶,公称压力 PN4、阀体材料为碳钢、带 DBB 功能、阀门本体公称尺寸为 DN100、聚乙烯(PE)连接端公称尺寸为 dn110 的球阀,表示为 RQ90A7X—4CB DN100×dn110。

5 结构和材料

5.1 结构

5.1.1 阀门结构长度应符合 GB/T 12221 或 GB/T 19672 的规定。

5.1.2 全通径阀门的最小通道直径应符合 GB/T 19672 的规定。

5.1.3 球阀的典型结构形式和结构要求应符合 GB/T 19672 或 GB/T 12237 的规定。

5.1.4 闸阀的典型结构形式和结构要求应符合 GB/T 19672、GB/T 12232 或 GB/T 12234 的规定。

5.1.5 蝶阀的典型结构形式和结构要求应符合 GB/T 12238 的规定。

5.1.6 阀门的泄压，旁路、泄放和放空接口，防阀杆脱出，注脂，开度指示，锁紧装置，吊耳，驱动装置，驱动链应符合 GB/T 19672 的规定。

5.1.7 聚乙烯(PE)连接端金属阀门的阀门本体部分结构形式和结构要求应符合 5.1.1～5.1.6 的规定，钢塑转换部件应符合 GB 26255.1 和 GB 26255.2 的规定。

5.2 材料

5.2.1 承压件

5.2.1.1 钢制阀门承压件材料应符合 GB/T 12224 的规定，温度-压力额定值应符合 GB/T 9124 的规定。

5.2.1.2 铁制阀门承压件材料应符合 GB/T 12226、GB/T 12227 或 GB/T 9440 的规定，温度-压力额定值应符合 GB/T 17241.7 的规定。灰铸铁阀门承压件应采用 HT250 及以上等级材料，最高工作压力为 0.2 MPa，最低工作温度为－10 ℃。

5.2.1.3 铜合金阀门承压件材料应符合 GB/T 12225、GB/T 15117 或 GB/T 20078 的规定，温度-压力额定值应符合 GB/T 15530.8 的规定。

5.2.2 阀杆

阀杆材料应符合 GB/T 12237 的规定，或采用同等及以上性能的其他材料。

5.2.3 法兰

5.2.3.1 钢制管法兰应符合 GB/T 9113 或 HG/T 20592 的规定。

5.2.3.2 铸铁管法兰应符合 GB/T 17241.6、GB/T 17241.7 的规定。

5.2.3.3 铜合金法兰应符合 GB/T 15530.8 的规定。

5.2.4 钢制焊接端

5.2.4.1 焊接连接端的尺寸应符合 GB/T 12224 的规定。

5.2.4.2 焊接端连接的阀门为碳钢材料的化学成分，应符合下列要求：

a) 碳含量的质量百分比不应超过 0.23％(炉前分析)或不超过 0.25％(成品分析)；

b) 硫的质量百分比不应超过 0.020％，磷的质量百分比不应超过 0.025％；

c) 碳当量不应超过 0.43％(炉前分析)或不超过 0.45％(成品分析)。

注：碳当量(CE)计算公式 CE＝C(％)＋Mn/6(％)＋[Cr(％)＋Mo(％)＋V(％)]/5＋[Ni(％)＋Cu(％)]/15

5.2.5 聚乙烯(PE)连接端金属阀门的聚乙烯(PE)部分

5.2.5.1 聚乙烯(PE)材料应符合 GB 15558.1 的规定。

5.2.5.2　聚乙烯(PE)管道连接端的材料应符合 GB 15558.2 的规定,其贮存应符合 CJJ 63 的规定。

5.2.6　承压紧固件及垫片

承压紧固件应符合 HG/T 20613 的规定,垫片应符合 HG/T 20606、HG/T 20607 和 HG/T 20609～HG/T 20612 规定,紧固件与法兰及垫片的选配应符合 HG/T 20614 的规定。

5.2.7　弹性密封圈

弹性密封圈应采用符合 GB/T 23658 规定的 GAL 类密封圈。

5.2.8　防腐层

5.2.8.1　阀门暴露于大气环境部分的防腐层

暴露于大气环境部分表面应进行外防腐。防腐前表面预处理应采用喷射或抛射除锈,除锈等级不应低于 GB/T 8923.1 规定的 Sa2.5 级,防腐设计年限不应低于中等腐蚀 10 a。

5.2.8.2　阀门埋地部分的防腐层(包含加长杆埋地部分及其露出地面 100 mm 的部分)

阀门的埋地部分应进行外防腐。防腐前表面预处理应采用喷射或抛射除锈,除锈等级不应低于 GB/T 8923.1 规定的 Sa2.5 级。防腐层性能不应低于 HG/T 20679 规定的加强级。

6　要求

6.1　压力试验

6.1.1　壳体试验

壳体试验时,不应有结构损伤,不允许有可见泄漏通过阀门壳壁任何固定的阀体连接处(如中口法兰);试验介质为液体时,不应有明显可见的液滴或表面潮湿。试验介质为空气或其他气体时,应无气泡漏出。

6.1.2　上密封试验

不应有可见的泄漏。

6.1.3　高压密封试验和低压密封试验

不应有可见的泄漏通过阀瓣、阀座背面及阀体接触面等处,并应无结构损伤(弹性阀座和密封面的塑性变形不判定为结构上的损坏)。在试验持续时间内,试验介质通过密封面的最大允许泄漏量应符合表 11 的规定。

表 11　最大允许泄漏量

公称尺寸 DN	弹性密封副阀门 气泡[a]/min(mm^3/s)	金属密封副阀门 气泡/min(mm^3/s)
＜100	0	0[b]
≥100		0.30×DN

[a] 在规定的最短试验压力持续时间内。

[b] "0"气泡表示在每个规定的最短试验时间内泄漏量小于 1 个气泡。

6.2 启闭力矩及手轮和扳手

6.2.1 常温初始启闭力矩

阀门在常温下的初始启闭力矩不应大于生产商的声明值。

6.2.2 最高工作温度和最低工作温度下的初始启闭力矩

阀门在最高工作温度和最低工作温度下的初始启闭力矩不应大于生产商的声明值。

6.2.3 长期启闭力矩

长期处于开启或关闭状态的阀门,应考虑长期启闭力矩试验,长期启闭力矩不应大于生产商初始启闭力矩声明值的2倍。

6.2.4 手轮和扳手最大开启推力

手轮和扳手最大开启推力应符合GB/T 19672的规定。

6.3 焊接接头的无损检测

焊接接头无损检测方法包括射线检测、超声检测、磁粉检测、渗透检测。无损检测分为全部(100%)和局部(大于或等于20%)两种。其合格指标如下:

a) 射线检测合格指标如下:
   1) 焊接接头进行100%射线检测时,射线检测的技术等级不低于AB级,质量等级不应低于Ⅱ级;
   2) 焊接接头进行20%射线检测时,射线检测的技术等级不低于AB级,质量等级不应低于Ⅲ级。

b) 超声检测合格指标如下:
   1) 焊接接头进行100%超声检测时,质量等级不应低于Ⅰ级;
   2) 焊接接头进行20%超声检测时,质量等级不应低于Ⅱ级。

c) C类和D类焊接接头应进行磁粉和渗透检测,质量等级不低于Ⅰ级。

6.4 防静电

可能聚集静电荷的内部零件应确保与阀体之间能导电或提供接地条件,防静电电路的电阻应小于10 Ω。

6.5 耐火性能

如订货合同有耐火结构要求时,阀门应进行耐火试验,试验结果应符合SY/T 6960的规定。

6.6 聚乙烯(PE)钢塑转换部件

聚乙烯(PE)钢塑转换部件应符合GB 26255.1和GB 26255.2的规定。

6.7 弹性密封圈

弹性密封圈应符合GB/T 23658的规定,且应在−20 ℃下进行压缩永久变形试验。

6.8 流量系数 C_v

客户要求的情况下,缩径阀门和蝶阀应提供全开状态下的流量系数 C_v 值。

7 试验方法

7.1 压力试验

7.1.1 压力试验设备

压力试验设备,试验时不应有影响阀座密封的外力(如使用端部夹紧试验装置),阀门制造厂应能证实该试验装置不影响被测阀门的密封性。对夹式试验装置适用于对夹式阀门(如对夹式蝶阀)。

7.1.2 压力测量装置

用于测量试验介质压力的测量装置仪表精度应不低于1.6级,并校验合格。

7.1.3 阀门壳体表面

7.1.3.1 在壳体压力试验前,不允许对阀门表面涂漆和使用其他可防止渗漏的涂层;允许无密封作用的化学防腐处理或衬里阀门的衬里存在。

7.1.3.2 买方要求进行再次压力试验时,对已涂过漆的阀门,可不去除涂漆。

7.1.4 试验介质

7.1.4.1 液体介质可用含防锈剂的水、煤油或粘度不高于水的非腐蚀性液体;气体介质可用氮气、空气或其他惰性气体;奥氏体不锈钢材料的阀门进行试验时,所使用的水含氯化物量不应超过100 mg/L。

7.1.4.2 上密封试验、高压密封试验和低压密封试验应使用气体介质。

7.1.4.3 常温试验介质的温度应为5 ℃～40 ℃。

7.1.4.4 用液体介质试验时,应保证壳体内腔充满试验介质。

7.1.5 试验压力

7.1.5.1 壳体试验压力:

a) 试验介质是液体时,试验压力为阀门最大允许工作压力的1.5倍(1.5×CWP);

b) 试验介质是气体时,试验压力为阀门最大允许工作压力的1.1倍(1.1×CWP)。

7.1.5.2 上密封试验压力:试验压力为阀门最大允许工作压力的1.1倍(1.1×CWP)。

7.1.5.3 高压密封试验压力:试验压力为阀门最大允许工作压力的1.1倍(1.1×CWP)。

7.1.5.4 低压密封试验压力:

a) 当阀门的公称压力>1.6 MPa时,试验压力为0.55 MPa±0.07 MPa;

b) 当阀门的公称压力≤1.6 MPa时,试验压力为0.05 MPa,或由供需双方自行约定。

7.1.5.5 试验压力应在试验持续时间内保持稳定。

7.1.6 压力试验项目

压力试验项目应符合表12的要求。

表12 压力试验项目要求

试验项目	闸阀	浮动球球阀	蝶阀、固定球球阀
壳体试验(液体)	必须	必须	必须
壳体试验(气体)	选择[a]	选择	选择

表 12（续）

试验项目	闸阀	浮动球球阀	蝶阀、固定球球阀
上密封试验(气体)	必须[b]	不适用	不适用
低压密封试验(气体)	必须[c]	必须	必须
高压密封试验(气体)	必须	必须[d]	必须
注：表中部分试验项目是可“选择”时，买方可选择是否进行该项目试验。			
[a] 当订货合同要求进行高压气体壳体试验时，应在液压壳体试验之后进行，并要有相应的安全防护措施。 [b] 除采用不可调阀杆密封(如O形圈，固定的单圈等)结构的暗杆闸阀不适用外，其他具有上密封性能的闸阀都应进行上密封试验。试验压力可由制造厂选择做高压试验或低压试验。 [c] 除采用强制密封结构、不借助介质推力的阀门外，其他闸阀都应进行低压密封试验。 [d] 弹性密封阀门经高压密封试验后，可能会降低其在低压工况的密封性能。			

7.1.7 试验持续时间

对于各项试验，试验压力持续时间应符合表 13 的要求。

表 13 试验压力持续时间

<table>
<tr><th rowspan="2">公称尺寸
DN</th><th colspan="3">最短试验压力持续时间/min</th></tr>
<tr><th>壳体试验</th><th>上密封试验</th><th>密封试验</th></tr>
<tr><td>≤100</td><td>2</td><td>2</td><td>2</td></tr>
<tr><td>150～250</td><td>5</td><td rowspan="3">5</td><td rowspan="2">5</td></tr>
<tr><td>300～450</td><td>15</td></tr>
<tr><td>≥500</td><td>30</td><td>10</td></tr>
<tr><td colspan="4">注：最短试验压力持续时间指阀门内试验介质压力升至规定值后，保持该试验压力的最短时间。试验持续时间还应满足具体的检漏方法对试验压力持续时间的要求。</td></tr>
</table>

7.1.8 试验方法和步骤

7.1.8.1 壳体试验

壳体压力试验试验过程应符合 GB/T 13927 的规定，试验介质、试验压力和试验持续时间应符合 7.1.4、7.1.5 和 7.1.7 的要求。

7.1.8.2 上密封试验

上密封试验应符合 GB/T 13927 的规定，试验介质、试验压力和试验持续时间应符合 7.1.4、7.1.5 和 7.1.7 的要求。

7.1.8.3 非 DBB 或 DIB 阀门的密封试验

非 DBB 或 DIB 阀门的密封试验应符合 GB/T 13927 的规定，试验介质、试验压力和试验持续时间应符合 7.1.4、7.1.5 和 7.1.7 的要求。

7.1.8.4 DBB 阀门密封试验

关闭阀门，将阀门的每一端都充满试验介质，逐渐加压到规定的试验压力，按规定的时间保持试验压力。在阀体两个阀座中腔的螺塞孔处检查泄漏情况，泄漏量不应超过表 11 规定值的 2 倍。

7.1.8.5 DIB 阀门密封试验

按 7.1.8.4 试验后，进行 7.1.8.5.1、7.1.8.5.2 试验。

7.1.8.5.1 DIB-1 阀门

关闭阀门，使阀门两端与大气相通，两个阀座中腔逐渐加压到规定的试验压力，在阀门两端检查泄漏情况，泄漏量不应超过表 11 的规定。

7.1.8.5.2 DIB-2 阀门

关闭阀门，封堵单向密封面一侧阀门端口，双向密封面一侧端口与大气相通，两个阀座中间的中腔逐渐加压到规定的试验压力，在阀门双向密封面一侧端口检查泄漏情况，泄漏量不应超过表 11 的规定。

7.1.8.6 密封试验装置

7.1.8.3～7.1.8.5 规定的密封试验可采用精度不低于 5％的检漏仪、附录 A 所示意的试验装置或其他精度相当的试验装置。

7.2 启闭力矩试验

7.2.1 初始启闭力矩

阀门在常温下放置至少 24 h 后进行启闭力矩试验，具体试验方法为将阀门固定在工作台架上，封闭阀门从进口流向要求的一端(如阀门无流向要求，本试验应双向进行)，施加最大允许工作压力(最大压差)或用户指定的工作压差，阀门的另一端通大气，用转矩测力扳手缓慢启闭操作阀门，测量阀门的转矩值。

7.2.2 最高工作温度和最低工作温度下的初始启闭力矩

阀门分别在最高工作温度和最低工作温度下放置 24 h 并保持阀门温度恒定条件下后按 7.2.1 试验方法进行试验。

7.2.3 长期启闭力矩

长期启闭力矩试验方法如下：

a) 在最大允许工作压力下、温度为最低使用温度、阀门处于开启状态 1 000 h；
b) 在最大允许工作压力下、温度为最高使用温度、阀门处于开启状态 1 000 h；
c) 在最大允许工作压力下、温度为 25 ℃±5 ℃、阀门处于开启状态 1 000 h；
d) 完成上述试验过程后按 7.2.1 试验方法进行关闭力矩试验；
e) 阀门一端在最大允许工作压力下、温度为最低使用温度、阀门处于关闭状态 1 000 h；
f) 阀门一端在最大允许工作压力下、温度为最高使用温度、阀门处于关闭状态 1 000 h；
g) 阀门一端在最大允许工作压力下、温度为 25 ℃±5 ℃、阀门处于关闭状态 1 000 h；
h) 完成上述试验过程后按 7.2.1 试验方法进行开启力矩试验。

7.2.4 手轮和扳手最大开启推力

利用 7.2.1 检测到的转矩值，按手轮直径或手柄长度计算出推力。

7.3 焊接接头的无损检测

7.3.1 焊接接头分类参见 GB/T 150.4 标准规定。

7.3.2 最大允许工作压力大于或等于 1.6 MPa 的 A 类和 B 类焊接接头应进行 100%射线或超声检测，最大允许工作压力小于 1.6 MPa 的 A 类和 B 类焊接接头应进行不少于 20%射线或超声检测。C 类和 D 类焊接接头应进行 100%磁粉和渗透检测检测。

7.3.3 射线检测按 NB/T 47013.2 的规定，超声检测按 NB/T 47013.3 的规定，磁粉检测按 NB/T 47013.4 的规定，超声检测按 NB/T 47013.5 的规定。

7.4 防静电试验

选取新的干燥阀门，至少经过 5 次启闭后，用万用表进行球体、阀杆、阀体之间的电阻值测定，所测电阻应小于 10 Ω。

7.5 耐火性能试验

耐火性能试验按 SY/T 6960 的规定。

7.6 聚乙烯(PE)连接端金属阀门的钢塑转换部件试验

试验可在成品阀门上进行，也可参见附录 B 进行。试验方法应按 GB 26255.1 和 GB 26255.2 的规定。

7.7 弹性密封圈试验

弹性密封圈试验按 GB/T 23658 的规定。

7.8 流量系数 C_v 试验

流量系数 C_v 试验按 GB/T 17213.9 中有关可压缩流体的试验方法。

7.9 标志和铭牌

以目测方式进行。

7.10 材料化学成分和力学性能

应检查质量证明文件，必要时按照有关材料标准的规定进行检验。

8 检验规则

8.1 检验分类

分为出厂检验和型式检验。

8.2 出厂检验

每台阀门应在出厂前进行检验，出厂检验项目按表 14 的规定。

表 14　检验项目

检验项目	出厂检验[a]	型式检验	要求	试验方法
压力试验	√	√	6.1	7.1
启闭力矩及手轮和扳手		√[b]	6.2	7.2
焊接接头的无损检测	√	√	6.3	7.3
防静电		√	6.4	7.4
耐火性能		√[c]	6.5	7.5
聚乙烯(PE)钢塑转换部件		√	6.6	7.6
弹性密封圈		√	6.7	7.7
流量系数 C_v		√[c]	6.8	7.8
标志和铭牌	√	√	9.1、9.2	7.9
材料化学成分和力学性能	√[d]	√	5.2	7.10

[a] 出厂检验应逐台进行。
[b] 最高工作温度和最低工作温度下的初始启闭力矩及长期启闭力矩在购买方有要求时进行。
[c] 购买方有要求时进行。
[d] 在原材料或零部件进厂检验环节逐批进行。

8.3　型式检验

8.3.1　型式检验项目按表 14 的规定。

8.3.2　有下列情况之一时，应进行型式检验：

a）新产品或老产品转厂生产的试制定型鉴定时；

b）正式生产时，定期或积累一定产量后应至少 1 年进行一次检验；

c）正式生产后，如结构、材料、工艺有较大改变可能影响产品性能时；

d）产品长期停产后恢复生产时；

e）出厂检验结果与上次型式检验有较大差异时。

8.3.3　抽样方法

抽样可在生产线的终端经检验合格的产品中随机抽取，也可在产品库中随机抽取，或从已供给用户但未使用并保持出厂状态的产品中随机抽取。每一规格供抽样的最小批量和抽样数量按表 15 的规定。到用户抽样时，供抽样最小批量可不受限制，抽样数量仍按表 15 的规定。对整个系列产品进行质量考核时，根据该系列范围从中抽取 2～3 个典型规格进行检验。

表 15　抽样数量

公称通径 DN/mm	最小批量/台	抽样数量/台
≤300	6	2
＞300～500	3	1
＞500	2	

8.3.4　所有项目合格时应判定型式检验合格。

9 标志、铭牌和说明书

9.1 标志

阀体的明显部位应标注以下内容：

a) 制造厂的商标标识；
b) 阀门的公称压力(或压力级)；
c) 阀门的公称尺寸；
d) 阀体材料标记及炉号；
e) 阀门的流向标志(对有流向要求的阀门)；
f) 连接法兰的标准号(在连接法兰或接口直管部位打印)。

9.2 铭牌

每个阀体应在适当的位置设有规范的铭牌，铭牌应包含以下内容：

a) 制造厂的名称及商标；
b) 适用燃气种类；
c) 阀门的公称压力(或压力级)；
d) 阀门的公称尺寸；
e) 最大允许工作压力；
f) 允许最大压差；
g) 阀体材料标记；
h) 适用温度；
i) 连接法兰的标准系列号；
j) 密封面配对材料；
k) 阀杆材料；
l) DBB 或 DIB 标识(对 DBB 或 DIB 阀门)；
m) 产品编号；
n) 制造年月。

9.3 说明书

说明书除应包含阀体标识和铭牌的全部内容外，还应包含以下内容：

a) 执行标准；
b) 安装说明；
c) 结构形式；
d) 操作机构说明；
e) 阀门的支承；
f) 泄放和旁通；
g) 防腐等级；
h) 是否为耐火结构。

10 防护、包装、运输和贮存

10.1 防护

阀门的防护应符合以下要求：

a） 试验后，阀门中腔内水排除干净并吹干；

b） 除奥氏体不锈钢阀门外，其他材料的阀门流道表面，包括螺纹应涂以容易去除的防锈油；

c） 应用木制材料、木制合成材料、塑料或金属材料封盖，封盖的形状应该是带凸耳边的，对阀门的连接管道的端口进行保护。

10.2 包装

阀门应装在包装箱内或按用户要求包装，包装箱内还应随机提供合格证，在用户有要求的情况下还应提供以下产品资料：

a） 阀体材质质量证明文件；

b） 阀杆材质质量证明文件；

c） 密封材料质量证明文件；

d） 无损检测报告；

e） 施焊记录；

f） 压力试验记录；

g） 防腐涂料质量证明文件及施工记录；

h） 符合 GB/T 19672 标准规定的供货合同数据表。

10.3 运输和贮存

在运输期间，球阀、带导流孔平板闸阀应处于全开状态，闸阀(带导流孔平板闸阀除外)和蝶阀应处于全关状态。

附　录　A
（资料性附录）
密封试验装置

A.1　密封试验装置见图 A.1。

A.2　漏气引出管内径不得小于 6 mm，其出口端的最高点应位于水面下 2 mm 内。

A.3　测试过程中应保持被测阀密封试验压力稳定。

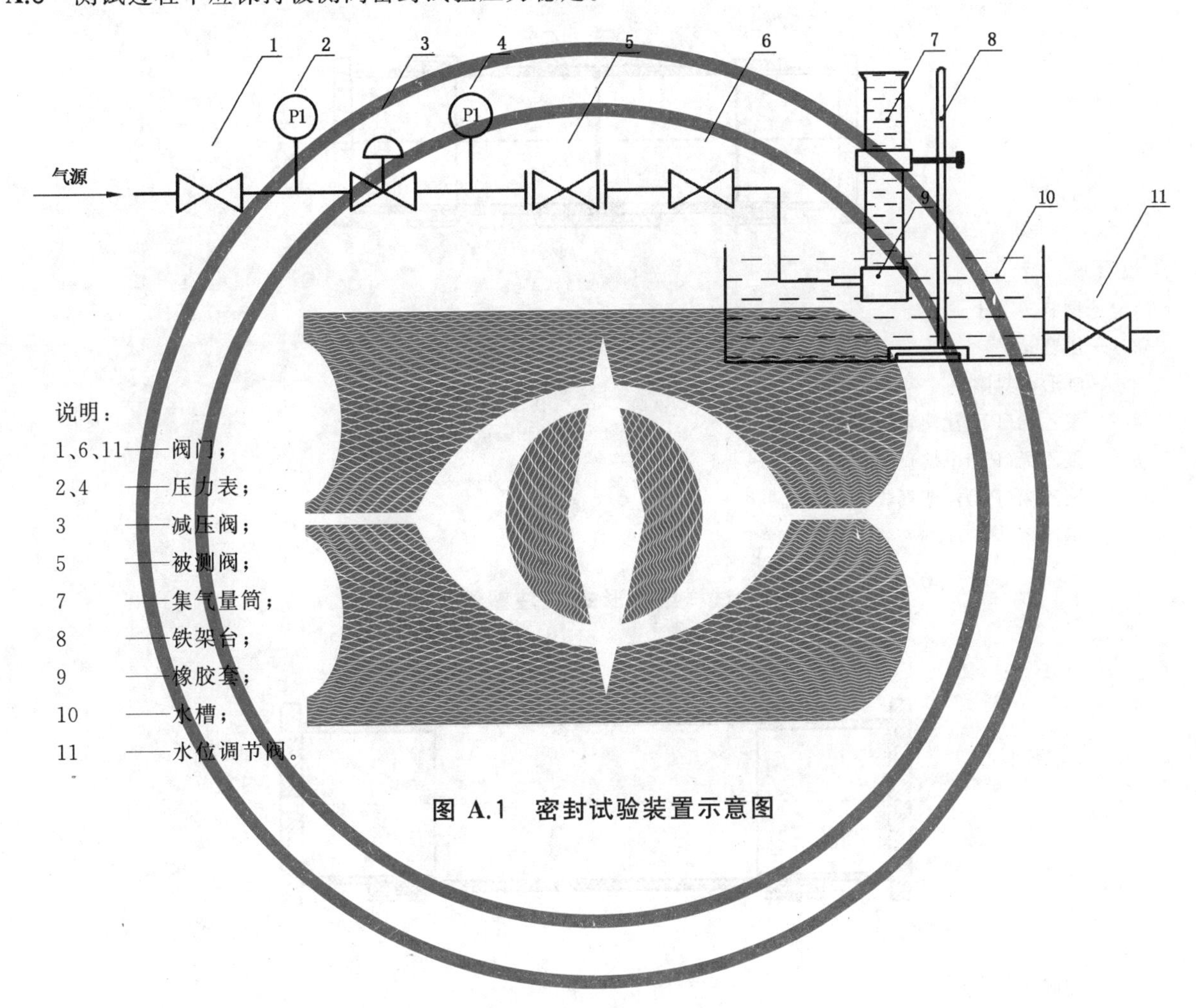

说明：

1、6、11——阀门；
2、4　　——压力表；
3　　　——减压阀；
5　　　——被测阀；
7　　　——集气量筒；
8　　　——铁架台；
9　　　——橡胶套；
10　　　——水槽；
11　　　——水位调节阀。

图 A.1　密封试验装置示意图

附　录　B
（资料性附录）
聚乙烯(PE)连接端金属阀门的钢塑转换部件试样

B.1　聚乙烯(PE)连接端金属阀门的钢塑转换部件试样的典型结构形式见图 B.1 和图 B.2。

B.2　图 B.1 和图 B.2 中阀门本体与聚乙烯(PE)管件或管材连接方式仅为示意,允许采用其他连接方式。

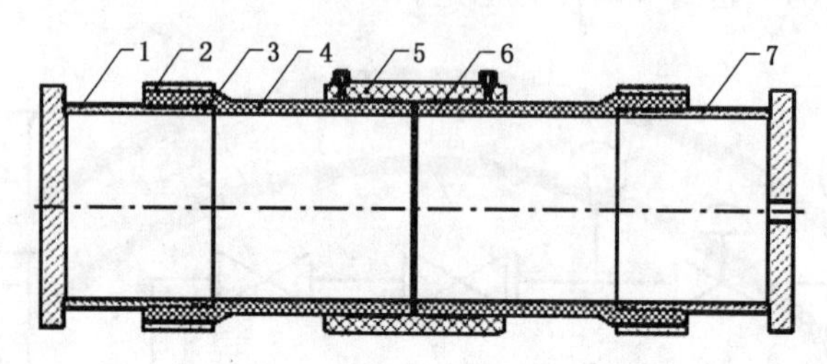

说明：

1——钢制短节Ⅰ；

2——压套；

3——O 形密封圈；

4——聚乙烯(PE)注塑管段Ⅰ；

5——聚乙烯(PE)电熔直通；

6——聚乙烯(PE)注塑管段Ⅱ；

7——钢制短节Ⅱ。

图 B.1　试样结构形式 1(注塑管段模式)

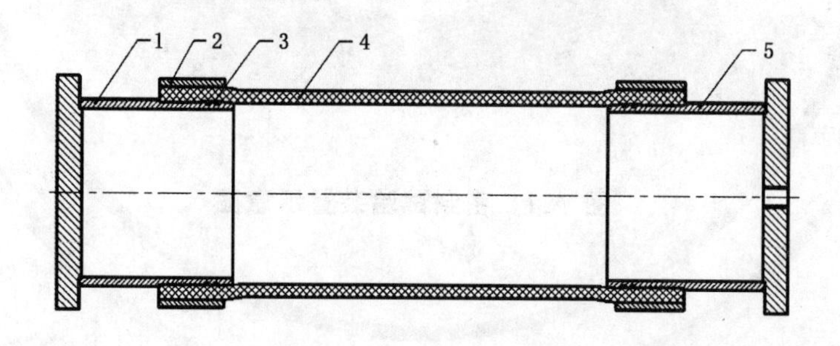

说明：

1——钢制短节Ⅰ；

2——压套；

3——O 形密封圈；

4——聚乙烯(PE)管；

5——钢制短节Ⅱ。

图 B.2　试样结构形式 2[聚乙烯(PE)管材模式]

ICS 23.060.01
J 16
备案号:40525—2013

中华人民共和国机械行业标准

JB/T 11492—2013

燃气管道用铜制球阀和截止阀

Copper ball valves and globe valves for gas pipeline engineering

2013-04-25 发布　　2013-09-01 实施

中华人民共和国工业和信息化部　发布

前　言

本标准按照 GB/T 1.1—2009 给出的规则起草。

本标准由中国机械工业联合会提出。

本标准由全国阀门标准化技术委员会(SAC/TC 188)归口。

本标准负责起草单位：台州市特种设备监督检验中心、合肥通用机械研究院。

本标准参加起草单位：浙江永德信铜业有限公司、浙江瑞格铜业有限公司、浙江环宇阀门有限公司、浙江利水铜业有限公司、宁波志清实业有限公司、浙江宁锚阀门有限公司、宁波埃美柯铜阀门有限公司、宁波杰克龙阀门有限公司、浙江盾安阀门有限公司。

本标准主要起草人：李隆骏、黄明亚、卢明技、伍毅、华仕光、孙启斌、黄辉、严荣杰、梁学飞、郑雪珍、李森、钱金明、许林滔。

本标准为首次发布。

燃气管道用铜制球阀和截止阀

1 范围

本标准规定了燃气管道用铜制阀门的结构型式、型号、技术要求、试验与检验方法、检验规则、标志、防护、包装和储运。

本标准适用于公称压力不大于PN25,公称尺寸DN8～DN100,工作温度－20℃～65℃,工作介质为硫化氢含量不大于20 mg/m³的煤气、天然气、液化石油气及其混合气,燃气管道用铜制球阀和截止阀(以下简称阀门)。

2 规范性引用文件

下列文件对于本文件的应用是必不可少的。凡是注日期的引用文件,仅注日期的版本适用于本文件。凡是不注日期的引用文件,其最新版本(包括所有的修改单)适用于本文件。

GB/T 231.1 金属材料 布氏硬度试验 第1部分:试验方法
GB/T 1220 不锈钢棒
GB/T 4423 铜及铜合金拉制棒
GB/T 7306.1 55°密封管螺纹 第1部分:圆柱内螺纹与圆锥外螺纹
GB/T 7306.2 55°密封管螺纹 第2部分:圆锥内螺纹与圆锥外螺纹
GB/T 7307 55°非密封管螺纹
GB/T 12220 通用阀门 标志
GB/T 12221 金属阀门 结构长度
GB/T 13927—2008 工业阀门 压力试验
GB/T 15530.1 铜合金整体铸造法兰
GB/T 26147 球阀球体 技术条件
CJ/T 180—2003 家用手动燃气阀门
HG/T 2811 旋转轴唇形密封圈橡胶材料
HG/T 2903 模塑用细粒聚四氟乙烯树脂
JB/T 308 阀门 型号编制方法
JB/T 5300 工业用阀门材料 选用导则
JB/T 6617 阀门用柔性石墨填料环 技术条件
JB/T 7928 通用阀门 供货要求
QB/T 3826 轻工产品金属镀层和化学处理层的耐腐蚀试验方法 中性盐雾试验(NSS)法
QB/T 3832—1999 轻工产品金属镀层腐蚀试验结果的评价

3 结构型式、型号

3.1 结构型式

3.1.1 螺纹连接球阀的典型结构如图1所示。

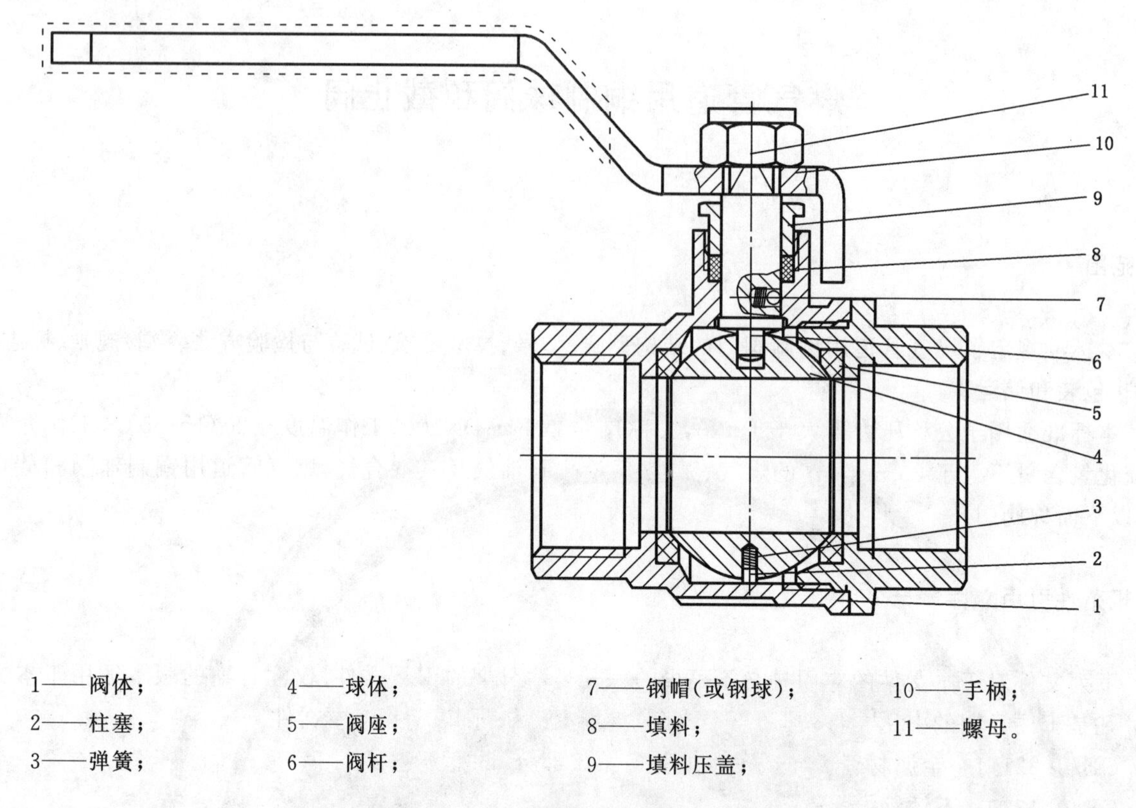

1——阀体；
2——柱塞；
3——弹簧；
4——球体；
5——阀座；
6——阀杆；
7——钢帽(或钢球)；
8——填料；
9——填料压盖；
10——手柄；
11——螺母。

图1 螺纹连接球阀典型结构

3.1.2 法兰连接球阀的典型结构如图2所示。

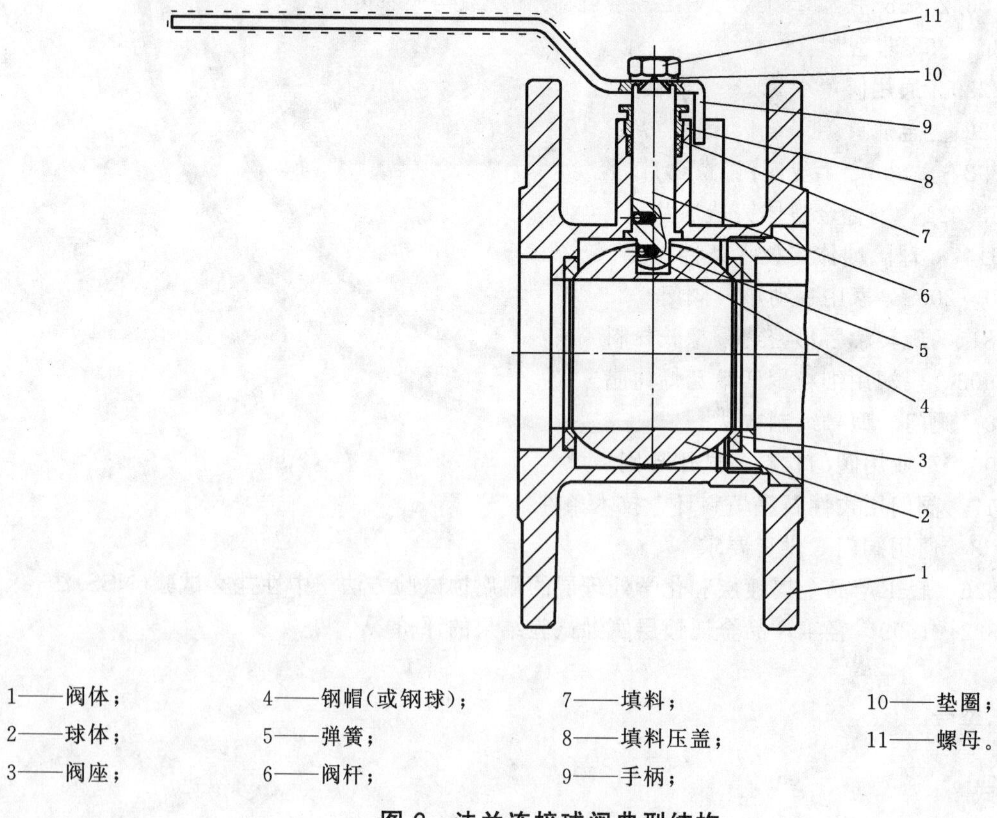

1——阀体；
2——球体；
3——阀座；
4——钢帽(或钢球)；
5——弹簧；
6——阀杆；
7——填料；
8——填料压盖；
9——手柄；
10——垫圈；
11——螺母。

图2 法兰连接球阀典型结构

3.1.3 螺纹连接截止阀的典型结构如图 3 所示。

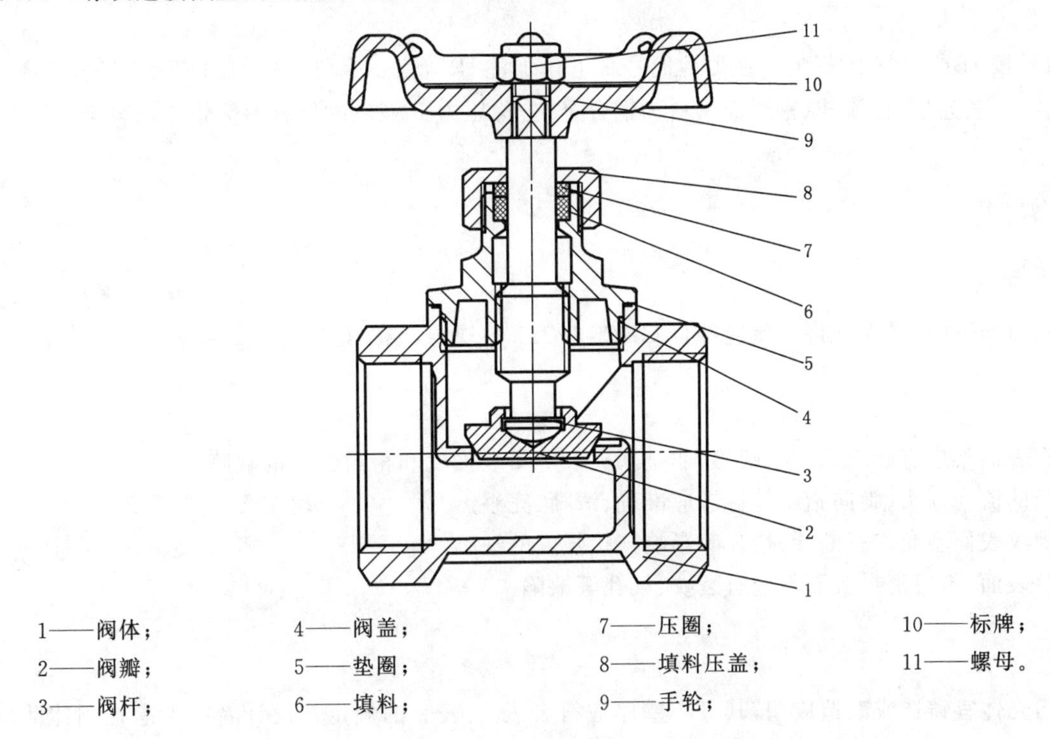

1——阀体；
2——阀瓣；
3——阀杆；
4——阀盖；
5——垫圈；
6——填料；
7——压圈；
8——填料压盖；
9——手轮；
10——标牌；
11——螺母。

图 3 螺纹连接截止阀典型结构

3.1.4 法兰连接截止阀的典型结构如图 4 所示。

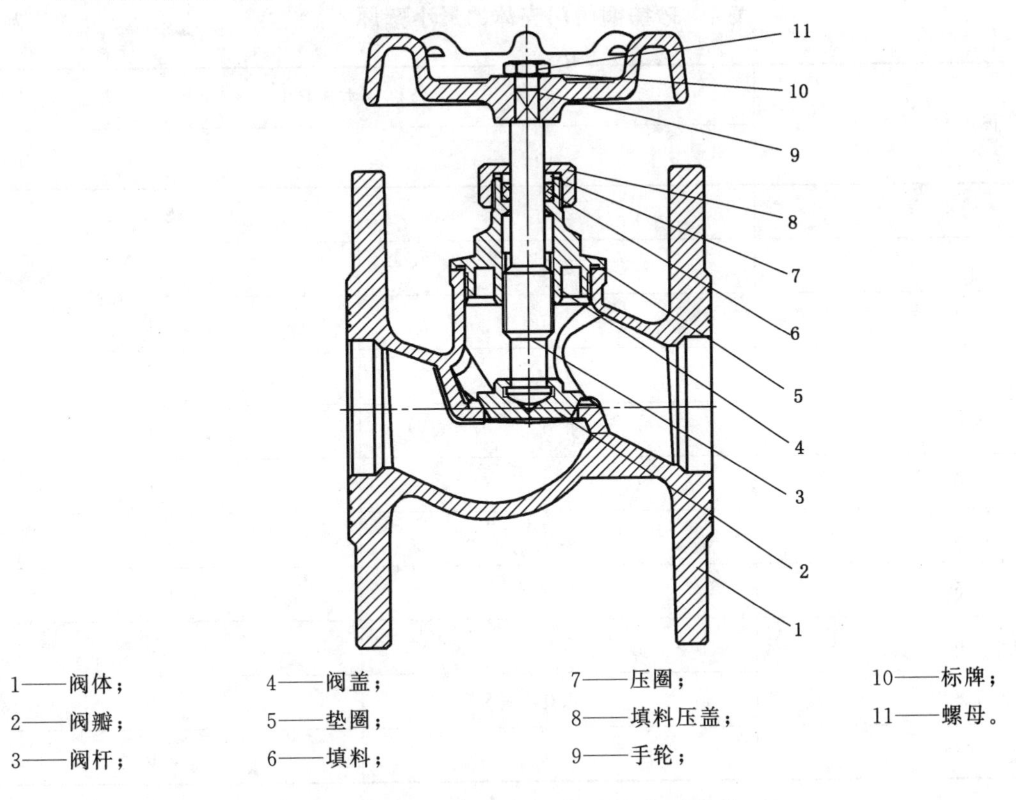

1——阀体；
2——阀瓣；
3——阀杆；
4——阀盖；
5——垫圈；
6——填料；
7——压圈；
8——填料压盖；
9——手轮；
10——标牌；
11——螺母。

图 4 法兰连接截止阀典型结构

3.2 型号

阀门型号按 JB/T 308 的规定。在类型代号右下角加注“R”，表示燃气。如“J_R41T-25T”表示燃气截止阀、手动、法兰连接、直流式、密封面材料为铜合金、公称压力 PN25、阀体材料为铜或铜合金。

4 技术要求

4.1 结构长度

阀门的结构长度及最大允许偏差应符合 GB/T 12221 的规定，或按订货合同的要求。

4.2 外观

4.2.1 阀门表面不应有砂眼、裂纹、疏松、非金属夹杂等影响强度和密封性能的缺陷。

4.2.2 阀门的流向箭头、旋向指示等标志应准确、清晰、完整。

4.2.3 管螺纹表面不允许有断牙、烂牙等影响连接强度的缺陷。

4.2.4 法兰表面、阀门密封表面不应有裂纹、气孔等缺陷。

4.3 阀体

4.3.1 阀门壳体宜铸造或锻造成型，其最小壁厚应符合表 1、表 2 的规定。设计者应考虑在阀体薄弱部位适当增加壁厚。

4.3.2 砂铸铜阀门壳体的最小壁厚应按表 1 的规定。

表 1 砂铸铜阀门壳体的最小壁厚

单位为毫米

公称尺寸 DN	公称压力 PN	
	≤16	25
8	2.0	2.4
10	2.5	3.0
15	2.5	3.0
20	2.5	3.0
25	3.0	3.6
32	3.0	3.6
40	3.0	3.6
50	4.0	4.8
65	5.0	6.0
80	7.0	8.0
100	7.0	8.0

4.3.3 锻造或其他加工工艺成型的铜阀门壳体的最小壁厚按表 2 的规定。

表 2　锻造及其他加工工艺成型的铜阀门壳体的最小壁厚

单位为毫米

公称尺寸　DN	公称压力　PN		
	≤10	16	25
8	1.4	1.6	1.7
10	1.4	1.6	1.8
15	1.6	1.8	1.9
20	1.6	1.8	2.1
25	1.7	1.9	2.4
32	1.7	1.9	2.6
40	1.8	2.0	2.8
50	2.0	2.2	3.2
65	2.8	3.0	3.5
80	3.0	3.4	4.1
100	3.6	4.0	4.5

4.4　连接端

4.4.1　法兰连接阀门的法兰尺寸应符合 GB/T 15530.1 的规定。

4.4.2　螺纹连接阀门的两端管螺纹应符合 GB/T 7306.1、GB/T 7306.2、GB/T 7307 的规定。

4.4.3　非密封管螺纹的螺纹有效长度应不小于表 3 的规定。

表 3　管螺纹有效长度

单位为毫米

公称尺寸　DN	公称压力　PN		
	≤10	16	25
8	8.5	9.5	11.0
10	9.0	9.5	11.5
15	9.5	11.5	12.5
20	10.5	11.5	13.5
25	12.0	14.0	14.5
32	13.5	15.0	17.0
40	15.5	16.0	18.0
50	17.0	18.5	20.5

4.4.4　两端管螺纹轴线角偏差不大于 1°。

4.5　最小流道直径

阀门内流道的最小直径应不低于表 4 的规定。

表4 阀门最小流道直径

单位为毫米

公称尺寸 DN	8	10	15	20	25	32	40	50	65	80	100
最小流道直径	6.0	6.0	9.0	12.5	17.0	23.0	28.0	36.0	49.0	57.0	75.0

4.6 阀杆

4.6.1 截止阀阀杆的最小直径不应小于表5的规定。

表5 阀杆的最小直径

单位为毫米

公称尺寸 DN	公称压力 PN	
	≤16	25
8	5.5	6.0
10	5.5	6.0
15	6.0	6.5
20	6.5	7.0
25	7.5	8.0
32	8.5	9.5
40	9.5	10.5
50	10.5	12.0
65	12.0	13.5
80	13.5	15.0
100	15.0	16.5
注：表中阀杆的最小直径系指与填料配合段的光杆直径。		

4.6.2 截止阀的阀杆一般应设计成有一个圆锥形或球面形的上密封面，当阀门全开时与阀盖的上密封座吻合。

4.6.3 球阀阀杆一般应设计成在介质压力作用下，拆除阀杆密封件(如填料或填料压盖)时，阀杆不会被介质吹出的结构。

4.6.4 球阀阀杆及阀杆与球体的连接处应有足够的强度，能保证在使用手柄操作时，不产生永久变形或损伤。

4.7 球体

4.7.1 钢质实心球体应符合 GB/T 26147 的规定。

4.7.2 非不锈钢球体外表面应进行防腐处理(镀铬、镀镍、喷涂等)，防腐处理后经 24 h 连续中性盐雾试验，应达到 QB/T 3832—1999 评定耐蚀级别8级的要求。

4.8 锁定装置

阀门可根据需要设置锁定装置，应能将阀门限位在全开和全关的位置上。

4.9 手轮和手柄

4.9.1 球阀的手柄回转角度应为90°,应设置限位装置限制操作范围。在开启位置时,手柄应与球体通道平行。

4.9.2 手轮和手柄应以顺时针方向为关闭,手轮上应有表示开关方向的永久性标志。

4.9.3 阀门的手轮直径或手柄长度的设计应满足在设计给定的最大压差下,启闭阀门的操作力不大于360 N。

4.10 装配

4.10.1 阀门启闭应灵活,无卡阻现象。

4.10.2 截止阀的阀瓣开启高度应不小于阀门通道直径的四分之一。

4.10.3 球阀全开时,球体流道孔轴线与阀体流道孔轴线的角偏差应不大于3°

4.11 壳体强度与密封性能

4.11.1 阀门的壳体强度应符合GB/T 13927—2008的规定,密封最大允许泄漏率应符合GB/T 13927—2008中表4的A级要求。

4.11.2 截止阀低压气体密封性能应符合GB/T 13927—2008的规定。

4.12 球阀的操作力矩

球阀的操作力矩应不大于表6的规定。

表6 操作力矩值

公称尺寸 DN	8	10	15	20	25	32	40	50	65	80	100
力矩 N·m	4	5	6	8	10	15	20	28	35	45	65

4.13 球阀的耐久性

球阀正常使用的循环次数不少于表7的规定。

表7 循环操作次数

公称尺寸 DN	8	10	15	20	25	32	40	50	65	80	100
循环次数		5 000		2 500			1 000			500	

4.14 防静电要求

球阀应设计成防静电结构,应保证球体、阀杆和阀体之间能够导电。

经过压力试验并至少开关过五次的新的干燥球阀,在电源电压不超过12 V时,阀杆、阀体、球体的导通电阻应小于10 Ω。

4.15 抗扭性能

螺纹连接阀门至少应能承受的扭矩按表8的规定。经抗扭试验后,阀门应无破损、变形。

表 8 最大扭矩

公称尺寸 DN	8	10	15	20	25	32	40	50	65	80	100
扭矩 N·m	20	35	75	100	125	160	200	250	300	370	465

4.16 抗弯曲性能

螺纹连接阀门至少应能承受的弯曲力按表 9 的规定。经抗弯曲试验后，阀门应无破损及明显变形。

表 9 最大弯曲力

公称尺寸 DN	8	10	15	20	25	32	40	50	65	80	100
最大弯曲力 N	30	70	105	225	340	475	610	1 100	1 550	1 900	2 500

5 材料

5.1 阀门阀体、阀盖、启闭件材料的选择应符合 JB/T 5300 的规定，其他性能相当的材料可以代用。

5.2 阀门阀体、阀盖、启闭件材料化学成分和力学性能应符合相关材料标准的规定。

5.3 壳体铸件和锻件均应通过相应的热处理方法消除应力，热处理方法应符合有关标准或工艺的规定。

5.4 阀杆材料应符合 GB/T 1220、GB/T 4423 的规定。推荐选用表 10 的材料，并应按要求进行热处理。

表 10 阀杆材料

材料类型	材料牌号	热处理要求和硬度
铬不锈钢	12Cr13、20Cr13	调质处理，200 HBW～275 HBW
铬-镍不锈钢	06Cr19Ni10、12Cr18Ni9	固溶处理
铜合金	HPb59-1、HPb61-1、HPb63-0.1	

5.5 球体不允许采用铸铁材料；钢质球体材料应符合 GB/T 26147 的规定，铜球体材料按相关标准的规定。

5.6 阀门的非金属弹性密封材料应符合 JB/T 6617、HG/T 2811、HG/T 2903 或其他相关标准的规定。球阀的阀座材料应符合 HG/T 2903 的规定。

非金属弹性密封材料（橡胶件）的性能应符合 CJ/T 180—2003 中 4.4 的规定。

5.7 手轮或手柄不允许采用灰铸铁材料。

6 试验与检验方法

6.1 外观及密封面表面质量

外观及密封面表面质量采用目测法检查。

6.2 阀体壁厚

阀体壁厚用测厚仪测量或专用卡尺测量。法兰连接尺寸、结构长度、管螺纹长度、流道直径、阀杆直径等用相应精度的通用量具检测。

6.3 最小流道直径

最小流道直径用相应精度的量具测量。

6.4 阀杆直径

阀杆直径用相应精度的游标卡尺等量具测量。

6.5 阀杆硬度

阀杆硬度测量应在阀杆的上下两个端部至少各测量 3 点取平均值，硬度测定按 GB/T 231.1 的规定。

6.6 球阀球体防腐性能

球阀球体防腐性能按 QB/T 3826 进行检查，评级方法按 QB/T 3832 进行评定。

6.7 启闭灵活性

阀门启阀灵活性采用手动开关 5 次，其检查结果应符合 4.10.1 的规定。

6.8 壳体强度、密封性能试验

壳体强度、高压密封试验、低压密封试验和上密封试验按 GB/T 13927—2008 的规定进行。低压气体密封试验应在高压密封试验之后进行。

6.9 球阀操作力矩

用一个清洁球阀，介质为干燥的空气或氮气，在球阀最大工作压差下从关到开再回到关的位置，采用扭矩扳手共测试 5 次，取最大值，其测试结果应符合 4.12 的规定。

6.10 耐久性

6.10.1 试验设备应能保证关闭力矩保持稳定。

6.10.2 试验介质为空气或氮气。

6.10.3 试验压力：当开启操作时，球阀出口端敞开、进口端的试验压力为该球阀最大允许工作压力，当规定有额定压差时，试验压力为额定压差；关闭操作时，球阀出口端封闭，内腔应有 90%～100%的开启操作时的试验压力。

6.10.4 试验按下列步骤进行：

a) 应当用球阀所配的手柄(轮)进行操作。

b) 试验时，球阀先关闭，出口端敞开，进口端充满介质带压，球阀保持密封状态。

c) 开启球阀到全开位置；封闭出口端，体腔内应充满介质与带压，在开启位置停 5 s；操作关闭球阀到达关闭位置密封后，将出口侧的介质压力释放，在关闭位置停 5 s。

d) 重复上述开关操作过程，循环操作次数为表 7 规定次数的二分之一，球阀应能正常操作、不泄漏、无卡阻等现象。

e) 将球阀在开启位置放置一个星期。

f) 再重复上述开关操作过程，循环操作次数为表 7 规定次数的二分之一，球阀应能正常操作、不泄漏、无卡阻等现象。

g) 将球阀在关闭位置放置一个星期后需重新进行密封性能和操作力矩测试。

6.11 防静电试验

对于球阀应按 4.14 的要求进行防静电试验。

6.12 抗扭性能

6.12.1 抗扭性能试验装置如图 5 所示，将所测试阀门按图 5 所示位置固定在装置上，管道 4 应支撑好使其不会产生弯曲力矩，按表 8 规定的施加扭矩到管道上，扭矩应平稳地逐渐施加到规定值，对螺纹连接阀门的试验保持 10 s，应无破损、变形。

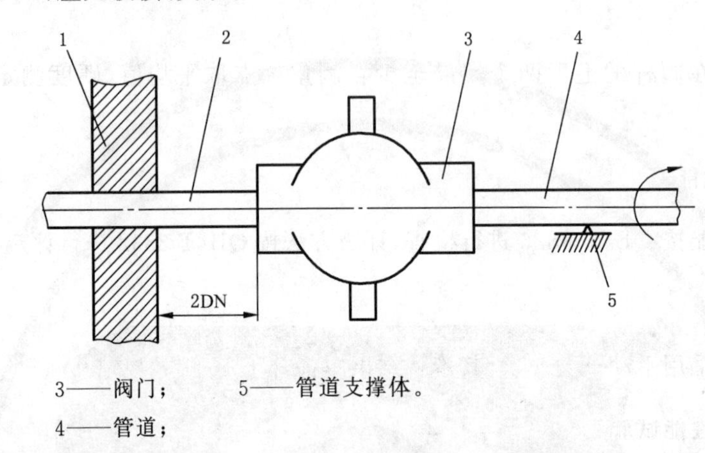

1——管固定体；
2——管道；
3——阀门；
4——管道；
5——管道支撑体。

图 5 抗扭力性能试验专用装置

6.12.2 对阀体为两段式螺纹连接的球阀在进行上述试验后，再按拆出方向施加表 8 规定扭矩值的一半，保持 10 s，应无松缓、变形、破损。

6.12.3 抗扭试验后，需重新进行壳体强度和密封性能试验。

6.13 抗弯曲性能

抗弯曲性能试验装置如图 6 所示，将所测试阀门按图 6 所示位置固定在装置上，在 F 处按表 9 的规定施加弯曲力，保持 10 s，应无破损及明显变形。抗弯曲试验后，需重新进行壳体强度和密封性能试验。

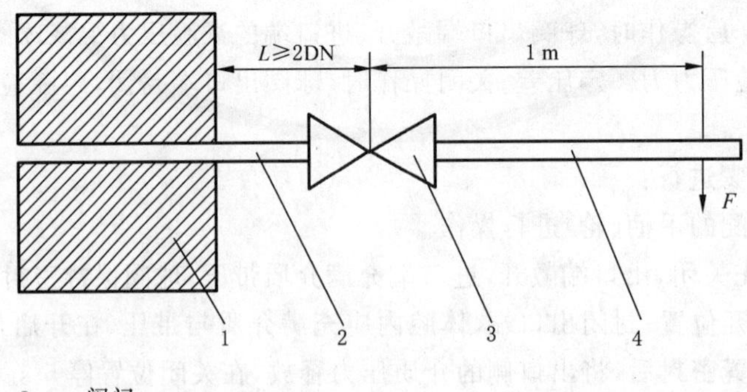

1——管固定体；
2——管道；
3——阀门；
4——管道。

图 6 抗弯曲性能试验专用装置

6.14 化学成分分析

在阀门阀体、阀盖、启闭件上取样，取样应在零件的内部。

6.15 非金属弹性密封材料(橡胶件)的性能

非金属弹性密封材料(橡胶件)的性能试验按 CJ/T 180—2003 中 7.2.1、7.2.2 规定的方法进行。

6.16 标志

目测检查标志内容。

7 检验规则

7.1 检验分类

产品检验分为出厂检验和型式检验。

7.2 出厂检验

7.2.1 材料的化学成分每批次随机抽取一件进行检验,其余出厂检验项目应逐个产品进行检验,全部项目检验合格后方可出厂。

7.2.2 检验项目、技术要求和检验方法按表 11 的规定。

7.3 型式检验

7.3.1 型式检验全部检验项目都应符合表 11 中技术要求的规定。

7.3.2 有下列情况之一时,应对样机进行型式试验,试验合格后方可成批生产:

表 11 出厂检验、型式检验项目

序号	项　目	出厂检验	型式检验	技术要求	试验方法
1	外观	√	√	4.2	6.1
2	阀体最小壁厚	—	√	4.3.2、4.3.3	6.2
3	最小流道直径	—	√	4.5	6.3
4	阀杆直径	—	√	4.6.1	6.4
5	阀杆硬度	—	√	5.4	6.5
6	非不锈钢球体防腐处理	—	√	4.7.2	6.6
7	启闭灵活性	√	√	4.10.1	6.7
8	壳体强度与密封性能	√	√	4.11	6.8
9	球阀的操作力矩	—	√	4.12	6.9
10	球阀的耐久性	—	√	4.13	6.10
11	防静电要求	—	√	4.14	6.11
12	抗扭性能	—	√	4.15	6.12
13	抗弯曲性能	—	√	4.16	6.13
14	材料的化学成分	√	√	5.2	6.14
15	非金属弹性密封材料性能	—	√	5.6	6.15
16	标志	√	√	4.9.2、8	6.16
注:“√”表示应检项目;“—”表示不检项目。					

a) 停产半年以上后又重新生产时；

b) 新产品试制定型鉴定；

c) 正式生产后，如产品结构、材料、工艺有较大改变，可能影响产品性能时；

d) 产品长期停产后恢复生产时。

7.3.3 有下列情况之一时，应抽样进行型式试验：

a) 正常生产时，定期或积累一定产量后，应进行周期性检验；

b) 国家质量监督机构提出进行型式检验的要求时。

7.3.4 型式检验抽样：从生产厂检查合格的库存阀门中随机抽取，或从已供给用户但未使用过的阀门中随机抽取。每一规格阀门供抽样的最少台数和抽样台数按表12的规定。到用户抽样时，供抽样的台数不受限制，抽样台数仍按表12的规定。

表12 抽样数量表

公称尺寸 DN	供抽样的最少台数	抽样台数
＜50	30	3
50～100	20	

8 标志

阀门标志按GB/T 12220的规定；公称尺寸大于DN25的阀门应在阀体上注有下列永久标记：

——制造单位名称或商标标志；

——阀体材料或代号；

——公称压力；

——公称尺寸；

——介质流向标记(如有)；

——熔炼炉号或锻打批号。

9 防护、包装和储运

阀门的防护、包装和储运按JB/T 7928的规定。

附 录 A
(资料性附录)
燃气管道用铜制阀门订货合同数据表

燃气管道用铜制阀门订货合同数据表见表 A.1。

表 A.1 燃气管道用铜制阀门订货合同数据表

工作条件 1. 阀门要求依据的标准：JB/T 11492—2013 燃气管道用铜制球阀和截止阀 2. 阀门安装的位置：____ 3. 阀门的公称尺寸：____ 4. 阀门的压力等级：____ 5. 最高的工作压力：____ 6. 最大压差：____ 7. 最高工作温度：____ 8. 最低工作温度：____ 9. 预计使用寿命内循环操作次数：____ 10. 使用介质及组分：____ 11. 介质中硫化氢含量：____ 12. 使用介质环境(应注明干燥或潮湿)：____ **注**：第 11 项、第 12 项必须明确，因本标准的产品不适用于湿硫化氢应力腐蚀环境。
阀门结构型式 1. 阀门的类型：____ 2. 密封形式要求：____ 3. 要求全径圆通道：____ 4. 最小通道直径：____
结构长度和端部连接 1. 结构长度的要求：____ 2. 连接方式：____ 3. 法兰的要求：平面、凹面、榫槽____
阀门的操作要求 1. 手柄或手轮尺寸限制或其他的说明：____ 2. 对于水平轴的手轮，要求阀门通道中心线到手轮中心线的距离：____ mm 3. 需要锁紧装置吗？____ 4. 型式：____
其他要求 1. 要求提供的文件：____ 2. 其他要求说明：____

三、燃气表标准

ICS 75.180.30;91.140.40
N 12

中华人民共和国国家标准

GB/T 6968—2019
代替 GB/T 6968—2011

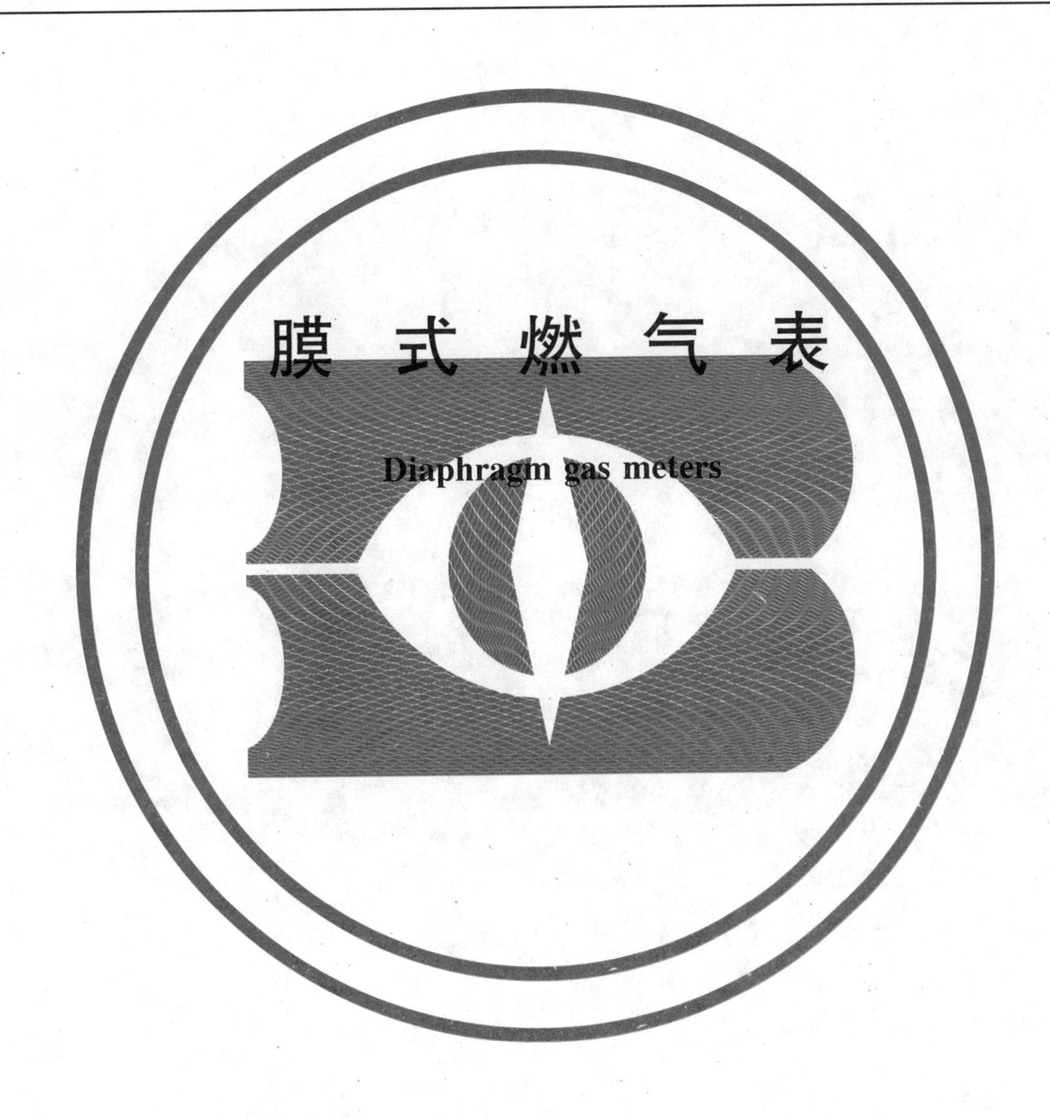

膜式燃气表

Diaphragm gas meters

2019-05-10 发布 　　　　　　　　　　 2019-12-01 实施

国家市场监督管理总局
中国国家标准化管理委员会 发布

前　言

本标准按照GB/T 1.1—2009给出的规则起草。

本标准代替GB/T 6968—2011《膜式燃气表》，与GB/T 6968—2011相比，主要技术变化如下：

——修改了标准适用范围(见第1章)；

——修改、增加和删除了部分术语和定义(见第3章，2011年版的第3章)；

——增加了管接头螺纹尺寸的相关要求，删除了单管接头的内容(见5.2.7，2011年版的6.2.6)；

——修改了燃气表的耐腐蚀要求，简化为耐盐雾腐蚀要求(见5.2.8，2011年版的6.3)；

——增加了燃气表的温度适应性要求(见5.3.2)；

——修改了燃气表记录逆向累积流量的要求(见5.4.3，2011年版的6.5.4.1.1)；

——删除了可选择特性中绝缘脚和计数器磁力传动装置的相关要求(见2011年版的6.5.2、6.5.3)；

——增加了耐甲苯/异辛烷、耐水蒸气两项可选择特性的要求(见5.6.4、5.6.5)；

——修改了密封性和耐压强度的试验压力要求(见6.2.1、6.2.2，2011年版的6.2.3、6.2.4)；

——修改了耐久性试验方法(见6.4.1，2011年版的7.1)；

——增加了标志的黏附力试验(见6.9.2.2.3)；

——将“燃气表的辅助装置”改为“燃气表的附加装置”(见附录C)；

——修改了附加装置的工作电压和电流(见C.2.2.1.1，2011年版的C.1、C.3.1.1)；

——增加了电池的相关要求(见C.2.1)；

——增加了电子封印的要求(见C.2.2.1.3.1)；

——增加了数据存储的要求(见C.2.2.1.5)；

——修改了预付费控制装置的相关要求(见C.2.2.3，2011年版的C.3.3)；

——增加了阶梯计费控制装置的相关要求(见C.2.2.4)；

——修改了控制阀的耐用性要求，并增加了耐腐蚀要求(见C.2.2.5.2、C.2.2.5.3，2011年版的C.3.4.2)；

——增加了切断型(异常关阀)功能装置的相关要求(见C.2.2.6)；

——增加了能量计量转换装置的要求(见C.2.2.7)；

——增加了固件的相关要求(见C.2.4)；

——将原“内置机械式气体温度转换装置”改为“内置气体温度转换装置”，并增加了内置气体温度压力转换装置的要求(见附录A)；

——删除了2011年版的资料性附录A和附录B。

本标准由中国机械工业联合会提出。

本标准由全国工业过程测量控制和自动化标准化技术委员会(SAC/TC 124)归口。

本标准起草单位：重庆前卫克罗姆表业有限责任公司、成都秦川物联网科技股份有限公司、上海工业自动化仪表研究院有限公司、北京市计量检测科学研究院、重庆市计量质量检测研究院、浙江省计量科学研究院、辽宁省计量科学研究院、重庆前卫科技集团有限公司、金卡智能集团股份有限公司、丹东热工仪表有限公司、重庆市山城燃气设备有限公司、上海真兰仪表科技股份有限公司、荣成市宇翔实业有限公司、辽宁思凯科技股份有限公司、辽宁航宇星物联仪表科技有限公司、廊坊新奥燃气设备有限公司、浙江正泰仪器仪表有限责任公司、浙江荣鑫智能仪表股份有限公司、浙江威星智能仪表股份有限公司、成都千嘉科技有限公司、安徽鸿凌机电仪表(集团)有限公司、宁波东海气计量技术有限公司、浙江松川仪表科技股份有限公司、郑州华润燃气股份有限公司、北京市燃气集团有限责任公司。

本标准主要起草人：尹代强、陈海林、李原、王文莉、权亚强、郭爱华、王嘉宁、杨有涛、廖新、金岚、陆科、郭刚、孙晓东、徐义洲、任海军、邹子明、史健君、程波、杨文峰、陈州、黄宝团、赵彦华、罗成彬、林路生、刘兆东、李福增、邓立三、黄冬虹、王国辉。

本标准所代替标准的历次版本发布情况为：

——GB 6968—1986、GB/T 6968—1997、GB/T 6968—2011。

膜式燃气表

1 范围

本标准规定了膜式燃气表(以下简称燃气表)的术语、定义、符号、工作条件、技术要求、试验方法、检验规则、包装、运输与贮存等。

本标准适用于最大工作压力不超过50 kPa、最大流量不超过160 m^3/h、准确度等级为1.5级的燃气表。

注:除非另有说明,本标准所提到的压力指相对大气压力(表压力)。

2 规范性引用文件

下列文件对于本文件的应用是必不可少的。凡是注日期的引用文件,仅注日期的版本适用于本文件。凡是不注日期的引用文件,其最新版本(包括所有的修改单)适用于本文件。

GB/T 191　包装储运图示标志

GB/T 2410—2008　透明塑料透光率和雾度的测定

GB/T 2423.3—2016　环境试验　第2部分:试验方法　试验Cab:恒定湿热试验

GB/T 2423.17—2008　电工电子产品环境试验　第2部分:试验方法　试验Ka:盐雾

GB 3836.1　爆炸性环境　第1部分:设备　通用要求

GB 3836.2　爆炸性环境　第2部分:由隔爆外壳"d"保护的设备

GB 3836.4　爆炸性环境　第4部分:由本质安全型"i"保护的设备

GB/T 4208—2017　外壳防护等级(IP代码)

GB/T 5080.7—1986　设备可靠性试验　恒定失效率假设下的失效率与平均无故障时间的验证试验方案

GB/T 8897.1　原电池　第1部分:总则

GB 8897.4　原电池　第4部分:锂电池的安全要求

GB/T 9113—2010　整体钢制管法兰

GB/T 9978.1　建筑构件耐火试验方法　第1部分:通用要求

GB/T 10125—2012　人造气氛腐蚀试验　盐雾试验

GB/T 11186.3—1989　涂膜颜色的测量方法　第三部分:色差计算

GB/T 13893—2008　色漆和清漆　耐湿性的测定　连续冷凝法

GB/T 14536.1—2008　家用和类似用途电自动控制器　第1部分:通用要求

GB/T 16422.3—2014　塑料　实验室光源暴露试验方法　第3部分:荧光紫外灯

GB/T 17626.2—2006　电磁兼容　试验和测量技术　静电放电抗扰度试验

GB/T 17626.3—2016　电磁兼容　试验和测量技术　射频电磁场辐射抗扰度试验

GB/T 17626.4—2008　电磁兼容　试验和测量技术　电快速瞬变脉冲群抗扰度试验

GB/T 17626.5—2008　电磁兼容　试验和测量技术　浪涌(冲击)抗扰度试验

GB/T 30789.3—2014　色漆和清漆　涂层老化的评价　缺陷的数量和大小以及外观均匀变化程度的标识　第3部分:生锈等级的评定

3 术语、定义和符号

3.1 术语和定义

下列术语和定义适用于本文件。

3.1.1

膜式燃气表　diaphragm gas meter

利用柔性薄壁测量室测量气体体积的容积式流量计。

3.1.2

工作压力　working pressure

燃气表入口处的气体压力与大气压之间的压力差。

3.1.3

最大工作压力　maximum working pressure

燃气表工作压力的上限值。

3.1.4

压力损失　pressure absorption

燃气表工作时在入口处与出口处之间测得的压力差。

3.1.5

密封性　external leak tightness

燃气表中输送燃气的构件隔绝大气的能力。

3.1.6

示值误差　error of indication

燃气表显示的体积和实际通过燃气表的体积之差与实际通过燃气表的体积的百分比。

见式(1)：

$$E=\frac{Q_{i}-Q_{ref}}{Q_{ref}}\times 100\% \qquad \cdots\cdots(1)$$

式中：

E ——示值误差，用百分数(%)表示；

Q_i ——燃气表显示的体积，单位为立方米(m^3)；

Q_{ref}——实际通过燃气表的体积，单位为立方米(m^3)。

3.1.7

最大允许误差　maximum permissible errors

本标准规定的燃气表示值误差的极限值，分为初始最大允许误差和耐久最大允许误差。

3.1.8

误差曲线　meter error curve

平均示值误差与对应的实际流量的曲线图。

3.1.9

回转体积　cyclic volume

燃气表运行一个工作循环所排出气体的体积。

3.1.10

最大流量　maximum flowrate

在额定工作条件下，燃气表的示值符合最大允许误差(MPE)要求的上限流量。

3.1.11

最小流量　minimum flowrate

在额定工作条件下,燃气表的示值符合最大允许误差(MPE)要求的下限流量。

3.1.12

分界流量　transitional flowrate

介于最大流量和最小流量之间、把燃气表流量范围分为"高区"和"低区"的流量。

注:高区和低区各有相应的最大允许误差(MPE)。

3.1.13

始动流量　start flowrate

燃气表能够开始连续运行的最低流量。

3.1.14

过载流量　overload flowrate

燃气表在短时间内运行不会影响计量特性的最高流量。

3.1.15

额定工作条件　rated operating conditions

燃气表正常工作时的条件:

——不超过最大工作压力(不论有无气体流过);

——在流量范围内;

——在环境温度和工作介质温度范围内;

——实气(3.1.18)。

3.1.16

基准条件　base conditions

进行气体体积换算的规定条件。

注:即基准气体温度 20 ℃,标准大气压力 101 325 Pa。

3.1.17

测量条件　metering conditions

在测量气体体积时,被测气体的实际条件。

注:如被测气体的温度和压力。

3.1.18

实气　distributed gas

当地供应的符合要求的燃气。

3.1.19

温度适应性　temperature adaptability

燃气表在规定工作温度范围内保持计量性能的能力。

3.1.20

附加装置　additional devices

在燃气表上附加的可以实现特定功能的装置。

3.1.21

气体体积转换装置　gasvolume conversion device

将测量条件下的体积量转换成基准条件下的体积量的装置。

注:包括气体温度转换装置和气体温度压力转换装置。

3.1.22

气体温度转换装置　gas temperature conversion device

将工作温度条件下的体积量转换成基准气体温度条件下的体积量的装置。

换算公式见式(2)：

$$Q_{b,t}=\frac{T_b}{T_g}\times Q_{g,t} \quad \cdots\cdots(2)$$

式中：

$Q_{b,t}$——基准气体温度条件下的体积，单位为立方米(m^3)；

$Q_{g,t}$——工作温度条件下的体积，单位为立方米(m^3)；

T_b ——基准气体温度 293.15 K(t_b=20 ℃)；

T_g ——测量条件下的工作介质热力学温度，单位为开尔文(K)，$T_g=t_g+273.15$ K。

3.1.23

气体温度压力转换装置　gas temperature and pressure conversion device

将测量条件(工作温度和工作压力)下的体积量转换成基准条件下的体积量的装置。

换算公式见式(3)：

$$Q_b=\frac{T_b}{T_g}\times\frac{p_g}{p_b}\times Q_g \quad \cdots\cdots(3)$$

式中：

Q_b ——基准条件下的体积，单位为立方米(m^3)；

Q_g ——测量条件下的体积，单位为立方米(m^3)；

T_b ——基准气体温度 293.15 K(t_b=20 ℃)；

T_g ——测量条件下的工作介质热力学温度，单位为开尔文(K)，$T_g=t_g+273.15$ K；

p_b ——标准大气压力 101 325 Pa；

p_g ——测量条件下的工作介质绝对压力，单位为帕斯卡(Pa)。

3.1.24

中心温度　specified centre temperature

内置气体体积转换装置的燃气表，把工作环境温度范围对称分为上、下两个半区的指定温度点。

3.2 符号

表1所列符号适用于本文件。

表1 符号

符号	名称	单位	备注
E	示值误差	—	
MPE	最大允许误差	—	
p_{max}	最大工作压力	kPa	
p_b	标准大气压力	Pa	p_b=101 325 Pa
p_g	工作介质绝对压力	Pa	
p_i	燃气表入口处的绝对压力	Pa	
p_r	参比标准器处的绝对压力	Pa	
q_{max}	最大流量	m^3/h	
q_{min}	最小流量	m^3/h	
q_r	过载流量	m^3/h	
q_s	始动流量	dm^3/h	

表 1（续）

符号	名称	单位	备注
q_t	分界流量	m^3/h	
Q_i	燃气表显示的体积	m^3	
Q_{ref}	实际通过燃气表的体积	m^3	
$Q_{b,t}$	基准气体温度条件下的体积	m^3	
$Q_{g,t}$	工作温度条件下的体积	m^3	
Q_b	基准条件下的体积	m^3	
Q_g	测量条件下的体积	m^3	
Q_r	参比标准器记录的体积	m^3	
t_b、T_b	基准气体温度	℃、K	$T_b=t_b+273.15$ K（$t_b=20$ ℃）
t_g、T_g	工作介质温度	℃、K	$T_g=t_g+273.15$ K
t_m	环境温度	℃	
t_{min}	最低环境温度	℃	
t_{max}	最高环境温度	℃	
t_{sp}	中心温度	℃	
T_i	燃气表处的热力学温度	K	
T_r	参比标准器处的热力学温度	K	
V_c	回转体积	dm^3	

4 工作条件

4.1 流量范围

燃气表的最大流量、最小流量上限值、分界流量、始动流量最大值及过载流量应符合表 2 的规定。

表 2 流量范围

规格	q_{max} m^3/h	q_{min}的上限值 m^3/h	q_t m^3/h	q_s的最大值 dm^3/h	q_r m^3/h
1.6	2.5	0.016	0.25	3	3.0
2.5	4	0.025	0.4	5	4.8
4	6	0.04	0.6	5	7.2
6	10	0.06	1.0	8	12.0
10	16	0.10	1.6	13	19.2
16	25	0.16	2.5	13	30
25	40	0.25	4.0	20	48
40	65	0.40	6.5	32	78

表 2（续）

规格	q_{max} m³/h	q_{min}的上限值 m³/h	q_t m³/h	q_s的最大值 dm³/h	q_r m³/h
65	100	0.65	10.0	32	120
100	160	1.0	16.0	50	192
注：规格栏里的数字表示燃气表的公称流量值(即燃气表设计最佳工作状态的流量值)，制造商一般可在前面加上表示一定含义的字母，如 G2.5。					

燃气表的最小流量可以比表 2 所列的最小流量上限值小，但是该值应是表中某个值，或是某个值的十进位约数值。

4.2 最大工作压力

燃气表的最大工作压力由制造商声明，并应标示在铭牌上。

4.3 温度范围

燃气表的最小工作环境温度范围为－10 ℃～＋40 ℃。工作介质温度范围不应超出工作环境温度范围，变化范围不应小于 40 K。最小贮存温度范围为－20 ℃～＋60 ℃。

制造商应声明工作介质温度范围及工作环境温度范围，并应标示在铭牌上。

制造商可声明更宽的工作环境温度范围，从－10 ℃、－25 ℃或－40 ℃到 40 ℃、55 ℃或 70 ℃，或更宽的贮存温度范围。燃气表应符合所声明温度范围的相应要求。

如果制造商声明燃气表能耐高环境温度，则燃气表应符合耐高温要求(见 6.6.3)，并应有相应的标志(见 5.9.2.1)。

4.4 安装场所

燃气表的安装场所要求如下：

——符合本标准要求(附录 A 和附录 B 除外)的燃气表，适合安装在室内；

——如果制造商声明燃气表适用于安装在开敞式阳台或具有制造商指定防护措施的室外，燃气表宜同时符合 A.2.1(仅限内置气体温度转换装置)；

——如果制造商声明燃气表适用于安装在无任何防护措施的室外，燃气表宜同时符合 A.2.1(仅限内置气体温度转换装置)，并应同时符合附录 B。

5 技术要求

5.1 计量特性

5.1.1 示值误差

5.1.1.1 燃气表的示值误差应在表 3 规定的初始 MPE 之内。在 q_t～q_{max}范围内，每个规定试验流量点的示值误差最大值与最小值之差不应大于 0.6%。

5.1.1.2 误差曲线应符合下列要求：

——在 q_t～q_{max}范围内，示值误差的最大值和最小值之差不超过 2%；

——在 q_t～q_{max}范围内，如果各个流量点的误差值符号相同，则误差值的绝对值不超过 1%。

5.1.1.3 燃气表经受本标准规定的其他试验后的示值误差应符合相应条款的相应要求。

表 3 最大允许误差(MPE)

流量 q	最大允许误差(MPE)[a]	
	初始	耐久
$q_t \leqslant q \leqslant q_{max}$	±1.5%	±3%
$q_{min} \leqslant q < q_t$	±3%	±6%

[a] 初始最大允许误差是指燃气表在经受本标准其他试验之前应满足的最大允许误差,耐久最大允许误差是指燃气表经受本标准特定试验之后应满足的最大允许误差。

5.1.2 压力损失

密度为 1.2 kg/m³ 的空气以 q_{max} 流经燃气表时,一个工作循环的平均压力损失不应超出表 4 规定的值。

表 4 压力损失最大允许值

q_{max} m³/h	压力损失最大允许值[a] Pa			
	初始		耐久	
	不带控制阀	带控制阀	不带控制阀	带控制阀
2.5～10	200	250	220	275
16～65	300	375	330	415
100 和 160	400	500	440	550

[a] 初始压力损失最大允许值是指燃气表在经受本标准其他试验之前应满足的压力损失最大允许值,耐久压力损失最大允许值是指燃气表经受本标准特定试验之后应满足的压力损失最大允许值。

5.1.3 始动流量

燃气表的始动流量不应大于表 2 规定的值。

5.1.4 过载流量

燃气表经受表 2 规定的过载流量后,示值误差应在表 3 规定的初始 MPE 之内。

5.1.5 附加装置影响

如果制造商允许在燃气表上连接其他附加装置(可移式的脉冲发生器等),在 q_t 下,该装置引起燃气表示值误差的变化量不应大于初始 MPE 的五分之一。

5.1.6 回转体积

燃气表的回转体积实际值与铭牌上标示的回转体积额定值的差值,应在铭牌上标示的回转体积额定值的±5%之内。

5.2 结构和材料

5.2.1 密封性

燃气表在额定工作条件下不应泄漏。当进行密封性试验时，不应观察到泄漏发生。

5.2.2 耐压强度

燃气表经受压力为最大工作压力的1.5倍且不低于35 kPa、持续30 min的耐压强度试验后，壳体的残余变形不应超出被测量线性尺寸的0.75%，密封性应符合5.2.1的要求。

5.2.3 机械密封

燃气表壳体上密封材料失效会引起燃气外泄的任何部位(例如：燃气表上、下壳结合处，管接头、取压口、控制阀及传感器等连接处)，应增加有效的机械密封装置，其受力构件(如：壳体封圈、控制阀及传感器出线接头等)宜采用金属材料或强度性能更优的其他材料，以保证密封的可靠性。

5.2.4 耐振动

燃气表经受振动频率10 Hz～150 Hz，峰值加速度20 m/s^{2}的连续振动试验后，密封性应符合5.2.1的要求，示值误差应在表3规定的初始MPE之内。

5.2.5 耐冲击

燃气表经受撞针冲击试验后，密封性应符合5.2.1的要求。

5.2.6 耐跌落

燃气表应能承受6.2.6规定高度的跌落，试验后：

a) 示值误差应在表3规定的耐久MPE之内；

b) 压力损失应在表4规定的耐久压力损失最大允许值之内；

c) 密封性应符合5.2.1的要求。

5.2.7 管接头

5.2.7.1 形位公差

燃气表的两个管接头的中心线与相对于燃气表水平面的垂线的夹角应在1°之内。

在管接头的自由端测得的两个管接头的中心线间距与中心线额定间距之差，应在±0.5 mm之内或在中心线额定间距的±0.25%之内(取其中较大值)。两条中心线不平行度的锥度应在1°之内。

相对于燃气表的水平面，管接头自由端的高度差应在2 mm之内或在中心线额定间距的1%之内(取其中较大值)。

5.2.7.2 管接头中心距、螺纹和法兰

燃气表管接头中心距及螺纹宜符合表5的规定。

燃气表法兰尺寸应符合GB/T 9113—2010中PN10的要求。燃气表法兰按GB/T 9113—2010中PN10执行不表示燃气表能承受1.0 MPa的压力。

表 5 管接头中心距、螺纹和法兰

规格	中心距 mm			螺纹或法兰 mm 或 in		
	系列一	系列二	系列三	系列一	系列二	系列三
1.6	110	130	90	M30×2	—	—
2.5	110	130	90	M30×2	—	—
4	110	130	90	M30×2	M36×2	—
6	160	180	130	G1¼	G1¾	M36×2
10	250	280	180	G2	M64×2	—
16	280	220	180	G2	M64×2	—
25	335	280	220	G2½	G2¾	M80×3
40	440	430	400	G3	法兰	—
65	440	480	680	G3	法兰	—
100	520	710	—	法兰	G4	G5
注 1：从系列一到系列三表示中心距、螺纹或法兰为推荐选用，也可由制造商与使用方协商制定。 注 2：表中 M 表示该数值的单位为毫米(mm)，G 表示该数值单位为英寸(in)。						

5.2.7.3 强度

5.2.7.3.1 扭矩

燃气表的管接头经受表 6 规定值的扭矩试验后：

a) 密封性应符合 5.2.1 的要求；

b) 管接头的残余扭转变形不应超过 2°。

5.2.7.3.2 弯矩

燃气表的管接头经受表 6 规定值的弯矩试验后：

a) 密封性应符合 5.2.1 的要求；

b) 管接头的残余变形不应超过 5°；

c) 示值误差应在表 3 规定的耐久 MPE 之内。

表 6 扭矩和弯矩

管接头公称通径		扭矩值 N·m	弯矩值 N·m
in	DN		
½	15	50	10
¾	20	80	20
1	25	110	40
1¼	32	110	40
1½	40	140	60
2	50	170	60

表 6（续）

管接头公称通径		扭矩值 N·m	弯矩值 N·m
in	DN		
2½	65	170	60
3	80	170	60
4	100	170	60
5	125	170	60

5.2.8 耐盐雾腐蚀

燃气表在经受 500 h 盐雾试验后，腐蚀程度不应大于 GB/T 30789.3—2014 表 1 中的 Ri 1。

5.3 耐环境温度

5.3.1 耐贮存温度

在－20 ℃～＋60 ℃或制造商声明的更宽的贮存温度范围内，燃气表的示值误差应在表 3 规定的初始 MPE 之内。

5.3.2 温度适应性

在－10 ℃～＋40 ℃或制造商声明的更宽的工作环境温度范围内，燃气表的示值误差应在表 3 规定的耐久 MPE 之内，且示值误差最大值与最小值之差不应大于 0.6％。

5.4 机械性能

5.4.1 耐久性

在耐久性试验过程中和试验后，如果燃气表数量为表 7 中的选项 1，则所有燃气表都应符合下列要求：

a) 示值误差应在表 3 规定的耐久 MPE 之内。
b) 误差曲线应符合下列要求：
   ——在 q_t～q_{max} 范围内，误差曲线的最大值和最小值之差不应超过 3％；
   ——在 q_t～q_{max} 范围内，耐久性试验前后各流量点的示值误差的变化量不应超过 2％。
c) 压力损失不应大于表 4 规定的耐久压力损失最大允许值。
d) 密封性应符合 5.2.1 的要求。

如果燃气表数量为表 7 中的选项 2，则：

a) 允许有一台燃气表超出规定限值，其余燃气表应符合上述 a)、b)和 c)的要求；
b) 所有燃气表的密封性都应符合 5.2.1 的要求。

表 7 耐久性试验的燃气表数量

q_{max} m^3/h	燃气表数量 台	
	选项 1	选项 2
2.5～25	3	6
40～160	2	4

5.4.2 计数器

5.4.2.1 结构

燃气表的计数器应符合法制计量管理要求。

计数器应具有足够的计数容量,确保燃气表以 q_{max} 运行 6 000 h 所通过的气体体积量不至于让所有字位回到初始位置。

计数器数字的计量单位应为立方米或立方米的十进位约数或倍数,法定计量单位符号"m^3"应标在计数器铭牌上。

计数器数字高度不应小于 4 mm,宽度不应小于 2.4 mm。

计数器的设计应满足燃气表示值误差试验的准确度要求,最小分度值应符合表 8 的规定。

表 8 计数器最小分度值

q_{max} m^3/h	最小分度上限值 dm^3	末位数字代表的最大体积值 dm^3
2.5～10	0.2	1
16～100	2	10
160	20	100

对于机械式计数器,数字进位应在字轮转动整圈的最后十分之一(即从 9 转到 0)时,带动下一个高数位(从正前方看为左侧)字轮转动 1 个单位。

对于电子式计数器,任何数字从 9 变化到 0 时,下一个高数位应增加 1 个增量。

在−10 ℃～+40 ℃或制造商声明的更宽的工作环境温度范围内,从计数器窗口法线的 15°范围内应能清晰正确地读取计数器的数值。

5.4.2.2 计数器窗及边框

计数器窗及边框应安装牢固,其制造材料应能经受冲击。

5.4.3 防逆转装置

在气体逆向流动时,燃气表所记录的逆向累积量不应大于 5 倍回转体积。

5.5 机械封印

燃气表应具有出厂机械封印,使任何可能影响燃气表计量性能的机械干扰会在表体、检定封印或保护标志上留下可见的永久性的破坏痕迹。

5.6 可选择特性

5.6.1 取压口

如果燃气表装有取压口,应符合以下要求:

a) 采用机械方式固定(如不应仅依靠钎焊或粘接的方式);

b) 取压口的孔径不大于 1 mm;

c) 经受扭矩试验和冲击试验后,燃气表的密封性符合 5.2.1 的要求。

5.6.2 防逆流装置

如果燃气表装有防逆向流动装置,流经燃气表的逆向流量不应大于 $0.025q_{max}$。例如,对于 q_{max} 为 6 m^3/h 的燃气表,逆向流量不应大于 0.15 m^3/h。

5.6.3 耐高温

如果制造商声明燃气表耐高温,当进行高温试验时:

——对于 q_{max} 不大于 40 m^3/h 的燃气表,壳体泄漏率不应大于 150 L/h;

——对于 q_{max} 不小于 65 m^3/h 的燃气表,壳体泄漏率不应大于 450 L/h。

并按 7.2 进行标记。

5.6.4 耐甲苯/异辛烷

如果制造商声明燃气表耐甲苯/异辛烷,在进行甲苯/异辛烷试验期间测定的示值误差与试验之前测定的值相比,变化量不应大于 3%;试验后,示值误差仍应在表 3 规定的初始 MPE 之内。

5.6.5 耐水蒸气

如果制造商声明燃气表耐水蒸气,在经受 7 d(168 h)低湿度试验时,示值误差应在表 3 规定的初始 MPE 之内;在经受最长 42 d(1 008 h)的高湿度试验期间,与试验之前测定的示值误差相比,变化量不应大于 3%;试验后,示值误差仍应在表 3 规定的初始 MPE 之内。

5.7 燃气表的附加装置

技术要求见附录 C。

5.8 内置气体体积转换装置的燃气表

技术要求见附录 A。

5.9 外观和标志

5.9.1 外观

燃气表外壳涂层应均匀,不应有明显的起泡、脱落、划痕、凹陷、污斑等缺陷,计数器及标志应清晰易读,机械封印应完好可靠。

5.9.2 标志

5.9.2.1 标示信息

燃气表的铭牌上应至少标示下列信息:

a) 型式批准标志和编号;

b) 制造商名称;

c) 产品名称、型号规格、编号和生产年月;

d) 最大流量,q_{max}(m^3/h);

e) 最小流量,q_{min}(m^3/h);

f) 最大工作压力,p_{max}(kPa);

g) 回转体积额定值,V_c(dm^3);

h) 准确度等级;

i) 如果燃气表耐高温(见 6.6.3),则还应增加标志“T”;
j) 如果燃气表适合安装于无任何防护措施的室外(见 4.4),则还应增加标志“H3”;
k) 如果燃气表带有机电转换装置,则实时转换式还应增加转换信号当量,如脉冲发生器应标示 imp/(单位)或 pul/(单位),直读转换式还应增加最小转换(直读)分度值;
l) 如果燃气表带有电子附加装置,则还应增加电源(电压)型号标志、防爆标志和防爆合格证编号。

燃气表的标识牌上或说明书中还应标示下列信息:
a) 执行标准(编号及年代号)。
b) 工作环境温度范围(如果为－10 ℃～＋40 ℃可不标示),例如:t_m＝－25 ℃～＋40 ℃。
c) 工作介质温度范围(如果与工作环境温度范围不同),例如:t_g＝－5 ℃～＋35 ℃。
d) 如果燃气表内置气体温度转换装置,则还应增加:
——基准气体温度 t_b＝20 ℃;
——中心温度 t_{sp}。
如果燃气表内置气体温度压力转换装置,除了增加上述 t_b 和 t_{sp} 以外,还应增加:
——标准大气压力 p_b＝101 325 Pa;
——工作介质绝对压力 p_g。
e) 法制管理机构要求的其他标志。

5.9.2.2 气体流向

燃气表应清晰永久地标明气体流向。

5.9.2.3 标志的耐久性和清晰度

燃气表的标志应清晰易读,并在额定工作条件下持久耐用。胶粘标识牌的粘附力应大于(0.4±0.04)N/mm。所有标识牌都应可靠固定,其边缘不应反卷、翘曲。

在经受耐振动(6.2.4)、耐盐雾腐蚀(6.2.8)、耐贮存温度(6.3.1)、紫外线暴露(6.9.2.2.1)和耐擦拭试验(6.9.2.2.2)之后,所有标志均应保持清晰易读。

6 试验方法

6.1 计量特性

6.1.1 示值误差

6.1.1.1 试验要求

6.1.1.1.1 实验室环境条件

试验应在下列环境条件下进行:
a) 环境温度:(20±2)℃。在试验过程中,标准器处的温度、燃气表处的温度和试验介质温度相差不应超过 1 ℃。
b) 相对湿度:35%～85%。
c) 大气压力:一般为 86 kPa～106 kPa。

6.1.1.1.2 通用试验要求

按照 6.1.1.2、6.1.1.3、6.1.1.4、6.1.1.5 或 6.1.1.6 进行试验时,应符合以下要求:

a) 燃气表应在实验室环境条件下放置 4 h 以上以恒定到实验室环境温度，用实验室环境温度下的空气进行示值误差试验；

b) 在示值误差试验前，燃气表应以 q_{max} 运行不少于 50 倍回转体积的试验空气；

c) 在示值误差试验时，使一定体积的空气(其实际体积用参比标准器测量)流经燃气表，记录燃气表计数器显示的体积。流经燃气表的空气的最小体积量由制造商规定并经有关方面认可，不宜少于最小分度值的 200 倍和试验流量点运行 1 min 所对应的体积量。

6.1.1.2 方法 1

本方法适用于燃气表的初始误差试验。

在 q_{min}、$3q_{min}$、q_t、$0.2q_{max}$、$0.4q_{max}$、$0.7q_{max}$ 和 q_{max} 每个流量点连续测量 6 次，并确保每次试验流量不同(即不允许在相同流量点进行连续试验)。

计算每个流量点的 6 次示值误差和 6 次示值误差的平均值并记录，以此绘制燃气表误差曲线。

计算 q_t～q_{max} 每个流量点 6 次示值误差的差值。

6.1.1.3 方法 2

本方法适用于燃气表在耐久性试验期间和试验后的示值误差试验。

在 q_{min}、$3q_{min}$、q_t、$0.2q_{max}$、$0.4q_{max}$、$0.7q_{max}$ 和 q_{max} 每个流量点连续测量 3 次，并确保每次试验流量不同(即不允许在相同流量点进行连续试验)。

计算每个流量点的 3 次示值误差和 3 次示值误差的平均值并记录，以此绘制燃气表误差曲线。

计算 q_t～q_{max} 每个流量点 3 次示值误差的差值。

6.1.1.4 方法 3

本方法适用于燃气表经受其他试验前、后的示值误差试验。

在 q_t、$0.4q_{max}$ 和 q_{max} 每个流量点连续测量 3 次，并确保每次试验流量不同(即不允许在相同流量点进行连续试验)。

计算每个流量点的 3 次示值误差、3 次示值误差的差值和 3 次示值误差的平均值。

6.1.1.5 方法 4

本方法适用于燃气表经受弯矩试验前、后的示值误差试验。

在 q_{min}、q_t、$0.4q_{max}$ 和 q_{max} 每个流量点连续测量 3 次，并确保每次试验流量不同(即不允许在相同流量点进行连续试验)。

计算每个流量点的 3 次示值误差、3 次示值误差的差值和 3 次示值误差的平均值。

6.1.1.6 方法 5

本方法适用于燃气表示值误差的出厂检验。

在 q_{min}、$0.2q_{max}$ 和 q_{max} 流量点进行测量，q_{max} 至少测量 2 次，其余流量点可只测量 1 次(如果出现争议，可适当增加试验次数)。

计算每个流量点的示值误差和 q_{max} 流量点 2 次示值误差的差值。

6.1.2 压力损失

用密度为 1.2 kg/m^3 的空气以 q_{max} 流经燃气表，用适当的测量仪器测量燃气表的压力损失。至少记录一个工作循环中的最大和最小值，并得出它们的平均值。

压力测量点与燃气表管接头之间的距离不大于连接管公称通径的三倍。连接管的公称通径不小于燃气表管接头的通径。压力测量点的穿孔应垂直于管道轴线,其直径不小于3 mm。

6.1.3 始动流量

在实验室环境温度条件下,用空气以 q_{max} 使燃气表运行10 min。

燃气表静置2 h～4 h。

在燃气表下游串联一台流量测量仪表和流量调节装置。

检查整个试验装置密封性,供给压力不超过200 Pa的空气,并将流量维持在允许的最大始动流量,确保燃气表连续记录至少一个回转体积。

始动流量试验时不检查燃气表的计量特性。

始动流量试验时不允许加润滑剂。

6.1.4 过载流量

将燃气表以 q_r 通空气1 h,然后按6.1.1.4确定示值误差。

6.1.5 附加装置影响

将燃气表在 q_t 下测量10次示值误差,然后将附加装置连接到燃气表上,仍在 q_t 下再测量10次示值误差,比较连接附加装置前、后测得的示值误差平均值之差。

6.1.6 回转体积

可按试验元件转动一整圈所对应的体积值,或者一个标度间隔值乘以测量装置与计数器的传动比(通常为传动齿轮比)的方法来确定回转体积。

6.2 结构和材料

6.2.1 密封性

6.2.1.1 型式检验

型式检验时,按以下三个阶段进行试验:

a) 用空气对燃气表加压至2.5 kPa,按6.2.1.3观察泄漏;

b) 再用空气对燃气表加压至最大工作压力的1.5倍且不低于35 kPa,按6.2.1.3观察泄漏;

c) 将压力完全释放,再用空气对燃气表加压至2.5 kPa,按6.2.1.3观察泄漏。

6.2.1.2 出厂检验

出厂检验时,用空气对燃气表加压至最大工作压力的1.5倍,按6.2.1.3方法观察泄漏。

6.2.1.3 泄漏观察方法

按以下方法之一进行观察:

a) 按图1的方式连接燃气表,加压至所要求的压力值,持续时间不少于3 min,观察压力表是否下降;

b) 将燃气表浸入水中(无计数器部分),至少观察30 s,看有无泄漏;

c) 任何等效的其他方法。

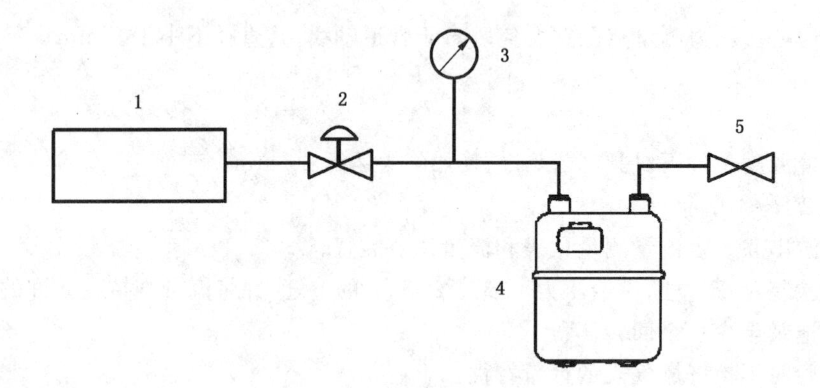

说明：
1——稳压气源；
2——调压阀；
3——压力表；
4——燃气表；
5——闸阀。

图1 燃气表密封性试验示意图

6.2.2 耐压强度

用空气或水逐步对燃气表壳体加压到最大工作压力的1.5倍且不低于35 kPa，保持试验压力30 min，然后解除压力。

确保加压或减压速率不超过35 kPa/s。

用适当测量工具检查壳体的残余变形，并按6.2.1.1进行试验，检查燃气表的密封性。

6.2.3 机械密封

目测检查完全组装好的燃气表壳体。

6.2.4 耐振动

振动试验前，按6.1.1.4进行试验，确定燃气表的示值误差在初始MPE之内；并按6.2.1.1进行试验，确定燃气表不泄漏。

按制造商安装说明书的规定方向安装（见图2），用水平夹具将燃气表固定在振动试验台上，在三个互相垂直的轴线上承受正弦振动，其中一个轴线为垂直方向。

注：夹具的夹紧力宜足以固定燃气表，且不引起燃气表壳体的损坏或变形。

以(2±0.1)g的峰值加速度和1 oct/min的扫频速率，在10 Hz～150 Hz频率范围内对燃气表进行扫频，在三个互相垂直的轴线上各扫频20次，位移幅值为0.35 mm。

振动试验后，按6.1.1.4进行试验，再次检查燃气表的示值误差；按6.2.1.1进行试验，再次检查燃气表的密封性。

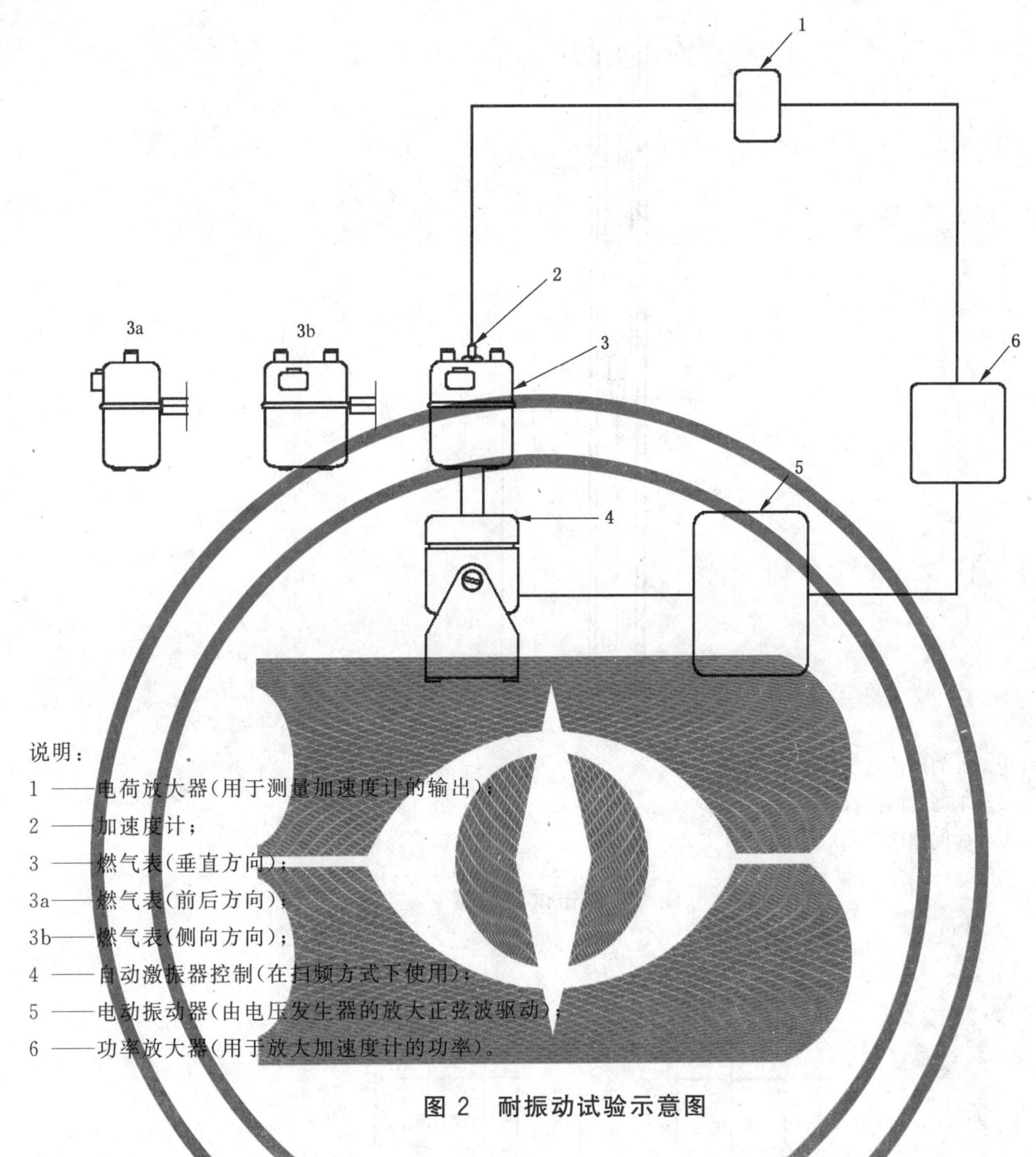

说明：
1 ——电荷放大器(用于测量加速度计的输出)；
2 ——加速度计；
3 ——燃气表(垂直方向)；
3a——燃气表(前后方向)；
3b——燃气表(侧向方向)；
4 ——自动激振器控制(在扫频方式下使用)；
5 ——电动振动器(由电压发生器的放大正弦波驱动)；
6 ——功率放大器(用于放大加速度计的功率)。

图 2　耐振动试验示意图

6.2.5　耐冲击

冲击试验前，按 6.2.1.1 进行密封性试验，确定燃气表不泄漏。

试验装置由一个顶部呈半球状的淬火钢撞针和一个使撞针能自由滑动的内孔光滑的刚性导管组成(见图 3)。

撞针总质量为 3 kg。撞针顶部有两种尺寸，一种半径为 1 mm，另一种半径为 4 mm(见图 4)。

在试验过程中分别使用两种尺寸的撞针，但在同一台燃气表的同一试验区域只进行一次冲击试验。如果选择同一区域用两种尺寸的撞针进行试验，应使用两台燃气表分别进行。

试验时将燃气表固定在坚固底座上，使预定的冲击试验区处于水平位置，冲击试验区可以是燃气表壳体的任何区域。将导管的一端置于燃气表的选定冲击试验区上，让撞针经导管垂直地自由下落在试验区上。撞针顶部在试验区上方 h(mm)高度落下：

a)　对于顶部半径为 1 mm 的撞针，h 为 100 mm，产生 3 J 冲击能量；

b)　对于顶部半径为 4 mm 的撞针，h 为 175 mm，产生 5 J 冲击能量。

试验后，按 6.2.1.1 进行试验，再次检查燃气表的密封性。

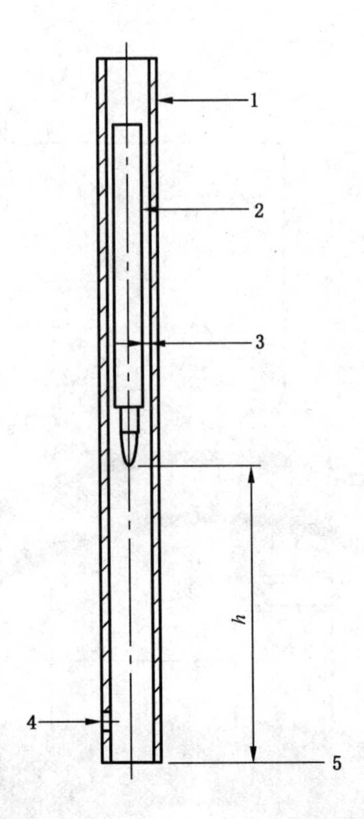

说明：

1——内孔光滑的刚性导管；

2——顶部呈半球状的淬火钢撞针，质量 3 kg；

3——单边径向间隙(0.5±0.25)mm；

4——排气孔；

5——燃气表水平面；

h——试验高度，mm。

图 3　冲击试验装置

单位为毫米

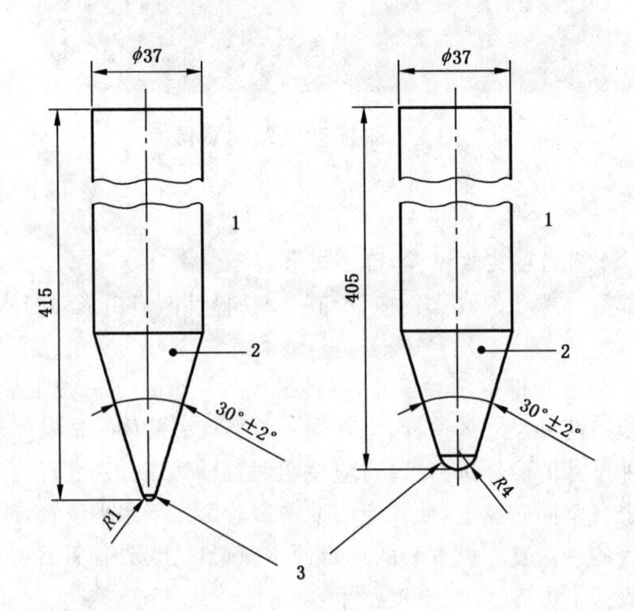

说明：

1——撞针；

2——撞针顶部；

3——淬火部位。

图 4　冲击试验使用的顶部半球形撞针

6.2.6 耐跌落

跌落试验前，按6.1.1.4进行试验，确定燃气表的示值误差在表3给出的初始MPE之内；按6.1.2进行试验，确定压力损失在表4给出的初始压力损失最大允许值之内；按6.2.1.1进行试验，确定不泄漏。

在无包装情况下，燃气表保持直立位置（处于水平平面），按表9规定的跌落高度从静止状态垂直跌落到平坦坚硬的水平表面上。

注：跌落高度指燃气表底部至跌落平面的距离。

试验后，按6.1.1.2进行试验，再次检查燃气表的示值误差；按6.1.2进行试验，再次检查燃气表的压力损失；按6.2.1.1进行试验，再次检查燃气表的密封性。

表9 跌落高度

q_{max} m^3/h	跌落高度 m
2.5～10	0.5
16～65	0.3
100和160	0.2

6.2.7 管接头

6.2.7.1 形位公差、螺纹和法兰

采用适当的测量手段和工具进行测量。

6.2.7.2 扭矩

扭矩试验前，按6.2.1.1进行试验，确定燃气表不泄漏。

固定燃气表的壳体，用一个适用的扭矩扳手依次对每个管接头施加表6规定的扭矩值。

试验后，按6.2.1.1进行试验，再次检查燃气表的密封性，并用适当测量工具检查管接头的残余扭转变形。

6.2.7.3 弯矩

采用不同的燃气表分别进行侧向和前后弯矩试验。

弯矩试验前，按6.1.1.5进行试验，确定示值误差在表3给出的初始MPE之内；按6.2.1.1进行试验，确定燃气表不泄漏。

用一个管接头刚性支撑燃气表（见图5），朝燃气表的侧向施加表6规定的弯矩2 min；然后用另一个管接头支撑燃气表重复侧向弯矩试验。再用另一台燃气表，采用两个管接头支撑燃气表，进行前后弯矩试验。

试验后，按6.1.1.5进行试验，再次检查燃气表的示值误差；按6.2.1.1进行试验，再次检查燃气表的密封性，并用适当测量工具检查管接头的残余变形。

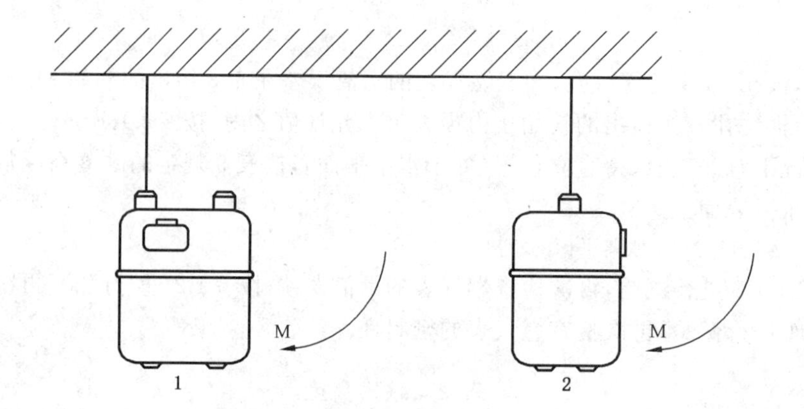

说明：
1 ——侧向方向；
2 ——前后方向；
M——弯矩。

图5 弯矩试验示意图

6.2.8 耐盐雾腐蚀

按照GB/T 10125—2012中3.2.2进行试验，试验持续时间为500 h。对于q_{max}不大于10 m^3/h的燃气表，试验样品应是完整的燃气表；对于q_{max}大于10 m^3/h的燃气表，试验样品可采用有代表性的零部件(至少包括一个管接头)。

6.3 耐环境温度

6.3.1 耐贮存温度

将燃气表静置于下列条件下：

a) 在-20^{+2}_{0} ℃或制造商声明的更低温度下存放3 h；

b) 在60^{0}_{-2} ℃或制造商声明的更高温度下存放3 h。

在每个周期结束之后，按6.1.1.4进行示值误差试验。

6.3.2 温度适应性

在试验开始之前，燃气表以q_{max}运行不少于50倍回转体积的试验空气。

将燃气表放置在试验台上，使一定体积的空气(其实际体积用参比标准器测量)流经燃气表，记录燃气表计数器显示的体积。流经燃气表的空气的最小体积量由制造商规定并经有关方面认可，不宜少于最小分度值的200倍和试验流量点运行1 min所对应的体积量。

试验可采用图6所示的方法，在以下两个温度点分别进行试验：

a) -10^{+2}_{0} ℃或制造商声明的更低温度；

b) 40^{0}_{-2} ℃或制造商声明的更高温度。

试验流量为q_t、$0.4q_{max}$和q_{max}，每个流量点测量3次。

在每个试验温度下，确保试验气体(干燥空气)、燃气表的温度和温控箱内的温度相差不超过1 K。

在每次改变温度之后要稳定温度，在测量的过程中要保持温度变化在±0.5 K之内。

按式(4)计算每个温度和流量下的示值误差：

$$E=\left(\frac{Q_i}{Q_r}\times\frac{T_r}{T_i}\times\frac{p_i}{p_r}-1\right)\times 100\% \qquad \cdots\cdots(4)$$

式中：

E ——示值误差；

Q_i ——燃气表记录的体积，单位为立方米(m^3)；

Q_r ——参比标准器记录的体积，单位为立方米(m^3)；

T_r ——参比标准器处的热力学温度，单位为开尔文(K)；

T_i ——燃气表处的热力学温度，单位为开尔文(K)；

p_i ——燃气表入口处的绝对压力，单位为帕斯卡(Pa)；

p_r ——参比标准器处的绝对压力，单位为帕斯卡(Pa)。

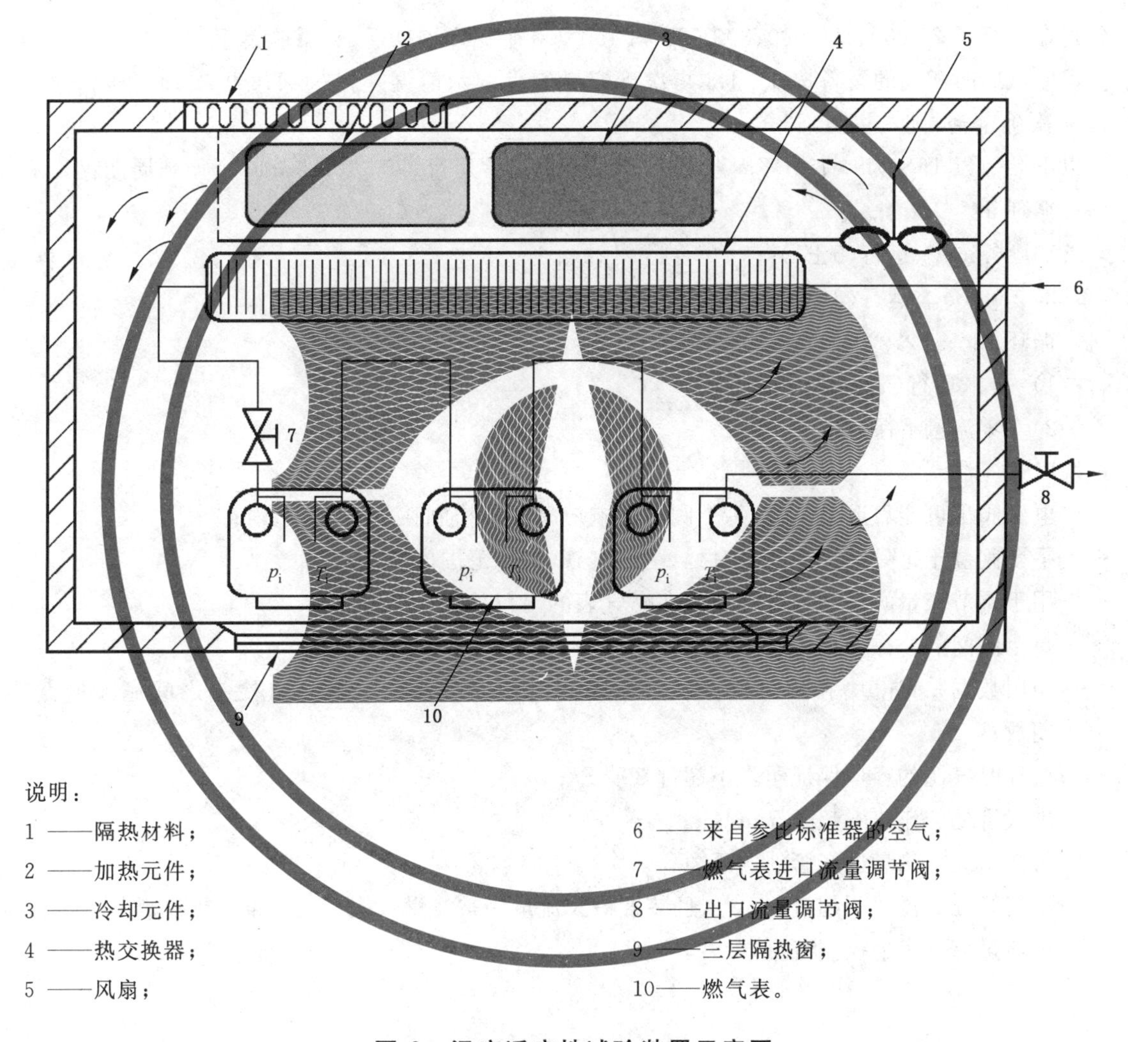

说明：

1 ——隔热材料；

2 ——加热元件；

3 ——冷却元件；

4 ——热交换器；

5 ——风扇；

6 ——来自参比标准器的空气；

7 ——燃气表进口流量调节阀；

8 ——出口流量调节阀；

9 ——三层隔热窗；

10——燃气表。

图 6 温度适应性试验装置示意图

6.4 机械性能

6.4.1 耐久性

6.4.1.1 总则

q_{max}不大于 10 m^3/h 的燃气表，由制造商声明按 6.4.1.2 或 6.4.1.3 进行试验；q_{max}大于 10 m^3/h 的燃气表，按 6.4.1.3 进行试验。

注：关于耐久性试验的说明参见附录 D。

在进行耐久性试验之前：

a） 按 6.1.1.3 确定燃气表的示值误差在表 3 规定的初始 MPE 之内；

b） 按 6.1.2 确定燃气表的压力损失不大于表 4 规定的初始压力损失最大允许值；

c） 按 6.2.1.1 确定燃气表的密封性符合 5.2.1 的要求。

6.4.1.2 循环周期法

用空气在循环试验台上运行燃气表(见图 7)450 000 个循环周期，温度控制在 5 ℃～40 ℃之间，压力控制在 2 kPa～2.5 kPa 之间。在试验过程中，最大温度变化不应超过±10 ℃，最大压力变化不应超过±300 Pa。

分别在运行了 25 000、150 000、300 000 和 450 000 个循环周期后，从试验台上取下燃气表，用与初始示值误差试验时相同的设备按 6.1.1.3 再次确定燃气表的示值误差，按 6.1.2 再次确定压力损失，按 6.2.1.1 再次确定密封性。

按以下参数以 16 s 为一个循环周期(见图 8)，随机正常运行燃气表 450 000 个循环周期：

——循环 a：

1） $0.66q_{max}$运行(5±1)s；

2） $0.33q_{max}$运行(3±1)s。

——循环 b：

1） q_{max}运行(5±1)s；

2） 零流量下保持(3±1)s。

试验时还应注意：

——电磁阀尽可能靠近出气管，每个阀门的响应时间应控制在 100 ms 之内；

——平衡阀位于每只燃气表的出口处，距出气管 5DN 范围内；

——用于调节流量的手动装置应安装在燃气表的出口处；

——每个阀门的公称直径应经过选择，使流速不大于 5 m/s；

——使用数据采集模块和相关软件确定循环测量顺序和各次示值误差检查之间完成的循环周期数；

——循环时气源的容量保证压降不超过 300 Pa；

——进气管处的流速不超过 5 m/s；

——每次试验前测量进气管处的压力；

——出气管处的流速不超过 5 m/s，且装置最大流量为被测燃气表的 q_{max}乘以被测燃气表的数量；

——可通过燃气表来控制流量。

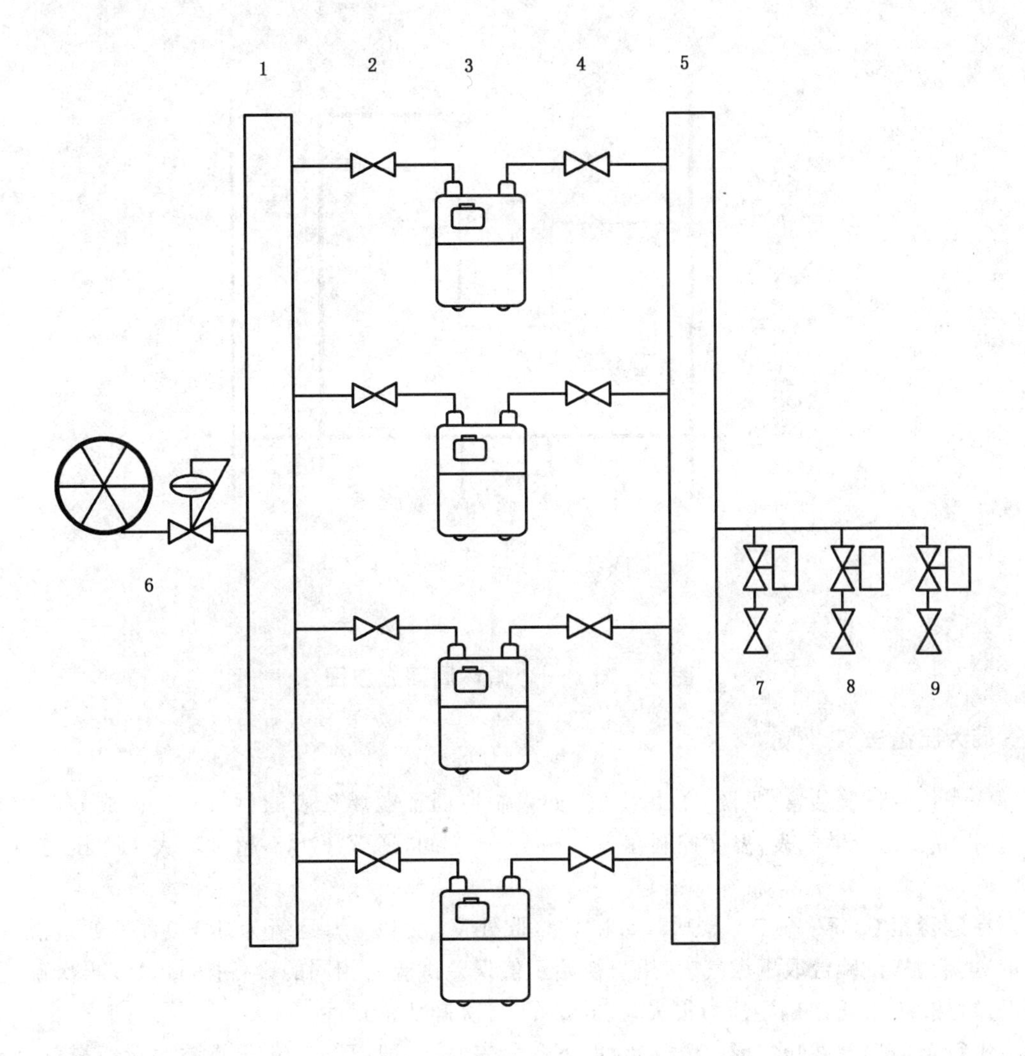

说明：

1 ——进气管；

2 ——球阀；

3 ——燃气表；

4 ——闸阀(平衡作用)；

5 ——出气管；

6 ——低压空气源；

7,8,9——设置为三分之一装置最大流量的闸阀和电磁阀。

图7 循环周期法耐久性试验装置示意图

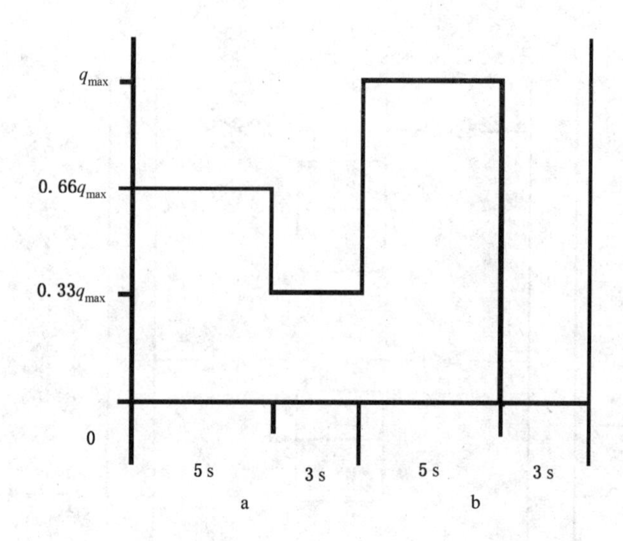

图 8　16 s 一个循环周期方波图

6.4.1.3　最大流量法

将燃气表接入试验装置(见图 9),用实气(如果制造商证明燃气表的材料对气体成分不敏感,可以选用空气)以 q_{max} 运行燃气表,温度控制在 5 ℃～40 ℃之间,通气压力不超过最大工作压力,运行时间为 5 000 h。

分别在运行至 $0.05V_{tot}$、$0.4V_{tot}$、$0.7V_{tot}$ 和 V_{tot}(此处 V_{tot} 为以 q_{max} 运行为 5 000 h 所通过燃气表气体体积总量)之后,从试验台取下燃气表,用与初始示值误差试验时相同的设备按 6.1.1.3 再次确定燃气表的示值误差,按 6.1.2 再次确定压力损失,按 6.2.1.1 再次确认密封性。

每次进行示值误差试验之前,从试验台取下燃气表时,立即通入 3 m^3 干燥空气运行燃气表,然后盖上进出气口避免湿气进入。

试验报告中应记录试验气体的成分。

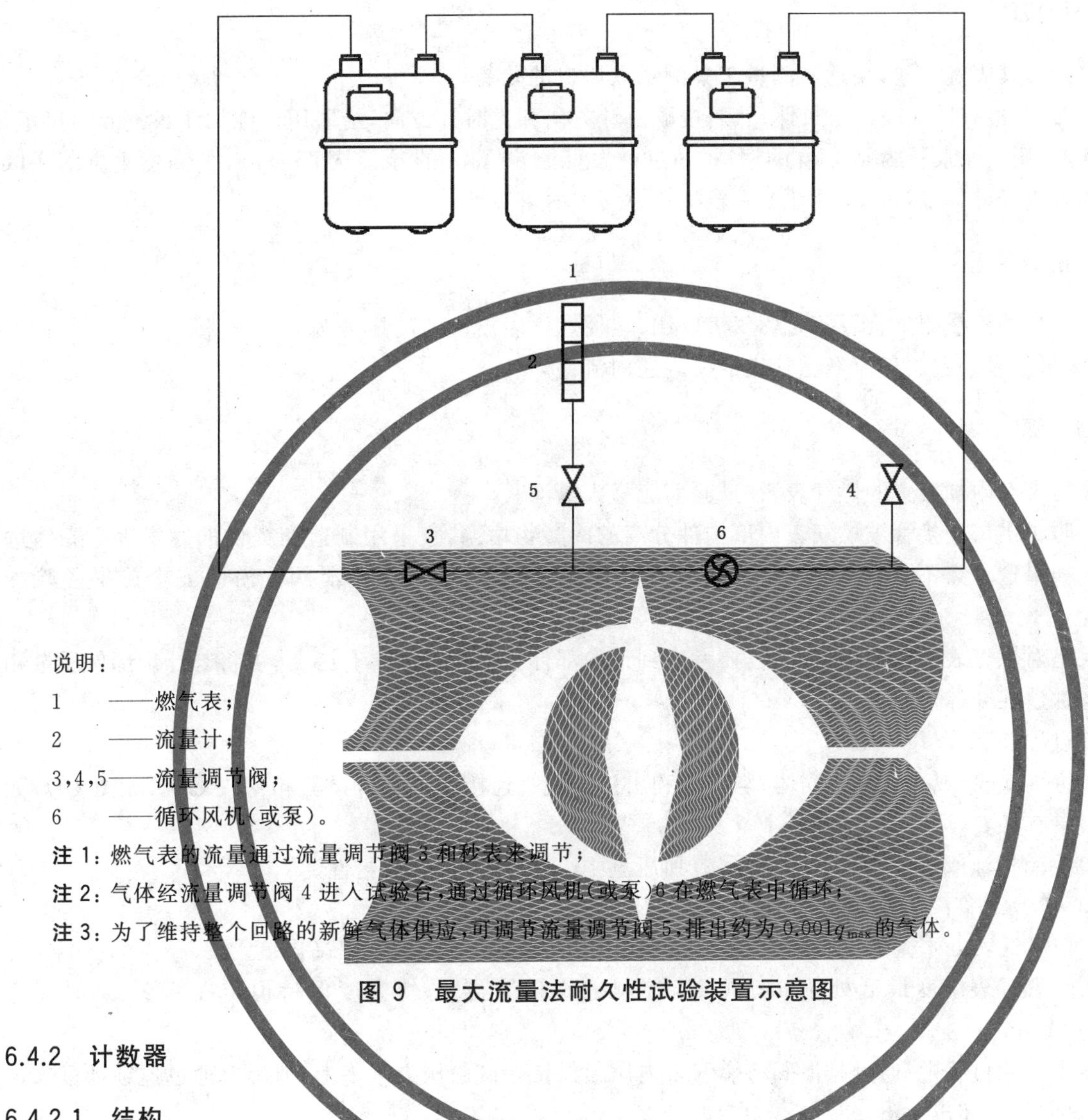

说明：

1 ——燃气表；

2 ——流量计；

3,4,5——流量调节阀；

6 ——循环风机(或泵)。

注 1：燃气表的流量通过流量调节阀 3 和秒表来调节；

注 2：气体经流量调节阀 4 进入试验台，通过循环风机(或泵)6 在燃气表中循环；

注 3：为了维持整个回路的新鲜气体供应，可调节流量调节阀 5，排出约为 0.001q_{max} 的气体。

图 9 最大流量法耐久性试验装置示意图

6.4.2 计数器

6.4.2.1 结构

采用目视检查法和适当的测量工具进行检查。

6.4.2.2 计数器窗及边框

在环境温度为(−5±1)℃的条件下，将一个直径为 25 mm 的钢球从 350 mm 高度垂直自由落在已安装在燃气表上的计数器窗的中央，重复试验 3 次，观察计数器窗及边框有无损坏。

6.4.3 防逆转装置

记录燃气表的计数器读数。在燃气表出口通入 2 kPa 压力的空气，燃气表入口与大气相通。观察计数器直到它停止运转，再次记录计数器的读数。

用记录的计数器初始读数减去记录的计数器最后读数，算出记录的逆向累积流量。

6.5 机械封印

采用目视检查法进行检查。

6.6 可选择特性

6.6.1 取压口

目视检查其固定方式，用适当测量工具测量取压口的孔径。

按 6.2.1.1 检查燃气表的密封性；然后按顺时针方向和逆时针方向，给取压口施加 4 N·m 的扭矩，然后松开，再用一个质量为 0.5 kg 的钢球，通过最大直径 40 mm 的导管从 250 mm 的高度垂直落在取压口的本体直径外端上；再按 6.2.1.1 重新检查燃气表的密封性。

6.6.2 防逆流装置

将压力源经流量测量装置接至燃气表的出口，使燃气表出口处的压力为 2 kPa，燃气表入口与大气相通，用流量测量装置测量流经燃气表的平均逆向流量。

6.6.3 耐高温

如果是带有附加装置的燃气表，在试验前应移去电池。

为了防止出口连接管被燃气表内部构件分离的冷凝物堵塞，宜采用制造商提供的燃气表空壳体进行试验。如果这一点不可能做到，则装置的出口管道应向下倾斜，在排泄阀上游装安全旋塞去除冷凝物。

如果是对燃气表空壳体进行试验，要考虑到计量部件的质量。如果有必要，可将与计量部件质量相等的金属件放在壳体上。

试验过程如下：

a) 将燃气表（或燃气表空壳体）与入口和出口连接管连接起来装入试验箱中央部位（见图 10），如果有必要，可使用支架。

b) 关闭排泄阀之后，用氮气给燃气表加压至 10 kPa 并验证其密封性。

注：10 kPa 是耐高温的测试压力，不能与 p_{max} 混淆。

c) 在燃气表处于氮气试验压力之下，按 GB/T 9978.1 中升温曲线提高温度。

d) 当燃气表温度最低处达 650 ℃时，控制试验箱的温度，使温度保持恒定在 650 ℃，时间为 30 min。

在整个试验过程中，通过排泄阀将燃气表内压力保持在试验压力水平上，泄漏率通过连续计量来记录，测量时间不应超出 5 min。

泄漏率为被测量氮气的体积除以测量时间的商。

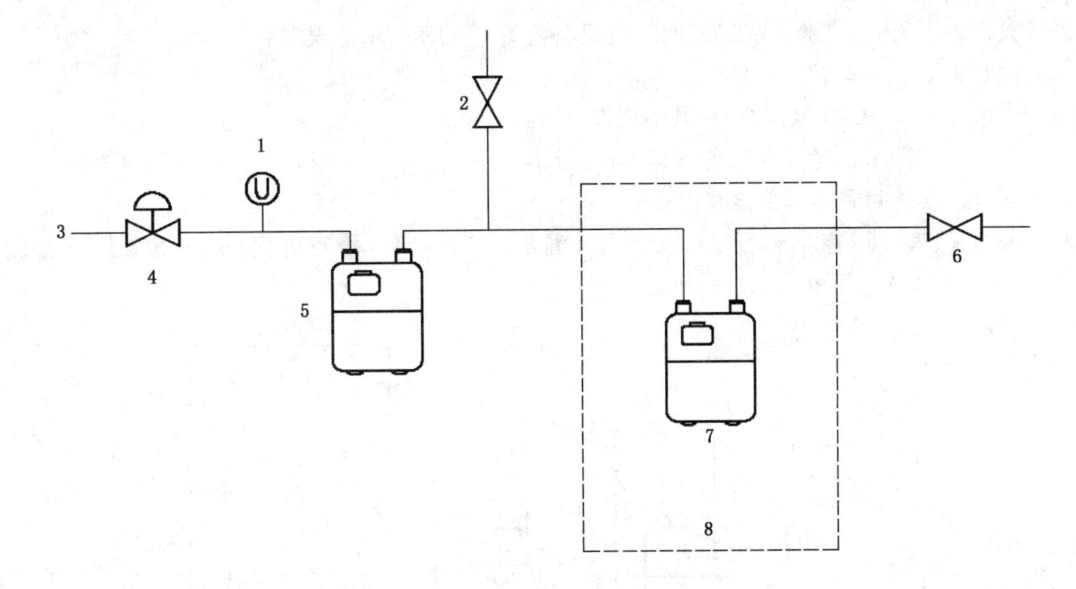

说明：

1——压力表；

2——排泄阀；

3——进气口；

4——调压阀；

5——标准表；

6——放气阀；

7——燃气表(或燃气表空壳体)；

8——试验箱。

图 10 耐高温试验装置示意图

6.6.4 耐甲苯/异辛烷

耐甲苯/异辛烷试验前，按 6.1.1.4 进行试验，确定示值误差在表 3 规定的初始 MPE 之内。

试验装置由以下几部分组成(见图 11)：

——燃气表试验台，与大气相通，配有一台适用的循环风机(或泵)；

——氮气供应，有流量计量(浮子流量计、标准表或两者都有)；

——相对湿度控制，有水槽和阀，可提供(65±10)%的相对湿度，相对湿度用湿度计来测量；

——溶剂添加，甲苯/异辛烷混合物用微型计量泵加入蒸发塔的顶部。蒸发塔底部有扩散板并用小玻璃珠和棉织物(或其他材料)交替层填充，以获得较大的表面积。蒸发塔用加热毡围绕，它产生高温可提高增发速度。

溶剂配比：

将 95.4 mL 甲苯(30%)和 346.5 mL 异辛烷(70%)搅拌均匀后(即 441.9 mL 混合物)加入到 2 240 L 作为载气的氮气中，即相当于 0.197 mL/L 的载气，蒸发后得到甲苯/异辛烷浓度为 3%的含氮混合载气。

注：溶剂的实际添加量取决于载气流量和塔的内部条件。

甲苯/异辛烷混合物渗入塔中并蒸发，在流量控制下引导载气流经塔底部的扩散器，让溶剂蒸发进入燃气表循环，不断供给新鲜溶剂以得到稳定的浓度。

只要在连续两个试验周期之间或者 14 d(336 h)内记录体积的偏移小于测量不确定度，就可以认为达到稳定状态。

每 7 d(168 h)从试验台上取下燃气表检查示值误差之前，应将燃气表的进出气口密封以防止空气进入。试验前、试验中和试验后应采用同一台设备检查燃气表的示值误差。

试验过程如下：

a) 用浓度为3%的含氮混合物(其中甲苯30%，异辛烷70%)运行燃气表最长42 d(1 008 h)，温度(20±2)℃，相对湿度(65±10)%，流量不小于$0.25q_{max}$。每7 d(168 h)用空气按6.1.1.4检查示值误差直到达到稳定状态；

b) 再将燃气表用空气运行7 d(168 h)，温度(20±2)℃，相对湿度(65±10)%，流量不小于$0.25q_{max}$。然后再按6.1.1.4检查示值误差。

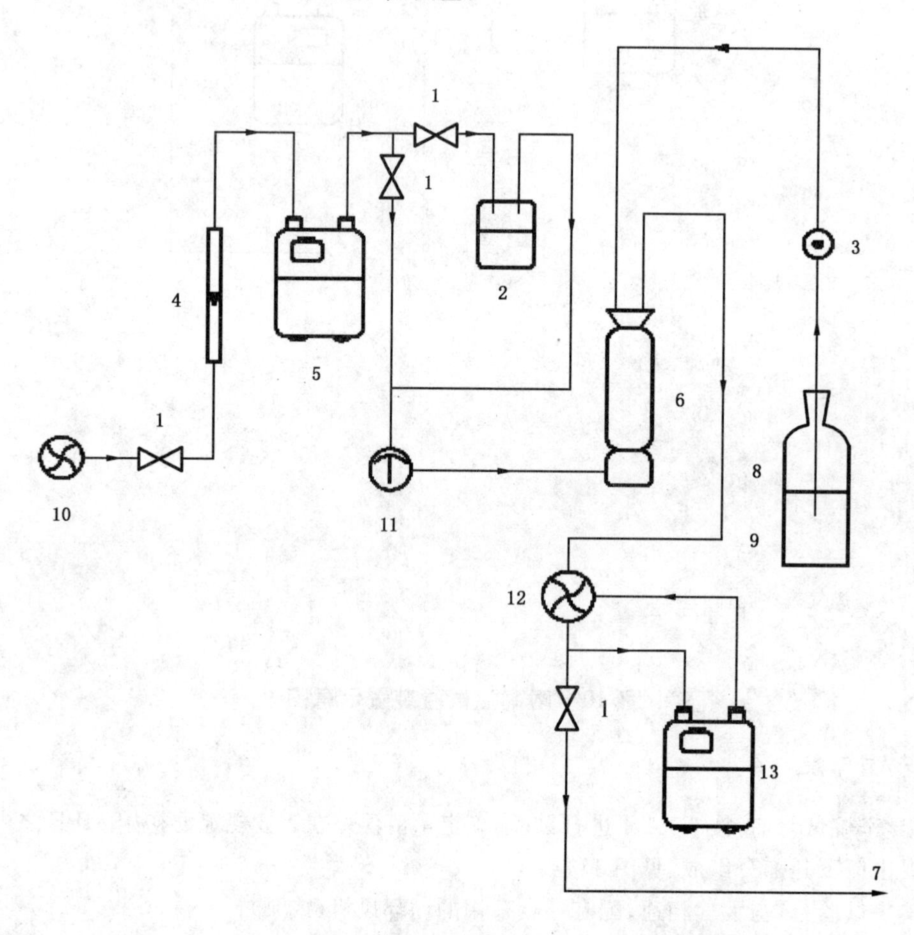

说明：

1 ——流量调节阀；
2 ——湿度调节水槽；
3 ——微型计量泵；
4 ——浮子流量计；
5 ——标准表；
6 ——用玻璃珠和棉织物交替层填充、并用加热毡围绕的蒸发塔；
7 ——排气；
8 ——甲苯/异辛烷容器；
9 ——溶剂加入；
10——风机；
11——湿度计；
12——循环风机(或泵)；
13——燃气表。

图11 甲苯/异辛烷试验装置示意图

6.6.5 耐水蒸气

耐水蒸气试验前，按6.1.1.4进行试验，确定示值误差在表3规定的初始MPE之内。

将燃气表接入试验装置(见图12)，试验装置为一个封闭循环系统，其中有循环风机(或泵)、一个水槽和一个相对湿度为0%～100%的湿度计。水槽中盛放醋酸钾(CH_3COOK)饱和溶液，可得到相对湿度20%、温度20 ℃的水蒸气；或放入硫酸氢钾($KHSO_4$)饱和溶液，可得到相对湿度86%、温度20 ℃的水蒸气。

试验过程如下：

a) 用相对湿度小于20%、温度(20±2)℃的空气以不小于$0.25q_{max}$的流量运行燃气表7 d(168 h)。按6.1.1.4检查示值误差。

b) 用相对湿度(85±5)%、温度(20±2)℃的空气以不小于$0.25q_{max}$的流量运行燃气表，最长42 d(1 008 h)。每隔7 d(168 h)用空气按6.1.1.4检查示值误差，直到达到稳定状态(见6.7.4)。

c) 用相对湿度小于20%、温度(20±2)℃的空气以不小于$0.25q_{max}$的流量运行燃气表至少7 d(168 h)。然后再按6.1.1.4检查示值误差。

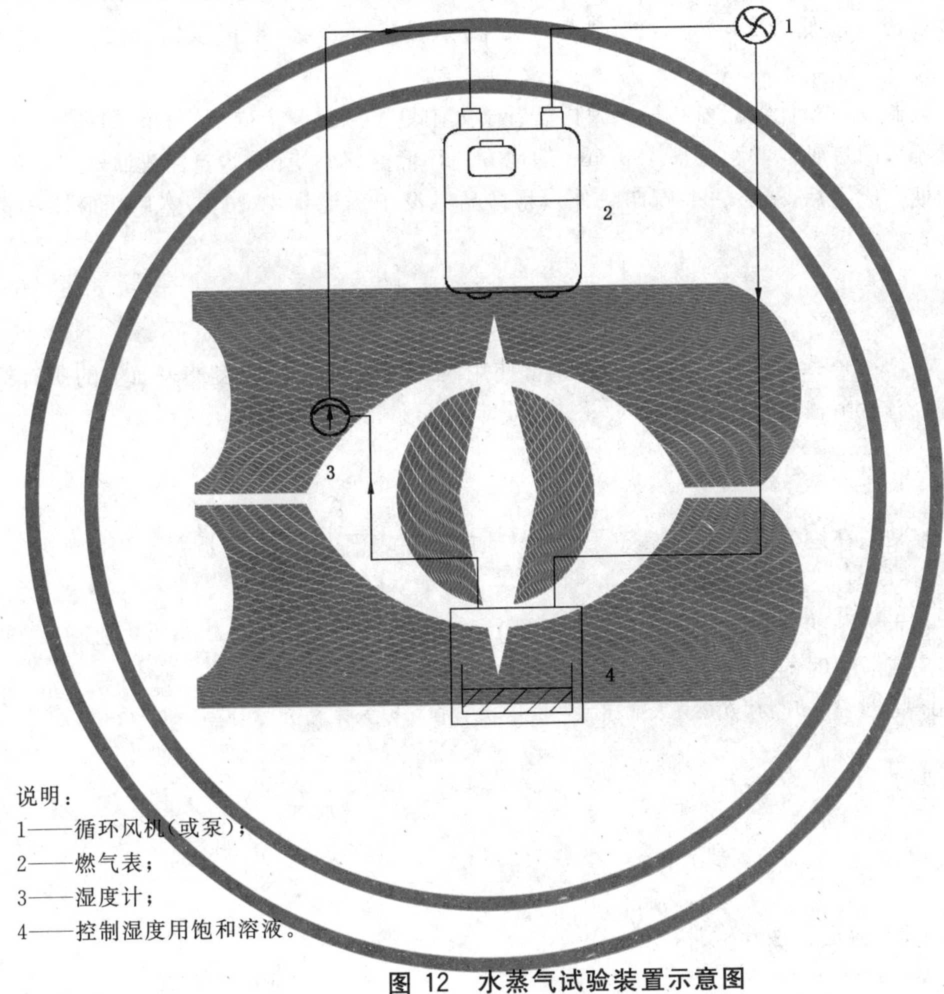

说明：

1——循环风机(或泵)；

2——燃气表；

3——湿度计；

4——控制湿度用饱和溶液。

图12 水蒸气试验装置示意图

6.7 燃气表的附加装置

试验方法见附录C。

6.8 内置气体体积转换装置的燃气表

试验方法见附录A。

6.9 外观和标志

6.9.1 外观

采用目视检查法进行检查。

6.9.2 标志

6.9.2.1 标示信息和气体流向

采用目视检查法进行检查。

6.9.2.2 标志的耐久性和清晰度

6.9.2.2.1 紫外线暴露

试验采用已使用不少于 50 h 但不超过 400 h 的悬置太阳灯进行照射。太阳灯光源系组合汞弧钨丝，封于玻璃中，玻璃透射度低于 280 nm。玻璃壳为圆锥形，内表面镀银，形成反射。太阳灯功率在 275 W～300 W 之间。

将已组装的计数器、铭牌、计数器窗和标识牌样品置于太阳灯下照射 5 个周期，每个周期持续 8 h。

被试样品应置于太阳灯轴线并距底部 400 mm 的地方。环境空气不受限制，自由流通。

在每个暴露周期完成之后(最后一个周期除外)，将样品浸没于蒸馏水中 16 h，然后用脱脂棉清洁和擦干，进行目视检查。

6.9.2.2.2 耐擦拭

按 GB/T 14536.1—2008 中附录 A 的方法，对正常使用时可接触到的燃气表外表面上的所有标志进行耐擦拭试验，试验后进行目视检查。

6.9.2.2.3 黏附力

将标识牌的一半粘贴在燃气表或者与燃气表同等材质的样品表面上，另一半折叠 180°。

在(20±3)℃的环境温度下存放不少于 48 h。

用一个测力计在未粘贴的那一半标识牌上施加 300 mm/min 分离速率的拉力。

记录标识牌剥离或断裂时的力。

注：如果标识牌在试验过程中仍黏附在燃气表或样品表面上，允许损坏标识牌。

7 检验规则

7.1 型式检验

有下列情况之一时，应进行型式检验：

a) 新产品定型时；

b) 正式生产后如结构、材料、工艺有较大改变，可能影响产品性能时；

c) 产品停产一年以上，再恢复生产时；

d) 国家质量监督机构提出进行型式检验时。

型式检验的检验项目见表 10，样机数量按照检验机构的要求提供。为了加速试验过程，检验机构可与制造商协商提供更多数量的样机。

7.2 出厂检验

该型号产品已经按 7.1 进行并通过型式检验。

每台燃气表应经制造商的质量检验部门检验合格，并附有产品合格证方能出厂。

出厂检验项目见表 10。

表 10　检验项目一览表

序号	检验项目	型式检验	出厂检验	技术要求章条号	检验方法章条号
1	示值误差	●	●	5.1.1	6.1.1.2/6.1.1.6
2	压力损失	●	○	5.1.2	6.1.2
3	始动流量	●	—	5.1.3	6.1.3
4	过载流量	●	—	5.1.4	6.1.4
5	附加装置影响	●	—	5.1.5	6.1.5
6	回转体积	●	—	5.1.6	6.1.6
7	密封性	●	●	5.2.1	6.2.1.1/6.2.1.2
8	耐压强度	●	—	5.2.2	6.2.2
9	机械密封	●	—	5.2.3	6.2.3
10	耐振动	●	—	5.2.4	6.2.4
11	耐冲击	●	—	5.2.5	6.2.5
12	耐跌落	●	—	5.2.6	6.2.6
13	管接头	●	—	5.2.7	6.2.7
14	耐盐雾腐蚀	●	—	5.2.8	6.2.8
15	耐贮存温度	●	—	5.3.1	6.3.1
16	温度适应性	●	—	5.3.2	6.3.2
17	耐久性	●	—	5.4.1	6.4.1
18	计数器	●	—	5.4.2	6.4.2
19	防逆转装置	●	—	5.4.3	6.4.3
20	机械封印	●	●	5.5	6.5
21	取压口	▲	—	5.6.1	6.6.1
22	防逆流装置	▲	—	5.6.2	6.6.2
23	耐高温	▲	—	5.6.3	6.6.3
24	耐甲苯/异辛烷	▲	—	5.6.4	6.6.4
25	耐水蒸气	▲	—	5.6.5	6.6.5
26	燃气表的附加装置	▲	▲	附录 C	附录 C
27	内置气体体积转换装置的燃气表	▲	△	附录 A	附录 A
28	外观	●	●	5.9.1	6.9.1
29	标志	●	—	5.9.2	6.9.2
30	耐潮湿	▲	—	B.1.1	B.2.1
31	耐风化	▲	—	B.1.2	B.2.2

注 1：●表示必检项目，○表示抽检项目，▲表示可选择特性的检验项目，△表示可选择特性的抽检项目，—表示不检项目。

注 2："/"前、后的条款分别适用于型式检验、出厂检验。

8 包装、运输和贮存

8.1 包装

8.1.1 燃气表管接头上应安装适当的非密封塞子或盖,防止运输和贮存过程中异物进入。

8.1.2 包装箱的图示标志应符合 GB/T 191 的要求。

8.1.3 包装箱内应装有产品使用说明书和合格证。

8.2 运输和贮存

8.2.1 燃气表在运输中应防止强烈振动、挤压、碰撞、潮湿、倒置、翻滚等。

8.2.2 燃气表应贮存在通风良好、无腐蚀性气体的环境中,贮存温度应符合 4.3 的要求。

附 录 A
（规范性附录）
内置气体体积转换装置的燃气表

A.1 总则

本附录规定了内置气体体积转换装置(包括内置气体温度转换装置和内置气体温度压力转换装置)的燃气表的技术要求和试验方法,其余性能应符合正文中相应条款的要求。

A.2.1 代替 5.1.1 和 5.3.2,A.2.2 代替 5.4.1,A.3.1(或 A.3.2)代替 6.1.1 和 6.3.2,A.3.3 代替 6.4.1。

注：内置气体温度压力转换装置一般适用于 $q_{max} \geqslant 10\ m^3/h$ 的燃气表。

A.2 技术要求

A.2.1 示值误差

内置气体体积转换装置的燃气表,中心温度 t_{sp} 应在 15 ℃～25 ℃之间。如果只显示基准条件下的体积量,示值误差应符合以下要求：

a) 初始 MPE:在 $t_{sp} \pm 15$ ℃范围内,可在表 3 给出的初始 MPE 的基础上放宽±0.5%。在此范围外但在制造商声明的温度范围内,允许每增加 10 ℃再放宽±0.5%。

b) 耐久 MPE:不超过初始 MPE 的两倍。

A.2.2 耐久性

在耐久性试验过程中和试验后,如果燃气表数量为表 7 中的选项 1,则所有燃气表都应符合下列要求：

a) 示值误差在 A.2.1 规定的耐久 MPE 之内；

b) 在 $q_t \sim q_{max}$ 范围内,耐久性试验前后各流量点的示值误差值变化不超过 2%；

c) 压力损失不大于表 4 规定的耐久压力损失最大允许值；

d) 密封性符合 5.2.1 的要求。

如果燃气表数量为表 7 中的选项 2,则：

a) 允许有一台燃气表超出规定限值,其余燃气表符合上述 a)、b)和 c)的要求；

b) 所有燃气表的密封性都符合 5.2.1 的要求。

A.3 试验方法

A.3.1 示值误差

A.3.1.1 内置气体温度转换装置的燃气表

A.3.1.1.1 方法 1

本方法适用于燃气表的型式检验。

在试验开始之前,燃气表以 q_{max} 运行不少于 50 倍回转体积的试验空气。

将燃气表放置在试验台上(见图 6),使一定体积的空气(其实际体积用参比标准器测量)流经燃气表，记录燃气表计数器显示的体积。流经燃气表的空气的最小体积量由制造商规定并经有关方面认可，不宜少于最小分度值的200倍和试验流量点运行1 min所对应的体积量。

在温度 $t_{sp}\pm1$ ℃以及 q_{min}、$3q_{min}$、q_t、$0.2q_{max}$、$0.4q_{max}$、$0.7q_{max}$ 和 q_{max} 流量下分别测量6次示值误差。

然后在制造商声明的最低环境温度 $t_{min}{}^{+2}_{0}$ 和最高环境温度 $t_{max}{}^{0}_{-2}$ 分别测量3次示值误差，试验流量为 q_t、$0.4q_{max}$ 和 q_{max}。

在 q_t～q_{max} 每个流量点的示值误差最大值与最小值之差不应大于0.6%。

在每个试验温度下，确保试验气体（干燥空气）、燃气表的温度和温控箱内的温度相差不超过1 K。

在每次改变温度之后要稳定温度，在测量的过程中要保持温度变化在±0.5 K之内。

按式(A.1)计算每个温度和流量下的示值误差：

$$E=\left(\frac{Q_i}{Q_r}\times\frac{T_r}{T_b}\times\frac{p_i}{p_r}-1\right)\times100\% \quad\quad \text{(A.1)}$$

式中：

E ——示值误差；

Q_i ——燃气表显示的体积，单位为立方米(m^3)；

Q_r ——参比标准器记录的体积，单位为立方米(m^3)；

T_r ——参比标准器处的热力学温度，单位为开尔文(K)；

T_b ——基准气体温度293.15 K(t_b=20 ℃)；

p_i ——燃气表入口处的绝对压力，单位为帕斯卡(Pa)；

p_r ——参比标准器处的绝对压力，单位为帕斯卡(Pa)。

A.3.1.1.2 方法2

本方法适用于燃气表的出厂检验。

燃气表按6.1.1.6进行了示值误差试验，确定示值误差在A.2.1规定的初始MPE之内。

然后在制造商声明的最低环境温度 $t_{min}{}^{+2}_{0}$ 和最高环境温度 $t_{max}{}^{0}_{-2}$ 分别进行试验，试验流量为 $0.2q_{max}$ 和 q_{max}。

在每个试验温度下，确保试验气体（干燥空气）、燃气表的温度和温控箱内的温度相差不超过1 K。

在每次改变温度之后要稳定温度，在测量的过程中要保持温度变化在±0.5 K之内。

按式(A.1)计算每个温度和流量下的示值误差。

A.3.1.2 内置气体温度压力转换装置的燃气表

A.3.1.2.1 方法1

本方法适用于燃气表的型式检验，结合A.3.1.1.1进行。

在试验开始之前，燃气表以 q_{max} 运行不少于50倍回转体积的试验空气。

将燃气表放置在试验台上(见图6)，使一定体积的空气(其实际体积用参比标准器测量)流经燃气表，记录燃气表计数器显示的体积。流经燃气表的空气的最小体积量由制造商规定并经有关方面认可，不宜少于最小分度值的200倍和试验流量点运行1 min所对应的体积量。

在温度 $t_{sp}\pm1$ ℃以及 q_{min}、$3q_{min}$、q_t、$0.2q_{max}$、$0.4q_{max}$、$0.7q_{max}$ 和 q_{max} 流量下分别测量6次示值误差。

然后在制造商声明的最低环境温度 $t_{min}{}^{+2}_{0}$、最小工作介质绝对压力 $p_{min}{}^{+200}_{0}$ 和最高环境温度 $t_{max}{}^{0}_{-2}$、最大工作介质绝对压力 $p_{max}{}^{0}_{-200}$ 分别测量3次示值误差，试验流量为 q_t、$0.4q_{max}$ 和 q_{max}。

在 q_t～q_{max} 每个流量点的示值误差最大值与最小值之差不应大于0.6%。

在每个试验温度下，确保试验气体（干燥空气）、燃气表的温度和温控箱内的温度相差不超过1 K。

在每次改变温度之后要稳定温度，在测量的过程中要保持温度变化在±0.5 K之内。

在每次改变压力之后要稳定压力，在测量的过程中要保持压力变化在±100 Pa之内。

按式(A.2)计算每个温度、压力和流量下的示值误差：

$$E=\left(\frac{Q_i}{Q_r}\times\frac{T_r}{T_b}\times\frac{p_b}{p_r}-1\right)\times100\% \quad\cdots\cdots\cdots(A.2)$$

式中：

E ——示值误差；

Q_i ——燃气表显示的体积，单位为立方米(m^3)；

Q_r ——参比标准器记录的体积，单位为立方米(m^3)；

T_r ——参比标准器处的热力学温度，单位为开尔文(K)；

T_b ——基准气体温度 293.15 K(t_b=20 ℃)；

p_b ——标准大气压力，101 325 Pa；

p_r ——参比标准器处的绝对压力，单位为帕斯卡(Pa)。

A.3.1.2.2 方法2

本方法适用于燃气表的出厂检验，结合A.3.1.1.2来进行。

燃气表按6.1.1.6进行了示值误差试验，确定示值误差在A.2.1规定的初始MPE之内。

然后在制造商规定的最低环境温度 $t_{min}{}^{+2}_{0}$、最小工作介质绝对压力 $p_{min}{}^{+200}_{0}$ 和最高环境温度 $t_{max}{}^{0}_{-2}$、最大工作介质绝对压力 $p_{max}{}^{0}_{-200}$ 分别进行试验，试验流量为 $0.2q_{max}$ 和 q_{max}。

在每个试验温度下，确保试验气体(干燥空气)、燃气表的温度和温控箱内的温度相差不超过1 K。

在每次改变温度之后要稳定温度，在测量的过程中要保持温度变化在±0.5 K之内。

在每次改变压力之后要稳定压力，在测量的过程中要保持压力变化在±100 Pa之内。

按式(A.2)计算每个温度、压力和流量下的示值误差。

A.3.2 耐久性

在进行耐久性试验之前：

a) 按照下述方法确定初始示值误差：

——对于内置气体温度转换装置的燃气表，参照A.3.1.1.1进行试验，在温度 t_{sp}±1 ℃和 q_{min}、$3q_{min}$、q_t、$0.2q_{max}$、$0.4q_{max}$、$0.7q_{max}$ 和 q_{max} 流量下分别测量3次示值误差；然后在制造商声明的最低环境温度 $t_{min}{}^{+2}_{0}$ 和最高环境温度 $t_{max}{}^{0}_{-2}$ 分别测量2次示值误差，试验流量为 q_t、$0.4q_{max}$ 和 q_{max}，确定示值误差在A.2.1规定的初始MPE之内；

——对于内置气体温度压力转换装置的燃气表，参照A.3.1.2.1进行试验，在温度 t_{sp}±1 ℃和 q_{min}、$3q_{min}$、q_t、$0.2q_{max}$、$0.4q_{max}$、$0.7q_{max}$ 和 q_{max} 流量下分别测量3次示值误差；然后在制造商声明的最低环境温度 $t_{min}{}^{+2}_{0}$、最小工作介质绝对压力 $p_{min}{}^{+200}_{0}$ 和最高环境温度 $t_{max}{}^{0}_{-2}$、最大工作介质绝对压力 $p_{max}{}^{0}_{-200}$ 分别测量2次示值误差，试验流量为 q_t、$0.4q_{max}$ 和 q_{max}。确定示值误差在A.2.1规定的初始MPE之内。

b) 在 t_{sp}±1 ℃温度下，按6.1.2确定燃气表的压力损失不大于表4规定的初始压力损失最大允许值。

c) 按6.2.1.1确定燃气表的密封性符合5.2.1的要求。

耐久性试验方法参见6.4.1。

在耐久性试验过程中和试验后：

a) 按照下述方法确定耐久示值误差：

——对于内置气体温度转换装置的燃气表，参照A.3.1.1.1进行试验，在温度 t_{sp}±1 ℃和 q_{min}、$3q_{min}$、q_t、$0.2q_{max}$、$0.4q_{max}$、$0.7q_{max}$ 和 q_{max} 流量下分别测量3次示值误差；然后在制造商声明

明的最低环境温度 $t_{min}{}^{+2}_{0}$ 和最高环境温度 $t_{max}{}^{0}_{-2}$ 分别测量 2 次示值误差，试验流量为 q_t、$0.4q_{max}$ 和 q_{max}，确定燃气表的示值误差；

——对于内置气体温度压力转换装置的燃气表，参照 A.3.1.2.1 进行试验，在温度 $t_{sp}\pm1$ ℃和 q_{min}、$3q_{min}$、q_t、$0.2q_{max}$、$0.4q_{max}$、$0.7q_{max}$ 和 q_{max} 流量下分别测量 3 次示值误差；然后在制造商声明的最低环境温度 $t_{min}{}^{+2}_{0}$、最小工作介质绝对压力 $p_{min}{}^{+200}_{0}$ 和最高环境温度 $t_{max}{}^{0}_{-2}$、最大工作介质绝对压力 $p_{max}{}^{0}_{-200}$ 分别测量 2 次示值误差，试验流量为 q_t、$0.4q_{max}$ 和 q_{max}，确定燃气表的示值误差。

b) 在 q_t～q_{max} 范围内，计算耐久性试验前后各流量点的示值误差平均值之差。

c) 在 $t_{sp}\pm1$ ℃温度下，按 6.1.2 确定燃气表的压力损失。

d) 按 6.2.1.1 确定燃气表的密封性。

附　录　B
（规范性附录）
适用于无任何防护措施的室外安装的燃气表的附加要求及试验

B.1　技术要求

B.1.1　耐潮湿

燃气表在经受潮湿试验后，示值误差应在表 3 或 A.2.1 规定的初始 MPE 之内，计数器及标志应保持清晰易读。

B.1.2　耐风化

燃气表在经受风化试验后，燃气表铭牌及标识牌上的所有标志仍应清晰易读。

按 GB/T 11186.3—1989 进行测量，所有色差应符合以下要求：

——$\Delta L^* \leqslant 7$；

——$\Delta a^* \leqslant 7$；

——$\Delta b^* \leqslant 14$。

按 GB/T 2410—2008 检查雾度：$H \leqslant 15\%$。

B.2　试验方法

B.2.1　耐潮湿

按 6.1.1.4 对燃气表进行示值误差试验，然后按 GB/T 13893—2008 进行 340 h 的试验，再按 6.1.1.4 重新进行示值误差试验，并目测检查计数器及标志是否清晰易读。

B.2.2　耐风化

本试验方法代替 6.9.2.2.1。

按 GB/T 16422.3—2014 和表 B.1 中的参数，将燃气表暴露在人工气候老化环境下 66 d。

表 B.1　暴露循环

暴露周期	灯型	辐照度	黑标温度
8 h，干燥 4 h，冷凝	1A 型（UVA-340）灯	340 nm 时 $0.76\ W \cdot m^{-2} \cdot nm^{-1}$ 关闭光源	(60±3)℃ (50±3)℃

暴露循环试验结束后对燃气表进行目测检查，计数器、计数器铭牌以及任何独立的数据牌上的所有标志仍应清晰易读。然后按 GB/T 11186.3—1989 和 GB/T 2410—2008 检查色差和雾度是否符合 B.1.2 的要求。

附　录　C
（规范性附录）
燃气表的附加装置

C.1　总则

本附录规定了工作电压不大于 36 VDC、最大工作电流不大于 2 A 的燃气表附加装置的技术要求和试验方法，附加装置主要有但不限于以下装置：

a)　远传控制装置；

b)　预付费控制装置；

c)　阶梯计费控制装置；

d)　控制阀；

e)　切断型(异常关阀)功能装置；

f)　能量计量转换装置。

附加装置可与燃气表永久地组合成一体或临时附加，附加装置可不只一种。

C.2　技术要求

C.2.1　机械结构

C.2.1.1　电池及电池盒

附加装置如果采用不可更换电池供电，电池的额定工作寿命不应小于燃气表的规定使用期限。

附加装置如果采用可更换电池供电，则电池盒上应清楚标示电池的正负极性，电池盒的设计应保证可在不取下燃气表的情况下方便地更换电池，电池更换时不应损坏计量封印。

电池应符合 GB/T 8897.1 的要求，锂电池还应符合 GB 8897.4 的要求。电池可以是一个或多个单体，制造商应在铭牌、标识牌或产品说明书中指明采用何种电池。

C.2.1.2　气体隔离

附加装置中除了传感器、控制阀以及控制连接线外，其他电子部件、电池盒和相关布线不应暴露在燃气中。传感器及控制阀的控制连接线在燃气表内外连接处应有密封，防止气体泄漏。

C.2.2　功能特性

C.2.2.1　通用特性

C.2.2.1.1　电压及电流

附加装置的工作电压不应大于 36 VDC。

如果采用电池供电，静态工作电流不应大于 50 μA。

最大工作电流宜小于 500 mA；当大于 500 mA 时，最大不应大于 2 A。

C.2.2.1.2　防爆性能

附加装置应符合 GB 3836.1 和 GB 3836.2 或 GB 3836.4 规定的防爆性能要求，并取得国家授权的防爆检验机构颁发的防爆合格证书。

C.2.2.1.3 防护性能

C.2.2.1.3.1 防护封印

带有附加装置的燃气表除了应具有机械封印(见 5.5)外,还宜设置电子封印。电子封印应只能通过管理授权的方式才能进入。

C.2.2.1.3.2 外壳防护等级

附加装置的外壳防护等级应符合 GB/T 4208—2017 中 IP54 等级的要求;如果制造商声明附加装置可安装在无任何防护措施的室外,其外壳防护等级应符合 GB/T 4208—2017 中 IP65 等级的要求。

C.2.2.1.4 机电转换

C.2.2.1.4.1 转换方式

附加装置的机电转换单元将燃气表的机械计数转换为电信号。转换方式分为两类:

a) 实时转换:机电转换单元的信号元件一般实时工作,产生机电转换信号,由附加装置实时记录气量;

b) 直读转换:机电转换单元直接从燃气表的机械计数器中读取累积数值编码。

C.2.2.1.4.2 机电转换误差

附加装置的机电转换误差应符合表 C.1 的要求。

表 C.1 附加装置机电转换误差

机电转换方式	机电转换误差
实时转换	不应超过±1 个机电转换信号当量
直读转换	不应超过±1 个最小转换分度值

C.2.2.1.5 数据存储

附加装置或管理系统应至少存储 36 个月的数据信息,并宜有时间戳,以方便数据查询。存储的数据信息包括:

——累积用气量;

——工作状态信息;

——其他信息(含故障信息)。

C.2.2.1.6 电源欠压提示功能

工作电源欠压时,应有明确的文字、符号、发声、发光或关闭控制阀等一种或几种方式提示。

C.2.2.1.7 断电保护功能

附加装置应能获取机电转换信号更新累积用气量,气量数据应能长期保存,不受低电压、断电或更换电池等因素的影响。对于电池供电的附加装置,如果安装有控制阀,则断电后,控制阀应自动关闭;恢复通电后,控制阀宜在外加辅助动作情况下能正常开启。

C.2.2.1.8 抗磁干扰

当外界磁干扰时，附加装置应自动关闭控制阀且数据存储保持不变，或正常工作且机电转换误差应符合 C.2.2.1.4.2 的要求。

C.2.2.1.9 可靠性

C.2.2.1.9.1 附加装置的可靠性

附加装置的平均故障间隔时间(MTBF)下限值应大于 2 000 h。

C.2.2.1.9.2 外部连接线的可靠性

如果附加装置采用外部连接线连接，连接线应有可靠的防护。如果安装有控制阀，当连接线断开时应能立即关闭控制阀。

C.2.2.2 远传装置

C.2.2.2.1 数据传输

远传装置应具备数据主动上报或被动唤醒功能，实现燃气表数据与管理系统进行传输。传输方式可采用有线或无线，采用无线传输的发射功率应符合国家有关规定。

C.2.2.2.2 远程阀控

带控制阀功能的燃气表，远传装置应具有控制阀门开关的功能。其中远程开阀，应通过发远程开阀指令，现场再进行人工干预方可开阀。实现开关操作之后，燃气表应返回是否操作成功的提示，并能正确返回控制阀的状态。

C.2.2.2.3 读取累积量

远传装置应具有正确读取累积量的功能，累积量的电子读数应与机械读数一致。

C.2.2.3 预付费控制装置

C.2.2.3.1 控制功能

预付费控制装置应具有以下控制功能：

a) 正确读取预购气量值，并开启控制阀；
b) 具备气量累加功能，输入新购气量后，预付费控制装置内的剩余气量应为原剩余气量与新购气量之和；
c) 当预付费控制装置内的剩余气量降至设定关阀气量值时，能关闭控制阀。

C.2.2.3.2 信息反馈功能

当预付费控制装置建立购气通讯后，预付费控制装置应自动将当前气量交易信息及预付费控制装置状态信息等反馈至预付费管理系统，以便查询。

C.2.2.3.3 提示功能

C.2.2.3.3.1 剩余气量不足提示

当剩余气量降至报警气量值时，预付费控制装置应有明确的文字、符号或声光报警等提示。

C.2.2.3.3.2 误操作提示

如果采用购气卡片来实现预付费功能，当使用非本预付费控制装置的购气卡片时，预付费控制装置应有明确的误操作显示或声光报警等提示。

C.2.2.3.3.3 交易完成提示

预付费控制装置建立购气通讯后，读写完毕，应有相应提示。

C.2.2.3.4 购气卡片及读卡器耐用性

如果采用购气卡片来实现预付费功能，购气卡片与读卡器之间累计读写 5 000 次后，购气卡片与读卡器仍应能正常工作。

C.2.2.4 阶梯计费控制装置

C.2.2.4.1 同步表计时钟

阶梯计费控制装置应具有同步燃气表时钟为标准时钟的功能，并应具有返回是否操作成功的提示。

C.2.2.4.2 阶梯计费价格

阶梯计费控制装置应具有实时设置或接收燃气表需要执行的阶梯价格信息的功能。

C.2.2.4.3 阶梯价格调价

阶梯计费控制装置应具有设置或接收燃气表将要执行的阶梯价格信息的功能。

C.2.2.5 控制阀

C.2.2.5.1 密封性

当控制阀处于关闭状态、进气压力为 4.5 kPa～5 kPa 时，控制阀的内泄漏量不应大于 0.55 L/h。

C.2.2.5.2 耐用性

控制阀在开关 4 000 次后仍应能正常开关，密封性仍应符合 C.2.2.5.1 的要求。

C.2.2.5.3 耐腐蚀

如果制造商声明燃气表符合 5.6.4（耐甲苯/异辛烷）或 5.6.5（耐水蒸气）的要求，则燃气表在经受 6.6.4 或 6.6.5 的试验后，控制阀的密封性仍应符合 C.2.2.5.1 的要求。

C.2.2.6 切断型（异常关阀）功能装置

C.2.2.6.1 燃气泄漏关阀报警

切断型（异常关阀）功能装置应具有燃气泄漏报警器的通信接口。当收到燃气泄漏报警器传来的报警信号时，应在 10 s 内关闭控制阀并报警，并输出报警信号。

C.2.2.6.2 流量过载关阀报警

流经燃气表的流量超过过载流量 q_r 时，切断型（异常关阀）功能装置应在 120 s 内关闭控制阀并报警。

C.2.2.6.3 燃气压力过低关阀报警

燃气表内有燃气流动时,如果持续检测到燃气压力低于 0.4 kPa,切断型(异常关阀)功能装置应在 120 s 内关闭控制阀并报警。

C.2.2.7 能量计量转换装置

能量计量转换装置应能从体积计量通过固定的转换系数实现能量计量。

注:体积能量转换计算是一个简单的乘法,即通过实时采集(或固定输入)单位体积的热值系数乘以通过燃气表的体积量来进行计算和转换。

C.2.3 固件

C.2.3.1 固件升级

本标准不包括软件/固件的计量升级,但是在计量和非计量功能之间能够明确分离的情况下,允许对非计量升级。

升级固件的过程不应影响燃气表的测量和校准。

固件下载前,应确保已通过身份验证和数据完整性检查。

考虑到对软件的保护和安全性要求,免受手动干扰,下载和安装软件应采用自动方式。

附加装置应配备一个固定的相关软件部分对以下功能进行检查:身份验证、完整性和可追溯性。如果任何一项检查失败,软件应能够检测下载或安装是否失败。

如果下载或安装没有成功或者被中断,附加装置的原始状态不应受影响。

安装成功后,所有的防护方式应按其原始状态重新保存,除非有授权更改它们。新软件应立即或在固定的日期和时间激活。

信息和功能的升级应与制造商声明一致,任何保存的数据应与升级之前一致。

C.2.3.2 软件识别

固件应具有明确的标识符。

软件应具有明确的、和软件本身对应联系的、容易检索的标识符。标识符应在命令或无需使用特殊工具的操作中呈现。

软件的任何修改都应有一个新的标识符。

C.2.4 电磁兼容

C.2.4.1 总则

附加装置应符合 C.2.4.2 和 C.2.4.3 的要求。如果附加装置通过直流电源输入端口与 AC-DC 电源转换器配合使用,还应符合 C.2.4.4 和 C.2.4.5 的要求。

电磁兼容试验完成后,燃气表的示值误差应在表 3 规定的初始 MPE 之内,密封性应符合 5.2.1 的要求。

C.2.4.2 静电放电抗扰度

在进行接触放电 6 kV、空气放电 8 kV 的静电放电抗扰度试验时,附加装置应能自动关闭控制阀或正常工作。

C.2.4.3 射频电磁场辐射抗扰度

在进行 10 V/m(80 MHz～1 GHz)试验场强的射频电磁场辐射抗扰度试验时,附加装置应能自动关闭控制阀或正常工作。

C.2.4.4 电快速瞬变脉冲群抗扰度

在附加装置的直流电源输入端口施加电压峰值2 kV(5/50 ns,5 kHz)的试验电压时,附加装置应能自动关闭控制阀或正常工作。

C.2.4.5 浪涌(冲击)抗扰度

在附加装置的直流电源输入端口施加线对线1 kV、线对地2 kV的浪涌试验电压时,附加装置应能自动关闭控制阀或正常工作。

C.2.5 环境适应性

C.2.5.1 温度

C.2.5.1.1 贮存温度

附加装置的最小贮存温度范围为－20 ℃～＋60 ℃,制造商可以声明更宽的贮存温度范围。附加装置在不通电的情况下进行贮存温度试验后,恢复到实验室环境温度,附加装置应能正常工作。

C.2.5.1.2 工作温度

附加装置的最小工作温度范围为－10 ℃～＋40 ℃,制造商可以声明更宽的工作温度范围。在工作温度范围内,附加装置应能正常工作。

C.2.5.1.3 恒定湿热

附加装置在不通电的情况下进行恒定湿热试验后,恢复到实验室环境条件,附加装置应能正常工作,且外观应无锈蚀。

C.2.5.1.4 耐盐雾

在不通电的情况下进行盐雾试验后,恢复到实验室环境条件,附加装置应能正常工作,且外观应无锈蚀。

C.2.5.1.5 耐振动

经受振动试验后,附加装置与燃气表的连接应无松动,附加装置应能正常工作。

C.2.6 外观

附加装置外壳涂层应均匀,不应有明显的起泡、脱落、划痕、凹陷、污斑等缺陷,标志应清晰易读,机械封印应完好可靠。

C.3 试验方法

C.3.1 总则

附加装置宜与燃气表装配后整体进行试验。已按第6章进行试验的相同项目可不再重复进行试验。

除非另有说明,本附录中所述的所有试验都是在附加装置已通电的情况下进行。

C.3.2 功能特性

C.3.2.1 通用特性

C.3.2.1.1 电压及电流

C.3.2.1.1.1 测量仪器

测量仪器应符合以下要求：

稳压电源：电压 0 V～36 V 连续可调，输出电流 5 A；

电压表：量程符合附加装置的使用电压，准确度等级 1 级；

电流表①：量程 100 μA，准确度等级 1 级；

电流表②：量程 5 A，准确度等级 1 级。

C.3.2.1.1.2 静态工作电流

按图 C.1 连接附加装置及燃气表，闭合 K2，将直流稳压电源调整至附加装置的额定工作电压，使附加装置正常工作。附加装置稳定工作后，闭合 K1，再断开 K2，读取电流表①测得的静态工作电流。

C.3.2.1.1.3 最大工作电流

按图 C.1 连接附加装置及燃气表，闭合 K2，将直流稳压电源调整至附加装置的额定工作电压，使附加装置正常工作。附加装置稳定工作后，使附加装置进行开关阀、数据读取、远程通信等一系列功能动作，在该工作期间，读取电流表②测得的最大工作电流。

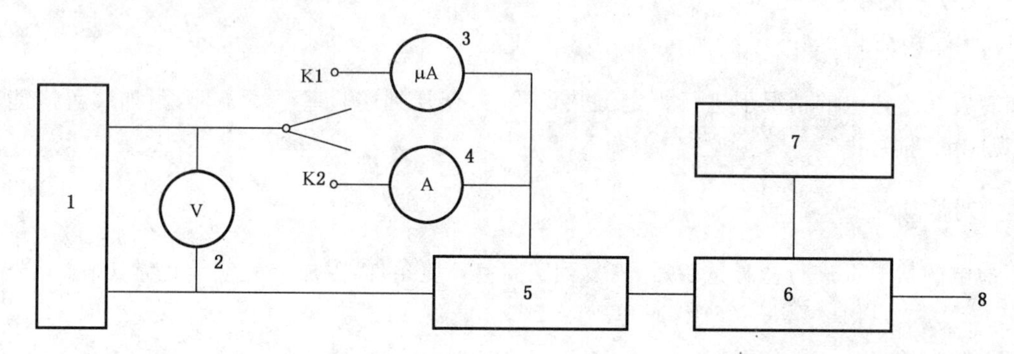

说明：

1 ——稳压电源；

2 ——电压表；

3 ——电流表①；

4 ——电流表②；

5 ——附加装置；

6 ——燃气表；

7 ——恒压空气源；

8 ——接大气；

K1——开关；

K2——开关。

图 C.1 附加装置电压及电流试验配置示意图

C.3.2.1.2 防爆性能

由国家授权的防爆检验机构按 GB 3836.1 和 GB 3836.2 或 GB 3836.4 规定的方法进行试验。

C.3.2.1.3 防护性能

C.3.2.1.3.1 防护封印

采用目视和制造商提供的方法进行检查。

C.3.2.1.3.2 外壳防护等级

按照 GB/T 4208—2017 规定的相应方法进行试验。

C.3.2.1.4 机电转换误差

C.3.2.1.4.1 实时转换

按图 C.1 连接附加装置及燃气表，以燃气表为参比标准器，使空气以 q_{max}流经燃气表。在测试开始之前，记录附加装置的电子显示及燃气表机械计数器的初始读数。

运行不少于两个转换信号当量的气量之后，停止通气，记录附加装置的电子显示及燃气表机械计数器的读数，计算附加装置电子显示读数的体积变化值和燃气表机械计数器的体积变化值是否符合表 C.1 的要求。

C.3.2.1.4.2 直读转换

燃气表运行不少于两个最小转换分度值的气量，以燃气表机械计数器示值作为标准示值，通过工装设备读取传感器转换后的电子读数并显示，计算电子读数与燃气表机械计数器读数的差值是否符合表 C.1 的要求。

C.3.2.1.5 数据存储

用制造商声明的方法查询附加装置存储的信息，检查是否符合 C.2.2.1.5 的要求。

C.3.2.1.6 电源欠压提示功能

按图 C.1 连接附加装置及燃气表，闭合 K2，将直流稳压电源调整至附加装置的额定工作电压，使附加装置正常工作，然后缓慢下调直流稳压电源的电压至制造商声明的最低电压时，检查是否符合 C.2.2.1.6 的要求。

C.3.2.1.7 断电保护功能

按图 C.1 连接附加装置及燃气表，闭合 K2，将直流稳压电源调整至附加装置的额定工作电压，使附加装置正常工作。然后断开 K2，再闭合 K2，检查在 K2 断开和闭合后，储存的数据是否一致。如果安装有控制阀，在断开和闭合 K2 时检查控制阀是否符合 C.2.2.1.7 的要求。

C.3.2.1.8 抗磁干扰

按图 C.2 连接附加装置及燃气表，使其在 $0.3q_{max}$～$0.4q_{max}$下正常工作，用一块(200±20)mT 磁铁贴近附加装置的任何部位，检查是否符合 C.2.2.1.8 的要求。

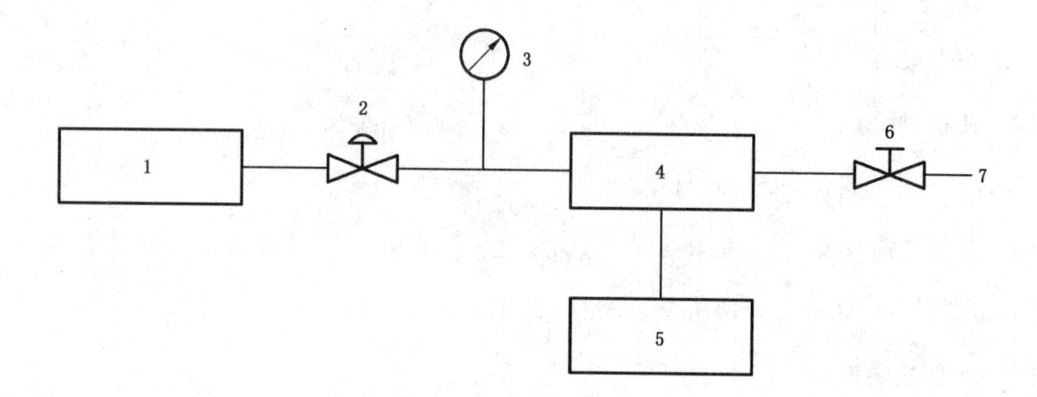

说明：

1——恒压空气源；

2——流量调节阀；

3——压力表；

4——燃气表；

5——附加装置；

6——流量调节阀；

7——接大气。

图 C.2　附加装置功能试验配置示意图

C.3.2.1.9　可靠性

C.3.2.1.9.1　附加装置的可靠性

按 GB/T 5080.7—1986 第 5 章表 12 定时(定数)截尾试验方案 5：9 进行试验。

C.3.2.1.9.2　外部连接线的可靠性

目测检查外部连接线是否具有可靠的防护。如果没有防护，再在正常开阀工作状态下切断外部连接线，检查控制阀是否关闭。

C.3.2.2　远传装置

C.3.2.2.1　数据传输

使用配套的设备和系统，用制造商声明的传输方式、传输距离内抄取远传装置中的信息，检查是否符合 C.2.2.2.1 的要求。

C.3.2.2.2　远程阀控

使用配套的设备和系统输入燃气表的编号，对燃气表进行远程阀控操作。当进行开阀操作时，应通过发远程开阀指令，现场再进行人工干预，查看燃气表是否有打开控制阀的状态，并且返回开阀操作成功的提示，同时是否显示控制阀状态为开启；当进行关阀操作后，查看燃气表是否立即关闭控制阀，并且返回关阀操作成功的提示，同时是否显示控制阀状态为关闭。

C.3.2.2.3　读取累积量

使用配套的设备和系统输入燃气表的编号，远程读取燃气表的累积量，查看数据是否读取成功，并与燃气表的电子读数和机械读数是否一致。

C.3.2.3 预付费控制装置

C.3.2.3.1 控制功能

按图 C.2 连接附加装置及燃气表，V_1为设定关阀气量，按以下步骤进行试验：

a) 首先将预付费控制装置的剩余气量清零，向预付费控制装置输入气量 V_2，检查预付费控制装置的剩余气量显示是否为 V_2；

b) 然后向预付费控制装置输入气量 V_3，检查预付费控制装置的剩余气量显示是否为 V_2+V_3；

c) 打开流量调节阀，将流量调节阀调至 $0.7q_{max}\sim q_{max}$，通气直至剩余气量等于 V_1时，检查控制阀是否能关闭。

C.3.2.3.2 信息反馈功能

购气卡片与预付费控制装置通讯结束后，通过售气系统读取购气卡片中的信息，检查是否符合 C.2.2.3.2 的要求。

C.3.2.3.3 提示功能

C.3.2.3.3.1 剩余气量不足提示

按图 C.2 连接附加装置及燃气表，向附加装置输入大于报警气量的气量，打开流量调节阀，使其在 $0.3q_{max}\sim 0.4q_{max}$下正常工作。当剩余气量减少到报警气量时，检查是否符合 C.2.2.3.3.1 的要求。

C.3.2.3.3.2 误操作提示

将非本预付费控制装置的购气卡片插入或接近预付费控制装置，检查是否符合 C.2.2.3.3.2 的要求。

C.3.2.3.3.3 交易完成提示

预付费控制装置进行购气交易完成时，检查是否符合 C.2.2.3.3.3 的要求。

C.3.2.3.4 购气卡片及读卡器耐用性

将购气卡片在读卡器中重复插拔 5 000 次，插拔速率小于 20 次/min，检查是否符合 C.2.2.3.4 的要求。

C.3.2.4 阶梯计费控制装置

C.3.2.4.1 同步表计时钟

使用配套的设备和系统输入燃气表编号，对燃气表进行时间同步的操作，检查燃气表是否返回操作成功的提示，同时检查燃气表实时时钟是否与标准时钟一致。

C.3.2.4.2 阶梯计费价格

使用配套的设备和系统输入燃气表编号，对燃气表进行阶梯价格信息设置操作，检查燃气表接收成功之后是否正确存储阶梯价格信息，同时是否能正确地显示出来。

C.3.2.4.3 阶梯计费调价

使用配套的设备和系统输入燃气表编号，对燃气表进行阶梯价格调价信息的设置操作，检查燃气表接收成功之后是否正确存储调价信息，并在到达设定时间时切换为新的阶梯价格，同时是否能正确地显示出来。

C.3.2.5 控制阀

C.3.2.5.1 密封性

按如下方法之一进行试验：

a) 按图 C.3 连接附加装置及燃气表，关闭控制阀，将燃气表进气口处的压力调节在 4.5 kPa～5 kPa，检查控制阀的内泄漏量是否符合 C.2.2.5.1 的要求。

b) 任何等效的其他方法。

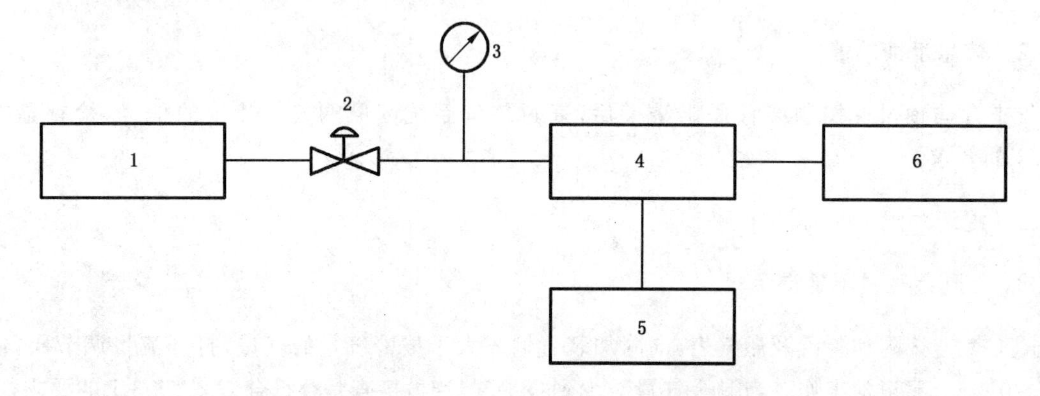

说明：

1——恒压空气源；

2——调压阀；

3——压力表；

4——燃气表；

5——附加装置；

6——皂膜流量计。

图 C.3 控制阀密封性试验配置示意图

C.3.2.5.2 耐用性

将带控制阀的燃气表按以下方法开关 4 000 次，开关速率小于 10 次/min：

a) 在 -10^{+2}_{0} ℃或制造商声明的更低温度下开关 400 次；

b) 在 40^{0}_{-2} ℃或制造商声明的更高温度下开关 400 次；

c) 在实验室环境温度下开关 3 200 次。

以上每个温度点试验完成后，按 C.3.2.5.1 进行试验，检查密封性是否符合 C.2.2.5.1 的要求。

C.3.2.5.3 耐腐蚀

按 6.6.4 或 6.6.5 进行试验后，再按 C.3.2.5.1 进行试验，检查密封性是否符合 C.2.2.5.1 的要求。

C.3.2.6 切断型(异常关阀)功能装置

C.3.2.6.1 燃气泄漏关阀报警

按以下方法之一进行试验：

——按图 C.4 连接燃气表和附加装置，调整燃气表进气口压力为 2.5 kPa～3 kPa，用燃气泄漏报警器制造商提供的工具及试验方法使燃气泄漏报警器报警，切断型(异常关阀)功能装置收到燃气泄漏报警器传来的信号时，检查是否符合 C.2.2.6.1 的要求。

——用模拟报警器报警信号测试，切断型(异常关阀)功能装置收到报警信号时，检查是否符合 C.2.2.6.1 的要求。

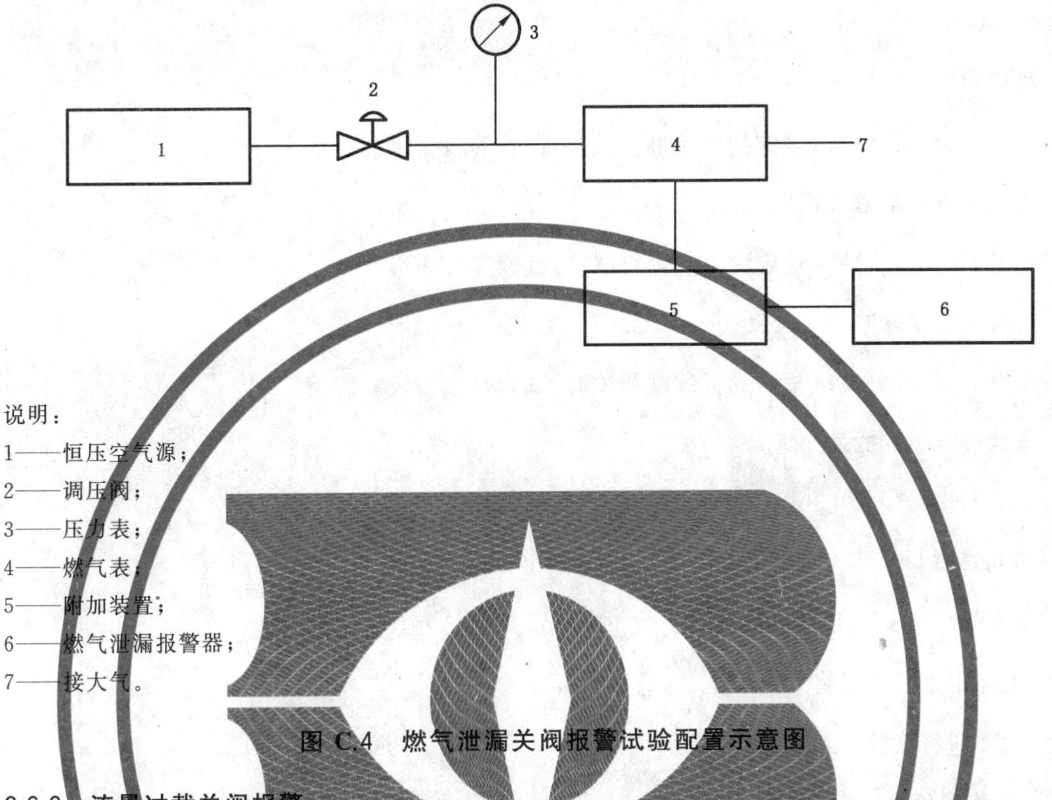

说明：

1——恒压空气源；

2——调压阀；

3——压力表；

4——燃气表；

5——附加装置；

6——燃气泄漏报警器；

7——接大气。

图 C.4 燃气泄漏关阀报警试验配置示意图

C.3.2.6.2 流量过载关阀报警

按图 C.2 的方式连接燃气表和附加装置，以 $1.1q_r$～$1.2q_r$ 流量通过燃气表，检查是否符合 C.2.2.6.2 的要求。

C.3.2.6.3 燃气压力过低关阀报警

按图 C.2 的方式连接燃气表和附加装置，调整燃气表进气口压力为 2.5 kPa～3 kPa，控制流量不超过燃气表的最大流量，调节调压阀使燃气表入口处的压力缓慢下降至 0.2 kPa～0.4 kPa 时，检查是否符合 C.2.2.6.3 的要求。

C.3.2.7 能量计量转换装置

根据制造商声明的能量计量换算方式，通过实时采集(或固定输入)单位体积的热值系数乘以通过燃气表的体积量来进行计算，检查燃气表显示的能量值与理论计算值是否相符。

C.3.3 固件

C.3.3.1 固件升级

按制造商声明的方法进行试验。

C.3.3.2 软件识别

按制造商声明的方法进行试验。

C.3.4 电磁兼容

C.3.4.1 总则

分别按C.3.4.2、C.3.4.3、C.3.4.4和C.3.4.5进行试验,再按6.1.1.4检查燃气表的示值误差,按6.2.1.1检查燃气表的密封性。

C.3.4.2 静电放电抗扰度

按GB/T 17626.2—2006规定的方法进行试验,试验等级3级。

C.3.4.3 射频电磁场辐射抗扰度

按GB/T 17626.3—2016规定的方法进行试验,试验等级3级。

C.3.4.4 电快速瞬变脉冲群抗扰度

按GB/T 17626.4—2008规定的方法进行试验,试验等级3级。

C.3.4.5 浪涌(冲击)抗扰度

按GB/T 17626.5—2008规定的方法进行试验,试验等级2级。

C.3.5 环境适应性

C.3.5.1 温度

C.3.5.1.1 贮存温度

结合6.3.1进行试验。

C.3.5.1.2 工作温度

结合6.3.2进行试验。

C.3.5.1.3 恒定湿热

按GB/T 2423.3—2016规定的方法进行试验,温度(40±2)℃、相对湿度(93±3)%、持续时间48 h。

C.3.5.2 耐盐雾

按GB/T 2423.17—2008规定的方法进行试验,试验周期为24 h。

C.3.5.3 耐振动

结合6.2.4进行试验。

C.3.6 外观

采用目视检查法进行检查。

C.4 检验规则

C.4.1 型式检验

有下列情况之一时,应进行型式检验:

a） 新产品定型时；

b） 正式生产后如结构、材料、工艺有较大改变，可能影响产品性能时；

c） 产品停产一年以上，再恢复生产时；

d） 国家质量监督机构提出进行型式检验时。

型式检验的检验项目见表 C.2。

C.4.2 出厂检验

该型号产品已经按 C.4.1 进行并通过型式检验。

带附加装置的燃气表的附加装置应经过制造商质量检验部门逐台检验合格，并附有检验合格证书方能出厂。

出厂检验的检验项目见表 C.2。

表 C.2 燃气表的附加装置检验项目一览表

序号	检验项目		型式检验	出厂检验	技术要求章条号	检验方法章条号
1	通用特性	电压及电流	●	—	C.2.2.1.1	C.3.2.1.1
2		防爆性能	●	—	C.2.2.1.2	C.3.2.1.2
3		防护封印	●	●	C.2.2.1.3.1	C.3.2.1.3.1
4		外壳防护等级	●	—	C.2.2.1.3.2	C.3.2.1.3.2
5		机电转换误差	●	●	C.2.2.1.4	C.3.2.1.4
6		数据存储	●	—	C.2.2.1.5	C.3.2.1.5
7		电源欠压提示功能	●	●	C.2.2.1.6	C.3.2.1.6
8		断电保护功能	●	●	C.2.2.1.7	C.3.2.1.7
9		抗磁干扰	●	—	C.2.2.1.8	C.3.2.1.8
10		附加装置的可靠性	●	—	C.2.2.1.9.1	C.3.2.1.9.1
11		外部连接线的可靠性	●	—	C.2.2.1.9.2	C.3.2.1.9.2
12	远传装置	数据传输	●	●	C.2.2.2.1	C.3.2.2.1
13		远程阀控	●	●	C.2.2.2.2	C.3.2.2.2
14		读取累积量	●	●	C.2.2.2.3	C.3.2.2.3
15	预付费控制装置	控制功能	●	●	C.2.2.3.1	C.3.2.3.1
16		信息反馈功能	●	—	C.2.2.3.2	C.3.2.3.2
17		剩余气量不足提示	●	●	C.2.2.3.3.1	C.3.2.3.3.1
18		误操作提示	●	—	C.2.2.3.3.2	C.3.2.3.3.2
19		交易完成提示	●	●	C.2.2.3.3.3	C.3.2.3.3.3
20		购气卡片及读卡器耐用性	●	—	C.2.2.3.4	C.3.2.3.4
21	阶梯计费控制装置	同步表计时钟	●	●	C.2.2.4.1	C.3.2.4.1
22		阶梯计费价格	●	△	C.2.2.4.2	C.3.2.4.2
23		阶梯计费调价	●	△	C.2.2.4.3	C.3.2.4.3

表 C.2（续）

序号	检验项目		型式检验	出厂检验	技术要求章条号	检验方法章条号
24	控制阀	密封性	●	△	C.2.2.5.1	C.3.2.5.1
25		耐用性	●	—	C.2.2.5.2	C.3.2.5.2
26		耐腐蚀	●	—	C.2.2.5.3	C.3.2.5.3
27	切断型(异常关阀)功能装置	燃气泄漏关阀报警	●	—	C.2.2.6.1	C.3.2.6.1
28		流量过载关阀报警	●	—	C.2.2.6.2	C.3.2.6.2
29		燃气压力过低关阀报警	●	—	C.2.2.6.3	C.3.2.6.3
30	能量计量转换装置	能量计量转换	●	●	C.2.2.7	C.3.2.7
31	固件	固件升级	●	—	C.2.3.1	C.3.3.1
32		软件识别	●	—	C.2.3.2	C.3.3.2
33	电磁兼容	静电放电抗扰度	●	—	C.2.4.2	C.3.4.2
34		射频电磁场辐射抗扰度	●	—	C.2.4.3	C.3.4.3
35		电快速瞬变脉冲群抗扰度	▲	—	C.2.4.4	C.3.4.4
36		浪涌(冲击)抗扰度	▲	—	C.2.4.5	C.3.4.5
37	环境适应性	贮存温度	●	—	C.2.5.1.1	C.3.5.1.1
38		工作温度	●	—	C.2.5.1.2	C.3.5.1.2
39		恒定湿热	●	—	C.2.5.1.3	C.3.5.1.3
40		耐盐雾	●	—	C.2.5.1.4	C.3.5.2
41		耐振动	●	—	C.2.5.1.5	C.3.5.3
42	外观		●	●	C.2.6	C.3.6

注：●表示必检项目，▲表示可选择特性的检验项目，△表示抽检项目，—表示不检项目。

附　录　D
（资料性附录）
耐　久　性

耐久性试验是燃气表制造商以及使用者树立信心的一种手段，其目的是试图找出设计上任何可能导致燃气表使用时无法满足要求的薄弱点。

6.4.1 详述的试验项目用于传统寿命试验，与 GB/T 6968—2011 相比做出了一些新的改变，宜重视以下几点：

a) 在安装与使用中燃气表会受到许多影响，这些影响无法进行充分的试验；

b) 新设计包含的制造技术可能在预期的设计寿命中没有在产品上予以验证，在鼓励创新、降低成本与采用新技术的风险之间要力求平衡；

c) 从长期实际运行情况来看，安装条件以及燃气成分会发生难以预见的变化，这些变化会影响燃气表的性能。

参考文献

[1] GB/T 26334—2010 膜式燃气表安装配件
[2] GB/T 26794—2011 膜式燃气表用计数器
[3] GB/T 28848—2012 智能气体流量计
[4] GB/T 32201—2015 气体流量计
[5] EN 1359:2017 Gas meters—Diaphragm gas meters
[6] EN 16314:2013 Gas meters—Additionalfunctionalities
[7] OIML R137-1&2:2012 Gas meters

ICS 17.120.10
N 12

中华人民共和国国家标准

GB/T 36242—2018

燃气流量计体积修正仪

Volume conversion device for gas meter

2018-06-07 发布　　2019-01-01 实施

国家市场监督管理总局
中国国家标准化管理委员会　发布

前　言

本标准按照 GB/T 1.1—2009 给出的规则起草。

本标准由中国机械工业联合会提出。

本标准由全国工业过程测量控制和自动化标准化技术委员会(SAC/TC 124)归口。

本标准负责起草单位:天信仪表集团有限公司、浙江省计量科学研究院。

本标准参加起草单位:北京市公用事业科学研究所、浙江苍南仪表集团股份有限公司、上海仪器仪表自控系统检验测试所有限公司、北京市计量检测科学研究院、宁波东海气计量技术有限公司、杭州先锋电子技术股份有限公司、浙江威星智能仪表股份有限公司、德闻计量设备(上海)有限公司、天津新科成套仪表有限公司、上海罗托克自动化仪表有限公司、上海埃科燃气测控设备有限公司、天津市第五机床厂、宁波创盛仪表有限公司、浙江裕顺仪表有限公司、新奥能源控股有限公司、北京市燃气集团有限责任公司。

本标准主要起草人:赵建亮、叶朋、郑建英、陶朝建。

本标准参加起草人:张涛、章圣意、李明华、杨有涛、刘兆东、石爱国、赵彦华、彭锋、邢立刚、苏正楚、卢小林、梁国栋、吕德月、郑英明、蔡宜嘉、许长泳、籍瑞春。

燃气流量计体积修正仪

1 范围

本标准规定了燃气流量计体积修正仪(以下简称修正仪)的术语和定义及符号、分类与测量原理、技术要求、试验方法、检验规则、标志、标签和随行文件、包装、运输和贮存。

本标准适用于由直流电源或电池供电,具有温度(T)转换、温度压力(PT)转换或温度压力压缩因子(PTZ)转换功能的燃气流量计修正仪。

2 规范性引用文件

下列文件对于本文件的应用是必不可少的。凡是注日期的引用文件,仅注日期的版本适用于本文件。凡是不注日期的引用文件,其最新版本(包括所有的修改单)适用于本文件。

GB/T 191 包装储运图示标志

GB/T 2423.1 电工电子产品环境试验 第2部分:试验方法 试验A:低温

GB/T 2423.2 电工电子产品环境试验 第2部分:试验方法 试验B:高温

GB/T 2423.3 环境试验 第2部分:试验方法 试验Cab:恒定湿热试验

GB/T 2423.4 电工电子产品环境试验 第2部分:试验方法 试验Db:交变湿热(12 h+12 h循环)

GB/T 2423.56 电工电子产品环境试验 第2部分:试验方法 试验Fh:宽带随机振动(数字控制)和导则

GB 3836.1 爆炸性环境 第1部分:设备 通用要求

GB 3836.2 爆炸性环境 第2部分:由隔爆外壳"d"保护的设备

GB 3836.4 爆炸性环境 第4部分:由本质安全型"i"保护的设备

GB/T 4208—2017 外壳防护等级(IP代码)

GB 4943.1 信息技术设备 安全 第1部分:通用要求

GB/T 13384 机电产品包装通用技术条件

GB/T 13611 城镇燃气分类和基本特性

GB/T 17626.2 电磁兼容 试验和测量技术 静电放电抗扰度试验

GB/T 17626.3 电磁兼容 试验和测量技术 射频电磁场辐射抗扰度试验

GB/T 17626.4 电磁兼容 试验和测量技术 电快速瞬变脉冲群抗扰度试验

GB/T 17626.5 电磁兼容 试验和测量技术 浪涌(冲击)抗扰度试验

GB/T 17626.6 电磁兼容 试验和测量技术 射频场感应的传导骚扰抗扰度

GB/T 17626.8 电磁兼容 试验和测量技术 工频磁场抗扰度试验

GB/T 17626.29 电磁兼容 试验和测量技术 直流电源输入端口电压暂降、短时中断和电压变化的抗扰度

GB/T 17747.1 天然气压缩因子的计算 第1部分:导论和指南

GB/T 17747.2 天然气压缩因子的计算 第2部分:用摩尔组成进行计算

GB/T 17747.3 天然气压缩因子的计算 第3部分:用物性值进行计算

GB/T 18603 天然气计量系统技术要求

GB/T 25480 仪器仪表运输、贮存基本环境条件及试验方法

GB/T 32201 气体流量计

3 术语和定义及符号

3.1 术语和定义

下列术语和定义适用于本文件。

3.1.1

燃气流量计体积修正仪　volume conversion device for gas meter

由积算器和温度传感器，或积算器、温度传感器和压力传感器组成，根据燃气流量计测得的体积流量、燃气的温度和压力等参数进行计算，将测量条件下的体积转换成基准条件下的体积，并进行积算、存储和显示的装置。

注1：修正仪能对燃气流量计及关联的测量传感器的误差曲线进行校正。

注2：与理想气态方程的偏离可以通过压缩因子进行补偿。

注3：燃气流量计是用于燃气计量的气体流量计。

3.1.2

基准条件　base conditions

转换被测气体量的规定条件。

3.1.3

积算器　calculator

接收相关燃气流量计和传感器的输出信号并进行处理的电子设备。

3.1.4

转换系数　conversion factor

等于基准条件下的体积除以拟转换体积，或者当燃气流量计不校正时，等于基准条件下的体积除以测量条件下的体积。

3.1.5

校正体积　corrected volume

校正了燃气流量计误差的测量条件下的体积。

3.1.6

校正因子　correction factor

数值因子，用它乘以测量体积来校正燃气流量计的误差曲线。

3.1.7

扰动　disturbance

其值在规定的极限范围内，但超出了测量仪器额定工作条件的影响量。

注：额定工作条件未规定的影响量即为扰动。

3.1.8

耐久性　durability

仪器在规定的使用期限之内保持性能特征的能力。

3.1.9

环境等级　environmental class

环境温度、湿度和供电电源的等级。

3.1.10

转换误差　error of conversion

修正仪所显示的转换系数 C 和转换系数的约定真值 C_{CV} 之差，用转换系数约定真值的百分数 e_c（转换系数误差）表示；或修正仪所显示的基准条件下的体积 V_b 和体积的约定真值 V_{CV} 之差，用体积的约定真值的百分数 e_v（基准条件下的体积转换误差）表示。

3.1.11

积算单元的误差　error of the calculator unit

当按制造商规定的接口模拟输入燃气体积、压力值和温度值时，基准条件下的体积 V_b 的示值误差。

注：积算单元的误差也称积算器的误差，包括所有运算引入的误差（如压缩因子计算，数学运算等），不包括温度和压力的测量误差。

3.1.12

压力测量误差　error of the pressure measuring

压力测量值与约定真值之间的偏差。

3.1.13

温度测量误差　error of the temperature measuring

温度测量值与约定真值之间的偏差。

3.1.14

过载压力　over pressure

传感器能承受而计量特性不会持续改变的最大静压力，根据最大工作压力设定。

3.1.15

传感器的规定测量范围　specified measuring range of transducers

使修正仪的误差落在规定极限范围内的一组被测量（压力或温度）。

注：规定测量范围的上限和下限分别称为最大值和最小值。

3.1.16

修正仪的规定测量条件　specified field of measurement of a conversion device

修正仪的误差落在规定极限范围内的一组测量条件量值。

注1：修正仪所处理的每个分量有各自的测量范围。

注2：规定测量条件适用于确定转换系数的所有燃气特征量。

3.2　符号

表1中的符号与单位适用于本文件。

表1　符号与单位

符号	代表的量	单位
C	转换系数	—
C_c	积算器的转换系数	—
C_{CV}	转换系数的约定真值	—
E	总转换系数误差	%
e_c	转换系数误差	%
e_f	积算单元的计算误差	%
e_p	压力测量误差	%

表 1（续）

符号	代表的量	单位
e_t	温度测量误差	%
e_v	体积转换误差	%
f_{nom}	公称频率	Hz
$f(\dot{q})$	校正函数	—
K 或 K'	系数	—
p	测量条件下的绝对压力	MPa、kPa
p_{atm}	大气压力	MPa、kPa
p_b	基准条件下的绝对压力	MPa、kPa
p_{CV}	绝对压力的约定真值	MPa、kPa
p_g	表压力	MPa、kPa
p_{max}	绝对压力的最大值	MPa、kPa
p_{min}	绝对压力的最小值	MPa、kPa
q	流量	m^3/h
q_{max}	最大流量	m^3/h
q_{min}	最小流量	m^3/h
T	测量条件下的热力学温度	K
T_b	基准条件下的热力学温度	K
T_{CV}	绝对温度的约定真值	K
T_{max}	绝对温度的最大值	K
T_{mid}	绝对温度的最大值和最小值中间的值	K
T_{min}	绝对温度的最小值	K
t	燃气温度	℃
t_{am}	环境温度	℃
$t_{am,max}$	最高环境温度	℃
$t_{am,min}$	最低环境温度	℃
t_{max}	最高燃气温度	℃
t_{min}	最低燃气温度	℃
U_{max}	最高电压	V
U_{min}	最低电压	V
U_{nom}	公称电压	V
V	体积：V_m 或 V_c	m^3
V_b	基准条件下的体积	m^3
V_{bD}	受干扰的基准条件下的体积	m^3
V_c	校正体积(燃气流量计误差)	m^3

表1(续)

符号	代表的量	单位
V_{CV}	体积的约定真值	m^3
V_D	受干扰的测量条件下的体积:V_{mD}或V_{cD}	m^3
V_m	测量条件下的体积	m^3
Z	测量条件下的燃气压缩因子	—
Z_b	基准条件下的燃气压缩因子	—
Z_{CV}	压缩因子的约定真值	—

4 分类与测量原理

4.1 分类

按测量原理不同,修正仪分以下三种型式:

——温度转换(以下简称"T转换")体积修正仪。

——温度和压力转换(以下简称"PT转换")体积修正仪。

——温度、压力和压缩系数转换(以下简称"PTZ转换")体积修正仪。

4.2 测量原理

4.2.1 T转换体积修正仪

该测量原理的修正仪由积算器和温度传感器组成。

压力值不测量,但可以用一个固定值来计算转换系数。

压缩因子不计算,但可以用一个固定值来计算转换系数。

该测量原理修正仪的误差由参考转换系数计算得到,参考转换系数根据固定压缩因子、固定压力值和温度测量值确定。

基准条件下的体积按式(1)计算:

$$V_b = C \times V \tag{1}$$

转换系数C按式(2)计算:

$$C = \frac{K}{T} \tag{2}$$

K为固定值,按式(3)计算:

$$K = \frac{p}{p_b} \times T_b \times \frac{Z_b}{Z} \tag{3}$$

4.2.2 PT转换体积修正仪

该测量原理的修正仪由积算器、压力传感器和温度传感器组成。

压缩因子可按平均测量条件和事先确定的燃气组分计算得到,作为固定值。

基准条件下的体积按式(4)计算:

$$V_b = C \times V \tag{4}$$

转换系数C按式(5)计算:

$$C = K' \times \frac{p}{T} \qquad \cdots\cdots(5)$$

K'为固定值，按式(6)计算：

$$K' = \frac{1}{p_b} \times T_b \times \frac{Z_b}{Z} \qquad \cdots\cdots(6)$$

4.2.3 PTZ 转换体积修正仪

该测量原理的修正仪由积算器、压力传感器和温度传感器组成。

燃气偏离理想气体定律采用与压力、温度有关的函数方程来计算压缩因子予以修正，以实现对燃气体积进行温度、压力和压缩因子转换，见式(7)：

$$Z = f(p, T) \qquad \cdots\cdots(7)$$

压缩因子通过输入可设置的燃气性质和组分计算得到。

基准条件下的体积按式(8)计算：

$$V_b = C \times V \qquad \cdots\cdots(8)$$

转换系数 C 按式(9)计算：

$$C = \frac{p}{p_b} \times \frac{T_b}{T} \times \frac{Z_b}{Z} \qquad \cdots\cdots(9)$$

4.2.4 压缩因子计算

修正仪应根据适用的燃气类别和测量原理计算压缩因子。

天然气压缩因子的约定真值优先按 GB/T 17747.1 和 GB/T 17747.3 规定的方法计算，当超出了该方法的极限值时用 GB/T 17747.2 规定的方法计算，人工煤气和液化石油气压缩因子的约定真值应按附录 A 规定的方法计算。

4.2.5 测量条件下的体积校正

修正仪可具备校正燃气流量计误差的功能选项，此时 4.2.1、4.2.2 和 4.2.3 公式中的体积 V 应表示为 V_c。

当修正仪具备该选项时，应确认所采用的误差曲线与实际工作条件之间的相关性。燃气流量计的误差曲线由校准证书给出。

燃气流量计与修正仪连接后，修正仪的校正功能应能校正燃气流量计经校准所记录的偏差。用函数 $f(q)$ 表示体积的校正因子，校正体积按式(10)计算：

$$V_c = V_m \times f(q) \qquad \cdots\cdots(10)$$

应有确定校正函数 $f(q)$ 所采用的方法，有关参数的选择应使校正函数 $f(q)$ 在 $q_{min} \sim q_{max}$ 之间的所有流量点均保持有限、连续和可导。

如果校准点之间采用非线性插值法，应有该方法比线性插值具有更好的流量加权平均误差的证明。加权平均误差按 GB/T 32201 规定的方法计算。

校正功能仅适用于在 q_{min} 流量下每秒输出至少 10 个脉冲的燃气流量计，低于 q_{min} 时不允许校正，高于 q_{max} 时校正因子应与 q_{max} 时的值保持一致。

5 技术要求

5.1 额定工作条件

5.1.1 环境条件

修正仪的环境条件应符合以下要求：

a) 环境温度(温度范围至少应达到 50 ℃):

——下限值在−40 ℃、−25 ℃、−10 ℃或+5 ℃中选取;

——上限值在+30 ℃、+40 ℃、+55 ℃或+70 ℃中选取。

b) 环境相对湿度:

修正仪应能在相对湿度为10%~93%的环境下正常工作。

修正仪应标明是否为冷凝或非冷凝湿度设计,以及修正仪的预期工作场所。如果是非冷凝湿度设计,应符合 5.8.3 的规定;如为冷凝湿度设计,应符合 5.8.4 的规定。

c) 大气压力:由制造商规定,一般为 86 kPa~106 kPa。

d) 电磁环境等级:修正仪应有规定的电磁环境等级(E1 或 E2,见 5.3.1.5),以满足预期使用场合的电磁环境要求。

e) 机械环境等级:修正仪应有规定的机械环境等级(M1 或 M2,见 5.3.1.6),以满足预期使用场合的机械环境要求。

5.1.2 规定测量条件

修正仪应有规定的测量条件,并且测量条件满足下列要求:

a) 气体压力测量范围

压力传感器应在制造商规定的气体压力测量范围内经过校准,气体压力测量范围至少应满足式(11):

$$\frac{p_{\max}}{p_{\min}} > 2 \qquad \cdots\cdots\cdots\cdots(11)$$

示例:最大绝对压力:1.2 MPa,最小绝对压力:0.4 MPa。

b) 气体温度测量范围

气体温度范围应按下列要求规定:

——正常范围:−20 ℃~+50 ℃;

——限制范围:在正常范围内的上下限之差至少为 40 ℃;

——扩展范围:由制造商规定。

c) 燃气特性

燃气的类别及其特性依据 GB/T 13611 的规定。

应指明:

——燃气类别;

——最大工作压力。

d) 基准条件

基准条件或转换量的基准条件范围应由制造商规定。例如:温度 293.15 K(20 ℃)、绝对压力 101 325 Pa。

5.1.3 供电电源

应规定直流电源和电池的电压限值。

直流电源限值应与用户的要求和/或所在地的电力供应相兼容。

5.2 计量性能要求

5.2.1 最大允许误差

5.2.1.1 修正仪主示值和各分量的最大允许误差(MPE)

修正仪的主示值误差由转换系数误差(e_C)或基准条件下的体积转换误差(e_V)表示,分量误差包括温度测量误差(e_t)、压力测量误差(e_p)和积算器的误差(e_f)。

修正仪主示值和各分量的最大允许误差用相对误差表示,应符合表 2 的规定。

表 2 修正仪主示值和各分量的最大允许误差(MPE)

不同转换类别的主示值和分量	参比条件下 最大允许误差/%	额定工作条件下 最大允许误差/%
PT 和 PTZ 转换的主示值(e_C、e_V)	±0.5	±1.0
积算器(e_f)	±0.1	±0.2
温度(e_t)	±0.2	±0.3
压力(e_p)	±0.2	±0.5
仅 T 转换的主示值(e_C、e_V)	±0.5	±0.7

注 1:修正仪主示值的误差不考虑燃气流量计的误差。

注 2:积算器的误差仅考虑自身对脉冲信号的接收和运算所产生的误差,不考虑压缩因子计算方法不确定度的影响。

注 3:温度测量误差包含了温度传感器及其信号转换所引起的误差。

注 4:压力测量误差包含了压力传感器及其信号转换所引起的误差。

为使压力测量误差满足要求,燃气绝对压力低于 2.1 MPa 时宜采用绝压传感器;绝对压力大于或等于 2.1 MPa 时,可采用表压传感器,此时应采用安装地点海拔高度对应的平均大气压参与计算,平均大气压应进行预置。

5.2.1.2 误差计算

误差按以下方法进行计算:

a) 转换系数误差

转换系数的相对误差 e_C 按式(12)计算:

$$e_C=\frac{C-C_{CV}}{C_{CV}}\times 100\% \qquad (12)$$

b) 基准条件下的体积转换误差

基准条件下的体积 V_b 转换的相对误差 e_V 按式(13)计算:

$$e_V=\frac{V_b-V_{CV}}{V_{CV}}\times 100\% \qquad (13)$$

c) 带有分量显示的修正仪的特定误差

修正仪各分量的特定误差按式(14)~式(16)计算:

$$e_f=\frac{C_c-C_{CV}}{C_{CV}}\times 100\% \qquad (14)$$

$$e_p=\frac{p-p_{CV}}{p_{CV}}\times 100\% \qquad (15)$$

$$e_t=\frac{T-T_{CV}}{T_{CV}}\times 100\% \qquad (16)$$

5.2.2 重复性

在相同测量条件下对主示值进行连续多次测量,测量结果的标准偏差应不超过相应最大允许误差绝对值的 1/3。

5.3 结构要求

5.3.1 一般要求

5.3.1.1 修正仪的所有零部件均应采用有质量保证的材料制造,以防止在额定工作条件下发生各种形式的退化,其结构应不降低相关燃气流量计的准确度和其他性能。

5.3.1.2 安装在修正仪内部连接辅助装置的连接件和接口均不应影响修正仪的计量功能。积算器和传感器之间的连接件和接口属于修正仪的组成部分。如果这些连接件和接口可能影响修正仪的测量准确度,连接件和接口的长度尺寸及其特性应由制造商规定。

5.3.1.3 修正仪的结构应确保一旦发生影响测量结果的干预,修正仪自身或其保护封印即会产生永久可见的损坏,或发出报警信号且存储在事件寄存器中。修正仪的机械封印应固定在明显位置,且易于辨认,电子封印应符合下列要求:

a) 只有使用一组可更新的密码或代码,或借助于特定的设备才可以访问;

b) 事件寄存器应至少记录最近一次干预,包括干预的日期和时间以及干预类型;

c) 寄存器中记录的干预应可访问。

对于信号输入接口可拆卸或可更换的修正仪,积算器与传感器或流量计之间的所有连接件和接口应分别施加保护封印,以避免组件更换时破坏主计量封印。非授权时应不能访问测量结果以及参与确定测量结果的参数。

5.3.1.4 对于仅带温度转换的修正仪,有体积脉冲信号输入时重新计算转换系数的时间间隔应不超过 1 min,其他型式的修正仪重新计算转换系数的时间间隔应不超过 30 s;无体积脉冲信号输入时可不计算转换系数,但在接收到下一个体积脉冲信号后应重新计算转换系数。

对于采用数字通信方式读取测量条件下的脉冲增量或体积增量的修正仪,通信的时间间隔应不超过 30 s,有脉冲增量或体积增量视同有体积脉冲信号输入,转换系数重新计算的时间间隔同上述规定。

5.3.1.5 修正仪的电子电气结构应满足不同使用场合的电磁环境等级要求:

a) E1:电磁干扰相当于住宅、商业和轻工业建筑等级;

b) E2:电磁干扰相当于工业建筑等级。

5.3.1.6 修正仪的机械结构应满足不同使用场合的机械环境等级要求:

a) M1:适用于低强度的振动和冲击场合,如仪器以一般支撑结构安装,能承受附近爆破、打桩或猛烈关门传递的振动和冲击;

b) M2:适用于高强度的振动和冲击场合,如来自于附近的机器、过往车辆、重型机械和传送带等传递的振动和冲击。

5.3.2 供电电源

5.3.2.1 外部直流供电

修正仪可采用外部直流供电,直流电源的电压应在 36 V 及以下的安全特低电压范围内。对于预期操作人员与修正仪接触时存在着火、电击或其他电气伤害的危险时,修正仪的防护性外壳结构应符合 GB 4943.1 有关设备安全的规定。

5.3.2.2 电池供电

5.3.2.2.1 在下列条件下,修正仪的电池宜连续工作 5 年以上而无需更换:

——最大体积流量信号输入;

——$\frac{1}{2}(t_{am,min}+t_{am,max})$;

——p_{max}和T_{min}。

应标明上述条件下电池的估计使用寿命。

应指定电池类型以及是否能在危险区域更换,如可以,则应规定在何种条件下更换。

注:这些条件不考虑输出和通信端口的耗电。

5.3.2.2.2 在电池余量为寿命的10%或更少时,修正仪应提供指示,或者显示电池的估算剩余寿命。如果电池的剩余寿命是计算得到,其结果应考虑制造商规定的实际工作条件。

5.3.2.2.3 采用可更换电池的修正仪,电池盒应采取独立的保护措施以防止非授权打开。更换电池时应不破坏修正仪的计量封印,但只有在破坏了区别于计量封印的电池盒独立封印后才能更换电池。

更换电池时,应保证修正仪的下列信息不发生变化:

——基准条件下的体积;

——测量条件下的体积;

——校正体积,适用时;

——报警指示;

——影响计量结果的输入数据;

——5.3.1.3 规定的至少是最近一次干预。

可更换电池应采用制造商指定的电池。

5.3.3 输入端口

5.3.3.1 体积信号输入端口

修正仪应具有接收相关燃气流量计输出的测量条件下体积信号的输入端口,并应确保修正仪能响应每一个输入信号。

应规定输入端口的特性,对于脉冲输入端口还应规定脉冲最大频率,并确保端口不多计或丢失脉冲;对于数字通信端口,应规定通信规范,并确保数据通信稳定可靠。

注:流量计通常会在很长时间内没有燃气流过,在此期间,脉冲输出型流量计常用的低频脉冲(LF)和高频脉冲(HF)输出的实际频率为0 Hz。相反,在最大流量条件下,一个典型流量计的LF输出能达到2 Hz,HF输出能达到5 kHz或更高。修正仪的脉冲输入电路需要具备处理这些频率范围的能力。

5.3.3.2 温度、压力信号输入端口

修正仪应具有接收燃气介质温度和/或压力测量信号的输入端口,并应保证其连接的影响不导致温度和压力示值超出最大允许误差。

应规定温度和/或压力传感器的类型以及端口的连接要求。

5.3.4 功能端口

修正仪至少应具备以下功能端口:

a) 通信端口,有线或无线结构,用于与外部设备进行数据交换。如果通过该端口访问修正仪内任何影响测量结果的数据时,应满足5.3.1.3的规定;

b) 脉冲信号输出端口,输出代表测量条件下的体积流量或校正流量的脉冲信号,该端口可用于燃气流量计的校准或检定。如果输出脉冲代表测量条件下的体积流量,应保证端口不多输出或少输出脉冲;如果输出脉冲代表测量条件下的校正流量,应保证输出信号数的误差小于±0.1%。

应规定功能端口的电气特性。

5.4 外观

5.4.1 修正仪外表面应光洁,不得有毛刺、划痕和开裂等缺陷。显示器应亮度均匀,不出现笔划残缺或

显示闪烁的现象。

5.4.2 修正仪的各连接端应牢固可靠,线缆表面完好,无破裂、压痕。

5.4.3 修正仪的铭牌信息应不易丢失,表示功能信息的文字、数字与符号应完整、正确、清晰。

5.5 指示装置

5.5.1 修正仪应有指示装置,显示内容至少应包括:

——基准条件下的体积 V_b;

——测量条件下的体积 V_m;

——校正体积 V_c(适用时);

——燃气温度 t;

——测量条件下的绝对压力 p(适用时);

——5.6 定义的报警指示。

测量条件下的体积和基准条件下的体积有效显示位数应确保在燃气流量计最大流量 q_{max} 下且转换系数 C 可能为最大值条件下至少运行 8 760 h 不回零。

基准条件下的体积 V_b 的显示还应符合下列要求:

——应优先指示;

——显示单元应至少有 8 位有效数字;

——基准条件下的体积的显示分格值应以体积的 10^n 形式表示,且该值应清晰地标注在基准条件下的体积显示值的邻近位置。

5.5.2 下列信息应集中或分散在修正仪的指示装置、永久固定且不可擦除的铭牌或外部连接的指示装置上显示:

a) 与体积转换有关的信息:

——基准条件,按下列形式:

- $T_b = \cdots \mathrm{K}$;
- $p_b = \cdots \mathrm{kPa}$;

——转换系数 C;

——压缩因子 Z(适用时);

——用于计算压缩因子 Z 的燃气类别(适用时);

——压缩因子计算的参考方法和常量(适用时);

——在进行试验方法所述的操作时还应能显示转换系数的值以及与测量或计算相关的各个量值。

b) 与测量结果有关的信息:

——燃气流量计测量条件下单位脉冲的体积,按下列形式:

- 1 imp = ··· m^3(或 dm^3),或
- 1 m^3 = ··· imp;

——燃气流量计校正系数 C_f(适用时);

——燃气流量计校正函数 $f(q)$(适用时);

——燃气流量计误差校正曲线的参数(适用时);

——相关传感器的编号;

——温度传感器规定测量范围的上限值和下限值,单位为 K 或 ℃;

——表压或绝对压力传感器规定测量范围的上限值和下限值,单位为 MPa 或 kPa;

——影响测量结果的其他输入数据。

c) 其他:

——5.6 定义以外的报警指示(适用时)；

——电池使用寿命终止的指示(适用时)；

——软件版本。

5.5.3 修正仪的指示装置应采用下列方式之一显示 5.5.2 所述的信息：

——通过直接操作输入显示。按压按钮，然后每个参数可通过顺序操作输入或组合操作输入来选择，每一次操作输入应选择当前的量值。如果超过 255 s 没有输入操作，应返回到基准条件下的体积显示，或通过一个简单操作(如按压按钮)显示 V_b；

——连续自动地顺序滚动显示，也可通过操作输入启动。以这种形式显示时，每个参数显示 5 s，基准条件下的体积每 15 s 显示一次。

5.5.4 积算器显示单元所能显示的每个量或参数的名称及其单位应在其前后或上方清晰显示。

示例：基准条件下的体积，V_b，…m^3。

5.5.5 电子指示装置还应符合下列要求：

——显示基准条件下的体积的装置应具备确认显示正常的检查方法；

——显示基准条件下的体积的数字最小高度应达到 4 mm，最小宽度应达到 2.4 mm；

——在窗口法线 15°的角度范围内应能清晰正确地读取指示值。

5.6 安全装置和报警功能

5.6.1 安全装置应能检测：

——测量或计算值超出了规定的测量范围；

——修正仪运行超出了计算算法的有效极限；

——电信号超出了积算器输入端口的范围；

——电池即将失效。

5.6.2 报警功能应符合下列要求：

a) 基本报警功能应符合 5.6.1 的规定，其他报警功能及报警方式由制造商自行定义；

b) 报警事件一旦发生应有报警指示，只有在报警原因消除后才允许授权操作者使用代码、键盘干预将报警指示清除；

c) 除电池即将失效外，只要有一个参数处于报警状态，修正仪应停止累积基准条件下的体积 V_b，如报警事件与测量条件下体积有关，应同时停止累积测量条件下的体积 V_m，直至报警消除；

d) 每一个报警事件均应进行记录，包括报警的类型、开始和结束的日期与时间。

5.6.3 如果积算器能够估算错误或报警发生期间通过的燃气体积，则在错误或报警发生期间可以累积受干扰的基准条件下的体积 V_{bD} 作为替代值，以防止与基准条件下的体积 V_b 相混淆；如测量条件下的体积也受到干扰，还可以累积受干扰的测量条件下的体积 V_D 作为替代值。

替代值(估算值) V_{bD} 和 V_D 应单独存储和显示，例如存储在 5.6.4 规定之外的存储区。

5.6.4 修正仪应至少每小时将下列信息存储一次，且不管何种原因导致中断，中断期间信息应保留；应使用中断发生时刻保留的值恢复计算：

——基准条件下的体积；

——测量条件下的体积；

——校正体积，适用时；

——报警指示；

——5.3.1.3 规定的至少是最近一次干预。

存储器应能保存至少 6 个月的所有规定数据。

修正仪发生软性故障应能自动重启，并应能恢复故障发生时刻所保留的值。

注：软性故障指非硬件故障，包含软件故障及硬件上极依赖软件的故障，如硬件发生脉冲的看门狗计时器溢出故

障、寄存器溢出、软件死机等。

5.6.5 用于处理测量结果的参数，或用于识别修正仪组成部件的参数未经授权应不能修改。这些参数均应是可验证的，任何参数的改变应符合下列要求：

a) 破坏修正仪的封印；

b) 或者修正仪予以记录，记录内容还应包括修改参数操作者的权限标识和修改日期。

5.7 安装要求

5.7.1 一般要求

修正仪的安装应符合 GB/T 18603 的规定。

修正仪和传感器的安装方式应满足其有效使用所必需的条件。修正仪的安装及其位置应不影响相关燃气流量计在测量条件下的体积测量。

修正仪和传感器应仅在环境等级规定的气候条件下使用。

燃气流量计的输出端口与修正仪的输入端口之间的兼容性应经过验证。

修正仪与传感器之间的连接应按照制造商的要求进行。

5.7.2 修正仪组成部件的匹配性

修正仪组成部件的匹配性应满足下列要求：

a) 每一个部件均应经独立验证；

b) 组装完成的整机应经下列有关验证：

——配置；

——数据和信号传输；

——修正仪主示值的最大允许误差，按表 2；

c) 整机的额定工作条件应被视作修正仪各组成部件测量范围的一般条件；

d) 传感器应在制造商规定的条件下安装；

e) 如果传感器能产生并向积算器传输报警信号，修正仪应能处理该信号。

5.7.3 温度传感器

温度传感器的作用是正确测量燃气在测量条件下的温度，应连接到燃气流量计标识有 t_m 的测温孔。

温度传感器的安装应便于拆卸，且适合现场校准。

为防止温度传感器的非授权拆卸，温度传感器与燃气流量计之间应施加封印。

5.7.4 压力传感器(如适用)

压力传感器的作用是正确测量燃气在测量条件下的压力，应连接到燃气流量计标识有 p_m 的取压孔。

压力传感器的安装应便于拆卸，且适合现场校准。

为防止压力传感器的非授权拆卸，压力传感器与燃气流量计之间应施加封印。

5.8 影响量

5.8.1 高温

修正仪在制造商声明的环境温度等级上限温度条件下历时 16 h 试验，期间应能正常工作，所有功能均应符合设计要求，主示值和各分量的误差应符合表 2 规定的额定工作条件下的最大允许误差。

5.8.2 低温

修正仪在制造商声明的环境温度等级下限温度条件下历时 16 h 试验，期间应能正常工作，所有功能均应符合设计要求，主示值和各分量的误差应符合表 2 规定的额定工作条件下的最大允许误差。

5.8.3 恒定湿热

修正仪在制造商声明的环境温度等级上限温度和相对湿度为 93%的无冷凝条件下历时 4 d 试验，期间应能正常工作，所有功能均应符合设计要求，主示值和各分量的误差应符合表 2 规定的额定工作条件下的最大允许误差；在参比条件下恢复 4 h 后，主示值和各分量的误差应符合参比条件下的最大允许误差。

5.8.4 交变湿热

修正仪按表 3 规定的参数进行交变湿热影响试验，期间应发生冷凝。试验后在参考条件下恢复 4 h，修正仪应能正常工作，所有功能均应符合设计要求，主示值和各分量的误差应符合参比条件下的最大允许误差。

表 3 交变湿热影响试验参数

参数名		参数值
高温阶段	温度上限	制造商声明的环境温度等级上限温度
	相对湿度	＞95%
	持续时间	24 h
低温阶段	温度下限	20 ℃±3 ℃
	相对湿度	93% ± 3%
	持续时间	24 h
试验循环数		2

5.8.5 电源变化

修正仪在规定的直流电源或电池供电上下限电压条件下均应能正常工作，主示值和各分量的误差均应符合表 2 规定的额定工作条件下的最大允许误差。

5.8.6 振动

修正仪按表 4 规定的参数进行振动影响试验后应能正常工作，所有功能均应符合设计要求，主示值和各分量的误差应符合表 2 规定的参比条件下的最大允许误差。

表 4 振动(随机)试验参数

参数名	参数值
严酷度等级	2
频率范围	10 Hz～150 Hz
总均方根加速度(RMS)等级	$7\ ms^{-2}$

表 4（续）

参数名		参数值
加速度谱密度(ASD)等级	10 Hz～20 Hz	1 m^2s^{-3}
	20 Hz～150 Hz	－3 dB/oct
试验轴向数量		3
每个轴向的持续时间		2 min

5.8.7 冲击

修正仪按表 5 规定的参数进行冲击影响试验后应能正常工作，所有功能均应符合设计要求，主示值和各分量的误差应符合表 2 规定的参比条件下的最大允许误差。

表 5　冲击试验参数

参数名	参数值
严酷度等级	2
冲击峰值加速度	100 m/s^2 ± 20 m/s^2
脉冲持续时间	16 ms ± 2 ms
脉冲重复频率	60 次/min～100 次/min
连续冲击次数	1 000 次±10 次
脉冲波形	半正弦波

5.9 电磁兼容性

5.9.1 射频电磁场辐射抗扰度

修正仪按表 6 规定的参数进行射频电磁场辐射抗扰度试验，试验期间应在规定的限值范围内工作正常，试验后仍应能正常工作，存储的信息不丢失，积算值的变化应不超过一个显示分辨力。

表 6　射频电磁场辐射抗扰度试验参数

参数名	参数值	
电磁环境等级	E1	E2
频率范围	80 MHz ～ 2 000 MHz	
场强	3 V/m	10 V/m
调制	80% AM,1 kHz,正弦波	

5.9.2 射频场感应的传导骚扰抗扰度

有电源线或输入输出信号线的修正仪，按表 7 规定的参数进行射频场感应的传导骚扰抗扰度试验，试验期间应在规定的限值范围内工作正常，试验后仍应能正常工作，存储的信息不丢失，积算值的变化应不超过一个显示分辨力。

表 7　射频场感应的传导骚扰抗扰度试验参数

参数名	参数值	
电磁环境等级	E1	E2
频率范围	0.15 MHz～80 MHz	
RF 电动势幅值	3 V	10 V
调制	80% AM,1 kHz,正弦波	

5.9.3　静电放电抗扰度

修正仪按表 8 规定的参数进行静电放电抗扰度试验,试验期间应在规定的限值范围内工作正常,试验后仍应能正常工作,存储的信息不丢失,积算值的变化应不超过一个显示分辨力。

表 8　静电放电抗扰度试验参数

参数名	参数值
严酷度等级	3
试验电压(接触放电)	6 kV
试验电压(空气放电)	8 kV
试验循环数	在同一次测量或模拟测量期间,每一试验点至少施加 10 次直接放电,放电间隔时间至少 1 s。 对于间接放电,在水平耦合平面上总计应施加 10 次放电。在垂直耦合平面上,每一位置总计施加 10 次放电

5.9.4　电快速瞬变脉冲群抗扰度

外部直流电源供电或与外部设备之间有输入输出信号线的修正仪,按表 9 规定的参数进行电快速瞬变脉冲群抗扰度试验,试验期间应在规定的限值范围内工作正常,试验后仍应能正常工作,存储的信息不丢失,积算值的变化应不超过一个显示分辨力。

表 9　电快速瞬变脉冲群抗扰度试验参数

电磁环境等级	尖峰幅值[a]		其他试验参数
	E1	E2	
输入输出(I/O)和通讯端口(带外部设备连接线)[b]	± 0.5 kV	± 1 kV	上升时间:5 ns 尖峰持续时间:50 ns 重复频率:5 kHz 脉冲群持续时间:15 ms 脉冲群周期:300 ms 每极性试验持续时间:≥1 min
直流电源端口[c]	± 1 kV	± 2 kV	

[a] 双指数波形瞬时电压尖峰脉冲;
[b] 室内连接线的长度超过 10 m,如果有室外接线,则不考虑线长;
[c] 不适用于连接电池或再充电时必须从装置上拆下的可充电电池的输入端口。

5.9.5 直流电源电压暂降和短时中断抗扰度

外部直流电源供电的修正仪，按表10和表11规定的参数进行直流电源电压暂降和短时中断抗扰度试验，试验期间应在规定的限值范围内工作正常，试验后仍应能正常工作，存储的信息不丢失，积算值的变化应不超过一个显示分辨力。

表10 直流电源电压暂降抗扰度试验参数

参数名	参数值	
严酷度等级	1	
降低至	40%	70%
持续时间	0.1 s	0.1 s
试验循环数	至少10次降低，每次间隔时间最少10 s	

表11 直流电源短时中断抗扰度试验参数

参数名	参数值
严酷度等级	1
降低至	0%
持续时间	0.1 s
试验循环数	至少10次，每次间隔时间最少10 s

5.9.6 电源线和/或信号线上浪涌(冲击)抗扰度

外部直流电源供电和/或与外部设备之间有输入输出信号线的修正仪，按表12规定的参数进行电源线和/或信号线浪涌(冲击)抗扰度试验，试验期间应在规定的限值范围内工作正常，试验后仍应能正常工作，存储的信息不丢失，积算值的变化应不超过一个显示分辨力。

表12 浪涌(冲击)抗扰度试验参数

参数名	参数值
严酷度等级	3
输入输出(I/O)和通信端口[a]	线对线 ±1 kV 线对地 ± 2 kV
直流电源端口	线对线 ±1 kV 线对地 ± 2 kV
试验循环数	每一极性至少3次
[a] 适用于室内信号线不少于30 m的修正仪，如果有室外连接线，则不考虑线长。	

5.9.7 工频磁场抗扰度

修正仪按表13规定的参数进行工频磁场抗扰度试验，试验期间应在规定的限值范围内工作正常，试验后仍应能正常工作，存储的信息不丢失，积算值的变化应不超过一个显示分辨力。

表 13　工频磁场抗扰度试验参数

参数名	参数值
严酷度等级	5
磁场强度	100 A/m

5.10　压力传感器的过载压力

修正仪的压力传感器按表 14 规定的参数进行过载压力试验后，测量误差偏差的绝对值应不超过表 2 规定的参比条件下的最大允许误差绝对值。

表 14　过载压力试验参数

参数名	参数值
施加压力	1.25 MOP(最大工作压力)
保压时间	30 min
卸压后恢复时间	30 min

5.11　修正仪过载压力(机械强度)

本条款适用于壳体内安装有压力传感器的修正仪。

修正仪与压力传感器正确连接后，按表 15 规定的参数进行过载压力(机械强度)试验，试验期间和试验后修正仪的引压元件、压力传感器及其各连接端均不应发生泄漏和密封损坏等现象。

表 15　过载压力(机械强度)试验参数

<table>
<tr><th>最大工作压力 MOP/MPa</th><th>试验压力</th><th>持续时间/min</th></tr>
<tr><td>MOP>4.0</td><td>1.15MOP</td><td rowspan="6">15</td></tr>
<tr><td>1.6<MOP≤4.0</td><td>1.20MOP</td></tr>
<tr><td>0.5<MOP≤1.6</td><td>1.30MOP</td></tr>
<tr><td>0.2≤MOP≤0.5</td><td>1.40MOP</td></tr>
<tr><td>0.01<MOP≤0.2</td><td>1.75MOP</td></tr>
<tr><td>MOP≤0.01</td><td>2.50MOP</td></tr>
<tr><td colspan="3">注：最大工作压力指表压力。</td></tr>
</table>

5.12　耐久性

修正仪按表 16 规定的参数进行耐久性试验，试验期间和试验后均应正常工作，试验前后主示值和各分量的误差偏差的绝对值应不超过表 2 规定的参比条件下最大允许误差绝对值的二分之一。

表 16 耐久性试验参数

参数名	参数值
循环定义	先在环境温度等级的上限温度条件下持续 7 d,然后在环境温度等级的下限温度条件下持续 7 d
循环次数	2
总持续时间	28 d

5.13 外壳防护

修正仪和各部件的外壳防护等级应根据安装条件进行规定。

户外露天使用的修正仪或其部件的外壳防护等级至少应达到 GB/T 4208—2017 规定的 IP 65。

5.14 防爆性能

修正仪及其相关传感器的防爆性能应符合 GB 3836.1 和 GB 3836.2 或 GB 3836.4 的规定。

6 试验方法

6.1 试验条件

6.1.1 参比条件

试验条件包括额定工作条件和参比条件,参比条件规定如下:

a) 环境温度:20 ℃ ± 3 ℃,在一次试验期间实际温度变化不超过±1 ℃;

b) 环境相对湿度:60% ± 15%,在一次试验期间相对湿度变化不超过 10%;

c) 直流电源设备:电源公称电压值;

d) 电池供电设备:电源公称电压值。

型式检验时除规定的影响量外,其他试验条件均应保持在参比条件下。

6.1.2 试验设备

试验所用的参考仪器均应能溯源到国家计量基准。仪器的不确定度,包括仪器使用所引入的不确定度,应不超过修正仪的相关被测量最大允许误差绝对值的三分之一。

6.1.3 通用试验要求

6.1.3.1 修正仪的各独立部件在试验期间均应正常工作。如果修正仪具有相关燃气流量计误差曲线校正的功能,校正因子应设定为 1。误差曲线校正功能应单独验证。

6.1.3.2 输入修正仪的模拟体积应确保所引入的不确定度不超过测量结果合成不确定度的三分之一。

6.1.3.3 误差试验时,p_{max}、T_{max} 和 p_{min}、T_{min} 的值应分别接近于实际的上下限值,适当偏离激活报警相关的值,防止激活报警,报警试验时除外。

6.1.3.4 当试验程序要求施加影响量和电磁兼容试验之前应先在参比条件下进行试验时,可将前一个试验结束后在参比条件下的试验当作本次试验前在参比条件下的试验。

6.1.3.5 连接线的长度应符合制造商的规定,如果规定最长的长度超过 3 m,试验时最短长度可为 3 m。

6.1.3.6 在试验过程中,修正仪的读数允许通过数据通信方式读取。

6.1.4 型式检验样品的要求

试验样品应是配备压力传感器和(或)温度传感器的整机,数量应不少于3台。样品使用方式见表17。

表17 修正仪型式检验样品的使用方式

推荐的试验顺序			样品		
条款	试验项目		S1	S2	S3
5.2.1	最大允许误差		√	√	√
5.2.2	重复性		√		√
5.3	结构要求			√	
5.4	外观		√	√	√
5.5	指示装置			√	
5.6	安全装置和报警功能		√		√
5.7	安装要求		√	√	√
5.8	影响量	高温	√		√
		低温	√		√
		恒定湿热	√		√
		交变湿热	√		√
		电源变化	√		√
		振动	√		√
		冲击	√		√
5.9	电磁兼容性	射频电磁场辐射抗扰度	√		√
		射频场感应的传导骚扰抗扰度	√		√
		静电放电抗扰度	√		√
		电快速瞬变脉冲群抗扰度	√		√
		直流电源电压暂降和短时中断抗扰度	√		√
		电源线和/或信号线上浪涌(冲击)抗扰度	√		√
		工频磁场抗扰度	√		√
5.10	压力传感器的过载压力		√		√
5.11	修正仪过载压力(机械强度)		√		√
5.12	耐久性			√	
5.13	外壳防护			√	

6.1.5 试验程序的定义

6.1.5.1 试验程序1(PR1)

6.1.5.1.1 试验条件

本试验程序适用于主示值的误差试验,在6.1.1规定的参比条件下进行。

压缩因子计算应采用修正仪适用的燃气类别，其中天然气应采用三种不同的组分。

6.1.5.1.2 误差试验要求

通过试验确定修正仪在规定试验点的误差。误差依据转换系数 C 或基准条件下的体积 V_b 来确定，要求如下：

a) T 转换

误差试验在 T_{min}、T_{mid} 和 T_{max} 3 个温度点下进行，其中 $T_{mid} \approx \frac{T_{max}+T_{min}}{2}$。

温度点 T_{mid} 的误差应按 V_b 来计算，其他温度点（T_{min} 和 T_{max}），可按转换系数 C 来确定误差。

b) PT 转换和 PTZ 转换

误差试验必须按表 18 规定的点和顺序执行。表 18 中第 8 点的误差应按 V_b 来计算，其他点的误差可按转换系数 C 来确定。

表 18 15 个试验点及顺序

试验点	p_{min}	p_2	p_3	p_4	p_{max}
T_{min}	1 ⇨	2 ⇨	3 ⇨	4 ⇨	5 ⇩
T_{mid}	⇩ 10	⇦ 9	⇦ 8	⇦ 7	⇦ 6
T_{max}	11 ⇨	12 ⇨	13 ⇨	14 ⇨	15

表 18 中：

$$T_{mid} \approx \frac{T_{max}+T_{min}}{2} \quad\cdots\cdots(17)$$

$$p_2 \approx \frac{3p_{min}+p_{max}}{4} \quad\cdots\cdots(18)$$

$$p_3 \approx \frac{p_{min}+p_{max}}{2} \quad\cdots\cdots(19)$$

$$p_4 \approx \frac{3p_{max}+p_{min}}{4} \quad\cdots\cdots(20)$$

温度和压力试验点应设定在式(17)～式(20)计算值的±4%以内。

6.1.5.2 试验程序 2(**PR2**)

试验程序 PR2 仅在其中一种燃气组分下进行，该组分应是 PR1 试验结果中最差的一种。试验在参比条件下还是在额定工作条件下进行应根据具体的试验要求确定。

6.1.5.3 试验程序 3(**PR3**)

试验程序 PR3 与 PR2 相同的一种燃气组分下进行，试验点按表 19 的规定。

表 19 4 个试验点及顺序

试验点	p_{min}	p_{max}
T_{min}	1 ⇨	2 ⇩
T_{max}	4	⇦ 3

第3点的误差应按V_b来计算，其他点的误差可按转换系数C来确定。

6.1.5.4 **试验程序4(PR4)**

试验程序PR4适用于压力传感器的测量误差试验，试验点按表20的规定。

表20 压力传感器的试验点

p_{min}	p_2	p_3	p_4	p_{max}
5	⇦ 4	⇦ 3	⇦ 2	⇦ 1

6.2 修正仪主示值和各分量的最大允许误差(MPE)试验

6.2.1 型式检验

应在参比条件下进行主示值和各分量的误差试验，试验步骤如下：

a) 将修正仪的脉冲输入端口连接到脉冲信号发生器，如果是数字通信端口，则连接到数据发生终端。温度传感器置入稳定的温度源(恒温槽)中，压力传感器接入稳定的压力源(压力发生器)，对于T转换，依次在T_{min}、T_{mid}和T_{max} 3个温度点执行，对于PT转换和PTZ转换，按PR1执行；

b) 对于表18中的第8个试验点，还应按6.1.3.2的规定输入相关燃气流量计测量条件下的模拟体积。如果输入信号为脉冲，应分别在相关燃气流量计的上限频率和下限频率条件下输入脉冲信号；

c) 在进行积算器误差试验时温度和压力值直接通过修正仪的参数设定端口以数值的方式置入；

d) 按5.2.1.2的相关公式计算主示值和各分量的误差；

e) 确认主示值和各分量的误差是否符合表2中参比条件下的最大允许误差的要求。

6.2.2 出厂检验

可按6.2.1规定的方法对修正仪进行主示值和各分量的误差试验，也可在参比条件下仅进行各分量的误差试验。如果所检验的被测量对环境条件不敏感，也可以额定工作条件下进行。

各分量的误差试验步骤如下：

a) 将修正仪的温度传感器置入稳定的温度源(恒温槽)中，依次在T_{min}、T_{mid}和T_{max} 3个温度点进行试验。如温度传感器的输出为数字通信形式，其误差与积算器无关，可单独对温度传感器进行试验；

b) 如适用，将修正仪的压力传感器接入稳定的压力源(压力发生器)，按表20规定的压力点进行试验。如压力传感器的输出为数字通信形式，其误差与积算器无关，可单独对压力传感器进行试验；

c) 按表18中的第8点进行积算器的误差试验。试验时应按6.1.3.2的规定输入测量条件下的模拟体积，如果输入信号为脉冲，可在上限频率下输入。积算器的温度和压力值(如适用)直接通过参数设定端口以数值的方式置入；

d) 按5.2.1.2的相关公式计算各分量的误差；

e) 确认各分量的误差是否符合表2中参比条件下的最大允许误差的要求。

6.3 重复性试验

重复性试验可与主示值的误差试验一起进行：

a) 对于T转换，试验点为 T_{mid}，对于PT转换和PTZ转换试验点为 p_{min}、T_{mid}，且燃气组分为一种；

b) 在参比条件下对该试验点进行连续6次测量；

c) 按5.2.1.2中a)的公式计算转换系数的误差，并按式(21)计算6个误差的标准偏差 σ；

d) 确认试验结果是否符合5.2.5的要求。

$$\sigma=\sqrt{\frac{\sum_{i=1}^{n}(e_{Ci}-\bar{e}_{C})^{2}}{n-1}} \quad \cdots\cdots(21)$$

6.4 结构验证

对照5.3的相关要求对结构进行验证。

6.5 外观检查

对照5.4的相关要求对外观进行检查，采用目测和手动检查方法对所有样品进行符合性验证。

6.6 指示装置检查

对照5.5的相关要求对指示装置进行检查，采用影像测量设备对显示数字的长度和宽度进行测量。出厂检验时可仅对5.5.2规定的要求进行检查。

6.7 安全装置和报警功能试验

通过模拟修正仪每一个特征量超过规定测量范围的方式来验证报警功能是否符合本标准及制造商的相关规定，试验步骤如下：

a) 根据修正仪的报警功能确定特征量及其参数；

b) 增大或减小所选参数的值，直至超过规定测量范围的极限值达到设定的报警值，确认修正仪是否按设计的功能报警；

c) 将所选参数的值调回到规定的测量范围，确认修正仪是否返回到正常工作状态；

d) 确认只要有一个参数处于报警状态，修正仪是否停止累积基准条件下的体积 V_b，如报警事件与测量条件下体积有关，应同时停止累积测量条件下的体积 V_m；
适用时，确认报警发生期间是否停止累积受干扰的基准条件下的体积 V_{bD} 和测量条件下体积 V_D；
确认报警消除后基准条件下的体积 V_b 和测量条件下的体积 V_m 是否恢复累积；

e) 每项报警还应确认下列内容：
——修正仪是否正确记录报警类型、开始和结束日期、时间等信息；
——积算器是否具备事件报警检测和输入装置；
——报警指示是否保留至经授权人员的干预。

6.8 安装要求检查

对照5.7的相关要求对安装要求进行检查，采用目测和信号输入的方式进行符合性验证。出厂检验时可仅对5.7.2规定的要求进行检查。

6.9 影响量试验

6.9.1 高温

按下列步骤对修正仪进行高温影响试验：

a) 将修正仪的脉冲输入端口连接到脉冲信号发生器，如果输入信号是数字通信信号，则连接到数据发生终端。将温度传感器放入稳定的温度源（恒温槽）中，压力传感器接入稳定的压力源（压力发生器）连同修正仪一起置入环境温度试验设备中，通电使修正仪处于工作状态；
b) 按 GB/T 2423.2 规定的方法将修正仪暴露在制造商声明且符合 5.1.1 规定的最高环境温度下持续 16 h；
c) 调整温度源（恒温槽）和压力源（压力发生器）的输出，对于 T 转换，依次在 T_{min}、T_{mid} 和 T_{max} 3 个温度点下执行，对于 PT 转换和 PTZ 转换，按 PR2 执行；
d) 对于表 18 中的第 8 个试验点，还应按 6.1.3.2 的规定输入相关燃气流量计测量条件下的模拟体积；
e) 按 5.2.1.2 的相关公式计算主示值和各分量的误差；
f) 试验过程中还应检查修正仪工作是否正常；
g) 确认试验结果是否符合 5.8.1 的要求。

6.9.2 低温

按下列步骤对修正仪进行低温影响试验：

a) 将修正仪的脉冲输入端口连接到脉冲信号发生器，如果输入信号是数字通信信号，则连接到数据发生终端。将温度传感器放入稳定的温度源（恒温槽）中，压力传感器接入稳定的压力源（压力发生器）连同修正仪一起置入环境温度试验设备中，通电使修正仪处于工作状态；
b) 按 GB/T 2423.1 规定的方法将修正仪暴露在制造商声明且符合 5.1.1 规定的最低环境温度下持续 16 h；
c) 调整温度源（恒温槽）和压力源（压力发生器）的输出，对于 T 转换，依次在 T_{min}、T_{mid} 和 T_{max} 3 个温度点下执行，对于 PT 转换和 PTZ 转换，按 PR2 执行；
d) 对于表 18 中的第 8 个试验点，还应按 6.1.3.2 的规定输入相关燃气流量计测量条件下的模拟体积；
e) 按 5.2.1.2 的相关公式计算主示值和各分量的误差；
f) 试验过程中还应检查修正仪工作是否正常；
g) 确认试验结果是否符合 5.8.2 的要求。

6.9.3 恒定湿热

按下列步骤对修正仪进行恒定湿热影响试验：

a) 将修正仪的脉冲输入端口连接到脉冲信号发生器，如果输入信号是数字通信信号，则连接到数据发生终端。将温度传感器放入稳定的温度源（恒温槽）中，压力传感器接入稳定的压力源（压力发生器）连同修正仪一起置入环境温度试验设备中，通电使修正仪处于工作状态；
b) 按 GB/T 2423.3 规定的方法将修正仪暴露在环境温度等级对应的上限温度和 93%的相对湿度条件下持续 4 d，期间应无冷凝发生；
c) 在恒定湿热影响条件下进行误差试验，调整温度源（恒温槽）和压力源（压力发生器）的输出，对于 T 转换，依次在 T_{min}、T_{mid} 和 T_{max} 3 个温度点下执行，对于 PT 转换和 PTZ 转换，按 PR3 执行，对于表 19 中的第 3 个试验点还应按 6.1.3.2 的规定输入相关燃气流量计测量条件下的模拟体积；
d) 按 5.2.1.2 的规定计算主示值和各分量的误差；
e) 试验过程中还应检查修正仪工作是否正常；
f) 确认试验结果是否符合 5.8.3 的要求。

6.9.4 交变湿热

按下列步骤对修正仪进行交变湿热影响试验：

a) 按 GB/T 2423.4 规定的方法进行试验，试验参数见表 3。试验时应断开修正仪的电源，对于电池无法取下的修正仪应使其处于最不活跃状态，期间修正仪应有冷凝发生；
b) 试验结束后在参比条件下恢复 4 h，随后检查修正仪工作是否正常，并进行误差试验。对于 T 转换，依次在 T_{min}、T_{mid} 和 T_{max} 3 个温度点下执行；对于 PT 转换和 PTZ 转换，按 PR3 执行；对于表 19 中的第 3 个试验点还应按 6.1.3.2 的规定输入相关燃气流量计测量条件下的模拟体积；
c) 按 5.2.1.2 的规定计算主示值和各分量的误差；
d) 试验过程中还应检查修正仪工作是否正常；
e) 确认试验结果是否符合 5.8.4 的要求。

6.9.5 电源变化

在参比条件下按下列步骤对修正仪进行电源变化影响试验：

a) 向修正仪输入供电电源的上限直流电压；
b) 对于 T 转换，依次在 T_{min}、T_{mid} 和 T_{max} 3 个温度点下执行；对于 PT 转换和 PTZ 转换，按 PR3 执行；对于表 19 中的第 3 个试验点还应按 6.1.3.2 的规定输入相关燃气流量计测量条件下的模拟体积；
c) 按 5.2.1.2 的规定计算主示值和各分量的误差；
d) 输入供电电源的下限直流电压，重复步骤 b) 和 c)；
e) 试验过程中还应检查修正仪工作是否正常；
f) 确认试验结果是否符合 5.8.5 的要求。

6.9.6 振动

按下列步骤对修正仪进行振动影响试验：

a) 按 GB/T 2423.56 规定的方法进行振动试验，试验参数见表 4。试验时应断开修正仪的电源，对于电池无法取下的修正仪应使其处于最不活跃状态；
b) 试验结束后恢复供电，随后检查修正仪工作是否正常，并在参比条件下进行误差试验。对于 T 转换，依次输入 T_{min}、T_{mid} 和 T_{max} 3 个温度点；对于 PT 转换和 PTZ 转换，按 PR3 执行；对于表 19中的第 3 个试验点还应按 6.1.3.2 的规定输入相关燃气流量计测量条件下的模拟体积；
c) 按 5.2.1.2 的规定计算主示值和各分量的误差；
d) 确认试验结果是否符合 5.8.6 的要求。

6.9.7 冲击

按下列步骤对修正仪进行冲击影响试验：

a) 按 GB/T 25480 规定的方法进行冲击试验，试验参数见表 5。试验时应断开修正仪的电源，对于电池无法取下的修正仪应使其处于最不活跃状态；
b) 试验结束后恢复供电，随后检查修正仪工作是否正常，并在参比条件下进行误差试验。对于 T 转换，依次在 T_{min}、T_{mid} 和 T_{max} 3 个温度点下执行；对于 PT 转换和 PTZ 转换，按 PR3 执行；对于表 19 中的第 3 个试验点还应按 6.1.3.2 的规定输入相关燃气流量计测量条件下的模拟体积；
c) 按 5.2.1.2 的规定计算主示值和各分量的误差；

d) 确认试验结果是否符合 5.8.7 的要求。

6.10 电磁兼容性试验

6.10.1 射频电磁场辐射抗扰度

按下列步骤对修正仪进行射频电磁场辐射抗扰度试验：

a) 试验前应确认修正仪工作正常，记录修正仪的积算值和所有寄存器设定的参数；
b) 修正仪在通电状态下，按 GB/T 17626.3 规定的方法进行射频电磁场辐射抗扰度试验，试验参数见表 6，试验期间应观察修正仪工作是否正常；
c) 试验结束后检查修正仪所有寄存器设定的参数和积算值是否发生变化；
d) 确认试验结果是否符合 5.9.1 的要求。

6.10.2 射频场感应的传导骚扰抗扰度

本试验仅适用于带电源线和信号传输线的修正仪。

按下列步骤对修正仪进行射频场感应的传导骚扰抗扰度试验：

a) 试验前应确认修正仪工作正常，记录修正仪的积算值和所有寄存器设定的参数；
b) 修正仪在通电状态下，按 GB/T 17626.6 规定的方法进行射频场感应的传导骚扰抗扰度试验，试验参数见表 7，试验期间应观察修正仪工作是否正常；
c) 试验结束后检查修正仪所有寄存器设定的参数和积算值是否发生变化；
d) 确认试验结果是否符合 5.9.2 的要求。

6.10.3 静电放电抗扰度

按下列步骤对修正仪进行静电放电抗扰度试验：

a) 试验前应确认修正仪工作正常，记录修正仪的积算值和所有寄存器设定的参数；
b) 修正仪在通电状态下，按 GB/T 17626.2 规定的方法进行静电放电抗扰度试验，试验参数见表 8，试验期间应观察修正仪工作是否正常；
c) 试验结束后检查修正仪所有寄存器设定的参数和积算值是否发生变化；
d) 确认试验结果是否符合 5.9.3 的要求。

6.10.4 电快速瞬变脉冲群抗扰度

本试验仅适用于带电源线和信号传输线的修正仪。

按下列步骤对修正仪进行电快速瞬变脉冲群抗扰度试验：

a) 试验前应确认修正仪工作正常，记录修正仪的积算值和所有寄存器设定的参数；
b) 修正仪在通电状态下，按 GB/T 17626.4 规定的方法进行电快速瞬变脉冲群抗扰度试验，试验参数见表 9，试验期间应观察修正仪工作是否正常；
c) 试验结束后检查修正仪所有寄存器设定的参数和积算值是否发生变化；
d) 确认试验结果是否符合 5.9.4 的要求。

6.10.5 直流电源电压暂降和短时中断抗扰度

本试验仅适用于外部直流电源供电的修正仪。

按下列步骤对修正仪进行直流电源电压暂降和短时中断抗扰度试验：

a) 试验前应确认修正仪工作正常，记录修正仪的积算值和所有寄存器设定的参数；
b) 修正仪在通电状态下，按 GB/T 17626.29 规定的方法进行直流电源电压暂降和短时中断抗扰度试验，试验参数见表 10 和表 11，试验期间应观察修正仪工作是否正常；
c) 试验结束后检查修正仪所有寄存器设定的参数和积算值是否发生变化；
d) 确认试验结果是否符合 5.9.5 的要求。

6.10.6 电源线和/或信号线上浪涌(冲击)抗扰度

本试验仅适用于带电源线和信号传输线的修正仪。

按下列步骤对修正仪进行电源线和/或信号线上浪涌(冲击)抗扰度试验：
a) 试验前应确认修正仪工作正常，记录修正仪的积算值和所有寄存器设定的参数；
b) 修正仪在通电状态下，按 GB/T 17626.5 规定的方法进行电源线和/或信号线上浪涌(冲击)抗扰度试验，试验参数见表 12，试验期间应观察修正仪工作是否正常；
c) 试验结束后检查修正仪所有寄存器设定的参数和积算值是否发生变化；
d) 确认试验结果是否符合 5.9.6 的要求。

6.10.7 工频磁场抗扰度

按下列步骤对修正仪进行工频磁场抗扰度试验：
a) 试验前应确认修正仪工作正常，记录修正仪的积算值和所有寄存器设定的参数；
b) 修正仪在通电状态下，按 GB/T 17626.8 规定的方法进行工频磁场抗扰度试验，试验参数见表 13，试验期间应观察修正仪工作是否正常；
c) 试验结束后检查修正仪所有寄存器设定的参数和积算值是否发生变化；
d) 确认试验结果是否符合 5.9.7 的要求。

6.11 压力传感器的过载压力试验

按下列步骤对修正仪的压力传感器进行过载压力试验：
a) 过载压力试验前，在参比条件下按 PR4 进行压力传感器的测量误差试验；
b) 对压力传感器进行过载压力试验，试验参数见表 14；
c) 在参比条件下再按 PR4 进行压力传感器的测量误差试验；
d) 将过载压力试验前后每一个试验点压力的测量误差相减，取绝对值，与表 2 规定的参比条件下的最大允许误差的绝对值相比较；
e) 确认试验结果是否符合 5.10 的要求。

6.12 修正仪过载压力(机械强度)试验

按下列步骤对修正仪进行过载压力(机械强度)试验：
a) 将压力传感器正确连接到修正仪；
b) 对修正仪进行过载压力(机械强度)试验，试验参数见表 15；
c) 施加过载压力期间检查修正仪的引压元件、压力传感器及其连接端是否存在泄漏；
d) 试验后检查修正仪的引压元件、压力传感器及其连接端是否发生密封损坏；
e) 确认试验结果是否符合 5.11 的要求。

6.13 耐久性试验

按下列步骤对修正仪进行耐久性试验：
a) 耐久性试验前在参比条件下按 PR2 进行一次误差试验；
b) 对修正仪进行模拟使用的耐久性试验，试验参数见表 16。试验期间修正仪应处于工作状态，环境温度从上限到下限的变化速率约为 10 K/h；

c) 耐久性试验期间应至少每天一次检查修正仪工作是否正常；

d) 耐久性试验结束后，在参比条件下恢复 24 h；

e) 在参比条件下按 PR2 再进行一次误差试验；

f) 计算耐久性试验前后每个试验点的误差偏差，取绝对值；

g) 确认试验结果是否符合 5.12 的要求。

6.14 外壳防护试验

根据修正仪的外壳防护(IP)等级，按 GB/T 4208—2017 中第 12 章～第 14 章规定的方法进行外壳防护试验。

6.15 防爆性能检查

修正仪及其相关传感器的防爆性能由国家指定的防爆检验机构按相关标准进行检验，并获得相应的防爆合格证书。

7 检验规则

7.1 出厂检验

每台修正仪均需经检验合格后封印，并附有产品合格证。

修正仪的出厂检验项目见表 21。

表 21 出厂检验和型式检验项目

序号	检验项目		技术要求	试验方法	出厂检验	型式检验
1	最大允许误差		5.2.1	6.2	√	√
2	重复性		5.2.2	6.3		√
3	结构要求		5.3	6.4	√	√
4	外观		5.4	6.5	√	√
5	指示装置		5.5	6.6	√	√
6	安全装置和报警功能		5.6	6.7	√	√
7	安装要求		5.7	6.8	√	√
8	影响量	高温	5.8.1	6.9.1		√
		低温	5.8.2	6.9.2		√
		恒定湿热	5.8.3	6.9.3		√
		交变湿热	5.8.4	6.9.4		√
		电源变化	5.8.5	6.9.5		√
		振动	5.8.6	6.9.6		√
		冲击	5.8.7	6.9.7		√

表 21（续）

序号	检验项目		技术要求	试验方法	出厂检验	型式检验
9	电磁兼容性	射频电磁场辐射抗扰度	5.9.1	6.10.1		√
		射频场感应的传导骚扰抗扰度	5.9.2	6.10.2		√
		静电放电抗扰度	5.9.3	6.10.3		√
		电快速瞬变脉冲群抗扰度	5.9.4	6.10.4		√
		直流电源电压暂降和短时中断抗扰度	5.9.5	6.10.5		√
		电源线和/或信号线上浪涌(冲击)抗扰度	5.9.6	6.10.6		√
		工频磁场抗扰度	5.9.7	6.10.7		√
10	压力传感器的过载压力		5.10	6.11		√
11	修正仪过载压力(机械强度)		5.11	6.12		√
12	耐久性		5.12	6.13		√
13	外壳防护		5.13	6.14		√
14	防爆性能		5.14	6.15		√
注：“√”表示需要进行该项试验。						

7.2 型式检验

7.2.1 型式检验的情况

型式检验适用于完整的修正仪。

下列情况应进行型式检验：

a) 新产品设计定型鉴定及批量试生产定型鉴定；

b) 当结构、工艺或主要材料有所改变，可能影响其符合本标准及产品技术条件时；

c) 批量生产间断一年后重新投入生产时；

d) 正常生产定期或积累一定产量后应周期性进行一次；

e) 国家质量监督机构提出进行型式检验的要求时。

型式检验后如需对修正仪进行调整，对因调整而受影响的那些特性应进行有限的试验。

7.2.2 型式检验项目

修正仪的型式检验项目见表 21。

7.2.3 型式检验的样品

修正仪型式检验的样品按 6.1.4 的规定确定和使用。

8 标志和随行文件

8.1 标志

每台修正仪应在铭牌或壳体上清晰地标识下列永久信息：

a) 制造商的名称或注册商标；

b) 仪器的序列号和制造年月；
c) 修正仪适用的危险区域等级及其标志和编号(适用时)；
d) 参比条件下的最大允许误差(MPE)；
e) 最大工作压力(适用时)；
f) 环境温度范围；
g) IP 代码(外壳防护等级)；
h) 其他。

8.2 随行文件

每台修正仪均应提供纸质或电子格式的安装、操作和维护手册。手册应以用户可接受的语言编写，通俗易懂，并给出下列恰当的说明：

a) 制造商的名称和地址；
b) 额定工作条件；
c) 机械环境等级和电磁环境等级；
d) 环境温度的上、下限值，是否允许冷凝；
e) 修正仪是否适合室外使用；
f) 安装、维护、修理和允许调整的说明；
g) 修正仪操作和其他特定使用条件的说明；
h) 接口、组件或修正仪兼容性的条件。

9 包装、运输和贮存

9.1 包装

修正仪的包装应符合 GB/T 13384 的规定，图示标志应符合 GB/T 191 的规定。

9.2 运输

修正仪应按标志向上放置装入运输箱，并不受挤压撞击等损伤，运输应采用无强烈震动的交通工具，运输途中应不受雨、霜、雾等直接影响。

9.3 贮存

9.3.1 贮存环境

修正仪应贮存在环境干燥、通风良好且空气中不含有腐蚀性介质的室内场所，并满足以下要求：

a) 环境温度 5 ℃～50 ℃；
b) 相对湿度不大于 90％；
c) 层叠高度不超过五层。

9.3.2 贮存时间

修正仪贮存时间应不超过 12 个月，超过 12 个月后应重新进行性能检查。

附　录　A
（规范性附录）
用雷德利克-邝(Redlick-Kwong)方程计算燃气压缩因子

A.1　计算公式

雷德利克-邝(Redlich-Kwong)方程，简称“R-K 方程”，见式(A.1)。

$$Z^3 - Z^2 - (B^2 + B - A)Z - AB = 0 \qquad \text{(A.1)}$$

式中，A、B 分别按式(A.2)和式(A.3)计算。

$$A = \frac{0.427\,48 p_r}{T_r^{2.5}} \qquad \text{(A.2)}$$

$$B = \frac{0.086\,647 p_r}{T_r} \qquad \text{(A.3)}$$

式(A.2)和式(A.3)中：

p_r——燃气的临界压力比，无量纲数；

$$p_r = \frac{p}{p_c}$$

其中：

p　——燃气绝对压力，单位为帕(Pa)。

T_r——燃气的临界温度比，无量纲数；

$$T_r = \frac{T}{T_c}$$

其中：

T——燃气绝对温度，单位为开尔文(K)。

p_c 为燃气的折算临界压力，单位为帕(Pa)，按式(A.4)计算。

$$p_c = \sum_{i=1}^{n} X_i p_{ci} \qquad \text{(A.4)}$$

式中：

p_{ci}——燃气各组分中单气体的临界压力，单位为帕(Pa)；

X_i——燃气各组分中单气体的体积分数，%。

T_c 为燃气的折算临界温度，单位为开尔文(K)，按式(A.5)计算。

$$T_c = \sum_{i=1}^{n} X_i T_{ci} \qquad \text{(A.5)}$$

式中：

T_{ci}——燃气各组分中单气体的临界温度，单位为开尔文(K)。

A.2　压缩因子 Z 的迭代求解方法

用迭代法求解压缩因子 Z，按式(A.6)进行。

$$Z_n = Z_{n-1} - \frac{F_{n-1}}{F'_{n-1}} \qquad \text{(A.6)}$$

式中：

n——迭代次数。

F_{n-1}按式(A.7)计算：

$$F_{n-1}=Z_{n-1}^{3}-Z_{n-1}^{2}-(B^{2}+B-A)Z_{n-1}-AB \quad \cdots\cdots(A.7)$$

F'_{n-1}按式(A.8)计算：

$$F'_{n-1}=3Z_{n-1}^{2}-2Z_{n-1}-(B^{2}+B-A) \quad \cdots\cdots(A.8)$$

参 考 文 献

[1] JB/T 2274—2014 流量显示仪表

[2] BS EN 12405-1:2005+A2:2010 燃气流量计 转换设备 第1部分:体积转换(Gas meters—Conversion devices—Part 1: Volume conversion)

ICS 75.180.30;91.140
P 47

中华人民共和国城镇建设行业标准

CJ/T 449—2014

切断型膜式燃气表

Diaphragm gas meter with shut-off valve

2014-03-27 发布　　2014-07-01 实施

中华人民共和国住房和城乡建设部　发布

前　言

本标准按照 GB/T 1.1—2009 给出的规则起草。

本标准由住房和城乡建设部标准定额研究所提出。

本标准由住房和城乡建设部燃气标准化技术委员会归口。

本标准起草单位:重庆前卫克罗姆表业有限责任公司、太原煤炭气化(集团)有限责任公司、中国市政工程华北设计研究总院、天津市浦海新技术有限公司、成都秦川科技发展有限公司、浙江松川仪表科技股份有限公司、金卡高科技股份有限公司、新天科技股份有限公司、丹东岩谷东洋燃气表有限公司、天津费加罗电子有限公司、荣成市宇翔实业有限公司、河南汉威电子股份有限公司、沈阳市航宇星仪表有限责任公司、重庆市山城燃气设备有限公司、杭州先锋电子技术股份有限公司、天津市光大伟业计量仪表技术有限公司、宁波天鑫仪表有限公司、慈溪市三洋电子有限公司、宁波市天源电子仪表有限公司、国家燃气用具质量监督检验中心。

本标准主要起草人:蒋宇、王启、赵国卫、刘斌、牛军、权亚强、周福根、郭刚、费战波、李明发、李琦、殷睿、邹子明、常磊、程波、李克勤、谢骏、李玉霞、林爱素、宣国平、赵大力、胡臻、李军、严荣松。

切断型膜式燃气表

1 范围

本标准规定了切断型膜式燃气表(以下简称燃气表)的术语和定义,型号,一般要求,要求,试验方法,检验规则,标识、包装、运输与贮存。

本标准适用于最大工作压力不超过 10 kPa、最大流量不超过 10 m³/h、适应最小工作温度范围为 −10 ℃~40 ℃的燃气表的设计、生产、试验与验收。

2 规范性引用文件

下列文件对于本文件的应用是必不可少的。凡是注日期的引用文件,仅注日期的版本适用于本文件。凡是不注日期的引用文件,其最新版本(包括所有的修改单)适用于本文件。

GB/T 191 包装储运图示标志

GB/T 1690 硫化橡胶或热塑性橡胶 耐液体试验方法

GB/T 2423.1 电工电子产品环境试验 第2部分:试验方法 试验A:低温

GB/T 2423.2 电工电子产品环境试验 第2部分:试验方法 试验B:高温

GB/T 2423.3 电工电子产品环境试验 第2部分:试验方法 试验Cab:恒定湿热试验

GB/T 2423.17 电工电子产品环境试验 第2部分:试验方法 试验Ka:盐雾

GB/T 2828.1 计数抽样检验程序 第1部分:按接收质量限(AQL)检索的逐批检验抽样计划

GB/T 2829 周期检验计数抽样程序及表(适用于对过程稳定性的检验)

GB 4208 外壳防护等级(IP代码)

GB/T 5080.7—1986 设备可靠性试验 恒定失效率假设下的失效率与平均无故障时间的验证试验方案

GB/T 6968—2011 膜式燃气表

GB/T 17626.2 电磁兼容 试验和测量技术 静电放电抗扰度试验

GB/T 17626.3 电磁兼容 试验和测量技术 射频电磁场辐射抗扰度试验

GB/T 28885—2012 燃气服务导则

CJ/T 188 户用计量仪表数据传输技术条件

CJ/T 421 家用燃气燃烧器具电子控制器

3 术语和定义

GB/T 6968—2011 界定的以及下列术语和定义适用于本文件。

3.1

切断型膜式燃气表 diaphragm gas meter with shut-off valve

以膜式燃气表为计量基表,内置切断阀、控制器和其他辅助装置组成的具有监测燃气使用状态、异常情况切断燃气并报警的燃气计量装置。

3.2

基表 base gas meter

具有基础计量功能、直接显示用气量原始数据且与其他附加功能分离的计量器具。

[GB/T 28885—2012,定义 3.5]

3.3

公称流量 nominal flow-rate

燃气表设计时最佳工作状态的常用流量。

3.4

控制器 controller

用于信号采集和功能控制的电子装置。

3.5

切断阀 shut-off valve

用于切断燃气的装置。

3.6

机电转换 electric-mechanical conversion

将燃气表的机械计数转换为电信号。

4 型号

4.1 型号编制

燃气表的型号编制方法:

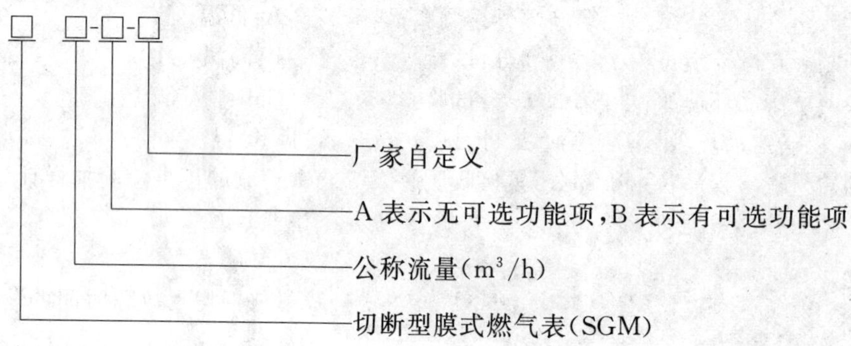

4.2 型号示例

公称流量为 4 m^3/h 的无可选功能项的 BK 型切断型膜式燃气表型号表示为:SGM4-A-BK。

5 一般要求

5.1 燃气表所采用的基表应符合 GB/T 6968 的规定。

5.2 燃气表控制器的应符合 CJ/T 421 的规定,其他部件应符合国家现行相应标准的规定。

5.3 燃气表的流量范围应符合表 1 的规定。

表 1 流量范围

单位为立方米每小时

公称流量 q_n	最大流量值 q_{max}	最小流量上限值 q_{min}	最大始动流量
1.6	2.5	0.016	0.003
2.5	4	0.025	0.005
4	6	0.04	0.005
6	10	0.06	0.008

5.4 供电方式可采用外接电源、可更换电池、不可更换电池三种方式之一或它们之间的组合。工作电压不应大于12 V(d.c.)。不可更换电池的工作寿命不应小于燃气表的使用期限。
5.5 在正常使用条件下,以天然气为介质的燃气表的使用期限为10年,以人工燃气、液化石油气等为介质的燃气表使用期限为6年,在使用期限内不应出现功能失效。
5.6 燃气表的外壳防护等级应符合GB 4208中IP53等级的规定。

6 要求

6.1 外观

燃气表的外观应符合下列规定:

a) 燃气表外壳涂层应均匀,无气泡、脱落、划痕等缺陷;
b) 金属部分应无锈蚀、无伤痕,涂覆颜色应一致;
c) 计数器和铭牌应清晰可辨;
d) 燃气表应具备不经破坏就不能拆卸的防护封印。

6.2 环境条件

6.2.1 温度

6.2.1.1 贮存温度

燃气表不应受正常贮存环境条件下温度变化的影响,按7.4.1.1试验方法试验,恢复工作温度后,燃气表应符合6.6.2、6.7、6.8、6.9和6.10的规定。

6.2.1.2 工作温度

燃气表不应受正常使用环境条件下温度变化的影响,按7.4.1.2试验后,燃气表应符合6.6.2、6.7、6.8、6.9和6.10的规定。

6.2.2 恒定湿热

燃气表不应受正常使用环境条件下湿热变化的影响,按7.4.2试验后,燃气表应符合6.6.2、6.7、6.8、6.9和6.10的规定。

6.2.3 耐盐雾

燃气表应有耐盐雾性能,按7.4.3试验后,燃气表应符合6.1、6.6.2、6.7、6.8、6.9和6.10的规定。

6.2.4 耐振动

燃气表应能承受正常运输搬运过程中的振动,按7.4.4试验后,燃气表应符合6.6.2、6.7、6.8、6.9和6.10的规定。

6.2.5 耐冲击

燃气表应能承受正常使用状态下的外来冲击力,按7.4.5试验后,燃气表应符合6.6.2、6.7、6.8、6.9和6.10的规定。

6.2.6 耐燃气

切断阀用的橡胶密封材料应具有耐燃气性能。按7.4.6试验后,样品的质量变化率不应大于20%,

同时确认样件无变质、变形等问题。

6.3 密封性

6.3.1 内密封性

当切断阀处于关闭状态时，允许的泄漏量不应大于 0.3 dm^3/h。

6.3.2 外密封性

输入 15 kPa 压力的气体时，燃气表不应泄漏。

6.4 耐用性

切断阀在 2.5 kPa 工作压力下，开关 5 000 次后，切断阀的内泄漏量应符合 6.3.1 的规定，并能正常工作。

6.5 压力损失

压力损失应符合 GB/T 6968—2011 中 5.2 的规定。

6.6 计量性能

6.6.1 示值误差

燃气表的示值误差应符合 GB/T 6968—2011 中 5.1 的规定。

6.6.2 机电转换

机电转换应符合 GB/T 6968—2011 附录 C 中 C.3.1.4 的规定。

6.7 安全监控及复位功能

6.7.1 燃气泄漏切断报警

燃气表应具有与燃气泄漏报警器通信的接口，燃气报警器宜具有不完全燃烧报警功能。在正常使用条件下，燃气表收到燃气泄漏报警器传来的报警信号时，应在 10 s 内切断燃气，并输出报警信号。当燃气泄漏报警事件发生时应优先处理燃气泄漏报警事件。

与燃气表连接的燃气泄漏报警器检测到有燃气泄漏时应持续发出报警信号。

6.7.2 流量过载切断报警

在正常使用条件下，流通燃气表的流量超过燃气表最大流量的 1.2 倍时，燃气表应在 120 s 内切断燃气并报警。

6.7.3 异常大流量切断报警

在正常使用条件下，流通燃气表的流量超过燃气用户最大负荷流量的 1.5 倍时，燃气表应在 120 s 内切断燃气并报警。

6.7.4 异常微小流量切断报警

在正常使用条件下，燃气表以低于 2 倍始动流量的流量持续流通时间达到制造商声明的设定值时（最长 10 d），燃气表应切断燃气并报警。

6.7.5 持续流量超时切断报警

在正常使用条件下，当燃气表以任一相对恒定流量持续使用的时间超过制造商声明的设定值时，燃气表应切断燃气并报警。

注：此流量段为2倍始动流量到过载流量之间，宜根据不同的流量大小分段设定不同的使用时间。

6.7.6 燃气压力过低切断报警

在正常使用条件下，燃气表内有燃气流动，持续检测到燃气压力低于0.4 kPa时，燃气表应切断燃气并报警。

6.7.7 长期未使用切断

在正常使用条件下，当燃气表在制造商声明的时间(最长30 d)内未检测到流量应切断燃气。

6.7.8 安全复位

燃气表的复位应符合以下规定：

a) 燃气表应具有方便用户复位操作的装置；

b) 燃气表显示自检完成信息后，在符合复位条件的情况下，人工现场复位；

c) 在人工现场确认安全的情况下，授权才能复位(指具有通信功能，远程复位)。

注：复位条件是指未检测到报警器泄漏报警信号、未检测到低气压、控制器其他功能正常，已授权复位等情况。

6.8 可选功能项

6.8.1 地震感震器动作切断报警

具有地震感震器的燃气表，在正常使用条件下，燃气表附近发生较强地震时，应在强度达到250 gal前，切断燃气并报警。

6.8.2 通信功能

具有通信功能的燃气表，应至少具有以下功能：

a) 远程读表：信息内容至少包括燃气表用气量、工作状态、报警信息、报警器连接状态等；

b) 远程控制：具备远程关阀和远程授权开阀功能；

c) 上传功能：及时主动上传切断报警等信息。

有线通信方式宜按CJ/T 188执行，微功率无线通信方式参考附录A执行。

6.8.3 其他可选功能项

燃气表可配置不降低本标准规定要求的其他附加功能。

6.9 电源管理要求

6.9.1 静态功耗

使用电池供电的燃气表，静态电流不应大于50 μA。

6.9.2 断电保护

当供电中断，燃气表应能关闭切断阀，当恢复供电后，表内数据与断电前一致，不丢失，不错乱。表内数据至少应包括燃气表用气量、报警信息、报警时间、报警器连接状态等，且至少应保存3个月不被刷新。

6.9.3 上电保护

燃气表掉电或电池欠压后重新上电，需人工复位才能开阀。

6.9.4 电源电压下降保护

当燃气表工作电压降至设计欠压值时，应有明确提示，当电源电压继续下降到设计最低工作电压时，应能关闭切断阀，且表内数据不丢失，不错乱。

6.10 提示功能

6.10.1 总体要求

提示功能总体要求如下：

a) 燃气表对工作状态的重要提示信息说明(如电源欠压、切断报警、阀门状态等)应明示在燃气表表体上。

b) 提示信息应清晰、明确。

6.10.2 电源欠压提示

当燃气表工作电压降至设计欠压值时，应有明确提示。

6.10.3 切断报警提示

燃气表应有对切断报警信息的明确提示，且应能明确显示其动作原因。

6.10.4 阀门开闭状态提示

燃气表应有对阀开或阀闭状态的明确提示，如果只有一种状态显示，应显示阀闭状态。

6.10.5 燃气泄漏报警器连接状态提示

燃气表应有对燃气泄漏报警器连接状态的时间记录及提示。

6.11 参数设定功能

燃气表应具有用制造商专用工具设置燃气表参数的功能。

6.12 抗干扰性

6.12.1 静电放电抗扰度

燃气表不应受正常使用状态下产生的静电放电电压影响。经过静电放电抗扰度试验后，应符合6.6.2、6.7、6.8、6.9和6.10的规定。

6.12.2 辐射电磁场抗扰度

燃气表不应受正常使用状态下产生的电磁波影响。经过射频电磁场辐射抗扰度试验后，应符合6.6.2、6.7、6.8、6.9和6.10的规定。

6.12.3 抗磁干扰

在正常使用条件下，外界磁干扰时，燃气表应能正常工作或自动关闭切断阀，信息不丢失，内容不改变。

6.13 外连接线性能

外连接线应符合以下规定：

a) 外连接线应具有明确的极性识别标识；

b) 连接部位应有防止连接线松动或脱落的锁紧机构；

c) 连接线经短路再放开，燃气表应工作正常；

d) 外连接线应具有足够的强度。

6.14 耐久性

燃气表应能承受正常使用的耐用年限。按7.16试验后，样品在测试中和测试完成后应符合6.3、6.6、6.7、6.8、6.9和6.10的规定。

6.15 可靠性(控制部分的平均无故障工作时间MTBF)

控制部分的可靠性(MTBF)下限值应大于2 000 h。

7 试验方法

7.1 试验环境条件

本标准的检验及试验方法，未特别规定试验条件时，均按下列条件实施：

a) 环境温度：(20±15)℃；

b) 环境湿度：相对湿度为(65±20)%；

c) 大气压力：一般为86 kPa～106 kPa；

d) 介质条件：空气或实气。

7.2 试验设备及测试仪器

试验中所用的试验设备及测试仪器见表2。

表2 试验设备及测试仪器

序号	设备名称	技术要求	用途
1	大气压力计	最大允许误差：±2.5 hPa	测量大气压力
2	温度计	分度值：≤0.2 ℃	测量环境温度等
3	湿度计	最大允许误差：±5%(相对湿度)	测量环境湿度
4	稳压电源	电压0 V～36 V连续可调，分度值：≤0.1 V	提供测试电源
5	数字万用表	3位半以上	测量电压、电流
6	调压阀	最大允许误差：±5%	调节气体压力
7	检漏仪	分辨力：≤10 Pa	密封性试验
8	标准流量计	1.0级	流量检测
9	恒压空气源	—	提供空气介质

表 2（续）

序号	设备名称	技术要求	用途
10	秒表	分度值:0.01 s	测量时间
11	压力表	1.0 级	密封性试验
12	永磁体	磁场强度 400 mT～500 mT	磁场干扰试验
13	天平	分度值:1 mg	测量质量
14	电磁兼容试验设备	符合 GB/T 17626.2 和 GB/T 17626.3 的规定	电磁兼容试验
15	温度试验设备	符合 GB/T 2423.1 和 2423.2 的规定	温度试验
16	湿热试验设备	符合 GB/T 2423.3 的规定	湿热试验
17	盐雾试验设备	符合 GB/T 2423.17 的规定	盐雾试验
18	振动试验设备	符合 GB/T 6968—2011 中 6.2.7 的规定	振动试验
19	冲击试验设备	符合 GB/T 6968—2011 中 6.2.8 的规定	冲击试验

7.3　外观试验

目测检查燃气表外观，应符合 6.1 的规定。

7.4　环境条件试验

7.4.1　温度

7.4.1.1　贮存温度

按以下方法进行试验：

a）低温试验按 GB/T 2423.1 中试验 Ab 执行，试验温度－20 ℃(或制造商声明的更低温度)，持续时间 2 h，然后取出在室温下恢复 2 h，检查燃气表应符合 6.2.1.1 的规定；

b）高温试验按 GB/T 2423.2 中试验 Ab 执行，试验温度 60 ℃(或制造商声明的更高温度)，持续时间 2 h，然后取出在室温下恢复 2 h，检查燃气表应符合 6.2.1.1 的规定。

7.4.1.2　工作温度

按以下方法进行试验：

a）低温试验按 GB/T 2423.1 中试验 Ae 执行，试验温度－10 ℃(或制造商声明的更低温度)，持续时间 2 h，在此温度条件下，检查燃气表应符合 6.2.1.2 的规定；

b）高温试验按 GB/T 2423.2 中试验 Ae 执行，试验温度 40 ℃(或制造商声明的更高温度)，持续时间 2 h，在此温度条件下，检查燃气表应符合 6.2.1.2 的规定。

7.4.2　恒定湿热试验

恒定湿热试验按 GB/T 2423.3 执行，将燃气表放在温度(40±2)℃、相对湿度(93±3)%的环境中保持时间 48 h，然后取出在室温下恢复 2 h，检查燃气表应符合 6.2.2 的规定。

7.4.3 耐盐雾试验

耐盐雾试验按 GB/T 2423.17 执行，试验周期为 24 h，然后取出在室温下静置 2 h，试验完成后检查燃气表应符合 6.2.3 的规定。

7.4.4 耐振动试验

耐振动试验按 GB/T 6968—2011 中 6.2.7 执行，试验完成后检查燃气表应符合 6.2.4 的规定。

7.4.5 耐冲击性试验

耐冲击性试验按 GB/T 6968—2011 中 6.2.8 执行，试验完成后检查燃气表应符合 6.2.5 的规定。

7.4.6 耐燃气性试验

耐燃气性试验液体选择正戊烷或 B 溶液，天然气燃具选用正戊烷，人工燃气燃具选用 B 溶液，试验方法按 GB/T 1690 执行，试验完成后结果应符合 6.2.6 的规定。

7.5 密封性试验

7.5.1 内密封性

按图 1 连接好装置或其他等效装置进行试验，切断阀关闭，在进气口分别加入 0.6 kPa 和 15 kPa 的空气压力，打开排气阀，切断阀的密封性应符合 6.3.1 的规定。

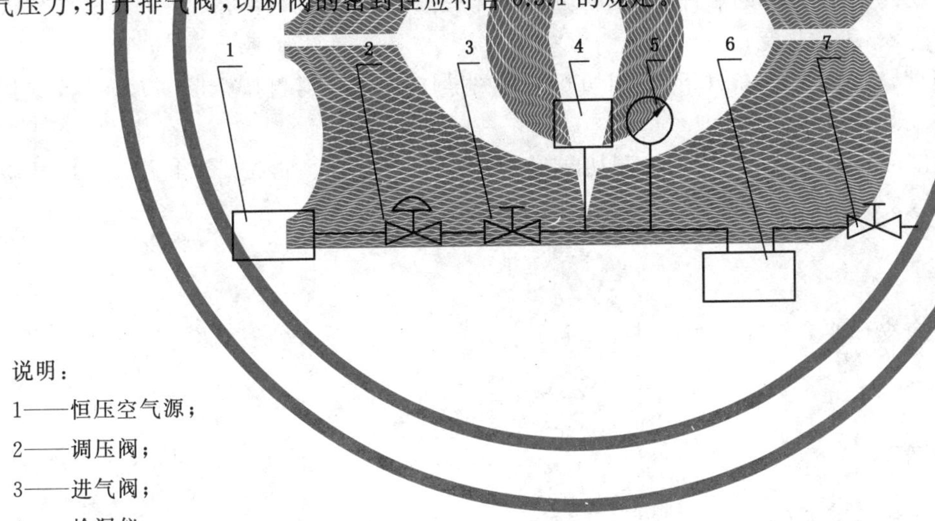

说明：
1——恒压空气源；
2——调压阀；
3——进气阀；
4——检漏仪；
5——压力表；
6——燃气表；
7——排气阀。

图 1 内密封性试验示意图

7.5.2 外密封性

按图 2 连接好装置或其他等效装置进行试验，切断阀打开，关闭排气阀，向燃气表输入 15 kPa 压力的空气后关闭进气阀，保持时间不少于 3min，观察压力表指示值不应下降。

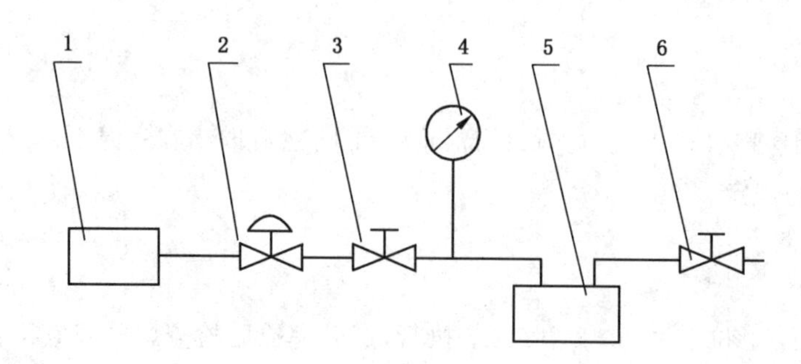

说明：
1——恒压空气源；
2——调压阀；
3——进气阀；
4——压力表；
5——燃气表；
6——排气阀。

图2　外密封性试验示意图

7.6　耐用性

按图2连接好装置或其他等效装置进行试验，将燃气表置于下列恒温环境中，调整燃气表进气口压力为2.5 kPa，调节流量到0.2 q_{max}，进行以下试验：

a)　在试验温度(－10±2)℃的条件下，控制切断阀开关操作1 000次，再按7.5.1方法进行试验，其结果符合6.3.1的规定；

b)　在试验温度(40±2)℃的条件下，控制切断阀开关操作1 000次，再按7.5.1方法进行试验，其结果符合6.3.1的规定；

c)　在试验温度(20±2)℃的条件下，控制切断阀开关操作3 000次，再按7.5.1方法进行试验，其结果符合6.3.1的规定。

7.7　压力损失试验

压力损失试验应按GB/T 6968—2011中5.2执行。

7.8　计量性能

7.8.1　示值误差试验

示值误差试验应按GB/T 6968—2011中5.1执行。

7.8.2　机电转换试验

机电转换试验应按GB/T 6968—2011附录C中C.3.1.4执行。

7.9　安全监控及复位

7.9.1　燃气泄漏切断报警试验

燃气泄漏切断报警试验按下列操作之一执行：

a)　按图3连接好装置，调整燃气表进气口压力为2.5 kPa，用制造商提供的工具及试验方法使燃气泄漏报警器报警，燃气表收到由燃气泄漏报警器传来的信号时，其结果应符合6.7.1的规定。

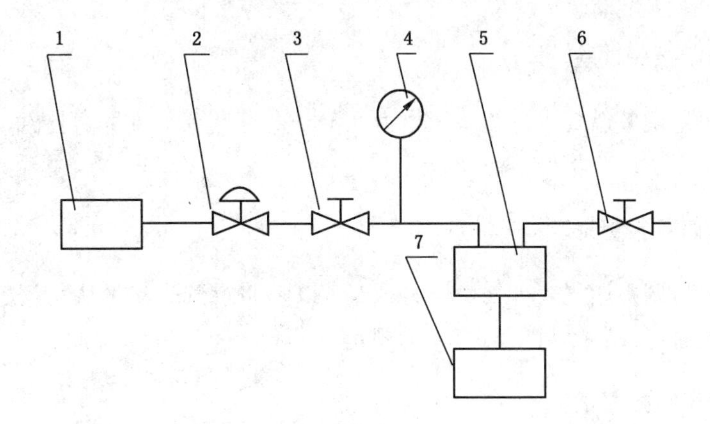

说明：

1——恒压空气源；

2——调压阀；

3——进气阀；

4——压力表；

5——燃气表；

6——排气阀；

7——燃气泄漏报警器。

图3　燃气泄漏报警切断试验示意图

b)　用模拟报警器报警信号测试，燃气表收到报警信号时，其结果应符合6.7.1的规定。

7.9.2　流量过载切断报警试验

按图4连接好装置，调整燃气表进气口压力为2.5 kPa，逐渐调节流量，到流量超过最大流量1.2倍时，其结果应符合6.7.2的规定。

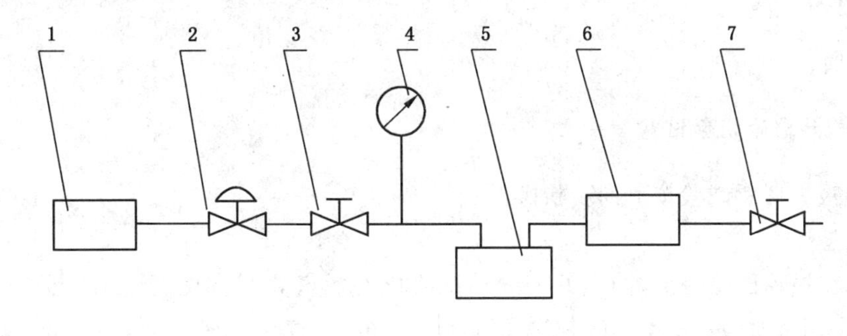

说明：

1——恒压空气源；

2——调压阀；

3——进气阀；

4——压力表；

5——燃气表；

6——标准流量计；

7——排气阀。

图4　流量过载报警切断试验示意图

7.9.3 异常大流量切断报警试验

按图4连接好装置,调整燃气表进气口压力为2.5 kPa,逐渐调节流量,到流量超过燃气用户最大负荷流量的1.5倍时,其结果应符合6.7.3的规定。

7.9.4 微小流量泄漏切断报警试验

按图4连接好装置,调整燃气表进气口压力为2.5 kPa,将燃气表流量从"零"起,缓慢增加至始动流量值,以此流量持续流通,其结果应符合6.7.4的规定。

7.9.5 持续流量超时切断报警试验

按图4连接好装置,调整燃气表进气口压力为2.5 kPa,调节燃气表流量至使用流量范围内,以此流量持续流通,检查在制造商声明的时间内,其结果应符合6.7.5的规定。

7.9.6 燃气压力过低切断报警试验

按图4连接好装置,调整燃气表进气口压力为2.5 kPa,调节燃气表流量至用户使用流量范围内,调整入口空气压力,使燃气表入口压力缓慢下降至0.4 kPa ～ 0.2 kPa时,其结果应符合6.7.6的规定。

7.9.7 长期未使用切断

按图4连接好装置,关闭排气阀,调整燃气表进气口压力为2.5 kPa,在制造商声明的时间内燃气表没有检测到流量,其结果应符合6.7.7的规定。

7.9.8 安全复位功能试验

按7.9.1～7.9.7、7.10对应的试验方法试验完成后,再按制造商声明的复位操作方法复位,其结果应符合6.7.8的规定。

7.10 可选功能项

7.10.1 地震感震器报警切断试验

地震感震器报警切断试验按下列步骤操作:

a) 型式检验

把燃气表放在振动试验台上,固定好。振动试验机对燃气表全方位(至少包含 X 方向、Y 方向有2方位以上,见图5)施加水平振动,其周期范围自0.3 s起至0.7 s,加速度自9 gal起,以11 gal/s的比率增加,在到达250 gal过程中,切断阀应关闭。

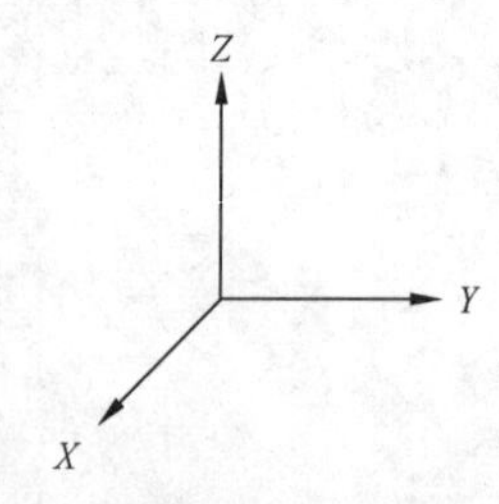

图5 地震感震器报警切断试验示意图

b) 生产检测

在燃气表切断阀开启的情况下,使燃气表倾斜30°,切断阀应关闭。

7.10.2 通信功能试验

用燃气表制造商提供的工具及试验方法测试燃气表的通信功能，其结果应符合6.8.2的规定。

7.11 电源管理要求

7.11.1 静态功耗试验

按图6连接好装置，开关K打至K3位，将稳压电源调整至燃气表规定的工作电压范围，开关K打至K2位，使燃气表正常工作，当燃气表稳定工作后，开关K打至K1位，电流表测得的静态电流应符合6.9.1的规定。

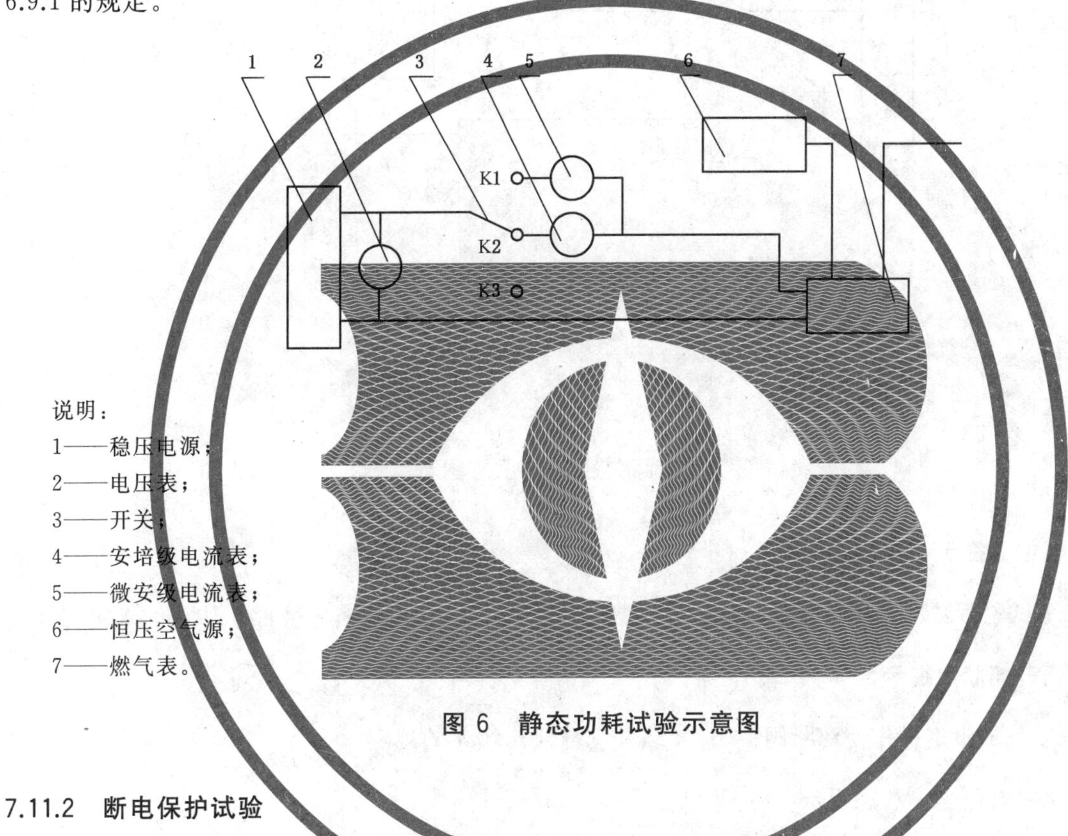

说明：
1——稳压电源；
2——电压表；
3——开关；
4——安培级电流表；
5——微安级电流表；
6——恒压空气源；
7——燃气表。

图6 静态功耗试验示意图

7.11.2 断电保护试验

在正常工作的情况下，断开燃气表电源，再恢复供电，其结果应符合6.9.2的规定。

7.11.3 上电保护试验

燃气表断电后，再恢复供电，其结果应符合6.9.3的规定。

7.11.4 电源电压下降保护试验

按图6连接好装置，开关K打至K3位，将稳压电源调整至燃气表规定的工作电压范围，开关K打至K2位，使燃气表正常工作，缓慢下调稳压电源电压至燃气表的设计欠压值时，应有提示，继续下调稳压电源电压至燃气表的设计最低工作电压值，检查其结果应符合6.9.4的规定。

7.12 提示功能试验

7.12.1 提示信息要求

目测检测燃气表的提示信息，其结果应符合6.10.1的规定。

7.12.2 **电源欠压提示**

按图7连接好装置，闭合开关，将稳压电源调整至燃气表规定的工作电压范围，使燃气表正常工作，然后缓慢下调稳压电源的电压至制造商声明的设计欠压值时，按制造商提供的规格书记载的标示方法确认，其结果应符合6.10.2的规定。

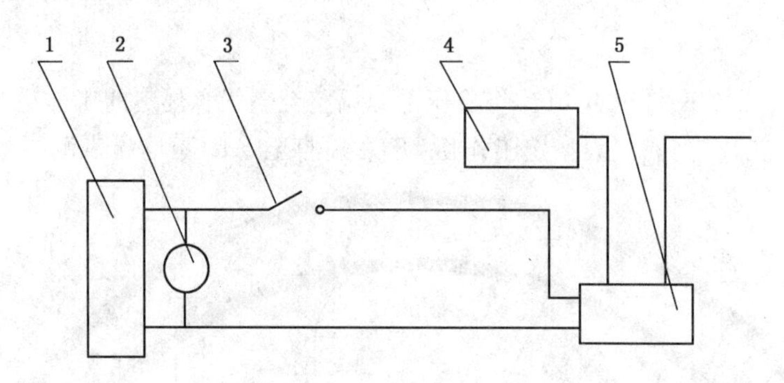

说明：

1——稳压电源；

2——电压表；

3——开关；

4——恒压空气源；

5——燃气表。

图7 电源欠压试验示意图

7.12.3 **切断报警提示**

完成7.9试验后，按制造商提供的规格书记载的标示方法确认，其结果应符合6.10.3的规定。

7.12.4 **阀门开闭状态提示**

用特殊工具或设定操作使切断阀关闭，其结果应符合6.10.4的规定。

7.12.5 **泄漏报警器连接状态提示**

按制造商提供的规格书记载的标示方法确认，其结果应符合6.10.5的规定。

7.13 **参数设定功能试验**

参数设定功能试验按下列步骤操作：

a) 按制造商提供的参数设定方法设定燃气泄漏切断报警时间，按7.9.1的方法试验，其结果应符合6.7.1的规定。

b) 按制造商提供的参数设定方法设定燃气流量过载切断报警时间，按7.9.2的方法试验，其结果应符合6.7.2的规定。

c) 按制造商提供的参数设定方法设定异常大流量值及切断报警时间，按7.9.3的方法试验，其结果应符合6.7.3的规定。

d) 按制造商提供的参数设定方法设定微小流量切断报警时间，按7.9.4的方法试验，其结果应符合6.7.4的规定。

e) 按制造商提供的参数设定方法设定持续流量值(相对恒定流量)及切断报警时间，按7.9.5的方法试验，其结果应符合6.7.5的规定。

f) 按制造商提供的参数设定方法设定燃气表长期未使用切断报警时间，按7.9.7的方法试验，其结果应符合6.7.7的规定。

7.14 抗干扰性试验

7.14.1 静电放电抗扰度试验

按GB/T 17626.2进行试验，试验等级3级，其结果应符合6.12.1的规定。

7.14.2 射频电磁场抗扰度试验

按GB/T 17626.3进行试验，试验等级3级，其结果应符合6.12.2的规定。

7.14.3 磁干扰防护功能试验

使燃气表正常工作，用一块400 mT～500 mT磁铁贴近燃气表的任何部位，检测燃气表的工作状态，其结果应符合6.12.3的规定。

7.15 外连接线性能试验

外连接线性能试验按下列步骤操作：

a) 连接线极性确认。连接线有极性要求的，目测检查连接线应有明确的极性标识，应能识别其极性。
b) 连接部位锁紧机构确认。目测检查连接线与燃气表的连接部位应有防止连接线松动或脱落的锁紧机构。
c) 连接线短路试验。在正常工作状态下，将连接线接成短路状态后再放开，实施7.9.1燃气泄漏切断报警试验，确认其结果应符合6.7.1的规定。实施7.9.8安全复位功能试验，其结果应符合6.7.8的规定。
d) 连接线强度试验。在连接线引出面的垂直方向加30 N力向内推和向外拉各15 s，目测检查连接线及连接件应无异常；实施7.9.1燃气泄漏切断报警试验，确认其结果应符合6.7.1的规定；实施7.9.8安全复位功能试验，其结果应符合6.7.8的规定。

7.16 耐久性试验

抽取耐久性试验所用样表不少于3只。

用实气（如果制造商证明燃气表的材料对气体成分不敏感，可以选用空气）以q_{max}运行受试燃气表，在120 d内以连续或断续的方式，累计运行不小于2 000 h对应的体积量，其结果应符合6.14的规定。运行步骤如下：

a) 在低温(－10±2)℃（或声称的更低温度）条件下，试验时间不小于600 h；
b) 在常温(20±2)℃，相对湿度为(65±20)%条件下，试验时间不小于800 h；
c) 在高温(40±2)℃（或声称的更高温度），相对湿度为(65±20)%条件下，试验时间不小于600 h。

7.17 可靠性试验（控制部分的平均无故障时间MTBF）

可靠性试验在下列条件下按GB/T 5080.7—1986第5章表12定时（定数）截尾试验方案5.9进行试验。具体操作如下：

a) 在常温下选取32台样表和5台备用表分别对6.6.2、6.7、6.8、6.9和6.10进行试验，且每项功能至少每24 h进行一次试验。
b) 用空气以各项功能试验对应的流量、额定工作电压运行受试燃气表。
c) 记录每次发生的失效的时间及故障现象。若发生失效的试验样表，应立即用备用样表。

d) 试验经过 168 h,如果未出现失效,即可推断 MTBF 下限值达到 2 000 h 以上,判定产品可靠性合格,结束试验。

e) 当有出现失效时,继续运行 336 h,试验结束。当失效样表台数小于或等于 2 台时,MTBF 下限值达到 2 000 h 以上,判定产品可靠性试验合格;当失效样表台数大于或等于 3 台时,判定产品可靠性试验不合格。

32 台样表及 5 台备用表在进行可靠性试验前应符合 6.6.2、6.7、6.8、6.9 和 6.10 的规定。

8 检验规则

8.1 出厂检验

8.1.1 产品应已经通过型式检验。

8.1.2 燃气表出厂时应按表 3 中所列项目逐项检验。

表 3 检验项目要求

项目名称			出厂检验	型式检验	技术要求	试验方法	缺陷分类	
							A	B
外观			●	●	6.1	7.3		√
环境条件	温度	贮存温度	—	●	6.2.1.1	7.4.1.1		√
		工作温度	—	●	6.2.1.2	7.4.1.2		√
	恒定湿热		—	●	6.2.2	7.4.2		√
	耐盐雾		—	●	6.2.3	7.4.3		√
	耐振动		—	●	6.2.4	7.4.4		√
	耐冲击		—	●	6.2.5	7.4.5		√
	耐燃气		—	●	6.2.6	7.4.6	√	
密封性	内密封性		●	●	6.3.1	7.5.1	√	
	外密封性		●	●	6.3.2	7.5.2	√	
耐用性			—	●	6.4	7.6		√
压力损失			●	●	6.5	7.7		√
计量要求	示值误差		●	●	6.6.1	7.8.1		√
	机电转换		●	●	6.6.2	7.8.2		√
安全监控及复位	燃气泄漏切断报警		●	●	6.7.1	7.9.1	√	
	流量过载切断报警		●	●	6.7.2	7.9.2	√	
	异常大流量切断报警		⊙	●	6.7.3	7.9.3	√	
	微小流量泄漏切断报警		⊙	●	6.7.4	7.9.4	√	
	持续流量超时切断报警		⊙	●	6.7.5	7.9.5	√	
	燃气压力过低切断报警		●	●	6.7.6	7.9.6	√	
	长期未使用切断		⊙	●	6.7.7	7.9.7	√	
	安全复位		●	●	6.7.8	7.9.8	√	

表 3（续）

项目名称		出厂检验	型式检验	技术要求	试验方法	缺陷分类	
						A	B
可选功能项	地震感震器动作切断报警	▲	▲	6.8.1	7.10.1	√	
	通信功能	▲	▲	6.8.2	7.10.2		√
电源管理要求	静态功耗	●	●	6.9.1	7.11.1		√
	断电保护	●	●	6.9.2	7.11.2	√	
	上电保护	●	●	6.9.3	7.11.3	√	
	电源电压下降保护	●	●	6.9.4	7.11.4	√	
提示功能	总体要求	●	●	6.10.1	7.12.1		√
	电源欠压	●	●	6.10.2	7.12.2		√
	切断报警	●	●	6.10.3	7.12.3		√
	阀门开闭状态	●	●	6.10.4	7.12.4		√
	泄漏报警器连接状态提示	●	●	6.10.5	7.12.5		√
参数设定功能		⊙	●	6.11	7.13		√
抗干扰性能	静电放电抗扰度	—	●	6.12.1	7.14.1		√
	射频电磁场抗扰度	—	●	6.12.2	7.14.2		√
	抗磁干扰	●	●	6.12.3	7.14.3	√	
连接线性能		⊙	●	6.13	7.15		√
耐久性		—	●	6.14	7.16	√	
可靠性		—	●	6.15	7.17	√	
A 类不合格不允许出现；B 类不合格，指能够造成故障或严重降低产品实用性的缺陷。 抽样标准按 GB/T 2828.1 执行。 **注：**●为必检项目；▲为可选功能项检验项目；⊙为抽检项目；—为不检项目。							

8.1.3 项目检验要求及缺陷分类应符合表 3 规定。

8.2 型式检验

8.2.1 有下列情况之一时，应进行型式检验：

a) 新产品定型时；

b) 正式生产后，如结构、材料、工艺有较大改变，可能影响产品性能时；

c) 产品停产一年以上，再恢复生产时；

d) 国家质量监督机构提出进行型式检验时。

8.2.2 型式检验抽样方法应按 GB/T 2829 执行，但每次型式检验不应少于 3 台。

8.2.3 制造商进行产品型式检验时，应提供产品技术使用说明书及与样品所具有功能配套的符合相应国家或行业标准的配件（如报警器等）。

8.2.4 检验项目按表 3 中所列项目试验，试验方法按第 7 章对应条款执行。

9 标识、包装、运输与贮存

9.1 标识

9.1.1 燃气表铭牌应标明以下内容：

a) 计量器具生产许可证编号；

b) 产品名称、型号规格；

c) 出厂编号；

d) 制造年份；

e) 制造厂名或商标；

f) 最大工作压力(kPa)；

g) 回转体积 V_c(dm^3)；

h) 最大流量值 q_{max}和最小流量值 q_{min}(m^3/h)；

i) 准确度等级；

j) 机电转换值；

k) 工作电压。

9.1.2 燃气表上应有明显表示气流方向的永久性标识。

9.2 包装

9.2.1 燃气表出厂时进出气口应设置防止异物进入表内的保护设施。

9.2.2 包装箱的图示标志应符合 GB/T 191 的规定。

9.2.3 包装箱内应装有产品使用说明书和合格证。

9.3 运输与贮存

9.3.1 在运输中应防止强烈振动、挤压、碰撞、潮湿、倒置、翻滚等。

9.3.2 贮存燃气表的环境应通风良好，无腐蚀性气体并应符合以下规定：

a) 贮存环境温度－20 ℃～＋60 ℃；

b) 相对湿度：≤85％；

c) 贮存时间不应超过 6 个月，超过 6 个月应重新进行性能检测。

附 录 A
（资料性附录）
切断型膜式燃气表无线通信接口

A.1 概要

切断型膜式燃气表可以与系统其他部件通过无线信号进行通信，例如手持式抄读设备、中继器或采集器、集中器或者系统其他无线网络部件。

A.2 无线接口主要特性

主要特性见表 A.1。

表 A.1 主要特性

无线速率	频率范围	调制方式	编码方式
38.4 kbps	470 MHz～510 MHz	GFSK	曼彻斯特编码

A.3 通信性能参数

通信性能参数见表 A.2。

表 A.2 通信性能参数

特性	符号	最小值	典型值	最大值	单位	备注
发射功率				50	mW(e.r.p)	
中心频率		470.000	470.800(默认值)	510.000	MHz	
频率容限			100		1×10^{-6}	
占用带宽				200	kHz	
无线通信空中编码	Fchip		38.4		kcps	
灵敏度	Po		−100		dBm	38.4 kbps，20 bytes，1%BER
数据波特率(曼彻斯特编码)			Fchip ×½		bps	
引导码		32			chips	
同步码			32		chips	

ICS 91.140
P 47

中华人民共和国城镇建设行业标准

CJ/T 477—2015

超声波燃气表

Ultrasonic gas meter

2015-03-04 发布　　2015-09-01 实施

中华人民共和国住房和城乡建设部　　发布

前　言

本标准按照GB/T 1.1—2009给出的规则起草。

本标准由住房和城乡建设部标准定额研究所提出。

本标准由住房和城乡建设部燃气标准化技术委员会归口。

本标准起草单位：武汉盛帆电子股份有限公司、合肥迪贝仪表技术开发有限公司、武汉盛帆信息技术有限公司、安徽宝龙富乐能源计量有限公司。

本标准主要起草人：姜跃炜、李中泽、荣振宇、王伟、刘世伟、曹世来、丁明明、高杰、马杰锋。

超声波燃气表

1 范围

本标准规定了超声波燃气表(以下简称燃气表)的术语和定义、符号,工作条件,计量特性,结构和材料,指示装置,通信,电源,电磁干扰,其他功能,试验方法,检验规则,标志、包装、运输和贮存。

本标准适用于最大工作压力不超过 50 kPa、最大流量不超过 160 m^3/h、适应最小工作环境温度范围为−10 ℃～+40 ℃、双管接头的、采用超声波检测技术进行气体流量计量的全电子式燃气表的设计、生产、试验和验收。

2 规范性引用文件

下列文件对于本文件的应用是必不可少的。凡是注日期的引用文件,仅注日期的版本适用于本文件。凡是不注日期的引用文件,其最新版本(包括所有的修改单)适用于本文件。

GB/T 191 包装储运图示标志

GB/T 2410 透明塑料透光率和雾度的测定

GB/T 2423.24 环境试验 第2部分:试验方法 试验Sa:模拟地面上的太阳辐射及其试验导则

GB 3836.1 爆炸性环境 第1部分:设备 通用要求

GB 3836.2 爆炸性环境 第2部分:由隔爆外壳“d”保护的设备

GB 3836.4 爆炸性环境 第4部分:由本质安全型“i”保护的设备

GB 3836.8 爆炸性气体环境用电气设备 第8部分:“n”型电气设备

GB 3836.14 爆炸性气体环境用电气设备 第14部分:危险场所分类

GB 4208 外壳防护等级(IP代码)

GB/T 5169.5 电工电子产品着火危险试验 第5部分:试验火焰 针焰试验方法 装置、确认试验方法和导则

GB/T 6968—2011 膜式燃气表

GB/T 8897.1 原电池 第1部分:总则

GB/T 8897.4 原电池 第4部分:锂电池的安全要求

GB 9254 信息技术设备的无线电骚扰限值和测量方法

GB/T 11020 固体非金属材料暴露在火焰源时的燃烧性试验方法清单

GB/T 11186.3 漆膜颜色的测量方法 第3部分:色差计算

GB/T 13611 城镇燃气分类和基本特性

GB/T 13893 色漆和清漆 耐湿性的测定 连续冷凝法

GB/T 16422.3 塑料 实验室光源暴露试验方法 第3部分:荧光紫外灯

GB/T 17626.2～GB/T 17626.5 电磁兼容 试验和测量技术

GB/T 17626.8～GB/T 17626.9 电磁兼容 试验和测量技术

GB/T 17799.1～GB/T 17799.2 电磁兼容 通用标准

GB/T 26831(所有部分) 社区能源计量抄收系统规范

3 术语和定义、符号

下列术语和定义、符号适用于本文件。

3.1 术语和定义

3.1.1

超声波燃气表　ultrasonic gas meter

采用超声波技术,用来测量、记录并且显示通过的燃气体积的燃气表。

3.1.2

超声换能器　ultrasonic transducer

燃气表内,用来发射和接收超声波信号的器件。

3.1.3

基准条件　base conditions

进行气体体积换算的规定条件(即基准气体温度 20 ℃,基准气体压力 101.325 kPa)。

3.1.4

通信端口　communications port

进行数据交换的接口。

3.1.5

电信号接口　galvanic connection/interface

燃气表串行或脉冲输出接口。

3.1.6

示值误差　error of indication

燃气表显示的体积和实际通过燃气表的体积之差与实际通过燃气表的体积的百分比。

3.1.7

提示信息　flag

对燃气表运行过程中产生的重要事件或(和)对燃气表操作进行提示的视觉信号、字符和字母等。

3.1.8

最大误差偏移　maximum error shift

任一测试流量点的最大平均误差变化。

3.1.9

最大工作压力　maximum working pressure

燃气表工作压力的上限值,与制造商声明和标识在显示窗口或铭牌上的相同。

3.1.10

平均误差　mean error

同一流量,多次测量示值误差的算术平均值。

3.1.11

测量单元　measuring element

产生与燃气流量成比例的电信号的燃气表部件。

3.1.12

准确度等级　meter class

燃气表符合本标准计量要求的等级,如 1.5 级或 1.0 级。

3.1.13

正常工作条件　normal conditions of operation

燃气表工作时的条件：

——不超过最大工作压力(不论有无气体流过)；

——在流量范围内；

——在环境温度和工作介质温度范围内。

3.1.14

工作模式　operating mode

获得燃气体积量的测量方法,分为标准模式和测试模式。

3.1.15

光学接口　optical port

采用如红外线发射和接收的串行数据接口。

3.1.16

压力损失　pressure absorption

燃气表工作时在入口处与出口处之间的压力差。

3.1.17

取压口　pressure measuring point

在燃气表出口能够直接测量燃气表出口压力的测量点。

3.1.18

平均误差范围　range of mean errors

在特定流量范围内最小平均误差与最大平均误差之间的差值。

3.1.19

误差曲线　meter error curve

平均示值误差与对应的实际流量的曲线图。

3.1.20

记录器　register

由存储器和显示器两部分组成,用于记录和显示信息。

3.1.21

始动流量　starting flow rate

燃气表能够显示的最低流量。

3.1.22

温度转换装置　temperature conversion device

将测量的气体体积转换到基准温度条件下的体积的转换器。

3.1.23

热切断阀　thermal cut-off valve

当燃气表周围环境温度超过预定温度时,切断燃气的阀门。

3.2　符号

符号和说明见表1。

表 1 符号和说明

序号	符号	单位	说明
1	MPE	%	最大允许误差
2	p_{max}	kPa	最大工作压力
3	q_{max}	m^3/h	最大流量,燃气表的示值符合最大允许误差(MPE)规定的上限流量
4	q_{min}	m^3/h	最小流量,燃气表的示值符合最大允许误差(MPE)规定的下限流量
5	q_r	m^3/h	过载流量,燃气表在短时间内工作而不会受到损坏的最高流量
6	q_{start}	m^3/h	始动流量,制造商声明的燃气表能记录通过气体的最小流量
7	q_t	m^3/h	分界流量,介于最大流量和最小流量之间、把燃气表流量范围分为“高区”和“低区”并各有相应的最大允许误差(MPE)
8	t_b	℃	基准气体温度
9	$t_{b,i}$	℃	能够适合不同温度及断续工作的燃气表的基准气体温度
10	t_i	℃	燃气表入口的温度
11	t_m	℃	环境温度
12	t_g	℃	工作介质温度
13	t_{sp}	℃	安装了温度转换装置的燃气表规定的中心温度

4 工作条件

4.1 流量范围

4.1.1 燃气表的规格型号与相应流量值应符合表 2 的规定。

表 2 流量范围

型号规格	$q_{max}/(m^3/h)$	q_{min}上限值$/(m^3/h)$	$q_t/(m^3/h)$	$q_r/(m^3/h)$
G1.6	1.6	0.01	0.16	1.92
G2.5	2.5	0.016	0.25	3.0
G4	4	0.025	0.4	4.8
G6	6	0.04	0.6	7.2
G10	10	0.06	1.0	12.0
G16	16	0.1	1.6	19.2
G25	25	0.16	2.5	30
G40	40	0.25	4.0	48
G65	65	0.4	6.5	78
G100	100	0.6	10.0	120
G160	160	1	16.0	192

4.1.2 燃气表的最小流量值可以比表2所列的最小流量上限值小,但是该值应是表中某个值,或是某个值的十进位约数值。

4.2 最大工作压力

制造商应声明燃气表的最大工作压力,此数值应标记在显示内容里或者燃气表铭牌上。

4.3 温度范围

4.3.1 本标准中试验温度为20 ℃± 2℃。

4.3.2 燃气表的最小工作温度范围为-10 ℃~+40 ℃,最小贮存温度范围为-20 ℃~+60 ℃。

4.3.3 制造商可声明更宽的工作温度范围,从-10 ℃、-25 ℃或-40 ℃到40 ℃、55 ℃或70 ℃,或更宽的贮存温度范围。燃气表应符合所声明温度范围的相应规定。

4.4 燃气范围

4.4.1 制造商应规定适合于燃气表的气体类别,见表3。

表3 气体类别

类别	代号		
天然气	12T	10T	10T,12T
液化石油气	20Y	19Y	22Y

4.4.2 燃气表测试时:

——天然气应用空气或99.5%的甲烷进行;

——液化石油气应用空气或99.5%的丙烷和(或)99.5%的丁烷进行。

4.4.3 根据与检测机构的协议,任何其他测试燃气均应包含在内,并应按14.1的规定标注在燃气表上。更多的试验燃气信息参见附录A。

5 计量特性

5.1 一般要求

5.1.1 燃气表应能通过通信接口与检测装置连接,测试开始和结束应能同步。

5.1.2 宜由检测装置产生启动测试信号。燃气表测试的响应(体积读数)应与采样时间同步,燃气表应延迟其测试的响应直到其接收到开始命令的下一个采样周期。

5.1.3 采样时间应与数据传输字符串启动同步。计时器应有足够的分辨率符合测量时间的规定。

5.2 计量原理

超声波燃气表计量原理参见附录B。

5.3 工作模式

燃气表应具有标准模式(正常采样)和测试模式(快速采样),不同采样模式不应影响燃气表的计量性能。标准模式和测试模式之间的平均误差之差不应超过0.3%($q_t \leqslant q \leqslant q_{max}$)和0.6%($q_{min} \leqslant q < q_t$)。

5.4 示值误差

5.4.1 不同等级的燃气表应符合表4规定的最大允许误差要求，误差曲线应符合表5规定。

表4 准确度等级与最大允许误差

准确度等级	最大允许误差(MPE)	
	$q_{min} \leqslant q < q_t$	$q_t \leqslant q \leqslant q_{max}$
1.5级	±3%	±1.5%
1.0级	±2%	±1%

表5 误差曲线

准确度等级	误差曲线	
	$q_{min} \leqslant q < q_t$	$q_t \leqslant q \leqslant q_{max}$
1.5级	2%	1%
1.0级	1.4%	0.7%

5.4.2 在 $q_t \leqslant q \leqslant q_{max}$ 流量范围内，当各流量点的示值误差值符号相同时，1.5级燃气表的示值误差值绝对值不应超过1%；1.0级燃气表的示值误差值绝对值不应超过0.5%。

5.4.3 当制造商声明了更宽的环境温度范围时，声明的极限温度应替代−10 ℃和+40 ℃。

5.5 燃气-空气关系

当所有测试气体(包括空气)的示值误差符合表4及表5的规定时，空气可在后续试验中作为测试介质。燃气空气关系曲线见图1。

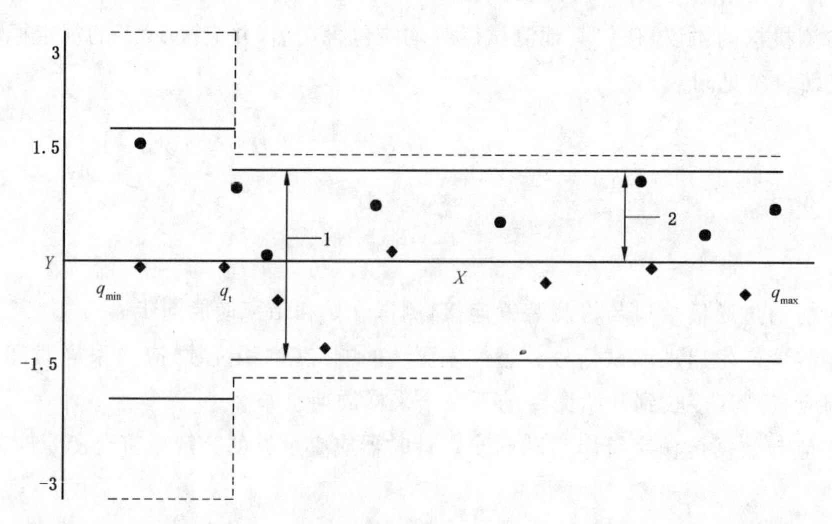

说明：
1 ——误差范围；
2 ——流量；
●——燃气误差；
◆—— 空气误差。

图1 燃气-空气关系曲线

5.6 重复性误差

燃气表在 $q_{min} \leqslant q \leqslant q_{max}$ 流量范围内，重复性误差不应超过相应准确度等级规定的最大允许误差绝对值的 1/3。

5.7 压力损失

密度为 1.2 kg/m^3 的空气以 q_{max} 流经受试燃气表时，压力损失应符合表 6 的规定。

表 6 压力损失最大允许值

最大流量值 q_{max}/(m^3/h)	试验流量	总压力损失最大允许值/Pa
1～10	q_{max}	250
16～65		375
100～160		500

5.8 零流量

流量为零时，燃气表显示及内部存储的累积流量均不应发生变化。

5.9 始动流量

燃气表始动流量 q_{start} 应不大于 0.25 q_{min}。

5.10 过载流量

在经受 q_r 的过载流量后，示值误差仍应符合表 4 规定的 MPE。

5.11 脉动流量

燃气表在标准模式的采样周期应不超过 2 s。采用更长采样周期时，制造商应保证在脉动流或不稳定流的情况下不应影响到燃气表的计量性能。

5.12 环境适应性

5.12.1 安装影响

在安装影响试验下，所有流量点的平均误差应符合表 4 的规定，并且每个流量点的平均误差之差应不超过 MPE 的 1/3。

5.12.2 温度影响

在允许的工作温度范围内，燃气表示值误差应符合表 4 的规定，误差曲线应符合表 5 的规定。

5.12.3 污染物影响

在进行污染物影响试验后，燃气表压力损失应不超过 275 Pa。1.5 级燃气表的平均误差应不超出 ±3%，误差偏移应不超出 ±2%；1.0 级燃气表的平均误差应不超出 ±1%，误差偏移应不超出表 4 中 MPE 的 1/3。

5.13 耐久性

在耐久性试验过程中及完成后，所有受试燃气表示值误差应符合表4的规定，压力损失应符合5.7的规定，密封性应符合6.3.2的规定。

6 结构和材料

6.1 一般要求

6.1.1 燃气表壳体宜采用金属材料制作。

6.1.2 任何调节燃气表性能与特性参数装置应有保护，防止外界干扰。

6.1.3 电子封印应符合以下规定：

——只能通过一个口令或可以更新的起始码，或者用特定的装置进入；

——至少最后一次操作应记录到存储器，包括操作的日期、时间和确认该操作的特殊要素；

——操作记录在存储器内应至少保存24个月。

封印图样应是型式批准文件的一部分，封印图样应包括计量封印和其他防篡改封印。

6.2 防护性能

燃气表的外壳及通信接口防护性能应符合GB 4208规定的IP65等级规定。

6.3 坚固性

6.3.1 一般要求

6.3.1.1 燃气表直接与外部环境空气和内部燃气接触的部分应有足够强度。

6.3.1.2 燃气表的设计和安装应保证任何非永久变形都不应影响到燃气表的正常运行。

6.3.1.3 燃气表应有封印，只有拆开计量封印或产生明显永久性损坏痕迹后才能接触内部零部件。

6.3.2 密封性

燃气表在正常使用和经耐压强度试验后不应泄漏。

6.3.3 耐压强度

燃气表耐压强度试验压力解除后，外壳的残余变形不应影响其计量性能。

6.3.4 耐振动

燃气表经振动试验后，密封性应符合6.3.2的规定，平均误差应符合表4的规定。

6.3.5 耐冲击

燃气表经冲击试验后，密封性应符合6.3.2的规定。

6.3.6 耐跌落

燃气表经跌落试验后，密封性应符合6.3.2的规定。

6.4 防腐蚀

燃气表的防腐蚀性能应符合GB/T 6968—2011中6.3的规定。

6.5 抗老化

6.5.1 非金属材料的抗老化性能

老化试验后,密封性应符合6.3.2的规定。

6.5.2 外表面的抗老化性能(含显示窗口及其附件)

进行试验后,应符合以下规定:

a) 燃气表外表面的损坏不应影响到燃气表功能;

b) 显示窗口不应脱落、产生裂纹和起泡,从显示窗口法线的15°范围内显示内容仍应清晰可见;

c) 燃气表应能继续记录燃气体积量。

6.6 太阳辐射保护

进行试验后,燃气表的外观不应发生改变,显示内容应清晰易读。

6.7 外表面阻燃

燃气表的所有外表面(含观察窗口)和接触燃气部件的材料均应阻燃,这些材料的可燃性等级应符合GB/T 11020中V—0的规定。

6.8 耐贮存温度范围

进行试验后,燃气表的平均误差应符合表5规定的最大允许误差范围的规定。

6.9 外观

燃气表应有良好的表面处理,不应有起泡、脱落、划痕、凹陷、污斑等缺陷,显示内容及标识应清晰易读,机械封印应完好可靠。

6.10 防爆性能

当制造商声明该燃气表适合在GB 3836.14定义的危险区域使用时,燃气表的设计、构造和标识应符合GB 3836.1和GB 3836.2或者GB 3836.4和GB 3836.8的规定。

6.11 露天场所安装的燃气表

适用于露天场所安装的燃气表的附加要求和试验应符合附录C的规定。

7 指示装置

7.1 记录与存储

记录的累积体积应显示在显示器上,并且在非易失性存储器上存储至少24个月,制造商应说明存储器保持时间。

7.2 显示

7.2.1 除了字母标志字符,显示应至少有8个数字字符,q_{max}不大于6 m^3/h数字字符应显示到立方米的小数点后3位,q_{max}大于6 m^3/h并且不大于60 m^3/h数字字符应显示到立方米的小数点后2位,q_{max}大于60 m^3/h数字字符应显示到立方米的小数点后1位。

7.2.2 任何选择的字母标志字符不应使其与数字混淆，应有足够的数字位数显示 q_{max} 流量运行 8 000 h 的气体体积量，示值不应回零。

7.2.3 示值应容易读出，并且显示字符的最小高度为 4 mm，测量单位（m^3）应在示值中清晰和明显显示。

7.2.4 显示立方米的分倍数的数字应与其他数字明显区分，并应有一个明显的符号把两个数字区分开。

7.2.5 可通过图标或代码方式从显示屏上读出如下燃气表运行状态：

a) 超声波换能器故障；

b) 供电电压过低；

c) 非易失性存储器内数据错误。

7.3 非易失性存储器

7.3.1 应至少每 1 h 刷新非易失性存储器的内容，并且符合下列规定：

a) 在极限环境温度范围内应能被读写；

b) 在断电情况下，存储温度范围内应能保存数据。

7.3.2 如与制造商声明的一致，按 12.3.3 a）进行试验时，非易失性存储器在极限的环境温度范围内应能被读写；按 12.3.3 b）进行试验时，3）、6）记录的示值读数不应有差别。

7.4 显示复位

燃气表累积气体量在使用期间不应复位重置。

8 通信

8.1 一般要求

8.1.1 燃气表应提供数据通信接口读写存储器的信息，数据通信应符合 GB/T 26831（所有部分）的规定。

8.1.2 燃气表的通信接口不应影响燃气表的计量性能。

8.1.3 制造商应提供某种机制在更换电池后可清除电池更换标志。

8.2 数据

8.2.1 一般要求

通过数据通信接口提供的信息应至少包括：

a) 燃气表当前的体积量（易失性和非易失存储器）；

b) 燃气表记录的过去 24 个月的体积量及时间标记（非易失存储器）；

c) 燃气表的序列号；

d) 燃气表的状态提示信息。

8.2.2 状态提示信息

燃气表的状态提示信息应至少包括：

a) 燃气表正常工作，无任何异常状态；

b) 燃气表以高于 q_{max} 流量工作；

c) 燃气表以低于 q_{min} 流量工作；

d) 燃气表在制造商声明的温度范围之外工作；

e) 因超声波检测故障导致无法正常计量；

f) 因非易失性存储器数据错误导致无法正常计量；

g) 电源电压过低，需更换电池。

8.3 测试模式

8.3.1 燃气表应能在标准模式与测试模式间切换。

8.3.2 测试模式下燃气表应能提供高分辨率的当前累积流量数据，字符数不应少于指示装置的显示字符数，q_{max}不大于 6 m^3/h 字符分辨率应为立方米的小数点后 6 位，q_{max}大于 6 m^3/h 并且不大于 60 m^3/h 字符分辨率应为立方米的小数点后 5 位，q_{max}大于 60 m^3/h 字符分辨率应为立方米的小数点后 4 位。

9 电源

9.1 一般要求

9.1.1 燃气表允许使用内置电池供电，也允许使用外接电源辅助供电。

9.1.2 当电池为可以更换时，应能从燃气表的前方操作电池盒，并且其设计应使授权人员不用移动表的安装位置，完成电池的更换。电池更换应在 2 min 内完成。

9.1.3 为避免外观损伤或者未经许可的操作，电池盒应单独密封。更换电池时不应打开任何计量密封；安装电池后，应密封燃气表的电池盒。

9.1.4 电池应符合 GB/T 8897.1 的规定，锂电池应符合 GB/T 8897.4 的规定。

9.1.5 燃气表的设计应在电池泄漏时不应影响燃气表结构件。

9.2 电源掉电

进行试验后，燃气表数据应保持不变。

9.3 电池寿命

燃气表使用不可更换电池时，制造商声明的电池使用寿命不应低于 10 年。

9.4 最低工作电压

进行试验后，示值误差应符合表 4 的规定。

9.5 欠压提示

燃气表电池电压低于制造商声明的最低工作电压时应能通过指示装置及通信给出提示信息。

9.6 电源波动

燃气表使用直流电源供电时，制造商声明的电源电压 $V_{-15\%}^{+10\%}$ 范围内示值误差应符合表 4 的规定。燃气表使用交流电源供电时，制造商声明的电源电压 $V_{-15\%}^{+10\%}$、频率 $f_{-2\%}^{+2\%}$ 范围内示值误差应符合表 4 的规定。

10 电磁干扰

10.1 静电放电

进行试验后，燃气表应能正常工作。

10.2 射频电磁场

进行试验后,燃气表应能正常工作。

10.3 电磁感应(工频磁场)

进行试验后,燃气表应能正常工作。

10.4 电磁感应(脉冲磁场)

进行试验后,燃气表应能正常工作。

10.5 电快速瞬变/脉冲群

进行试验后,燃气表应能正常工作。

10.6 电浪涌(浪涌抗扰度)

进行试验后,燃气表应能正常工作。

10.7 射频干扰抑制

燃气表不应产生干扰其他设备的辐射噪声。

11 其他功能

11.1 取压口

当燃气表装有取压口时,应符合以下规定:

a) 取压口的最大孔径应不超过 1 mm;

b) 进行试验后,密封性应符合 6.3.2 的规定。

11.2 热切断阀

当燃气表安装热切断阀时,应符合以下规定:

a) 进行试验期间,热切断阀应关闭;

b) 进行试验后,热切断阀不应关闭。

11.3 止回阀

燃气表应安装止回阀,在逆流情况下不应有气体流经超声波传播管段。

11.4 安装温度转化装置的燃气表

当燃气表装有温度转化装置时,应符合附录 D 的规定。

11.5 电子辅助装置

燃气表安装电子辅助装置时,其要求应符合 GB/T 6968—2011 附录 C 的规定。这些辅助装置不应影响燃气表的计量性能,也不应遮挡标识内容。辅助装置不应影响电池寿命。

12 试验方法

12.1 试验条件

除另有规定外，应在下列条件下进行：

a) 温度：20 ℃±2℃；

b) 相对湿度：45%～75%；

c) 大气压：86 kPa～106 kPa。

12.2 外观检查

使用目测和常规检具检查超声波燃气表的外观。

12.3 指示装置检查

12.3.1 数据存储检查

目视检查确认，存储器保持时间是基于相关部件的数据计算或者制造商自己相关测试的结果。

12.3.2 数据显示检查

目视检查和测量进行确认，精确测试的示值应通过通讯端口获取，确认从通讯端口获取的数据与显示的记录数值应相同。

12.3.3 非易失性存储器检查

非易失性存储器检查包括下列内容：

a) 非易失性存储器的读取：
   1) 确定非易失性存储器体积示值的读写方法，两次读数不应有差别，制造商应说明读写的方法；
   2) 密封进出气口；
   3) 记录燃气表显示的示值和非易失性存储器里的示值；
   4) 将燃气表置于制造商声明的上、下极限环境温度至少 3 h；
   5) 在两个极限温度储存结束时，从非易失性存储器读出体积示值。

b) 非易失性存储器的保持：
   1) 记录燃气表示值；
   2) 立即使燃气表以 q_{max} 流量运行 5 min；
   3) 确认燃气表记录了气体体积量，密封进出气口，立即记录燃气表新的示值和时间；
   4) 使燃气表在实验室温度下至少放置 65 min；
   5) 取出电池，将燃气表置于制造商声明的上、下极限储存温度至少 3 h；
   6) 重新安装电池，将当前示值读数与 3)记录的读数比较。

12.3.4 显示复位检查

目视检查确认体积示值，用制造商提供的适宜的设备和指令来尝试重置累积气体量。

12.4 示值误差(计量准确度)试验

按以下方法进行试验。

a） 以空气为介质的示值误差：

1） 受试燃气表应稳定到实验室环境温度，用实验室环境温度下的空气进行示值误差试验；

2） 在试验开始之前，以 q_{max} 运行受试燃气表，使一定体积的试验气体（其实际体积用参比标准器测量）流经受试燃气表，记录燃气表显示的体积。流经受试燃气表的最小试验气体体积量由制造商规定并经技术机构认可；

3） 按上升或下降流量的顺序，在 q_{min}、$3q_{min}$、$5q_{min}$、$10q_{min}$、q_t、$0.2q_{max}$、$0.4q_{max}$、$0.7q_{max}$ 和 q_{max} 每个流量点进行 6 次测试，且每次试验流量不同（即不应在相同流量点进行连续试验）；

4） q_t、$0.2q_{max}$、$0.4q_{max}$、$0.7q_{max}$ 和 q_{max} 流量点至少各测量 6 次，三次采用降流量的试验方法，三次采用升流量的试验方法，且每次试验流量不同（即不应在相同流量点进行连续试验）；

5） 计算每个流量点的 6 次示值误差和 6 次示值误差的平均值并记录，绘制燃气表的误差曲线。

b） 以燃气为介质的示值误差：

按 a）的方法进行试验，增加 4.4 规定的试验气体和检测机构认可的其他燃气，在 −10 ℃～+40 ℃（或制造商声明的更宽温度范围）温度范围内进行测试，燃气类别应按 14.1 进行标记。

12.5 燃气-空气关系试验

按 12.4 方法进行试验。

12.6 工作模式试验

12.6.1 按 12.4 方法以标准模式和测试模式试验燃气表。

12.6.2 计算每个流量点标准模式和测试模式平均误差之差。

12.7 计量重复性试验

按 12.4 方法进行试验，第 i 个测试点重复性误差 E_{ri} 按式（1）计算：

$$E_{ri}=\left[\frac{1}{6-1}\sum_{j=1}^{6}(E_i-E_{ij})^2\right]^{\frac{1}{2}} \qquad \cdots\cdots(1)$$

式中：

E_{ij} ——第 i 个流量点第 j 次测量示值误差；

E_i ——第 i 个流量点平均示值误差。

12.8 压力损失试验

12.8.1 用密度为 1.2 kg/m³ 的空气以 q_{max} 流经受试燃气表，用适当的测量仪器测量燃气表的压力损失，是否符合 5.7 的规定。

12.8.2 压力测量点与燃气表管接头之间的距离不大于连接管公称通径的三倍。连接管的公称通径不小于燃气表管接头的通径。压力测量点的穿孔应垂直于管道轴线，其直径不小于 3 mm。

12.9 零流量试验

12.9.1 在 −10 ℃，+20 ℃和 +40 ℃进行试验。当制造商声明了更宽的环境和燃气温度范围时，极限温度应替代 −10 ℃和 +40 ℃。

12.9.2 使燃气表内部充满与大气压力相当的空气，然后将燃气表的进气口与出气口完全密封。记录燃气表显示和存储器的累积流量，使燃气表在试验温度下稳定，并在试验温度下存储 24 h。试验完成后，再次记录燃气表显示和存储器的累积流量，比较两次记录应无任何变化。每一个测试温度重复上述试验过程。

12.10 始动流量试验

用空气进行试验，在 $1.2q_{start}$ 下运行 10 min，燃气表应能记录通过的气体体积量。始动流量试验时不检查燃气表的计量特性。

12.11 过载流量试验

将受试燃气表以 q_r 通空气 1 h，然后按 12.4 的方法确定示值误差。

12.12 脉动流量试验

a) 本试验应在燃气表的标准模式进行。将燃气表置于表 7 的条件下(连续的气流或定时开/关的方波气流)持续 24 h，记录每次试验开始和结束的累积流量。

表 7 脉动流量试验

次数	流量	气流(波形) T＝采样周期(时间)
1	$0.375q_{max}$	连续
2	$0.375q_{max}$	1.05 T 开，1.05 T 关
3	$0.375q_{max}$	5.25 T 开，5.25 T 关
4	$0.375q_{max}$	10.5 T 开，10.5 T 关
5	$0.07q_{max}$	连续
6	$0.07q_{max}$	1.05 T 开，1.05 T 关
7	$0.07q_{max}$	5.25 T 开，5.25 T 关
8	$0.07q_{max}$	10.5 T 开，10.5 T 关

b) 式(2)用于计算标准偏差(s_d)，试验中通过气体累积体积量的百分比：

$$s_d = \frac{50 \cdot T}{S \cdot \sqrt{N}} \quad \cdots\cdots(2)$$

式中：

T ——采样周期，单位为秒(s)；

S ——每个采样周期的持续时间，单位为秒(s)；

N ——每次测试过程中采样次数。

c) 试验完成之后，2 和 6(见表 7)分别与 1 和 5 的累积流量误差之差不应超过表 4 规定的 MPE 的 2/3；试验完成之后，3，4，7 和 8(见表 7)分别与 1 和 5 的累积流量误差之差应不超过表 4 规定的 MPE 的 1/3；在步进流量下观测到的标准偏差应在计算标准偏差的 0.75～1.25 倍范围内。

12.13 安装影响试验

安装影响试验按下列步骤：

a) 按 12.4 方法进行示值误差试验，并用一根长度至少 10D 的直管连接燃气表入口试验燃气表；

b) 重复该试验，用相同直径的管道作为与燃气表连接的标称直径，但是该管道应有 2 个 90°弯头，且 2 个弯头为平面直角安装，直管段间距不超过 $2D$。连接该管道到气表的入口，第一弯头到气表入口不超过 $2D$；

c) 用一根长度至少 $10D$ 的直管连接到燃气表的入口，按 12.4 方法重复测试燃气表。

12.14 温度影响试验

温度影响试验按下列步骤：

a) 将燃气表安装在合适的检定装置上，进行试验前，将燃气表在试验开始温度下稳定 3 h；

b) 按 12.4 方法进行示值误差试验，试验流量为 $0.05q_{max}$。使用空气进行试验，温度从－10 ℃变化到＋40 ℃，温度变化率为 2 ℃/h，相对湿度的变化率不超过 50%，试验频率为 3 次/h 或 4 次/h；

c) 计算各温度下示值误差及误差曲线。

12.15 抗污染物试验

抗污染物试验按下列步骤：

a) 受试燃气表应不少于 6 只，当制造商声明了多个进气方向时，则每个方向至少试验 3 只燃气表；

b) 按 12.4 规定进行试验，记录燃气表试验前的示值误差；

c) 将燃气表安装在加尘机上，受试燃气表以空气在 q_{max} 流量下运行 5 min，完成后停止空气通过，在加尘机的入口增加 5 g 300 μm～400 μm 的灰尘，再次让受试燃气表以空气在 q_{max} 流量下运行 5 min。按 200 μm～300 μm，100 μm～200 μm 和 0 μm～100 μm 的顺序，每组 5 g 灰尘重复该过程，D＝15 mm；

d) 灰尘分成独立的 4 组，每组有 95%的颗粒，颗粒的大小范围如下：

  1) 0 μm～100 μm：平均大小(50±10)μm；
  2) 100 μm～200 μm：平均大小(150±10)μm；
  3) 200 μm～300 μm：平均大小(250±10)μm；
  4) 300 μm～400 μm：平均大小(350±10)μm。

上述每一组成分的质量分数应是：

  1) 黑色氧化铁(Fe_3O_4)：79%；
  2) 氧化亚铁(FeO)：12%；
  3) 矿物硅粉(SiO)：8%；
  4) 油漆残留片：1%。

e) 按 12.4 规定进行试验，记录燃气表试验后的示值误差并计算误差偏差；

f) 图 2 中加尘机具有以下部件：

  1) $10D$ 垂直水平直管与燃气表入口连接；
  2) 可拆卸螺纹塞用于增加灰尘；
  3) 快速直通阀释放灰尘；
  4) $30D$ 到 $45D$ 长度的水平直管以保证所有的灰尘在进入燃气表之前混合在空气里；
  5) 宜采用焊接或压缩配件的铜管道，不宜用钢管道配件，因为灰尘会沾附在螺纹上。

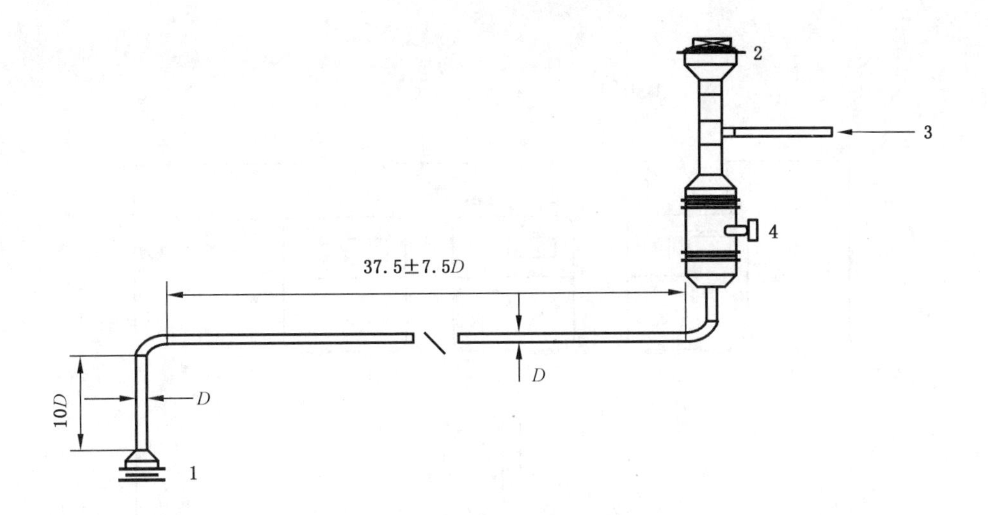

说明：

1——燃气表接头；

2——灰尘入口(螺纹塞)；

3——空气供应(风扇)；

4——快速直通阀。

图 2 加尘机的典型试验装置

g) 也可用技术机构认可的其他试验装置。用试验盒定期检查试验装置，保证在增加 20 g 灰尘用于上述测试程序时至少有 18 g 灰尘沉淀在试验盒里，试验盒安装在灰尘设备的出口，要保证试验盒的容积和形状与受试燃气表相同，并且在出口安装有过滤器使通过出口的灰尘最少。

12.16 耐久性试验

耐久性试验按下列步骤：

a) 耐久性试验所用的燃气表数量见表 8；

表 8 耐久性试验的燃气表数量

q_{max}/(m^3/h)	受试燃气表数量
2.5～10	3
16～160	2

b) 将受试燃气表安装在如图 3 所示的试验台上，使用空气以 q_{max} 运行受试燃气表，运行时间 2 000 h，环境温度 15 ℃～25 ℃，通气压力不超过燃气表最大工作压力；

c) 计算燃气表以 q_{max} 运行 2 000 h 对应的气体体积总量 V_{tot}，分别在 $0.05V_{tot}$、$0.4V_{tot}$、$0.7V_{tot}$ 和 V_{tot} 之后，从试验台上取下燃气表，按 12.4 方法使用空气进行示值误差试验；

d) 在进行每次示值误差试验之前，从试验台取下燃气表时，应立刻通入 3 m^3 干燥空气运行燃气表，然后盖上进气出口避免湿气进入；

e) 受试燃气表的流量通过控制阀 A 和秒表来调节，气体经控制阀 B 进入试验台，通过循环泵(或风机)在受试燃气表中循环，为了维护整个回路的新鲜气体供应，可调节控制阀 C，排出约为 $0.001q_{max}$ 的气体。

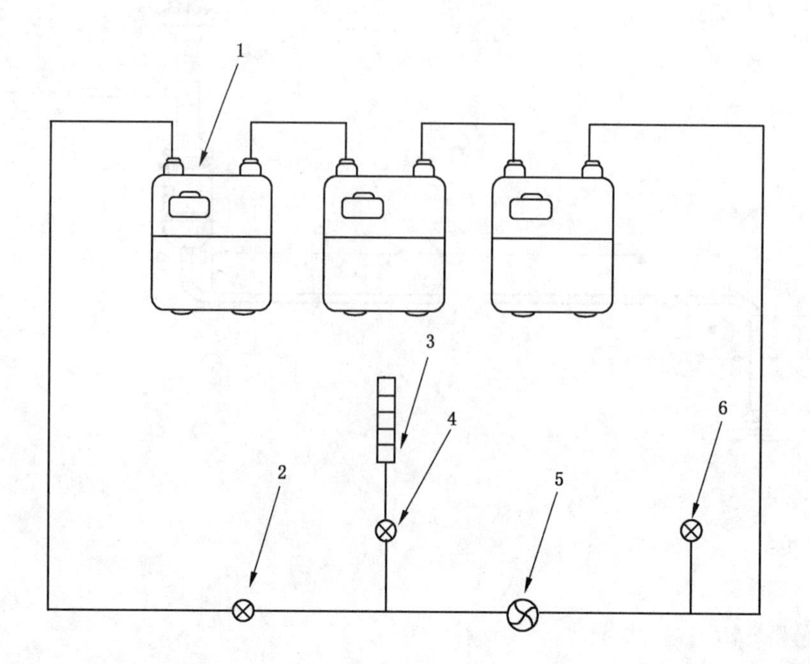

说明：

1——受试燃气表；

2——控制阀 A；

3——转子流量计；

4——控制阀 C；

5——循环泵(或风机)；

6——控制阀 B。

图 3 耐久性试验台实例

12.17 防护性能试验

按 GB 4208 的规定进行。

12.18 密封性试验

在正常实验室环境温度下，用空气对受试燃气表加压至最大工作压力的 1.5 倍，将燃气表浸入水中，至少观察 30 s。

12.19 耐压强度试验

使燃气表内部压力从零变化到 1.5 倍最大工作压力或 35 kPa(取较大值)，压力变化率不应大 20 kPa/s，在最大压力下保持 30 min，然后解除压力。

12.20 耐振动试验

12.20.1 通过受试燃气表的顶部利用水平夹具固定在振动测试台上，其示意布置如图 4 所示。

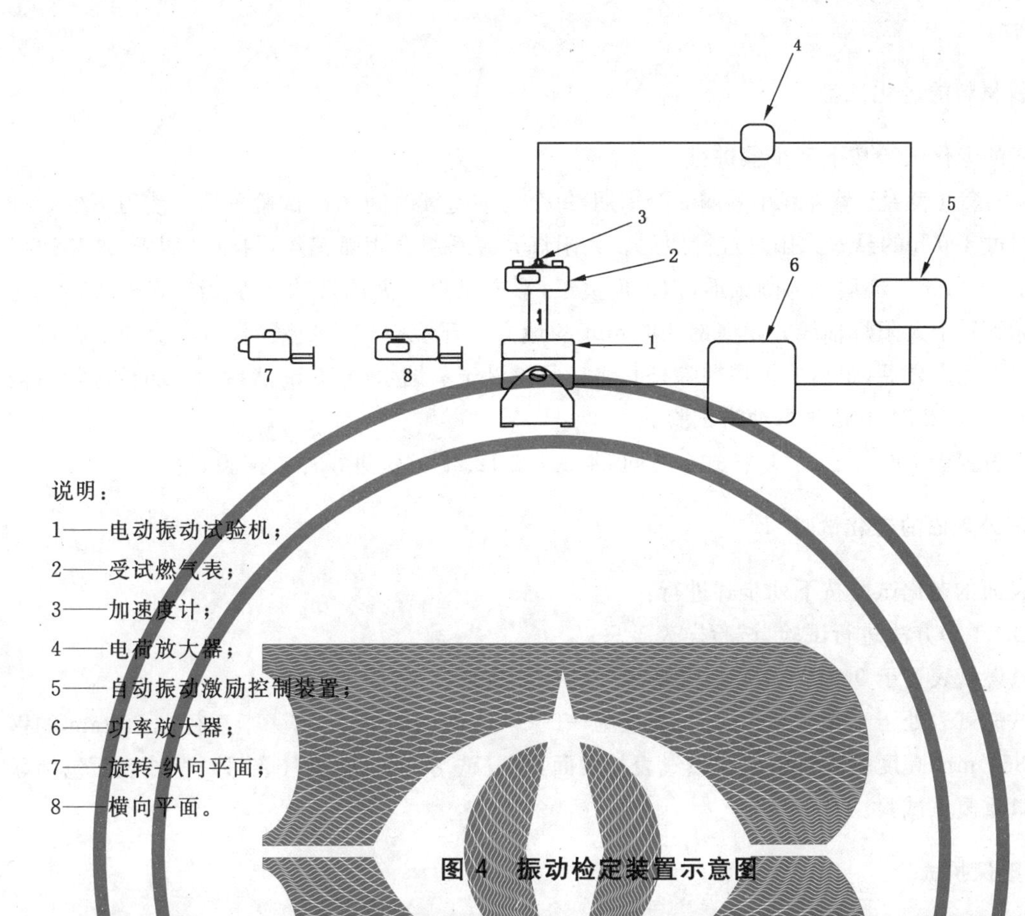

说明：

1——电动振动试验机；

2——受试燃气表；

3——加速度计；

4——电荷放大器；

5——自动振动激励控制装置；

6——功率放大器；

7——旋转-纵向平面；

8——横向平面。

图 4 振动检定装置示意图

12.20.2 在图 4 中，受试燃气表安装在电动振动试验机的主轴上，该试验机是采用电压发生器的放大正弦波驱动。试验机的头部前后和侧向平面可转动 90°。水平加速是用加速度计(压电传感器)来感知，其输出使用一个电荷放大器来调节。自动振动激励控制装置设置在调节加速度计信号与功率放大器之间，以扫掠模式使用。其中频率在已选择的频率组之间循环采用，交替增大和减小。以 $2g$ 的峰值加速度和 1 oct/min 的扫频速率，在 10 Hz～150 Hz 频率范围内对受试燃气表进行扫频，在三个互相垂直的轴线上各扫频 20 次。以 1 oct/min 扫描速率从 10 Hz～100 Hz 进行扫频 195 s。试验后，按 12.4 方法进行示值误差试验，仅测试 $0.1q_{max}$ 和 q_{max}。按 12.18 方法进行密封性试验。

夹紧力应足以固定受试燃气表，并且不引起燃气表壳体的损坏或变形。

注 1：倍频是一个频带，其中频带的频率上限精确等于下限的 2 倍，即 10 Hz 对 20 Hz，20 Hz 对 40 Hz，40 Hz 对 80 Hz，80 Hz 对 160 Hz。所以，在扫掠速率 1 oct/min 下，扫掠从 10 Hz 到 100 Hz 所用时间为 195 s。

12.21 耐冲击试验

燃气表的耐冲击试验按 GB/T 6968—2011 中 6.2.8.2 的规定进行。

12.22 耐跌落试验

燃气表的耐跌落试验按 GB/T 6968—2011 中 6.2.9.2 的规定进行。

12.23 防腐蚀试验

燃气表的防腐蚀性能应按 GB/T 6968—2011 中 6.3 的规定进行。

12.24 老化试验

12.24.1 非金属材料的老化试验

非金属材料的老化试验按下列步骤进行：

a) 将完整的燃气表置于紫外线中暴露5个周期，每个周期持续时间8 h，试验采用已使用不少50 h且不超过400 h的悬置太阳灯进行照射。太阳灯光源系组合汞弧钨丝，封于玻璃中，玻璃透射度低于280 nm。玻璃壳为圆锥形，内表面镀银，形成反射。太阳灯功率在275 W～300 W之间。标签置于太阳灯轴线并距底部400 mm的地方。环境空气不受限制，自由流通。在每个暴露周期完成之后(最后一个周期除外)，将样品浸没于蒸馏水中16 h，然后用脱脂棉进行清洁和擦干。按12.21方法进行冲击试验。

b) 将燃气表置于100 ℃±3 ℃空气中，时间24 h。按12.21方法进行冲击试验。

12.24.2 燃气表外表面的老化试验

燃气表外表面的老化试验按下列步骤进行：

a) 按12.24.1 a)方法进行试验，试验样表1只；

b) 将1只燃气表置于90 ℃±3 ℃空气环境中进行单独试验，时间24 h；

c) 使受试燃气表处于工作状态，在环境温度为－5 ℃±1 ℃的条件下，将一个直径为25 mm的钢球从350 mm高度垂直自由落在燃气表外表面，重复跌落3次；在燃气表每一个外表面包括显示窗口重复该试验。

12.25 太阳辐射保护试验

对燃气表进行目测检查。按GB/T 2423.24的规定进行，条件如下：

a) 燃气表处于非工作状态(不用连接到工作管路上)；

b) 试验过程A(8 h照射和16 h黑暗)；

c) 上限温度55 ℃；

d) 持续时间3 d(试验3个循环)。

12.26 外表面阻燃试验

对燃气表所有外表面按GB/T 5169.5的规定进行燃烧试验，用火烧边角、角落和外壳的表面，每处30 s。

12.27 耐贮存温度范围试验

将受试燃气表静置于下列条件下：

a) 在－20 ℃或制造商声明的更低温度下存放3 h；

b) 在60 ℃或制造商声明的更高温度下存放3 h。

在每个周期结束之后，将受试燃气表恢复到实验室环境温度，按12.4方法试验燃气表，仅测试$0.1q_{max}$和q_{max}。

12.28 防爆试验

按GB 3836.1、GB 3836.2或GB 3836.4的规定进行。

12.29 数据通信试验

用水表配置的通信方式读取数据。

12.30 电源断电试验

中断电源3次,每次中断时间不超过5 s,两次中断间隔不少于5 min。

12.31 电池寿命试验

以q_{max}运行燃气表,用示波器测量电池电流工作曲线,时间不少于10个完整的采样周期,计算平均电流不应高于120 μA。

12.32 最低工作电压试验

电池更换为电压控制源,电压设置为制造商声明的最低工作电压。按12.4规定进行,仅测试$0.1q_{max}$和q_{max}流量。

12.33 电源欠压提示试验

电池更换为电压控制源,由制造商声明的最低工作电压的(1+20%)开始缓慢下调供电电压,每次下调幅度不大于0.1 V,两次下调时间间隔不小于1 min,观察燃气表是否可以给出欠压提示信息。

12.34 电源波动试验

电源波动试验按下列步骤进行:

a) 将直流电源电压分别设置为制造商声明的(1+10%)和(1−15%),测试q_{max};

b) 将交流电源电压和频率分别设置为制造商声明的(1+10%)和(1+2%)及(1−15%)和(1−2%),测试q_{max}。

12.35 静电放电试验

12.35.1 在没有气体流过燃气表时,按GB/T 17626.2的规定以接触放电的形式测试如下点:

a) 导电表面;

b) 水平耦合面;

c) 垂直耦合面(按GB/T 17799.1和GB/T 17799.2,4 kV电荷电势,间隔至少1 s,安装电池)。

12.35.2 在没有气体流过燃气表时,按GB/T 17626.2的规定使用10次空气电荷放电(对于绝缘表面空气放电),按GB/T 17799.1和GB/T 17799.2的规定,接通电源,使用8 kV电荷电势,间隔不应小于1 s。试验时,连接试验燃气表入口的螺纹套接地。

12.36 射频电磁场(静磁场)试验

12.36.1 检定装置的布置应使受试燃气表即使在电磁环境下依然有空气可以通过,并且流量保持不变。流量设置为q_{max}。在以下条件进行试验。在试验中,以适宜的间隔读取示值和测试时间,从这些读数中计算相应的流量:

a) 设置流量为0,对燃气表进行试验;

b) 按12.4规定进行试验,仅测试q_{max},对燃气表再次进行试验。

12.36.2 按GB/T 17626.3的E1级的规定设置试验环境:

——频率范围:80 MHz~2 GHz;

——磁场强度:10 V/m;

——调制:80% AM,1 000 Hz 正弦波。

12.36.3 读取指示装置和非易失性存储器,与试验前的值进行比较。

注 1:达到该效果的一种方法是在燃气表出口和真空管道之间使用音速喷管。

注 2:在住宅、商业和轻微工业环境下使用的燃气表,可应用 E1。

12.37 工频磁场干扰试验

工频磁场干扰试验按下列步骤进行:

a) 流量设置为 0,将燃气表置于 GB/T 17626.8 的三级试验规定的环境中 15 min;

b) 以 $0.05q_{max}$ 流量运行燃气表,按 GB/T 17626.8 的三级试验规定的环境,测试燃气表 15 min。

12.38 脉冲磁场干扰试验

脉冲磁场干扰试验按下列步骤进行:

a) 设置燃气表流量为 0,将燃气表置于 GB/T 17626.9 的第三级试验规定的环境中 15 min;

b) 以 $0.05q_{max}$ 流量运行燃气表,按 GB/T 17626.9 的第三级试验规定的环境,试验燃气表 15 min。

12.39 电快速瞬变/脉冲群试验

a) 按 GB/T 17626.4 中 E1 级的规定设置试验环境:

——尖峰幅值:1 000 V;

——上升时间:5 ns;

——1/2 幅值时间:50 ns;

——脉冲群长度:50 ms;

——脉冲群周期:300 ms。

b) 按 12.4 规定进行试验,仅测试 q_{max}。

注:在住宅、商业和轻微工业环境下使用的燃气表,可应用 E1。

12.40 电浪涌试验

按 GB/T 17626.5 的第二级试验的规定设置试验环境,按 12.4 规定进行试验,仅测试 q_{max}。

12.41 射频干扰(无线电抗度)试验

检查燃气表在流量为零时应符合 GB 9254 的 B 级无线电干扰限值的规定。

12.42 标识信息检查

通过目测进行检查。

12.43 流向标记检查

通过目测进行检查。

12.44 标识耐久度清晰度试验

标识耐久度清晰度试验按下列步骤:

a) 将已组装的铭牌、显示窗和标识牌样品置于紫外线中暴露 5 个周期,每个周期持续时间 8 h,试验采用已使用不少于 50 h 且不超过 400 h 的悬置太阳灯进行照射;

b) 太阳灯光源系组合汞弧钨丝，封于玻璃中，玻璃透射度低于 280 nm。玻璃壳为圆锥形，内表面镀银，形成反射。太阳灯功率在 275 W～300 W 之间；

c) 标签置于太阳灯轴线并距底部 400 mm 的地方。环境空气不受限制，自由流通。在每个暴露周期完成之后(最后一个周期除外)，将样品浸没于蒸馏水中 16 h，然后用脱脂棉进行清洁和擦干。

12.45 取压口试验

取压口试验按下列步骤进行：

a) 用适当测量工具测量取压口的孔径，应符合 11.1 的规定；

b) 初步检查燃气表的密封性；然后按顺时针方向和逆时针方向，给取压口施加 4 N·m 的扭矩，然后松开，再用一个质量为 0.5 kg 的钢球通过导管从 250 mm 的高度垂直落在取压口的本体直径外端上；重新检查受试燃气表的密封性。

12.46 热切断阀试验

热切断阀试验按下列步骤进行：

a) 将热切断阀在 70 ℃±1 ℃保持 7 d；

b) 继续升高温度达到预定值。

12.47 止回阀试验

在气体压力为制造商声明的最大工作压力下，以 q_{max} 反向运行燃气表至少 10 min，试验期间止回阀应保持关闭状态。

12.48 温度转换装置试验

按附录 D 的规定进行。

12.49 电子辅助装置试验

按 GB/T 6968—2011 中附录 C 的规定进行。

13 检验规则

13.1 检验分类

产品检验分为型式检验和出厂检验。

13.2 型式检验

13.2.1 有下列情况之一时应进行型式检验：

a) 燃气表新产品定型时；

b) 正式生产，如结构、材料、工艺有较大改变，可能影响到产品性能时；

c) 产品停产一年以上，再恢复生产时；

d) 国家质量监督机构提出进行型式检验时。

13.2.2 检验项目为本标准规定的全部要求，并按表 9 规定的检验顺序进行检验。

13.2.3 受检产品数量：

受检样品数量不应少于5个。

注：通过与制造商协商，可以提供更多的燃气表以加快试验时间。

13.2.4 合格判据：

型式检验项目全部合格判定型式检验为合格。

表9 检验项目

序号	类别	检验项目	型式检验	出厂检验	要求	试验方法
1	计量特性	示值误差	●	●	5.4	12.4
2		燃气-空气关系	●	—	5.5	12.5
3		工作模式	●	—	5.3	12.6
4		重复性误差	●	—	5.6	12.7
5		压力损失	●	●	5.7	12.8
6		零流量	●	—	5.8	12.9
7		始动流量	●	—	5.9	12.10
8		过载流量	●	—	5.10	12.11
9		脉动流量	●	—	5.11	12.12
10		安装影响	●	—	5.12.1	12.13
11		温度影响	●	—	5.12.2	12.14
12		污染物影响	●	—	5.12.3	12.15
13		耐久性	●	—	5.13	12.16
14	结构和材料	外观检查	●	●	6.9	12.3
15		防护性能	●	—	6.2	12.17
16		密封性	●	●	6.3.2	12.18
17		耐压强度	●	—	6.3.3	12.19
18		耐振动	●	—	6.3.4	12.20
19		耐冲击	●	—	6.3.5	12.21
20		耐跌落	●	—	6.3.6	12.22
21		防腐蚀	●	—	6.4	12.23
22		抗老化	●	—	6.5	12.24
23		太阳辐射保护	●	—	6.6	12.25
24		外表面阻燃	●	—	6.7	12.26
25		耐储存温度范围	●	—	6.8	12.27
26		防爆性能	●	—	6.10	12.28
27	指示装置	记录和存储	●	—	7.1	12.3.1
28		显示	●	—	7.2	12.3.2
29		非易失性存储器	●	—	7.3	12.3.3
30		显示复位	●	—	7.4	12.3.4

表 9（续）

序号	类别	检验项目	型式检验	出厂检验	要求	试验方法
31		通信	●	—	8	12.29
32	电源	电压断电	●	—	9.2	12.30
33		电池寿命	●	—	9.3	12.31
34		最低工作电压	●	—	9.4	12.32
35		欠压提示	●	—	9.5	12.33
36		电源波动	●	—	9.6	12.34
37	电磁干扰	静电放电	●	—	10.1	12.35
38		射频电磁场	●	—	10.2	12.36
39		工频磁场干扰	●	—	10.3	12.37
40		脉冲磁场干扰	●	—	10.4	12.38
41		电快速瞬变/脉冲群	●	—	10.5	12.39
42		电浪涌	●	—	10.6	12.40
43		射频干扰抑制	●	—	10.7	12.41
44	标记	标识信息	●	—	14.1	12.42
45		流向标记	●	—	14.2	12.43
46		标识的耐久度清晰度	●	—	14.3	12.44
47	其他功能	取压口	●	—	11.1	12.45
48		热切断阀	●	—	11.2	12.46
49		止回阀	●	—	11.3	12.47
50		温度换算装置	●	—	11.4	12.48
51		电子辅助装置	▲	—	11.5	12.49

注 1：●检验项目，—不检项目，▲为需要时进行的检验项目。

注 2：破坏性试验是制造商和技术机构协商一致的，经受了其他破坏性试验的燃气表可用于本试验。

注 3：本组经受了其他试验的燃气表可用于一个组的不同试验。

注 4：对于本组的大多数试验，除非本试验另有规定，代表性的部件样品（而不是整个燃气表）是可以接受的。

注 5：在规定项目的试验中，5.12.3 可以使用来自其他试验的燃气表。

13.3 出厂检验

13.3.1 检验项目

出厂检验的检验项目见表 9。

a） 示值误差

1） 按 12.4 的方法进行逐台检验，检验流量点为 q_{min}、$0.2q_{max}$、q_{max}，q_{max} 至少检验 2 次，其余流量点可只检验 1 次（如果出现争议，可适当增加检验次数），示值误差应在表 4 规定的 MPE 范围内；

2） 带有温度转换装置的燃气表应符合附录 D 的规定。

b) 压力损失

制造商可根据实际质量控制情况按5.7的规定和12.8的方法进行抽检。

c) 密封性

按6.3.2的规定和12.18的方法逐台进行检验。

d) 外观

按6.9的规定和12.2的方法逐台进行检验。

13.3.2 合格判据

出厂检验项目合格后方能出厂。

14 标志、包装、运输和贮存

14.1 标志信息

燃气表的铭牌或表体上应至少标记下列信息：

a) 制造计量器具许可证编号；
b) 制造商名称或商标；
c) 产品名称、型号、规格、编号和生产年月；
d) 最大流量 q_{max}，m^3/h；
e) 最小流量 q_{min}，m^3/h；
f) 最大工作压力 P_{max}，kPa；
g) 准确度等级，例如：1.5级；
h) 当燃气表适合安装于露天场所时，还应增加标记“H3”；
i) 当燃气表带有温度转换装置时，还应增加 $t_b=20$ ℃，$t_{b,i}=20$ ℃或 $t_{sp}=20$ ℃；
j) 执行标准编号；
k) 环境温度范围(如果超过−10 ℃～+40 ℃)，例如：$t_m=-25$ ℃～+55 ℃；
l) 工作介质温度范围(如果与环境温度范围不同)，例如：$t_g=-5$ ℃～+35 ℃；
m) 燃气表允许的燃气类别，例如：10T，12T，20Y等；
n) 外部电源：电压和频率；
o) 内置电池：最低工作电压；
p) 可更换电池：电池更换的最后期限；
q) 不可更换电池：更换燃气表的最后期限。

14.2 流向标志

燃气表应清晰永久地标明气体流向。

14.3 标志的耐久度和清晰度

燃气表的标志应清晰易读，并在正常使用条件下持久耐用。所有标志牌都应可靠固定，其边缘不应翘曲。进行试验后，标志牌、显示窗上的所有标志均应保持清晰易读。可露天安装燃气表还应符合附录D的规定。

14.4 包装

14.4.1 燃气表出厂时进出气口应装有非密封的盖或塞，防止异物进入表内。

14.4.2 包装箱的图示标志应符合 GB/T 191 的规定。

14.4.3 包装箱内应装有产品使用说明书和合格证。

14.5 运输

燃气表在运输中应防止强烈振动、挤压、碰撞、潮湿、倒置和翻滚等。

14.6 贮存

燃气表应贮存在通风良好，且空气中不含有腐蚀介质的场所，贮存环境温度为－20 ℃～60 ℃，相对湿度不大于 98%。

附 录 A
（资料性附录）
使用的燃气

A.1 总则

超声波燃气表也可用于计量其他类的燃气，尤其是超声波燃气表技术使用在第二类燃气上，燃气表设计为在声音速度为 300 m/s～475 m/s 时工作。天然气归于第二类燃气，现有的大部分供应的天然气由 GB/T 13611 定义在高甲烷组 10T 和 12T 范围内。超出超声波燃气表范围的一种燃气是测试燃气 12T-2，其音速为 497 m/s（因为 23％的氢含量）。

A.2 测试燃气的性质

A.2.1 由燃气成分变化而改变，并且最有可能影响超声波燃气表的性能的物理性质有：

a) 音速范围；

b) 衰减范围；

c) 黏度范围；

d) 密度/比重范围。

A.2.2 已经开发了一组第二类燃气，提供大范围的物理性质以用于多种燃气表技术，而不用要求进行不同燃气混合物的大范围测试，它们是：

音速范围：最小：空气；

最大：100％甲烷（除了 12T-2，GB/T 13611 定义）。

衰减：最小：空气；

最大：94％甲烷，6％二氧化碳（100％甲烷有 3 dB 低衰减及该水平的二氧化碳在供应的天然气里是不容许的）。

黏度：最小：70％甲烷，30％乙烷（100％甲烷在同样黏度的 3％之内并且足够行使这项参数）；

最大：空气。

密度：最小：89％甲烷，11％的氢气（100％甲烷足够紧密，即在 10％之内行使这项参数）；

最大：空气。

A.2.3 用空气和 99.5％供应的燃气进行试验，可以评估燃气表在极限条件下的状况。

附　录　B

（资料性附录）

超声波燃气表计量原理

B.1　超声波燃气表以测量声波在流动介质中传播的时间与流量的关系为原理。通常认为声波在流体中的实际传播速度是由介质静止状态下声波的传播速度（c_f）和流体轴向平均流速（v_m）在声波传播方向上的分量组成。

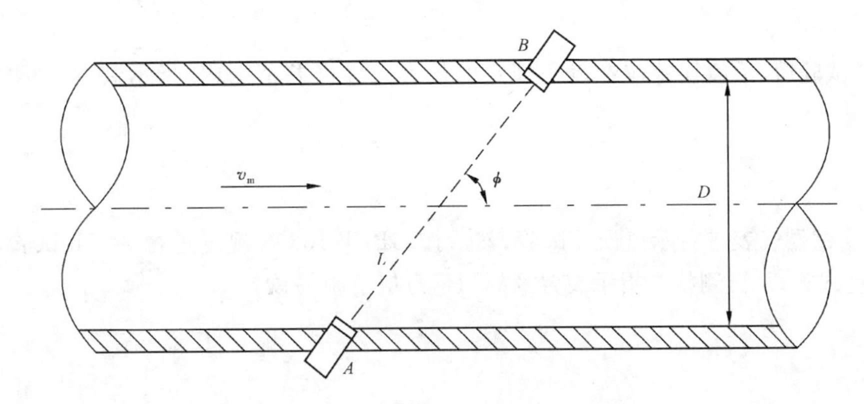

图 B.1　工作原理示意图

B.2　按图 B.1 所示，顺流和逆流传播时间与各量之间的关系见式（B.1）和式（B.2）：

$$t_{down}=t_{AB}=\frac{L}{c_f+v_m\cos\phi} \tag{B.1}$$

$$t_{up}=t_{BA}=\frac{L}{c_f-v_m\cos\phi} \tag{B.2}$$

式中：

t_{down} ——超声波在流体中顺流传播的时间，单位为秒（s）；

t_{up} ——超声波在流体中逆流传播的时间，单位为秒（s）；

L ——声道长度，单位为米（m）；

c_f ——声波在流体中传播的速度，单位为米每秒（m/s）；

v_m ——流体的轴向平均值，单位为米每秒（m/s）；

ϕ ——声道角，单位为度（°）。

B.3　可利用式（B.1）和式（B.2）计算出流体流速的表达式见式（B.3）：

$$v_m=\frac{L}{2\cos\phi}\left(\frac{1}{t_{down}}-\frac{1}{t_{up}}\right) \tag{B.3}$$

也可以用相似的方法获得声波的传播速度见式（A.4）：

$$c_f=\frac{L}{2}\left(\frac{1}{t_{down}}+\frac{1}{t_{up}}\right) \tag{B.4}$$

B.4　将测得的多个声道的流体流速 v_i，$i=1,2,\cdots,k$；利用数学的函数关系联合起来，可得到管道平均流速的估计值 $\bar{v}$，乘以过流面积 A，即可得到体积量 q_v，见式（B.5）和式（B.6）：

$$q_v=A\bar{v} \tag{B.5}$$

$$\bar{v}=f(v_1,\cdots,v_k) \tag{B.6}$$

式中：

k——声道数。

附 录 C
(规范性附录)
露天场所安装的燃气表

C.1 湿度

C.1.1 要求

在按 C.1.2 试验后,示值误差应在表 4 规定的最大允许误差范围内,指示装置和标记应保持清晰易读。

C.1.2 试验

按 12.4 对受试燃气表进行示值误差试验,然后按 GB/T 13893 规定进行 340 h 试验,再按 12.4 重新进行示值误差试验,并目测检查指示装置及标识信息应清晰易读。

C.2 风化[1)]

C.2.1 要求

应符合下列要求:

a) 在 C.2.2 试验结束后,燃气表铭牌机标识牌上的所有标志应清晰易读;
b) 按 GB 11186.3 的规定进行,所有色差应符合:
$\Delta L^* \leqslant 7$;
$\Delta a^* \leqslant 7$;
$\Delta b^* \leqslant 14$。
c) 按 GB/T 2410 检查透光率,雾度(%)$H \leqslant 15$。

C.2.2 试验

试验方法如下:

a) 按 GB/T 16422.3 和表 C.1 中的参数,将受试燃气表暴露在人工气候和人工辐射环境下 66 d。

表 C.1 暴露试验参数

试验周期	波长/灯型号	辐照度	黑标准温度
8 h,干燥	UV-A340/I 型灯	0.76 W·m^{-2}(峰值 340 nm)	—
4 h,冷凝	—	关灯	—

b) 暴露试验结束后对燃气表进行目测检查,指示装置、铭牌以及任何独立的数据标牌上的所有标识仍应清晰易读。然后按 GB 11186.3 和 GB/T 2410 检查色差和透光率应符合 C.2.1 的规定。

1) 试验方法替代 12.44。

附 录 D
（规范性附录）
有温度转换装置的燃气表

D.1 范围

本附录规定了内置温度转换装置的燃气表的要求和试验方法。

D.2 计量性能

D.2.1 示值误差

本条款取代5.4。

D.2.1.1 要求

应符合下列要求：

a) 对于具有温度转换装置的燃气表，最大允许误差应从表4给出的值提高0.5%（以中心温度t_{sp}对称延伸30 ℃范围，基准温度t_{sp}由制造商规定在15 ℃～25 ℃之间，在此温度范围之外，每间隔10 ℃允许示值误差提高0.5%）；

b) 在q_t至q_{max}范围内，如果各个流量点的误差值符号相同，则误差值的绝对值应比MPE降低0.5%。

D.2.1.2 试验

试验方法如下：

a) 将燃气表置于试验设备上（图D.1提供了一个实例）并且有大量干燥的空气经过燃气表，气体的实际体积由标准装置测量。最小通气体积量应由制造商制定并得到技术机构认可；

b) 在20 ℃分别确定6次流量为q_{min}、$3q_{min}$、$5q_{min}$、$10q_{min}$、q_t、$0.4q_{max}$、$0.7q_{max}$和q_{max}的示值误差；

c) 然后确定燃气表的示值误差6次（温度t_{min}和t_{max}、t_{min}和t_b之间、t_b和t_{max}之间的等间距温度，测试流量点为q_{min}、$0.1q_{max}$、$0.4q_{max}$和q_{max}）；

d) 在每一个温度，要保证试验燃气、气表和温度控制箱内部的温度在1 K之内；

e) 在每一次温度改变后应稳定温度，并且在测量中保持在±0.5 K；

f) 每一个温度和流量的示值误差可按式（D.1）计算：

$$E=\left[\frac{V_M}{V_R}\cdot\frac{T_R}{T_B}\cdot\frac{P_M}{P_R}-1\right]\times 100\% \qquad \text{(D.1)}$$

式中：

E ——示值误差；

V_M——受试燃气表记录的体积，单位为立方米（m^3）；

V_R——参比标准器记录的体积，单位为立方米（m^3）；

T_R——参比标准器的温度，单位为开尔文（K）；

T_B——基准气体温度293.15 K（20 ℃）；

P_M——受试燃气表入口处的绝对压力，单位为帕斯卡（Pa）；

P_R ——参比标准器处的参比绝对压力,单位为帕斯卡(Pa)。

g) 所有的以上公式中使用的温度和压力都是绝对的。

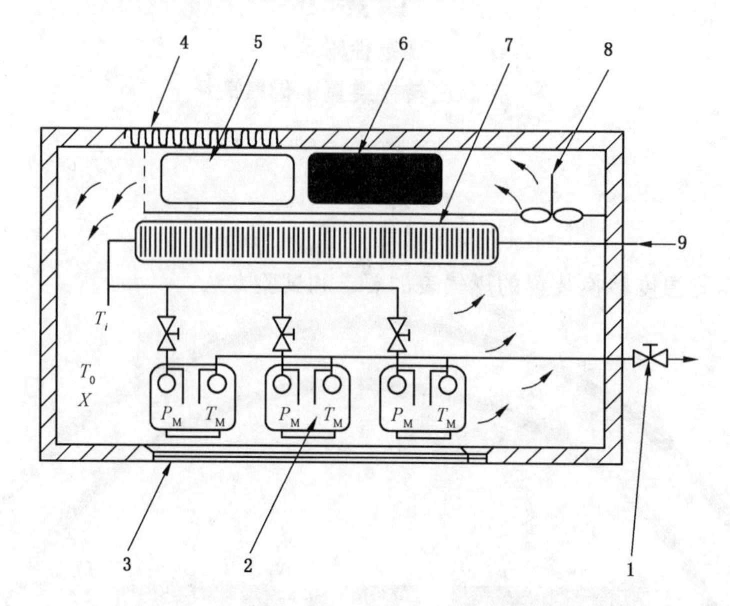

说明:

1——流量控制;

2——燃气表;

3——三层热窗;

4——绝缘;

5——发热元件;

6——冷却元件;

7——热交换器;

8——风扇;

9——标准参考空气。

图 D.1 与温度相关的试验装置实例

D.2.2 燃气表入口处工作介质温度与燃气表环境温度差异很大的示值误差

D.2.2.1 要求

当制造商声明燃气表适用于这种场所时,燃气表应按 12.4 规定进行,示值误差应符合表 4 的规定。

D.2.2.2 试验

试验方法如下:

a) 将受试燃气表放在试验台上(见图 D.2),在 20 ℃环境温度下,用温度为 t_{sp}℃+20 ℃的干燥空气进行试验。运行 2 min,然后暂停 4 min~8 min,如此反复循环运行。在每个循环开始和进行过程中,燃气表入口的空气温度 T_i 为 t_{sp}℃+(20 ℃±1 ℃),实验室温度和参比标准器入口的空气温度为 20 ℃±1 ℃/,受试燃气表处的环境温度和参比标准器的环境温度相差不应超出 1 K;

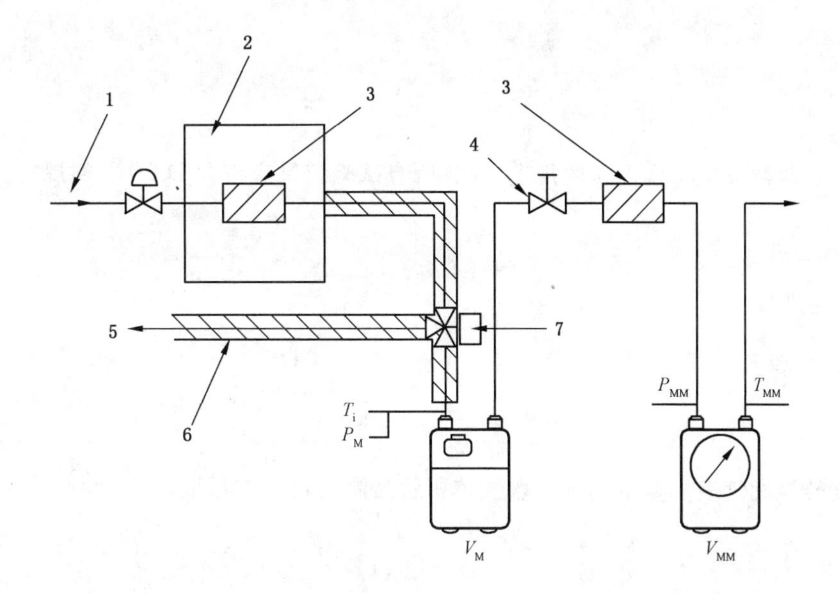

说明：

1——压力调节器；

2——温度控制箱；

3——热交换器；

4——留来那个调节器；

5——排气装置；

6——绝缘管道；

7——三通阀控制。

图 D.2 不同温度及断续工作试验台实例

b) 在体积测量之前，工作条件应稳定。测量 q_{max}、$0.7q_{max}$ 和 $0.2q_{max}$ 下 7 个温度循环显示的体积和流经的体积；

c) 按如式(D.2)计算体积的示值误差：

$$E=\left[\frac{V_M}{V_{MM}}\cdot\frac{T_{MM}}{T_B}\cdot\frac{P_M}{P_{MM}}-1\right]\times 100\% \quad \cdots\cdots(D.2)$$

式中：

E ——示值误差；

V_M ——上一次读数后受试燃气表记录的增加的体积，单位为立方米(m^3)；

V_{MM}——上一次读数后参比标准器记录的实际增加的体积，单位为立方米(m^3)；

T_{MM}——参比标准器的温度，单位为开尔文(K)；

T_B ——基准气体温度 293.15 K(20 ℃)；

P_M ——受试燃气表入口处的绝对压力，单位为帕斯卡(Pa)；

P_{MM}——参比标准器处的参比绝对压力，单位为帕斯卡(Pa)。

D.2.2.3 标志

除第 14 章中列出的信息外，每个燃气表还应在显示内容和独立铭牌上包括以下信息：

a) 声明为适合不同温度及断续工作燃气表，其基准燃气温度的表示为 $t_{b,i}$=20 ℃；

b) 制造商规定的温度，如表示为 t_{sp}=20 ℃。

D.2.3　温度影响

D.2.3.1　要求

燃气表所有试验结果应符合表4的规定，并且所有试验结果应符合D.2.1.1的规定。

D.2.3.2　试验

按12.14规定进行。

D.2.4　温度转换体积量

D.2.4.1　要求

能够在温度转换燃气表上显示的唯一燃气体积就是温度转换体积量。

D.2.4.2　试验

通过可视检查和通信可以确定所显示的就是温度转换体积量。

ICS 91.140
P 47

中华人民共和国城镇建设行业标准

CJ/T 503—2016

无线远传膜式燃气表

Diaphragm gas meter with wireless remote-reading

2016-09-06 发布　　　　2017-03-01 实施

中华人民共和国住房和城乡建设部　发布

前　言

本标准按照 GB/T 1.1—2009 给出的规则起草。

本标准由住房和城乡建设部标准定额研究所提出。

本标准由住房和城乡建设部燃气标准化技术委员会归口。

本标准起草单位：新天科技股份有限公司、河南省计量科学研究院、沈阳市航宇星仪表有限责任公司、宁波天鑫仪表有限公司、浙江正泰仪器仪表有限责任公司、贵州燃气集团股份有限公司、重庆燃气集团股份有限公司、深圳市燃气集团股份有限公司、西安普瑞米特科技有限公司、浙江荣鑫燃气表有限公司、成都前锋电子仪器有限责任公司、浙江威星智能仪表股份有限公司、廊坊新奥燃气设备有限公司、大庆英辰创新科技有限公司、杭州鸿鹄电子有限公司、深圳汉光电子技术有限公司、四川恒芯科技有限公司、上海飞奥燃气设备有限公司、浙江苍南仪表集团东星智能仪表有限公司、济宁蓝威智能燃气表有限公司、四川海力智能科技有限公司、成都千嘉科技有限公司、西安维斯达仪器仪表有限公司、福建森正建设有限公司、陕西航天动力高科技股份有限公司、中国市政工程华北设计研究总院有限公司。

本标准主要起草人：费战波、董意德、崔耀华、程波、林爱素、徐勇慧、肖怡乐、曹安民、刘薇、刘健、王长民、吴庆卫、邓中文、李祖光、张春林、陆鸿志、潘立、郑华章、徐子林、朱伟泳、金文胜、仲高升、魏东、胡芸华、安永喜、潘龙标、付连宁、屈开祥、刘畅、李河山、刘斌。

无线远传膜式燃气表

1 范围

本标准规定了无线远传膜式燃气表(以下简称燃气表)的术语和定义、型号、要求、试验方法、检验规则、标志、包装、运输和贮存。

本标准适用于最大工作压力不超过 10 kPa、最大流量不超过 10 m^3/h、最小工作环境温度范围为 −10 ℃～40 ℃、有内置阀门的燃气表的设计、生产、试验与验收。

2 规范性引用文件

下列文件对于本文件的应用是必不可少的。凡是注日期的引用文件,仅注日期的版本适用于本文件。凡是不注日期的引用文件,其最新版本(包括所有的修改单)适用于本文件。

GB/T 191 包装储运图示标志

GB/T 2423.1 电工电子产品环境试验 第2部分:试验方法 试验A:低温

GB/T 2423.2 电工电子产品环境试验 第2部分:试验方法 试验B:高温

GB/T 2423.3 电工电子产品环境试验 第2部分:试验方法 试验Cab:恒定湿热方法

GB/T 2423.17 电工电子产品环境试验 第2部分:试验方法 试验Ka:盐雾

GB/T 2829 周期检验计数抽样程序及表(适用于对过程稳定性的检验)

GB 4208 外壳防护等级(IP代码)

GB/T 6968—2011 膜式燃气表

GB/T 17626.2 电磁兼容 试验和测量技术 静电放电抗扰度试验

GB/T 17626.3 电磁兼容 试验和测量技术 射频电磁场辐射抗扰度试验

JG/T 162 住宅远传抄表系统

3 术语和定义

GB/T 6968—2011 界定的以及下列术语和定义适用于本文件。

3.1

无线远传膜式燃气表 diaphragm gas meter with wireless remote-reading

以微处理器和无线通信芯片为核心,具备内置阀门和无线方式与外部设备进行数据交换功能的膜式燃气表。

4 型号

4.1 编制

燃气表型号编制方法:

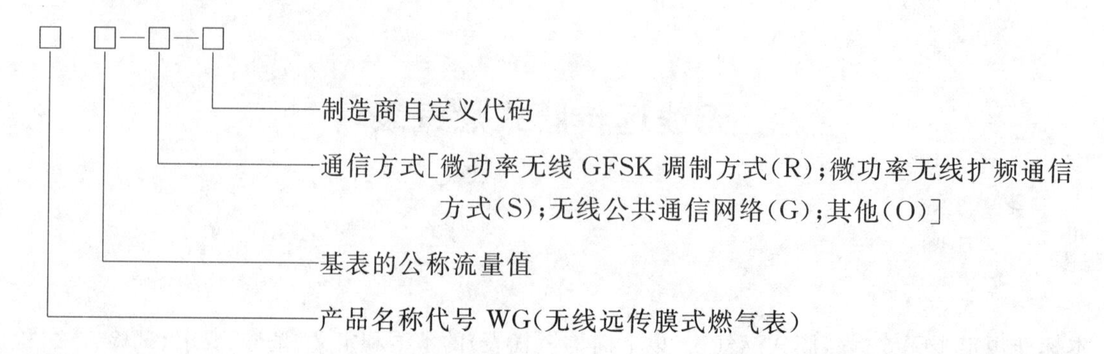

4.2 示例

公称流量为 2.5 m^3/h,通信方式为微功率无线 GFSK 调制方式的无线远传膜式燃气表,其型号表示为:WG2.5—R。

5 要求

5.1 一般要求

5.1.1 燃气表使用的基表应符合 GB/T 6968—2011 的规定。

5.1.2 燃气表流量范围应符合表 1 的规定。

表 1 流量范围

单位为立方米每小时

公称流量	最大流量值	最小流量上限值	最大始动流量
1.6	2.5	0.016	0.003
2.5	4	0.025	0.005
4	6	0.040	0.005
6	10	0.060	0.008

5.1.3 燃气表控制器外壳防护等级应符合 GB 4208 中 IP53 等级的要求。

5.2 外观要求

燃气表外观应符合下列规定:

a) 燃气表外壳涂层应均匀,无气泡、脱落、划痕等缺陷;

b) 金属部件应无锈蚀、无伤痕、涂覆颜色应一致;

c) 计数器和铭牌应清晰可辨;

d) 燃气表应有不经破坏就不能拆卸的防护封印。

5.3 性能要求

5.3.1 温度范围

5.3.1.1 燃气表的最小贮存温度范围应为 −20 ℃~60 ℃,恢复到实验室环境温度后,燃气表性能应符合 5.3.8~5.3.19 的规定。

5.3.1.2 燃气表的最小工作环境温度范围应为 −10 ℃~40 ℃,燃气表性能应符合 5.3.8~5.3.19 的规定。

5.3.2 恒定湿热

相对湿度93%，温度40 ℃，燃气表性能应符合5.3.8～5.3.19的规定，且外观应无锈蚀。

5.3.3 耐盐雾

燃气表应有抗盐雾性能，其性能应符合5.3.8～5.3.19的规定，且外观应无锈蚀。

5.3.4 耐振动

燃气表应承受正常运输搬运过程中的振动，其性能应符合5.3.8～5.3.19的规定。

5.3.5 阀门密封性

阀门在关闭状态下，在阀门入口处输入15 kPa压力的气体，泄漏量应不大于0.3 L/h。

5.3.6 阀门耐用性

控制阀门开、关动作各5 000次后，阀门密封性应符合5.3.5的规定。

5.3.7 整机密封性

燃气表输入15 kPa压力的气体时，燃气表不应泄漏。

5.3.8 静态工作电流

燃气表静态工作电流应不大于50 μA。

5.3.9 最大工作电流

基于微功率无线方式的燃气表阀门不动作时最大工作电流应不大于200 mA，阀门动作时最大工作电流应不大于400 mA；基于无线公共网络方式的燃气表最大工作电流应不大于2 A。

5.3.10 机电转换误差

机电转换误差应符合下列要求：

a) 脉冲式燃气表机电转换误差应不超过±1个机电转换信号当量；
b) 直读式燃气表机电转换误差应不超过±1个最小转换分度值。

5.3.11 断电数据存储

当燃气表断电后，重新上电后数据应恢复与断电前一致。

5.3.12 断电关阀

燃气表采用可更换电池供电方式时，应具有断电关阀功能。

5.3.13 电源欠压保护

当燃气表工作电压降至设计欠压值时，应有提示，当电源电压继续下降到设计最低工作电压时，应能关闭阀门，且表内数据不丢失、不错乱。

5.3.14 开阀保护

开阀动作应由现场人工干预完成。

5.3.15 状态指示

燃气表应具有运行状态指示功能。

5.3.16 数据安全

燃气表的数据安全应符合 JG/T 162 的规定。

5.3.17 远传功能

燃气表应具有主动数据上报功能或被动唤醒数据远传功能。

5.3.18 控制功能

燃气表应具有接收开阀授权、执行关阀命令功能。

5.3.19 通信信道的频点设置功能

通信方式为 R 或 S 的燃气表应具有通信信道的频点设置功能。

5.3.20 抗干扰性

5.3.20.1 静电放电抗扰度

燃气表受到干扰时，应自动关闭阀门，或应正常工作并符合 5.3.10～5.3.15 的规定。

5.3.20.2 辐射电磁场抗扰度

燃气表受到干扰时，应自动关闭阀门，或应正常工作并符合 5.3.10～5.3.15 的规定。

5.3.20.3 抗磁干扰

燃气表受到干扰时，应自动关闭阀门，或应正常工作并符合 5.3.10～5.3.15 的规定。

5.3.21 可选功能项

5.3.21.1 充值功能

燃气表可通过无线通信方式接收充值金额或充值气量信息。

5.3.21.2 计费功能

燃气表可具备自动计费功能。

5.3.21.3 数据冻结功能

每月冻结日，燃气表可自动保存累积量信息。

5.3.21.4 读写燃气表时钟

燃气表可无线方式读取当前时钟，并可修改时钟。

5.3.21.5 写表底数

燃气表可具有设置累积量底数功能。

5.3.21.6 修改燃气表通信地址

燃气表可支持原始通信地址修改为新通信地址。

5.3.21.7 异常状态记录功能

燃气表可具有异常运行状态记录功能。

5.3.21.8 读取版本号

燃气表可无线方式读取版本号。

5.3.21.9 预留外接直流电源接口

燃气表可预留外接直流电源接口,外接直流电源电压应为 6 V。

5.4 通信方式

燃气表通信方式应符合表 2 的规定。

表 2 通信方式

通信方式	代码	要求
微功率无线 GFSK 调制方式	R	见附录 A
微功率无线扩频通信方式	S	见附录 B
无线公共通信网络	G	见附录 C
注:通信方式可采用其他自定义方式,用代码 O 表示。		

6 试验方法

6.1 试验条件

6.1.1 测试系统示意图见图 1。

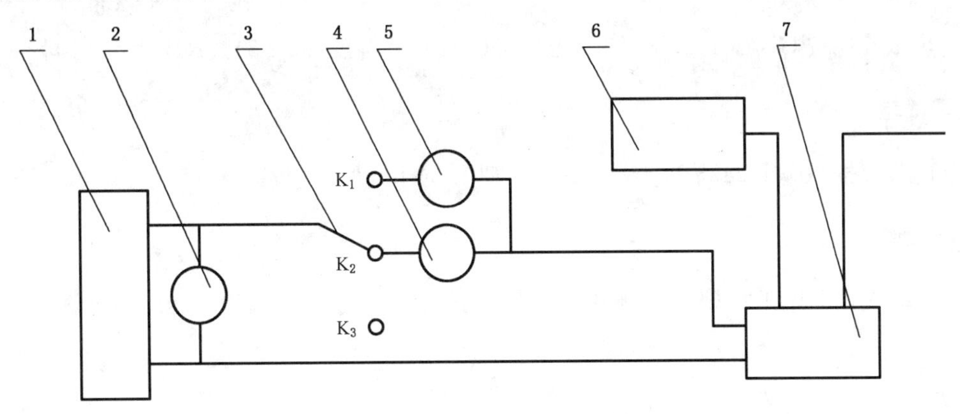

说明:

1——稳压电源;

2——电压表;

3——开关;

4——安培电流表;

5——微安电流表;

6——恒压空气源;

7——燃气表。

图 1 测试系统示意图

6.1.2 试验仪器应符合表3的规定。

表3 试验仪器

测试项目	仪器名称	规格或范围	准确度等级
测试电源	稳压电源	可调 0 V～9 V,3 A	1级
电压测试	电压表	0 V～15 V	1级
电流测试	微安电流表	100 μA	1级
电流测试	安培电流表	3 A	1级

6.2 外观

外观检验可采用目测方法。

6.3 温度试验

6.3.1 贮存温度试验应符合下列要求：

a) 燃气表在不通电的情况下,低温试验应按 GB/T 2423.1 中试验 Ab 执行,试验温度－20 ℃,持续时间 2 h;

b) 燃气表在不通电的情况下,高温试验应按 GB/T 2423.2 中试验 Bb 执行,试验温度 60 ℃,持续时间 2 h。

6.3.2 工作环境温度试验应符合下列要求：

a) 低温试验应按 GB/T 2423.1 中试验 Ae 执行,试验温度－10 ℃,持续时间 2 h;

b) 高温试验应按 GB/T 2423.2 中试验 Be 执行,试验温度 40 ℃,持续时间 2 h。

6.4 恒定湿热试验

恒温湿热试验应按 GB/T 2423.3 执行,温度(40±2)℃、湿度(93±3)%RH、持续时间 48 h。

6.5 耐盐雾试验

耐盐雾试验应按 GB/T 2423.17 执行,试验周期为 24 h。

6.6 耐振动试验

耐振动试验应按 GB/T 6968—2011 中 6.2.7.2 执行。

6.7 阀门密封性

阀门在关闭状态下,在阀门入口处输入 15 kPa 压力的气体,检测阀门泄漏量。

6.8 阀门耐用性

控制阀门开、关动作各 5 000 次后,使阀门处于关闭状态,在阀门入口处加 15 kPa 压力的气体,检测阀门的密封性。

6.9 整机密封性

按图 2 连接被测燃气表,向燃气表输入 15 kPa 压力的气体后关闭进气阀门,保持时间不少于 3 min,观察压力计示值不应下降。

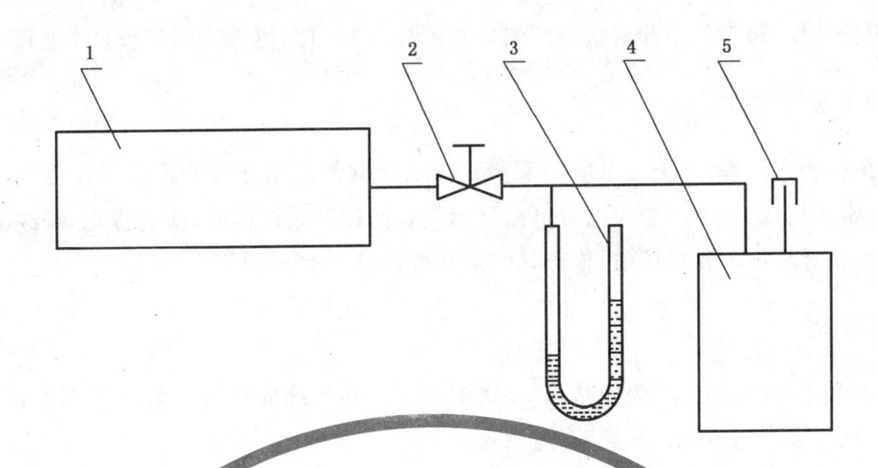

说明：

1——恒压空气源；

2——进气阀门；

3——压力计；

4——燃气表；

5——出气口密封。

图2 测试示意图

6.10 静态工作电流试验

按图1连接被测燃气表，开关打至 K_3 位，将稳压电源调整至燃气表的正常工作电压，开关打至 K_2 位，使燃气表正常工作，燃气表稳定工作后，开关打至 K_1 位，读取微安电流表测得的静态工作电流。

6.11 最大工作电流试验

按图1连接被测燃气表，开关打至 K_3 位，将稳压电源调整至燃气表的正常工作电压，开关打至 K_2 位，使燃气表正常工作，燃气表稳定工作后，使燃气表产生关阀动作和无线数据通信，在关阀动作、数据通信期间，分别读取安培电流表测得的最大工作电流。

6.12 机电转换误差试验

计量试验按下列方式进行：

a） 脉冲方式：记录燃气表机械计数器的初始读数和远传初始读数，使空气以 q_{max} 流经燃气表，运行不少于两个转换信号当量的气量之后，停止通气，记录燃气表机械计数器的读数和远传读数。计算远传读数的体积变化值和燃气表机械计数器的体积变化值，是否符合5.3.10a)的规定；

b） 直读方式：燃气表运行不少于两个最小转换分度值的气量，以燃气表机械计数器示值作为标准示值，计算远传读数与燃气表机械计数器读数相差是否符合5.3.10b)的规定。

6.13 断电数据存储试验

按图1连接被测燃气表，开关打至 K_3 位，将稳压电源调整至燃气表的正常工作电压，开关打至 K_2 位，使燃气表正常工作。然后开关打至 K_3 位，再将开关打至 K_2 位，燃气表数据应恢复同断电前一致。

6.14 断电关阀试验

按图1连接被测燃气表，开关打至 K_3 位，将稳压电源调整至燃气表的正常工作电压，开关打至 K_2

位，使燃气表正常工作，阀门处于开启状态。然后开关打至 K_3 位，燃气表阀门应自动关闭。

6.15 电源欠压保护试验

按图1连接被测燃气表，开关打至 K_3 位，将稳压电源调整至燃气表的正常工作电压，开关打至 K_2 位，使燃气表正常工作，缓慢下调稳压电源电压至燃气表的设计欠压值时，应有提示，继续下调稳压电源电压至燃气表的设计最低工作电压值，检查其结果是否符合5.3.13的规定。

6.16 开阀保护试验

使燃气表正常工作，阀门处于关闭状态，在用配套设备和系统向燃气表发送开阀授权指令后，经过现场人工干预，燃气表阀门应执行开启动作。

6.17 状态指示试验

改变燃气表的阀门开关状态，燃气表应显示对应的状态指示。

6.18 数据安全试验

数据安全试验应符合JG/T 162的规定。

6.19 远传功能试验

在制造商声明的传输距离内，用配套设备和系统测试燃气表的远传功能，检查是否符合5.3.17的规定。

6.20 控制功能试验

在制造商声明的传输距离内，用配套设备和系统测试燃气表控制功能。

6.21 通信信道的频点设置功能试验

用配套设备和系统设置燃气表通信信道。

6.22 抗干扰性试验

6.22.1 静电放电抗扰度试验

静电放电抗扰度试验应按GB/T 17626.2执行，试验等级3级。

6.22.2 辐射电磁场抗扰度试验

辐射电磁场抗扰度试验应按GB/T 17626.3执行，试验等级3级，频率80 MHz～1 000 MHz，试验场强10 V/m，调制80%AM、1 kHz正弦波。

6.22.3 抗磁干扰试验

使燃气表正常工作，用一块400 mT～500 mT磁铁贴近燃气表的任何部位。

6.23 可选功能项

用燃气表制造商声明的试验方法进行试验。

7 检验规则

7.1 出厂检验

出厂检验要求及缺陷分类应符合表 4 的规定。

表 4 检验要求及缺陷分类

检验项目			出厂检验	型式检验	要求	试验方法	缺陷分类	
							A	B
外观			●	●	5.2	6.2		√
环境条件	温度	贮存温度	—	●	5.3.1.1	6.3.1		√
		工作环境温度	—	●	5.3.1.2	6.3.2		√
	恒定湿热		—	●	5.3.2	6.4		√
	耐盐雾		—	●	5.3.3	6.5		√
	耐振动		—	●	5.3.4	6.6		√
性能要求	阀门密封性		●	●	5.3.5	6.7	√	
	阀门耐用性		—	●	5.3.6	6.8		√
	整机密封性		●	●	5.3.7	6.9	√	
	静态工作电流		●	●	5.3.8	6.10		√
	最大工作电流		●	●	5.3.9	6.11		√
	机电转换误差		●	●	5.3.10	6.12	√	
	断电数据存储		●	●	5.3.11	6.13	√	
	断电关阀		●	●	5.3.12	6.14	√	
	电源欠压保护		●	●	5.3.13	6.15	√	
	开阀保护		●	●	5.3.14	6.16	√	
	状态指示		●	●	5.3.15	6.17		√
	数据安全		●	●	5.3.16	6.18	√	
	远传功能		●	●	5.3.17	6.19	√	
	控制功能		●	●	5.3.18	6.20	√	
	通信信道的频点设置功能		—	●	5.3.19	6.21	√	
抗干扰性	静电放电抗扰度		—	●	5.3.20.1	6.22.1		√
	辐射电磁场抗扰度		—	●	5.3.20.2	6.22.2		√
	抗磁干扰		●	●	5.3.20.3	6.22.3	√	

注 1:“●”为检验项目,“—”为不检项目。

注 2:缺陷分类中项目 A 类列中画“√”的表示 A 类不合格,不允许出现;B 类列中画“√”的表示 B 类不合格,指能够造成故障或严重降低产品实用性的缺陷。

7.2 型式检验

7.2.1 型式检验要求应符合第4章、第5章、第8章的规定。

7.2.2 有下列情况之一时，应进行型式检验：

a) 新产品定型时；

b) 正式生产后，如结构、材料、工艺有较大改变，可能影响产品性能时；

c) 产品停产1年以上，再恢复生产时。

7.2.3 型式检验抽样方法应按GB/T 2829执行，每次型式检验应不少于3台。

7.2.4 型式检验时，应提供产品技术使用说明书及与样品功能配套的符合国家现行标准的配件。

8 标志、包装、运输和贮存

8.1 标志

8.1.1 燃气表铭牌应标明下列内容：

a) 制造计量器具许可证编号；

b) 制造商名称或商标；

c) 产品名称、型号、规格、编号和生产年份；

d) 最大流量值 q_{max} 和最小流量值 q_{min} (m^3/h)；

e) 最大工作压力 p_{max} (kPa)；

f) 回转体积 V_c (dm^3)；

g) 准确度等级；

h) 脉冲当量。

8.1.2 燃气表上应有明显表示气流方向的永久性标记。

8.2 包装

8.2.1 燃气表出厂时进出气口应设置防止异物进入表内的保护设施。

8.2.2 包装箱的图示标识应符合GB/T 191的规定。

8.2.3 应有产品使用说明书和合格证。

8.3 运输和贮存

8.3.1 燃气表运输中应防止强烈振动、挤压、碰撞、潮湿、倒置、翻滚等。

8.3.2 燃气表贮存环境应通风良好，无腐蚀性气体并应符合以下规定：

a) 贮存环境温度范围－20 ℃～60 ℃；

b) 相对湿度不大于85％；

c) 贮存时间应不超过6个月，超过6个月时应重新检验示值误差。

附 录 A
（规范性附录）
微功率无线 GFSK 调制方式

A.1 工作模式

A.1.1 被动接收模式

燃气表通信单元平时处于被动接收状态，每隔一段时间，监听是否能收到主站发出的唤醒信号，收到唤醒信号后，燃气表将同主站建立通信。

A.1.2 主动上报模式

燃气表通信单元平时处于休眠状态，在规定的时间段或满足上报条件时进行数据上报，并且通信单元处于工作状态，主站可在此时间段与燃气表建立通信。

A.2 通信特性

通信特性应符合表 A.1 的规定。

表 A.1 通信特性

通信	无线速率	频段	调制方式
半双工	1 kbps～500 kbps	470 MHz～510 MHz	GFSK

A.3 通信性能参数

通信性能参数应符合表 A.2 的规定。

表 A.2 通信性能参数

特性	符号	最小值	典型值	最大值	单位
发射功率				50	mW
中心频率		470		510	MHz
调制频偏				±40	kHz
频率容限				100×10^{-6}	
信道带宽				200	kHz
无线通信空中编码	Fchip	1		500	kcps
前引导码长度		16			chips
同步码			16		chips

A.4 被动接收模式通信流程

A.4.1 总体流程

燃气表通信单元平时处于监听状态，当监听到主站发送对应的唤醒信号后，立即进入接收状态，在接收状态下，主站可发送各种命令，燃气表收到命令返回数据。燃气表被唤醒后，若一段时间（T_{ac}）内未收到主站发来信息，自动返回监听状态。

A.4.2 监听方式

监听状态下，燃气表通信单元每一段时间（T_{sl}）将接收机开启一段时间（T_{on}），并检查是否有针对本机的唤醒数据。当收到有针对本机的唤醒信号后，立即进入接收状态。

A.4.3 唤醒过程

主站发送唤醒信号的过程是一个连续发送唤醒数据帧的过程，整个过程持续时间 $T_{wa}>T_{sl}$。

A.4.4 时序参数

A.4.4.1 时序参数应符合表 A.3 的规定。

表 A.3 时序参数

名称	最小	最大	单位
T_{ac}唤醒等待时间	4		s
T_{sl}唤醒周期		5	s
T_{on}唤醒周期内接收时间	6		ms
T_{sp}唤醒帧最大间隔时间		0.2	ms
T_{wa}发送端最小唤醒时间	$1.2T_{sl}$		s

A.4.4.2 时序图见图 A.1。

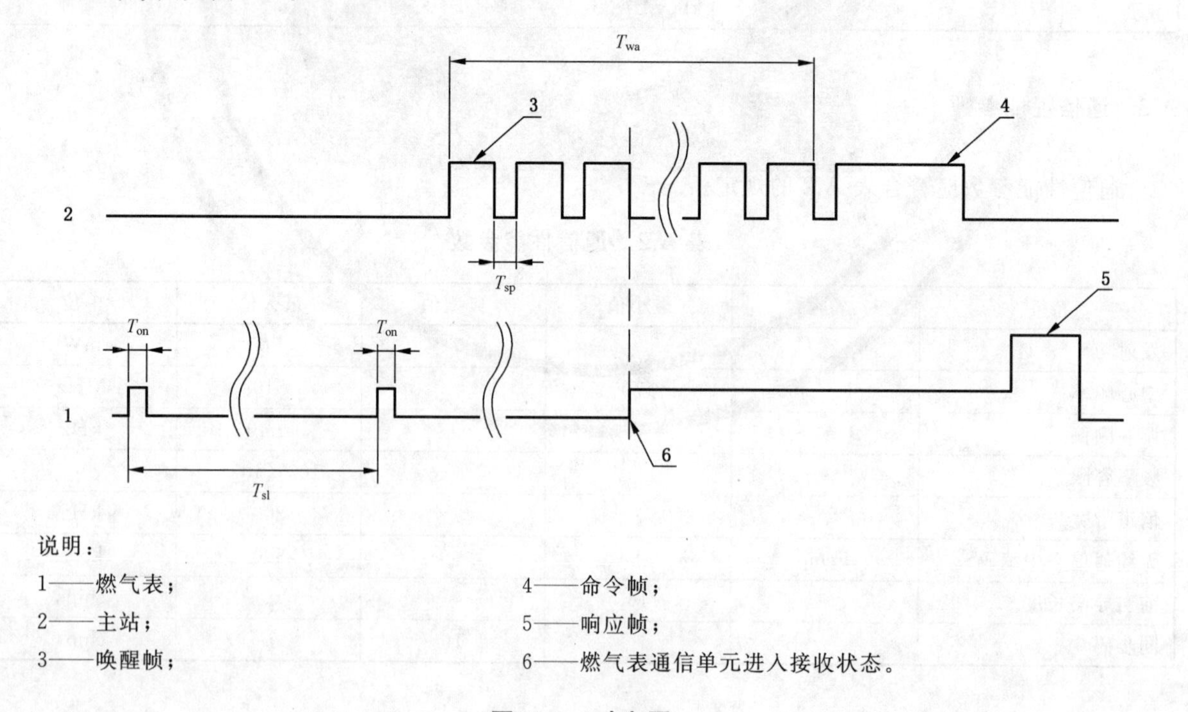

说明：

1——燃气表；
2——主站；
3——唤醒帧；
4——命令帧；
5——响应帧；
6——燃气表通信单元进入接收状态。

图 A.1 时序图

A.4.5 重发次数

最大重复发送次数应不大于 3。

附　录　B
（规范性附录）
微功率无线扩频通信方式

B.1　工作模式

B.1.1　被动接收模式

燃气表通信单元平时处于被动接收状态，每隔一段时间，监听是否能收到主站发出的唤醒信号，收到唤醒信号后，燃气表将同主站建立通信。

B.1.2　主动上报模式

燃气表通信单元平时处于休眠状态，在规定的时间段或满足上报条件时进行数据上报，并且通信单元处于工作状态，主站可在此时间段与燃气表建立通信。

B.2　通信特性

通信特性应符合表 B.1 的规定。

表 B.1　通信特性

通信	无线速率	频段
半双工	0.1 kbps～500 kbps	470 MHz～510 MHz

B.3　通信性能参数

通信性能参数应符合表 B.2 的规定。

表 B.2　通信性能参数

特性	符号	最小值	最大值	单位
发射功率			50	mW
中心频率		470	510	MHz
频率容限			100×10^{-6}	
信道带宽		7.8	500	kHz
无线通信空中编码	Fchip	0.1	500	kcps
前引导码长度		16		chips

B.4　被动接收模式通信流程

B.4.1　总体流程

燃气表通信单元平时处于监听状态，当监听到主站发送对应的唤醒信号后，立即进入接收状态，在接收状态下,主站可发送各种命令,燃气表收到命令返回数据。燃气表被唤醒后,若一段时间(T_{ac})内未收到主站发来信息,自动返回监听状态。

B.4.2 监听方式

监听状态下,燃气表通信单元每一段时间(T_{sl})将接收机开启一段时间(T_{on}),并检查是否有针对本机的唤醒数据。当收到有针对本机的唤醒信号后,立即进入接收状态。

B.4.3 唤醒过程

主站发送唤醒信号的过程是一个连续发送唤醒数据帧的过程,整个过程持续时间 $T_{wa}>T_{sl}$。

B.4.4 时序参数

B.4.4.1 时序检测应符合表 B.3 的规定。

表 B.3 时序参数

名称	最小	最大	单位
T_{ac}唤醒等待时间	4		s
T_{sl}唤醒周期		15	s
T_{on}唤醒周期内接收时间	6		ms
T_{sp}唤醒帧最大间隔时间		0.2	ms
T_{wa}发送端最小唤醒时间	$1.2T_{sl}$		s

B.4.4.2 时序图见图 B.1。

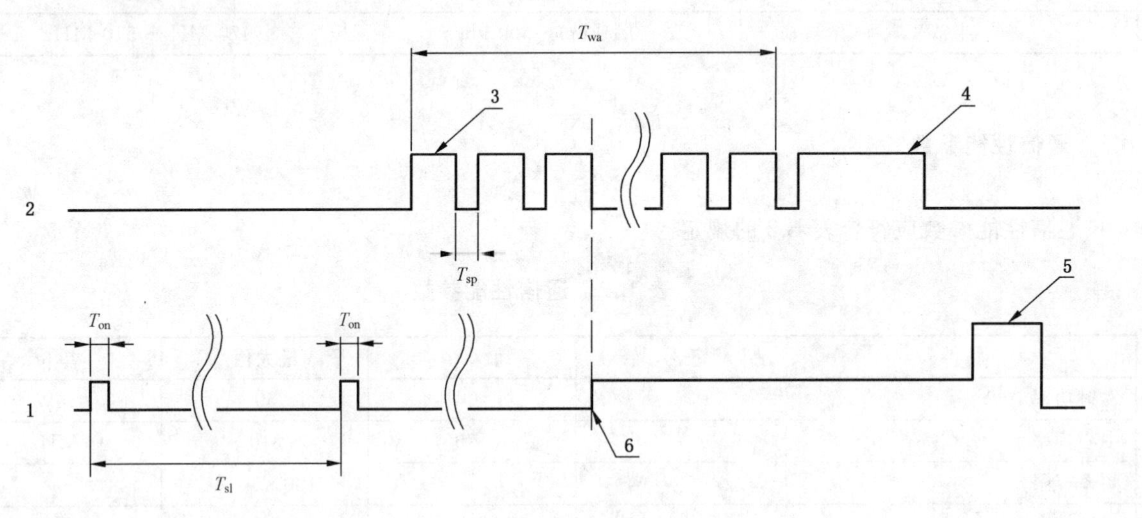

说明:

1——燃气表;

2——主站;

3——唤醒帧;

4——命令帧;

5——响应帧;

6——燃气表通信单元进入接收状态。

图 B.1 时序图

B.4.5 重发次数

最大重复发送次数应不大于 3。

附 录 C
（规范性附录）
无线公共通信网络

C.1 工作模式

燃气表通信单元平时处于休眠状态，在规定的时间段或满足上报条件时进行数据上报，并且通信单元处于工作状态，主站可在此时间段与燃气表建立通信。

C.2 通信性能参数

采用无线公共通信网络方式的燃气表通信性能和技术指标应符合国家现行标准的规定。

ICS 17.120.10;91.140.40
N 12
备案号：

中华人民共和国机械行业标准

JB/T 12958—2016

家用超声波燃气表

Ultrasonic domestic gas meters

2016-10-22 发布 2017-04-01 实施

中华人民共和国工业和信息化部 发布

前　言

本标准按照 GB/T 1.1—2009 给出的规则起草。

本标准由中国机械工业联合会提出。

本标准由全国工业过程测量控制和自动化标准化技术委员会(SAC/TC 124)归口。

本标准起草单位:重庆前卫克罗姆表业有限责任公司、重庆前卫科技集团有限公司、北京市计量检测科学研究院、浙江省计量科学研究院、辽宁省计量科学研究院、重庆市计量质量检测研究院、上海工业自动化仪表研究院、金卡高科技股份有限公司、辽宁思凯科技股份有限公司、浙江威星智能仪表股份有限公司、沈阳市航宇星仪表有限责任公司、荣成市宇翔实业有限公司、杭州先锋电子技术股份有限公司、重庆市山城燃气设备有限公司、成都千嘉科技有限公司、成都秦川科技发展有限公司、浙江苍南仪表厂、浙江荣鑫燃气表有限公司、郑州华润燃气股份有限公司。

本标准主要起草人:张勇、尹代强、王文莉、杨有涛、陈超洋、王振、廖新、郭爱华、郭刚、史健君、方炯、程波、邹子明、谢骏、康清成、刘勋、权亚强、金文胜、吴庆卫、邓立山。

本标准为首次发布。

家用超声波燃气表

1 范围

本标准规定了家用超声波燃气表(以下简称燃气表)的术语和定义、符号、工作条件、计量性能、结构和材料、可选功能、显示信息、标记、应用软件、通信、电池、电磁兼容、超声波(声)噪声干扰、外观、检验规则、包装、运输和贮存。

本标准适用于安装在无或有轻微震动、冲击、冷凝水及电磁干扰的封闭场所(室内或有防护措施的室外)或露天场所(无任何防护措施的室外)、最大工作压力不超过50 kPa、最大流量不超过10 m³/h、最小工作环境温度范围为−10 ℃～40 ℃、工作介质温度变化范围不小于40 K、双管接头、电池供电的1.0级和1.5级燃气表,包括燃气表的辅助装置以及带温度转换装置的燃气表。

最大流量超过10 m³/h、但不超过160 m³/h的燃气表可参考执行本标准。

2 规范性引用文件

下列文件对于本文件的应用是必不可少的。凡是注日期的引用文件,仅注日期的版本适用于本文件。凡是不注日期的引用文件,其最新版本(包括所有的修改单)适用于本文件。

GB/T 191—2008 包装储运图示标志

GB/T 1771—2007 色漆和清漆 耐中性盐雾性能的测定

GB/T 2828.1 计数抽样检验程序 第1部分:按接收质量限(AQL)检索的逐批检验抽样计划

GB/T 2410—2008 透明塑料透光率和雾度的测定

GB/T 2423.1—2008 电工电子产品环境试验 第2部分:试验方法 试验A:低温

GB/T 2423.2—2008 电工电子产品环境试验 第2部分:试验方法 试验B:高温

GB/T 2423.3—2006 电工电子产品环境试验 第2部分:试验方法 试验Cab:恒定湿热试验

GB/T 2423.4—2008 电工电子产品环境试验 第2部分:试验方法 试验Db:交变湿热(12 h+12 h循环)

GB/T 2423.17—2008 电工电子产品环境试验 第2部分:试验方法 试验Ka:盐雾

GB/T 2423.24—2013 电工电子产品环境试验 第2部分:试验方法 试验Sa:模拟地面上的太阳辐射及其试验导则

GB 3836.1—2010 爆炸性环境 第1部分:设备 通用要求

GB 3836.2—2010 爆炸性环境 第2部分:由隔爆外壳“d”保护的设备

GB 3836.4—2010 爆炸性环境 第4部分:由本质安全型“i”保护的设备

GB 3836.8—2003 爆炸性气体环境用电气设备 第8部分:“n”型电气设备

GB 3836.14—2000 爆炸性气体环境用电气设备 第14部分:危险场所分类

GB 4208—2008 外壳防护等级(IP代码)

GB/T 5080.7—1986 设备可靠性试验 恒定失效率假设下的失效率与平均无故障时间的验证试验方案

GB/T 5169.5—2008 电工电子产品着火危险试验 第5部分:试验火焰 针焰试验方法 装置、确认试验方法和导则

GB/T 8897.1—2013　原电池　第1部分:总则
GB 8897.4—2008　原电池　第4部分:锂电池的安全要求
GB/T 9254—2008　信息技术设备的无线电骚扰限值和测量方法
GB/T 9279(所有部分)—2015　色漆和清漆　耐划痕性的测定
GB/T 9286—1998　色漆和清漆　漆膜的划格试验
GB/T 9978.1—2008　建筑构件耐火试验方法　第1部分:通用要求
GB/T 11020—2005　固体非金属材料暴露在火焰源时的燃烧性试验方法清单
GB/T 11186.3—1989　漆膜颜色的测量方法　第三部分:色差计算
GB/T 13611—2006　城镇燃气分类和基本特性
GB/T 13893—2008　色漆和清漆　耐湿性的测定　连续冷凝法
GB/T 14536.1—2008　家用和类似用途电自动控制器　第1部分:通用要求
GB/T 16422.3—2014　塑料　实验室光源暴露试验方法　第3部分:荧光紫外灯
GB/T 17626.2—2006　电磁兼容　试验和测量技术　静电放电抗扰度试验
GB/T 17626.3—2006　电磁兼容　试验和测量技术　射频电磁场辐射抗扰度试验
GB/T 17626.8—2006　电磁兼容　试验和测量技术　工频磁场抗扰度试验
GB/T 17626.9—2011　电磁兼容　试验和测量技术　脉冲磁场抗扰度试验
GB/T 19897.1—2005　自动抄表系统低层通信协议　第1部分:直接本地数据交换
GB/T 20624.1—2006　色漆和清漆　快速变形(耐冲击性)试验　第1部分:落锤试验(大面积冲头)

3 术语和定义、符号

下列术语和定义、符号适用于本文件。

3.1 术语和定义

3.1.1

污染物　contaminants

燃气中会影响燃气表运行的灰尘、蒸汽和其他物质等。

3.1.2

通信端口　communications port

进行数据交换的接口。

3.1.3

显示器　display

用于显示记录的体积或提示信息等内容的装置(如液晶)。

3.1.4

实气　distributed gas

当地供应的符合要求的燃气。

3.1.5

示值误差　error of indication

E

燃气表显示的体积和实际通过燃气表的体积之差与实际通过燃气表的体积的百分比,按公式(1)计算。

$$E=\frac{V_{i}-V_{ref}}{V_{ref}}\times 100\% \quad \cdots\cdots(1)$$

式中：

V_i ——燃气表显示的体积，单位为立方米（m^3）；

V_{ref} ——实际通过燃气表的体积，单位为立方米（m^3）。

3.1.6

密封性 external leak tightness

燃气表中输送燃气的部件隔绝大气的程度。

3.1.7

提示信息 flag

对燃气表运行过程中产生的重要事件或（和）对燃气表操作进行提示的视觉信号、字符和字母等。

3.1.8

电信号接口 galvanic connection/interface

燃气表串行或脉冲输出接口。

3.1.9

显示信息 index

通过显示窗口观察到的铭牌和显示器等信息。

3.1.10

显示窗口 index window(s)

能够读取指示信息的透明材料区域。

3.1.11

最大误差偏移 maximum error shift

任一测试流量点的最大平均误差变化。

3.1.12

最大工作压力 maximum working pressure

燃气表设计的工作压力上限值，与制造商声明和标识在显示窗口或铭牌上的相同。

3.1.13

平均误差 mean error

对同一流量多次测量的示值误差的算术平均值。

3.1.14

存储器 memory

存储数据信息的元件。

3.1.15

表体 meter case

包括外壳在内的整个燃气表结构件。

3.1.16

准确度等级 meter class

燃气表符合本标准计量要求的等级，如1.5级或1.0级。

3.1.17

工作模式 operating mode

获得燃气体积量的测量方法，分为标准模式和测试模式。

3.1.18

光学接口 optical port

采用如红外线发射和接收的串行数据接口。

3.1.19

压力损失　pressure absorption

燃气表工作时在入口处与出口处之间的压力差。

3.1.20

取压口　pressure measuring point

在燃气表出口能够直接测量燃气表出口压力的测量点。

3.1.21

平均误差幅度　range of mean errors

在流量范围内,平均误差的最大值与最小值之差。

3.1.22

回归线　regression line

将测试结果使用统计方法生成一条由图像表示的直线。

3.1.23

记录器　register

由存储器和显示器两部分组成,用于记录和显示信息。

3.1.24

始动流量　starting flow rate

燃气表能够显示的最低流量。

3.1.25

温度转换装置　temperature conversion device

测将量的气体体积转换到基准温度条件下的体积的轮换器。

3.1.26

热切断阀　thermal cut-off valve

当燃气表周围环境温度超过预定温度时,切断燃气的阀门。

3.1.27

超声波燃气表　ultrasonic gas meter

采用超声波技术设计用来测量、记录并且显示通过的燃气体积的燃气表。

3.1.28

超声换能器　ultrasonic transducer

燃气表内,用来发射和接收超声波信号的器件。

3.1.29

工作压力　working pressure

燃气表入口处的气体压力与大气压之间的压力差。

3.2　符号

3.2.1

D

管道的直径,单位为毫米(mm)。

3.2.2

g

重力加速度,单位为米每二次方秒(m/s^2)。

3.2.3

MPE

最大允许误差,%。

3.2.4

p_{max}

最大工作压力,单位为千帕(kPa)。

3.2.5

q_{max}

最大流量,燃气表的示值符合最大允许误差 *MPE* 要求的上限流量,单位为立方米每小时(m^3/h)。

3.2.6

q_{min}

最小流量,燃气表的示值符合最大允许误差 *MPE* 要求的下限流量,单位为立方米每小时(m^3/h)。

3.2.7

q_r

过载流量,燃气表在短时间内工作而不会受到损坏的最高流量,单位为立方米每小时(m^3/h)。

3.2.8

q_{start}

始动流量,制造商声明的燃气表能记录通过气体的最小流量,单位为立方米每小时(m^3/h)。

3.2.9

q_t

分界流量,介于最大流量与最小流量之间、把燃气表流量范围分为"高区"和"低区"的流量。高区和低区各有相应的最大允许误差 *MPE*,单位为立方米每小时(m^3/h)。

3.2.10

t_b

基准气体温度,单位为摄氏度(℃)。

3.2.11

$t_{b,i}$

能够适合不同温度及断续工作的燃气表的基准气体温度,单位为摄氏度(℃)。

3.2.12

t_i

燃气表入口的温度,单位为摄氏度(℃)。

3.2.13

t_m

环境温度,单位为摄氏度(℃)。

3.2.14

t_g

工作介质温度,单位为摄氏度(℃)。

3.2.15

t_{sp}

安装了温度转换装置的燃气表规定的中心温度,单位为摄氏度(℃)。

4 工作条件

4.1 流量范围

燃气表的最大流量值和最小流量上限值应符合表1的规定。

表1 流量范围

单位为立方米每小时

型号规格	q_{max}	q_{min} 的上限值
G1.6	2.5	0.016
G2.5	4	0.025
G4	6	0.04
G6	10	0.06

燃气表流量特性应符合表2的规定。

表2 流量特性

q_{max}/q_{min}	q_{max}/q_{t}	q_{r}/q_{max}
≥150	≥10	≥1.2

4.2 最大工作压力

制造商应声明燃气表的最大工作压力，此数值应标记在显示内容里或者燃气表铭牌上。

4.3 温度范围

除非另有规定，本标准中所有试验温度应在规定温度的±2 ℃内。

燃气表的最小工作环境温度范围为－10 ℃～40 ℃，且适应工作介质温度变化范围应不小于40 K，最小贮存温度范围为－20 ℃～60 ℃。工作介质温度范围不应超出环境温度范围。

制造商应声明工作介质温度范围及环境温度范围。

制造商可声明更宽的环境温度范围，从－10 ℃、－25 ℃或－40 ℃到40 ℃、55 ℃或70 ℃，或更宽的贮存温度范围。燃气表应符合所声明温度范围的相应要求。

如果制造商声明燃气表能耐高环境温度，则燃气表应符合耐高环境温度试验的要求，并应有相应的标记(见7.2.1和9.1)。

4.4 气体类别

制造商应规定燃气表适合的气体类别，见表3。

表3 气体类别

类别	代号		
天然气	12T	10T	10T,12T
液化石油气	20Y	19Y	22Y
空气			

燃气表测试时：

——天然气应采用空气和99.5%的甲烷；

——液化石油气应采用空气和99.5%丙烷和/或99.5%丁烷。

根据与检测机构的协议，燃气表的测试可用任何其他燃气进行。测试用的其他燃气应按9.1的规定在燃气表上进行标记。

注：更多的测试燃气信息参见附录C。

4.5 安装位置

除了连接口竖直安装外，燃气表还可以安装在其他方向，但是安装在其他方向前应先进行耐久性测试并得到检测机构认可。

5 计量性能

5.1 总则

燃气表应能通过电信号接口或光学接口与检测装置连接，测试开始和结束应能同步。

燃气表测试的响应(体积读数)应与采样时间同步，燃气表应延迟其测试的响应直到其接收到下一个采样周期的开始命令。

采样时间应与数据传输字符串启动同步。

注：宜使用有足够分辨力的计时器以满足测量时间的要求。

如果是双向流燃气表，两个方向都应进行所有的试验。

5.2 工作模式的比较

5.2.1 总则

如果燃气表有标准模式(标准采样)和测试模式(快速采样)，只要满足5.2.2的要求，本标准中后续规定的试验项目应以测试模式进行试验，如果不满足5.2.2的要求，后续规定的试验项目应以标准模式进行试验。

5.2.2 要求

不同采样模式应不影响燃气表的计量性能。

标准模式和测试模式的平均误差之差的绝对值不应超过0.3%($q_t \leqslant q \leqslant q_{max}$)和0.6%($q_{min} \leqslant q < q_t$)。

5.2.3 试验

按5.3.2a)以标准模式和测试模式试验燃气表。

计算每个流量点标准模式和测试模式平均误差之差。

5.3 示值误差

5.3.1 要求

按5.3.2a)进行试验时，平均误差应满足表4规定的最大允许误差的要求，平均误差幅度应满足表5规定的要求。

在$q_t \leqslant q \leqslant q_{max}$流量范围内，当各流量点的示值误差值符号相同时，1.5级燃气表的示值误差值的绝对值不应超过1%；1.0级燃气表的示值误差值的绝对值不应超过0.5%。

按5.3.2b)进行试验时，平均误差应满足表4规定的最大允许误差的要求，并且每种测试燃气在各温度点的平均误差幅度应满足表5规定的要求。

如果制造商声明了更宽的环境和燃气温度范围，声明的极限温度应替代－10 ℃和 40 ℃。

在燃气表受到其他影响后，对于标准的个别条款，在用 5.3.2a)或 5.3.2b)的方法试验时，平均误差应在条款规定的误差范围内。

5.3.2 试验

试验按下列方法进行：

a) 以空气为介质的示值误差：受试燃气表应稳定到实验室环境温度，用实验室环境温度下的空气进行示值误差试验。在试验开始之前，使一定体积的空气(其实际体积用参比标准器测量)流经受试燃气表，记录燃气表显示的体积。流经受试燃气表的最小空气体积量由制造商规定并经检测机构认可。按上升或下降流量的顺序，在 q_{min}、$3q_{min}$、$5q_{min}$、$10q_{min}$、$0.1q_{max}$、$0.2q_{max}$、$0.4q_{max}$、$0.7q_{max}$ 和 q_{max} 每个流量点进行 6 次测试。计算每个流量点的 6 次示值误差(见 3.1.5)和 6 次示值误差的平均值并记录。

b) 以燃气为介质的示值误差：按 5.3.2a)进行试验，增加 4.4 规定的试验燃气和检测机构认可的其他燃气，在－10 ℃和 40 ℃(或制造商声明的更宽的温度范围)进行测试，燃气类别应按 9.1 进行标记。

表 4 准确度等级和最大允许误差

流量 m³/h	最大允许误差 *MPE*	
	1.5 级	1.0 级
$q_t \leqslant q \leqslant q_{max}$	±1.5%	±1%
$q_{min} \leqslant q < q_t$	±3%	±2%

表 5 平均误差幅度

流量 m³/h	最大平均误差幅度	
	1.5 级 最大值与最小值之差	1.0 级 最大值与最小值之差
$q_t \leqslant q \leqslant q_{max}$	2%	0.7%
$q_{min} \leqslant q < q_t$	4%	1.4%

5.4 燃气-空气关系

5.4.1 总则

如果燃气表满足 5.4.2 的要求，后续试验应以空气作为测试介质。

5.4.2 要求

按 5.4.3 进行试验时，所有测试气体(包括空气为介质)的平均误差幅度应符合表 5 的规定。

燃气和空气平均误差偏移应符合表 6 的规定。

表 6 燃气和空气平均误差偏移

流量 m³/h	最大平均误差偏移	
	1.5 级	1.0 级
$q_t \leqslant q \leqslant q_{max}$	±1.5%	±1%
$q_{min} \leqslant q < q_t$	±3%	±2%

5.4.3 试验

按 5.3.2a)和 5.3.2b)进行试验，应满足 5.4.2 的要求。

5.5 压力损失

5.5.1 要求

密度为 1.2 kg/m^3 的空气以 q_{max} 流经受试燃气表时，压力损失应符合表 7 的规定。

表 7 压力损失最大允许值

单位为帕

压力损失最大允许值	
不带控制阀	带控制阀
200	250

5.5.2 试验

用密度为 1.2 kg/m^3 的空气以 q_{max} 流经受试燃气表，用适当的测量仪器测量燃气表的压力损失。

取压口与燃气表管接头之间的距离不大于连接管公称通径的 3 倍。连接管的公称通径应不小于燃气表管接头的通径。取压孔应垂直于管道轴线，其直径不小于 3 mm。

5.6 复现性

5.6.1 要求

在 q_t 至 q_{max} 范围内，每个规定试验流量点的示值误差最大值与最小值之差不应大于 0.6%；小于 q_t 的流量点，每个规定试验流量点的示值误差最大值与最小值之差不应大于 1%。

5.6.2 试验

按 5.3.2a)进行试验，应满足 5.6.1 的要求。

5.7 抗污染物性能

5.7.1 要求

按 5.7.2 进行试验，燃气表的误差应符合以下规定：

——1.5 级：平均误差不超出±3%；误差偏移不超出±2%($q_t \leqslant q \leqslant q_{max}$)。

——1.0 级：平均误差不超出±1%；误差偏移不超出表 4 中 *MPE* 的三分之一。

按 5.7.2 进行试验后，按 5.5.2 试验的压力损失，对于不带控制阀的燃气表不应超过 220 Pa，对于带控制阀的燃气表不应超过 275 Pa。

5.7.2 试验

受试燃气表应不少于 6 只，若制造商声明了多个进气方向，则每个方向至少试验 3 只燃气表。

在开始测试前每只燃气表在可追溯性设备上进行了检测，用于该测试的测试设备不需要绝对可追溯性。

按 5.3.2a)进行试验。

按燃气表安装在加尘试验装置上(见图 1)，受试燃气表以空气为介质在 q_{max} 流量下运行 5 min，完成后停止空气通过，在加尘试验装置的入口加入 5 g(300 μm～400 μm)的灰尘，再次让受试燃气表以空气在 q_{max} 流量下运行 5 min。

按 200 μm～300 μm，100 μm～200 μm 和 0 μm～100 μm 的顺序，每组 5 g 灰尘重复该过程。

按 5.3.2a)进行试验。

D=15 mm。

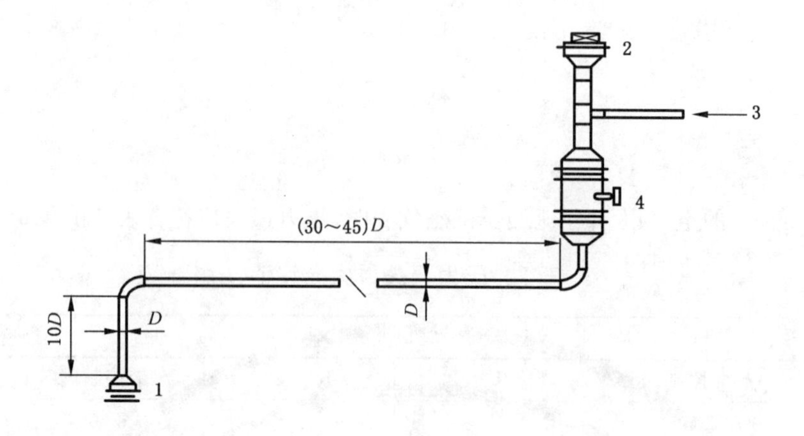

说明：

1——燃气表接头；

2——灰尘入口(螺纹塞)；

3——空气供应(风扇)；

4——快速直通阀。

图1　典型加尘试验装置

图1所示的加尘试验装置有以下部件：

a)　10D 长度的垂直直管与燃气表入口连接；

b)　可拆卸螺纹塞用于加入灰尘；

c)　快速直通阀释放灰尘；

d)　30D～45D 长度的水平直管用以保证所有的灰尘在进入燃气表之前混合在空气里；

e)　宜采用焊接或压缩配件的铜管道，不宜用钢管道配件，因为灰尘会沾附在螺纹上。

也可用检测机构认可的其他试验装置。用试验盒定期检查试验装置，保证在加入 20 g 灰尘用于上述测试程序时至少有 18 g 灰尘沉淀在试验盒里，试验盒安装在灰尘设备的出口，要保证试验盒的容积和形状与受试燃气表相同，并且在出口安装有过滤器使通过出口的灰尘最少。

5.7.3　灰尘的规格

灰尘分成独立的 4 组，每组有 95%的颗粒，颗粒的大小范围如下：

——0 μm～100 μm：平均大小(50±10)μm；

——100 μm～200 μm：平均大小(150±10)μm；

——200 μm～300 μm：平均大小(250±10)μm；

——300 μm～400 μm：平均大小(350±10)μm。

上述每一组灰尘的质量成分应是：

——黑色氧化铁(Fe_3O_4)：79%；

——氧化亚铁(FeO)：12%；

——矿物硅粉(SiO)：8%；

——油漆残留片：1%。

5.8　安装的影响

5.8.1　要求

按 5.8.2 进行试验时，所有流量点的平均误差应符合表 4 规定的 MPE，并且扰动前后和扰动中，每个流量点的平均误差偏移应不超过 MPE 的三分之一。燃气表从扰动流量中恢复到正常流量，示值误差应符合表 4 规定的 MPE。

5.8.2 试验

用一根长度至少 $10D$ 的直管连接燃气表入口，按 5.3.2a)进行试验。

用一根直径与燃气表标称连接直径相同，但含有 2 个 90°弯头，且 2 个弯头的平面成直角、间距不超过 $2D$ 的管道重复本试验。将该管道连接到燃气表的入口，第一个弯头到燃气表入口的距离不超过 $2D$。

用一根长度至少 $10D$ 的直管连接到燃气表的入口，按 5.3.2a)重复测试燃气表。

5.9 零流量

5.9.1 要求

按 5.9.2 进行试验时，燃气表的示值和内部存储器的累积流量均不应发生变化。

5.9.2 试验

在－10 ℃、20 ℃和 40 ℃温度下进行试验。如果制造商声明了更宽的环境和燃气温度范围，应以制造商声明的极限温度替代－10 ℃和 40 ℃。

使燃气表内部充满与大气压力相当的空气，然后将燃气表的进气口与出气口完全密封，记录燃气表的示值和存储器存储的累积流量。使燃气表在试验温度下稳定，并在试验温度下存储 24 h。再次记录燃气表的示值和存储器存储的累积流量，比较两次记录有无任何变化。在每一个试验温度下重复上述试验过程。

5.10 反向流

5.10.1 要求

如果燃气表设计成单方向使用，按 5.10.2 进行试验时，记录器记录的气体体积量不应增加或减少。如果增加反向流记录器并正确连接，按 5.10.2 进行试验时应显示和记录通过的气体体积量。

5.10.2 试验

以 q_{max} 反向运行燃气表至少 15 min，记录试验前后的读数。

5.11 始动流量

5.11.1 要求

按 5.11.2 进行试验，在 q_{start} 不大于 $0.25q_{min}$ 下，燃气表应能记录通过的气体体积量。

5.11.2 试验

用空气进行试验，燃气表在 $1.2q_{start}$ 下运行 0.01 m^3 气体体积量。

5.12 过载流量

5.12.1 要求

按 5.12.2 进行试验，示值误差应符合表 4 规定的流量范围 $q_t \leqslant q \leqslant q_{max}$ 所对应的误差限要求。

5.12.2 试验

按5.3.2a)进行试验,仅测试1.2q_{max}流量。

5.13 脉动流量(不稳定流)

5.13.1 总则

燃气表在标准模式下的采样周期T_c不应超过2 s。若采用更长采样周期,则制造商应保证脉动流或不稳定流不会影响到燃气表的计量性能。当平均采样周期超过2 s时,5.13.3的试验方法仍适用。

5.13.2 要求

按5.13.3进行试验后,项目2和项目6(见表8)分别与项目1和项目5的累积流量误差之差应不超过表4规定的MPE的三分之二。

按5.13.3进行试验后,项目3、项目4、项目7和项目8(见表8)分别与项目1和项目5的累积流量误差之差应不超过表4规定的MPE的三分之一。

在表8规定的流量下实际计算的标准偏差应在理论计算标准偏差的75%～125%范围内。

5.13.3的试验应在燃气表的标准模式下进行。

5.13.3 试验

将燃气表置于表8的条件下(连续的气流或定时开/关的方波气流)持续24 h,记录每次试验开始和结束的累积流量。

表8 脉动流量试验

项目	流量	气流(波形)
1	$0.375q_{max}$	连续
2	$0.375q_{max}$	$1.05T_c$开,$1.05T_c$关
3	$0.375q_{max}$	$5.25T_c$开,$5.25T_c$关
4	$0.375q_{max}$	$10.5T_c$开,$10.5T_c$关
5	$0.07q_{max}$	连续
6	$0.07q_{max}$	$1.05T_c$开,$1.05T_c$关
7	$0.07q_{max}$	$5.25T_c$开,$5.25T_c$关
8	$0.07q_{max}$	$10.5T_c$开,$10.5T_c$关

用公式(2)计算标准偏差s_d,并以试验中通过气体累积体积量的百分比表示。

$$s_d = \frac{50T_c}{S\sqrt{N}} \quad \cdots\cdots(2)$$

式中:

T_c——采样周期,单位为秒(s);

S——每个采样周期的持续时间,单位为秒(s);

N——每次测试过程中采样次数。

5.14 温度适应性

5.14.1 要求

按5.14.2进行试验后，燃气表应满足以下要求：

——示值误差不应超过表4规定的2*MPE*；

——示值误差与回归线相差不应超过1%（1.5级）和0.7%（1.0级）。

5.14.2 试验

试验按以下程序进行：

a) 应在燃气表两个极限工作温度下分别进行试验。

b) 试验时燃气表处的环境温度和燃气表入口处试验空气的温度应一致，彼此间相差不超过2 ℃。同时，在被检燃气表处的实测温度应保持在设定温度值的±1 ℃变化范围之内。

c) 在试验前检查温度是否充分稳定，并实测该温度。

d) 试验采用图B.1所示的试验装置或其他等效试验方法。

e) 试验流量点为q_{max}、$0.7q_{max}$和$0.2q_{max}$，每个流量点至少试验2次。

f) 试验空气湿度应不造成冷凝。

计算各温度下示值的平均误差并生成回归线。

6 结构和材料

6.1 总则

燃气表的构造应使任何能够影响燃气表计量性能的机械干扰，能在燃气表、检定封印或保护标记上留下永久性的损坏痕迹。

任何调节燃气表性能与特性参数的装置应有有效的安全保护，防止外界干扰。

电子封印应满足以下要求：

——只能通过可以更新的口令或代码，或者用特定的装置进入；

——至少最后一次操作应记录到存储器，包括操作的日期、时间和确认该操作的特殊要素；

——操作记录在存储器内应至少保存2年。

密封结构图应是型式批准文件的一部分，密封结构图应包括计量密封和其他防篡改密封。

6.2 坚固性

6.2.1 总则

燃气表直接与外部环境空气和内部燃气接触的部分应有足够强度，满足6.2的要求。

燃气表外壳的结构应保证任何非永久变形都不应影响到燃气表的正常运行。

燃气表应有封印，只有拆开计量封印或产生明显永久性损坏痕迹后才能接触内部零部件。

6.2.2 外壳防护等级

6.2.2.1 要求

燃气表的外壳防护等级至少应达到GB 4208—2008规定的IP54。

6.2.2.2 试验

按GB 4208—2008进行试验（包括电池盒）。

6.2.3 耐压强度

6.2.3.1 要求

按 6.2.3.2 进行试验后，燃气表不应泄漏，且不应有明显变形。

6.2.3.2 试验

使燃气表内部压力从零变化到 1.5 倍最大工作压力或 35 kPa（取较大值），压力变化速率不应大于 2 kPa/s，以 30 次/h 的频率试验 2 000 次。

6.2.4 密封性

6.2.4.1 要求

燃气表在正常使用条件下不应泄漏。当按 6.2.4.2 进行试验时，不应观察到泄漏发生。

6.2.4.2 试验

在正常实验室环境温度下，用空气对受试燃气表加压至制造商声明的最大工作压力的 1.5 倍，然后进行试验：

——将燃气表浸入水中，至少观察 30 s；

——任何等效的其他方法。

6.2.5 耐热性

6.2.5.1 要求

按 6.2.5.2 进行试验后，燃气表应满足 6.2.4.1 的要求。

6.2.5.2 试验

将燃气表置于温度（120±2）℃环境中存放 15 min。为安全起见，在加热过程中燃气表中不能安装有任何电池。

6.2.6 管接头

6.2.6.1 几何公差

6.2.6.1.1 要求

燃气表的两个管接头的中心线与相对于燃气表水平面的垂线的夹角应在 2°之内。

在管接头的自由端测得的两个管接头的中心线间距与中心线额定间距之差，应在±0.5 mm 之内或在中心线额定间距的±0.25%之内（取其中较大值）。两个中心线的平行度的锥度应在 2°以内。

相对于燃气表的水平面，双管接头自由端的高度差应在 2 mm 之内或在中心线额定间距的 1%之内（取其中较大值）。

6.2.6.1.2 试验

采用适当的测量手段和工具进行测量。

6.2.6.2 连接尺寸

6.2.6.2.1 要求

燃气表的连接尺寸应符合制造商的规定。

6.2.6.2.2 试验

采用适当的测量手段和工具进行测量。

6.2.6.3 扭矩

6.2.6.3.1 要求

燃气表的管接头按6.2.6.3.2在承受表9规定扭矩的试验后，应符合下列要求：

——密封性应符合6.2.4.1的规定；

——燃气表管接头的残余扭转变形不应超过2°。

表9 扭矩和弯曲力矩

管接头公称直径			扭矩值 N·m	弯矩值 N·m
螺纹		公称通径DN		
in	mm			
½	M30×2	15	50	10
¾	M30×2	20	80	20
1	—	25	110	40
1¼	—	32	110	40
1½	—	40	140	60

6.2.6.3.2 试验

固定受试燃气表的外壳，用一个适宜的扭力扳手依次对每个管接头施加适当扭矩值。

6.2.6.4 弯矩

6.2.6.4.1 要求

按6.2.6.4.2进行试验后，燃气表的密封性仍应符合6.2.4.1的要求。

按6.2.6.4.2进行试验前后，受试燃气表的平均误差应符合表4规定的要求。

试验后，管接头的残余变形不应超过5°。

6.2.6.4.2 试验

按5.3.2a)试验燃气表，仅测试$0.1q_{max}$和q_{max}流量。

进行弯矩试验时，用一个管接头刚性支撑受试燃气表，经受适当弯矩(见表9)2 min；采用不同的燃气表分别进行侧向和前后弯矩试验(见图2)。在燃气表的另一个管接头上重复侧向弯矩试验，但进行前后弯矩试验时，应同时采用两个管接头支撑燃气表。

按5.3.2a)试验燃气表，仅测试$0.1q_{max}$和q_{max}流量。

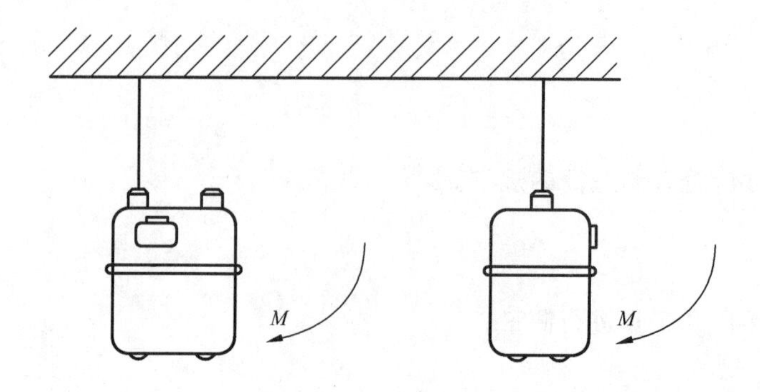

说明：

M——弯矩。

图2　弯矩试验示意图

6.2.7　耐振动

6.2.7.1　要求

按6.2.7.2进行振动试验前后，燃气表的密封性应符合6.2.4.1的要求，平均误差应符合表4规定的要求。

6.2.7.2　试验

按5.3.2a)试验燃气表，仅测试$0.1q_{max}$和q_{max}流量。

通过受试燃气表的顶部利用水平夹具将受试燃气表固定在振动试验台上，其示意布置如图3所示。

在图3中，受试燃气表2安装在电动振动试验台1的主轴上，该试验台由电压发生器产生的放大正弦波驱动。试验台的头部可前、后和侧向转动90°。

加速度等级由加速度计3(压电传感器)检测，其输出使用一个电荷放大器4来调节。

自动振动激励控制装置5设置在经过调节的加速度计信号与功率放大器6之间，以扫频模式工作，频率在选定的一对频率之间循环变化，交替增大和减小。

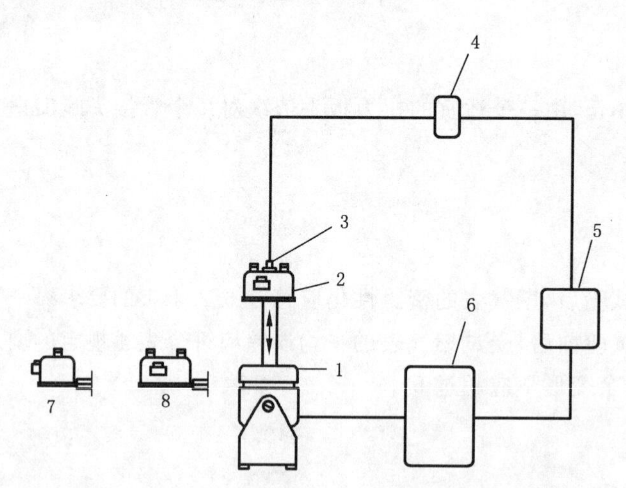

说明：

1——电动振动试验台；
2——受试燃气表；
3——加速度计；
4——电荷放大器；
5——自动振动激励控制装置；
6——功率放大器；
7——旋转-纵向平面；
8——横向平面。

图3　振动试验装置示意图

以$(19.6\pm0.98)\mathrm{m/s^2}$的峰值加速度和1 oct/min的扫频速率，在$(10\pm0.5)\mathrm{Hz}\sim(150\pm7.5)\mathrm{Hz}$频率范围内对受试燃气表进行扫频，在三个互相垂直的轴线上各扫频20次。

试验后，按5.3.2a)试验燃气表，试验点取q_{min}、$0.1q_{max}$和q_{max}。按6.2.4.2进行密封性试验。

注1：夹紧力以足以固定受试燃气表，又不会引起燃气表壳体损坏或变形为限。

注2：oct是一个频带，其频率上限正好是下限的2倍，即10 Hz～20 Hz，20 Hz～40 Hz，40 Hz～80 Hz，80 Hz～160 Hz，以1 oct/min的扫频速率，从10 Hz扫频到100 Hz所用时间为195 s。

6.2.8 耐冲击

6.2.8.1 要求

受试燃气表按6.2.8.2进行冲击试验之后，密封性仍应符合6.2.4.1的要求。

6.2.8.2 试验

燃气表按6.2.4.2测试密封性后，进行下述冲击试验。

试验装置由一个顶部呈半球状的淬火钢撞针和一个内孔光滑使撞针能自由滑动的刚性导管组成(见图4)。

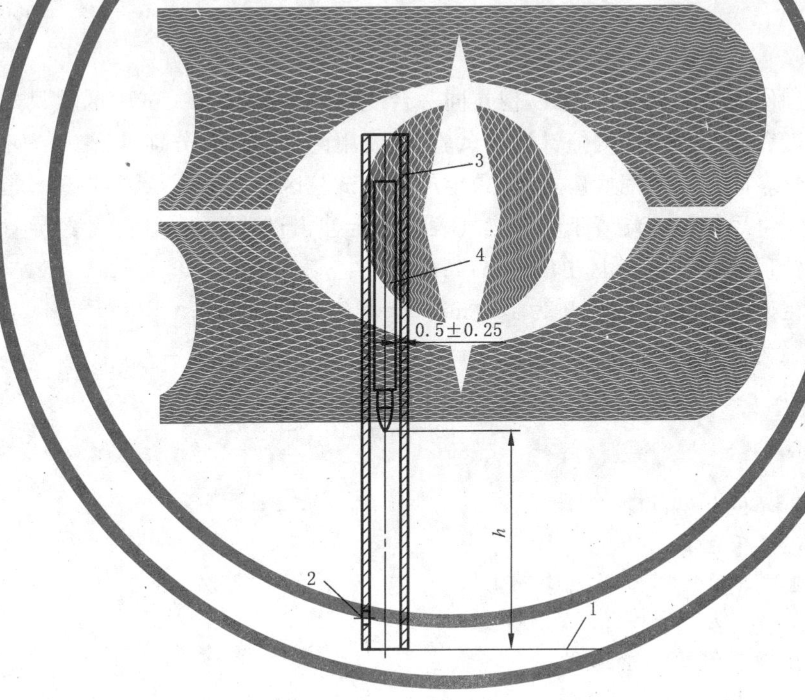

说明：

1——燃气表水平面；

2——排气孔；

3——内孔光滑的刚性导管；

4——顶部呈半球状的淬火钢撞针，质量3 kg。

图4 冲击试验装置

撞针总质量为3 kg。撞针顶部有两种尺寸，一种半径为1 mm，另一种半径为4 mm(见图5)。

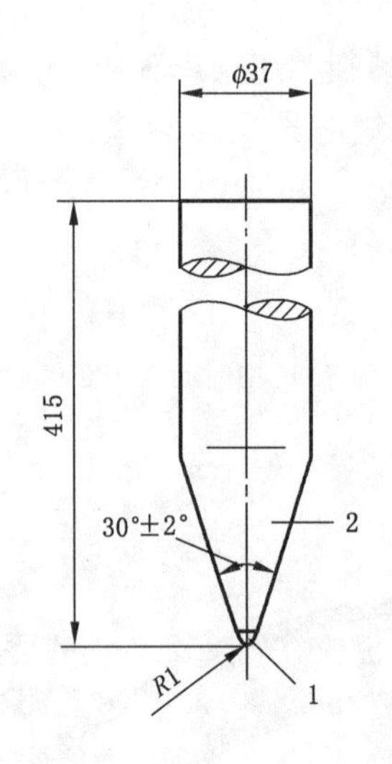

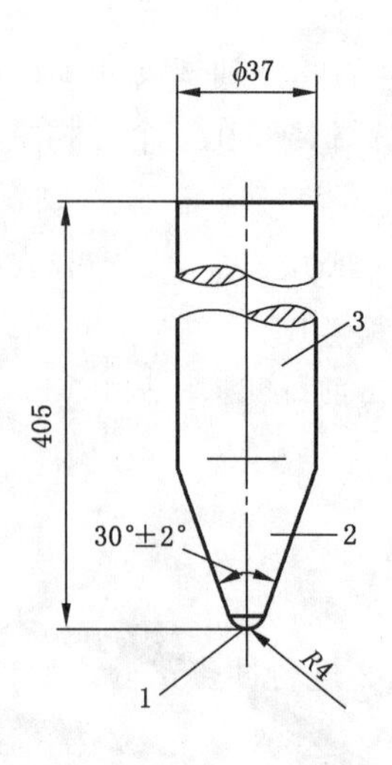

说明：

1——淬火部分；

2——钢；

3——撞针，每个质量为 3 kg。

图 5　冲击试验使用的顶部半球形撞针

在试验过程中分别使用两种尺寸的撞针，但在同一台受试燃气表的同一试验区域只进行一次冲击试验。如果选择同一区域用两种尺寸的撞针进行试验，应使用两台燃气表分别进行。

试验时将受试燃气表固定在坚固底座上，使预定的冲击试验区处于水平位置，冲击试验区可以是燃气表壳体的任何区域。将导管的一端置于受试燃气表的选定冲击试验区上，让撞针经导管垂直地自由下落在试验区上。撞针顶部在试验区上方 h(mm)高度落下：

a)　对于顶部半径为 1 mm 的撞针，h 为 100 mm，产生 3 J 冲击能量；

b)　对于顶部半径为 4 mm 的撞针，h 为 175 mm，产生 5 J 冲击能量。

注： 冲击能量由下式求出：

$$E_n = mgh$$

式中：

E_n ——冲击能量，单位为焦耳(J)；

m ——质量，单位为千克(kg)；

g ——重力加速度，单位为米每二次方秒(m/s^2)；

h ——落下高度，单位为米(m)。

按 6.2.4.2 再次试验燃气表的密封性。

6.2.9　耐跌落

6.2.9.1　要求

受试燃气表按 6.2.9.2 进行耐跌落试验之后，密封性仍应符合 6.2.4.1 的要求，平均误差应在表 4 规定最大允许误差的 2 倍范围之内。

6.2.9.2　试验

在无包装情况下，受试燃气表保持直立位置(处于水平平面)，从静止状态垂直跌落到平坦坚硬的水平表面上，跌落高度为 0.5 m。跌落高度指受试燃气表底部至跌落平面的距离。

按 5.3.2a)进行试验，试验点取 $0.1q_{max}$ 和 q_{max}。

6.3 防腐蚀

6.3.1 总则

在正常使用条件下，燃气表所有零部件应能承受燃气表内部和外部环境中含有的腐蚀性物质的作用。

试验应在接触气体的部件或试板上进行。

试板应只用于代替经过表面防护处理或装饰处理后不再进行成形加工的部件。

如果使用试板，试板面积应约为100 mm×100 mm，其厚度与所代替部件的厚度相同，除非制造商另有规定。

试验样品的涂层应干透硬化。

若试板所代替的部件安装在燃气表中后不暴露出边缘，则试板边缘或自边缘起2 mm部位上的腐蚀可忽略不计。

对于耐外部腐蚀，接触气体的部件应符合6.3.2.1～6.3.2.6的要求。如果制造商声明这些部件是用耐腐蚀基材制成的，基材应区分金属材料或非金属材料，分别符合6.3.3.1～6.3.3.3中相应条款的要求，且试验应在没有附加防护条件下进行。

对于耐内部腐蚀，接触气体的部件应符合6.3.4.1～6.3.4.4的要求。如果制造商声明这些部件是用耐腐蚀基材制成，基材应区分金属材料或非金属材料分别符合6.3.5.1～6.3.5.2中相应条款的要求，且试验应在没有附加防护条件下进行。

6.3.2 不耐蚀材料的外部腐蚀防护

6.3.2.1 涂层耐划痕

6.3.2.1.1 要求

按6.3.2.1.2进行试验之后，不耐腐蚀的基材不应外露。

6.3.2.1.2 试验

按GB/T 9279(所有部分)—2015进行试验，负荷为19.6 N。

若金属表面直接涂覆金属保护层，则即使表面未划穿，指示灯也会亮。在这种情况下，可目测检查涂层是否划穿。

6.3.2.2 涂层附着性

6.3.2.2.1 要求

按本标准中6.3.2.2.2的规定进行试验之后，结果应小于GB/T 9286—1998中给出的分级2。

6.3.2.2.2 试验

按GB/T 9286—1998进行试验。

6.3.2.3 涂层耐冲击

6.3.2.3.1 要求

按6.3.2.3.2进行试验时，涂层应无裂纹，附着性不降低。

6.3.2.3.2 试验

按 GB/T 20624.1—2006 中 7.2 的方法进行试验。

落下高度为 0.5 m。

冲入深度不大于 2.5 mm。

试验时，通常燃气表外表面的试样表面朝上。

6.3.2.4 涂层耐化学腐蚀

6.3.2.4.1 要求

按 6.3.2.4.2 进行试验之后，涂层应满足以下要求：

a) 起泡数量和起泡尺寸均应小于图 6 的规定；

b) 腐蚀面积不超过 0.05%(见图 7)。

图 6 起泡数量/起泡尺寸——标准图

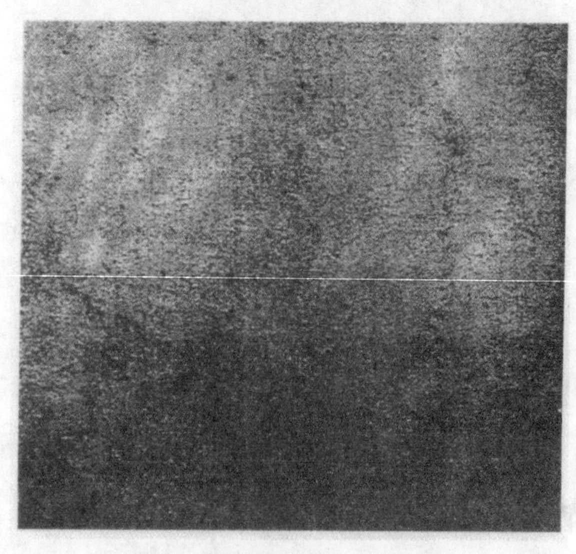

图 7 腐蚀面积——标准图

6.3.2.4.2 试验

试验样品应是完整的燃气表。在试验过程中，样品至少30%要浸入液体中，其中包括燃气表壳体与燃气表管接头的结合部。应采用不同的样品在下列每种试验液体中分别进行试验，试验温度为(40±3)℃，试验时间为168 h：

——矿物油[苯胺点(93±3)℃/温度在99 ℃时的黏度为19.2 mm^2/s～21.5 mm^2/s]；

——乙醇(C_2H_5OH)；

——5%硫酸钠伯醇水溶液，链长C_9～C_{13}，pH值6.5～8.5[如Shell Teepol HB7，$NaSO_4(CH_2)_XOH$]。

6.3.2.5 耐盐雾腐蚀

6.3.2.5.1 要求

按6.3.2.5.2进行试验之后，腐蚀程度应能满足6.3.2.4.1b)的要求。

试验样品应是完整的燃气表。

6.3.2.5.2 试验

按GB/T 1771—2007进行试验，试验持续时间为500 h。

6.3.2.6 防潮性能

6.3.2.6.1 要求

按6.3.2.6.2进行试验之后，燃气表应能满足6.3.2.4.1的要求。

6.3.2.6.2 试验

按GB/T 13893—2008进行试验，试验持续时间为340 h。

6.3.3 耐蚀材料的外部腐蚀防护

6.3.3.1 耐化学腐蚀性

6.3.3.1.1 要求(金属材料)

按6.3.3.1.2进行试验时，表面应无点蚀或腐蚀沉积物迹象。

6.3.3.1.2 试验(金属材料)

按6.3.2.4.2进行试验。

6.3.3.1.3 要求(非金属材料)

按6.3.3.1.4进行试验之后，试板应能承受6.2.8.2的耐冲击试验。

6.3.3.1.4 试验(非金属材料)

试板首先按6.3.3.1.2进行试验，然后再按6.2.8.2进行试验。

6.3.3.2 耐盐雾腐蚀

6.3.3.2.1 要求(金属材料)

按6.3.3.2.2进行试验时,表面不应有点蚀或腐蚀沉积物迹象。

6.3.3.2.2 试验(金属材料)

按6.3.2.5.2进行试验。

6.3.3.2.3 要求(非金属材料)

按6.3.3.2.4进行试验之后,试板应能承受6.2.8.2的耐冲击试验。

6.3.3.2.4 试验(非金属材料)

试板首先按6.3.2.5.2进行试验,然后再按6.2.8.2进行试验。

6.3.3.3 防潮性能

6.3.3.3.1 要求(金属材料)

按6.3.3.3.2进行试验时,表面不应有点蚀或腐蚀沉积物迹象。

6.3.3.3.2 试验(金属材料)

按GB/T 13893—2008进行试验,试验持续时间为120 h。

6.3.3.3.3 要求(非金属材料)

按6.3.3.3.4进行试验之后,试板应能承受6.2.8.2的耐冲击试验。

6.3.3.3.4 试验(非金属材料)

试板首先按6.3.3.3.2进行试验,然后再按6.2.8.2进行试验。

6.3.4 不耐腐蚀材料的内部腐蚀防护

6.3.4.1 涂层附着性

6.3.4.1.1 要求

按本标准中6.3.4.1.2的规定进行试验之后,结果应小于GB/T 9286—1998中给出的分类等级2。

6.3.4.1.2 试验

按GB/T 9286—1998进行试验。

6.3.4.2 涂层耐冲击

6.3.4.2.1 要求

按6.3.4.2.2进行试验时,涂层不应有裂纹,附着性不降低。

6.3.4.2.2 试验

按GB/T 20624.1—2006中7.2的方法进行试验。

落下高度为 0.5 m。

冲入深度不大于 2.5 mm。

试验时，通常燃气表内表面的试样表面朝下，此面为被检查面。

6.3.4.3 涂层耐化学腐蚀

6.3.4.3.1 要求

按 6.3.4.3.2 进行试验之后，涂层应能满足 6.3.2.4.1 的要求。

试验样品应为有代表性的零部件（至少包括一个管接头）。

6.3.4.3.2 试验

在试验过程中，样品至少 30%要浸入液体中。应采用不同的样品在下列每种试验液体中分别进行试验，试验温度为(40±3)℃，试验时间为 168 h：

——矿物油[苯胺点(93±3)℃/温度在 99 ℃时的黏度为 19.2 mm^2/s～21.5 mm^2/s]；

——30%（体积分数）甲苯和 70%（体积分数）异辛烷的混合物；

——二甘醇($C_4H_{10}O_3$)。

6.3.4.4 防潮性能

6.3.4.4.1 要求

按 6.3.4.4.2 进行试验之后，涂层应能满足 6.3.2.4.1 的要求。

6.3.4.4.2 试验

按 GB/T 13893—2008 进行试验，试验持续时间为 48 h。

6.3.5 耐蚀材料的内部腐蚀防护

6.3.5.1 耐化学腐蚀

6.3.5.1.1 要求（金属材料）

按 6.3.5.1.2 进行试验时，表面不应有点蚀或腐蚀沉积物迹象。

6.3.5.1.2 试验（金属材料）

按 6.3.4.3.2 进行试验。

6.3.5.1.3 要求（非金属材料）

按 6.3.5.1.4 进行试验之后，试板应能承受 6.2.8.2 的耐冲击试验。

6.3.5.1.4 试验（非金属材料）

试板首先按 6.3.5.1.2 进行试验，然后再按 6.2.8.2 进行试验。

6.3.5.2 防潮性能

6.3.5.2.1 要求（金属材料）

按 6.3.5.2.2 进行试验时，表面不应有点蚀或腐蚀沉积物迹象。

6.3.5.2.2 试验(金属材料)

按6.3.4.2.2进行试验。

6.3.5.2.3 要求(非金属材料)

按6.3.5.2.4进行试验之后,试板应能承受6.2.8.2的耐冲击试验。

6.3.5.2.4 试验(非金属材料)

试板首先按6.3.4.4.2进行试验,然后再按6.2.8.2进行试验。

6.4 外壳的涂层

6.4.1 划痕试验

6.4.1.1 要求

按6.4.1.2试验涂层(无防腐蚀保护)或试板后,涂层不应被完全渗透,任何划痕的锯齿边缘延伸不应超过1 mm。

6.4.1.2 试验

按GB/T 9279(所有部分)—2015进行试验,弹簧弹力为9.8 N。

6.4.2 防潮性能

6.4.2.1 要求

按6.4.2.2试验涂层和试板后,保护层不应起皱,还应满足6.3.2.4.1的要求。

6.4.2.2 试验

按本标准中6.4.1.2的规定试验涂层。
按GB/T 13893—2008进行试验,持续时间340 h。

6.5 非金属材料的老化试验

6.5.1 要求

按6.5.2进行试验,燃气表应符合6.2.4.1的要求。

6.5.2 试验

试验按下列程序进行:

a) 将完整的燃气表置于紫外线中暴露5个周期,每个周期持续时间8 h,试验时采用已使用不少于50 h且不超过400 h的悬置太阳灯进行照射。
   太阳灯光源系组合汞弧钨丝,封于玻璃中,玻璃透射度低于280 nm。玻璃壳为圆锥形,内表面镀银,形成反射。太阳灯功率在275 W～300 W之间。
   样品置于太阳灯轴线下距其底部400 mm的地方。环境空气不受限制,自由流通。
   在每个暴露周期完成之后(最后一个周期除外),将样品浸没于蒸馏水中16 h,然后用脱脂棉进行清洁和擦干。
   按6.2.8.2进行试验。

b） 将燃气表置于(100±3)℃空气中 24 h。

按 6.2.8.2 进行试验。

6.6 燃气表外表面老化试验(含显示窗口)

6.6.1 要求

按 6.6.2 分组进行试验后，燃气表应满足以下要求：

——燃气表外表面的损坏不应影响到燃气表功能；

——显示窗口不应脱落、产生裂纹和起泡，从显示窗口法线的 15°范围内显示内容仍应清晰可见；

——燃气表应能继续记录燃气体积量。

6.6.2 试验

试验按下列程序进行：

a） 按 6.5.2a)进行热辐射试验，试验样表 1 只。

b） 将 1 只燃气表置于(90±3)℃空气环境中进行单独试验，时间 24 h。

c） 使受试燃气表处于工作状态，在环境温度为(−5±1)℃的条件下，将一个直径为 25 mm 的钢球从 350 mm 高度垂直自由落在燃气表外表面上，重复跌落 3 次；在燃气表的每一个外表面包括显示窗口上重复该试验。

6.7 太阳辐射的防护

6.7.1 要求

按 6.7.2 进行试验后，燃气表的外观不应发生改变，显示内容应清晰易读。

6.7.2 试验

对燃气表进行目测检查。

按 GB/T 2423.24—2013 规定的程序进行试验，条件如下：

——燃气表处于非工作状态(不用连接到工作管路上)；

——试验程序 A(8 h 照射和 16 h 黑暗)；

——上限温度 55 ℃；

——持续时间 3 天(试验 3 个循环)。

再次对燃气表进行目测检查。

6.8 防外部潮湿性能

6.8.1 要求

按 6.8.2 进行试验后，燃气表应满足以下要求：

——不应有明显的损坏或信息改变。

——燃气表的密封性仍符合 6.2.4.1 的要求。

——内部电路不应有可能影响燃气表功能特性的腐蚀迹象，外壳保护涂层不应有任何变化。

——燃气表的误差应符合以下规定：

- 1.5 级：平均误差不超出±3%；误差偏差不超出±2%($q_t \leqslant q \leqslant q_{max}$)。
- 1.0 级：平均误差不超出±1%；误差偏移不超出表 4 中 *MPE* 的三分之一。

6.8.2 试验

在制造商指定的每个安装方向上试验燃气表。

按本标准中5.3.2a)的规定试验燃气表，仅测试$0.1q_{max}$和q_{max}流量。

按GB/T 2423.4—2008进行试验，条件如下：

——燃气表处于正常工作条件下；

——电池对所有电路正常供电；

——上限温度：如果额定上限温度不超过40 ℃，取40 ℃，如果额定上限温度高于40 ℃，取55 ℃；

——对燃气表表面水分不采取特别的措施；

——试验至少2个循环。

试验完成24 h后，先按本标准中6.2.4.2的规定进行密封性试验，然后按本标准中5.3.2a)的规定进行示值误差试验，试验流量点$0.1q_{max}$和q_{max}。

6.9 外表面阻燃性

6.9.1 要求

燃气表的所有外表面(含观察窗口)和接触燃气部件的材料均应阻燃。按照GB/T 11020—2005的规定，这些材料的易燃性等级应为V-0。

6.9.2 试验

按照GB/T 5169.5—2008规定的方法对燃气表所有外表面进行燃烧试验，用火烧边缘、转角和外壳的表面，每处30 s。

6.10 耐贮存温度范围

6.10.1 要求

按6.10.2进行试验后，燃气表的平均误差应符合表4规定的要求。

6.10.2 试验

按5.3.2a)试验燃气表，仅测试$0.1q_{max}$和q_{max}流量。

将受试燃气表静置于下列条件下：

——在−20 ℃或制造商声明的更低温度下存放3 h；

——在60 ℃或制造商声明的更高温度下存放3 h。

在每个周期结束之后，将受试燃气表恢复到实验室环境温度，按5.3.2a)试验燃气表，仅测试$0.1q_{max}$和q_{max}流量。

6.11 抗老化

6.11.1 要求

如果制造商规定了不止一个安装方向，燃气表应在每一个方向上进行试验。

按6.11.2试验时，燃气表的误差应符合以下规定：

——1.5级：平均误差不超出±3%；误差偏移不超出±2%($q_t \leqslant q \leqslant q_{max}$)。

——1.0级：平均误差不超出±3%；误差偏移不超出表4中*MPE*的三分之一。

6.11.2 试验

按 5.3.2a)进行试验,仅测试 $0.1q_{max}$ 和 q_{max} 流量。

将燃气表置于表 10 给出的任一个温度下,进行相应时间的试验。试验温度按制造商声明的温度而定。

表 10 老化温度和时间

温度 ℃	持续时间 天
70	50
60	100
50	200

试验结束时,将燃气表缓慢地恢复到(20±2)℃,速度不超过 2 ℃/h,再次按 5.3.2a)进行试验,仅测试 $0.1q_{max}$ 和 q_{max} 流量。

6.12 防爆性能

如果制造商声明该燃气表适合在 GB 3836.14—2000 定义的危险区域使用,该燃气表的设计、构造和标记应符合 GB 3836.1—2010 和 GB 3836.4—2010 或者 GB 3836.1—2010 和 GB 3836.8—2003 的要求,且该燃气表应取得国家指定的防爆质量检验机构颁发的防爆合格证书。

7 可选功能

7.1 取压口

7.1.1 要求

如果燃气表装有取压口,应符合以下要求:

——取压口的最大孔径为 1 mm;

——按 7.1.2 进行试验后,受试燃气表应符合 6.2.4.1 的要求。

7.1.2 试验

用适当的测量工具测量取压口的孔径。

按 6.2.4.2 初步检查燃气表的密封性。

按顺时针方向和逆时针方向,分别给取压口施加 4 N·m 的扭矩,然后松开。再用一个质量为 0.5 kg 的钢球通过导管从 250 mm 的高度垂直落在取压口本体的外端上。

再按 6.2.4.2 重新检查受试燃气表的密封性。

7.2 耐高环境温度

7.2.1 要求

如果制造商声明燃气表耐高环境温度,燃气表应符合下列要求:

——当按 7.2.2 规定进行试验时,壳体泄漏率不大于 150 dm^3/h;

——按 9.1 进行标记。

注:为了防止出口连接管被燃气表内部构件分离的冷凝物堵塞,最好用制造商提供的燃气表空壳体进行试验。若

这一点不能做到，则装置的出口管道应向下倾斜，在排泄阀上游装安全旋塞去除冷凝物。

7.2.2 试验

7.2.2.1 装置

试验箱（见图 8）应允许温度按 GB/T 9978.1—2008 规定的曲线升高。

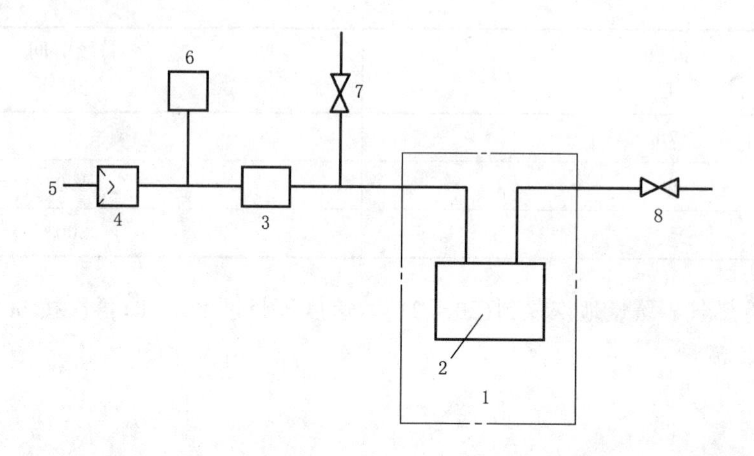

说明：

1——试验箱；

2——试验箱中心的燃气表；

3——校验表；

4——调压器；

5——入口；

6——压力计；

7——放气阀；

8——空气泄压阀。

图 8 高环境温度试验装置示例

试验箱的内部尺寸应适合受试燃气表按实际使用位置安装和连接。

试验过程中应使压力稳定在 10 kPa。

7.2.2.2 试验方法

将燃气表连接到进口和出口的接头上，并且将整个燃气表安装在试验箱的中心，如果需要可使用支架。

关闭放气阀，用氮气将燃气表加压到 10 kPa，并且验证燃气表的密封性。

使燃气表处于氮气测试压力下，按 GB/T 9978.1—2008 的温度升高曲线升高试验箱的温度。

当燃气表的最低温度点的温度达到 650 ℃时，控制试验箱的温度，使该点的温度稳定在 650 ℃，保持 30 min。

在整个试验期间，通过放气阀使燃气表内的压力维持在试验压力下，连续测量并记录泄漏量，测量的时间不超过 5 min。

泄漏率为测量的氮气体积除以测量时间的商数。

注 1：本试验可用空气代替氮气，但是要注意空气会帮助挥发性排放物燃烧。

注 2：为了防止燃气表内部部件产生的蒸馏物质凝聚堵塞出口接头，最好用制造商提供的燃气表空壳体进行试验，若无可能，则装置的出口管道应向下倾斜，并在放气阀的上游安装安全旋塞以去除凝聚物。

7.3 安装热切断阀的燃气表

7.3.1 要求

按 7.3.2a)进行试验时,热切断阀不应关闭。

按 7.3.2b)进行试验时,热切断阀应关闭。

7.3.2 试验

试验按以下顺序进行:

a) 将热切断阀在(70±1)℃温度下保持 7 天;

b) 继续升高温度达到预定值。

7.4 带温度转换装置的燃气表

要求和试验方法见附录 B。

7.5 辅助装置

7.5.1 要求

如果安装有辅助装置(见附录 A),如预付费或远程读取装置,这些辅助装置不能影响燃气表的计量性能,也不应遮挡 9.1 规定的标记。

辅助装置不应影响 12.1 规定的电池寿命。

7.5.2 试验

安装了辅助装置后,按 5.3.2a)测试燃气表。

目视检查燃气表的标记是否被遮挡。

8 显示信息

8.1 记录和存储

8.1.1 要求

记录的累积体积应显示在显示器上,并且在非易失性存储器上存储至少 36 个月,制造商应说明存储器保持时间。

8.1.2 试验

目视检查确认。存储器保持时间可根据相关部件的数据进行计算,或者根据制造商的相关测试结果加以确定。

8.2 显示

8.2.1 要求

除了字母标记字符,至少应显示 8 个数字字符,并且应显示到小数点后 3 位,例如 02 903.420。

正常显示时,分辨力为 0.001 m^3。在检定情况下,显示的分辨力应不大于 0.000 1 m^3。

选择的字母标记字符应不会与数字混淆。应有足够的数字位数显示 q_{max} 流量下运行 8 000 h 的气体体积量,计数器不应回零。

计数器应易于读数，显示字符的最小高度为4.95 mm，计数器内应清晰显示测量单位——立方米(m^3)。

显示立方米约数的数字应与其他数字明显区分，并应有一个明显的小数点符号把两个数字区分开。

8.2.2 试验

通过目视检查和测量进行确认。如果准确度试验中所采用的示值是通过通信端口获取的，应通过检查确认从通信端口获取的数据与显示的记录数值相同。

8.3 自检显示

8.3.1 要求

自检显示应首先显示所有字段(即均显示为'8')，然后所有字段都不显示(即显示空白)。这些显示应是周期性的，不应超过1 min，最长持续5 s，或者通过注入的测试信号启动。

上述显示中止后，显示应自动恢复读出实时的体积量测量值，并且存储寄存器不应受到影响。

如果采用注入测试信号的方法，启动测试信号注入的装置应能够封闭，使未经许可的操作可被查出，并且在操作该装置时无需打开燃气表的计量封印。

8.3.2 试验

通过目视检查进行确认，并使用适宜的测量工具测定各种显示状态的时间。如果需要也可控制商与检测机构协商的方法注入测试信号。

8.4 非易失性存储器

8.4.1 要求

非易失性存储器至少应每6 h刷新一次，并且应符合制造商声明的以下要求：

——在极限环境温度范围内应可读写；

——在存储温度范围内，没有电源也能保存数据。

按8.4.2a)进行试验时，非易失性存储器在极限环境温度范围内仍应可读写。

按8.4.2b)进行试验时，3)、6)记录的示值读数不应有差别。

8.4.2 试验

试验按以下程序进行：

a) 非易失性存储器的读取：
   1) 确定读取非易失性存储器中体积量的方法，两次读数不应有差别，制造商应说明读取的方法；
   2) 密封进出气口；
   3) 记录燃气表显示的体积量和非易失性存储器里的体积量；
   4) 将燃气表置于制造商声明的上、下极限环境温度下至少各3 h；
   5) 在两个极限温度储存结束时，从非易失性存储器中读出体积量。

b) 非易失性存储器的保持：
   1) 记录燃气表示值；
   2) 立即使燃气表以q_{max}流量运行5 min；
   3) 确认燃气表记录了气体体积量，密封进出气口，立即记录燃气表新的示值和时间；
   4) 将燃气表在实验室温度下至少放置6 h；
   5) 取出电池，将燃气表置于制造商声明的上、下极限储存温度下至少3 h；
   6) 重新安装电池，将当前示值读数与3)记录的读数比较。

8.5 显示复位

8.5.1 要求

燃气表累积气体量在使用期间应不能复位重置。

8.5.2 试验

目视检查确认体积示值，用制造商提供的适宜的设备和指令来尝试重置累积气体量。

9 标记

9.1 标记信息

燃气表的铭牌或表体上应至少标记下列信息：

——制造计量器具许可证编号。

——制造商名称或商标。

——产品名称、型号、规格、编号和生产年月。

——最大流量 q_{max}（m^3/h）。

——最小流量 q_{min}（m^3/h）。

——最大工作压力 p_{max}（kPa）。

——准确度等级，例如：1.5 级。

——若燃气表耐高环境温度（见 7.2），则还应增加标记“T”。

——若燃气表适合安装于露天场所，则还应增加标记“H3”。

——若燃气表带有热切断阀，则还应增加标记“F”。

——若燃气表带有温度转换装置，则还应增加以下标记（见 B.2.2.3）：

- 基准气体温度 t_b＝20 ℃，若能够适合不同温度以及断续工作的燃气表的基准气体温度 $t_{b,i}$＝20 ℃；
- 中心温度，例如 t_{sp}＝20 ℃。

——燃气表的标志牌上或说明书中还应标记下列信息：

- 执行标准编号；
- 环境温度范围（如果超过－10 ℃～40 ℃），例如：t_m＝－25 ℃～55 ℃；
- 工作介质温度范围（如果与环境温度范围不同），例如：t_g＝－5 ℃～35 ℃。

——燃气表适用的燃气类别，例如：10T、12T、20Y 等。

在使用寿命期内，燃气表的标记应清晰易读。

9.2 流向标记

9.2.1 要求

燃气表应用箭头清晰永久地标明气体流向。

9.2.2 试验

通过目测检查。

9.3 标记的耐久性和清晰度

9.3.1 要求

所有标识牌都应可靠固定，其边缘不应翘曲。

在经受了 9.3.2 和 9.3.3 规定的试验后，标识牌、显示窗上的所有标记均应保持清晰易读。

9.3.2 安装场所

9.3.2.1 封闭场所

将已组装的铭牌、显示窗和标志牌样品置于紫外线中暴露 5 个周期，每个周期持续时间 8 h，试验时采用已使用不少于 50 h 且不超过 400 h 的悬置太阳灯进行照射。

太阳灯光源系组合汞弧钨丝，封于玻璃中，玻璃透射度低于 280 nm。玻璃壳为圆锥形，内表面镀银，形成反射。太阳灯功率在 275 W～300 W 之间。

样品置于太阳灯轴线并距底部 400 mm 的地方。环境空气不受限制，自由流通。

在每个暴露周期完成之后(最后一个周期除外)，将样品浸没于蒸馏水中 16 h，然后用脱脂棉进行清洁和擦干。

9.3.2.2 露天场所

9.3.2.2.1 要求

适用于露天场所的燃气表应按本标准中 9.1 的规定标记。

在按本标准中 9.3.2.2.2 的规定试验后，燃气表的标志牌、显示窗和任何独立的数据牌(如有安装)上的所有标记应保持清晰易读。

按 GB/T 11186.3—1989 进行测量，所有色差应符合：

$DL^* \leqslant 12$

$Da^* \leqslant 6$

$Db^* \leqslant 6$

按 GB/T 2410—2008 检查透光率：雾度 $H \leqslant 15\%$。

9.3.2.2.2 试验

按 GB/T 16422.3—2014 和本标准表 11 中的参数，将受试燃气表暴露在人工气候和人工辐射环境下 66 天。

表 11 暴露试验参数

试验周期	波长/灯的型号	辐照度	黑板温度
8 h，干燥	UV-A340/I 型灯	0.76 W/m²(峰值 340 nm)	(60±3)℃
4 h，冷凝	—	关灯	(50±3)℃

暴露试验结束后对燃气表进行目测检查，铭牌及任何独立的数据牌上的所有标记仍应清晰易读。检查色差和透光率是否符合本标准中 9.3.2.2.1 的要求。

9.3.3 耐擦拭试验

在正常使用时可接触到的燃气表外表面上的所有标记都要按 GB/T 14536.1—2008 中附录 A 的要求进行耐擦拭试验。

9.4 附加内容

应有书面操作指南或者相关资料标明制造商的名称和地址。

每只燃气表交付时应有注明安装、操作、维护要求的说明书，并应至少包括以下内容：

——额定工作条件；
——机械和电磁环境类别；
——燃气表适用于露天场所或封闭场所；
——燃气表适用的燃气种类；
——安装、维护、修理和许可调整的说明；
——正确操作和使用中特殊情况的说明；
——与接口、组件或者测量仪器的兼容情况；
——密封位置；
——电池寿命。

10 应用软件

10.1 要求

应用软件应采用结构性的方法设计，用严密的方式定义需求和功能性操作。应用软件版本应适用于每只燃气表，并且需要序列号才能运行。

10.2 试验

提交相关资料给检测机构。

11 通信

11.1 总则

燃气表应通过串行数据链路读写存储器的信息，通过适当接口（至少应包含光学接口）提供数据。
传输的信息应至少包含记数器读数（易失性和非易失性存储器）、序列号、状态提示、检错码等。
燃气表的读数装置不应影响燃气表的计量性能。
更换电池后应有一个装置能清除原更换电池提示信息。
本条款总体上引用 GB/T 19897.1—2005，还规定了：
——可选用的终止接收确认信息；
——用来启动燃气表通用测试程序的一种测试模式报文结构。

注：这些规定扩展了 GB/T 19897.1—2005 协议，并且不与现有协议的规定或操作相冲突。

11.2～11.8 内的所有要求都应目视验证。

11.2 字符传输

字符传输应符合 GB/T 19897.1—2005 中第 5 章的要求。

11.3 通信协议

11.3.1 总则

通信接口使用的数据传输协议应符合 GB/T 19897.1—2005 中模式 C 的规定。

11.3.2 唤醒

燃气表应按 GB/T 19897.1—2005 中附录 B 的规定对初始唤醒消息做出响应。

11.3.3 终止

终止应符合 GB/T 19897.1—2005 中 6.4.3.1 的规定，或者使用另一种终止信息“SOH B1 ETX BCC”(其中 SOH＝读数起始符，B1 是要发送的正文，ETX＝正文结束字符，BCC＝数据块校验字符)，该终止信息要求燃气表在终止通信会话前发送 ACK 字符。

注：这为通信设备提供反馈信息，表明燃气表已接受并将执行终止命令。B0 命令不给出 ACK 响应，迫使通信设备等待 1.5 s 后推断终止成功。

11.3.4 安全

应按 GB/T 19897.1—2005 提供系统安全，制造商应提供系统的细节。

11.3.5 间隔时间

11.3.5.1 总则

字符间和消息间的间隔时间应按 GB/T 19897.1—2005 中 6.4.3 的规定。

11.3.5.2 休眠间隔时间

休眠间隔时间应为 10 s、60 s 或者 120 s。

注：这是 GB/T 19897.1—2005 的替代方案，允许燃气表制造商选用更短的间隔时间，以便减少功耗。

11.4 数据

11.4.1 总则

通过光学接口提供的信息应至少包括：

——燃气表记录的体积量(易失性的和非易失性的)；

——燃气表的序列号；

——燃气表提示信息。

11.4.2 数据读出模式

数据读出模式应符合 GB/T 19897.1—2005 中 6.4.3.2 的要求。

11.5 测试模式

11.5.1 总则

如果燃气表有测试模式，该测试模式应符合本条款的要求。

命令结构应能设置燃气表进入和退出测试模式、要求进行试验测量和进入制造商规定的任何测试模式选项。为了保证计量的准确性，燃气表应在数据测量进程中以固定的时间延迟传输数据块响应的 STX(见 11.5.2)。

11.5.2 测试模式命令

应使用以下 T 0 和 T 1 识别符的测试模式命令：

SOH T 0 ETX BCC 要求测试模式测量；

SOH T 1 STX 1 ETX BCC 开启测试模式-标准测量时段；

SOH T 1 STX 2 ETX BCC 开启测试模式-快速测量时段；

SOH T 1 STX 3 ETX BCC 关闭测试模式；

SOH T 1 STX F(yyyy)ETX BCC 制造商规定的测试模式命令。

测试模式命令识别符 T 2～T 9 预留将来使用。

11.5.3 燃气表对测试命令的响应

11.5.3.1 燃气表对 T 0 命令的响应

燃气表按收到来自通信设备的 T 0 命令(SOH T 0 ETX BCC)时，应传输以下响应：

STX(数据)ETX BCC

响应标准测试模式的 T 0 请求的数据段应是：

(dddddddd)8 位 BCD 编码数据表示燃气表的体积示值，最低有效数字位代表升。

响应的数据段内容应可通过制造商规定的测试模式命令进行修改，以提供额外的数据、不同的格式等。T 0 请求和数据应答消息的时序如图 9 所示。

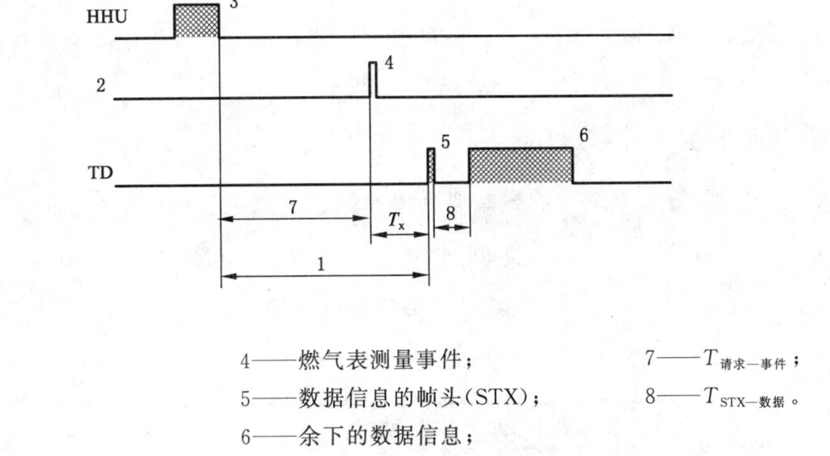

说明：

1——$T_{r测试模式}$；
2——燃气表；
3——T 0 命令；
4——燃气表测量事件；
5——数据信息的帧头(STX)；
6——余下的数据信息；
7——$T_{请求—事件}$；
8——$T_{STX—数据}$。

图 9 T 0 请求和数据应答消息的时序

在测试模式有效时段内，GB/T 19897.1—2005 的正常消息间间隔时间规定可以放宽，使燃气表执行下一个计划的测量进程，并且给出数据应答字符串：

$T_{r测试模式}=T_{请求—事件}+T_x$。T_x 为制造商所规定；本标准表 12 给出了一个实例。

$T_{STX—数据}$ 可在 0 ms～1 500 ms 范围内变动，满足 GB/T 19897.1—2005 对字符间延迟的要求。

采用 T 1.1 命令的测试模式设置应保持激活至少 4 h，这个时段之后，燃气表应能关闭测试模式。在 T 1 命令的测试模式设置有效时，适用正常消息休眠间隔时间，还应能在不改变测试模式状态下终止和开始。

表 12 测试命令参数

参数	单位	最小	最大
$T_{请求—事件}$	ms	200	8 000
T_x	ms	10[a]	12[a]
$T_{STX—数据}$	ms	0	1 500
T 1.1 激活	h	4	—
[a] 仅为示例，数值由制造商规定。			

11.5.3.2 制造商规定的测试模式命令

该命令允许制造商通过使用 T1 F 命令执行特定的试验测量，设置燃气表执行规定的测量和规定响应 T 0 命令的不同格式。括号之间的数据长度 yyyy 为制造商所规定。

11.6 数据光学接口

数据光学接口和其相关的读数头应符合 GB/T 19897.1—2005 中 4.3 的要求，并按正确的方向与燃气表相连接。

11.7 电气接口(可选)

电气接口应符合 GB/T 19897.1—2005 中 4.1 和 4.2 的要求，连接器应至少符合 GB 4208—2008 中 IP 54 的防护等级要求。

11.8 诊断

11.8.1 总则

燃气表应能通过使用明确的字母标识和信息显示主要特征。燃气表应记录任何与显示提示信息相关的任何事件的细节。

11.8.2 显示的提示信息

燃气表应通过给出一个字母符号显示重要的操作问题。提示信息的类型、事件的层级和要求的动作见表 13。

表 13 提示信息类型

标识	动作
无	燃气表工作正常，无需动作
A	燃气表不工作，立即更换
b	调查可能的故障
C	燃气表工作但有问题，阅读诊断信息——需要进一步检查
F	更换电池

制造商应公布导致显示以下提示信息的事件类型。

表 14 给出了事件描述的一些实例。

表 14 事件描述的实例

标识	实例
无	燃气表工作正常，无需动作
A	不能执行基本的计量功能 如 EEPROM(电可擦可编程只读存储器)或者微处理器故障
b	未接到更换电池命令发生电力重置 有大量不成功的通信 检查出反向流
C	流量读数超出可接受的范围 有漏读
F	更换电池

12 电池

12.1 总则

电池应与燃气表组合成一体。

电池的连接方式应确保正负极不会接错。

若电池为可以更换的，则应能从燃气表的前方操作电池盒，并且其设计应使授权人员不用移动表的安装位置即可完成电池的更换。电池更换应在 2 min 内完成。

电池盒应单独密封以便未经授权的操作能留下可见痕迹；更换电池应无需打开任何计量封印；安装电池后，制造商应密封燃气表的电池盒。

电池应符合 GB/T 8897.1—2013 的要求，锂电池应符合 GB 8897.4—2008 的要求。

燃气表的设计应在电池泄漏时不会影响燃气表的结构件。

如果采用不可更换电池供电，电池的额定工作寿命应不小于燃气表的规定使用期限。

12.2 电压中断

12.2.1 要求

按 12.2.2 试验后，平均误差偏移不应超出表 4 规定的 *MPE* 的五分之一。

12.2.2 试验

按 5.3.2a）以 $0.1q_{max}$ 和 q_{max} 流量进行试验；连续取下和更换电池 3 次，每次更换电池前应等待 5 min；按 5.3.2a）以 $0.1q_{max}$ 和 q_{max} 流量重新测试燃气表。

12.3 最低工作电压

12.3.1 要求

按 12.3.2 试验时，示值误差应符合表 4 规定的要求。

12.3.2 试验

按 5.3.2a）进行试验，电池应更换为电压可控的电源，该电源电压设置为制造商规定的最低工作电压。

13 电磁兼容

13.1 总则

燃气表的设计和制造应使磁场、静电放电和其他电磁干扰的影响最小，满足 13.2.1、13.3.1、13.4.1、13.5.1 和 13.6.1 的要求。

13.2 静电放电抗扰度

13.2.1 要求

按 13.2.2 进行试验后，示值误差应满足表 4 规定的要求，燃气表应能正常工作。

13.2.2 试验

按 GB/T 17626.2—2006 进行试验，试验等级 3 级。

13.3 射频电磁场抗扰度

13.3.1 要求

按 13.3.2 进行试验后，示值误差应满足表 4 规定的要求，燃气表应能正常工作。

13.3.2 试验

按 GB/T 17626.3—2006 进行试验，试验等级 3 级：

——频率范围：80 MHz～1 000 MHz；

——磁场强度：10 V/m；

——调制：80％AM，1 kHz 正弦波。

注：3 级适用于在住宅、商业和轻微工业环境下使用的燃气表。

13.4 工频磁场抗扰度

13.4.1 要求

按 13.4.2 进行试验后，示值误差应满足表 4 规定的要求，燃气表应能正常工作。

13.4.2 试验

在 GB/T 17626.8—2006 的试验等级 3 级要求的环境中试验 15 min。

13.5 脉冲磁场抗扰度

13.5.1 要求

按 13.5.2 进行试验后，示值误差应满足表 4 规定的要求，燃气表应能正常工作。

13.5.2 试验

在 GB/T 17626.9—2011 试验等级 3 级要求的环境中试验 15 min。

13.6 辐射骚扰

13.6.1 要求

燃气表不应产生干扰其他设备的辐射噪声。

13.6.2 试验

检查燃气表在流量为零时是否满足 GB/T 9254—2008 的 B 级抗无线电干扰要求。

14 超声波(声)噪声干扰

14.1 要求

按 14.2.1a)和 14.2.1c)进行试验时，燃气表显示内容不应变化。

按 14.2.1b)和 14.2.1d)进行试验，燃气表示值误差不应超出表 4 规定的 *MPE* 的 3 倍，且燃气表无错误提示信息。

按 14.2.1b)和 14.2.1d)试验时，平均误差的偏差不应超出表 4 规定的 *MPE* 的三分之一。

14.2 试验

14.2.1 试验顺序

燃气表按以下顺序进行试验：

a) 在空气流量为0的情况下对燃气表进行14.2.2的试验；

b) 在流量为 q_{max} 的情况下对燃气表进行14.2.2的试验；

c) 在空气流量为0的情况下对燃气表进行14.2.3的试验；

d) 在流量为 q_{max} 的情况下对燃气表进行14.2.3的试验。

14.2.2 白噪声试验

要确保干扰源是一个与用在燃气表中的超声波换能器具有相同频率的超声波干扰源。

使用电子白噪声源对噪声换能器在其最大声输出时进行无损害驱动。过滤白噪声源，使其带通中心频率与燃气表里的换能器的带通中心频率相同。将高通滤波器的频率设置到不高于使试验用换能器的输出下降到50％的频率，将低通滤波器的频率设置到不低于使试验用换能器的输出下降50％的频率。

将两根直径22 mm、长450 mm的管道分别连接到燃气表进、出气口。将白噪声源驱动的换能器轮流放置在尽可能接近燃气表的每个换能器处，但不接触解气表，每个位置各放置15 min。将白噪声源驱动的换能器接触地放置于两个外置管道的中间段重复试验。

14.2.3 扫频试验

用可编程信号发生器替代14.2.2的电子白噪声源在上述规定的白噪声源最大与最小频率之间进行连续扫频。设置信号发生器给出不损害换能器的最大超声波输出。使用与燃气表具有相同频率的超声换能器。在频率范围内重复扫描至少15 min，每一种扫频速率至少应保证扫描整个试验频谱5次。扫频速率分为每分钟一、二、三、四和五次。

将两根直径22 mm、长450 mm的管道分别连接到燃气表的进、出气口。将白噪声源驱动的换能器轮流放置在尽可能接近燃气表的每个换能器处，但不接触解气表，每个位置各放置15 min。将白噪声源驱动的换能器接触地放置于两个外置管道的中间段重复试验。

15 外观

15.1 要求

燃气表外壳涂层应均匀，不得有起泡、脱落、划痕、凹陷、污斑等缺陷，计录器及标记应清晰易读，机械封印应完好可靠。

15.2 试验

通过目测检查是否符合15.1的要求。

16 检验规则

16.1 实验室环境条件

除另有规定外，应在下列条件下进行试验：

——环境温度：(20±2)℃。在检验过程中，标准器处的温度和燃气表处的温度（包括室温、标准器液温、检验介质温度）相差不应超过1 K。

——相对湿度:45%~75%。
——大气压:一般为(86~106)kPa。

16.2 检验分类

本标准产品检验分为:
——型式检验;
——出厂检验。

16.3 型式检验

16.3.1 总则

有下列情况之一时,应进行型式检验:
——燃气表新产品定型;
——正式生产时,结构、材料、工艺有较大改变,可能影响到产品性能;
——产品停产一年以上,再恢复生产;
——国家质量监督机构提出进行型式检验的要求。

16.3.2 检验项目

型式检验的检验项目见表15。

16.3.3 受检产品数量

除另有规定,受检样品数量至少15个。
注:通过与制造商协商,可以提供更多的燃气表以缩短试验时间。

16.3.4 合格判据

型式检验项目全部合格后才能判定型式检验合格。

16.4 出厂检验

16.4.1 总则

该型号燃气表已经按16.3进行并通过型式检验。
出厂检验的检验项目见表15。

表15 检验项目一览表

序号	检验项目	型式检验	出厂检验	技术要求	试验方法
1	示值误差——空气	•	•	5.3.1或B.2.1.1	5.3.2a)或B.2.1.2
2	示值误差——燃气	•	—	5.3.1或B.2.1.1	5.3.2b)或B.2.1.2
3	燃气-空气关系	•	—	5.4.2	5.4.3
4	压力损失	•	•	5.5.1	5.5.2
5	复现性	•	•	5.6.1	5.6.2
6	抗污染物性能	•	—	5.7.1	5.7.2
7	安装的影响	•	—	5.8.1	5.8.2
8	零流量	•	—	5.9.1	5.9.2

表 15（续）

序号	检验项目	型式检验	出厂检验	技术要求	试验方法
9	反向流	•	—	5.10.1	5.10.2
10	始动流量	•	—	5.11.1	5.11.2
11	过载流量	•	—	5.12.1	5.12.2
12	脉动流量	•	—	5.13.2	5.13.3
13	温度适应性	•	—	5.14.1 或 B.2.3.1	5.14.2 或 B.2.3.2
14	外壳防护等级	•	—	6.2.2.1	6.2.2.2
15	耐压强度	•	—	6.2.3.1	6.2.3.2
16	密封性	•	•	6.2.4.1	6.2.4.2
17	耐热性	•	—	6.2.5.1	6.2.5.2
18	耐振动	•	—	6.2.7.1	6.2.7.2
19	耐冲击	•	—	6.2.8.1	6.2.8.2
20	耐跌落	•	—	6.2.9.1	6.2.9.2
21	耐贮存温度范围	•	—	6.10.1	6.10.2
22	抗老化	•	—	6.11.1	6.11.2
23	防爆性能	•	—	6.12	6.12
24	取压口	▲	—	7.1.1	7.1.2
25	耐高环境温度	▲	—	7.2.1	7.2.2
26	安装热切断阀的燃气表	▲	—	7.3.1	7.3.2
27	带温度转换装置的燃气表	▲	▲	附录 B/16.4.2	附录 B/16.4.2
28	辅助装置	▲	▲	7.5.1 和附录 A	7.5.2 和附录 A
29	记录和存储	•	—	8.1.1	8.1.2
30	显示	•	—	8.2.1	8.2.2
31	自检显示	•	—	8.3.1	8.3.2
32	非易失性存储器	•	—	8.4.1	8.4.2
33	显示复位	•	—	8.5.1	8.5.2
34	标记	•	—	第 9 章	第 9 章
35	应用软件	•	—	第 10 章	第 10 章
36	通信	•	—	第 11 章	第 11 章
37	电压中断	•	—	12.2.1	12.2.2
38	最低工作电压	•	—	12.3.1	12.3.2
39	静电放电抗扰度	•	—	13.2.1	13.2.2
40	射频电磁场抗扰度	•	—	13.3.1	13.3.2
41	工频磁场抗扰度	•	—	13.4.1	13.4.2
42	脉冲磁场抗扰度	•	—	13.5.1	13.5.2
43	辐射骚扰	•	—	13.6.1	13.6.2
44	超声波(声)噪声干扰	•	—	14.1	14.2
45	外观	•	•	15.1	15.2

注 1：“•”表示必检项目，“▲”表示具有可选特性的检验项目，“—”表示不检项目。

注 2：6.2.6、6.3～6.9 为规范制造商对产品结构、选材等设计要求，可不进行相关检验。

注 3：“/”后的条款适用于出厂检验。

16.4.2 示值误差、压力损失、计量稳定性、密封性和外观的检验要求及方法

示值误差、压力损失、计量稳定性、密封性和外观的检验要求及方法如下：

a) 示值误差：
   1) 按5.3.2a)的方法进行逐台检验，检验流量点为q_{min}、$0.2q_{max}$、q_{max}，q_{max}至少检验2次，其余流量点可只检验1次(如果出现争议，可适当增加检验次数)，示值误差应在表4规定的MPE之内；
   2) 带温度转换装置的燃气表按B.2.1.2的方法进行示值误差检验，检验流量点为q_{min}、$0.2q_{max}$、q_{max}，q_{max}至少检验2次，其余流量点可只检验1次(如果出现争议，可适当增加检验次数)，在20 ℃下进行逐台检验，在制造商声明的最低环境温度、最高环境温度下可根据实际质量控制情况进行抽检，示值误差应在表4规定的MPE之内。

b) 压力损失：
   制造商可根据实际质量控制情况按本标准中5.5的要求和方法进行抽检，带控制阀的燃气表按照GB 2828.1进行抽样检验。

c) 计量稳定性：
   逐台检验，a)中q_{max}下两次检验的示值误差的变化不应超过0.6%。

d) 密封性：
   按6.2.4的要求和方法进行逐台检验。

e) 外观：
   按第15章的要求和方法进行逐台检验。

16.4.3 合格判据

出厂检验项目全部合格后才能判定出厂检验合格。

17 包装、运输和贮存

17.1 包装

燃气表管接头上应安装适当的非密封塞子或盖，防止运输和贮存过程中异物进入。

包装箱的图示标志应符合GB/T 191—2008的要求。

包装箱内应装有产品使用说明书和合格证。

17.2 运输

燃气表在运输过程中应防止强烈振动、挤压、碰撞、潮湿、倒置、翻滚等。

17.3 贮存

贮存燃气表的环境应通风良好，无腐蚀性气体，贮存环境温度为−20 ℃～60 ℃。

附　录　A
（规范性附录）
燃气表的辅助装置

A.1　总则

本附录规定了工作电压不大于 DC 36 V 的燃气表辅助装置的技术要求和试验方法，辅助装置主要有但不限于以下几种装置：

a）　远程读表装置；

b）　IC 卡预付费控制装置；

c）　控制阀。

辅助装置可与燃气表永久地组合成一体或临时附加，附加的辅助装置可不止一种。

除非另有说明，本附录中所述的所有试验都是在辅助装置已通电的情况下进行。

A.2　机械结构

A.2.1　电池及电池盒

辅助装置若采用不可更换电池供电，电池的额定工作寿命应不小于燃气表的规定使用期限。

辅助装置若采用可更换电池供电，则安装电池的电池盒应清楚标记电池的正负极性，电池盒的设计应保证可在不取下燃气表的情况下方便更换电池，电池更换时不应损坏计量封印。

不可更换电池和可更换电池由制造商在铭牌、标志牌或产品说明书中进行规定。

A.2.2　气体隔离

除辅助装置中的传感器、控制阀及控制连接线外，其他电子部件、电池盒和相关布线不应暴露在燃气中。传感器及控制阀的控制连接线在燃气表内、外接连处应有密封，防止气体泄漏。

A.3　功能特性

A.3.1　通用特性

A.3.1.1　防爆性能

A.3.1.1.1　要求

辅助装置应符合 GB 3836.1—2010 和 GB 3836.2—2010 或 GB 3836.4—2010 规定的防爆性能要求，并取得国家指定的防爆检验机构颁发的防爆合格证书。

A.3.1.1.2　试验

按 GB 3836.1—2010 和 GB 3836.2—2010 或 GB 3836.4—2010 进行试验。

A.3.1.2 防护性能

A.3.1.2.1 防护封印

A.3.1.2.1.1 要求

辅助装置应具有防护封印或识别外力破坏的其他措施。

A.3.1.2.1.2 试验

通过目测检查辅助装置是否符合 A.3.1.2.1.1 的要求。

A.3.1.2.2 外壳防护等级

A.3.1.2.2.1 要求

辅助装置的外壳防护等级应符合 GB 4208—2008 中 IP53 等级的要求。安装在露天场所的辅助装置,其外壳防护等级应符合 GB 4208—2008 中 IP55 等级的要求或外壳具有相应的防护措施。

A.3.1.2.2.2 试验

按 GB 4208—2008 进行试验。

A.3.1.3 电源欠电压提示功能

A.3.1.3.1 要求

采用实时转换式的辅助装置及 IC 卡预付费控制装置,工作电源欠电压时,应有明确的文字、符号、发声、发光或关闭控制阀等一种或几种方式提示。

A.3.1.3.2 试验

将直流稳压电源调整至辅助装置的额定工作电压,使辅助装置正常工作,然后缓慢下调直流稳压电源的电压至制造商声明的最低电压,检查辅助装置是否符合 A.3.1.3.1 的要求。

A.3.1.4 断电保护功能

A.3.1.4.1 要求

辅助装置应能获取量值传感器的信号更新累积用气量,气量数据应能长期保存,不受低电压、断电或更换电池等因素的影响。若安装有控制阀,则断电后,控制阀应自动关闭;恢复通电后,控制阀应在外加辅助动作情况下能正常开启。

A.3.1.4.2 试验

将直流稳压电源调整至辅助装置的额定工作电压,使辅助装置正常工作。断开电路,然后恢复电路使辅助装置正常工作,检查断开和恢复后,储存的数据是否一致。如果安装有控制阀,在断开和恢复时检查控制阀是否符合 A.3.1.4.1 的要求。

A.3.1.5 可靠性

A.3.1.5.1 辅助装置的可靠性

A.3.1.5.1.1 要求

辅助装置的可靠性(MTBF)下限值应大于 2 000 h。

A.3.1.5.1.2 试验

按 GB/T 5080.7—1986 中表 12 规定的定时(定数)截尾试验方案 5:9 进行试验。

A.3.1.5.2 外部连接线的可靠性

A.3.1.5.2.1 要求

如果辅助装置采用外部连接线连接,连接线应有可靠的防护,或当连接线断开时辅助装置应能立即关闭控制阀。

A.3.1.5.2.2 试验

目测检查连接线是否具有可靠的防护;如果没有防护,再将辅助装置在正常开阀工作状态下切断外部连接线,检查控制阀是否关闭。

A.3.2 远程读表装置

A.3.2.1 数据处理与信息存储

A.3.2.1.1 要求

远程读表装置应具备数据处理和信息存储的功能,存储的信息至少包括:

——累积用气量;

——工作状态信息。

A.3.2.1.2 试验

使用配套的设备和系统,在制造商声明的传输距离内,抄取远程读表装置中的信息,检查结果是否符合 A.3.2.1.1 的要求。

A.3.2.2 远程控制

A.3.2.2.1 要求

带控制阀的远程读表装置应具备阀门状态信息和远程控制阀门的功能。

A.3.2.2.2 试验

使用配套的设备和系统,在制造商声明的传输距离内,进行远程控制,检查结果是否符合 A.3.2.2.1 的要求。

A.3.3 IC 卡预付费控制装置

A.3.3.1 控制功能

A.3.3.1.1 要求

IC 卡预付费控制装置应具有以下控制功能:

a) 应正确读取 IC 卡预购气量值,并开启控制阀;

b) 应具备气量累加功能,输入新购气量后,IC 卡预付费控制装置内的剩余气量应为原剩余气量与新购气量的和;

c) 当 IC 卡预付费控制装置内的剩余气量降至设定关阀气量值时,应能关闭控制阀。

A.3.3.1.2 试验

按图 A.1 连接辅助装置及燃气表，V_1 为设定关阀气量：

a) 首先将 IC 卡预付费控制装置的剩余气量清零，向 IC 卡预付费控制装置输入气量 V_2，IC 卡预付费控制装置的剩余气量显示应为 V_2；
b) 然后向 IC 卡预付费控制装置输入气量 V_3，IC 卡预付费控制装置的剩余气量显示应为(V_2+V_3)；
c) 打开流量调节阀，将流量调节阀调至适当的流量，通气直至剩余气量等于 V_1 时，应能关闭控制阀。

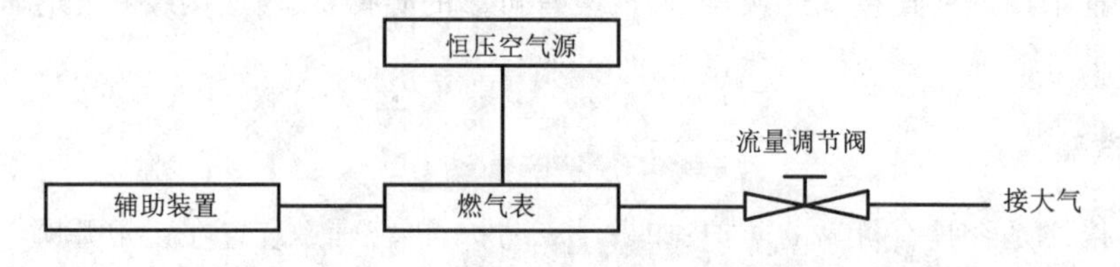

图 A.1 辅助装置功能试验示意图

A.3.3.2 信息反馈功能

A.3.3.2.1 要求

当 IC 卡预付费控制装置与 IC 卡建立通信后，IC 卡预付费控制装置应自动将当前气量交易信息及 IC 卡预付费控制装置状态信息等反馈至 IC 卡中，供 IC 卡预付费管理系统查询。

A.3.3.2.2 试验

IC 卡与 IC 卡预付费控制装置通信结束后，通过售气系统读取 IC 卡中的信息，检查结果是否符合 A.3.3.2.1 的要求。

A.3.3.3 提示功能

A.3.3.3.1 剩余气量不足提示

A.3.3.3.1.1 要求

当剩余气量降至报警气量值时，IC 卡预付费控制装置应有明确的文字、符号或报警等提示。

A.3.3.3.1.2 试验

按图 A.1 连接辅助装置及燃气表，向辅助装置输入大于报警气量的气量，打开流量调节阀，使其在 $0.3q_{max}$～$0.4q_{max}$ 下正常工作。当剩余气量减少到报警气量时，检查结果是否符合 A.3.3.3.1.1 的要求。

A.3.3.3.2 误操作提示

A.3.3.3.2.1 要求

当使用非本 IC 卡预付费控制装置的 IC 卡时，IC 卡预付费控制装置应有明确的误操作显示或报警等提示。

A.3.3.3.2.2 试验

将非本 IC 卡预付费控制装置的 IC 卡插入或接近 IC 卡预付费控制装置，检查结果是否符合 A.3.3.3.2.1 的要求。

A.3.3.3.3　IC卡交易完成提示

A.3.3.3.3.1　要求

IC卡预付费控制装置与IC卡建立通信后，读写完毕，应有相应提示。

A.3.3.3.3.2　试验

检查IC卡与IC卡预付费控制装置交易完成时，是否符合A.3.3.3.3.1的要求。

A.3.3.4　IC卡及卡座耐用性

A.3.3.4.1　要求

如果采用接触式IC卡，IC卡反复插拔累计5 000次后，IC卡及卡座仍能正常读写卡。

A.3.3.4.2　试验

将IC卡在卡座中重复插拔5 000次，IC卡的插拔速率小于20次/min，检查IC卡及卡座是否符合A.3.3.4.1的要求。

A.3.4　控制阀

A.3.4.1　密封性

A.3.4.1.1　要求

当控制阀处于关闭状态、进气压力为(4.5～5)kPa时，控制阀允许的内泄漏量不应大于0.55 dm^3/h。

A.3.4.1.2　试验

按如下方法之一进行试验：

a)　按图A.2连接辅助装置及燃气表，关闭控制阀，将燃气表进气口处的压力调节在(4.5～5)kPa，检查控制阀的内泄漏量是否符合A.3.4.1.1的要求；

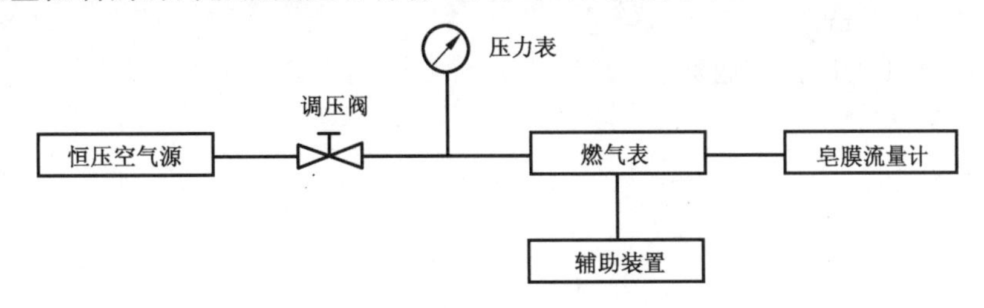

图A.2　控制阀密封性试验示意图

b)　任何等效的其他方法。

A.3.4.2　耐用性

A.3.4.2.1　要求

控制阀在开关阀2 000次后，密封性仍应符合A.3.4.1.1的要求。

A.3.4.2.2　试验

将控制阀开关2 000次，开关速率小于10次/min，检查控制阀是否符合A.3.4.2.1的要求。

A.4 电磁兼容

A.4.1 总则

辅助装置应能承受以下电磁兼容抗扰度试验：

a) 静电放电抗扰度；

b) 射频电磁场抗扰度。

A.4.2 静电放电抗扰度

A.4.2.1 要求

按 A.4.2.2 进行试验时，辅助装置应能自动关闭控制阀，或正常工作并符合 A.3.1.3、A.3.1.4、A.3.2(或 A.3.3.1～A.3.3.3)的要求。

A.4.2.2 试验

按 GB/T 17626.2—2006 进行试验，试验等级 3 级。

A.4.3 射频电磁场抗扰度

A.4.3.1 要求

按 A.4.3.2 进行试验时，辅助装置应能自动关闭控制阀，或正常工作并符合 A.3.1.3、A.3.1.4、A.3.2(或 A.3.3.1～A.3.3.3)的要求。

A.4.3.2 试验

按 GB/T 17626.3—2006 进行试验：

——试验等级：3 级；

——频率范围：(80～1 000)MHz；

——试验场强：10 V/m；

——调制：80%AM、1 kHz 正弦波。

A.5 环境条件

A.5.1 温度

A.5.1.1 贮存温度

A.5.1.1.1 要求

辅助装置的最小贮存温度范围为－20 ℃～60 ℃，制造商可以声明更宽的贮存温度范围。辅助装置在不通电的情况下按 A.5.1.1.2 试验后，恢复到实验室环境温度，其功能应符合 A.3.1.3、A.3.1.4、A.3.2(或 A.3.3.1～A.3.3.3)的要求。

A.5.1.1.2 试验

按以下方法进行试验：

a) 按 GB/T 2423.1—2008 中试验 Ab 进行低温试验，试验温度－20 ℃(或制造商声明的更低温度)，持续时间 2 h；

b) 按 GB/T 2423.2—2008 中试验 Ab 进行高温试验，试验温度 60 ℃(或制造商声明的更高温度)，持续时间 2 h。

A.5.1.2 工作温度

A.5.1.2.1 要求

辅助装置的最小工作温度范围为－10 ℃～40 ℃，制造商可以声明更宽的工作温度范围。按 A.5.1.2.2 试验过程中，辅助装置功能应符合 A.3.1.3、A.3.1.4、A.3.2(或 A.3.3.1～A.3.3.3)的要求。

A.5.1.2.2 试验

按以下方法进行试验：

a) 按 GB/T 2423.1—2008 中试验 Ae 进行低温试验，试验温度－10 ℃(或制造商声明的更低温度)，持续时间 2 h；

b) 按 GB/T 2423.2—2008 中试验 Ae 进行高温试验，试验温度 40 ℃(或制造商声明的更高温度)，持续时间 2 h。

A.5.2 恒定湿热

A.5.2.1 要求

辅助装置在不通电的情况下按 A.5.2.2 试验后，恢复到实验室环境条件，其功能应符合 A.3.1.3、A.3.1.4、A.3.2(或 A.3.3.1～A.3.3.3)的要求，且外观应无锈蚀。

A.5.2.2 试验

按 GB/T 2423.3—2006 进行试验，温度(40±2)℃、湿度(93±3)%RH、持续时间 48 h。

A.5.3 盐雾

A.5.3.1 要求

辅助装置在不通电的情况下按 A.5.3.2 试验后，恢复到实验室环境条件，其功能应符合 A.3.1.3、A.3.1.4、A.3.2(或 A.3.3.1～A.3.3.3)的要求，且外观应无锈蚀。

A.5.3.2 试验

按 GB/T 2423.17—2008 进行试验，试验周期为 24 h。

A.5.4 振动

A.5.4.1 要求

辅助装置与燃气表的连接应无松动，按 A.5.4.2 试验后，其功能应符合 A.3.1.3、A.3.1.4、A.3.2(或 A.3.3.1～A.3.3.3)的要求。

A.5.4.2 试验

将装配了辅助装置的燃气表按 6.2.7.2 进行试验。

A.6 外观

A.6.1 要求

辅助装置外壳涂层应均匀，不得有起泡、脱落、划痕、凹陷、污斑等缺陷，标记应清晰易读，封印应完好可靠。

A.6.2 试验

通过目测检查外观是否符合 A.6.1 的要求。

A.7 检验规则

A.7.1 型式检验

型式检验适用于完整的带辅助装置的燃气表或单独提交的可分离部件的辅助装置。有下列情况之一时，应进行型式检验：

a) 新产品定型；

b) 正式生产后，结构、材料、工艺有较大改变，可能影响产品性能；

c) 产品停产一年以上，再恢复生产；

d) 国家质量监督机构提出进行型式检验的要求。

辅助装置进行型式检验的检验项目见表 A.1。

表 A.1 燃气表的辅助装置检验项目一览表

序号	检验项目		型式检验	出厂检验	技术要求	试验方法
1	通用特性	防爆性能	•	—	A.3.1.1.1	A.3.1.1.2
2		防护封印	•	•	A.3.1.2.1.1	A.3.1.2.1.2
3		外壳防护等级	•	—	A.3.1.2.2.1	A.3.1.2.2.2
4		电源欠电压提示功能	•	•	A.3.1.3.1	A.3.1.3.2
5		断电保护功能	•	•	A.3.1.4.1	A.3.1.4.2
6		辅助装置的可靠性	•	—	A.3.1.5.1.1	A.3.1.5.1.2
7		外部连接线的可靠性	•	—	A.3.1.5.2.1	A.3.1.5.2.2
8	远程读表装置	数据处理与信息存储	▲	▲	A.3.2.1.1	A.3.2.1.2
9		远程控制	▲	▲	A.3.2.2.1	A.3.2.2.2
10	IC 卡预付费装置	控制功能	▲	▲	A.3.3.1.1	A.3.3.1.2
11		信息反馈功能	▲	—	A.3.3.2.1	A.3.3.2.2
12	IC 卡预付费装置	剩余气量不足提示	▲	▲	A.3.3.3.1.1	A.3.3.3.1.2
13		误操作提示	▲	▲	A.3.3.3.2.1	A.3.3.3.2.2
14		IC 卡交易完成提示	▲	▲	A.3.3.3.3.1	A.3.3.3.3.2
15		IC 卡及卡座耐用性	▲	—	A.3.3.4.1	A.3.3.4.2

表 A.1（续）

序号	检验项目		型式检验	出厂检验	技术要求	试验方法
16	控制阀	密封性	▲	▲	A.3.4.1.1	A.3.4.1.2
17		耐用性	▲	—	A.3.4.2.1	A.3.4.2.2
18	电磁兼容	静电放电抗扰度	•	—	A.4.2.1	A.4.2.2
19		射频电磁场抗扰度	•	—	A.4.3.1	A.4.3.2
20	环境条件	贮存温度	•	—	A.5.1.1.1	A.5.1.1.2
21		工作温度	•	—	A.5.1.2.1	A.5.1.2.2
22		恒定湿热	•	—	A.5.2.1	A.5.2.2
23		盐雾	•	—	A.5.3.1	A.5.3.2
24		振动	•	—	A.5.4.1	A.5.4.2
25		外观	•	•	A.6.1	A.6.2
注：“•”为必检项目，“▲”为可选择特性的检验项目，“—”为不检项目。						

A.7.2　出厂检验

该型号辅助装置已经按 A.7.1 进行并通过型式检验。

辅助装置进行出厂检验的检验项目见表 A.1，应逐台进行检验。

附　录　B
（规范性附录）
带温度转换装置的燃气表

B.1　范围

本附录规定了带温度转换装置的燃气表的技术要求和试验方法。

B.2　计量性能

B.2.1　示值误差

本条款取代 5.3。

B.2.1.1　要求

对于带温度转换装置的燃气表，在中心温度 t_{sp}（中心温度 t_{sp} 应在 15 ℃～25 ℃之间，由制造商规定）对称延伸 30 ℃范围内，最大允许误差应在表 4 给出的值的基础上放宽 0.5%；在此温度范围之外，每间隔 10 ℃允许示值误差再放宽 0.5%）。

在 $0.1q_{max}(q_t)\sim q_{max}$ 范围内，若各个流量点的误差值符号相同，则误差值的绝对值应比该条款规定的最大允许误差减少 0.5%。

B.2.1.2　试验

将燃气表置于试验台上（见图 B.1），使试验气体（干燥空气）流经受试燃气表，气体的实际体积由标准装置测量。最小通气体积量应由制造商规定并得到检测机构认可。

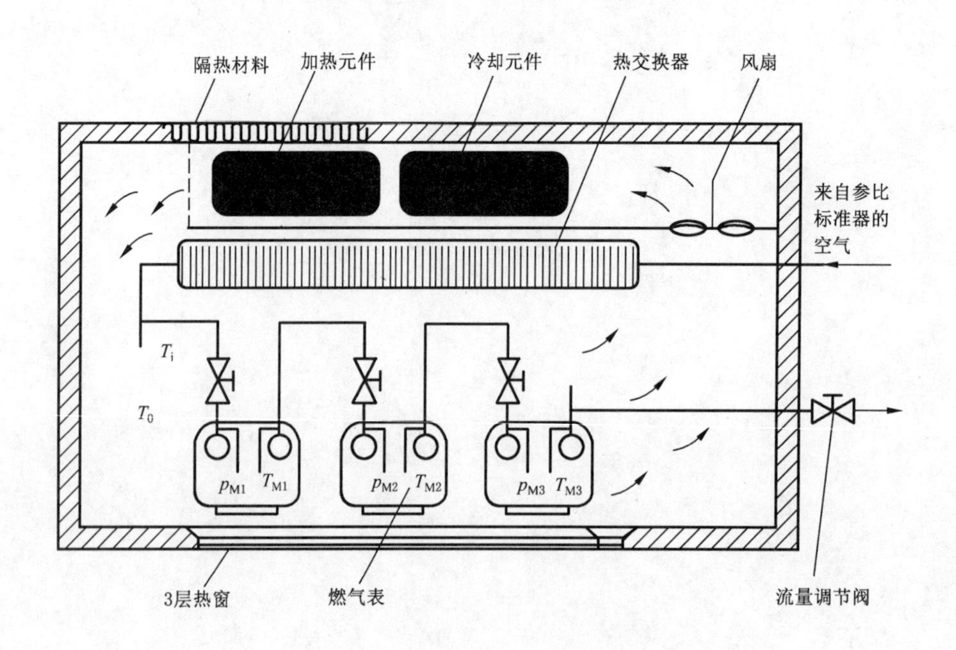

图 B.1　与温度相关的试验装置实例

在 20 ℃下分别确定 q_{min}、$3q_{min}$、$5q_{min}$、$10q_{min}$、$0.1q_{max}$、$0.2q_{max}$、$0.4q_{max}$、$0.7q_{max}$ 和 q_{max} 流量下燃气表的示值误差 6 次。

然后分别确定 t_{min}、t_{max}、t_{min} 与 t_{sp} 之间等间距、t_{sp} 与 t_{max} 之间等间距温度下燃气表的示值误差 6 次，试验流量点为 $5q_{min}$、$0.1q_{max}$、$0.4q_{max}$ 和 q_{max}。

在每个试验温度下，确保试验气体（干燥空气）、燃气表的温度与温控箱内的温度相差不超过 1 K。

在每次改变温度之后应稳定温度，在测量过程中保持温度变化在±0.5 K 之内。

按公式（B.1）计算每个温度和流量下的示值误差。

$$E=\left(\frac{V_M}{V_R}\cdot\frac{T_R}{T_B}\cdot\frac{p_M}{p_R}-1\right)\times 100\% \qquad \text{(B.1)}$$

式中：

E ——示值误差，%；

V_M ——受试燃气表记录的体积，单位为立方米（m^3）；

V_R ——参比标准器记录的体积，单位为立方米（m^3）；

T_R ——参比标准器的温度，单位为开（K）；

T_B ——基准气体温度 293.15 K（t_b=20 ℃）；

p_M ——受试燃气表入口处的绝对压力，单位为帕（Pa）；

p_R ——参比标准器处的参比绝对压力，单位为帕（Pa）。

注：所有公式中使用热力学温度和绝对压力。

B.2.2 燃气表入口处工作介质温度与燃气表环境温度有很大差异的示值误差

B.2.2.1 要求

如果制造商声明燃气表适用于这种场所，燃气表应按 B.2.2.2 进行试验，示值误差应符合表 4 规定的要求。

B.2.2.2 试验

将受试燃气表放在试验台上（见图 B.2），在 20 ℃环境温度下，用温度为 t_{sp}+20 ℃的干燥空气进行试验。运行 2 min，然后暂停（4～8）min，如此反复循环运行。在每个循环开始和进行过程中，燃气表入口的空气温度 T_i 为 t_{sp}+（20±1）℃，实验室温度和参比标准器入口的空气温度为（20±1）℃，受试燃气表处的环境温度与参比标准器的环境温度相差不应超出 1 K。

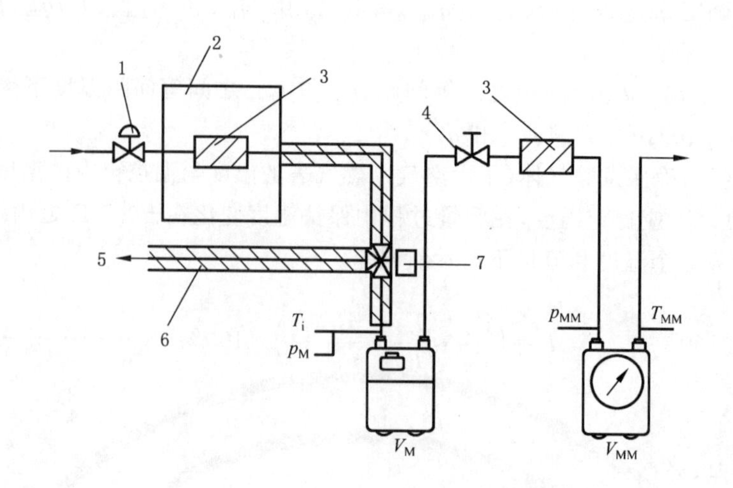

说明：

1——压力调节器；

2——温度控制箱；

3——热交换器；

4——流量调节器；

5——排气装置；

6——隔热网管；

7——三通控制阀。

图 B.2　不同温度及断续工作试验台实例

在体积测量之前，工作条件应稳定。测量 q_{max}、$0.7q_{max}$ 和 $0.2q_{max}$ 下 7 个温度循环显示的体积和流经的体积。

按公式(B.2)计算体积的示值误差。

$$E=\left(\frac{V_M}{V_{MM}}\cdot\frac{T_{MM}}{T_B}\cdot\frac{p_M}{p_{MM}}-1\right)\times 100\% \quad \cdots\cdots(B.2)$$

式中：

E ——示值误差，%；

V_M ——上一次读数后受试燃气表记录的增加的体积，单位为立方米(m^3)；

V_{MM}——上一次读数后参比标准器记录的实际增加的体积，单位为立方米(m^3)；

T_{MM}——参比标准器的温度，单位为开(K)；

T_B ——基准气体温度 293.15 K(t_b=20 ℃)；

p_M ——受试燃气表入口处的绝对压力，单位为帕(Pa)；

p_{MM}——参比标准器处的参比绝对压力，单位为帕，(Pa)。

B.2.2.3　标记

除第 9 章中列出的信息外，每个燃气表还应包括以下信息，无论是在指示内容里还是独立铭牌上：

——声明为适合不同温度及断续工作的燃气表，其基准气体温度的表示，如 $t_{b,i}$=20 ℃；

——制造商规定的温度表示，如 t_{sp}=20 ℃。

B.2.3　温度适应性

本要求替代 5.14.1。

B.2.3.1 要求

按B.2.3.2进行试验,燃气表的示值误差与回归线相差不应超过1.5%(1.5级)和1%(1.0级),且示值误差还应符合B.2.1.1的要求。

B.2.3.2 试验

按5.14.2进行试验。

B.2.4 温度转换体积量

B.2.4.1 要求

温度转换体积量指在带温度转换装置燃气表上显示的唯一气体体积。

B.2.4.2 试验

通过可视检查和通信确定所显示的气体体积量就是温度转换体积量。

附　录　C
（资料性附录）
测试用燃气

C.1　总则

家用超声波燃气表技术主要设计用于计量第二类气体，但也可用于计量其他类别的燃气。燃气表的典型设计工作气体声速为300 m/s～475 m/s。

天然气归于第二类燃气，目前供应的大部分天然气由GB/T 13611—2006定义在高甲烷组10T和12T范围内。

超出燃气表范围的一种燃气是测试燃气12T-2，其声速为497 m/s(23％的氢含量)。

C.2　测试燃气的特性

以下物理特性会因燃气成分变化而改变，并且最有可能影响燃气表的性能：

——声速范围；

——衰减范围；

——黏度范围；

——密度/比重范围。

已经为第二类燃气开发了一组测试气体，可提供一系列的物理特性用于多种燃气表技术的验证，而不用通过不同燃气混合物进行大量的测试，它们是：

声速范围：

最小：空气；

最大：100％甲烷(除了12T-2，GB/T 13611—2006定义)。

衰减；

最小：空气；

最大：94％甲烷，6％二氧化碳(100％甲烷衰减低3 dB，且实气中不允许该水平的二氧化碳)。

黏度：

最小：70％甲烷，30％乙烷(100％甲烷在该黏度的3％以内适用于该项参数)；

最大：空气。

密度：

最小：89％甲烷，11％氢气(100％甲烷与此足够接近，即在10％之内适用于该项参数)；

最大：空气。

用空气和99.5％的实气进行试验，可以评估燃气表在极限条件下的状况。

参 考 文 献

[1] GB/T 6968—2011 膜式燃气表

[2] JJF 1354—2012 膜式燃气表型式评价大纲

[3] ISO 2812-1:2007 色漆和清漆 耐液体介质的测定 第1部分:除了水之外的液体浸入法(Paints and varnishes—Determination of resistance to liquids—Part 1:Immersion in liquids other than water)

[4] ISO 4628-2:2003 色漆和清漆 漆膜降解的评定 缺陷量值、大小和外观均匀改变程度的规定 第2部分:起泡等级的评定(Paints and varnishes—Evaluation of degradation of coatings—Designation of quantity and size of defects,and of intensity of uniform changes in appearance—Part 2:Assessment of degree of blistering)

[5] ISO 4628-3:2003 色漆和清漆 漆膜降解的评定 缺陷量值、大小和外观均匀改变程度的规定 第3部分:生锈等级的评定(Paints and varnishes—Evaluation of degradation of coatings—Designation of quantity and size of defects,and of intensity of uniform changes in appearance—Part 3:Assessment of degree of rusting)

[6] ASTM D471:2006 液体对橡胶性能影响的标准试验方法(Standard test method for rubber property-effect of liquids)

ICS 17.120.10;75.180.30
N 12
备案号：

中华人民共和国机械行业标准

JB/T 12960—2016

远传膜式燃气表

Remote diaphragm gas meter

2016-10-22 发布　　2017-04-01 实施

中华人民共和国工业和信息化部　发布

前　言

本标准按照 GB/T 1.1—2009 给出的规则起草。

本标准由中国机械工业联合会提出。

本标准由全国工业过程测量控制和自动化标准化技术委员会(SAC/TC 124)归口。

本标准起草单位:安徽鸿凌机电仪表(集团)有限公司、安徽省质量和标准化研究院、安徽省计量科学研究院、上海工业自动化仪表研究院、北京市计量检测科学研究院、浙江省计量科学研究院、河南省计量科学研究院、安徽省池州质量技术监督局、中国计量协会燃气表工作委员会、金卡高科技股份有限公司、沈阳市航宇星仪表有限责任公司、成都秦川科技发展有限公司、合肥市燃气集团、港华燃气有限公司、中石油昆仑燃气有限空间、中石化中原油田燃气管理处、慈溪市光华仪器配件厂、宁海县华云橡胶制品厂、慈溪市吉龙工贸有限公司、慈溪市宏丰橡胶制品厂。

本标准主要起草人:林路生、丁昌东、孙秀良、杨卫国、李明华、杨有涛、东涛、凌俊杰、崔耀华、黄震威、黄崑成、袁利根、李志成、胡志鹏、林胜、杨军、龚大利、颜雪、郭刚、程波、权亚强、刘怀远、沈奇挺、陈迪泉、陆奇峰、李险峰、沈文新、林迎。

本标准为首次发布。

远传膜式燃气表

1 范围

本标准规定了远传膜式燃气表的术语和定义、分类、工作条件、要求、试验方法、检验规则以及标志、包装、运输和贮存。

本标准适用于远传膜式燃气表(以下简称燃气表)的设计、生产、试验与验收。

2 规范性引用文件

下列文件对于本文件的应用是必不可少的。凡是注日期的引用文件,仅注日期的版本适用于本文件。凡是不注日期的引用文件,其最新版本(包括所有的修改单)适用于本文件。

GB/T 191 包装储运图示标志

GB 3836.1 爆炸性环境 第1部分:设备 通用要求

GB 3836.2 爆炸性环境 第2部分:由隔爆外壳"d"保护的设备

GB 3836.4 爆炸性环境 第4部分:由本质安全型"i"保护的设备

GB 4208—2008 外壳防护等级(IP代码)

GB/T 5080.7—1986 设备可靠性试验 恒定失效率假设下的失效率与平均无故障时间的验证试验方案

GB/T 6968—2011 膜式燃气表

3 术语和定义

GB/T 6928—2011界定的以及下列术语和定义适用于本文件。

3.1

远传膜式燃气表 remote diaphragm gas meter

加装数据采集、传输及其他辅助装置并且不改变其计量特性及其他性能的膜式燃气表。

3.2

有源远传燃气表 active remote diaphragm gas meter

整机带电源的燃气表。

3.3

无源远传燃气表 passive remote diaphragm gas meter

整机不带电源的燃气表。

4 分类

4.1 燃气表按是否带控制阀分为:

——不带控制阀:该类燃气表具有数据采集和传输功能,不具有控制阀门的功能;

——带控制阀:该类燃气表具有数据采集和传输功能以及控制阀门的功能。

4.2 燃气表按是否带电源分为:

——有源：整机带电源，机电转换单元信号元件一般实时工作，生产机电转换信号，由数据采集装置实时记录气量；

——无源：整机不带电源，机电转换单元直接从燃气表的机械计数器中读取累积数值编码。

5 工作条件

燃气表的工作条件应符合 GB/T 6968—2011 中第 4 章的要求。

6 要求

6.1 外观

6.1.1 燃气表应有良好的表面处理，不应有毛刺、划痕、裂纹、锈蚀、霉斑和涂层剥落现象。

6.1.2 显示的数字应醒目、整齐，表示功能的文字符号和标志应完整、清晰、端正。

6.2 结构和材料

6.2.1 燃气表的结构和材料应符合 GB/T 6968—2011 中第 6 章的要求。

6.2.2 使用电池供电的有源燃气表的电池及电池盒应符合 GB/T 6968—2011 中 C.2.1 的要求。

6.2.3 远传读数控制装置的气体隔离应符合 GB/T 6968—2011 中 C.2.2 的要求。

6.3 机械性能

燃气表的机械性能应符合 GB/T 6968—2011 中第 7 章的要求。

6.4 计量特性

燃气表的计量特性应符合 GB/T 6968—2011 中第 5 章的要求。

6.5 电子装置特性

6.5.1 电压及电流

燃气表电子装置的电压及电流应符合 GB/T 6968—2011 中 C.3.1.1.1 的要求。

6.5.2 功能和存储信息

燃气表电子装置应具有气体流量信号采集、数据处理、数据传输和信息存储的功能，其存储的信息至少包括：

——燃气表标识，如表编号、类型等：

——累积用气量；

——控制阀的状态。

6.5.3 数据传输

6.5.3.1 通信方式

采用主-从结构的半双工通信方式。

6.5.3.2 通信接口

燃气表的通信接口应符合表 1 的规定。

表1　燃气表的通信接口

方式编号	接口形式	要求
1	Meter-BUS 物理接口(简称 M-BUS)	参见附录 A
2	RS-485 接口	参见附录 B
3	无线收发接口	应符合《微功率(短距离)无线电设备管理暂行规定》相对应频段规定的技术要求
4	光电收发接口	参见附录 C

6.5.3.3　字节格式

字节格式为每字节含 8 位二进制码,传输时加上一个起始位(0)、一个偶校验位(E)和一个停止位(1),共 11 位。其字节传输序列如图 1 所示。D0 是字节的最低位,D7 是字节的最高位。字节先传输低位,后传输高位。

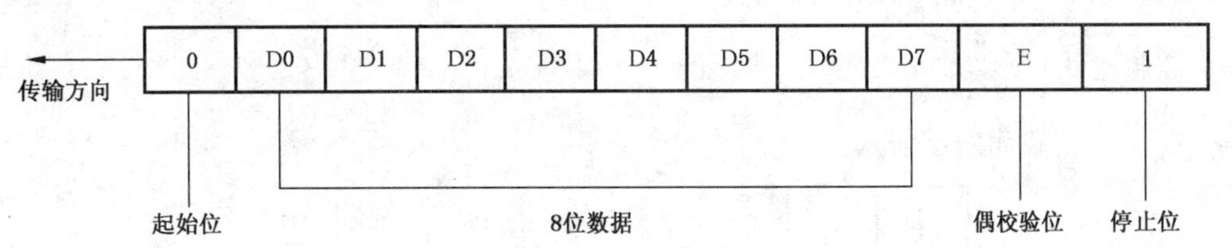

图1　字节传输序列

6.5.3.4　帧格式

帧格式应符合表 2 的规定。

表2　帧格式

名称	代码
帧起始符	68H
仪表类型	T
地址域	A0
	A1
	A2
	A3
	A4
	A5
	A6
控制码	C
数据长度域	L
数据域	DATA
校验码	CS
帧结束符	16H

6.5.3.5 类型及代码

燃气表类型及代码应符合表3的要求。

表3 燃气表类型及代码

仪表类型	代码(T)	燃气表类型
30H～39H:燃气表	30H	有源远传燃气表
	31H	无源远传燃气表

6.5.3.6 地址域

地址域(A0～A6)由七个字节组成,每个字节为2位BCD码格式。地址长度为14位十进制数,低地址在前,高地址在后,其中A5、A6为厂商代码。当地址为AAAAAAAAAAAAAAH时,为广播地址。广播地址只能应用于点对点的通信中。

6.5.3.7 控制码

控制码(C)的格式如图2所示。

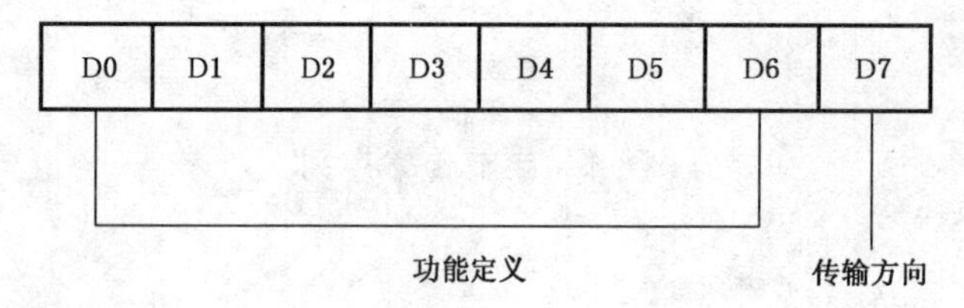

说明:

D7:0——由外部设备发出的控制帧;
　　1——由燃气表发出的应答帧。
D6:0——通信正常;
　　1——通信异常。
D5-D0:000000:保留;
　　000001:读数据;
　　000100:写数据;
　　001001:读密钥版本号;
　　000011:读地址(表号);
　　010101:写地址(表号);
　　010110:写机电同步数(置表底数);
　　1×××××:厂商自定义。

图2 控制码格式

6.5.3.8 数据长度

数据长度(L)为数据域的字节数,用十六进制表示。读数据时L小于或等于64H,写数据时L小于或等于32H,L等于零表示无数据域。

6.5.3.9 数据域

数据域(DATA)包括数据标识、序列号和数据,其结构随控制码的功能改变。

6.5.3.10 **校验码**

校验码(CS)为一个字节,从帧起始符开始到校验码之前的所有各字节进行二进制算术累加,不计超过FFH的溢出值。

6.5.3.11 **传输**

6.5.3.11.1 **前导字节**

在发送帧信息之前,应先发送2个～4个字节FEH。

6.5.3.11.2 **传输次序**

所有多字节数据域均先传输低位字节,后传输高位字节。

6.5.3.11.3 **传输响应**

每次通信先由外部设备发出命令帧,被选择的燃气表根据命令帧的要求做出响应,传输响应的时序如图3和图4所示,响应时间应符合以下要求:

——二进制位传输时间:Tbit=1/波特率(s);
——字节传输时间:Tbyte=11 Tbit;
——延迟时间:Td=1 Tbyte;
——帧传输时间:Tframe=帧字节数×Tbyte;
——最长响应时间:Tr=500 ms+30×Tbyte;
——线路空闲时间:Tli=30 ms;
——实际帧传输时间:Tfba=实际帧字节长度×Tbyte;
——字节间的停顿时间:Tb≤1 Tbyte;
——重复通信次数:I≤3。

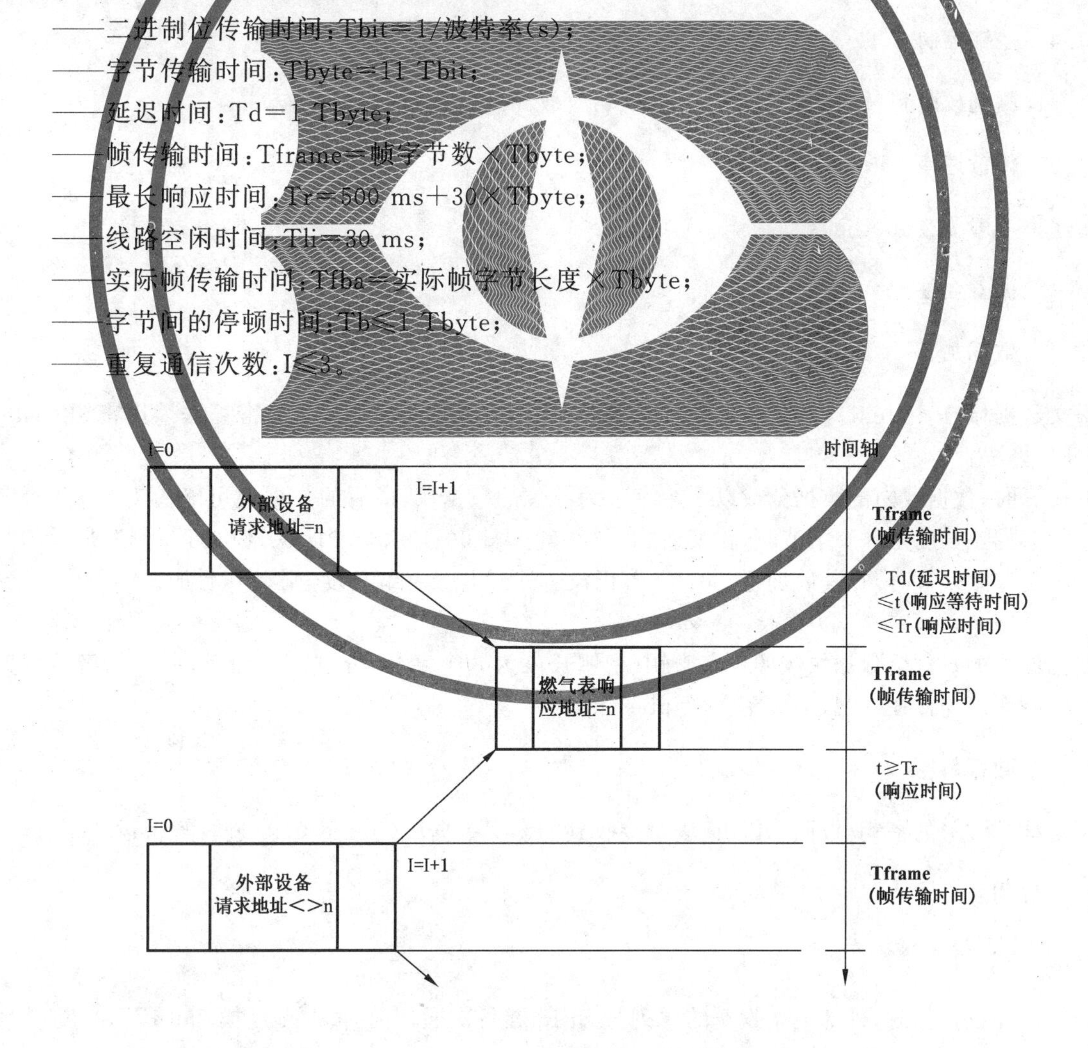

图3 外部设备请求成功图

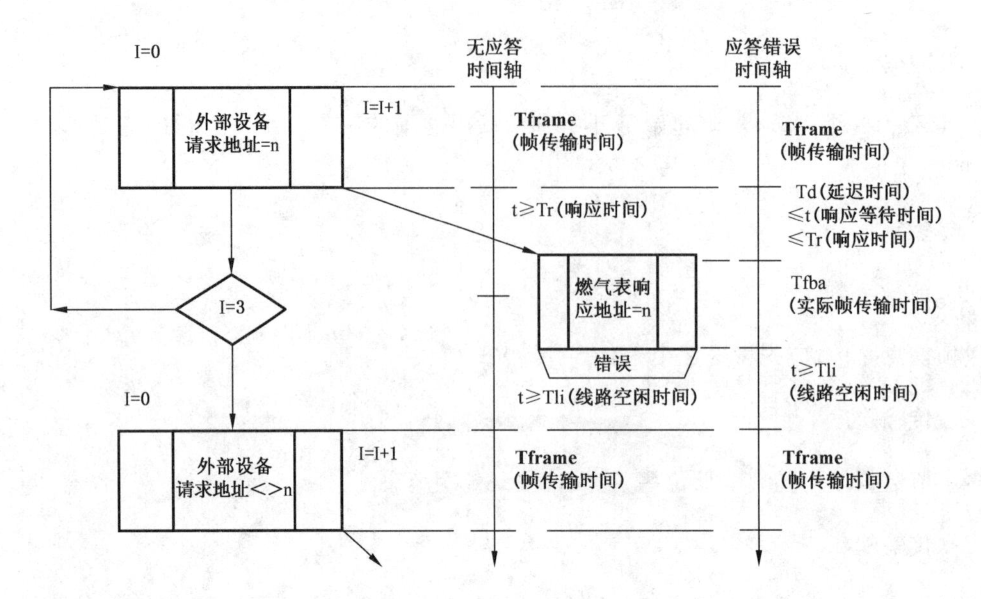

图 4　外部设备请求失败图

6.5.3.11.4　差错控制

接收方检测到校验和、偶校验位或格式出错，均应放弃该信息帧，不予响应。

6.5.3.11.5　传输速率

传输速率一般为 2 400 bit/s。

6.5.3.12　数据安全性

6.5.3.12.1　数据加密

对明文数据域(Plaintext)，在发送前按照电子密本(ECB)分组工作方式，加密算法采用密钥 64 bit 的分组 DES 算法。

加密运算时，数据域内的数据分成以 8 个字节为单位的数据块，最后的数据块可能为 1 个～8 个字节。最后的数据块长度是 8 个字节时，在其后加上“80H 00H 00H 00H 00H 00H 00H 00H”；最后的数据块长度不足 8 个字节时，在其后加上“80H”，若仍没有达到 8 个字节长度，则在其后加入“00H”，直到长度达到 8 个字节。

对数据域内的每一个数据块按照设定密钥(密钥长度为 8 个字节)分别进行加密，所有加密后的数据块按照原有顺序连接在一起，形成密文(Ciphertext)。

6.5.3.12.2　数据解密

采用对称(共享)的密钥，按照 DES 算法对接收到的密文数据域(Ciphertext)进行解密运算。

6.5.3.13　应用层

6.5.3.13.1　读操作

6.5.3.13.1.1　读操作时，外部设备发送的序列号 SER，在每次通信前，按加 1 后模 256 运算产生。

6.5.3.13.1.2　外部设备请求帧的功能为请求读操作。

控制码：CTR_0；

数据长度：L＝03H；

数据标识：DI_0，DI_1；
序列号：SER；
帧格式：

68H	T	A0	…	A6	CTR_0	03H	DI_0	DI_1	SER	CS	16H

6.5.3.13.1.3 燃气表正常应答帧的功能为燃气表正常应答。
控制码：CTR_1；
数据域长度：L＝03H＋m(数据长度)；
数据标识：DI_0，DI_1；
序列号：SER；
帧格式：

68H	T	A0	…	A6	CTR_1	L	DI_0	DI_1	SER	N_1	…	N_m	CS	16H

6.5.3.13.1.4 燃气表异常应答帧的功能为燃气表收到错误控制码的应答。
控制码：CTR_2；
数据域长度：L＝03H；
序列号：SER；
帧格式：

68H	T	A0	…	A6	CTR_2	L	SER	状态 ST	CS	16H

6.5.3.13.1.5 外部设备请求读编码格式应符合表 4 的规定。

表 4 外部设备请求读编码格式

功能	控制码 CTR_0	正常应答控制码 CTR_1	异常应答控制码 CTR_2	备注
读数据	01H	81H	0C1H	加密传输
读密钥版本号	09H	89H	0C9H	明码传输
读地址	03H	83H	0C3H	单机通信，明码通信

6.5.3.13.1.6 外部设备请求读数据的报文格式及燃气表正常应答报文格式应符合表 5 的规定。

表 5 外部设备请求读数据的报文格式及燃气表正常应答报文格式

序号	数据报文名称	数据标识 (DI0 DI1)	长度	燃气表应答报文	备注
1	读计量数据	901FH	16H	数据标识 DI，序列号 SER，当前累积流量，结算日累积流量，实时时间，状态 ST	仪表类型 T＝30H
			0AH	数据标识 DI，序列号 SER，当前累积流量，状态 ST	仪表类型 T＝31H
2	历史计量数据 1	D120H	08H	数据标识 DI，序列号 SER，上 1 月结算日累积流量	仪表类型 T＝30H

表5（续）

序号	数据报文名称	数据标识（DI0 DI1）	长度	燃气表应答报文	备注
3	历史计量数据2	D121H	08H	数据标识DI,序列号SER,上2月结算日累积流量	仪表类型T=30H
4	历史计量数据3	D122H	08H	数据标识DI,序列号SER,上3月结算日累积流量	仪表类型T=30H
5	历史计量数据4	D123H	08H	数据标识DI,序列号SER,上4月结算日累积流量	仪表类型T=30H
6	历史计量数据5	D124H	08H	数据标识DI,序列号SER,上5月结算日累积流量	仪表类型T=30H
7	历史计量数据6	D125H	08H	数据标识DI,序列号SER,上6月结算日累积流量	仪表类型T=30H
8	历史计量数据7	D126H	08H	数据标识DI,序列号SER,上7月结算日累积流量	仪表类型T=30H
9	历史计量数据8	D127H	08H	数据标识DI,序列号SER,上8月结算日累积流量	仪表类型T=30H
10	历史计量数据9	D128H	08H	数据标识DI,序列号SER,上9月结算日累积流量	仪表类型T=30H
11	历史计量数据10	D129H	08H	数据标识DI,序列号SER,上10月结算日累积流量	仪表类型T=30H
12	历史计量数据11	D12AH	08H	数据标识DI,序列号SER,上11月结算日累积流量	仪表类型T=30H
13	历史计量数据12	D12BH	08H	数据标识DI,序列号SER,上12月结算日累积流量	仪表类型T=30H
14	读价格表	8102H	12H	数据标识DI,序列号SER,价格一,用量一,价格二,用量二,价格三	
15	读计算日	8103H	04H	数据标识DI,序列号SER,计算日	
16	读抄表日	8104H	04H	数据标识DI,序列号SER,抄表日	
17	读购入金额	8105H	12H	数据标识DI,序列号SER,本次购买序号,本次购入金额,累计购入金额,剩余金额,状态ST	

6.5.3.13.1.7 外部设备请求读密钥版本号的报文格式及燃气表正常应答报文格式应符合表6的规定。

表6 外部设备请求读密钥版本号的报文格式及燃气表正常应答报文格式

数据报文名称	数据标识（DI_0DI_1）	长度	燃气表应答报文	备注
读密钥版本号	8106H	04H	数据标识DI,序列号SER,密钥版本号VER	本数据域不加密

6.5.3.13.1.8 外部设备请求读地址的报文格式及燃气表正常应答报文格式应符合表7的规定。

表7　外部设备请求读地址的报文格式及燃气表正常应答报文格式

数据报文名称	数据标识 (DI_0DI_1)	长度	燃气表应答报文	备注
读地址	810AH	03H	数据标识 DI,序列号 SER	本命令只能在单机操作

6.5.3.13.2　写操作

6.5.3.13.2.1　写操作时,外部设备发送的序列号 SER,在每次通信前,按加 1 后模 256 运算产生。

6.5.3.13.2.2　写数据请求帧的功能为外部设备向燃气表进行数据设置。

控制码:CTR_3;

数据长度:L=03H+m(数据域长度);

数据标识:DI_0,DI_1;

序列号:SER;

帧格式:

68H	T	A0	…	A6	CTR_3	L	DI_0	DI_1	SER	N_1	…	N_m	CS	16H

6.5.3.13.2.3　燃气表正常应答帧的功能为将请求命令执行结果告知。

控制码:CTR_4;

数据长度:L=03H+m;

数据标识:DI_0,DI_1;

序列号:SER;

帧格式:

68H	T	A0	…	A6	CTR_4	L	DI_0	DI_1	SER	N_1	…	N_m	CS	16H

6.5.3.13.2.4　燃气表收到非法的数据请求或数据处理错误,为燃气表收到错误控制码的应答。

控制码:CTR_5;

数据域长度:L=03H;

序列号:SER;

帧格式:

68H	T	A0	…	A6	CTR_5	L	SER	状态 ST	CS	16H

6.5.3.13.2.5　外部设备请求写操作编码格式应符合表 8 的规定。

表8　外部设备请求写操作编码格式

功能	控制码 CTR_3	正常应答控制码 CTR_4	异常应答控制码 CTR_5	备注
写数据	04H	84H	C4H	加密传输
写地址	15H	95H	0D5H	调试阶段明码传输,收到出厂启用命令后不再响应
写机电同步数据	16H	96H	0D6H	调试阶段明码传输,收到出厂启用命令后不再响应

6.5.3.13.2.6 外部设备请求写数据的报文格式及燃气表正常应答报文格式应符合表9的规定。

表9 外部设备请求写数据的报文格式及燃气表正常应答报文格式

序号	数据报文名称	数据标识(DI_0DI_1)	外部设备		燃气表		备注
			长度	发送报文	长度	应答报文	
1	写价格表	A010H	13H	数据标识DI,序列号SER,价格一,用量二,价格三,启用日期	05H	数据标识DI,序列号SER,状态ST	
2	写结算日	A011H	04H	数据标识DI,序列号SER,结算日期	03H	数据标识DI,序列号SER	仪表类型T=30H
3	写抄表日	A012H	04H	数据标识DI,序列号SER,抄表日期	03H	数据标识DI,序列号SER	仪表类型T=30H
4	写购入金额	A013H	08H	数据标识DI,序列号SER,本次购买序号,本次购入金额	08H	数据标识DI,序列号SER,购买序列号,购入金额	
5	写新密钥	A014H	0CH	数据标识DI,序列号SER,新密钥版本号,新密钥	04H	数据标识DI,序列号SER,新密钥版本号	仪表类型T=30H 仪表类型T=31H 本次命令用原密钥,随后的命令即起用新密钥,初始密钥: 8888888888888888H
6	写标准时间	A015H	0AH	数据标识DI,序列号SER,实时时间	03H	数据标识DI,序列号SER	仪表类型T=30H
7	写阀门控制	A017H	04H	数据标识DI,序列号SER,开阀/关阀操作	05H	数据标识DI,序列号SER,状态ST	仪表类型T=30H 仪表类型T=31H 开阀控制操作:55H 关阀控制操作:99H
8	出厂启用	A019H	03H	数据标识DI,序列号SER	03H	数据标识DI,序列号SER	仪表类型T=30H 仪表类型T=31H 出厂前发出,只能发一次

6.5.3.13.2.7 外部设备请求写机电同步数据的报文格式及燃气表正常应答报文格式应符合表10的规定。

表10 外部设备请求写机电同步数据的报文格式及燃气表正常应答报文格式

序号	数据报文名称	数据标识(DI_0DI_1)	外部设备		燃气表		备注
			长度	发送报文	长度	应答报文	
1	写机电同步数据	A016H	08H	数据标识DI,序列号SER,当前累积流量	05H	数据标识DI,序列号SER,状态ST	仪表类型T=30H

6.5.3.13.3 **数据表达格式**

6.5.3.13.3.1 数据表达格式应符合表11的规定。

表11 数据表达格式

名称	数据格式	单位代号(1字节)	数据长度 字节	备注
当前累积流量	XXXXXX.XX	有	5	BCD码
结算日累积流量	XXXXXX.XX	有	5	BCD码
开阀控制操作	55H	无	1	BCD码
关阀控制操作	99H	无	1	BCD码
实时时间	YYYYMMDDhhmmss	无	7	BCD码
(计算、抄表)日期	DD	无	1	BCD码
序列号SER	HH	无	1	HEX
版本号VER	HH	无	1	HEX
密钥	HHHHHHHHHHHHH HHH	无	8	HEX
数据标识(DI_0DI_1)	XXXX	无	2	HEX

6.5.3.13.3.2 计量单位代号应符合表12的规定。

表12 计量单位代号

计量单位	代号
L	29H
m^3	2CH

6.5.3.13.3.3 状态ST占2个字节,第一字节定义见表13,第二字节由厂商定义。

表13 第一字节定义

	D0	D1	D2	D3	D4	D5	D6	D7
定义	阀门状态		电池电压	—	—	—	—	—
说明	00:开 01:关 11:异常		0:正常 1:欠电压	保留	保留	厂商定义	厂商定义	厂商定义

6.5.4 **机电转换误差**

机电转换误差应符合GB/T 6968—2011中C.3.1.4.2.1的要求。

6.5.5 **阀控响应**

燃气表接到控制阀门的指令后,在5 s内完成阀门控制动作并返回阀门状态信息。

6.5.6 电子装置可靠性

在规定的使用条件下，燃气表电子装置的平均无故障工作时间 *MTBF* 下限值应大于 2 000 h。

6.6 控制阀

6.6.1 密封性

控制阀的密封性应符合 GB/T 6968—2011 中 C.3.4.1.1 的要求。

6.6.2 耐用性

控制阀的耐用性应符合 GB/T 6968—2011 中 C.3.4.2.1 的要求。

6.7 环境适应性

燃气表的环境适应性应符合 GB/T 6968—2011 中 C.5 的要求。

6.8 防爆性能

燃气表的防爆性能应符合 GB/T 6968—2011 中 C.3.1.2 的要求，防爆等级不低于 Exib IIBT3。

6.9 防护性能

6.9.1 防护封印

燃气表应具有防护封印或识别外力破坏的其他措施。

6.9.2 外壳防护等级

辅助装置的外壳防护等级应符合 GB 4208—2008 中 IP53 等级的要求。安装在露天场所的辅助装置，其外壳防护等级应符合 GB 4208—2008 中 IP55 等级的要求或外壳具有相应的防护措施。

6.10 电磁兼容

燃气表的电磁兼容抗扰度应符合 GB/T 6968—2011 中 C.4 的要求。

7 试验方法

7.1 试验条件

通用试验条件应符合 GB/T 6968—2011 的规定。同时应配备与燃气表数据传输相匹配的手持单元、固定式或移动式的抄表系统，抄表系统在试验前应核查功能，确认正常后方可投入使用。

7.2 外观检查

用目测法检查。

7.3 结构和材料检查

按 GB/T 6968—2011 中第 6 章的规定进行。

7.4 机械性能试验

按 GB/T 6968—2011 中第 7 章的规定进行。

7.5 计量特性试验

按 GB/T 6968—2011 中第 5 章的规定进行。

7.6 电子装置特性试验

7.6.1 电压及电流试验

按 GB/T 6968—2011 中 C.3.1.1.2.1 和 C.3.1.1.2.3 的规定进行。

7.6.2 功能和存储信息检查

将被试燃气表与匹配的专用试验设备连接，逐项检查其设计功能。

7.6.3 机电转换误差试验

7.6.3.1 测试装置要求

测试装置应符合以下要求：

——满足被检燃气表接口的要求；

——能输出 0 V～36 V 直流电源；

——具有数据通信及存储功能。

7.6.3.2 试验方法

7.6.3.2.1 实时转换

将被试燃气表与燃气表测试装置按图 5 所示方式连接，以燃气表为参比标准器，使空气以 q_{max} 流经燃气表。在测试开始之前，记录辅助装置的电子显示及燃气表机械计数器的初始读数。

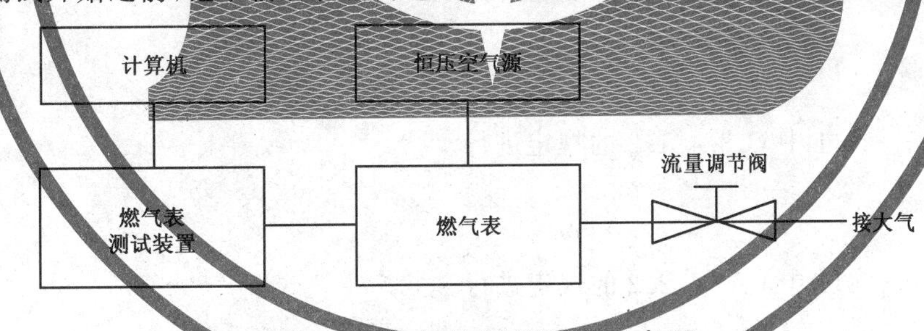

图 5 机电转换误差试验示意图

型式检验时，燃气表运行不少于 1 000 个转换信号当量，停止通气，记录辅助装置的电子显示及燃气表机械计数器的读数。按公式(1)计算辅助装置电子显示读数和燃气表机械计数器的体积变化值。

$$\Delta V = |V_{M2} - V_{M1}| - |V_{S2} - V_{S1}| \qquad \cdots\cdots(1)$$

式中：

ΔV ——机电转换误差，单位为立方米(m^3)；

V_{M2} ——终止时电子读数，单位为立方米(m^3)；

V_{M1} ——开始时电子读数，单位为立方米(m^3)；

V_{S2} ——终止时燃气表机械计数器的读数，单位为立方米(m^3)；

V_{S1} ——开始时燃气表机械计数器的读数，单位为立方米(m^3)。

注：出厂检验通气量一般不少于 2 个转换信号当量。

7.6.3.2.2 直读转换

将被试燃气表与燃气表测试装置按图5所示方式连接，以机电最小转换分度值的十分之一为一个试验分度，燃气表每累进一个试验分度对应的气量时，以燃气表机械指示装置读数作为标准示值，读取燃气表测试装置的电子读数，误差按公式(2)计算。机电转换误差试验读取次数不应少于300次。

$$\Delta V_i = V_i - V_{ai} \quad \cdots\cdots(2)$$

式中：

ΔV_i ——第 i 次测量的机电转换误差，单位为立方米(m^3)；

V_i ——第 i 次测量的电子读数，单位为立方米(m^3)；

V_{ai} ——第 i 次测量燃气表机械指示装置的读数，单位为立方米(m^3)。

试验时 V_{ai} 的变化规律应满足公式(3)的规定。

$$V_{ai} = V_{ao} + Ci/10 \quad \cdots\cdots(3)$$

式中：

V_{ao} ——燃气表机械指示装置指示的初始读数，单位为立方米(m^3)；

C ——最小转换分度值，单位为立方米(m^3)；

i ——0,1,2,…,9。

7.6.4 阀控响应试验

按图5所示方式连接，计算机发出打开控制阀或关闭控制阀指令，被测燃气表应按指令工作，计算机上正确显示燃气表应答报文中的阀门状态信息。

7.6.5 电子装置可靠性试验

按GB/T 5080.7—1986中第4章和第5章的规定进行。

7.7 控制阀试验

7.7.1 密封性试验

按GB/T 6968—2011中C.3.4.1.2的规定进行。

7.7.2 耐用性试验

按GB/T 6968—2011中C.3.4.2.2的规定进行。

7.8 环境适应性试验

按GB/T 6968—2011中C.5的规定进行。

7.9 防爆性能试验

试验由国家认定的防爆认证检验机构按照GB 3836.1和GB 3836.2或GB 3836.4的规定进行。

7.10 防护性能试验

7.10.1 防护封印

采用目测检查。

7.10.2 外壳防护等级

按GB 4208—2008的规定进行检验。

7.11 电磁兼容试验

按 GB/T 6968—2011 中 C.4.2.2 和 C.4.3.2 的规定进行。

8 检验规则

8.1 检验分类

检验分为出厂检验和型式检验。

8.2 出厂检验

燃气表应经制造厂逐台检验合格后方可出厂。

燃气表出厂检验项目和检验顺序见表 14。

表 14 检验项目

序号	检验项目		出厂检验	型式检验	技术要求	试验方法
1	外观		•	•	6.1	7.2
2	结构和材料	密封性	•	•	6.2	7.3
3		耐压强度	—	•		
4		壳体密封	—	•		
5		耐振动	—	•		
6		耐冲击	—	•		
7		耐跌落	—	•		
8		耐贮存温度范围	—	•		
9	机械性能	耐久性	—	•	6.3	7.4
10		计数器	—	•		
11	计量特性	示值误差	•	•	6.4	7.5
12		压力损失	—	•		
13		始动流量	—	•		
14		计量稳定性	•	•		
15		过载流量	—	•		
16	电子装置特性	电压及电流	—	•	6.5.1	7.6.1
17		功能和存储信息	•	•	6.5.2	7.6.2
18		机电转换误差	•	•	6.5.4	7.6.3
19		阀控响应	•	•	6.5.5	7.6.4
20		电子装置可靠性		•	6.5.6	7.6.5
21	控制阀	密封性	—	•	6.6.1	7.7.1
22		耐用性	—	•	6.6.2	7.7.2
23	防爆性能		—	•	6.8	7.9

表 14（续）

序号	检验项目	出厂检验	型式检验	技术要求	试验方法
24	防护封印	•	•	6.9.1	7.10.1
25	外壳防护等级	—	•	6.9.2	7.10.2
26	电磁兼容	—	•	6.10	7.11
27	环境适应性	—	•	6.7	7.8
注：“•”为必检项目，“—”为不检项目。					

8.3 型式检验

有下列情况之一时应进行型式检验：

——燃气表新产品定型；

——正式生产后，结构、材料、工艺有较大改变，可能影响产品性能；

——产品停产一年以上，再恢复生产；

——正常生产时间满两年；

——国家质量监督机构提出进行型式检验的要求。

检验项目和检验顺序见表 14。

9 标志、包装、运输和贮存

9.1 标志

燃气表的铭牌标记应符合 GB/T 6968—2011 中 8.1 的规定。

9.2 包装

9.2.1 燃气表出厂时进出气口应有密封措施，防止异物进入表内。

9.2.2 包装箱的图示标志应符合 GB/T 191 的规定。

9.2.3 包装箱内应装有产品使用说明书和合格证。合格证上一般应有下列内容：

——制造厂名称；

——CMC 标识及编号；

——产品名称及型号；

——产品编号；

——执行标准编号；

——检验日期等。

9.3 运输和贮存

9.3.1 产品运输过程中应防止挤压、碰撞、潮湿、倒置、翻滚和强烈振动。

9.3.2 贮存环境应通风良好，无腐蚀性气体，环境温度为－20 ℃～60 ℃。

附　录　A
（资料性附录）
M-BUS 接口

A.1　电气接口要求

A.1.1　M-BUS应能在系统中实现一只外部设备对一台燃气表或一只外部设备对多台燃气表的通信。

A.1.2　驱动能力应为在燃气表由外部设备供电时，每个燃气表获得稳态电流不大于10 mA。外部设备的驱动能力应不小于64个燃气表。

A.1.3　线路的连接方式与拓扑结构无关。

A.1.4　线路的连接方式应为无极性。

A.2　通信方式

采用半双工协议。

A.3　传输波特率

300 bit/s～/9 600 bit/s。

A.4　M-BUS接口的数据传输状态

A.4.1　外部设备至燃气表

A.4.1.1　数据传输示意如图A.1所示。

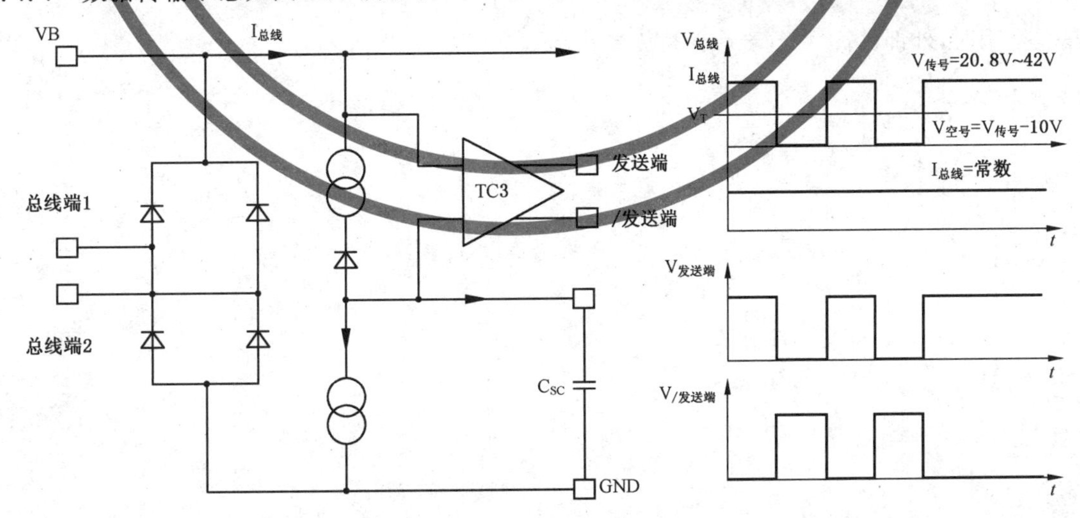

图A.1　外部设备至燃气表的数据传输示意图

A.4.1.2　只允许一个外部设备连接到总线，外部设备工作时必须向总线提供电源。

A.4.1.3　外部设备应通过电平变化的方式传输位信息。

A.4.1.4 燃气表端的电平应符合以下规定：

——传号(逻辑电平为“1”)时，总线电压应比空号时的总线电压大 10 V，且总线电压应不大于 42 V；

——空号(逻辑电平为“0”)时，总线电压应大于 12 V。

A.4.2 燃气表至外部设备

A.4.2.1 数据传输示意如图 A.2 所示。

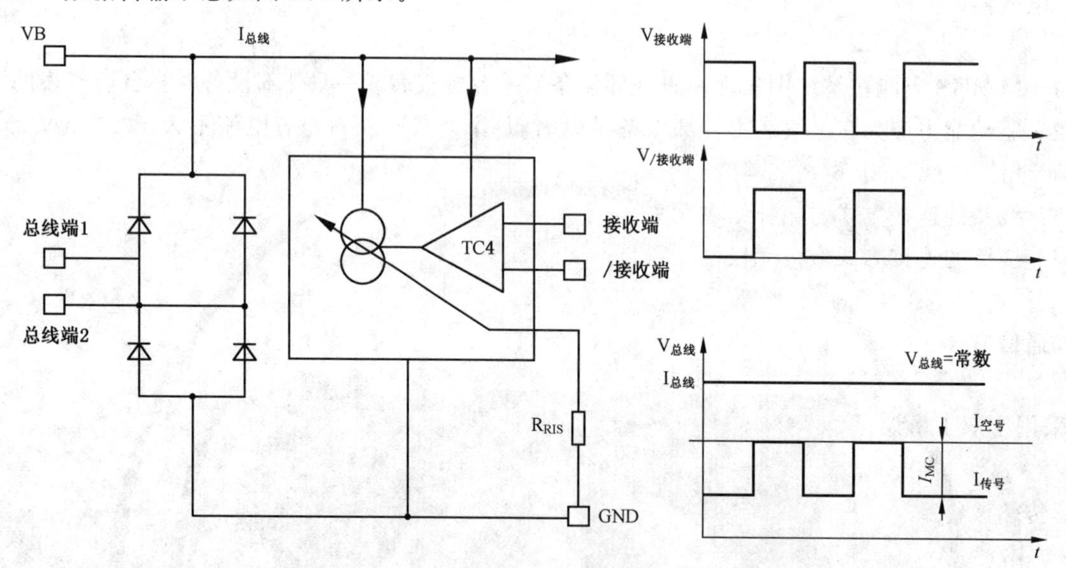

图 A.2 燃气表至外部设备的数据传输示意图

A.4.2.2 燃气表应通过电流大小的变化传输信息：

——传号(逻辑电平“1”)时，传号电流为 0 mA～1.5 mA。

——空号(逻辑电平“0”)时，空号电流为在传号电流值的基础上增加约 11 mA～20 mA。

A.4.3 信号状态

总线空闲时，外部设备、燃气表应保持传号状态。

附 录 B
（资料性附录）
RS-485 标准串行电气接口

B.1 发送方式

RS-485 标准采用平衡式发送、差分式接收的数据收发器来驱动总线。

B.2 电平要求

B.2.1 驱动与接收端耐静电放电(ESD)为±15 kV(人体模式)。

B.2.2 共模输入电压应为−7 V～12 V。

B.2.3 差模输入电压应大于 0.2 V。

B.2.4 驱动输出电压在负载阻抗为 54 Ω 时，最大为 5 V，最小为 1.5 V。

B.3 其他要求

B.3.1 驱动能力应不小于 64 个同类接口。

B.3.2 输入阻抗应不小于 10 kΩ。

附 录 C
（资料性附录）
光电收发接口

C.1 调制特性

载波频率应为 38 kHz±1 kHz。

C.2 光学特性

C.2.1 参比温度应为 23 ℃±2 ℃。
C.2.2 光辐射半角应不小于 15°。
C.2.3 红外线波长应为 900 nm～1 000 nm。
C.2.4 发射器在其光轴上距发射表面 1 m 处产生的红外光信号的幅照度 $E_{e/r}$，应不小于 50 mW/m²。
C.2.5 接收器在其光轴上距接收器表面 10 mm 处红外光信号的幅照度 $E_{e/r}$，应符合表 C.1 的要求。

表 C.1 光轴距离 10 mm 处 $E_{e/r}$ 对接收器的要求

红外光幅照度	接收器状态
$0.35\ mW/m^2 \leqslant E_{e/r} \leqslant 2\ 000\ mW/m^2$	ON
$E_{e/r} \leqslant 0.2\ mW/m^2$	OFF

C.3 光环境条件

应满足在数据传输的光路周围光照度小于 16 000 lx 的条件下，有效通信距离大于 2 m。

C.4 电气特性

C.4.1 红外光接口应能与数据终端设备进行数据交换。
C.4.2 当传输速率不大于 1 200 bit/s 时，信号电平为：
——MARK（传号）关断光源小于－3 V（V.28），不大于 0.8 V（TTL 输入），－0.5 V～0.4 V（TTL 输出）；
——SPACE（空号）打开光源大于 3 V（V.28），不小于 2 V（TTL 输入），2.4 V 工作电压（TTL 输出）。

C.5 使用条件

C.5.1 应避免强光（阳光和荧光）直射红外接收器的接收窗口。
C.5.2 工作时应使接收器的光轴与发射器的光轴保持一致。
C.5.3 应避免数据中出现连续多个“0”。

ICS 17.120.10;91.140.40
N 12
备案号:64888—2018

中华人民共和国机械行业标准

JB/T 13567—2018

热式质量燃气表

Thermal mass gas meters

2018-07-04 发布　　2019-05-01 实施

中华人民共和国工业和信息化部　发布

前言

本标准按照GB/T 1.1—2009给出的规则起草。

本标准由中国机械工业联合会提出。

本标准由全国工业过程测量控制和自动化标准化技术委员会(SAC/TC 124)归口。

本标准负责起草单位:重庆前卫克罗姆表业有限责任公司、重庆前卫科技集团有限公司。

本标准参加起草单位:北京市计量检测科学研究院、重庆市计量质量检测研究院、辽宁省计量科学研究院、河北省计量监督研究院、山东省计量科学研究院、金卡智能集团股份有限公司、沈阳市航宇星仪表有限责任公司、成都秦川科技发展有限公司、成都千嘉科技有限公司、新天科技股份有限公司、廊坊新奥燃气设备有限公司、辽宁思凯科技股份有限公司、荣成市宇翔实业有限公司、浙江正泰仪器仪表有限责任公司、卓度计量技术(深圳)有限公司、郑州华润燃气股份有限公司、福建上润精密仪器有限公司。

本标准主要起草人:龚伟、陈海林、尹代强、王文莉、杨有涛、廖新、王振、陈世砚、纪建英、郭刚、程波、权亚强、刘勋、费战波、张春林、史健君、邹子明、陈州、凌光盛、邓立三、戈剑。

本标准为首次发布。

热式质量燃气表

1 范围

本标准规定了热式质量燃气表(以下简称燃气表)的术语和定义、符号、工作条件、要求、试验方法、检验规则、标志、包装、运输和贮存。

本标准适用于最大工作压力不大于 50 kPa、最大流量不大于 160 m^3/h 的燃气表。

注:除非另有说明,本标准所提到的压力指相对大气压力(表压力)。

2 规范性引用文件

下列文件对于本文件的应用是必不可少的。凡是注日期的引用文件,仅注日期的版本适用于本文件。凡是不注日期的引用文件,其最新版本(包括所有的修改单)适用于本文件。

GB/T 191 包装储运图示标志

GB/T 1771 色漆和清漆 耐中性盐雾性能的测定

GB/T 2410 透明塑料透光率和雾度的测定

GB/T 2423.3 环境试验 第2部分:试验方法 试验Cab:恒定湿热试验

GB/T 2423.4 电工电子产品环境试验 第2部分:试验方法 试验Db:交变湿热(12 h+12 h 循环)

GB/T 2423.24 环境试验 第2部分:试验方法 试验Sa:模拟地面上的太阳辐射及其试验导则

GB 3836.1 爆炸性环境 第1部分:设备 通用要求

GB 3836.2 爆炸性环境 第2部分:由隔爆外壳“d”保护的设备

GB 3836.4 爆炸性环境 第4部分:由本质安全型“i”保护的设备

GB/T 4208 外壳防护等级(IP代码)

GB/T 5169.5 电工电子产品着火危险试验 第5部分:试验火焰 针焰试验方法 装置、确认试验方法和导则

GB/T 6968—2011 膜式燃气表

GB/T 8897.1 原电池 第1部分:总则

GB 8897.4 原电池 第4部分:锂电池的安全要求

GB/T 9254 信息技术设备的无线电骚扰限值和测量方法

GB/T 9978.1 建筑构件耐火试验方法 第1部分:通用要求

GB/T 11020 固体非金属材料暴露在火焰源时的燃烧性试验方法清单

GB/T 11186.3 涂膜颜色的测量方法 第3部分:色差计算

GB/T 13893 色漆和清漆 耐湿性的测定 连续冷凝法

GB/T 16422.3 塑料 实验室光源暴露试验方法 第3部分:荧光紫外灯

GB/T 17626.2 电磁兼容 试验和测量技术 静电放电抗扰度试验

GB/T 17626.3 电磁兼容 试验和测量技术 射频电磁场辐射抗扰度试验

GB/T 17626.8 电磁兼容 试验和测量技术 工频磁场抗扰度试验

GB/T 17626.9 电磁兼容 试验和测量技术 脉冲磁场抗扰度试验

GB/T 26334—2010 膜式燃气表安装配件

GB/T 30789.3—2014 色漆和清漆 涂层老化的评价 缺陷的数量和大小以及外观均匀变化程度的标识 第3部分:生锈等级的评定

3 术语和定义、符号

3.1 术语和定义

GB/T 6968—2011 界定的以及下列术语和定义适用于本文件。

3.1.1

热式质量燃气表 thermal mass gas meter

利用热传递原理测量燃气流量的计量器具。

3.1.2

采样周期 sampling period

采集计量信号的时间间隔。

3.1.3

固件 firmware

写入到可擦写只读存储器的程序。

3.1.4

提示信息 message

对燃气表运行过程中产生的重要事件或(和)对燃气表操作进行提示的视觉信号、字符和字母等。

3.1.5

工作模式 operating mode

获取燃气体积量的测量方法,分为用户模式和检测模式。

3.1.6

平均误差 average error

在相同条件下,多次测量示值误差的算术平均值。

3.1.7

平均误差偏移 average error shift

任一测试流量点的平均误差变化。

3.1.8

平均误差幅度 range of average errors

在流量范围内,平均误差的最大值与最小值之差。

3.1.9

始动流量 starting flow rate

燃气表开始连续计量时的最低流量。

3.1.10

污染物 contaminants

燃气中会影响燃气表正常工作的灰尘、蒸汽和其他物质。

3.1.11

表体 meter case

包括外壳在内的整个燃气表结构件。

3.1.12

显示窗口 index window

能够读取指示信息的透明材料区域。

3.1.13

热切断阀　thermal cut-off valve

当燃气表周围环境温度超过预定温度时，切断燃气的阀门。

3.2 符号

本文件使用的符号名称和单位见表1。

表1　符号名称及单位

符号	名称	单位
MPE	允许误差	—
p_{max}	最大工作压力	kPa
q_{max}	最大流量	m^3/h
q_{min}	最小流量	m^3/h
q_r	过载流量	m^3/h
q_s	始动流量	m^3/h
q_t	分界流量	m^3/h
t_i	燃气表入口的温度	℃
t_m	环境温度	℃
t_g	工作介质温度	℃

4 工作条件

4.1 流量范围

燃气表的最大流量、最小流量上限值、分界流量、始动流量最大值及过载流量见表2。

表2　流量范围

单位为立方米每小时

规格[a]	q_{max}	q_{min} 的上限值	q_t	q_s 的最大值	q_r
1.6	2.5	0.016	0.25	0.004	3.0
2.5	4	0.025	0.4	0.006	4.8
4	6	0.04	0.6	0.01	7.2
6	10	0.06	1.0	0.015	12.0
10	16	0.1	1.6	0.025	19.2
16	25	0.16	2.5	0.04	30
25	40	0.25	4.0	0.06	48
40	65	0.4	6.5	0.1	78
65	100	0.65	10.0	0.16	120
100	160	1	16.0	0.25	192

[a] 规格里的数字表示燃气表的公称流量值(即燃气表设计时最佳工作状态的流量值)，制造商一般宜在规格前面加上表示一定含义的字母，如G2.5。

4.2 最大工作压力

制造商应声明燃气表的最大工作压力，此数值标记在显示内容里或燃气表铭牌上。

4.3 温度范围

燃气表适用的最小工作环境温度范围为−10 ℃～40 ℃。工作介质温度范围不应超出环境温度范围。

制造商应声明工作介质温度范围及环境温度范围。

制造商可声明更宽的环境温度范围。

4.4 气体类别

制造商应规定燃气表的适用气体类别，见表3。

表3 气体类别

类别	代号		
天然气	12T	10T	10T,12T
液化石油气	20Y	19Y	22Y
空气	—	—	—

4.5 安装场所

符合本标准(附录A除外)要求的燃气表，适合安装在室内，或根据制造商的声明，安装在开敞式阳台或具有制造商指定防护措施的室外。

如果制造商声明燃气表适用于安装在无任何防护措施的室外，则燃气表应符合附录A的规定。

5 要求

5.1 计量特性

5.1.1 示值误差

燃气表的示值误差不应超过表4规定的允许误差。

表4 允许误差

流量 q	MPE			
	1.5级		1.0级	
	初始	后续	初始	后续
$q_t \leqslant q \leqslant q_{max}$	±1.5%	±3%	±1%	±2%
$q_{min} \leqslant q < q_t$	±3%	±6%	±2%	±4%

在 $q_t \leqslant q \leqslant q_{max}$ 流量范围内，当各流量点的示值误差值符号相同时，1.5级燃气表示值误差差值的绝对值不应超过1%；1.0级燃气表示值误差差值的绝对值不应超过0.5%。

燃气表的示值误差按公式(1)计算。

$$E=\frac{V_{i}-V_{ref}}{V_{ref}}\times 100\% \qquad \cdots\cdots(1)$$

式中：

E ——示值误差；

V_i ——燃气表显示的标准状态体积，单位为立方分米(dm^3)；

V_{ref} ——实际通过燃气表的标准状态体积，单位为立方分米(dm^3)。

标准装置的流量应修正成标准状态体积总量。测试时，应测量标准装置的温度、压力，并按公式(2)进行体积的修正。

$$V_{ref}=V_s\times\frac{p_s\times 293.15}{T_s\times 101.325} \qquad \cdots\cdots(2)$$

式中：

V_s ——标准装置的示值，单位为立方分米(dm^3)；

p_s ——标准装置处的绝对压力，单位为千帕(kPa)；

T_s ——标准装置处的热力学温度，单位为开(K)。

按6.1.2.2.1进行试验时，平均误差应符合表4相应等级初始MPE的规定，平均误差幅度应符合表5的规定。

按6.1.3进行试验时，平均误差应符合表4相应等级初始MPE的规定，并且每种测试燃气在各温度点的平均误差幅度应符合表5的规定。

表5 平均误差幅度

流量 q	最大平均误差幅度	
	1.5级	1.0级
$q_t \leqslant q \leqslant q_{max}$	2%	0.7%
$q_{min} \leqslant q < q_t$	4%	1.4%

5.1.2 不同工作模式的平均误差偏移

如果燃气表有用户模式(标准采样)和检测模式(快速采样)，同一流量点用户模式和检测模式的平均误差之差的绝对值，1.5级、1.0级分别不应超过0.3%、0.2%($q_t \leqslant q \leqslant q_{min}$)和0.6%、0.4%($q_{min} \leqslant q < q_t$)。

5.1.3 不同气质的平均误差偏移

不同气质类型可采用自动识别或有对应于表3的手动输入选项。所有测试气体(包括空气为介质)的平均误差幅度应符合表5的规定。燃气和空气平均误差偏移应符合表6的规定。

表6 燃气和空气平均误差偏移

流量 q	允许平均误差偏移	
	1.5级	1.0级
$q_t \leqslant q \leqslant q_{max}$	±1.5%	±1%
$q_{min} \leqslant q < q_t$	±3%	±2%

5.1.4 压力损失

燃气表的压力损失应符合表7的规定。

表 7　压力损失允许值

q_{max} m^3/h	压力损失允许值 Pa			
	初始		后续	
	不带控制阀	带控制阀	不带控制阀	带控制阀
2.5～10	200	250	220	275
16～65	300	375	330	415
100～160	400	500	440	550

5.1.5　重复性

在 $q_t \leqslant q \leqslant q_{max}$ 范围内，每个规定试验流量点的示值误差最大值与最小值之差，1.5 级、1.0 级分别不应大于 0.6%、0.33%；小于 q_t 的流量点，每个规定试验流量点的示值误差最大值与最小值之差不应大于 1%。

5.1.6　污染物影响

燃气表经过污染物影响试验后，其误差不应超过以下值：

——1.5 级：平均误差不超过表 4 中初始 MPE 的 2 倍，误差曲线偏移不超过 ±2%（$q_t \leqslant q \leqslant q_{max}$）；

——1.0 级：平均误差不超过 ±1%，误差曲线偏移不超过表 4 中初始 MPE 的 1/3。

压力损失不应大于表 7 规定数值的 1.1 倍。

5.1.7　安装的影响

在 6.7 规定的安装条件影响下，所有流量点的平均误差仍应符合表 4 规定的初始 MPE。

5.1.8　零流量

在零流量条件下，燃气表的累积气体体积量不应发生变化。

5.1.9　反向流

在反向流条件下，显示器显示的气体体积量不应增加或减少。

5.1.10　始动流量

燃气表的始动流量应符合表 2 的规定，以 q_s～$1.2q_s$ 范围内任意一个流量进行试验时，燃气表应能记录通过的气体体积量。

5.1.11　过载流量

燃气表以 $1.2q_{max}$ 的过载流量运行 20 min 后，示值误差仍应符合表 4 规定的流量范围 $q_t \leqslant q \leqslant q_{max}$ 的初始 MPE 要求。

5.1.12　脉动流量（不稳定流）

脉动流条件下的示值误差与连续流条件下的示值误差之差应符合以下要求：

——表 12 中项目 1 和项目 4 不应超过表 4 中初始 MPE 的 2/3；

——表 12 中项目 2、3 和项目 5、6 不应超过表 4 中初始 MPE 的 1/3。

采样周期 T_c 不宜超过 2 s。如果采用更长采样周期，则制造商应保证在脉动流或不稳定流的情况下不会影响燃气表的计量性能。当平均采样周期超过 2 s 时,6.12 的试验方法仍适用。

5.1.13 温度适应性

在制造商声明的温度范围内,燃气表的示值误差应在表 4 规定的后续 MPE 范围之内。

5.2 通用设计要求

5.2.1 燃气表直接与外部环境和内部燃气接触的部分应有足够强度和稳定的理化性能,以满足燃气表使用寿命期内的安全性,燃气表外壳的结构应保证任何非永久变形都不应影响燃气表的正常运行。

5.2.2 燃气表应有封印,只有拆开计量封印或产生明显永久性损坏痕迹后才能接触内部零部件。其中电子封印则应满足以下要求:

——只能通过可以更新的口令或代码,或者用特定的装置进入;

——至少最后一次操作应记录到存储器,包括操作的日期、时间和确认该操作的特殊要素;

——操作记录在存储器内保存年限不能少于燃气表的使用期限。

5.2.3 燃气表电池应与表体设计为一体,正、负极有明确标识,选用的电池应符合 GB/T 8897.1 的要求,锂电池应符合 GB 8897.4 的要求,且电池泄漏时不应影响燃气表的结构件。

5.2.4 电池设计可采用不可更换电池供电或可更换电池供电方式,如果采用不可更换电池,电池的额定工作寿命不应小于燃气表的规定使用期限,如果采用可更换电池,应指定电池类型,操作者可从燃气表前方不借助任何工具进行更换,更换过程中不应损坏计量封印,燃气表累积气体体积量等重要数据不应丢失或改变。

5.2.5 燃气表的设计应考虑抗磁场、静电放电和其他电磁干扰的影响。

5.3 外壳防护等级

燃气表的外壳防护等级至少应达到 GB/T 4208—2017 规定的 IP54。安装在露天场所的燃气表,其外壳防护等级应达到 IP65,或其应具有相应的防护措施。

5.4 坚固性

5.4.1 密封性

燃气表应能承受压力为 1.5 倍最大工作压力或 35 kPa(取两者的较大值)、持续时间不少于 3 min 的静压力试验,不出现漏气现象。

5.4.2 抗压强度

燃气表应能承受压力从零变化到 1.5 倍最大工作压力或 35 kPa(取两者的较大值)、持续 2 000 次的抗压强度试验,不出现泄漏或明显变形现象。

5.4.3 耐热性

燃气表应能承受 120 ℃高温 15 min,不出现泄漏或明显变形现象。

5.4.4 管接头

5.4.4.1 连接尺寸

燃气表管接头的螺纹[1]应符合本标准表 8 的规定。

---

1) 螺纹尺寸参见 GB/T 26334—2010 的规定。

表 8 燃气表双管接头尺寸

q_{max} m³/h	中心距 mm			螺纹 mm 或 in			公称通径	扭矩值 N·m	弯矩值 N·m
	系列一	系列二	系列三	系列一	系列二	系列三			
2.5	110	130	90	M30×2	—	—	DN15	50	10
4	110	130	90	M30×2	—	—	DN20	80	20
6	110	130	90	M30×2	M36×2		DN25	110	40
10	160	180	250	G1¼	G1¾	M36×2	DN32	110	40
							DN40	140	60
16	250	280	180	G2	M64×2	—	DN50	170	60
25	280	220	180	G2	M64×2	—	DN50	170	60
40	335	280	220	G2½	G2¾	M80×3	DN65	170	60
65	440	430	400	G3	法兰	—	DN80	170	60
100	440	480	680	G3	法兰	—	DN100	170	60
160	520	710	—	法兰	—	—	DN125	170	60
注：从系列一到系列三表示中心距和螺纹尺寸优先选用顺序，必要时也可由制造商与使用方协商制定。									

q_{max}≤40 m³/h 的燃气表采用双管接头，接头尺寸宜符合本标准表 8 的规定；q_{max}≥65 m³/h 的燃气表如果采用法兰接头，法兰尺寸应符合 GB/T 26334—2010 中表 B.1 的要求。

5.4.4.2 形位公差

采用双管接头的燃气表，两个管接头的中心线与相对于燃气表水平面的垂线的夹角应在 2°之内。在管接头的自由端测得的两个管接头的中心线间距与中心线额定间距之差，应在±0.5 mm 之内或在中心线额定间距的±0.25%之内(取两者的较大值)。两个中心线的夹角应在 2°以内。相对于燃气表的水平面，双管接头自由端的高度差应在 2 mm 之内或在中心线额定间距的 1%之内(取其中较大值)。

5.4.4.3 扭矩

燃气表的管接头承受表 8 规定的扭矩后，残余扭转变形不应超过 2°，燃气表的密封性仍应符合 5.4.1 的要求，q_t 和 q_{max} 的平均误差应符合表 4 规定的初始 MPE 要求。

5.4.4.4 弯矩

燃气表承受表 8 规定的弯矩后，管接头的残余变形不应超过 5°，密封性仍应符合 5.4.1 的要求，q_t 和 q_{max} 的平均误差仍应符合表 4 规定的初始 MPE 要求。

5.4.5 振动

燃气表应能承受振动频率为 10 Hz～150 Hz、峰值加速度为 20 m/s² 的连续振动，其密封性仍应符合 5.4.1 的要求，示值误差应符合表 4 规定的初始 MPE 要求。

5.4.6 冲击

燃气表壳体经受冲击试验后，涂层应无裂纹和脱落，密封性仍应符合 5.4.1 的要求。

5.4.7 跌落

燃气表经受跌落高度为 0.5 m 的跌落试验之后，密封性仍应符合 5.4.1 的要求，q_t 和 q_{max} 平均误差应在表 4 规定的初始 MPE 的 2 倍范围之内。

5.5 耐盐雾腐蚀

燃气表经受 500 h 的盐雾试验之后，腐蚀程度不应大于 GB/T 30789.3—2014 表 1 中的 Ri 1 级。

5.6 非金属材料耐老化

燃气表在紫外线中暴露 5 个周期，共计 40 h 后，涂层应无裂纹和脱落，密封性应符合 5.4.1 的要求。

5.7 外表面老化（含显示窗口）

燃气表经受外表面老化试验后应满足以下要求：

a) 燃气表外表面的损坏不应影响燃气表功能；

b) 显示窗口及涂层不应脱落、产生裂纹和起泡，显示窗口法线的 15°范围内显示内容仍应清晰可见；

c) 燃气表应能继续记录燃气体积量。

5.8 太阳辐射

燃气表在经受持续 3 d 的太阳辐射试验后，外观不应发生改变，显示内容应清晰，涂层无裂纹和脱落。

5.9 湿热影响

燃气表在经受湿热影响试验后应满足以下要求：

a) 不应有明显的损坏或信息改变。

b) 涂层应无裂纹、脱落或气泡。

c) 燃气表的密封性应符合 5.4.1 的要求。

d) 内部电路不应有影响燃气表功能特性的腐蚀迹象，外壳保护涂层不应有任何变化。

e) 燃气表的误差不应超过以下值：

  1) 1.5 级：平均误差不超过±3%，平均误差偏移不超过±2%（$q_t \leqslant q \leqslant q_{max}$）；

  2) 1.0 级：平均误差不超过±1%，平均误差偏移不超过表 4 中初始 MPE 的 1/3。

5.10 外表面阻燃性

燃气表的所有外表面（含显示窗口）材料均应阻燃。按照 GB/T 11020 的规定，这些材料的易燃性等级应为 V-0。

5.11 耐贮存性能

5.11.1 贮存温度

燃气表经高、低温贮存试验后，示值误差仍应符合表 4 规定的初始 MPE 要求，涂层应无裂纹和脱落。

5.11.2 恒定湿热

燃气表在不通电的情况下经受温度为 40 ℃、相对湿度为 93%、持续时间为 48 h 的恒定湿热试验后，仍应符合 5.16.1、5.18 和表 4 规定的初始 MPE 要求。如燃气表有可选功能，还应符合 5.15.4、5.15.5.1～5.15.5.3 的要求，且燃气表外观应无锈蚀，涂层应无裂纹和脱落。

5.12 老化

燃气表经老化试验后，其误差不应超过以下值：

——1.5 级：平均误差不超过±3%，平均误差偏移不超过±2%（$q_t \leqslant q \leqslant q_{max}$）；

——1.0级：平均误差不超过±1%，平均误差偏移不超过表4中初始MPE的1/3。

5.13 耐久性

5.13.1 在耐久性试验过程中和完成时，如果受试燃气表数量为表14中的“选择1”，所有燃气表应符合下列要求：

a) 示值误差应在表4规定的后续MPE范围之内。

b) 误差曲线应符合下列要求：

1) 在$q_t \leqslant q \leqslant q_{max}$范围内，误差曲线的最大值和最小值之差：1.5级不应超过3%，1.0级不应超过2%；

2) 在$q_t \leqslant q \leqslant q_{max}$范围内，示值误差变化量：1.5级不应超过2%，1.0级不应超过1.5%。

c) 压力损失不应大于表7规定的后续压力损失允许值。

d) 密封性应符合5.4.1的要求。

5.13.2 在耐久性试验过程中和完成时，如果受试燃气表数量为表14中的“选择2”，那么除一台燃气表外，其余燃气表都应符合5.13.1a)、b)和c)的要求，且所有燃气表的密封性都应符合5.4.1的要求。

5.14 防爆性能

燃气表的防爆性能应符合GB 3836.1和GB 3836.2或GB 3836.4的要求，且燃气表应取得国家授权的防爆检验机构颁发的防爆合格证书。

5.15 可选功能

5.15.1 取压口

如果燃气表装有取压口，则应符合以下要求：

a) 取压口的最大孔径为1 mm；

b) 经过冲击试验后，受试燃气表的密封性应符合5.4.1的要求。

5.15.2 耐高环境温度

如果制造商声明燃气表耐高环境温度，按6.32.2进行试验时，燃气表应符合下列要求：

——对于q_{max}不大于40 m^3/h的燃气表，壳体泄漏速率不大于150 dm^3/h；

——对于q_{max}不小于65 m^3/h的燃气表，壳体泄漏速率不大于450 dm^3/h。

5.15.3 安装热切断阀的燃气表

安装热切断阀的燃气表应符合以下要求：

——按6.32.3a)进行试验时，热切断阀不应关闭；

——按6.32.3b)进行试验时，热切断阀应关闭。

5.15.4 远程读表控制装置

5.15.4.1 远程读表

远程读表装置应具备数据处理和信息存储的功能，存储的信息至少包括：

——累积气体量；

——工作状态信息。

5.15.4.2 远程控制

远程读表控制装置应具备读取阀门状态信息和远程控制阀门的功能。

5.15.5 预付费控制装置

5.15.5.1 控制功能

预付费控制装置应具有以下控制功能：

——应正确读取预付费卡中的预购气量值，并开启控制阀；

——应具备气量累加功能，导入新购气量后，燃气表内的剩余气量应为原剩余气量与新购气量之和；

——当带有控制阀的燃气表内剩余气量降至设定关阀气量值时，应能关闭控制阀。

5.15.5.2 信息反馈功能

当燃气表与预付费卡建立通信后，燃气表应自动将当前交易信息及燃气表状态信息等反馈至预付费卡中，供预付费管理系统查询。

5.15.5.3 提示功能

5.15.5.3.1 剩余气量或金额不足提示

当剩余气量或金额降至报警值时，燃气表应有明确的文字、符号或报警等提示。

5.15.5.3.2 误操作提示

当使用非本燃气表的预付费卡时，燃气表应有明确的误操作显示或报警等提示。

5.15.5.3.3 预付费交易完成提示

燃气表与预付费卡建立通信并读写完成后，应有相应提示。

5.15.5.4 预付费卡及卡座耐用性

如果采用接触式预付费卡，预付费卡在卡座中重复插拔 5 000 次后，预付费卡及卡座仍应能正常读写。

5.15.6 控制阀

5.15.6.1 密封性

当控制阀处于关闭状态、进气压力为(4.5～5)kPa 时，控制阀的内泄漏量不应大于 0.55 dm^3/h。

5.15.6.2 耐用性

控制阀在最低工作温度和最高工作温度条件下分别开关 400 次，常温条件下开关 2 000 次后，密封性仍应符合 5.15.6.1 的要求。

5.16 显示和存储

5.16.1 显示

显示器应有合适的对比度且内容清晰易读，对于累积气体体积量、剩余气量、剩余金额等常用重要信息的显示字符最小高度为 4.2 mm，其他字符的最小高度为 2.0 mm，字母不能与数字混淆。显示器应有足够的数字位数显示燃气表在 q_{max} 流量下运行 8 000 h 的气体体积量，累积气体体积量不能回零。

总计量体积至少应显示 8 个数字字符、一个明显的小数点符号和测量单位立方米(m^3)，例如 12 345.678 m^3。小数位数应符合表 9 的规定。

表 9 燃气表的小数位数

q_{max} m³/h	小数位数	
	用户模式	检测模式
2.5～10	3	4
16～100	2	3
160	1	2

用户使用过程中燃气表发生总计量体积显示溢出回零时，应有相应的显示内容或菜单记录溢出次数。

5.16.2 显示器自检

显示器自检时应首先显示所有段码，然后所有段码都不显示。燃气表制造商自定义的显示内容及其他自检项在上述两步完成后继续进行检验，总自检时间不应超过 1 min。

自检完成后后，显示器应自动切换到显示实时计量值，并且存储寄存器不应受到影响。

5.16.3 存储器

5.16.3.1 记录的累积气体体积量应能显示在显示器上，在燃气表使用期限内存储器中的数据不得丢失，并且制造商应声明以下内容：

——存储器在极限环境温度范围内可读写；

——存储器在存储温度范围内，没有电池也能保存数据。

5.16.3.2 存储器的刷新方式应根据燃气表的工作状态确定：

a) 当燃气表的流速大于 q_t 时，存储器运行 0.5 h 刷新一次；

b) 当燃气表的流速不大于 q_t 时，存储器在累积气体体积量每增加 0.5 m^3 时刷新一次；

c) 当流速由 q_t 以上变化到 q_t 以下时，存储器运行 0.5 h 刷新一次数据后再按 b)规定刷新。

5.16.3.3 存储器在极限环境温度范围内仍应可读写。按 6.35b)进行试验时，3)、6)记录的示值读数不应有差别。

5.16.4 显示复位

燃气表在经受冲击、跌落、老化、最低工作电压、断电数据保护、电磁兼容试验后，累积气体体积量不应发生异常回零。

5.16.5 光脉冲输出

燃气表应有输出脉冲当量的光电元件，检测装置可以通过识别该光脉冲信号对燃气表进行示值误差检测。脉冲输出当量应标示在铭牌上。

5.17 固件

固件应采用单元化的方法设计，用严密的方式定义需求和功能。固件版本号应适用于每只燃气表。

5.18 电池

5.18.1 最低工作电压

当电池电压降低到制造商规定的最低工作电压时，燃气表应有明确的文字、符号、发声、发光等一种或多种方式提示当前为低电压状态，示值误差应符合表 4 规定的初始 MPE 要求。

5.18.2 断电数据保护

累积气体体积量等需要保存的数据应能长期保存,不应受低电压、断电或更换电池等因素的影响。如果安装有控制阀,则断电后,控制阀应自动关闭;恢复通电后,控制阀应在外加辅助动作情况下能正常开启。

5.19 电磁兼容

5.19.1 静电放电抗扰度

燃气表应能承受接触放电 6 kV、空气放电 8 kV 的静电放电试验,试验后应正常工作,示值误差应满足表 4 中初始 MPE 要求。

5.19.2 射频电磁场辐射抗扰度

燃气表应能承受 10 V/m(80 MHz～1 GHz)试验场强的射频电磁场辐射抗扰度试验,试验后应正常工作,示值误差应满足表 4 中初始 MPE 要求。

5.19.3 工频磁场抗扰度

燃气表应能承受磁场强度为 30 A/m、历时 15 min 的工频磁场抗扰度试验,试验后应正常工作,示值误差应满足表 4 中初始 MPE 要求。

5.19.4 脉冲磁场抗扰度

燃气表应能承受磁场强度为 100 A/m、历时 15 min 的脉冲磁场抗扰度试验,试验后应正常工作,示值误差应满足表 4 中初始 MPE 要求。

5.19.5 辐射骚扰

燃气表不应产生超过 GB/T 9254 规定的 B 级辐射骚扰限值的电磁辐射。

5.20 外观

燃气表外壳涂层应均匀,不应有起泡、脱落、划痕、凹陷、污斑等缺陷,显示器及标志应清晰易读,机械封印应完好可靠。

6 试验方法

6.1 示值误差

6.1.1 试验条件

试验在下列条件下进行:

a) 环境温度:(20±5)℃;

b) 相对湿度:30%～85%;

c) 大气压:一般为(86～106)kPa。

6.1.2 以空气为介质的示值误差试验

6.1.2.1 总则

受试燃气表应稳定到实验室环境温度,用实验室环境温度下的空气进行示值误差试验。

在试验开始之前，使一定体积的空气（其实际体积用参比标准器测量）流经受试燃气表，记录燃气表显示的体积。流经受试燃气表的最小空气体积量由制造商规定并经检测机构认可。

6.1.2.2 **试验方法**

6.1.2.2.1 **方法 1**

本方法用于燃气表的初始误差试验。

在 q_{min}、$3q_{min}$、q_t、$0.2q_{max}$、$0.4q_{max}$、$0.7q_{max}$ 和 q_{max} 每个流量点进行 6 次试验，并确保每次试验流量不同（即不允许在相同流量点进行连续试验）。

计算并记录每个流量点的 6 次示值误差（见 5.1.1）和 6 次示值误差的平均值。

6.1.2.2.2 **方法 2**

本方法用于燃气表经受其他条款试验前、后的示值误差试验。

在 q_t、$0.4q_{max}$ 和 q_{max} 每个流量点进行 3 次试验，并确保每次试验流量不同（即不允许在相同流量点进行连续试验）。

计算并记录每个流量点 3 次示值误差的平均值。

6.1.2.2.3 **方法 3**

本方法用于燃气表经受扭矩和弯矩试验前、后的示值误差试验。

在 q_t 和 q_{max} 每个流量点进行 3 次试验，并确保每次试验流量不同（即不允许在相同流量点进行连续试验）。

计算并记录每个流量点 3 次示值误差的平均值。

6.1.2.2.4 **方法 4**

本方法用于燃气表示值误差的出厂检验。

在 q_{min}、$0.2q_{max}$ 和 q_{max} 流量点进行试验，q_{max} 至少进行 2 次试验，其余流量点可只进行 1 次试验（如果出现争议，可适当增加试验次数）。

计算并记录示值误差。

6.1.3 **以燃气为介质的示值误差试验**

按 6.1.2.2.1 进行试验，采用 4.4 规定的燃气和检测机构认可的其他燃气，在 −10 ℃和 40 ℃（或制造商声明的更宽的环境温度范围）极限温度下进行试验。

6.2 不同工作模式的平均误差偏移

按 6.1.2.2.2 以用户模式和检测模式试验燃气表，计算每个流量点用户模式和检测模式平均误差之差。各流量点最少测试时间见表 10。

表 10 各流量点推荐最少测试时间

工作模式	流量点	推荐最少测试时间 s
检测模式	$q_{min} \leqslant q \leqslant q_t$	90
	$q_t \leqslant q \leqslant q_{max}$	60
用户模式	$q_{min} \leqslant q \leqslant q_t$	540
	$q_t \leqslant q \leqslant 0.2q_{max}$	360
	$0.2q_{max} < q \leqslant q_{max}$	240

6.3 不同气质的平均误差偏移

按 6.1.2.2.1 和 6.1.3 进行试验。

试验时：

——天然气使用空气和 99.5%(体积分数)的甲烷混合制取；

——液化石油气使用空气和 99.5%(体积分数)的丙烷和/或 99.5%(体积分数)的丁烷混合制取。

经与检测机构协商，试验可用任何其他燃气进行。

注：更多的测试燃气信息参见附录 B。

6.4 压力损失

用密度为 1.2 kg/m³ 的空气以 q_{max} 流经受试燃气表，用适当的测量仪器测量燃气表的压力损失。

取压口与燃气表管接头之间的距离不大于连接管公称通径的 3 倍。连接管的公称通径不应小于燃气表管接头的通径。取压口应垂直于管道轴线，其直径不小于 3 mm。

6.5 重复性

根据 6.1.2.2.1 的试验结果计算重复性。

6.6 污染物影响

受试燃气表不少于 6 只，先按 6.1.2.2.2 进行示值误差试验。

将燃气表安装在加尘试验装置上(见图 1)，受试燃气表以空气为介质在 q_{max} 流量下运行 5 min，完成后停止空气通过，在加尘试验装置的入口加入 5 g 灰尘(粒径为 300 μm～400 μm)，再次让受试燃气表以空气为介质在 q_{min} 流量下运行 5 min。

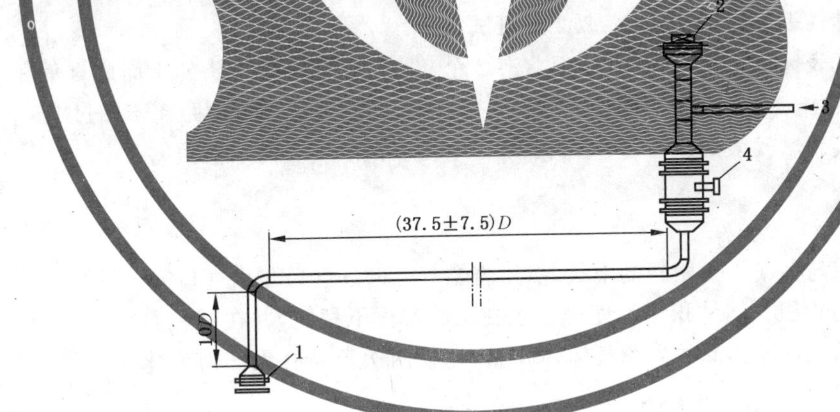

说明：

1——燃气表接头；

2——灰尘入口；

3——空气供应；

4——快速直通阀。

图 1 典型加尘试验装置

按 200 μm～300 μm、100 μm～200 μm 和 0 μm～100 μm 的顺序，以每组 5 g 灰尘重复该过程。

图 1 中管道通径 D 按照表 11 选取，加尘试验装置包括以下部件：

——垂直直管：用于与燃气表入口连接；

——可拆卸螺纹塞：用于加入灰尘；

——快速直通阀：用于释放灰尘；

——$30D$～$45D$ 长度的水平直管：用以保证所有的灰尘在进入燃气表之前混合在空气里。

管道连接宜采用焊接，因螺纹对接管道内的结构凸起会堆积、黏附灰尘。

表 11 抗污染物影响试验管道通径

q_{max} m^3/h	通径 D mm
2.5～10	15
16～65	32
100,160	65

也可用检测机构认可的其他试验装置。用试验盒定期检查试验装置,保证在加入 20 g 灰尘用于上述测试程序时至少有 18 g 灰尘沉淀在试验盒里,试验盒安装在灰尘设备的出口,要保证试验盒的容积和形状与受试燃气表相同,并且在出口安装有过滤器使通过出口的灰尘最少。

灰尘分成独立的 4 组,每组有 95%的颗粒,颗粒粒径范围如下:

a) 0 μm～100 μm,平均值为(50±10)μm;

b) 100 μm～200 μm,平均值为(150±10)μm;

c) 200 μm～300 μm,平均值为(250±10)μm;

d) 300 μm～400 μm,平均值为(350±10)μm;

上述每一组灰尘各成分的质量分数应是:

四氧化三铁(Fe_3O_4):79%;

氧化亚铁(FeO):12%;

一氧化硅(SiO):8%;

油漆残留片:1%。

本试验完成后,按 6.4 进行压力损失试验,按 6.1.2.2.2 进行示值误差试验。

6.7 安装的影响

用一根直管连接燃气表入口,按 6.1.2.2.2 进行试验。

用一根直径与燃气表标称连接直径相同,但含有 2 个 90°弯头,且 2 个弯头的平面成直角、间距不超过 $2D$ 的管道连接到燃气表的入口,重复本试验。第一个弯头到燃气表入口的距离不超过 $2D$。

再用一根直管连接到燃气表的入口,按 6.1.2.2.2 重复测试燃气表的示值误差。

6.8 零流量

使燃气表内部充满与大气压力相当的空气,然后将燃气表的进气口与出气口完全密封,记录燃气表的示值和存储器存储的累积气体体积量。使燃气表在试验温度下稳定,并在试验温度下存储 24 h。再次记录燃气表的示值和存储器存储的累积气体体积量,比较两次记录有无任何变化。在每一个试验温度下重复上述试验过程。

6.9 反向流

以 q_{max} 反向运行燃气表至少 15 min,记录试验前后的读数。

6.10 始动流量

用空气进行试验,在 q_s～$1.2q_s$ 范围内任选一个流量点,运行 0.01 m^3 气体体积量。

6.11 过载流量

按 6.1.2.2.1 方法进行试验,仅测试 $1.2q_{max}$,试验时间为 20 min。

6.12 脉动流量(不稳定流)

将燃气表设置为用户模式并置于表 12 的条件下进行试验,每个项目试验次数不少于 3 次,当 3 次试验完成后在当前流量点进行1次与该项目等时长的连续流量试验，全部项目试验在24 h内完成。如果燃气表用户模式的采样周期超过2 s，试验时间可以超过24 h。

表12 脉动流量试验

项目	流量点	脉动流(方波波形)	
		S	脉动波形
1	$0.375q_{max}$	$1.05T_c$	$1.05T_c$ 开，$1.05T_c$ 关
2		$5.25T_c$	$5.25T_c$ 开，$5.25T_c$ 关
3		$10.5T_c$	$10.5T_c$ 开，$10.5T_c$ 关
4	$0.07q_{max}$	$1.05T_c$	$1.05T_c$ 开，$1.05T_c$ 关
5		$5.25T_c$	$5.25T_c$ 开，$5.25T_c$ 关
6		$10.5T_c$	$10.5T_c$ 开，$10.5T_c$ 关

单次脉动流量试验时间一般可按公式(3)计算，S_d 取值范围为0.75～1.25，实际可按1.25选取以缩短试验时间。

$$t=\frac{5\,000T_c^2}{SS_d^2} \quad \cdots\cdots(3)$$

式中：

t ——试验时间，单位为秒(s)；

T_c——采样周期，单位为秒(s)；

S ——单周期开阀时间，单位为秒(s)；

S_d——标准偏差。

6.13 温度适应性

试验采用图2所示的试验装置或其他等效试验方法，在−10 ℃和40 ℃或制造商声明的两个极限环境温度下对燃气表分别进行试验。

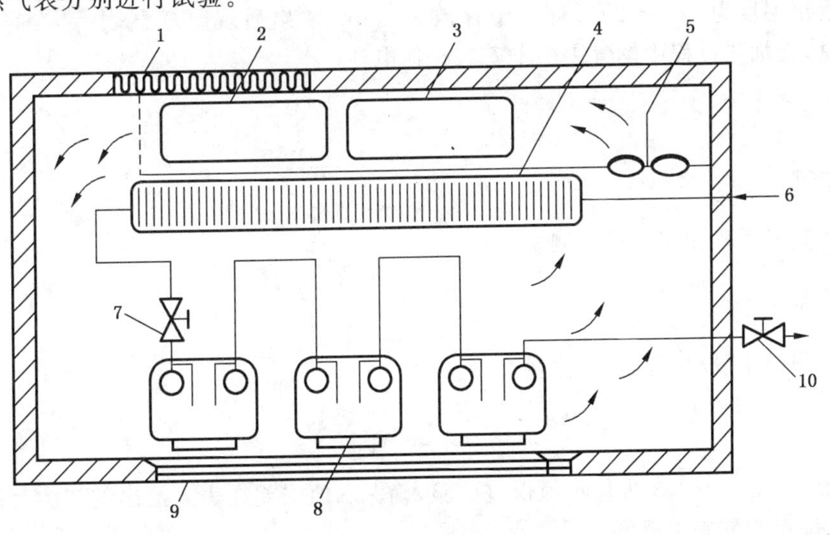

说明：

1——隔热材料；
2——加热元件；
3——冷却元件；
4——热交换器；
5——风扇；
6——来自参比标准器的空气；
7——燃气表进口流量调节阀；
8——燃气表；
9——三层隔热窗；
10——出口流量调节阀。

图2 与温度相关的试验装置示意图

试验前，实测燃气表所处的环境温度和燃气表入口处试验空气的温度，彼此间相差应不超过 2 ℃。同时，被试燃气表所处环境的实测温度应保持在设定温度值±1 ℃的范围之内。

试验流量点为 q_{max}、$0.7q_{max}$、$0.2q_{max}$ 和 q_t，每个流量点至少试验 2 次。

试验空气湿度不造成冷凝。

6.14 外壳防护等级

按 GB/T 4208 规定的试验方法进行试验。

6.15 密封性

密封性试验可采用图 3 所示或其他等效的试验方法。在实验室条件下，输入空气的压力为燃气表 1.5 倍最大工作压力或 35 kPa(取较大值)，持续时间不少于 3 min，观察燃气表有无漏气现象。

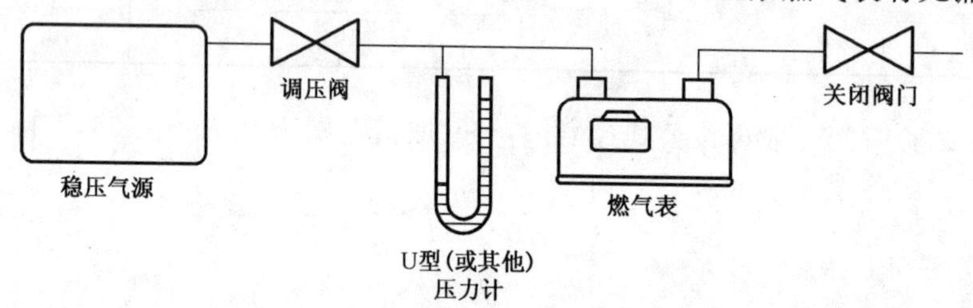

图 3 密封性试验装置示意图

6.16 抗压强度

将燃气表内部压力从零变化到 1.5 倍最大工作压力或 35 kPa(取两者的较大值)，压力变化速率不大于 2 kPa/s，以 30 次/h 的频率试验 2 000 次。试验后观察燃气表有无漏气或明显变形现象。

6.17 耐热性

将燃气表置于温度为(120±2)℃环境中存放 15 min，取出后观察燃气表有无漏气或明显变形现象。为安全起见，在加热过程中燃气表中不安装任何电池。

6.18 管接头

6.18.1 连接尺寸

采用适当的测量手段和工具进行测量。

6.18.2 形位公差

采用适当的测量手段和工具进行测量。

6.18.3 扭矩

扭矩试验前，按 6.1.2.2.3 进行示值误差试验，确保示值误差在表 4 给出的初始允许误差之内。按 6.15 进行试验，确保燃气表不泄漏。

固定受试燃气表的外壳，用一个适宜的扭矩扳手依次对每个管接头施加表 8 规定的扭矩值。

试验后，检查管接头的残余扭转变形、燃气表的密封性及平均误差。

6.18.4 弯矩

弯矩试验前，按 6.1.2.2.3 进行示值误差试验，确保示值误差在表 4 给出的初始允许误差之内。按

6.15 进行试验，确保燃气表不泄漏。

如图 4 所示，用一个管接头刚性支撑受试燃气表，朝燃气表的侧向施加表 8 规定的弯矩 2 min，然后用另一个管接头支撑燃气表重复侧向弯矩试验。再用另一个燃气表，采用两个管接头支撑燃气表，进行前后弯矩试验。

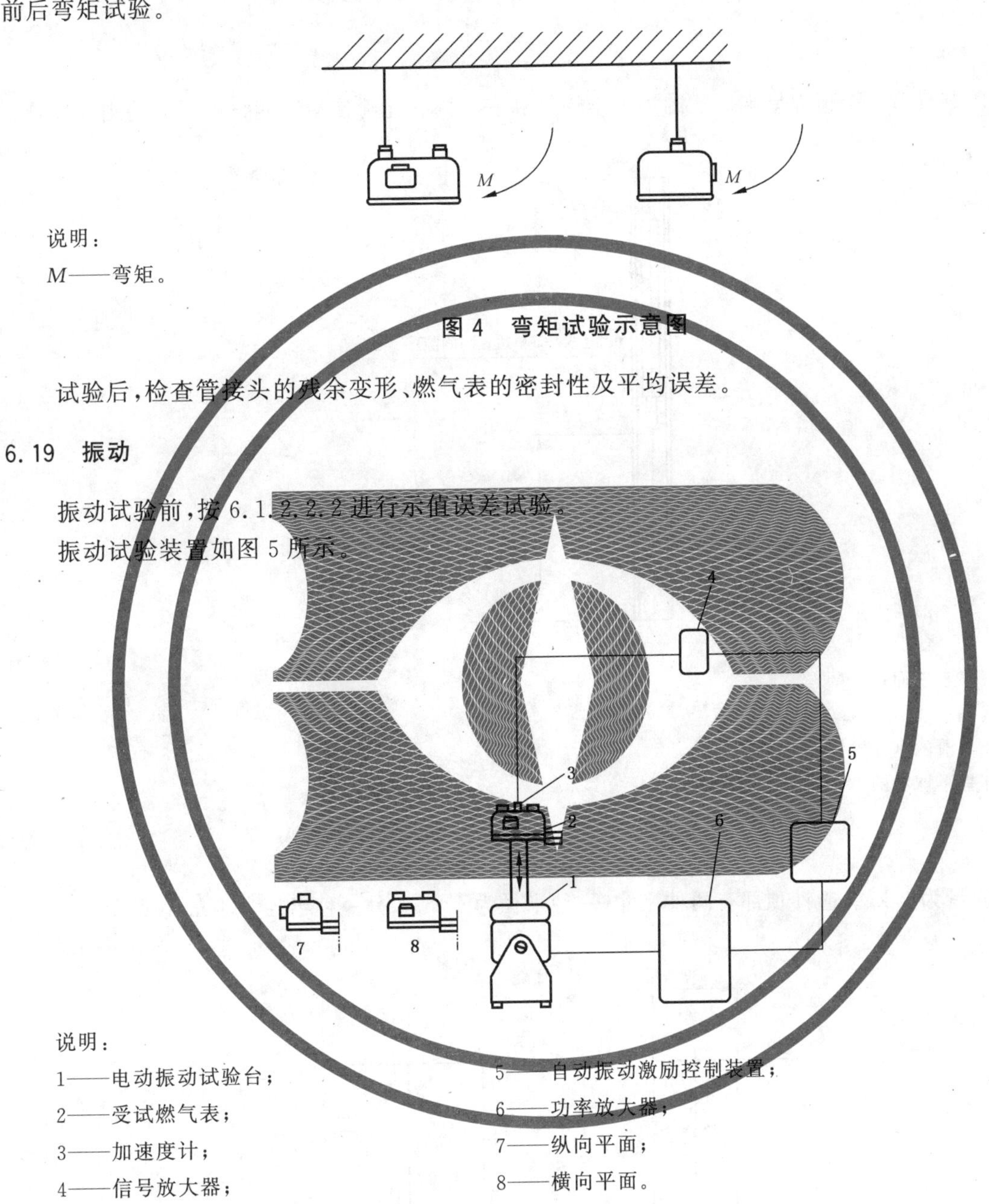

说明：

M——弯矩。

图 4　弯矩试验示意图

试验后，检查管接头的残余变形、燃气表的密封性及平均误差。

6.19　振动

振动试验前，按 6.1.2.2.2 进行示值误差试验。

振动试验装置如图 5 所示。

说明：

1——电动振动试验台；
2——受试燃气表；
3——加速度计；
4——信号放大器；
5——自动振动激励控制装置；
6——功率放大器；
7——纵向平面；
8——横向平面。

图 5　振动试验装置示意图

电动振动试验台 1 由电压发生器产生的放大正弦波驱动，试验台的头部可前、后和侧向转动 90°

加速度等级由加速度计 3（压电传感器）检测，其输出使用一个信号放大器 4 来调节。

自动振动激励控制装置 5 设置在信号放大器 4 与功率放大器 6 之间，以扫频模式工作，频率在选定的一对频率之间循环变化，交替增大和减小。

利用水平夹具将受试燃气表安装在电动振动试验台的主轴上，以（19.6±0.98）m/s^2 的峰值加速度和 1 oct/min 的扫频速率，在（10±0.5）Hz～（150±7.5）Hz 频率范围内对受试燃气表进行扫频，在三个互相垂直的轴线上各扫频 20 次。

注 1：夹紧力以足以固定受试燃气表，又不会引起燃气表壳体损坏或变形为限。

注 2：oct 是一个频带，其频率上限正好是下限的 2 倍，即 10 Hz～20 Hz，20 Hz～40Hz，40 Hz～80Hz，80 Hz～160 Hz，以 1 oct/min 的扫频速率，从 10 Hz 扫频到 100 Hz 所用时间为 195 s。

振动试验后，按 6.15 进行密封性试验，然后按 6.1.2.2.2 进行示值误差试验。

6.20 冲击

冲击试验装置由一个顶部呈半球状的淬火钢撞针和一个内孔光滑使撞针能自由滑动的刚性导管组成（见图 6）。

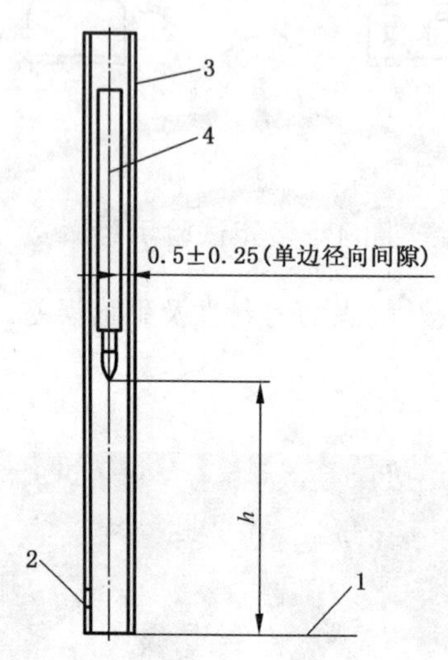

说明：

1——燃气表水平面；

2——排气孔；

3——内孔光滑的刚性导管；

4——顶部呈半球状的淬火钢撞针。

图 6　冲击试验装置

撞针总质量为 3 kg。撞针顶部有两种尺寸，一种半径为 1 mm，另一种半径为 4 mm（见图 7）。

单位为毫米

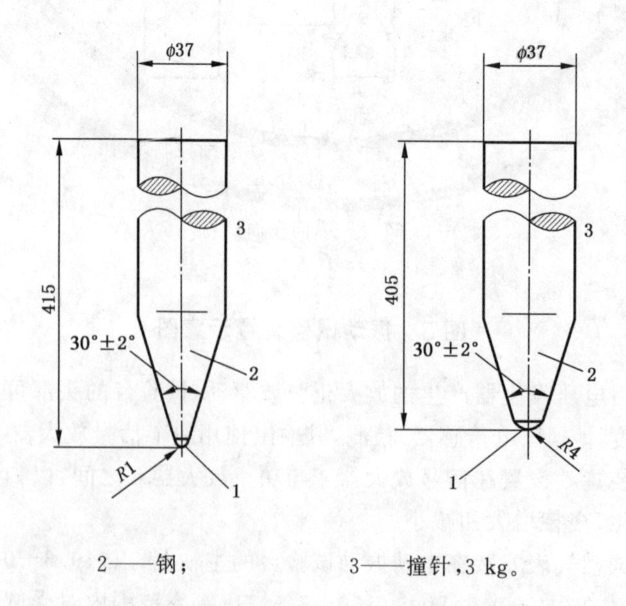

说明：

1——淬火部分；　2——钢；　3——撞针，3 kg。

图 7　冲击试验使用的顶部呈半球状的淬火钢撞针

在试验过程中分别使用两种尺寸的撞针，但在同一台受试燃气表的同一试验区域只进行一次冲击试验。如果选择同一区域用两种尺寸的撞针进行试验，应使用两台燃气表分别进行。

试验时将受试燃气表固定在坚固底座上，使预定的冲击试验区处于水平位置，冲击试验区可以是燃气表壳体的任何区域。将导管的一端置于受试燃气表的选定冲击试验区上，让撞针经导管垂直地自由下落在试验区上。撞针顶部在试验区上方 h 高度落下：

a） 对于顶部半径为 1 mm 的撞针，h 为 100 mm，产生 3J 冲击能量；

b） 对于顶部半径为 4 mm 的撞针，h 为 175 mm，产生 5J 冲击能量。

注：冲击能量按公式(4)计算。

$$E_n = mgh \quad \cdots\cdots (4)$$

式中：

E_n ——冲击能量，单位为焦(J)；

m ——质量，单位为千克(kg)；

g ——重力加速度，单位为米每二次方秒(m/s^2)；

h ——落下高度，单位为米(m)。

冲击试验后，检查燃气表的涂层有无裂纹和脱落，并按 6.15 进行密封性试验。

6.21 跌落

在无包装情况下，受试燃气表保持直立位置(处于水平平面)，从静止状态垂直跌落到平坦坚硬的水平表面上，跌落高度为 0.5 m。跌落试验后，按 6.15 进行密封性试验，然后按 6.1.2.2.2 进行示值误差试验。

注：跌落高度指受试燃气表底部至跌落平面的距离。

6.22 耐盐雾腐蚀

试验样品为完整的燃气表，按照 GB/T 1771 规定的方法进行试验，试验持续时间为 500 h。

6.23 非金属材料耐老化

试验采用已使用不少于 50 h 且不超过 400 h 的悬置太阳灯进行照射。太阳灯光源系组合汞弧钨丝，封于玻璃中，玻璃透射度低于 280 nm。玻璃壳为圆锥形，内表面镀银，形成反射。太阳灯功率在 275 W～300 W 之间。

样品置于太阳灯轴线下距其底部 400 mm 的地方。环境空气不受限制，自由流通。

试验按下列程序进行：

a） 将完整的燃气表置于紫外线中暴露 5 个周期，每个周期持续时间 8 h。在每个暴露周期完成之后(最后一个周期除外)，将样品浸没于蒸馏水中 16 h，然后用脱脂棉进行清洁和擦干，按 6.20 进行试验。

b） 将燃气表置于(100±3)℃空气中 24 h，按 6.20 进行试验。

6.24 外表面老化(含显示窗口)

试验按下列程序进行：

——按 6.25 进行太阳辐射试验，受试燃气表 1 只。

——将受试燃气表置于(90±3)℃空气环境中进行单独试验，时间为 24 h。

——使受试燃气表处于工作状态，在环境温度为(−5±1)℃的条件下，将一个直径为 25 mm 的钢球从 350 mm 高度垂直自由跌落在燃气表外表面，重复跌落 3 次。在燃气表的每一个外表面包括显示窗口重复该试验。

6.25 太阳辐射

试验前，对燃气表进行目测检查。

按 GB/T 2423.24 规定的程序进行试验，条件如下：

——燃气表处于非工作状态(不用连接到工作管路上)；

——采用试验程序 A(8 h 照射和 16 h 黑暗)；

——上限温度为 55 ℃；

——持续时间为 3 d(试验 3 个循环)。

再次对燃气表进行目测检查。

6.26 湿热影响

先按本标准 6.1.2.2.2 进行示值误差试验。

再按 GB/T 2423.4 规定的方法进行试验，条件如下：

——燃气表处于正常工作状态；

——电池对所有电路正常供电；

——上限温度：如果额定上限温度不超过 40 ℃，取 40 ℃，如果额定上限温度高于 40 ℃，取 55 ℃；

——对燃气表表面水分不采取特别的措施；

——试验至少进行 2 个循环。

试验完成 24 h 后，先按本标准 6.15 进行密封性试验，然后按本标准 6.1.2.2.2 的方法进行示值误差试验。

6.27 外表面阻燃性

按 GB/T 5169.5 规定的方法对燃气表所有外表面进行燃烧试验，用火烧边缘、转角和外壳的表面，每处 30 s。

6.28 耐贮存性能

6.28.1 贮存温度

试验前，按 6.1.2.2.2 进行示值误差试验。

将受试燃气表静置于下列条件下：

a) 在－20 ℃或制造商声明的更低温度下存放 3 h；

b) 在 60 ℃或制造商声明的更高温度下存放 3 h。

在每个周期结束之后，将受试燃气表恢复到实验室环境温度，按 6.1.2.2.2 进行示值误差试验。

6.28.2 恒定湿热

按 GB/T 2423.3 规定的方法进行试验，温度为(40±2)℃，相对湿度为(93±3)%，持续时间为 48 h。

6.29 老化

试验按以下程序进行：

——先按 6.1.2.2.2 进行示值误差试验。

——将燃气表置于表 13 给出的任一个温度下进行相应时间的老化试验。试验温度按制造商声明的温度而定。

——试验结束时，将燃气表缓慢地恢复到(20±2)℃，速度不超过 2 ℃/h，再次按 6.1.2.2.2 进行示值误差试验。

表 13　老化温度和时间

温度 ℃	持续时间 d
70	50
60	100
50	200

如果制造商规定的安装方向不止一个，燃气表应在每一个方向上进行试验。

6.30　耐久性

所有燃气表样品在进行耐久性试验之前应符合下列要求：

a） 示值误差应在表 4 规定的初始 MPE 范围之内；

b） 压力损失不应大于表 7 规定的初始压力损失允许值。

耐久性试验所用的燃气表数量见表 14。

表 14　耐久性试验的燃气表数量

q_{max} m^3/h	受试燃气表数量	
	选择 1	选择 2
2.5～10	3	6
16～160	2	4

试验按以下程序进行：

——用空气检测受试燃气表的示值误差；

——在试验台上（见图 8）用实气或空气以 q_{max} 运行受试燃气表 2 000 h，温度在 5 ℃～40 ℃之间，通气压力不超过最大工作压力；

——分别在 $0.05V_{tot}$、$0.4V_{tot}$、$0.7V_{tot}$ 和 V_{tot}（V_{tot} 为以 q_{max} 运行 2 000 h 所通过燃气表的气体体积总量）之后，从试验台取下燃气表，使用与检测初始示值误差相同的设备和环境条件，用空气进行示值误差试验。

在每次进行示值误差试验之前，从试验台取下燃气表时，立即通入 3 m^3 干燥空气运行燃气表，然后盖上进出气口避免湿气进入。

试验报告中应记录试验气体的成分。

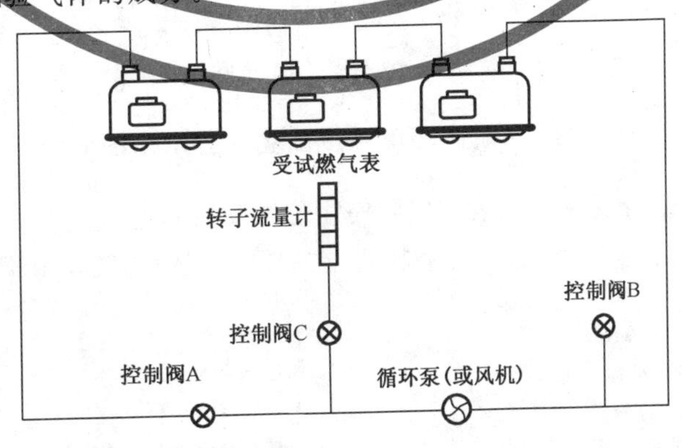

注 1：受试燃气表的流量通过控制阀 A 和秒表来调节。

注 2：气体经控制阀 B 进入试验台，通过循环泵（或风机）在受试燃气表中循环。

注 3：为了维持整个回路的新鲜气体供应，可调节控制阀 C，排出约为 $0.001q_{max}$ 的气体。

图 8　耐久性试验台示意图

6.31 防爆性能

燃气表的防爆性能由国家授权的质量监督检验机构按 GB 3836.1、GB 3836.2 或 GB 3836.4 规定的方法进行试验，且燃气表应取得防爆合格证。

6.32 可选功能

6.32.1 取压口

试验按以下程序进行：

——用适当的测量工具测量取压口的孔径。

——按 6.15 初步检查燃气表的密封性。

——按顺时针方向和逆时针方向，分别给取压口施加 4 N·m 的扭矩，然后解除。再用一个质量为 0.5 kg 的钢球通过导管从 250 mm 的高度垂直落在取压口本体的外端上。

——再按 6.15 重新检查受试燃气表的密封性。

6.32.2 耐高环境温度

6.32.2.1 装置

试验箱(见图 9)应允许温度按 GB/T 9978.1 规定的曲线升高。

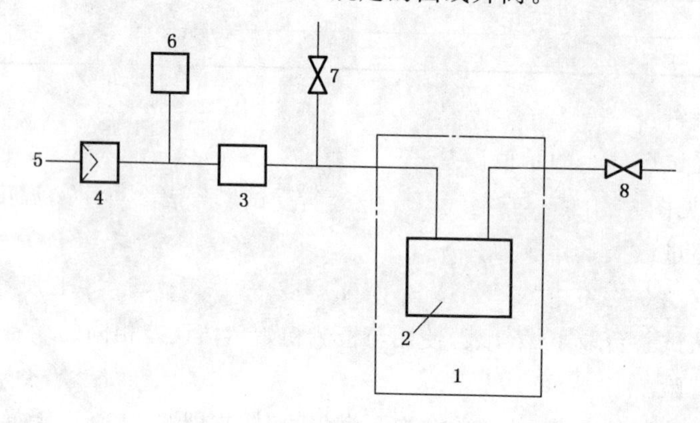

说明：

1——试验箱；

2——试验箱中心的燃气表；

3——校验表；

4——调压器；

5——入口；

6——压力计；

7——放气阀；

8——空气泄压阀。

图 9 耐高环境温度试验装置示意图

试验箱的内部尺寸应适合受试燃气表按实际使用位置安装和连接。

试验过程中使压力稳定在 10 kPa，为安全起见，在加热过程中燃气表中不能安装任何电池。

6.32.2.2 试验方法

试验按以下程序进行：

——将燃气表连接到进口和出口的接头上，并且将整个燃气表安装在试验箱的中心，如果需要可使用支架；

——关闭放气阀，用氮气将燃气表加压到 10 kPa，并且验证燃气表的密封性；

——使燃气表处于氮气测试压力下，按 GB/T 9978.1 的温度升高曲线升高试验箱的温度；

——当受试燃气表的温度最低处达到650 ℃时，控制试验箱的温度，使该点的温度稳定在650 ℃，保持30 min。

在整个试验期间，通过放气阀使燃气表内的压力维持在试验压力下，连续测量并记录泄漏量，测量的时间不超过5 min。

泄漏速率为测量的氮气体积除以测量时间的商数。

本试验可用空气代替氮气，但是要注意空气会对挥发性排放物有助燃作用。

为防止燃气表内部部件产生的蒸馏物质凝聚堵塞出口接头，最好由制造商提供燃气表空壳进行试验，如无可能，则装置的出口管道应向下倾斜，并在放气阀的上游安装安全旋塞以去除凝聚物。

6.32.3 安装热切断阀的燃气表

试验按以下程序进行：

a) 将热切断阀在(70±1)℃温度下保持7 d。

b) 继续升高温度达到预定值。

6.32.4 远程读表控制装置

6.32.4.1 远程读表

使用配套的设备和系统，在制造商声明的传输距离内，读取燃气表中的信息。

6.32.4.2 远程控制

使用配套的设备和系统，按制造商声明的功能和方法，在有效传输距离内进行远程控制。

6.32.5 预付费控制装置

6.32.5.1 控制功能

按图10连接辅助装置及燃气表，设定V_1为关阀气量。

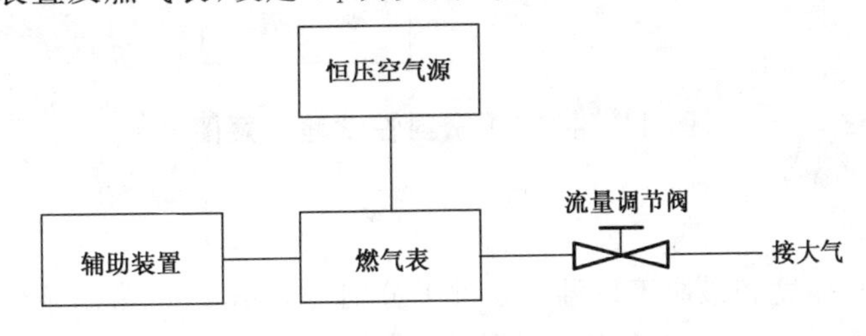

图10 辅助装置功能试验示意图

按以下程序进行试验：

a) 首先将燃气表的剩余气量清零，向燃气表输入气量V_2，此时燃气表的剩余气量显示为V_2；

b) 然后向燃气表输入气量V_3，燃气表中的剩余气量显示为(V_2+V_3)；

c) 打开流量调节阀，将流量调节阀调至适当的流量，通气直至剩余气量等于V_1时，应能关闭控制阀。

6.32.5.2 信息反馈功能

预付费卡与燃气表通信结束后，通过售气系统读取预付费卡中的信息。

6.32.5.3 提示功能

6.32.5.3.1 剩余气量或金额不足提示

按图10连接，向燃气表输入大于报警值的气量或金额，打开流量调节阀，使其在$0.3q_{max}$～$0.4q_{max}$

下正常工作。当剩余气量或金额减少到报警值时，确认燃气表有无提示信息或报警声。

6.32.5.3.2 误操作提示

将非本燃气表的预付费卡插入或接近燃气表，确认燃气表有无提示信息或报警声。

6.32.5.3.3 预付费交易完成提示

当燃气表与预付费卡数据交互结束时，确认燃气表有无提示信息。

6.32.5.4 预付费卡及卡座耐用性

以小于 20 次/min 的插拔速率，将预付费卡在卡座中重复插拔 5 000 次后，确认预付费卡及卡座能否正常读写。

6.32.6 控制阀

6.32.6.1 密封性

按以下方法之一进行试验：

a) 按图 11 连接辅助装置及燃气表，关闭控制阀，将燃气表进气口处的压力调节在(4.5～5)kPa，检查控制阀的内泄漏量是否符合 5.15.6.1 的要求；
b) 可采用任何等效的其他方法。

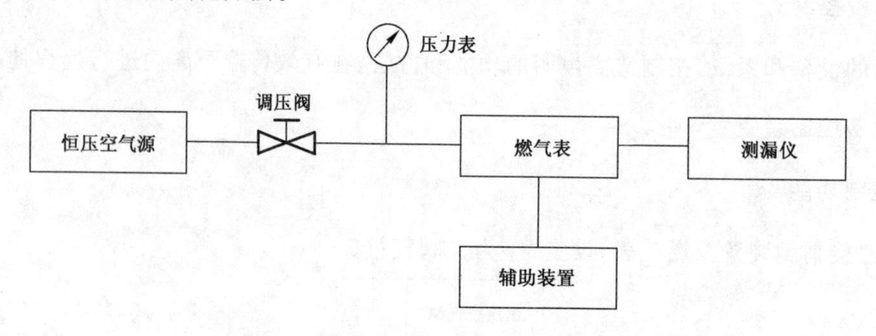

图 11 控制阀密封性试验示意图

6.32.6.2 耐用性

将控制阀在最低工作温度和最高工作温度条件下分别开关 400 次，常温条件下开关 2 000 次，开关速率小于 10 次/min。再按 6.32.6.1 检查控制阀的密封性。

6.33 显示

通过目视检查和测量进行确认。

6.34 显示器自检

通过适当的方式触发自检，目视检查进行确认，并使用适宜的测量工具测定各种显示状态的时间。

6.35 存储器

目视检查确认。存储器保持时间可根据相关部件的数据进行计算，或者根据制造商的相关测试结果加以确定。试验按以下程序进行：

a) 存储器的读取：
   1) 确定读取存储器中气体体积量的方法，两次读数不应有差别；

2) 密封进出气口；

3) 记录燃气表显示的气体体积量和存储器里的气体体积量；

4) 将燃气表置于制造商声明的上、下极限环境温度下至少各 3 h；

5) 在两个极限环境温度下储存结束时，从存储器读出气体体积量。

b) 存储器的保持：

1) 记录燃气表示值；

2) 立即使燃气表以 q_{max} 流量运行 5 min；

3) 确认燃气表记录了气体体积量，密封进出气口，立即记录燃气表新的示值和时间；

4) 将燃气表在实验室温度下至少放置 3 h；

5) 取出电池，将燃气表置于制造商声明的上、下极限环境温度下储存至少 3 h；

6) 重新安装电池，将当前示值读数与 3)记录的读数比较。

6.36 显示复位

按 6.20、6.21、6.29、6.38、6.39 分别进行试验，观察累积气体体积量是否发生异常回零。

6.37 光脉冲输出

根据制造商声明的方法进行试验，确认燃气表是否符合 5.16.5 的要求。

6.38 固件

根据制造商声明的方法进行相关试验。

6.39 电池

6.39.1 最低工作电压

采用电压可调的直流电源，将电源电压设置为制造商规定的最低工作电压，确认燃气表是否有低电压提示，并按 6.1.2.2.1 进行示值误差试验。

6.39.2 断电数据保护

将直流稳压电源调整至燃气表额定工作电压，使燃气表处于正常工作状态。断开供电，10 s 后恢复供电使燃气表正常工作，检查断开前和恢复后的储存数据是否一致。如果安装有控制阀，在断开和恢复时检查控制阀是否符合 5.18.2 的要求。

6.40 电磁兼容

6.40.1 静电放电抗扰度

按照 GB/T 17626.2 规定的方法进行试验。

6.40.2 射频电磁场辐射抗扰度

按照 GB/T 17626.3 规定的方法进行试验。

6.40.3 工频磁场抗扰度

按照 GB/T 17626.8 规定的方法进行试验。

6.40.4 脉冲磁场抗扰度

按照 GB/T 17626.9 规定的方法进行试验。

6.40.5 辐射骚扰

按照 GB/T 9254 规定的方法测量燃气表在流量为零时的电磁骚扰电平。

6.41 外观

采用目测检查法检查燃气表的外观。

7 检验规则

7.1 检验分类

检验分为：

a) 型式检验；

b) 出厂检验。

7.2 型式检验

7.2.1 适用条件

有下列情况之一时，应进行型式检验：

a) 燃气表新产品定型；

b) 产品正式生产时，结构、材料、工艺有较大改变，可能影响到产品性能；

c) 产品停产一年以上再恢复生产；

d) 国家质量监督机构提出进行型式检验的要求。

7.2.2 检验项目

型式检验的检验项目应包括本标准规定的全部技术要求，按表15规定的检验项目分组进行检验。

表15 检验项目

序号	检验项目	型式检验	出厂检验	技术要求	试验方法
1	示值误差——空气	•	•	5.1.1	6.1.2.2.1、6.1.2.2.4
2	示值误差——燃气	•	—	5.1.1	6.1.3
3	不同工作模式的平均误差偏移	•	—	5.1.2	6.2
4	不同气质的平均误差偏移	•	—	5.1.3	6.3
5	压力损失	•	•	5.1.4	6.4
6	重复性	•	—	5.1.5	6.5
7	污染物影响	•	—	5.1.6	6.6
8	安装的影响	•	—	5.1.7	6.7
9	零流量	•	•	5.1.8	6.8
10	反向流	•	—	5.1.9	6.9
11	始动流量	•	—	5.1.10	6.10
12	过载流量	•	—	5.1.11	6.11
13	脉动流量(不稳定流)	•	—	5.1.12	6.12
14	温度适应性	•	—	5.1.13	6.13

表 15（续）

序号	检验项目	型式检验	出厂检验	技术要求	试验方法
15	外壳防护等级	•	—	5.3	6.14
16	密封性	•	•	5.4.1	6.15
17	抗压强度	•	—	5.4.2	6.16
18	耐热性	•	—	5.4.3	6.17
19	连接尺寸	•	—	5.4.4.1	6.18.1
20	形位公差	•	—	5.4.4.2	6.18.2
21	扭矩	•	—	5.4.4.3	6.18.3
22	弯矩	•	—	5.4.4.4	6.18.4
23	振动	•	—	5.4.5	6.19
24	冲击	•	—	5.4.6	6.20
25	跌落	•	—	5.4.7	6.21
26	耐盐雾腐蚀	•	—	5.5	6.22
27	非金属材料耐老化	•	—	5.6	6.23
28	外表面老化（含显示窗口）	•	—	5.7	6.24
29	太阳辐射	•	—	5.8	6.25
30	湿热影响	•	—	5.9	6.26
31	外表面阻燃性	•	—	5.10	6.27
32	贮存温度	•	—	5.11.1	6.28.1
33	恒定湿热	•	—	5.11.2	6.28.2
34	老化	•	—	5.12	6.29
35	耐久性	•	—	5.13	6.30
36	防爆性能	•	—	5.14	6.31
37	取压口	▲	—	5.15.1	6.32.1
38	耐高环境温度	▲	—	5.15.2	6.32.2
39	安装热切断阀的燃气表	▲	—	5.15.3	6.32.3
40	远程读表	▲	▲	5.15.4.1	6.32.4.1
41	远程控制	▲	▲	5.15.4.2	6.32.4.2
42	预付费控制装置	▲	▲	5.15.5	6.32.5
43	控制阀	▲	▲	5.15.6	6.32.6
44	显示	•	•	5.16.1	6.33
45	显示器自检	•	•	5.16.2	6.34
46	存储器	•	—	5.16.3	6.35
47	显示复位	•	—	5.16.4	6.36
48	光脉冲输出	•	•	5.16.5	6.37
49	固件	•	—	5.17	6.38
50	最低工作电压	•	—	5.18.1	6.39.1

表 15（续）

序号	检验项目	型式检验	出厂检验	技术要求	试验方法
51	断电数据保护	•	—	5.18.2	6.39.2
52	静电放电抗扰度	•	—	5.19.1	6.40.1
53	射频电磁场辐射抗扰度	•	—	5.19.2	6.40.2
54	工频磁场抗扰度	•	—	5.19.3	6.40.3
55	脉冲磁场抗扰度	•	—	5.19.4	6.40.4
56	辐射骚扰	•	—	5.19.5	6.40.5
注：“•”为必检项目，“▲”为可选功能的必检项目，“—”为不检项目。					

7.2.3　受检产品数量

除另有规定，受检样品数量至少 6 个。

7.2.4　合格判据

型式检验项目全部合格，则判定型式检验合格。

7.3　出厂检验

7.3.1　总则

该型号燃气表应已通过型式检验。

7.3.2　检验项目

出厂检验项目见表 15。

7.3.3　合格判据

每台燃气表须经制造商的质量检验部门检验合格，并附有产品合格证后方能出厂。

8　标志

8.1　标志内容

燃气表的铭牌或表体上至少应标示下列内容：

——制造计量器具许可证标志和编号（如适用）；

——制造商名称；

——产品名称、型号、规格、编号和生产年月；

——最大流量 q_{max}，单位为立方米每小时（m^3/h）；

——最小流量 q_{min}，单位为立方米每小时（m^3/h）；

——最大工作压力 p_{max}，单位为千帕（kPa）；

——准确度等级，例如：1.0 级或 1.5 级；

——脉冲当量，imp/（单位）或 pul/（单位）；

——电池型号；

——若燃气表耐高环境温度，则应增加标志“T”；

——若燃气表适合安装于露天场所，则应增加标志“H3”；

——若燃气表带有热切断阀，则应增加标志“F”；

——防爆标志和防爆合格证号。

燃气表的标识牌上或使用说明书中还应标示下列内容：

——执行标准编号；

——环境温度范围（超过－10 ℃～40 ℃时，若没超过则可以不标），例如：t_m＝－25 ℃～55 ℃；

——燃气温度范围（与环境温度范围不同时），例如：t_g＝－5 ℃～35 ℃；

——燃气表适用的燃气类别，例如：10T、12T、20Y 等；

——法制管理机构要求的其他标志，例如型式批准标志和编号。

8.2 气体流向

燃气表上应用箭头或文字清晰永久地标明气体流向。

8.3 标志的耐久性和清晰度

燃气表的标志应清晰易读，并在正常使用条件下持久耐用。所有标识牌都应可靠固定，其边缘不应翘曲。

8.4 附加内容

每只燃气表交付时应有注明安装、操作、维护要求的使用说明书，且至少包括以下内容：

——额定工作条件；

——燃气表适用于露天场所或封闭场所；

——燃气表适用的燃气种类；

——安装、维护、修理和许可调整的说明；

——正确操作和使用中特殊情况的说明；

——与接口、组件或测量仪器的兼容情况；

——封印位置；

——电池寿命。

9 包装、运输和贮存

9.1 包装

9.1.1 燃气表管接头上应安装适当的非密封塞子或盖，防止运输和贮存过程中异物进入。

9.1.2 包装箱的图示标志应符合 GB/T 191 的要求。

9.1.3 包装箱内应装有产品使用说明书和合格证。

9.2 运输

燃气表在运输过程中应防止强烈振动、挤压、碰撞、受潮、倒置、翻滚等。

9.3 贮存

燃气表应贮存在温度为－20 ℃～60 ℃（或制造商声明更宽的环境温度范围）、相对湿度不大于85％的通风室内，室内空气应不含具有腐蚀性作用的有害介质。

附 录 A
（规范性附录）
适用于无任何防护措施的室外安装的燃气表的附加要求及试验

A.1 技术要求

A.1.1 耐湿性

燃气表经 340 h 的耐湿性试验后，示值误差应在表 4 规定的初始 NIPE 范围之内，显示器及标志应保持清晰易读。

A.1.2 风化[2)]

燃气表暴露在人工气候和人工辐射环境下 66 d 后，铭牌及标识牌上的所有标志仍应清晰易读。

按 GB/T 11186.3 进行测量，所有色差应符合：

——$\Delta L^* \leqslant 7$；

——$\Delta a^* \leqslant 7$；

——$\Delta b^* \leqslant 14$。

按 GB/T 2410 检查透光率：雾度 $H \leqslant 15\%$。

A.2 试验方法

A.2.1 耐湿性

按本标准 6.1.2.2.2 对受试燃气表进行示值误差试验，然后按 GB/T 13893 的要求进行 340 h 的试验，再按本标准 6.1.2.2.2 重新进行示值误差试验，并目测检查显示器及标志是否清晰易读。

A.2.2 风化

按 GB/T 16422.3 和本标准表 A.1 中的参数，将受试燃气表暴露在人工气候和人工辐射环境下 66 d。

表 A.1 暴露试验

试验周期	试验条件	波长/灯的型号	辐照度	黑标准温度
8 h	干燥	UV-A340/Ⅰ型灯	0.76 W·m^{-2} （波长峰值 340 nm）	60_{-3}^{0} ℃
4 h	冷凝	—	关灯	50_{-3}^{0} ℃

暴露试验结束后对燃气表进行目测检查，显示器、铭牌以及任何独立的数据牌上的所有标志仍应清晰易读。然后按 GB/T 11186.3 和 GB/T 2410 检查色差和透光率是否符合本标准 A.1.2 的要求。

2） 试验方法代替 6.23 中的试验。

附 录 B
（资料性附录）
测试用燃气

B.1 总则

燃气表主要设计用于计量第二类气体，但也可用于计量其他类别的燃气。

天然气归于第二类气体，目前供应的大部分天然气由 GB/T 13611—2018 定义在高甲烷组 10T 和 12T 范围内。

B.2 测试燃气的特性

B.2.1 以下物理特性会因燃气成分变化而改变，并且最有可能影响燃气表的性能：

——黏度；

——密度/相对密度；

——气体的定压比热容。

B.2.2 将不同的单组分气体按比例混合能得到一系列物理特性不同的混合气，可用于燃气表的多种性能验证，如下所示：

黏度：

——最小：70%（体积分数）甲烷与 30%（体积分数）乙烷的混合气（100%甲烷在该黏度的 3%以内适用于该项参数）；

——最大：空气。

密度：

——最小：89%（体积分数）甲烷与 11%（体积分数）的氢气的混合气（100%甲烷与此足够接近，即在 10%之内适用于该项参数）；

——最大：空气。

用空气和 99.5%（体积分数）的实气分别进行试验，可以评估燃气表在极限条件下的状况。

参 考 文 献

［1］ GB/T 13611—2018 城镇燃气分类和基本特性
［2］ JJF 1354—2012 膜式燃气表型式评价大纲
［3］ JJG 577—2012 膜式燃气表
［4］ EN 14236:2007 Ultrasonic domestic gas meters
［5］ EN 16314:2013 Gas meters—Additional functionalities
［6］ UNI 11625:2016 Gas Meters—Gas meters with mass measurement element—Thermal capillary

广告明细

河北欧意诺燃气设备有限公司

特瑞斯能源装备股份有限公司
重庆前卫克罗姆表业有限责任公司
上海真兰仪表科技股份有限公司
金卡智能集团股份有限公司
天信仪表集团有限公司
河北安信燃气设备有限公司

辽宁航宇星物联仪表科技有限公司
山东拙诚智能科技有限公司
浙江盾安智控科技股份有限公司
浙江巨泉铜业有限公司
浙江华龙巨水科技股份有限公司
宁波华成阀门有限公司
台州浙泉阀门有限公司
浙江鑫琦管业有限公司
重庆耐仕阀门有限公司
西安普瑞米特科技有限公司
重庆市山城燃气设备有限公司
江苏佳信燃气设备有限公司
浙江盾运实业有限公司
浙江世亚燃气阀门有限公司
江苏科信燃气设备有限公司

浙江威星智能仪表股份有限公司
廊坊新奥燃气设备有限公司